万水 ANSYS 技术丛书

ANSYS Workbench 结构工程高级应用

刘笑天　编著

中国水利水电出版社
www.waterpub.com.cn

内 容 提 要

本书以 ANSYS Workbench 15.0 Mechanical 模块为基础，对自学时所需的相关知识和经验技巧进行了全面深入的讲解。

本书前 3 章讲解软件的基本操作流程和基本设置与使用方法；第 4～8 章讲解深入学习时需要了解的基础理论知识；第 9～24 章的案例以笔者参与设计的真实产品为基础，详细讲解各主要模块的用法，并在每个案例中穿插多个实用技巧和使用经验；第 25～31 章主要介绍根据计算性能和预算要求选配适合进行有限元分析的高性能计算机的内容。

本书光盘包括全部案例的计算设置源文件和两百余个牌号金属材料的线弹性物理属性汇总表两部分内容。

本书可作为高等院校理工类研究生学习 ANSYS Workbench 15.0 Mechanical 模块的教材，还可供从事静置设备结构分析设计的工程技术人员自学参考。

图书在版编目（CIP）数据

ANSYS Workbench结构工程高级应用 / 刘笑天编著. -- 北京 : 中国水利水电出版社, 2015.1（2022.2 重印）
（万水ANSYS技术丛书）
ISBN 978-7-5170-2718-8

Ⅰ. ①A… Ⅱ. ①刘… Ⅲ. ①机械工程－有限元分析－应用软件 Ⅳ. ①TH-39

中国版本图书馆CIP数据核字(2014)第286395号

策划编辑：杨元泓　　责任编辑：张玉玲　　封面设计：李　佳

书　　名	万水 ANSYS 技术丛书 ANSYS Workbench 结构工程高级应用
作　　者	刘笑天　编著
出版发行	中国水利水电出版社 （北京市海淀区玉渊潭南路 1 号 D 座　100038） 网址：www.waterpub.com.cn E-mail：mchannel@263.net（万水） sales@waterpub.com.cn 电话：（010）68367658（营销中心）、82562819（万水）
经　　售	全国各地新华书店和相关出版物销售网点
排　　版	北京万水电子信息有限公司
印　　刷	三河市德贤弘印务有限公司
规　　格	184mm×260mm　16 开本　30.25 印张　750 千字
版　　次	2015 年 4 月第 1 版　2022 年 2 月第 4 次印刷
印　　数	8001—10000 册
定　　价	78.00 元（赠 1DVD）

序

我国正处于从中国制造到中国创造的转型期，经济环境充满挑战。由于80%的成本在产品研发阶段确定，如何在产品研发阶段提高产品附加值成为制造企业关注的焦点。

在当今世界，不借助数字建模来优化和测试产品，新产品的设计将无从着手。因此越来越多的企业认识到工程仿真的重要性，并在不断加强应用水平。工程仿真已在航空、汽车、能源、电子、医疗保健、建筑和消费品等行业得到广泛应用。大量研究及工程案例证实，使用工程仿真技术已经成为不可阻挡的趋势。

工程仿真是一件复杂的工作，工程师不但要有工程实践经验，同时要对多种不同的工业软件了解掌握。与发达国家相比，我国仿真应用成熟度还有较大差距。仿真人才缺乏是制约行业发展的重要原因，这也意味着有技能、有经验的仿真工程师在未来将具有广阔的职业前景。

ANSYS 作为世界领先的工程仿真软件供应商，为全球各行业提供能完全集成多物理场仿真软件工具的通用平台。对有意从事仿真行业的读者来说，选择业内领先、应用广泛、前景广阔、覆盖面广的 ANSYS 产品作为仿真工具，无疑将成为您职业发展的重要助力。

为满足读者的仿真学习需求，ANSYS 与中国水利水电出版社合作，联合国内多个领域仿真行业实战专家，出版了本系列丛书，包括 ANSYS 核心产品系列、ANSYS 工程行业应用系列和 ANSYS 高级仿真技术系列，读者可以根据自己的需求选择阅读。

作为工程仿真软件行业的领导者，我们坚信，培养用户走向成功，是仿真驱动产品设计、设计创新驱动行业进步的关键。

孙东伟

ANSYS 大中华区总经理

2015 年 4 月

前　言

自 ANSYS 7.0 开始，ANSYS 公司推出了 Workbench 平台。该平台是用 ANSYS 求解实际问题的新一代仿真平台，它给 ANSYS 的求解提供了强大的功能和更好的用户界面。ANSYS Workbench 整合了世界所有主流研发技术及数据，保持多学科技术核心多样化的同时建立统一的研发环境。

北京时间 2013 年 12 月 4 日，ANSYS（NASDAQ: ANSS）宣布推出其业界领先的工程仿真解决方案——ANSYS 15.0，其独特的新功能为指导和优化产品设计带来了最优的方法。

ANSYS 15.0 在结构领域有重要的进展，创新性地开发了全新的求解器，使计算性能大大提高，如子空间特征值求解器，可以加速计算结构分析中的特征模态和特征频率至 2.5 倍；用户只要指定螺纹属性和圆柱面，就能用接触来进行螺纹建模。不需要复杂的几何模型，可以将多个有限元模型装配在一起，同时保留各个模型的设置细节。

ANSYS 一直致力于提供业界领先的前处理功能，它可以自动地完成前处理方面的工作，同时针对一些特别的应用也保留了手动灵活控制前处理的功能。这些都得益于 ANSYS 完善的网格生成技术，这些技术确保用户可以从容地完成各种复杂工程应用的前处理。

ANSYS 15.0 在前处理自动化和稳健性方面做了很多改进，能帮助客户高效地执行仿真计算，遵循最佳实践，从而大幅提升工程设计决策的速度。ANSYS 15.0 提供的增强功能为分部件网格并行生成引擎，可大幅缩短大型装配体的网格生成时间，最佳可到原网格划分时间的二十七分之一。即使存在多个体或者是多个几何扫略方向的复杂情况，ANSYS 15.0 也能自动创建此类网格。

本书前 3 章以最简单的形式介绍静力学分析、模态分析、热分析模块的基本操作过程，让读者在第一时间了解常用模块的操作流程。

第 1 章　电梯框架静力学分析案例：介绍对商用电梯模型加载自重荷载，分析其静态变形的案例。由于是第一个案例，在分析前介绍了一些软件初始设置的技巧。

第 2 章　CPU 散热器热分析案例：对一个 CPU 散热器模型加载热流荷载及对流膜传热系数边界条件后求解其温度分布的案例。

第 3 章　框架模态分析案例：分析一个金属框架的阵型和模态频率，其中插入了宏命令的使用技巧和一些后处理技巧。

掌握有限元技术的过程是孤独而痛苦的，需要有外部助力，可以借助象棋中的路数：“仙人指路”。

第 4～8 章，在简单介绍上述 3 个案例的基本操作后系统介绍基础理论知识。

接着以真实产品工程案例为背景详细介绍 Mechanical 模块的各主要功能和在产品设计过程中遇到的各种问题和解决方案，在每个案例中穿插多个软件使用技巧与笔者的实践经验。

第 9 章　冷却塔设计优化案例：通过静力分析模块和模态分析模块对核电厂用冷却塔框架模型进行静力分析和预应力模态分析计算，以获得结构在承受龙卷风极端工况下的响应，通过对结果的评判发现了冷却塔结构的薄弱点，并进行有针对性的结构加强和进一步数值分析验证，实现了用最小的结构增重代价获得明显的加强效果；介绍静水压力载荷的施加方法、使用探针功能提取支座反力的功能和根据数值模拟结果改进结构的思路等技巧。

第 10 章 空调响应谱分析案例：以某出口空调的框架模型为例进行响应谱分析，以简单计算结构的抗震性能；介绍适合观察模型内部情况的切片功能、选择被遮挡位置表面、选择过滤器的使用和方便实现数值模拟标准化、流水线化分析的创建分析模板的方法等技巧。

第 11 章 核电空调随机振动分析案例：对某核电站用空调的框架模型加载中国军用环境实验标准中振动试验标准所规定的功率谱密度来演示 ANSYS Workbench 15.0 机械设计模块中随机振动分析模块的基本操作过程；介绍导入模型的另一种方法、抑制部分不需要参与计算的零件的方法和提取单个零件变形值的方法、压缩项目文件以利于数据传递等技巧。

第 12 章 风机桥架谐响应分析案例：以某大型轴流风机桥架为模型介绍谐响应分析的操作；介绍插入质量点的设置和与 Solidworks 软件配合计算质量点惯性矩的技巧，并插入使用弱弹簧和模态分析功能检查模型尺寸与连接正确性的方法。

第 13 章 网格无关解案例：有限元结果一般是存在离散误差的，本案例以一个 L 形模型进行简单静力学分析，介绍通过 5 种细化网格和一种定义结果收敛值来获得应力的网格无关解的方法；介绍人体大脑的基本情况和如何让大脑更高效地工作的有关知识。

第 14 章 发动机叶片周期扩展分析案例：以英国劳斯莱斯公司斯贝航空发动机 1 级压气机叶片模型为例进行静态力学分析，以简单介绍 ANSYS Workbench 15.0 静力学分析模块的操作和使用；介绍对旋转对称部件进行简化分析时使用圆周期扩展功能的操作方法和两种生成高分辨率截图的技巧。

第 15 章 性能试验台子模型技术案例：以一个在建的风洞试验台模型的局部为例介绍子模型功能的操作并对比了完整模型和子模型的计算时间和求解结果。

第 16 章 设计助手案例：介绍使用设计助手功能进行多工况结果叠加的操作技巧和 DM 模块生成点焊接触、添加随公式函数变化载荷的技巧。

第 17 章 等强度梁优化设计分析案例：使用 Solidworks 软件建立三维“等强度”梁模型，直接导入静力学分析模块和优化设计模块，对模型进行参数化优化设计，以获取在承受规定载荷作用下实现最小结构重量及最小变形量的尺寸方案；介绍网格质量评定的方法和为了获取高质量网格而切分模型的几个基本思路。

第 18 章 等强度梁形状优化分析案例：以等强度梁模型为例介绍 Workbench 15.0 平台中形状优化模块的使用方法；介绍在 Solidworks 软件中对模型进行分割操作的具体做法、加载倾斜方向载荷的方法和切片功能的使用等技巧。

第 19 章 压力容器静力学分析案例：介绍压力行业专有的理论基础知识并结合某压力容器产品模型介绍静力学分析下应力线性化评定的过程；介绍两种提取模型任意断面结果平均值的技巧和设置材料物理属性的方法及切片功能的使用。

第 20 章 压力容器弹塑性分析案例：介绍基于 ASME VIII-2《压力容器建造另一种规则》中用于防止局部失效分析时采用的“真实”应力－应变关系弹塑性材料非线性直接法的一种简化应用；介绍施加单值函数正弦规律变化的位移载荷等技巧。

第 21 章 钢结构立柱线性屈曲分析案例：对某系列产品的钢结构立柱模型进行线性屈曲分析，以计算受压时的稳定性，确定屈曲系数；介绍输出结果动画的功能、提取单一零件结果的技巧和对模型进行压缩和隐藏的技巧等。

第 22 章　排气管道非线性屈曲分析案例：采用电厂某辅机中设备蒸汽分配管的简化模型进行基于微小扰动的非线性屈曲分析，以计算在外压作用下该结构承载力的极限值；介绍利用 FE 模块与更新结果命令提取模型变形前后重心值的技巧和利用 FE 模块查看网格质量统计图的技巧等。

第 23 章　螺纹接触分析案例：介绍 ANSYS Workbench 15.0 中采用简化的螺纹接触方法分析带螺纹部件的新功能；介绍设置环境光线效果、15.0 版中的部分新功能、3 种常见错误的解决方法、对模型等比例放大、解决求解结束后 CPU 占用率仍然过高的问题、查找某零件包含的接触等。

第 24 章　热一结构耦合分析案例：以文字模型为例建立三维模型，进行热-结构耦合分析，以简单介绍 ANSYS Workbench 15.0 的耦合分析功能。

随着用户基础理论知识与软件操作经验的不断积累和分析规模与分析内容的不断扩大与深入，现有的硬件平台也许不再能够满足要求，从而需要升级硬件或购买全新计算机。正所谓："工欲善其事，必先利其器"。为了帮助用户更好地将软件对性能的需求与硬件条件对接，专门编写了高性能计算机硬件选择方法这部分内容（第 25～31 章）。

掌握任何一项高级技能的过程都是孤独、艰辛而痛苦的。希望读者放平心态、回归基本、坚定信念、不惧艰险、刻苦学习、不断练习、不怕失败，以在无数次失败的量变中实现成功的质变，最终达到"资之深，则取之左右逢其源"。

本书主要由哈尔滨空调股份有限公司的刘笑天编写，另外参加部分编写工作的还有孙淑明、刘珂、孙喜新、高德元、王德才、常晧封、王燕、孟庆国和章启胜等。感谢哈尔滨空调股份有限公司前空调设计部部长刘晓（高级工程师）、中国机械工程学会机械工业自动化分会培训中心曹宏博副主任（博士）、长春装甲兵技术学院张洪才（教授）给予的指导和支持，感谢中国仿真互动网（www.simwe.com）和广大网友。

由于作者水平有限，书中疏漏甚至错误之处在所难免，恳请广大读者批评指正，邮箱：371968291@qq.com。

作　者

2015 年 2 月

目　　录

1 电梯框架静力学分析案例

1.1 案例介绍

本案例对一个商用电梯的钢结构框架进行静力学分析，以简单介绍 ANSYS Workbench 15.0 静力学分析模块的操作和使用。作为第一个案例，还简单介绍了一些软件初始设置的经验与技巧。

1.2 分析流程

如果你患有密集恐惧症，也许细密的网格线会让你很难受；如果你患有色盲或色弱，彩色的结果云图你也许会看不清；如果你对未知领域的知识不知道如何学习，请先学习掌握未知领域知识的学习方法，再考虑是否开始学习有限元；如果你克服不了自学时的艰苦与寂寞，请放弃有限元。

有限元分析的求解规模往往较大，由于 32 位操作系统所支持的最大内存容量约为 4GB，当分析规模稍大时（如采用三维实体单元进行线性静力学分析，超过 10 万网格），很可能出现因内存容量不足而严重影响求解效率（如采用直接求解器，当求解规模大到超过某一极限值时，求解时间可能忽然增加数倍或十几倍）或者无法满足求解时必需的内存容量而软件自动退出的情况。

从软件层面考虑，64 位操作系统所支持的内存容量几乎可以满足各种规模有限元分析的需求；从硬件层面上讲，主流的 Intel 公司与 AMD 公司的 CPU 均支持 64 位技术。

因此笔者强烈建议用户安装 64 位操作系统及 64 位版的 ANSYS Workbench 15.0 软件。16.0 版仅支持 64 位系统。

如在第 25 章中所介绍的，有限元分析时，计算机的内存容量是决定能否求解或者能求解多大规模的必要性条件，而所有其他的硬件性能（如内存速度、硬盘速度、显卡速度、CPU 浮点运算能力、CPU 前端总线带宽、硬盘容量、主板的扩展性等）都是充分性条件一样，保证计算机有足够的空闲内存容量用于求解是第一位的。

ANSYS Workbench 15.0 软件的安装需要采用管理员身份登录操作系统，并顺序安装。软件安装难度不高，并且不同版本间的安装步骤几乎一致。15.0 的安装步骤较 12.1 等老版本略显简化，较为容易出现问题的是许可证的加载。一般而言只需安装主程序和许可证程序，而无需安装适合于多机联网并行求解所用的 MPI 程序等，即主安装界面中左边的第一项和第四项。

笔者第一次安装 ANSYS 12.1 的时候花费了 3 天时间，安装了不下 5 次才成功；现在安装 ANSYS 15.0，在采用了固态硬盘的计算机上只用了半小时。

在不同的求解规模下，15.0 的求解时间比 14.5 平均快约 10%，因新版的 ANSYS Workbench 融入了最新的软件技术与算法，整体上在执行同等计算规模时对硬件的需求较老版本更低，且多核心并行效率更高，故选择高版本的软件在一定程度上是“帮助”用户实现了性能升级。

不同版本软件间的操作大体相当，选择教材时，12.1、13.0、14.0、14.5、15.0 都可以满足大部分情况。新版教材主要对新功能和新思想进行介绍。在本书中，笔者花费大量心血，以自己实际使用 ANSYS Workbench 15.0 软件的经验和学习有限元技术的方法为特色进行重点讲解。不仅仅如市面上绝大多数教程一样对 ANSYS Workbench 15.0 软件的使用方法进行介绍，更在书中遍置笔者的实践经验、技巧和个人领悟，而这才是本书的真正内涵所在。

注意：由于本书包含的信息量极大，并且介绍的很多知识是可以在不同产品或不同应用下通用的，建议用户全面阅读全部内容后逐条选择最适合用户实际需求的信息进行重点了解。

有限元软件诞生后，第一个实现的功能是静力学分析，也是计算结构力学分析领域中最基础的应用方向。有限元软件，最初用来对飞机结构进行数值模拟仿真。就 CAE（Computer Aided Engineering，计算机辅助工程）程序而言，对线性静力学分析，在技术层面上早已不是难题。可能存在的问题通常限于对大型问题的方便建模和有效求解。

在静力学分析中，不考虑结构的惯性和阻尼效应，其用于荷载恒定或变化速率不明显，以至于可以认为是静态加载状态时的模拟。

开始第一个分析案例前，先对 ANSYS Workbench 15.0 软件进行基本设置。有很多种方式可以打开 ANSYS Workbench 15.0，最常用的方式是单击“开始”→Workbench 15.0，如图 1-1 所示。也可以使用单击“开始”→“所有程序”→ANSYS 15.0→Workbench 15.0 的方式。

在打开过程中，会弹出如图 1-2 所示的界面。此界面从 Workbench 13.0 以后就几乎未被更改，其左下角显示当前内部插件的开启过程，右上角显示软件版本号为 15.0。

稍等约半分钟后软件打开。第一次打开软件时会弹出欢迎界面，如图 1-3 所示。其中会提示一些软件基本信息和操作方法。建议熟练后关闭此对话框，以减少操作步骤。单击左下角的 Show Getting Started Massage at Startup 按钮，再单击 OK 按钮。

注意：ANSYS Workbench 15.0 及其他版本的 ANSYS 软件经常会出现许可证丢失的问题，一般关闭软件重新打开即可。

打开设置菜单。单击菜单栏中的 Tools（工具）→Options（设置），如图 1-4 所示。

设置背景色。单击左上角的 Appearance（外观）。背景色主要根据个人习惯设置。为了方便查看，笔者将案例中的背景色设置成纯白色；ANSYS Logo（ANSYS 商标）设置成 Black（黑色）；Text Color（文字颜色）设置成蓝色。纯白色的背景也有利于生成计算报告图时的截图和打印，如图 1-5 所示。

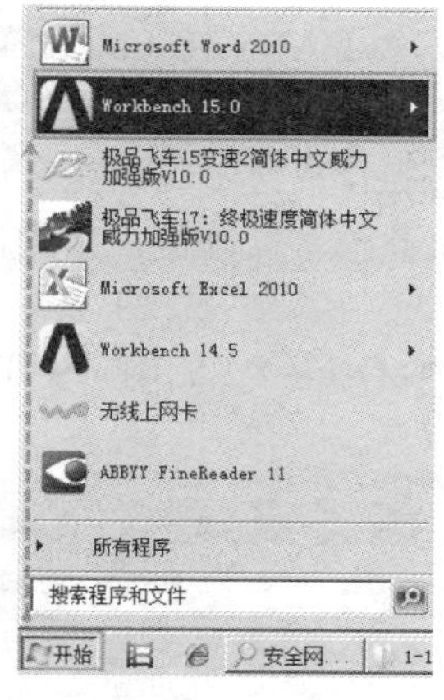
图 1-1 打开软件

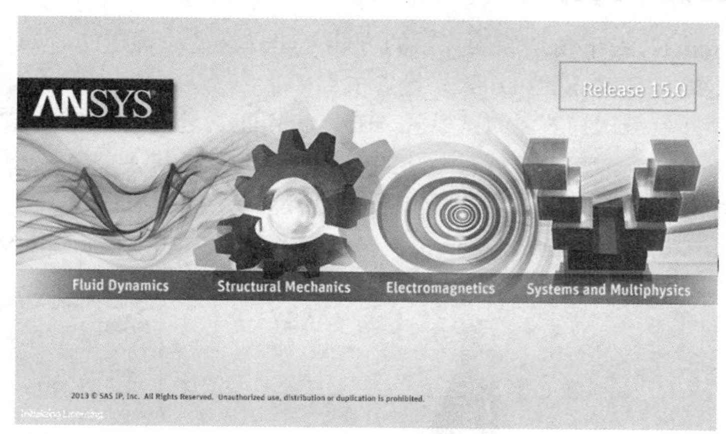

图 1-2 程序开启界面

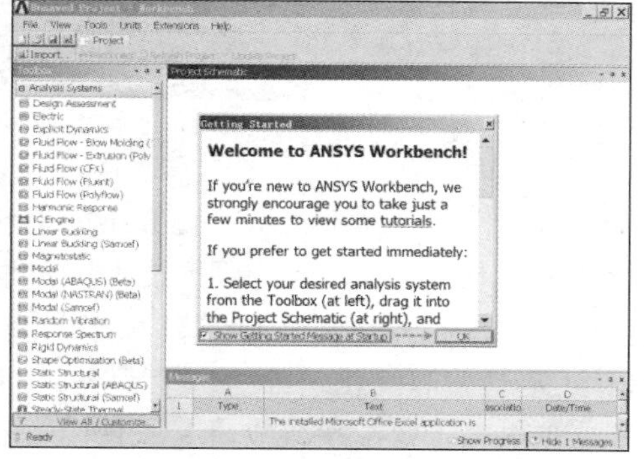

图 1-3 欢迎界面

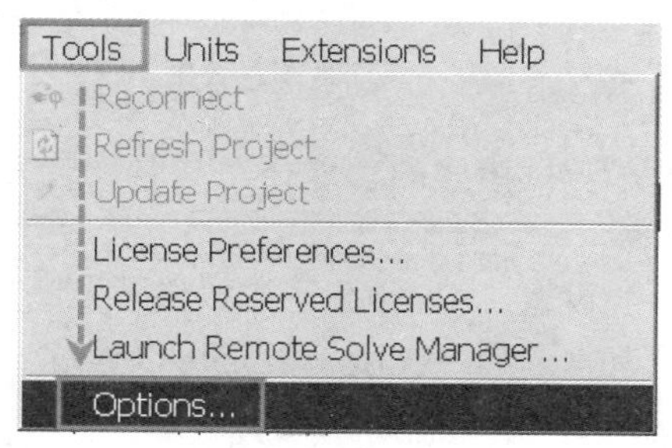

图 1-4 软件设置

图 1-6 所示为笔者习惯的背景色设置。在 Background Style（背景风格）下方单击右侧的下拉列表按钮，单击 Diagonal Gradient（梯度对角线）；Background Color（背景色）设置为淡淡的青色，如图 1-6 所示。

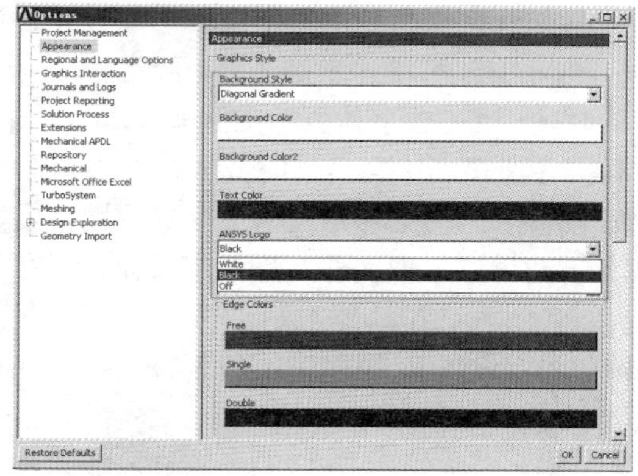
图 1-5 图形背景设置

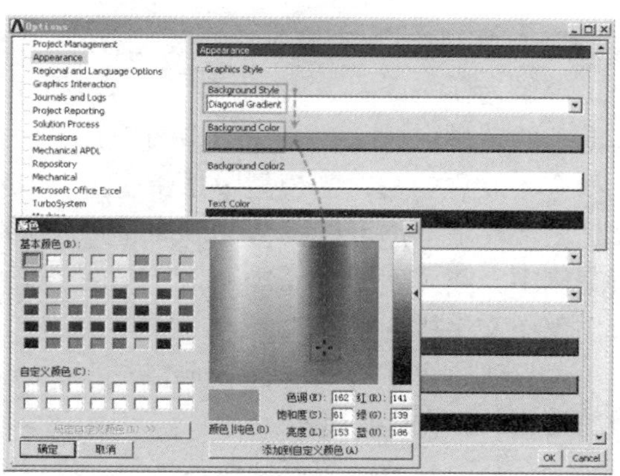
图 1-6 设置习惯

图 1-7 所示为使用图 1-6 设置的实际背景色的效果。模型为第 14 章发动机叶片周期扩展分析案例中采用的子模型。模型下方横向的标尺实时显示了当前视角下的尺寸（如图中的

900mm)。右下角全局坐标系的方向是建立模型时确定的。如果需要隐藏 ANSYS Logo，可将图 1-5 中的 ANSYS Logo 栏设置成 Off。

开启测试模式。测试模式（Beta Options）是调用 ANSYS Workbench 平台中尚未完全成熟的软件功能，一般供较有经验的用户使用，以帮助 ANSYS 公司测试并改进新功能。当测试功能足够成熟稳定后，会在最新版本的 ANSYS 软件中成为正式功能。

单击左上角的 Appearance（外观），单击右边的 BetaOptions（测试模式），如图 1-8 所示。

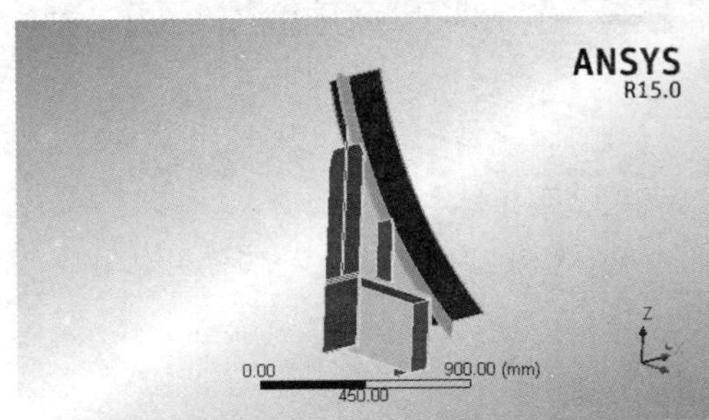

图 1-7　习惯设置效果

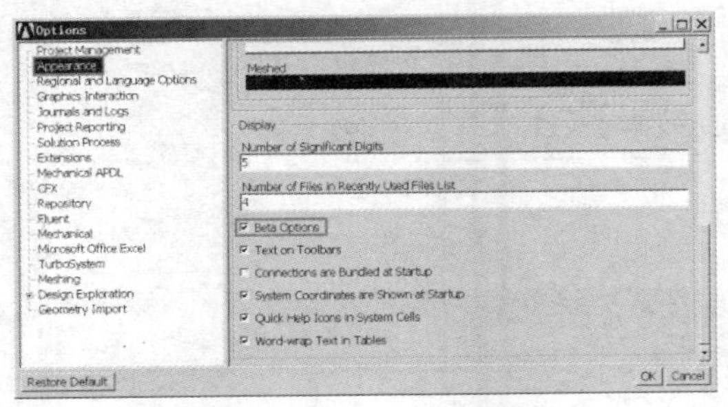

图 1-8　开启测试模式

处于测试模式的功能会在其名称后方添加“(Beta)”字样。如 Workbench 15.0 中的形状优化模块 Shape Optimization (Beta)，其后方就出现了该字样，代表其部分功能还处于测试阶段。

语言设置。ANSYS 官方提供了英语、法语、德语、日语 4 个版本。很遗憾，软件出品 44 年来没有官方的中文版，但是可以通过二次开发的形式定制编写汉化的界面。笔者在 2011 年 7 月初学 ANSYS Workbench 12.1 时，一直受语言不通的困扰，曾经设置成日文版使用了三个月，以期在片假字中获得些许对中文的亲切感。

无论如何，在绝大多数用户无法使用中文界面的情况下，使用英文原版更有利于深入学习与交流。虽然在初学阶段可能会被语言问题严重困扰，但是随着经验的增加与操作的熟练，使用英文版会成为习惯。并且常用的英文词汇不超过 2000 个，用多了就记住了。还可以通过记忆词汇的位置和对应图标的方式帮助记忆。

笔者 2011 年 7 月第一次接触神奇的 ANSYS 软件是源自当时哈尔滨工业大学某教授给我公司做了为期一周的 ANSYS 12.1 经典版面授培训。培训中他举了一个例子，曾经有个来自巴基斯坦的留学生，学习 ANSYS 软件时用了一个月的时间，通过自学其帮助文件就基本学会了。

令人欣慰的是，当模型数据带有中文或将计算文件保存到中文目录时或者模块中使用中文标题等，基本都可以被 Workbench 完全识别。例外的是，在第 14 章发动机叶片周期扩展分析案例中介绍了使用 Workbench 自动截图功能或者自动生成报告文件，将截图另存时保存目录出现中文字样会报错。

设置语言可单击 Regional and Language Options（语言设置），再单击右边下拉菜单选择合适的语言，如图 1-9 所示。

并行计算设置。数值模拟常常是大规模的科学计算，一般依靠 CPU 的浮点计算能力进行偏微分方程的求解，硬件上往往使用多核心并行计算的方式提高整体性能。一部分用户反馈，虽然使用了具有多核心 CPU 的计算机，但是 ANSYS Workbench 运行过程中仍然只使用了一个核心。如采用 4 核心 8 线程的 CPU，在默认开启超线程技术的情况下求解某项目，在系统的任务管理器中查看 CPU 占用率，一直维持在 13%左右的水平上，或在主板 BIOS 中关闭超线程技术后 CPU 占用率一直维持在 25%左右。这可能是在 ANSYS 软件中未开启多核心并行计算功能的原因。

单击 Solution Process（求解核心数）→Default Execution Mode（默认模式），其默认为 Serial（串行），下拉选择 Parallel（并行），如图 1-10 所示。这是使软件调用多核心计算的简单方法。当使用多台计算机组成的集群时，ANSYS 一般使用基于 MPI 的并行通信方案。

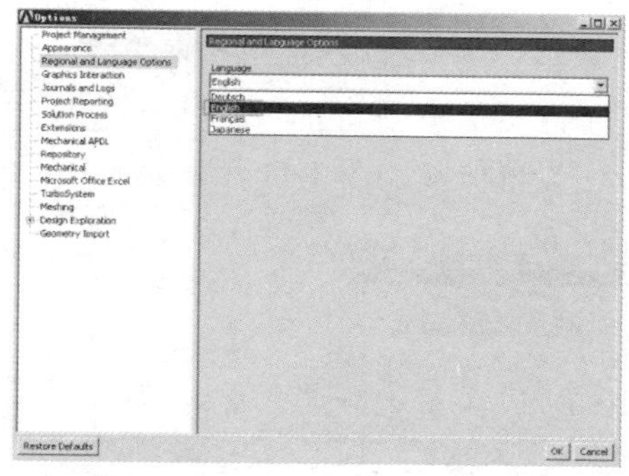

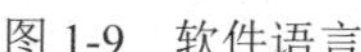

图 1-9　软件语言

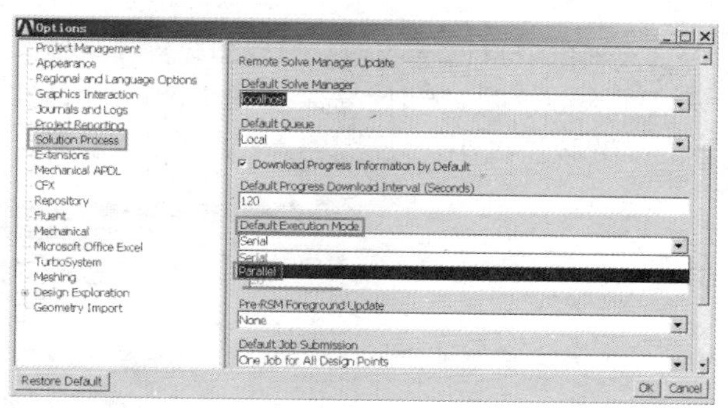

图 1-10　并行计算设置

虽然已经在此处开启了并行计算，但是软件默认的可并行核心数仅是 2。对于绝大多数用户使用的物理核心数量大于两个的计算机，单纯用此法仍无法完全发挥 CPU 性能，需要手工设置核心数量。

单击 Mechanical APDL（机械设计 APDL），在右边的 Processors（核心数量）下方输入实际的物理核心数量，此处暂时为 20。此处设置的核心数如果超过了计算机实际的物理核心数，求解时软件会发出警告，但不影响计算。

注意：软件实际可调用的最大核心数量受到计算机物理核心数量与软件许可证中对核心数量限制的限制（一般为 8 个物理核心），两者取较小值。

现在，几乎全部的多核心 CPU 都使用超线程技术，以增强部分应用下的执行效率。笔者做了其他条件相同的情况下，是否开启 CPU 的超线程技术，求解时间的测试。结论是采用直接求解器进行分析，关闭超线程技术后，会较默认开启时，在 CPU 长时间满负荷运行的求解时节约 10%左右的计算时间。关闭超线程技术需要在计算机开机的硬件自动检测阶段进入 BIOS 中设置。其设置方法随不同的主板 BIOS 而略有差异，请用户自行参考主板说明书。

在刚刚升级到 15.0 版本时，笔者也做了一个同样的分析项目，不同网格数量下，14.5 版与 15.0 版求解时间的对比测试。结论是 15.0 大约比 14.5 快 10%。所以追求新版本是有利的。

当分析规模较大或者可能分析规模不大，但是求解所需的内存容量超过计算机实际的内存容量时，需要的磁盘空间可能会很大，需要设置一个较大的工作空间，否则软件会报错而自动退出计算。

单击 Mechanical APDL，将 Database Memory（数据库空间）从默认值 512MB 调小，最小为 32MB，此处设置成 64MB，并将 Workspace Memory（演算空间）的容量从默认值 1024MB 调大至 102400MB。

计算机通过内存条得到物理内存。ANSYS 运行时除了需要物理内存空间外，还需要一定的工作空间。求解规模较大时，ANSYS 程序实际需要的内存空间经常大于真实的内存，额外的内存即为虚拟内存（通过使用计算机的一部分硬盘空间来代替物理内存。由于硬盘的读写速度约为内存的百分之一，当程序不得不调用虚拟内存时，其整体性能受到严重影响，以至于可能的求解时间是内存空闲容量较多时的数十倍）。被用来作为虚拟内存的硬盘空间又称为交换空间。工作空间分为两部分：数据库空间（Database Memory）和演算空间（Workspace Memory）。数据库空间与几何建模、设置的边界及载荷等数据有关；演算空间则用来进行所有内部的计算，如单元矩阵的形成、布尔计算等。

如果模型数据库太大，导致数据库空间不足时，ANSYS 程序就会调用虚拟内存；如果演算空间不能满足内部计算需要的空间，则 ANSYS 程序会分配额外的内存去满足其需要。Database 设置过小，还会导致读取结果文件时间过长。设置位置如图 1-11 所示。

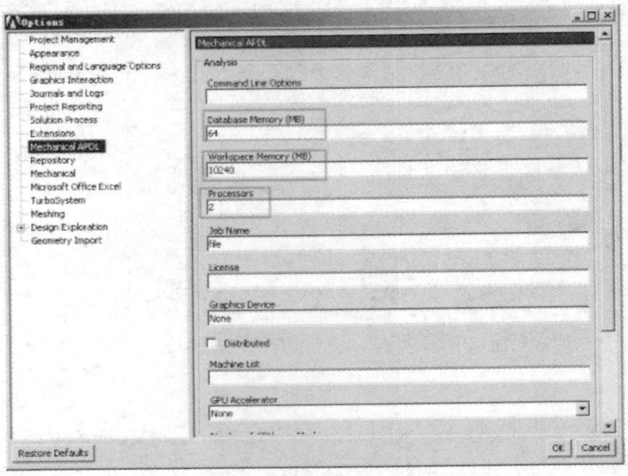

图 1-11　并行核心数

模型接口设置。要具有与其他软件之间的模型接口功能，需要相应的许可证支持。本书中所有案例采用的模型均使用三维机械设计软件 Solidworks 建立，并导入 ANSYS Workbench 15.0 平台计算。Workbench 平台使用的模型内核基于 Parasolid（X-T）平台。虽然 Workbench 15.0 可以识别几乎全部建模软件建立的模型，但是当模型保存为*.X-T 格式时具有最好的识别精度与速度。建议使用其他软件建立分析模型的用户，尽量将模型另存为此格式。如果遇到部分特征不识别等错误时，也可以尝试*.igs 或*.spt 等其他中间格式文件导入。

学习优化设计模块的预备知识。虽然使用中间格式可以提高物理模型的识别精度与速度，但是如果模型需要使用 Workbench 优化设计模块进行模型特征数据识别时，建议仍使用建模软件默认的格式导入。

注意： 不是所有的模型特征数据都能被识别。默认情况下，只有当模型特征数据的前方包含 DS 字样时才可以被识别。如果模型是使用 Workbench 平台自带的 DM 模块建立的，则特征数据的首字母默认为 DS，可全部被识别。

由于 Solidworks、UG、Pro/e 等三维机械设计软件在建模能力与操作易用性方面均远超 ANSYS 自带的 DM 模块或 SCDM 模块，因此笔者放弃了使用 DM 模块建立物理模型的方式，而将 DM 模块仅用于模型导入、合并模型和建立点焊之用。当然，SCDM 模块修改与修复模型的能力是非常强大的。

进行优化设计分析时，需要将模型的尺寸等特征数据被 Workbench 识别，并依照一定的优化算法迭代计算，找到最优解。而默认的其他软件（除 DM 模块外）建立的模型，由于特征数据的标题与 Workbench 的默认值 DS 不同，往往无法被识别。

单击 Geometry Import（模型导入），在右边的 Filtering Prefixes and Suffixes（首字母与下标过滤）文本框中将默认的 DS 字样删除。这样 Workbench 可将模型的全部特征参数识别，如图 1-12 所示。

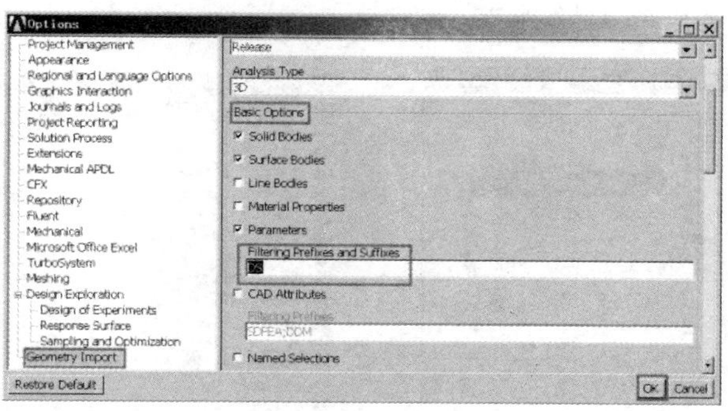

图 1-12　模型接口

如果需要进行参数化的特征数量较少，而模型特征数量极大，建议用户在设置如尺寸等参数的时候将其修改成方便识别的名称。在大量的尺寸参数中找到需要进行参数化的特征，可以将其修改成如图 1-13 所示的形式。

举个例子，将 Solidworks 软件中默认的尺寸特征“D4@草图 2”修改为“D4 需要参数化的@草图 2”，尺寸数据为 70，单位为 mm。

将模型导入一个分析模块后单击 Geometry 下方相应的模型零件，即可在 Details of 1-1（模型 1-1 的详细信息）下的 CAD Parameters（CAD 参数化）下方找到刚刚修改的“D4 需要参数化的@草图 2”，尺寸数据仍为 70，单位为 mm。已经被选择的参数化数据的前方也会出现蓝色的 P（Parameters，参数化）字样。再次单击它会删除选择，如图 1-14 所示。

图 1-13　参数化首字母

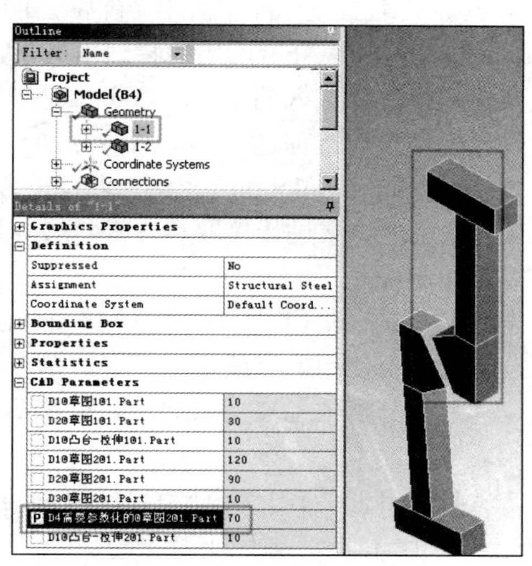

图 1-14　参数被识别

如果一个分析项目存在已选的参数化数据，回到项目管理区时会出现如图 1-15 所示的效果。在静力学分析模块下方增加了 B8 Parameters（参数化）。

定制化工具箱。如果购买了高级许可证，在 Toolbox（工具箱）中往往包含较多的模块图标。由于常用的模块并不多，为了看起来更加清爽，可以不显示部分模块的图标。

单击项目左下方的 **View All / Customize...**（查看全部模块/定制）按钮，在右边弹出的 Toolbox Customization（定制化工具箱）中勾选需要的图标，如 Modal（模态分析模块）。关闭时单击左下方的 Back（回退），如图 1-16 所示。

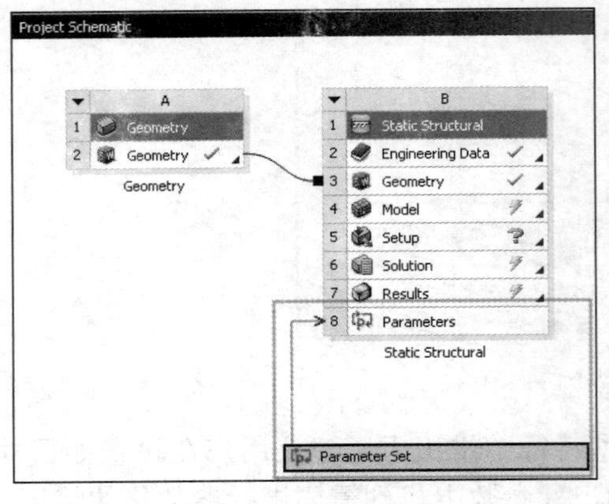

图 1-15　参数化效果

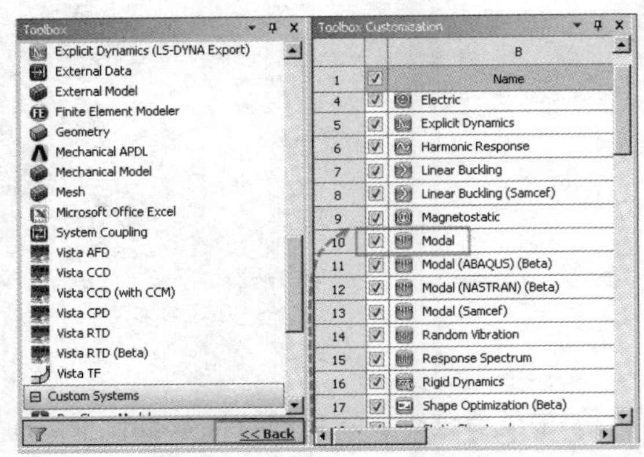

图 1-16　定制化工具箱

第二个设置并行核心数量的位置：需要进入一个分析模块后方可设置。双击 Toolbox（工具箱）中 Analysis Systems（分析系统）里的任意一个模块，如图 1-16 中的 Model（模态分析模块）。再导入任意一个模型，以方便进入分析模块中进行设置。

打开模态分析模块后 Project Schematic（项目管理区）中会生成相应的分析模块，其中 A 代表第一个模块。

A1 的名称为 Model（模态分析模块），代表此模块用于进行模态分析；A2 Engineering Data（工程数据）内包含分析所需的材料属性的设置，Workbench 默认的材料为结构钢；A3 Geometry（模型）代表分析所用的物理模型，它可以是使用该模块（DM 模块）建立的，也可以是从其他建模软件导入的；A4 Model（有限元模型）代表将物理模型离散化以建立适合分析的有限元模型，通常称之为“画网格”；A5 Setup（荷载）代表加入到有限元模型上的荷载与边界条件数据；A6 Solution（求解）求解设置与对有限元模型方程组的计算；A7 Results（结果）对计算完成的结果进行提取和分析。从 1 到 7，自上而下的顺序操作也是一个基本有限元分析所需要的流程。

右击 A3 Geometry（模型）并选择 Import Geometry（导入模型），选择第 15 章性能试验台子模型技术案例中使用的直线模块模型，单击“直线模块 s.X-T”文件，此处出现的几个模型文件是在之前的分析中已被使用的，如果需要新添加则单击 Browse（浏览）选项进行，如图 1-17 所示。

双击 A4 Model（有限元模型）进入 Design Simulation（设计分析）模块。模态分析模块属于 DS 模块的一部分，如图 1-18 所示。

进入后单击 DS 模块菜单栏上的 Tools（工具）→Solve Process Settings（求解过程设置），

如图 1-19 所示。

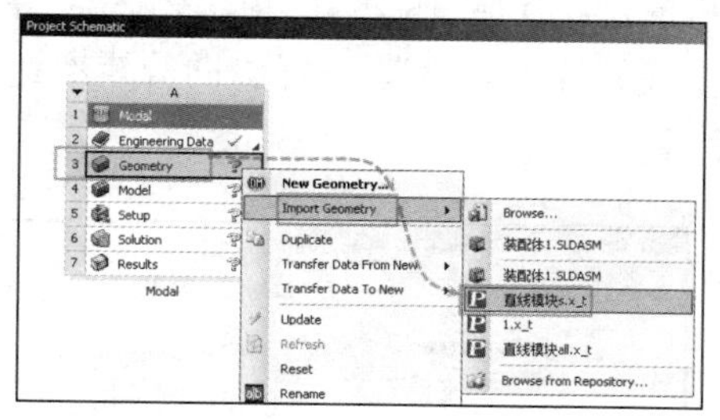

图 1-17　导入模型

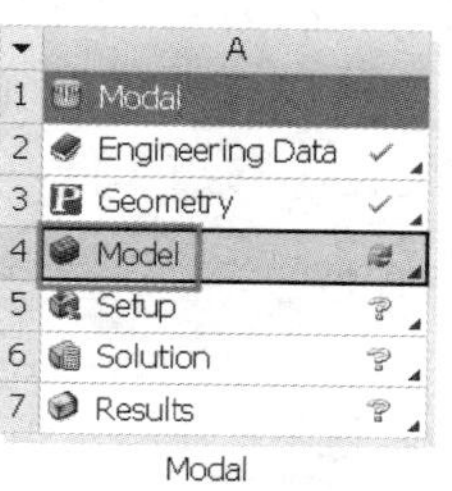

图 1-18　进入 DS 模块

单击 Advanced（高级设置）按钮，如图 1-20 所示。

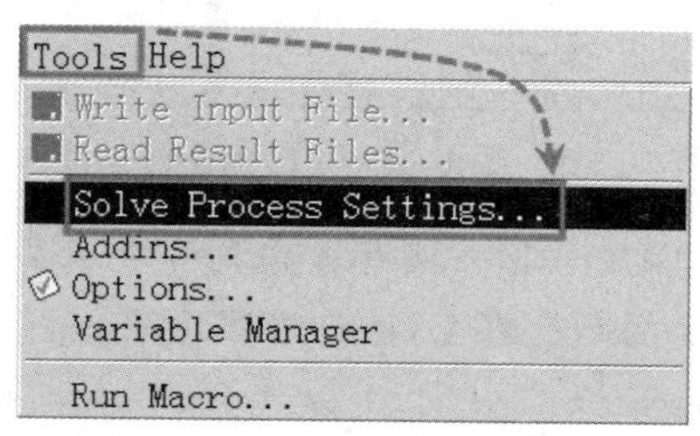

图 1-19　求解过程设置

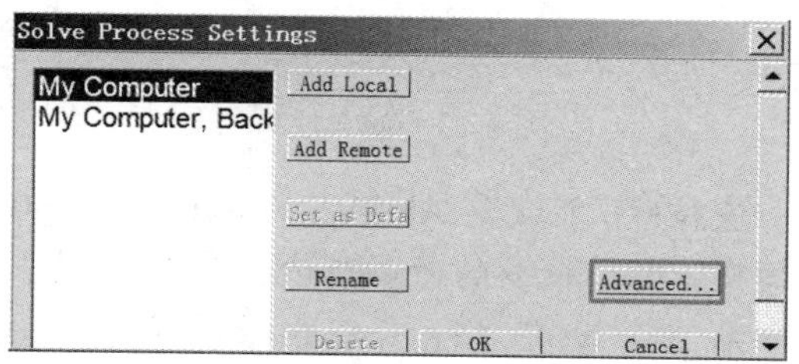

图 1-20　高级设置

设置核心使用数。在 Max Number of Utilized Processors（最大利用核心数）后方输入计算机实际的物理核心数量，如图 1-21 所示。当计算机配备专用 GPU 加速卡以及相应的驱动程序时，ANSYS 可通过调用 GPU 中远超过 CPU 的强大的浮点计算能力来帮助加速求解，需要 13.0 以上的 64 位版软件。在此设置 GPU 加速。当然，这受到软件功能限制和许可证对 GPU 加速卡数量的限制。有关 GPU 加速求解的知识在第 29 章中详细介绍。

显示注解数量的设置。回到 DS 模块的菜单栏，单击图 1-19 中的 Options（设置）选项。如果加载的荷载或约束大于 10 个，默认会仅仅显示前 10 个，而更多的无法显示，如图 1-22 所示，任意加载了 14 个边界条件与荷载后只能显示前 10 个。有时这会丢失一些数据。

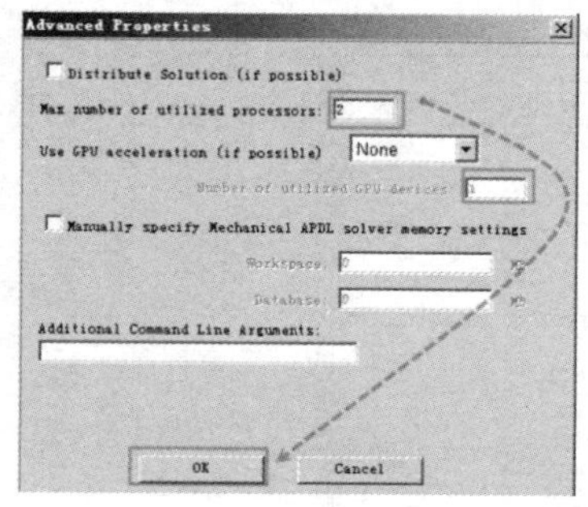

图 1-21　核心使用数

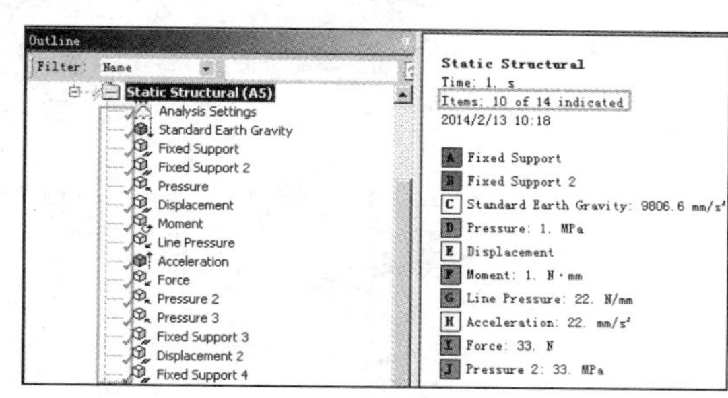

图 1-22　默认的注解

单击 Options（设置）左边的 Graphics（如图 1-22 所示），将 Max Number of Annotations to Show（最大显示的注解数量）后方设置成更大的数值，此处更改为 50。设置后如图 1-24 所示，已全部显示了 14 个边界条件及荷载信息。

经过笔者测试，在笔记本 1366×768 分辨率屏幕下，受纵向分辨率限制，最多只能显示 23 个注解。如需显示更多，一种方法是将笔者台式机的 EIZO 牌 15 英寸 2048×1536 分辨率液晶显示器旋转 90 度，并在系统设置中将显示分辨率设置成“纵向”。这样纵向分辨率达到了 2048 像素，为笔记本的约 3 倍，就可以显示更多的注解了。

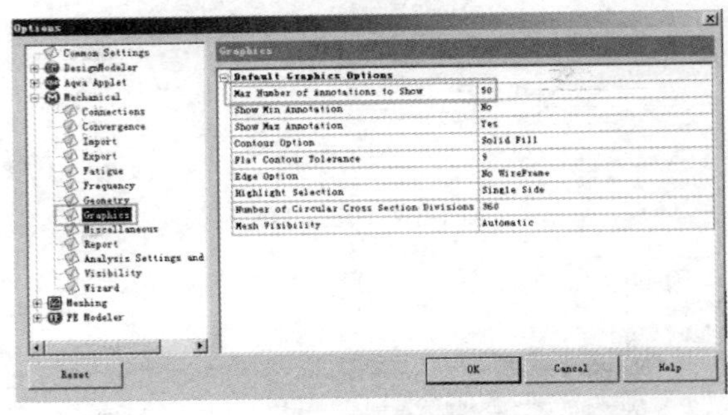

图 1-23　最大注解数量

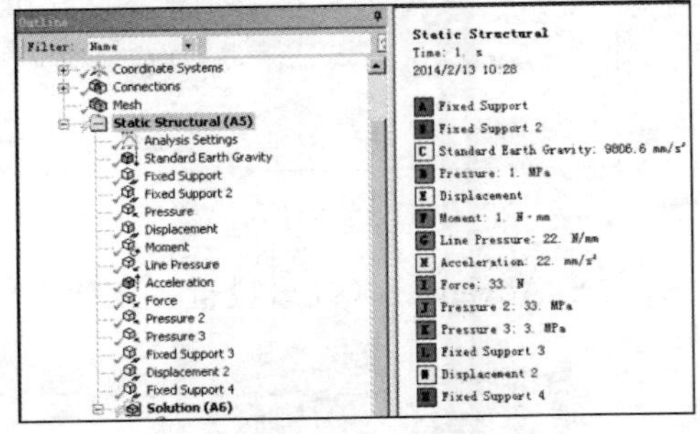

图 1-24　更改后的注解

注意：可能这是 ANSYS Workbench 15.0 中的一个 BUG，其并没有考虑到可能在某项分析中加载了数量较多的荷载与边界条件时注解的完整显示问题。在 16.0 中仍有此问题。

第三个设置并行核心数量的位置：画网格时的多核心并行计算。15.0 之前的早期 Workbench 平台在划分网格的时候都只能调用 CPU 中的一个物理核心计算，这是一种无奈的浪费。虽然早期版本也可以设置成多核心并行，但是并行效果不好，其划分效率与单核心差别不大。在 Workbench 15.0 平台中，可以更好地调用更多的核心参与网格划分计算，使得前处理操作效率大大提高。官方的宣传信息是“最大加速 27 倍”。

在 Options（设置）中，单击左边的 Meshing（网格），再单击下拉菜单 Meshing（网格），在右边的 Number of CPUs for Meshing Methods（划网格使用的核心数量）和 Number of CPUs parallel Part Meshing（网格并行核心数）后方分别输入计算机的物理核心数量。由于笔者笔记本 T6600 型号的 CPU 为双核心，此处设置为 2；笔者台式机 XEON E3 1230 V2 型号的 CPU 为四核心，此处设置为 4。设置完毕后单击 OK（确定）按钮，如图 1-25 所示。

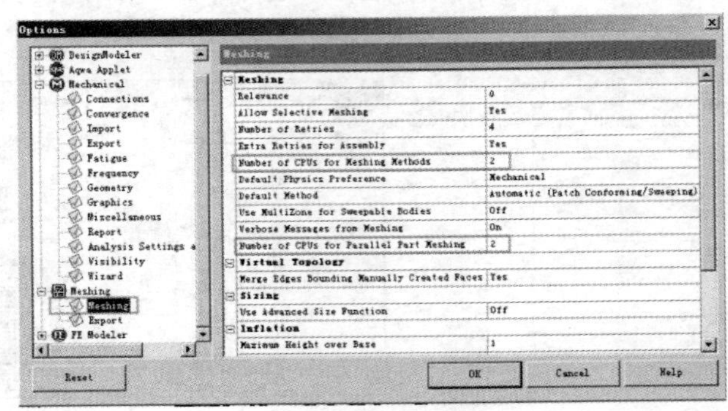

图 1-25　并行设置

单击菜单栏上的 File（文件）→Close Mechanical（退出机械设计模块），如图 1-26 所示。至此，完成了对软件的初始设置。

开始第一个静力学分析。本案例对某商用电梯的钢结构框架模型进行最基本的静力学分析计算，通过加载重力加速度荷载并在两端和中间设置共计三组固定位移约束，以计算其在自重下的变形量。由于初学者最需要的是对工作流程的熟悉，因此本案例仅介绍最基本的操作。

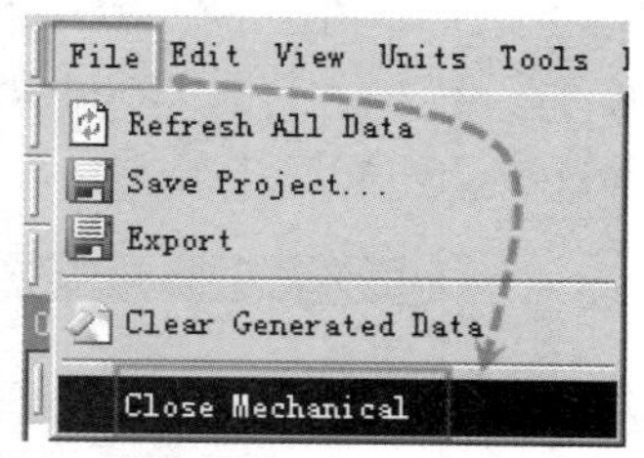

图 1-26　退出模块

更改模块。早在图 1-18 中已经打开了一个模态分析模块。其与本案例需要的静力学分析不同，需要更换模块。一般可以右击 A1 Model（模态分析模块）并在下拉菜单中选择 Deltree（删除）命令删除不需要的模块，再在 Toolbox（工具箱）中拖拽出一个新的静力学分析模块。其实也可以直接在不需要的模块上更改。

右击模态分析模块左上角的黑色三角形图标处，在下拉菜单中单击 Replace（替换）→需要的 Static Sturctural（静力学分析模块），如图 1-27 所示。

更改模型。右击更换为静力学分析模块的 A3 Geometry（模型）项目，在下拉菜单中单击 Replace Geometry（替换模型）→Browse（浏览），如图 1-28 所示。

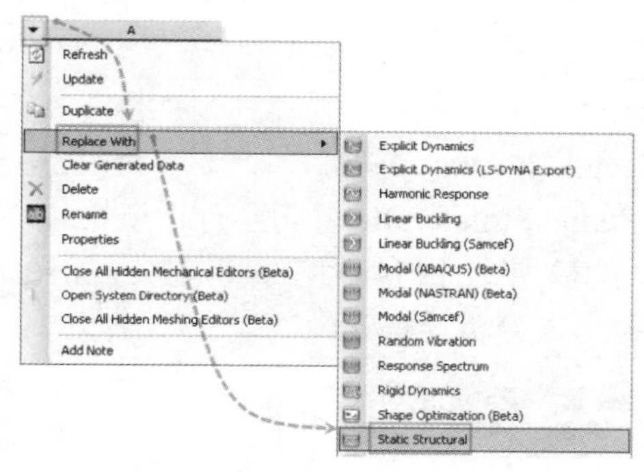

图 1-27　更改模块

图 1-28　更改模型

找到文件大小为 640KB 的总装配体模型，单击“打开”按钮，如图 1-29 所示。导入后模型如图 1-30 所示。

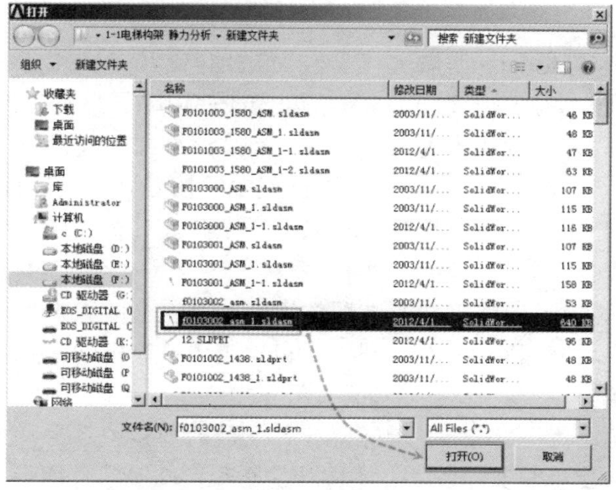

图 1-29　打开模型

另一种导入模型的方式。需要安装三维软件（如 Solidworks 等）与 Workbench 15.0 之间的模型接口，并且需要专用的许可证。

打开模型。打开 Solidworks 软件和需要的模型，单击菜单栏上的 ANSYS 15.0→ANSYS Workbench，如图 1-31 所示。

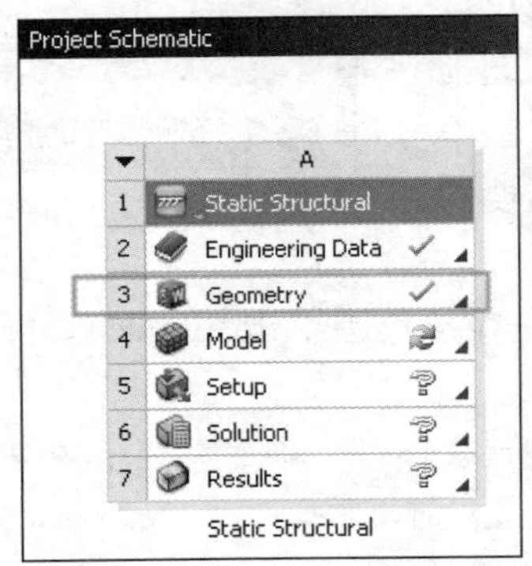

图 1-30　导入后的效果

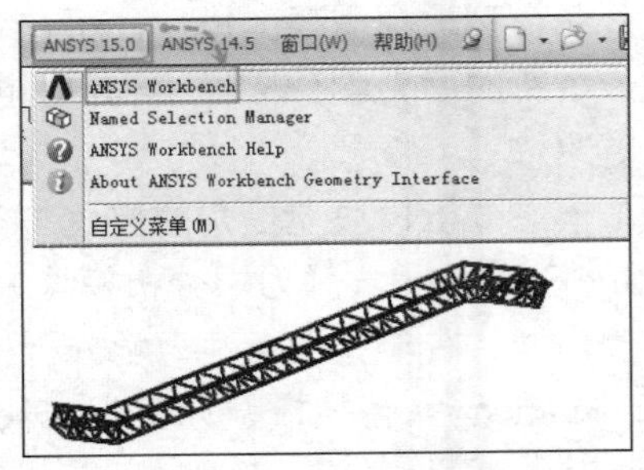

图 1-31　另一种导入方法

第三种方式是通过 DM 模块打开。

稍等几分钟后 Workbench 15.0 打开并在 Project Schematic（项目管理区）下生成一个 Geometry（模型）。单击 Toolbox（工具箱）下方的 Static Structural（静力学分析模块），将其拖动到 A1 Geometry（模型）中。这会自动将刚刚导入的模型文件与静力学分析连接，如图 1-32 所示。之后会在右边生成一个 B1 Static Structural（静力学分析模块）。

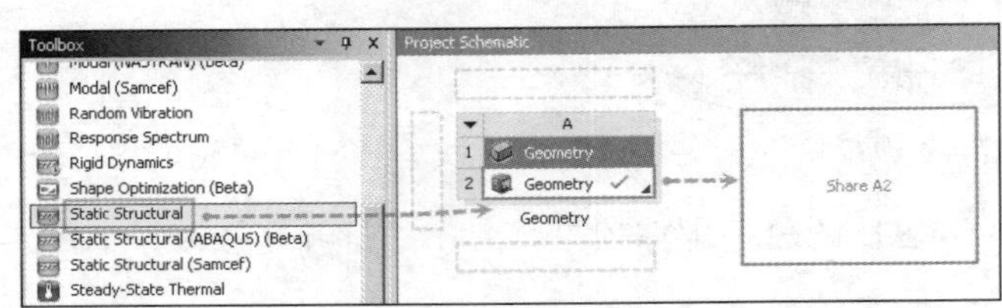

图 1-32　打开静力分析

划分网格。双击 B4 Model（有限元模型），如图 1-33 所示。由于模型零件较多，导入过程花费了近 10 分钟。图 1-34 所示为导入进度和 CPU 使用率。最新版的 Workbench 15.0 的并行计算能力得到了提升，在之前版本尤其是 14.0 之前，该过程一般只能使一个核心 100%运行，而其他核心相对闲置，15.0 中大部分时候可以让更多的核心满负荷运行。由图 1-34 可见，导入过程中的大部分时间 CPU 占用率都在 70%以上。在此计算机平台下导入模型，几乎可比之前的版本快一倍。进度条下方的“F0103001”字样代表了正在导入的模型零件名。

直接导入由 Solidworks 软件创建的装配体模型，其包含的数据量较大。在不执行优化设计分析时，也可以考虑将其另存为 X-t（Parasolid）或 Igs 等中间格式。这样模型文件更小，导入速度也会快很多倍。

注意：对于多个零件的模型而言，导入后零件之间的连接关系会被 Workbench 默认地使用绑定接触连接。当接触数量很多时会极大地增加运算量，而且零件间的网格节点也不连续，非常容易出现应力奇异现象。为了降低计算量，可以在 DM 模块中选中适当的零件，再使用 Form

New Part（合并为新部件）。详细的操作过程将在第 20 章压力容器弹塑性分析案例中介绍。

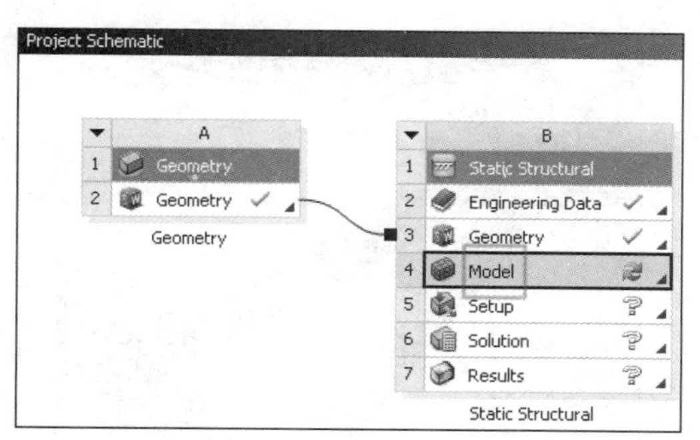

图 1-33　划分网格

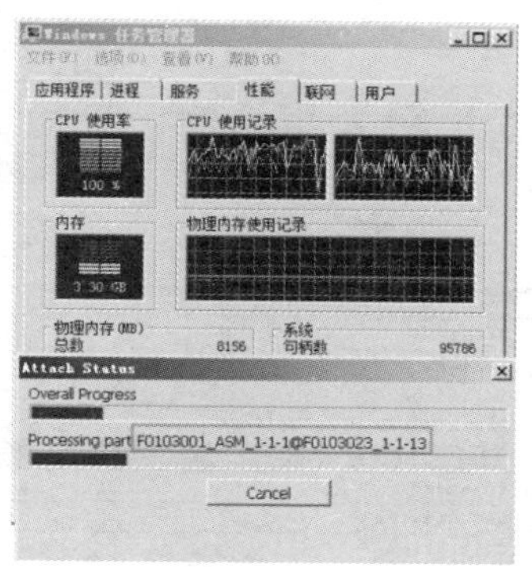

图 1-34　导入进度

案例仅做演示，划分网格时暂时设置一个全局网格尺寸。进入模块后单击 Outline（分析树）下方的 Mesh（网格），向下在 Details of Mesh（网格的详细信息）下方点开 Sizeing（网尺寸），在下方的 Element Size（单元尺寸）后方输入 50mm，单击菜单栏上的 Update（刷新网格）按钮，如图 1-35 所示。

注意： Outline（分析树）为用户提供了一个模型的分析过程，包括模型、材料、网格、荷载和求解管理等。

与导入模型中的多核心并行运行类似，多核心并行划分网格功能也是 Workbench 15.0 的重要革新。它可以在大部分时间里让 CPU 满负荷参与计算，极大地提高了效率。网格划分过程如图 1-36 所示。

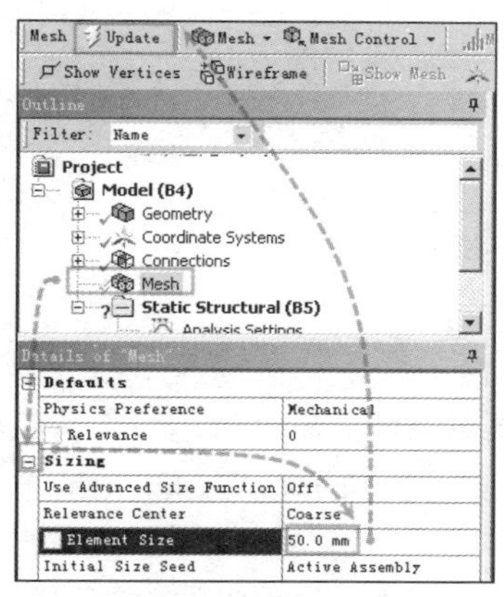

图 1-35　刷新网格

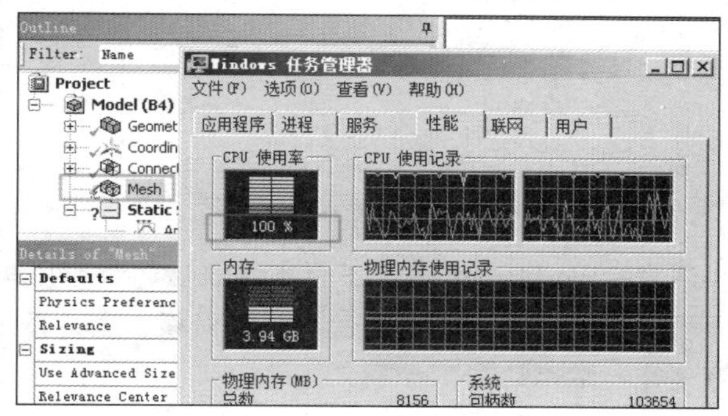

图 1-36　正在划分网格

划分完成后可以查看网格数量统计信息。单击 Outline（分析树）中的 Mesh（有限元模型），然后打开 Details of Mesh（网格的详细信息）最下方的 Statistics（网格统计），可以看到该有限元模型的 Nodes（节点数）为 875864 个，Elements（单元数）为 159696 个，属于中等规模，如图 1-37 所示。划分后的网格经过局部放大后如图 1-38 所示。

注意： 要在 Workbench 平台的各个模块下局部放大显示模型，可以在模型空间处右击并拖动划出需要局部放大部分的矩形框，然后放开鼠标。如果拖动的矩形框有一部分位于左上角的项目标题附近，则会毫无放大反应，请将矩形框适当远离标题。放大模型也可以使用滚动鼠标滚轮的方法。

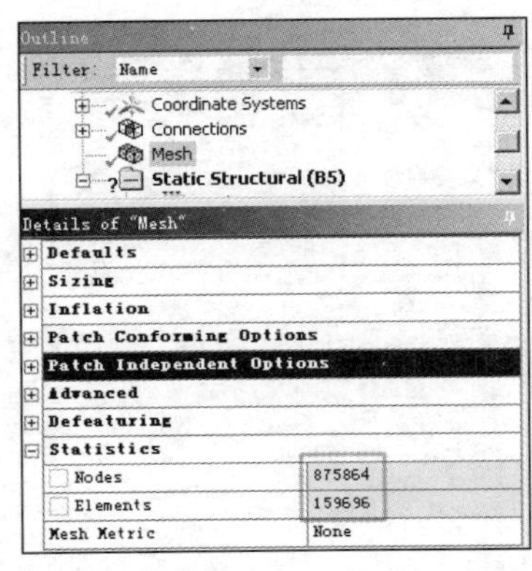

图 1-37　网格数量

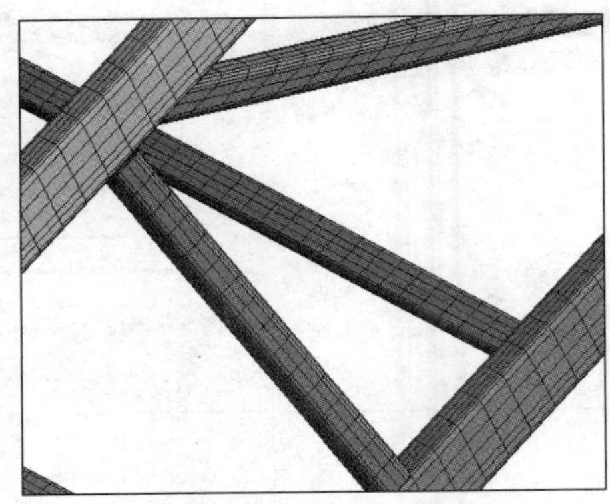

图 1-38　划分后的网格

加载重力。单击 Outline（分析树）下方的 Static Structural（静力学分析），再单击菜单栏上的 Inertial（惯性荷载）→Standard Earth Gravity（标准地球重力），如图 1-39 所示。图 1-40 所示为默认重力加速度加载的方向。其与本案例中需要的相反，需要将其反向旋转。

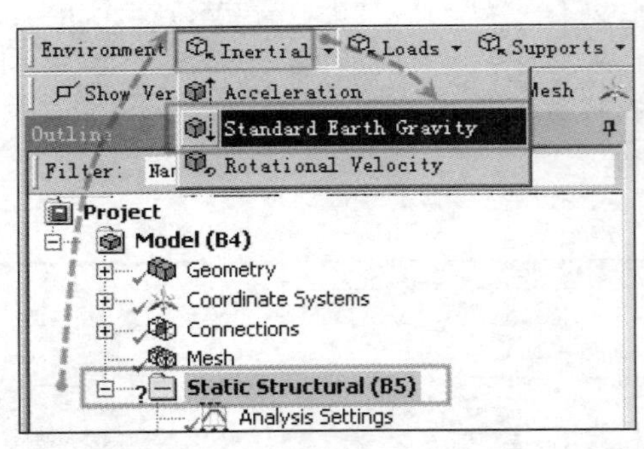

图 1-39　加载重力

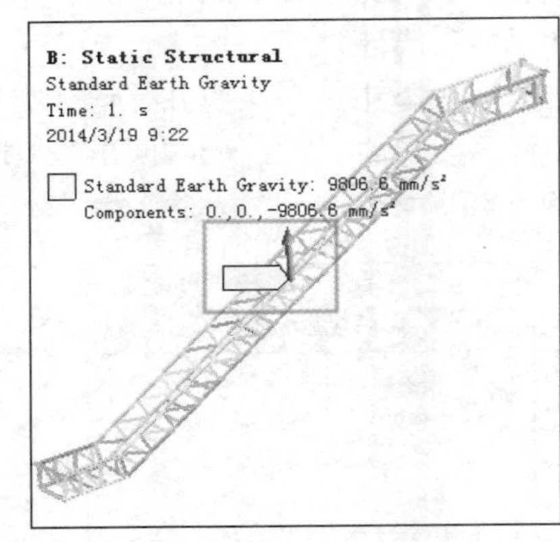

图 1-40　自重方向

注意：Workbench 平台下自重加载后的箭头方向与经典版 ANSYS 中的不同。在经典版中是加载一个方向向上的加速度效应，以模拟重力产生的向下的力；而在 Workbench 平台中，改为更符合常识的向下加载。

更改重力方向。单击 Details of Standard Earth Gravity（标准地球重力的详细信息）中的 Direction（方向），下拉选择+Z，如图 1-41 所示。

注意：该方向以模型坐标系为准。坐标方向需要参考模型空间右下角。

图 1-42 所示为更改后的方向，其与实际相同，更改成功。

施加约束。在电梯框架两端分别施加固定位移约束，并在框架接近中部的支撑面上施加另一个固定位移约束，以模拟其实际的连接固定状态。

单击 Outline（分析树）下方的 Static Structural（静力学分析），按住 Ctrl 键分别单击框架顶部的两个固定面，单击菜单栏上的 Supports（支撑）→Fixed Support（固定位移约束），如

图 1-43 所示。

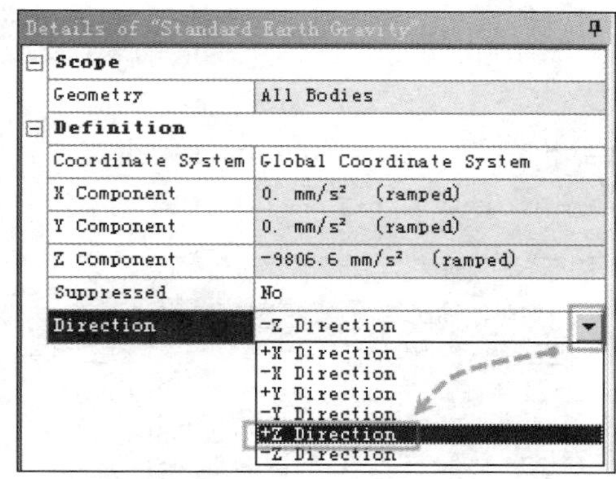

图 1-41　更改方向

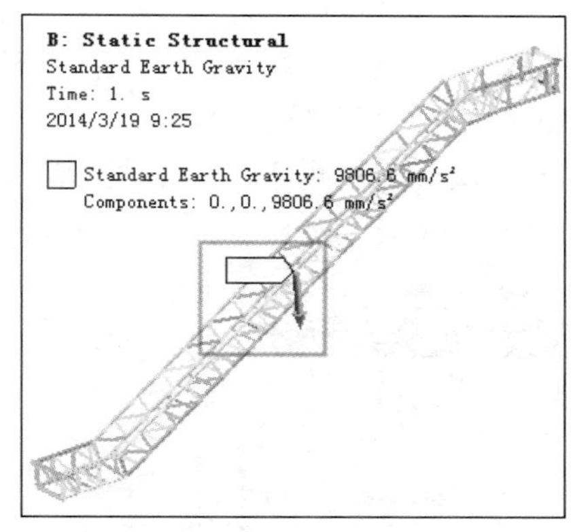

图 1-42　更改成功

注意：固定位移约束是将约束所属范围内全部方向的自由度约束。如与实际状态不同，需要使用其他方式的约束。

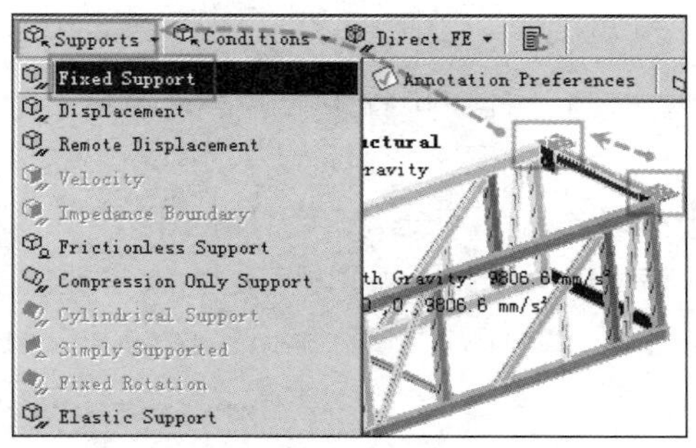

图 1-43　施加约束

下面列出一些约束的解释。

Displacement（位移约束）：用于在顶点、边或者面上给定已知的位移，允许在 X、Y、Z 方向给予强制位移。输入 0 代表此方向被约束。不设定某方向（显示 Free）意味着该方向可以自由运动。

Remote Displacement（远端位移）：允许在远端加载平动和旋转位移，默认位置为几何模型的质心，可以使用整体坐标系或局部坐标系。

Frictionless Support（无摩擦约束）：在面上施加法向约束。

Compression Only Support（只压缩约束）：在给定的表面施加法向仅有压缩的约束。由于不确定是否存在压缩面的行为，需要迭代求解判断哪个表面表示了压缩行为，为非线性问题。

Cylindrical Support（圆柱约束）：施加在圆柱表面，可以指定轴向、径向或切向约束。该约束仅用于线性分析。

Simply Support（简支约束）：仅用于面体或线体模型的 3D 模拟，可以施加在梁或壳的边或顶点上，限制平移，但是所有旋转都是自由的。

Fixed Rotation（固定转动约束）：可以施加在壳或梁的顶点、边或表面上，约束旋转但不限制平移。

Elastic Support（弹性支撑约束）：允许在面或边上根据弹簧行为产生移动或形变。弹性支撑基于定义的基础刚度，即产生基础单位法向变形的压力值。

在模型底部表面同样施加一组固定位移约束，如图 1-44 所示。模型中部的约束，为了节约篇幅暂不介绍，其加载方法同上。

本案例仅查看自重下的变形值。单击 Outline（分析树）下方的 Solution（分析），再单击菜单栏上的 Deformation（变形）→Total（总变形），如图 1-45 所示。

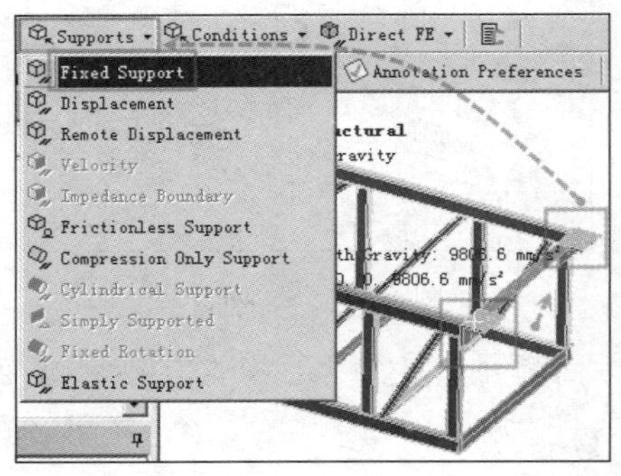

图 1-44　另一个约束

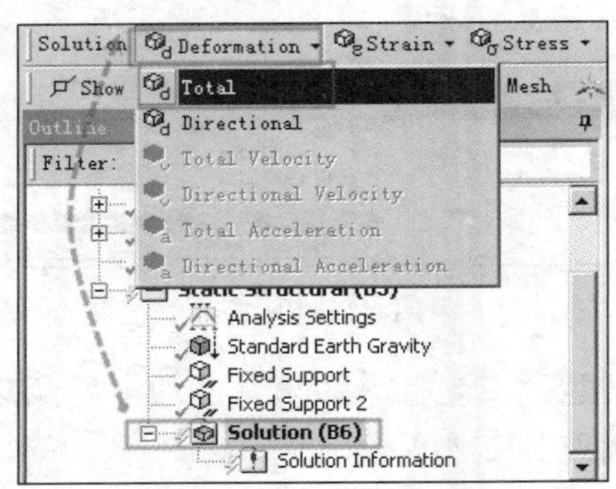

图 1-45　变形结果

准备工作已经完成，保存项目文件再进行求解。单击 File（文件）→Save Project（保存项目文件），如图 1-46 所示。

由于有限元分析过程中或者结束后会形成巨大的结果文件，故需要将项目文件保存在磁盘空间较大的位置。一般留有 100GB 的空间即可满足绝大多数的情况。

在弹出的对话框中暂时将项目名保存为 2，单击“保存”按钮，如图 1-47 所示。

图 1-46　保存文件

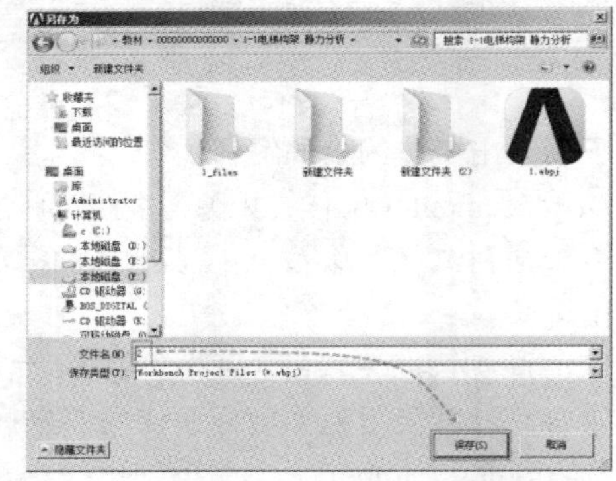

图 1-47　命名并保存

检查各项设置无误后单击菜单栏上的 Solve（求解）按钮。依照分析规模和计算机硬件的不同，小规模分析的求解时间以分钟为单位计时；大规模分析时，以小时或天为单位，如图 1-48 所示。

求解过程中或完成后可以查看求解信息。单击 Outline（分析树）下的 Solution Information（求解信息），在右边的 Worksheet（工作表）中可以查看求解进度和错误信息，如图 1-49 所示。

尤其是计算报错，提示 error（错误）时，仔细查看非常冗长的求解信息是找到错误原因和解决错误的重要渠道。

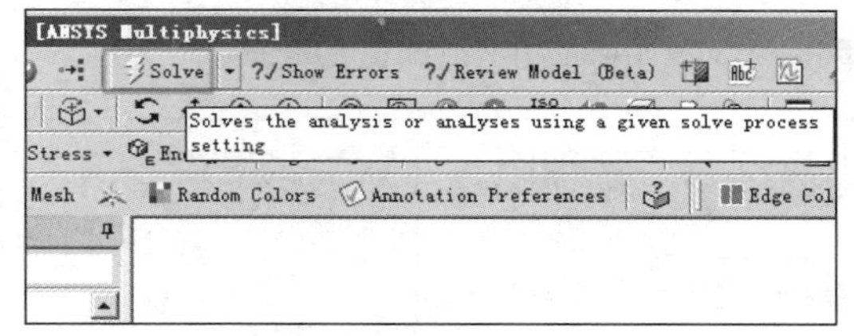

图 1-48　求解

在 Worksheet（工作表）最下方显示了求解时间等信息。其中 Maxmum total memory allocated（最大内存分配数）为 9808MB，约为 10GB。这意味着本计算至少需要配备 16GB 内存的计算机才可以保证内存有足够的空闲空间用于求解（相对地，硬盘、光盘、U 盘等属于外存），而不出现性能瓶颈，严重拖累其他高速部件性能的发挥，浪费宝贵时间的情况；Elapsed Time（消耗的时间）是查看求解消耗多少时间的重要信息。该计算在笔者 XEON E3 1230 V2 版本 CPU 和双通道 16GB 内存台式机上的求解时间为 2603 秒，约 43 分钟，如图 1-50 所示。

经验表明，使用隐式算法时，许多问题的计算成本大致与自由度数的平方成正比，而且磁盘空间和内存需求和以相同方式增长；使用显式算法时，计算时间与单元数量成正比，且大致与最小单元尺寸成反比，而磁盘空间和内存需求与单元数量成正比，而与单元尺寸无关。用户可以根据实际情况进行估计。

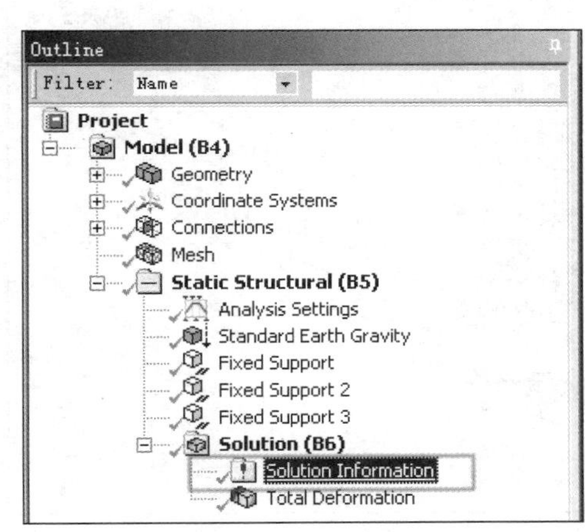

图 1-49　求解信息

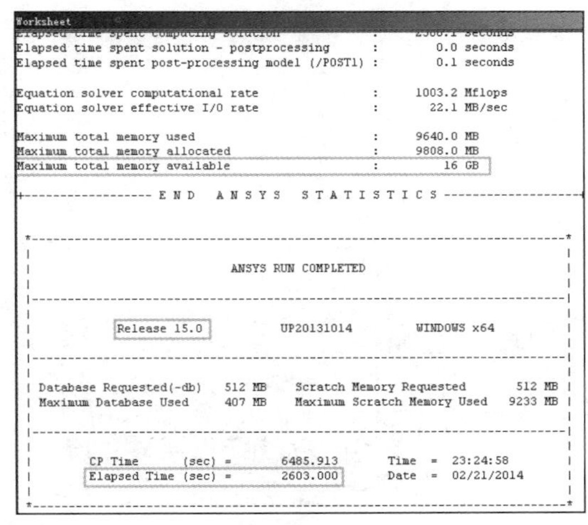

图 1-50　求解时间

结果处理。为了让很微小的结构变形显得更明显，可以使用“放大”功能。单击 Outline（分析树）下方的 Total Deformation（总变形），再单击 Result（结果）后方的下拉菜单。也可以直接在空白处输入放大比例的系数。该处为放大 5.7e003=5700 倍，如图 1-51 所示。

图 1-52 所示为放大后的变形情况。其最大变形量为 0.44414mm。由于中部有约束的存在，整体变形呈现“阶梯”状。在 ANSYS 中，总的变形结果等于 X、Y、Z 三个方向变形值平方的和的开方。

也可以显示模型未变形时的轮廓和最大值的位置。单击菜单栏上 Show Undeformed Model（显示未变形模型）右侧的 Max（最大值）图标。如模型较为复杂，则开启此模式所需要的生成时间稍长，如图 1-53 所示。如果需要查看任意点的变形值，则可以单击右边的 Probe（探针），在模型感兴趣的位置单击，即可显示该点的变形值。

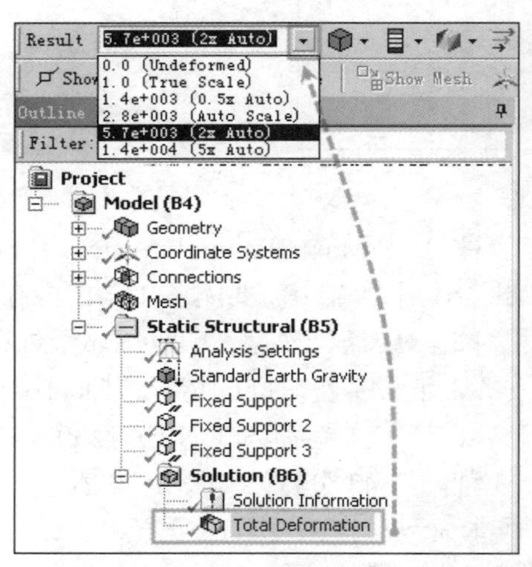

图 1-51　放大比例

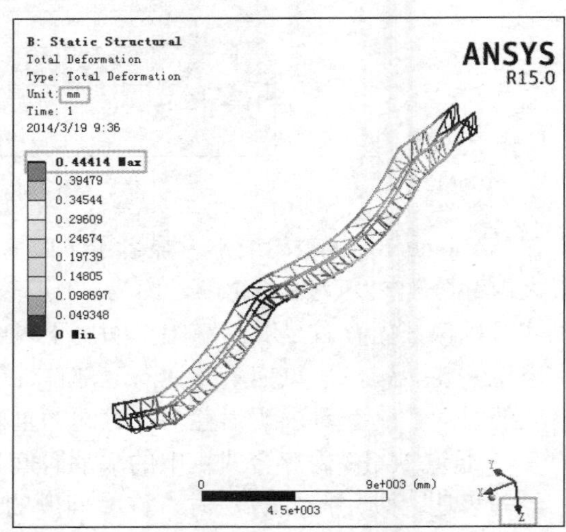

图 1-52　变形结果

图 1-54 所示为该后处理的效果。

图 1-53　未变形模式

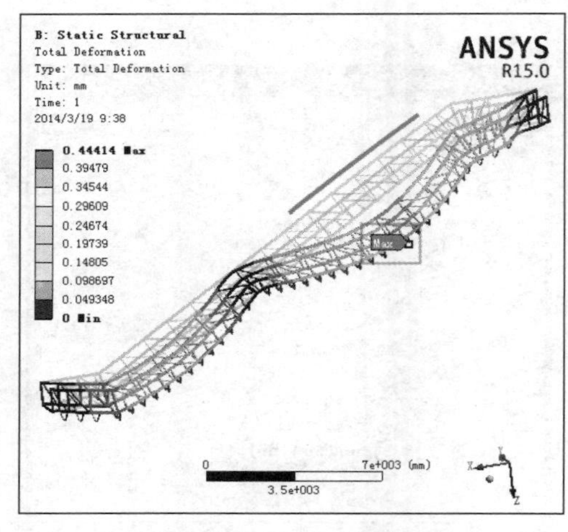

图 1-54　后处理的效果

保存并退出。计算完成，单击 File（文件）→Save Project（保存项目文件）→Close Mechanical（关闭机械设计模块），如图 1-55 所示。

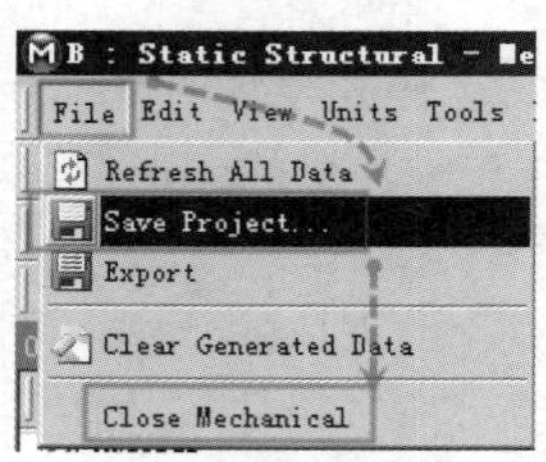

图 1-55　保存并退出

回到项目管理区，单击 File（文件）→Exit（退出），如图 1-56 所示。

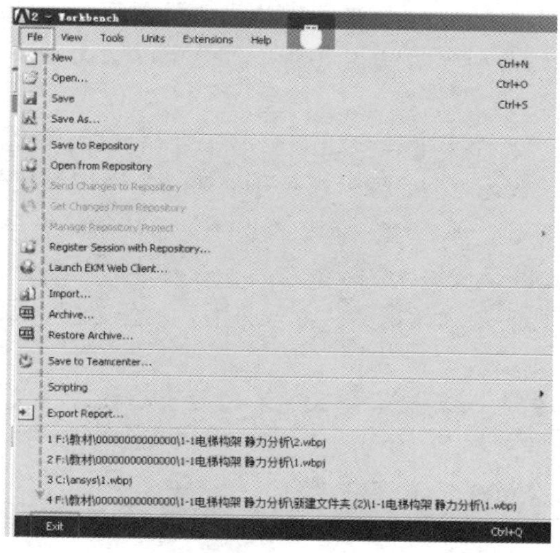

图 1-56　退出平台

如果项目文件稍有改变，在退出 Workbench 平台时还会提示一次保存，应单击 Yes（确认保存）按钮，如图 1-57 所示。

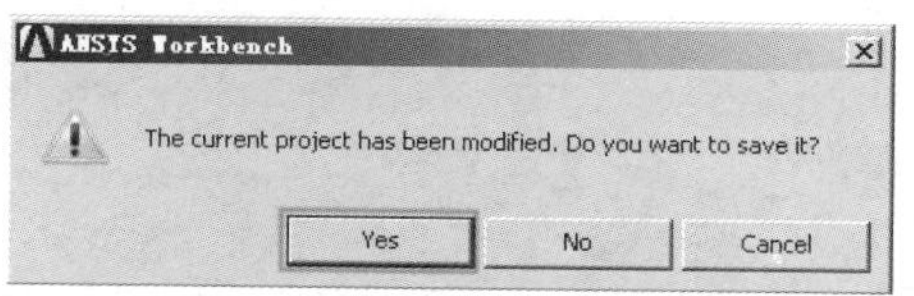

图 1-57　确认保存

图 1-58 所示为使用 14.5 版本的 Workbench 平台对相同模型划分网格时的 CPU 使用率。网格划分的大部分时间可让笔记本的双核心 CPU 使用率保持在 60%左右。与图 1-36 的几乎全负荷运行比较，该版本对 CPU 计算能力的利用率低于 15.0 的水平。

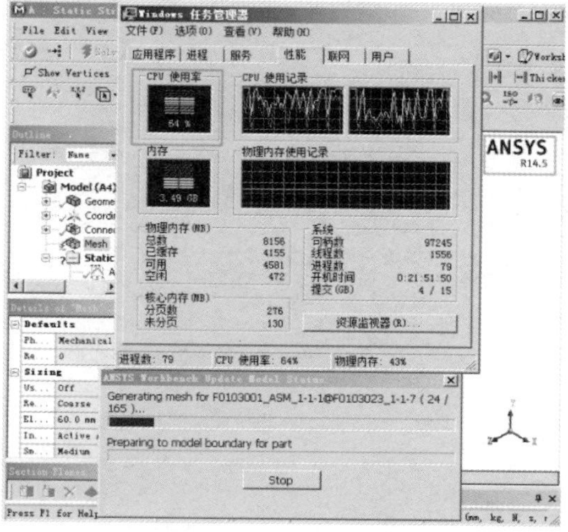

图 1-58　老版本划分网格

注意：有限元工程师的四种境界类似于《道德经》中所说的道、法、术、器。道：为规律、理念、信念；法：为正式颁布的成文法律以及惩罚制度；术：是君主驾驭臣民，使之服从于统治的政治权术；器：为所使用的工具和手段。道以明向，法以立本，术以立策，器以成事。

《易经·系辞》中有“形而上者谓之道，形而下者谓之器。”道而虚，器则实。对于结构工程师而言，力学原理、有限元原理、振动理论等是道，各种计算软件和硬件为器。以道驭器，方能得心应手，以不变应万变。只注重“器”的技法，而不总结升华为“道”，未免有些盲目，有些低效率。对于软件，此器非彼器，所以操作上有着些许的差别。通过熟悉器来逐渐捉摸道，继而达到以道驭器，才是更高层次的境界。力学为本，软件为用，本立则道生。而术和法都是中间层级的境界。

只热衷于在软件中如何点选鼠标是舍本逐末的雕虫小技，但又是初学者的必经之路。以此之上，掌之其道，方能游刃有余。

保存项目文件，退出 Workbench 15.0 平台。

至此，本案例完。

2

CPU 散热器热分析案例

2.1 案例介绍

本案例对一个高功率电子器件的散热器进行热分析，以简单介绍 ANSYS Workbench 15.0 热分析模块的操作和使用，还介绍了学习有限元有关理论和有限元软件操作的方法和思路。

2.2 分析流程

使用三维机械设计软件 Solidworks 建立本次分析所使用的散热器模型，并使用“分割”命令将模型分割成适合划分出高质量全六面体网格的多个零件。在第 17 章中介绍了一些分割功能操作方法和常见模型的分割思路。

由于笔者在安装 ANSYS 软件时已经在两个软件间建立了模型传递接口（需要有关的许可证支持），故 Solidworks 软件建立的模型可以方便地通过模型接口传递给 ANSYS Workbench 15.0 使用。

单击 Solidworks 菜单栏上的 ANSYS 15.0→ANSYS Workbench，如图 2-1 所示。

注意：自 2002 年 ANSYS 7.0 版开始，ANSYS 公司推出了 Workbench 平台后，历经 7.0 ~ 11.0 的第一版 Workbench 1.0 平台的准备到 ANSYS 12.0 ~ 15.0 版 Workbench 2.0 平台的发展，现在 Workbench 平台的分析功能已经越来越全面，操作也越来越人性化。

从建模操作角度上看 Solidworks 简单高效，并且是通过尺寸驱动模型，当需要更改模型时，仅调整零件尺寸的数值并在装配体中调整零件间的装配关系就能非常方便快捷地进行修改。而在 ANSYS Workbench 14.0 的 DM 模块中，没有在各种三维机械设计软件中广泛使用的“装配体”建模概念，模型都是一个整体。在修改模型时，必须重新进行独立的布尔运算，尤其对于使用经典版 ANSYS 的用户来说，对一个模型不停地旋转工作基准面和不停地计算每一条线条的位置关系与尺寸是非常漫长、痛苦且令人生厌的。

随着 ANSYS Workbench 平台的逐渐完善，它已经可以兼容市面上绝大多数三维机械设计软件生成的模型，故笔者强烈建议优先使用各位工程技术人员熟练掌握的三维软件，甚至像笔者这样完全放弃使用 DM 模块建立模型，而转投工作中常用的 Solidworks。对于没有学习过各种三维机械设计软件的 ANSYS Workbench 用户来说，笔者建议用 3 个月的时间学习这些软件来建模，会比使用 DM 更加简单高效。

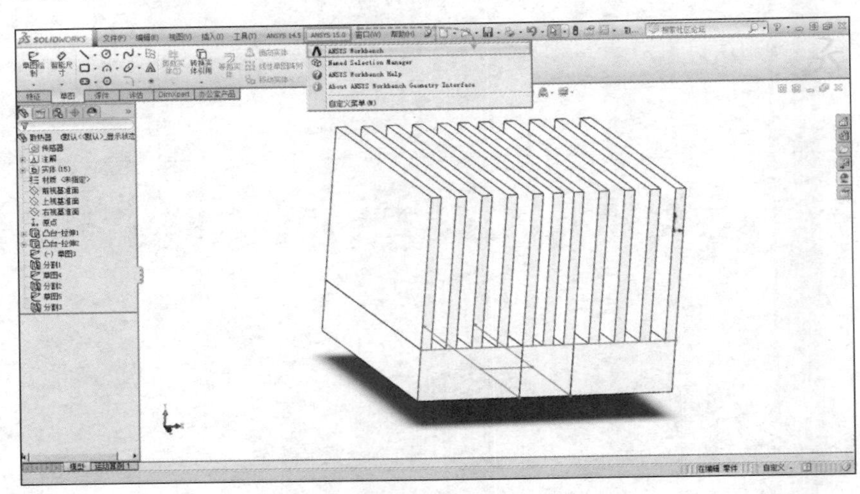

图 2-1　打开 ANSYS 软件

关于模型文件格式。笔者在实际工作中通过使用 X-T（Parasolid）格式模型成功导入过数百个不同复杂程度的模型，达到了接近 100%的成功率。而 IGS 格式和 STP 格式虽然也属于中间格式，但是偶尔会发生丢线和缺面等问题，可以在 X-T 格式无法满足时作为备用手段。

2013 年 12 月发布的最新版 Workbench 15.0 已经可以实现在经典版 ANSYS 中已有的绝大多数分析功能，并且重点扩展了跨模块和跨软件间的数据耦合功能及超级计算能力，实现了较为方便的从经典版中常见的单工况的零件级分析或部件级分析向着整机全工况的系统级分析的能力的跨越。随着 ANSYS 公司通过不断的收购和整合各种软件，扩展其功能范围与实力，在 Workbench 平台下有希望使得有限元分析应用从原有的产品遇到问题时被当作“救火员”的角色，向着全面融入产品设计制造全过程和全程预测产品性能与提高产品性能的目标迈进。

Workbench 平台与经典版 ANSYS 最大的不同是更方便地整合了 ANSYS 收购或合作的各种软件的功能，使其可在一个平台下方便地交换数据和对各种功能进行整合及对多物理场分析的耦合。另外，它可与市面上绝大多数设计建模软件互连。建模软件建立的二维或三维模型可以方便地导入 Workbench 平台，极大地提高了前处理效率，并且模型的尺寸和重量等数据也可以方便地被 Workbench 所识别，为其优化设计模块提供可参数化的数据。

下面开始分析过程，ANSYS 软件打开后会出现如图 2-2 所示的欢迎界面。从 ANSYS Workbench 13.0 到现在的 15.0，此界面几乎没有变化。

打开热分析模块。软件打开后 Project Schematic（项目图示）会在左上角自动生成一个红色图标的 Geometry（模型），这就是刚刚从 Solidworks 软件传递过来的模型文件。

在 Toolbox（工具箱）的 Analysis System（分析系统）中找到红色图标的 Steady-Srate Thermal（稳态热分析模块），单击并按住鼠标左键将其拖动到 A2 项目 Geometry（模型）上。拖动到

A2 区域时其外框会自动变成红色，以提示用户，如图 2-3 所示。这时软件也会自动在右边生成一个红色的矩形框，其内出现 Share A2（分配 A2）字样。放开鼠标即可打开热分析模块，并将 Solidworks 软件建立的模型文件数据传递到热分析模块的模型项目中，如图 2-4 所示。

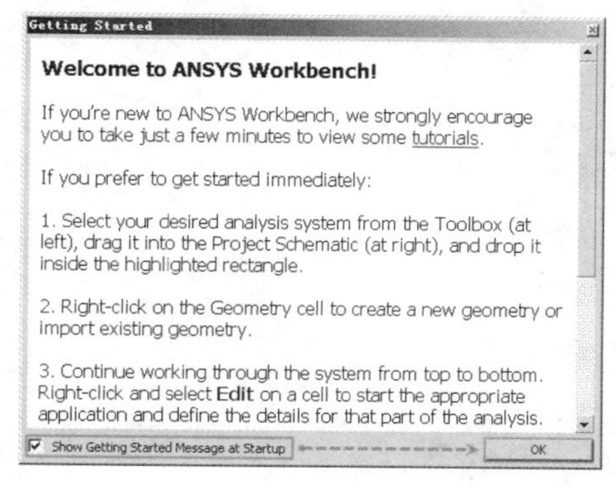

图 2-2　欢迎界面

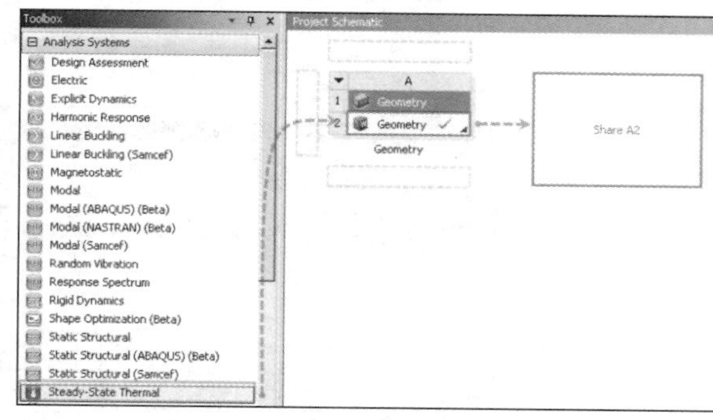

图 2-3　打开热分析模块

注意：当一个模块被拖动到 Project Schematic（项目图示）区域时，ANSYS 会自动在模块可以被放置的地方生成绿色虚线框区域，可将其拖动到相应的虚线框并松开鼠标。

修改材料数据。双击热分析模块的 B2 项目 Engineering Data（设计数据），如图 2-5 所示。

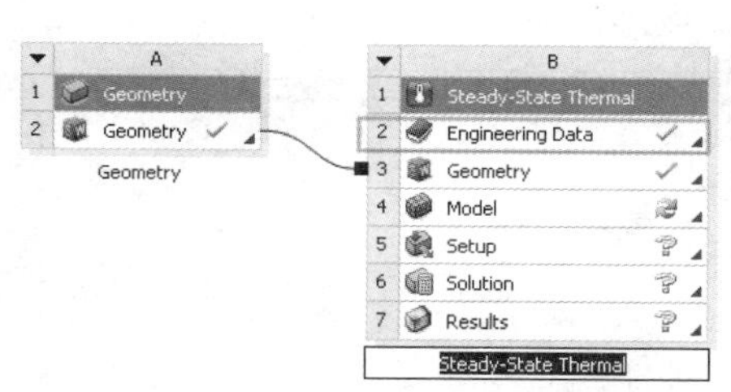

图 2-4　打开热分析模块

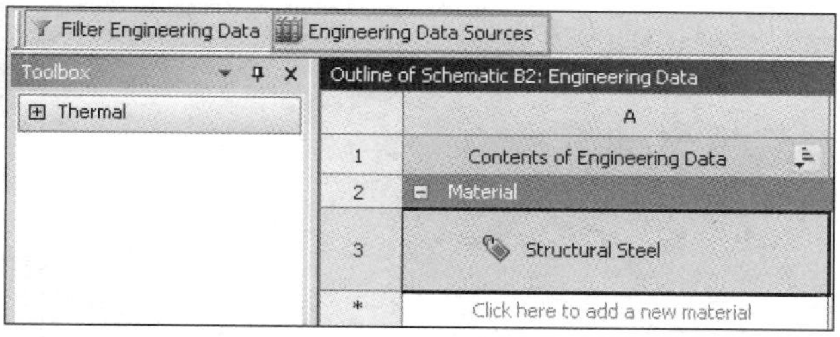

图 2-5　修改材料数据

注意：Workbench 平台融入了更先进的图形化操作界面。其中，当模块之间存在数据传递时会在传递项目间用蓝色的曲线将其连接起来，非常形象直观。由图 2-4 可见，A1 项目的模型数据经过蓝色的连线已经连到了 B3 项目中。这代表来自 Solidworks 软件的模型数据已经被稳态热分析模块使用。

选择材料。Workbench 平台默认的材料为 Structural Steel（结构钢）。本案例是散热器分析，暂时改用软件材料库中的铜合金材料进行分析。双击菜单栏上方的 Engineering Data Sources（设计数据来源），如图 2-6 所示。

ANSYS 软件提供了丰富的材料库，大部分情况下可以直接使用。本次分析使用最基本的材料即可。

单击 General Materials（一般金属），向下找到 A6 项 Copper Alloy（铜合金），单击黄色的十字图标 Add（添加）就可以选择上此种材料。选择后其后方会出现蓝色书本状图标。

材料选择完毕。向上单击 B2：Engineering Data（B2 设计数据），如图 2-6 所示。

返回项目图表。双击 B4 项目 Model（有限元模型），如图 2-7 所示。

按照 Outline（分析树）中从上到下的分析顺序进行介绍。

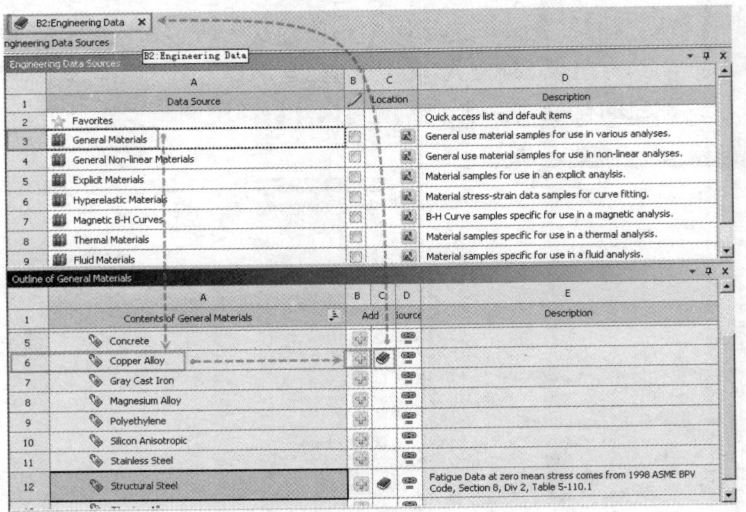

图 2-6　选择铜合金材料

给模型指定材料。单击 Outline（分析树）下方的 Geometry（模型）。打开下拉菜单，单击“散热器”模型。在 Details of 散热器（散热器模型的详细信息）中找到 Assignment（分配材料）。此时仍然是默认的 Structural Steel（结构钢）。向右单击黑色三角符号，在下拉列表中找到刚才定义的 Copper Alloy（铜合金）并单击，如图 2-8 所示。

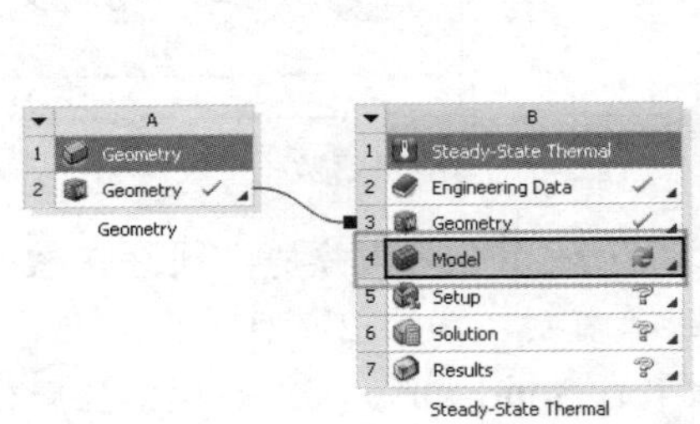

图 2-7　进入模型

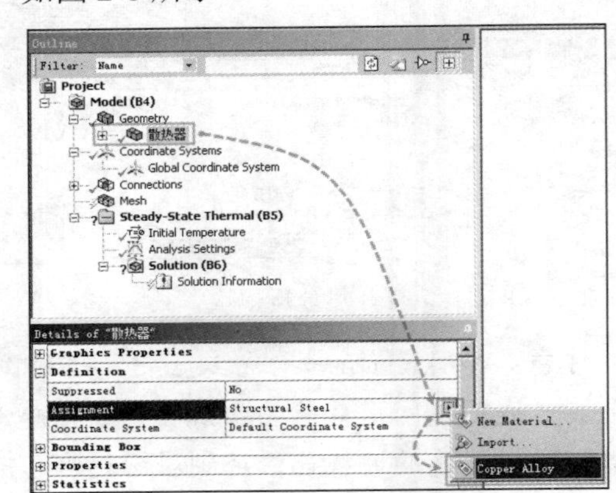

图 2-8　选择模型材料

划分网格。由于模型被合理分割很容易生成高质量的六面体网格，网格划分时只需要整体控制网格尺寸即可。

本案例中使用 Relevance（相关性）。单击 Outline（分析树）下的 Mesh（网格），在 Details of Mesh（网格的详细信息）中向右拖动右边的滑块。当然也可以直接在空白处输入-100～100 之间的任一整数。此数值代表整体网格尺寸的“相关度”，用于整体网格的自动细化或粗化，数值越大网格越细化，如图 2-9 所示。

单击上方的 Update（刷新数据）按钮刷新网格设置，稍等几分钟后生成网格。生成后的网格如图 2-10 所示。

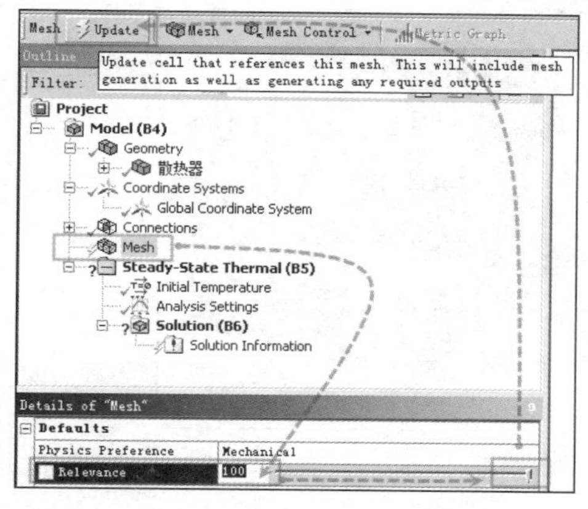

图 2-9　设置网格相关性

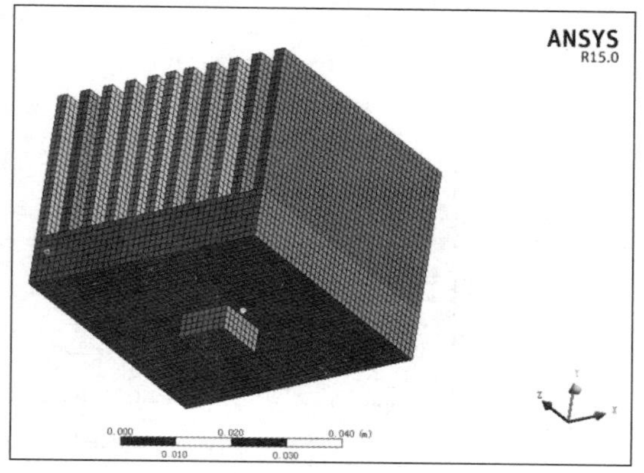

图 2-10　生成的网格

注意： 从数学原理上说，计算网格越细密计算精度越高。然而，在实际工程应用中则不尽然。首先，计算网格增大会导致求解的时间成本大大增加；其次，在实际的工程计算中，计算精度与网格数量的关系并不是线性增长的。因此，在设计工程应用中，应尽量选择满足计算精度的网格，而不是一味地追求网格细密。

定义热流边界条件。本案例定义散热器底面为热源，设置一个面的热流荷载。单击菜单栏上方的面过滤器，这样点选模型的时候就以“面”为单位进行选择。单击 Steady-Srate Thermal B5（B5 稳态热分析模块），再单击 Heat（热流荷载）→Heat Flow（热流量），如图 2-11 所示。

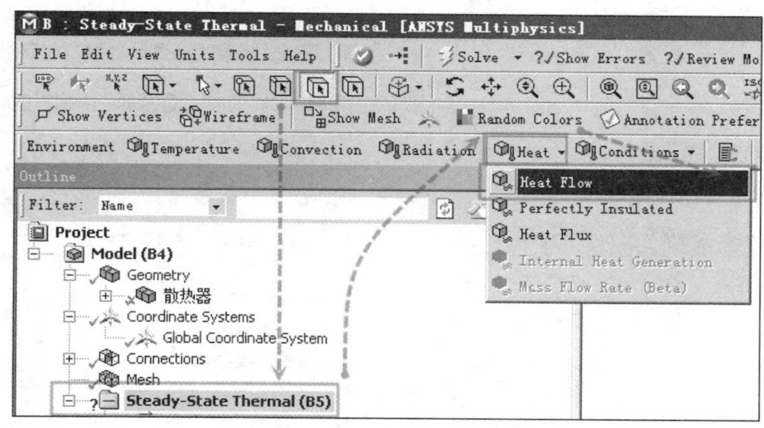

图 2-11　选择热流荷载

选择 Heat Flow（热流量）后在 Steady-Srate Thermal B5（B5 稳态热分析模块）下方会生成一个 Heat Flow（热流量）图标。在模型空间单击散热器底面，Details of Heat Flow（热流的详细信息）中的 Geometry（模型）出现了黄色的 No Selection（未选中）字样，如图 2-12 所示。

注意： 此处热流量图标前方出现了一个问号，这个符号代表要注意，需要修正或更新。在第 3 章框架模态分析案例中会更详细地介绍这些符号的含义。

注意： 在 Workbench 平台下，此类黄色字样代表必须输入数据或选择某些参数。

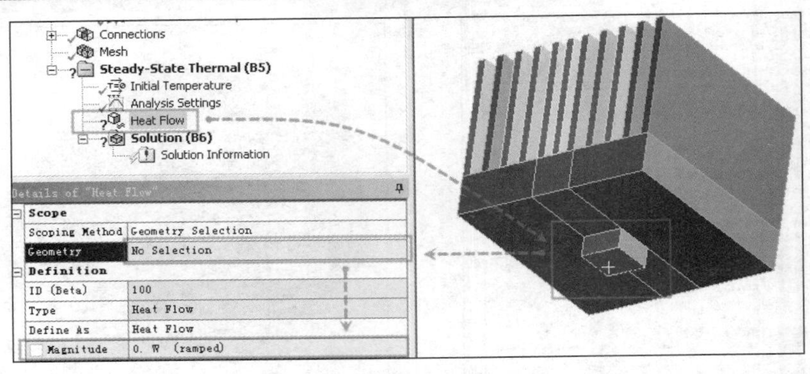

图 2-12　选择热流作用面

单击黄色的 No Selection（未选中），此处会变成 Geometry Apply Cancel ，单击 Apply（应用）按钮。

输入热功率。在 Magnitude（数值）中输入 20，此时的单位制系统下，热功率的单位制为 W（瓦特）。在选择完热流输入面以后 Geometry（模型）后方会变成 1 Face （选择了一个面），如图 2-13 所示。

查看当前单位制系统。Workbench 平台方便地在软件内部统一了单位制系统。要查看当前的单位制系统可单击菜单栏上方的 Units（单位制），其中第一个为本案例使用的单位制系统。用户可在一个分析模块下随时更改单位制系统，而不影响分析过程和结果的正确性。之前输入的数据软件会自动进行单位制转换，这相对经典版必须手动控制单位制的统一与换算而言是一个巨大的进步，如图 2-14 所示。

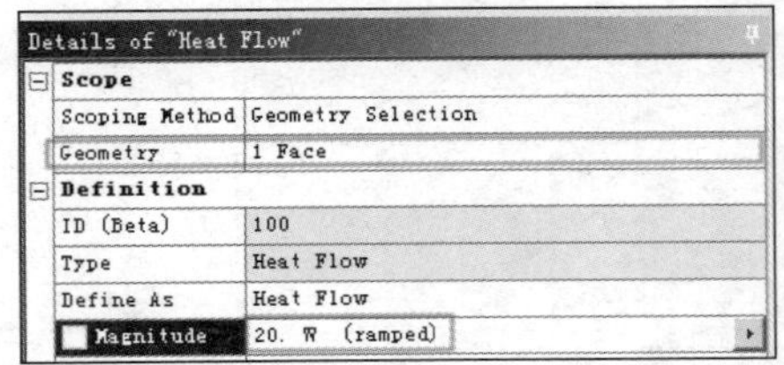

图 2-13　输入热功率

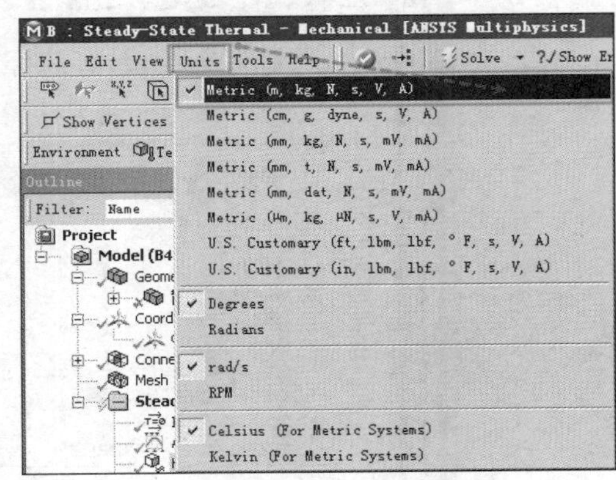

图 2-14　单位制系统

注意：依笔者的使用经验，当进行多模块间的耦合分析时，比如预应力模态分析，如果在已经完整地完成分析后又更改前一步的静力分析中的单位制系统，再次求解后一步的模态分析，那么无论是否更改参数的具体数值或是单位制系统，后面的模态分析都会因为数据出错而报错，故用户应谨慎地更改单位制系统。

定义对流膜传热系数。该系数是热分析中最重要也是最不易确定的参数。

单击 Outline（分析树）下的 Steady-Srate Thermal B5（B5 稳态热分析模块），再单击 Convection（对流传热系数），在模型空间处按住鼠标左键横向滑动以选择散热器翅片的外表面。选择好一个方向的外表面后按住鼠标中键，移动鼠标以选择模型至可见另一侧外表面，放开中键，按住 Ctrl 键和鼠标左键并移动鼠标，点选另外的外表面。被选择上的面会变成绿色。

选好目标面后，在 Details of Convection（对流传热系数的详细信息）下方的 Geometry（模型）后单击 Apply（应用）按钮。在 Film Coefficient（对流膜传热系数）后输入 50W/m^2· ℃，如图 2-15 所示。

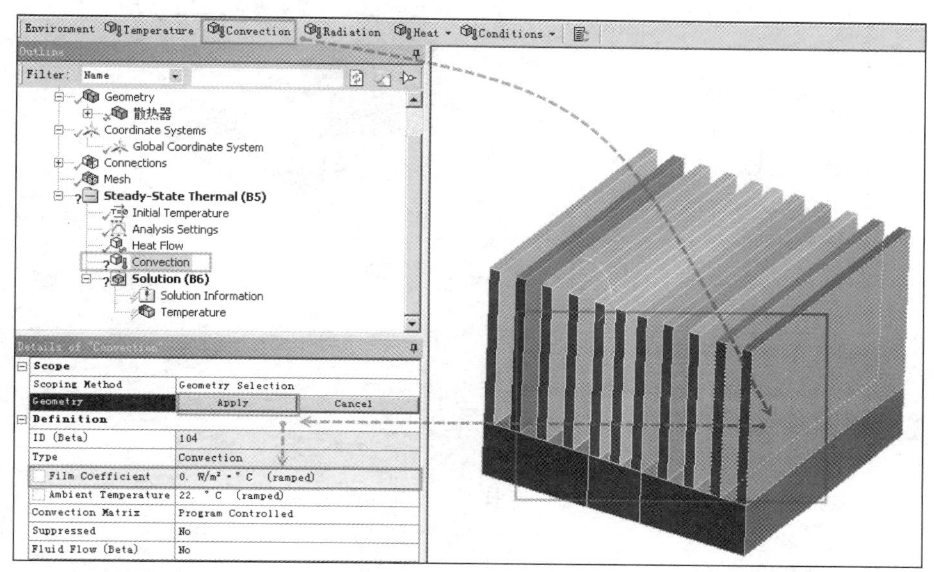

图 2-15　定义传热系数

注意：一般而言，对于强制对流的空气侧膜传热系数，在 10W/m^2· ℃ ~ 100W/m^2· ℃间，取决于风速分布与换热器结构。本案例假定一个恒定的对流膜传热系数 50W/m^2· ℃。

在计算空气侧膜传热系数时，应首先计算在给定空气流速下的雷诺数。一般而言，对于圆形截面的管内流动，当雷诺数大于 2300 时，则认为流动状态进入湍流，空气的扰动较明显，具有较大的对流传热效果。然后找到适应于该雷诺数范围的翅片结构对应的空气侧膜传热系数的理论公式。计算普朗克数，并据此再计算出空气侧膜传热系数。总的传热系数为各项传热系数倒数和的倒数。

理论计算公式中的空气侧膜传热系数是该结构表面的平均膜传热系数，如需精确地确定传热系数，需要使用流体分析软件计算或者实验测定。

图 2-16 所示为定义后的空气侧膜传热系数，被选中的面会变成金黄色。Details of Convection（对流传热系数的详细信息）下方 Geometry（模型）中的 66 Faces 显示了已经选择的 66 个目标面；由下方的 Film Coefficient（对流膜传热系数）中可知这些目标面的对流膜传热系数是 50W/m^2· ℃。

输出后处理参数为温度结果。单击 Outline（分析树）下的 Solution B6（B6 分析），再单击 Thermal（热量）→Temperature（温度），如图 2-17 所示。

设置完成后即可单击 Solve（求解）按钮。由于计算文件未保存，此时 Workbench 会弹出一个保存对话框。此案例命名为 1，找到合适的保存地址，然后单击“保存”按钮，如图 2-18 所示。文件保存后软件会自动进行求解。

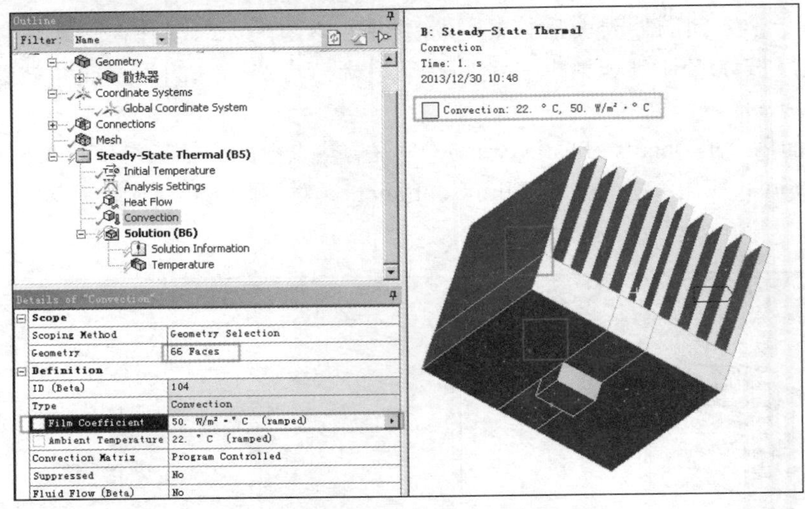

图 2-16 定义后的膜传热系数

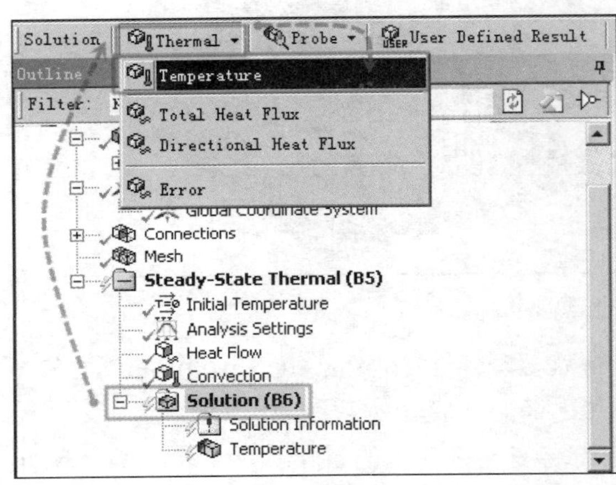

图 2-17 输出温度结果

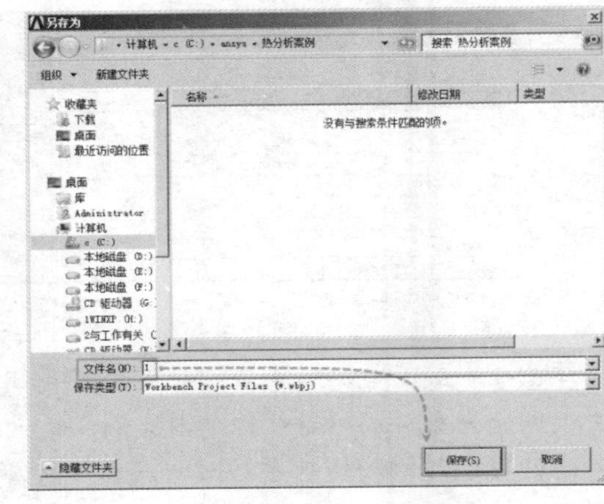

图 2-18 保存项目文件

求解过程中和完成后可以查看求解过程的信息。单击 Outline（分析树）下的 Solution Information（分析信息）。当分析较为复杂的时候会稍等一会儿，软件会在右边的 Worksheet（工作表）中生成完整的分析信息。

注意：此工作表中的内容是监视计算状态和发现计算中出现问题的重要信息源，大部分软件报错信息会从工作表中有所体现。ANSYS 也会在此处通知用户可能的报错原因和推荐的改进方法。当计算出现 Error（错误）信息时，除了检查分析设置是否正确以外，仔细地从下向上慢慢查看冗长的工作表是一个好方法。

下拉工作表，在最下方会出现计算时间信息，其中主要以 Elapsed Time（消耗的时间）来查看求解所需要的时间。本次分析的时间为 48 秒，如图 2-19 所示。

显示温度结果。后处理过程中可以使用 Smooth（磨平）结果让有梯度的结果再次插值变得更加光顺，虽然这样会使得结果丧失一些精度，但是可以让显示效果更漂亮，适合输出分析报告图时使用。

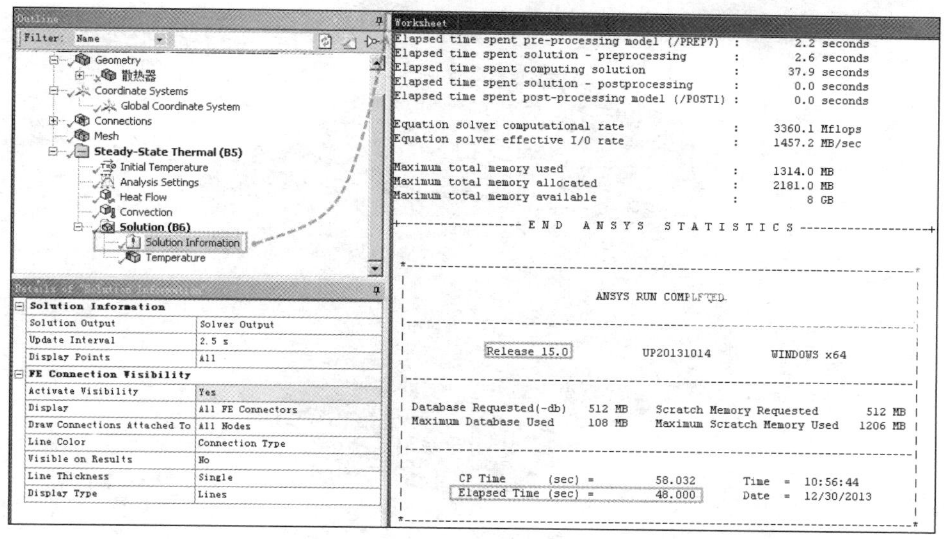

图 2-19　工作表信息

单击 Temperature（温度），在 Result（结果）中单击下拉出 Smooth Contours（磨平结果），如图 2-20 所示。

下面介绍后处理过程中的图例控制。在图例的色块上右击即可弹出设置对话框。较为常用的功能是 Vertical（竖直显示）和 Horizontal（水平显示），很奇特的是，当选择水平显示时，图例会在上方显示，这与经典版 ANSYS 在下方显示很不一样，也许这是 ANSYS 公司故意所为；Date and time（日期和时间），当要隐藏分析报告创建时间时，再次点选此处将不显示日期和时间；Independent Bands（单独的色带显示模式），用此模式可突出显示最大值的所属范围；Color Scheme（色彩方案），此处可改变图例色彩显示的方案。由于大部分分析报告是使用黑白打印机打印的结果云图，为了可以更清晰地显示结果，可选择灰度模式；当对当前显示模式不满意时，可单击最下方的 Reset All（重新设定全部），这时会回到默认的图例显示模式，如图 2-21 所示。

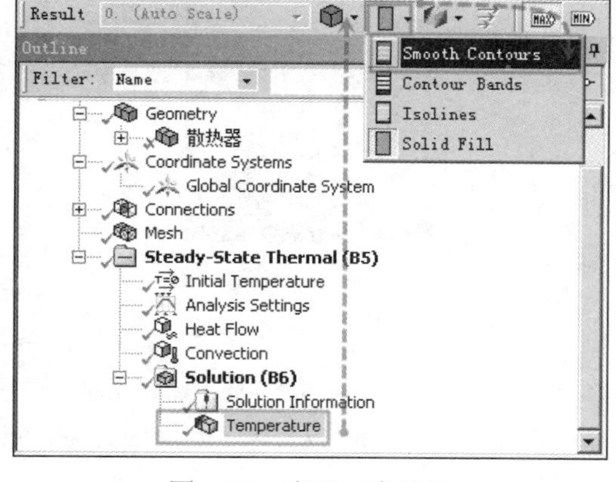

图 2-20　磨平温度结果

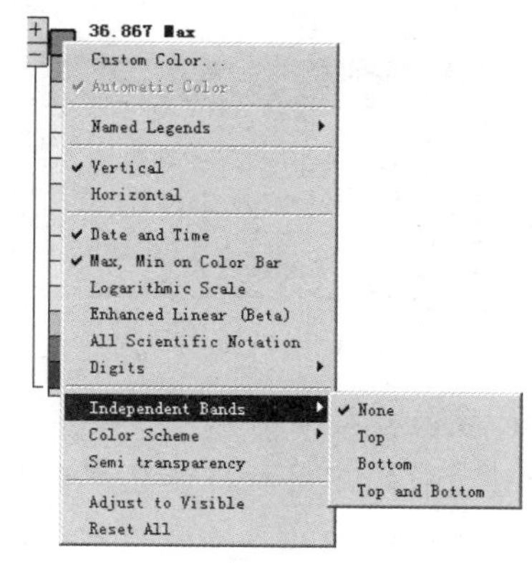

图 2-21　显示设置

图 2-22 所示为对结果进行再次磨平处理后的温度结果。由于散热器为铜材，故最高温度与最低温度之间的差别不是很大。

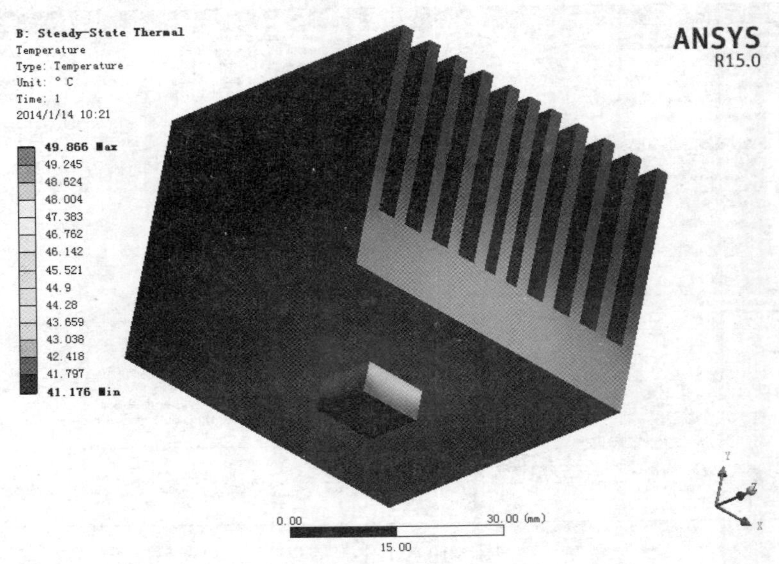

图 2-22　温度结果

计算完成，保存文件，退出软件。单击菜单栏上的 File（文件）→Save Project（保存项目文件）→Close Mechanical（关闭机械设计模块），如图 2-23 所示。

随后在项目菜单栏上单击 File（文件）→Exit（退出），如图 2-24 所示。

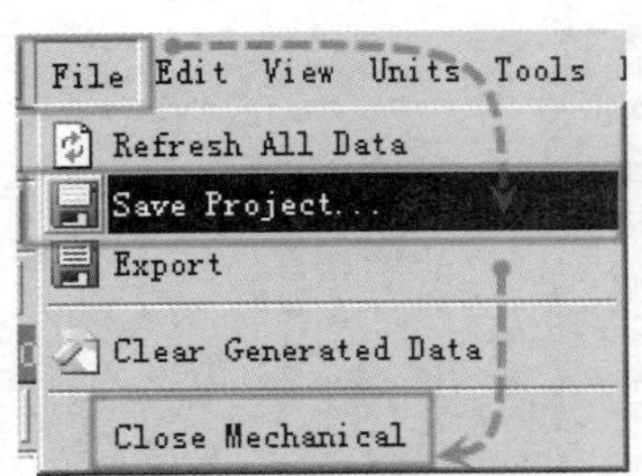

图 2-23　退出机械设计模块

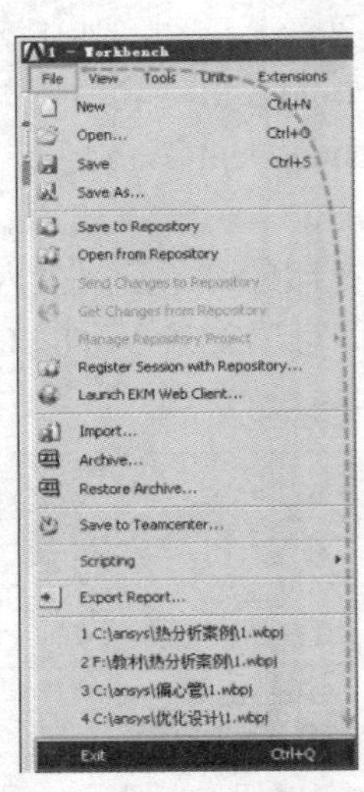

图 2-24　退出 ANSYS 软件

注意：数值模拟分析软件是解决特殊需求的软件，它一般专注于计算能力的革新，而操作界面相对一般的应用软件如腾讯公司的 QQ 则显得非常不人性化，尤其是语言问题。学习它对提高解决问题的能力很有帮助。它是一个很难学习的软件，因而对学习者提出了很高的要求。

一方面，就力学分析应用而言，需要用户具有比较扎实的理论基础，以对分析的结果有一个准确的预测和判断。可以说，用户的理论水平直接决定了 ANSYS 软件的使用水平；另一方面，通过不断尝试以熟练操作可以提高解决问题的效率。

ANSYS 软件是计算数学与有限元理论的软件化，不理解其模拟过程，一方面无法深入理解如何将实际问题转换成软件可以理解的形式；另一方面，软件使用过程中经常遇到很多错误，深厚的理论基础有利于理解并解决错误。实际上，笔者在使用 ANSYS 软件过程中很大一部分精力是用在解决各种 ERROR 上。

所以，在具体学习 ANSYS 软件操作前，必须先学习各种理论基础，加深对有限元算法以及各种基本概念的理解。力学专业转投有限元工作时，虽然力学理论很多，但是由于没有实际经验，很多概念的理解仅停留在一个符号的认识上，理论认识不够，更没有感性认识；而结构工程师转投有限元时，更会感觉到理论知识的匮乏。这也是笔者倾注大量精力来编写第 4～8 章内容的原因。

在进行有限元分析时，需要对相关参数的数值有清晰的了解。尤其是经典版中，由于其没有统一的单位制，软件仅仅根据数字的数值进行计算，用户需要十分小心地确定输入的数字与输出的结果之间的单位制问题，这非常容易出错。此类问题在 Workbench 平台中得到了根本解决。也许学习 ANSYS 时，以前的力学基础都忘记了，尤其对于结果的分析，需要用到各种理论知识的积累，并依据有关标准和技术规格书的要求进行评定。

对于迫切需要解决实际工程问题的结构工程师而言，单独翻看繁复晦涩的理论知识的效率实在低下。笔者的建议是：用两个星期的时间粗略翻看《材料力学》、《金属的力学性能》、《工程力学》等基本理论，了解核心原理与概念。看的速度越快越好，只看大概框架，不要看里面的任何一个公式；然后找到《全国勘察设计注册一级结构工程师》的辅导书，其中会有各种根据设计标准的公式编写的典型结构，如一个单纯受到均布荷载的梁或单纯受到均布压缩荷载的柱的设计计算流程。由于这些都是工程计算方法，比《材料力学》等理论书籍中的公式更为简化，易于理解。再找到 GB50009《建筑荷载设计规范》与 GB50017《钢结构设计规范》的最新版，根据辅导书中的典型案例对应 GB50009 和 GB50017 等标准中的最新公式手工计算。由于辅导书中的是现成的计算流程，遇到类似问题时可以类比对照，能以最简单、最快速的方法理解结构计算的基本流程。

掌握流程即是对问题的一种分解，了解解决问题所需要的方法和不同方法间的逻辑关系，然后经过对问题的再次分解来掌握解决问题所需的更详细更广泛的关键点，逐个解决关键点，从而为解决整体问题提供合理的方向性指导。

遇到动力学问题可参考《振动理论》、《实验模态分析》等基础知识。由于模态分析技术是所有动力学分析的基础知识，必须首先掌握它，然后参考更有针对性的专业手册。

基本是三步学习法：刚刚了解理论基础时，用最快的速度概略性地将理论框架掌握，即第一步需要的是速度；然后详细翻阅具体理论的思路、概念、方法和适用条件等，即第二步需要的是广度；最后以需求带动学习，针对目前所需解决的问题详尽参考有关知识，即第三步要做到深度。而根据问题的初始状态和最终目标，对解决该问题所需要的方法和思路以及所需要的各种知识进行分解和列举，直至捋顺出解决问题的整体路线，会深刻地困扰初学者。

在理论计算方法中，不同参数是如何影响结构性能的是非常直观的，可以从根本上杜绝盲目改进的错误。更重要的是，通过手工计算可以更深刻地理解影响结构力学性能的核心参数与设计思路，然后再用类似思路学习有限元理论，将工程计算的简化方法与理论计算的近似解析解相互对比，从而跨越性地获得全局知识体系。当然，为了更好地解决实际问题，需要深刻地学习理论知识、软件操作，熟悉有关设计标准、工程投标与设计经验。

这是一个反复地从理论到实际再到理论的转换过程，但是每次转换，用户的整体水平都会有一个较大幅度的提升。

笔者就职于重工业企业设计岗位。很多时候是根据技术规格书的规定以及有关设计标准的要求进行工程设计，相对比较容易做到标准化与规范化。生活中的行为准则是法律，设计上的规则就是标准。熟悉设计标准，对于优化设计流程与思路具有重要的指导意义。“真正的”工程师是对设计标准非常熟悉的，而刚刚毕业的研究生则是对论文熟悉的，两者知识体系的差别也会慢慢地在实际工作中有所体现。另外，各种标准中虽然介绍了很多具体的计算方法，但是它不是理论手册，仅仅是一个工程设计方法的介绍与规定。很多设计方法隐含的理论知识以及设计方案的权衡是无法体现的，这时就需要用户大量地搜集有关理论与方法的资料。翻看某某标准对应的《某某标准释义》可以从另一个角度了解此标准所提出的要求的来龙去脉。

类似地，在压力容器设计行业，可以翻看 GB150-2012《钢制压力容器》和 JB/t 4732-1995（2005 确认）《钢制压力容器分析设计规范》等标准，再找到对应的标准释义与计算手册。思路一样，根据计算手册的典型例题对应最新标准的公式与要求进行手工设计计算。

随着时间的推移，工程设计标准会有更新和替换，但是工程技术是既有继承性又有循环性的。所谓继承性就是连续性，不同时期的技术标准、法规、方案等有着内在的联系；所谓循环性代表螺旋式上升，每循环一次就会上升一个台阶，往往又伴随着更深入的认识和进步。面对这种螺旋式上升、波浪式发展的过程，站在“螺旋”的对面，可能就会看到不断循环的回转；站在“螺旋”的侧面，就可能看见一条正弦曲线；而站在“螺旋”的轴测方向，则可能看到这条曲线的全面，从而把握事物的整体特点。站在巨人的肩膀上，就可以看得更高更远。

在涉及到复杂的非线性（几何非线性、材料非线性、接触非线性等）问题时。一方面，不同的问题对应着不同的数值计算方法，那么求解器的选取和各种参数的设置情况就直接关系到程序的计算代价和是否能解决问题；另一方面，需要对非线性求解过程比较了解，知道程序的求解是如何实现的。只有这样才会对评价计算的结果，尤其是解决各种错误提供依据。对于可能的情况，能简化成线性行为的分析就尽量不要用非线性算法计算。

ANSYS 是基于有限单元法与现代数值计算方法发展而来的，因此适当了解《计算方法》很重要。还有《计算固体力学》也需要了解，因为 ANSYS 对非线性问题的处理就是基于此书中提到的复杂理论。

在本书的第 4 ~ 8 章已经将上述提及的全部书籍中的框架部分涵盖了。

对于设计师，更偏向工程实践，要求简单快速；对于有限元分析师，要求理论深厚，灵活求解。一个合适的工程设计有限元分析师，应能将这两项要求有机地结合起来解决工程问题。

建模能力是个重要的能力。解决实际工程问题时，往往物理模型复杂、庞大，而有限元模型的建立需要大量的时间和精力。一般而言，在单次的分析过程中，有 50% ~ 80%的时间用来建立合适的有限元模型。如汽车碰撞用有限元模型的建模工作量一般为 3 人/年。

有限元模型的建立思路与产品模型不同，它要求在不改变基本结构的前提下尽量简化模型，以方便建立高质量的有限元模型。所以，拿到一个复杂的真实产品模型时，应将对求解问题影响不大的局部零件和细节结构删除或合并，降低模型复杂程度，然后考虑适当分割模型，以利于划分高质量的网格。当然，在应力集中区域，任何半径的倒角都是有利的，应予以保留。

高效率地创建出一个高质量、具有代表性、满足精度和求解时间要求、满足计算机求解能力要求的有限元模型，对于后续的求解过程来说十分重要。求解一个不负责任的有限元模型，往往会带来无限的错误。

对于建模能力，笔者的观点是，由于有限元软件的前处理部分一般是科学家为了解决工程问题和科学问题而开发的，计算能力是需要优先解决的问题，而前处理能力往往不擅长。随着有限元软件的发展尤其是 Workbench 15.0 平台的推出，它能与各种大型三维机械设计软件如 SW、UG、Pro/E、CATIA 等建立的三维模型进行无缝连接。

这些软件具有界面人性化（代表着软件界面设计的先进生产力）、操作简单（三维设计的人员一般没有专职有限元分析人员那么高深的有限元理论知识；设计的精髓是改图）、功能强大（各种复杂的模型建立与出具工程图）、用户群广泛（遇到软件问题可以有很多人能帮助解决）、专业化（比如功能极其强大的 CATIA 非常适合数十万零件级的巨大产品设计、工厂全厂设计、复杂曲面建模、虚拟加工、3D 扫描逆向工程等；Pro/E 适合各种模具的设计；汽车等行业的复杂曲面常用 UG 建立；SW 适合基本的简单机械的设计，而其界面人性化程度是这 4 个软件中最好的）等特点。

对于分析人员，实体模型的建立，建议用 3 个月时间学习一款最方便其使用的三维机械设计软件。这样也能更快速地划分高质量网格，切割出合适的物理模型，尽最大可能地提升建模效率。建立实体模型是生成三维精确有限元模型的基础，高质量的有限元模型又是保证计算精度、速度和结果正确性的基础。

建模能力的培养需要大量的练习。好的建模思想与习惯有利于提高效率。比如多个不规则钣金件组成的模型，用多零件单独建模并组成装配体会非常复杂，可以考虑用放样再抽壳的方法实现，会变得非常容易。

复杂形状的模型都需要分割成多个相对简单形状的“分块”后才可以划分出高质量的网格。很多时候，对模型剖分的思路与方法更多地是凭借着用户的经验。一些常见的结构剖分方法可以用一些相对标准化的思路进行剖切。在第 17 章等强度梁优化设计分析案例中简单介绍了一些剖分模型的思路，也参考如 ICEM、HM 等专业前处理软件的操作技巧等资料介绍了很多复杂模型剖分的最佳思路。

ANSYS Workbench 平台 DM 模块的建模思想与三维机械设计软件有一个很大的不同，就是零件装配关系的设置。在 DM 模块中，多个零件互相的位置关系是单件建模时将特征数据合并到单件内。而机械设计软件（如 Solidworks），一般将装配关系单独列到整体特征树，单独选择零件，可以观察到与其有关的所有配合关系，在修改模型时会比 DM 的镶套整合的思路更加高效直观；并且，在第 24 章热—结构耦合分析案例中介绍的未约束某些装配自由度的部件，在三维机械设计软件中可以被鼠标拖动，能很直观地看到是否装配完整，以及装配过程中输入位置与尺寸关系时，三维机械设计软件会以动画形式动态显示配合前后的位置，方便观察与纠错。这些都是 DM 模块没有的人性化功能。

大部分公司设计的产品，大体的结构、机构形式很有限，不用太长时间就能掌握。但是要把东西设计好，很多细节的地方就需要理论与经验的结合，对原来的结构进行改进。对于工程师而言，出图是次要的事情，那是设计师的职责。

学机械出身的人，看一眼装配图或者去现场实习一下，基本就掌握了将来所计算的实物重点在什么地方和比较关注的部位。这就是为什么有那么多的“山寨”产品。

但是随着接触时间的增多，往往不同专业的人思维方式是不同的。比如，对于同样一个轴上的卸载槽，学机械的可能更关注机械设计手册给多少尺寸，就是这么定的；而学力学的可能就会想为什么这么定，是不是能从数学模型和力学模型上给出准确的推导。

所以，一般一个公司研究数值模拟和选型计算的部门会招一半学机械的和一半学力学的。两部分人在一起从不同侧面讨论，这样计算出的结构才会更好。

闭门造车总是让人非常郁闷。笔者刚刚接触有限元时，在所就职的部门中，只有笔者了解有限元理论（还是完全从零学起的那种）。资料有限、无人交流、理论匮乏曾深刻地限制了学习效率。直到笔者开始以 QQ 群为平台，参与大家的交流，这个局面才逐渐转变。QQ 群是个方便的交流平台，笔者先后加入过约 60 个有限元类的 QQ 群。在与大家的讨论中扩展了知识面，认识了很多朋友，学习到了大量的经验技巧，收获颇丰。在此感谢所有网友给予的帮助与支持。

QQ 是个即时通讯软件，很多相对简单的问题可以得到快速的解决。但是复杂问题，专业性很强的各种有限元论坛还是不错的交流平台，如傲雪、百思、CAE 论坛、振动论坛、仿真论坛和中华论坛等。

由于 ANSYS 软件创立 44 年来没有官方的中文版，仅有英、法、德、日版。语言问题对于从业已久的工程师而言可能是个大问题，很多人强烈希望获得翻译版的 ANSYS 软件。笔者认为，作为初学者，看到满屏幕的英文也许非常困难。但是熟练以后就会发现，其实常用的功能涉及到的单词不超过 1000 个，而且很多操作习惯后，会记住有关图标，了解用途即可。

现在，翻译软件也很丰富，笔者推荐两个：《译点通》和《林格斯》。几个月后，语言问题就不再是最主要的障碍了。

也可以考虑更改程序变量后成为“中文版”的 ABAQUS 软件，最新版是 6-14；或者刚刚被 AutoDesk 公司收购的 Simulation 2014，此软件有官方中文版；以及各种高端三维机械设计软件，如 SW、Pro/E、UG、CATIA 等，也以插件的形式扩展了有限元模拟软件，其大多数操作非常人性化，一般设计人员可在一个月内具备基本的分析计算能力。但其在精度与功能上与 MSC、ABAQUS、LS-DYNA、ANSYS、CFX、Fluent 等相比略显逊色。

汉化版的 ANSYS 软件，笔者领略过经典版的 10.0 和 12.1 以及经过二次开发的 Workbench 12.1。虽然 ANSYS 的 Workbench 平台从 7.0 版就已出现（至今已有十年的历史），但是毕竟 ANSYS 是从 90 年代进入的中国，经典版的用户群已经有 20 年的深厚积淀，从大学教授到学生，再到大型企业和研究机构等，基本都是从经典版开始接触的。用户群基数巨大，对软件的了解与使用都很深入，对经典平台界面的依赖性也可以说使用的惯性很大。

一般来说，刚刚开始接触有限元的年轻人和追求最新技术的公司会考虑 Workbench 平台。其用户群小，也造成了软件教程不多。虽然教程有限和语言受限，但是笔者依然不建议尝试翻译版的 ANSYS Workbench 软件。因为其翻译不一定准确，而不同用户交流起来，一个说中文词汇，一个说英文，容易有沟通障碍。

如果一直被语言问题所吓倒，并且没有条件投入巨资进行二次开发的翻译工作，请放弃 ANSYS。

针对初学者，除了上面讲到的翻阅标准和寻找典型例题学习外，对于软件操作，可找到 ANSYS Workbench 平台的官方教材，根据教材讲解顺序逐步练习。

Workbench 平台在 7.0 ~ 11.0 之间的操作界面几乎一致，12.0 ~ 15.0 几乎一致，近似版本间操作变化不大。

搜集和积累各种资料也是一种学习能力。在学习的任何阶段都需要大量的资料支撑。用户必须在尽可能想得到的、尽可能所有的渠道搜集尽可能多的资料后，通过翻阅和筛选找到相对更适合自己的部分，加以钻研并尝试掌握。淘宝、QQ 群、百度文库、新浪爱问、各种网盘、专业论坛、同事等都是很好的资料源。搜集时应先解决数量问题，全面翻阅后再考虑质量和内涵问题。自学的过程是艰苦和孤独的，好的方法不过是少走弯路而已。

有些操作以前需要插入命令流，在新版中可以直接图形化操作，如子模型分析等。最低应找到 12.0 版的 Workbench 教材学习，会比较有利。然后建立一些简单的模型，进行有针对性的练习，进行单一模块和单一功能的操作，这样减少计算规模，也减少出错。能够相对灵活地掌握操作知识的时候，就更需要参考其他人的经验与技术了。多借鉴成功经验与技巧可以少走弯路。有机会的话，可以多看看专业机构出具的实际产品的分析报告。虽然其不一定能很详细地介绍求解设置，但是它可以提供一个基本思路的参考。

当一个个实际问题被解决、一个个操作技巧被掌握、一个个 ERROR 被消除、一天天累积的个人努力被越来越多地认可时，这种成就感会让人感到非常幸福。

人的记忆力是有限的，软件操作是个熟练工种，需要多次的练习与重复的操作来掌握。有些操作也许不经常使用，定期地单独练习一下有利于巩固记忆。

做工程的，最忌讳把设计搞得太复杂，能简单就要简单。越简单，越可靠（墨菲法则）。无论如何，软件仅仅是一个机械化的根据用户指令进行运行的计算工具，其本身没有判断指令的合理性与正确性的能力，不能代替一个充满知识与经验的头脑，软件只是能让问题的解决更有效率而已。要评判一位有限元工程师的真实水平，应看他或她脱离了 ANSYS 软件后还能做哪些工作。

随着有限元技术的发展，出现了越来越多越来越精确的单元以及更广泛的分析功能和更人性化的操作方式。比如 ANSYS 从经典版到 Workbench 平台的跨越，以及 ANSYS 公司对 CFX 软件的深刻整合等。尤其是一些高端三维机械设计软件的有限元分析插件，它们的图形界面和操作非常人性化，极其简单易懂，使得初学者也能完成很多方面的分析工作。而价格上，Solidworks 软件的结构有限元分析插件大约人民币 15 万元，类似的 ANSYS 机械设计模块则约为 15 万美元，相对要低廉得多。这就带来了一个问题，为什么还要学习理论知识呢？笔者提出一些建议与感想：

（1）只有分析者理解了需要解决的问题，知道应该如何建模、如何简化、如何选择合适的单元与边界条件和算法去等效模拟设计工况，了解有限元软件的性能、软件求解方式与假设和局限性、数据输入的方式和在分析的全阶段检查，并避免各种错误，才有可能得出可靠的结果。商业软件只提供给用户前后处理操作和执行文件，其源程序对于用户是个黑匣子，这样分析者将面对许多选择和困惑。若不理解有限元的基本概念、程序包含的内容和这些选项的内涵，分析者将会非常被动。最简单的现象是，算错了都不知道是怎么错的。因此，有限元工程师必须理解有限元分析的基本概念。

分析者不能完全依赖软件计算而得出结论性结果，应该具备相关的理论计算基础与经验，以期验证计算的正确性，以及拥有一个正确修改设计方案的思路和方法。针对相对简单的模型或工况，很多相关的设计标准与手册都可以给出简化的手工计算方法。

（2）由于个人理解与实践经验的不同，即使在相同的设计条件下，不同人的计算结果也可能会不尽相同。因而，要得到一个尽可能可靠的数值结果，还需要多人间的独立分析，综合评定分析结果，以尽量排除人为因素。另外，由于数值分析的各种假设与算法的限制，其结果与真解之间几乎永远有差别。一个可靠的结果，还需要与实验值的交叉验证与证明才足够可信。甚至有时候只有实验值才是可信的。

（3）现在越来越多的结构工程师希望在解决问题时只需要区分类型和条件，让软件自动生成必要的数学模型，完成复杂而重复的分析和设计过程，最后由制图工具完成生产图和施工图。在这种环境中，结构工程师唯一的责任就是明确所要解决的问题，然后评价最后的设计“结果”。

这种设计思路注定是灾难性的。让计算机成为知识、经验和思维的替代品，这是非常令人不安的。这使人们相信，他们仅仅简单地依靠计算机程序就可以“解决”工程问题了，而没有认识到高质量的设计只能是由渊博的工程理论知识和大量的经验以及艰辛的脑力劳动相结合的产物。有什么办法才能使工程界改变过分依赖计算机软件的情况而不再滥用呢？这没有简单的答案，需要用户在掌握大量基础知识的前提下谨慎地考虑。

作为一个合格的有限元工作者，应当具备以下素质：对复杂问题的建模简化与特征等效能力、软件的操作技巧、计算结果的评价能力、工程问题的研究能力、误差控制能力等。

另外，由于有限单元算法本质上的原因，在ANSYS Workbench平台中，执行绝大多数操作后，一般都不能实现在常用应用软件中已普遍拥有的倒退和撤消功能。就像人生没有彩排一样，用户必须时刻记住所有的操作，随时保存随时备份，以防止因操作错误或者求解失败后的前功尽弃与推倒重来。有限元就是现场直播。

最好有一个专门的记事本，随时记录已经完成的操作和关键数据的输入情况，当计算出现错误时，这将是排查错误原因的重要依据。

保存项目文件，退出DS模块，退出Workbench 平台。

至此，本案例完。

3 框架模态分析案例

3.1 案例介绍

本案例以一个金属框架结构为模型，对其进行模态分析计算，以求得其前三阶的固有频率和振型。在简单介绍模态分析模块操作流程的基础上，插入了一个宏命令的使用技巧和一些直观显示变形结果的后处理方法。

3.2 分析流程

打开 ANSYS Workbench 15.0 软件。单击“开始”→Workbench 15.0 快捷方式，如图 3-1 所示。

图 3-1　开启 Workbench 15.0

注意：可以直接在此处打开 ANSYS 软件是因为此软件快捷方式经笔者多次使用，被 Windows 7 操作系统自动放置到了“开始”菜单的首页。更常规的方法是单击“开始”→“所有程序”→ANSYS 15.0→ANSYS Workbench 15.0 或者双击桌面上的快捷方式图标。

注意：如果只是为了工作的项目需求，使用 Workbench 已经足够。毕竟 Workbench 比较方便简洁，图形界面功能比较直观，适合初学者和紧急项目需求的工程师；如果是为了科研需求，想要有技术创新，最好是从回归基本面理论知识入手。了解有限元求解分析流程和实现的关键技术，才能在合适的地方提出自己更加合理的假设，然后去验证。目前这方面比较有优势的软件是 FEPG。这个软件所有的源代码都是完全公开的，从推导方程到形函数的选取、刚度矩阵的形成、求解矩阵的选择等，都可以查看并修改。再结合一点有限元的理论说明，一定会对有限元有更深刻的理解。

打开模态分析模块。软件开启后在 Toolbox（工具箱）中单击 Modal（模态分析模块），此时要按住鼠标左键拖动模态分析模块图标到右边的 Project Schematic（项目图表）区域。

当被拖拽的 Modal（模态分析模块）图标被移动到图示箭头末端附近位置时，软件会自动生成红色矩形框，其内显示 Create Standalone System（创建分析系统），放开鼠标就打开了一个模态分析模块，如图 3-2 所示。此红色矩形框代表模块可以被放置的位置。

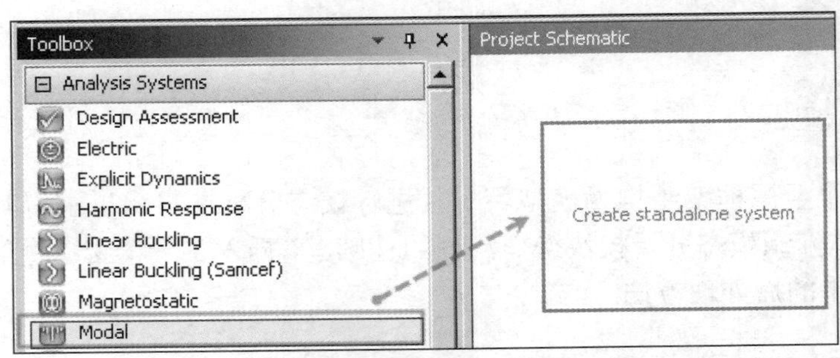

图 3-2　打开模态分析模块

开启模态分析模块的另一种形式是，在新建的项目文件中直接双击 Model（模态分析模块），此模块也会自动在 Project Schematic（项目图表）区域的左上角显示。

注意：如果 Project Schematic（项目图表）中已开启了某些模块，后面打开的模块的放置顺序会被顺延。此双击操作对于所有模块有效。

进入 DM 模块。打开后的模态分析文件如图 3-3 所示。在 ANSYS Workbench 中默认的材料为“结构钢”。本案例暂时使用默认材料进行分析，不予修改。双击 A3 项目 Geometry（模型），稍等片刻后 DM 模块打开。

导入模型文件。单击 DM 模块左上角的 File（文件）→Import External Geometry File（导入外部模型文件），如图 3-4 所示。

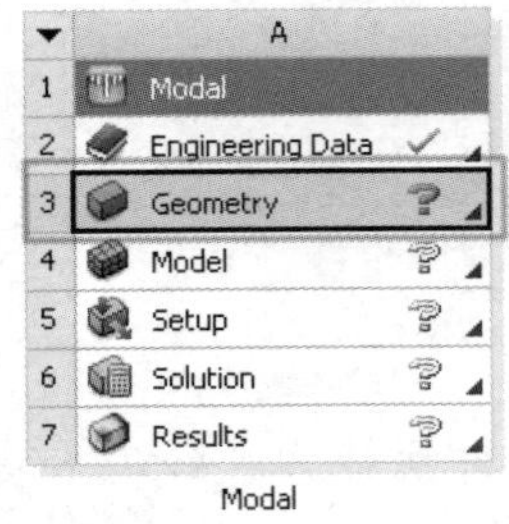

图 3-3　打开 DM 模块

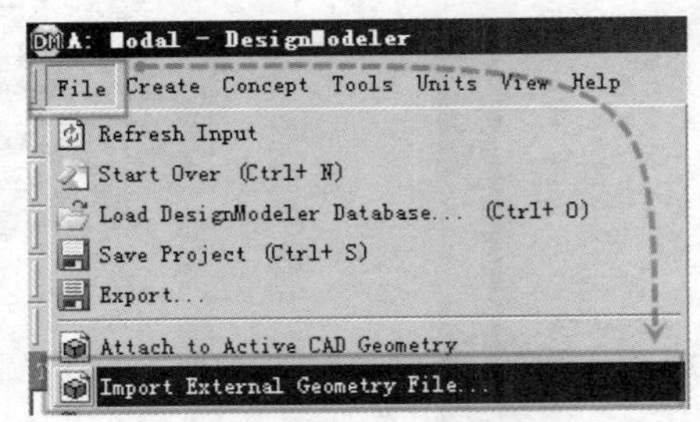

图 3-4　导入模型文件

打开模型文件。找到模型文件的位置，单击鼠标选择模型文件，再单击“打开”按钮，如图 3-5 所示。

刷新模型数据。模型导入后会在 DM 模块的 Tree Outline（分析树）中出现 Import2 字样，此模型前方还有一个黄色的闪电标志，代表有新数据，需要刷新，单击菜单栏上方的 Generate（刷新），如图 3-6 所示。

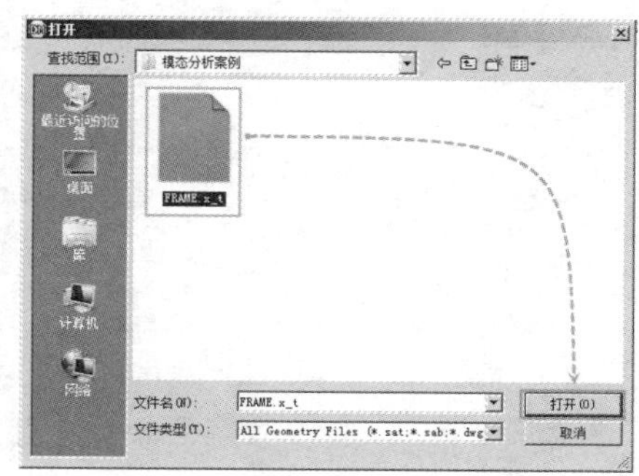

图 3-5　打开模型文件

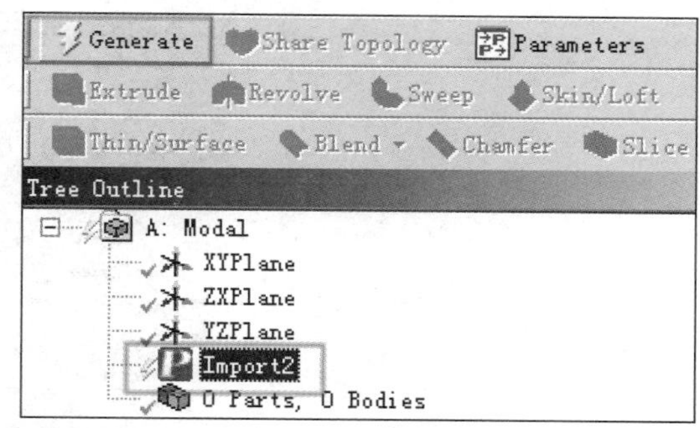

图 3-6　刷新模型数据

刷新后的模型如图 3-7 所示。模型空间下方的标尺表示当前的长度单位系统。标尺长度数据随模型放大程度实时刷新。

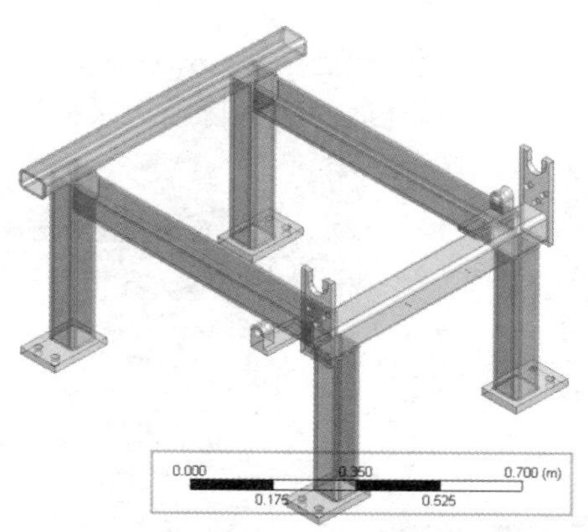

图 3-7　刷新后的模型

注意：在 Workbench 平台中，有些图标或图标的角标会出现一些特定的符号，其代表了此时程序的运行状态。

如黄色的闪电 代表需要刷新：数据已更改，必须重新生成。

空心的问号 代表无法执行：缺少数据。

实心的蓝色问号 代表要注意：需要修正或更新。

绿色循环标志 代表上行数据发生变化，需要刷新。比如此分析流程之前的某步流程中更改了分析数据或者设置，需要进行数据的刷新。

绿色对号 代表数据确定，此步骤及其更早的分析已经完成无误。

带黄色向上箭头的绿色对号 代表输入变化：需要局部更新，但当下一个执行更新是由上游数据的改变时可能会发生变化。

绿色半对号 代表该模型已经被划分网格。

注意：刷新模型数据时，需要等待一段时间，具体的时间消耗与计算机硬件性能和模型复杂程度有关。

退出 DM 模块。完成模型导入后即可退出 DM 模块。单击 DM 模块菜单栏上的 File（文件）→Close DesignModeler（关闭 DM 模块），如图 3-8 所示。

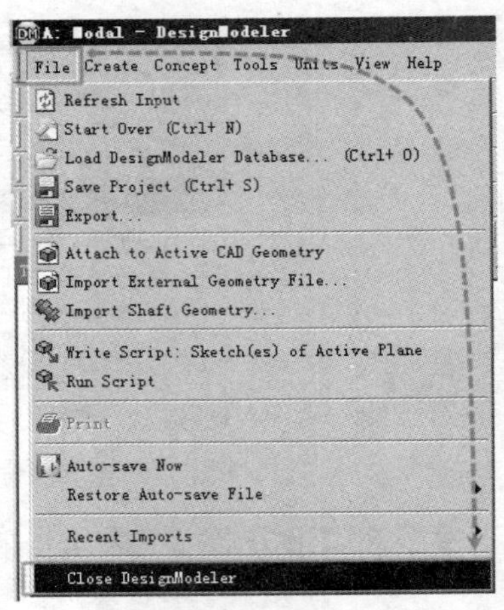

图 3-8　退出 DM 模块

保存项目文件。单击菜单栏上软盘形状的图标 Save Project（保存项目文件），如图 3-9 所示。在弹出的“另存为”对话框中找到合适的磁盘目录，保存项目文件。文件名暂时输入 1，然后单击“保存”按钮，如图 3-10 所示。

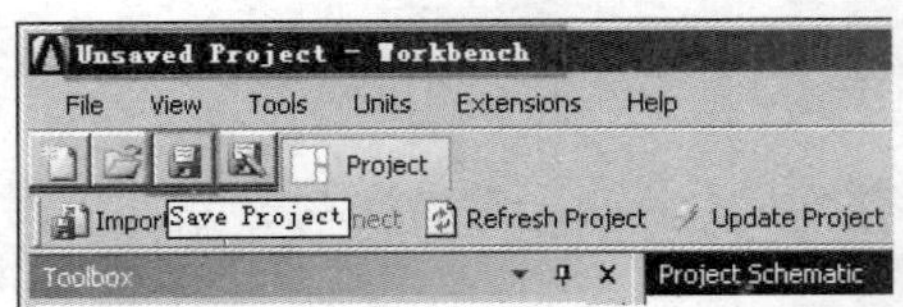

图 3-9　保存项目文件

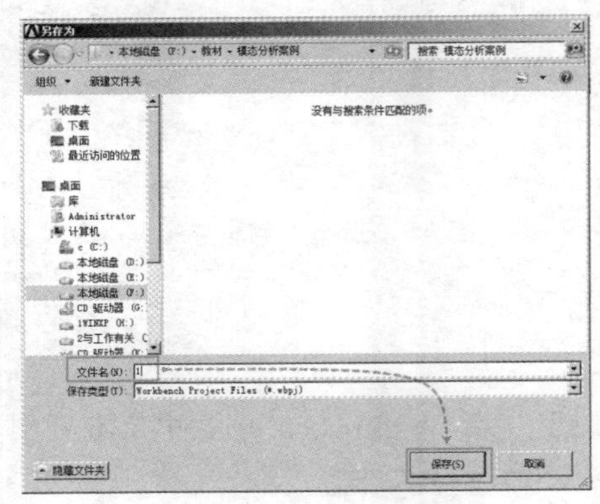

图 3-10　文件命名

注意：在程序运行过程中，项目菜单左下角会以红色指示 Busy（繁忙）字样；当保存完毕后，又恢复到绿色的 Ready（准备好了）字样，如图 3-11 和图 3-12 所示。至此模型导入过程完毕，下面进入网格划分步骤。

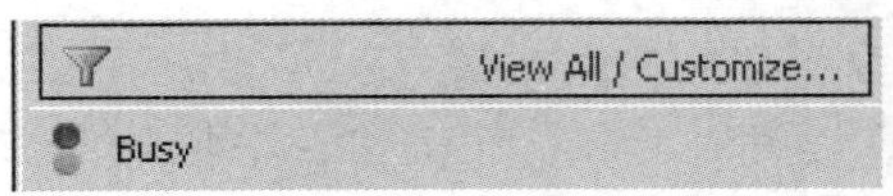

图 3-11　程序繁忙

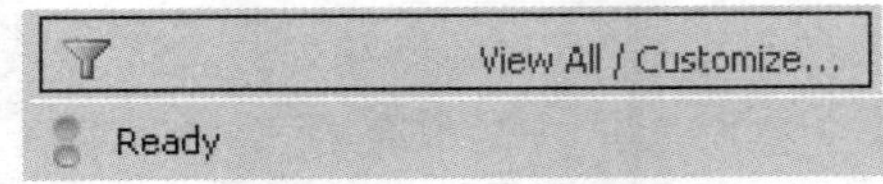

图 3-12　程序准备好

返回项目图表界面。双击 A4 项目 Modal（有限元模型）进入网格划分步骤，如图 3-13 所示。

下面将物理模型离散化，即对三维实体模型划分网格，以生成有限元模型。

注意：ANSYS Workbench 对三维实体模型生成的有限元模型默认使用的是 Solid186 单元和/或 Solid187 单元，其对于大部分分析均有效。当需要更改单元时，如将实体单元改用梁单元计算时，需要通过插入命令流的方式修改单元属性和材料属性。

在第 2 章 CPU 散热器热分析案例中使用的是 Relevance（相关性）指标控制网格划分策略，本案例使用 Smoothing（网格平滑）。网格平滑是考虑周边节点，通过移动节点位置来提高网格质量。

注意：由于有限元分析计算结果的精度与有限元模型的网格数量、尺寸、网格质量等参数息息相关，有时是决定分析成败的决定性参数。基于此种考虑，在第 17 章等强度梁优化设计分析案例中介绍了部分网格质量的检查方法操作和通过合理的分割与合并模型提高网格质量的操作技巧。

单击 Outline（分析树）下方的 Mesh（网格），在 Details of Mesh（网格的详细信息）中单击 Smoothing（网格平滑）右边的黑色三角形下拉按钮，选择 High（高），再单击菜单栏上的 Update（刷新网格），稍等几分钟后完成网格划分，如图 3-14 所示。

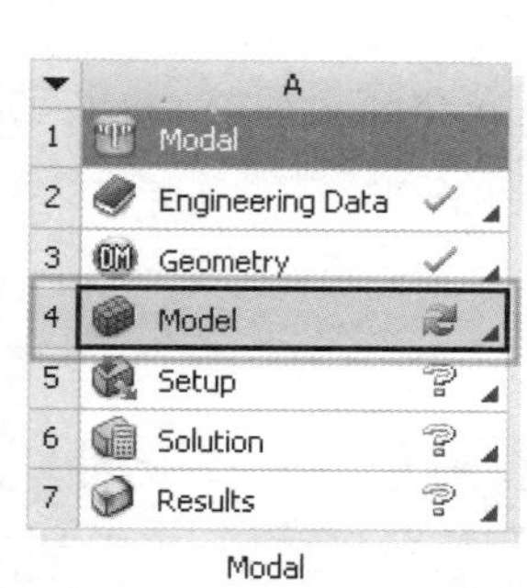

图 3-13　网格划分步骤

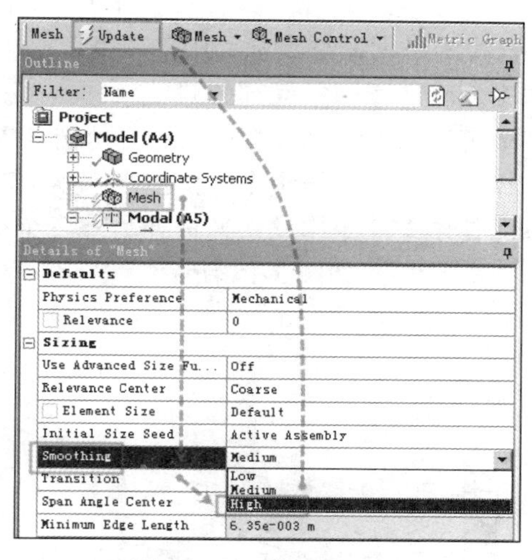

图 3-14　网格划分策略

在网格划分后，ANSYS Workbench 15.0 会显示网格数量统计，位置是下拉 Details of Mesh（网格的详细信息），在最下方的 Statistics（统计）中从上到下分别显示了此有限元模型的节点数量为 29460 个，单元数量为 15313 个。网格数量是判断计算量的重要指标，在单击“求解”按钮前应仔细权衡。

最下方 Mesh Metric（网格质量标准）中的具体内容将在第 17 章中详细介绍，如图 3-15 所示。

本案例中提取结构的前三阶固有频率和振型。单击 Outline（分析树）下方的 Model（模型）→Analysis Settings（分析设置），在 Details of Mesh（网格的详细信息）中单击 Max Model to Find（查找的最大振型数量），输入 3；或者在两边的黑色三角处单击右边三角形以增加数量到 3，单击左边三角形是减少查找的最大振型数量，如图 3-16 所示。

Details of "Mesh"	
Defaults	
Physics Preference	Mechanical
Relevance	0
Sizing	
Inflation	
Patch Conforming Options	
Patch Independent Options	
Advanced	
Defeaturing	
Statistics	
Nodes	29460
Elements	15313
Mesh Metric	None

图 3-15　网格统计

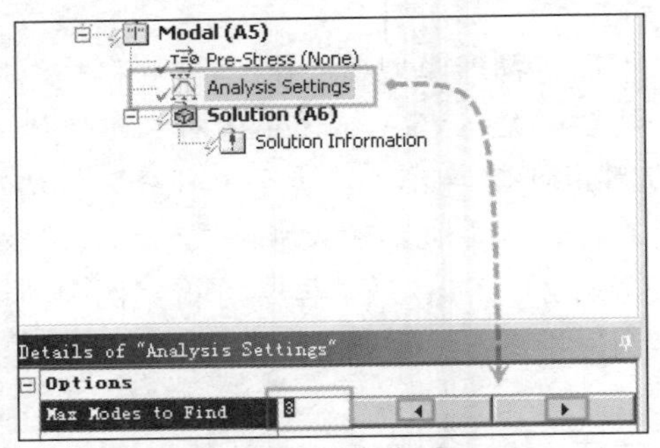

图 3-16　计算前三阶模态

选择固定支撑面。

注意：一般来说，在模态分析定义边界条件时需要对模型定义符合实际的约束。对于一些特别的情况，如对飞行中物体的模态分析，一般不予约束。此时模型前六阶的模态频率是近似等于零的自由模态。而从第七阶以后的结果，才是其真实的“悬浮”状态下模型的第一阶振型和固有频率。

对于自由模态分析若仍然想求得如本案例所示的前三阶振型结果，需要在 Max Model to Find（查找的最大振型数量）中输入 9。

本案例将选择模型底部的 4 个底面，定义固定位移约束。按住鼠标中键并移动鼠标以旋转模型至可清楚地看到模型的底面，单击其中的一个面，如左边的这个。点选后 ANSYS 软件会在选择点上生成一个小小的白色十字坐标，如图 3-17 所示。

下面使用宏命令帮助快速选择另外三个相同的面。单击菜单栏上的 Tools（工具）→Run Macro（运行宏），如图 3-18 所示。

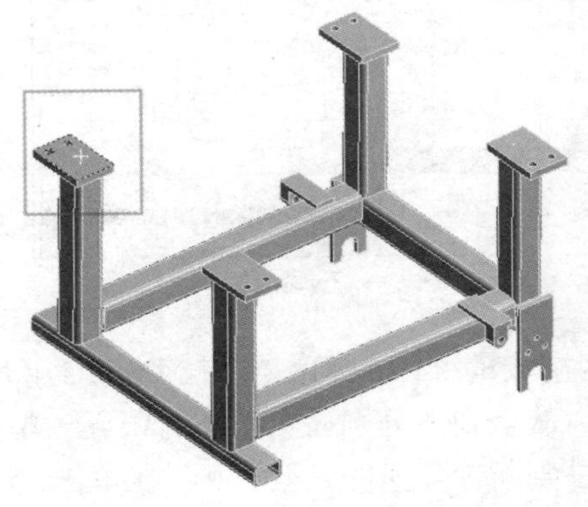

图 3-17　选择一个固定面

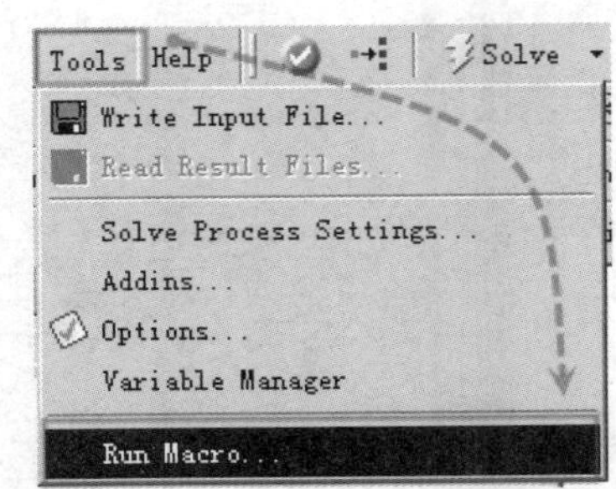

图 3-18　选择宏文件

找到宏文件。在第 14 章发动机叶片周期扩展分析案例中介绍了使用宏命令生成高分辨率截图的功能。

注意：ANSYS 软件中的默认宏文件存储在如图 3-19 所示的位置。

在宏文件目录下找到 SelectBySize（选择相同尺寸的参数）并选中，然后单击“打开”按钮，如图 3-20 所示。

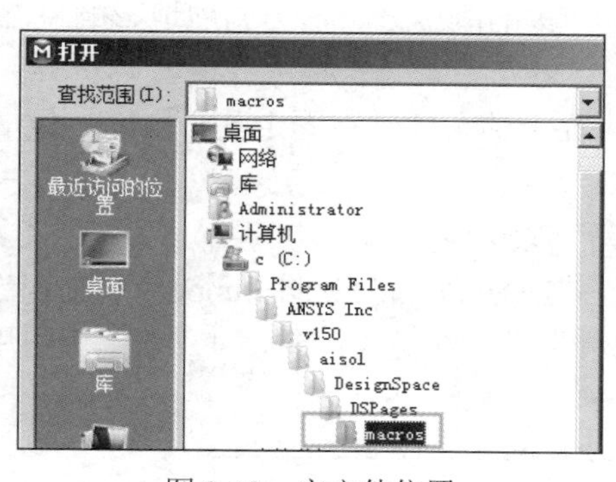

图 3-19　宏文件位置

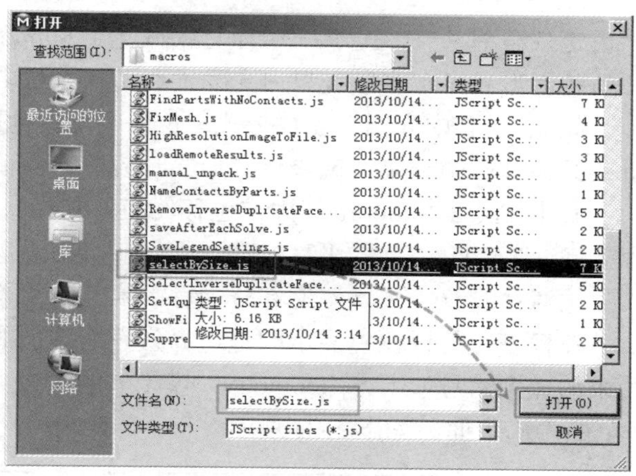

图 3-20　选择合适的宏文件

注意：ANSYS 提供了很多种宏功能，用户可根据需要选择合适的宏文件以方便操作，提高分析效率。其中笔者认为最有效的功能就是这个 SelectBySize（选择相同尺寸的参数）。当分析模型中有多个相同尺寸的参数（如点、线、面等）需要重复选择且数量巨大时，用此宏命令可一次性选择，非常方便。

也许有些通过宏命令选择上的面是不需要的，这时可以在运行宏之后按住 Ctrl 键分别单击不需要的面以取消选择。如果已选面互相距离较近，也可以一直按住鼠标左键滑动，方便一次性快速选择或取消选择面。

宏运行成功。图 3-21 所示为宏运行后选择的模型底面。模型左上角的面为最开始选择的面，可以发现的是，中部有选择时留下的十字坐标，而其他的三个面没有此符号。说明此三个面不是通过鼠标点选来选择的，而是宏命令 SelectBySize（选择相同尺寸的参数）的作用。

在第 14 章发动机叶片周期扩展分析案例中介绍了另一个宏命令的应用——生成高分辨率截图。

15．选择固定位移约束为边界条件。单击 Outline（分析树）下的 Model（模态分析），再单击 Supports（支撑）→Fixed Supports（固定位移约束），如图 3-22 所示。

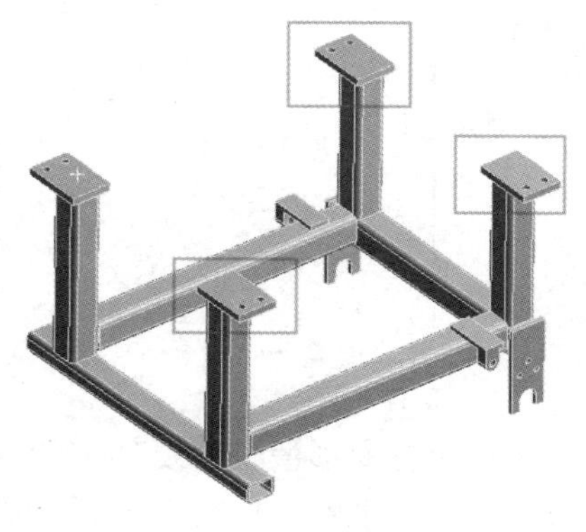

图 3-21　宏命令运行成功

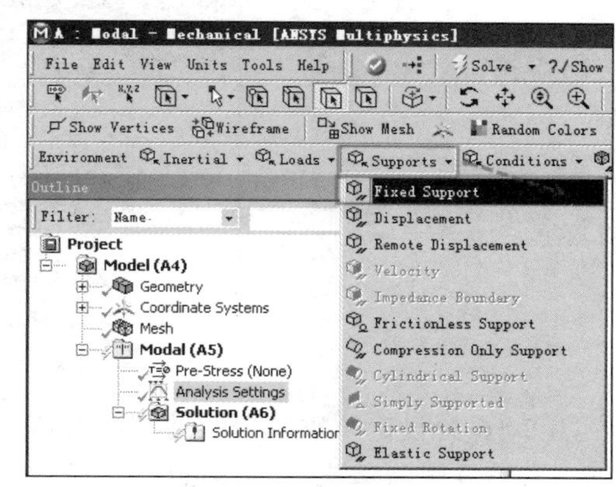

图 3-22　选择边界条件

注意：如上图所述，一般情况下模态分析需要定义固定位移约束边界条件。但是这里的

“固定位移约束”不是唯一可行的，而是在 Supports（支撑）中非灰色的部分都可以。只是定义的约束形式应与实际模型固定方式相同或者极其接近即可。

如 4.6.1 节中介绍，支撑形式与位置会深刻地影响结构的刚度分布，会剧烈地影响模态分析或其他分析的结果，选择支撑形式时应非常谨慎。

其中 Fixed Supports（固定位移约束）是指将约束面上的全部节点固定其自由度，包括 3 个方向（X、Y、Z）的平移运动。

注意：三维实体单元没有转动自由度，而梁单元等有转动自由度。

在模型空间以蓝色显示的是边界条件所施加的面。在 Details of Fixed Support（固定位移约束的详细信息）下方 Geometry（模型）的右边可以看到显示的是 4 Faces（4 个面），说明这 4 个面为固定面，如图 3-23 所示。

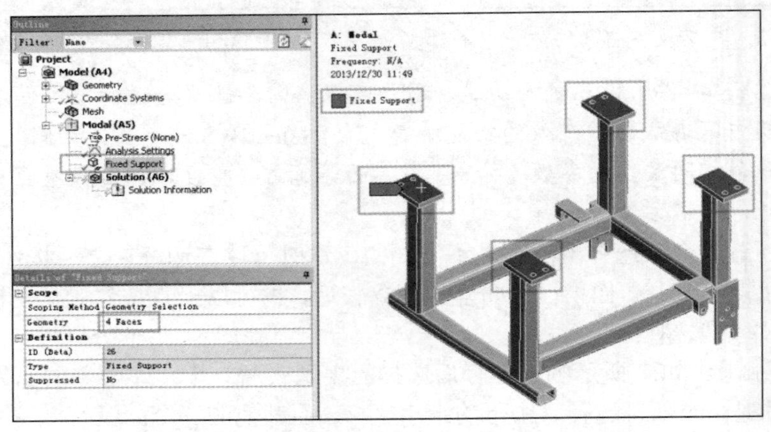

图 3-23　已选择的固定约束面

选择变形值查看模态振型结果和模态频率结果。单击 Outline（分析树）下的 Solution（求解），再单击 Deformation（变形值）→Total（总变形），如图 3-24 所示。

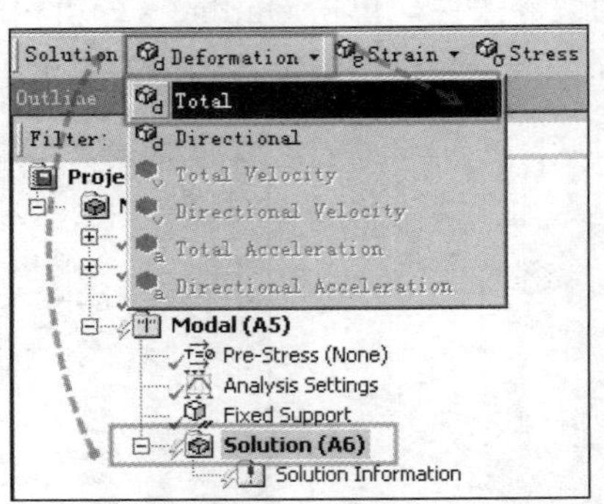

图 3-24　选择变形结果

在图 3-16 处设定了求解模型前三阶的模态结果，当选择查看变形值时需要分别显示三个变形值。共需要重复单击三次 Total（总变形）。这时在 Solution（求解）栏的下方会分别出现 Total Deformation、Total Deformation 2 和 Total Deformation 3。

系统默认输出的是第一阶振型结果，需要手工修改，使得 Total Deformation 2 输出第二阶振型结果，Total Deformation 3 输出第三阶振型结果。

例如让 Total Deformation 3 输出第三阶振型结果，需要在 Total Deformation 3（总变形 3）下方的 Details of Total Deformation 3（变形 3 的详细信息）中找到 Mode（模态振型阶数），可以直接在文本框中输入数字 3 或者单击其两边的黑色三角符号来增大或减小数字，如图 3-25 所示。

保存项目文件。每一次求解前都需要保存项目文件。

单击菜单栏上的 File（文件）→Save Project（保存项目文件），如图 3-26 所示。

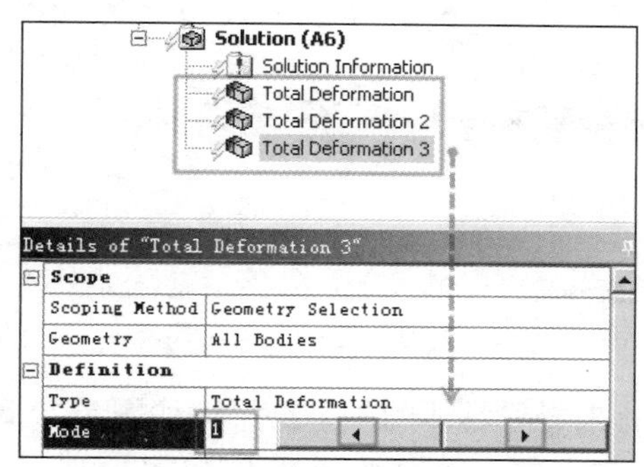

图 3-25　显示振型结果

图 3-26　保存项目文件

注意：如果分析规模较大或者可能分析规模本身不大，但是相对计算机硬件而言，其已大到计算机空闲内存远远无法满足正常分析需求时，ANSYS 软件会生成容量非常巨大的临时文件和结果文件。保存项目文件时需要放置在磁盘剩余空间足够大的分区。

查看振型结果。如果要查看模型第二阶振型结果，则在求解结束后单击 Solution（求解）下方的 Total Deformation 2。图 3-27 所示为模型第二阶振型结果。

一般而言，都是重点查看某类分析结果的最大值及其附近的结果。此处选择显示振型结果变形的最大值。

单击 Solution（求解）→Total Deformation 2 后再单击菜单栏中部的 Max（最大值）图标，这时程序会自动在最大值处显示一个红色的 Max（最大值）标签。在第 1 章电梯框架静力学分析案例中，显示最大变形值位置的方法就是使用此 Max（最大值）功能生成的。在本案例中其发生在模型 U 形支架的顶端处。

通过左边的彩色云图可知，最大值为 0.1775，单位为云图上方的“Unit:m”。对应的固有频率 Frequency（频率）为 180.85Hz。

注意：Workbench 平台的 ANSYS 软件与经典版 ANSYS 在单位制系统上有很大的不同。虽然它们都是用相同的求解内核，但是经典版中没有对单位制系统的提示，每一个数据都需要用户人工确定输入或输出数据的单位制系统，有的时候会非常容易出错。

经典版的 ANSYS 更接近于一个复杂的科学型计算器，与工程师使用的真实科学计算器一样，其只对输入和输出的数字负责，而不对数字对应的单位制系统负责。

在 Workbench 平台下改进了单位制系统，其可以在数据输入菜单的后面显示当前的单位制，以方便用户随时确定输入或者当前显示的数值的单位制，也会直接在结果中给出数值对应的单位制。

查看振型结果的另一种形式。在模型空间下方的 Graph（图表）处可以直观展现不同固有频率间的变化关系。为了方便查看，需要将其向上拖拽。

单击 Outline（分析树）下方的 Solution（分析），再单击右侧最下方的 Graph（图表），将鼠标移动到蓝色对话框的上方，将其向上拖拽到足够可见，但其不直观显示具体的频率结果，如图 3-28 所示。

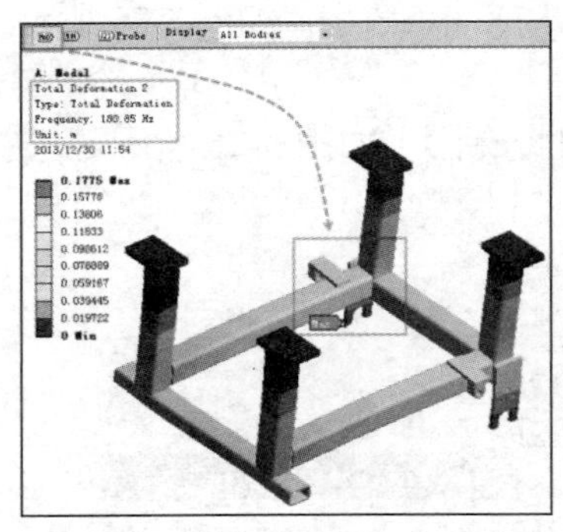

图 3-27　第二阶变形结果

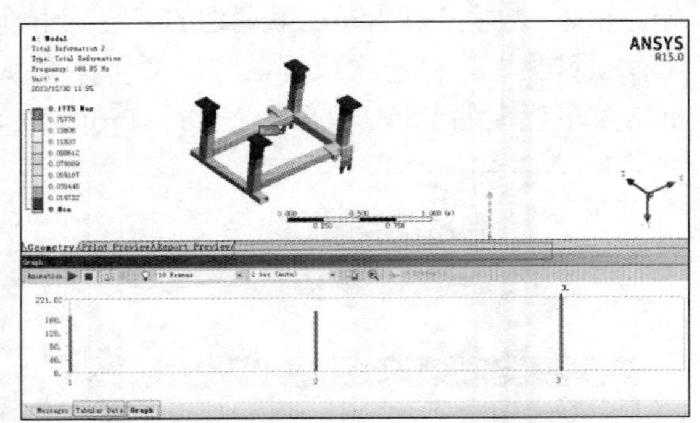

图 3-28　图表显示的固有频率分布

也可以单击下方的 Tabular Data（表格数据）来查看具体的频率结果，如图 3-29 所示。

矢量值显示变形结果。在 Total Deformation 2（第二个总变形）中显示的仅仅是变形值的绝对值，以其判定振动方向不是非常直观。ANSYS 提供了用矢量箭头方式显示某种结果的功能。

单击 Solution（求解）→Total Deformation 2，再单击菜单栏中部由红绿蓝三个箭头组成的 Graphics（矢量图解）图标，如图 3-30 所示。

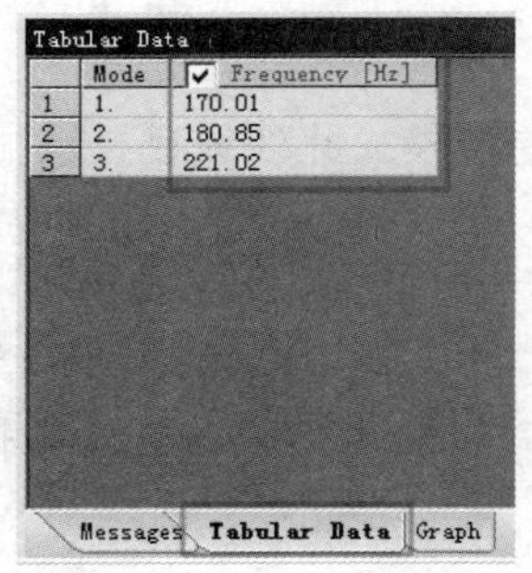
Tabular Data

	Mode	Frequency [Hz]
1	1.	170.01
2	2.	180.85
3	3.	221.02

图 3-29　表格显示的频率值

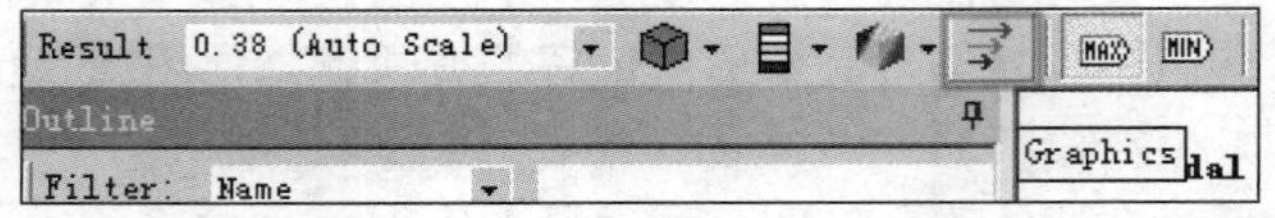

图 3-30　矢量值显示变形结果

程序会在其图标上方自动生成另一行菜单栏用以控制显示矢量箭头的形式，如图 3-31 所示。由于刚刚显示的是变形结果，左边的 Result（结果放大倍数）右边默认显示的是 0.38，代表模型显示的变形量被放大为原始值的 0.38 倍。这是一个缩小的比例系数。

注意：这不是实际的自由模态振动量。实际可能的振动变形量以云图及其云图颜色对应的数值为准。即变形大小比例的显示值是可以任意改变且不一定真实的，而云图的颜色及其对应的数据是真实的。

注意：模态分析的振动变形值为无激励下模型自由振动时的振动结果，而模型在实际工作中的变形量取决于外部荷载的频率的大小和方向与模态结果的耦合关系。

直观显示变形程度的另一种方法。单击 Graphics（矢量图解）以恢复云图显示变形结果。在左边的 Result（结果放大倍数）中输入 2，代表将显示值放大 2 倍。编写分析报告时，为了减少某些麻烦，建议将放大倍数设置成 1，并将图例中表示最大值所用的颜色从默认的红色更换为其他颜色。

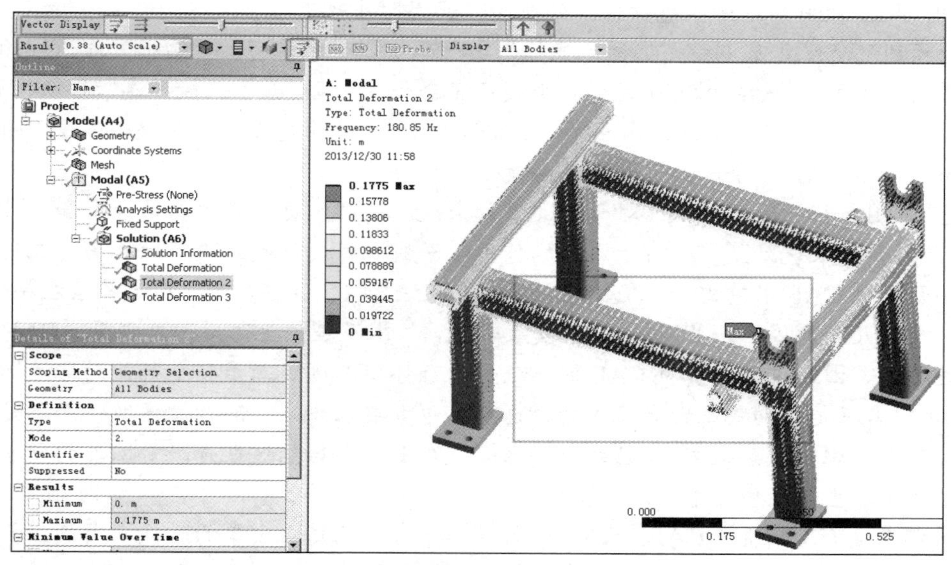

图 3-31 矢量显示变形结果

为了直观对比变形前后的模型位置，可单击 Show Undeformed Model（显示未变形模型）。ANSYS 软件以半透明显示模型原始状态，再以云图结果 2 倍放大的变形显示新的变形结果，如图 3-32 所示。图中可以清楚地看到放大变形后和原始模型的位置关系。

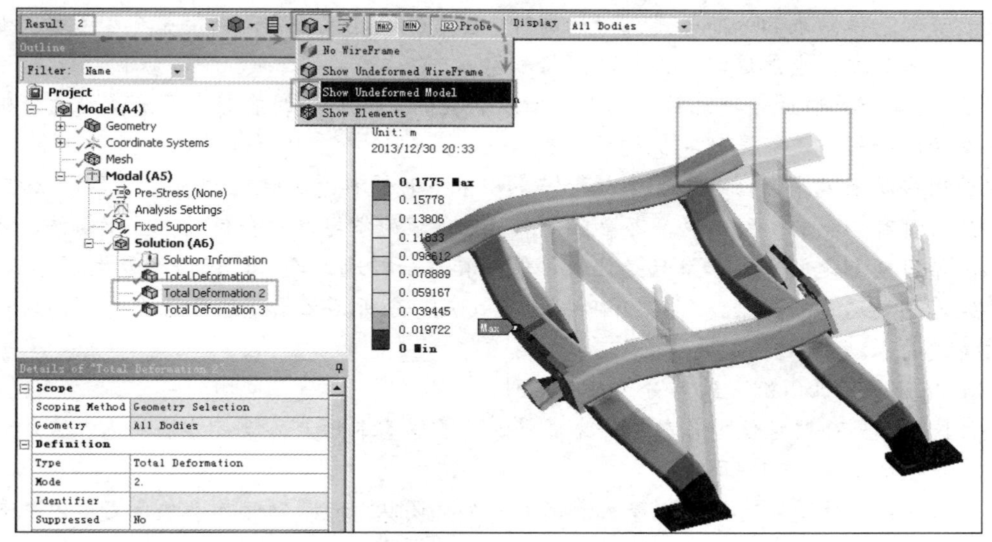

图 3-32 2 倍放大显示变形结果

注意：现在来简单介绍 CAE 行业的现状。相对于需要建造整机样机，再进行复杂昂贵且缓慢的实验模态分析和数据处理，使用数值模拟方法具有费用低、速度快、重复性好、能模拟较为复杂或者较为理想的工况下的特性，同时也可以观察不同工况下对求解问题的影响，获得大量相关变量的详细信息和潜在的物理过程等。以数值模拟为主，实验验证为辅，把理论研究、数值模拟、实验测量有机结合起来的方式，实现产品的研究和开发的过程，可以大大缩短产品开发周期，降低费用。这是相对“好”的一面，而实际中也有很多“不好”的一面。

国外商用的有限元基本都是黑匣子操作，由于程序代码的保密，里面很多理论性的东西是无法触摸的。对于刚开始接触有限元的人来说可能会有点难度，最多只能说是掌握软件的应用。

CAE 的应用在各行业中是很广泛的，专职做 CAE 的就业范围可能就狭小多了，而结合实际工程项目利用 CAE 这个工具可能就业面就会宽广得多。

CAE 在国内行业地位很低。对于产品设计来说，设计人员更重视的是经验和设计理论。CAE 对产品开发来说只是一个锦上添花的作用，而极少对设计起到决定性作用。相对而言，国外产品开发对 CAE 很重视，产品开发流程是 CAE 在前 CAD 在后，CAE 是属于主导地位的。

这可能有几个原因：一是国内 CAE 发展较晚，技术及理论上落后国外很多，CAE 工程师素质参差不齐，因此设计人员对 CAE 的准确性抱有怀疑态度；二是整个行业的环境如此。对 CAE 分析的需求是被动式或者跟风式的，也就是甲方要求才做，同行做才做，而不是主动进行的。现在国内比较成熟运用 CAE 的行业只有汽车一个，当然这也是跟着国外的研发设计流程设计十几年才重视发展起来的。

我国现在是 CAD 领导 CAE。CAE 这行就像是救火队员，出事的时候才用到，并且啃的都是硬骨头，风险大，回报少。所以做 CAE 必须要学要懂 CAD，深入到行业中去才行。只有这样才能够真正掌握事情的主动，才知道边界条件的所以然，否则自己分析的结果可能和实际相差很多。搞技术，实力才是硬道理，只有解决了问题才能获得尊重。

至于算得准不准，可能每个人都遇到过被别人质疑计算结果的准确性问题。这个也不难，稍微懂点的人都知道，绝对的准确是不存在的，即便是试验，同一型号的产品也会有差异，只要变化趋势和总体结果的分布等是正确的即可，也可以通过试验来不断调整模型参数，进而让计算结果越来越准。当然这需要大量的经验积累。

用 CAE 就是要快速精确地解决问题，所以需要的是较简单的能够出准确结论的分析。至于那些复杂的分析，一般是研究机构的任务。

软件用得越来越多，任务也越来越繁重，但很多时候都感觉缺乏“内在修养”，这应该说是大部分人都有的感觉。所以说，不管在哪个行业，理论学习是第一位的。至于软件，只是工具而已，学习也不是问题。如果只是让软件像计算器一样地工作，这或许中专生就可以完成。

曾经看到过这样一句话：“对某个项目进行 CAE 分析，必须是项目组中对项目结构原理了解最清楚的人。”

CAE 从业人员的级别大致可分为如下几种：

- 民工级：可熟练使用各种软件完成计算，了解基本的产品设计方法的人。这是大多数普通的 CAE 工程师。
- 工头级：就是做有限元出身、带领着一个小团队、能帮助领导解决问题的人。多数都是在业内某一领域经验丰富的工程师，有些人可能还出过书。
- 专家级：大多具有博士学位、有深厚的力学功底、能自己编写程序或推导本构、解决现有试验或软件还不能解决的问题、独立完成任务的科研人员等。其一般分布在各高校、研究所或企业的研发中心。至少已经是某一方面的技术带头人。
- 大牛级：多是某一领域的知名学者或院士级，总体人数较小。到这个级别，就成精了。

CAE 行业面临的问题有以下几个:

- CAE 行业本身就是一个高投入并且需要长期投资的行业，很多企业难以负担。软件的费用、经验的长期积累是很多没有做好基础研究的企业所无法承担的。目前的企业急功近利的思想太重，眼光不够长远。
- 企业对 CAE 的定位不好。很多企业就是拿它作为一种验证手段，这确实也是某些行业的限制。CAE 如果起初定义为一种类似于前期工程或高级工程来指导设计则会更好一些。
- CAE 要想做得好，本身也是有很多限制的。输入的精确性、试验的验证等都是需要有长久积累和研究才会对仿真的结果有很大帮助。大部分 CAE 工程师都是出自理科专业，更擅长技术，而不是交流。这些都在无形之中降低了结论的可信度。
- 有些公司搞 CAE 只是为了一个面子问题，是想让表面看起来更光鲜一点。有很多老工程师对 CAE 还是不愿意相信的。
- 领导对 CAE 的重视程度决定了 CAE 在其单位的发展前景。目前 CAE 受重视的程度并不高。

保存项目文件，退出 DS 模块，退出 ANSYS Workbench 15.0。

至此，本案例完。

4 有限元单元法概述

《礼记·中庸》中有云："凡事预则立，不预则废"。熟练、深厚、广泛地掌握与所分析项目有关的理论基础知识是成为一个优秀有限元工程师的重要基础。

自然界中的物理过程受到三个基本物理规律的支配，即质量守恒、动量守恒和能量守恒。这些守恒定律的数学表达式是偏微分方程。有限元单元法是一种求解 PDE（偏微分方程）的数值方法。PDE 可以描述：电磁、流体、换热、声学、扩散、相变、各种力学、河床变迁、物种竞争、股票金融等。当然，也不是所有的物理现象都可以用 PDE 描述。如微观世界的原子和分子运动等。

4.1 常用数值解法

不是所有的 PDE 都是有解的，往往有解的 PDE 才有实际工程意义。对于数值解法，常用的有：有限差分法、有限单元法、有限体积法、谱方法和蒙特·卡罗法等。

有限差分法（Finite Difference Method，FDM）是出现最早的数值方法，其计算精度相对较高且可控，但是模型形状必须规则，边界条件处理困难。好处是可以比较方便地控制计算精度、编程简便、固定节点的网格划分形式适用于流体类的仿真；缺点是对复杂区域的适应性较差、数值解的守恒性难以保证。其基本点是，将求解区域用与坐标轴平行的一系列网格线的交点所组成的点的集合来代替，在每个节点上将控制方程中的每一个导数用相应的差分表达式来代替，从而在每个节点上形成一个代数方程。每个方程汇总包括了本节点及其附近一些节点上的未知值，求解这些代数方程就获得了所需的数值解。

有限单元法（Finite Element Method，FEM）是将连续介质看做由有限个节点连接起来的有限个单元组成，然后对每个单元通过取定的插值函数将其内部每一个节点的位移用单元节点的位移来表示，随后根据连续介质整体的协调关系建立包括所有节点未知量的联立方程，最后使用计算机求解该方程组以获得需要的解。其效率高且满足精度要求，边界条件处理容易，得到了广泛应用，尤其是固体领域。但是为了获得较为精确的解，需要划分出较为细密的网格，这使得计算量可能非常巨大，并且解往往随着网格密度的减少而变化，故必须校验解的网格无关性，可采用第 13 章中介绍的方法。

有限体积法（Finite Volume Method，FVM）又称为有限容积法或控制体积法，是有限差分法和有限单元法的结合，特点是计算点在单元中心，使用雷曼边界处理单元之间的交界，处理流体中的激波时有着特殊优势。计算速度比同等级的有限单元法要快。有限体积法只考虑寻求的节点值，这与有限差分法相似，但有限体积法在寻求控制体积的积分时必须假定值在网格节点之间的分布。

谱方法（Spectral Method）由于可以采用高阶差值方程和 FTT（快速傅里叶变换）方法来求解，使得程序有精度高、收敛快的特点，也克服了有限单元法使用高阶插值方程计算费时的缺点，适合微观尺度的 PDE 解。谱方法和有限单元法结合产生的谱元法取两者之优点，使得应用前景非常好。

蒙特·卡罗法（Monte Carlo Method）也称统计模拟方法，不是基于弱解形式的，是随机数的多维采样最终得到统计上的结果，多用于金融分析。

4.2 有限元法的起源和发展

1851 年，为了得到空间一个给定闭合曲面围成的微小面积的微分方程，Schellbach 把表面离散化成正三角形，并写出了整个离散化面积上的有限差分表达式。但是，他既没有提出其他应用，也没有把这种思想普遍化。从 1906 年开始，研究者注意到了在杆系结构中具有许多类似于各向同性弹性体的性质。1941 年，出现了应用于平面弹性问题和板的弯曲问题的报道。

所谓离散化，是用一组有限个离散的点来代替原来的连续空间。它的一般实施过程是：把计算的区域划分成多个互不重叠的子区域，并确定每个子区域中的节点位置及该节点所代表的控制容积。这是因为实际柔性体的质量是连续分布的，其力学特性由偏微分方程表征，因此是无限自由度系统。但在工程中，按照无限自由度系统作动力学分析十分困难，也不必要。通常的做法是，将无限自由度问题简化为有限自由度问题。

现代有限元法起源于 1943 年 Courant 发表的论文。他把空心轴的截面划分为许多三角形，并在三角形内部对应函数，用其在三角形节点上的值进行线性插值，从而得到该轴的扭转刚度。有限单元这个名字是 Clough 于 1960 年在处理平面连续体问题时正式提出的。1965 年，出现了利用有限元法分析热传导和渗流的论文。20 世纪 60 年代末 70 年代初，出现了用途广泛的有限元分析程序。70 年代以来，不断增强的计算机图形学界面被用于有限元分析程序中，使得有限元分析在实际设计中更具有吸引力。第一个真正的有限元程序在 60 年代出现，它的名字叫做 FEATS。

4.3 有限元法的用途

有限元方法利用世界万物的复杂性和简单性对立统一的普遍原则，把复杂结构的受力、传力、变形统统归结为几何上简单应力应变单纯的有限元素来研究。每一个模式构成一个特别的力学上理想化的有限单元体。它们一般是只承受一维力的拉伸杆件、受弯的直梁或曲梁、只承受剪力的纯剪板件、受拉应力的薄膜元素等。把复杂结构统一地理想化为这些虽然数目可能很多，但是总是类型有限的单元体的一种组合，再按力学平衡方程组合起来的有限单元体的系统。用于复杂结构应力应变分析的近似数学模型是有限元法化繁为简指导思想的根本，也是它取得成功的基本出发点。

由于几何形状简单、受力变形单纯，每一个单元的应力应变关系可用有限数量的节点位移，再通过单元刚度矩阵直接表达出来。而且尽管结构的受力、传力、变形可能十分复杂、多种多样，但是每一个局部的小范围总是可近似地用上述模式的有限数量的单元体进行组合。加之这种按力的平衡原理的组合在数学上有等价为单元刚度矩阵的某种形式的叠加，于是一个复杂的应力应变问题能够归结为一个线性代数问题或非线性代数的解算。正是上述这些特点，使得有限元法起初被称为直接刚度法或矩阵方法。

有限元分析主要用于包容解析解所无法计算的结构，也用于印证或校核解析解以及实验分析的准确度。有限元法有很强的适用性，应用范围极其广泛。它不仅能成功地处理应力分析中的非均质材料、各向异性材料、非线性应力－应变关系以及复杂的边界条件等难题，而且还用于热传导、流体力学等课题。

有限元力学分析的基础是弹性力学，热分析的基础是传热学；方程求解的原理是采用加权残值法或泛函极值原理；实现的方法是数值离散技术；技术载体是有限元软件。

有限元分析的主要内容包括：基本变量和力学方程、数学求解原理、离散结构和连续体的有限元分析实现、各种应用领域、分析中的建模技巧、分析实现的软件硬件平台等。

有限元法的数学基础为变分原理。它将物理模型的连续方程、守恒方程等转化为变分形式。变分问题和原来的偏微分方程是等价的，变分原理降低了原来偏微分方程解的连续性要求。变分的不同构造形式衍生出了多种有限元的分支。分析研究的是方法的收敛性、计算精度、外推等。

任何有限元模拟的第一步都是从一个有限单元和集合离散结构的实际几何形状出发，用每个单元表达这个实际结构的一个离散部分，这些单元通过共用节点或接触单元来连接。这种离散的过程是人为地在连续体内部和边界上划分节点，以单元连续的形式来逼近原来复杂的几何形状，这种离散过程叫做逼近性离散。节点和单元的集合称为网格。在一个特定的网格中，单元的数目称为网格密度。在应力分析中，每个节点的位移量是软件的基本变量。一旦节点位移已知，每个单元的应力和应变就可以很容易地求出。

连续系统模型的离散化方法大致可分为三类：集中质量法、广义坐标法、有限元法。

集中质量法，适合于均匀或近似均匀的弹性体上，它是将质量集中到弹性体的若干个截面或点上。在计算技术还不太发达的时代，这不失为一种行之有效的近似方法。但是，如何选取各个集中点以及如何配置各个点的质量才能使得所得结果比较接近于真实情况，这在很大程度上考验着用户的经验和知识水平，缺乏一般的理论指导。由于做法简单，所得的质量矩阵为对角阵，从而计算量可以小一些。一些转子动力学分析案例或者竖直结构抗震计算标准中，仍然使用近似的算法。

集中质量法是将连续系统的惯性和弹性特性转化到一些离散的物理元件上去，用各个集中质量的物理坐标的运动来确定连续系统的运动。

广义坐标法与此不同，它是将系统的惯性和弹性特性转化到一些振型上去。振型本身就是物理坐标的确定函数，在找出这些振型的运动规律以后，用它们来确定系统物理坐标的运动。由于考察的频率范围是有限的，往往只需要取有限级数就能准确地反映实际情况，各种广义坐标近似法就是在这一基础上发展而来的。

有限元法兼有前两类方法的某些特点。它把连续系统的复杂结构抽象化为有限个元素，在有限个节点处对接而成组合结构。每个元素都是一个弹性体，元素的位移用节点位移的插值函数表示。

4.4 有限元法的优势

有限元法相对经典弹性力学理论有一个重大优势：在实际工程问题中，很多结构体型复杂，必须按照空间问题求解，经典弹性力学对于这类问题常常是无能为力的。有限元法中，空间问题只要求保持节点的连续性或采用合适的接触单元，构造有限元模型没什么困难。因此，过去不能解决的空间问题，现在很多都可以用有限元法来计算。但是，空间问题节点自由度多，需要分割的单元数量也多，因此计算量较大，一般需要有相当大内存的计算机才能顺利计算。

有限元分析包含以下步骤：

（1）分析所要解决的问题。

（2）建立模型——前处理。

（3）推导方程的公式。

（4）离散方程。

（5）求解方程。

（6）表达结果——后处理。

其中步骤 2～5 已在典型分析程序中实现，而分析者的工作体现在第 1、2 步和第 6 步。

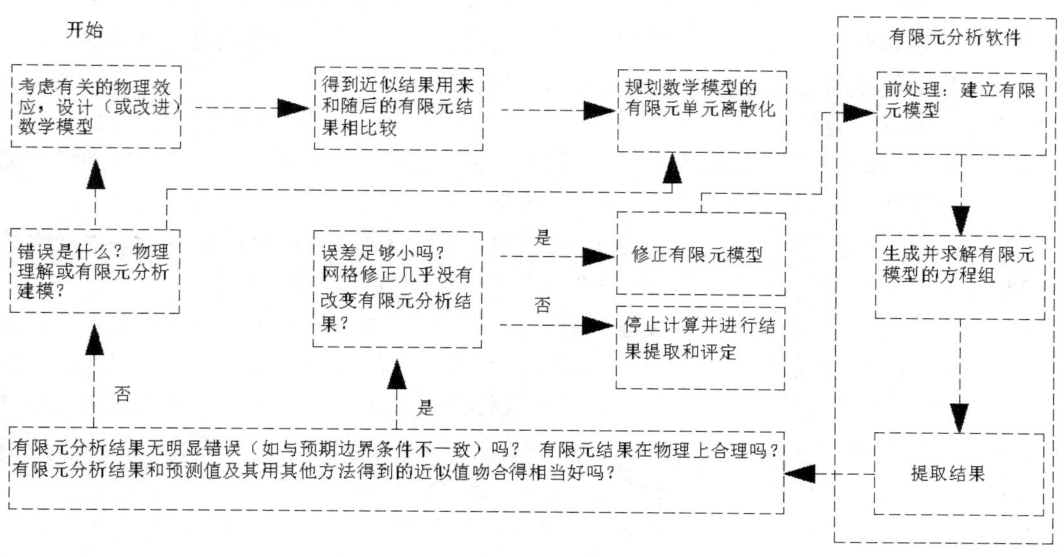

图 4-1 有限元分析流程图

4.5 数值分析的发展与用途

直到 20 世纪 80 年代，建模还只是关注提取反映力学性能的基本单元，目的是使这些基本单元能够与所研究的力学性能的最简单模型一致。现在，建立一个详细的设计模型，并应用它检验所有必要的工业标准，在工业界已经成为非常普遍的方法。

这种应用模拟方式的动力在于，对于一种工业产品，生成几种网格的代价远远高于生成每种应用都适用的特殊网格的代价。例如，同样一个有限元模型可以进行跌落仿真、线性静力分析和热分析。通过使用同一个模型进行所有这些分析可节省大量的工程研制时间。当然，对于特定的分析，有限元软件的使用者必须能够评估有限元模型的适用性和限制条件。

针对实际问题应用有关知识和数学理论建立数学模型的这一过程通常作为应用数学的研究对象；而根据数学模型提出求解的数值计算方法，直到编写出计算机程序，最终计算出结果这一过程则是计算数学的研究对象，也是数值分析的研究对象。数值分析就是研究用计算机解决数学问题的数值方法及其理论。它的内容包括函数的数值逼近、数值积分、数值微分、非线性方程组求解、数值线性代数、微分方程数值解等。它们都是以数学问题为研究对象的。

数值分析也称为计算方法，但不应片面地将它理解成各种数值方法的简单罗列与堆积。同数学分析一样，它内容丰富，研究方法深刻，既有纯数学的高度抽象性与严密科学性的特点，又有实际应用的广泛性和实际试验的高度技术性的特点，是一门与计算机使用紧密结合的实用性很强的数学。

其与纯数学有些许的不同。例如在考虑线性方程组数值解时，“线性代数”中只介绍方程组的解，存在唯一性及有关理论和精确解法。运用这些理论和方法是无法在计算机上求解巨大数量未知数方程组的。求解这类问题还应根据方程特点研究适合计算机使用的、满足精度要求的、计算节省时间的有效算法及其相关理论。在实现这些算法时，往往还要根据计算机性能研究具体的求解步骤和程序设计技巧。有的理论方法虽然不够严格，但是经过实际计算、对比分析等手段，只要能证明它们是行之有效的方法，也应采用。

数值分析的特点有：

（1）面向计算机。要根据计算机特点提供实际可行的有效算法，即算法中只能包括加、减、乘、除运算和逻辑运算，它们都是计算机能够直接处理的。

（2）有可靠的理论分析。能任意逼近并达到所需的精度要求，对近似算法要保证收敛性和数值稳定性，要对误差进行分析。这些都建立在相应的数学理论基础上。

（3）有好的计算复杂性。时间复杂性好是指节约时间，空间复杂性好是指节省存储量。这也是建立算法时要研究的问题，它关系到算法能否在计算机上实现。

（4）有数值试验。任何一个算法，除了从理论上要满足上述三点外，还要通过数值试验证明它是行之有效的。

数值稳定性是指，计算式在运算过程中舍入误差不增长。

今天，方程式的推导和离散过程主要掌握在软件开发者的手中。然而，由于某些方法和软件可能应用得不合适，一位不理解软件基本内容的分析者会面临许多风险。而且，为了将实验数据转换为输入文件，分析者必须清楚在程序中所应用的和由实验人员提供的材料数据的应力和应变的度量，分析者必须理解和知道如何评估有限元模型数据响应的敏感程度。一位有效率的分析者必须清楚容易产生误差的来源、如何检查这些误差和评价误差的量级，以及各种算法的限制和对误差的影响量。

求解离散方程也面临许多选择。一种不恰当的选择将导致冗长的计算时间消耗，从而使得分析者在规定时间内无法获得结果。为了实现建立一个合理的模型和选择最佳的求解过程的良好策略，了解各种求解过程的优势和劣势以及推测所需的计算机机时也是非常必要的。

判断离散化程度是否充分的一个方法就是看结果的应力分布图或者热分析中的热流图等。软件给出的等值面图中一般用不同的颜色来表示不同水平的结果数值。应力和场量有关，而给定单元的梯度仅取决于其依附于该节点上的场量。因此，跨单元间的边界应力带会不连续。严重的不连续表明结构的离散化太粗糙，而连续的离散带又暗示着更精细的离散化显得不必要。后处理时，软件为了让视觉上更满意，也许会删除或锉平这些明显的不连续（比如使用整体应力磨平处理等），但是判断计算结果质量的有用信息却消失了，这是一种权衡。

离散误差的大小同离散方程的截断误差有关。在相同的网格步长下，一般来说截断误差的阶数提高，离散误差会随着减小。对同一离散格式，网格加密，离散误差也会减小。那么，进行工程数值计算时，网格应细密到什么程度才可认为是足够了呢？显然，不可能在十分接近零的网格步长下计算。因为且不说计算机资源的限制，更由于离散方程数目的巨大，使得求解计算次数剧增，而导致舍入误差把数值解都“湮没”了。实际计算时，应使得网格细密到即使再进一步细化网格，在工程允许的误差范围内数值解已几乎不再发生变化，这就是网格无关解。获得网格无关的解是国际学术界接受数值计算论文的基本要求。

另外，当时间与空间步长均趋于零时，如果各个节点上的离散误差都趋于零，则称该离散方程是收敛的。

分析者最重要的任务是表述结果。除了固有的近似之外，即便是线性有限元模型，对于许多参数的分析也常常是敏感的。这种敏感性可能给模拟带来成功，也可能将其带入歧途。非线性固体可能经历非稳态，其结果可能取决于材料的参数，对缺陷的反应也可能是敏感的。这些都需要在进行有限元分析时加以注意。选择合适的网格描述是非常重要的，需要认识网格畸变的影响，在选择网格时必须牢牢记住不同类型网格描述的优点。

在仿真过程中，普遍存在着稳定性的问题。在数值模拟中，很可能获得物理上的不稳定，因此也是相对无意义的解答。对于不完备的材料和荷载参数，许多解答是敏感的；在某些求解情况下，甚至于敏感于所采用的网格。

一位睿智的有限元软件使用者必须清楚这些特性，估计到可能遇到的陷阱，否则由软件精心制作的结果可能是错误的，也可能导致不正确的设计精度。

4.6 有限元分析的实现

有限元计算的一般分析流程如下：

（1）原始数据的输入和形成。这一步是全部分析的基础，应予以特别关注。通常需要输入的数据有：定义网格、单元的种类和数量信息、各个单元的几何与物理参数、边界条件及节点荷载数据等、网格的划分、节点坐标及荷载的生成。

最优化的编号选择将使得数据处理工作变得更少，从而使得计算时间和存储量限制在最低程度（仅限经典版 ANSYS，在 Workbench 平台下，此为软件自动生成）。

（2）单元刚度矩阵的计算。选择什么单元取决于分析的对象、所需的精度、可用的硬件和软件等。选择单元时要保证相邻单元间能相互匹配，以保证沿着单元界面上的位移的连续性，从而达到所要求的精度。

（3）总刚度矩阵的形成。为形成总刚度矩阵，要求所有单元建立一个统一的坐标基准。一般采用方便的局部坐标系建立单元刚度矩阵，然后进行坐标变换，从而给出统一坐标系下的刚度矩阵。

（4）方程组的求解。

（5）结果后处理。这一步工作是利用解的位移换算出所需结果的内容与形式。应力换算通常采用单元平均应力法或节点平均应力法。

4.6.1 分析模型的组成

ANSYS的有限元分析模型通常由若干不同的部分组成，它们共同描述了所分析的物理问题和需要获得的结果。一个分析模型至少要包含以下信息：离散化的几何形体、单元截面特性、材料数据、荷载和边界条件、分析类型和输出要求。

1. 离散化的几何形体

有限数量的单元和节点定义了 ANSYS 所模拟的物理结构的基本几何形状。模型中的每一个单元都代表了物理结构的离散部分。即许多单元依次连接组成了结构，单元之间通过公共节点或者使用接触关系彼此相互连接，模型的结合形状由节点坐标和节点所属单元的连接所确定。

将连续体人为地在内部和边界上划分节点，以单元的形式来逼近原来复杂形状的几何形状，此过程称为逼近性离散。模型中所有的单元和节点的集合称为网格。通常，网格只是实际结构几何形状的近似表达。为了保证结果的精度，保持单元间节点的对应是非常重要的。由于是人为增加的节点，因此分析前需要考虑很多方面的问题，如节点的位置与数量、计算的规模和计算量、单元的类型、对几何模型的逼近程度等。因此，必须处理好以下几种矛盾：计算量与离散误差、局部计算精度与整体计算精度、计算精度与求解时间、求解规模与计算机处理能力等。

在网格中所用的单元类型、形状、位置和总体数量都影响计算的结果。一般而言，网格的密度越高，结果的精度越高；当网格密度增加时，分析的结果将收敛到唯一解。但是，用于分析计算所需的代价和时间将大大增加，有时还会超过计算机的处理能力。虽然从数值模型所获得的解答可以是唯一的，但它一般仍是所模拟物理问题的近似解答。近似的程度取决于模型的几何形状、材料特性、边界条件和荷载工况，即这些数值模拟在多大程度上与实际物理问题趋于一致。

根据有限元理论，用三角形单元计算时，由于形状函数是完全一次式，因而其应力场和应变场在单元内均为常数。而四边形单元其形状函数带有二次式，计算得到的应力场和应变场都是坐标的一次函数，但不是完全的一次函数，这对提高计算精度有一定作用。

2. 单元截面特性

许多单元的几何形状不能完全由它们的节点坐标来定义。例如，复合材料壳的叠层就不能通过单元节点来定义，这些附加的几何数据由单元的物理特性定义，而且对于定义模型整体的几何形状是非常必要的。模型的不同部件可以由不同的材料组成。可通过单元集使单元和材料形状联系起来。ANSYS 软件虽然在非线性领域并不特别擅长，但是它的单元库却极其广泛，在一定程度上可以弥补其求解能力的不足。

3. 材料数据

所有单元必须确定其材料特性。然而高质量的材料数据是很难得到的，尤其是对于一些比较复杂的材料模型。一旦网格生成，网格中的单元就能适当地与材料模型结合。

为了方便读者，笔者参阅多本资料，历时两个月时间汇总整理了大多数牌号金属材料在不同温度下的线弹性范围物理属性数据，并将其放置在附录中。

4. 荷载和边界条件

有限元平衡方程求解时，作用在单元上的外载荷必须移置到单元的节点上去。有限元平衡方程的外载荷通常有：集中力、表面力、体积力等。将这些外载荷移置到单元节点上去时都必须遵循静力等效原则。所谓静力等效原则是指，移置前的原载荷与移置后的节点载荷在任何虚位移上的虚功都相等。它是虚功原理的另一种形式。有关虚功原理在后续章节中会详细描述。

在有限元求解前，对载荷往往还有一些工作要做。例如将分布载荷换算到结构的节点上成为集中载荷；将分布载荷换算到细长构件上成为分布线载荷；将体积力用质量和加速度表达等。做这些工作，理论上讲也要符合静力等效原则。因为如果不按静力等效原则换算的话，计算出来的结果将不是原载荷的等效结果，失去结构分析的意义。

有限元结构分析时，计算结果只对边界条件负责，只要所选的边界条件满足有限元平衡方程求解要求，就能得到正确结果。例如在施加边界条件时，限制了结构的刚体移动和转动，满足了有限元求解的必要条件，就可得到对应于该边界条件的正确结果。但是，作为工程结构分析这是不够的，还必须满足充分条件，即符合工程实际情况的边界条件。

例如分析一个在压力作用下桌子的变形，边界条件可以取在桌面的 4 个角点处，只要施加得正确，就可以得到结果。但是，这样处理没有满足充分条件，不是实际受力的结果。实际受力的结果应该将边界条件施加在桌子 4 个腿的接地处。因此，评价计算结果是否可用于工程，还必须检查是否满足了这个充分条件。只有满足了充分条件，有限元计算结果才可用于工程。ANSYS 提供各种加载选择，最一般的加载形式包括：集中荷载、压力和表面荷载、体积力（如重力）、热荷载。

有限元计算分析边界条件施加位置，根据圣维南原理，应该尽量远离应力集中部位，以避免边界条件对计算结果的影响。但是对某些结构分析，边界条件施加在接触部位是不可避免的。如果重点考察部位不在接触处，施加边界条件比较好处理；如果重点考察部位在接触处，就值得研究了。

热力分析时结构的边界条件很少有人提到，只在热变形分析时有这种边界条件，也是一种很重要的边界条件。有些弹性体本来处于自由膨胀的状态，为了求解需要施加了边界条件。但是一定要注意，这个边界条件不能任意约束，如果不小心，则会产生很大的应力集中现象（二次应力）。

边界条件是约束模型的某一部分保持固定不变或者移动规定量的位移。对非自由系各质点的位置和速度所施加的几何的或运动学的限制称为“约束”。无论哪种情况，约束都是直接加到模型的节点上。

约束的要素可分为 4 个：约束的类型（是哪几个自由度）、约束的方向（相对哪些坐标系）、约束的位置（在什么地方约束）、约束的区域（约束的面积有多大）。它们均深刻地决定着约束的影响价值。

约束的类型和方向比较容易理解，但是约束的位置对整体刚度的影响就不那么容易判断了，而约束的改变往往剧烈影响或从本质上改变结构的传力方式，进而改变结构的承载刚度。整个结构的刚度矩阵为全体单元刚度矩阵的叠加。此时，可以通过理论推理、推导公式和查询力学工程设计手册来预测某些约束位置的几何参数影响整体刚度的程度。

对于某一受外力作用的力学结构系统，如果增加约束，则该系统的各点刚度均增加，即各点的位移均减小。

在静态分析中，需要满足足够的边界条件，以防止模型在任意方向上的刚体移动，否则没有约束的刚体位移会导致刚度矩阵产生奇异。计算刚度矩阵时，往往需要计算复杂的函数定积分。在求解阶段，求解器将发生问题，并可能引起模拟过程过早中断。求解过程中如查出了求解器问题，ANSYS 将发出警告信息。用户需要知道如何解释这些错误信息，这一点十分重要。如果在静力学分析中看见警告信息 Numerical Singularity（数值奇异）、Zero Pivot（主元素为零）、Unknow Error（未知错误）等，用户必须检查是否整个或者部分模型缺少限制刚体平动或转动的约束。

换句话说，通常自由体的刚度矩阵是奇异的，从力学观点上看，在施加边界条件之前的自由体是不能受力的。刚度矩阵的这种奇异性使得方程组出现不定解。对于一个空间问题，力学上可以建立 6 个平衡方程组，由此来消除自由体刚度矩阵的奇异性。最低要限制 6 个以上相互独立的自由度，这是必须施加的边界条件。

校验模型是否已经被限制住足够的自由度，可以使用弱弹簧功能或模态分析法校验。其具体用法将在第 12 章风机桥架谐响应分析案例中介绍。

在动态分析中，由于结构中的所有分离部分都有一定的质量，其惯性力可防止模型产生无限大的瞬时运动。因此，求解器的警告信息通常提示其他的模拟问题，如过度塑性等。

事实上，没有真正意义上的集中加载或点加载，荷载总是施加在一定面积上。然而，如果承载的面积近似或者小于这个区域中单元的面积，则可以理想化地视其为施加在节点上的集中荷载。

5. 分析类型和输出要求

一个有限元的分析能产生大量的输出数据，有可能达上百 GB 的数据量。用户可以要求仅仅输出能合理解释分析结果的必要数据，如固有频率、最高温度、最大变形值等。对于最基本的分析，求解得到的仅仅是各点的自变量的值。对于基本的位移法，如力学就是各点位移值，热力问题就是温度值，流体就是位移速度与压力值。

如何获得应力解或应变解呢？后处理系统中都会增加相应的程序计算此数值。这也就是为什么能看到各种云图的原因了。当然，用户也可以自行加入计算子程序，如应变能密度等。

4.6.2 单元及其特征

每一种单元有唯一的单元名，如 Beem188、Mess21 等。其中，Beem 代表这是一个梁单元，188 是单元的编号。每一种单元具有特定的适用范围。一般而言，同等类型的单元，单元的编号数字越大，其所采用的技术越新。随着 ANSYS 软件版本的更新，部分老单元会被新单元替换或更新，使用中需要注意这一点。单元的具体属性请参考 ANSYS 单元手册。

每种单元都具有以下特性：单元簇、自由度、节点数目与插值的阶数、数学描述、积分方式。

1. 单元簇

单元簇主要是区别不同单元各自假定的几何类型。数值模拟的精度很大程度上依赖于模型中采用的单元类型。在各种单元中如何选择一个最适合的，可能是一件令人苦恼的事情，尤其是初次使用时。然而，用户会逐渐意识到选择和使用各种单元并优化其组合是一种必备的能力。

由于有限元分析是对实际模型的逼近性离散，那么选择适合实际情况的单元类型就非常重要。

2. 自由度

一个固定的时刻，在约束许可条件下能自由变更的独立的坐标数目称为体系的自由度。在分析中自由度是计算的基本变量。对于应力/位移模拟，自由度为平动（一般是3个自由度）；对于壳/梁单元，还包括各节点的转动（一般是6个自由度）。

对于热传导的模拟，自由度是在每一个节点处的温度。因此，热传导的分析要求使用与应力分析不同的单元，因为它们的自由度不同。

3. 节点数目与插值的阶数

基于有限单元法的ANSYS软件，仅在单元的节点处计算位移、转动、温度和其他自由度等。在单元内的任何其他节点处的位移是由节点位移插值获得的。通常，插值的阶数由单元采用的阶数决定。插值就是构造一个在有限点内能满足规定条件的连续函数。在有限元分析中，这些点是一个单元的节点，规定条件是一个场量的节点值。节点值很少是精确的，并且即使它是精确的，插值法在其他位置给出的通常也会是近似值。插值函数几乎总是一个能自动提供单值连续场的多项式。

多项式逼近是数值分析中最古老的思想之一，也是迄今为止最受重用的方法之一。逼近准则的核心思想是保持误差合理的小。由于多项式简单，允许以不同的方法逼近这个目标。这些方法里面需要考虑的是：配置（Collocation）、密切（Osculation）、最小二乘（Least Squares）、极小一极大（Min-Max）。

4. 数学描述

单元的数学描述是指用来定义单元行为的数量理论。在整个分析中，构成单元的物质保持不变，单元之间无物质运动。

5. 积分方式

ANSYS应用数值方法在每个单元体上积分出各种变量，分为完全积分和缩减积分两种。

（1）完全积分。

所谓完全积分是指，当单元具有规则形状时，所用的积分点的数目足以对单元刚度矩阵中的多项式进行精确积分。对于六面体和四面体单元而言，所谓“规则形状”是指单元的边是直线，并且边与边相交形成直角，在任何边中的节点都位于边的中点上。这也是保证网格质量的原因和改进网格质量的方向。需要注意的是，在梁厚度方向的单元数目并不影响计算结果。

（2）缩减积分。

只有四边形和六面体单元才能采用缩减积分方法。而所有的楔形体、四面体和三角形实体单元，虽然它们与缩减积分的六面体或四边形单元可以在同一网格使用，但却可以采用完全积分。缩减积分单元比完全积分单元在每个方向上少用一个积分点。缩减积分的线性单元只在单元的中心有一个积分点。

线性的缩减积分单元由于存在本身的所谓“沙漏”数值问题，过于柔软。沙漏问题的具体描述请参考后面章节的误差分析部分。

4.6.3 刚度矩阵的性质

刚度矩阵在有限元方法中占有最重要的位置，同时它也具有非常明确的物理意义。分析和了解它的性质，对于更深层次地掌握有限元法具有重要的作用。矩阵是一组量或数（实数或复数）的长方阵列。虽然矩阵的元素是数，但矩阵本身却不是数，它起着算符的作用。在工程上，矩阵常常用来表征物理系统的某种特性或状态。如一个振动系统的弹性特性、惯性特性、运动状态等。因此，矩阵的概念既包含着各个元素的特有排列，又作为一个整体服从一定的运算规则，并不是任何一组数把它排列成矩阵的形式都有矩阵的含义。

刚度矩阵性质 1：单元刚度矩阵的对角线元素 K_{ii} 表示要使单元的第 i 个节点产生单位位移，而其他节点位移为 0 时，需要在节点 i 处施加的力。

刚度矩阵性质 2：单元刚度矩阵的非对角线元素 K_{ij} 表示要使单元的第 i 个节点产生单位位移，而其他节点位移为 0 时，需要在第 i 个节点施加的力。

刚度矩阵性质 3：单元刚度矩阵是对称的，这一性质也可由功的互等定理来推论。即对于线性弹性体，第一种加载状态下的外力在第二种加载状态下移动相应位移时所做的功，等于第二种加载状态下的外力在第一种加载状态下移动相应位移时所做的功。

刚度矩阵性质 4：单元刚度矩阵是半正定的。为说明这种情况，将基于节点表达的应变能写成展开的形式。在线性代数里，此展开式称为“二次型”。在去除刚体位移的情况下，无论位移列阵取何值，除非等于 0，应变能总是正值。这样的二次型在数学上称为“正定”。表达这个二次型的矩阵也称为“正定矩阵”。

刚度矩阵性质 5：单元刚度矩阵是奇异的。

刚度矩阵性质 6：刚度矩阵的任一行（或列）代表一个平衡力系。当节点位移全部为线位移时，任一行（或列）的代数和应为零。

刚度矩阵的任一行在数值上等于某种特定位移形状下的全部外力和反力，它们构成一个平衡体系。而由对称性可知，任一列也就具有相同的性质。在具体计算过程中，可以利用这一性质检查计算结果的正误。

同样，由单元刚度矩阵所组装出的整体刚度矩阵也具有以下性质：

- 对称性。
- 奇异性。
- 半正定性。
- 稀疏矩阵。
- 非零元素显现带状性。

需要特别说明刚度矩阵的奇异性。这对于求解中出现错误的理解与解决非常重要。

奇异性 1：无支撑。在施加边界条件之前，结构会在空间内自由“漂移”。也就是说，该结构是无约束的，并且可以有刚体运动。刚体运动包括平动和转动。但考虑一个结构的转动时，在通常的线性分析中认为变形和转角都是小量。这点非常重要。

无支撑的刚度矩阵是个奇异矩阵，因此结构方程没有唯一的解矢量。当其产生奇异时，软件会告诫有除数为零或者发出其他错误信息，并终止计算而不提供任何结果。

奇异性2：支撑不足。必须记住，一般单元允许每个节点有6个自由度，因此必须限制最少6个方向自由度的刚体运动，以使得结构得到充分的支撑。由于单元刚度矩阵是对称和奇异的，由它们集成的结构刚度矩阵也是对称和奇异的，也就是说，结构至少需要给出能限制刚体位移的约束条件才能消除刚度矩阵的奇异性，以便于求得节点位移。已知节点位移就可以求出单元的应变和应力。这与“有限元分析的实现”节中的说明是一致的。

另外，如果结构的不同方向刚度相差过于悬殊，则可能使最后的代数方程组成为病态，使得求解的误差会很大，甚至导致求解失败。

4.6.4　边界条件的处理与支座反力的计算

位移边界条件在大多数情况下具有两种类型：零位移边界条件和给定具体数值的位移边界条件。处理以上边界条件常用的方法有：直接法、置“1”法、乘大数法和罚函数法。

直接法的特点：

- 既可以处理位移为0的情形，也可以处理位移不为0的情形。
- 处理过程直观。
- 待求解矩阵的规模变小（维数变小），适合于手工处理。
- 矩阵的节点编号顺序改变，不利于计算机的规范化处理。

置“1”法的特点：

- 只能处理节点位移为0的情形。
- 保持待求解矩阵的规模不变，不需要重新排序。
- 保持整体刚度矩阵的对称性，利于计算机的规范化处理。

乘大数法的特点：

- 既可以处理位移为0的情形，也可以处理位移不为0的情形。
- 保持待求解矩阵的规模不变，不需要重新排序。
- 保持整体刚度矩阵的对称性。

罚函数法的特点：它的最大好处就是可以直接求出位移边界上的支座反力。

4.6.5　单元节点编号与存储带宽

计算机在进行有限元分析时需要存储所有的单元和节点信息。即将所有单元和节点进行编号，并按顺序存储在数据库中，然后再按单元和节点编号所对应的位置将所形成的单元刚度矩阵装配到整体刚度矩阵中。随着所求解问题自由度（DOF）数目的增大，即计算规模的增大，整体刚度矩阵的规模将非常大。

由于整体刚度矩阵中显现出相邻单元间的关联性，因此矩阵中的大部分数据都为零。为了节省存储空间，一般只需存储非零数据。那么，单元和节点的变化将直接影响到非零数据在整体刚度矩阵中的位置。一般希望非零数据越集中越好，反映非零数据集中程度的一个指标就是带宽。计算中，一般都采用二维半带宽存储刚度矩阵的系数，为等带宽存储，也可以采用一维变带宽存储，这虽然能更节省存储空间，但必须定于用于主角元素定位的辅助数组。

4.6.6 误差处理及控制

有限元法的一个突出特点就是它的许多变量和矩阵表达式都具有确切的物理意义，这对于用户更好地理解和掌握有限元分析技术的本质提供了条件。另一方面，求解复杂问题的目的就是希望获取最高精度的结果。但是，有限元法本身是一种数值方法，高精度的追求必然带来计算量的急剧增加。因此，必须综合考虑求解精度和计算量这两方面的因素，以达到最佳的效率。即以合理的计算量来获得满意的精度。

1. 误差源

除非数学模型简单到没有必要进行有限元分析，否则用有限元计算的结果都包含误差。这里的“误差”是指有限元结果与数学模型精确解之间的不一致。

在有限元法中，场函数的总体泛函是由单元泛函集成的。如果采用完全多项式作为单元的插值函数（即试探函数），则有限元解在一个有限尺寸的单元内可以精确地和真解一致。但是，实际上有限元的试探函数只能取有限项多项式，因此有限元解只能是对真解的一个近似解答。并且在数值计算过程中，每一次四则运算都可能产生舍入误差，而每一步产生的误差又将传递到以后的各步计算，最终影响计算结果。即使是简单的二元一次方程组的数值求解都会被误差所困惑。

误差源主要有以下几种：

- 建模误差：物理系统和它的数学模型的差别。要分析的不是实际问题，是简化后的数学模型。一般建模时把紧固件的细节、小孔、其他的几何不规则性以及材料属性的微小不均匀性都忽略，荷载也会被简化，边界条件被理想化。比如认为支撑是刚性的。
- 使用者的误差：是指在理解物理问题、决定要分析回答的问题，以及创建合适的数学模型后使用者所犯的错误，比如选错了单元的类型、不合适的单元尺寸与形状、输入数据的直接错误，以及对有关设计规范的理解错误等。
- 软件缺陷：对于软件本身适用范围的选择错误或者软件编写中的各种 Bug 等，如在第 1 章电梯框架分析案例中介绍的注解显示数量有限的问题和第 14 章发动机叶片周期扩展分析案例中介绍的生成高分辨率截图时图例显示失常等，在 16.0 中修正了此错误。
- 离散化误差：用有限元模型表现数学模型而引入的误差。比如数学模型中自由度的数量是无限的，而有限元模型中是有限数量的。数值解法的关键在于设法消除微分方程的导数项，这项手段称为离散化。
- 舍入误差和截断误差：这是由于计算机有限的位数（字节长度）所引起的。它包含舍入（四舍五入）误差和截断（原来的有效位数被截断取为计算机允许的有限位数，如 64 位）误差。前者带有概率的性质，主要靠增加有效位数（如采用双精度计算）和减少计算次数（如采用有效的计算方法和合理的程序结构）来控制。后者除了与有效位数直接有关外，还与刚度矩阵的性质有关。当用部分来近似无穷级数的值时，就产生了截断误差。

对于舍入误差的定量分析往往是困难的，因此对于误差的累积进行定性分析就有重要的意义，这时引入了数值稳定性的概念。在计算过程中舍入误差不增长的计算公式是数值稳定的，否则就是不稳定的。对于稳定的计算公式，不具体估计舍入误差的累积，也可以相信它是可用的，误差限不会太大；而不稳定的公式常常不能使用。

在复杂的计算中，由浮点运算而引进的舍入误差可能累积而影响计算精度。因此，对任何算法都要进行舍入误差分析，看其是否过度影响所得到的结果。当数学模型不能得到精确解时，通常要用数值方法求它的近似解。近似解与精确解之间的误差称为方法误差。

由于有限元分析中存在各种误差，一般而言，一个可靠的有限元模型应依据实验结果加以修正。但是，要求计算得到的结果和实验结果完全一致不仅不可能，也没有必要。这是因为：实验结果或多或少也有误差；有限元计算本身也是近似的；用有误差的实验数据来估计模型参数，则估计得到的模型参数往往也有误差，以及阻尼往往被忽略等。

结果正确性的判断。分析人员看到结果后，依靠其专业经验应马上就能知道结果是否正确；但是对于新人，可能不知道获得的结果是否正确，需要进行判断。

通常的判断方法如下：首先检查输入的数据是否正确，一般检查单元类型的选择、材料属性的设置、单位制是否统一；其次检查荷载与边界条件施加得是否正确、边界条件是否限制了刚体移动和转动；最后检查所选的计算方法是否合适。如果这些检查都无误，并且验证了解的网格无关性，并与类似结构的实验值相比差距不大，则一般可以判断此结果可信。

数值求解方法是近似方法，为保证精度，自然希望对于“尽可能多的”函数都能准确地成立，这就提出了代数精度的概念。

在进行实际问题的数值计算时，网格的生成往往不是一蹴而就的，而是要经过反复的调试与比较才能获得适合于计算的网格。这里包括两方面内容：一是获得数值解的网格应该足够细密，以至于再进一步加密网格已经对数值计算结果基本上没有影响了，这种数值解称为网格独立解（Grid Independent Solution），作为数值计算的正式结果原则上都应该是网格独立的解；二是有时需要根据初步计算的结果再反过来修改网格，使得细密的分布与计算物理场的局部变化量更好地相适应。这种根据计算结果重新调整网格疏密分布的网格称为自适应网格（Adaptive Grid）。

2. 求解精度的估计

就平面三节点三角形单元而言，由于是线性插值函数，所以误差为 A 量级时可以预计收敛速度也是 A 量级。即在第一次有限元分析的基础上，若将有限单元的网格进一步细分，使得所有单元尺寸减半，则误差是前一次误差的$(1/2)^2=1/4$。同样的推论也可以用于应变、应力、应变能等误差和收敛速度的估计。对于协调单元，有限元分析的结果是单调收敛的，所以还可以就两次网格划分所计算的结果进行外推，以估计结果的准确性。

有限元方法中的一个技术核心就是如何对单元的场变量进行函数表达。目前所用的大多数单元的节点都是单元角节点，而且都是采用多项式函数对单元进行插值。这种单元的计算精度一般较差，比较好的做法是在单元内部再引入内部节点，采用较高阶的多项式进行插值，这种单元叫做简单的高阶单元。

（1）插值函数。

其求解过程是用多项式插值把待求函数表示成含有特定系数的解析函数，用节点函数值确定该系数，然后对此函数求偏导数，得到逼近偏导数的差商表达式，将差商代入偏微分方程求出差分方程。

（2）函数的分片展开与单元插值基函数的构成。

无论从变分法还是从伽辽金法着手，有限元法都需要将未知函数在单元上分片展开，用有限数量的自由度（即有限点上的位函数值）、由单元插值函数拼接而成的近似解来逼近无限个自由度（即连续空间的无限多点上的位函数值）的精确解。为此，需要研究单元插值基函数的特点和构成方法。换句话说，有限元法的解答是各节点上待求变量的集合，而单元内部任意一点处待求函数的值用单元顶点（即节点）处变量的插值来近似。

能量法也称为变分法，是求解薄板弯曲和稳定问题的有效方法。由虚功原理可以得出小绕度薄板的变分方程。

根据板壳理论，最大绕度不超过板厚的1/5就可以看做是小绕度板；最大绕度介于板厚的1/5～5倍之间，可以看做是大绕度板；最大绕度超过板厚的5倍，可以看做是柔韧薄膜。

在薄板弯曲的小绕度问题中，绕度远小于板的厚度。这时，板的中性面可以认为是中性的，薄膜力可以忽略不计；当绕度可以和板厚相比时，就不应再认为中面是中性的，薄膜力不能忽略，其绕度值虽然是可以与薄板厚度相比拟的量，但仍然远小于中面的尺寸，中面的弯曲变形仍可认为是微小的。

一般情况下，板壳边界附近同时存在弯曲应力和薄膜应力。随着离开边界距离的增加，弯曲应力迅速衰减，称为无矩应力状态或“边缘效应”。在薄壳、曲率或荷载突然改变处，也有类似的情况。对于长度远大于横向曲率半径的长柱壳，一般用半无矩理论和梁理论，甚至可作为薄壁杆件。在压力容器案例中对该部分进行了更加详细的描述。

（3）基函数的构成。

满足上述条件的任意连续函数均可选作插值函数。插值函数的项数越多、方程组的阶数越高，推导过程越繁复。

以上讨论的仅局限于网格的离散误差，即一个连续体的求解域被离散成有限数量的单元，由单元的试探函数来逼近整体域的场函数所引起的误差。另外，实际误差还应包括计算机的数值运算误差。

3. 沙漏问题

沙漏（Hourglass）模式是一种非物理的零能变形模式，产生零应变和应力。

在有限单元法的力学分析中，一般以节点的位移作为基本变量，单元内节点的位移和应变均采用形函数对各点位移进行插值计算得到。应力根据本构方程由应变计算得到，之后就可以计算单元的内能了。如果采用单点积分（积分点在等参元中心），在某些情况下节点位移不为零（即单元有形变），但插值得到的应变却为零。比如，一个正方体单元变形为等腰梯形，节点位移相等却方向相反，各点的形函数为零，所以插值结果为零，这样内能计算结果也为零（单元没有变形）。在这种情况下，一对单元叠在一起有点像沙漏，所以这种模式被称为沙漏模式或沙漏。如果单元变成交替出现的梯形形状（两两在一起，类似沙漏或Windows系统中的鼠标动画图标），这时就需要小心了。

为了说明问题，可以假定选择一个弯矩作用来模拟纯弯曲荷载的一小块材料。在弯矩作用下，材料中轴线处的长度没有改变，与纵向轴线的夹角也没有改变。这意味着单元单个积分点上的所有应力分量均为零。由于单元变形，没有产生应变能，因此这种变形的弯曲模式是一个零能量模式。由于单元在此模式下没有刚度，所以单元不能抵抗这种形式的变形。在粗划的网格中，这种零能量模式会通过网格扩展，从而产生无意义的结果。

一般来说，如果从变形的网格中看不出沙漏效应的话，就认为它造成的影响不大。一个更为量化的途径就是研究伪应变能。它是控制沙漏变形所耗散的主要能量。如果伪应变能过高，说明过多的应变能可能被用来控制沙漏变形。判断过高伪应变能的来源最有效的途径是比较伪应变能和其他内部能量的值。一般而言，伪应变能与实际应变能的能量耗散比率应低于 5%。处于完全弹性范围阶段的固体，由变形而存储的能量称为应变能。当外力消除时，应变能将释放做功，变形体恢复原状。

总的来说，作用在单独节点上的荷载、边界条件或接触易于产生沙漏现象。而将荷载或约束分布在两个或更多节点上则大大减轻了沙漏问题，如对角部进行圆角处理等。一般的规律是，两点或多点接触发生得越快，沙漏将减弱得越快。

总能量=内能+动能+滑移界面能。能量之间是可以转化的。但是对于动力学问题，总能量一般是不变的，也就是能量守恒原理。沙漏模式也就是零能模式，在理论上是存在的，大多数实际的模型中是不可能的。零能模式是指有变形但不消耗能量。显然，这是一种伪变形模式，若不加以控制，计算模型会变得不稳定，并且计算出来的结果是没有意义的。要抵制这种变形模式就需要消耗一定的能量，也就是沙漏能。如果这个比值太大，就说明计算模型与实际模型的变形有很大差距，当然结果也就是不正确的。这也是使用缩减积分所付出的代价。用完全积分单元可以解决这个问题，但是计算效率不高，还有可能导致单元锁死、过刚度等问题。

由于沙漏问题与网格质量息息相关，虽然有限元模型的划分方法至今没有一个所有问题适用的统一标准可以遵循，但是利用经验的积累推荐下面几项改善网格质量的原则与方法。

对于大多数问题而言，采用线性缩减积分单元的细划网格，产生的误差可在一个可接受的范围之内。当模拟类似梁或壳的几何体时，必须有足够的网格密度。为了能足以模拟弯曲响应，在厚度方向上必须至少有 3 个单元。线性缩减积分单元能很好地承受扭曲变形，因此在任何扭曲变形很大的模拟中可以采用网格细划的这类单元。

标准单元的边长，通常以几何模型的最小尺寸确定，即如果几何模型的厚度是结构的最小尺寸，那么标准单元的边长至少应与此厚度相当。在高应力梯度区域的单元应细分，单元大小取决于计算精度和规模等。

在高应力梯度区要进行网格细分的应力稳定性计算。即采用多次、多类型的局部细化网格进行计算，当不同网格下前后两次计算结果满足计算精度要求时（通常差别不大于 5%），用以确定合适的网格。

网格划分时，单元各边之间的比例不能太大。对于线性单元，如四节点四边形单元、八节点六面体单元等，要求小于 3；对于二次单元，如十节点四边形单元、20 节点六面体单元等，要求小于 10 等。对于梁结构，在两个节点之间可根据需要划分多个单元。

但是需要注意：如果想得到中间节点的绕度，需要将梁结构划分偶数等分。对于拉杆、拉锁等，在两节点之间一定不要再划分单元。即两节点之间只能用一个单元，如果多划分，反而不能描述真实变形。对于面或体结构而言，网格划分时尽量使用高阶单元，不应采用常应变单元。如果需要模拟复杂边界，平面尽量采用六节点三角形单元或八节点四边形单元，不采用三节点三角形单元或四节点四边形单元；对于六面体，尽量使用十节点单元，不采用四节点单元。对于五面体，尽量采用九节点或十五节点单元，不采用六节点单元；对于六面体，尽量采用 20 节点单元，不采用八节点单元。

当然，这些要求都需要根据实际情况灵活处理。数值分析模拟是一项技术工作，而网格划分则是技术工中的艺术工。

4. 收敛性问题

依靠足够细密的网格可保证 ANSYS 模拟的结果具有足够的精度，这是非常重要的。粗糙的网格可能会产生不精确的结果。对于力学分析而言，当节点数目和单元插值位移的项数趋于无穷大时，即当单元尺寸趋近于 0 时，最后的解答如果能够无限地接近精确解，那么这样的位移（或形状）函数是逼近于真解的，这就称为收敛。这时的数值模拟结果也可以称为网格无关解或结果是网格无关性的。所谓的“无限地接近”是指：任意给定一个误差界限，相应地总可以把单元尺寸缩小到一个程度，使得假设的位移函数（及其导数）同真正的位移（及其导数）的差限定在给定的误差界限内。

从以上讨论中可以得到以下三个收敛准则：

- 完备性要求。如果出现在泛函中场函数的最高阶导数是 M 阶，则有限元解收敛的条件之一就是单元内场函数的试探函数至少是 M 阶完全多项式，或者说试探函数中必须包括本身和直至 M 阶导数为常数的项。单元的插值函数满足上述要求时，称单元是完备的。至于连续性的要求，当试探函数是多项式的情况下，单元内部函数的连续性显然是满足的。因此需要特别注意的是单元交界面上的连续性，这就是提出的另一个收敛准则。
- 协调性要求。如果出现在泛函中的最高阶导数是 M 阶，则试探函数在单元交界面上必须有 C_{m-1} 连续性。相邻单元的交界面上应有函数直至 m-1 阶的连续导数。当单元的插值函数满足上述要求时，称单元是协调的。
- 相容性，即上述近似解应满足一定的连续性条件：当近似解在单元边界面（或边界线）上连续时，称为 C^0 连续；当近似解的一阶导数连续时，称为 C^1 连续。

简单地说，当选取的单元既完备又协调还相容时，有限元解是收敛的。如果在单元交界面上位移不连续，将在交界面上引起无限大的应变，这时必须有发生于交界面上的附加应变能补充到系统的应变能中去。而在建立泛函时没有考虑这种情况，而只考虑了产生于各个单元内部的应变能。因此，倘若边界上位移不连续，这样有限元的解就不可能收敛于真解。

假设初始解，通过目标函数对初始解进行反馈调整，从而去接近于真实解或最优解。这类解法有一个重要的问题，就是下一步的解要比当前解更趋近于真实解的问题，这就是收敛问题的由来。

收敛的问题，就好像往水里扔一块石头激起的波浪，慢慢会平息下来，这就收敛了。计算的时候就是这样，数据在每次迭代的时候在精确解的周围振荡，最后无限趋向于精确解。

模型引起不收敛的因素主要是结构刚度的大小。对于某些结构，从概念的角度看，可以认为它是几何不变的稳定体系。但如果结构相近的几个主要构件刚度相差悬殊，在数值计算中就可能导致数值计算的较大误差，严重的可能会导致结构的几何可变性——忽略小刚度构件的刚度贡献。如出现上述的结构，要分析它，就得降低刚度很大的构件单元的刚度，加细网格划分或者改用高阶单元构件的连接形式（刚接或铰接）等也可能影响到结构的刚度。

非线性逼近技术。在 ANSYS 里采用牛顿－拉普森法和弧长法。牛顿－拉普森法是常用的方法，收敛速度较快，但也与结构特点和步长有关。弧长法常被某些人推崇备至，它能算出力加载和位移加载下的响应峰值和下降响应曲线。

但也发现：在峰值点，弧长法仍可能失效，甚至在非线性计算的线性阶段它也可能会无法收敛。为此，尽量不要从开始即激活弧长法，还是让程序自己激活为好（否则会出现莫名其妙的问题）。子步（时间步）的步长还是应适当小，自动时间步长也是很有必要的。

如果不收敛，可以考虑用以下方法改进：放松非线性收敛准则、增加荷载步数、增加每次计算的迭代次数、重新划分单元。

对于一种迭代过程，为了保证它是有效的，需要肯定它的收敛性，同时考察它的收敛速度。所谓迭代过程的收敛速度，是指在接近收敛的过程中迭代误差的下降速度。

随着经验的增加，对于大多数问题，用户将学会判断网格细分到何种程度时所获得的结果是可以接受的。进行网格收敛的研究总是一个很好的实践。在研究中采用细划的网格模拟同一个问题并比较其结果。如果采用了两种网格，基本上给出了相同的结果，那么可以确信所做的模拟得到了数学上的准确解。

在第 13 章网格无关解分析案例中介绍了校验解的网格无关性的模拟过程和思路。

5. 应力集中与应力奇异

应力集中是指在某一区域内应力梯度较大，如果网格稀疏的话，就不会捕捉到梯度变化较大的应力。有应力集中未必是应力奇异。比如二维平面单元中间开有圆孔的情况，另一端受拉伸集中荷载。在圆孔处有两部分会发生应力集中，但是应力并不是无穷大，即不存在应力奇异。但是，有应力奇异的地方一定存在应力集中。应力奇异是模拟过程造成的。在实际问题中，奇异点处的应力不可能是无穷大的（即第 19 章压力容器静力学分析案例中介绍的“自限性”）。

在有限元分析中，可用无过渡圆角的变截面受拉轴来模拟。过渡处的单元划分得越细小，应力函数解出的应力解越大，且呈发散趋势。实际上，对于任何物体都是有一定强度的，不可能出现应力无限大。所以，在实际结构中是不会出现应力奇异的。应力过大会产生裂缝或者热能，将大量能量耗散掉。应力奇异在断裂力学中很常见，在线弹性断裂力学中的裂缝尖端就是一个应力奇异点。

应力集中一般出现在特定的情况中，要避免比较困难。对单裂纹来说，只能尽量减少裂纹。倒圆角能减轻材料拐角处的应力集中程度。实际分析中遇到应力集中时，采用多点分布荷载，结果要好得多。模拟时只要应力集中的位置与受关注区域的距离较远，根据圣维南原理，就可以在一定程度上忽略掉应力集中区域的影响。

（1）圣维南原理。

圣维南原理（Saint Venant’s Principle）是弹性力学的基础性原理，是法国力学家圣维南于 1855 年提出的。其内容是：分布于弹性体上一小块面积（或体积）内的荷载所引起的物体中的应力，在离荷载作用区稍远的地方，基本上只同荷载的合力和合力矩有关；荷载的具体分布只影响荷载作用区域附近的应力分布。还有一种等价的提法：如果作用在弹性体某一小块面积（或体积）上的荷载的合力和合力矩都等于零，则在远离荷载作用区域的地方，应力就小得几乎等于零。

不少学者研究过圣维南原理的正确性，结果发现，它在大部分实际问题中成立。因此，圣维南原理中“原理”二字只是一种习惯提法。套用中国的一句老话，笔者将其简略地总结成“远亲不如近邻”原理。

在弹性力学的边值问题中，严格地说在面力给定的边界条件及位移给定的边界条件应该是逐点满足的，但在数学上要给出完全满足边界条件的解答是非常困难的。另一方面，工程中人们往往只知道作用于物体表面某一部分区域上的合力和合力矩，并不知道面力的具体分布形式。因此，在弹性力学问题的求解过程中，一些边界条件可以通过某种等效形式提出。这种等效将带来数学上的某种近似，但在长期的实践中发现，这种近似带来的误差是局部的。

圣维南是一位非常重视实际应用的工程师，他不研究没有实际应用价值的问题。实际结构中，外力均匀分布的情况很少发生。工程师和试验师通常只知道作用在梁端面上的外力的合力和合力矩，而不能确定外力力系的分布。考虑到他的结果的实际应用，圣维南觉得有必要解释为什么他的由特殊分布外力得到的结果可以应用到一般性的、难于求解或未曾求解的实际情况。为此他声称，作用在梁两端面上具有给定合力和合力矩的外力系的作用方式（即分布），除了端面附近以外，并不影响梁中的应力分布。端面分布着相同的合外力和合外力矩的所有梁问题的解都随着离开端面的距离很快地趋近一个共同的解。这个解就是他自己给出的解。

圣维南因推广他的弹性柱体扭转问题和弯曲问题的解而形成的思想是：对无体力的、侧面自由的、处在静力平衡状态的弹性柱体，如果端面的载荷被静力等效的力系所代替，柱体中除端面邻域以外的应力场和应变场将近似保持不变。

应力集中是指局部应力高于 Far Field 平均应力的情况。通常出现于零件截面突然变化的区域（包括表面划痕）。典型的是无限大受拉平板上小孔周围轴向应力为平均值的 3 倍。通常所说的应力集中是有限度的，应力奇异是指理论应力趋向于无限大或者不连续的情况。应力集中是指在某一个区域内应力梯度较大，如果网格稀疏的话，就不会捕捉到梯度变化较大的应力。

需要强调的是，在不明显改变传力路径的前提下，局部几何外形对应力的影响仅仅是局部的，这一结论可由圣维南原理解释。

应力奇异可能来自很多因素：荷载、边界条件、边界的光滑性、材料参数的光滑性等。奇异点的存在导致有限元解的收敛速度很慢，尤其对于过于均分的网格。如果读者有兴趣可以试一下 L 形的平面问题，检查一下均匀划分网格下应变能的变化。使用局部细化网格可以使得收敛速度加快。但是，应力奇异点是不能消除的。模型固定了，奇异点也就固定了。这通过计算是不能消除掉的。有限元计算是用一个估计解逼近真实解，真实解本身就带有奇异点。根据弹性理论，在结构内部尖角处应力是无限大的。

（2）应力奇异的特点。

应力奇异的特点如下：

- 单元网格越细划，越会引起计算应力无限增加，而且不再收敛。
- 网格稀疏不均匀时，网格离散误差也大小不一。
- 添加在节点上的集中荷载与施加在与该节点相连的单元上的均布荷载等相当的话，这些节点处就会成为应力奇异点。
- 离散约束点导致非零反力的出现。就像在一个节点上施加一个集中力，这时约束点也就成为应力奇异点。但是，在实际中，当考虑应力奇异点的区域时，这些假设都是错误的，只要该点受荷载，就一定有位移。
- 锐利的（零半径）拐角处。如果模型中存在直角形状的尖角等，那么网格的细分会改变尖角处的应力计算值。而在实际中，没有绝对的尖角。

随着网格的细分，应力值继续增加，从而产生所谓的应力奇异性。从理论上讲，由于尖角连接处的受力面积是一条没有面积的线，因此此处的应力是无限大的。因此，此处增加网格密度不会产生一个收敛的应力。这种应力奇异的原因在于应用了理想化的有限元模型。如果需要求解尖角处的精确应力，必须准确地模拟部件之间的倒角，而且必须考虑母体结构的刚度。

为了简化分析和保持较为合理的模型尺度，一般在有限元模型中经常忽略类似倒角半径等细节。但是，在模型中引入任何尖角都将导致该处产生应力奇异。一般来说，对模型的总体响应的影响可以忽略，但对预测靠近奇异处的应力将是不准确的。对于这种情况，保证局部分析精度的还有一个方法是逐级精细分析。该方法也叫做子模型法。其目的有两个：一是逐级分析来获取局部复杂区域的高精度结果；二是通过逐级分析来降低求解规模，以解决计算机计算能力的不足。对于复杂的三维模型而言，实际上可利用的计算机资源（尤其是内存的大小）常常限制了所采用的网格密度。有关子模型技术在 ANSYS Workbench 15.0 中的实现方法，在第 15 章性能试验台子模型案例分析中将有详细介绍。

如果模型简单，边界条件简单，以上的处理过程会相对容易。而实际模型也许非常复杂，在不确定添加的细节模型对整体结果影响程度的情况下，需要添加大量细节，这会带来工作量的极大增加。如果一次计算需要几天或者几周的求解过程，而时间进度要求紧迫，那么就不允许更多地做细节修改与网格划分工作。那么可以在已有模型和结果的基础上进行处理来获得应力解。

这种情况下，必须非常小心地应用从分析中得到的结果。粗糙的网格足以用来预测趋势和比较不同设计概念相互之间不同工况的表现。然而，用粗糙的网格计算得到的位移和应力的具体量值也应该谨慎对待。

处理应力集中和应力奇异的过程是十分复杂的，需要相当多经验和知识的积累。有限元计算遇到的应力奇异问题是没有实际根据的，这本身是有限元的“死穴”。但是，一旦成功地处理好这个问题，用户的分析水平就会提高几个数量级。

（3）处理应力奇异的方法。

常见的处理应力奇异的方法有以下 5 种：

- 应力奇异值的修改与消除。因为不知道此位置应力的准确值，一般将最大应力值修改为 0 或者很小的值。如果需要特别关注这个区域的应力值，还需要求助其他方法。
- 细节模型的应用。主要是在模型中添加细节（如倒角、过渡面等）重新计算，或者使用子模型方法。在包含细节的相关区域建立子模型来计算精确应力值。对于使用 ANSYS Workbench 的用户，可以在后处理输出结果处右击添加一项收敛解并设定一个收敛目标（比如两次迭代应力值差距小于 10%等），软件会自动细分网格计算应力值。这在第 13 章压力容器静力学分析案例中会详细描述。
- 外插值法或路径法。假设应力奇异在该区域没有发生来推断奇异点的应力值，可使用应力集中因子来计算真实应力。比如，一个具有阶跃截面的悬臂梁，大边固定，在自由端的顶部施加一个垂直荷载。在实际模型中，虽然在阶跃截面处有一个小的倒角，但是在有限元模型中常常被简化。因为初始表面并不重要，而此区域的应力解却是十分重要的。通过沿着梁较薄部分底部的路径画出应力值可以较好地估计应力奇异点的位置。
- 局部细化网格。在几何尖角处，应力解梯度大的区域网格应细分，其他远离的位置可以粗划。如果远离应力奇异点的解是光滑的，则粗糙的网格也会较为准确地估计这部分解。但对于接近奇异点的解是不可靠的。
- 将模型转化为可以借用理论公式计算的形式，并使用应力集中手册找到该模型结构及尺寸对应的应力集中因子来预测真实应力。

一般来说，没有必要对所分析的结构全部采用均匀的细划网格。应该在出现高应力梯度的地方采用细网格，而在低应力梯度或应力强度不被关注的地方采用粗网格。这样局部细分网格的模拟结果与整体应用很细的网格的结果比较接近，又可以大大节省计算机资源和求解时间。

对类似结构的分析经验或手工计算，常常可以预测出模型中的高应力区，即需要细分网格的区域。也可以用其他方法，如试算，第一次分析时，使用粗网格以识别高应力区的位置，然后在后续的分析中对该区域细分网格。即第 12 章风机桥架谐响应分析案例中介绍的“蛙跳”战术。

设计应用于动态模拟的网格时，需要考虑在响应中被激发的振型，而且使所采用的网格能够充分地反映出这些振型。这就意味着，满足静态模拟的网格不一定能够计算用于加载激发的高频振型的动态响应。

保证足够的分析精度，除了要保证网格足够细密，以尽量达到网格无关解以外，保持单元间的一致性即保证网格质量足够高也是提高精度的重要手段。在第 17 章等强度梁优化设计分析案例中介绍了一些检查网格质量和优化网格的方法。

要保证单元的收敛性，还要考虑单元间的位移协调，沿着整个单元边界上的位移都应当是协调的（或相容的）。在有限元法中，静力平衡方程并不精确满足，而是满足等效节点力的平衡。

无论如何，网格是有限元分析的基础，要保证分析结果的准确，则要保证网格的数量。一般来说，沿着板厚方向应划分至少 3 层单元。大部分应力奇异点是几何模型的问题或者单元设置得不合理等。有限元计算时，计算结果仅对边界条件负责，只要所设的边界条件满足有限元平衡方程的求解要求就能得到结果。但是这是不够的，还应满足充分条件，即符合实际情况地施加边界条件。

在 Solidworks 软件中的有限元分析模块帮助文件中有如下介绍：“根据弹性理论，在尖角处的应力应该是无穷大的。由于离散化误差，有限元模型并不会产生无穷大的应力结果，这一离散误差掩盖了建模时的错误。如果目的是确定最大应力值，那么忽略圆角的存在，尖角处的应力是非常大的，甚至是无穷大，如果想了解圆角附近的应力情况，则不管圆角的尺寸多小都应该在模型中将其包含进来”。

（4）应力计算结果的处理与改善。

应力计算中，各大通用有限元软件广泛应用的方法是，将位移作为未知量的基本单元（简称位移元），位移值从系统平衡方程中经过求导得到各个节点应变和应力的相对精度较低。而实际工程中，常常最关心的是最大应力的位置和数值（如第 19 章中介绍的压力容器设计标准中使用应力强度表达）。本节讨论如何处理和改善应力的计算结果，从而较好地满足工程实际需要。

应变矩阵是插值函数对坐标进行求导得到的矩阵。求导一次，插值多项式的次数就降低一次。所以，通过导数运算得到的应变和应力精度较位移降低了。

应力强度的计算是静强度和疲劳计算的基础。应力分析的焦点往往是局部。应力分析重点关注的关键影响因素有三方面：局部几何突变、局部几何外形、内力荷载分布。

1）局部几何突变。局部几何突变会造成局部应力比其附近区域高出几倍。局部几何突变处的应力飙升，不是因为该处截面承载能力太低，而仅仅是因为自身的局部几何突变，该现象称为“应力集中”。

对于塑性材料的静态问题，过于细小的几何缺陷、划痕、小圆角等不需要过于担心。因为塑性材料受荷载后的局部细小应力集中会产生局部塑性变形而大大缓解，其对静强度几乎没有影响。所以，细小几何突变与划痕可以忽略；细小圆角无法忽略，可以局部加密网格使得应力解收敛，并设定材料非线性计算，一般会发现局部高应力区消失了。如果用户经验丰富，线性分析的应力结果中看到几何突变区较小，且其附近应力值较低，可以认为对静强度没有影响。

对于脆性材料的应力集中应引起重视。因为它无法通过局部塑性变形来降低局部应力。局部高应力区会引起开裂，所以控制脆性材料的几何缺陷是很重要的。

减少应力集中的方法有很多，需要用户的创造力和经验的积累。应力集中的区域不能靠得太近，否则局部应力会相互叠加飙升，后果严重。

在分析建模时一般有两种做法。一种是采用疏密不同的网格划分。在应力集中源附近网格比较稠密，越远越稀疏。在 ANSYS Workbench 平台下可以使用“影响球”的功能定义局部细化的网格。网格划分时采用“影响球”局部控制功能的使用方法可以参考第 13 章网格无关解案例的有关内容。另一种是把工作分两步完成：第一步采用粗大网格划分来进行初步计算，所得到的结果在远离应力集中源的部位是可信的，但在应力集中源附近则只能得到近似值；然后分析第二步，将邻近应力集中源的部分从弹性体上独立地切出来，进行局部精细划分网格，并在边界条件上施加由第一步计算得到的边界力或边界位移等，再进行求解。如果所得结果仍不满意，可以继续切出部分模型，再进一步加密网格继续求解计算。这就是前面所描述的子模型法。

对于实际模型可以增大圆角、增加圆弧槽、增加渐变槽等；或者更改结构，使得传力路径改变（此思路在第 9 章冷却塔设计优化案例中进行介绍），将最大应力方向分散到其他区域等。

2）局部几何外形。它是指在传力路径上应力关注区域的局部几何外形。需要注意，更改局部截面尺寸虽然会改变截面的抗弯系数，影响局部应力，改变局部刚度，但是小区域的刚度改变对于整体结构的刚度并无大的影响。除非根据“局部刚度增效递减－减效递增”的现象发生了本质的变化。

“局部刚度增效递减－减效递增”显现了，为改变整体刚度而改变局部刚度的方式，因增加的程度增加，效果递减；因减少的程度增加，效果递减。也就是说，如果增加局部刚度至绝对刚性，对整体刚度的增效就达到极限，不能增加。所以，增加一个很强的局部刚度不能对整体刚度有太大提高；相反，如果减少局部刚度至绝对柔软，对整体刚度的减少就十分夸张了。所以，过度减少一个不起眼的非高效影响整体刚度的局部刚度，也可能对整体刚度带来灾难性的后果。以上的推理可以推广到可用公式推导求解简单的刚度问题，如梁的拉压、扭转、板的弯曲等。

为了改变局部区域的高应力现象，可以增加小筋板。这对于增加局部截面抗弯系数是有效的。但是远离筋板区域就无大的影响了，这对提高整体刚度也是有贡献的。

3）内力荷载分布。与应力值最直接的有关因素是当地内力荷载状况。结构的传力与内部荷载分布一般是非常复杂的，各个影响因素对内力荷载分布和应力强度的影响也是变化多端的。分析时可以从以下两点入手：接触、传力路径的整体刚度。

接触：同样的荷载，荷载传递时接触方式不同，导致的接触内力分布方式也不同，其效果可能差别很大；传力路径的整体刚度分布：其主要针对传力路径的整体刚度发生改变，虽然不会改变结构传载的基本方式，但是会影响路径上传递荷载的大小，而且传力路径的整体刚度越大，其传递的荷载也越大。

上述原理似乎过于晦涩而难以理解，下面用更为通俗的语言总结成三点方法：

- “釜底抽薪”。当发现某条传力路径上的应力过大时，又尝试过降低局部几何突变、改善局部几何外形、调整约束等后仍不能完全解决问题，那么可以尝试改变其他位置传力路径的几何外形，提高整体刚度。这需要模态分析做验证。如在第 9 章冷却塔设计优化案例中介绍的增加了一个“X”型支撑架的方法。
- “优化传力”。多条传力路径上如何分布荷载才能最有效或者使得应力峰值最低，这是考验结构设计者综合经验的难题。有时可以借助参数化优化方法帮助进行几何外形的优化选择。
- “牵一发而动全身”。有时为了改变局部的应力状况，会不断地改变局部几何外形，以加强局部截面承载系数。但可能使得局部刚度提高，使其传递的荷载也增加。如果不能令加强处的应力集中与几何突变改善，则效果可能适得其反。

（5）应力解的误差。

应力解的误差表现于：单元内部不满足平衡方程、单元与单元交界面上应力一般不连续、在力的界面上一般也不满足力的边界条件。

因此，以上三个条件的连续条件是泛函的欧拉方程。只有在位移变分完全任意的情况下，欧拉方程才能精确地满足。在有限元法中，当单元尺寸趋于零时，能较为精确地满足以上三个连续条件；当单元尺寸为有限值时，这些方程只能是近似地满足。应变矩阵是插值函数对坐标进行求导得到的矩阵，每求导一次，插值多项式的次数就降低一次。除非实际应力变化的阶次不大于所采用单元的应力的阶次，否则得到的只能是近似解答。因此，如何从有限元位移解中得到良好的应力解答就成为需要研究和解决的问题。

4.6.7 线弹性力学的变分原理

线弹性力学的变分原理包括基于自然变分原理的最小位能原理和最小余能原理等。弹性体以未变形前的位置作为零位置，其位能的定义为：物体的弹性变形能在数值上等于引起此变形的外力在加载过程中所做的功。这就是所谓的“实功原理”。弹性体的总变形能等于该弹性体各元体的变形能之和。

虚功原理：多个质点组成的具有稳定双向理想约束的体系，原处于静止状态，则此体系保持平衡（静止）的必要条件是，主动力在体系的任何虚位移上的元功之和等于零。

虚位移是设想在系统中瞬时发生的无限小位移，这种位移是系统在各个瞬时的约束所许可的。这意味着每个瞬时先把约束“冻结”起来，再来考虑此时约束所许可的微小位移。

动力学的虚功原理是：具有理想约束的质点体系运动时，在任意瞬间，主动力和惯性力在任意虚位移上所做的元功之和等于零。

变形体的虚功原理是：任何一个处于平衡状态的变形体，在任一个虚位移中，外力所做的总功等于变形体各部分所接受的总虚变形功(即作用在各个部分上的外力和切割面内力在各部分的变形位移上所做虚功之和)。

1. 最小位能原理

系统的总位能是弹性体变形位能和外力位能之和。最小位能原理是，在所有区域内满足几何关系，边界上满足给定位移条件的可能位移中真实位移使系统的总位能取驻值，以及在所有可能的位移中真实位移使系统的总位能取最小值。当可能的位移不是真实位移时，系统的总位能总是大于取真实位移时系统的总位能。

2. 最小余能原理

弹性体的余能和外力余能的总和即系统的总余能。在所有弹性体内满足平衡方程，在边界上满足力的边界条件的可能应力中，真实应力使系统的总余能取驻值。还可以证明，所有可能的应力中，真实应力使系统总余能取最小值，这就是最小余能原理。

还需要指出，最小余能原理是极值原理，它可以给出能量上界或下界。这对估计近似解的特性是有重要意义的。根据能量平衡，应变能应等于外力功，因此得到弹性系统的总位能与总余能之和为零。

利用最小位能原理求出的位移近似解的弹性体变形能是真解变形能的下界，即近似的位移场在总体上偏小，也就是说结构的计算模型显得偏于刚硬；利用最小余能原理得到的近似解的弹性余能是真实解余能的上界，即近似的应力解在总体上偏大，结构计算模型偏于柔软。当充分利用这两个极值原理求解相同的问题时，将得到解的上界和下界，可以较为准确地估计所得到的近似解的误差，这对于工程计算来说是很有实际意义的。

所以，近似解必然在真解的上下振荡，并在某些点上近似解正好等于真解，而且在单元内存在最佳应力点。应力解的这个特点将有利于处理应力计算的结果，改善应力解的精度。

总势能为位移函数的函数，即泛函。在该位移函数中使泛函取值最小值是真实的处于弹性平衡状态的位移场。而求某一函数使得泛函有最小值，这是数学中的变分问题。

由位移元得到的位移解在全域上是连续的，应变和应力解在单元内部是连续的，而在单元间是不连续的，即在单元边界上发生突跳。因此，由围绕它的不同单元得到的应变值和应力值是不同的。另一方面，在界面上的应力解一般也与力的边界条件不相符合。通常，实际工程中感兴趣的是单元边缘和节点上的力，因此需要对计算的应力进行处理，以改善所得到的结果。

3. 常用的应力处理方法

下面介绍几种常用的应力处理方法。

（1）单元平均或节点平均。

最简单的处理应力结果的方法是提取相邻单元或围绕节点各单元应力的平均值。

- 相邻单元应力的平均值。这种方法最常用于三节点三角形单元中。这种最简单又相当实用的单元得到的应力解在单元内为常数。可理解为单元内应力的平均值或单元形心处的应力。由于应力近似解总是在真解上下振荡，可以取相邻单元应力的平均值作为这两个单元合成为较大四边形单元形心处的应力。这样处理十分逼近真解，能取得良好的结果。当相邻单元面积相差不大时，两者计算结果基本相同。因此，在划分单元时应避免相邻单元的面积相差太多，从而使求解误差接近。
- 取围绕节点各单元应力的平均值。取围绕该节点周围的相关单元计算得到该节点应力的平均值。取平均值时也可以进行面积加权，但是应注意这样得到的节点应力值是围绕该节点有限区域内的应力平均值。这样并不能从根本上改善节点应力精度差的问题。

（2）总体应力磨平。

应力场在全域是不连续的，可以用总体应力磨平的方法来改进计算结果，得到全域连续的应力场。改进的解与有限元法求得的解应满足加权最小二乘的原则。总体应力磨平的方法的主要缺点是计算工作量十分庞大。方程组的总阶数为节点数乘以应力分量数。当求解位移场和总体应力磨平时，采取相同的节点数时，方程组的总阶数将大大超过求解节点位移时的系统方程组的阶数。这是由于应力分量的数量总是大于节点位移自由度数，总体应力磨平时，需要形成和求解这样庞大的方程组，甚至需要耗费比原来求解位移场时更多的计算机机时。实际上采用这种方案改进应力解相当于进行二次有限元计算，一次求解位移场，一次求解应力场。

（3）单元应力磨平。

为了减少改进应力结果的工作量，可以采用单元应力的局部磨平。当单元尺寸不断缩减时，单元的加权最小二乘和单元未加权的最小二乘是相当的。由于函数的正定性，全域的加权最小二乘是各单元最小二乘的和。因此，当单元足够小时，磨平可以在各个单元内进行。

采用单元局部应力磨平的方法，对于同一节点，由不同相邻单元求得的应力改进通常是不相同的。可以把相关单元求得的改进节点值再取平均作为最后的节点的应力值。一般情况下，采用局部应力磨平处理可以得到较好的结果，而计算量是很小的，所以得到了广泛应用。

（4）子域局部应力磨平及外推。

鉴于单元局部应力磨平不能充分利用最佳应力点的应力解具有的高一阶精度，同时一般不能得到在单元交界面上连续的应力，而总体应力磨平的计算工作量又太大，为了得到比单元局部应力磨平更好一些的应力结果而计算量又不能太大，可采用子域局部应力磨平。

子域可选择在实际工程问题中最感兴趣的区域，比如应力集中或需要专门校核应力的区域。改进后的应力场在被磨平的局部区域中呈现连续分布，并具有与原有限元应力解符合加权最小二乘的性质。当各个应力分量分别磨平时，改进应力解与原应力解误差的平方在被磨平的局部区域上的和达到最小。

当网格划分合适时，可选取一个单元条进行局部应力处理。磨平仍采用不加权的最小二乘，因此各应力分量可以分别进行磨平。又因为局部区域是一个狭窄的单元条，所以可以按照一维问题沿着单元条反向进行磨平，计算十分简单，只要单元条选取合适，就可以得到好的效果。

（5）引入力的边界条件修正边界应力。

实际工程中，所关注的最大应力一般出现在边界上。为了在边界上得到更为精确的应力值，可以直接引入力的边界条件来修正边界的应力值。

（6）单元应力计算结果的误差和平均处理。

应力结果的误差性质、应变和应力近似解的性质是在加权残值最小二乘意义上对真实应变应力的逼近。Gauss（高斯）积分点的应力（应变）的近似解将具有比其他位置高得多的精度。

（7）公共节点上的应力的平均处理。

在多个单元共用的节点上，由于单元离散和位移函数近似方面的原因，由各个节点计算所得到的公共节点上的应力值是不相同的。作为一种后处理，可以将各个单元在公共节点上的不同应力值进行一定的平均或加权平均处理，即进行磨平，以得到较好的结果。

4.7 有限元程序的结构及特点

在诸多数值计算方法中，有限元法以其能够适应待求场域的不同边界和内部边界形状，便于处理非线性、多连域、多介质等复杂的物理场问题，具有程序标准化程度高、通用性强等优势，而被多学科广泛应用。由于计算量往往巨大，因此有限元法的实现必须依靠计算机。全部的有限元法计算原理和数值方法集中反映在有限元法的程序中，因此有限元法的程序极为重要。它具有分析相对准确可靠、计算效率高、使用方便、易于扩充和修改等特点。

有限元法程序总体上可以分为三大组成部分：前处理部分、本体程序（或称为求解器）、后处理部分。

本体程序是有限元分析程序的核心，它根据离散模型数据文件进行有限元分析，是分析准确可靠的关键。

离散模型的数据文件主要包括：离散模型的节点数及节点坐标、单元数及节点编码、荷载信息等。一个实际问题的离散模型的数据文件将十分庞大，靠人工处理与生成一般是不可能的。为了解决这一问题，有限元程序必须有前处理程序。前处理程序的作用是根据使用者提供的对计算模型外形及网格要求的简单数据描述自动或半自动地生成离散模型的数据文件，并生成网格图，以供使用者检查和修改。

这部分程序功能在很大程度上决定了有限元程序使用的方便性。一个方便的有限元程序，不仅要有可供输出结果内容的文本文件，还需要结果的图形显示。这部分程序称为后处理程序。与前处理程序相似，其对程序使用的方便性有举足轻重的作用。

有限元分析程序的三个部分对于一个好的程序来说，前后处理部分的程序量常常超出有限元分析的本体程序。有时，前后处理程序可占全部程序数量的 2/3～4/5。前后处理功能越强，程序使用越方便。

前处理过程中最为繁复的操作就是高质量有限元模型的生成，其中网格划分技术的好坏是影响网格质量与分析进度的瓶颈。有限元法是一个强有力的通用分析工具，但它的有效使用受到网格生成技术的限制。网格自动生成技术的发展与完善已经成为提高有限元计算精度、实现复杂工程计算的瓶颈问题。而有限元分析的精度在很大程度上取决于网格的形状，所以通常要求进行网格形状优化。

其中前处理过程能否迅速合理地实现，是关系到所研究问题能否用有限元法解决的先决条件。对于实际工程问题的计算，由于场域内几何物理产生分布的复杂性和前处理过程的数据信息量惊人，不可能手工完成，因此需要具备高度集成化的有限元网格生成软件（或称网格生成器）。所谓集成化是指用计算机代替人工进行数据转换、信息传递和图形显示。有限元网格生成技术的目标是根据实体模型信息，不需要人工干预就能自动地建立场方程需要的全部输入数据。

2014 年 5 月 1 日，ANSYS 公司宣布以 8500 万美元现金的代价收购 3D 建模软件公司 SpaceClaim。自 1997 年 Solidworks 软件被法国达索系统收购后，原 Solidworks 的创始团队离开并创办了 SpaceClaim。早在 2009 年 10 月 1 日，ANSYS 与 SpaceClaim 就合作推出了 ANSYS SpaceClaim Direct Modeler，作为 ANSYS 仿真驱动产品研发的一环，为用户提供全新的三维 CAD 直接建模功能。ANSYS SCDM 的推出，给 CAE 工程师提供了一种全新的 CAD

几何模型的交互方式。工程师可以对现有的模型进行动态化的参数化调整，使得对基于特征建模的 CAD 系统不熟悉的研发工程师也可以快速建立或修改 3D 几何模型，在产品设计初期即可对产品性能进行仿真。ANSYS 公司的主要业务是工程仿真软件，SpaceClaim 是快速直接 3D 建模工具 Direct Modeling（直接建模）的生产商。它代表的是一种动态建模技术，对于任何来源的模型都可以进行编辑，而不受到参数化设计中复杂的关联所约束。同时可为 CAE 分析、3D 打印和制造提供简化而准确的模型。它提供了一个安全的会话，多个用户可以实时共同参与并同时编辑模型。同样其附件模块能够高效地将模型用于 3D 打印，并提供了一套工具来修复 3D 模型的水密性等错误。用户可以从 Workbench 平台的 Geometry 模块中直接选用 SpaceClaim 来处理外部导入的模型中常见的去倒角、补孔洞等。SpaceClaim 软件可以帮助用户把传统上十分费时费力的将几何体转化成仿真系统中可使用的模型的过程变得简化和自动化。据估计，该交易还可能帮助 ANSYS 提早完成该公司多年来一直在开发的创新 3D 建模软件。

实体模型的建立通常需要一些抽象的几何实体取代实际的形体，这些几何实体具有以下性质：

- 刚性：所表示的形体必须具有不变的结构和形状，与位置和方向无关。
- 三维一致性：一个形体必须有一个内部，其边界不能有孤立或悬挂的部分。
- 有限性：一个形体必须占据空间的有限部分。
- 封闭性：当形体做平移、旋转时能保持其封闭性。作正则布尔运算时，加上或者去掉一部分形体，则会产生另外的封闭形体。
- 有限的可描述性：在计算机中，形体必须可用三维空间中的有限个立体模型唯一地表示出来。
- 边界确定性：一个形体的边界必须是确定的、无二义性的，并能精确地区分形体的内部和外部。

评价一种实体造型的表示模式是否可行的标准要看它的完整性、有效性、唯一性和这种模式的描述功能（即可以表示的实体类型的多少）。常用的形体表示模式有以下几种：

- 空间单元表示模式。将形体所在的空间及周围区域划分成立方形的空间网格，其中的立方体就是空间单元。空间单元表示模式实际上是形体所占空间单元的一张表格，每一个空间网格可以用一个点的坐标来表示，例如可用单元中心坐标来表示。因此，这种表示模式是坐标参数的有序结合。由于它通过一定的扫描规则来确定所表示的形体，因而是无二义性的，但这种表示模式相当冗长。
- 单元分解表示模式。任一形体总可以用分解的单元来表示。上述的空间单元表示模式是单元分解的特例，其中所有的单元是在固定的空间网格中具有固定大小的立方体。单元分解则是用一般三维单元和二维单元对形体进行分解。单元分解是无二义性的，但分解方式不是唯一的。一般来说，单元分解表示模式计算工作量较大，既不简单明了也不易于构造，但用这一模式来表示三维图形有助于三维有限元分析。
- 扫描变换表示模式。一个二维平面图形在空间上运动就会扫描出一个立体，该立体可用这个平面图形加上一根轴来表示。常见的平移和旋转都属于这种变换模式。由于轴的表示是简单的，因此扫描变换可以把三维形体的表示简化成二维图形问题。这种方法无二义性，不过只能用于具有平移和旋转对称性质的形体。

- 边界表示模式。这种形体在计算机图形学中应用较为广泛，通常简称 B-Rep（Boundary Representation）模式。把一个形体的全部边界拆成一些有界的小面（Facet），用这些小面的子集来表示这一形体，每一个小面本身则用它的边界边和顶点来表示。显然，任何平面、立体图形都可以用这种方式表示，但是曲面立体的情况就复杂很多，需要小心处理。边界表示模式的有效性可用以下两类条件来约束和保证：
    - 组合性条件：每个面必须至少有精确的三条边、每条边必须精确地有两个顶点、每条边必须属于偶数个面（一般情况下是属于两个面）、一个面中的每个顶点必须精确地属于该面中的两条边。
    - 度量性条件：顶点坐标中的三个参数应表示三维欧氏空间中的确定的点、两个面或不相连或交于一点或交于一边、两条边或不相连或交于一点。

总之，边界表示模式是用点、线、面及其拓扑关系来描述实体的。该模式必须遵循上述的有效性条件。边界表示的主要优点在于形体的面、边及其关系的表示具有实用性，这种模式更适合于有限元网格的生成。

4.7.1 自动与半自动网格生成方法的综合分类

大体上可分为以下 7 种类型：

（1）网格平整法（Mesh Smoothing Approach）。这种方法用平整法改进已经生成的网格质量不好的初始网格，所采用的手段是拉普拉斯平整和参数平整。

（2）拓扑分解法（Topology Decomposition Approach）。将被剖分实体原本具有的顶点取为仅有的节点，然后将节点连接成三角形（或四边形）单元，形成数量最少的三角形（或四边形）集合，这样形成的单元形状主要由被剖分实体的几何形状决定。由于实体的复杂拓扑结构被分解成简单的拓扑结构，因而这种方法称为拓扑分解法。这样生成的网格只能是初始网格，必须采用网格细化技术改进网格质量。

（3）节点连接法（Node Connection Approach）。节点连接法研究在已知节点分布的情况下，如何将这些节点连接起来，以构成在给定条件下形状最好的单元集合。

（4）基于栅格的方法（Grid-Based Approach）。这种方法利用一种栅格模板来生成网格，最初用于二维网格生成。栅格模板是一种无限延伸的矩形或三角形网格。将栅格模板重叠在被剖分的二维形体上，将落在形体外面的网格线移除，并对与物体边界相交的网格进行调整，以适合于物体的外形，这样能够保证产生内部单元质量很好的网格。这一方法已经推广到三维网格剖分。

（5）单元映射法（Mapped Element Approach）。这并不是一种全自动的网格生成方法，它需要将一个任意二维形体人工分割成三边或四边的区域，实际上这些区域是一些“宏单元”，每个区域必须再细分成供有限元分析用的单元。这一方法利用参数空间的规则网格（三角形或四边形）作为网格模板，通过调和函数的变换将网格模板映射到直角坐标系中的实际求解区域。这一方法是许多商业化网格生成器的主要依托。

（6）保角变换法。它是复变函数理论中的经典变换方法，其中的许瓦兹－克利斯多夫变换可用于对平面上的多角区域进行变换。网格生成的保角变换法利用这一经典理论。若需要对用多边形 P 表示的单连区域进行剖分，则构造一个具有与 P 相同顶点数的多边形 Q，使在 Q

中容易实现适当的网格剖分。再根据 P 与 Q 之间的顶点对应关系找出一个从 P 到 Q 的保角变换 F。通过这一变换将多边形 Q 中的网格变换到实际形体 P 中的网格。

（7）几何分解法（Geometry Decomposition Approach）。这种方法同时生成节点和单元，与节点连接法比较将节点和单元分成两个独立的阶段，在这一过程中考虑形体的几何形状，试图生成好的三角形单元（与拓扑分解法相对照，其不考虑几何形状）。该方法的具体步骤是，在被剖分的实体上一个接一个生成形状尽可能好的单元，每生成一个单元就将这一单元从待剖分区域中移除，直到待剖分区域只剩下一个三角形为止。

4.7.2 网格自适应细分与后验误差估计

正如前面所述，有限元计算的误差主要来自两个方面：数值计算中发生的舍入误差和网格剖分引起的离散化误差。如果不考虑舍入误差，当单元类型确定后，单元数越多，离散化误差越小。当单元数趋于无穷时，有限元的数值解就容易趋于真解。当然，实际上单元数、节点数越多，计算规模越大，舍入误差的累积也越多。若节点数保持不变，则计算精度依赖于单元密度的合理分布。所谓合理分布，是指场量变化越剧烈的区域的网格剖分应越精细。单元密度的分布越能满足这一要求，计算精度越高。但什么是最佳的单元分布呢？这一点在求解前是未知的。有限元网格自适应分析的目的是，在一定条件下以最佳的网格形状和单元密度分布计算出求解结果的分布，以便于尽可能提高计算精度，全部计算过程也应自动完成。

自适应分析的过程通常是这样的：首先在一个粗网格下进行初步计算，然后对计算结果做误差估计；在误差超过给定值的区域进行网格再细分，按照细分后的网格重新做计算，并做误差估计；重复这一过程，直到计算精度满足给定要求。因此，网格自适应的研究包含了两个不可分割的方面：误差估计和网格自动细分。

自适应分析误差估计方法主要分为两大类：一类基于互补变分原理，另一类基于局部误差估计。由于这些误差分析方法都是基于求解结果进行的，因此统称为后验误差估计（Posteriori Error Estimating）。

互补变分法需要列出两组互补的场方程，在相同的网格下分别求解这两组方程。由于其解分别为精确解的上限和下限，而从这两组解中可以得到误差的上限，进而得到网格细分的方法；局部误差分析法是通过场在网格局部及其附近的计算信息而得到的加密方法的各种方法的统称。

局部误差分析法与互补变分法比较起来，计算量小，编程简单，但无法得到准确的局部计算误差，仅能得到局部加密的指示因子。如果与其他误差控制方法相结合，例如用相同位置量在几次迭代过程中的变化量大小作为计算误差控制的依据，而局部误差分析法仅用来找出加密因子，则这种方法同样可以达到较高的精度。

自适应网格加密的方法主要分为 h 方式和 p 方式两大类。h 方式是保持网格类型不变，用网格再细分的办法减少局部误差；p 方式则是保持网格不变，用提高单元形状函数的阶数的办法来减少局部误差，这时需要采用叠层有限元法。

评价一种网格生成方法的优势以及是否适合于有限元分析，应从以下几个方面考虑：

- 普遍性：是否适合于对任意复杂区域的剖分，是否允许并容易出来多介质的情况。
- 鲁棒性：在任何情况下都能可靠地工作。

- 自动化程度：除了必要的几何形状与介质信息外，是否不需要额外的数据输入就能全自动地完成网格剖分。
- 网格过渡平滑：单元疏密能满足不同性质场计算的精度要求。
- 编程简单、计算时间短、效率高。

CAE 软件的计算效率和计算结果的精度主要决定于解法库，如果解法库包含了各种不同类型的高性能求解算法，那它就会对不同类型、不同规模的问题以较快的速度和较高的精度给出计算结果。先进高效的求解算法与常规的求解算法相比，在计算效率上可能有几倍、几十倍，甚至几百倍的差异，特别是在并行计算机环境下运行。

在 ANSYS 12.0 时，基本上只能在 100 个核心以下的硬件规模下具有较好的并行求解效率；14.0 时大约可以在 2000 个核心的超级计算机平台下达到较高效率的并行求解；15.0 可以满足最大约 13000 个核心并行效率大于 80%。16.0 可以支持的最大核心数量达到了恐怖的 5.3 亿个，并且在 Fluent 软件中调用 36000 个核心时依然拥有 83%的并行效率。

5 材料力学理论基础

5.1 概述

基本的力学变量有三个：位移（描述物体变形后的位置）、应变（描述物体的变形程度）、应力（描述物体的受力状态）。

基于以上三大变量可以建立以下三大类方程：受力状态的描述——平衡方程、变形程度的描述——几何方程、材料的描述——物理方程（应力应变关系或本构方程）。

5.2 变形体

由固体材料组成的具有一定形状的物体，在一定荷载和边界条件下将产生变形，该物体中任意一个位置的材料都将处于复杂的受力状态之中。在外力作用下，若物体内任意两点间发生相对移动，这样的物体叫做变形体，它与材料的物理性质密切相关。

当一个变形体受到外界作用时，应该如何来描述它呢？描述位移是最直接的，因为它可以直接观测。描述力和材料特性是间接的，需要人工定义新的变量。所以大部分有限元软件都是基于位移元的算法。

5.3 弹性力学的基本假设

为突出所处理问题的本质并使问题得以简化和抽象化，在弹性力学中提出了以下 5 个基本假设：

- 连续性假设：认为物质中无空隙，特别是受力和它的响应都不计入微观粒子性质而从宏观表述。因此，可以用连续函数来描述对象。
- 均匀性假设：认为物体内各个位置的物质具有相同的特性。因此，对各个位置材料的描述是相同的。

- 各向同性假设：认为物体内同一位置的物质在各个方向上具有相同的特性。因此，同一位置的材料在各个方向上的描述是相同的。
- 线弹性假设：物体的变形与外力作用的关系是线性的，外力去除后，物体可恢复原状。因此，描述材料形状的方程是线性方程。
- 小变形假设：物体的变形远远小于物体的几何尺寸。因此，在建立方程时可以忽略高阶向量。一般来说，小变形的范围是变形比例小于整体模型尺寸的 10%。

以上的基本假设与真实情况还是有差别的。比如铸造部件冷却后，中心区域经常有缩孔，焊接后形成的热裂纹、冷裂纹等缺陷，以及腐蚀裂纹等，这就不符合连续性假设；比如热处理后的部件表面与内部材料的金相组织和物理性质是不同的、合金材料中存在合金成分的偏析，这就不符合均匀性假设和各向同性假设；又比如木材、钛合金材料、电工用的硅钢片、冷轧钢板以及部分高温镍基合金、钴基合金的轴向与纵向的力学性能是不一致的，这也不符合各向同性假设；比如橡胶等超弹性材料可以拉长到原尺寸的 200%以上，这就不符合小变形假设等。

但是从宏观尺度上看，特别是对于工程问题，大多数情况下此假设还是比较接近实际的。以上假设的最大作用就是可以对复杂的对象进行简化处理，从而抓住问题的本质。

5.4 金属材料的力学性能

下面给出部分名词解释。

比例极限：材料的应力与应变保持正比时的最大应力值。它反映材料弹性变形按线性变化时的最大能力指标。

弹性极限：材料只产生弹性变形时的最大应力值。它反映材料产生最大弹性变形能力的指标。

弹性模量：在比例极限范围内，应力与应变成正比时的比例常数。它是反映材料刚性大小的力学指标，又称杨氏模量。如在第 19 章压力容器静力学分析案例中介绍的，在 ANSYS Workbench 15.0 的材料库中对应 Young's Modulus。

泊松比（横向变形系数）：在弹性变形范围内，材料横向线应变与纵向线应变的比值。一般金属材料的泊松比在 0.3 左右。在 ANSYS Workbench 15.0 的材料库中对应 Poisson's Ratio。

屈服点：材料内应力不断增加，应变仍大量增加时的最低应力值。它是反映金属材料抵抗起始塑性变形的能力指标。这时部分材料表面会出现与轴线成 45°夹角的滑移线。

强度极限：材料承受最大荷载时的应力值。它是代表材料承受最大拉伸能力的指标，同时也是反映材料产生最大均匀塑性变形能力的指标。

冷作硬化：对材料加载，使其屈服后卸载，接着又重新加载，引起的弹性极限升高和塑性降低的现象。

冷拉时效：如卸载后放置材料几天或者对材料进行温和的热处理再重新加载，还可以获得更高的弹性极限和强度极限。

缩颈现象：材料达到最大荷载后，局部截面明显变细的现象。

伸长率：材料被拉断后，标距内的残余变形与标距原长的比值。

断面收缩率：材料被拉断后，断裂处横截面积与原面积的比值。

5.4.1 弹性模量的概念与性质

金属的弹性变形是一种可逆性变形。金属在一定外力作用下先产生弹性变形，当外力去除后变形随即消失而恢复原状。在完全弹性变形过程中，无论是加载期还是卸载期内，应力与应变之间都保持单值线性关系，且弹性变形量比较小，一般不超过 0.5%。当材料受力不超过比例极限时，应力与应变成正比关系，这种比例关系叫做虎克定律。它首先是由英国科学家虎克（R.Hooker）于 1678 年发现的。应力=弹性模量×应变。弹性模量是产生 100%弹性变形所需要的应力。

由于弹性变形是原子间距在外力作用下可逆变化的结果，应力与应变关系实际上是原子间作用力与原子间距的关系，因而弹性模量与原子间作用力有关，与原子间距也有关。原子间作用力决定于金属原子本性和晶格类型，故弹性模量也主要决定于金属原子本性与晶格类型。

溶质元素虽然可以改变合金的晶格常数，但对于常用金属材料而言，合金元素对其晶格常数改变不大，因而对弹性模量影响很小。合金钢和碳钢的弹性模量数值相当接近，差值不大于 12%。

热处理对弹性模量的影响不大，如晶粒大小对弹性模量无影响；第二相大小和分布对弹性模量影响也很小；淬火后弹性模量虽有下降，但回火后又恢复到退火状态的数值。灰铸铁例外，其弹性模量与组织有关。球磨铸铁因其石墨紧密度增加，故弹性模量较高。这是由于片状石墨边缘有应力集中，并产生局部塑性变形。在石墨紧密度增加时，其影响有所减弱。

冷塑性变形使得弹性模量稍有降低，一般降低 4%～6%，这与出现残余应力有关。当塑性变形量很大时，因产生形变使弹性模量出现各向异性，沿变形方向弹性模量最大。

温度升高原子间距增大，弹性模量降低。碳钢加热时，每升高 100℃，弹性模量下降 3%～5%。但在-50℃～50℃范围内，钢的弹性模量变化不大。

弹性变形的速率和声速一样快，超过大部分的加载速率，故加载速率对弹性模量也无大的影响。

综上所述，金属材料的弹性模量是一个对组织不敏感的力学性能指标，外在因素的变化对它的影响也比较小。

剪切模量=弹性模量/[2*(1+泊松比)]

5.4.2 弹性比功

弹性比功又称为弹性比能、应变比能，表示金属材料吸收弹性变形功的能力。一般可用金属开始塑性变形前单位体积吸收的最大弹性变形功表示。弹性比功等于弹性极限的平方除以二倍的弹性模量。

由于弹性模量对组织不敏感，因此一般金属而言，只有用提高弹性极限的方法才能提高弹性比功。故部件的体积越大，其可吸收的弹性功越大，可储备的弹性能也越大。弹簧是典型的弹性部件，其重要作用是减震和储能驱动。因此，弹性材料应具有较高的弹性比功。用含碳量较高的钢加入硅、锰等合金元素以强化铁素体基体，并经淬火加温回火获得回火托式体结构以及冷变形强化等，可有效地提高弹性极限，使弹性比功增加。仪表弹簧因要求无磁性，常用铍青铜或磷青铜等软弹簧材料制造。

5.4.3 弹性的不完整性

很早就发现，金属材料即使在很小的应力作用下也会显出非弹性性质，因为金属材料不是完全的纯弹性体。完全（或完整）的弹性体的弹性变形只与荷载大小有关，而与加载方向和加载时间无关。实际上，金属的弹性变形都和这些因素有关，因而产生了包申格效应、弹性后效和弹性滞后等弹性不完整现象。这与有限元分析中的线弹性假设有区别，故使用者应有所关注。

1. 包申格（Bauschinger）效应

金属材料经过预先加载产生少量塑性变形（残余应变约 1%～4%），然后再同向加载，规定残余伸长应力增加；反向加载，规定残余伸长应力降低的现象，称为包申格效应。对于某些钢和钛合金，因包申格效应可使规定残余伸长应力降低 15%～20%。所有退火状态和高温回火的金属都有包申格效应。因此，包申格效应是多晶体金属所具有的普遍现象。

包申格效应与金属材料中位错运动所受的阻力变化有关。在金属预先受载，产生少量塑性变形时，位错沿某一滑移面运动，遇林位错而弯曲。结果，在位错前方，林位错密度增加，形成位错缠结或胞状组织。这种位错结构在力学上是相当稳定的，因此，如果此时卸载并随后同时同向加载，位错线不能做明显运动，宏观上表现为规定残余伸长应力增加。但如果卸载后施加反向力，位错被迫反向运动，因为在反向路径上像林位错这类障碍数量较少，而且也不一定恰好位于滑移位错运动的前方，故位错可以在较低的应力下移动较大距离，即二次反向加载，规定残余伸长应力降低。

单晶体中，晶胞形成重复性结构。如果晶胞错位，这种情况叫做位错。打个比方，就像是整齐排列的一堆砖有一层沿着一个方向发生了错位。

如金属材料预先经受大量塑性变形，因位错增值和难以重新分布，则在随后的反向加载时包申格应变等于零。包申格效应对于承受应变疲劳荷载作用的部件是很重要的。因为材料在交变疲劳过程中，每一周期内都产生微量塑性变形，在反向加载时微量塑性变形抗力降低，显示循环软化现象。另外，对于预先经受冷变形的材料，如服役时受反向力作用，就要考虑微量塑性变形抗力降低的影响。

消除包申格效应的方法是，预先进行较大的塑性变形或在第二次反向受力前使得金属回复或在结晶温度下退火。

2. 弹性后效

对于完整的弹性体，遵循虎克定律并与加载速率无关。对于实际金属而言，弹性变形不仅是应力的函数，还是时间的函数。实验发现，在加载速率比较大时，拉伸应力应变曲线上的直线段实际上是由两部分构成的，当突然增加一个应力时，材料立即产生瞬时应变。如应力低于材料的微量塑性变形抗力，则应变只是材料总弹性应变中较大的一部分，应变是在长期保持下逐渐产生的。这种加载后应变落后于应力的现象称为正弹性后效，也称为弹性蠕变或冷蠕变。卸载时，如果速率比较大，则当应力下降为零时只有前一半应变马上消失掉，后一半应变是在加载后逐步消除的。卸载时应变落后于应力的现象称为反弹性后效。

弹性后效速率和滞弹性应变量与材料成分、组织有关，也与实验条件有关。材料组织越不均匀，弹性后效越明显。温度升高，弹性后效速率和弹性后效以后的变形量都急剧增加。切应力越大，弹性后效越明显。因此，弯曲荷载作用下的弹性后效要比扭转下的小得多，而在没有切应力的多向压缩下，弯曲看不到弹性后效。

在仪表和精密机械中，在选用重要传感元件的材料时，如长期受力的测力弹簧、薄膜传感件等，汽车的钣金件冲压时，需要考虑弹性后效问题。

5.4.4 弹性滞后和循环韧性

金属在弹性区内加载和卸载时，由于应变落后于应力，使得加载线与卸载线不重合而形成一条封闭回线，称为弹性滞后环。存在滞后现象说明加载时消耗于金属的变形功大于卸载时金属放出的变形功，因而有一部分功为金属所吸收，这部分吸收的功称为金属的内耗，其大小用回线的面积度量。

如果所加的是交变荷载，其最大应力低于宏观弹性极限且加载速率比较大，弹性后效不能顺利进行，则得到交变荷载下的弹性滞后环。但如果交变荷载中的最大应力超过宏观弹性极限，则得到塑性滞后环。

循环韧性也是金属材料的力学性能，因为它表示材料吸收不可逆变形功的能力，故又称为消振性。影响循环韧性的因素与影响弹性滞后的因素是类似的。循环韧性的意义是：材料循环韧性越高，其部件依靠自身的消振能力越好。因此，高的循环韧性对于降低机械噪声、抑制高速机械的振动、防止共振导致疲劳断裂是很重要的。

铸铁因含石墨，不易传递弹性机械振动，故其具有很高的循环韧性。汽轮机叶片用1Cr13钢制造，机床机身、发动机缸体等选用灰口铸铁制造，其重要原因就是这类材料循环韧性高、消振性好，可以保证机器稳定运转。对于仪表传感器元件，选用循环韧性低的材料如黄铜，可以提供仪表的灵敏度。乐器所用金属材料的循环韧性越小，其音质越佳。

5.4.5 塑性变形

1. 塑性变形的方式及特点

金属材料常见的塑性变形方式为滑移和孪生。

滑移是金属在切应力作用下沿滑移面和滑移方向进行的切变过程。通常，滑移面是原子最紧排的晶面，而滑移方向是原子最密排的方向。实验观察到，滑移面受温度、金属成分和预先塑性变形程度等因素影响，而滑移方向则比较稳定。孪生也是金属材料在切应力作用下的一种塑性变形方式。孪生本身提供的变形量很小，如铬孪生变形只有7.4%的变形度，而滑移变形度则可以达到300%。孪生变形可以调整滑移面的方向，使新滑移系开动，间接对塑性变形有贡献。

（1）屈服现象和屈服点。

低碳钢从弹性变形阶段向塑性变形阶段过渡是明显的。表现在实验过程中，外力不增加或外力增加到一定数值时突然下降，所有在外力不增加或上下波动情况下材料继续伸长变形，这就是屈服现象。金属材料在拉伸实验时产生的屈服现象是其开始产生宏观塑性变形的一种标志。

呈现屈服现象的金属拉伸时，材料在外力不增加仍能继续伸长时的应力称为屈服点。当不计初始瞬时效应（指屈服过程中实验力第一次发生下降）时的屈服阶段中的最小应力称为下屈服点。屈服过程中产生的伸长叫做屈服伸长。屈服伸长对应的水平线段或曲折线段称为屈服平台或屈服齿。屈服伸长变形是不均匀的，外力从上屈服点下降到下屈服点时，在材料局部区域开始形成与拉伸轴呈现约45°角的吕德斯（Luders）带或屈服线，随后再沿材料伸长方向逐渐扩展。当屈服线布满整个材料长度时，屈服伸长结束，材料开始进入均匀塑性变形阶段。

由于屈服塑性变形是不均匀的，因而易使低碳钢冲压件表面产生褶皱现象。若钢板先在1%～2%下压量时预轧一次，然后再进行冲压变形，则可保证工件表面平整光洁。一般将残余塑性伸长率 0.2%时的应力定义为材料的屈服强度。屈服强度的实际意义是十分明显的，提高金属材料对起始塑性变形的抗力可减轻部件重量，并不易产生塑性变形失效。但提高屈服强度一般会使得屈服强度与抗拉强度的比值增大，又不利于某些应力集中部位的应力重分布，极易引起脆性断裂。

（2）应变硬化。

在金属的整个变形过程中，当外力超过屈服强度后，塑性变形并不是像屈服平台那样连续流变下去，而需要不断增加外力才能继续进行。这说明金属有一种阻止继续塑性变形的抗力，这种抗力就是应变硬化。它在实际中有着十分重要的意义。

- 应变硬化可使得金属部件具有一定的抗偶然过载能力，保证部件安全。
- 应变硬化和塑性变形适当配合可使金属进行均匀塑性变形，保证冷变形工艺顺利实施。
- 应变硬化是强化金属的重要工艺手段之一，尤其对于那些不能用热处理强化的金属材料。
- 应变硬化可以降低塑性，改变低碳钢的切削加工性能。

（3）缩颈现象。

缩颈是韧性金属在拉伸时变形集中于局部区域的特殊现象，它是应变硬化与界面缩小共同作用的结果。在拉伸试验中，最大应力点是局部塑性变形的开始点，也称为拉伸失稳点或塑性失稳点。由于最大应力点以后的材料断裂是瞬间发生的，所以找出拉伸失稳的临界条件，即缩颈判断依据，对于部件设计无疑是有益的。

缩颈一旦产生，部件原来所受的单向应力状态就被破坏，而在缩颈区出现三向应力状态。这是由于缩颈区中心部分拉伸变形的横向收缩而受到约束所致。在三向应力状态下，材料塑性变形比较困难。为了继续发展塑性变形，就必须提高轴向应力，因而缩颈处的轴向真实应力高于单向受力下的轴向真实应力，并且伴随着部件的颈部进一步变细真实应力还在不断增加。

（4）抗拉强度。

抗拉强度是拉伸试验时材料拉断过程中最大试验力对应的应力，其值等于最大作用力除以材料原始截面积。根据拉伸试验求得的抗拉强度只代表材料所能承受的最大拉伸应力。

抗拉强度的实际意义：标志着塑性材料的实际承载能力，但这只代表光滑试样单向拉伸时的受力条件，如果承受的是更复杂的应力状态，则其并不代表材料实际的有用强度；有些场合，使用抗拉强度作为设计依据；抗拉强度与硬度、疲劳强度等之间有一定经验关系。

（5）塑性。

塑性是指金属断裂前发生塑性变形的能力。材料塑性变形分为均匀塑性变形和集中塑性变形两部分。大多数拉伸时形成缩颈的韧性金属材料，其均匀塑性变形量比集中塑性变形量要小得多。多数钢材均匀变形量仅占集中塑性变形量的5%～10%，铝和硬铝占18%～20%，黄铜占35%～45%。也就是说，拉伸缩颈形成后，塑性变形主要集中于缩颈附近。

2. 金属的断裂

（1）断裂力学概述。

断裂力学是运用弹性力学和塑性力学理论研究裂纹体强度和裂纹扩展规律的一门科学。其思想是 Griffith 在 1920 年提出的。其对典型脆性材料——玻璃进行了大量实验研究，得出了能量理论思想，首次将强度与裂纹长度定量地联系在一起。

（2）断裂的类型。

磨损、腐蚀和断裂是材料的三种主要失效模式，其中以断裂的危害最大。在环境作用下，金属材料被分成两个或多个部分，称为完全断裂；内部存在裂纹，则称为不完全断裂。大多数金属材料的断裂过程都包括裂纹形成与扩展两个阶段。

断裂的类型大致可分为：塑性断裂、脆性断裂、疲劳断裂、腐蚀断裂和蠕变断裂 5 种。

1）塑性断裂。

塑性断裂又称为韧性断裂，是指金属材料断裂前产生明显的宏观塑性变形的断裂，这种断裂有一个缓慢的撕裂过程，在裂纹扩展过程中不断地消耗能量。韧性断裂的断裂面一般平行于最大切应力，并与主应力成 45° 角。放大观察时，断口呈纤维状，灰暗色。纤维状是塑性变形过程中微裂纹不断扩展和相互连接造成的，而灰暗色是纤维断口表面对光反射能力很弱所致。

在中心三向拉应力作用下，塑性变形难以进行，致使材料中心部分的夹杂物或第二相质点本身碎裂或致使夹杂物质点与基体截面脱离而形成微孔。微孔不断长大和聚合就形成显微裂纹。早期形成的显微裂纹，其端部产生较大的塑性变形，且集中于极狭的高变形区域内。这些剪切变形带从宏观上看大致与径向呈 50° ～60° 角。新的微孔就在变形带内形成核，长大和聚合。当其与裂纹连接时，裂纹便向前扩展了一段距离。这样的过程重复进行，就形成锯齿形的纤维区。

纤维区所在平面垂直于拉伸应力方向。纤维区裂纹扩展的速率是很慢的，当其达到临界尺寸后，就很快扩展而形成放射区。放射区是裂纹作快速低能量撕裂形成的。放射区有放射线花样特征。撕裂时，塑性变形量越大则放射线越粗。对于几乎不产生塑性变形的极脆材料，放射线消失。温度降低或材料强度增加，由于塑性降低，放射线由粗变细乃至消失。

拉伸断裂的最后阶段形成杯状或锥状的剪切唇。剪切唇表面光滑，与拉伸轴呈 45° 角，是典型的剪切型断裂。韧性材料断裂的宏观断口同时具备上述三个区域，而脆性断口纤维区很小，剪切唇几乎没有。

脆性断裂是突然产生的断裂，断裂前基本上不发生塑性变形，没有明显的征兆，因而危害性很大。脆性断裂的断裂面一般与正应力垂直，断口平齐而光亮，常呈放射状或结晶状。多晶体金属断裂时，主裂纹向前扩展，其前沿可能形成一些次生裂纹，这些裂纹向后扩展，借低能量撕裂与主裂纹连接，便形成人字纹。

以压力容器为例，塑性断裂的特征还有：

- 一般是经历了大量的塑性变形后形成的。塑性变形使得金属断裂后在受力方向上存在较大的残余伸长。对于压力容器，表现为直径增大和壁厚减薄。因此，具有明显形状改变是压力容器塑性断裂的主要特征。许多爆破试验和爆炸事故的容器所测得的数据表明，塑性断裂的容器，最大圆周伸长率常达 10%以上，容积增大率（根据爆破试验加水量计算或按断裂容器实际周长估算）也往往高于 10%，有的甚至达 20%。

- 断口呈现暗灰色纤维状。碳钢和低合金钢塑性断裂时，由于显微空洞的形成、长大和聚集，最后形成锯齿形的纤维状断口。这种断裂形式多属于穿晶断裂，即裂纹发展的途径是穿过晶粒的。因此，断口没有闪烁金属光泽而呈现暗灰色。由于这种断裂是先滑移后断裂，所以它的断裂方式一般是切断，即断裂的宏观表面平行于最大切应力方向而与拉应力成 45° 角。发生塑性断裂时，断口往往也具有这样一些金属断裂的特征：断口是暗灰色的纤维状，没有闪烁金属光泽；断口不齐平，而与主应力方向呈 45° 角，圆筒形容器纵向裂开时，其断裂面与半径方向成一定角度，即断口是倾斜断裂的。
- 一般不呈现碎裂状。塑性断裂的容器，因为材料具有较好的塑性和韧性，所以断裂方式一般不是碎断，即不产生碎片，而只是裂开一个裂口。壁厚比较均匀的圆筒形容器常常是在中部裂开一个形状为 X 形的裂口，裂口的大小与容器爆破时释放的能量有关。盛装一般液体（如水）时，因液体的膨胀功较小，容器断裂的裂口也比较窄，最大的裂口宽度一般也不会超过容器的半径。盛装气体时，因其膨胀功较大（可达同温度、压力下液体的上百倍），裂口也宽。特别是盛装液化气体的容器，断裂后由于容器内压力下降，液化气体迅速蒸发，产生大量气体，使得容器的断口不断扩大。
- 容器实际爆破压力接近计算爆破压力。金属的塑性断裂是经过大量的塑性变形，而且是在外力引起的应力达到其断裂强度时产生的。所以，其壁面上产生的应力一般都达到或接近材料的抗拉强度，即是在较高应力强度下断裂的，其实际爆破压力往往与计算爆破压力接近。

多晶体金属断裂时，裂纹扩展的路径可能是不同的。沿晶断裂是晶界面上的薄薄一层连续或不连续的脆性第二相、夹杂物、破坏了晶界的连续性造成的，也可能是杂质元素向晶界偏聚引起的。应力腐蚀、氢脆、回火脆性、淬火裂纹、磨削裂纹等都是沿晶断裂。其断口呈现晶粒状，颜色较纤维状断口明亮，但比纯脆性断口要灰暗些，因为它们没有反光能力很强的小平面。穿晶断裂和沿晶断裂有时可以混合发生。

2）脆性断裂。

并不是所有断裂的容器都经历过明显的塑性变形。有些容器断裂时根本就没有宏观变形，根据断裂时的压力计算，其应力强度也远远没有达到材料的强度极限，有的甚至还低于屈服极限。这种断裂现象和脆性材料的断裂很相似，称为脆性断裂。又因为它往往是在较低应力强度下发生的，所以也称为低应力破坏。

脆性断裂的特征如下：

- 容器没有明显的伸长变形。由于金属的脆断一般没有留下残余伸长，因此脆断后的容器就没有明显的伸长变形。许多在水压试验时脆断的容器，其试验压力与容积增量的关系在断裂前基本上还是线性的，即容器的容积变形还是处于弹性状态。有些断裂成多块的容器，其碎块拼起来，再测量其周长，往往与原来的周长没有变化或变化甚微。容器的壁厚一般也没有减薄。
- 断口齐平，呈现金属光泽的结晶状。脆性断裂一般是正应力引起的解理断裂，一般与断口齐平且与主应力方向垂直。容器脆断的纵缝裂口与壁面表面垂直，环向脆断时，裂口与容器中心线相互垂直。又因为脆断往往是晶界断裂，所以断口形貌呈闪烁金属光泽的结晶状。在壁厚很厚的容器断口上，还常常可以找到人字形纹路（辐射状），这是脆性断裂最主要的宏观特征，人字形的尖端总是指向裂纹源的。起始点往往是存在缺陷或位于几何形状突变处。

- 容器常常断裂成碎块。由于容器脆性断裂时材料的塑性较差，而且脆断的过程又是裂纹迅速扩张的过程，破坏往往在一瞬间发生（有些报告指出，脆性断裂的速度可高达1800m/s），容器的内压力无法通过一个裂口释放，因此脆性断裂的容器常常裂成碎块，且常常有碎片飞出。即使是在水压试验时，其内液体膨胀功不大，也经常产生碎片。如果容器在使用过程中发生脆性断裂，其内为气体或液化气体，其碎裂的情况会更严重。所以，容器在使用过程中发生脆性断裂的破坏后果要比塑性断裂严重得多。
- 断裂时的名义应力较低。金属的脆性断裂是由裂纹而引起的，所以脆断时并不一定需要很高的名义应力。这种断裂可以在正常操作压力下或水压试验压力下发生。
- 破坏多数是在较低的温度下发生的。由于金属材料的断裂韧性随着温度的降低而降低，降到一定程度时会发生脆性断裂，这个温度叫做脆性转变温度。
- 脆性断裂常见于用高强度材料制造的容器。
- 用中低强度材料制造的容器，脆性断裂一般都发生在壁厚较厚的容器上。壁厚较薄时，可以认为厚度方向不存在应力，材料处于平面应力状态，有厚度方向的收缩变形。当厚度较厚时，厚度方向的变形受到约束，接近平面应变状态，在裂纹尖端附近形成了三维拉应力，材料的断裂韧性随着降低，即形成所谓的“厚度效应”。

按照断裂力学的观点，在残余应力较大，裂纹附近的应力强度因子大于材料的断裂韧性时，也将导致容器的脆性断裂。因此，在容器制造过程中，如冷加工、组装，尤其是焊接时，应尽量减少残余应力，并进行消除残余应力的热处理；检测过程中应有足够的灵敏度，以发现和消除裂纹缺陷，防止先天不足；容器投产后，要加强定期检验工作，及时发现裂纹，防止裂纹扩展后的脆性断裂。

沿晶脆性断裂是耐热钢和耐热合金失效的一种主要形式。通常，晶界的键结合力高于晶体内，但是高温时因热处理不当或在环境条件下造成杂质，在晶界偏析或沿晶析出脆性相，或因高温使晶界弱化，材料发生等强度破坏，表现为沿晶和穿晶混合型断裂。当温度再上升到一定程度后，由于晶界的强度大大下降，发生完全的沿晶断裂，这种断裂一般也是脆性断裂。

按断口表面形态，沿晶脆性断裂可分为两类：一类是沿晶分离，断口反映了晶界的外形，呈岩石状断口；另一类是沿晶韧窝断口，在断口表面上有大量细小的韧窝，说明断裂过程中沿晶界发生了一定的塑性变形。

3）疲劳断裂。

疲劳断裂是常见的一种破坏形式。它是容器在反复加载卸载过程中，材料长期受到交变荷载作用而出现金属疲劳，进而产生的一种破坏形式。容器发生疲劳断裂时，不管材料处于塑性状态还是弹性状态，一般都不发生明显的塑性变形。所以从破坏的表面现象看，这种破坏形式与脆性断裂很相似，但产生原因和发展过程是完全不同的。

疲劳断裂绝大多数属于金属的低周疲劳，特点是承受较高的交变应力，而应力交变的次数不需要太高（一般低周疲劳要求的应力循环次数小于1000次），这些条件在许多设备中都是存在的。

金属材料的疲劳断裂过程可分为裂纹形核和裂纹扩展两个阶段。形核过程是由于金属在交变应力作用下金属表面产生晶粒滑移带，形成局部高应力区，在滑移带两个平行滑移面之间形成的空洞棱角处和晶界处形成断裂裂纹核心。

裂纹扩展可分为疲劳扩展区和瞬断区。疲劳裂纹扩展区是交变应力持续作用，由于材料晶粒位相不同和晶界等对裂纹扩展的阻碍作用，裂纹由沿最大切应力方向扩展转变为沿与主应力垂直方向扩展。瞬断区是裂纹扩展到一定程度后，由于材料的受力截面减少，当材料应力达到其强度极限时发生快速韧性断裂的区域。

疲劳断裂的特征如下：

- 容器无明显的塑性变形。
- 断裂断口宏观可见裂纹扩展区和瞬断区两个区域。
- 裂纹形成、扩展较慢，一般出现一个裂口，容器因开裂泄露失效。
- 裂纹通常出现在局部应力很高的部位。
- 宏观断口较为平整，呈瓷状或贝壳状，有疲劳弧线、疲劳台阶、疲劳源等。在微观上，裂纹一般没有分支且尖端较钝，微观断口则有疲劳条纹等。根据断口特征，可以准确地把应力腐蚀与疲劳、腐蚀疲劳区分开。

低周疲劳的产生一般需要以下条件：

- 存在较高的局部应力。在个别部位，可能存在的应力接近或超过材料的屈服极限。因为在容器接管、开孔、转交及其他几何不连续的地方、焊缝附件、板材存在缺陷的地方等都有不同程度的应力集中（如在第 19 章压力容器静力学分析案例中介绍的峰值应力）。有些地方的局部集中应力往往要比设计应力大很多倍，所以完全有可能达到甚至超过材料的屈服极限。在这些部位，少数应力循环一般不会造成容器的断裂。但是随着反复加载卸载，会使得受力最大的晶粒产生塑性变形，并继续扩展发展成微小的裂纹。随着应力的周期性变化，裂纹逐步扩展，最终导致容器断裂。
- 存在反复的荷载。疲劳断口的特点是存在两个区域：一个是疲劳裂纹产生及扩展区，另一个是最后断裂区。在断口上，裂纹产生及扩展区不像一般受对称循环荷载的零件那样光滑，因为其最大应力和最小应力都是拉伸应力，没有压应力，断口不会受到反复挤压研磨。但其颜色和最后断裂区有区别，且大多数时候应力交变周期较长，裂纹扩展较为缓慢。所以，有时仍可见到纹裂扩展的弧形纹路。如果断口上的疲劳线比较清晰，还可以比较容易地找到疲劳裂纹产生的策源点。这个点处和断口其他地方形貌不一样，它常常产生在应力集中的地方。

4）腐蚀断裂。

腐蚀断裂的特征是各式各样的，有均匀腐蚀、点腐蚀、晶间腐蚀、应力腐蚀和疲劳腐蚀等，其中最危险的是应力腐蚀。因为压力容器一般都承受较大的拉伸应力，而结构中常常难以避免存在不同程度的应力集中，而介质又常常有腐蚀性。

下面介绍引起钢制设备发生腐蚀断裂的主要介质。

- 液氨对碳钢及低合金钢容器的应力腐蚀。液氨广泛用于化肥、石油化工、冶金、制冷等工业部门，其存储和运输大部分用碳钢或低合金钢制造的容器。发生腐蚀断裂后，其断口齐平，有旧裂纹痕迹。液氨的应力腐蚀产生的部位主要在焊接残余应力大的部位。应力腐蚀形成的三要素：敏感材料、敏感介质、残余应力。残余应力大的部位比残余应力小的部位腐蚀严重，经过消除焊接残余应力退火处理的要比焊接后未处理的腐蚀裂纹少得多。液氨的应力腐蚀与温度也有明显的关系。发现有应力腐蚀的液氨储罐多为常温储存，而在低温下的储罐则未发现应力腐蚀裂纹。

- 硫化氢对钢制容器的应力腐蚀。在以原油、天然气和煤为原料的化工设备中，硫化氢的应力腐蚀是一个比较普遍的问题。其中尤其以湿的硫化氢对碳钢和低合金钢的应力腐蚀最为值得注意。影响其腐蚀速率的因素很多，一般来说，钢材中的S、Si、Mn、Ni、H的含量越多、其强度尤其是硬度越高、介质的硫化氢含量越高、Ph值越小，就越容易产生应力腐蚀裂纹。硫化氢的应力腐蚀在20℃左右时最敏感。
- 热碱液对钢制容器的应力腐蚀。在温度较高的特定环境下会对碳钢或合金钢产生应力腐蚀，这种现象也称为碱脆或苛性脆化。碱脆是沿着晶界开裂的，断口与主应力大体成垂直，断裂处附近常常可以发现有沿着晶界分布的许多分支形裂纹断口，断口上往往黏附许多磁性氧化铁，也可以有一定的塑性变形（延伸率为0.22%～0.45%）。
- 一氧化碳等引起的断裂。一氧化碳与二氧化碳混合气体只有在有水分的情况下才能对钢产生严重的应力腐蚀，无水一氧化碳气体中不存在应力腐蚀的现象。
- 高温高压氢气对钢的腐蚀。氢腐蚀严重时，会在宏观上发现其产生的特征：鼓包现象。在微观上，腐蚀界面往往可以看到钢的脱碳铁素体组织。沿着断口由腐蚀面向外观察金相组织，有时可以看出脱碳层的深度。被氢腐蚀的破坏带有沿着晶界扩展的腐蚀裂纹。
- 氯离子引起的奥氏体不锈钢应力腐蚀。氯离子使不锈钢表面的钝化膜受到破坏，在拉伸应力作用下，被破坏区域受腐蚀产生裂纹，称为腐蚀电池的阳极区，持续不断的电化学腐蚀就可能导致金属的断裂。其裂纹常为晶间腐蚀，多数存在分支状裂纹。

5）蠕变断裂。

发生在一些高温容器中，断裂后有较为明显的残余变形，金相组织有显著变化。钛合金材料制造的设备在常温下就有可能发生蠕变现象，而最终断裂。

（3）疲劳腐蚀。

疲劳腐蚀是指存在腐蚀介质和交变荷载共同作用下，使金属材料的疲劳极限大大降低，造成承压元件发生断裂。与一般机械疲劳相比，疲劳腐蚀表面上常见明显的腐蚀和点蚀坑，并且没有介质的选择性。疲劳腐蚀可以有多条裂纹共存，即裂纹可以在一点或多点形成核并扩展。宏观常见切向和正向扩展并多呈锯齿状和台阶状，断口较平整，呈瓷状或贝壳状，有疲劳弧线、疲劳台阶、疲劳源等。微观上裂纹一般无分支，尖端较钝，断口有疲劳条纹等。

环境腐蚀是对结构疲劳寿命的一个重要影响因素。对于金属材料，主要表现为盐雾和海水等腐蚀介质；对于复合材料，主要表现为湿热和老化。对于在腐蚀环境中使用的结构，在疲劳设计或疲劳评定时，应考虑腐蚀环境对结构疲劳寿命的影响。这种影响应根据结构设计对环境的耐腐蚀程度，通过必要的模拟实验或已有的实验数据处理分析后确定。

对于防护性能好的结构，在防护层未被破坏的使用寿命期间可不考虑这一影响。对于在海洋环境使用的直升机结构，下列数据可供参考：

在10年使用期限内，结构的腐蚀疲劳寿命降低：高周疲劳0～5%，低周疲劳0～13%。

在20年使用期限内，结构的腐蚀疲劳寿命降低：高周疲劳5%～15%，低周疲劳13%～25%。

在30年使用期限内，结构的腐蚀疲劳寿命降低：高周疲劳15%～24%，低周疲劳25%～32%。

在40年使用期限内，结构的腐蚀疲劳寿命降低：高周疲劳24%～31%，低周疲劳32%～37%。

直升机结构疲劳设计时的一般要求如下：

- 应在满足功能要求和气动、强度、振动、环境及其他动力学要求的前提下使结构简单，尽量减少零件数量和中间环节。
- 原材料、标准件及其他成品件应从审定的选用目录中选取，尽可能减少品种规格。
- 对关键件、重要件应严格控制制造公差，减少关键要素的分散性。
- 必须重视疲劳细节设计：对金属材料结构，应明确选取的倒角、圆角、退刀槽、凸肩、表面加工、热处理等设计参数，尽可能减少应力集中及其他可能引起降低疲劳强度的因素，必要时应采取合理的强化措施提高结构的抗疲劳性能；对复合材料结构应考虑环境温度和湿度等对结构性能的影响，结构铺层设计时应尽可能使纤维方向与该处主应力方向一致，避免纤维皱折和结构刚度急剧变化。
- 结构不得有经验表明有不可靠的设计特征和设计细节。对于无法消除的薄弱环节，应进行充分的疲劳可靠性分析，必要时应进行实验验证。
- 磨损、腐蚀及复合材料老化等是影响疲劳强度的重要因素，结构设计时应采取有效措施，尽量避免或降低上述因素造成的不利影响。
- 进行疲劳设计的同时应考虑维修性和经济性。

5.5　强度理论

常用的强度理论如下：

- 第一强度理论（最大拉应力理论）：最大拉应力是引起材料脆性断裂破坏的因素，即认为不论材料处于简单还是复杂应力状态下，只要最大主应力达到单向拉伸时，材料破坏的极限应力就会发生破坏。但该理论没有考虑其他两个主应力对材料破坏的影响，也无法用于单向、双向、三向受拉的应力状态。
- 第二强度理论（最大伸长线变形理论）：最大伸长线应变是引起材料破坏的因素。这个理论可以很好地解释石材、混凝土等脆性材料受轴向压缩时沿横向发生破坏时的现象。
- 第三强度理论（最大剪应力理论）：最大剪应力是引起材料塑性流动破坏的因素。这一理论能较为满意地解释塑性流动的现象，但该理论忽略了第二主应力的影响，且对塑性材料三向均匀受拉时也会发生脆性破坏的事实无法解释。
- 第四强度理论（形状改变比能理论）：形状改变比能是引起材料破坏的因素，即无论材料处于简单还是复杂应力状态，只要构件危险点处的形状改变比能，达到材料在单向拉伸屈服时的形状应变比能，就会发生塑性流动破坏。这一理论较全面地考虑了各个主应力对强度的影响，该理论计算结果与实验结果基本相符。它主要比第三强度理论更接近真实情况，但是材料受三向均匀拉伸时应该很难被破坏，而实验结果并没有证明这一点。
- 摩尔强度理论（修正后的第三强度理论）：决定材料塑性破坏或断裂的因素主要是某一截面上的剪应力达到了极限，同时还与该截面的正应力有关。按照这一理论，材料的破坏不一定沿着最大剪应力，作用面上还可能存在较大的压应力。只有当材料某一截面的剪应力和正应力的组合达到最不利的情况时才发生滑移破坏。摩尔强度理论适用于抗拉强度和抗压强度不相等的材料。其不足是由于没有考虑中间主应力，因此引起的误差可达 15%。

一般塑性材料常用第三或第四强度理论评定，极脆材料用摩尔强度理论或第一强度理论评定，拉伸与压缩强度极限不等的脆性材料或低塑性材料使用摩尔强度理论评定。

根据材料拉伸试验结果，将材料分为以下两大类：

- 延伸率>5%的材料：称为塑性材料，如铜、铝、青铜等。这类材料在破坏时有较大的塑性变形，断口较为光滑。塑性材料塑性指标高，抵抗拉断和冲击能力较好，对应力集中不敏感，安装时调整性好，一般用于受拉或既受拉又受压的部件。
- 延伸率<5%的材料：称为脆性材料，如铸铁、高碳钢、混凝土、玻璃、陶瓷等。这类材料在无明显的塑性变形下会突然破坏，断口较为粗糙。脆性材料塑性指标低，抗拉断和抗冲击能力差，对应力集中敏感，安装时调整性差，抗压能力远大于抗拉能力，一般用于承压部件。

应当指出，即使是同一种材料，也既可以表现出脆性，又可以表现出塑性，这与应力状态、加载速度、工作环境有关。如低碳钢在快速加载时塑性减少脆性增加；交变加载下降发生疲劳脆性破坏；双向、三向或低温静载下发生脆断；在腐蚀、静载下会发生低应力脆断；高温下发生蠕变等。又如岩石在常温静载下呈现脆性破坏，但在三向受压下则显出塑性性质等。

长期温度效应对材料力学性能的影响：蠕变与松弛。

材料在长时间的恒温、恒应力作用下，将发生缓慢增长的塑性变形，称为蠕变。金属材料（如钛合金）和部分非金属材料（如沥青、木材、混凝土、各种塑料、橡胶等）都有蠕变。

松弛是使部件总变形保持不变，而由蠕变作用引起塑性变形增加，弹性变形量减少，致使应力逐渐降低的现象。

6 传热学、流体力学及热应力计算理论基础

传热是日常生活和工程实际中广泛存在的自然现象。只要有温差存在，就一定出现热能的传递。或者说，只要有热量的输入和输出，就会引起温度的变化。由于有温度的变化，就会引起结构件的应力和应变的变化，即出现热应力。这对结构件的影响是很大的，甚至会引起结构的破坏与失效。

运行于变温条件下的部件通常都会存在热应力问题，包括在正常工程下存在的稳态热应力和启动停止过程中随时间变化的瞬态热应力。这些热应力经常占有相当的比重，甚至成为设计和运行中的控制应力。要计算稳态热应力和瞬态热应力，首先要确定稳态或瞬态的温度场。

由于结构的形状以及变温条件的复杂性，依靠传统的解析法，要精确地确定温度场往往是不可能的，有限元法却是解决上述问题的有效工具。根据傅里叶传热定律和能量守恒方程，可建立传热问题的控制方程。

传热过程分为对流传热、导热传热和辐射传热三类。

当固体与它温度不同的流体相接触时，流体将从固体带走能量或通过流体将能量传递给固体，这是对流传热过程，而且热流总是从温度最高处流向温度最低处。根据热力学第一定律，在没有热源存在时，热流的能量是守恒的。传热量=对流传热系数×传热面积×温差，这就是牛顿冷却定律。在实际产品设计过程中，最难计算或估计的一般是对流传热系数，此系数有时又是影响换热器整体换热性能的最大因素，而计算此参数又需要广泛的工程设计基础和流体力学知识，所以掌握尽可能全面的计算对流传热系数的方法和资料是十分必要的。

对于管翅式换热器，总传热系数=各项热阻倒数的和的倒数×管排修正系数。其中各项热阻从内向外一般包括：管内侧流体侧对流膜传热热阻、管内侧污垢热阻、管壁热阻、管壁与翅片的接触热阻、翅片热阻、翅片与管外侧流体侧对流膜传热热阻、翅片污垢热阻等。简化计算时，可只考虑其中第一、三、六项即可。管排修正系数随换热管的排列方式不同和管排数的不同而不同，其随着管排数的增加而降低。

均匀物质内，存在温度梯度时会导致其内部能量传递，这是导热传热过程，其基本过程符合傅里叶（Fourier）定律，即传导的热流=总温差/总热阻。而热阻的倒数又等于传热系数。

辐射传热方式是基于电磁波传播的。这种传播能在真空中进行，也能在介质中进行。实验结果表明，辐射传热与绝对温度的四次方成正比，而导热和对流换热与温度差成正比。

6.1 对流传热

流体的运动是由外部的作用如风机、泵等引起的，称为强迫对流。但是即使没有这些外部作用，常常也可以由流体本身存在温差而引起运动。这种由浮力而产生的运动称为自然对流。自然对流是由于具有热交换体系内的任何彻体力导致运动所引起的。

对流换热的分析比只有热传导的情况复杂，因为必须同时研究流体的运动和能量传递过程。为此，必须运用力学和热力学定律。换热热阻主要集中于紧贴壁面的一个薄层内。换热实质上就是该层内热传导和由运动流体的能量传递的相互作用的问题。一旦热量穿过了该层，那么就很容易地被核心区的流体带走，因此换热能力主要取决于这个边界层的厚度及其特性。

流体在宏观上表现为流动性、粘滞性和压缩性。

对于静态的流体和固体，固体能同时承受法向应力和切向应力；流体可以承受法向应力，不能承受切应力。即给流体施加切应力，无论大小，均使得流体产生任意大的变形。流体的这一性质称为流动性。流体和固体的界限不是绝对的，有些物质的性质介于固体和流体之间，如液晶，其具备流体和固体的双重性质。

当流体运动时，其内部存在一种抵抗流体变形的特征，称为粘滞性。流体粘性与流体性质和温度有关。不考虑粘性的流体称为理想流体。

如果改变压强、温度等参数，那么流体的体积将发生改变，这种性质称为压缩性。真实流体都可以压缩。对于液体和低速运动且温度变化不大的气体（对于空气一般为不大于 0.3 倍当地音速）可近似地认为是不可压缩流体。

流体的运动取决于各流体微团所受到的力。这些力基本可以分为以下两种类型：彻体力，如重力、电磁力、离心力；表面力，如张力和剪力。单位面积上的表面力称为应力，应力的概念在固体力学中也被采用，但它与介质的局部变形相关，在流体中被定义成张力和剪切力。当流体处于静止时，除了一种张力即压力外，其他的应力是不存在的。当所有的速度都是平行的，而且只在与速度向量垂直的方向上有大小的变化时，这种流动称为简单的剪切流动。

根据亥姆霍兹速度分解定理，流体微团运动可分解为平动、转动和变形三部分。这与刚体速度分解定理存在两个重要区别：前者多了变形速度部分，适用于流体微团内部，而后者适用于整个刚体。在剪切应力与速度之间存在线性关系的流体称为牛顿流体。绝大多数流体都是牛顿流体。不存在线性关系的流体称为非牛顿流体，如番茄汁。运动粘度系数是粘性系数与流体密度的比。

当流体变形时，内部出现使其恢复平衡状态的力，称为应力。引起内应力的力是短程力，流体内任意部分所受的力来自各方都只能直接通过该部分的表面作用。一个浸没在连续介质中的物体同时受到质量力和表面力。

1883 年奥·雷诺第一次证明存在着两种基本上不同的流动形式，即层流和湍流（或称紊流）。

在层流中，流体内各个流线有序并排地进行，是一簇光滑的曲线，无随机脉动、互不混杂、流层分明，速度场与压强场随时间、空间做平缓的连续变化。层流只出现在雷诺数较小的流动中。而在紊流中，质点轨迹杂乱无章。既有沿主流的纵向运动，又有横向运动，甚至还有反向运动，流场随时间和空间变化非常激烈，流线交织成不规则流线，流体微团绕着某一在统计上的平均路径而进行随机脉动流动，并出现各个大小与方向不同的漩涡。由于其不规则性，计算和预测湍流流动非常困难，甚至被认为是物理学中最困难的问题。层流和湍流的判别决定于临界雷诺数。

雷诺数是表征流体惯性力与粘性力之比的无量纲数，符号一般为 Re。若雷诺数很小，相对惯性力而言，粘性力是主要的；若雷诺数很大，则粘性力是次要的，只有在边界层以及速度梯度较大的区域内粘性影响才是重要的。层流和湍流相互转化时的雷诺数称为临界雷诺数。由层流转变为湍流时为上界雷诺数，其数值不稳定，变化范围较大；反之为下界雷诺数，其值基本不变。

几种流动情况下的下界雷诺数：圆管管内流动≈2300、任意断面的管内流动≈2000、环形缝隙内流动≈1000、平板缝隙内流动≈1000。当计算截面不是圆管时，一般可以用水力直径（符号一般为 De）计算雷诺数，等于 4 倍的过流面积比湿周。湿周等于过流断面上被流体浸润的周长线。

对于雷诺数极大的流体运动，可等价于粘滞性极小的流体运动，此时可视为理想流体。但实际流体具有粘性，在刚性壁面上一定满足粘性条件。若刚性壁静止，则其上流动速度为零。即在刚性边界附近的流体具有较大的速度切变，其粘性作用不可忽略。则可得出结论，在大雷诺数下，速度降为零的流体几乎发生在很薄的贴近物体的流层内，这个流层称为边界层。边界层厚度与特征长度之比的数量级等于特征雷诺数的平方根。边界层内，压强沿壁面法线方向没有变化。在任何对流换热的研究中，有两个流体力学的概念特别重要，即边界层或剪切层和湍流的概念。

边界层厚度与特征长度之比的数量级等于特征雷诺数的平方根倒数。在边界层内，压强沿刚性壁面法线方向没有变化。说明边界层内外流体的压强分布相同，而外部流体可作为理想流体，其压强分布可用势流（无旋流动）的伯努利方程求得。

6.2 导热传热

材料的导热系数有以下基本特性：无论金属或非金属材料，它的晶体比它的无定形态具有良好的导热性；对于晶体和其他定向结构的材料，即纤维材料如木材，相对于材料结构轴的不同方向上导热系数具有不同的数值，存在一个热传导的主轴；与晶体成长方法有关的一些小的结构上的差异影响导热系数。

因此，纯的天然晶体比各种人工合成体具有较高的导热性能；与纯物质状态比较，晶体物质的化学组成上的杂质导致纯金属比它们相应的合金具有高得多的导热系数；机械损伤，如冷加工和核辐射的损伤，导致材料导热系数的变化；一般来说，金属比非金属具有更高的导热系数；材料的固相比它们相应的液相具有更高的导热性能。例如冰的导热系数比水高；液相比气相具有更高的导热系数；物质结构的变化强烈地影响着导热系数，在熔点附近导热系数发生突然下降。可以肯定，导热系数的减少是固体有序性解体的结果，除了铋以外。液态金属和电解液代表了另一类型的液体，因为热能的传递基于两种不同的过程：原子的运动和自由电子的漂移。电子对热流的作用使液态金属的导热系数增大到比非金属液体高 10～1000 倍；大多数纯金属的导热系数随温度升高而下降，但是水银、镉和四种共晶合金，即铅-铋、铅-锡、铅-锑、锡-锌的导热系数具有正温度系数；在相变到气态时，原先存在于液体（或固体）的分子键被大大地松开了，分子间的距离增大到分子，可以在任何方向自由地运动，它们的运动只受到边界壁面或其他分子碰撞的妨碍；耐火材料的导热系数随温度的变化主要取决于结构组成，对主要包含结晶材料的耐火材料，它们的导热系数随温度升高而下降，对主要包含无定形材料的耐火材料，导热系数随温度升高而上升。导热系数随结晶体成分与无定形成分的比值的变化有利于理解高岭土耐火材料导热系数随温度增大，而镁砖和碳化硅砖随温度而下降。同样地，还可以理解相同化学成分的耐火材料随温度变化的多样性。

从平板传热公式可以推论，平板传热热阻主要取决于最大的那一个热阻。如果这个热阻是对流热阻中的一个，那么在热阻大的那个表面上设计肋片可以使通过平板的热流增加。这种肋片扩展表面的方式广泛应用于各种换热器中。使用薄的肋片和高导热系数的材料以及增加肋片侧的湍流度能提高流体传热的效果。当采用肋片有利时，应把肋设置得尽可能相互靠近，以增加传热。但是两个肋片之间的距离是有限的，因为当两个肋表面上的边界层相互干扰时，换热系数下降。所以，两个肋片之间的距离不应比边界层厚度的两倍小很多。作为一个定性的概念，空气在 15m/s 的速度沿 30cm 长的平板流动时，所形成的边界层厚度约为 0.24cm。在室内散热器的低速情况下，形成的边界层厚度约为 1cm。

6.3 辐射传热

辐射是电磁波，电磁波具有波动性和粒子性的双重性质。辐射能无论在射线的正向还是反向传播时，散射系数和吸收系数都有相同的值。辐射强度也与位置和方向有关。对于局部热力学平衡的概念，假设辐射过程中放射和吸收都由限于小体积元中的过程来确定。放射和吸收的辐射都是由分子和原子的相互作用及原子与光子的相互作用所引起的。任何介质中放射强度取决于其温度分布，但是对于很多材料来说，介质表面放射的能量只是在靠近表面很薄的一层表层中发出的。在热辐射分析中，辐射密度与辐射压力都是有用参数。由于射线以有限速度运动，因此辐射场内每个单位体积必然包含有限的能量，这叫做辐射密度。

1865 年麦克斯韦根据他所提出的电磁理论断言两个介质间分界处的反射辐射对表面有压力作用。爱因斯坦建立了著名的质能方程，意味着能量流相当于单位时间投射到单位面积上的质量流，这形成了辐射压力。辐射压力通常很小，如太阳辐射作用在地球表面上的压力约为 $4E^{-6}$ 帕。因此很长时间内试验物理学家在试图测定出此压力时总是没有成功。第一个声明证实有辐射压力的是克鲁克斯于 1847 年在一个叫做“光力风车”的装置下发现所谓的辐射计效应。但是辐射计效应和辐射压力没有什么联系。只有到 1900 年勒贝迪尤测出了弧光灯所作用的辐射压力。基尔霍夫第二定律阐明了黑体辐射强度与邻近介质中射线传播速度平方的乘积是一通用常数。

6.4 传热问题的有限元分析式

在计算机出现前，热传导问题主要使用索思威尔提出的称为松弛法的数值法来完成。对于手算和台式计算器，松弛法是一个出色的方法。但是在计算过程中，松弛法需要判断，这在用人工计算时是很容易进行的，但是在计算过程中包括了一个数字计算机程序时出现了一些困难。随着高速计算机的出现，松弛法变得无用了。

计算机出现之前，有人曾用比拟方法和比拟技术解决普通分析方法很难解决的问题。在那段时间，大体上也是大型计算机出现之前，曾有很大部分精力集中于热模拟分析器即几种RC电路的装置来解决瞬态热传导问题。但是，这样的比拟系统从来都没有大量使用，已有的功能也很有限。

对于是否考虑时间因素，可将传热问题分为稳态传热问题和瞬态传热问题。稳态传热问题，即温度不随时间变化，则在离散后的单元体内与在结构分析中进行单元位移场插值的情况相同。也可根据节点数来确定单元温度场的函数形式，即将单元的温度场表示为节点温度的插值关系。由泛函式中的最高阶导数可以看出，传热温度场为标量。因此，所构造的有限元分析列式比较简单。在稳定状态下，每个节点对时间的导数为零，方程式变为一组联立代数方程式。在线性热物性参数和线性边界条件下，结果所得的方程式是线性的。于是，线性偏微分方程组的求解问题就简化为一组联立线性代数方程式的求解问题。无论是线性问题还是非线性问题，有限元分析最终都归结为求解大型稀疏对称的线性代数方程组。

应用变分原理求解偏微分方程首先出现在弹性力学领域中。因为弹性构件的平衡状态具有最小的总位能，所以求解弹性力学的微分方程（包括边界条件）就很自然地转换为一个变分问题。古典变分法（即能量法或里兹法）就是用变分计算来代替微分方程的求解。

在求解导热微分方程时不存在最小总能量的问题，所以它的物理意义不像弹性力学中那么明确，也不必关心泛函的极大值或极小值，需要关心的是某一泛函取极值所需要的充分必要条件，在数学上等价于相应的微分方程加边界条件。只要数学上存在这样的等价关系，而且是唯一的，就可以用泛函极值的变分计算来代替微分方程及其边界条件的求解。

一般求解联立线性代数方程组的方法有两类：经过有限次数的运算即可求得方程组的精确解（假设不存在舍入误差）的直接法；间接法，将求解方程组的问题化为构造一个无限序列，其极限即为方程组的解，因而在有限数量步内得不到精确解，在理论上说，需要无穷多个步骤达到精确解。实际上，由于计算机的字长有限，计算过程中必然存在舍入误差的累积，因而直接法得到的方程组解也是一种近似解。

对于求解规模较小，稀疏矩阵的阶数不太高时，直接法计算速度快，计算精度也高。但当稀疏矩阵的阶数较高时，由于舍入误差不断累积，计算精度将会下降。此时，如果采用迭代法，则可以通过增加迭代次数来补偿舍入误差的累积。直接法求解大规模问题时，需要较多的存储量和计算时间。迭代法所占用的存储量较小，但是常规的迭代法计算时间则更长。

直接法是指通过有限步的数值计算可以获得代数方程组真解的方法（不考虑舍入误差）。实际问题很多都是非线性的，离散方程中的系数可能都是未知量的函数。这样一个问题的求解比如是迭代形状的，即先假定一个初场，据此计算离散方程的系数，然后求解方程而获得改进值。如此反复，直到获得收敛的解。在这一计算中，每次求解代数方程时，其系数都是临时的。如果采用直接法求解，则所得到的是关于这一组临时系数的解。但是既然代数方程本身的系数是有待改进的，就没必要将相应的真解求出来。如果采用迭代法，则可以控制在适当的时候终止迭代，以在改进代数方程系数后再求解。因而对于非线性问题来说，直接法是不经济的。

迭代法是用某种极限过程去逐步逼近线性方程组精确解的方法。迭代法具有存储单元较少、程序设计简单、原始稀疏矩阵在计算过程中始终不变等优点，但存在收敛性和收敛速度方面的问题。迭代法是求解大型稀疏矩阵方程组的重要方法。

对于这两种算法，一般来说：直接法更适合于任何非奇异矩阵，而迭代法对于稀疏矩阵更成功；直接法比间接法对舍入误差产生的不精确性更敏感；间接法可能不收敛或需要大量运算次数才收敛；间接法一般容易编排程序，并且要求的计算机存储较少；间接法常常可以扩展到非线性代数方程组，而直接法仅限于线性问题。

对于瞬态问题，即单元的温度场将随时间变化，在空间域被有限元离散后得到的是一阶常微分方程组。不能对它直接求解，一般可以考虑采用模态叠加法或直接积分法，实际中更多的是采用后者。计算方程是一组以时间为独立变量的线性常微分方程组，其可进一步对时间域进行离散，即也可将时间分为若干单元并进行时间函数的节点描述和插值，通常对有时间的两点插值（循环）公式和三点插值（循环）公式在计算时还要考虑时间步长的选取，通常可根据解的稳定性理论来给出一个最大收敛步长的条件。当计算的时间步长不超过该收敛步长时，其解的结果是稳定的，即计算误差不会无限增加。

实际问题中，很多瞬态温度场在经过一定时间后会趋于稳定，需要了解的是温度场在此时间段内的变化。由于实际材料、几何尺寸、边界条件的不同，结构温度场达到稳态所需的时间可能相差很大。因此，时间步长的选取不仅应考虑解的稳定性要求，还应参考达到稳态所需要的时间。时间步长的合理选取与计算精度及计算费用密切相关。时间计算中，可先估算结构温度场达到稳态所需的时间，然后根据时间选取合理的时间步长，在计算过程中根据解的稳定性情况再做适当修正。

对于一定的积分方法，如果时间步长取任意值误差都不会无限增长，则此方法是无条件稳定的；如果时间步长只有满足一定条件时才有上述性质，则此方法是有条件稳定的。

6.4.1 热应力的计算

当物体各部分温度发生变化时，物体将由于热变形而产生线应变。如果物体各部分的热变形不受约束时，则物体上有变形而不引起应力。但是有约束或各部分温度变化不均匀，热变形不能自由进行时，则在物体中产生应力，此应力称为“热应力”或“温度应力”（类似的是压力容器设计规范中的二次应力）。

物体由于热膨胀只产生线应变，剪切应变为零。这种应变可以认为是物体的初应变。计算热应力时，只需要算出热变形引起的初应变，据此求得等效节点荷载（简称温度荷载），然后按照通常解应力一样的方法解得热应力。也可将等效节点荷载与其他荷载项结合到一起，求得包括热应力在内的综合应力。

进行热分析和热应力分析时，对于弹性模量、导热率、传热膜传热系数及线胀系数均不能各输入一个值，必须准确输入从常温到设计温度区间的各个有关温度下的相应值，这样才与温度场的温度分布相协调。

6.4.2 热应力问题的有限元分析列式

研究物体的热问题包括两部分内容：传热问题研究，以确定温度场；热应力问题研究，即已知温度场的情况下确定应力应变。

实际上这两个问题是相互影响和耦合的，但在大多数情况下，传热问题所确定的温度场将直接影响物体的热应力，而后者对前者的耦合影响不大。因而可将物体的热问题看成是单向耦合过程，可分为两个过程来计算。

7

动力学分析基础知识

7.1 动力学问题的产生

在结构和机械设备设计中，通常需要考虑两类荷载的作用：静力荷载和动力荷载。因此，结构设计也常分为静力设计和动力设计两部分。

对于静力设计和静强度计算现已不存在什么问题。若不考虑裂纹、材料偏析、腐蚀等缺陷的问题，已可以通过传统的经验设计和类比设计方法，并依据有关设计标准解决。但是在工程中，动力荷载作用实际上是普遍存在的。很多情况下仅仅进行静力学计算将不能满足工程使用要求，必须进行动力分析和动态设计。

瞬态动力这个词可以简单理解成荷载的大小、方向或作用点是随时间而改变的，而在动力作用下的结构反应，如位移、内力、应力、应变等也是随时间而改变的。由于荷载和响应随时间变化，显然动力问题不像静力问题那样具有单一解，而必须建立相应时间过程中感兴趣部分的全部解答。瞬态动力分析显然要比静力分析更为复杂，且更消耗计算时间。

静力学问题与动力学问题还有更重要的区别。如一个部件承受一静荷载，则它的弯矩、剪力和绕曲的形状直接依赖于给定的荷载，而且可以根据力的平衡原理用此静荷载求出。而如果荷载为动力的，则产生的位移与加速度有联系，这些加速度又产生与其相反的惯性力，于是部件的弯矩和剪力不仅要平衡外加荷载，而且要平衡由于加速度引起的惯性力的作用。

通常在荷载增加时间少于构件最长的固有频率的一半左右时，就必须将该荷载看做冲击荷载或撞击荷载。而仅仅关心荷载大小是不够的，这时就必须关心荷载所经历的时间和冲量。如果荷载增长时间，大于构件的最长固有周期的三倍左右时，则该荷载可以看做是准静态的，所关心的参量通常是荷载的最大值或最大值的某些倍。在冲击荷载作用下，不仅会产生比准静态荷载要严重得多的应力状态，而且材料的性能也有重大变化，如强度极限显著提高、屈服极限显著提高、动态断裂韧性下降、结构吸收能量的能力大大下降等。

结构上的动力作用其实就是惯性力作用。动力作用的大小直接与惯性力的大小和惯性力随时间变化的情况有关。一般来说，如果惯性力是结构内部弹性力，是平衡全部荷载中的一个重要部分，则在求解时必须考虑问题的动力特征；如果运动非常缓慢，以至于惯性力小到可以忽略不计的程度，则即使荷载和位移可能随时间变化，但对于任何瞬态的分析仍然可以用近似静力学分析的方法解决。可以认为静力荷载仅仅是动力荷载的一种特殊形式。

与静力学分析相比较，在动力学分析中，由于惯性力和阻尼力出现在平衡方程中，因此引入了质量矩阵和阻尼矩阵，最后得到的求解方程不是代数方程组，而是常微分方程组。其他计算步骤和静力学分析是完全相同的。对于有些情况下，虽然也存在较大的惯性力，但仍然可以使用静力学分析的方法求解，例如离心力荷载。

以下情况应采用动力学分析方法：部件结构复杂（如部件是三维的或者由不同特性的单元组成）、基本模态形状与结构静态位移不一样、用静力法计算出的应力值对于设备规格书中的限定值来说太高等。

7.2 振动的分类

结构的动力响应可以是随时间变化的变形，但多数情况下表现为振动。结构振动是研究机械设备运动和力学问题的重要基础。随着技术的发展，各种工程结构和工业产品向着大型、高速、大功率、高性能、高精度和轻结构方向发展，使得动力学问题显得越来越突出和严重，这也常常是造成机械和结构恶性破坏与失效的直接原因。例如 1940 年，美国刚刚建成的 Tacoma Narrows 吊桥，在远低于设计风速的环境下产生了严重的气动弹性发散问题，形成扭转振动和垂直振动而导致坍塌，此事件后工程界开始深入研究气动弹性振动问题；飞机由于强度破坏引起的事故中有 90%是由于振动疲劳所致，特别是运动机械，机械振动引起的机械故障率高达 60%～70%；大型导弹陀螺仪导航安装位置必须考虑导弹的模态形状等。

结构振动的分类方法有很多。从运动学的观点看，可分为以下 4 种振动：

- 周期振动：振动量是时间的周期函数。振动中的一种典型振动为简谐振动，简称谐振。周期振动可以用谐波分析的方法展开为一系列谐振的叠加，其频谱为离散谱，而且都是基频的倍频关系。
- 非周期振动：振动量是时间的非周期函数，其频谱为连续谱。可以是离散谱，但不是倍频关系，而是无理数关系。如衰减振动是一种具有连续谱的非周期振动。
- 瞬态振动：由冲击引起的结构系统的振动，一般发生在较短的时间内。
- 随机振动：受偶然因素影响的一种不确定性的振动。

结构的振动分析将涉及到模态分析、瞬态动力学分析、谐响应分析、随机振动分析、反应谱分析等。其中模态分析是所有振动分析的基础。

模态分析的经典定义是：将线性定常系统振动微分方程组中的物理坐标转换为模态坐标，使方程组解耦，成为一组以模态坐标和模态参数描述的独立方程，以便求出系统的模态参数。坐标变换的变换矩阵为模态矩阵，其每列为模态振型。

模态分析方法的另一种表达是：以无阻尼系统的各阶主振型所对应的模态坐标来代替物理坐标，使坐标耦合的微分方程组解耦为各个坐标独立的微分方程组，从而求出系统的各阶模态参数。

振型模态分析要和结构强度刚度分析结合在一起。强度分析结果的高应力区如果和某一阶模态振型位移较大区域重合，就可以认为结构是偏于危险的，这些高应力区域有可能就是疲劳裂纹的萌生位置。而实际中的连续结构体振型应该是无穷多的。经典理论认为，实际工程中能够对结构安全产生影响的往往只是低阶的频率振型，所以只要结构避开低阶频率共振区，就能安全运行。然而，随着结构形式运行条件等因素的不断变化，现代机械的振动形式也越来越复杂。除了静态强度刚度，动态强度刚度也越来越重要，计算分析所采用的模型和计算条件与实际运行中结构之间的差异会直接影响计算结果的精度。所以如何减小这个差异，或者说如何使分析过程更加接近实际，是一直以来努力的目标。

使得强迫振动时的振幅有最大值时的频率为共振频率，振动系统以最大振幅进行振动的现象称为共振。由于有阻尼作用，振幅不是无限大的值。

模态分析的最终目标是识别出系统的模态参数，为结构系统的振动特性分析、振动故障诊断与预报、结构动力特性的优化设计、老产品的改进和研发新产品提供可靠依据，并可以将以前由经验、类比、静态设计方法变为动态、优化设计方法，以及借助于实验与理论分析相结合的方法，对已有结构系统进行识别、分析和评价，从中找出结构系统在动态特性上所可能存在的问题，确保工程结构能安全可靠及有效地工作。

举一个例子。考虑自由支撑的平板，在平板的一角施加一个常力。由静力学可知，一个静力会引起平板的某种静态变形。但是，如果施加一个正弦变化且频率固定的振动常力，而响应的幅值的变化会依赖激励的频率。具体体现在，当激励的振动频率越来越接近结构的固有频率（或共振频率）时，响应的幅值会越来越大。当频率相等时，共振幅度达到最大。在结构不同的固有频率处，其呈现的变形模式也不同，而这些变形模式依赖于激励频率。

时域数据提供了非常有用的信息，如果用快速傅里叶变换（FFT）将时域数据转换到频域，就可以计算出频响函数（FRF）。如果将频响函数叠加到时域波形之上，会发现时域波形图达到最大值时的激励频率等于频响函数峰值处的频率。由此可以发现，既可以用时域信号确定系统的固有频率，也可以用频域函数确定。显然，频域函数更利于估计系统的固有频率。

当在平板上均匀分布多个加速度计时，如果激励力在结构每一个固有频率处驻留，会发现结构本身存在特定的变形模式。这表明激励频率与结构某一阶固有频率相等时会激发结构产生相应的变形模式。当激励频率与结构第一阶固有频率处驻留时，平板会发生第一阶弯曲变形；与第二阶驻留时，会发生第二阶弯曲变形等。这些变形模式称为结构的模态振型（虽然从纯数学角度讲，这种叫法不是十分严谨）。

所有结构都有各自的固有频率与振型。本质上讲，这些特性取决于确定结构固有频率和模态振型的结构质量与刚度分布。结构设计师需要理解这些频率，且当有激励时应知道能如何影响结构的响应。理解模态与振型有利于设计出更好的结构。

7.2.1 特殊的“地面共振”现象

对于直升机设计而言，其会发生一个特殊的“振动”形态，称为“地面共振”。地面共振发生的外部条件是直升机受到足够大的外界初始扰动（如强风、操纵过猛、滑跑颠簸等），本质是旋翼后退型摆动运动与桨毂中心有平移的机体模态相耦合。在地面运转的直升机，受到外界初始扰动后，各片桨叶不均匀地摆振起来，产生不平衡的回转离心力，激起机体在起落架上的振动；桨毂中心作为机体上的一点，跟着机体一起振动，但它同时又是旋翼系统上的一点，桨毂中心的振动又以基层激振的方式反过去对旋翼在旋转平面里实行激振，影响各个桨叶原有的振动。如果这两个振动系统的振动特性有如下的特定关系：旋翼系统产生的离心激振力的频率和全机在起落架上的振动的某阶固有频率相同或接近，而对应该阶固有频率的振型又能使得桨毂中心在旋转平面里发生振动，同时桨叶减摆器和起落架的阻尼在振动一周中消耗的功比上述激振力对系统做的功小，则桨叶的摆振和全机在起落架上的振动就会相互加剧，恶性循环后，几秒钟内就可以使得振幅大到毁坏直升机的程度，这种现象就是"地面共振"。

如果桨叶减摆器和起落架的阻尼足够大，或者旋翼系统产生的离心激振力的频率和全机在起落架上的振动频率相差足够远，那么上述两个系统因外界干扰而激起的振动就会彼此削弱，直至消失，就不会产生"地面共振"。

因此，设计直升机的过程中，必须合理地选择起落架和桨叶减摆器的参数，以保证直升机在规定使用条件下不具备产生"地面共振"的内因条件。"地面共振"的能量来源于发动机和旋翼的旋转动能。在发生"地面共振"时，随着振幅的扩大，旋翼转速下降（在不操纵发动机的情况下），发动机的部分功率被用来扩大振幅并损坏直升机，因此必须采取正确的处理方法。对于单旋翼带尾桨式的直升机，横向振动对"地面振动"最危险。

7.2.2 振动对人体的影响

人对机械振动的输入，除产生相应的振动运动外，同时带来一系列生理和心理反应，构成人体对振动的主观感受。人对振动的反应个体差异很大，不同的人对振动的忍耐力相差很大。应对人在 1Hz 以下，特别是从 0.1Hz 到 0.63Hz 的振动反应特别重视。这对应直升机低频的刚体运动。在此频率范围内，当振动加速度超过某一极限值后，人会产生极度不舒适的感觉，产生晕动病：脸色苍白、头晕、恶性、呕吐，甚至完全丧失活动能力。

人对 1Hz 到 80Hz 的振动，如果振动量值或暴露时间超过某个范围，其生理、心理反应常常是不舒适、麻感、头晕、困倦、出汗、头痛、恐慌等，并造成疲劳、工作效率或工作熟练度下降，甚至损伤内脏组织，影响健康。

7.3 结构特征值的提取

7.3.1 问题的产生

对于自由振动方程，在数学上讲就是固有（特征）值方程。特征值方程的解不仅给出了特征值，即结构自振频率和特征矢量：模态或振型，而且还能使结构在动力荷载下的运动方程解耦，即所谓的振型分解法或者振型叠加法。

或者可以说利用系统的主振型矩阵进行主坐标变换，可将系统相互耦合的物理坐标运动方程变换成去耦的主坐标运动方程，从而使得多自由度系统的动力响应分析问题可以按照多个单自由度系统的问题来分别处理。对于具有无限多自由度的连续系统，可以用类似方法分析系统的动响应。因此，特征值问题的求解技术对于解决结构振动问题来说是非常重要的。

物体偏离平衡状态后，在恢复力的作用下进行的振动称为自由振动，固有频率就是振动系统作自由振动时的频率。系统的质量越大，刚度越弱，则固有频率越低，周期越长；反之则相反。这个结论对于复杂振动系统也有效。

在数学中，结构的频率和振型实际上就是描述结构的刚度矩阵和质量矩阵相乘得到的矩阵特征值和特征向量问题。系统有 N 个自由度，则其也具有 N 个特征值。特征值向量也就是所谓的模态（也称为振型），它是结构以第N阶模态振动的变形形状。

特征值的提取是建立在一个无阻尼自由振动系统上的。特征值和结构振动模态描述了结构在自由振动下的振动特点和频率特征。通过振型分解法解到的振型和频率就能够很容易地求得任何线性结构的响应。而且，通常在实际问题中只需要考虑前几个振型就能获得相当精度的解。复杂的振动一般都可以分解为简单振动的组合，并且与外来激励的样式无关，只跟物体本身的性质和约束有关。

对低频响应来说，高阶模态的影响较小。对实际结构而言，例如在稳态响应或者长期响应处于主导的动力问题中，经常可以遇到只需要考虑系统最低频率和模态的情况，感兴趣的往往是前几阶或前十几阶模态，更高阶的模态常常被抛弃，这使得计算量大为减少。实践证明这是完全可取的，这也是模态分析方法的一大优点。这种处理方法称为模态截断。此时求解过程简单，将节省大量的计算费用。

对于较为低矮的建筑或动力自由度较少的结构，一般选前1～3阶振型即可。因为这已包含了振动的大部分能量。对高层或动力自由度较多的结构，一般选前1～15阶振型。大跨度桥梁等结构，往往低频密集，则需要更多的振型参与分析，才能得到满意的结果。

求解方法上分为两大类：一类是直接求解法，另一类是向量迭代求解法。

直接求解法可以用来研究需要求解所有特征值和特征向量的自由度较少的系统，计算工程量较大。计算过程中，解耦的特征矩阵转化成一个对称的对角阵形式，这样就可以很容易地同时求解出所有的特征值。对于较大的系统，可以通过缩减计算来提高计算效率。

向量迭代法包括：反向迭代法、子空间迭代法和兰佐斯迭代法等。

反向迭代法可以求解较大结构系统的少数特征值问题。计算时间依据结构自由度的大小和需要提取的特征值个数决定。如果选择使用兰佐斯迭代法求解器，用户需要指定最小和最大的频率，ANSYS将把指定频率内的全部特征值提取出来。

子空间迭代法是求解大型矩阵特征值问题最常用最有效的方法之一，适合于求解部分特征解，广泛应用于结构动力学的有限元分析中。在ANSYS Workbench 15.0中改进了子空间求解器，其计算效率可比14.5版快约2.55倍。

同样规模的特征值问题，其计算量比静力问题的计算量要高出几倍，甚至高出一个数量级，因此如何降低特征值问题的计算规模和减少计算量是一个重要的课题。

7.3.2 特征值求解器的比较

1. 效率的比较

对于需要求解多自由度系统的大量特征模态时，兰佐斯迭代法求解器在整体速度上较快。对于需要求解不超过20个特征值的问题，使用子空间迭代法可能更快。

2. 终止原则和精确性比较

兰佐斯迭代法求解器允许计算到特征值真正误差限制点时才终止，可以满足正常的终止原则。对于多数问题，相对误差为$1E^{-12}$数量级。因此，兰佐斯迭代法求解器的计算精度要比子空间迭代法高。兰佐斯迭代法求解器的计算时间线性依赖于需要提取的特征值的数量。

而子空间迭代法的终止与否是通过判断从一次迭代到下一次迭代过程中特征值的相对变化来实现的。如果相对变化小于$1e^{-5}$则认为问题已收敛，结束计算。

3. 限制条件

兰佐斯迭代法求解器不能用于结构屈曲分析中，因为屈曲临界点处刚度矩阵是非正定的。

7.3.3 频率输出

振型参与系数代表了某个振型在某个自由度方向上振动的参与程度，它可以帮助用户选择在某种给定荷载作用下最能代表某响应的模态。

有效模态质量给出了整体模型质量在某阶模态所代表的不同自由度方向上是如何分布的。对于平动模态，所有的有效模态质量上之和应近似等于结构整体质量。如果不成立，说明所求解的模态还不够多，尚需要继续进行模态分析。

对于某种结构，如果被预先施加外荷载，其自振频率通常是会发生变化的。比如，结构在拉力作用下刚度会增加，而在压力作用下刚度会降低。ANSYS 官方教程中举了一个形象的例子：拉琴弦。在不同拉紧量下，琴弦振动频率发生了变化。因此，频率会依据先前荷载作用历史状态的变化而变化。

7.4 模态叠加法

7.4.1 基本概念

多自由度体系线性动力反应分析的方法有：时域分析法、频域分析法和模态叠加法。前两者是从输入的离散化着手进行体系动力反应分析，而后者是通过对振动特性的离散化来实现体系动力反应的离散化。

时域法适用于重要结构的地震反应分析，需要借助计算机辅助，计算量大；频域法适用于具有频变参数结构的地震反应分析，虽然理论框架完整，但计算量也很大。模态叠加法适用于对结构最大地震反应进行考察。

由于基于模态叠加法的结构为多个单自由度体系的振动，加之随机振动理论中有成熟的描述振型最大反应与组合最大反应间关系的理论，这就使得反应谱法得到应用，形成所谓的振型分解反应谱法。它简化了地震反应分析过程，为工程抗震设计提供了便捷、有效的分析手段。

对于多自由度系统求解运动方程一般有两类方法：一类是直接积分法，另一类是模态（振型）叠加法。

直接积分法就是直接将动力学方程对时间进行分段数值离散，然后计算每一时刻的位移数值。这一过程实际上是将时间的积分区间进行离散化，因此叫做积分算法。具体包括基于中心差分的显式算法和基于 Newmark 方法的隐式算法。

如果在模拟中存在非线性，在分析中固有频率会产生明显的变化，因此模态叠加法将不再适用。这时只能要求对动力平衡方程直接积分，它所花费的计算成本要比模态分析大得多。

线性动力学问题是建立在结构内各节点的运动和变形足够小的假设基础上，能够满足线性叠加原理，且各个系统的各阶频率都是常数。因此，结构系统的响应可以由每个特征向量的线性叠加而得到，这就是通常所说的模态叠加法。

在线性问题中，可以应用结构的固有频率和振型来定性它在荷载作用下的动态响应。采用模态叠加法，通过结构的振型组合可以计算结构的变形，每一阶模态乘以一个标量因子。

当某些高度复杂的结构要求模态数量太大时，要忽略一些模态，所忽略的质量的影响应通过对结果的精细分析来评价。这些质量通常对应于刚性振型，实际上它们只影响支座反力。一些军用标准（如 GJB150A）中规定，当模态的有效质量总数大于总质量的 90%时，则所考虑的模态数量是足够的。

在实际问题中，往往系统的自由度太多，而高阶模态对整体响应的影响通常又很小，所以实际应用时，在满足工程精度的前提下，只取低阶模态作为向量基，而将高阶模态截断是一种近似方法。采用模态截断的处理方法可使方程数大为减少，从而大大节省计算机时、减少机器容量、降低计算成本。这对大型复杂结构的振动分析带来了很大好处。取多少阶模态合适要遵循模态截断准则，此准则的具体范围请参考有关设计标准（如 GJB150A）或该产品的技术规格书。

选择组合模态的一般原则如下：

- 优先考虑低频率的模态。
- 选择对应力贡献较大的模态。
- 选择模态有效质量大于分析模态总计有效质量 10%的模态。
- 对频率密集模态或某种耦合模态可做适当处理。
- 除特殊情况外，组合模态的总计有效质量不应小于分析模型总计有效质量的 90%。

7.4.2 适用范围

具备下列特点的问题才适合于进行线性瞬态动力分析：

- 系统是线性的，即线性材料行为、无接触条件、没有非线性几何效应。
- 响应系统应该只受到相对少数的频率所支配。当在响应中频率的成分增加时，诸如打击和碰撞问题，模态叠加法的效率将会降低。
- 荷载的主要频率在所提取的频率范围之内，以确保对荷载的描述足够精确。
- 应用特征值模态，应该精确地描述由于任何突然加载所产生的初始速度。
- 系统的阻尼不能过大。

7.5 阻尼

7.5.1 引言

当系统做无阻尼自由振动时，由于没有能量输入和输出，系统机械能守恒，系统的振幅为常数。然而，在实际结构中这种无阻尼自由振动并不存在。结构运动时会有能量耗散，振幅将逐渐减小直至停止振动，这种能量耗散被称为阻尼。

能量耗散来源于结构因素，其中包括结构不连续处的摩擦和局部材料的迟滞效应。阻尼对于表征结构吸收能量是一个很方便的方法，它包括了重要的能量吸收过程，而不需要模拟耗能的具体机制。

当阻尼比小于 0.1 时，有阻尼系统的特征频率非常接近于无阻尼系统的相应值；当阻尼增大时，无阻尼系统的特征值频率会变得不太准确；当阻尼比接近于 1 时，采用无阻尼系统的特征频率就成为无效的了。

如果结构阻尼处于临界值（阻尼比=1），在任何扰动后，结构不会有摆动，而是尽可能迅速地恢复到它的初始静止构型。

7.5.2 定义阻尼

1. 直接模态阻尼

采用直接模态阻尼可以定义对应于每阶模态的阻尼比，其典型范围是1%～10%。

2. 瑞利阻尼

在瑞利阻尼中，假设阻尼矩阵可以表示为质量矩阵和刚度矩阵的线性组合，即 $C=\alpha M+\beta K$。其中 α 和 β 是用户根据材料特性定义的常数。

利用瑞利阻尼有许多方便，例如系统的特征频率与对应的无阻尼系统特征值一致；相对于其他形式的阻尼，可以精确地定义系统每阶模态的瑞利阻尼；各阶模态的瑞利阻尼可转换成为直接模态阻尼。瑞利阻尼的质量比例阻尼部分在系统响应的低频段起到主导作用，刚度比例阻尼部分在高频段起到主导作用。

3. 复合阻尼

当结构中有多种不同材料时，可以对每种材料定义一个临界阻尼比，这样就得到了对应整体结构的复合阻尼值。

7.5.3 阻尼的选择

在大多数线性动力学问题中，为了获得精确的结果，恰当地选择阻尼类型和规定阻尼系数是十分重要的。但在某种意义上，由于阻尼只是在结构吸收能量特性意义上近似，而不是模拟造成这种效果的物理机制，所以确定模型中需要的阻尼系数是很困难的。实际结构的阻尼特性是十分复杂的。可以说，到目前为止尚未建立一种简单完备而有效的阻尼模型能确切地反映实际结构的阻尼特性。已有的各种阻尼模型都是在经验假设前提下提出来的。

不同材料组成的混合结构，阻尼比宜按能量加权的方法确定。有时不得不根据工程经验来选取适合的阻尼，偶尔也可以从动态试验中获得这些数据。但是通常情况下，必须通过查阅参考资料或者凭借经验来获得这些数据。作为一项参考，表7-1中的数据引用自核电厂设备的设计标准GB50267-1997。

表7-1 标准中规定的阻尼比（%）

项目	运行基准地震	安全停堆地震
设备	2	4
焊接钢结构	2	4
螺栓连接钢结构	4	7
预应力混凝土结构	3	5
钢筋混凝土结构	5	7
电缆桥架	-	10

定义阻尼类型和选取阻尼值时需要注意以下问题：

- 在许多实际应用中，材料阻尼是主要的一些材料中，阻尼力在本质上是粘性的，并与材料的刚度成正比。这种形式的阻尼通过瑞利阻尼选项得到。其中 $\alpha=0$ 和 $\beta\neq0$，β 值可以通过实验数据来确定。
- 如果材料阻尼应力在本质上是摩擦力，同时需要研究系统的稳态响应，这时可以用结构阻尼。结构阻尼系数根据摩擦应力占应力总和的百分比来确定。
- 有些情况下可以在不同的频率下测量阻尼。如果这些数据是可靠的，则可以将结构特征频率下的阻尼值作为模态阻尼来直接应用到模态动力学分析中。
- 在少数情况下，可以从动力学实验中获得阻尼的数据。但是在多数情况下，不得不通过经验或者参考资料来获得数据。这时，解释结果要十分小心，应该通过参数分析来评价阻尼系数对结果的敏感性。
- 如果在分析中定义了多种类型的阻尼，那么分析结果是包含了各种阻尼的总和效果。

7.6　稳态动力学分析

7.6.1　稳态动力学分析简介

在工程中存在较多的是受迫振动，即系统在外界干扰力或干扰位移作用下产生的振动。由外界不断对振动系统输入能量才能使振动不至于因阻尼存在而随时间衰减。根据外界激励的形式不同可将受迫振动分为：简谐激振、周期激振、脉冲激振、阶跃激振和随机激振等。其中，有限元分析中常用的稳态动力学分析包括：稳态谐波响应分析、反应谱分析、随机振动分析。

1. 稳态谐波响应分析

通常使用基于系统自然模态的稳态动力分析计算系统在谐波激励下的线性响应。这种方法比直接积分法速度更快。以频率的函数形式表达的结果变量（位移和应力等）是以同相和异相两个部分给出的。对于需要以模态叠加计算响应的时候，必须事先进行频率提取的计算。使用这种方法，可以在用户指定的频率范围内计算结构在谐波激励下响应的幅值和相位。

2. 反应谱分析

振动系统对激励力与支座运动的响应随激扰函数的性质以及振动系统本身的特征而改变。表示某一响应量与激扰函数的某一参数之间关系的图线称为反应谱。

当结构承受某些固定点的动力作用时，这种方法可以计算出结构的峰值响应。也就是说，对于用户提供和输入的反应谱（例如地震作用等），通常使用线性反应谱分析可以得到系统响应的近似上限值。这种方法计算代价较低，但能提供系统性能的有用信息。可以把这些固定点的运动称为基础运动。

3. 随机振动分析

随机振动是一种非确定性振动，它无法用一个确定的函数来描述，它的时间历程信号具有随机形状。在某一范围内，随机振动的大小可以用概率密度函数来确定。随机振动的频谱是连续谱。这种连续谱可以用一个中心频率可调的带通滤波器对该随机振动进行频谱分析后得出。滤波之前的随机振动称为宽带随机振动。经缓冲系统后，其响应往往是窄带随机振动。对于随机振动，由于运动规律是无法事先确定的，而且峰值只能描述某一瞬时的振动量的大小，体现不出幅值对时间的变化规律，所以要寻求概率统计的方法来描述。如果测试时间足够长，幅值的间隔取得足够小，得到的概率密度曲线就越精确。均方根值既能表达与随机振动能量直接有关的量值，亦称有效值，又能表达出现次数最多的振动峰值。

当结构所受振动是连续的，并且可以使用功率密度谱（PSD）函数来表达作用荷载时，该结构在随机振动作用下的线性响应可以通过模态叠加原理的方法得到，系统的响应是以统计量的形式计算得到的。

下面重点介绍反应谱分析的基本理论与方法。

7.6.2 反应谱分析的基本理论与方法

反应谱的概念最早由 Biot 于 1940 年提出。它通过理想简化的单质点体系的最大地震反应来描述地震动的特性。反应谱法在世界范围内得到广泛认可。

美国最早把标准反应谱用于核电厂的抗震设计中。利用地震反应谱理论进行结构的抗震设计，可以很方便地把动力设计问题简化为静力设计问题。而且，随着强震观测技术和数值计算的发展，应用反应谱理论进行抗震设计计算得到的结构地震反应与实际观测值相差较小。目前，地震反应谱通常采用数值积分来确定。

抗震设计中用的反应谱是以实测强震观测记录数据为基础，用结构动力放大系数的平均值加一个标准差确定的。其曲线经 1.0g 加速度标准化后通常称为标准反应谱。其性质与场地土质条件、震级和震中距有关，也与统计数据的多少有关，其可靠性受到了影响。

反应谱理论考虑了结构动力特性与地震动特性之间的动力关系，是在静力理论基础上的重大进步。反应谱理论采用了 3 个基本假定：

- 结构是弹性的，地震反应可以采用叠加原理进行振型耦合。
- 假定所有支座处的地震动完全相同，基础与土层之间无相互作用。
- 结构的最不利的地震响应等于它的最大地震响应，与其他动力响应参数无关。

反应谱理论比较成熟，它引进了随机振动理论，考虑了场地条件对反应谱形状的影响。然而，由于其本质上的局限性，反应谱分析法仍有以下不足之处：

- 反应谱分析法虽然考虑了结构动力特性所产生的共振效应，但在设计中仍把地震惯性力按照静力来对待，所以反应谱理论只是一种准动力理论。
- 表征地震动的三要素是振幅、频谱和持续时间。在制作反应谱时虽然考虑了前两个要素，但未能反映地震动持续时间对结构破坏程度的重要影响，而地震动持续时间对结构的破坏有重要影响，其主要表现在结构的非线性反应阶段。控制结构破坏的基本变量不仅与所能承受的最大荷载有关，而且与结构最大变形反应累计损伤有关。这是一个典型的低周疲劳现象（由于局部应力集中，在少于 1000 次循环时材料可能产生一个逐步发展的裂纹或累计疲劳过程）。塑性变形的不可恢复性需要消耗能量，因此这个振动过程中，即使结构最大变形反应没有达到静力试验条件下的最大变形，结构也可能因储能耗散达到一定限值而发生倒塌破坏。对于结构出现破坏后的强烈非线性反应，除了极为简单的结构，反应谱分析法难以给出合理的结果。反应谱是根据弹性结构地震反应绘制的，只能笼统地给出结构的最大地震反应，不能给出结构地震反应的全过程，不能直接用于结构的非弹性阶段，更不能给出在强烈地震过程中从各构件进入逐步开裂、损坏直至倒塌和弹塑性变形阶段的内力和变形状态，因而也未能全面地找出结构的薄弱环节。

- 在土建设计规范介绍的抗震算法中，大部分结构仅考虑地震平动分量，未考虑土与结构的相互作用。地震时地面的运动是多维的，研究表明在距震中较小而加速度最大值超过 0.5g 时，地震动的竖向分量变得较为显著。无论是对称结构还是偏心结构，地震时均会产生扭转振动。因此，在进行结构的抗震分析时，仅仅考虑地震动的平动分量是不够的，还应考虑地震动的竖向分量和扭转分量对结构的影响。但是，对于核电厂内设备的设计规范，则充分考虑了三向地震力作用。
- 反应谱只是弹性范围内的概念，它不能反应结构的非弹性特性。必要时，需要专门研究结构的弹塑性反应谱。
- 反应谱分析过程的计算量远远小于基于直接积分的动力学分析过程，但是反应谱分析过程只能对体系在特定谱曲线作用下的峰值响应进行估计，多用于估计结构在随机荷载及随时间变化荷载（如地震荷载、风荷载、海洋波浪荷载、喷气发动机推力荷载）作用下的动力响应。

1. *反应谱分析和谱曲线定义*

反应谱分析技术广泛用于多质点弹性体系的地震反应分析。它是将模态分析结果与一条已知的谱曲线联系起来，用于计算模型的位移和应力的一种分析方法。谱曲线可以是各种规范中的标准曲线，也可以是直接由单自由度弹性体系运动方程直接积分得到的特定加速度对应谱曲线。

硬土场地的场地地震反应谱可根据基岩地震相关反应谱确定，步骤如下：

（1）根据工作地震环境确定厂区地震震动的时间过程包络函数。

（2）根据工作区烈度资料确定基岩地震相关反应谱。

（3）根据规范规定的设计加速度时间过程生成方法确定时间过程包络函数和与基岩地震相关反应谱相符的自由基岩地震震动加速度时间过程。

（4）根据自由基岩地震震动加速度时间过程确定厂区土层下基岩顶面向上的入射波或基岩顶面的地震震动加速度时间过程，计算厂区地面的地震震动。

定义谱曲线时，需要足够数量的插值点才能定义一个能够反映实际反应谱特征的谱曲线。谱曲线的获得，通常是通过时间积分求解不同固有频率及阻尼比系数的单自由度弹性体系在特定加速度记录作用下的响应峰值，然后通过插值得到峰值响应与固有频率及阻尼比的曲线关系。

对于某电厂楼层反应谱，则是分别按照两组地基动弹性模量（24500MPa 和 36300MPa）分三个方向（两个水平方向和一个垂直方向）计算的，计算方法为时程分析法。计算 SSE 地震时直接将 1/2 SSE 地震的楼层反应谱结果乘以系数 2。两个楼层标高之间，楼层反应谱可以线性插值；对于不同的阻尼比，可在两个阻尼比之间采用对数函数插值。

反应谱分为地震反应谱和设计反应谱两种。地震反应谱表示单质量点弹性体系在地震地面作用下最大反应与结构自振周期的关系曲线。其本质上反映的是地震强度与频谱特殊性。因此从整体上说，地震反应谱不能反映具体的结构特性，而是反映地震动的特性。若只求最大值，则时间因素也就消失了。

根据不同地震记录的地震反应谱的综合分析得出设计反应谱。其本质上是对设计地震力的一种规定，这是因为设计反应谱并不反映一次具体的地震动过程的特性，而是从工程设计角度在总体上把握地震力过程的特性。这可以是平均意义的把握，也可以是严格意义的把握。

由于实际地震动受多种复杂因素的影响，因此地震动无论在强度上还是频谱含量上都具有强烈的随机性。在确定性结构弹性反应谱的框架范围内，不同类型的谱之间的差异主要表现在对随机性的处理上。

规范设计反应谱的基本思想是，以地震区划给定的基本烈度作为设防烈度依据来确定 K，以历史地震记录的动力放大系数曲线的统计平均值作为依据确定 β。由于地震危害性分析计算的发展和应用，目前对 K 的规定是具有严格概率含义的。然而，规范设计反应谱 β 的取值并无严格含义，而是有一种准概率含义的修正统计平均性。

反应谱分析可用于估计特定加速度记录激励下结构的峰值响应，该方法是一种近似方法，适用于基本设计研究。反应谱分析过程基于模态分析，因此模态分析提取的有效振型阶数必须足以反映系统的动力学特性。

2. 最大（峰值地面或楼层）加速度

已知地震方向和对应的反应谱，最大地面或楼层加速度是对应于地面或楼层的零周期的值。对于所有的阻尼值，在零周期的反应谱加速度是相等的，并等于地面或楼层的最大加速度。这就是说，高于给定频率（或称为截断频率）的振子将随支撑运动。截断频率通常接近 33Hz。当部件的基频（最低的固有频率）高于截断频率时，称为刚性部件。

当部件的基频（第一阶固有频率）高于截断频率时，可以考虑保守地使用等效静力法计算部件的地震响应。等效静力法，使用一组模拟由地震引起的动态荷载和静态荷载。静力荷载在结构的所有位置上将产生与地震效应等大的应力。因此，每个分析都应计算等效静力荷载。

在动力学分析中常采用达朗贝尔原理，即把材料的惯性力等效成静态荷载施加到结构中去。这种用静力法分析动力学问题的方法称为等效静力法。

等效法基于达朗贝尔原理。其由法国物理学家与数学家让·达朗贝尔于 1743 年提出而命名。其原理阐明，对于任意物理系统，所有惯性力或施加的外力经符合约束条件的虚位移所做的虚功的总和等于零；或者说，在质点受力运动的任何时刻作用于质点的主动力、约束力和惯性力相平衡。利用达朗贝尔原理，可将动力问题转化为静力学问题来解决，这种动静法的观点对力学的发展产生了积极的影响。

在准静态分析中允许存在一定速度和大位移，只是惯性力在此过程中可以忽略（比如加载速率远小于材料波速、加载时间远大于结构的第一阶固有周期或小于结构最低固有频率的 1/4 倍），即可用准静态来模拟。定性上说，缓慢加载的问题可以用准静态来模拟。

缓慢加载可能指的是一个均匀加速度，一般表示为重力加速度的倍数。静力荷载计算中，均匀加速度数值等于所采用的楼层反应谱（FRS）中峰值的 1.5 倍。这是一种近似的方法，通常是保守的。特别是使用简化的模型时，这种方法可以采纳。

需要特别注意的是，当需要确定某个复杂模型的局部响应时，应采用瞬态动力分析。

由于各个振型在总的地震效应中的贡献总是以自振周期最长的基本振型（或称为第一阶振型）最大，高阶振型的贡献随着阶数的增高而迅速减少。因此，即使结构体系由大量质点组成，常常也只需要将前几阶振型的地震作用效应进行组合，就可以得到精确度较高的近似解，从而大大减少了计算工作量。

3. 参与系数

反应谱分析法建立在反应谱曲线（即单自由度体系在响应激励下响应峰值—时间曲线）的基础之上。用户可以通过单自由度弹性体系动力学方程的时间积分得到不同阻尼反应谱曲线。

参与系数表示第N阶振型在结构整体响应中所占的比重，是不同频率振型对结构响应贡献的一种度量。参与系数代表了特定方向上每一阶振型对结构响应的贡献。

4. 各阶模态效应的组合方式

一般情况下，结构在外界激励作用下，各阶模态响应峰值不可能同步出现。因此，有必要选择一种合理的模态效应组合方式，以准确估计结构在外界激励作用下的总体响应峰值。

沿着一个地震方向激励的最可能的响应通过低于和高于截断频率的模态组合得到。多数情况下，采用各阶模态效应绝对值相加的方法得到响应结果过于保守，所以针对不同激励和结构频率特征，研究人员找到了一系列更有效的模态效应组合方法，常用的有：ABS方法、SRSS方法、NRL方法、CQC方法、TEMP方法。

（1）ABS方法。

ABS方法在所有模态组合方法中最保守。它直接将各阶模态响应绝对值相加，这就意味着在外界激励作用中各阶模态峰值响应将同时发生。对于多数情况，这样的估计是偏于保守的。

（2）SRSS方法。

对于结构各阶固有频率较为分散的情况建议采用SRSS方法，它具有较高的精度。SRSS方法不像ABS方法那么保守，更偏于实际。

对于部分使用美国核电站设计标准设计的设备，要求使用SRRS方法，即代表三个正交方向的最大荷载响应用SRSS（平方和的平方根）方法组合。这里的荷载是指各种响应，即内力、支座反力等，不是施加于设备的荷载。这种方法与组合地震激励的方法互不等效。当采用反应谱法时，结构的最大反应值可取其各振型最大反应值的平方和的平方根。

（3）NRL方法。

隶属于美国国家海军的研究机构考虑到ABS方法及SRSS方法的优点，将ABS方法以及SRSS方法结合起来建立了NRL方法。该方法将影响最大的第N阶模态单列出来，用ABS方法进行考虑，而其他各阶模态则按照SRSS方法进行组合。

当两个振型的频率差的绝对值与其中的一个较小的频率之比不大于0.1时，应取此两振型最大反应值的绝对值之和，与其他振型的最大反应值按平方和的平方根进行组合。也可以采用完全二次型组合和CQC进行组合。地震反应值超过10%的高阶振型可忽略不计。

（4）TEMP方法。

TEMP方法源于美国原子能机构的推荐。其考虑到相近频率的耦合效应，对SRSS方法进行了修正。TEMP方法认为，当第A阶固有频率与第B阶固有频率相差在10%以内时，应该考虑A、B阶模态的耦合效应。当模态固有频率分散较大时，耦合效应不明显，此时采用TEMP方法结果接近于用SRSS方法分析的结果。

（5）CQC方法。

CQC方法采用完全二次组合方法来考虑固有频率相近模态之间的组合效应。当结构固有频率较为分散时，模态交叉耦合因子较小，此时CQC方法分析结果与SRSS方法相近。对于非对称结构，采用其他方法可能会过低估计纵向激励作用效应，同时过高估计横向激励作用效应，此时采用CQC方法比较合适。

5. 不同设备地震响应推荐的分析与简化方法

（1）高压容器。

高压容器有相对较厚的壳壁，并且与其支撑相比是刚性的。在水平地震作用下，这类容器作为安装于各自刚度值的支撑上的刚性质量来参与响应。在垂直地震作用下，设备是刚性的。

（2）立式储罐和容器。

对低压立式容器壳体的柔性不能忽略。可以使用模态反应谱法来获得精确的评价并考虑晃动现象。当需要计算液体波动时，液体的阻尼系数采用 1%。

对于现场制造的非常大的储罐，考虑其液体/壳体的相互作用，应采用瞬态动力分析。

（3）卧式容器。

由于水平容器较为复杂，基本频率的判断是不容易完成的，因此经常需要使用计算机程序。一旦建立模型，就有利于计算所有模态的响应并执行完整的模态反应谱分析。这对于考虑承受温度作用的容器的滑动支撑的作用是很重要的。

（4）管壳式换热器。

管壳式换热器的分析与储罐分析的方法类似。管束的影响只考虑它的质量。可以假定管束是刚性连接到壳体上的。如果需要完全考虑管束，管束的动力分析应考虑拉杆、定距管、折流板和支撑板的联系。所有卧式多壳体的换热器应进行动力分析。

（5）电动泵部件。

电动泵部件是由多部件组成的，即电动机、变速传动装置和泵体。当各部件通过柔性联轴器连接时，应对每一部件单独进行地震分析。

（6）卧式泵。

电动机和泵壳体是刚性的，因此可采用等效静力荷载法计算，还应符合设备技术规格书的要求。

（7）立式泵。

通常，立式泵的结构是复杂的，经常有较大的偏心质量，而且固有频率较低，因此不能假定它们是刚性的。

（8）阀门和配件。

只对有较大偏心量的阀门进行抗震分析。需要估算固有频率，以确保固有频率大于截断频率。

除另有规定的，一般只进行等效静力荷载的计算，并在三个正交方向同时承受以下加速度荷载：OBE3.2g、SSE4.0g。分析中可假定所有与管道连接的端部都是固定的。

（9）移动式起重机，需要进行动力分析。

6. 军用标准规定的有关震动控制的方法与设计原则

减少震动响应，包括减少总体震动响应和局部震动响应两方面。尤其应避免发生总体的低阶共振。应使船体低阶固有频率与激励频率错开 10%。

常用工作转速时，桅杆纵向、横向、扭转振动的低阶固有频率与螺旋桨轴频、叶频、柴油主机的第一和二阶平衡力或力矩的激励频率应错开 30%。

上层建筑的纵向固有频率与螺旋桨轴频、叶频、柴油主机的第一和二阶平衡力或力矩的激励频率应错开 10%～15%。安装有主/辅柴油机的机舱底板架的低阶固有频率与主/辅柴油机的第一和二阶不平衡力或力矩的激励频率应错开 30%。

局部构件的固有频率应处于最高工作转速时螺旋桨叶频的 25%以上。若有困难，在船尾 1/4 船长范围内应保持此要求。

设备刚性安装时，底座的固有频率应避开设备的一阶双震形式的频率。弹性安装时，底座固有频率应大大超过设备与弹性元件的组装系统的固有频率。

隔振器的选用和布置安装：应保证设备的前 6 个固有频率中的任一个不处于激励频率范围内，并与船体临界频率和基座固有频率错开 25%以上。

分析系统的截止频率由动力学的最高振动的模态质量确定，一般取分析系统总质量的 10%。

对于基座的分析，被支撑的设备模型应模拟设备整个质量分布和柔性。一般把被支撑的设备当作单个刚性质量。对不是装在一个刚性底座上的必须保持对中的部件，则应将这些部件分别作为单个质量来模拟。对于复杂的基座和设备布置，可用多个质量表示。

对于给定冲击方向的具有 N 个自由度的数学模型，需要分析足够的振动模态数，以保证总模态质量一般不小于分析系统总质量的 80%。分析的模态中应包括模态质量大于分析系统总质量的 10%的所有模态，较低的模态应优先考虑。

针对潜在的危险，构件应有足够的截面面积，避免产生应力集中现象。导致应力集中的因素有：截面突变、尖锐缺口、没有过渡圆角或过渡圆角太小等。

应尽量避免使用螺纹连接管道和管件。在不可避免时，应为管道提供足够的柔性。

7. 动力学冲击分析报告的内容

动力学冲击分析报告应充分详细，一般包括以下主要内容：

- 分析中需要用的合成质量、弹簧常数、影响系数或刚度系数。
- 每一冲击方向的每一振动模态的频率、振型、模态质量、参与系数及各质量点上的力的计算与结果；若用计算机直接给出的输出值，则应提供足够的资料和说明以便于审查。
- 危险区域的应力与变形的计算说明和合适应力分析所需的资料。
- 计算应力和许用应力、计算变形和许用变形的汇总对照表及确定许用应力、变形的说明。
- 对具有基座的设备，分析应包括在计算动力荷载作用下基座适应性的估计。

8. 地震作用及其分析法

地震是一种自然现象。地震按其成因分为三类：构造地震、火山地震和塌落地震。构造地震，是由于地壳运动引起岩层断裂或断层错动而发生震动，即构造变动中引起的地震。其占总体地震数量的比重在 90%左右。构造地震破坏性大，影响面广。构造地震，是由于地应力在某一地区逐渐增加，岩石变形也不断增加，当地应力超过岩石的极限强度时，在岩石的薄弱处突然发生断裂和错动，部分应变能突然释放，引起震动，其中一部分能量以波的形式传到地面，就形成了地震。

地震释放的能量以波的形式向各个方向传播，引起地面运动。地面的强烈震动使设备产生加速度，故地面即设备所受到的地震影响程度可用地震动的地面加速度来表示。地震烈度是指地震时某一地区地面及设备震动的强烈程度，作为衡量地震对某一地区所引起后果的一个尺度，故地震烈度与地震动地面加速度有必然的联系。

地震动的三要素：振幅、频谱和持续时间。

振幅即地面运动的加速度、速度和位移三者之一的最大值或峰值。频谱即地面运动的频率成分及各频率的影响程度。地面运动的特征除了与震源位置、深度、发震原因、震级等因素有关外，还与地震传播距离、传播区域、传播介质和设备所在地的场地土性质有密切关系。地面运动的特性测定表明，不同性质的土层对地震波中各种频率的成分的吸收和过滤效果是不同的。持续时间是结构破坏或倒塌的重要因素。设备开始受到地震波的作用时，只引起微小的裂缝，在后续的地震波的作用下，破坏加大，变形累积，导致大的破坏甚至倒塌。有的结构在主震到来时已经破坏，但没有倒塌，又在余震时倒塌了，就是因为震动时间长，破坏过程在多次地震的反复作用下完成，即低周疲劳破坏。

反应谱理论较静力理论虽有长足的进步，但是其仍是求出最大地震作用，然后按静力分析法计算地震最大弹性反应，所以仍属于等效静力法。

时程分析法的产生是一种飞跃，它使抗震计算理论由等效静力分析直接进入动力分析。它是将结构作为弹性或弹塑性振动系统，建立振动系统的运动微分方程，直接输入地面加速度时程，对运动积分方程直接积分，从而获得振动体系各质量点的加速度、位移、速度和内力的时程曲线。

时程分析法是完全动力法，可以获得地震时程范围内结构体系各个质点的反应时间历程，信息量大、精度高。但该法计算量大，而且根据确定的地面震动时程得出的结构体系的确定反应时程难以考虑不同地面震动的随机性。

一般而言，结构不是十分重要或者第一阶固有频率大于截断频率（一般在 33Hz 左右）时，可采用静力法计算；当结构较为重要或者有关标准规定需要时或者使用静力法计算求得的结构应力过大时，可采用反应谱法计算；当需要精确了解地震影响结构的过程时，可采用时程分析法。

其中，局部设备的抗震计算一般使用设备所在位置的楼层反应谱作为地震运动的荷载数据。楼层反应谱是在某楼面上具有不同自振周期和阻尼的单自由度系统对地震运动反应最大值的均值组成的曲线。研究楼层反应谱的目的是为了附属系统的抗震设计。有了楼面反应谱，只要知道附属系统本身的特性（自振周期、质量和阻尼等）就可以计算出其地震作用，而不需要分析主系统。

由于时程分析法能够计算地震反应全过程中各个时刻结构的内力和变形形体，给出结构的开裂和屈服顺序，发现应力和塑性变形集中的部位，从而判明结构的屈服机制、薄弱环节及可能的破坏类型，因此被认为是弹塑性分析最可靠的方法。

目前，对于一些特殊的、复杂的重要结构，越来越多地利用时程分析法来进行计算分析，许多国家已将其纳入规范。但是，其分析技术复杂、计算耗费计算机机时、计算工作量大、结果处理繁杂，因此在实际工程抗震设计中该方法应用较少。鉴于此，寻求一种简化的评估方法，能在某种程度上近似地反映结构在强震作用下的弹塑性性能，将具有一定的应用价值。

静力弹塑性分析（Static Pushover Analysis，POA）方法，作为一种结构非线性响应的简化计算方法，近年来引起了关注。POA 方法比较符合基于结构性能（或位移）的抗震设计概念。其目标是获得弹性反应谱法或时程分析法不能得到的某些结构响应结果。其主要用途是，估计重要部件的变形能力、暴露设计中潜在的薄弱环节、找到结构发生大变形的部位、估计结构稳定性等。这种方法易于被工程设计人员所掌握，可以从微观和宏观上了解结构弹塑性性能，得到有用的静力分析结果。

其基本步骤如下：假定沿结构高度分布的水平荷载形式（通常为水平荷载模式），将荷载施加到结构上，逐渐增加荷载，使得结构由弹性工作状态开始，历经开裂、屈服，最终达到目标位移。利用单自由度体系和多自由度体系的转换关系建立等效体系、输入反应谱、将能力谱曲线和需求谱曲线画在同一坐标平面内。如果两曲线不相交，说明结构未达到设计地震的性能要求，即结构无法抵御预计的地震，会发生破坏或倒塌；如果相交，则定义交点为特征反应点，从而可根据该点对应的结构响应来评估结构的抗震性能。

无论使用何种计算方法，前期方案设计时采用合适的抗震结构对于提高其抵抗地震动的能力都是有利的。下面介绍提高结构抗震能力的一些建议。

一般来说，由于地震力的垂直分量只有水平分量的 1/3～2/3。在很多情况下，可以主要考虑水平地震力的影响，设备结构平面应力求：简单规则、均匀对称、减少扭转的影响。

地震作用是由于地面运动引起的结构反应而产生的惯性力，其作用点在结构的质量中心（重心）。如果结构中各侧力结构抵抗水平力的合力点（即结构的刚度中心，简称刚心）与结构重心不重合，则结构即使在水平地震力下也会激起扭转振动。扭转的结果是，距离刚度中心较远一侧的结构构件由于其侧移量加大很多，所分担的水平地震剪力也显著增大，很容易出现因超出许用应力而发生破坏，甚至倒塌。如在第 9 章冷却塔设计优化案例中发现的情况一样。

另外，即使结构是对称布置的，但是设备内质量分布也很难做到均匀分布，质心与刚心的偏离在所难免。更何况，地面运动不仅仅是平动，还伴有转动分量。所以也应提高结构的抗扭转刚度。

结构竖向的布置原则如下：

- 尽量使结构的承载力和竖向刚度自下而上逐渐减少，变化均匀、连续。需要强调的是，不应设计成上部刚度大，底部仅有柱的“鸡脚”结构。这样的结构，上部侧移刚度大，下部侧移刚度小，结构的柔软层出现在结构底部，在地震时很容易遭到严重破坏。对于同一水平高度的结构，宜具有大致相同的刚度、承载力和延性。
- 截面尺寸不宜相差过大，以保证各构件能够共同受力，避免在地震中受力悬殊而被各个击破。
- 结构体系受力明确，传力路径合理，且传力路径不间断。也应避免某部分部件破坏而导致整体丧失抗震能力。
- 增加延性，一个设备抗震与否主要取决于结构所能吸收的地震能量。它等于结构承载力与变形能力的乘积。就是说，结构抗震能力是由承载力和变形能力共同决定的。承载力较低但具有很大延性的结构所能吸收的能量较多，虽然其会较早损坏，但能经受住较大的变形，避免倒塌。仅有较高强度而缺乏塑性变形能力的结构吸收的能量少，一旦遭遇超过设计水平的地震力时，很容易因脆性破坏而突然倒塌。

弹性地震反应分析的着眼点是强度，用加大强度来提高结构的抗震能力；弹塑性分析的着眼点是变形能力，当地震力达到结构屈服抗力以后，利用结构塑性变形的发展来抵御地震力。

改善结构延性的主要途径包括了控制破坏形态。低周往复地震荷载作用下的破坏试验表明，结构延性和耗能的大小决定于构件破坏的形体及其塑性变化过程。弯曲构件的延性远远大于剪切构件，构件弯曲屈服直至破坏所消耗的地震能量也远远高于剪切破坏所消耗的能量，所以应力争减少构件受到剪切破坏，争取让更多的构件实现弯曲破坏。

在地震作用下，钢结构主要存在的破坏形式为：节点连接破坏、构件破坏、结构倒塌。

节点连接破坏主要有两种形式：支撑连接破坏和梁柱连接破坏。由于节点传力路径集中、构造复杂、施工难度大、容易造成应力集中与强度不均匀的现象，再加上可能出现焊缝缺陷、构造缺陷，节点就更容易出现破坏。节点的破坏形式比较复杂，主要有加强筋板的屈曲和开裂、加强筋板焊缝出现裂缝、腹板的屈曲和裂缝等。

构件破坏的主要形式有以下两种：

（1）支撑压屈。支撑构件为结构提供了较大的横向刚度，当地震强度较大时，承受的轴向反复拉压力增加，如果支撑的长度、局部加强筋板构造与主体结构的连接构造等出现问题，就会出现破坏、失稳或梁及柱的局部失稳。框架梁或柱的局部屈曲是因为梁或柱在地震作用下反复受弯，以及构件的截面尺寸和局部构造（如长细比、板件宽厚比）设计不合理造成的。

（2）柱水平裂缝或断裂破坏。竖向地震使柱中出现动拉力，由于应变速率高，使得材料变脆，加上截面弯矩和剪力影响，造成水平断裂。结构倒塌是地震中结构破坏最严重的形式。钢结构尽管抗震性能好，如果结构布置不当、设计不合理或构造存在缺陷，就有可能在震中发生倒塌。

9．常用的钢结构抗震体系

（1）框架体系：是由梁与柱构成的结构，一般沿着结构的横纵两个方向设置多个平面框架组成。这类结构的抗侧力能力主要取决于梁柱构件和节点的刚度与延性。节点一般采用刚性连接。相对而言，框架体系抗侧向荷载的刚度较小，地震作用时的水平位移较大。

（2）框架－支撑体系：是在框架体系中沿着结构横纵两个方向均匀布置一定数量的支撑所形成的结构体系。支撑体系的布置由结构要求和结构功能来确定，一般布置在端部框架中。支撑框架在两个方向的布置均应基本对称。支撑框架之间的长宽比不宜大于3。支撑按其布置分为中心支撑和偏心支撑。其中，中心支撑的斜杆一般两端均直接连在梁柱节点上，而偏心支撑的斜杆至少有一端偏离了梁柱节点，直接连在梁上。

中心支撑框架通过支撑能提高框架的侧向刚度。但支撑受压会屈曲，从而导致原结构承载力降低。抗震设防的中心框架一般采用抗震性能较好的十字交叉支撑、单斜杆支撑、人字支撑或V型支撑，不应采用K型支撑。这是因为，在地震作用下，K型支撑中的斜杆与柱相交处存在较大的侧向集中力，在柱上形成较大的侧向弯矩，使得柱更容易侧向失稳。

支撑的轴线应交汇于梁柱构件轴线的焦点。当偏离焦点时，偏心矩不应超过支撑杆件的宽度，并在受力分析时应考虑由此产生的附加弯矩。

偏心支撑框架可以通过偏心梁段的剪切屈服限制支撑受压屈曲，从而保证结构具有稳定的承载能力和良好的耗能性。而结构抗侧力刚度介于纯框架和中心支撑框架之间。

偏心支撑框架的设计基本理念是，在罕见地震作用下，仅使消能梁进入屈服状态，而其他构件仍处于弹性状态。通过耗能梁的屈服消耗地震能量，从而达到保护其他构件，不破坏和防止结构整体倒塌的目的。设计良好的偏心支撑框架，除柱脚有可能出现塑性铰外，其他塑性均出现在梁段上。因此，偏心支撑框架的设计原则是强柱、强支撑和弱耗能梁。

10．地震作用与风荷载的区别和联系

水平方向的地震作用虽以水平荷载的形式出现，但它与风荷载是有区别而不可替代的。这是因为：

（1）风荷载是直接施加于设备外表面上的应力，而地震作用是由于设备部件的质量受震动而引发的惯性力。地震是通过基础作用于结构。

因此，风荷载只和设备的体形、高度、环境（地面粗糙度、地貌、周围的楼群等）、受风面积大小等有关，而地震作用与设备的质量、自身性能（动力特性、刚度、阻尼）、地震烈度、场地土特性等有关。减轻重量与减少刚度均可使地震作用降低。

（2）风力的作用时间长，有时甚至可达数小时，发生的机会多。因而要求结构在风荷载作用下不能出现较大的变形，以及结构自身和重要部件不能出现裂缝、结构应处于弹性工作状态；相反，发生地震的机会少。如果发生地震，它的持续时间也很短，一般为几秒或几十秒，但作用强烈。

11. 抗震理论的发展

国际上最早形成抗震理论并用于抗震设计的是日本。由于日本地处环太平洋地震带上，全国均属于强震区，地震活动频繁，致使抗震研究和理论发展也较早，早在19世纪末期即已开始震害预防研究；20世纪20年代，在吸取了日本关东地震和其他地震经验的基础上提出用静力法来近似分析地震动影响。

静力理论的基本假设为：将结构视为刚体、假设各质点振动加速度均等于地面运动加速度、将结构的自重乘以水平烈度系数来确定水平方向地震作用的最大值、按照静力荷载均匀地施加于结构各个部位进行静力分析。由于此法考虑质点振动加速度仅与地面运动加速度即烈度相关，所以又称为烈度法。

尽管静力法忽略了地震作用，与结构动力特性直接相关的非刚性等关键特性造成求出的地震响应有所失真，仅适用于固有周期较短（<0.2 秒）的结构，但静力法的产生在抗震领域却具有划时代意义，至少它使得结构抗震理论从无到有。

20世纪40年代以后，在计算机应用的发展和大量地震动观测记录积累的基础上，美国学者比奥特（Biot）首先明确提出，从实测记录中计算反应谱的概念，并从强震记录的分析结果中推导出了无阻尼单自由度体系的固有频率和反应加速度的关系。1953 年，美国学者提出了许多有阻尼单自由度体系反应谱曲线的分析实例。1954 年，美国加州抗震规范首先采用了反应谱理论，从而使抗震分析理论进入了一个崭新的阶段，即反应谱阶段。

反应谱法取消了静力法中刚体平移振动的假设，认为各质点间具有相对振动加速度，且考虑了地震作用与结构动力特性的关系，即地震作用随结构自振周期、振型和阻尼的改变而改变，从而更真实地模拟了结构振动。同时，保留了原有的静力理论形式，使计算大为简化。反应谱与结构振型分解法结合，可以直接计算多自由度结构体系的最大地震响应；对于大部分建筑物抗震分析结果，均可满足工程设计所要求的精度，且使用方便，所以至今仍是各国抗震规范主要采用的方法。

7.6.3　随机振动及其特性

1. 说明

随机振动是以加速度谱密度（即功率谱密度或 PSD）来表示的。在给定频率上的加速度谱密度是加速度均方根的平方除以分析带宽。它给出了一个用给定的频率为中心的带宽表达的值。谱值的精度是根据分析带宽和计算谱值所用的时间确定的。一般应采用实际的最小带宽或最小频率分辨率，1Hz 比较理想。多数情况下，加速度幅值服从正态（高斯）分布。其他类型的幅值分布可能适合于特殊情况。当遇到非高斯分布时，要保证实验和分析的硬件及软件是适用的。

振动可能导致零件的机械疲劳失效、相对运动（可产生磨损）、多余物迁移（导致电器短路）、颤噪效应和摩擦电噪声（噪声的电路性能下降）。

设备在使用时经历的振动大多数是宽带振动。这表明，振动在相对宽的频率范围内所有频率上都存在，而且强度是变化的。振动幅值变化可能是随机、周期或者随机和周期的混合。

一般地，随机振动最适合模拟这些环境，也有用随机加正弦或只有正弦振动的情况。多数振动试验是使用稳态激励，有时稳态振动也适于模拟瞬态事件。

2. 频率范围

加速度谱密度是在相应频率范围内定义的。这样，频率范围是设备在机械振动有效激励的最高频率和最低频率之间。典型地，低频荷载是设备最低共振频率的一半或存在于环境中明显振动的最低频率。最高频率是设备最高共振频率的两倍，或在环境中有明显振动的最高频率，或可以有效传递机械振动的最高频率。机械传递的振动的最高频率一般是 2000Hz（当频率在 2000Hz 附近或以上时，常需要将振动和噪声一起考虑）。

可以认为振动谱包括两个范围：高频振动和低频振动。

（1）高频振动。

对于飞行器来说是由附面层紊流所激发的，主要导致电子产品故障，但不会引起外挂的结构失效；对于外挂，附面层压力脉动的主要特征是：压力谱几乎是垂直的，一直到外挂部件局部响应的最高频率，因此外挂的振动谱几乎完全由其固有频率响应所决定；压力脉动和相应振动的均方根量值近似正比于动压。

（2）低频振动。

低频振动主要导致结构包括支架、大型电路板和机电装置（如陀螺仪、继电器）的失效。低频振动主要来自飞机，因此通过试验台在挂点输入激励能较好地复现。应该注意，脉动气动力也可作用于低频范围。对于控制面、翼面和其他具有大的面积质量比的结构，气动力的作用可能占优势。因此，不能将试件的低频振动作为翼面、垂尾或其他附件的结构疲劳寿命试验。通常，需要进行单独的部件试验以确定其结构疲劳寿命。

3. 功率谱密度

功率谱密度是一种概率统计方法，是对随机变量均方值的量度，一般用于随机振动分析。连续瞬态响应只能通过概率分布函数进行描述，即出现某种响应所对应的概率。功率谱密度是结构在随机动态荷载激励下响应的统计结果，是一条功率谱密度值－频率值的关系曲线。其中，功率谱密度可以是位移功率谱密度、速度功率谱密度、加速度功率谱密度、力功率谱密度等形式。数学上，功率谱密度值－频率值的关系曲线下的面积就是方差，即响应标准差的平方值。

随机振动与定则振动的本质区别在于它一般指的不是单个现象，而是一个包含着大量现象的集合；从集合中的单个现象看似乎是杂乱的，但是从总体来看却存在一定的统计规律性。因此，它虽然不能用时间的确定函数来描述，但能用统计特性来描述。随机过程是大量现象的一个数学抽象，理论上是由无限多个无限长的样本组成的集合。

与谱分析相似，随机振动分析也可以是单点的或多点的。在单点随机振动分析时，要求在结构的一个点集上指定一个功率谱密度谱；在多点随机振动分析时，则要求在模型的不同点上指定不同的功率谱密度谱。

响应谱分析和瞬态动力学分析方法都是定量分析技术，因为分析的输入输出数据都是实际的最大值。但是随机振动分析是一种定性分析技术，分析的输入输出数据都只代表它们在确定概率下可能发生的水平。在随机振动分析中，“应力”结果不是实际的应力值，而是应力的统计值。

功率谱密度给出了随机振动的平均功率，按频率的分布密度。尽管它不是关于过程的完整的统计描述，但提供了使用上极为重要的频域统计特性。而且对于平均值为零的正态过程，只要知道了它的功率谱密度，就能确定它的概率分布。实际上，人们常常用功率谱的形状来标识随机过程。人们按谱形把偏于两种极端的情形分别称为窄带过程和宽带过程。尽管这种分类不是十分确切，但这样做便于定性研究。

所谓窄带过程，是指它的功率谱具有尖峰特性，而且只有在该尖峰附近的一个窄频带内才取有意义的量级。窄带过程最极端的情形是相位随机变化的正弦波；与窄带过程相反，宽带过程的功率谱在相当宽的频带上具有有意义的量级。宽带过程最极端的情形是理想白噪声。它的谱密度是均匀的且具有无限的带宽。理想白噪声这一数学抽象只具有理论意义，因为它在无限的带宽上都具有有限的量级，这意味着该随机过程将具有无限大的能量，这是不可能的。实际的随机激振源往往是宽带的，并且具有大致均匀的分布，但带宽却是有限的，这类过程常称为限带白噪声，它是比较接近实际的模型。

4. 随机振动结果与失效计算

随机振动的计算结果（均方根、平均频率等）是各种失效计算的基础。假定所有随机过程都是正态（高斯）平稳随机过程，确定失效的重要统计参数是均值（Mean）、均方根（RMS）和平均频率（Average Frequence）。在 ANSYS 程序中，功率谱密度（PSD）分析均假定均值为零。

失效一般分为两类：可逆的（随着激励的消失而消失）和不可逆的（随着激励的消失而仍然存在）。一般情况下，振动越厉害，失效发生的可能性就越大。

在随机工作状态下，至少存在三种失效模式：一次失效，即在荷载第一次达到确定水平时就发生失效，例如当应力强度达到一定水平时结构可能发生延展失效；时间失效，即研究对象的某种物理量在工作时的数值超过预定寿命一定时间百分比后出现失效，这种模式通常出现在电器元件上，是一种不可逆行为；累积损伤失效，即每次荷载达到一定水平，产生微小但可以定义的损伤，所有次数的损伤累积起来，直至发生失效，这是疲劳破坏，是随机振动分析最常用的方法。

5. 随机疲劳失效

每次随机振动循环都对累积损伤具有贡献，当总的损伤达到 100%时，就表示发生了失效。并且，随机疲劳和确定性疲劳分析在理论上是相同的。对于恒定应力幅的周期性荷载作用下的应力历程，波动应力的每次循环都在材料中产生小的变化，产生微小裂纹，并不断发展。应力幅越大，每次循环裂缝增长的就越快，也越多。随着应力循环次数的不断增加，累积损伤不断增多，直至发生失效。对于恒定应力幅，疲劳失效允许的循环次数是按照材料的疲劳（S-N）曲线进行确定的。一般工程材料的 S-N 曲线是对数曲线，在对数坐标图上近似为一条直线。

损伤是指材料或结构在循环应力作用下形成微裂纹，并长大和合并。损伤累积的结果最终导致宏观裂纹的形成。疲劳累积损伤理论认为，当材料或结构承受高于疲劳极限的循环应力作用时，每一应力循环都会产生一定的损伤，而这种损伤是能够累积的，当累积到临界值时就会发生破坏。现有的疲劳累积损伤理论有多种，最常用的是迈勒尔线性累积损伤理论。该理论认为，材料在各个应力循环下的疲劳损伤是独立进行的，其总损伤可以线性累加起来，并且当总损伤达到临界值时发生疲劳损坏。

7.7 瞬态动力学分析

瞬态动力学分析（亦称时间历程分析）是用于确定结构承受任意随时间变化荷载时响应

的一种方法。它可以确定结构在稳态荷载、瞬态荷载、简谐荷载等的随意组合作用下随时间变化的位移、应变、应力和力等响应。荷载和时间的相关性使得惯性力和阻尼作用非常重要。如果惯性力和阻尼作用不重要，则可以用静力分析代替瞬态分析。

在通常的弹性力学和塑性力学中，讨论的都属于准静态问题。在这些问题中，假定外载是缓慢地施加到结构上去的，相应地结构内的变形也进行得很缓慢。由于不必考虑物体变形过程中的加速度，惯性力与外载相比可以忽略不计，因而可以按平衡问题来分析。

塑性力学中的极限分析原理说明，如果材料是理想弹塑性或理想刚塑性的，那么该结构在外载作用下存在一个极限状态，即外载达到某一极限荷载时，结构将变成机构而丧失进一步承载的能力。但是，若从动力学的观点来考察同一问题就会发现，当动载超过静态极限荷载时，结构必然会产生加速度。按达朗贝尔原理（作用在质点上的主动力和约束力与假想施加在质点上的惯性力在形式上组成平衡力系），就相当于结构的惯性力参加承载，抵抗变形。外载越大，加速度就越大，惯性力也越大。因而，结构可在短时间内承受比静态极限荷载高得多的外载。这就是结构动力响应不同于静力极限分析的一个显著特点。

7.7.1 瞬态动力学分析的预备工作

瞬态动力学分析比静力学分析更为复杂，因为它需要模拟一个时间过程，计算量较静力分析大几十倍甚至上百倍。

做复杂的分析之前，可以先进行如下预备性工作：分析一个简单的模型，如单个梁、质量体、弹簧等组成的模型，以最小的计算代价理解动力学知识；如果需要分析的项目包括了非线性特性，建议先使用静力学分析来掌握非线性特性对结构响应的影响规律，某些场合时，在动力学分析中没必要包括非线性特性；掌握结构动力学特性。通过做模态分析计算结构的固有频率和振型，了解这些模态被激活（足够多的参与结构振动）时结构的响应状态，同时固有频率对选择合适的积分时间步长十分有用；对于非线性问题，考虑将模型的线性部分子模型化，以降低计算代价，有关子模型技术在Workbench 15.0中的操作方法在第15章性能试验台子模型技术案例中将详细介绍；如果包含非线性特性，网格密度应当足以捕捉到非线性效应，例如塑性分析要求在有较大塑性变形梯度的区域有合理的积分点密度（即要求较密的网格）；如果对波的传播效果感兴趣（如一根棒的末端下落着地），网格密度应当密到足以计算波动效应，基本原则是，沿着波的传递方向每一波长至少有20个积分点。

7.7.2 瞬态动力学分析的关键技术细节

瞬态动力学分析的关键技术细节有：合理定义的积分时间步长、自动时间步长和阻尼等。

1. 积分时间步长的选取原则

如前所述，瞬态分析求解的精度取决于积分时间步长的大小：时间步长越小，精度越高。ANSYS使用Newmark时间积分方法在离散的时间点上求解平衡方程。两个连续时间点之间的时间增量称为积分时间步长。

太大的积分时间步长将引发较高阶模态响应的误差，从而在一定程度上影响整体计算精度；太小的步长会非常耗费计算机资源和宝贵的时间。建议选取合理的积分时间步长，应遵循以下5个准则：

- 计算响应频率时，时间步长应足够小，以求出结构的响应。对于结构的动力学响应，可以看做是各阶模态响应的组合，时间步长应小到能够求出对整体有贡献的最高阶模态。对于 Newmark 时间积分方案，已经发现，当时间步长取 20 倍最高频率时会产生比较合理精度的解。如果要得到加速度结果，可能要取更小的步长。
- 计算荷载－时间关系曲线时，时间步长应小到足以“跟随”荷载函数。响应总是倾向滞后于所施加的荷载，特别是对于阶跃荷载。阶跃荷载在发生阶跃的时间点附近要采用较小的步长，以紧紧跟随荷载的阶跃变化。如阶跃的频率为 F，则要跟随阶跃荷载，时间步长要小到 1/F*180 左右。
- 计算接触频率时，在涉及接触（碰撞）的问题中，时间步长应小到足以捕捉到两个接触表面之间的动量传递。如果不够小，将发生明显的能量损失，从而碰撞将不会是完全弹性的。积分时间步长可由接触频率确定：要使得能量损失最小，每个周期至少要取 30 个点；如果要得到加速度结果，可能需要更多的点。对于缩减法和模态叠加法，其至少为 7 个，以确保求解的稳健性；如果接触时间和基础质量比整个瞬态过程的时间和系统之间小得多，则可以小于 30 个点。这是因为，此时能量损失对总响应的影响很小。
- 求解波的传递时，如果对波的传播效果感兴趣，则时间步长应小到当波在单元之间传播时足以捕捉到波动效应。
- 求解非线性问题时，大部分情况下，前面 4 个准则下确定的积分时间步长可以捕捉到非线性行为，但也有少数例外情况：结构在荷载作用下趋于刚化（例如从弯曲状态变化到薄膜承载状态的大变形问题），则必须求解高阶模态。

应避免使用过小的时间步长，特别是建立初始条件时，因为过小的步长可能引起数值计算困难。例如对于时间的大小，小于相对 10^{-10} 数量级的时间步长就会引起数值计算困难。可以采用自动时间步长来让 ANSYS 程序决定在求解中何时增大或减少时间步长。

2. 自动时间步长

自动时间步长（也称为时间步长优化）是试图按照响应频率和非线性效果来调整求解期间的积分时间步长。其最大好处是，可以减少子步的总数，从而节省计算机资源。同理，采用自动时间步长可以大大减少可能需要进行重新分析（如调整时间步长等）的次数。如果存在非线性，自动时间步长还有另一个好处：可适当地增加荷载并达到不收敛时回溯到先前收敛的解，并自动将时间步长减半（二分法）。

虽然对于所有的分析都激活自动时间步长似乎是个好主意，但是有些情况下这是不宜的，甚至可能是有害的：在结构的局部有动力学行为的问题（例如涡轮叶片和轮毂组件），这时系统的低频部分能量远远高于高频部分；受恒定激励的问题，这种情况下，当不同频率被激活时时间步长趋于连续变化；存在刚体运动，这时刚体运动对响应频率的贡献将占主导地位。

3. 阻尼

大多数系统中都存在阻尼，且在动力学分析中应当指定阻尼。在 ANSYS 中，可以指定以下阻尼：Alpha 和 Bata 阻尼、与材料相关的阻尼、恒定阻尼比、振型阻尼。

（1）Alpha 和 Bata 阻尼。

Alpha 和 Bata 阻尼用于确定瑞利阻尼的阻尼常数 α 和 β。阻尼矩阵是在用这些常数乘以质量矩阵和刚度矩阵后计算出来的。由于在一个荷载步中只能输入一个 β 值，因此应该选取该荷载步中最主要的被激活频率来计算 β 值。为了确定对应给定阻尼比的 α 和 β 值，通常假定它们之和在某个频率范围内近似为恒定值。这样，在给定阻尼比和一个频率范围后，解两个并列方程组就可以求出 α 和 β。

设置了 Alpha 阻尼后，在模型中引入任意大质量时会导致不理想的结果。一个常见的例子是，在结构的基础上加一个任意大质量，以方便施加加速度谱（用大质量法可将加速度谱转换为力谱）。Alpha 阻尼系数再乘上质量矩阵后会在这样的系统中产生非常大的阻尼力，这将导致谱输入的不精确和系统响应的不精确。

Bata 阻尼和材料阻尼在非线性分析中会导致不理想的结果。这两种阻尼要和刚度矩阵相乘，而刚度矩阵在非线性分析中是不断变化的。由此所引起的阻尼变化有时和物理结构的实际阻尼变化相反。如存在由塑性响应引起的软化的物理结构，通常相应地会呈现出阻尼的增加，而存在 Bata 阻尼的 ANSYS 模型，在出现塑性软化响应时则会呈现出阻尼的降低。

（2）与材料相关的阻尼。

允许将 Bata 阻尼作为材料性质而指定。但在谱分析中，它是指定和材料相关的阻尼比，而不是 β。

（3）恒定阻尼比。

恒定阻尼比是指定阻尼的最简单的方法，它表示实际阻尼和临界阻尼之比，只可用于谱分析、谐响应分析和模态叠加法瞬态动力学分析。

（4）振型阻尼。

振型阻尼可用于对不同的振动模态指定不同的阻尼比，只可用于谱分析、谐响应分析和模态叠加法瞬态动力学分析。

7.8 屈曲分析

7.8.1 结构稳定性概述

预测结构屈曲临界荷载和屈曲后的形状（即屈曲模态）的常用方法有：特征值（线性）屈曲分析和非线性屈曲分析。由于特征值（线性）屈曲分析的算法过于理想化，其计算结果往往会与非线性屈曲分析以及实际试验值相差很远，则执行特征值（线性）屈曲分析仅可作为一个失稳模式的参考。例如轴向压缩圆柱壳屈曲载荷的实验值与线性理论经典结果之间存在极大差异（实验值为理论预测的 15%～60%）。卡门和钱学森定义后屈曲平衡的最小载荷为“下临界载荷”，并建议把它们作为最小设计载荷，它约为经典线性理论临界载荷的 1/3，接近于许多实验的平均值。

7.8.2 物理现象

当结构所承受的荷载达到某一极限数值时，荷载有微小的增加后，应力和应变会不按比例地显著增长，这种内部抗力体系的突然崩溃就是结构的屈曲或失稳。一般来说，结构丧失稳定后的承载能力，有时可以增加，有时则减小，这与荷载种类、结构的几何特征等因素有关。

若结构加载到某一临界状态所发生的显著变化并不是由于材料破坏或软化造成的，则称为结构的屈曲。当结构的一种变形形态变得不稳定，而去寻找另一种稳定的变形形态，这种进一步的屈曲现象称为后屈曲。一般屈曲指结构几何形态的变化，而失稳是指平衡状态性质的变化。

极值点和分叉点是屈曲分析中最为关心的临界状态。到达临界状态之前的平衡状态称为前屈曲平衡状态，超过临界状态之后的平衡状态称为后屈曲平衡状态。

一般认为，对于弹性体系，其屈曲载荷可作为体系承载能力的依据。对于许多结构来说，这一概念可能是正确的。如四边支承的受压薄板，其屈曲后载荷仍可继续增加，体系的承载能力可比屈曲载荷大很多。而对另外一些结构形式，如轴向受压圆柱壳、受静水外压的球壳等，其实际承载能力却又远小于理论指出的屈曲载荷。这些现象说明，根据屈曲分析得到的屈曲载荷并不总是与体系的承载能力相联系的。之所以产生这种不一致，关键在于体系后屈曲平衡状态并不总是稳定的。对于某些结构类型，它们可能是不稳定的。为了解各种类型结构屈曲以后的特征，就必须对结构的后屈曲性态作深入研究。

经典的线性理论虽然能够用来求解壳体的稳定性问题，但是它有一定的局限性：对于一般的杆、板、夹层壳，求得的临界值与实验值是接近的，它只能给出理想完善结构小稳定性范围的临界载荷；对于上述圆柱壳受轴向压力的临界值与实验值之间的差异无法做出解释，因而仅用线性理论计算分支点的临界载荷是不够的。

从轴向压缩圆柱壳屈曲载荷与线性经典理论预测的临界值之间存在的极大差异的现象中可以看出，如果仅用线性稳定理论计算，常常会对结构的承载能力做出较高的估计，甚至会导致灾难性的破坏。这一严重事实，使得工程师、力学家们非常重视壳体的稳定性研究。

受轴向压缩圆柱壳的实际表明，薄壳失稳时，按线性小挠度理论得到的屈曲载荷实际上远大于实验值。即当实际值仅为理论值的几分之一时，壳体已发生屈曲破坏，而且实验数据相当分散。其原因有：屈曲变形不属于小挠度，所以线性小挠度理论必将导致过大的误差，应该考虑使用非线性的大挠度方程；再者壳体不可能总是完善的，而屈曲载荷有时对初始缺陷是十分敏感的，因而在这种情况下必须考虑初始缺陷的影响；此外，在远低于临界载荷的情况下，可能存在一种稳定的后屈曲大挠度平衡位形。这种平衡位形很接近于实验中所观察到的现象，壳体可能会由前屈曲平衡位形“跳跃”到此稳定的后屈曲平衡位形而造成壳体的破坏，因此有时应以后屈曲的下临界值作为下临界载荷。

如果撞击速度较低、撞击质量较大，可能在壳体的一侧依次出现一个个轴对称的褶皱环，这种变形现象与圆柱壳在静荷载作用下的压溃十分相像，叫做动力渐进屈曲。

由轴向和环向同时形成波纹的非对称屈曲通常称为吉村模式。这种模式也可以在塑性动力情况下产生，并在大变形时发展成为由若干个三角块折叠起来的折屈，所以又叫做金刚石模式。对于相对厚度较小的圆柱壳，例如 $R/h \geq 50$，受轴向撞击时常常发生这种模式，方管在轴向撞击下也有类似的渐进屈曲现象。

稳定性理论中最基本的问题之一是，如何确定参数稳定区域与不稳定区域的界限，即所谓“临界值”问题。常用的稳定性判别准则有以下三个：

- 静力准则：来源于经典稳定性定义，即认为满足静力平衡条件的某种结构体系，当受到微小的扰动，使其偏离原来的平衡位置时，若因此在该结构体系上产生一个指向原来平衡位置的力（恢复力），因而当此扰动去除后，能使该体系迅速地回复到原位置时，则原理的平衡体系是稳定的，或称稳定平衡；如产生反向原平衡位置的力（负平衡力），因而使得偏离越来越大，则原理的平衡状态是不稳定的，或称不稳定平衡；若受干扰后不产生任何作用于该体系的力，因而当扰动去除后，既不能恢复原平衡位置，而又不继续增加偏离时，则为中性平衡。

- 能量准则：结构在一定载荷的作用下，若对其所处的平衡形态给予任意一个可能位移（与初始条件及边界条件相协调的运动）都将导致系统总势能的增大，即内能的增量超过外力在这个位移上所做的功，则系统所处的平衡形态是稳定的，否则就是不稳定的。丧失这种性质的最小载荷值称为临界载荷。这个准则具有鲜明的物理意义，对于静力保守系统，它等价于静力准则。
- 动力准则：这个准则是从 Liapunov 关于受扰动的有界性概念来的。一个系统，若当其受到任意的微小扰动以后都可保证其始终只在原状态附近运动，而不远离它，则称这个系统是稳定的。丧失这种性质的最小载荷即为临界载荷。这是稳定性理论中较为一般的准则，既适用于保守系统，也可用于像跟随力那样的非保守系统。由于这个准则要求在任意初扰动下，而且直到时间趋于无穷时，考察结构变形的有界性，所以具体应用有困难。

屈曲模态代表相对体积而不是绝对尺寸，但是这些可以用来判定失效的模态的形状。

7.8.3 力学描述

结构在一定荷载下，原平衡的方程变得不再稳定，即结构效应的解不再唯一或无解。

7.8.4 失稳的分类

屈曲主要分为以下几种形式：分叉失稳、极值点失稳、跃越失稳。

1. 分叉失稳

分叉失稳又称为平衡分叉失稳、分歧点失稳、特征值屈曲失稳等。结构在荷载作用逐渐增加的过程中达到某个临界荷载，用于预测理想线性结构的理论屈曲强度。低于这个荷载时，结构的平衡状态唯一；高于时，存在多个可能的平衡状态，但稳定的平衡状态不再是原来的，平衡路径发生了分叉。

结构失稳时，对应的荷载称为屈曲荷载、临界荷载、压屈荷载、平衡分歧荷载。由于实际结构的缺陷和非线性等会使得荷载还未达到理论的弹性屈曲荷载时就发生失稳，因此分叉失稳分析通常给出非常保守的结果。分叉点问题的特征是，在平衡的基本状态附近存在另一相邻的平衡状态，而在分叉点处将发生稳定性的变换。

一个几何不变的结构体系，如果作用的荷载足够小，有理由认为它处在稳定的平衡状态。但随着荷载的增加，可能会在某一时刻，它的平衡状态会从稳定的变成不稳定的。计算它从稳定平衡转换为不稳定平衡的荷载值是研究结构稳定性的目的和任务。这个荷载称为临界荷载。

2. 极值点失稳

结构在逐渐增加的荷载作用下，当荷载达到一个临界值时，结构的刚度矩阵奇异，继续增加荷载，则结构效应的解不存在，伴随着结构效应（应力和应变）的增加，能抵抗的外来荷载逐渐减少，这个临界值叫做极限荷载或压溃荷载。

3. 跃越失稳

结构承受逐渐增加的荷载，当荷载达到临界值时，会从一个平衡状态进入另一个平衡状态。和分叉失稳的不同在于，跃越失稳的荷载位移曲线不是连续的，有一个突变跃越的过程，突然过渡到非邻近的另一个具有较大位移的平衡状态。这也属于极值点失稳的一种。

分叉失稳研究的对象为理想状态下的结构，实际上这种情况很少存在。研究的目的在于，为后续的极值点失稳提供一种缺陷状态，同时为极值点失稳的理论研究提供参考依据。现实中大部分结构发生的是极值点失稳，需要采用非线性理论进行研究。对于圆筒结构而言，在承受外压荷载时，如果压缩应力超过材料的屈服点或强度极限时，和内压圆筒一样，将发生强度破坏。然而，这种情况极少发生，往往在容器压应力还未达到材料的屈服点时，桶壁就突然产生失去自身原来形状的压扁或褶皱现象，桶壁的圆环截面一瞬间变成了曲波形。

8 接触问题

在工程中会遇到大量的接触问题，如齿轮的啮合、法兰连接、机电轴承接触、插头与插座、密封、板成型、冲击等。大部分接触是典型的非线性状态问题，它是一种高度非线性行为。分析中，常常需要确定两个或多个相互接触物体的位移、接触区域的大小和接触面上的应力分布。

在一般的自然原理中，线性问题是基于给定边界条件下的自然变分原理即最小位能原理。位移函数实现已经并且必须满足平衡条件，并将边界条件代入刚度阵，消除了矩阵的奇异性；对于接触非线性问题，边界条件往往是不能提前预知的，无法直接使用自然变分原理，需要采用基于约束变分原理，将边界条件等附加约束条件引入最小位能原理，则变分求驻值变为无附加条件的问题。

所以，接触分析存在两大难点：在求解之前，不知道接触区域或表面之间是接触或分开、是未知的或表面之间突然接触、或突然不接触，会导致系统刚度的突然变化；大多数接触问题需要计算摩擦。摩擦是与路径有关的现象，摩擦响应还可能是杂乱的，使问题求解难以收敛。

ANSYS 采用接触单元来模拟接触问题。接触单元用来防止接触面互相穿透（或使用接触协调）；转换接触面之间的力（包括摩擦力和法向压力）；对接触面的相对位置进行跟踪；接触对由目标面和接触面组成；接触面和目标面使用不同的单元类型；接触对通过实常数来识别；面－面接触单元直接使用接触面上的高斯点。

8.1 接触行为

不同的接触类型可以模拟许多不同的特殊物理效应：

- 绑定接触：目标面和接触面完全粘合在一起（默认设置）。
- 不分离接触：允许接触面与目标面相对滑动，但是不允许接触面与目标面存在法向移动。
- 无摩擦接触：目标面和接触面从接触状态开始时就“系”在一起（但允许小量的滑移）。
- 粗糙接触：支持法向接触的打开和关闭，无滑移（和无穷大的摩擦系数类似）。

● 摩擦接触：支持法向接触的打开和关闭，以及切向粘结/滑移摩擦。

ANSYS Workbench 15.0 中的接触行为选项如图 8-1 所示。

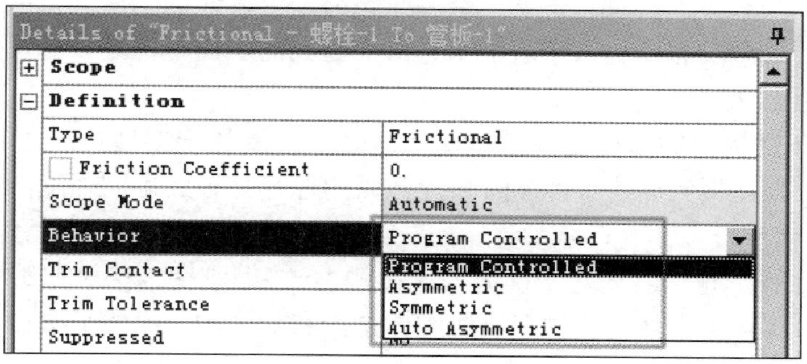

Details of "Frictional - 螺栓-1 To 管板-1"	
⊞ Scope	
⊟ Definition	
Type	Frictional
Friction Coefficient	0.
Scope Mode	Automatic
Behavior	Program Controlled
Trim Contact	Program Controlled Asymmetric Symmetric Auto Asymmetric
Trim Tolerance	
Suppressed	No

图 8-1 接触行为选项

对称的接触对可以自动缩减为非对称接触对（KEYOPT(8)=2）。程序尽可能地把对称接触对自动转换成非对称接触对。选项中，Program Controlled-对于柔一柔接触使用对称接触，对于刚一柔接触使用非对称接触；Asymmetric-将接触行为设置为非对称接触；Symmetric-将接触行为设置为对称接触；Auto Asymmetric-程序尽可能使用对称接触。

由于没有很好地建立接触面初始接触条件，接触分析的开始会产生刚体位移，可能由以下原因引起：接触对两侧的单元网格由于数值舍入误差引入了小间隙，甚至在初始接触状态建立的实体模型；接触单元和目标单元的积分点之间存在小间隙。

为了解决以上问题，ANSYS 新增了接触阻尼功能。对于标准接触（KEYOPT(12) = 0）或粗糙接触（KEYOPT(12) = 1），用户可以使用实常数 FDMN 和 FDMT 来定义沿着接触法向和切向的接触阻尼比例因子。对于张开接触，稳定接触技术的目的是衰减接触和目标面之间的相对运动。它提供了一定量的抗力来减少刚体运动的趋势。指定阻尼系数应该足够大，能防止刚体运动，但是不能过大，必须保证能够完成求解。理想的值完全取决于具体问题载荷步的时间和子步数量。

使用 FDMN、FDMT 和 KEYOPT(15)。程序基于以下几个因素计算阻尼系数：接触刚度、球形区域半径、间隙距离、子步数量、当前子步的时间尺寸增量。

一般来说，当其他初始接触调整技术没有效果或对特殊的问题不合适时，则可使用稳定接触阻尼技术。如果接触中存在以下情况，则自动稳定接触技术将不能使用：使用基于接触的高斯点（KEYOPT(4) = 0）；整个接触对为张开状态；除了以上两种情况外，在任意接触节点能够检测到几何穿透。

如果不使用自动稳定接触技术，可能就会发生刚体运动。如果用户希望关闭自动稳定接触计算，则可以设置 KEYOPT(15) = 1。用户可以通过手动指定实常数 FDMN 和 FDMT 来激活稳定接触阻尼技术。

8.2 接触算法

接触时的两个面一个为接触面，另外一个为目标面。对于刚体一柔体接触，目标面总是刚体表面；对柔体一柔体接触，接触面和目标面都看成是可变形的柔体；接触单元被限制不得穿透目标面，但是目标面可以穿透接触面，接触面绝对不能穿透目标面；如果凸面与平面或凹面接触，那么平面或凹面应该是目标面；如果一个表面网格粗糙，而另一个表面网格较细，那么网格粗糙的表面应该是目标面；如果一个表面比另一个表面的刚度大，那么刚度大的表面应该是目标面；如果一个表面比另一个表面大，那么更大的表面应该是目标面。汇总而言，目标面应为凹、粗、刚、大。

指定接触面和目标面的目标是使得接触点最多。对刚体—柔体接触而言，目标面总是刚体表面；对柔体—柔体接触而言，目标面和接触面的选择会导致不同程度的穿透，并影响求解精度。

接触弹簧产生变形量，其满足平衡方程：接触力=接触刚度×接触弹簧变形。在数学上为保持平衡，需要有穿透值。然而，物理接触实体是没有穿透的。比如手按在桌子上，手掌细胞是不可能穿透进桌子表面的木纤维中的。

分析者将面对困难的选择：小的穿透计算精度高，因此接触刚度应该大。然而，太大的接触刚度会产生收敛困难：模型可能会振荡，接触表面互相跳开。

接触刚度是同时影响计算精度和收敛的最重要的参数，必须选定一个合适的接触刚度。选定一个合适的接触刚度值需要一些经验。除了在表面间传递法向压力外，接触单元还传递切向运动（摩擦）。采用切向罚刚度保证切向的协调性。

选取接触刚度的指导：开始采用较小的刚度值；对前几个子步进行计算；检查穿透量和每一个子步中的平衡迭代次数。

注意：在壳单元或梁单元上建立目标单元或接触单元时，可以选择要在梁单元或壳单元的顶层还是底层建立单元。

在粗略的检查中，如以实际比例显示整个模型时就能观察到穿透，则穿透可能太大了，需要提高刚度重新分析。如果收敛的迭代次数过多（或未收敛），应降低刚度重新分析。

注意：罚刚度可以在载荷步间改变，并且可以在重启动中调整。牢记：接触刚度是同时影响计算精度和收敛性的最重要的参数。如果收敛有问题，需要减小刚度值，重新分析。在接触刚度敏感性分析中，还应该改变罚刚度来验证计算结果的有效性。在分析中减小刚度范围，直到结果不再明显改变。

Workbench 如何保持接触面的协调呢？现实接触物体并不产生互相穿透，因此程序必须协调两接触面，以避免其有限元模型互相穿透。当程序阻止互相穿透时，一般称之为强制性接触协调。

在 ANSYS Workbench 15.0 平台中，提供了几种不同的算法来实现接触面间的协调：增广拉格朗日法（法向和切向）、纯罚函数法（法向和切向）、多点约束法（法向和切向）、纯拉格朗日法（法向和切向），如图 8-2 所示。

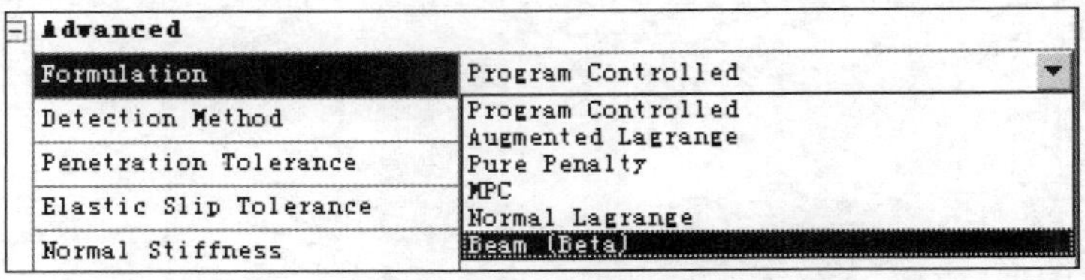

Advanced	
Formulation	Program Controlled
Detection Method	Program Controlled Augmented Lagrange
Penetration Tolerance	Pure Penalty
Elastic Slip Tolerance	MPC Normal Lagrange
Normal Stiffness	Beam (Beta)

图 8-2　接触算法

8.2.1 增广拉格朗日法

该方法接触约束为等式，可通过设置最大穿透量来控制穿透。它先采用罚方法，当穿透超出最大穿透量时增加接触力，再次迭代。最大穿透量的控制会导致可能的迭代步数，但减少了罚刚度对精度的影响。

增广拉格朗日法和罚函数法都基于罚函数方程。用一个弹簧施加接触协调条件称为罚函数法，弹簧刚度或接触刚度称为罚参数。接触刚度越大，接触表面的侵入越少。然而，若接触刚度太大，会导致收敛困难。

当两物体分开时，接触刚度是不被激活的。一般情况下，穿透越小，结果越准确。罚函数法和增广拉格朗日法的主要区别在于增广拉格朗日法对接触压力的计算支持得更好。增广拉格朗日法对刚度 K 的敏感性较小。正因为其敏感性较小，增广拉格朗日法是 ANSYS 中采用的默认算法。增广拉格朗日法在对接触压力进行计算时，把穿透减小至可接受的程度。

Workbench 平台中，使用增广拉格朗日法或罚函数法时都需要使用法向的接触刚度，以产生一个小的穿透量，从而保证数值上的平衡。接触“弹簧”产生一个小的变形，然而实际情况下两接触体并不互相穿透。

8.2.2 纯罚函数法

罚刚度法的接触约束式为等式，矩阵为正定，且不会增加计算自由度。罚函数法推荐用于具有变形很大的单元、很大的摩擦系数和或用修正的拉格朗日方法时收敛性很差的情况。

计算中，刚度矩阵严重依赖于罚刚度的取值。罚刚度太大，计算精度提高，但非常容易导致模型发生不收敛，接触对不断的震荡跳跃而不收敛。这种震荡现象类似于，当航空涡轮风扇发动机地面试验时，如果前方的某一设备脱落了一颗螺钉，在进气气流的吸引力作用下，螺钉会高速地碰撞到发动机 1 级风扇的叶片（如第 14 章发动机叶片周期扩展分析案例中介绍的 1 级风扇模型）。因被高速旋转的 1 级叶片的碰撞和反弹作用，螺钉可能在一定程度上会顺着气流方向反向弹出。又因为进气的流速极快（可能达到上千米每秒），产生的吸引力极大，又可能将被弹飞出一定距离后的螺钉再次吸入发动机 1 级叶片中。螺钉又碰撞到 1 级叶片后继续反弹，如此往复，直到发动机损坏停车。

ANSYS 默认的罚刚度适用于体积变形为主的情况。对于弯曲变形为主的问题，应使用 0.01 的刚度系数，且保持刚度自动更新。罚刚度的优势是没有额外的自由度、没有过约束问题、可以利用迭代求解器。

在以下情况下尽量使用罚刚度法：使用了对称接触和自接触、多零件共享接触区域、30 万自由度以上的大型问题。

对于罚函数法，切向接触刚度和滑移距离有类似的参数定义：理想状态下滑动量为零，但允许罚函数法中有较小的滑动。切向接触压力作为自由度考虑时，也可以采用拉格朗日乘子法。

8.2.3 多点约束法

MPC 法（多点约束法）施加约束方程来把接触面与目标面之间的位移“系”在一起。MPC 算法使用内部生成的约束方程在接触面上保证协调：接触节点的自由度被消除；不需要法向刚度和切向刚度；对于小变形问题，求解平衡方程时不需要迭代；表现出线性接触行为；对于大变形问题，MPC 约束方程在每一步的迭代过程中都要进行校正。该方法仅对绑定接触和无分离接触适用，对称接触对中不可用。ANSYS 会自动转换成不对称接触。

MPC 法可以绑定不同的单元类型，即使交界面的网格不兼容：实体对实体；壳体对壳体；壳体对实体；梁对实体/壳体。

MPC 算法的优势：求解效率比传统的绑定接触要高；对于较大的装配模型，使用 MPC 绑定或无分离算法计算时间要比其他算法快；容易使用；接触向导和手动定义中都可以设置 MPC 算法；不需要输入接触刚度；求解中自动生成约束；考虑了形状效应，不需要手动输入权值；对于基于表面的约束，支持力约束和位移约束；很容易就能模拟壳体－实体、梁－实体、梁－壳体的组合效应；支持网格的不兼容；梁、壳、实体单元上的节点不需要对准；使用实体对实体的多点绑定或无分离接触非常简单；内部多点约束会在求解中自动生成。

8.2.4 纯拉格朗日法

纯拉格朗日乘子法通过增加额外的自由度（接触压力）来满足接触协调。因此，接触压力可直接作为额外自由度求解出来。通过压力自由度保证接触面无穿透或穿透很小。不需要法向接触刚度。需要使用直接求解器，这会导致求解较大模型时的计算开销很大。

拉格朗日乘子法可能产生扰动：如果不允许穿透，接触状态可能是打开的也可能是关闭的，这使得接触点的状态不确定而导致收敛困难；如果允许有较小的穿透或者拉力存在，会使得程序收敛更加容易。

上面讨论的选项都是针对法向的。如果定义了摩擦和绑定接触，那么在切线方向和穿透类似，如果两物体“粘”在一起的话，那么两物体不应该有相对滑动。在该法中，总是使用非对称接触对。也不要定义多个接触且有相互重合，应尽量合并定义。

该法的优缺点：增加的额外自由度（每个单元多一个自由度）使得求解规模增加；矩阵中有零对角元素，所以不能使用迭代求解器；对称接触和边界条件可能会产生过约束，导致刚度矩阵病态；对接触状态的震荡变化比较敏感；不需要定义罚刚度；其几乎是零穿透，且不能产生接触拉力，没有必须保持奇异性的问题，也不必担心罚刚度过大导致的矩阵病态。

以下情况下尽量使用该法：二维模型的接触问题；三维材料非线性时的接触问题，但是要小于 10 万自由度，但当模型大于 50 万自由度时尽量不用该法。

以下情况下必须打开节点探测：如果对应拉格朗日乘子法，则拉格朗日乘子被视为节点的额外自由度，因此在此类接触探测中直接使用节点；如果基于 MPC 的算法，则包括绑定、无分离以及有表面约束的接触。使用约束方程而使节点的自由度相互影响，因此在此类接触探测中直接使用节点。

8.3 迭代计算的收敛性控制

接触非线性求解过程分为计算平衡迭代和收敛检查两部分。首先经过多次迭代找到某一稳定的接触状态但不一定是真实的状态，再执行迭代的收敛性检查。在第一部分中，先根据初始接触状态形成刚度矩阵（以约束变分原理实现）。根据计算得出的位移和外力再次检验接触状态。若接触状态发生改变，则更改刚度矩阵，重新迭代计算，直到接触状态稳定下来为止。

然后再进行力平衡为位移收敛的通常检验。该部分中，不断根据接触状态调整刚度矩阵，达到稳定后开始检查收敛残值。通常为力收敛准则。若采用增广拉格朗日法，还有位移穿透限制准则。

接触分析常常是高度非线性的计算，其往往存在显而易见的收敛性问题。对于收敛困难，常见的原因有以下 3 个：

- 有限元模型与真实情况不符。如接触面和目标面的选取、接触区域的定义、不合适地引入塑性会造成部分位置应力无限大、网格划分的太粗糙使得面接触变成点接触或者没有反映真实接触情况等。
- 有限元计算的数值稳定性。一般是罚刚度太大的数值不稳定与收敛困难、发生刚体位移、网格离散误差和形状扭曲。
- 计算过程的控制。如荷载增量太大收敛困难或穿透、没有及时更新刚度等。

注意：好的网格质量，对收敛帮助最大。

可能发生刚体位移通常是导致不收敛的原因。即使几何模型严格的无穿透和间隙，但是被离散化后也不一定能保证其继续无间隙。这样在荷载的作用下，如静力学分析中的重力加速度荷载等，会导致约束不足，无法消除刚度矩阵的奇异性，导致发生刚体位移。所以应尽量闭合间隙或减少穿透。在 ANSYS Workbench 平台下，检查模型是否会发生刚体位移，在第 12 章风机桥架谐响应分析案例中有较为详细的介绍。

注意：定义正确的接触面和目标面可能会导致更快的收敛和更高的精度。

一个典型的接触面与目标面的设置情况如图 8-3 所示。

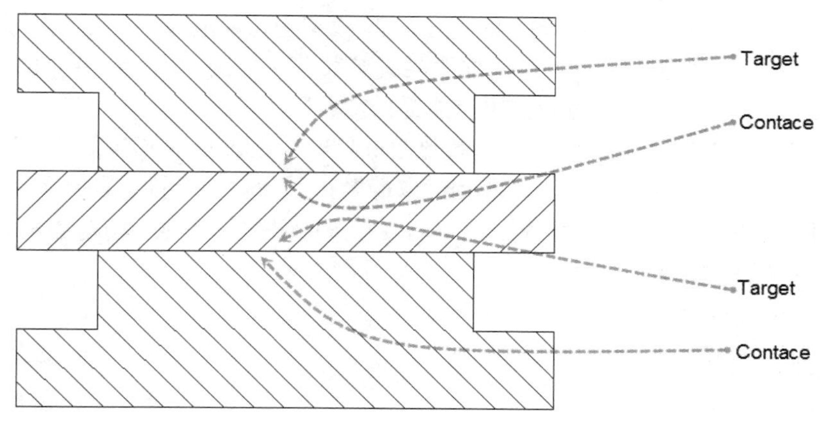

图 8-3 接触面和目标面的典型设置

真实的接触问题具有两个特点：接触穿透量应该等于零；接触压力稳定。

基于数值计算的接触参数：接触穿透量，肯定大于零，增广拉格朗日和罚函数；Workbench 平台提供了穿透容差和接触刚度来保证接触计算的精度。

8.4 接触摩擦

摩擦是一种复杂的物理现象，它是以下参数的函数：接触材料（包括润滑剂）、表面粗糙度、温度、摩擦物体间的相对速度。

摩擦中包括了复杂原理，只能在数值上取得近似解。实际上，即使在一个十分简单的摩擦力试验中，施加固定的压力，其位移－摩擦力响应曲线也十分不规则。

考虑摩擦的接触问题会导致不对称的刚度矩阵。然而，若摩擦对位移场影响极大，且摩擦剪应力与求解过程高度相关，可使用非对称算法加速收敛。但是使用非对称求解器比对称求解器更加费时。推荐使用稀疏矩阵求解器，其支持非对称矩阵。应该牢记：使用非对称求解器进行求解的时间比对称求解器用的时间要多得多。PCG 求解器不支持非对称矩阵。

在实际情况下，两个接触体的剪切或滑动行为可以是无摩擦的或有摩擦的；无摩擦时允许物体没有阻力地相互滑动；有摩擦时，物体之间会产生剪切力；摩擦消耗能量，并且是路径相关行为；为获得较高的精度，时间步长必须小；两个接触体的切向滑动可能是无摩擦的，但也可能需要考虑摩擦；无摩擦时两物体相对滑动，而没有任何阻力；存在摩擦时，两物体间会产生剪应力；摩擦消耗能量，因此是与路径相关的行为；载荷的加载方式应该和实际情况相同；时间步越小，越精确。

注意：和塑性分析不同，自动时间步长不考虑摩擦响应的增加。

在 ANSYS 中，使用 Coulomb（库仑）模型施加摩擦力，并考虑了剪切摩擦力和粘合力效应。在弹性 Coulomb 模型中，允许粘合和滑移。粘合区域被视为弹性处理，切向刚度为 KT。

切向刚度和法向刚度类似：刚度越大精度越高，刚度越小则越容易收敛；可指定 KT 的值，或使用程序指定的值 KT=1%KN；接触无“粘合”；该模型仅适合模型在某固定方向连续滑动，例如使用研磨轮对部件进行成型加工时；u = 0 处的不连续等效于无穷大的刚度值，如果滑动停止或方向改变，则会出现收敛困难；在 Coulomb 模型中，随着法向压力的增大，传递的最大剪应力也随之增大；接触面之间的剪切屈服限制了其剪应力的大小；在某些情况下，接触表面粘合在一起，即使没有法向压力的作用也能提供滑移阻力。

对于所有的 ANSYS 接触单元，摩擦系数通过材料属性 MU 来指定。滑动时的摩擦系数比静止时的小。滑动时取动摩擦系数，静止时取静摩擦系数。对于面－面单元（171-174）和点－面单元（175），可以指定一个和表面滑动速度相关的动摩擦系数。动摩擦系数和表面速度相关，这使得静动态之间平滑过渡。

8.5 接触刚度

ANSYS Workbench 平台中如何计算接触刚度呢？ANSYS 根据模型的几何特征、材料和用户定义的法向罚刚度（FKN）来计算接触刚度。根据节点计算出的刚度要乘上 FKN。必要时用户可以修改 FKN 的值来调整刚度。

开始分析时推荐使用的 FKN 值：FKN=1.0；对于较大物体的接触（ANSYS 中的默认设置）：FKN=0.01～0.1，对柔体接触（弯曲为主）。另外，可按如下方法确定刚度值：对于面－面接触和点－面接触，在默认情况下，ANSYS 采用根据接触对上所有单元计算出来的平均刚度值。

默认的刚度值和模型的几何形状有关。当单元尺寸不一致时，每个单元计算出的刚度不同。对于面－面接触和点－面接触，ANSYS 可在求解过程中自动调整刚度。

接触单元不但可以传递法向压力，而且可以传递切向摩擦力。接触单元使用切向罚刚度（FKT）来确保切线方向的接触协调。切向罚刚度和法向罚刚度一样影响收敛和求解精度。接触刚度对程序收敛和求解精度的影响最大。较大的刚度可提高求解精度，但使得收敛更加困难。所以，必须谨慎定义接触刚度的大小。最适合的值和具体问题有关。默认值适用于大多数的接触问题。但是，某些情形时，默认值并不适合该问题。这可能需要进行一些试验来积累取得一个既收敛又能保证求解精度的合适的刚度值的技巧。

所以考虑非线性接触问题是一个非常容易令人沮丧的分析，在引入任何非线性行为前，请留有经无数次尝试后也不收敛的心理准备。

作为专业分析人员，常常面临以下挑战：使穿透最小以保证求解精度。因此，接触刚度应该非常大。然而刚度太大却有收敛困难问题。模型在接触表面可能来回地振动。

接触单元就是覆盖在分析模型接触面上的一层单元。如果接触模型没有摩擦，接触区域始终粘在一起，并且分析是小挠度、小转动问题，那么可以用耦合或约束方程代替接触。使用耦合或约束方程的优点是分析为线性的。

在每个载荷步中，如果 FKN 被重新定义（KEYOPT(10)=0），当接触对在接触向导外被创建时，每个载荷子步基于单元平均应力（KEYOPT(10)=1），每次迭代基于收敛行为（KEYOPT(10)=2）。如果模型存在塑性，ANSYS 自动减少 100 倍的刚度计算。

在 Workbench 平台中，由于很多与接触有关的功能暂时还没有完全地被从经典平台中移植过来，部分设置显得不是很直观，并且很多功能必须以插入 APDL 命令行的方式才能实现。为了方便用户将其内容转换成 Workbench 平台中的概念，先简单地以经典平台 CONTA174 单元设置信息，如图 8-4 所示。

如其中的 K10 对应了上面的 KEYOPT(10)等。可遵循以下分析策略：开始分析时使用一个较小的刚度值；检查穿透和每一个子步的迭代次数；在一个快速的大致的检查中，把模型的显示调为真实尺寸后，如果能观察到穿透现象，那么穿透可能过度了，应该增加刚度并重新开始分析；如果需要过多的迭代或者根本不收敛，那么需要减小刚度值并重新开始分析。使用接触刚度校正选项 KEYOPT(10)来调整刚度值，这样可以在求解精度和收敛性之间取得一个较好的平衡。

注意： *KEYOPT(10)主要控制刚度矩阵更新的方法。接触刚度是接触分析中最重要的参数，它不但影响求解精度，而且影响程序收敛。如果能对此有较深的理解，那么大多数的接触难题就能迎刃而解。*

应该对结果的有效性进行判断，这时可以通过改变罚刚度的值来进行参数敏感性研究，在后续分析中逐渐减小刚度值，直到重要项（如接触压力、最大等效应力等）开始显著改变为止。一般情况下，适量的穿透并不会对结果（如应力）造成负面影响。然而，在一些位移十分重要的情况下（如使用预拉伸单元 PRETS 179），太大的穿透量会对结果产生很大的影响。

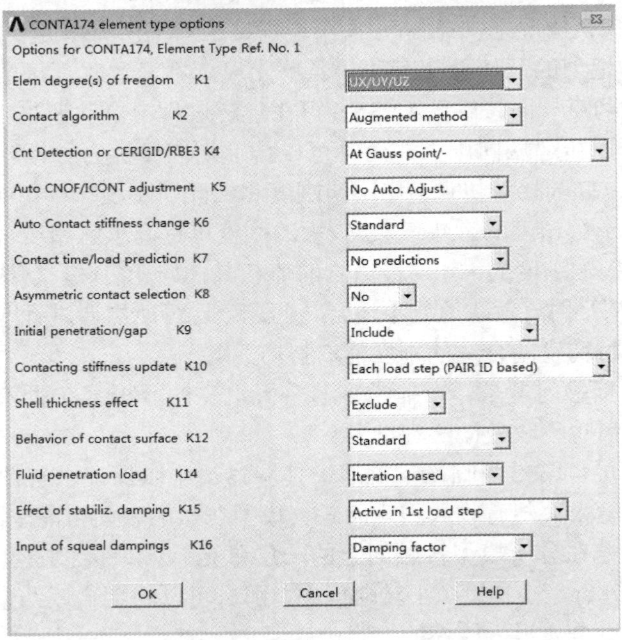

图 8-4 接触单元参数

8.6 接触容差

透容差（FTOLN）控制指定接触对的允许穿透量，默认值为下面单元深度的 0.1 倍。对 Shell 单元和 Beam 单元，单元深度为厚度的 4 倍。对于接触刚度，基于接触对的方法可以达到平均容差值。一般情况下，可以改变 FKN 的值或 FTOLN 的值，但不能同时修改两个。不要使用太大的容差值，因为它对收敛始终存在不利的影响。穿透容差在增广拉格朗日和拉格朗日乘子法中均可使用。对于增广拉格朗日法，如果最大允许穿透超出，那么 ANSYS 将校正接触压力计算，并继续平衡迭代（即使已经满足力收敛条件），直到穿透量满意为止。

默认情况下，穿透容差是一个因子，乘以基体单元厚度。对于变化很大的网格密度，采用因子会在接触表面的某些部分产生太小的容差，这时采用绝对值可能更好。不要使用太小的容差，因为它总是对收敛性有害。

在拉格朗日乘子法中，需要一定的穿透（FTOLN）和拉力（TNOP）用以防止颤动。颤动的发生是因为接触状态改变得太频繁，可以在 ANSYS 的后处理中绘出接触颤动值(CONT,CNOS)。

注意：当接触状态闭合时就会产生负的接触压力。基于力的接触模型，TNOP 表示最大的允许拉伸接触力。通过设置 CONTA175、CONTA176 和 CONTA177 的 KEYOPT(3)=0 就可以实现上述功能。

这种行为可以做如下描述：如果接触状态在前一个迭代中是张开的，并且当前计算的穿透量小于 FTOLN，那么接触状态仍保持张开，否则接触状态转换到闭合，并且进行下一次迭代；如果接触状态在前一个迭代中是闭合的，并且当前计算的接触压力是正值，但是小于 TNOP，那么接触状态仍保持闭合；如果拉伸接触压力大于 TNOP，则接触状态从闭合转换到张开，并且程序继续下一次迭代。

程序提供合理的 FTOLN 和 TNOP 的默认值。FTOLN 的默认值为位移收敛容差，TNOP 的默认值是接触面被接触节点分开面上力的收敛容差。FTOLN 和 TNOP 的设置规则为：正值代表一个比例因子，负值代表绝对的值。

注意：只要穿透容差的改变不会导致接触区域发生变化，那么穿透容差将不会影响接触压力和下层单元的应力结果。

8.7 Pinball 区域

ANSYS 通过 Pinball 区域检查接触状态。Pinball 是接触面高斯积分点上的圆。圆半径内目标面的高斯点将被认为接触闭合。默认时是高斯点，当采用拉格朗日法或 MPC 法等时采用节点。

ANSYS 中如何确定接触状态呢？

Pinball 区域影响接触状态和一些其他接触参数的确定。Pinball 区域使接触对可视化，例如紧配合问题。Pinball 区域是包围接触单元的一个圆面（在二维时）或球体（在三维时），并使接触单元具有远近之分。Pinball 区域影响搜索接触区域时的计算量，断开处的计算较简单且不占用多少计算时间。接触临近区域的计算包括将要接触的单元或已经接触的单元，因此计算较慢且复杂。当 MPC 算法激活时，Pinball 对于控制节点之间的约束关系非常有用。如果目标面有数个突起区域，那么 Pinball 对于克服错误的接触定义也是非常有效的。在输出窗口或输出文件中可以查看何时程序检测出了错误的接触定义。对 Pinball 区域的控制和刚度、穿透类似。可指定一个程序默认值的缩放比例系数，也可以指定一个绝对值。Pinball 区域的尺寸在接触对中会被平均化。

Pinball 区域是环绕接触单元的圆面（2D）或球体（3D），描述接触单元周围“远”和“近”区域的边界。在默认情况下，Pinball 区域的半径是 4×基体单元厚度（刚－柔接触）或 2×基体单元厚度（柔－柔接触），可以为 Pinball 半径指定一个不同的值。当进入 Pinball 范围时才开始接触非线性计算。

图 8-5 所示是 ANSYS Workbench 15.0 平台中界面处理设置与经典版中单元设置参数的对应关系。

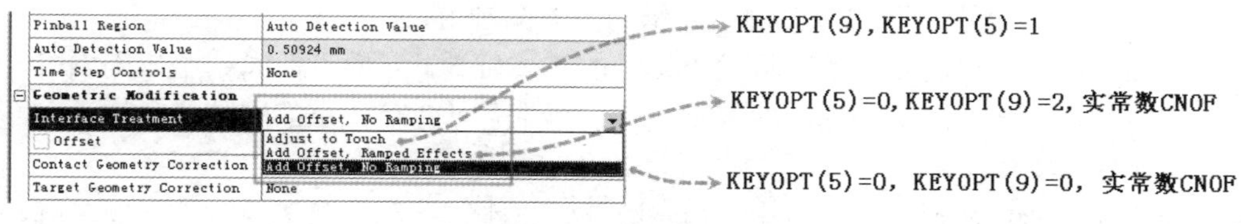

图 8-5　界面处理

图中，Adjust to Touch 让分析决定需要多大的接触偏移量来闭合缝隙建立初始接触，注意 Pinball 区域的大小会影响这种自动方法，因此必须保证 Pinball 半径大于最小的缝隙距离。Add Offset 让用户来指定允许接触面偏移的正负距离，正值是指关闭缝隙，负值是指打开缝隙。该选项用于把模型调整到合适位置，而不需要修改几何值。让几何在刚好接触的位置上改变正距离到穿透值。

实常数 CNOF 表示接触面偏移，正 CNOF 值增加干扰，负 CNOF 值减少干扰或导致间隙。CNOF 可以和几何穿透联合使用。不同设置的实际效果如图 8-6 所示。

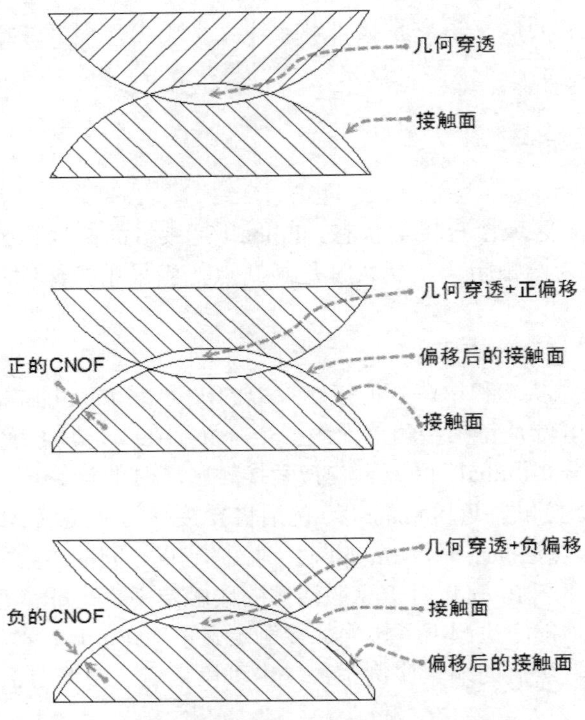

图 8-6　不同实常数的实际效果

如果模型包含初始几何穿透，那么接触力会以阶跃的形式快速增加到一个很大的值。

注意：突然改变力会导致收敛困难，应该使初始干扰坡度化，保证 Pinball 区域要比初始穿透大。在静力分析中，两个或多个物体初始并没有连接，在接触创建前它们可能产生刚体运动。如果求解中两物体发生分离，那么刚度矩阵将变得奇异，ANSYS 将给出警告信息。

ANSYS 中提供了几种克服初始未接触体接触问题的方法：弱弹簧、动力学分析、在即将接触位置建立几何模型、位移控制、使用无分离接触（KEYOPT(12)）、调整初始接触条件、稳态阻尼等。其中风机桥架谐响应案例中介绍的是前两种方法。

- 即将接触：用户需要知道即将发生接触的具体位置。当面为曲面或不规则面时，使用该方法较困难。由于分网时的取整处理，物体间可能存在小的间隙或穿透，这可能导致不收敛。
- 动力学分析：在动力学分析中，初始影响阻止刚体运动。动态地对该问题求解，可解决刚体位移问题。需要增加质量和阻尼，然后把静态分析转换成动力学分析。必须确认系统在分析结束后进入静态，否则非零的加速度和速度将会产生假的阻尼力从而影响平衡。
- 位移控制：使用强制位移使两物体进入接触状态，然后通过使用一个空的载荷步把位移控制转为力控制。具体做法是：①施加一个小的强制性位移；②使用一个空的载荷步把位移控制转为力控制，删除上步施加的位移后施加力进行求解，该载荷步应该迭代 1 到 2 次后就能够收敛；③继续施加需要的载荷。

- 弱弹簧：使用弱弹簧的方法阻止刚体位移。弹簧的刚度相对整个系统来说要非常小，保证弹簧对求解无影响。

尽管这些都是有效技巧，但较难使用。即将接触法：由于分网时的取整处理，物体间可能存在小的间隙或穿透，这可能导致不收敛；动力学方法：系统在分析结束后没有完全进入静态，仍存在动态效应；位移控制法：在一个复杂加载的情况下，需要强加的位移不好确定；弱弹簧法：需要施加一个非常小的力，使得弱弹簧发生变形触发接触，但不能出现穿透接触面的现象。

8.8　其他常用的接触方式及设置

8.8.1　刚—柔接触

在 Workbench 平台中，使用运动副控制刚体的运动。对于刚体，在 ANSYS 中是使用控制节点来控制其运动。在 Workbench 平台中比 ANSYS 经典环境使用了更为高级的 MPC184 单元建立运动副来控制其运动。对于刚—柔接触，目标面必须为刚体，接触面必须为柔性体。当一个面相对其临近的面为刚性面时，柔体—刚体接触对能够极大地简化模型。

此类的接触分析技术在动设备的运动部件仿真中较为常用。该功能模拟的效果与三维机械设计软件中常用的“运动仿真”近似。可以使用多刚体动力学模块并添加适当的运动副，如图 8-7 所示。

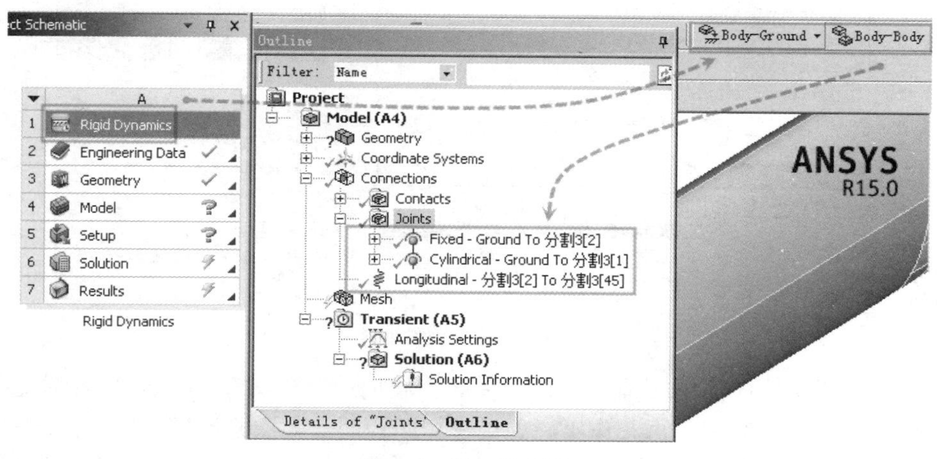

图 8-7　添加运动副

8.8.2　螺栓预紧连接

模拟螺栓结构时，考虑螺栓紧固带来的预加载（或预拉伸）是十分重要的。ANSYS Workbench 15.0 平台可以很容易地模拟螺栓预紧：采用的是预拉伸单元 PRETS179；自动预拉伸网格的生成；多个螺栓预紧的顺序模拟；PRETS179 单元通过预拉伸面指定预拉伸载荷。

预拉伸单元特征：定义一系列的预拉伸单元为截面；二维或三维线单元会像“钩子”般连接螺栓两端；节点 I、J 是终端节点，一般情况下重合。

节点 K 是预拉伸节点：可以是任意位置；有一个自由度 UX；用来定义预载荷 FX 或 UX；作用线为预拉伸载荷方向。

预拉伸单元特征：预载荷方向固定，旋转时仍保持不变；无材料属性或关键选项，和螺栓相连接的单元可以是实体、壳体或梁，高阶的或低阶的；使用 GUI 方式自动生成单元。

当螺栓预紧时，旋转螺母减少螺栓没有拉伸的长度使其预紧；当取得合适的拉伸且移去扳手后，新的未拉伸长度被“锁定”。ANSYS 中预拉伸载荷的施加顺序和此相同。首先，在一个载荷步中施加指定的预拉伸（一般为指定的预拉伸力）；然后，在随后的载荷步中锁定预拉伸截面位移（锁定缩短了的未拉伸长度）。一旦所有的螺栓都被预紧并锁定，就可以在最后的载荷步中施加外载荷。

预拉伸载荷施加的条件：预拉伸载荷可以施加到圆柱面、线体的直边、单个体或多个体上：默认情况下，作用在圆柱面上的螺栓载荷方向是沿着圆柱的轴向；施加到线体上的螺栓载荷方向总是平行于线体；如果用户在体上施加螺栓载荷，则需要在体上建立局部坐标系。施加的预拉伸载荷方向沿着局部坐标轴的 Z 方向。

在 ANSYS Workbench 15.0 平台中，螺栓预紧连接的设置如图 8-8 所示。

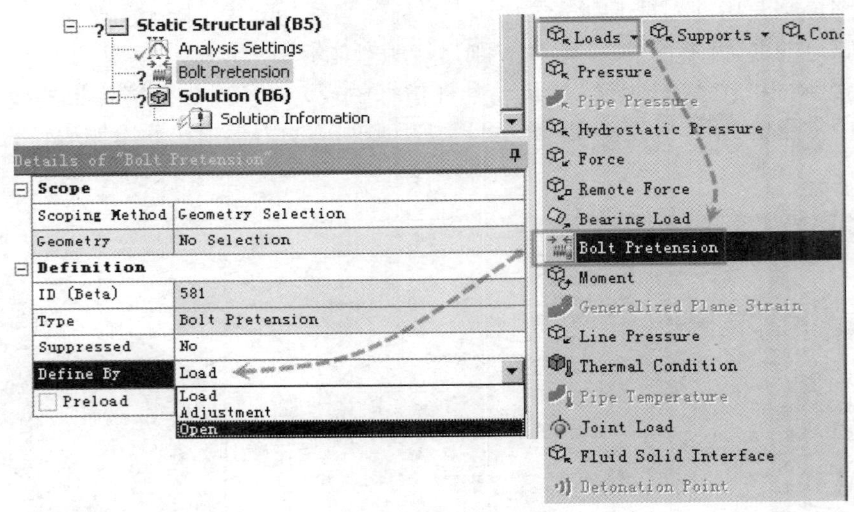

图 8-8　螺栓预紧连接

图中，Load 为施加预拉伸载荷；Adjustment 为施加预调整长度；Open 为将螺栓预紧载荷释放，以使螺栓预拉伸载荷不再起作用。如果在相同的面上多次施加预拉伸载荷，ANSYS 程序只识别第一次施加的预拉伸载荷。

8.8.3　点焊结构分析

在 DM 模块中可以建立点焊连接，方法为：建立点，选择定义类型为点焊，设置点焊参数。图 8-9 所示为点焊的设置界面。

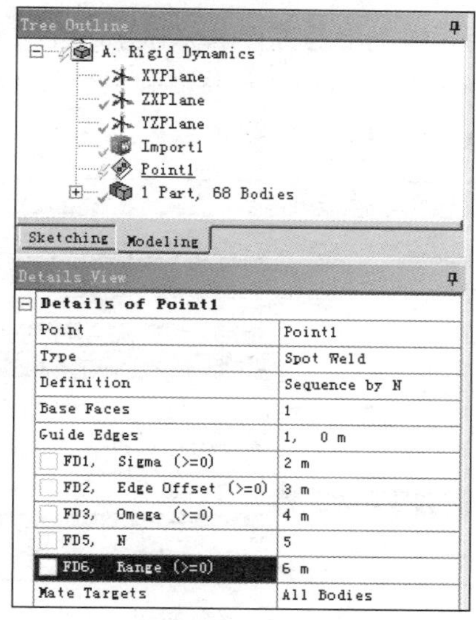

图 8-9　点焊设置

其中，Base Faces 为焊点所在的基准面，可以理解成焊点生成的面，Guide Edges 为在离需要生成焊点比较近的参考边，Sigma 为第一个焊点距离板边缘的距离，Edge Offset 为焊点与 Guide Edge 的距离，Omega 为焊点与焊点的间距，N 为焊点的总数，Range 为板与板的 Z 向距离，本案例中 Range=25mm，Mate Targets 为和 Base Face 相对的面，这取决于要把 Base face 焊接到什么上面。

有关点焊连接的设置方法在第 16 章设计助手案例中详细介绍。

8.8.4　接触裁剪功能

Trim Contact（接触剪裁）功能主要用于加速接触分析。当一个面积很大的零件上通过接触连接了一个面积很小的零件时，程序会将很大的整个接触表面设置为接触面或目标面。未与零件接触的“空闲”接触区域可能会占总体接触面积的很多比例。这时如果不使用接触裁剪功能，程序会多余地计算“空闲”接触区域处的响应。有时这是无意义的，又增加了计算量，因此可以使用裁剪功能将接触面积“裁剪”成两者间较小的面积。

Program Controlled 是默认设置。默认情况下，程序会将 Trim Contact 设置为 On。如果以下的接触条件存在，则不会执行接触裁剪：手动创建接触、激活大变形。设置 On，程序会执行接触裁剪功能；设置 Off，程序关闭接触裁剪功能。图 8-10 所示为 ANSYS Workbench 15.0 平台中接触裁剪的设置方式。

8.8.5　对称与非对称接触

不对称接触被定义为：一个面上存在所有的接触单元，另一个面上存在所有的目标单元。一个接触对最有效。

对称接触：每个面都被指定为目标面和接触面。通常为两个接触对，也有可能为一个接触对（自接触）。当目标面和接触面很难区分或两个面的网格都较粗时，采用对称接触。接触算法为罚函数法时可采用对称接触。对于 MPC 算法和三维拉格朗日乘子法，ANSYS 会自动切换到不对称接触，因为这两种情况下对称接触会导致过度约束。自接触时采用对称接触方式，把目标单元和接触单元放在同一个面上，假接触自动预防。在某些自接触情况中，ANSYS可能错误地认为几何上非常临近的面处于接触状态。

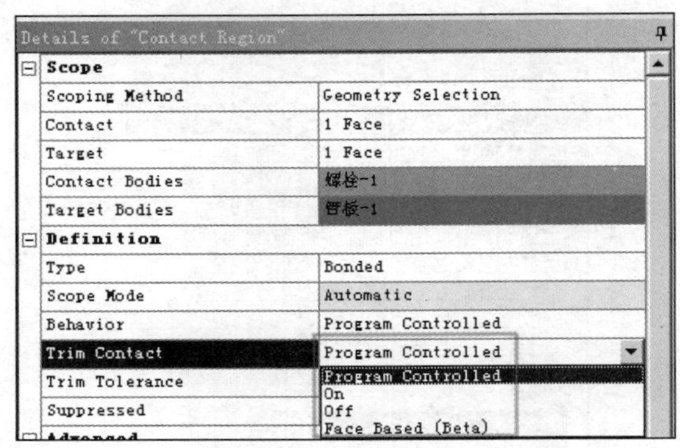

图 8-10　接触裁剪

8.8.6　接触分析中可插入的命令

目前 Workbench 平台还不能完全支持 ANSYS 经典版的所有功能，为此需要通过插入命令流的方式实现以下功能：使用 KEYOPT 设置单元关键字，使用 RMODIF 设置接触单元实常数，使用 MP 和 MPDATA 定义摩擦系数，使用 TB 和 TBDATA 定义接触的材料模型。

举例：定义接触算法。

KEYOPT, CID, 2, VALUE

0：增广拉格朗日法。

1：罚函数法。

2：多点约束法。

3：法向使用拉格朗日乘子法，切向使用罚函数法。

4：切向和法向都使用拉格朗日乘子法。

举例：

RMODIF,NSET,STLOC,VALUE

其中 NSET 为单元实常数号，STLOC 为实常数表格的位置，VALUE 为实常数的数值。

8.9　接触时间步控制

自动时间步是使用载荷步，可以使线性分析的精度和收敛性都大为提高；默认状态下，程序使用自动时间步长；更多的子步（更小的时间步）提高收敛性和精度。然而时间步如果太小，求解的总体精度会下降。时间步长预测能够基于当前及历史响应来决定下个子步需要的时间步长。

时间步的大小决定于：上一载荷步平衡方程的数量、响应频率（瞬态分析）、上一载荷步的蠕变增量、上一载荷步的塑性应变增量、接触单元的状态改变。

接触是状态改变非线性，随着分析的进行，接触单元的状态也随着改变。有时自动时间步长利于捕捉接触状态。

图 8-11 所示为自动时间步的设置。

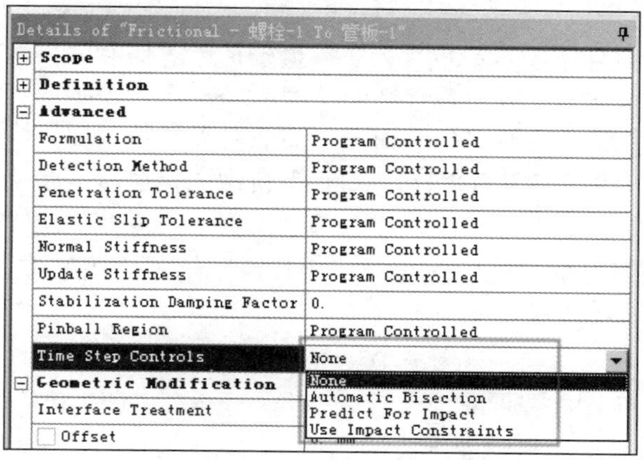

Details of "Frictional - 螺栓-1 To 管板-1"

⊞ Scope	
⊞ Definition	
⊟ Advanced	
Formulation	Program Controlled
Detection Method	Program Controlled
Penetration Tolerance	Program Controlled
Elastic Slip Tolerance	Program Controlled
Normal Stiffness	Program Controlled
Update Stiffness	Program Controlled
Stabilization Damping Factor	0.
Pinball Region	Program Controlled
Time Step Controls	None
⊟ Geometric Modification	None Automatic Bisection Predict For Impact Use Impact Constraints
Interface Treatment	
Offset	

图 8-11　自动时间步

自动时间步：KEYOPT(7)允许用户进行基于单元的时间步控制，允许每个接触单元都有其合适的时间步长，不同的接触单元可根据 KEYOPT(7)的设置来调整时间步的大小。在接触最先发生的区域使用 KEYOPT(7)设置小的时间步长。

接触单元的 KEYOPT(7)选项控制时间步的预报。

0：无控制：不影响时间步尺寸。当自动时间步开关打开时，对于静态问题通常选择此项。

1：自动缩减：如果接触状态改变较大，时间步二分。对于动态问题，自动缩减通常是充分的。

2：合理的：比自动缩减费用更昂贵的算法。为保持一个合理的时间载荷增量，需要在接触预测中选择此项。适用于静态分析和连续接触时的瞬态分析。

3：最小值：该选项为下一子步预报时间增量的最小值（计算费用十分昂贵，建议不用）。这个选项在碰撞和断续接触分析中是有用的。

时间步的大小是一个极其强大的收敛控制工具，对所有非线性分析都是如此。使用足够小的时间步可以保证收敛。对于路径相关问题（如接触摩擦），一个相对较小的最大时间步可以保证求解精度；对瞬态分析，时间步数要足够多，以保证物体表面间的动量传递。

对于位移的计算：Dt≤1/(30 f)。这里的 f=表面特征频率 f=(k/m)0.5。对于速度和加速度的计算：Dt≤1/(100 f)。

8.10　接触热分析

用户可以使用面－面单元和点－面接触单元，并联合使用热－结构耦合实体单元或热单元来模拟接触面之间的热传导。设置 KEYOPT(1)=1 可以激活结构和热自由度，设置 KEYOPT(1)=2 仅激活热自由度。

支持的热接触特性：两个接触面之间的热接触传导；从一个“自由面”到周围或两个小

间隙分离面之间的热对流（“近场”对流）；从一个“自由面”到周围或两个小间隙分离面之间的热辐射（“近场”辐射）；由摩擦耗散而产生的热。热通量输入。

注意：当设置 KEYOPT(1)=2 时，仅支持热自由度，ANSYS 忽略由于摩擦而产生的热。

每个接触对可覆盖一个或多个热接触特性，激活哪个特性取决于接触状态。对于闭合接触，热接触传导在两个接触面间传热；对于摩擦滑动，摩擦耗散能量，在接触面和目标面上生成热；对于近场接触，考虑了接触面和目标面之间的热对流和热辐射，外部通量对接触面有贡献；对于自由面接触，考虑了接触面和周围之间的热对流和热辐射，外部通量仅对接触面和目标面有贡献。在目标面上设置 KEYOPT(3) = 1，则自由面接触等同于“远场接触”或用户指定的“自由热表面”。

为了考虑接触面与目标面之间的热传导，用户需要指定热接触传导系数 TCC。在两个接触面之间热传导的计算公式为：

$$q=TCC\times(Tt-Tc)$$

其中，q 为单元面积上的热通量，TCC 为热传导系数，Tt 和 Tc 分别表示目标面与接触面相接触时目标面上点的温度和接触面上点的温度。

TCC 可以通过实常数进行定义，通过使用表格%TABLE%选项可以把 TCC 定义为温度[(TC+Tt)/2]、压力和位置的函数。TCC 的单位为 heat/(time×area×temp)。如果发生接触，一个很小的 TCC 值会产生一些不良的接触，并且温度在界面之间发生了间断。对于一个较大的 TCC 值，界面之间的温度不连续，将趋于消失，由此产生一个良好的热接触。然而当不存在接触时，在两个界面之间没有热传递。

为了模拟存在间隙的两个界面的热传导问题，用户需要设置关键字 KEYOPT(12)=4 或 5 去定义接触状态为绑定接触或不分裂接触。

为了模拟摩擦耗散能量的热生成，应当执行瞬态热－结构耦合分析。可以应用 TIMINT ,STRUC,OFF 命令关闭结构自由度上的瞬态效应，但是必须包括热自由度上的瞬态效应。需要两个实常数：FHTG 是转换成热的摩擦耗散能量（默认为 1.0），FWGT 是接触面和目标面之间热分布的权重系数（默认为 0.5）。

在模拟热－结构耦合的问题中，通过下式定义摩擦耗散率：

$$q=FHTG\times r\times \mu$$

其中，FHTG 为摩擦耗散能量转换成热量的比例系数，默认值为 1，并且也可以作为参数进行输入，FHTG=0 时应采用一个很小的值，如果输入了=，那么程序将采用默认值；r 为等效摩擦应力；μ 为滑动率。

8.11 接触分析后处理

图 8-12 和图 8-13 所示为接触的后处理设置，其中图 8-12 采用了第 23 章螺纹接触分析案例中所用的模型和后处理方式。

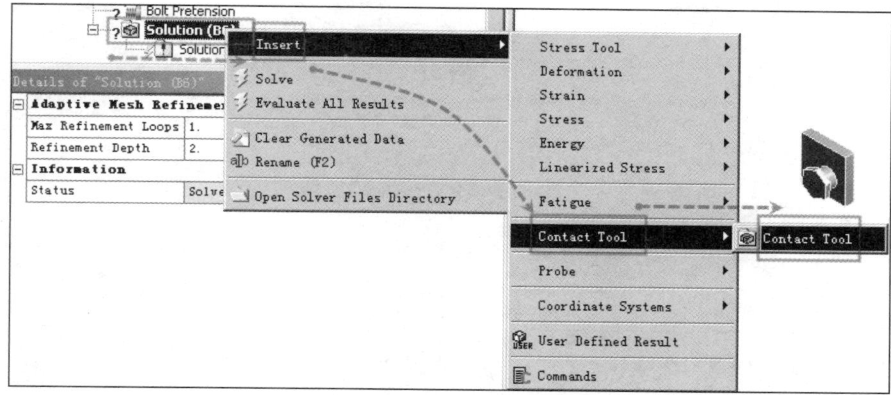

图 8-12　接触后处理

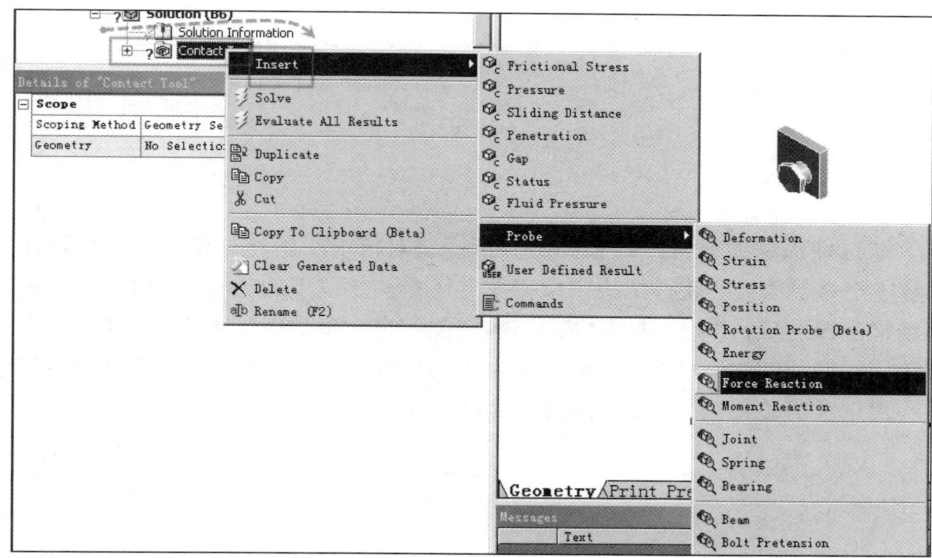

图 8-13　接触后处理

9 冷却塔设计优化案例

9.1 案例介绍

本案例通过使用静力分析模块和模态分析模块对核电厂用冷却塔框架模型进行静力分析和预应力模态分析计算，以获得结构在承受龙卷风极端工况下的响应；通过对结果的评判发现了冷却塔结构的薄弱点，并进行针对性的结构加强和进一步数值分析验证，实现了用最小的结构增重代价获得明显的加强效果；介绍了静水压力荷载的施加方法、使用探针功能提取支座反力的功能和根据数值模拟结果改进结构的思路等技巧。

9.2 分析流程

该设备是中国引进的某最新型核电站技术中非安全相关级部件，用于在核电站发生反应堆过热等事故时对高温的冷却剂进行降温冷却。

核电站用设备，一般根据其所属分系统的用途和重要性的不同需要保证在一种或多种极端工况下的结构可靠性和可用性。可能需要承受洪水、小型飞机撞击、罕见地震、龙卷风、外物打击、反应堆堆芯融熔事故、主蒸汽管道爆裂等极端工况。本设备安装于室外，需要考虑由罕见龙卷风形成的高速风载。

经外国某专业核电站设计审查机构认可，本设备使用静力分析法进行数值模拟，以验证结构设计的合理性。风荷载的等效方法是，使用中国建筑荷载设计规范（GB 50009）中的方法计算出风荷载的数值，再将其施加在设备四个外表面的压力荷载。

由于本设备主要承受风荷载作用，因此简单介绍一下规范中对风荷载的解释和计算方法。

空气流动形成的风遇到设备时气流受阻，风速改变。风在阻挡气流运动的设备表面上形成风压（压力和吸力），这种风力作用称为风荷载。风的作用是不规律的，风压随着风速、风向的变化而不停地改变。离地越高、地表越空旷、地形越狭窄，其风速越大，则相应的风压差也越大。因此，设备的高度、所处的环境（包括设备所处的地形、地面粗糙度、邻近高楼等）、设备的外形、风向等都会影响该设备所受到的风载值。

风荷载是随机的，是一种随时间而波动的动力荷载。风作用在设备上，使设备受到双重作用：一方面，风力使设备受到一个基本上比较稳定的风压力；另一方面，又使设备产生风力振动（风振）。因而，设备既受到静力作用，又受到动力作用。

为了便于分析，在设备设计中一般把风压看成静荷载，将实际的风压分解为稳定风压（即平均风压，或称静止风压）与脉动风压（即不稳定风压）。稳定风压，对设备只产生静力作用；脉动风压，将引起设备震动，导致设备内力和侧移增大。在设计抗力结构、构件时都要用到风荷载。风荷载的计算，首先要确定设备表面积上的风荷载标准值，然后计算设备表面风荷载。

根据设计标准《建筑荷载设计规范》，风荷载的标准值=设备所在高度的风振系数×风荷载体型系数×风压高度变化系数×基本风压。

顺向振动和风振系数。风对结构的作用是不规则的，风压随风速、风向的紊乱变化而不停地改变。通常把风作用的平均值看成基本风压或平均风压，实际风压是在平均风压上下波动的。平均风压使设备产生一定的横向移动时，脉动风压会使其在该侧移附近左右振动。风振是脉动风压对结构所产生的动力现象。在脉动风压作用下，结构不仅会发生顺风向振动，而且常常会伴随着产生横向风振动，甚至还会出现扭转振动。但对结构的影响主要还是顺风向振动。

横向风振。气流绕过圆形截面的物体，在其背后会产生漩涡脱落的现象。气流在背面某处受到摩擦力影响而停滞，使得整体流场产生漩涡，且从物体两侧发生交替出现的漩涡，将由一侧向另一侧以一定周期交替地脱落。这种涡流现象称为涡流脱落，也称为卡门涡街。它是1908 年贝纳在流体力学实验中发现的。即圆柱体在流体中运动，当其速度达到一定值后，柱体后面开始依次地从左右两侧分离开，两两相隔反向的涡街的现象。由于卡门对此进行了理论研究，故称为卡门涡街。

其也使物体沿高度方向产生脉动力，且与风向和物体高度方向垂直，称为横向风振。当涡流脱落的频率与结构横向自振周期接近时，结构会产生严重的共振。

风荷载体型系数。它为设备表面受到的风压与大气中的气流风压之比。它描述了设备表面在稳定风压作用下的静态压力的分布规律，主要与设备的体型和尺寸有关，也与周围环境和地面粗糙度有关。

当风流过设备时，对设备不同位置会产生不同的效果，有压力也有吸力。空气流动还会产生涡流，对设备局部产生较大的应力。因此，风对设备表面的作用力并不等于基本风压值。风的作用随设备的体型、尺寸、表面位置、表面状况而改变。风力作用下，设备各个表面的风压分布是不均匀的。在设计时，采用各个表面风力的平均值，该平均值与基本风压的比值即为风载体型系数。

注意：由其计算的每个表面的风荷载都垂直于该表面，在计算风荷载对设备整体作用时，如对设备进行内力和位移计算，只需按各个表面的平均风压计算，即采用各个表面的平均风载体型系数计算。正反两个方向的风荷载的绝对值可按两个中的较大值采用。

风载体型系数虽因设备平面形状的不同而不同，但是还是可以得出如下规律：

- 迎风面总是正压，且在设备中部最大；背风面总是负压，在设备角区域为最大（相对值）；平面形状越接近于流线型，气流越顺畅，风压差也越小；反之，若迎风面是凹向风向的，则气流难以流通，此迎风面上的风压将增大。

- 圆形截面的设备属于流线型，它的风荷载体型系数在各个平面形状中是最小的；大多数其他的平面形状，风荷载体型系数均介于 1.20 到 1.40 之间。
- 如在矩形平面的角部略做处理，将角部做成圆角或者斜角，即使做成凹槽，也可使其平面的角部略呈流线型，从而改善角部的风压分布。

风压高度变化系数。风压高度变化系数反映了风压随高度变化的规律。就大气层整体而言，地面几百米高度范围内属于气流的边界层范围，此范围内的流速变化是非常剧烈的。风速由地面处为零，随高度的增加按曲线逐渐增大，直至距地面某高度处达到最大值。上层风速受地面影响小，风速较稳定。

风压高度变化系数与地面的粗糙度有关。地面粗糙度由地貌、树木、设备等所引起，实际上形成了地表摩擦层。由于地表摩擦层，使越接近地表的风速越小。在 300 到 450 米的高度时才不受地表摩擦层的影响。显然，地面粗糙度越大，对气流的干扰越厉害，不同的地面粗糙度，风速和风压也不完全相同。

GB50009 标准中，将地面粗糙度分成 A、B、C、D 四类。风压高度变化系数的定义是：任一高度处的风压与 B 类地面粗糙度，标准高度为 10 米处的风压的比值。

其中，A 类对应近海面和海岛、海岸、湖岸及沙漠地区；B 类指田野、乡村、丛林、丘陵及房屋比较稀疏的乡镇和城市郊区；C 类指有密集建筑群的城市市区；D 类指有密集建筑群且房屋较高的城市市区。

基本风压。在设备主体结构计算时，垂直于设备表面的风荷载的作用面积应取垂直于风向的最大投影面积。基本风压，以当地在比较空旷平坦的地面上，离地 10 米高处统计所得到的，50 年一遇 10 分钟平均最大风速为标准。

对于特别重要的设备或对风荷载非常敏感的设备，基本风压按照 100 年一遇重现期的风压值采用，具体要求参看有关设备的技术规格书。基本风压根据设备所处位置查有关标准表格确定，或根据当地风速的动压值计算，但基本风压不得小于 $0.35kN/m^2$。

导入模型。本案例分别进行原始模型在极端工况时的静力分析与预应力模态分析，通过查看结果找到结构的薄弱点，再有针对性地进行结构加强，以用最小的结构增重代价获得尽可能好的加强效果，然后对加强后的模型再次进行静力分析和模态分析，以验证加强的效果。

打开软件后分别打开两组相同的分析模块，并命名为“冷却塔”和“X 架加强版冷却塔”，在“冷却塔”分析中右击 A3 Geometry（模型）并选择 Import Geometry（导入模型）→Browse（浏览），如图 9-1 所示。

找到“蒸发空冷器装配体”模型，单击“打开”按钮，如图 9-2 所示。

图 9-3 所示是去除了部分零件板后的冷却塔模型。本次分析主要针对框架部分，并且计算 8 个支座的反力，以利于进行基础部分的设计。由于不考虑螺栓连接部分的细节受力，模型简化时将所有螺栓孔的特征抑制；将结构复杂而对整体刚度影响不大的零件，如换热器、挡水板、电控箱、风机、水泵、阀门、电缆等用点质量代替。导入后的简化模型如图 9-4 所示。

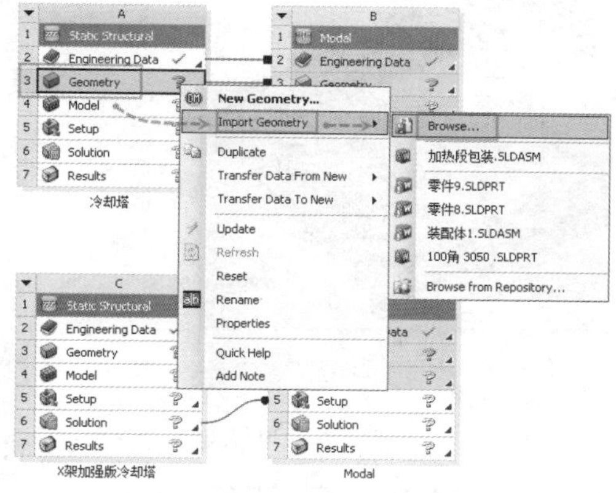

图 9-1　导入模型

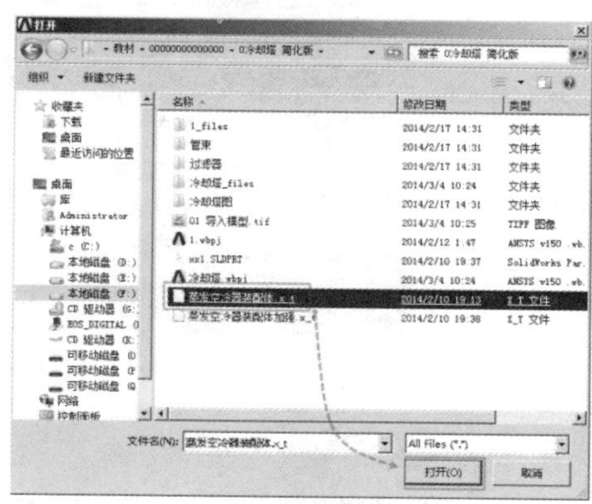

图 9-2　找到模型

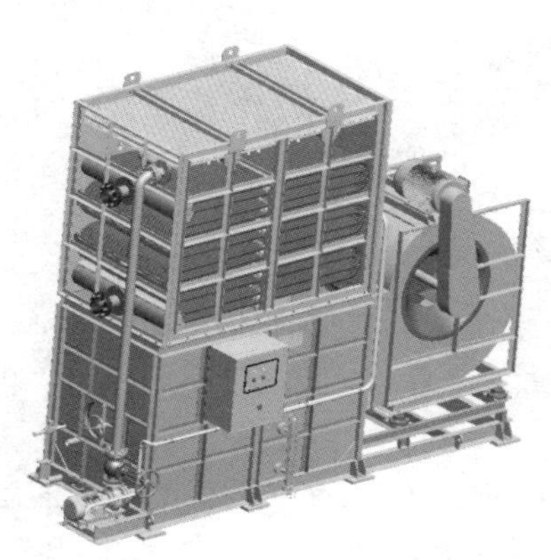

图 9-3　原始模型

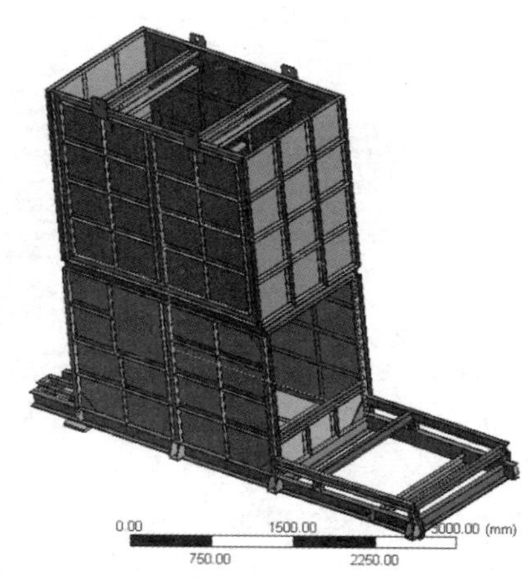

图 9-4　分析用模型

添加质量点。作为演示，本案例仅添加风机部分的质量点。单击 Outline（分析树）中的 Geometry（模型），再单击 Point Mass（点质量），如图 9-5 所示。

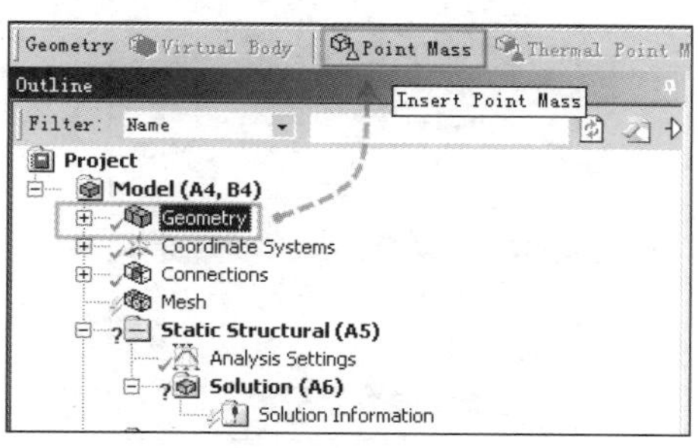

图 9-5　添加质量点

按住 Ctrl 键分别单击风机底座的四个表面，在 Details of Point Mass（点质量的详细信息）中的 Geometry（模型）后面单击 Apply（应用）按钮，输入 500kg 的风机质量数据，如图 9-6 所示。

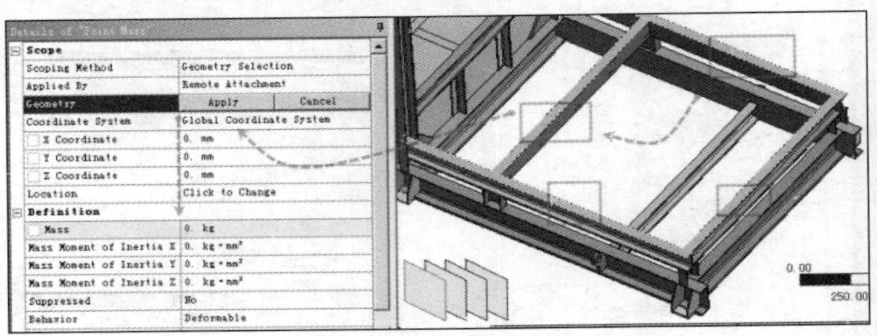

图 9-6　加载位置

图 9-7 所示为加载后的情况，其中惯性矩和重心坐标暂时不考虑，为默认的 0。

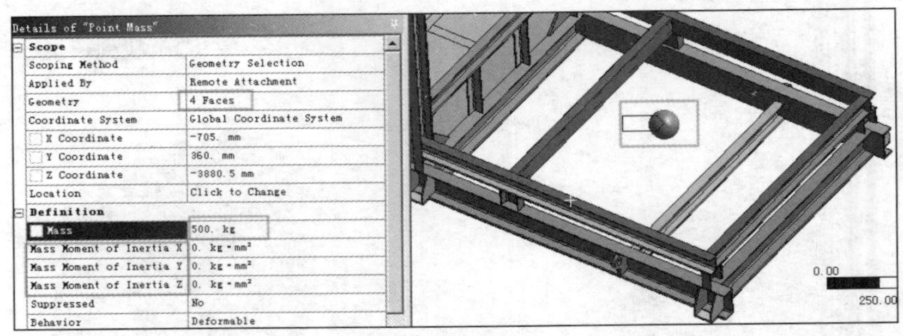

图 9-7　输入质量

划分网格。本案例主要考察设备在极端情况下承受龙卷风荷载时的结构响应和加强后的效果，是考察一个相对“整体”的结果，不考虑应力集中问题，因此可以使用相对“粗糙”的网格。

单击 Outline（分析树）中的 Mesh（网格），在 Details of Mesh（网格的详细信息）中的 Element Size（单元尺寸）后面输入 40mm，单击 Update（刷新网格）按钮，如图 9-8 所示。

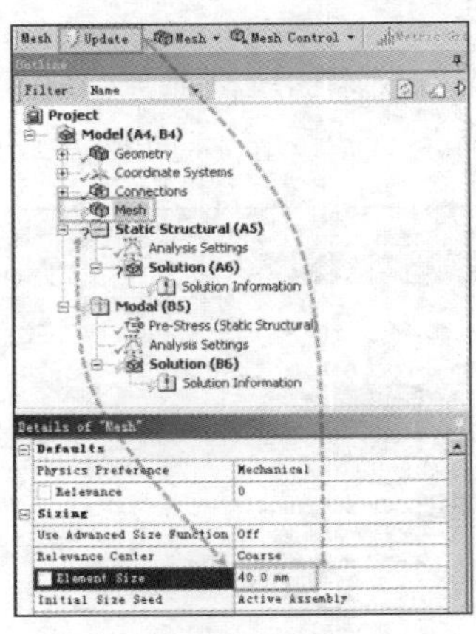

图 9-8　网格设置

划分后的网格数量：单元数 195011 个，节点数 710432 个，如图 9-9 所示。

加载重力加速度。单击 Outline（分析树）中的 Static Structural（静力学分析模块），再单击 Inertial（惯性荷载）→Standard Earth Gravity（标准地球重力），如图 9-10 所示。

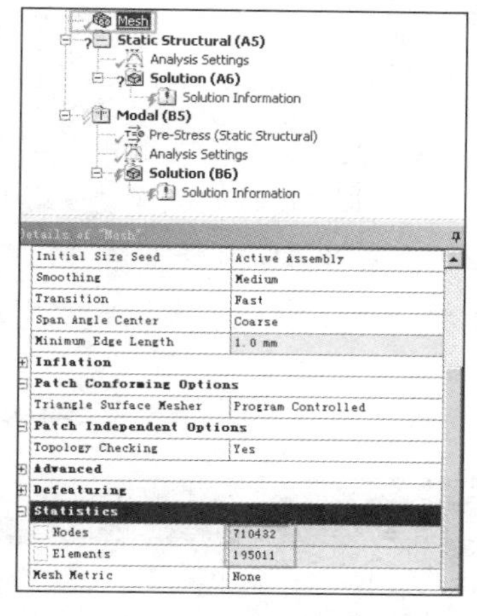

图 9-9　网格数量

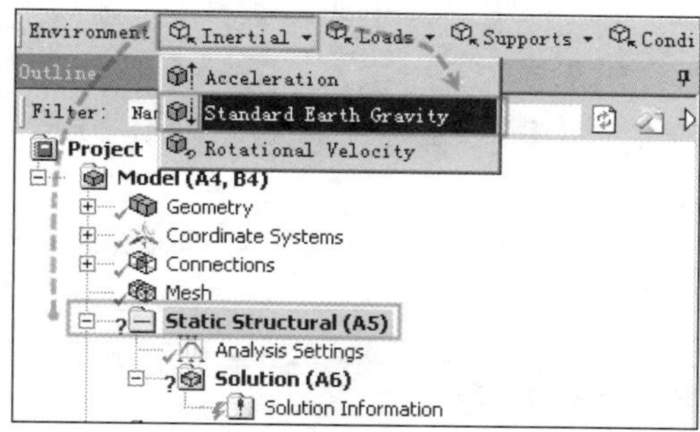

图 9-10　加载重力

由于建模时总体坐标系方向的差异，默认加载的“-Z”方向重力加速度方向与实际不同，变为横向，如图 9-11 所示。

单击 Static Structural（静力学分析模块）下方新生成的 Standard Earth Gravity（标准地球重力），在 Details of Standard Earth Gravity（标准地球重力的详细信息）中的 Direction（方向）下拉列表框中选择-Y Direction，如图 9-12 所示。

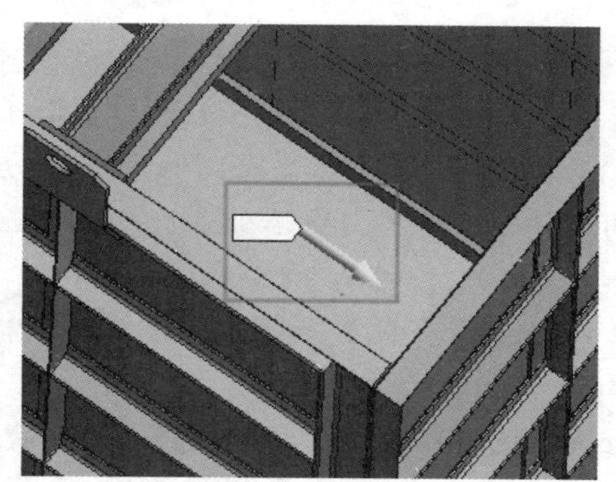

图 9-11　默认重力方向

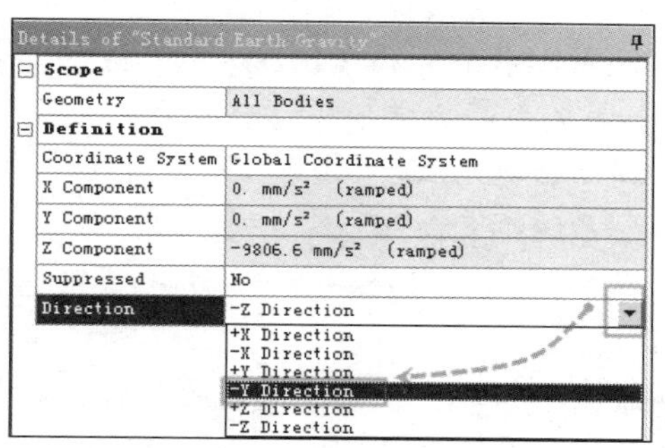

图 9-12　更改方向

加载风机静压力荷载。选择设备内表面，单击 Loads（荷载）→Pressure（压力荷载），如图 9-13 所示。

更改单位制。

注意：Workbench 平台与经典版 ANSYS 平台有个很大的不同，即 Workbench 在全部模块内统一了单位制系统，这是一个非常人性化的革新。在经典版 ANSYS 软件中，没有明显的单位制系统，需要用户预先在脑海中假设一个单位制系统，并在数值模拟的全过程都必须依靠人脑来确保每一个输入或输出参数的单位制统一协调。

尤其对于初学者，这是非常繁琐且极易出错的（墨菲法则）。而在求解结果中只有计算出来的数字，又需要人工地转换成结果评判时需要的单位制系统所对应的参数，非常不直观；在 Workbench 平台中，每一个可修改的有量纲参数的后面都提示了当前单位制系统下对应的单位值。还可以调整成多种需要的单位制系统。另外，在确定了一个单位制系统后，更改了另一个单位制，软件会自动进行单位换算。

在本案例默认的单位系统中，长度为 mm，重量为 kg，时间为 s 等。如果需要输入压力值，在该单位制系统下压力单位为 MPa（兆帕）。而风机全压数值很小，只有 500Pa。并且后续需要输入的由龙卷风产生的风荷载压力单位也是 Pa（帕斯卡）。使用以兆帕为压力单位输入的参数时，仍需要进行一次人工的单位制换算，容易出错。可以先将单位制转换成长度为 m、重量为 kg、时间为 s 等的单位制系统，这样压力的单位就转换成了帕斯卡，更利于用户输入压力值。

单击菜单栏中的 Units（单位制系统）→Metric（cm，kg，N，s，V，A），如图 9-14 所示。

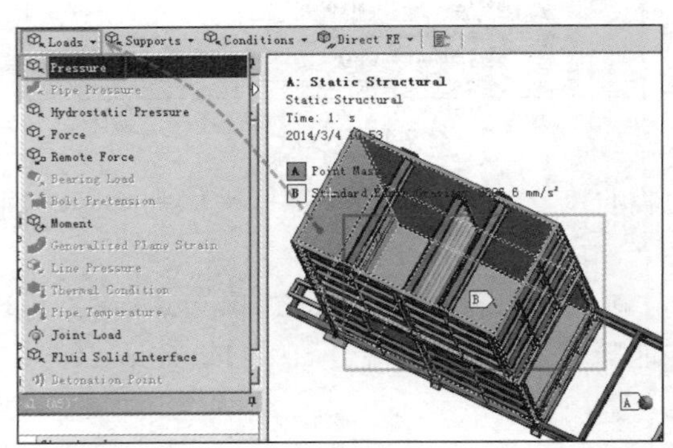

图 9-13　风机压力荷载

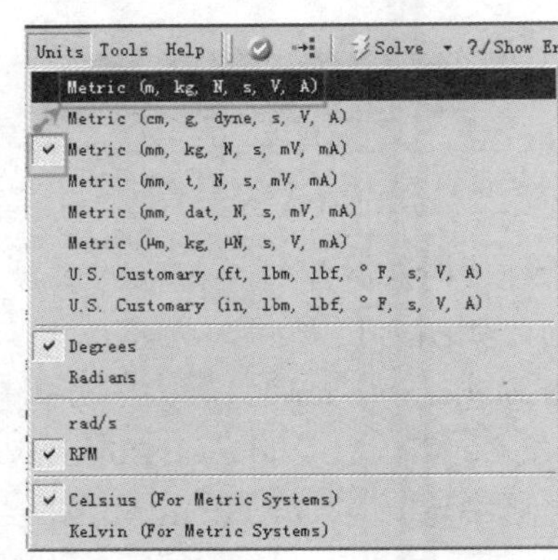

图 9-14　更改单位制

注意：本案例属于预应力模态分析，静力分析的结果将传递给模态分析模块作为初始条件。如果完成静力学分析的求解后更改了单位制系统，在求解后续的模态分析时会造成初始条件出错而出现无法计算的情况，故对类似的多模块间的耦合分析需要确保在整个的分析过程中单位制系统不变。

在 Details of Pressure（压力的详细信息）中的 Magnitude（参数）后面输入 500Pa，如图 9-15 所示。

输入静水压力荷载。设备底部时刻存有约 0.5m 深度的冷却用水，需要用静水压力荷载模拟水压对侧面产生的梯度压力。分别选取设备底部纵向的四个内表面，单击 Loads（荷载）→Hydrostatic Pressure（静水压力荷载），如图 9-16 所示。

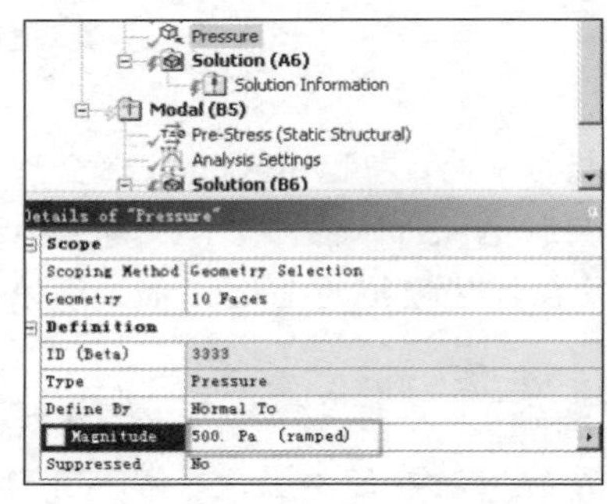

图 9-15　输入压力值

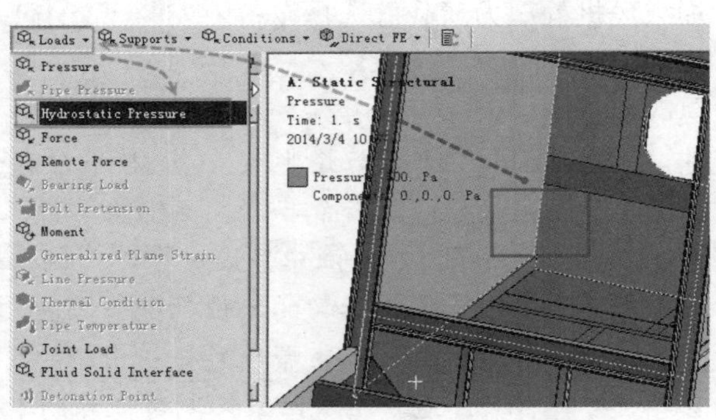

图 9-16　静水压力荷载

该荷载的设置稍显复杂。在 Details of Hydrostatic Pressure（静水压力荷载的详细信息）中的 Fluid Density（流体密度）后面输入 1000kg/m^3，在 Magnitude（梯度）后面输入 12.32m/s^2，单击 Apply（应用）按钮，如图 9-17 所示。

静水压力的最大值=流体密度×重力加速度×液体深度。本案例中液体密度取 1000kg/m^3，重力加速度取 9.806m/s^2，液体深度为 0.5m，则最大压力为 4903Pa。通过不断调整 Magnitude（梯度）可使得静水压力的最大值为 4903.36Pa，故输入了此数值。

应先设置一个水压的方向，由于本模型中存在很多与水平面垂直的零件边线，可单击任意竖向边线，再单击 Details of Hydrostatic Pressure（静水压力荷载的详细信息）中 Direction（方向）后面的 Apply（应用）按钮，如图 9-18 所示。

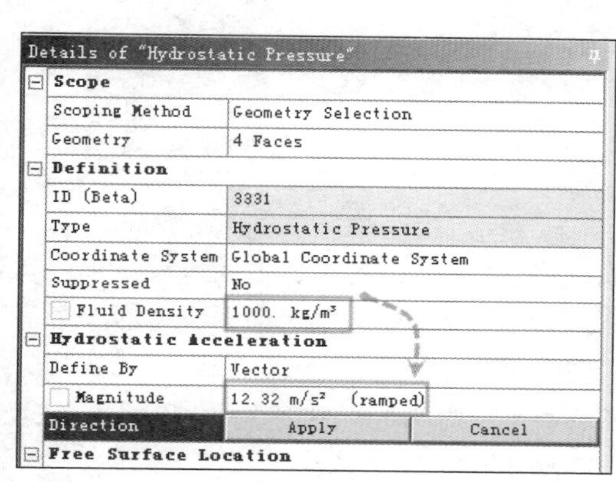

图 9-17 设置荷载

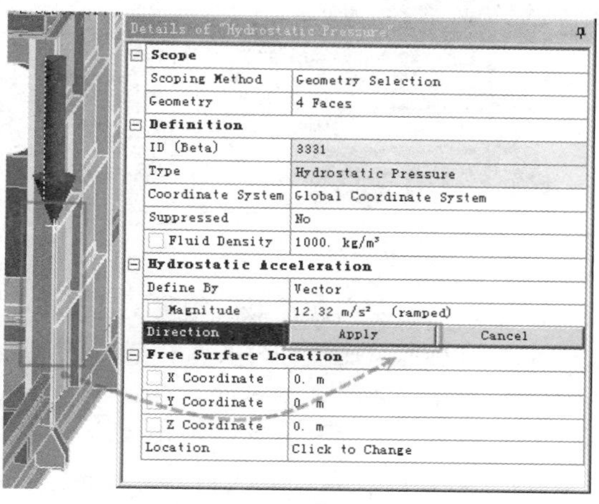

图 9-18 更改方向

默认形成的深度是从整个已选的侧面方向向下且压力逐渐降低的梯度值。这与实际情况不符，应再次调整方向并设置液体深度，如图 9-19 所示。

单击 Apply（应用）按钮，再单击竖向边线，单击左下角右边的黑色箭头更改方向向上，最后单击 Apply（应用）按钮，如图 9-20 所示。

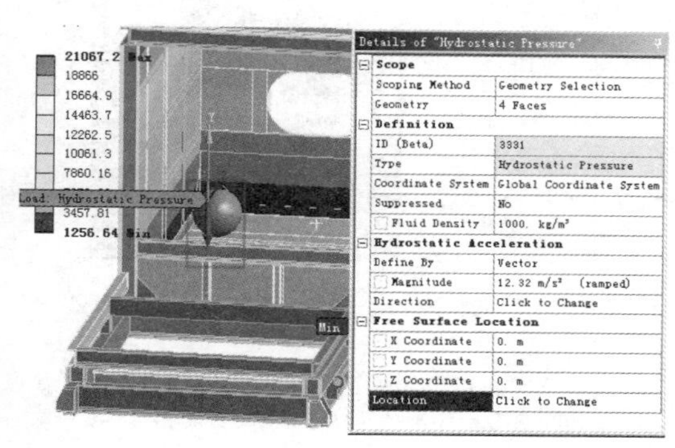

图 9-19 重新选择方向

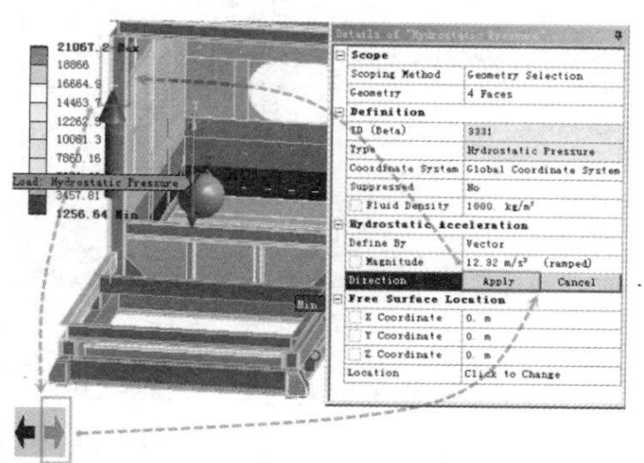

图 9-20 更改完毕

注意： 如果模型中没有竖向边线，则需要下拉 Define by（加载形式）并选择矢量加载方式，手工转换成正交矢量方向输入于此。

在 Y Coordinate（Y 向）后面输入水深 0.5m，再单击 Location（定位）。更改后的梯度压力值相对更符合实际，如图 9-21 所示。

施加底板水压。单击底板面板，再单击 Loads（荷载）→Pressure（压力荷载），输入 4903.36Pa 的压力值，单击 Details of Pressure（压力荷载的详细信息）中的 Apply（应用）按钮，如图 9-22 所示。

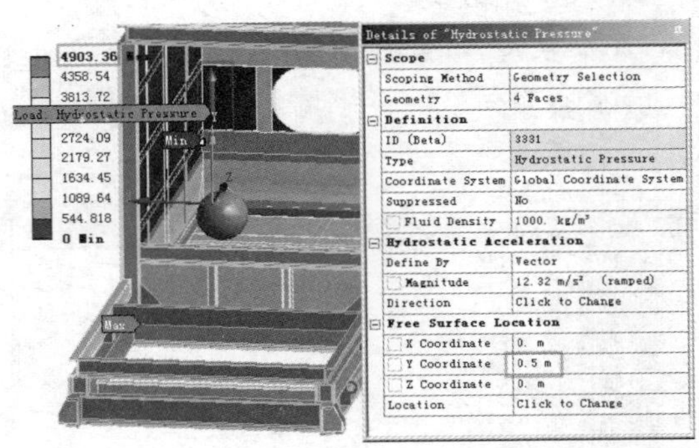

图 9-21　设置水深

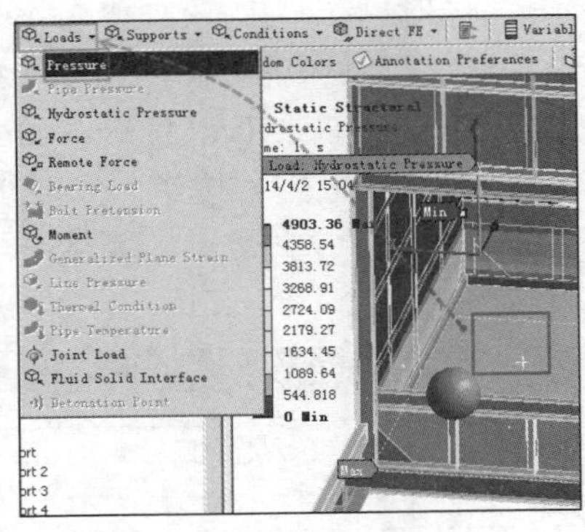

图 9-22　底板水压

施加等效的龙卷风荷载。根据 GB 50009-2003《建筑荷载设计规范》中的算法分别计算设计风速下的基本风压值、设备所在高度的风振系数、风压高度变化系数。根据设备四个外表面的方向分别计算四个体型系数，获得设备外表面的四组风压值。

本案例中，根据该设备技术规格书要求，计算基本风压时考虑的风速约为 75m/s，远远超过了 18 级台风时台风中心附近最大风速对应的约 62m/s 的风速，为极端工况。

将最大的风压值施加在设备最大迎风面的垂直方向。按住 Ctrl 键分别单击上下两个外表面，再单击 Loads（荷载）→Pressure（压力荷载），如图 9-23 所示。

风压值为 6500Pa，方向指向设备内侧，加载后如图 9-24 所示。

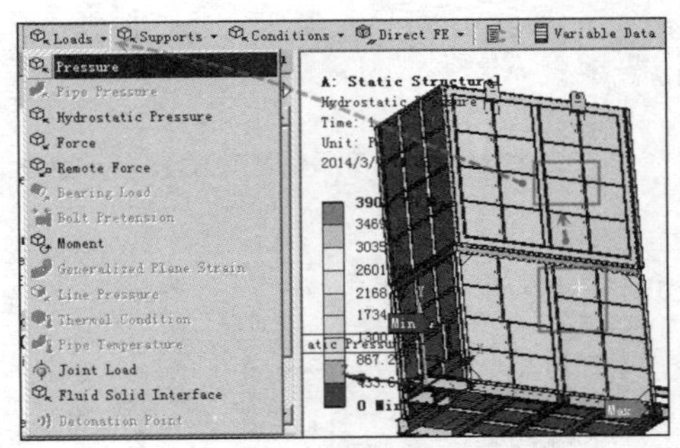

图 9-23　加载迎风面风压

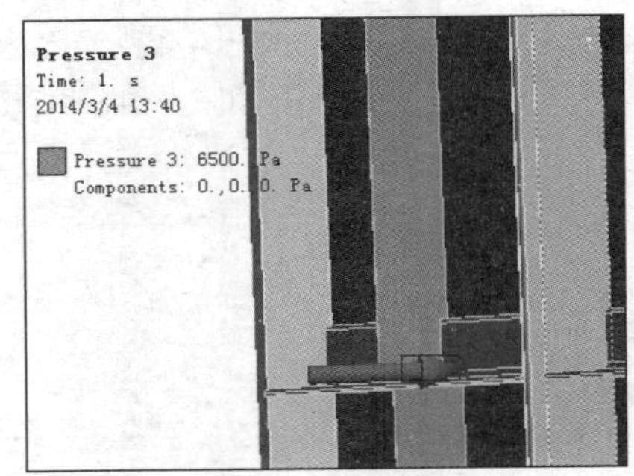

图 9-24　迎风面风压

在设备两组背风面设置一个-4557Pa 的负压风载，如图 9-25 所示。

在两个端面设置方向向内的 5755Pa 的负压风载，如图 9-26 和图 9-27 所示。

注意：本案例中，风机压力荷载与等效的龙卷风荷载的加载方式有一个瑕疵，即在设备的风机出风口处的设备框架有一个由风机风口形成的空洞，该空洞部分对于风机压力荷载应该承担该面积中 500Pa 向外的压力荷载；而对于等效的龙卷风荷载，其也承担了该空洞面积上 5755Pa 的向内的压力荷载。

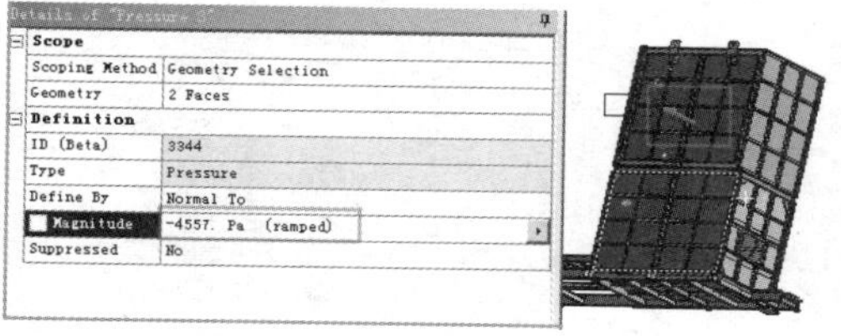

图 9-25　背风面风压

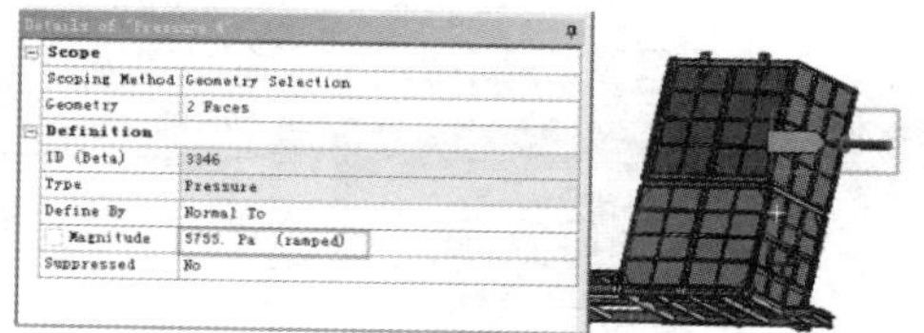

图 9-26　侧面风压

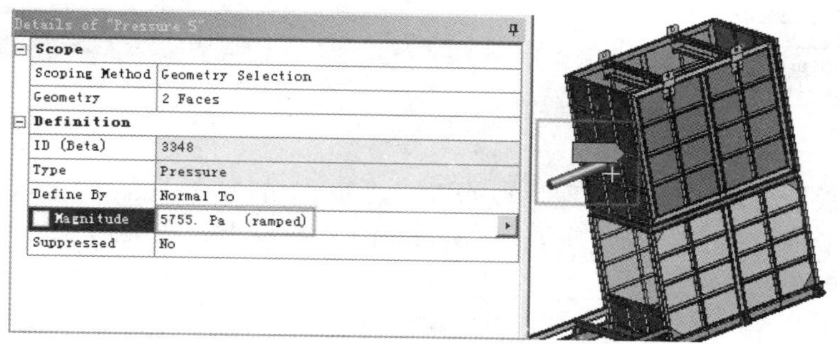

图 9-27　侧面风压

而对于整体而言，由于简化了风机部分的模型，在风口空洞处设备侧面两边的压力荷载的作用面积不同，在荷载设置上都是不平衡的、有瑕疵的荷载。

实际中，设备在运行时受到的其他荷载，如外部水管传递给换热器法兰处的接管荷载、设备不同位置存在温度差而引起的热膨胀形成的热应力等荷载，本案例暂不考虑。

设置固定位移约束。分别在设备的 8 个底座处设置 8 组固定位移约束。在分析完成后将分别提取 8 组反力值，为后续的基础设计提供参数，并对比设备加强前后支座反力的变化。

单击一个支座的底面，再单击 Supports（支撑）→Fixed Support（固定位移约束），如图 9-28 所示。重复以上步骤 8 次。

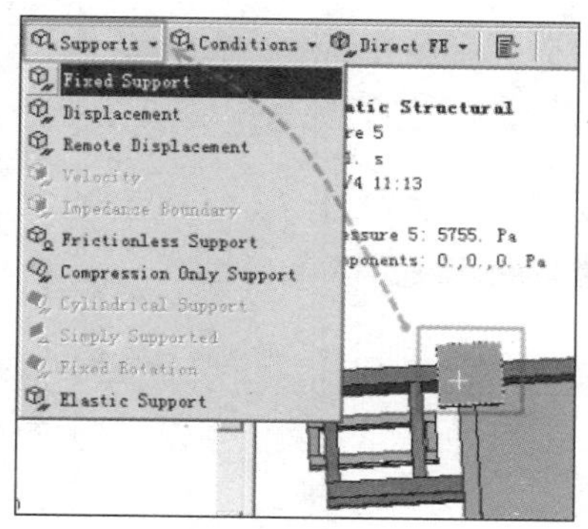

图 9-28　固定约束

后处理准备。查看变形值。单击 Outline（分析树）中的 Solution（分析），再单击 Deformation（变形）→Total（总变形），如图 9-29 所示。

查看每一个支座的反力值。单击 Probe（探针）→Force Reaction（支座反力），如图 9-30 所示。

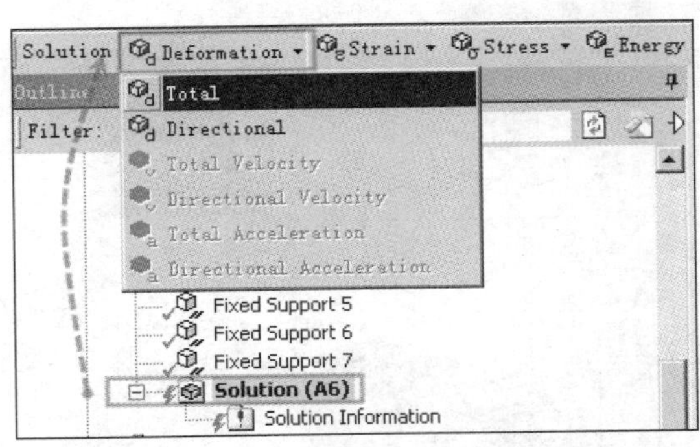

图 9-29　变形结果

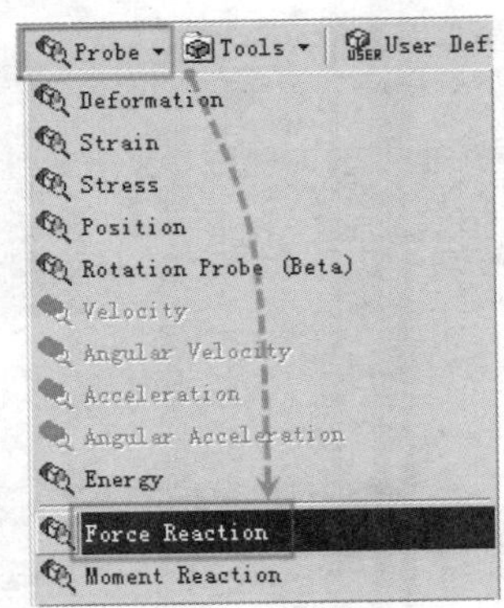

图 9-30　反力探针

在 Details of Force Reaction（支座反力的详细信息）中单击 Boundary Condition（边界条件）右侧的下拉列表框并选择第一个支座 Fixed Support（支座反力），如图 9-31 所示。重复以上步骤 8 次。

求解和后处理。检查各项设置无误后保存项目文件，单击“求解”按钮Solve。在笔者 CPU 型号为 XEON E3 1230 V2、32GB 内存的台式机上，使用程序默认求解器，经过 22631 秒的漫长等待后计算完成。

图 9-32 所示为放大了一定比例的变形结果。变形最大值为 14.444mm，发生在电控箱所空出的侧面处。从侧面观察，模型整体呈现了一定的扭转，扭转的横向变形量约为 10mm；风机进风口处的竖向型钢出现了一定程度的 S 形扭转变形，说明此处的内力传递路径出现了间断，是应力集中区域，有必要在此处进行结构改进。

对于应力结果，该风口处的四角也是高应力区域。

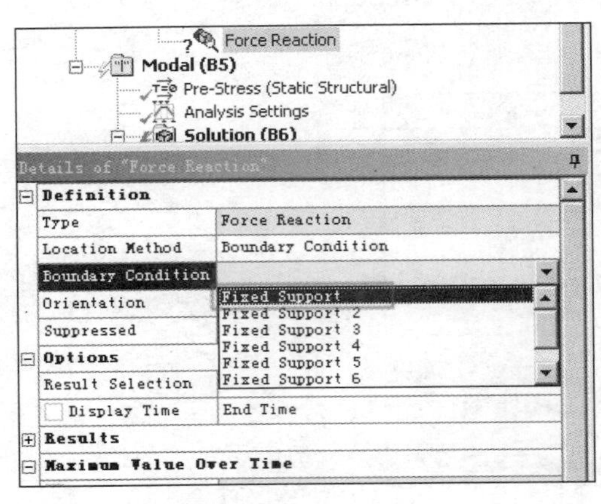

图 9-31　提取设置

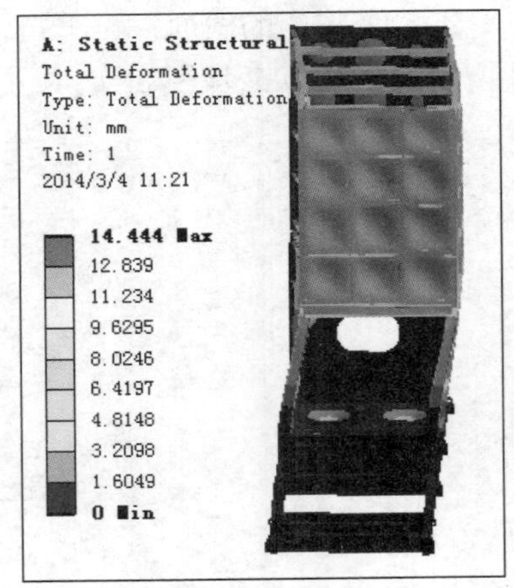

图 9-32　变形结果

图 9-33 所示为一个支座反力的提取位置，图 9-34 为该支座展开了最下方的 Tabular Data（表格数据），显示了具体反力值。由图可见其 Y 方向即竖向支座反力值为-38950N≈-3890kgf。

这是一个方向向下的支座反力值，代表基础支座对设备提供了一个向下约 3890 千克力的拉力，设备也对支座形成了同样大小的拉力。

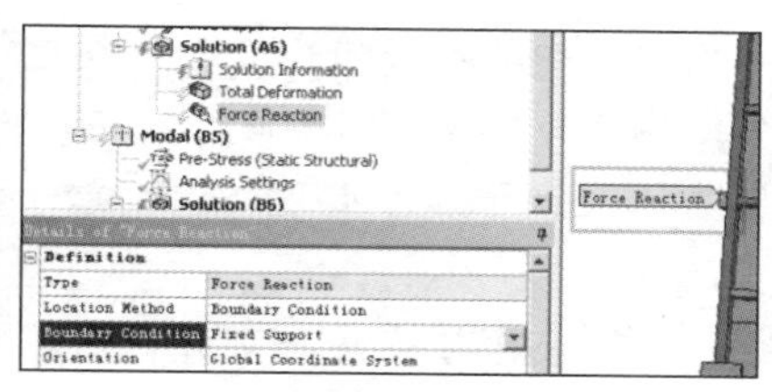

图 9-33　提取位置

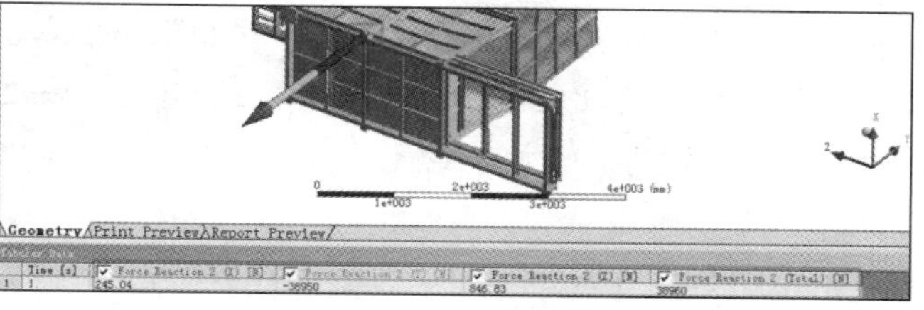

图 9-34　支座反力值

查看模态分析结果。单击 Outline（分析树）中的 Model（模态分析），如图 9-35 所示。

从屏幕下方拖拽展开 Graph（图标），显示默认计算出的前六阶模态频率结果分布图，如图 9-36 所示。

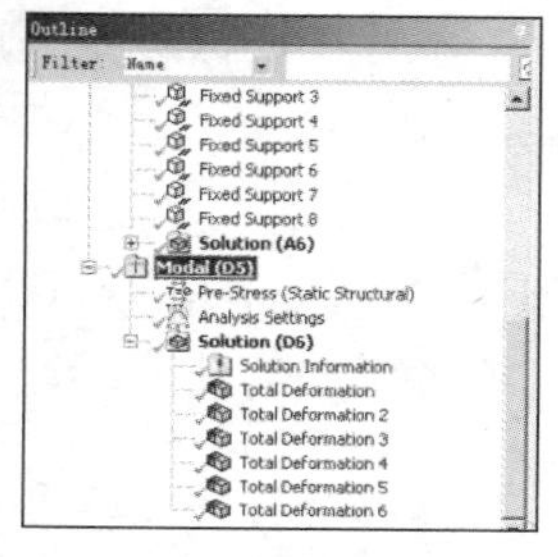

图 9-35　振型结果

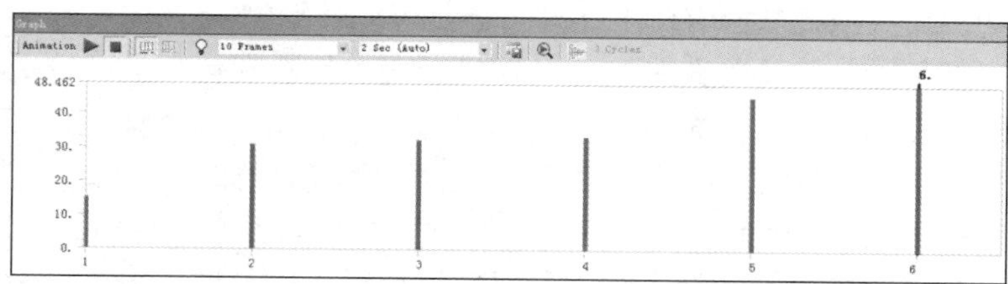

图 9-36　图形显示频率

图 9-37 和图 9-38 所示为模型前两阶的振型结果。其第一阶固有频率为 14.908Hz，为上部框架整体的扭转振型；第二阶固有频率为 30.736Hz，为风机底座的弯曲振型。后面的振型结果更多地集中在了风机底座和设备底板附近。

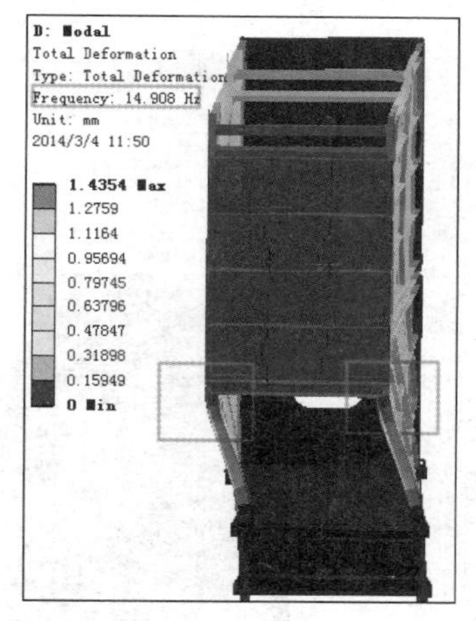

图 9-37　一阶振型

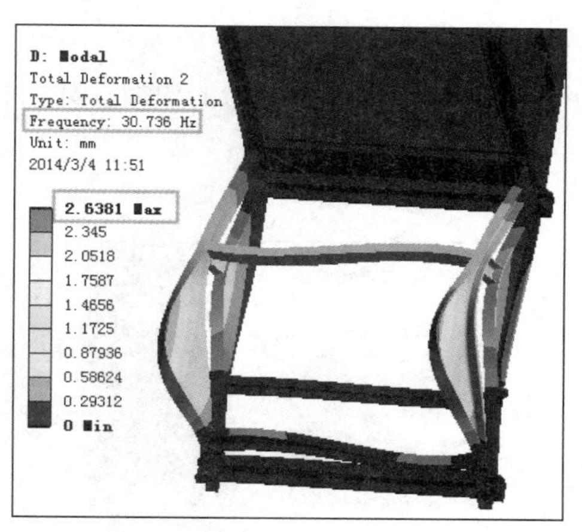

图 9-38　二阶振型

注意：第一阶振型与设备静力分析的变形结果基本相同，这样很容易形成在结构刚度的薄弱方向和主要荷载方向的耦合，是不利于结构安全的。

可通过合理调配传力路径的方式控制结构的扭转变形。该方法借鉴了 4.6.6 节误差处理及控制中所述的结构改进思路。

注意：对于振型而言，不同的领域关注的焦点可能会不同。以机床为例，机床的床身模态振型，可能振型有弯曲、扭转等众多振型。如果存在机床进刀、加工方向的振型，那么有可能这些振型会影响机床的加工精度。在设计阶段，就必须对结构进行调整：比如修改结构内部的肋板分布，提高影响加工精度振型的固有频率，减少发生共振，进而影响机床加工精度的可能性。

振型模态分析要和结构强度刚度分析结合在一起，强度分析结果的高应力区如果和某一阶模态振型的位移较大区域重合，就可以认为结构是偏于危险的。这些高应力区域有可能就是疲劳裂纹的萌生位置。而实际中的连续结构体振型应该是无穷多的，经典理论认为实际工程中能够对结构安全产生影响的往往只是低阶的频率振型，所以结构避开了低阶共振区，一般而言就能安全运行。

整机模态分析中，由于存在太多的结构件互相之间的刚度和阻尼特性的不确定性，精确计算是无能为力的，一般通过试验来解决。那么，处于整机装配中的某一个零件可以看作附加了边界条件的，其固有频率在理论上是可以计算的。

然而随着结构形式和运行条件等因素的不断变化，机械的振动形式也越来越复杂。除了静态强度刚度，动态强度刚度也越来越重要，计算分析所采用的模型和计算条件与实际运行中结构之间的差异会直接影响计算结果的精度。所以如何减小这个差异，或者说如何使分析过程更加接近实际，是优秀的有限元工程师一直以来努力的目标。

经过对多种验证性方案的数值模拟和权衡，最后使用了一个简单的修改思路，即在风机出风口的空洞处使用适当的加强形式将风荷载形成的扭转力传递给设备的另一面，让内力的传递路径变得更加连续。

为了简化设计与方便制造，使用了与框架所用型钢相同截面的角钢，构成 X 型加强架的方案。

对加强后的模型执行相同的分析，经过 28614 秒的漫长等待后求解完成。在求解过程中，CPU 几乎一直保持了 4 个核心都是 100%满负荷运行，并没有出现性能瓶颈的问题。图 9-39 所示为增加了 X 型加强件后的模型及其加载情况。

求解后查看静力分析的变形值。由图 9-40 可见，加强后的变形图几乎没有了扭转方向的变形，而主要是迎面的弯曲变形。

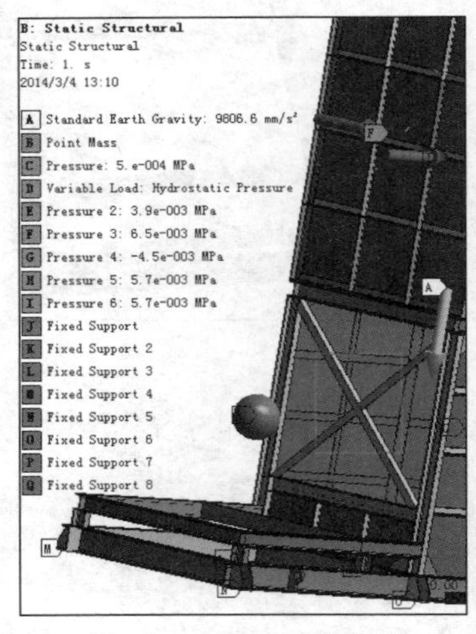

图 9-39　加强后的模型

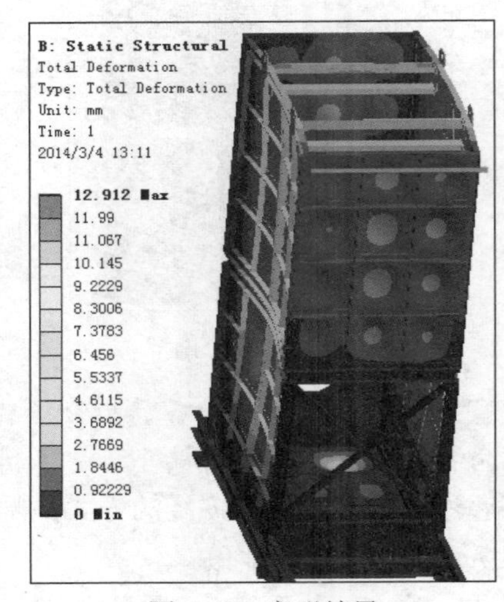

图 9-40　变形结果

变形的最大值为 12.912mm，位置与第一次分析基本相同。如果对最大变形位置做适当加强，则可使得该侧面整体变形的最大值控制在 10mm 以下。

支座反力值的对比。图 9-41 到图 9-44 分别展示了 4 个支座反力的结果对比。在每一个截图的上方是加强后模型的反力结果，下方为原模型的反力结果。该处使用 Probe（探针）功能提取支座反力值，详细操作方法在第 12 章风机桥架谐响应分析案例中介绍。

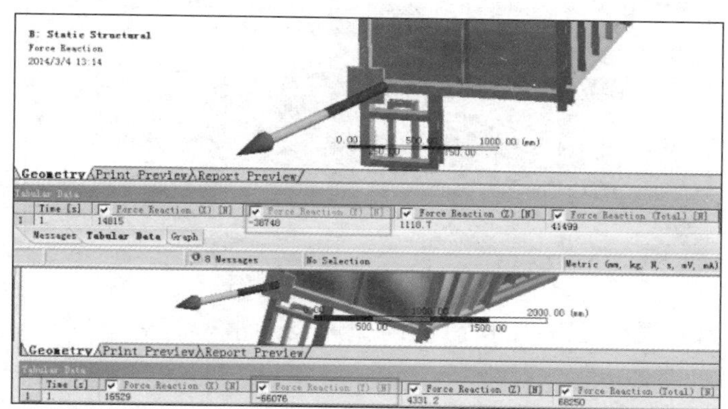

图 9-41　支座反力对比 1

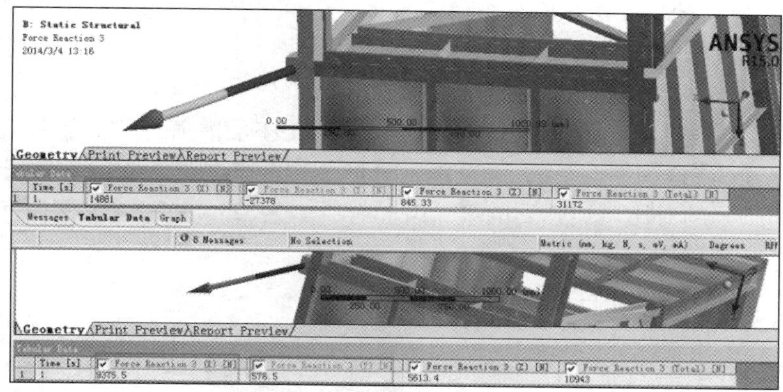

图 9-42　支座反力对比 2

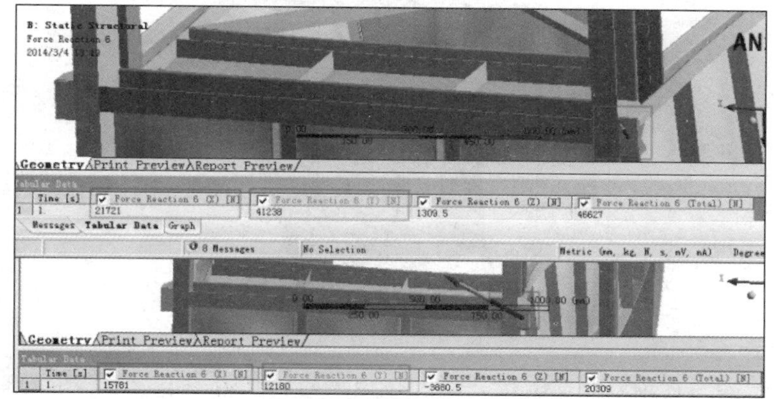

图 9-43　支座反力对比 3

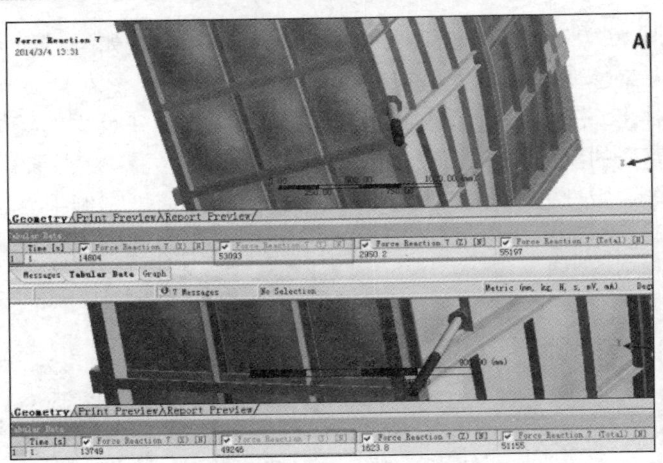

图 9-44　支座反力对比 4

图 9-41 所示为水泵旁支座加强前竖向支座反力值，为-66076N，加强后同样位置为-38748N，降低了近一半。

图 9-42 为风机进风口附近加强前水平方向的支座反力值，增加了约一半，但是竖向反力几乎为零。

图 9-43 为进风口的另一边支座反力值，水平方向降低约三分之一，竖向则降为原来的约三分之一。

图 9-44 为中部支座的反力值，加强前后变化不大。

因为风荷载可反向加载，最不利情况应查看竖向支座反力值绝对值的最大值。加强后可从原模型的 66076N 降低为加强后的 53093N，降低了约四分之一，取得了良好的效果。

模态振型和频率的对比。加强后的第一阶固有频率为 23.066Hz，为侧面向内弯曲变形，如图 9-45 所示。

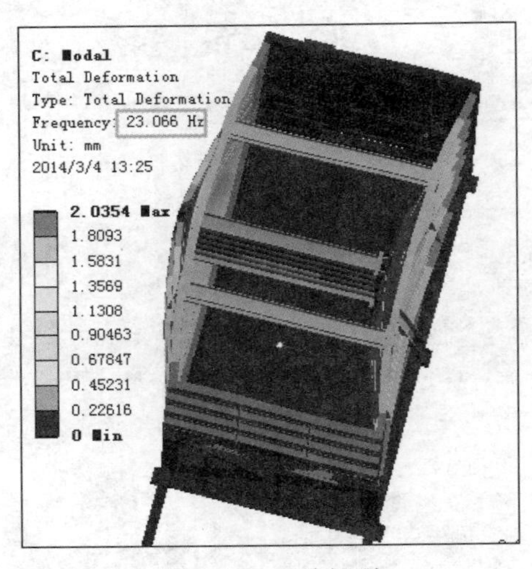

图 9-45　一阶振型

图 9-46 所示为固有频率对比。第一阶固有频率增加了约一半，第四阶固有频率增加了约三分之一，而其他基本不变，效果显著。

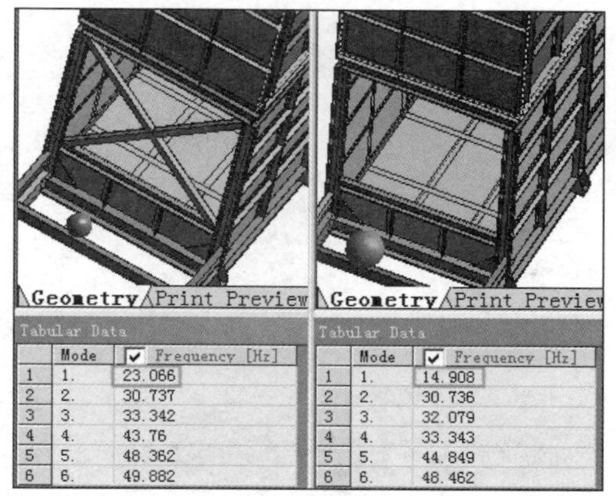

图 9-46　固有频率对比

注意：模态分析的最终目标，在于将机械结构系统由经验、类比和静态设计方法改变为动态优化设计方法；在于借助于实验与理论分析相结合的方法对已有结构系统进行识别、分析和评价，从中找出结构系统在动态性能上所存在的问题，确保工程结构能安全可靠、有效地工作；在于根据现场测试的数据来诊断和预报振动故障、进行噪声控制，并通过这些方法为老产品的改进和新产品的设计提供可靠的依据。

本案例也将以上思想发展使用到了该实际产品的设计中，进行了更有针对性的改进，并取得了较好的效果。

计算后发现，加强后的结构静力分析变形结果中避免了横向扭转的存在；前几阶的模态振型也没有了扭转振型，而变为面内弯曲振型；第一阶模态频率增加约一半；最大变形量可以很容易地从原扭转变形端部的约 10mm 变形控制在约 7mm；竖向支座反力的最大值降低了约四分之一，其中一个支座竖向反力降到了原来的三分之一。在付出结构增重约 1‰的代价下获得了明显的加强效果。

退出机械设计模块，保存项目文件，退出 Workbench 15.0 平台。

至此，本案例完。

10 空调响应谱分析案例

10.1 案例介绍

本案例以某出口空调的框架模型为例进行响应谱分析，以简单计算结构的抗震性能。该空调的钢结构部分全部采用 304 系列不锈钢制造，使用双冗余技术保障系统的可靠性。其将两套相互独立的空气处理设备的机械和电气系统集成在了一套框架箱体中，以节约占地面积。

案例中还介绍了适合观察模型内部情况的切片功能、选择被遮挡位置表面的技巧、选择过滤器的使用和方便实现数值模拟标准化、流水线化分析的创建分析模板的方法等。

10.2 分析流程

结构的抗震分析，一般使用三种方法：等效静力法、响应谱法和时程分析法。其计算精度与计算代价依次增加。

一般对第一阶固有频率大于 33Hz 的结构或者采用简化方法计算时，可以使用等效静力法。其将地震的加速度效应使用恒定加速度荷载的方法进行等效。该算法计算出的结构响应较大，属偏于保守的算法。响应谱法是一种准静态分析法，一般用于计算第一阶固有频率小于 33Hz 的结构，其将结构响应进行一定的组合后计算响应的最大值。相对等效静力法，其计算代价更大，但计算精度稍高。各国大多数核电站设备的抗震分析较多地采用了此法。时程分析法是更精确的分析法。其较静力分析多考虑了结构的惯性作用和阻尼作用，计算出的结构响应更小。由于考虑了时间因素，其可以获得结构在地震作用下移动、断裂直至垮塌等全过程的结果，可以更准确地获得结构失效模式，为结构改进提供更全面精确的数据。但计算难度较高、代价极大，一般用于计算第一阶固有频率小于 33Hz 的或非常重要的结构和全新结构的分析模拟。

模态分析是动力学分析的基础。其经典定义是：将线性定常系统振动微分方程组的物理坐标变换为模态坐标，使方程解耦成为一组以模态坐标及模态参数描述的独立方程，以便求出系统的模态参数。坐标变换的变化矩阵为模态矩阵，其每列为模态振型。

系统的各阶模态对响应的贡献量或者权重系数是不相同的，它与激励的频率分布有关。一般低阶模态比高阶模态有较大的权重系数。

对于实际结构而言，感兴趣的往往是它的前几阶或者前十几阶模态，更高阶的模态常常被抛弃。这样尽管会造成一定的误差，但相应函数的矩阵阶数将大大减少，使计算量大为减少。实践证明这是完全可取的，这也是模态分析的一大优点，这种处理方式称为模态截断。更详细的有关理论基础知识请参考第 7 章中的有关段落。

本案例设计反应谱选用中国新建的某核电站某楼层的反应谱进行加载。该楼层反应谱为计算 1/2 SSE（安全停堆地震）的影响，采用的地面最大加速度值水平方向为 0.1g，垂直方向为 0.067g。在计算 SSE 地震时，可直接将 1/2 SSE 地震的楼层反应谱结果乘以系数 2。每一节点楼层反应谱取两个不同地基动弹性模量（24500MPa 和 36300MPa）的包络值，对峰值进行了±15%频率拓宽和平滑处理。

打开模型及有关分析模块。图 10-1 展示了去掉部分零件的完整空调模型。打开 ANSYS Workbench 15.0，双击 Toolbox（工具箱）中的 Model（模态分析模块），继续从工具箱中拖拽一个 Response Spectrum（响应谱分析模块），将其移动到模态分析模块中的 A6 Solution（分析），放开鼠标以完成两个模块间的数据传递，如图 10-2 所示。

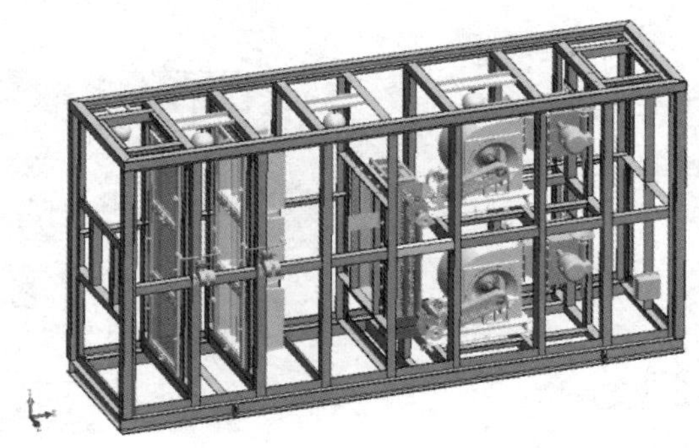

图 10-1　完整模型

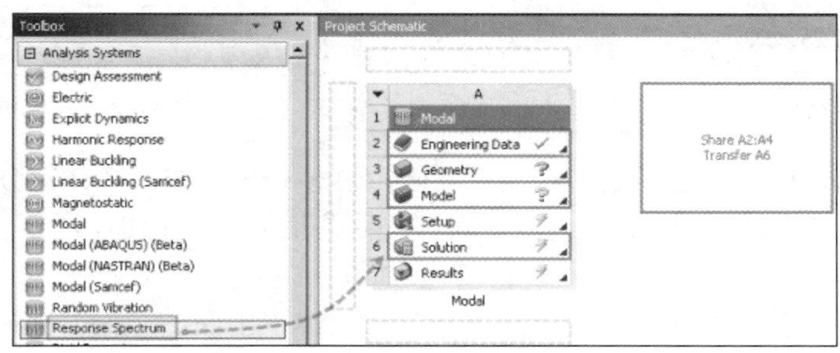

图 10-2　打开模块

右击 A3 Geometry（模型），稍等几秒钟后单击 Import Geometry（导入模型）→Browse（浏览），如图 10-3 所示。找到“框架装配体”模型并选中，再单击“打开”按钮，如图 10-4 所示。

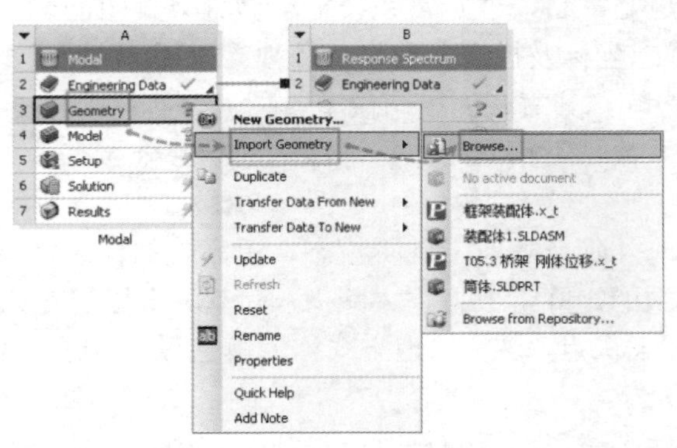

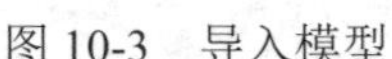
图 10-3　导入模型

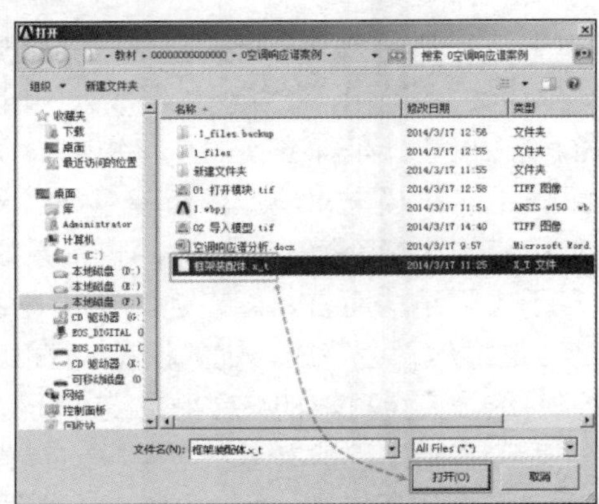

图 10-4　打开模型

划分网格。单击 Outline（分析树）中的 Mesh（网格），在 Details of Mesh（网格的详细信息）中的 Element Size（网格尺寸）后面输入 50mm，单击 Update（刷新网格），如图 10-5 所示。

分析设置。单击 Outline（分析树）中的 Analysis Settings（分析设置），在 Details of Analysis Settings（分析设置的详细信息）中的 Max Modes to Find（最大查找模态数）后面输入 50。计算较多的模态数是为了增加模态质量参与系数而提高计算精度，如图 10-6 所示。

注意：计算过多的模态数会增加计算量，也会相对只分析很少阶数的时候在进行到求解进度条最后部分时消耗更多的时间。

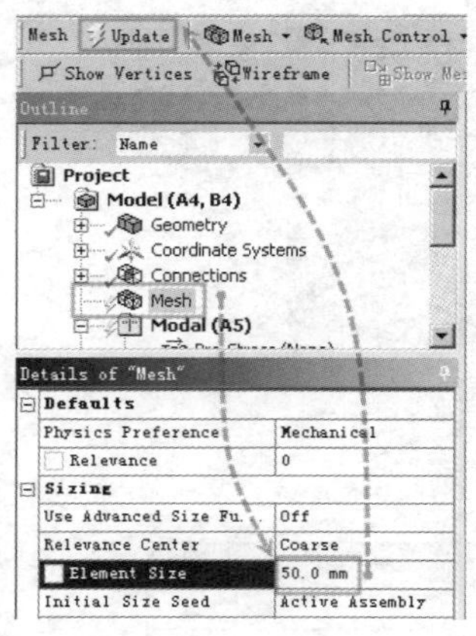

图 10-5　划分网格

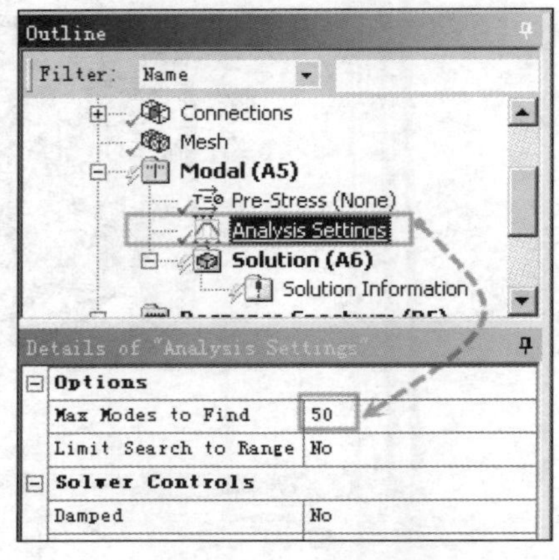

图 10-6　分析设置

固定约束。选择框架底座四边的底面设置固定位移约束。按住 Ctrl 键分别单击四个底面，再单击 Supports（支撑）→Fixed Support（固定位移约束），如图 10-7 所示。

振型结果。单击 Solution（分析），再单击 Deformation（变形）→Total（总变形），如图 10-8 所示。本案例查看模型前四阶振型结果，需要连续单击四次 TotalDeformation（总变形）。

默认的振型为第一阶结果。对于本案例的第二阶到第四阶应分别单击对应的 Total Deformation（总振型），再单击 Details of Total Deformation（总变形的详细信息）中的 Model（模态数），在其后输入需要显示的模态振型数，如 4，如图 10-9 所示。

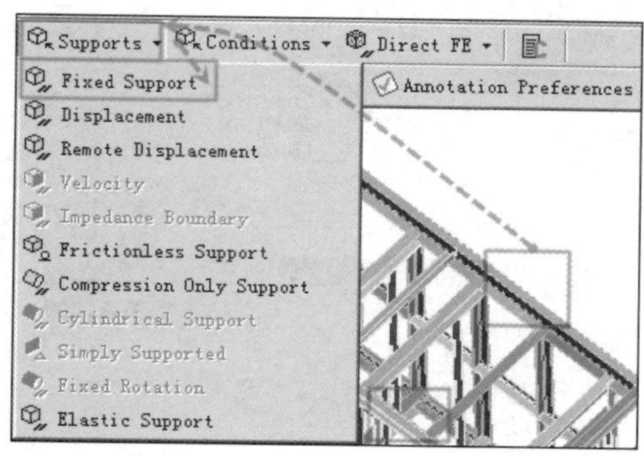

图 10-7　固定支撑

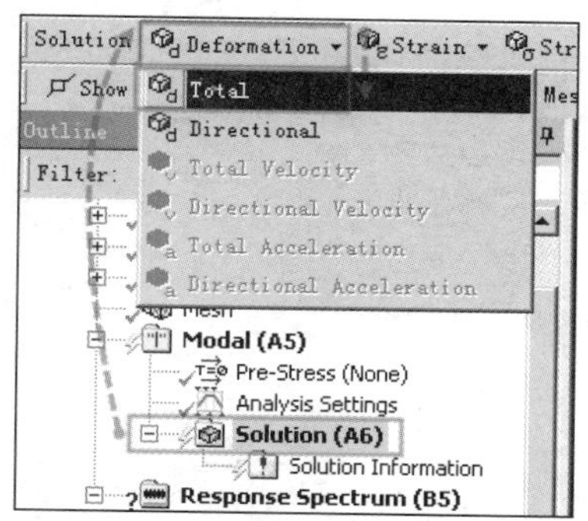

图 10-8　振型结果

设置模态组合形式。在 7.6 节中介绍了一些常用的模态组合方法。对于核电厂设备来说，一般采用的是 SRSS 法，这也是 Workbench 15.0 响应谱分析中默认的方法。如果需要更改为其他方法，可单击 Analysis Settings（分析设置），在 Details of Analysis Settings（分析设置的详细信息）中的 Modes Combination Type（模态组合类型）下拉列表框中选择合适的方法，如图 10-10 所示。

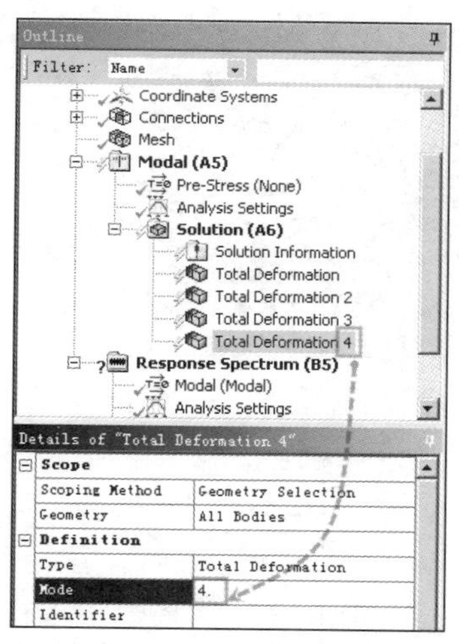

图 10-9　设置振型

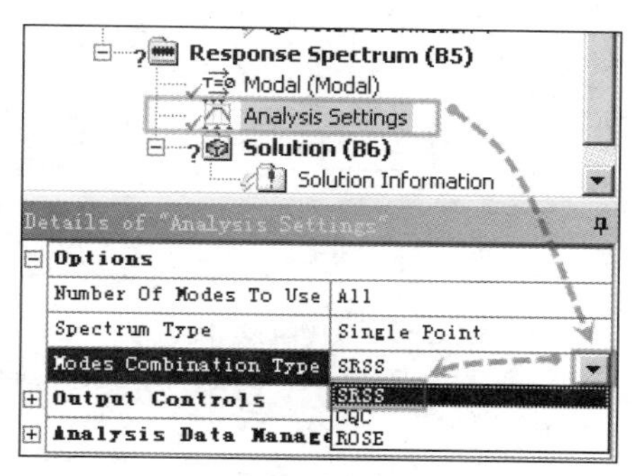

图 10-10　响应谱设置

加载响应谱。响应谱的加载方法与随机振动分析中加载功率谱密度值的方法接近，常规的方法是单击 Outline（分析树）中的 response Spectrum（响应谱分析）。由于在图 10-10 中已经设置了模态组合方法，单击 Analysis Settings（分析设置）产生的可进行加载设置效果与单击 response Spectrum（响应谱分析）相同，所以可以直接单击菜单栏上的 RS Base Excitation（基础激励响应分析）。一般而言，响应谱分析的激励采用的是加速度谱，故应单击 RS Acceleration（加速度谱），如图 10-11 所示。

设置加载的边界条件。在 Details of RS Acceleration（加速度谱的详细信息）中单击 Boundaty Condition（边界条件）下拉列表框并选择 All BC Supports（全部的约束），如图 10-12 所示。

输入荷载数据。默认的是以表格形式添加的荷载数据，单击 Tabular Data（表格数据）将图 10-13 所示的竖向荷载数据添加进去，图 10-14 所示为竖直方向的楼层反应谱。本案例暂时添加 4%阻尼比的数据。

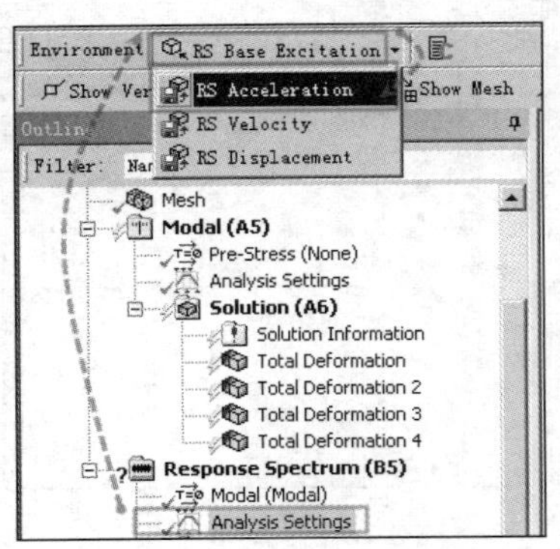

图 10-11　加载响应谱

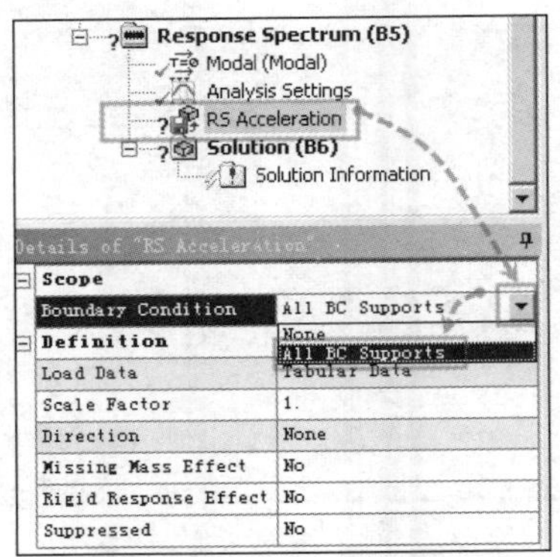

图 10-12　边界条件

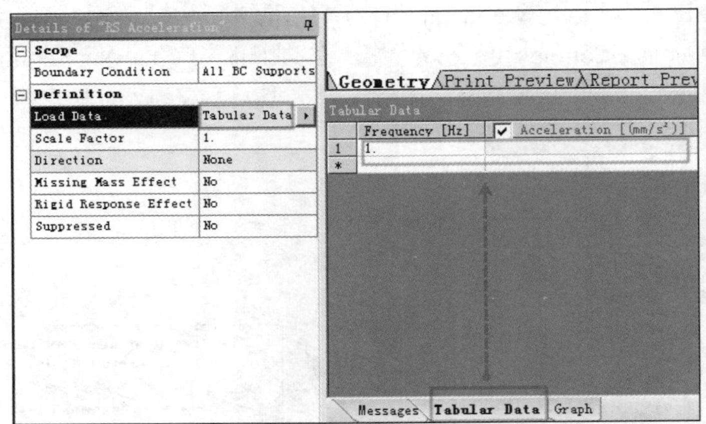

图 10-13　荷载数据

反应堆厂房(3RX)安全壳楼层反应谱值

1/2SSE，地面最大加速度为 0.0666g

频率拓宽 15%

阻尼比分别为：2%，4%，5%，7%，10%

标高：50.000m　垂直方向					
频率	加速度（g）				
(Hz)	2%	4%	5%	7%	10%
0.20	0.035	0.031	0.029	0.026	0.024
2.40	0.430	0.300	0.270	0.230	0.210
5.00	0.440	0.320	0.290	0.250	0.225
9.80	1.260	0.850	0.770	0.640	0.525
14.20	1.260	0.850	0.770	0.640	0.525
20.00	0.270	0.270	0.270	0.270	0.270
35.00	0.190	0.190	0.190	0.190	0.190
100.00	0.190	0.190	0.190	0.190	0.190

图 10-14　竖直荷载

注意：核电厂设计中的 OBE（运行基准地震）工况的阻尼值通常是临界阻尼的 2%。对于 SSE（安全停堆地震）的阻尼值在技术规格书中可以给出比 OBE 更高的阻尼值。SSE 的地震响应值小于或等于 OBE 的计算值的 2 倍。

运行基准地震（OBE）：考虑到该地区及当地地质学和地震学，以及当地地表下材料的专门特性，在核电厂运行寿命期内能合理预期到影响电厂厂址的地震。这是产生地面运动的地震。在此地震下，电厂中所设计的部件与核安全设施能够持续运行并对公众的健康和安全没有过度的危险。在设计基准期中，年超越概率 2‰的地震震动，其峰值加速度不小于 0.075g。

安全停堆地震（SSE）：考虑了该地区或当地的地质和地震情况，以及当地地层材料的具体特性，按照可能发生的最大潜在地震做出评价后的一个地震。这是产生最大地面震动运动的地震。在此地震下，设计的核安全有关的建筑物、系统和部件均要能执行核安全功能。在设计基准期中，年超越概率为 0.1‰的地震震动，其峰值加速度不小于 0.15g。

地震作用效应应该与核电厂中各种工况下的使用荷载效应进行最不利的组合。

定义荷载方向。该方向以整体坐标系为准。单击 Details of RS Acceleration（加速度谱的详细信息）中的 Direction（方向）下拉列表框并修改为 Y 向。输入后的荷载数据如图 10-15 所示。

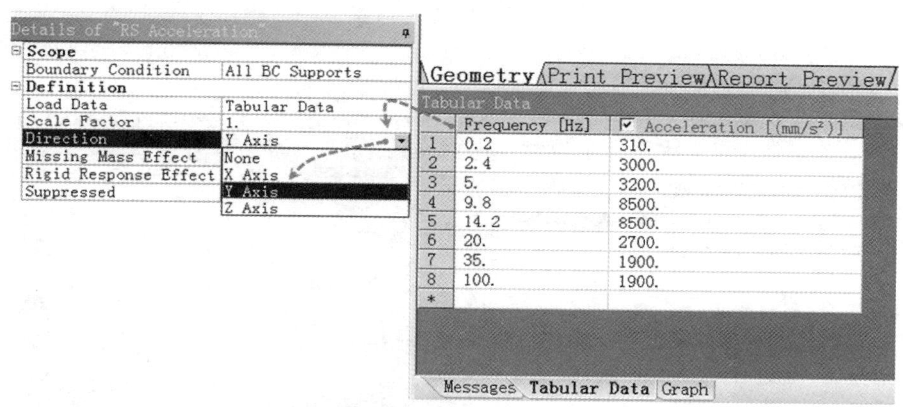

图 10-15　定义方向

右击 RS Acceleration（加速度谱）并选择 Duplicate（副本），如图 10-16 所示。将其修改为 X 方向，并将荷载数据一一修改为图 10-17 中水平方向的数据。由于本方法需要手工删除每一个原数据点，比较麻烦，也可以考虑重新加载一个加速度谱的方式继续加载，方法同上，如图 10-19 和图 10-20 所示。

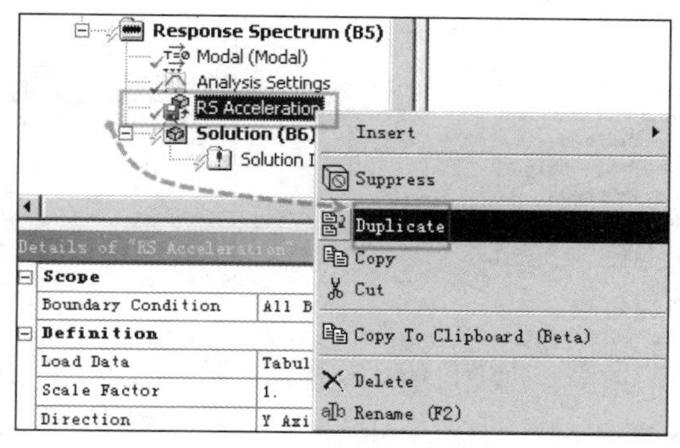

图 10-16　复制荷载

反应堆厂房(3RX)安全壳楼层反应谱值

1/2SSE，地面最大加速度为0.1g

频率拓宽15%

阻尼比分别为：2%，4%，5%，7%，10%

标高：50.000m 水平方向					
频率	加速度 (g)				
(Hz)	2%	4%	5%	7%	10%
0.20	0.050	0.045	0.042	0.040	0.036
1.00	0.250	0.200	0.190	0.175	0.160
2.40	1.000	0.800	0.670	0.580	0.500
3.38	3.720	2.550	2.230	1.830	1.440
4.74	3.720	2.550	2.230	1.830	1.440
7.50	0.640	0.600	0.580	0.580	0.570
16.50	0.640	0.560	0.540	0.510	0.480
20.00	0.450	0.450	0.450	0.450	0.450
35.50	0.430	0.430	0.430	0.430	0.430
100.00	0.430	0.430	0.430	0.430	0.430

图 10-17　水平荷载

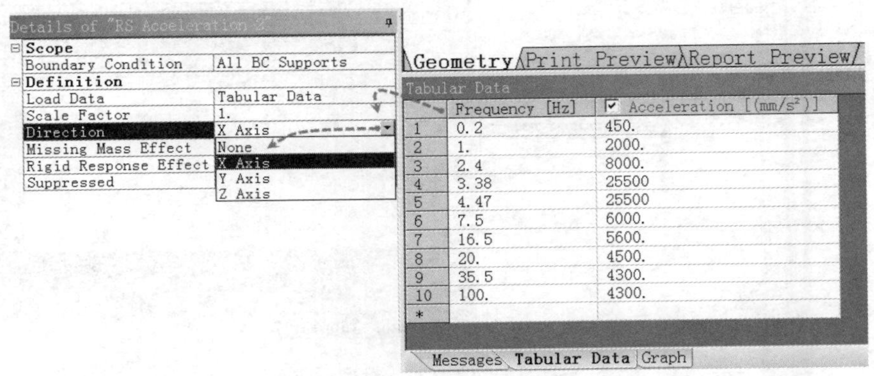

图 10-18　水平方向

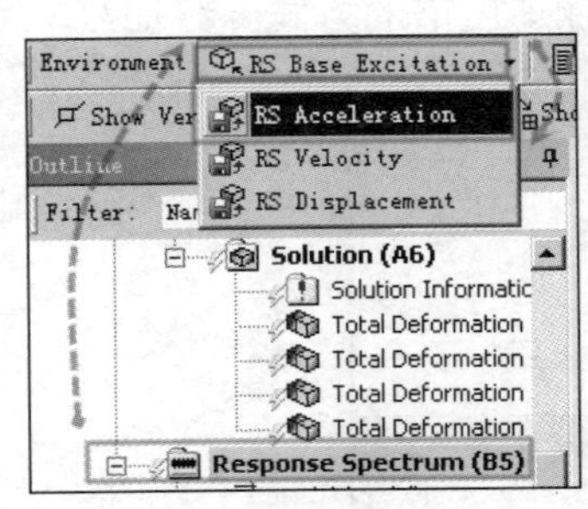

图 10-19　添加荷载

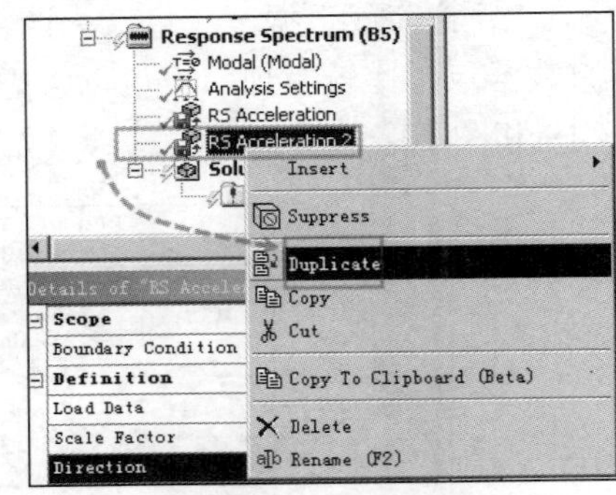

图 10-20　复制荷载

添加另一个水平方向的荷载。与图 10-16 相同，将水平方向的荷载数据复制出来，如图 10-20 所示。单击 RS Acceleration（加速度谱），将第一个水平荷载的数据框选，按 Ctrl+C 组合键，已经被选上的数据会变成蓝色背景，如图 10-21 所示。

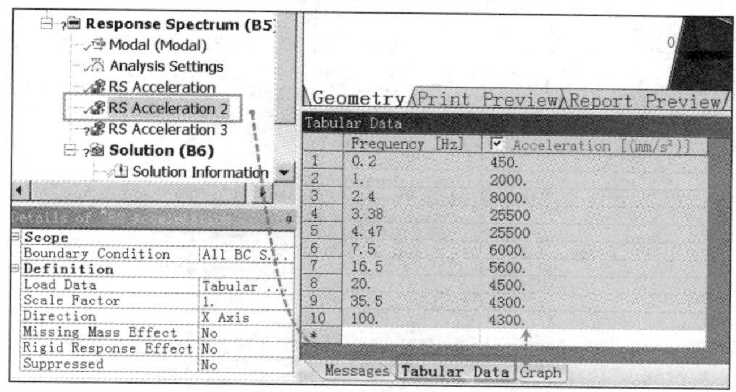

图 10-21 复制荷载数据

设置水平方向边界条件的荷载，在 Tabular Data（表格数据）中右击并选择 Paste Cell（粘贴），如图 10-22 所示。

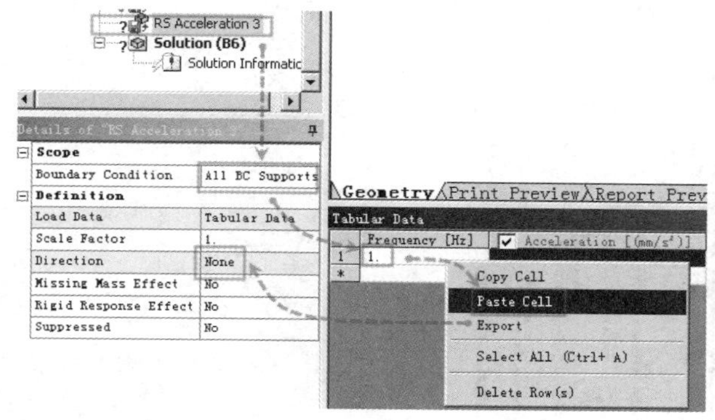

图 10-22 粘贴荷载

将方向设置成 Z 向，如图 10-23 所示。

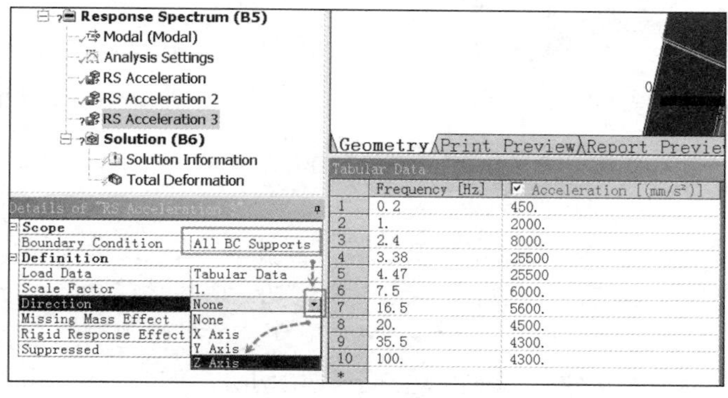

图 10-23 更改方向

设置后处理。本案例暂时输出变形结果。单击 Outline（分析树）中的 Solution（分析），单击菜单栏上的 Deformation（变形）→Total（总变形），如图 10-24 所示。

介绍一个选择目标面的技巧。在 Workbench 平台中，对于当前视角暂时无法看到的目标面，会在单击了某可见的表面后在模型左下角显示垂直于已选表面深度方向的被遮挡的全部表面，如图 10-25 所示。在该图中选择了一个外表面后，左下角显示了四个被遮挡的表面。如果需要选择其中的某一个表面，则可单击其中的一个；如果需要检查是否是需要的表面，可通过按住鼠标中键，用适当移动鼠标的方式旋转模型视角，直至可以看到已选的被遮挡表面，如图10-26所示。

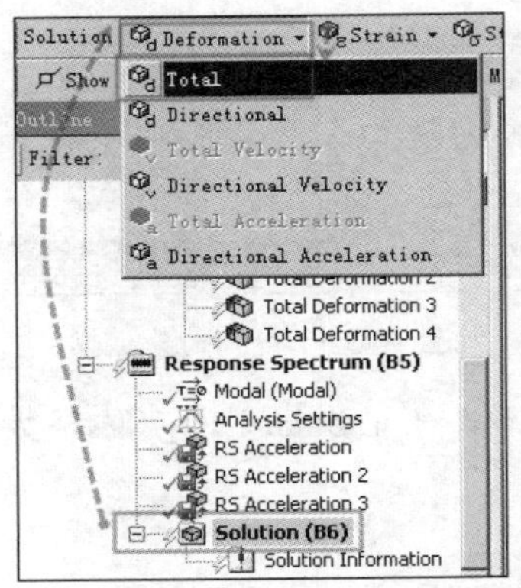

图 10-24　变形结果

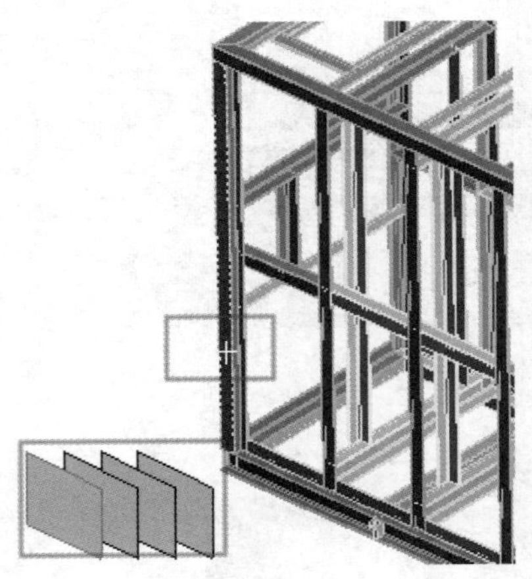

图 10-25　选择面

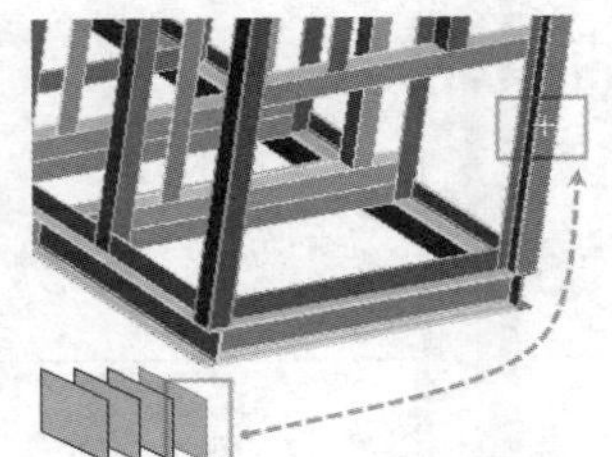

图 10-26　背面的表面

适当的时候，也可以使用切片功能（本案例介绍）和隐藏功能（第 21 章钢结构立柱线性屈曲分析案例中介绍），以方便查看。

介绍一下切片功能。切片功能可将模型暂时“切开”，以方便选择模型内部暂时不可见的目标面，或者显示内部模型结构，及将有限元模型剖切。切片功能命令位于菜单栏的中部，如图 10-27 所示。单击 New Section Plane（创建一个新切片）在模型上的合适位置从左边向右画出一根切线，放开鼠标后即可将切线的左边部分模型切除，如图 10-28 和图 10-29 所示。

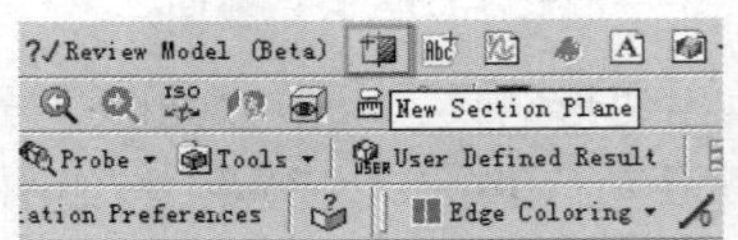

图 10-27　切片

画切线的方向如果是从右向左，则是将模型右边部分切除，如图 10-30 和图 10-31 所示。

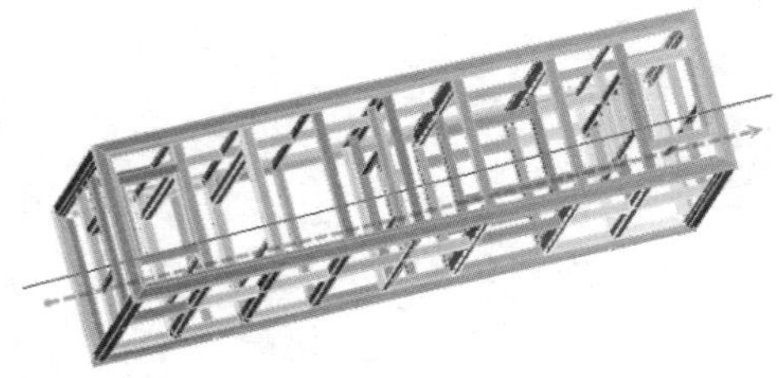

图 10-28　切片路线

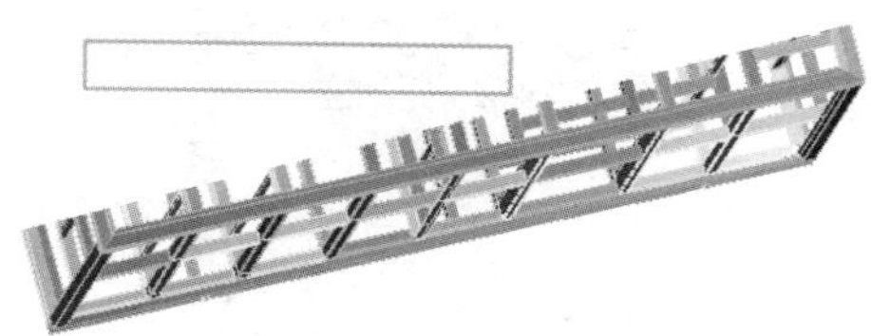

图 10-29　切片效果

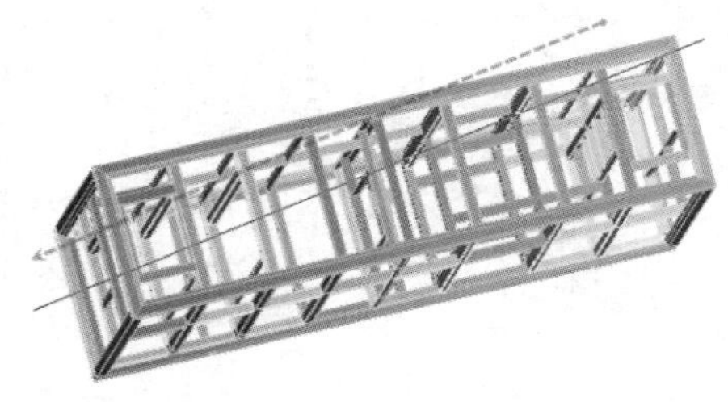

图 10-30　切片路线

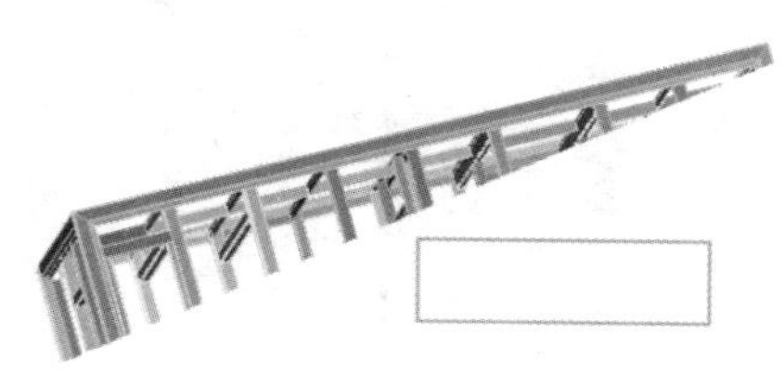

图 10-31　切片效果

注意： 切线的长度不限，只需方向合适即可。

如果只想剖切并查看一部分模型，怎么办？可以使用两条切线交叉切割的方式。例如查看模型侧面仅去除右上角部分的模型。先将模型旋转到侧面视角，再单击右下角坐标系的 X 方向图标，如图 10-32 所示。

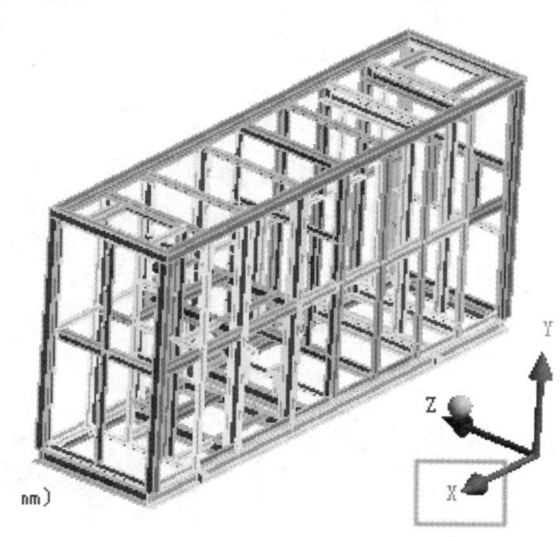

图 10-32　选择视角

单击 New Section Plane（创建一个新切片），第一条切线向下切割；再次单击 New Section Plane（创建一个新切片），第二条切线从左向右切割，如图 10-33 所示。

图 10-34 所示为切割后的效果。切片功能也可以用来查看有限元模型。在刚刚切割模型的基础上单击 Outline（分析树）中的 Mesh（网格），在 Section Planes（切面）中单击 Show Mesh（显示网格），如图 10-35 所示，效果如图 10-36 所示，显示了切面位置的完整单元形状。在本案例中，单元质量较差，切面处的单元形状看起来显得比较“扁”。

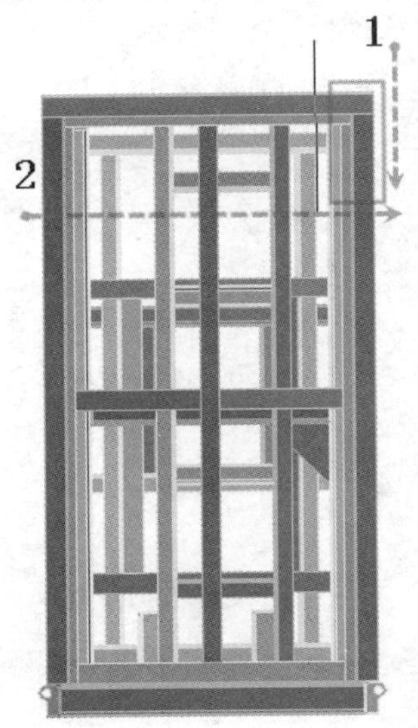

图 10-33 切片路线

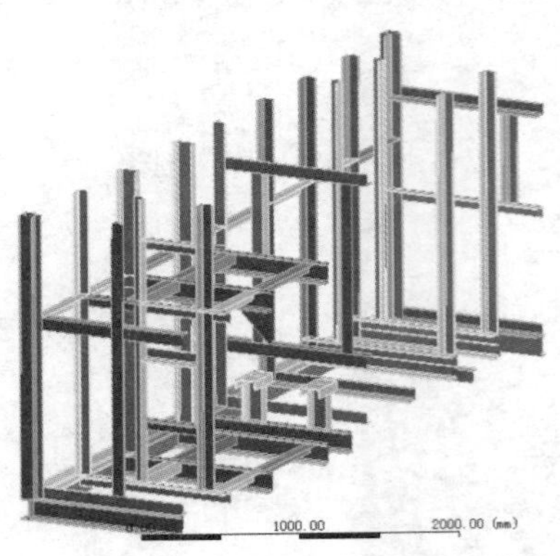

图 10-34 切片效果

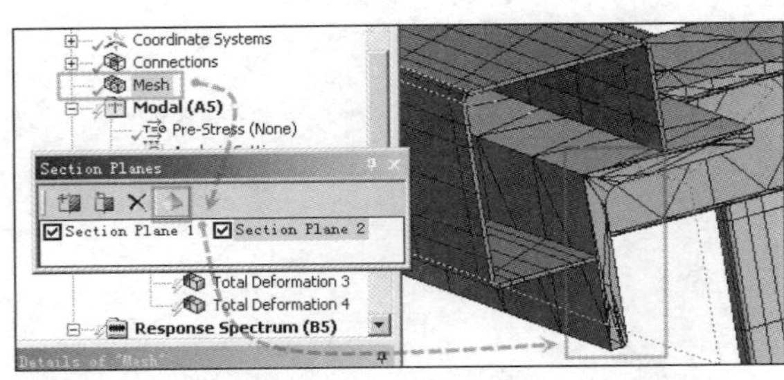

图 10-35 显示网格

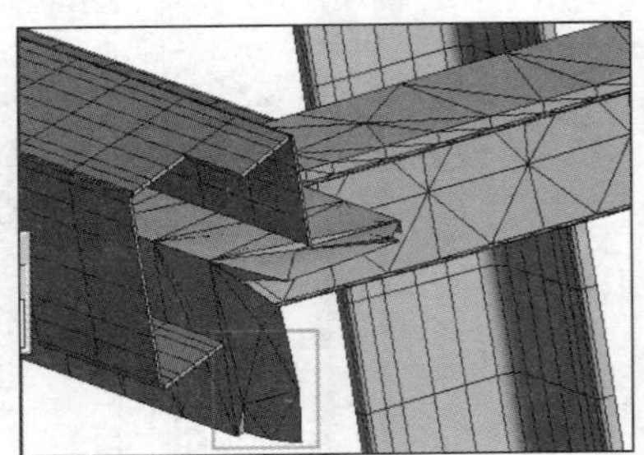

图 10-36 网格效果

介绍一下选择过滤器的使用。该功能是 14.0 以后版本中出现的新功能，在 15.0 中优化了该功能，使其仅显示必需的信息，方便了在复杂计算中查找某些参数。如果需要在多个分析项目中仅显示结果信息，可在 Outline（分析树）中的 Filter（过滤器）下拉列表框中选择 Type（过滤的类型），如图 10-37 所示。单击右边的空白处，在下拉列表框中选择 Results（结果），如图 10-38 所示。

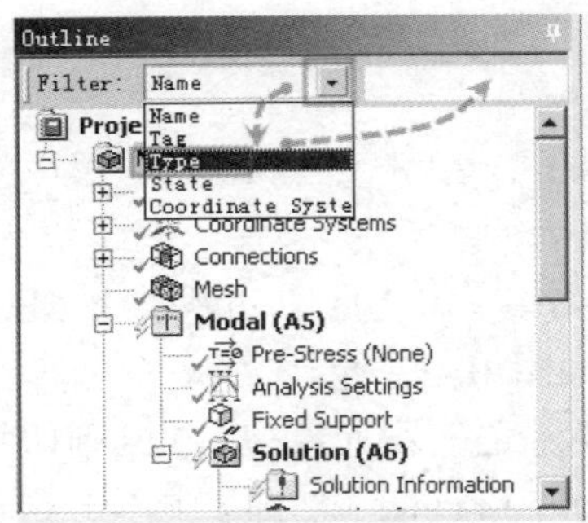

图 10-37 选择过滤器

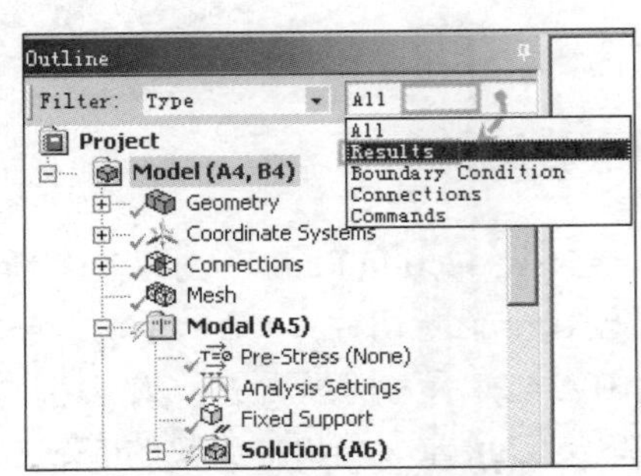

图 10-38 选择结果

经过滤后的结果信息如图 10-39 所示。恢复默认情况，可单击下拉列表框返回至默认的 Name（名称），如图 10-40 所示。

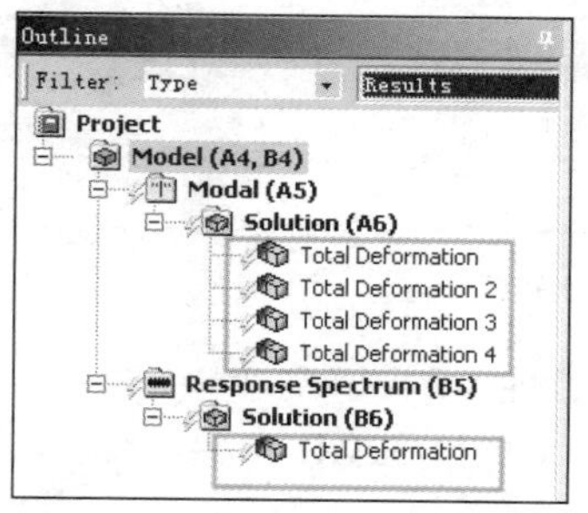

图 10-39　过滤效果

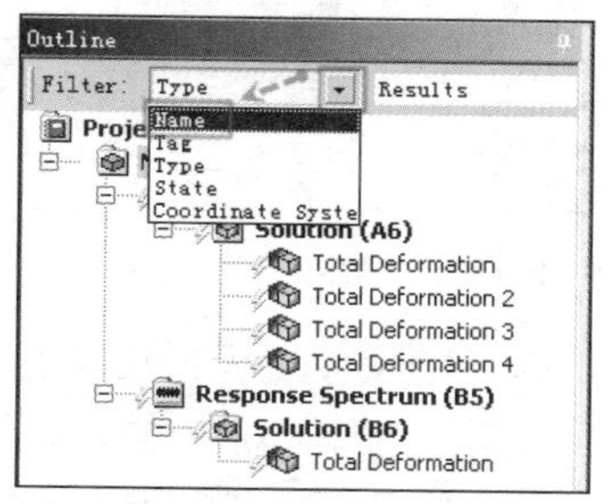

图 10-40　恢复

介绍一下创建分析模板的功能。在实际项目中，一个产品的数值模拟过程往往需要执行大量的、近似工况下、使用近似模块的分析。每次分析都单独建立所需的模块，是一种重复性的劳动，浪费宝贵的计算机机时。为了能让分析过程更加标准化和规范化，可以将常用的分析项目创建出一个分析模板，即可一次性地将所需的全部模块打开。

当工程师们把精力放在工程决策而不是手动执行繁琐的软件操作时，他们的工作才会是最有效率的。

例如本案例，在创建了一个模态分析和响应谱分析后，可将其定义成一个模板。右击 A1 Model（模态分析），在弹出的快捷菜单中选择 Add to Custom（创建一个模板），如图 10-41 所示。

在弹出的对话框中，将模板名称暂时命名为“响应谱分析模板”，再单击 OK（确定）按钮，如图 10-42 所示。

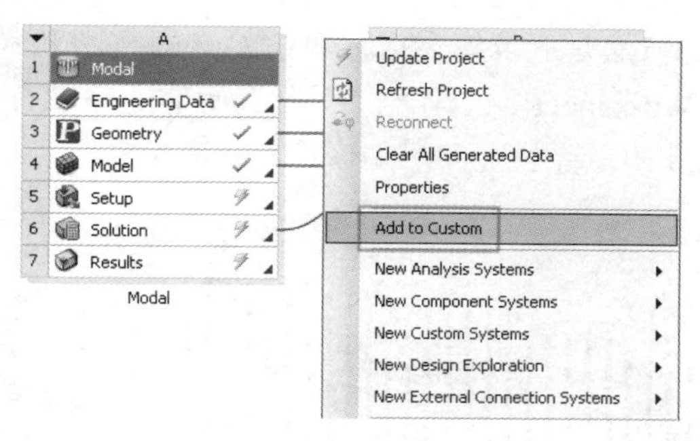

图 10-41　创建新模板

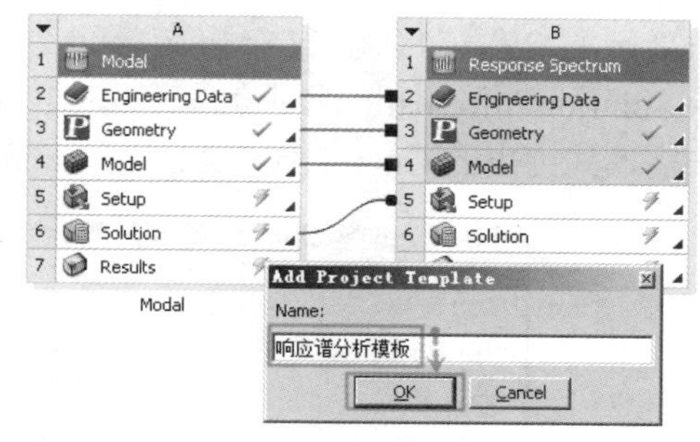

图 10-42　模板命名

这样在 Toolbox（工具箱）的 Custom Systems（模板）中就增加了一个“响应谱分析模板”，如图 10-43 所示。

如果日后需要进行响应谱分析，可以打开 Workbench 15.0 平台后直接双击 Toolbox（工具箱）下面 Custom Systems（模板）中的“响应谱分析模板”，如图 10-44 所示。可以将一个产品数值模拟中所需要的全部分析项目创建为一个模板。

删除模板的方法为：右击模板，在弹出的快捷菜单中选择 Delete（删除模板），如图 10-45 所示。

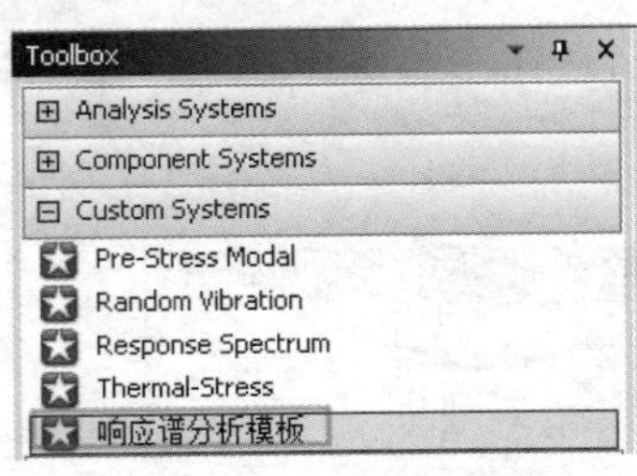

图 10-43 添加的模板

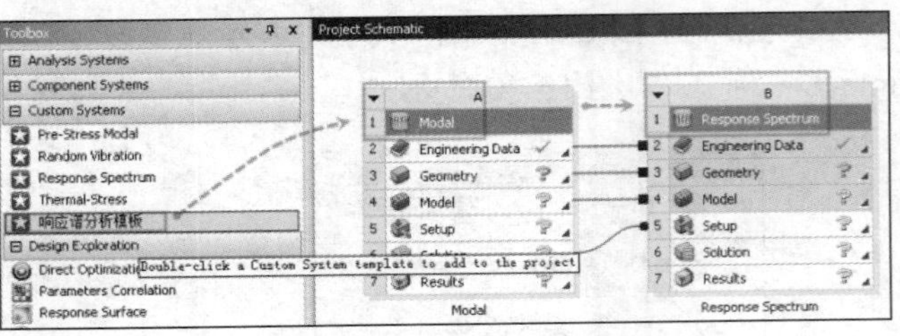

图 10-44 打开一个模板

求解。检查各项设置无误后保存项目文件，单击“求解”按钮 Solve 。

图 10-46 所示为模态分析的求解时间。在笔者 4 核心 CPU、32GB 内存、120GB 固态硬盘的台式机上使用默认求解器，求解时间为 525 秒（约 8 分钟）。

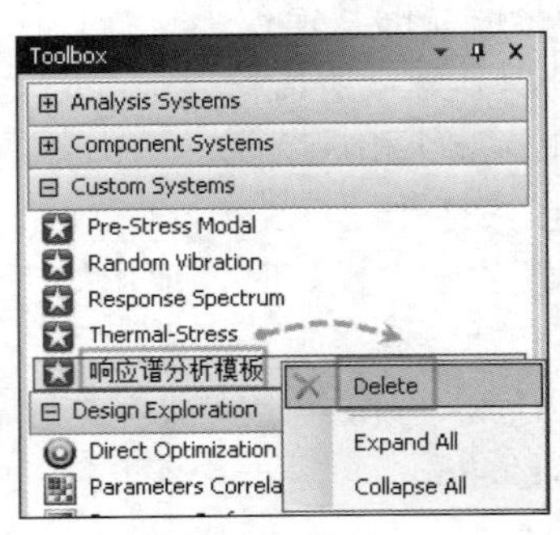

图 10-45 删除模板

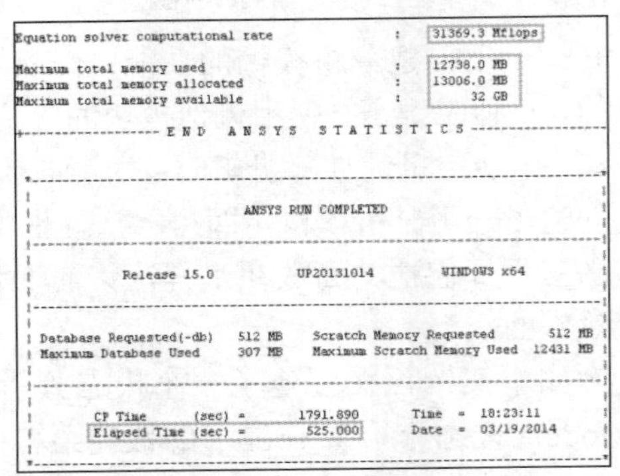

图 10-46 求解时间

计算结果。图 10-47 和图 10-48 所示分别为以图表和表格的形式显示的模态频率分布状况。至于模态参与系数，由于计算的模态阶数较多，占用版面将过大，本案例直接将结果汇总。X 方向总计 1、Y 方向总计 1、Z 方向总计 1。查看的方法是：求解完成后单击 Outline（分析树）中的 Solution Information（求解信息），在右侧的 Worksheet（工作表）中自下而上地仔细查找呈表格形式列出的 Cumul Ative Mass Fraction（累计质量系数）。

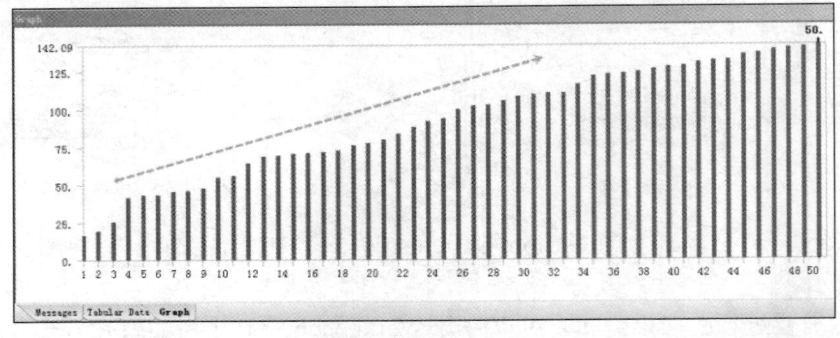

图 10-47 频率分布图

图 10-49 至图 10-52 所示分别为前四阶振型结果。一阶振型为顶盖附近的平动振型，第一阶固有频率为 16.809Hz，小于 33Hz 的截断频率，一般可以考虑使用响应谱分析法或时程分析法计算其抗震性能；第二阶和第三阶是相对位置的顶部扭转振型；第四阶为模型中部的扭转振型。

Tabular Data

	Mode	Frequency [Hz]
1	1.	16.809
2	2.	19.496
3	3.	25.631
4	4.	41.675
5	5.	43.03
6	6.	43.386
7	7.	45.244
8	8.	46.292
9	9.	47.964
10	10.	54.729
11	11.	56.217
12	12.	64.542
13	13.	68.591
14	14.	69.194
15	15.	70.461
16	16.	71.215
17	17.	71.476
18	18.	72.577
19	19.	75.851
20	20.	77.78
21	21.	80.135
22	22.	83.822
23	23.	88.268

Messages　Tabular Data

图 10-48　频率分布表

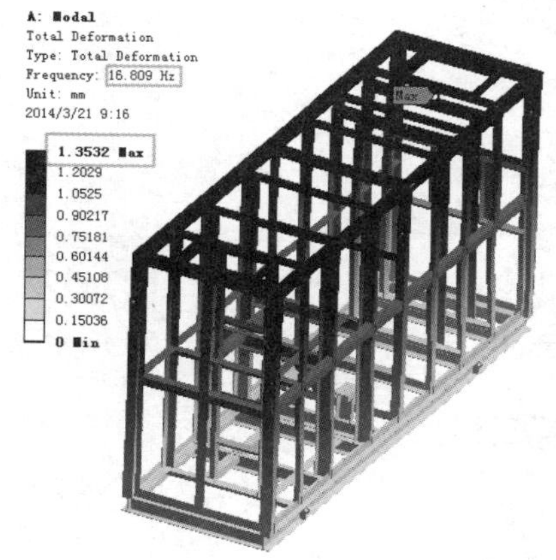

图 10-49　一阶振型

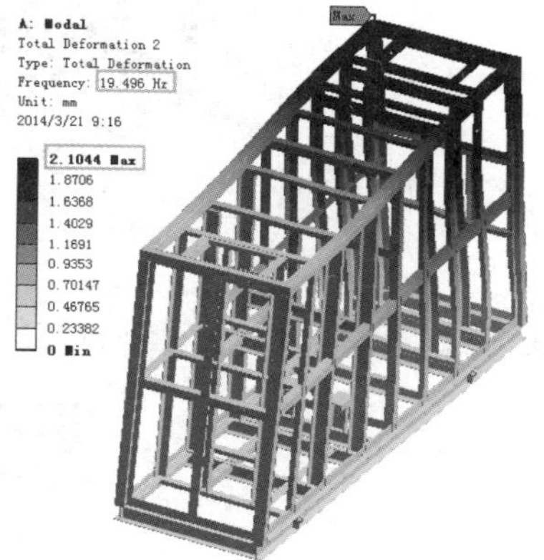

图 10-50　二阶振型

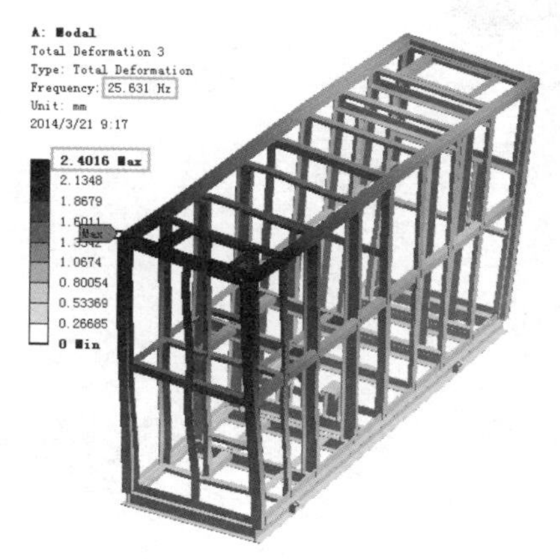

图 10-51　三阶振型

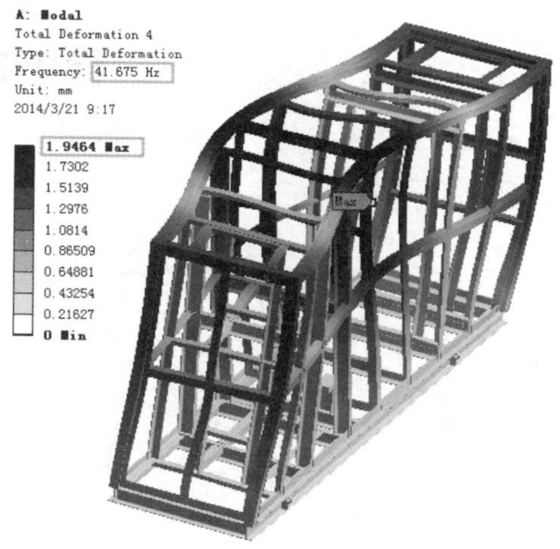

图 10-52　四阶振型

注意： *所有结果均放大了一定比例，以方便查看振型变形的方向。*

响应谱分析后，其变形结果如图 10-53 所示，其最大变形位置与第二阶振型近似。如果结构需要加强，可以考虑优先加强第二阶振型方向的刚度。最大变形值为 0.79919mm，与设备约 3000mm 的总长相比是个很小的数值。

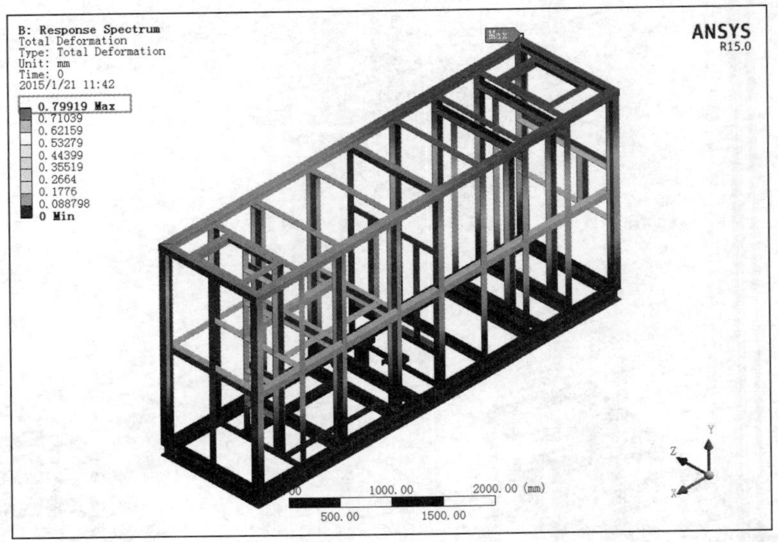

图 10-53　变形结果

退出机械设计模块，保存项目文件，退出 Workbench 15.0 平台，如图 10-54 所示。

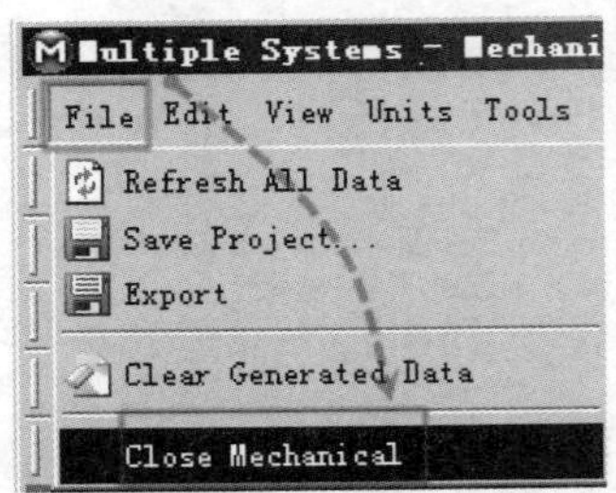

图 10-54　退出模块

至此，本案例完。

11 核电空调随机振动分析案例

11.1 案例介绍

本案例对某核电站用空调的框架模型加载中国军用环境实验标准中振动试验标准所规定的功率谱密度，来演示 ANSYS Workbench 15.0 机械设计模块中随机振动分析模块的基本操作过程。

案例中还介绍了导入模型的另一种方法、抑制部分不需要参与计算的零件的方法和提取单个零件变形值的方法、压缩项目文件以利于数据传递等技巧。

11.2 分析流程

本案例的荷载数据主要参考了 GJB150.16A-2009《中华人民共和国国家军用标准－军用设备环境试验方法－振动试验》。其部分内容如下："本标准规定了军用设备振动试验方法，是制订军用设备技术条件或产品标准等技术文件的相应部分的基础和选择依据"。

振动导致装备及其内部结构的动态位移。这些动态位移和响应的速度、加速度可能引起或加剧结构疲劳，以及结构、组件和零件的机械磨损。

陆上运输环境，比海上或空中更为严重，而且所有海上或空中运输的前后，都将包括陆上运输，因此以陆上运输，作为基本运输环境。

陆上运输环境包括公路运输和铁路运输，而公路运输比铁路运输更为严重，因此以公路运输作为运输环境。

公路运输的环境是一种宽带振动，它是由于车体的支撑、结构与路面平度的综合作用产生的。设备的运输一般是指从制造厂到用户以及用户之间所经受的典型环境。这些运输可分为两个阶段：公路运输和野战任务运输。

本案例的设备需要从我国北方经过约 3000 公里的公路运输到达东南沿海的项目现场，分析时加载高速公路卡车振动环境数据的荷载。

该设备属于某核电厂放射性控制区域通风系统（VAS）。分析的模型是 VAS 系统中的化容系统（CVS）冷却空调。关于 CVS 空调的功能有如下描述："其可用于反应堆停堆运行，阻止对安全系统的挑战。而 VAS 可维持 RNS 和 CVS 泵运行环境温度，在设计范围内确保其正常运行。特定区域温度控制的目的是保证设备的正常运行和防止维修人员在高温下工作。通风系统应能保证电站受控制区域相对于清洁区域或厂房外的微负压，从而减少污染气体不受监控地对外释放。服务于 RNS 和 CVS 泵房的 VAS 单元冷却器设备应设置冗余的类似设备，保证那些纵深防御系统功能不会丧失。VAS 系统必须维持 RNS 和 CVS 泵环境温度在 10℃～54.4℃的设计温度范围内。VAS 系统必须监测气体的放射性，一旦监测到高放射性，必须能自动隔离来自辅助厂房及燃料操作区域的正常未经过滤的气体。系统必须自动启动备用的排气过滤系统，提供高效空气微粒过滤器，并维持高放射性厂房微负压。"

图 11-1　打开软件

打开 ANSYS Workbench 15.0，再打开一个模态分析模块和一个随机振动模块，如图 11-1 和图 11-2 所示。由于随机振动分析属于动力学分析，需要首先打开模态分析模块并将模态分析模块的结果导入随机振动分析模块，这是一种协同分析。协同是现代产品设计流程的重要需求。

ANSYS Workbench 作为世界上唯一一款协同仿真平台，旨在搭建基于网格的仿真工作统一环境，将百家争鸣的仿真技术和纷繁复杂的仿真数据完美整合，其满足了这一需求。

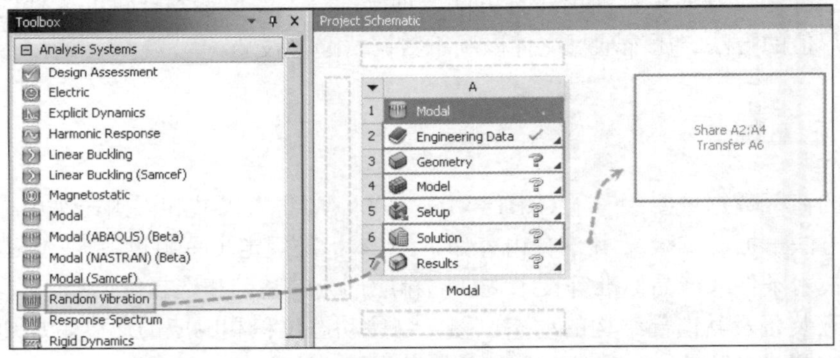

图 11-2　打开模块

导入模型。双击 A3 Geometry（模型）进入 DM 模块，如图 11-3 所示。

单击菜单栏上的 File（文件）→Import External Geometry Fils（导入外部模型文件），如图 11-4 所示。

找到名为"加强 CVS.x_t"的模型文件并选中，再单击"打开"按钮，如图 11-5 所示。单击菜单栏上的 Generate（生成模型），如图 11-6 所示。

导入后的模型如图 11-7 所示，为空调模型简化后的框架部分。

模型导入完毕，退出 DM 模块。单击菜单栏上的 File（文件）→Close DesignModeler（关闭 DM 模块），如图 11-8 所示。

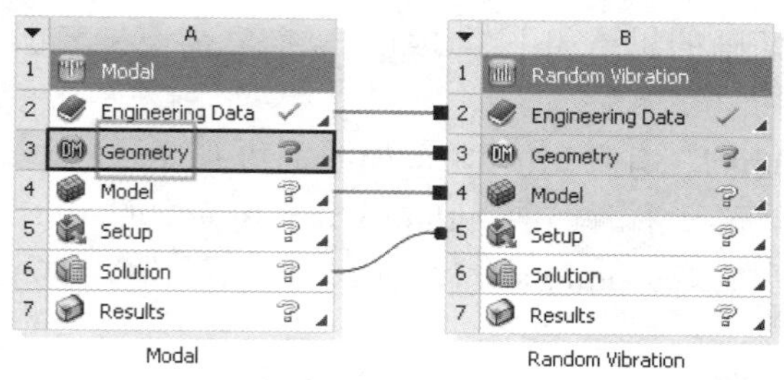

图 11-3　进入 DM 模块

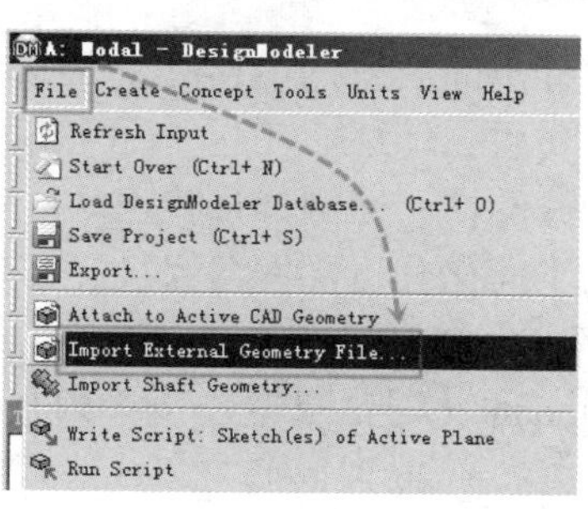

图 11-4　导入模型

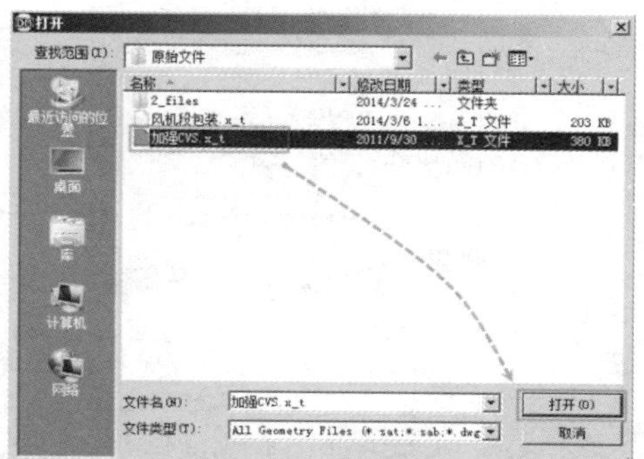

图 11-5　打开模型

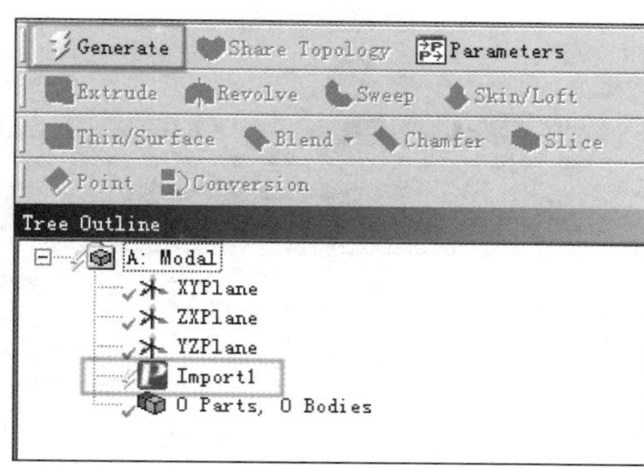

图 11-6　生成模型

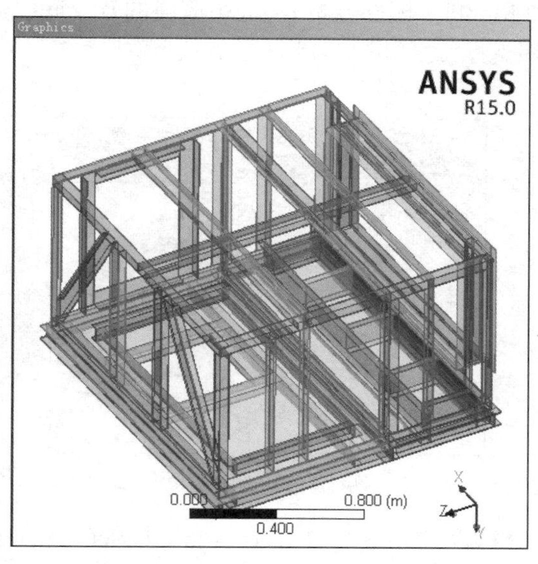

图 11-7　导入后的模型

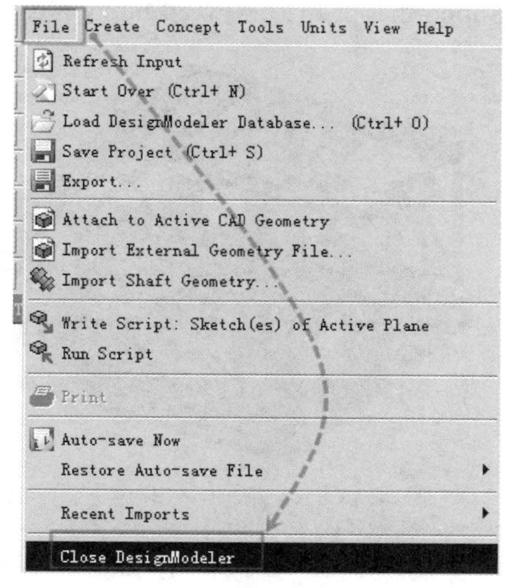

图 11-8　关闭模块

注意：对于有限元分析来说，如果不是特别针对于某些倒角、槽、孔等特征进行分析，可以在建立分析用模型的时候适当删除原设计中尺寸较小的该特征。这样一方面可以减少计算规模，更重要的是可以划分出较高质量的网格，从而提高分析的精度。但是，对于关键位置的应力集中区域，任何半径的倒角都是有利的，会使计算结果更趋于真实。

划分出高质量的网格无外乎两步：一个清晰的思路和不断地优化。前者需要见多识广，后者需要耐心仔细。

划分网格。回到项目管理区，双击 A4 Model（有限元模型），如图 11-9 所示。

为了简化分析，本案例仅定义一个全局单元尺寸。单击 Outline（分析树）中的 Mesh（网格），在 Details of Mesh（网格的详细信息）中的 Element Size（单元尺寸）后面输入 50mm，单击 Update（刷新网格），如图 11-10 所示。

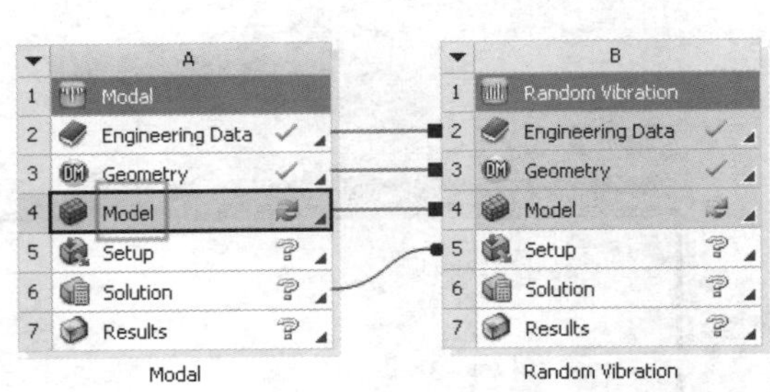

图 11-9 划分网格

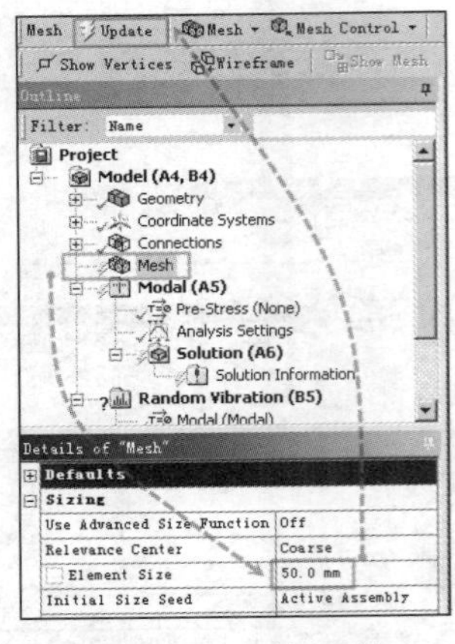

图 11-10 刷新网格

划分后的网格如图 11-11 所示。

施加边界条件。单击 Outline（分析树）中的 Model（模态分析），选中底座的八个底面，单击 Supports（支撑）→Fixed Support（固定位移支撑），如图 11-12 所示。

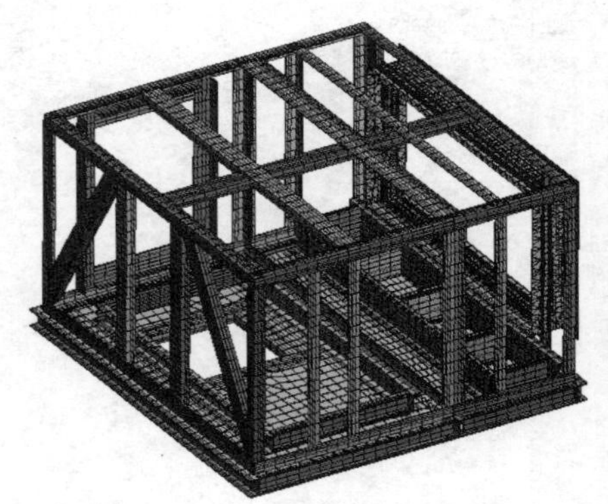

图 11-11 划分后的网格

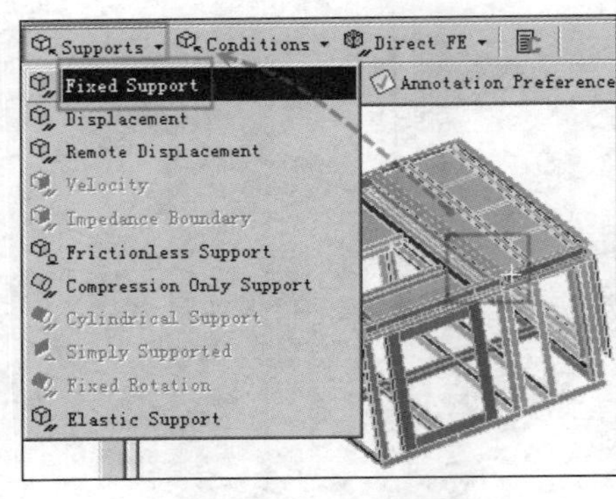

图 11-12 固定支撑

设置求解的模态数。单击 Analysis Settings（分析设置），在 Details of Analysis Settings（分析设置详细信息）中的 Max Modes to Find（最大模态数）后面输入 50，来计算本模型的前 50 阶固有频率和振型，如图 11-13 和图 11-4 所示。

计算较多的模态数，一方面是为了增加模态质量参与系数，另一方面是为了涵盖后续的随机振动荷载的最大频率。

注意：计算较多的模态数会大大增加计算量，并且会在求解进度条的最后阶段消耗更多的时间。

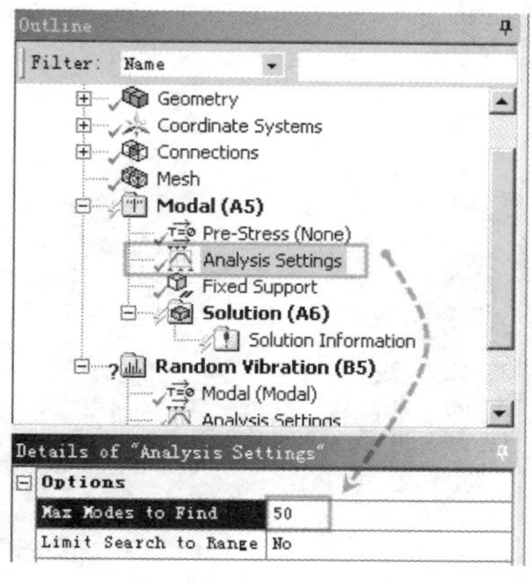

图 11-13　模态数

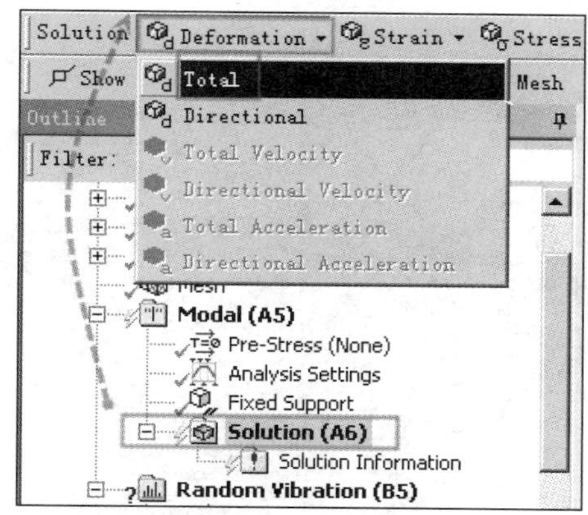

图 11-14　振型结果

注意：一般来说外界激励对模型的较低阶的固有频率影响较大。在建筑抗震设计规范（GB 50011）和《化工设备设计全书—塔设备》等资料中，使用了如底部剪力法等各种简化后的手工计算公式计算结构的地震响应。由于完整的结构计算的计算量过于巨大，手工计算基本无法完成，标准中一般计算结构在第一阶和第二阶固有频率下的响应情况；而有限元分析时一般计算前 10 阶固有频率，能满足基本的工程计算精度。

需要求解多少阶的模态频率取决于质量参与系数。一般 X、Y、Z 三个方向均需要达到 90%以上（参考 GJB-150A 标准）。如求解的质量参与系数小于 90%，则应计算更多的模态阶数。当满足要求时，除特殊情况，不需要计算更多的模态阶数。

介绍抑制部分零件的技巧。对于本分析，底板模型是很薄的板状零件，其对整体刚度影响不大，却又非常薄，不利于划分出较高质量的网格。

对于此类零件的模拟，可采用两种方法等效：一种是计算底板的质量，然后用 Point Mass（点质量）方式加载在所属的框架上；另一种是计算与其所属相邻框架的体积，用增加该部分框架材料密度的方法等效其重力效应（需要单独定义该部分框架的材料属性）。本案例忽略该零件的影响，直接抑制，使其不参与计算。

单击菜单栏上的体过滤器 Body/Element（体/单元），如图 11-15 所示。然后按住 Ctrl 键分别单击两个底板，右击并选择 Suppress Body（抑制该零件），如图 11-16 所示。

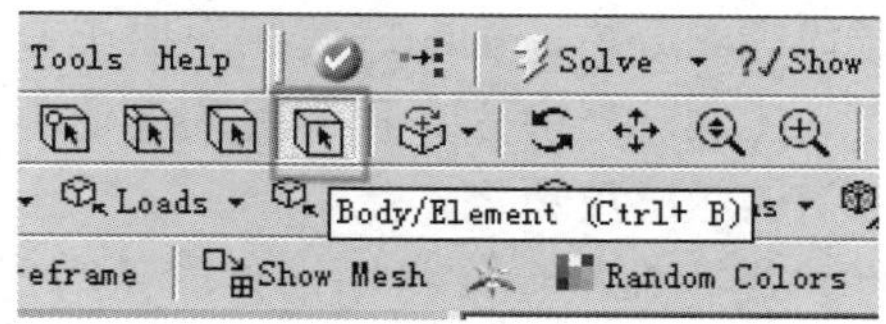

图 11-15　体过滤器

注意：随着 Workbench 平台的改进，越来越多的功能已经可以使用快捷键，如图 11-15 中的 Ctrl+B 组合键即可实现选中“体”的功能，又如图 11-16 中隐藏零件的快捷键为 F9 等。

抑制后的效果如图 11-17 所示。

注意：对于暂时不需要考虑的荷载和边界条件等也可以选中它们，并在右键快捷菜单中将其抑制，或在其详细信息中将其抑制。

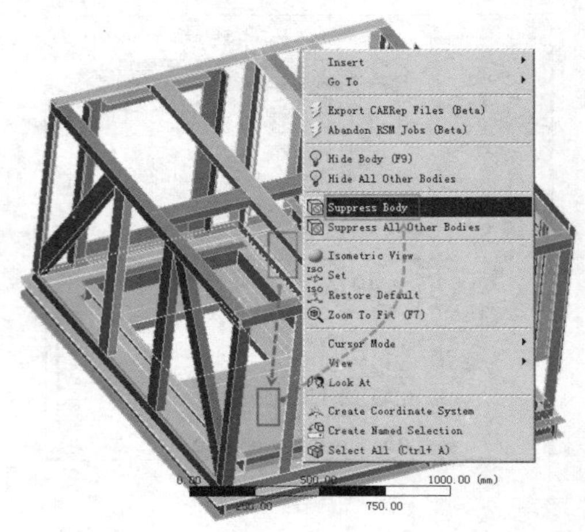

图 11-16　抑制部分零件

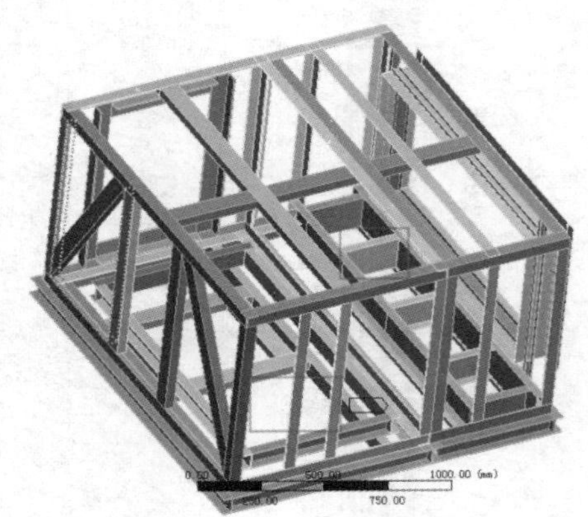

图 11-17　抑制后的效果

求解振型并查看结果。确认各项设置无误后保存项目文件，单击“求解”按钮 Solve 。由于网格数量达到了 16 万多个，计算规模相对较大，求解过程需要较长时间。

注意：对于 ANSYS Workbench 15.0，随着分析规模的不同，可能需要几百到几万兆的硬盘空间，保存项目文件时请尽量选择磁盘空间较大的分区。而且有限元分析过程中，将会出现大量的数据交换工作。硬盘作为计算机中数据交换速度最慢的部件，有时会成为整机的瓶颈，可能需要尽可能高速的硬盘。

由于大部分用户的硬盘都是传统的机械硬盘，其转速一定，磁盘外圈的线速度较大，使得其读写速度相对较快。这可以在第 30 章的硬盘测试成绩中得到印证。磁盘外圈的分区一般为 C 盘。为了减少数据交换瓶颈，应尽量将项目文件保存在 C 盘中。为了节约宝贵的 C 盘空间，完成分析后请将项目文件转移到其他分区。

由于使用基于 RAID 技术的磁盘阵列方案在总成本上与固态硬盘近似，而固态硬盘在容量上已可以满足绝大多数计算需求，而且性能可提升数倍，笔者建议使用更高速的固态硬盘。

SATA3.0 接口固态硬盘的最高读写速度普遍能比机械硬盘快 3 倍或以上，而部分具有极致性能的 PCI-E 8X 接口的固态硬盘能快十几倍或更多，4KB 小文件的随机读写速度甚至可以快 100 倍以上，从而带来比普通机械硬盘快几倍甚至几十倍的读写速度。对于计算密集型的线性有限元分析应用来说（对于迭代类的分析，影响程度相对更小），相同的硬件总投资额下，增加一块固态硬盘带来的性能提升比例一般会大大优于提高其他部件性能带来的效果，也就是说固态硬盘的加入对整体性能影响的敏感度更高。

固态硬盘中没有运动部件，不存在机械硬盘中内外圈读写速度不同的问题，故项目文件可以保存在任意位置。但是限于其工作原理的原因，当固态硬盘的存储空间接近饱和时读写速度会下降，故应尽量使其预留一定的空闲空间。

如仍选择机械硬盘为计算磁盘时，应优先选择随机读写能力更强的多盘片产品，而不选择大文件连续读写更快的单盘片大容量产品。Windows 7 系统中对固态硬盘进行了性能优化，以更好地发挥其性能。

举个例子，如在笔者的笔记本电脑上（双核心 2.2GHz）于 2012 年春节前后进行的某核电站空调结构抗震分析中的模态分析部分。由于分析规模较大，分析过程中发生内存容量不足，软件调用了保存于硬盘上的系统页面文件进行缓存的现象。在整个模态分析近 80 小时的计算时间中，约有 70 个小时都是 CPU 占用率极低（仅 5%左右）而硬盘占用率接近 100%的情况，硬盘读写效率瓶颈明显，而直接用于求解方程组的 CPU 处理能力被完全浪费，极大地影响了 CPU 性能的发挥。分析完成后，最终结果文件共 58GB。

后来，笔者购买了容量为 120GB 的固态硬盘。更换后，笔者的 Windows 7 64 位系统硬盘部分性能评分从机械硬盘的 5.4 分提高到了 7.8 分，直逼系统硬件最高评分 7.9 分。而其他软硬件不变，仅将项目文件及系统页面文件存放在固态硬盘中，求解相同问题，花费时间仅 5 小时，性能提升约 16 倍，极大地节约了时间。

假设不存在性能瓶颈，单纯地依靠提升 CPU 的计算能力而获得比 2 核心 CPU 快 16 倍求解速度加速，由于存在并行效率的问题，则往往需要增加约 20 倍的核心数量（假设两者的单核心计算性能一致）。一般有三种方案：①基于 XEON E54600 系列 CPU 组成 4 路 10 核心的单台计算机；②使用 10 台 4 核心计算机联网构成计算机集群；③升级至 10 核心或 15 核心并增加 4 块高性能 GPU 加速卡或 XEON Phi 协处理器（需要 ANSYS Workbench 15.0 版的 HPC 许可证）。那么组成的超级计算机的总价格可能是原 2 核心计算机的 5 倍到 20 倍，而如果增加一块高性能的固态硬盘，则仅需要增加 10%～20%的费用即可，两者费效比差距最大可达 50 倍。当然该假设太过极端，实际中出现的可能性较低。

由于使用固态硬盘后尽可能地消除了硬盘部分的性能瓶颈，会让计算机其他高速硬件的性能更密集地发挥（木桶效应），这会带来发热量增多问题，应考虑加强散热。

图 11-18 所示为第一阶振型结果。其固有频率为 43.994Hz，振型为顶盖处的平动。模态质量参与系数：X 方向为 0.39（水平方向），Y 方向为 0.3（竖直方向），Z 方向为 0.6（水平方向）。

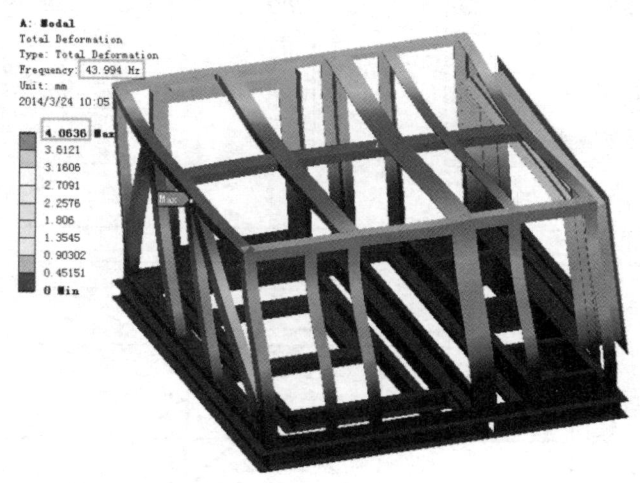

图 11-18　一阶振型结果

随机振动分析部分。加载功率谱密度荷载。单击 Outline（分析树）中的 Random Vibration（随机振动分析），再单击 PSD Base Excitation（基础激励功率谱密度）→PSD G Acceleration（功率谱密度 G 谱），如图 11-19 所示。

由于需要加载 X、Y、Z 三个方向的荷载，因此需要打开三次该荷载。

加载竖直方向的功率谱密度荷载。单击 Details of Random Vibration（随机振动分析的详细信息）中 Boundary Condition（边界条件）后面的下拉列表框并选择 All Fixed Supports（全部的固定位移支撑），如图 11-20 所示。

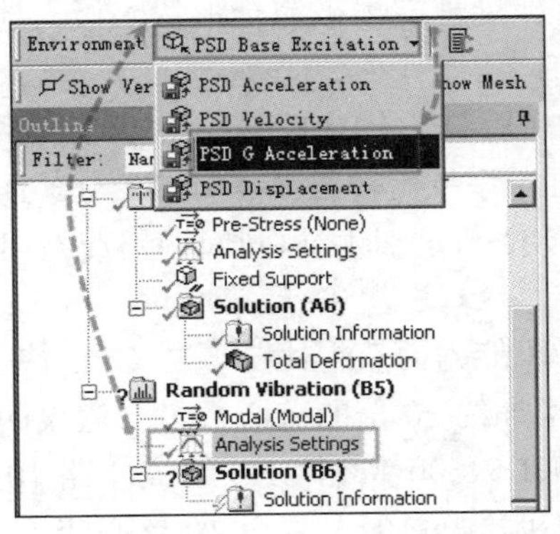

图 11-19　加载功率谱

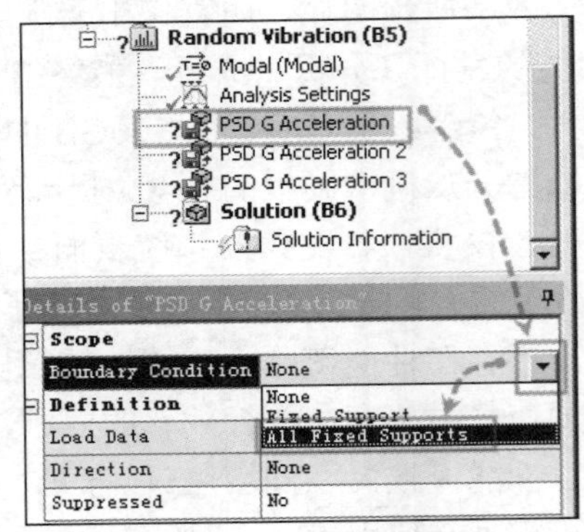

图 11-20　加载位置

单击 Direction（方向）后的下拉列表框并选择 Y 向（竖直方向），如图 11-21 所示。

图 11-22 所示为军用标准中高速公路卡车振动环境谱的拐点数据，图 11-23 所示为该荷载的曲线图。

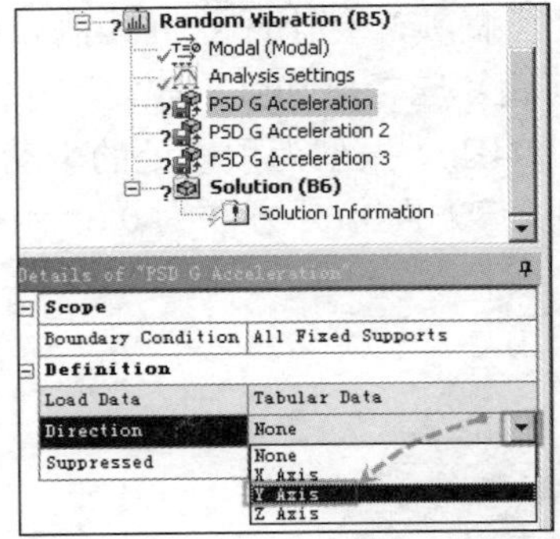

图 11-21　加载的方向

高速公路卡车振动环境

图 C.1

垂向		横向		纵向	
Hz	g^2/Hz	Hz	g^2/Hz	Hz	g^2/Hz
10	0.01500	10	0.00013	10	0.00650
40	0.01500	20	0.00065	20	0.00650
500	0.00015	30	0.00065	120	0.00020
1.04 g_{rms}		78	0.00002	121	0.00300
		79	0.00019	200	0.00300
		120	0.00019	240	0.00150
		500	0.00001	340	0.00003
		0.204 g_{rms}		500	0.00015
				0.740 g_{rms}	

图 11-22　曲线的拐点

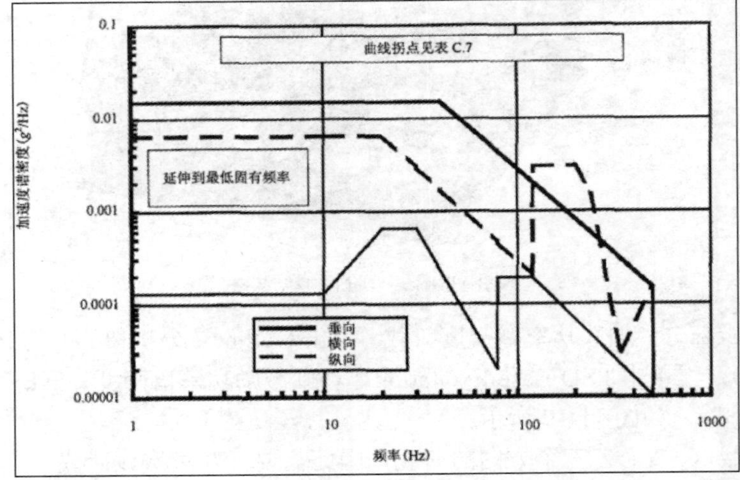

图 11-23　荷载曲线图

单击 Load Data，在 Tabular Data（表格数据）内输入竖直方向的荷载谱，如图 11-24 所示。

Details of "PSD G Acceleration"

Scope	
Boundary Condition	All Fixed Supports
Definition	
Load Data	Tabular Data
Direction	Y Axis
Suppressed	No

Tabular Data

	Frequency [Hz]	G Acceleration [G²/Hz]
1	1.	1.5e-002
2	10.	1.5e-002
3	40.	1.5e-002
4	100.	3. e-003
5	180.	1. e-003
6	400.	2. e-004
7	500.	1.5e-004
*		

图 11-24　Y 方向荷载

用同样的方法加载 X 方向的荷载数据，如图 11-25 所示。单击 Graph（图示）可以查看输入的数据点对应的荷载图。

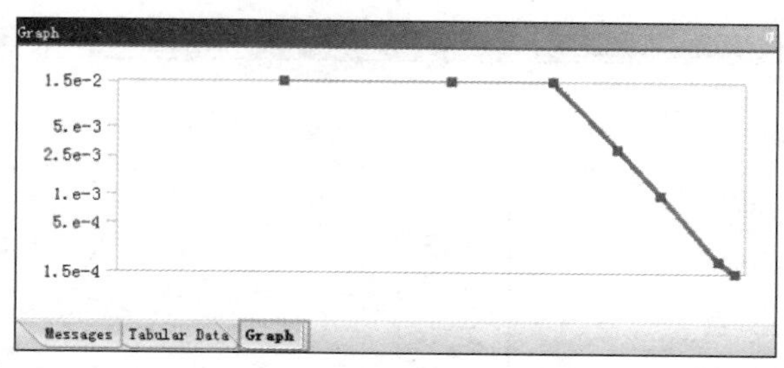

图 11-25　Y 方向荷载图

注意：为了让荷载图更加完整，并与图 11-23 中的数据更接近，笔者手工添加了一些频率下的荷载点数据。

图 11-26 所示为 X 方向的荷载输入值，图 11-27 所示为 X 方向荷载图，图 11-28 所示为 Z 方向荷载输入值。

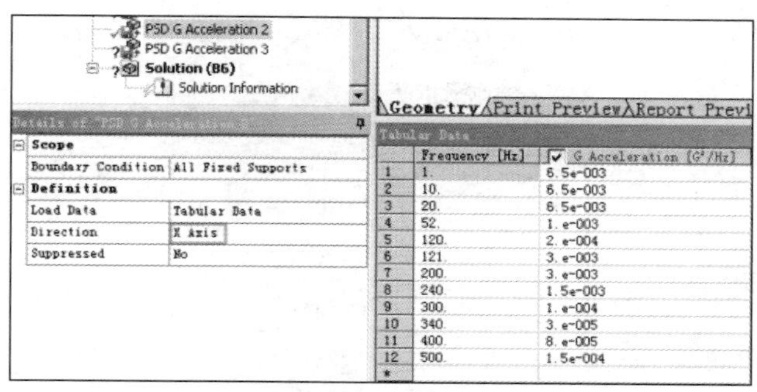

Scope	
Boundary Condition	All Fixed Supports
Definition	
Load Data	Tabular Data
Direction	X Axis
Suppressed	No

Tabular Data

	Frequency [Hz]	G Acceleration [G²/Hz]
1	1.	6.5e-003
2	10.	6.5e-003
3	20.	6.5e-003
4	52.	1. e-003
5	120.	2. e-004
6	121.	3. e-003
7	200.	3. e-003
8	240.	1.5e-003
9	300.	1. e-004
10	340.	3. e-005
11	400.	8. e-005
12	500.	1.5e-004
*		

图 11-26　X 方向荷载

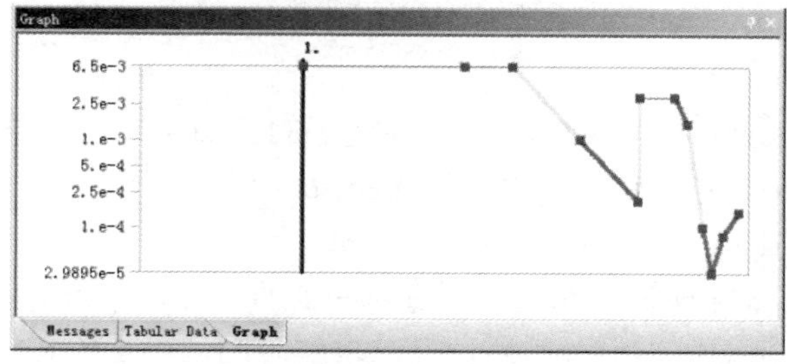

图 11-27　X 方向荷载图

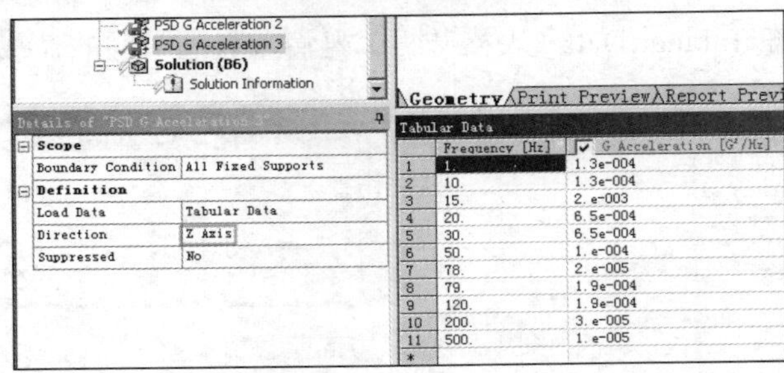

图 11-28　Z 方向荷载

图 11-29 所示为 Z 方向荷载图。

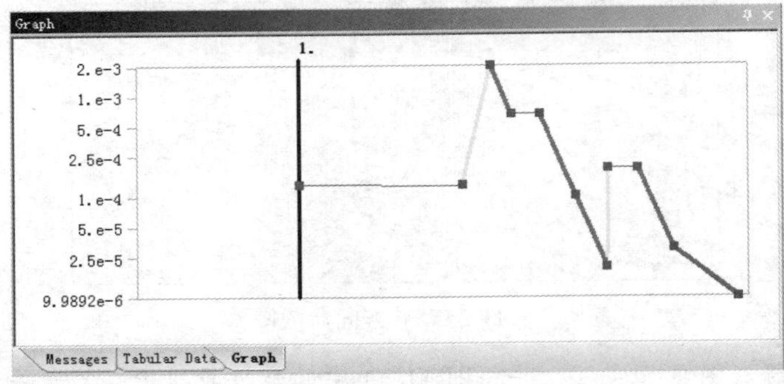

图 11-29　Z 方向荷载图

后处理准备。查看变形结果。单击 Outline（分析树）中的 Solition（求解），再单击 Deformation（变形）→Directional（变形的方向），如图 11-30 所示。

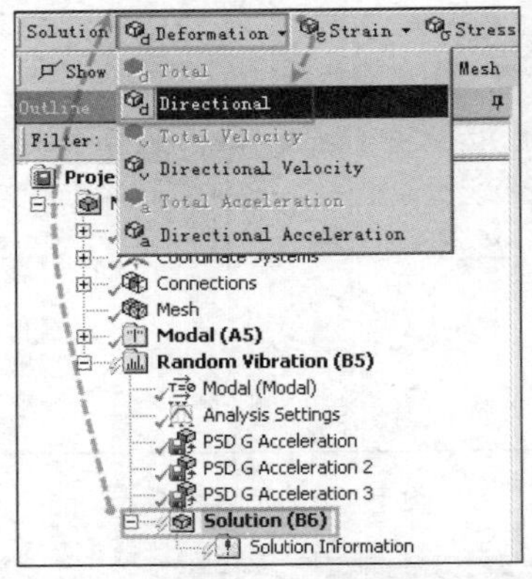

图 11-30　变形结果

在 Details of Directional Deformation（方向变形的详细信息）中单击 Orientation（方向）下拉列表框并选择 X Axis（X 方向），再单击 Scale Factor（标度系数）下拉列表框并选择 3 Sigma（3 西格玛），如图 11-31 所示。

求解及后处理。确认各项设置无误后保存项目文件，单击“求解”按钮 Solve。虽然有限元模型规模不变，但是随机振动分析所消耗的求解时间远小于模态分析部分。

图 11-32 所示为“1 西格玛”概率下的变形结果，其最大变形为 0.20804mm，概率为

68.269%。意味着结构发生最大变形量不大于 0.20804mm 的概率为 68.269%。

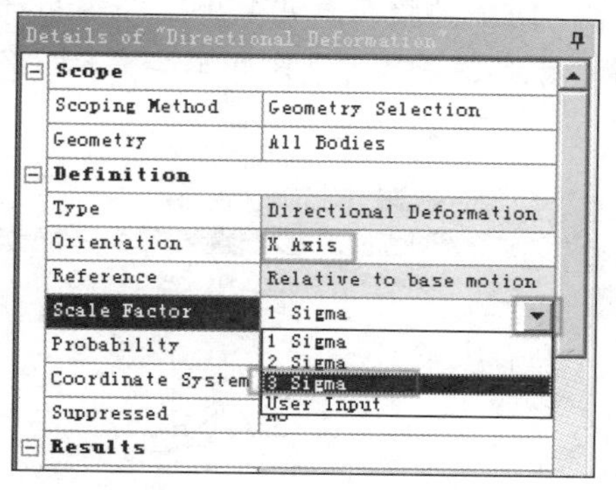

图 11-31 设置变形

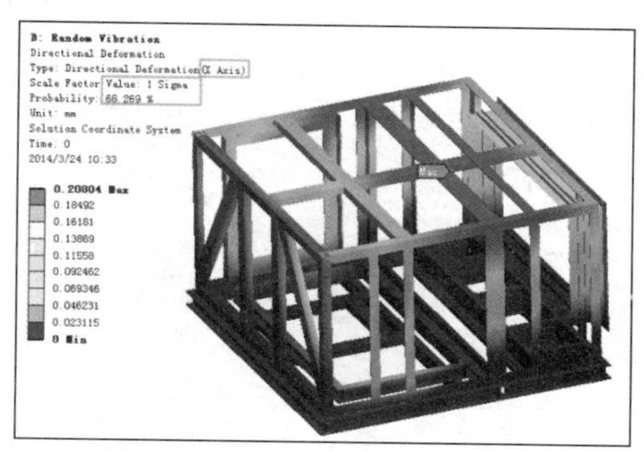

图 11-32 变形结果

如图 11-33 所示，发生最大变形的零件是名为“模态分析后加强槽钢 1”的零件。

下面介绍提取某一零件变形结果的技巧。在第 19 章压力容器静力学分析案例中介绍了提取单一零件某一断面平均应力结果的技巧。在很多分析中，往往关注少量感兴趣零件的变形等结果，就需要单独输出该零件的结果。可以用体过滤器功能选择此零件，然后计算其变形的方式。

单击 Outline（分析树）中的 Solution（求解），再单击 Body/Element（体或单元），单击最大变形的模型“模态分析后加强槽钢 1”，单击菜单栏上的 Deformation（变形）→Directional（变形的方向），如图 11-34 所示。使用相同的变形结果设置求解后，结果如图 11-35 所示。

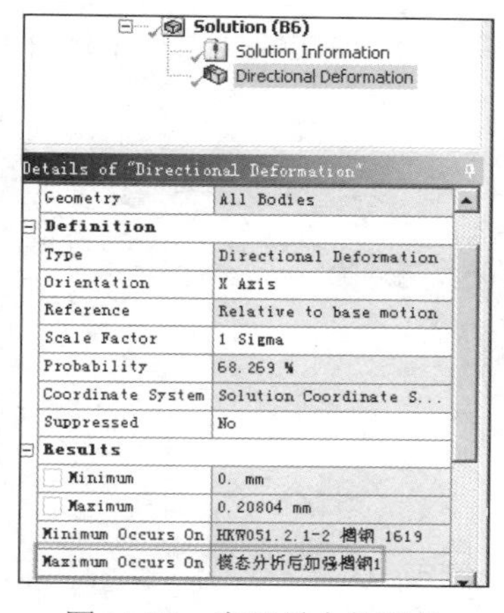

图 11-33 变形最大的零件

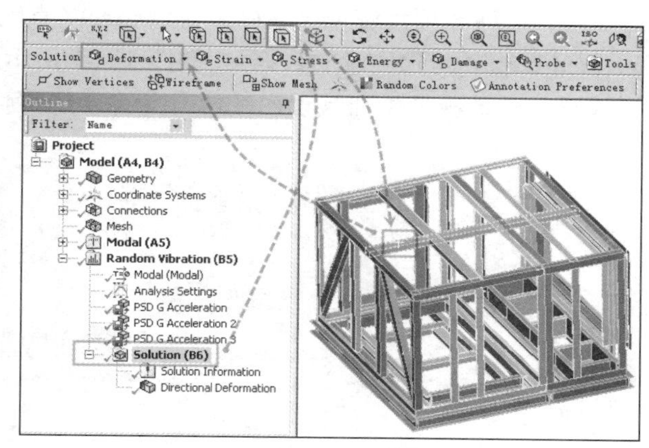

图 11-34 单独选择变形

注意：在求解时单击 Outline（分析树）中的 Solution Information（求解信息），在右侧查看 Worksheet（数据表）会实时刷新显示求解过程的信息，如进行的是模态分析，其中也包含了用表格形式显示的模态质量参与系数的值，并提示出现的各种 Warming（警告）和 Error（错误）。虽然大部分时候分析都是成功的（非线性分析几乎正好相反），但是依然会不时出现各种问题，尤其是各种 Error（错误）的报告。

当出现这种错误，导致分析无法进行下去的时候，就需要仔细查看冗长的 Worksheet（数据表）中的各种提示信息，查找出错原因，并适当修改分析设置，重新求解来消除错误。这是一个枯燥且极易令人生厌的过程，建议使用在第 12 章风机桥架谱响应分析案例中介绍的“蛙跳”策略来控制风险。

下面介绍压缩项目文件以利于数据传递的技巧。有时需要将有限元分析文件传递给另一个用户查看并使用，当结果文件较大时，有可能带来数据传递的困难。例如本案例，完整的求解文件大小为 1.88GB，如图 11-36 所示。

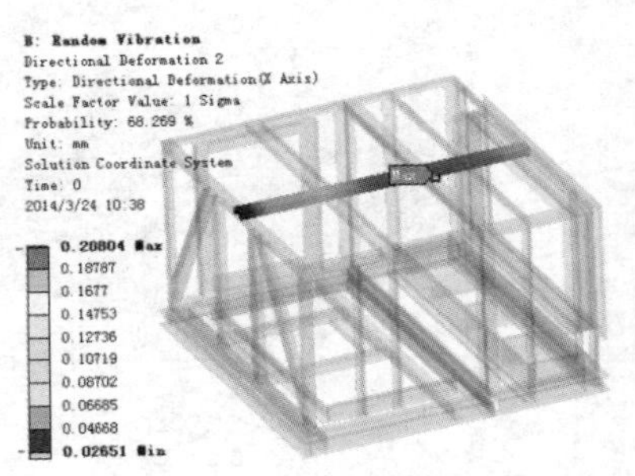

图 11-35　单独零件的结果

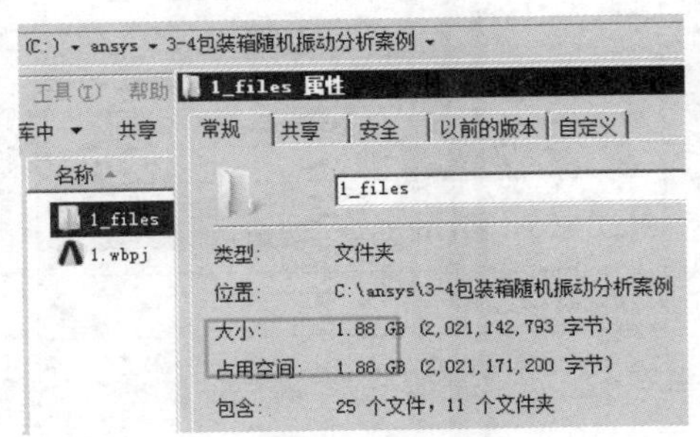

图 11-36　项目文件大小

注意：遗憾的是，ANSYS Workbench 平台的项目文件暂时不能保存成低版本格式，进行文件传递时应保持双方的软件版本一致。

如果需要将此文件，通过网络传递给另一个 ANSYS Workbench 15.0 的用户，文件上传和下载的时间会很长。如果对方有一台高性能计算机，足以对本项目文件进行高效率求解，可以将项目文件中的网格数据和结果数据暂时清除，并将项目文件压缩，仅保存基本的前处理信息和软件设置信息，则可大大缩减项目文件的大小。

方法为：回到项目管理区，右击 A4 Model（有限元模型），在弹出的快捷菜单中选择 Clear Generated Data（清除生成的数据），如图 11-37 所示。

注意：如果项目文件较大，可能需要几分钟的时间清除数据。

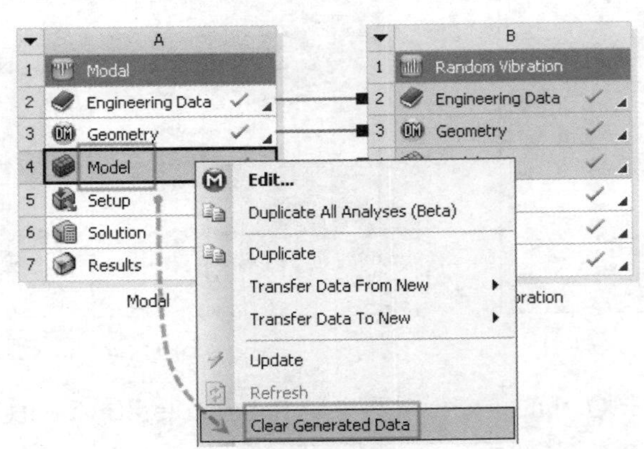

图 11-37　清除数据

之后会弹出如图 11-38 所示的提示信息框，单击 OK（确定）按钮。

单击菜单栏上的 File（文件）→Save（保存项目文件），再单击 File（文件）→Archive（存档），如图 11-39 所示。

之后会弹出如图 11-40 所示的提示信息框，单击 OK（确定）按钮。在弹出的保存对话框中设置合适的文件名、保存格式和保存地址后单击“保存”按钮。

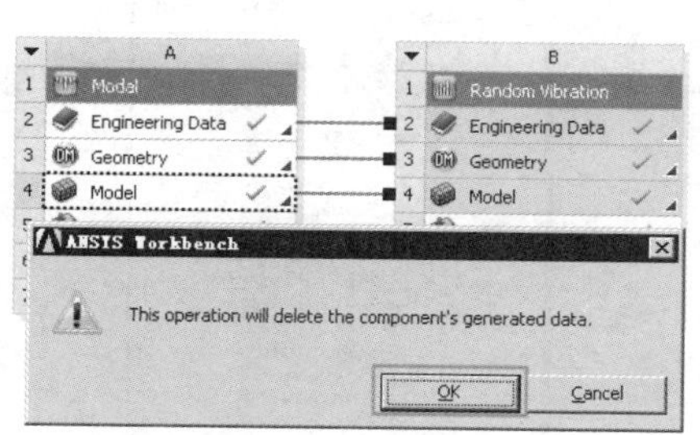

图 11-38　提示信息框

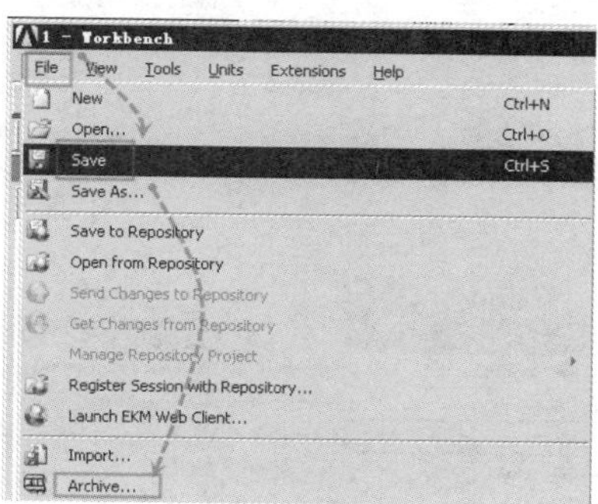

图 11-39　保存并压缩

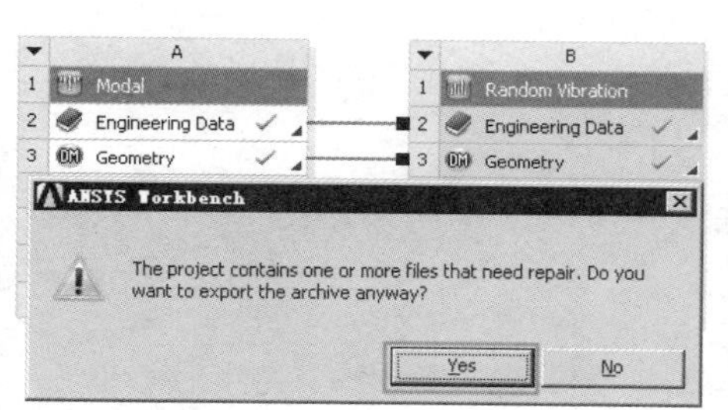

图 11-40　提示信息框

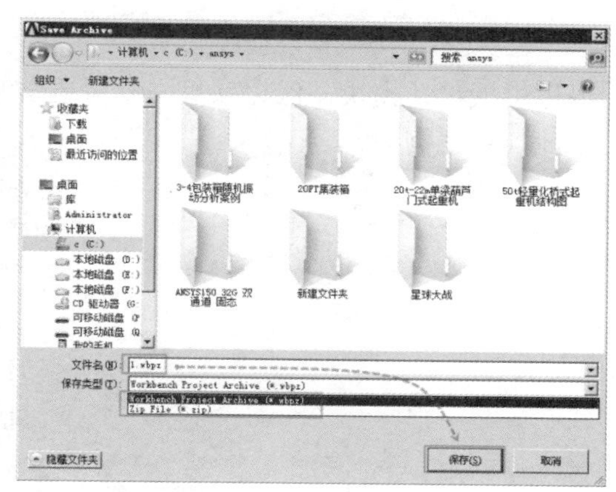

图 11-41　保存文件

之后会弹出如图 11-42 所示的提示信息框，单击 Archive（存档）按钮。

查看新生成的名为 1.wbqz 的文件，其文件大小已经变为 1.37MB（如图 11-43 所示），大大小于压缩前的大小。

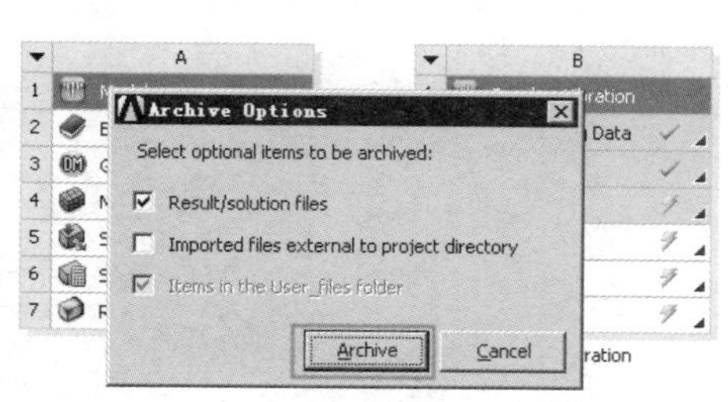

图 11-42　存档

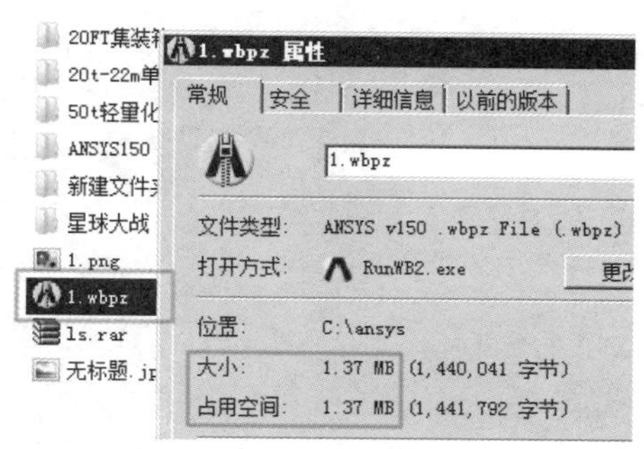

图 11-43　文件大小

双击该文件，打开项目后双击 A4 Model（有限元模型），如图 11-44 所示。

查看 Outline（分析树）中的信息，除 Geometry（模型）前方为绿色对号符号外，Model（有限元）模型及以下的模块前方均为黄色闪电符号，说明此处需要刷新。重新求解即可，如图 11-45 所示。

注意：本书光盘中的项目文件信息均采用此法生成。

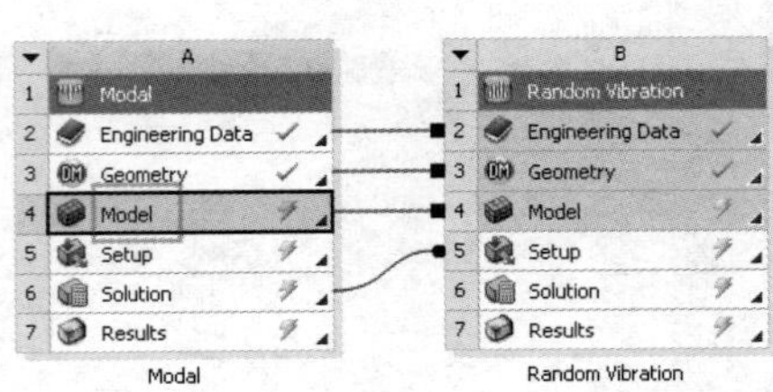

图 11-44　打开文件

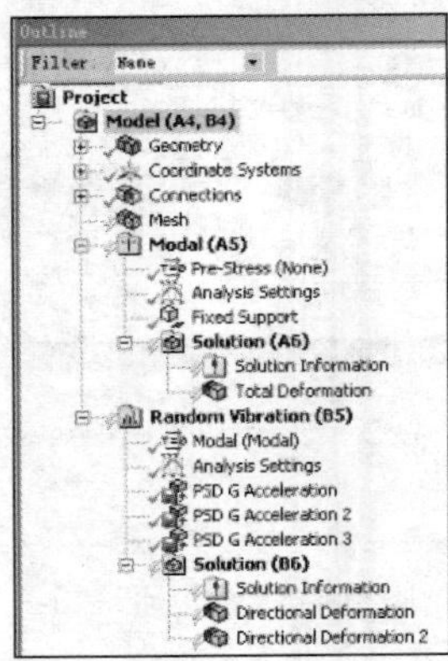

图 11-45　文件设置

退出机械设计模块，保存项目文件，退出 Workbench 15.0 平台。

至此，本案例完。

12 风机桥架谐响应分析案例

12.1 案例介绍

本案例以某大型轴流风机桥架为模型介绍谐响应分析的操作，还介绍了插入质量点的设置和与 Solidworks 软件配合计算质量点惯性矩的技巧，并插入了使用弱弹簧和模态分析功能检查模型尺寸与连接正确性的方法。

12.2 分析流程

风机桥架的振动问题一直是困扰业界的一个难题，目前尚未有量化的统计数据表明此振动的危害，但其会对结构产生不利影响。因此，研究及解决风机桥架的振动问题是相关企业在产品设计阶段都必须要面对的问题。

对于钢结构部分的减震设计，一般可以考虑加强结构刚度，并使得结构的前几阶固有频率尽量避开主要激励频率的方式，即所谓的“硬碰硬”的解决方案；也可以安装一些串联或并联不同刚度的固有频率远小于主要激励频率的减震器组成单层或者双层隔振“基础”或其他弹性部件的方式缓冲振动，并将振动能量使用阻尼器等耗能元件耗散掉的所谓“软碰硬”的解决方案。

对于旋转部件的减震设计，一般考虑采用更严格的控制制造和装配公差、降低偏心量、降低旋转部分质量等，以从根本上减少震源的振动力。

任何持续的周期性荷载将在结构中产生持续的周期响应（谐响应）。谐响应分析，是用于确定线性结构在承受随时间按照周期性（一般是正弦，简称简谐）规律变化荷载时稳态响应的一种技术。分析的目的是，计算出结构在几种频率下的响应，并得到一些响应值（一般是位移）对频率的曲线。该技术只计算结构的稳态受迫振动，不考虑发生在激励开始时的瞬态振动。

谐响应分析使得设计人员能够预测结构的持续动力特性，从而验证其设计是否能成功地克服共振、疲劳及其他受迫振动引起的效应。

谐响应分析是一种线性分析。任何非线性特性，如塑性和接触单元，即使被定义了也将被忽略。分析中可以包含非对称系统矩阵，如分析耦合场问题。谐响应也可以分析有预应力的结构。分析中包含了接触单元，则系统取其初始状态的刚度值，并不再改变其刚度。

谐响应分析常采用三种方法：完全法（Full）、缩减法（Reduced）、模态叠加法（Mode Superposition）。ANSYS 软件仅使用模态叠加法。

完全法是最易使用的方法。它采用完整的系统矩阵计算谐响应。矩阵可以是对称的，也可以是非对称的。

完全法的优点：容易使用，因为不必关心如何选取主自由度或振型；使用完整矩阵，因此不涉及质量矩阵的近似；允许有非对称矩阵，这种矩阵在声学或轴承问题中很典型；用单一处理过程计算出所有的位移和应力；允许定义各种类型的荷载：节点力、非零位移、单元荷载（压力和温度）；允许在实体模型上定义荷载。

完全法的缺点：预应力选项不可用；当采用 Frontal 方程求解器时，这种方法通常比其他方法开销大，但在采用 JCG 或 JCCG 求解器时完全法的效率很高。

缩减法通过采用主自由度和缩减矩阵来压缩问题的规模。主自由度处的位移被计算出来后，解可以被扩展到初始的完整自由度集合上。

缩减法的优点：在采用 Frontal 方程求解器时，比完全法更快且开销小；可以考虑预应力效果。

缩减法的缺点：初始解只计算出主自由度处的位移。要得到完整的位移、应力和力的解，则需要执行扩展过程；不能施加单元荷载（压力、温度等）；所有的荷载必须施加在用户定义的主自由度上。

模态叠加法，通过对模态分析得到的振型（特征向量）乘上因子并求和来计算结构的响应。

模态叠加法的优点：对于许多问题，此法比完全法更快且开销小；模态分析中所施加的荷载可以用于谐响应分析中；可以使解按照结构的固有频率聚集，便可得到更平滑精确的响应曲线图；可以包含预应力效应；允许考虑阻尼。

模态叠加法的缺点是不能施加非零位移。

以上三种方法有着如下的共同局限性：所有的荷载必须随时间按照正弦规律变化；所有荷载必须有相同的频率；不允许有非线性特性；不计算瞬态效应。

对于瞬态效应的计算，可以使用瞬态动力学分析来克服以上限制。这时，应将谐响应荷载表示为有时间历程的荷载函数。

根据定义，谐响应分析假定所施加的所有荷载均随时间按照简谐（正弦）规律变化。指定一个完整的荷载需要输入三条信息；幅值（Amplitude）、相位角（Phaseangle）和强制频率范围（Forcing Frequency Range）。

其中，幅值指的是荷载的最大值，相位角指荷载滞后（或领先）于参考时间的量度，当同时要定义多个相互间存在相位差的简谐荷载时必须分别指定相位角；强制频率范围指的是简谐荷载的频率范围。

必须指定某种形式的阻尼，否则在共振频率处的响应将无限大。其中包括 Alpha（质量）阻尼、Bata（刚度）阻尼和恒定阻尼比。在直接积分谐响应分析（用完全法或缩减法）中如果没有指定阻尼，程序将默认采用零阻尼。

在模态分析与谐响应分析过程中间不能改变模型数据。

本案例以某大型轴流风机中的风机桥架为模型进行谐响应分析，以找出其振动的主因并量化出振动的幅度，为日后的产品改进提供基础数据。

为了了解风机桥架的振动特性，先进行模态分析，然后在此基础上进行谐响应分析。当然，也可以直接打开谐响应模块并设定合适的计算频率范围来进行相对简化的计算。本案例介绍前者。

本案例的激励力选用风机叶片厂商提供的其中一片叶片断裂时的偏心荷载进行计算，分析时输入的荷载数据稍经简化。

导入模型。单击 Solidworks 软件菜单栏上的 ANSYS 15.0→ANSYS Workbench，将三维模型数据导入 ANSYS Workbench 15.0，如图 12-1 所示。

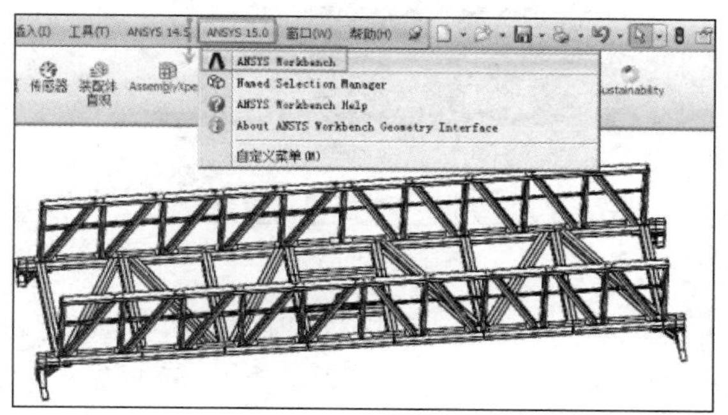

图 12-1　导入模型

打开相关模块。单击 Toolbox（工具箱）中的 Model（模态分析模块）并拖动到 A2 Genometry（模型）上，如图 12-2 所示。

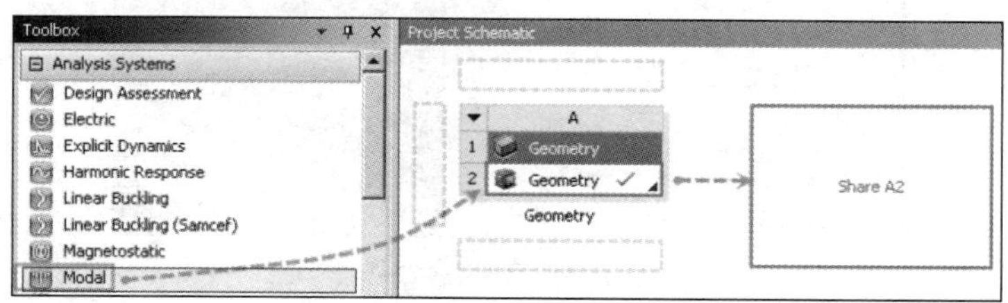

图 12-2　打开模态分析

继续单击一个 Harmonic Response（谐响应模块）并拖动到 B6 Solution（分析）上，如图 12-3 所示。双击 B2 Model（有限元模型）划分网格，如图 12-4 所示。网格采用全局 80mm 尺寸控制。

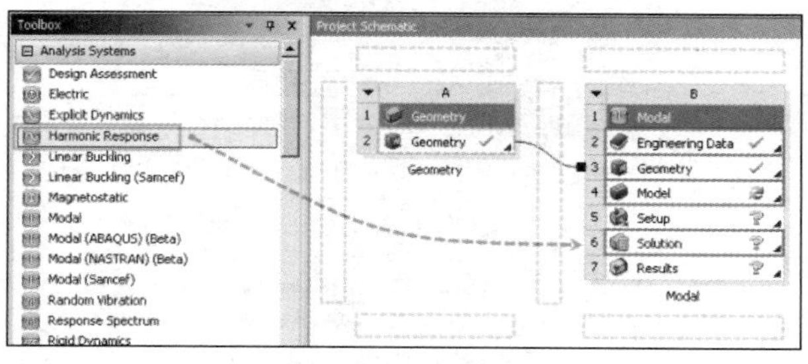

图 12-3　打开谐响应模块

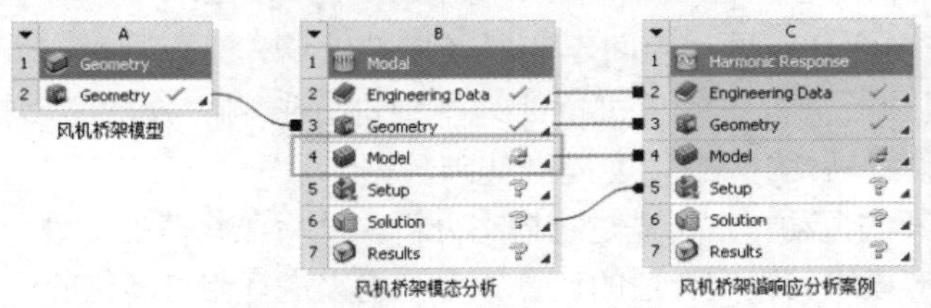

图 12-4 划分网格

导入过程中会弹出如图 12-5 所示的进度条，显示当前导入的进度，正在导入的零件名称为“T05.1 护栏”。

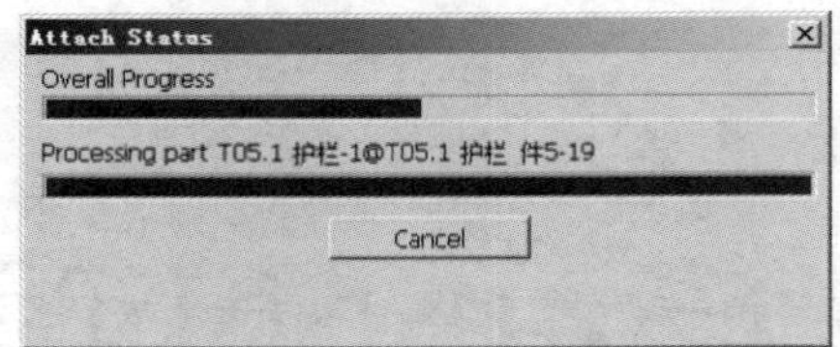

图 12-5 导入中

添加质量点。在风机桥架中轴处添加质量点模拟电动机的重量。单击 Outline（分析树）中的 Genometry（模型），再单击 Point Mesh（质量点），选择轴的内表面并确认，如图 12-6 所示。

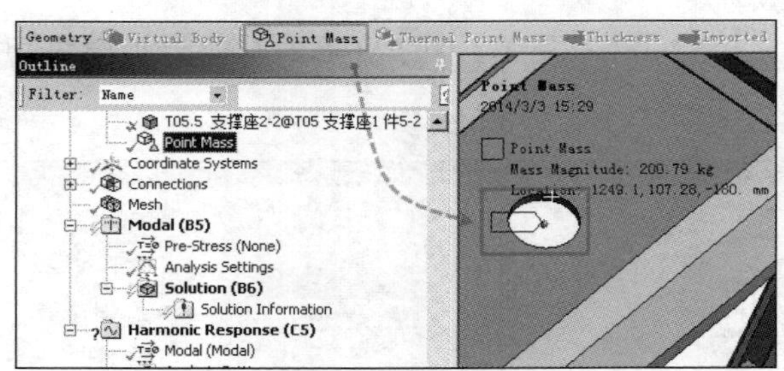

图 12-6 添加质量点

使用 Solidworks 软件自带的“质量属性”功能计算，当模型采用铝材时，根据全部模型体积计算出 200.79kg 的重量，以此为荷载条件施加到风机桥架上。此重量非实际电动机重量，如图 12-7 所示。

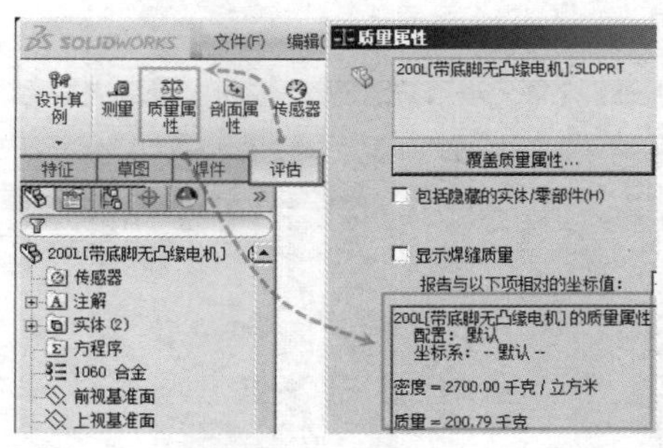

图 12-7 质量属性

在动力学分析中，较静力学多考虑了惯性作用和阻尼作用。单纯地添加质量点中的质量及重心数据不能完全模拟其惯性效应。在 ANSYS 软件内部可以使用 mass21 单元模拟被简化的模型质量。其一般用于模拟对结构刚度影响不明显而有一定质量的未被建模的模型，或者内部结构复杂却不需要重点考察受力状态的结构。准确定义 mass21 单元中的惯量需要找到该零件的主惯性坐标系，即在主惯性坐标系下有 Ixx、Iyy、Izz 惯性矩项。

Solidworks 软件会自动根据模型和在该软件内部设置的材料特性数据（如密度）计算其重量和惯性矩等属性。电动机模型三个方向的惯性矩分别是 Ixx=4137567.71kg · mm^2 、Iyy=8678124.73kg · mm^2 、Izz=8314446.09kg · mm^2 ，名义质量为 200.79kg，如图 12-8 所示。

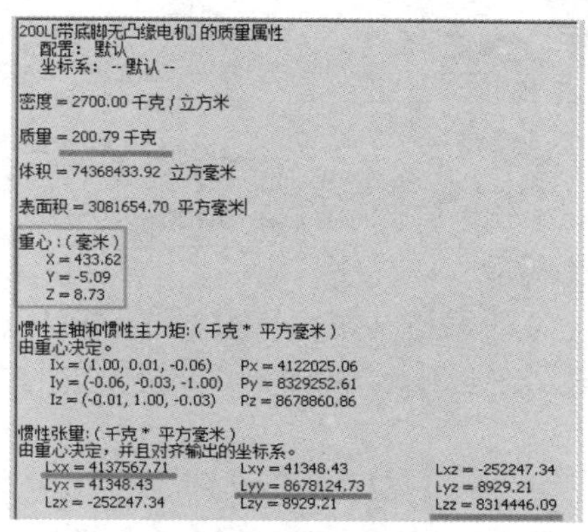
200L[带底脚无凸缘电机] 的质量属性
配置：默认
坐标系：-- 默认 --

密度 = 2700.00 千克 / 立方米

质量 = 200.79 千克

体积 = 74368433.92 立方毫米

表面积 = 3081654.70 平方毫米

重心：(毫米)
X = 433.62
Y = -5.09
Z = 8.73

惯性主轴和惯性主力矩：(千克 * 平方毫米)
由重心决定。
Ix = (1.00, 0.01, -0.06)　Px = 4122025.06
Iy = (-0.06, -0.03, -1.00)　Py = 8329252.61
Iz = (-0.01, 1.00, -0.03)　Pz = 8678860.86

惯性张量：(千克 * 平方毫米)
由重心决定，并且对齐输出的坐标系。
Lxx = 4137567.71　Lxy = 41348.43　Lxz = -252247.34
Lyx = 41348.43　Lyy = 8678124.73　Lyz = 8929.21
Lzx = -252247.34　Lzy = 8929.21　Lzz = 8314446.09

图 12-8　质量及惯性张量

图 12-9 显示了电动机模型的重心位置和方向。打开 Details of Point Mass（质量点的详细信息），在其中输入如图 12-10 所示的质量、坐标系统、惯性矩等信息。关于坐标系的方向，本案例仅做演示未做调整。真实的电动机惯性矩坐标方向应与风机模型坐标系方向相同。

图 12-9　电动机重心

Details of "Point Mass"

Scoping Method	Geometry Selection
Applied By	Remote Attachment
Geometry	1 Face
Coordinate System	Global Coordinate System
X Coordinate	1249.1 mm
Y Coordinate	107.28 mm
Z Coordinate	-180. mm
Location	Click to Change
Definition	
Mass	200.79 kg
Mass Moment of Inertia X	8.3144e+006 kg · mm²
Mass Moment of Inertia Y	4.1376e+006 kg · mm²
Mass Moment of Inertia Z	8.6781e+006 kg · mm²
Suppressed	No
Behavior	Deformable
Pinball Region	All

图 12-10　质量等信息

图 12-11 所示为添加后的质量点。

设置约束。分别在 4 个风机支座的下表面添加 4 组固定位移约束。单击 Outline（分析树）中的 Model（模态分析），再单击菜单栏上的 Supports（支撑）→Fixed Support（固定位移约束），重复以上过程，如图 12-12 所示。

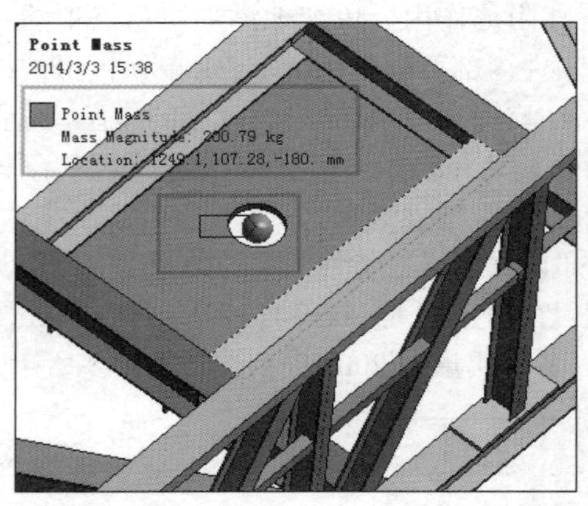

图 12-11　添加后的效果

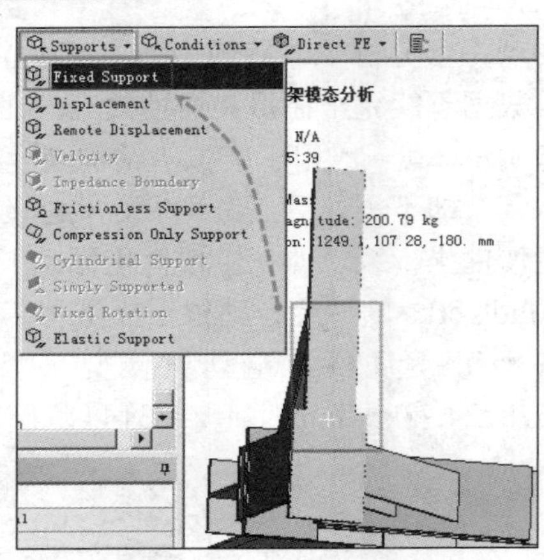

图 12-12　固定约束

后处理设置。单击 Outline（分析树）中的 Solution（分析），再单击 Deformation（变形）→Total（总变形），如图 12-13 所示。

本案例暂时计算模型前三阶的振型结果，具体是在 Outline（分析树）中单击 Analysis Settings（分析设置），在 Details of Analysis Settings（分析设置的详细信息）中的 Max Modes to Find（最大模态数）后面输入 3。

查看前三阶振型结果。需要连续重复三次 Total（总变形），在第二个和第三个 Total（总变形）的 Details of Total（总变形的详细信息）中 Model（模态数）的后面分别输入 2 和 3。该处默认为 1，故第一个振型变形结果不用修改，如图 12-14 所示。

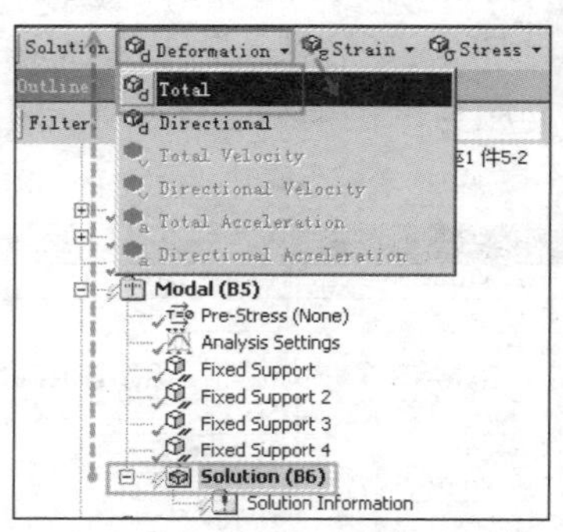

图 12-13　振型结果

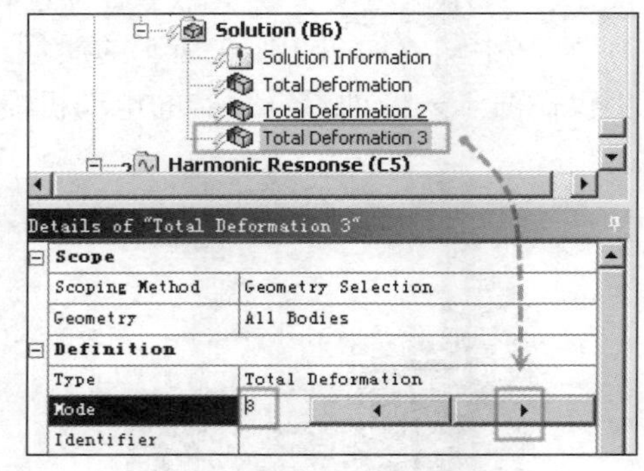

图 12-14　设置振型

求解并查看结果。求解前应保存项目文件。检查设置无误后单击 Solve 按钮。在笔者 CPU 型号为 T6600 双核心 2.2GHz、8GB 内存的笔记本上求解时间为 2080 秒。

图 12-15 和图 12-16 所示为模型前两阶的振型结果。前两阶固有频率分别为 19.202Hz 和 19.571Hz。由结果可见，振型主要是弯曲变形。如果需要加强结构，应主要针对该振型方向。

在模态分析中，只有线性行为是有效的。如果指定了非线性单元，它们将被当成是线性的。

材料性质可以是线性的、各向同性的、正交各向异性的、恒定的或者与温度相关的等。模态分析中必须定义弹性模量（或者某种形式的刚度）和密度（或者某种形式的质量），而非线性特性将被忽略。

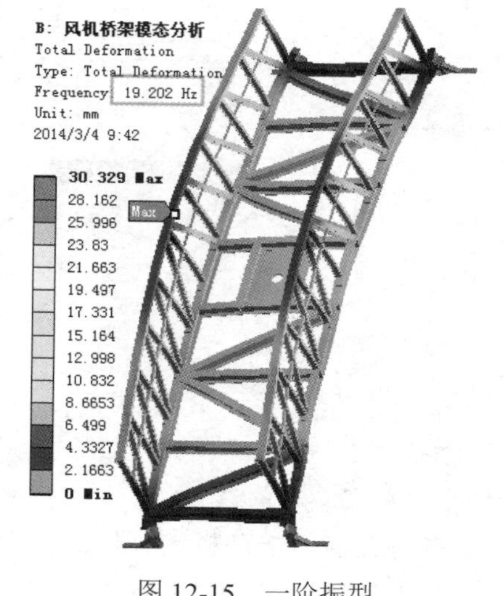

图 12-15　一阶振型

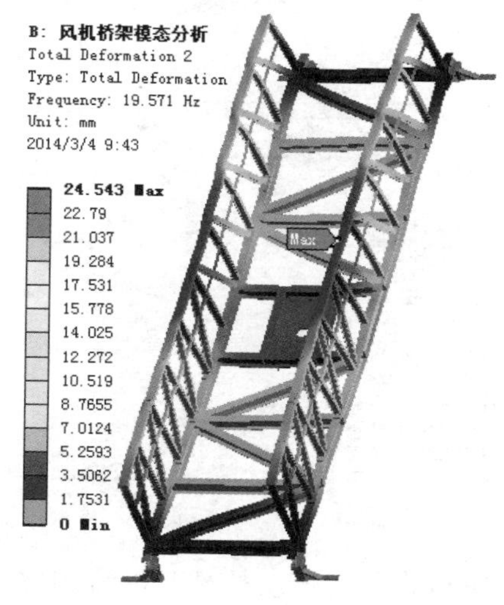

图 12-16　二阶振型

在典型的模态分析中，唯一有效的“荷载”是零位移约束。如果在某个自由度处指定了一个非零位移约束，程序将以零位移约束替代。分析时，可以施加除了位移约束以外的其他荷载，但是它们将被忽略。在未加约束的方向上程序将计算刚体运动（0 频率振动，实际分析时，此自由度上的模态频率非常小而十分接近 0）和高阶（非零频率）自由体模态。程序会计算出所加荷载相应的荷载向量，并将这些向量写入振型文件中，以便后续分析时使用。

对于循环对称结构的模态分析，需要理解节径这个概念。“节径”这个词源于简单的集合体，如圆盘，在某阶模态下振动时的表现。大多数振型中，将包含横穿整个圆盘表面的板外位移为零的线，通常称为节径。

模态分析部分完成，下面开始谐响应分析计算。根据模态分析结果，其前两阶的特征值频率在 19Hz 左右。如激励频率与其相同或近似，或与其倍频近似，就容易发生共振现象。谐响应分析时也应重点查看该频率范围内的结果。

单击 Outline（分析树）中 Harmonic Response（谐响应分析）下的 Analysis Settings（分析设置），在 Range Minimum（最小频率）中输入 10Hz，在 Range Maximum（最大频率）中输入 30Hz，在 Solution Intervals（分析间隔）中输入 100。

注意：在不清楚结构响应的规律前，即不知道在哪个频率时，结构的响应会比较大，Range Minimum 和 Range Maximum 的频率范围应尽量加大，如 0～100000Hz 的范围，先进行一次试探性的计算。

在基本了解结构响应的规律后，可缩小频率范围以获得更准确的计算；相同地，Solution Intervals 在试探性计算中也应输入一个较小的数值，如 10。准确计算时适当增加该数量。过多地设置 Solution Intervals 会大大增加计算量，应谨慎设置。

Constant Damping Ratio（常值阻尼比）是结构动力学分析中的重要参数，该处对应“β 阻尼”系数。影响结构阻尼的因素很多，不易用简单的公式进行定量计算，一般采用实验检验的方式求得。如风机桥架这样焊接与螺接共有的结构一般具有较纯焊接钢结构（1%左右）稍大的阻尼比（4%左右），本案例取 4%。

加载。单击 Harmonic Response（谐响应分析），再单击 Loads（荷载）→Force（力），如

图 12-18 所示。

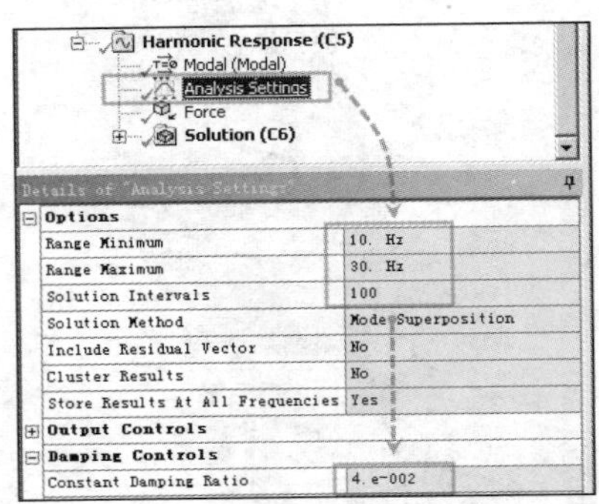

图 12-17　分析设置

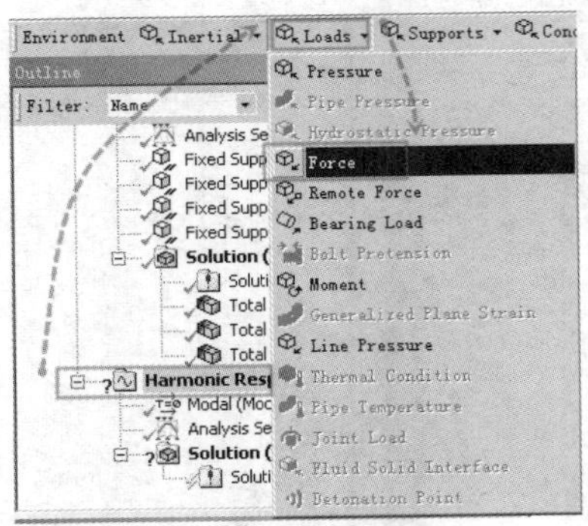

图 12-18　加载力

本案例设置一个与桥架长度方向垂直的力荷载。单击桥架安装电动机的顶板表面，再单击 Details of Force（力的详细信息）中 Geometry（模型）后面的黄色区域，单击 Apply（应用）按钮。在 Magnitude（力的数值）后面输入 1000N。

Phase Angle（相位角）暂时使用默认的 0°，代表该荷载从正弦曲线的 0° 相位角开始加载，如图 12-19 所示。

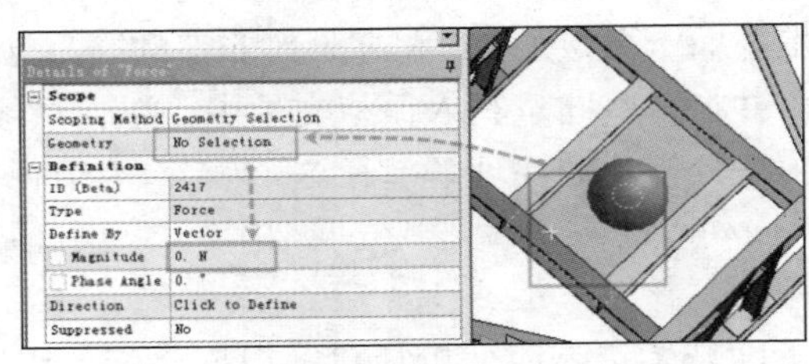

图 12-19　设置力

默认的力的方向是与加载面垂直向外的，需要更改一下方向。找到并单击模型上与预期加载方向相同的一条线，软件会自动用红色箭头显示当前的方向。如果需要翻转方向，可单击左下角的黑色箭头图标，如图 12-20 和图 12-21 所示。

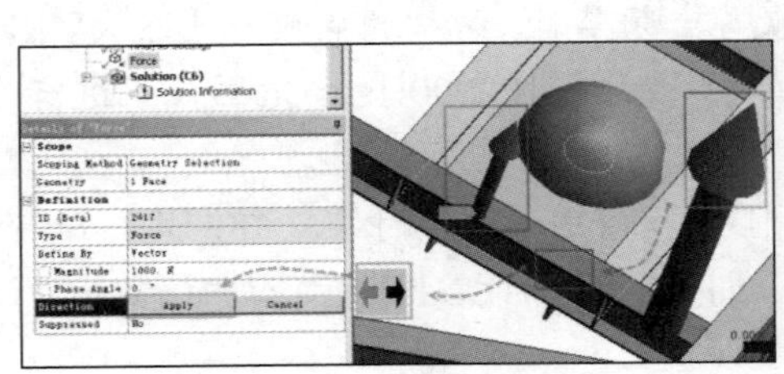

图 12-20　更改方向

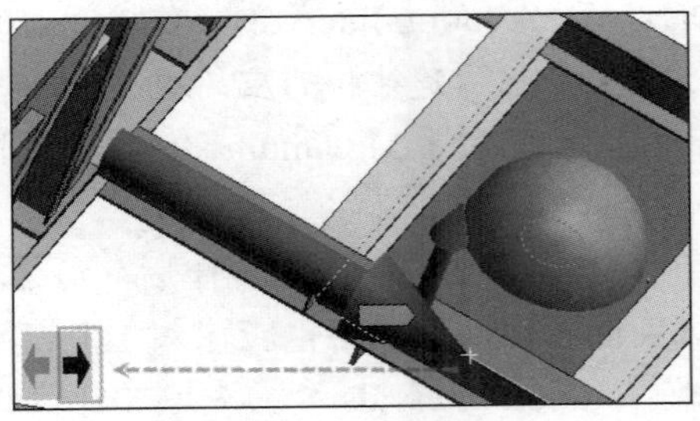

图 12-21　更改方向

如果模型上没有正好与需要加载方向相同的边，则需要建立局部坐标系，再将坐标系旋转到合适角度，在设置力的时候选择局部坐标系的方式。

在第 18 章等强度梁形状优化分析案例中介绍了使用旋转局部坐标系方向来加载倾斜荷载的方法。

根据力的合成与分解原理，也可以将一个“倾斜”的力转换成一组互相垂直的分力。加载时选择 Details of Force（力的详细信息）中的 Define By（定义方式），用矢量方式分别设置 X、Y、Z 三个方向的分量。

更改后的方向如图 12-22 右下角的箭头方向所示，在 Details of Force（力的详细信息）中单击 Direction（方向）后面的 Apply（应用）按钮，如图 12-22 所示。

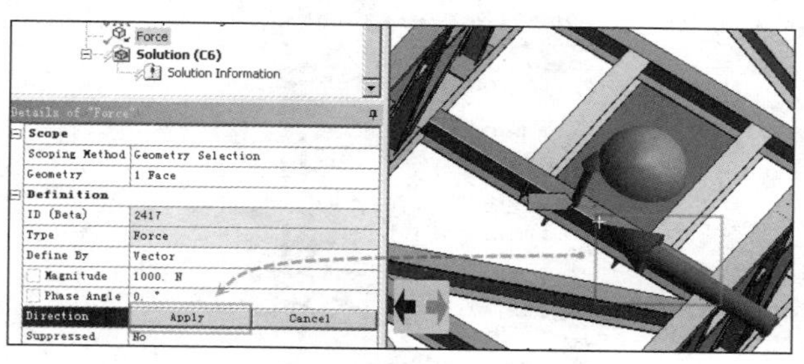

图 12-22 完成设置

后处理设置。与模态分析一样，查看变形结果，操作不再赘述，如图 12-23 所示。

谐响应与其他分析模块不同，其可以输出某些点、线、面的扫频结果，如变形和振动速度等。单击 Solution（分析），再单击 Frequency Response（频率响应）→Deformation（变形），如图 12-24 所示。

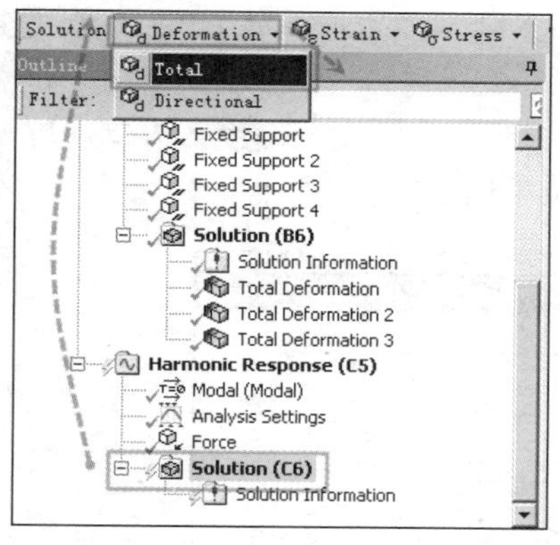

图 12-23 变形结果

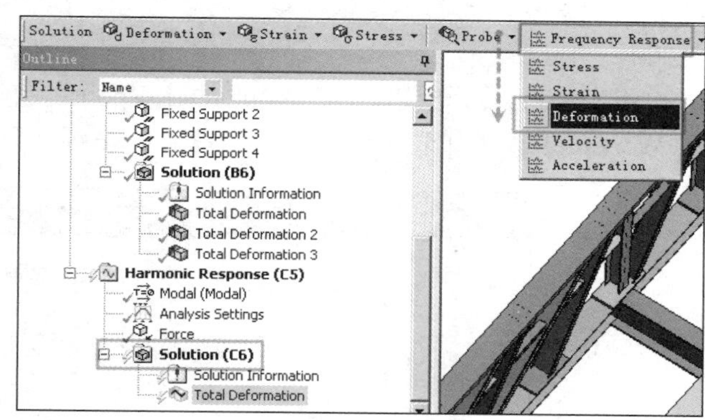

图 12-24 振动变形

选择刚刚加载了 1000N 激励的表面，在 Details of Frequency Response（频率响应的详细信息）中 Geometry（模型）后面的黄色区域单击，再单击 Apply（应用）按钮，如图 12-25 所示。振动速度的提取与变形类似，如图 12-26 所示。

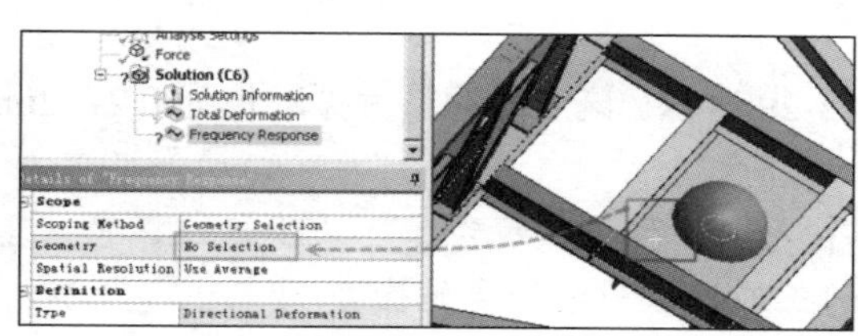

图 12-25 提取面

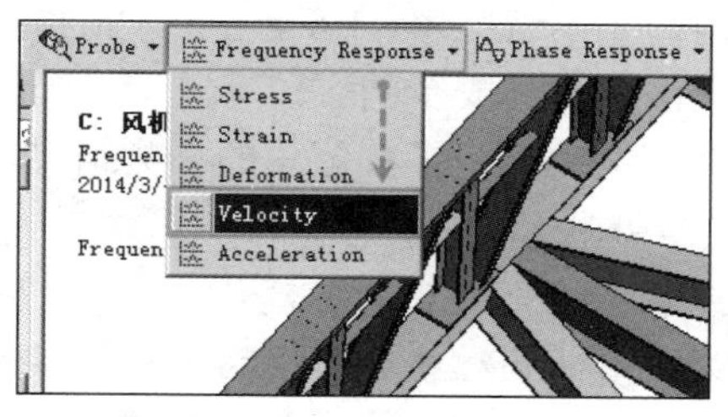

图 12-26 振动速度

求解及后处理。求解前应保存项目文件，这也是为了防止万一计算出错而丢失之前的设置。检查设置无误后单击 Solve 按钮。在笔者 CPU 型号为 T6600 双核心 2.2GHz、8GB 内存的笔记本上，该模态分析求解时间为 364 秒。振动变形结果如图 12-27 所示。

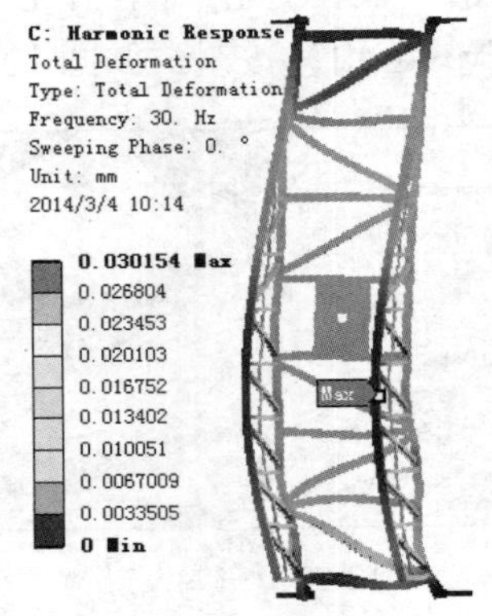

图 12-27　变形结果

注意：在第 9 章电梯框架静力学分析案例中介绍了多种设置多核心并行计算的方法，但是即使开启了多核心并行计算，在谐响应分析中，在求解的绝大多数时间内仍只有一个核心可以 100%运行，而其他核心的占用率普遍低于 20%，CPU 中的浮点计算能力被浪费。所以选用单核心性能尽量强大而不是依靠极大核心数量获得整体浮点计算能力增强的 CPU 有着更全面的适用性。

单击 Outline（分析树）下 Frequency Response（频率响应）中的振动速度，再单击屏幕下方的 Worksheet（工作表）可显示振动速度的扫频结果，如图 12-28 所示。

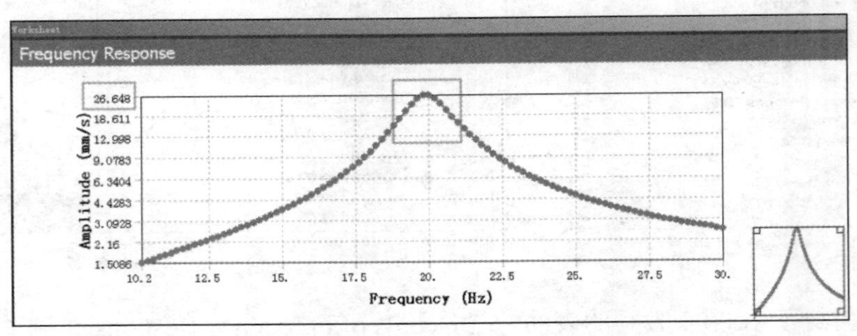

图 12-28　振动速度结果

根据计算结果，在减速机底板处的振动速度最大值为 26.648mm/s，对应频率约 20Hz，与结构前两阶固有频率（19Hz 左右）很接近，而其振动速度远大于一般设计标准要求的 6.3mm/s 振动限值，是不安全的。

其下方也显示了相位角的扫频结果，如图 12-29 所示。该表面的最大振动值为 0.2142mm，如图 12-30 所示。

注意：这里提出一些建议。本着“一步一个脚印”和“步步为营”的稳健性指导思想，正式分析前必须对物理模型的尺寸或接触设置的正确性做一些必要的检查。

建模过程中常常会发生一些零件尺寸错误或存在不应该的装配缝隙等情况，使得零件间没有互相物理连接或被合适的接触关系连接。在外部荷载作用下，结构计算中该零件容易出现无限大的位移，这会使得整体刚度矩阵奇异，软件报错而没有计算结果。

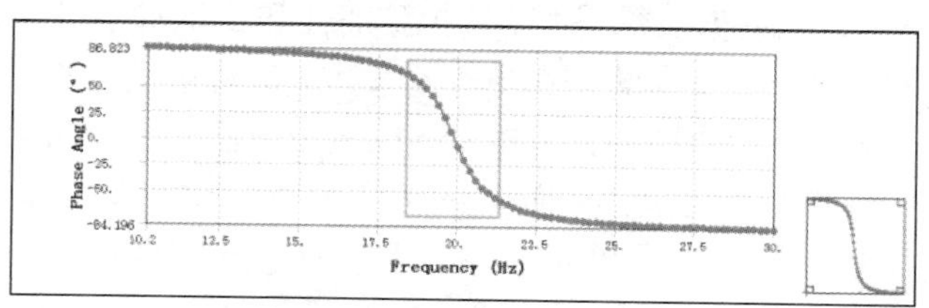

图 12-29　相位

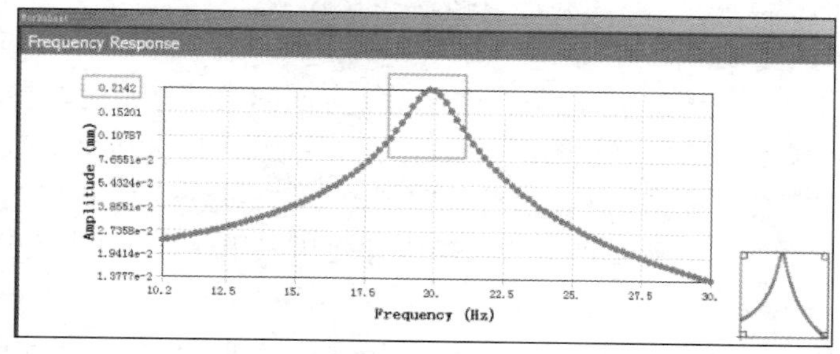

图 12-30　振动变形

静力分析中，需要限制足够多的自由度，以防止部件在荷载下出现“飞出”的现象，使刚度矩阵保持正定。

显式动力学分析除外。由于惯性的存在，当出现此类问题时不会出现无限大的位移。

检查的方法。一种方法是打开弱弹簧功能，完成计算并探测其支座反力。单击 Outline（分析树）中的 Details of XX（XX 模块的详细信息），在 Analysis Settings（分析设置）下的 Weak Springs（弱弹簧）后单击下拉列表框并选择 On。弱弹簧主要用于检查模型是否会发生刚体位移。如果出现，软件会自动增加一个刚度很“弱”的弹簧产生拉力，以限制它的位移量，却不对整体刚度矩阵产生明显的影响，将可能出现无限大变形的零件“拉”住。

使用的分析模块建议是静力学分析模块，并加载重力等惯性荷载，较粗地划分网格，在后处理中查看变形结果。通过检查整体变形值可以发现有问题的零件。选用静力学分析模块是因为其计算代价小；加载重力是因为其对所有零件作用，可避免遗漏加载的问题；划分较为粗大的网格，也是为了控制计算规模。

计算完成后，使用探针功能提取弱弹簧的反力值，其操作在第 9 章中已介绍。如果其数值非常小而十分接近 0，则说明模型没有刚体位移的存在；如果稍大，可与变形结果配合发现有问题的零件。

另一种方式是使用模态分析模块。在模型的任意位置设置一个固定位移约束，划分较为粗大的网格，计算其振型和特征值。

注意：划分出过于粗大的网格，会不满足计算条件报错而没有计算结果，可适当细化网格再次计算。

以上两种方法中，如发现某个或某些零件的变形（或者振型的变形）值远大于其他零件，则可能就是存在尺寸或者接触偏差的零件。应仔细检查建模过程，修改不正确的模型尺寸或者补充合适的接触关系。

模态分析中，如果特征值频率非常接近 0，也说明模型存在错误。因为模态分析需要迭代计算，其计算代价比静力学分析大数倍，其对模型检查的效果近似。

为了保证分析结果的正确性，需要进行多次验证性和试探性的计算。每次计算尽量采用单变量控制的方法，让影响计算结果的变量更容易发现。这种层层逼近的分析法是为了保证分析的科学性和可靠性，减少单次验证的计算时间，也防止一次完整分析后出现太多错误而不知所措。之前每次验证过程都是将可能出现问题的范围缩小，让问题可控（墨菲法则）。

在保证采用材料属性完整正确、单元选择合理、算法选择合理、模型简化合理、有限元模型正确、有合理的网格数量与质量验证计算结果的网格无关性、有类似分析可做类比验证、有近似条件的严谨的实验验证、最好是多人多次相互独立进行分析交叉验证考察后，才可能是一个科学严谨的数值模拟分析。

但是，数值模拟不像一般的产品设计有着广泛全面的设计规范可以参考。在有关设计规范中，往往规定了大量定性的和定量的产品设计方法及结果的合格标准。数值模拟中的很多参数，如网格质量的评定合格依据，往往没有有关规范可以定量参考。更多的时候是保证分析规模不超过计算机处理能力的基础上严重依赖操作者的知识和经验。更极端的情况是，仅依赖操作者的良心。

汽车行业一般在企业内部编写了较为科学、完整、全面、可操作的分析设计流程与方法，但是其分析规范一般是企业机密，外界不易掌握。

所谓严谨的科学精神是具备可检验与可重复两个基本要求。可检验是分析步骤、设置与所采用的算法等有足够多的证据证明它的有效性与正确性，并可采用多种渠道交叉回溯验证；可重复是计算结果与具体的操作者无关，可被有同等能力的任一操作者重现，并得出一致的结论。

作为演示，本案例中将“减速机底座”模型使用“阵列”的方法向上阵列 1000mm 建立新的模型，以故意“造出”一个存在尺寸偏差的模型；在风机桥架四个底座设置一个固定位移约束；网格尺寸依然为 80mm；打开弱弹簧开关；顺着桥架长度方向施加标准地球重力的加速度荷载进行静力分析和模态分析。

图 12-31 所示为变形结果。可以发现名为“减速机底座”零件的变形值在 10000mm 左右，而其他部分的模型几乎看不到变形量。这说明该零件在自重荷载作用下发生了“无限大”的位移。而计算结果是“有限大”的，是因为打开了弱弹簧开关的缘故。

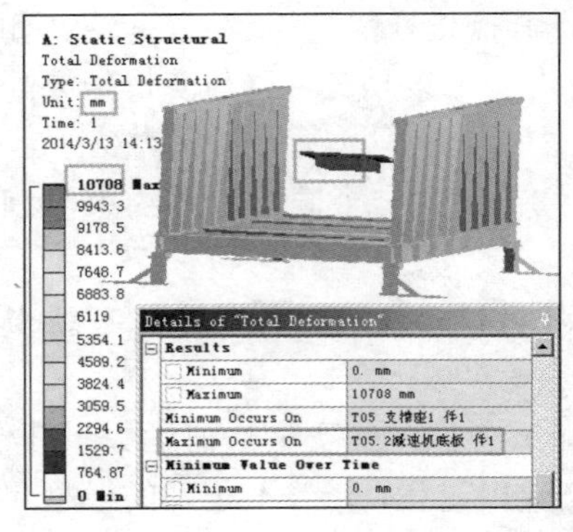

图 12-31 静力变形

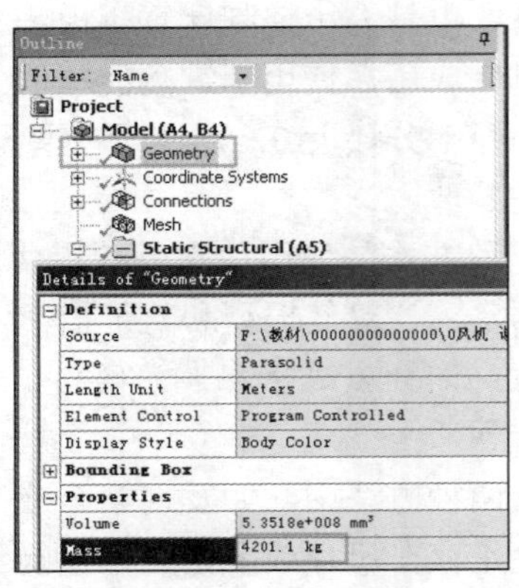

图 12-32 模型质量

为了能检查支座反力是否合理，首先查看模型的质量。单击 Outline（分析树）中的 Geometry（模型），查看 Details of Geometry（模型的详细信息）中的 Mass（质量）为 4201.1kg，如图 12-32 所示。那么在自重作用下，为平衡自重荷载而“拉住”这个模型，需要的支座反力为 9.806×4201.1=41195N。

下面使用探针功能查看支座反力。操作方法可参考第 9 章冷却塔设计优化分析案例，这里不再赘述。图 12-33 所示为支座反力结果。由结果可知，其 Z 方向也就是与自重平行方向的反力为 37662N，小于预期的 41195N，两者差额为 4333N。凭空“丢失”了很多反力，套用一句 2014 年的流行语“反力去哪儿了？”

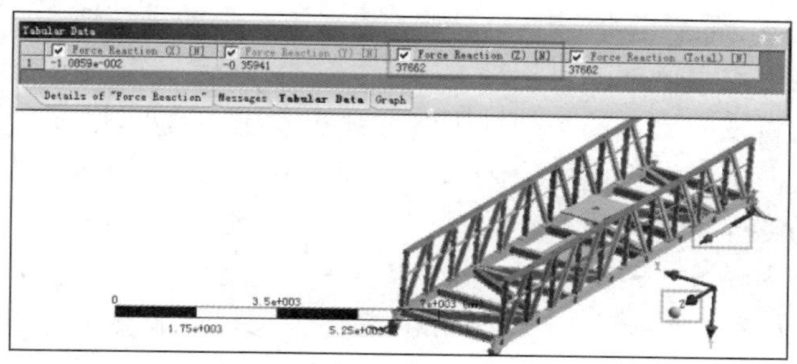

图 12-33　支座反力

继续查看弱弹簧的反力值。由图 12-34 可知，其 Z 方向的反力为 3537.1N，与“丢失”的 4333N 差额为 795.9N。该值与理论计算 41195N 的误差约为 1.9%，已经非常精确了。可以认为，通过弱弹簧产生的“拉力”已经完好地把“丢失”的反力“找到”了。

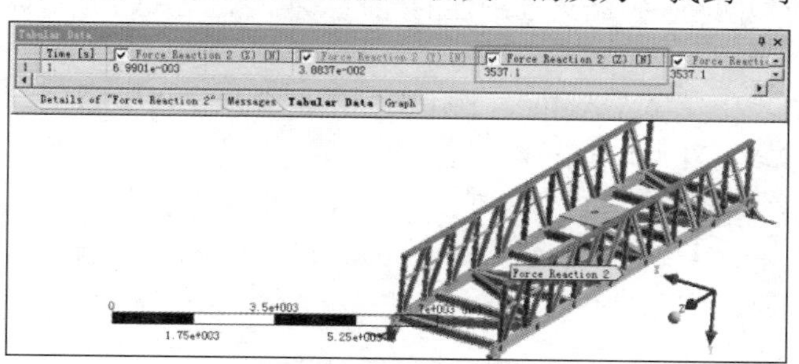

图 12-34　弱弹簧反力

查看模态分析结果。图 12-35 所示为一阶振型结果，其特征值频率为 0Hz，而变形最大的零件依然是“减速机底板”。同样可以找到有问题的零件。

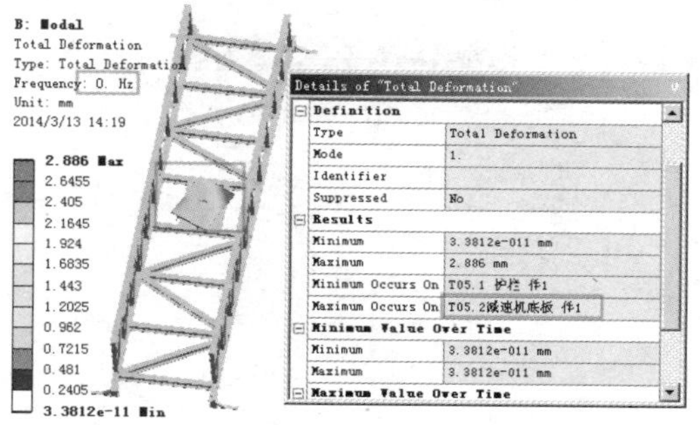

图 12-35　模态振型

“蛙跳”战术。由于不确定本次分析是否会发生设置错误，因而无法得出计算结果的情况，尤其是一项涉及各种非线性行为的很繁杂的计算。为了避免影响因素过多、出错概率的范围过大，在第一次计算时应建立尽量简化的模型，加载最基本的约束、荷载和线性的材料属性等信息，并用尽量粗糙的网格进行一次试探性的计算，查看软件是否报错。如果报错，应根据错误信息仔细检查各项设置是否正确。无误后逐步完善模型、材料设置、约束、边界条件、网格等其他参数，进行第二次试探性计算。无误后完善全部的设置，进行一次完整的分析。

这样的操作思路，类似于第二次世界大战中美军在太平洋战场上使用的“蛙跳”战术。基本思路是，放弃了以前常用的大部队平推式打法，而重点攻打第一个目标岛屿，成功夺岛后建立前进基地，稳固攻占后转移到另一个岛屿，建立第二个前进基地。通过逐步建立前进基地来推进部队前进，直至攻克全部的目标岛屿。

该方法可逐步地将发生错误的可能性限制在最小范围（莫菲法则），避免了直接进行完整分析，万一集中报错而不易发现问题原因和修改复杂的问题。正所谓“磨刀不误砍柴工”。

注意：一个容易忽略的问题是，计算文件所在的硬盘空间过小，以至于计算临时文件将硬盘完全占满，软件会报告 Unknown Error，查看 Worksheet（工作表）中的输出信息后会找到 Disk full（硬盘满）等具体错误。比如在内存容量不足时，求解一个 20 万单元的模态分析，可能的临时计算文件会达到 50GB。

数值模拟在大部分行业中没有一套完整全面的分析标准。即使是涵盖了有限元方法的设计标准，如 ASME 第八卷第二册、ASME AG-1、EN 13445、JB/T 4732 等也没有对一个实际问题可用何种数值模拟方法计算、模型如何简化、如何加载、如何选择软件和算法、如何剖分模型以划分出什么质量的网格、结果准确性的判断依据等进行完整的、标准化的、规范化的定量规定。

如在 ASME AG-1 中第 AA-A-4000 节建模技术部分规定“锚固和焊接可以选择适当的边界条件模拟”，在第 AA-A-4100 节空气处理机组模型中规定“在划分板状网格时注意使每个单元的高宽比保持最小（最好小于 2）”等都是一个方向性、概略性的规定。

单击菜单栏上的 File（文件）→Close Mechanical（退出机械设计模块），退出 Workbench 平台，如图 12-36 所示。

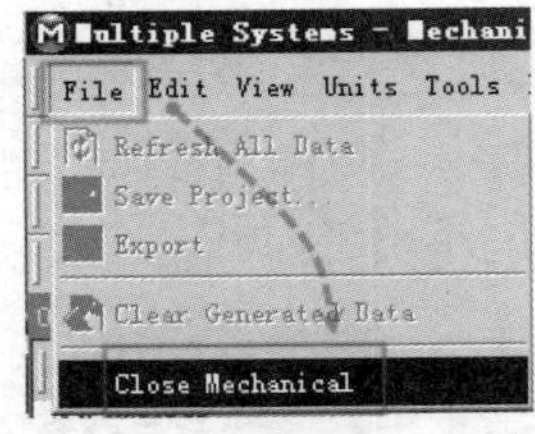

图 12-36　退出模块

至此，本案例完。

13 网格无关解案例

13.1 案例介绍

有限元结果一般是存在离散误差的，本案例对一个 L 形模型进行简单的静力学分析，介绍了通过五种细化网格和一种定义结果收敛值的方法来获得应力的网格无关解，还介绍了人体大脑的基本情况和如何能让大脑更高效地工作的有关知识。

13.2 分析流程

导入模型并打开。导入后的模型如图 13-1 所示。本案例中，使用相同的三维模型，通过设定不同的网格划分方式建立不同的有限元模型，通过相同的材料、荷载和边界条件设置分别计算应力解。案例中未明确修改的参数均为软件默认值，如材料为默认的“结构钢”等。

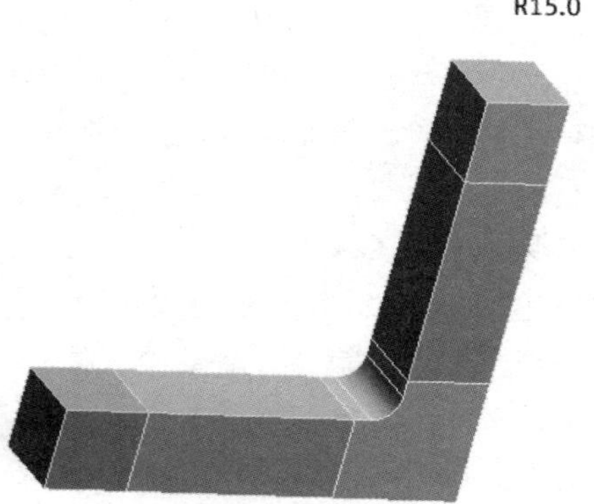

图 13-1　导入的模型

作为对比，首先使用最粗的网格划分计算等效应力解，网格控制方法使用全局网格控制中的“相关性”。

单击 Outline（分析树）中的 Mesh（网格），在 Details of Mesh（网格的详细信息）中的 Relevance（相关性）后面输入最小的-100，再单击 Update（刷新网格），如图 13-2 所示。

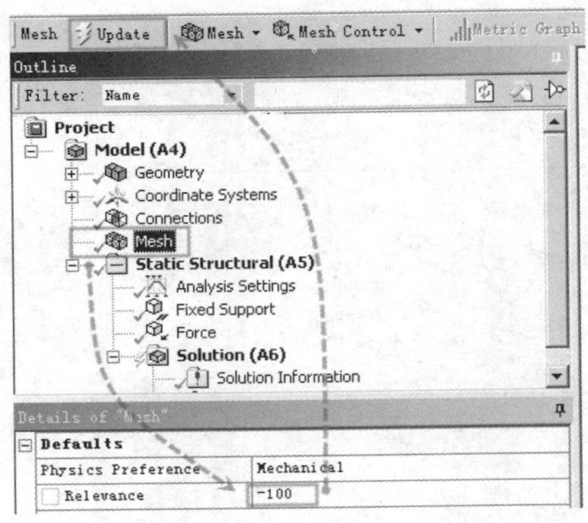

图 13-2 整体网格控制

生成后的网格如图 13-3 所示。

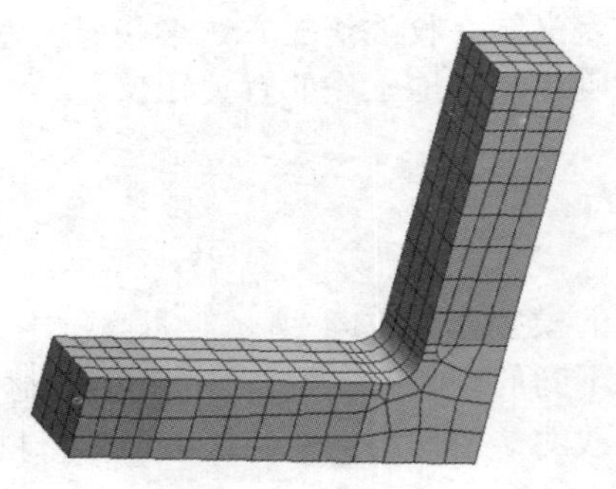

图 13-3 生成后的网格

注意：在其他条件不变时，有限元分析应力解的结果与网格的密度息息相关。一个严谨科学的有限元分析必须校验解与网格密度的无关性。但是如果计算出的应力解随着网格密度的增加而急剧增加，很可能是因为出现了应力奇异现象，需要对模型进行适当修改，以减少结构上的尖角或截面突变（板壳理论中的边缘效应）。而变形类的结果，如总变形、振型、屈曲模态等，由于其存在整体性，不易发生此类状况。

如第 4 章所述：离散误差的大小同离散方程的截断误差有关。在相同的网格步长下，一般来说随着截断误差的阶数提高，离散误差会逐渐减少。对同一离散格式，网格加密，离散误差也会减小。

那么，进行工程数值计算时，网格应细密到什么程度才可认为是足够了呢？显然，不可能在十分接近零的网格步长下计算。因为且不说计算机资源的限制，更由于离散方程数目的巨大，使得求解计算次数剧增，从而导致舍入误差把数值解都“湮没”了。实际的计算应使得网格细密到即使再进一步细化网格，在工程允许的误差范围内，数值解已几乎不再发生变化（如压力容器案例中介绍的，两次分析应力解的差异仅在 2%左右），这就是网格无关解。获得网格无关的解，是国际学术界接受数值模拟论文的基本要求。

获得网格无关解，一般使用其他设置不变，逐步细化网格的方式分别计算不同的有限元模型，通过比较不同网格解的数值来判断解与尺度网格的无关性。当然，最好再分别计算六面体网格和四面体网格在不同网格密度下的解的网格无关性。

本案例介绍五种常用的网格细化方式来计算 L 形截面模型，以简单介绍获得网格无关解的思路。

注意：大幅度细化网格会极大地增加运算量，以至于可能超出计算机的处理能力（首先出现的是内存不足的问题）。有一种方式可以在计算精度与计算代价上获得一定程度的平衡：使用子模型技术（笔者会在第 15 章性能试验台子模型技术案例中介绍在 Workbench 15.0 中实现子模型分析的操作方法）和使用第 16 章设计助手案例中介绍的更换为 PCG 求解器的方法。

荷载及边界条件。在模型顶部设置一个固定位移约束，如图 13-4 所示。

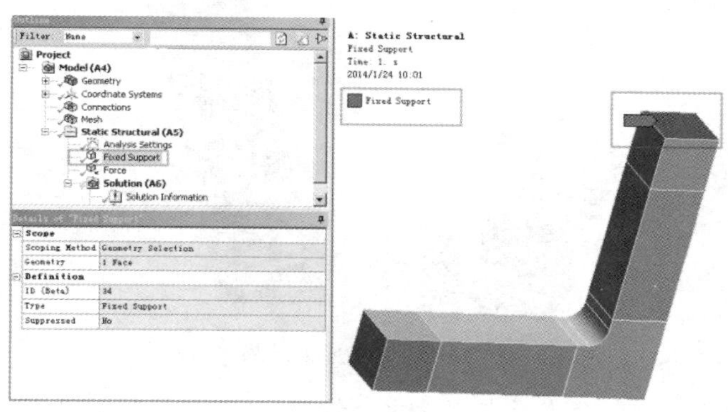

图 13-4　固定约束

施加荷载。对模型底部施加远离模型方向的 100N 的静载，如图 13-5 所示。

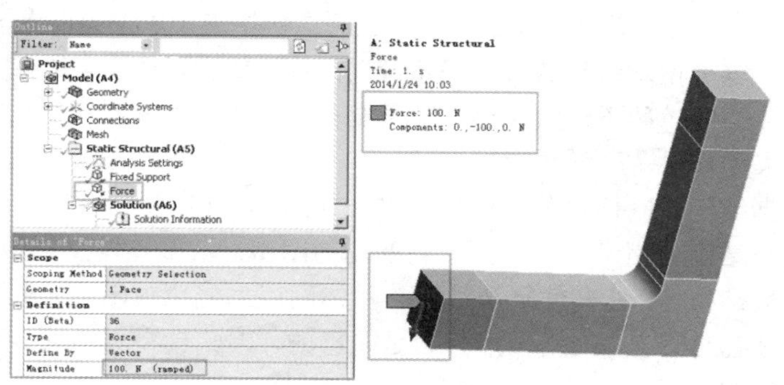

图 13-5　加载力

求解后查看等效应力结果，如图 13-6 所示。

查看应力结果。保存项目文件，求解后等效应力最大值为 39.473MPa，出现在截面内侧圆弧处。由图 13-7 可见，由于网格比较粗糙，圆弧内侧两排节点之间的应力解不连续，稍有失真。

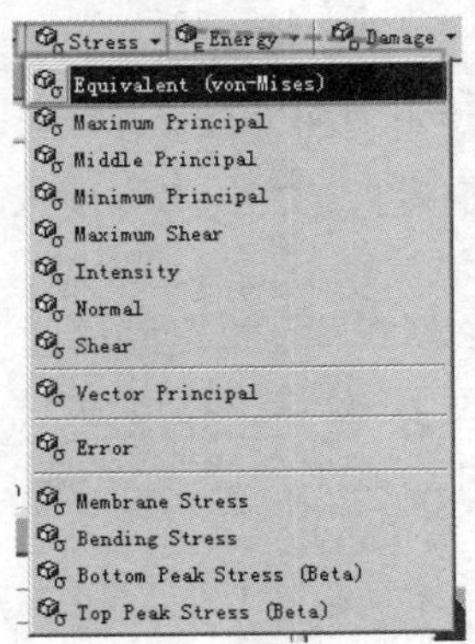

图 13-6　等效应力结果

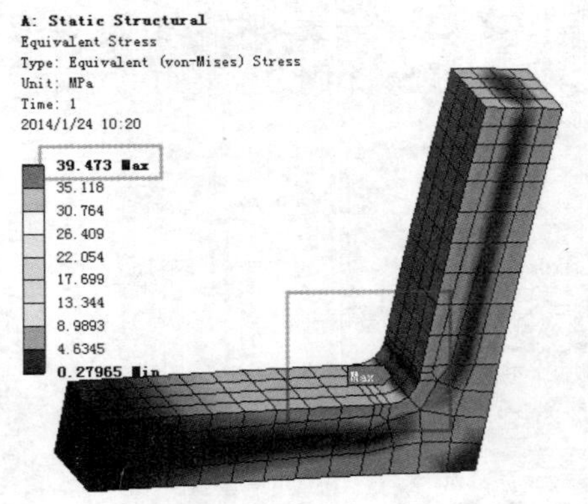

图 13-7　原始应力结果

注意：如 4.5 节数值分析的发展与用途中介绍的，“判断离散化程度是否充分的一个方法就是看结果的应力分布图或者热分析中的热流图等。软件给出的等值面图中一般用不同的颜色来表示不同水平的结果数值。应力和场量有关，而给定单元的梯度仅取决于其依附于该节点上的场量。因此，跨单元间的边界应力带会不连续。严重的不连续表明结构的离散化太粗糙，而连续的离散带又暗示着更精细的离散化显得不必要。后处理时，软件为了让视觉上更满意，也许会删除或者锉平这些明显的不连续（比如使用整体应力磨平处理等），但是判断计算结果质量的有用信息却消失了，这是一种权衡。”

按照网格的数据结构，网格可分为结构网格和非结构网格。

结构网格在拓扑结构上相当于矩形区域内的均匀网格，其节点定义在每一层的网格线上，而且每一层上节点数都相等，这样使复杂外形的贴体网格生成比较困难。非结构网格没有规则的拓扑结构，也没有层的概念，网格节点分布是随意的，因此具有灵活性。不过，采用非结构网格计算时需要较多的内存。

与网格有关的计算精度主要取决于网格的质量，如长细比、倾斜等（如第 18 章等强度梁形状优化分析案例中介绍的），而不取决于网格的拓扑结构。因此，应首先关注网格的质量，而不过分地追求结构网格。

获得网格无关解方法一：整体细化网格。本案例模型的截面尺寸为 10mm 长，10mm 宽，L 形状，内侧圆弧半径为 5mm。取整体 1mm 网格尺寸来再次划分网格并求解。

单击 Outline（分析树）中的 Mesh（网格），在 Details of Mesh（网格的详细信息）中 Element Size（网格尺寸）的后面输入 1，单位为 mm，如图 13-8 所示。刷新网格，刷新后的网格如图 13-9 所示。

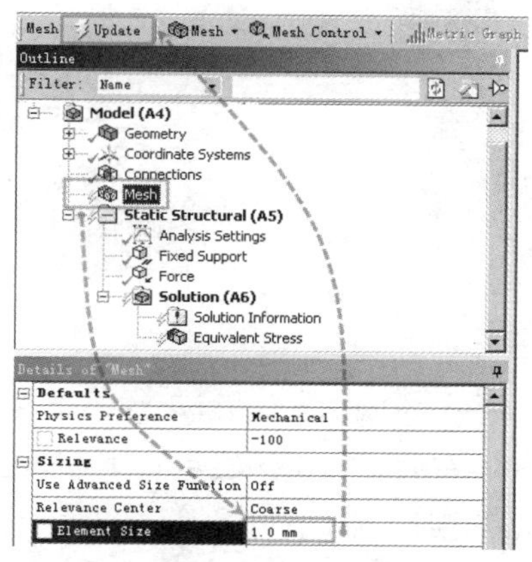

图 13-8　整体细化网格

再次求解，查看等效应力结果。结果如图 13-10 所示，可知最大等效应力为 44.536MPa，此时的内侧圆弧应力结果较粗糙网格更加连续，相对更加符合实际。相对粗糙的网格，应力变化比例为(44.536/39.473)-1×100%=12.8%。

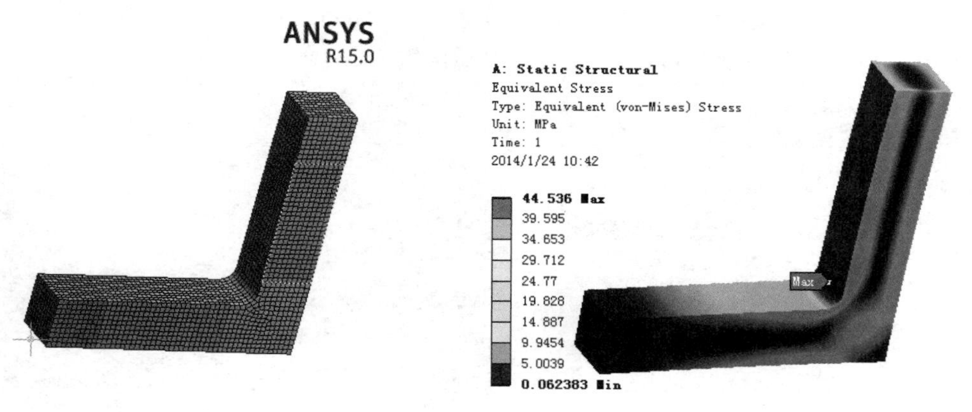

图 13-9　新网格　　　　图 13-10　方法一的结果

显然这个差额是较大的，应继续细化网格。将整体网格边长设置为 0.8mm，再次求解，则应力结果如图 13-11 所示。相对 1mm 网格，再次细化后的应力变化比例为(44.556/44.536) -1×100%=0.0045%。两次分析计算结果差别非常小，可以认为此模型使用 1mm 整体网格或 0.8mm 整体网格的应力计算结果是网格无关性的。图 13-12 所示为 0.8mm 整体网格设置下模型内侧圆弧处的局部网格。

注意：使用整体网格控制会极大地增加计算量，过度的细化会超过计算机的处理能力。此方法可在初步试算的时候使用。一般在试算中，确定了应力或变形等结果的较大值区域后，使用局部网格细化的方法有针对性地将此区域细化，以控制计算规模。

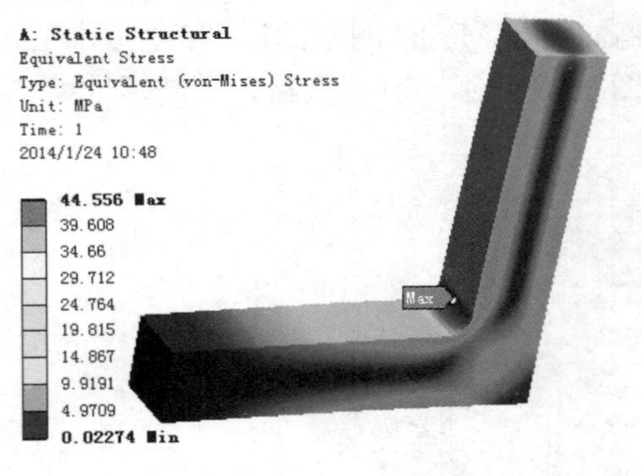

图 13-11　再次细化结果

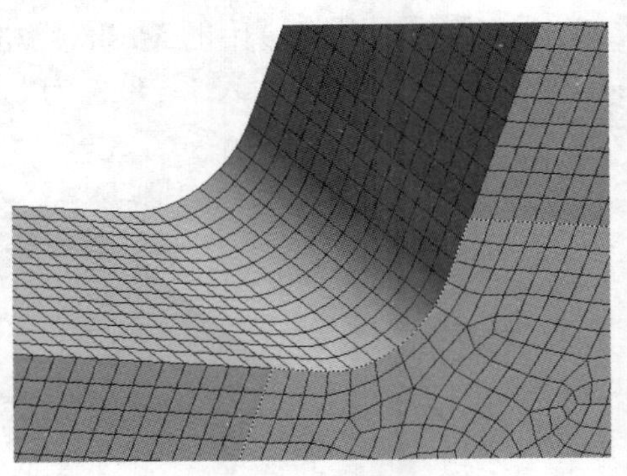

图 13-12　局部网格

获得网格无关解方法二：单元细化网格。Refinement（单元细化）可以对已经划分的网格进行单元细化。该选项仅对面或边有效。细化等级可从 1（最小）到 3（最大）。这是粗糙网格生成后网格细化得到更细密网格的简单方法。

注意：此方法破坏了原有的网格分布，只能生成四面体网格。并且单元细化功能无法从本质上提高原网格质量，所以在初始网格划分时应总体控制单元大小，再进一步局部细化。

单击 Outline（分析树）中的 Mesh（网格），再单击 Mesh Control（网格控制）→Refinement（单元细化），如图 13-13 所示。

设置细化等级。回到模型空间，按住鼠标左键平移滑动以分别点选模型内圆弧的三个面，在 Details of Refinement（单元细化的详细信息）中的 Geometry（模型）后面单击，再单击 Apply（应用）按钮，在 Refinement（细化等级）后面输入 3，如图 13-14 所示。

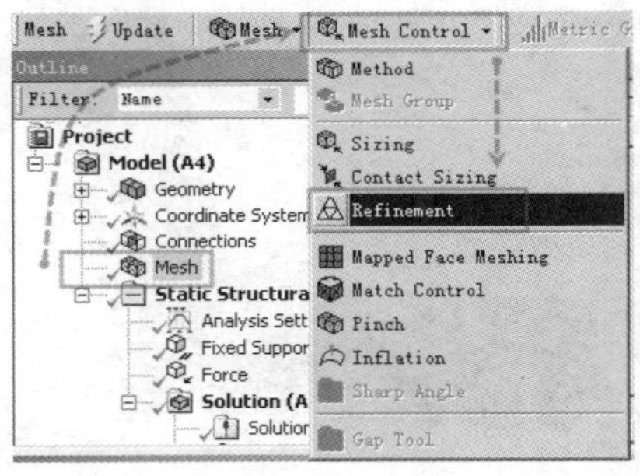

图 13-13　单元细化

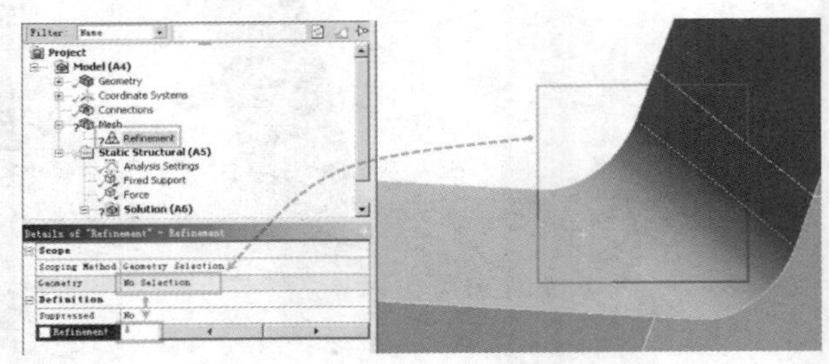

图 13-14　单元细化 3 级

注意：一般情况下，细化等级设置为 1 即可。

刷新网格。刷新后的内侧圆弧网格如图 13-15 所示。

求解后的应力结果如图 13-16 所示。最大应力为 44.888MPa，应力变化比例为(44.888/44.536)-1×100%=0.8%。与第一次细化结果比较，差别不大。

获得网格无关解方法三：单元平均边长细化网格。其设置单元尺寸功能允许设置局部网格大小，每次只对一种几何体类型控制尺寸。

本次介绍 Element Size（网格尺寸）功能。单击 Outline（分析树）中的 Mesh（网格），再单击 Mesh Control（网格控制）→Sizing（单元尺寸），如图 13-17 所示。

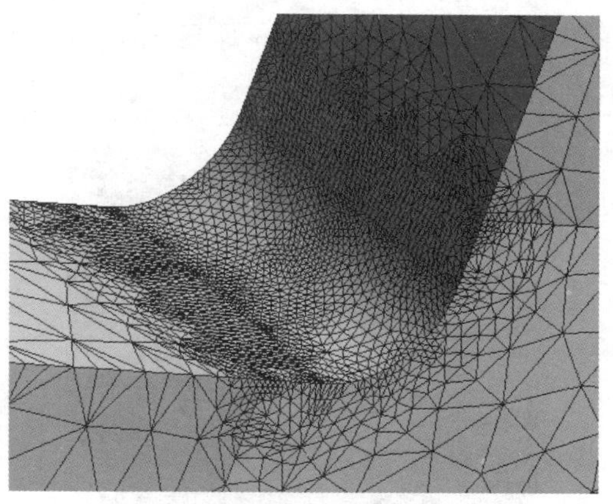

图 13-15　细化后的网格

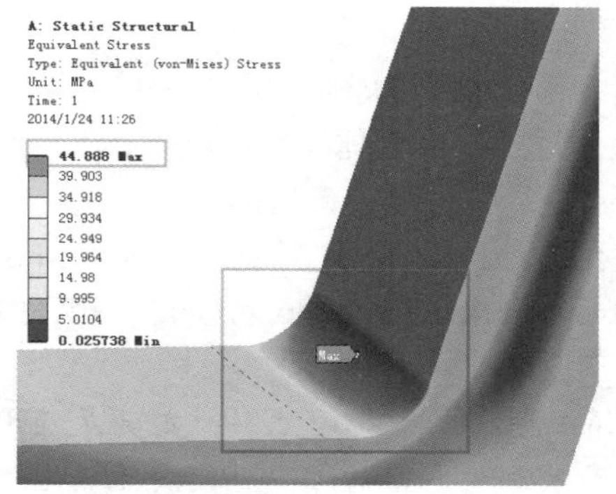

图 13-16　应力解

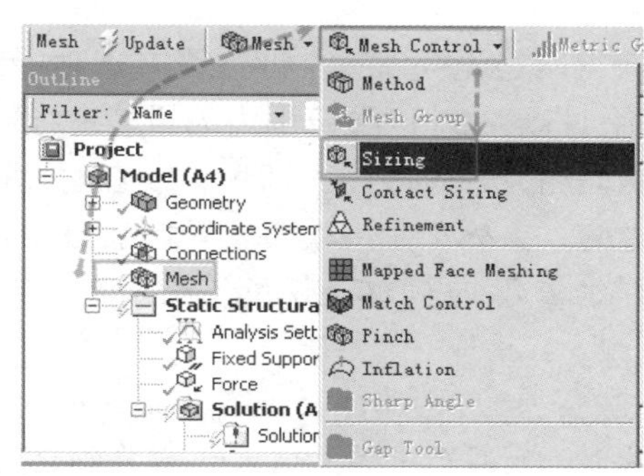

图 13-17　单元平均尺寸

由于本案例应力最大值出现在内侧圆弧表面附近，因此网格控制时重点以其附近的面为细化目标。

使用面过滤器单击右边第二个图标“面”，按住鼠标左键滑动以分别选择三个内侧的面，在 Details of Sizing（单元尺寸的详细信息）中 Geometry（模型）的后面单击黄色区域，再单击 Apply（应用）按钮，在 Type（细化类型）后选择 Element Size（平均边长），在 Element Size（平均边长）后面输入边长 0.5，单位为 mm，如图 13-18 所示。生成后的网格如图 13-19 所示。

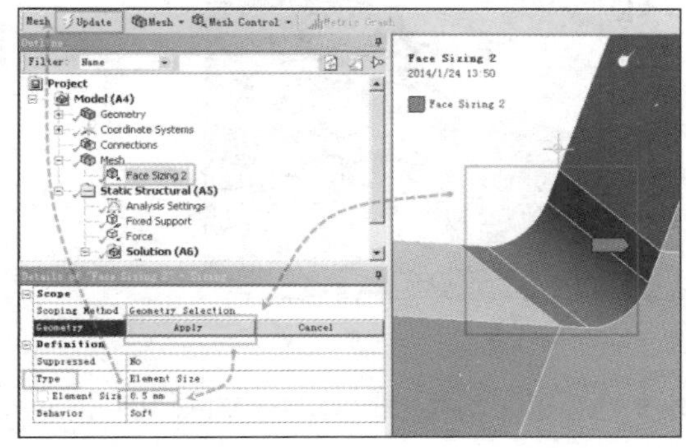

图 13-18　设置平均边长

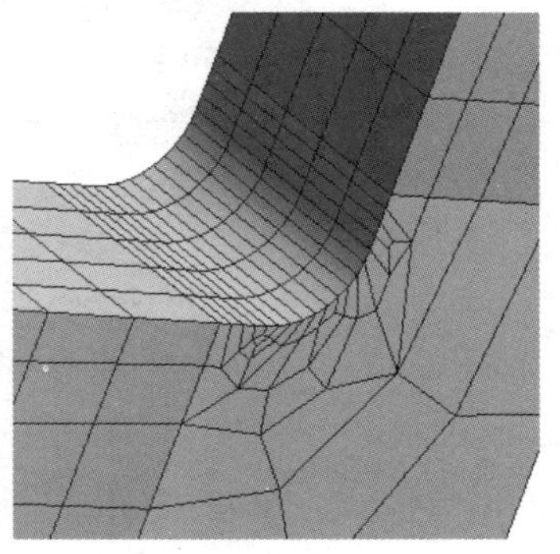

图 13-19　新网格

求解后的应力结果如图 13-20 所示，最大应力为 44.914MPa。与第一次细化比较，应力变化比例为(44.914/44.536)-1×100%=0.85%，差别不大。

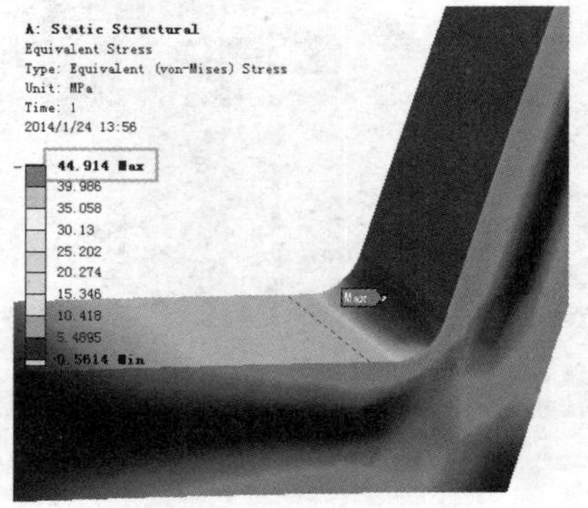

图 13-20 应力解

获得网格无关解方法四：影响球功能细化网格。影响球是用球体设定控制单元平均尺寸的范围，将影响球区域范围内的模型进行网格划分。通过顶点或者体设置影响球，不论高级尺寸函数是否开启都可用。通过边或者面设置影响球，需要关闭高级尺寸函数。

注意：高级尺寸函数的设置位于 Outline（分析树）中 Mesh（网格）的 Details of Mesh（网格的详细信息）中，在 Sizing（尺寸）下单击 Use Advanced Size Function（使用高级尺寸函数）即可。

注意：使用影响球功能有一个好处，即可以更精细地控制细化的范围。尤其是使用方法三细化时，如果选中的面远大于需要细化的范围，则多余细化网格的部分可能会无谓地增加计算量（圣维南原理）。

定义影响球的位置时，应先建立局部坐标系。单击 Outline（分析树）中的 Coordinate Systems（坐标系），再单击菜单栏上的线过滤器，选择右边第三个“线”图标，再选择模型内圆弧上的一条边线，单击菜单栏上的 Create Coordinate System（创建坐标系），如图 13-21 所示。新建后的坐标系如图 13-22 所示。

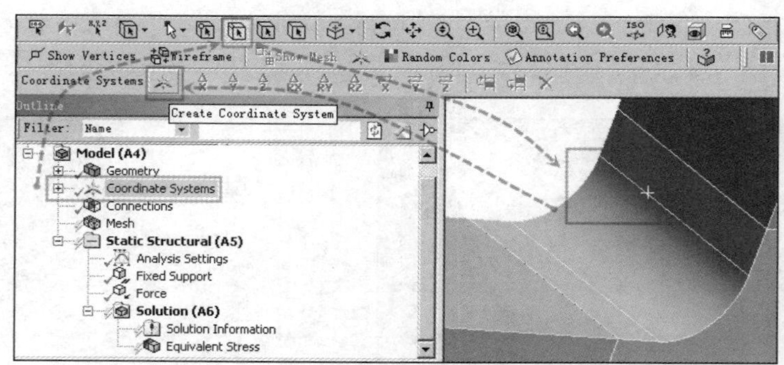

图 13-21 建立局部坐标系

插入尺寸控制。单击 Outline（分析树）中的 Mesh（网格），再单击 Mesh Control（网格控制）→Sizing（尺寸），如图 13-23 所示。

设置尺寸细化。单击菜单栏上的面过滤器，选择“面”图标，按住鼠标左键滑动选择三个目标面，在 Details of Sizing（尺寸的详细信息）中 Geometry（模型）的后面单击黄色区域，单击 Apply（应用）按钮，在 Type（细化类型）后的下拉列表框中选择 Sphere of Influence（影响球），如图 13-24 所示。

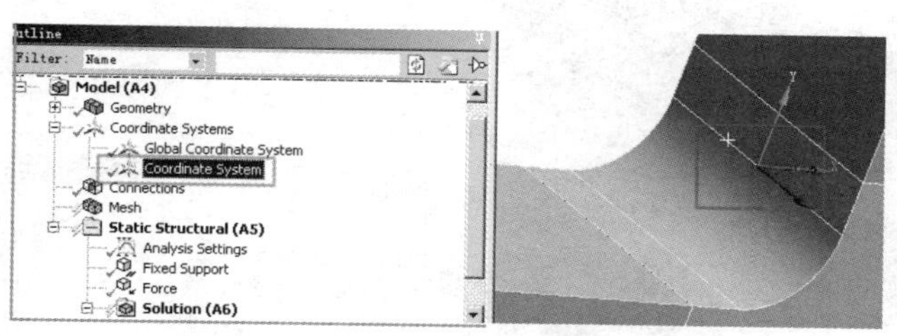

图 13-22　新建的坐标系

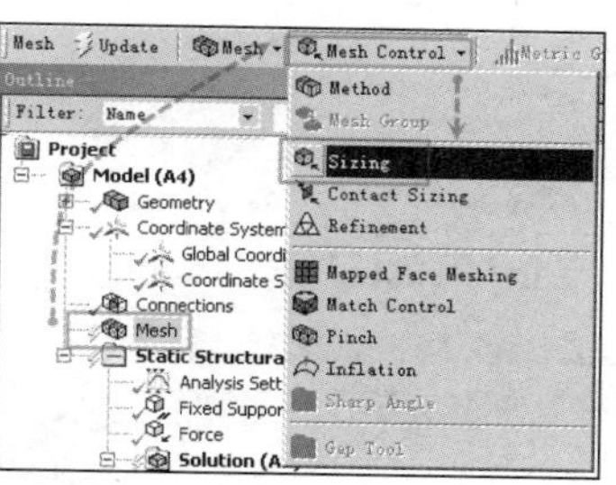

图 13-23　插入尺寸控制

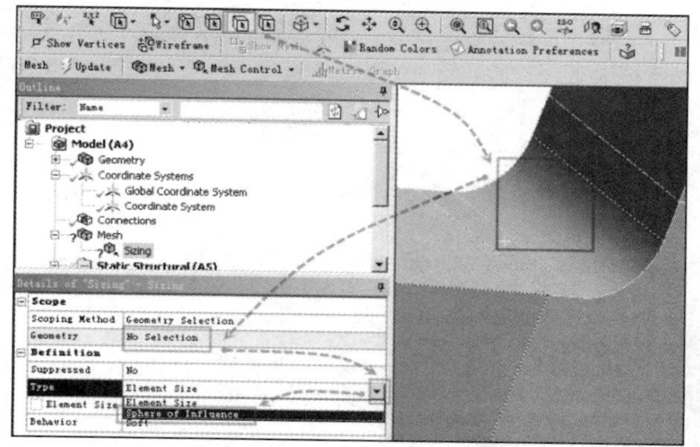

图 13-24　设置细化的面

更改坐标系。在 Type（细化类型）下方的 Sphere Center（影响球中心）后面单击三角下拉按钮，选择的 Coordinate System（坐标系），如图 13-25 所示。

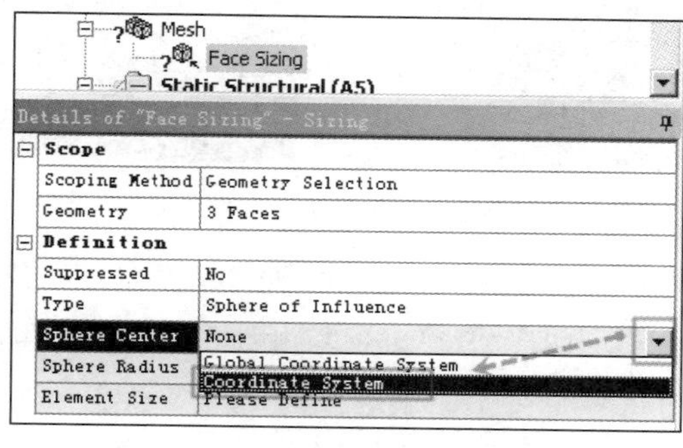

图 13-25　更改坐标系

设置影响球尺寸。在 Sphere Radius（影响球半径）后面输入 7，单位为 mm，此半径以超过所需细化的范围为准；在 Element Size（边长尺寸）后面输入 0.5，单位为 mm，如图 13-26 所示。

注意： 当在 Sphere Radius（影响球半径）后面输入数值时，会在模型上实时地以红色半透明球体显示影响球细化的范围。

设置完成后刷新网格，右击 Mesh（网格）并选择 Update（刷新网格），如图 13-27 所示。刷新后的网格如图 13-28 所示。

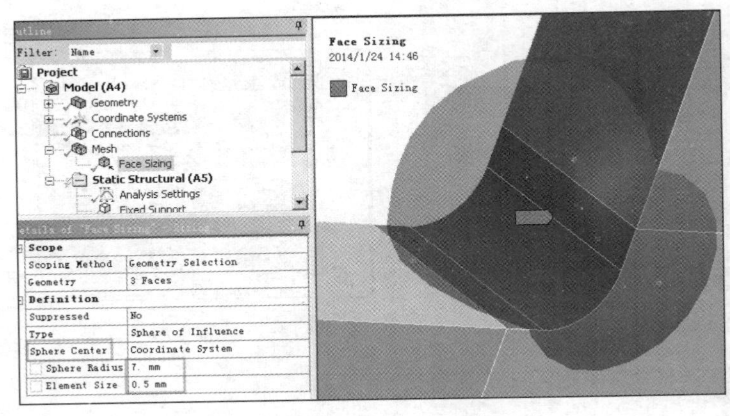

图 13-26　设置影响球　　　　图 13-27　刷新网格

求解后的应力结果如图 13-29 所示。最大应力为 49.348MPa，应力变化比例为(49.348/44.536)-1×100%=10.8%。与第一次细化结果比较，差别稍大。

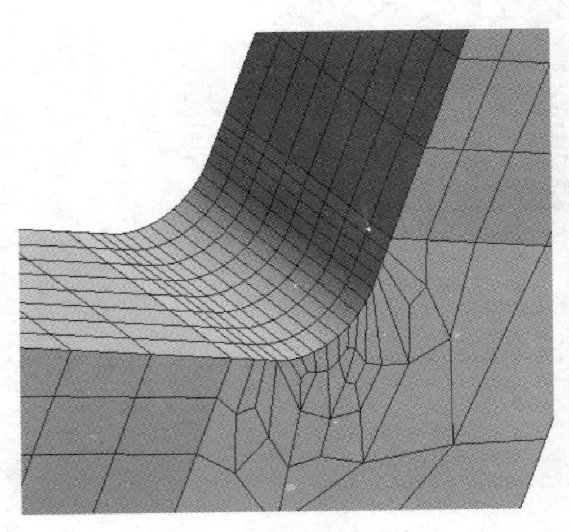

图 13-28　细化的网格

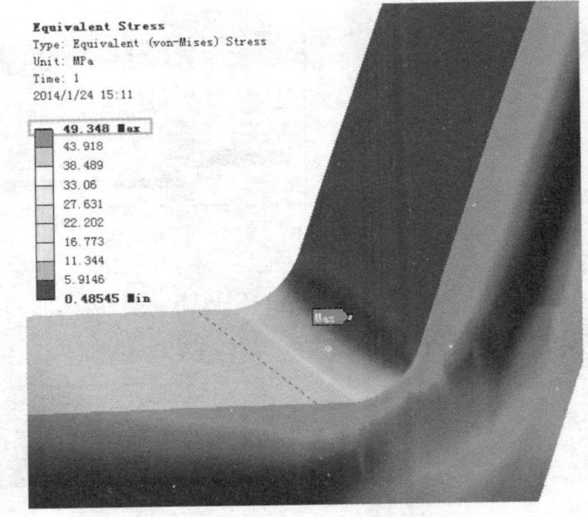

图 13-29　应力解

获得网格无关解方法五：应力收敛。以上 4 种方法都是用手工修改网格控制方法与尺寸不断尝试细化网格计算的。其实在 Workbench 15.0 中有一个简单的方法，可通过设定目标值让软件自动多次计算细化网格以获得网格无关解。

本次使用与对比模型相同的在相关性指标中定义-100 计算一个初始的结果，然后在应力解中插入等效应力的收敛值，计算不同网格密度下应力解的收敛情况。

注意：使用此方法与方法一整体细化网格类似，容易极大地增加计算量，可以通过逐步缩小允许的差值的方法来获得计算量与计算精度的平衡。

在第一个分析的基础上，右击结果中的 Equivalent Stress（等效应力）并选择 Insert→Convergence（收敛），如图 13-30 所示。

注意：当需要对其他结果验证解与网格的收敛性时，也可以用同样的方法。

本案例由于计算规模小，故可使用 0%的差值，如图 13-31 所示。在插入收敛后进行求解，图 13-32 所示为收敛历史图。

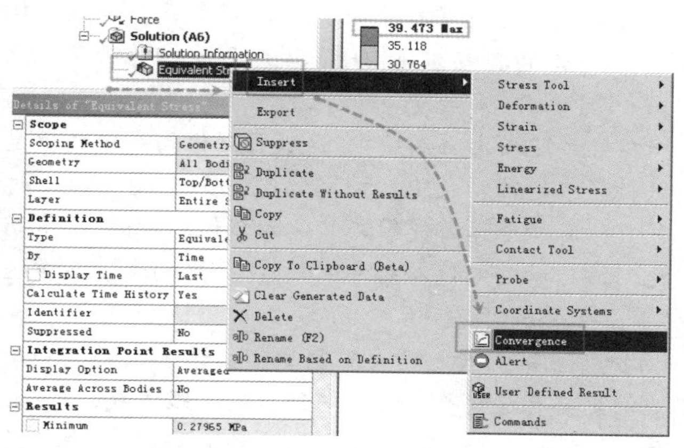

图 13-30　插入收敛

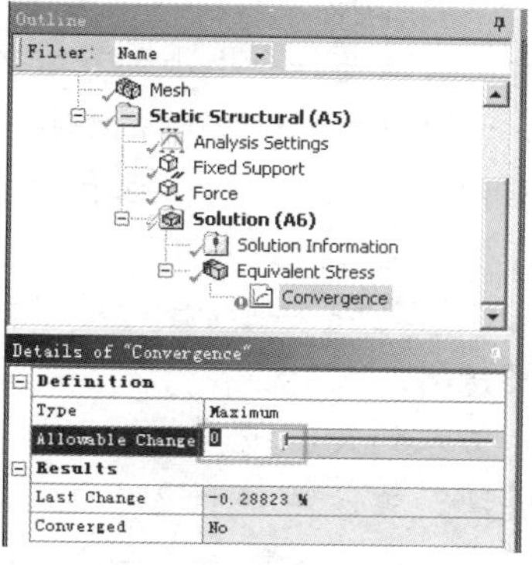

图 13-31　设置允许的差值

一共求解了 4 次。过程是第一次单击“求解”按钮，软件会自动在需要进行细化的区域重新划分网格并求解，计算出等效应力解为 45.725MPa，完成后再次单击“求解”按钮，计算第二次收敛解，重复三次以上过程，直至 Chance（差别）的数值满意为止。

注意：如果随着网格的细化，最大应力值持续增长，可能是模型某些区域存在应力奇异，需要适当修改模型。比如通过修改模型结构改变荷载传递路径、减少截面突变程度、增加倒角、删除无谓的细小尺寸特征、合并破碎的细小表面等方法。无论如何，获得网格无关解的前提是，分析用的物理模型尺寸正确、截面突变位置的截面过渡形式与尺寸符合实际。

由图可知，最后一步计算后，节点数量为 120084 个，单元数量为 84238 个，等效应力最大为 44.794MPa，与上一次计算的差别为 0.288%。与第一次计算出 39.473MPa 结果时的节点数 2343 个和单元数 400 个比较，显然计算规模明显更大。图 13-33 所示为收敛时网格的局部截图。

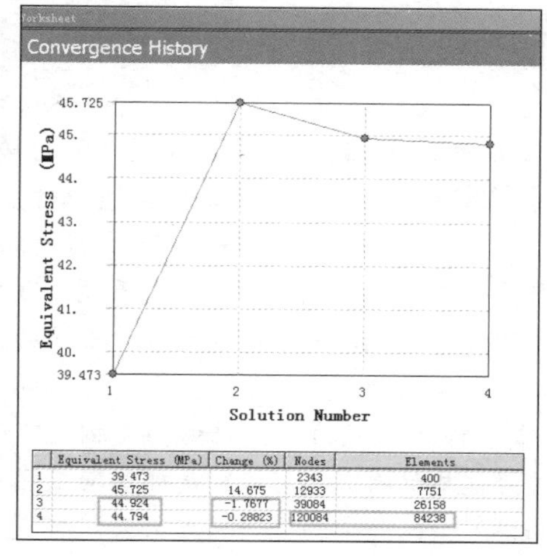

	Equivalent Stress (MPa)	Change (%)	Nodes	Elements
1	39.473		2343	400
2	45.725	14.675	12933	7751
3	44.924	-1.7677	39084	26158
4	44.794	-0.28823	120084	84238

图 13-32　收敛历史图

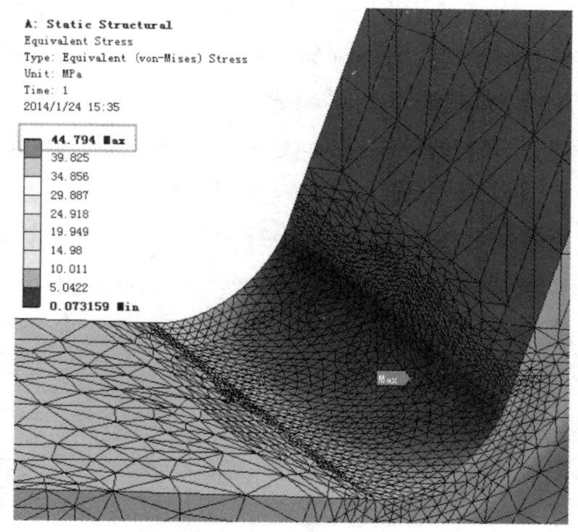

图 13-33　收敛时的网格

注意：中国智慧崇尚“知己知彼，百战不殆。”学习是一项脑力劳动，为了能高效地学习有限元相关知识，有必要了解一下我们的大脑和如何让大脑更加高效运行的知识。

大脑是宇宙间最复杂、最让人捉摸不透的器官。它的重量约 1.3 千克，约为体重的 2%。令人难以置信的是，它的 80%都是水！大脑使用了人们呼吸进来的 20%的氧气，并且消耗摄入热量的 20%。当对人进行全身扫描时，跟身体的其他部分相比，大脑显得非常活跃，以至于看上去像是一个小小的有威力的火炉。

大脑包含 1000 多亿个神经元（也叫神经细胞或大脑细胞），这数目跟银河系中的恒星数量不相上下。大脑同时也有上万亿个叫做神经质的辅助细胞。神经元是由多达 40 万个一对一的连接（也叫神经键）联系在一起的，并且所有的个体都能够与其他的个体“对话”，从而创造出能够完成某项特定大脑功能的神经元网络。动作电位以约每小时 97 公里的速度在神经细胞间传播。

男人的大脑被美貌、形状、幻想和固执所主宰；女人的大脑则通常由语言、交流和情感所驱使。男性倾向于使用左脑，这使得他们更具有逻辑性、更面向细节的思维方式。

在人出生的第一年中，大脑的发育是最快的。大脑扫描表明，婴儿的大脑到 12 个月的时候就跟正常年轻人的大脑相似了；到三岁时，小孩的大脑已经成型了约 10 亿个连接，大约是成年人大脑的两倍；在 3 岁到 10 岁期间，是社交能力、情绪及身体发育最快的时期，这个年龄组的大脑活动比成年人多一倍还多，并且虽然新的神经键在一生中总会不断地形成，但大脑再也不会那么容易地掌握新的技能或那么容易地接受挫折了；到了 11 岁，大脑开始以很快的速度裁剪多余的连接，保留下来的线路是更加专门化及更有效率的，这是大脑“不用则退”原则的最好例证；在 18 岁到 25 岁期间，大脑的前三分之一部分，也就是前额皮质会继续发育，虽然一般将 18 岁的年轻人视为成人，但是那时的大脑还远没有发育成熟，髓磷脂一直到 25 岁或 26 岁还在前额质区域继续沉积，使得大脑的执行区域以更好和更有效的方式来工作；大约到了 25 岁以后，也就是当达到发育的最高峰以后，大脑开始慢慢地萎缩。

颞叶，位于颞部之下，在眼睛后面，是与语言（听力及阅读）、理解社交信号、短期记忆、将记忆转入长期存储、处理音乐、声音的音调及情绪的稳定性相关的。它能让人看见物品并将其命名，从而识别它。深藏于颞叶里面的海马体，其功能是将新的信息转换为大脑能够存储的密码，并将其存储长达几个星期，当海马体被破坏时会既不能存储新的经验也不能取回在过去几个星期内学到的新的东西。海马体是老年痴呆症最先被破坏的区域之一。

使大脑更加聪明的第一步是，努力通过一些对它有好处的事情来保护它。情感创伤就像身体创伤一样，能够干扰大脑的发育，并给大脑带来负面的改变。情感创伤会改变大脑的功能。

大脑对创伤做出的反应是使某些大脑系统发烧或像有火焰一样。扫描表明，边缘叶系统、前扣带回、基底神经节和颞叶都变得高度亢奋。当人们受到创伤时，会睡眠不好，变得情绪化、害怕和焦虑以及经受许多身体的症状，像头痛、肌肉紧张或大便有问题等。研究表明，慢性的或持久的压力会释放某种荷尔蒙，它们会杀死海马体的细胞。而海马体是位于颞叶里面的主要记忆中心。

毒害大脑最常见的物质之一是酒精。酒精通过减少神经细胞的刺激而影响大脑，它阻止氧气进入细胞的能量中心，减少很多种不同类型的神经递质的有效性，特别是那些与学习和记忆有关的神经递质。酒是一把双刃剑，这取决于酒的摄入量。大量的饮用，如每天四杯或更多的烈酒，会增加痴呆症的危险性；但是少量的，如一个星期一杯葡萄酒，或者一个月一次而不是一天一次，可以减少痴呆症的危险性高达 70%。

对于许多人来说，味精是另外一个问题。有味精时，对大脑做扫描显示，有可能让左颞叶的活动严重不足，而这通常与暴力或暴躁的反应联系在一起。所以，尽可能不要接触味精。

油漆的雾气及其他溶剂发出的蒸汽都是需要避免的对大脑有毒害作用的物质。

睡眠不足也会损害大脑。那些一个晚上睡眠少于 7 小时的人们，在颞叶区域活动不足。睡眠不足的人，在记忆和数学测验中得分较差，并且驾驶时出车祸的危险性更大。

晚上睡觉少于 6.5 小时，会降低抵御压力的能力。睡眠不足可能诱发对胰岛素的抗性：同每天睡 7.5 小时或 8 小时的人相比，那些每天睡眠小于 6.5 小时的人分泌的胰岛素要多 50%，并且他们对胰岛素的敏感程度要少 40%。已发现缺乏睡眠与糖尿病和肥胖有联系。

保护大脑的七步计划。你吃什么，就是什么。身体中所有细胞，包括大脑细胞在内，每五个月就更新一次。有些细胞，如皮肤细胞，每一个月就更新一次。适当的营养对保持一个健康的大脑和身体是很关键的。下面介绍使得饮食得到控制和把食物作为大脑药物的七步计划。

（1）增加饮水。

（2）限制热量输入。

（3）多吃鱼、鱼油，并区别好脂肪和坏脂肪。

吃鱼会降低痴呆症和中风的危险。研究人员测量 5386 位正常老年人的进食情况，并且对他们进行了长达 2.1 年的跟踪。那些摄入了大量的脂肪总量、饱和脂肪或胆固醇的人们比那些摄入少量的人们，患痴呆症的可能性要分别大出 2.4 倍、1.9 倍和 1.7 倍。

脂肪有两种类型：好的脂肪（不饱和脂肪）和坏的脂肪（饱和脂肪）。在饱和脂肪的分子结构中，那些可以结合的部分都处于了饱和状态，或者说都被氢分子填满了。它们的组织结构硬化，会造成动脉硬化以及胆固醇结块沉淀。饱和脂肪来自于红肉、鸡蛋、黄油、牛奶等。

不饱和脂肪的结合点没有被氢分子完全饱和，而且其特性更加灵活，这就是为什么不饱和脂肪更易融化，当接触空气时容易变质，也更容易被人体代谢，而且它们降低血液中胆固醇的含量。

（4）增加抗氧化剂的饮食。来自水果和蔬菜这些食物的抗氧化剂能够大大减少发展成为认知缺陷的危险性。

（5）保持蛋白质、不饱和脂肪及碳水化合物的平衡。

（6）每天吃健康饮食。

（7）有计划地吃零食。

大脑锻炼。大脑就像肌肉一样，用得越多就越优秀。新的学习会使得大脑中形成新的连接。无论人的年龄多大，大脑锻炼对大脑都有着全面而积极的影响。最好的大脑锻炼是学习新的知识，以及做以前没有做过的事情。新的学习促进大脑的发展，而重复做已经做过的事情对大脑没有什么用处。

研究表明，在学习过程中人脑主要记忆以下内容：学习开始阶段的内容（前摄记忆）、学习结束阶段的内容（后摄记忆）、与已经存储起来的东西或模式发生了联系或者与正在学习的知识的某些方面发生了联系的内容、作为在某些方面非常突出或者独特的东西而被强调过的内容、对五官之一有特别吸引力的内容、本人特别感兴趣的内容。发现这一特征的心理学家是冯·雷斯托夫（Von Restorff），因此这类记忆现象也称为“冯·雷斯托夫效应”。

学习对神经元有着非常真实的刺激效果。它使神经元不断地激发，并且更容易被激发。

大脑中有许多不同的线路，没有用到的任何线路都会变得软弱。长期增益作用（Long-Term Potentiation，LTP）是学习的生理学，它在长期内使得神经元兴奋（或者说赋予它能力），并使它做好一项工作。简单地说，学习就是通过对一个动作的重复而导致神经元及它的神经键产生真正生理上的变化。

当以正确的方式来刺激神经细胞时，会使得它们更加有效率，它们的功能会更好，而拥有一个在一生中活跃的和富有学习能力的大脑。

当一个给定的信息或思想或者重新激活的记忆在脑细胞之间传递时，就建立起了一个生化电磁通道。

当人每次产生一个想法时，带有这个想法的神经通道中的生化电磁阻力就会减少。重复思维模式或图谱的次数越多，对它们造成的阻力就越小。因此，重复本身就增大了自我重复的可能性。人类智慧的边界在许多方面都可以与大脑摸索和使用这种模式的能力相关联。

长期增益作用导致神经末梢变大，而这会带来三个巨大优势：①它们更难被破坏；②神经元上的更大面积，使得细胞间能够以更强的信号来进行信息传递；③在赋予能力的过程中接收信号的神经元在需要更少的输入后就产生自己的信号。这意味着，一旦长期增益作用已经形成，要将某种事情做好就不需要太多的能量了。如本书前言中介绍的“资之深，则取之左右逢其源”。

锻炼大脑的13个实用方法：①让自己专心致志地学习新的东西；②学习一些新的及有趣的东西；③在工作中交叉培训；④在习惯事物上改进做事技巧；⑤控制看电视的时间；⑥限制玩电子游戏；⑦参加一个阅读小组，使得对学习新东西负起责任；⑧训练不会使你完美无缺，完美无缺的训练才会使你变得完美无缺；⑨打破生活的惯例来激活大脑的新区域；⑩比较一下类似的事情是怎样运作的；⑪参观不同的新地方；⑫结交聪明的朋友；⑬对那些学习上有问题的小孩和大人进行辅导，以帮助他们能够在学校里待下去。

为了你的大脑而运动。锻炼身体可以保护和改善大脑，这可能是使得神经元长期保持健康的最重要的事情。适当的锻炼可以改善心脏向全身输送血液的能力，以帮助大脑保持血液畅通，从而增加氧气和葡萄糖的供给。锻炼也会减少生活环境中有毒物质对神经元的损害，并且增加胰岛素防止高血糖的能力，从而减少发生糖尿病的危险。锻炼身体也有助于保护海马体中的短期记忆结构，使它不处于高度紧张状态。

锻炼事实上刺激了神经发生，神经发生是大脑产生新的神经元的能力。当实验室里的老鼠锻炼时，研究表明，在它们的颞叶和海马体中产生了新的神经元，这些神经元会存活大约四个星期，如果没有刺激的话，神经元随后就会死亡。人通过精神或社会交流刺激新的神经元，它们就会与其他神经元连接起来，与大脑内的线路结成一体。

锻炼给海马体的神经元加上一层保护，效果会持续大约3天，因此锻炼的频率最好是每三天一次。将锻炼身体变成一个习惯的最好方法就是每天选择一个特定的时间和地点，尽量锻炼30分钟以上。

当遇到一个困难的问题时，放些音乐，并让大脑一边听音乐一边解决问题或许是个好主意。

保存项目文件，退出DS模块，退出Workbench平台。

至此，本案例完。

14 发动机叶片周期扩展分析案例

14.1 案例介绍

本案例以英国劳斯莱斯公司斯贝航空发动机 1 级压气机叶片模型为例进行静态力学分析，以简单介绍 ANSYS Workbench 15.0 静力学分析模块的操作和使用；还介绍了对旋转对称部件简化分析时使用周期扩展功能的操作方法和两种生成高分辨率截图的技巧。

14.2 分析流程

整体模型是由 18 个相同的叶片通过旋转阵列获得的。本次分析时，仅建立十八分之一圆心角对应的一个叶片的模型，然后使用周期扩展功能来获得整体模型的计算结果。

注意：由于模型的对称性，用此方法相对直接用完整模型分析会极大地缩减计算规模和节约时间。

注意：涉及到模态分析的计算时，尽量不要使用周期扩展结果。因为有些模态振型是周期对称的，使用局部模型再扩展计算会丢失对称振型结果，以至于模态整体结果的失真。

在 Solidworks 软件中建立 20° 圆心角的单叶片模型，如图 14-1 所示。

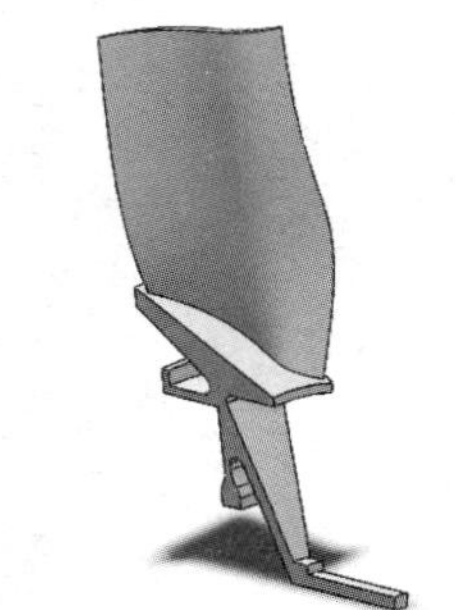

图 14-1 单个叶片模型

单击 Solidworks 软件菜单栏上的 ANSYS 15.0（这是 Solidworks 与 Workbench 的模型数据接口）→ANSYS Workbench，将三维模型数据导入 ANSYS Workbench 15.0，如图 14-2 所示。

软件打开后，在 Toolbox（工具箱）中找到 Static Structural（静态力学分析模块），按住鼠标左键向右拖动其到 Project Schematic（项目图示）中已经生成的 A2 Geometry（模型）上，松开鼠标，如图 14-3 所示。

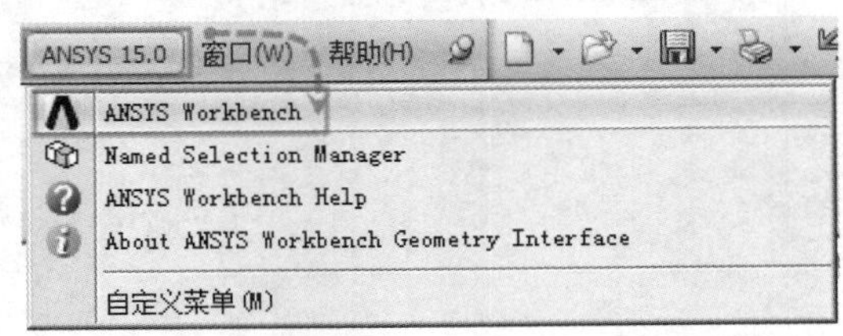

图 14-2　打开 Workbench

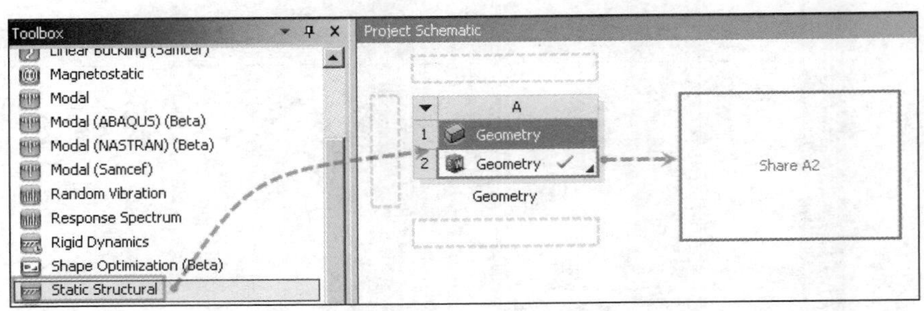

图 14-3　打开静力分析模块

注意：当拖动位置正确时，A2 Geometry（模型）图标会生成红色外框。

这里介绍一个 Workbench 中特有的功能，即建模软件与分析模型数据的双向传递。通过 Solidworks 软件（或者其他建模软件）中的 ANSYS 15.0 数据接口插件（需要专门的许可证支持）传递给 Workbench 的模型数据，是可以在 Solidworks 和 Workbench 之间双向传递的。也就是说，如果在 Solidworks 中修改了模型的某些尺寸等数据，回到 Workbench 中，刷新模型后，修改的模型数据会自动传递到 Workbench 中；相反地，如果在 Workbench 中修改了模型数据，反过来也会在 Solidworks 软件中体现其变化。

如果要将 Solidworks 中修改后的模型导入进 Workbench，只需右击如图 14-4 所示的 A2 Geometry（模型）并选择 Update Form CAD（刷新来自 CAD 软件的数据），稍等片刻即可。

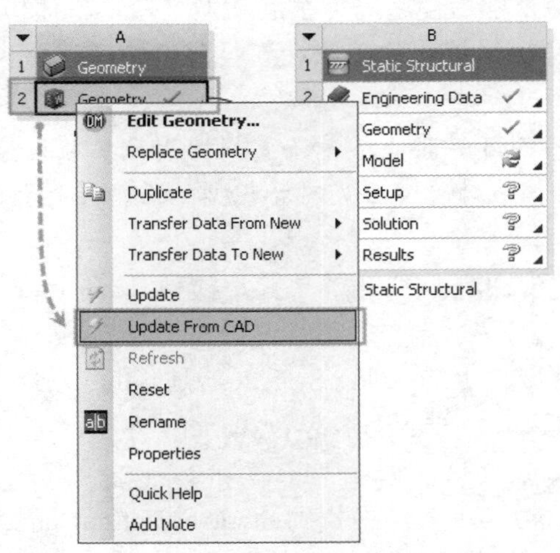

图 14-4　双向传递模型数据

一个实用的功能：更改项目标题。在任意模块下方出现的模块名称，如图 14-5 所示的 B7

项目下方的 Static Structural（静态力学分析模块）处双击点开，使得其变成蓝色背景后即可修改项目标题，中文、英文、数字等均可。修改后的标题在进入模块后的标题处会体现。

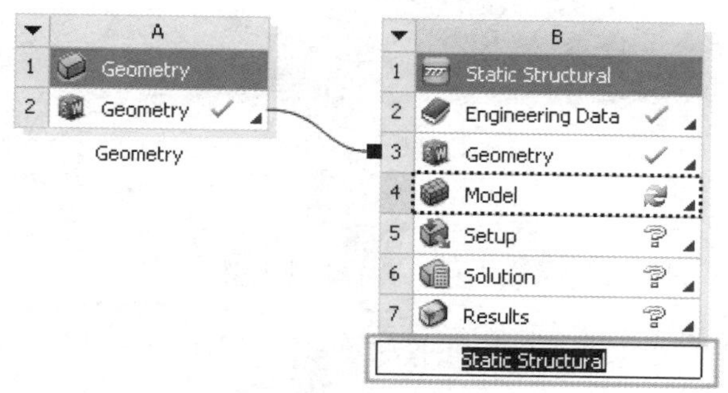

图 14-5 更改项目标题

当分析项目很多时，编辑不同的标题有利于区分当前的分析内容和提示分析所属的不同工况等，在需要截图生成分析报告时非常有用。本案例将标题修改为“周期扩展案例”。

生成有限元模型。双击静力分析模块 B4 Model（有限元模型），如图 14-6 所示。

注意：此时的项目标题已被修改。

模型打开后如图 14-7 所示。

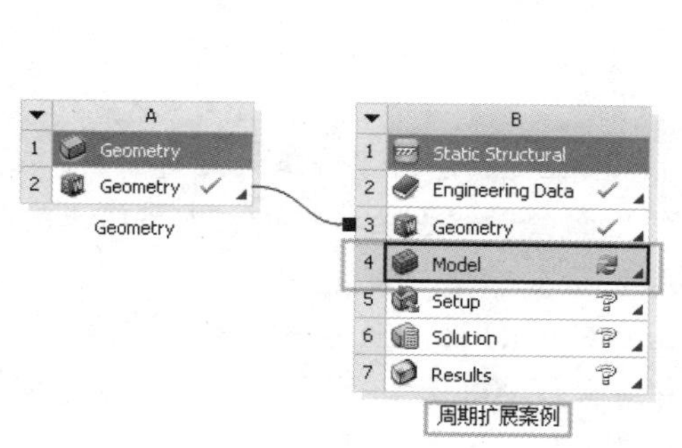

图 14-6 建立有限元模型

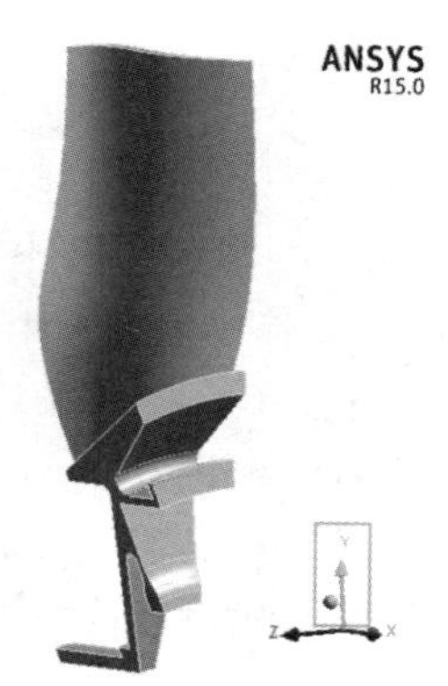

图 14-7 旋转模型

下面介绍一下 Workbench 中全局坐标系的部分功能。在模型空间右下角会生成由三种颜色正交箭头和青色圆球组成的全局坐标系。其中红色箭头对应 X 轴，绿色箭头对应 Y 轴，蓝色箭头对应 Z 轴。单击坐标系内的青色圆球可旋转到 ISO 标准的 45° 轴测图视角。

单击 X、Y、Z 三坐标的箭头即可将模型旋转到对应的坐标平面处。当鼠标移动到箭头反方向时坐标系会生成黑色的与该坐标轴相反的箭头，单击其即可旋转至该坐标系的反方向坐标平面处。

注意：此坐标系是模型的全局坐标系，其圆点坐标和坐标方向与建立模型时（无论用何种软件）使用的相同。使用键盘上的光标移动键可平移模型。

单击 Y 轴箭头后模型被旋转到了 Y 轴坐标平面处，旋转后的模型视角如图 14-8 所示。

建立局部坐标系。由于模型默认的坐标系为直角坐标系，为了固定叶片内表面的圆柱面和创建网格匹配控制需要建立一个柱坐标系，以方便定义旋转方向。

图 14-8　旋转后的模型

单击 Outline（分析树）中的 Coordinate Systems（坐标系统），再单击 Create Coordinate Systems（创建坐标系统）。此时创建的坐标系统为局部坐标系，其形式、位置、数量等可任意变换，而不影响整体坐标系，如图 14-9 所示。

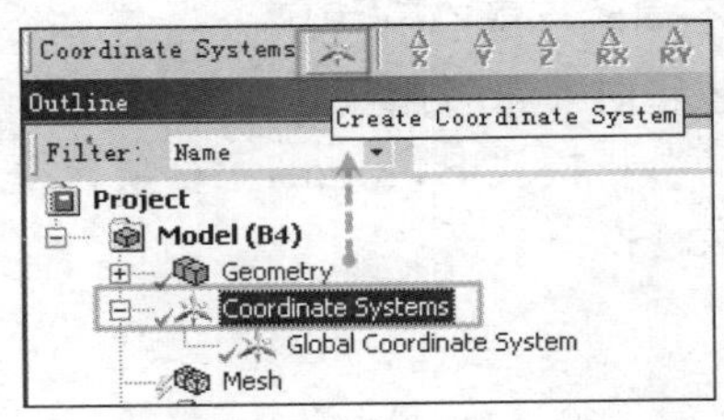

图 14-9　建立局部坐标系

更改坐标系形式。创建了一个新的局部坐标系后在 Outline（分析树）下会生成一个 Coordinate Systems（坐标系统）图标。

注意：坐标系图标前方有一个蓝色实心问号，代表要注意需要修正或更新数据。在 Details of Coordinate Systems（坐标系统的详细信息）的下面会以黄色区域提示最少要修正的数据。

默认生成的局部坐标系为直角坐标系，需要将其修改为圆柱坐标系。单击 Coordinate Systems（坐标系统）图标，在 Details of Coordinate Systems（坐标系统的详细信息）中找到 Type（坐标系类型），单击右侧黑色三角图标并选择 Cylindrical（圆柱坐标系），如图 14-10 所示。

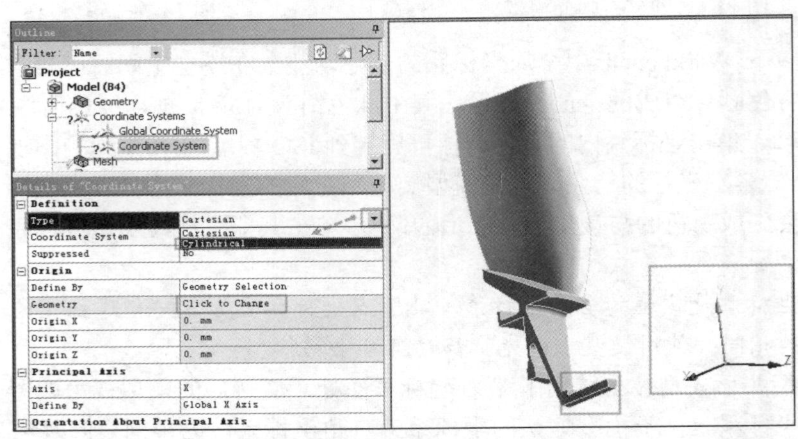

图 14-10　定义圆柱坐标系

更改圆柱坐标系方向。默认的圆柱方向为 X 轴，需要将其对应到模型实际的旋转方向。在 Details of Coordinate Systems（坐标系统的详细信息）中单击 Axis（坐标轴）右侧的黑色三角图标并选择 Z（Z 轴），如图 14-11 所示。

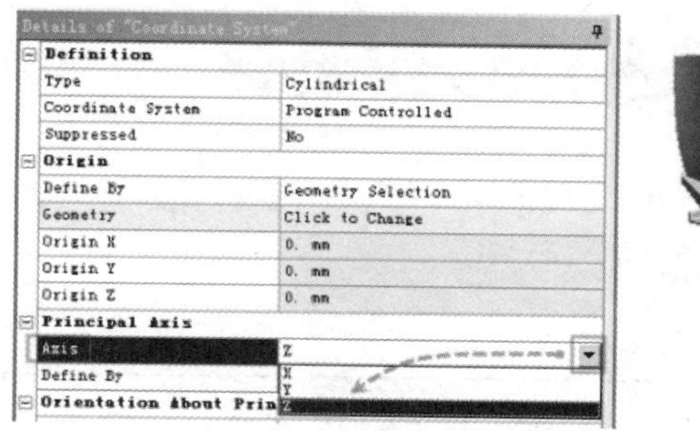

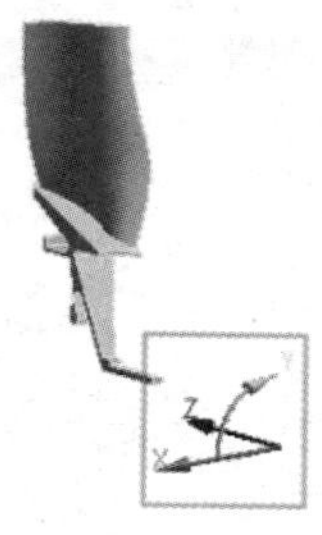

图 14-11　更改圆柱方向

给局部坐标系定义基准面。单击叶片模型内侧圆柱面，在 Details of Coordinate Systems（坐标系统的详细信息）中的 Geometry（模型）处单击 Click to Change（单击选择），如图 14-12 所示。设置后的基准面坐标方向如图 14-13 所示。至此，圆柱局部坐标系定义完成。

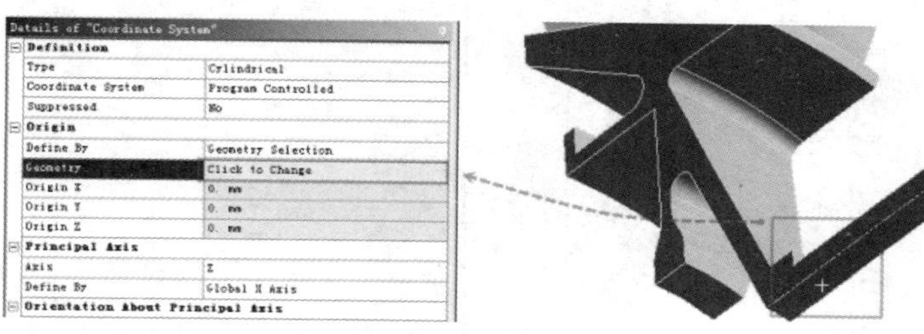

图 14-12　定义局部坐标系基准面

建立结果的扩展。

注意：使用扩展功能，需要事先开启 Bata（测试功能）。开启方法在第 1 章电梯框架静力学分析案例中已介绍。

单击 Outline（分析树）中的 Model（模型），再单击 Symmetry（对称扩展），如图 14-14 所示。

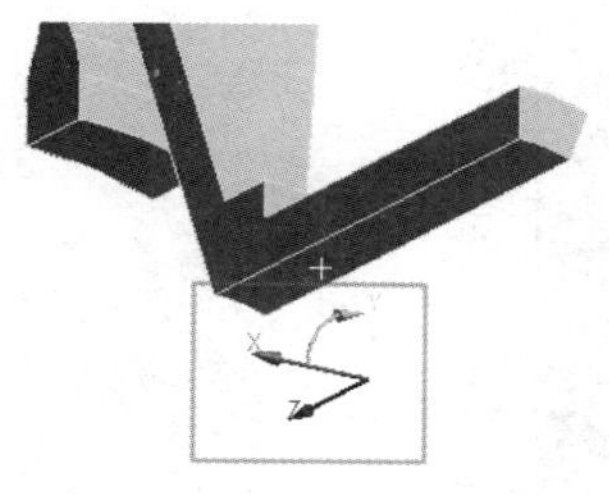

图 14-13　坐标轴的方向

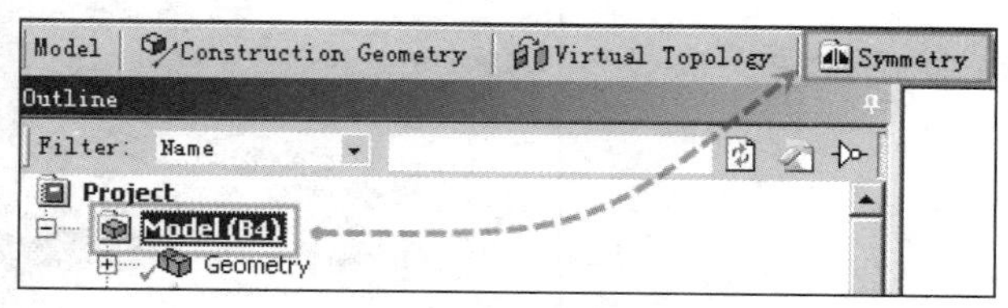

图 14-14　建立扩展

选择圆周扩展。建立对称扩展后，在 Model（模型）下方会生成一个 Symmetry（对称扩展）图标，单击它，再单击 Cyclic Region（圆周扩展），如图 14-15 所示。

选择扩展面，分别选取扩展面的两边。单击其中的一个扩展面，再单击 Outline（分析树）

中的 Cyclic Region（圆周扩展），在 Details of Cyclic Region（圆周扩展的详细信息）中单击 Low Boundary（低边界）后面的 No Selection（未选中），然后单击 Apply（应用）按钮，如图 14-16 所示。

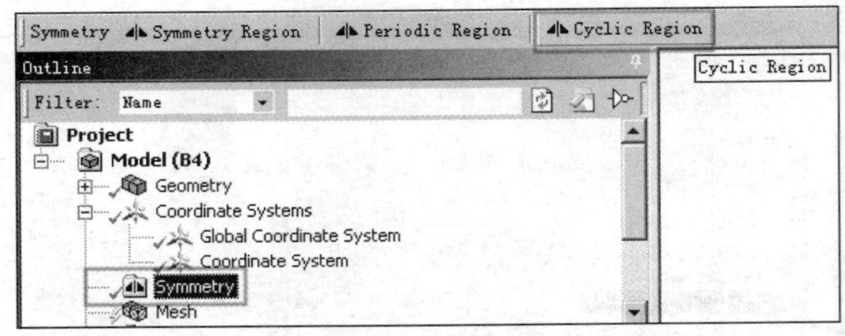

图 14-15　建立圆周扩展

在模型空间处按住鼠标中键并移动旋转模型至可见到另一个扩展面处单击选中，在 Details of Cyclic Region（圆周扩展的详细信息）中单击 High Boundary（高边界）后面的 No Selection（未选中），然后单击 Apply（应用）按钮，如图 14-17 所示。

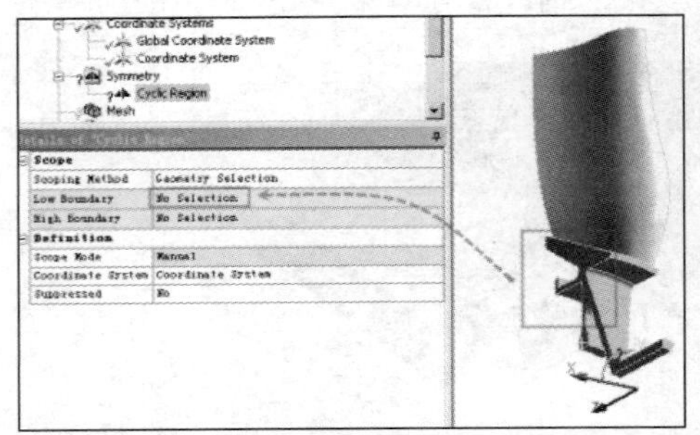

图 14-16　选择低扩展面

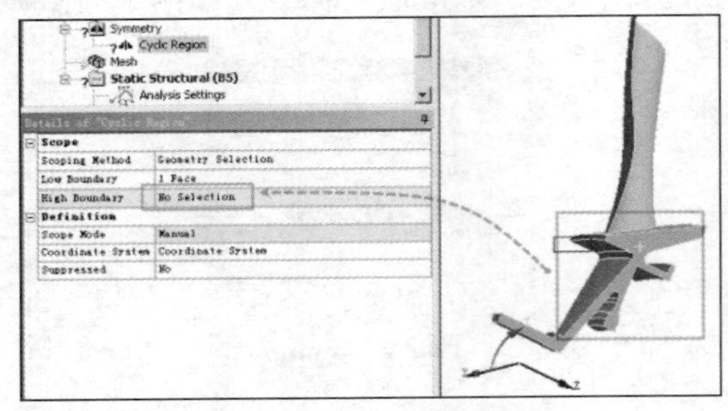

图 14-17　选择高扩展面

注意：使用扩展功能时要保证两个分割面处的网格节点对应，以保证计算精度。实现它需要使用 Match Control（匹配控制）选项。

单击 Outline（分析树）中的 Mesh（网格），再单击 Mesh Control（网格控制）→Match Control（匹配控制），如图 14-18 所示。

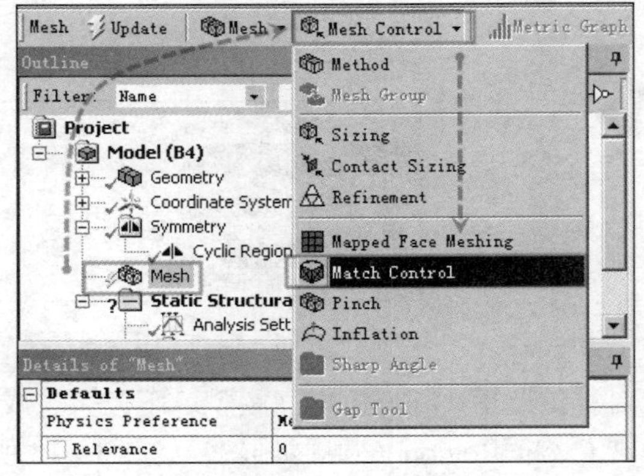

图 14-18　选择网格控制

单击模型上的一个待扩展面，在 Details of Mesh Control（网格控制的详细信息）中单击 High Geometry Selection（高模型选择），然后单击 Apply（应用）按钮，如图 14-19 所示。

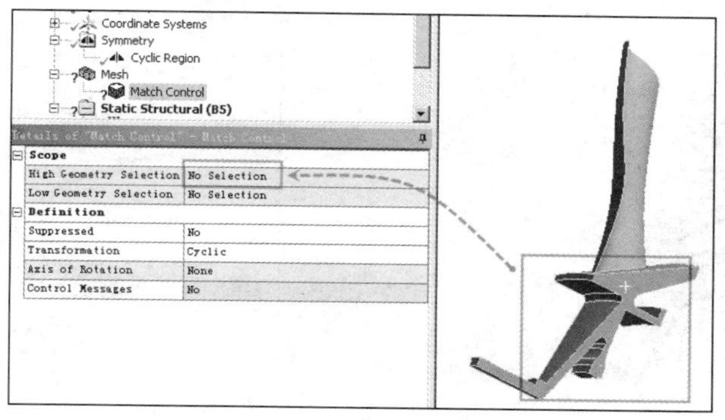

图 14-19　选定高对应面

用相同的方法选择另一个待扩展面，如图 14-20 所示。

确定局部坐标系。单击 Axis of Rotation（旋转轴）右侧的黑色三角图标并选择刚刚建立的局部坐标系，如图 14-21 所示。网格对应控制完成后如图 14-22 所示。

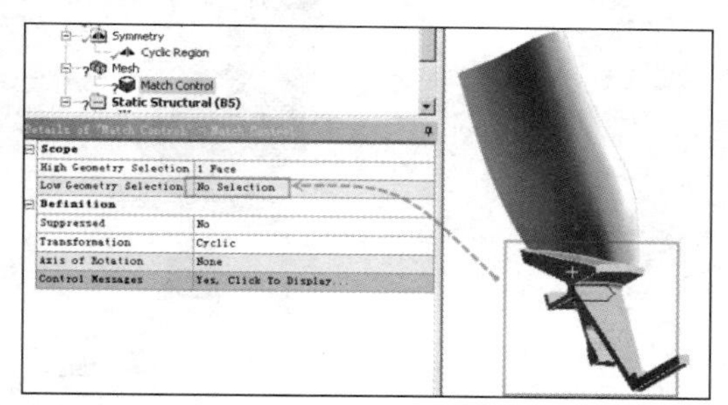

图 14-20　选择低对应面

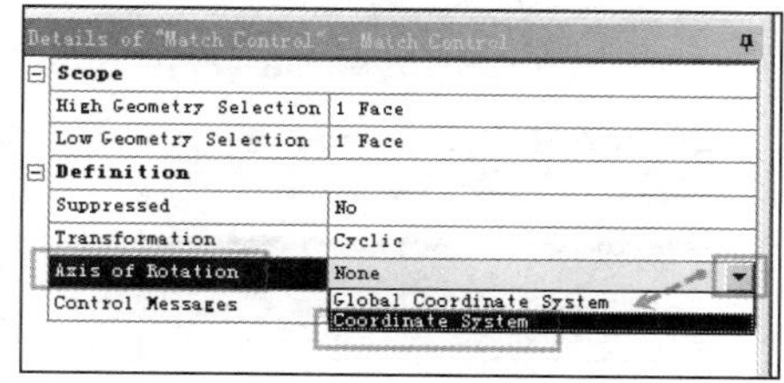

图 14-21　选择扩展局部坐标系

设置网格控制参数。由于模型很小，可以使用更细致的网格控制方案，当然本次仅作为案例展示，并没有更多地控制网格质量。

单击 Mesh（网格），在 Details of Mesh（网格的详细信息）中分别单击 Relevance Center（关联中心）、Smoothing（网格平滑）、Transition（网格过渡）、Span Angle Center（跨越中心角），都设置成最下方的最高值，如图 14-23 所示，然后单击“刷新”按钮 Update 以刷新网格。网格刷新时会弹出如图 14-24 所示的对话框。

注意：网格划分进度条中有模型的名称信息。Workbench 平台与经典版 ANSYS 不同的是，模型可以使用中文，并且保存目录也可以使用中文，而不影响计算。但是保存截图时的目录不能有中文。

网格平滑是指考虑周边节点，通过移动每个独立零件包围框的对角线长度分配初始单元大小，无论零件抑制与否，单元大小不变；网格过渡是指控制单元增长率；跨越中心角是指基于边细化控制曲率。

稍等数分钟后网格生成完毕，如图 14-25 所示。下拉 Statistics（统计）可知，节点数量为 40833 个，单元数为 25929 个，属于一种比较小的规模。

图 14-22 网格对应后

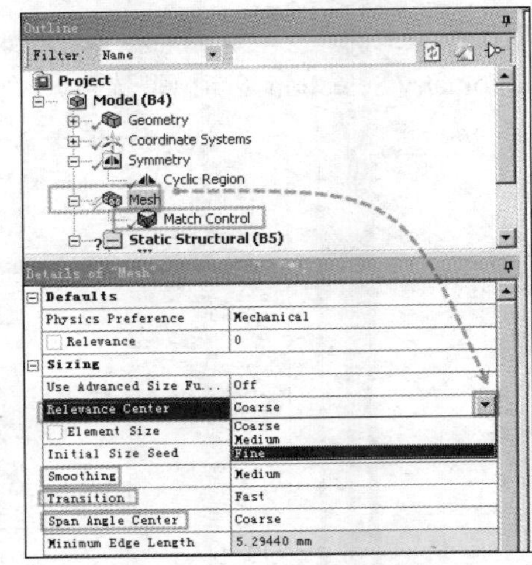

图 14-23 整体网格控制

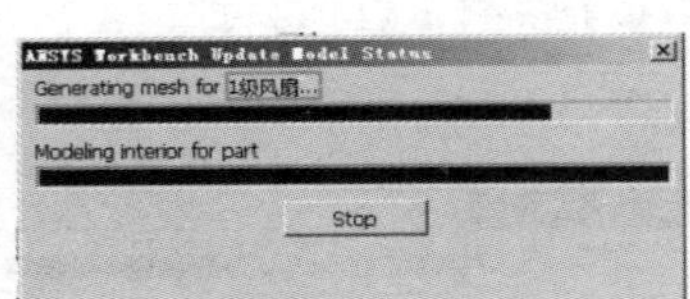

图 14-24 网格划分进度条

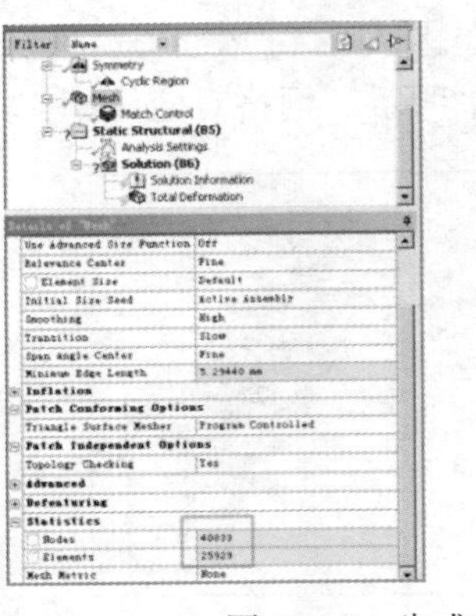

图 14-25 生成后的网格

定义扩展形式与数量。确定在 Solidworks 软件模型建立时的旋转拉伸角度为 20° 圆心角，如图 14-26 所示。回到 Workbench，单击 Outline（分析树）中的 Symmetry（扩展），在 Details of Symmetry（扩展的详细信息）中设置参数，如图 14-27 所示。

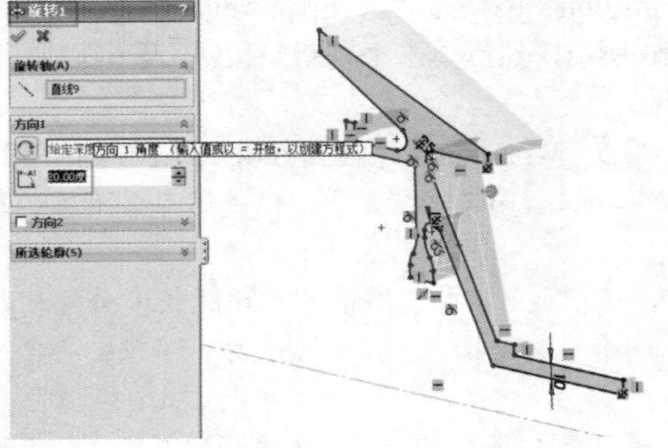

图 14-26 模型的拉伸圆心角

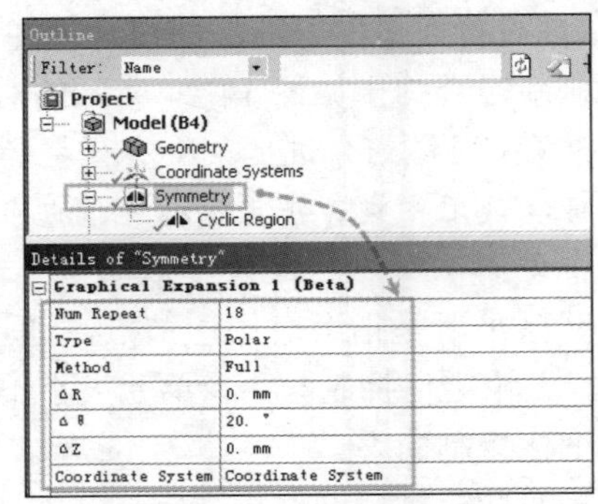

图 14-27 模型扩展参数

图 14-28 所示为扩展后的有限元模型。可见已是一个完整的压气机叶片模型，并且扩展前后的节点已经对应上。

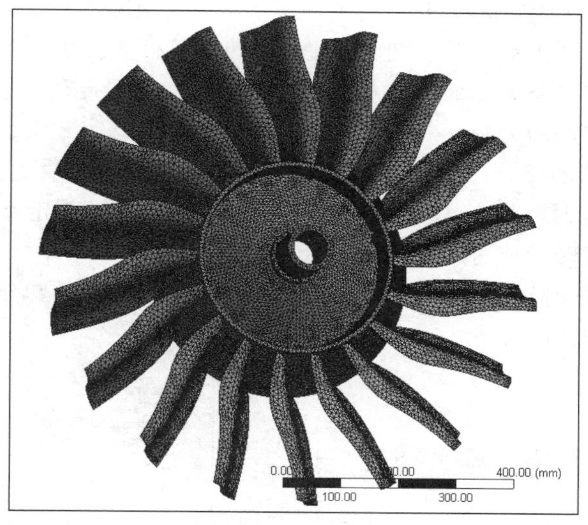

图 14-28　扩展后的有限元模型

注意： 在 ANSYS Workbench 12.1 及更早的版本中，周期扩展功能需要通过手工插入 Commands（命令行）的方式实现。从 13.0 版开始，可用完全图形化的操作实现。查看 ANSYS 帮助文件可知，13.0 版以后，其内部的周期扩展命令中被增加了一项 USRNMAP（用户自定义数组）功能，用于指定扇区高低边界上相互匹配的节点对。

定义模型的约束。单击 Outline（分析树）中的 Static Structural B5（静力学分析模块 B5），单击选择模型内孔面，再单击 Supports（支撑）→Remote Displacement（远端位移），如图 14-29 所示。

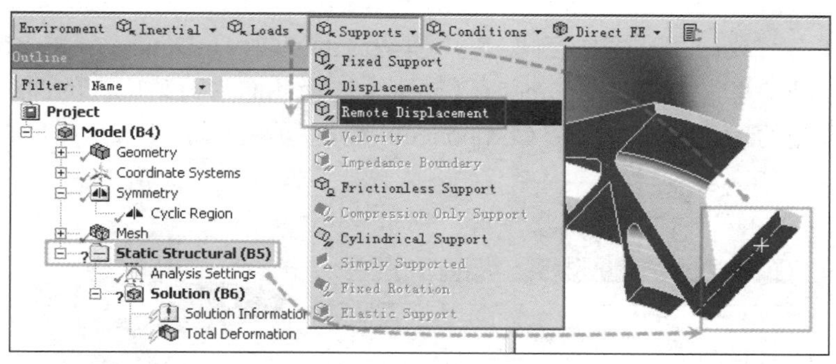

图 14-29　定义远端位移约束

定义约束自由度。由于本模型是旋转模型，需要固定住内孔上的轴向自由度和旋转自由度以保证其不在荷载作用下产生无限大的位移。

在 Details of Remote Displacement（远端位移的详细信息）中，在 X Component（X 方向分量）后面输入 0，以约束住全局坐标系下的 X 轴方向平移运动，对应模型轴向方向。类似地，在 Rotation X（X 方向旋转）后面输入 0，以约束主全局坐标系下的 X 轴方向旋转运动，对应模型轴向方向，如图 14-30 所示。

添加远程力荷载。这里假定一个可能存在的远程力荷载。

注意：远程力荷载是 Workbench 平台中的新功能，是 ANSYS APDL 中所没有的功能。远程力荷载允许在面上或边上施加偏置的力，设定力的初始位置。力可以通过矢量和大小或分量来定义，在面上将得到一个等效的力，加上由于偏置的力所引起的力矩。该力分布在表面上，但包括了由于偏置力引起的力矩。

比如模型外部远端的接管，存在一个外力荷载，此荷载通过管道等部件传递在模型上的某一个面或线所引起的力矩效应。使用了远程力荷载，就可以直接定义力和距离，而省去了将远端力引起的弯矩效应转换成近端模型加载处的过程。

单击 Outline（分析树）中的 Static Structural（静力分析），再单击 Loads→Remote Force（远程力），如图 14-31 所示。

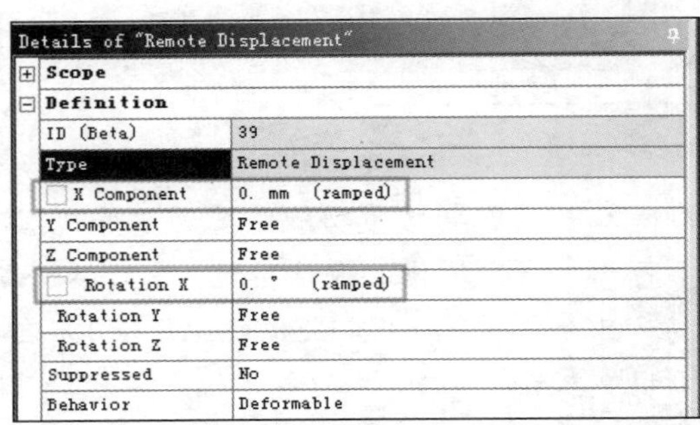

图 14-30　约束自由度

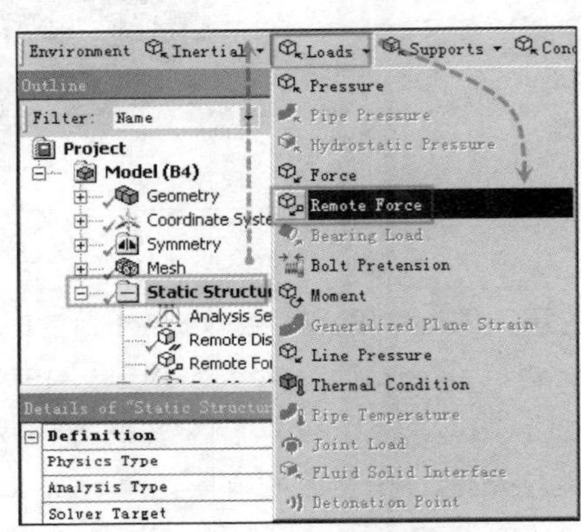

图 14-31　加载远程力

定义远程力。根据力的合成与分解原理，可以将一个合力分解为几个分力。本次使用力的分量方式来定义远程力。

选择了远程力荷载后回到模型空间，单击模型边上的面，在 Details of Remote Displacement（远端位移的详细信息）中单击 Geometry（模型）选择此面为荷载施加的面。单击 Define By（定义方式）右侧的三角按钮并选择 Components（分量），如图 14-32 所示。

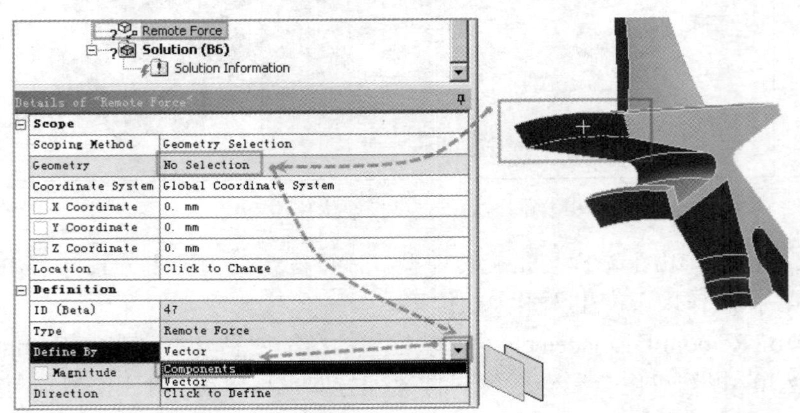

图 14-32　设置远程力

定义远程力的方向。在 Details of Remote Displacement（远端位移的详细信息）中分别输入 X、Y、Z 方向 500mm 的远程力坐标。其坐标系使用的是 Coordinate System（坐标系统）中的 Global Coordinate System（全局坐标系）。这也是系统默认的坐标系，其坐标原点与方向是在建立三维模型时确定的；也可以用建立局部坐标系的方法，并在设定荷载数值的时候将 Coordinate System（坐标系统）选择成对应的局部坐标系。

分别输入 X、Y、Z 方向 1000N、1000N、10000N 的远程力，如图 14-33 所示。

远程力定义完成后单击 Outline（分析树）→Static Structural B5（静力学分析模块 B5）→Remote Force（远程力），在模型空间中可图形显示远程力的施加情况，如图 14-34 所示。

Details of "Remote Force"

Scope	
Scoping Method	Geometry Selection
Geometry	1 Face
Coordinate System	Global Coordinate System
X Coordinate	500. mm
Y Coordinate	500. mm
Z Coordinate	500. mm
Location	Click to Change
Definition	
ID (Beta)	47
Type	Remote Force
Define By	Components
X Component	1000. N (ramped)
Y Component	1000. N (ramped)
Z Component	10000 N (ramped)
Suppressed	No
Behavior	Deformable

图 14-33　输入远程力数值

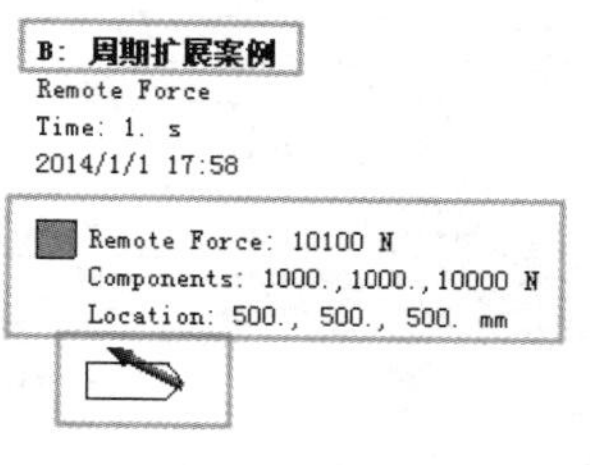

图 14-34　定义后的远程力

注意：之前修改的标题“周期扩展案例”在图 14-34 的左上角可以看到。

单击“求解”按钮 Solve 开始求解。

结果后处理。之前的案例中都是先定义需要输出的后处理，然后求解。其实 ANSYS Workbench 也可以先求解有限元方程，然后再添加合适的后处理方式，输出合适的结果。本案例输出变形结果。

单击 Outline（分析树）中的 Solution（结果），再单击 Deformation（变形）→Total（总变形），如图 14-35 所示。

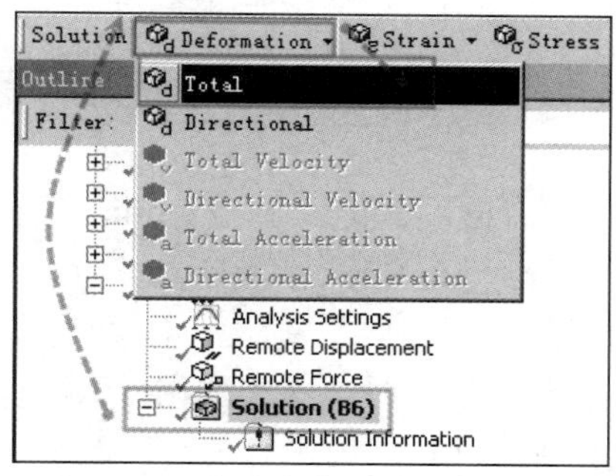

图 14-35　选择变形结果

在选择变形结果后，Solution（结果）下方会自动生成一个 Total Deformation（总变形）图标，右击它并选择 Evaluate All Results（求得全部结果），如图 14-36 所示。

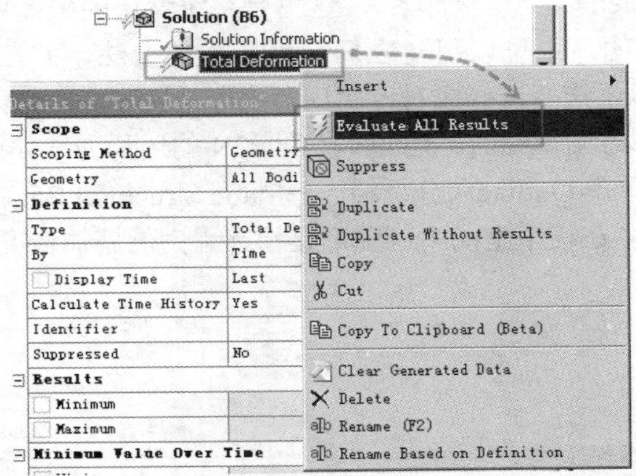

图 14-36　求得变形结果

稍等几秒钟后就会生成变形结果，如图 14-37 所示。可见单一叶片模型的结果已经被扩展了 18 份，形成了一个完整的结果。

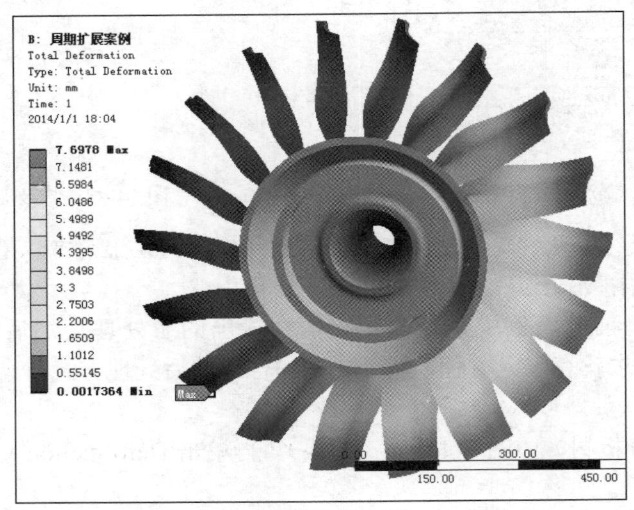

图 14-37　完整的变形结果

插入一个在 ANSYS Workbench 平台生成计算报告的功能中通过“打擦边球”的方式输出高分辨率截图的小技巧。

在 ANSYS Workbench 平台中有截图功能。单击 Outline（分析树）中的 Solution（分析），再单击 New Figure（截新图）→Image to File（截图到文件），如图 14-38 所示。

在弹出的“另存为”对话框的“文件名”文本框中暂时输入 0000，格式为 TIF 格式（此格式为无损图像格式，也是专业杂志投稿时所必需的格式），此案例选择在 C 盘根目录下保存截图文件，单击“保存”按钮，如图 14-39 所示。

注意：经过笔者实验，保存截图时的目录不能包含中文。这与 Workbench 平台下保存项目文件的命名或者模型中零件信息内包含中文也可以正常使用等有所不同。

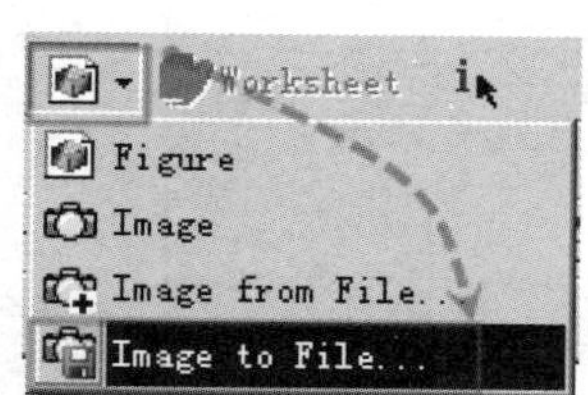

图 14-38　截图到文件

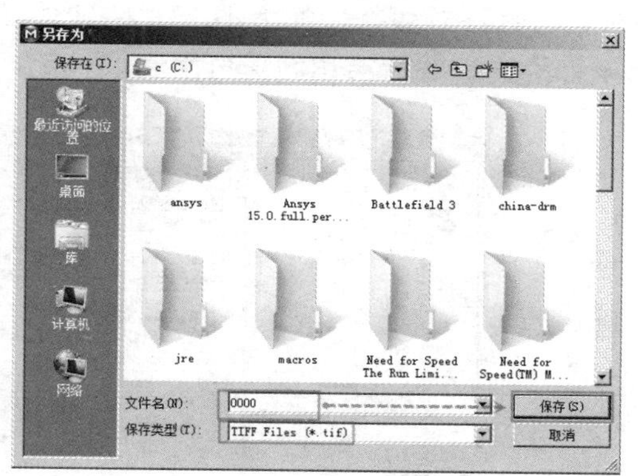

图 14-39　保存截图

找到刚刚截图的文件 0000.tif，显示其文件分辨率信息如图 14-40 所示：长 970 像素，宽 566 像素，显然是一个很“小”的图片。

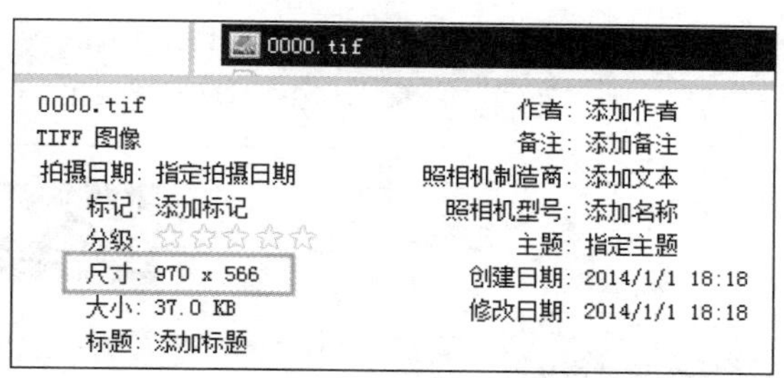

图 14-40　原截图分辨率

虽然可以通过移动菜单栏让出部分显示空间的方法来扩大模型显示范围并截取更高分辨率的截图，但由于菜单栏移动的程度是有限的，无法达到显示器的全部分辨率，这就造成了截图分辨率永远是小于显示器分辨率的。如果需要输出更高分辨率的“大图”，比如高精度打印 A4 或 A3 整页幅面的图像时，由于截图分辨率不可能太高，这就限制了图像打印精度，而简单粗暴地用连接高分辨率显示器的方法则显得非常不划算。这时在 Workbench 平台中自动生成计算报告，利用报告首页显示模型截图的功能，再设置成增加计算报告图像分辨率的方式复制出此截图，即可输出高分辨率图像。

调整报告截图分辨率。单击 Tools（工具）→Options（设置），如图 14-41 所示。

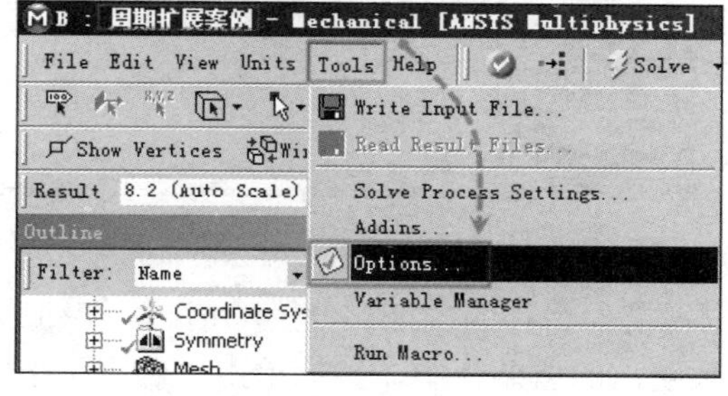

图 14-41　设置报告截图

单击 Mechanical（机械设计模块）→Report（报告），将 Figure Dimensions（图像尺寸）下方的分辨率数据修改成合适的大小，本案例中为长 1600 像素、宽 1200 像素，这与早期的 19 英寸显示器的常规分辨率相同，单击 OK（确定）按钮，如图 14-42 所示。

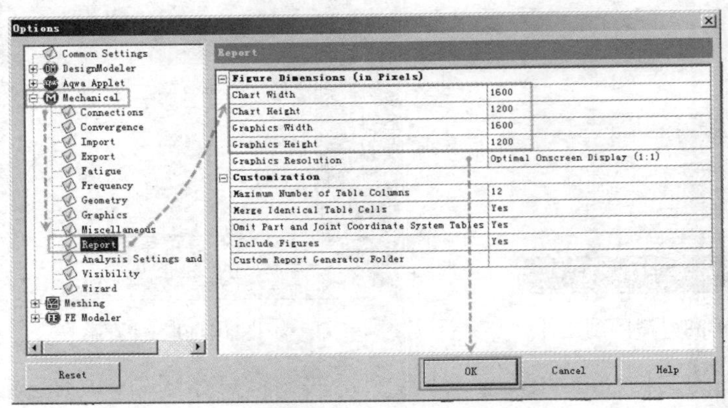

图 14-42　调整分辨率

回到模型，单击 Report Preview（预览报告），如图 14-43 所示。ANSYS 会自动开始生成计算报告，此过程需要稍等几分钟，在生成过程中会出现如图 14-44 所示的显示。

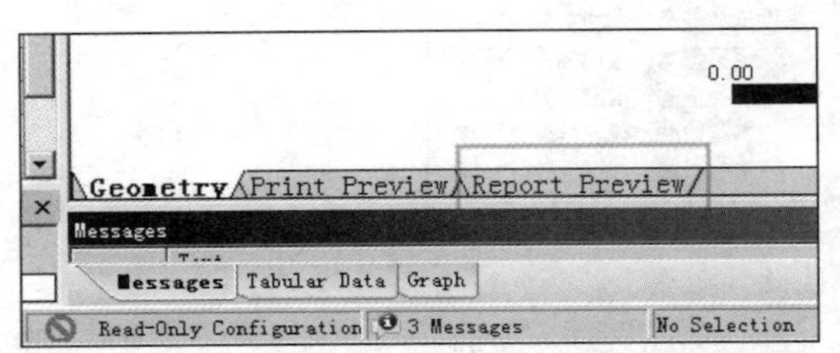

图 14-43　预览计算报告

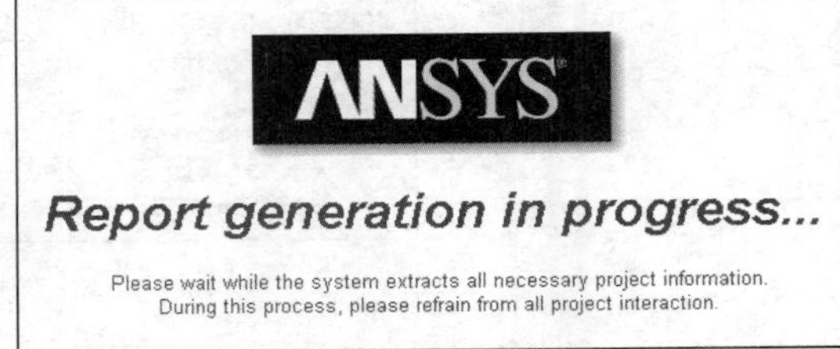

图 14-44　报告生成中

报告生成完毕。在首页中的模型截图上右击并选择“属性”，如图 14-45 所示。

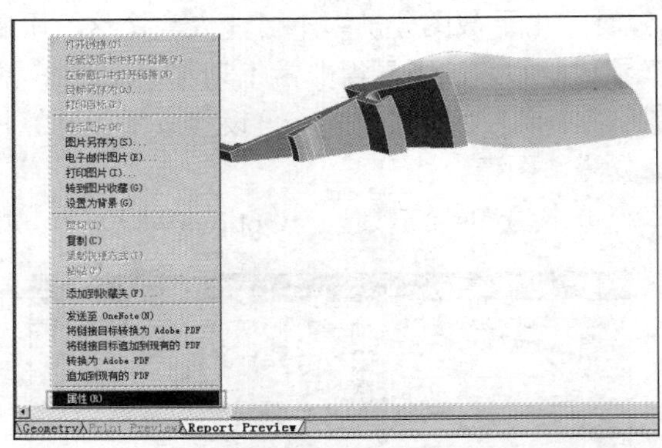

图 14-45　显示图像属性

“属性”对话框中会出现文件保存的地址和分辨率信息。拖动选择上地址信息后按 Ctrl+C 组合键将地址信息复制到系统内的剪贴板中，然后单击“确定”按钮，如图 14-46 所示。

找到截图的文件。单击“开始”→“计算机”，如图 14-47 所示。

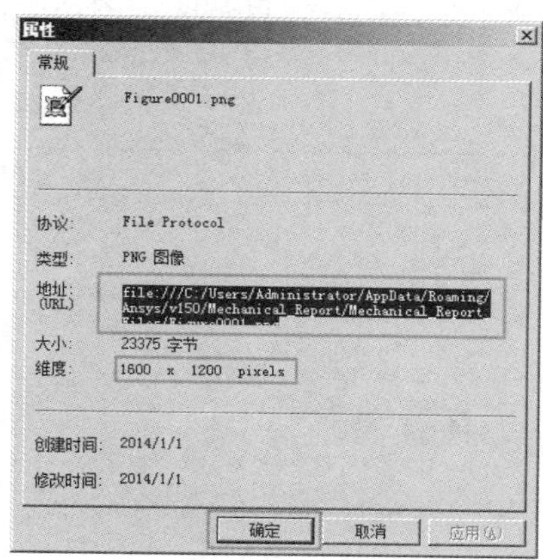

图 14-46　复制文件地址

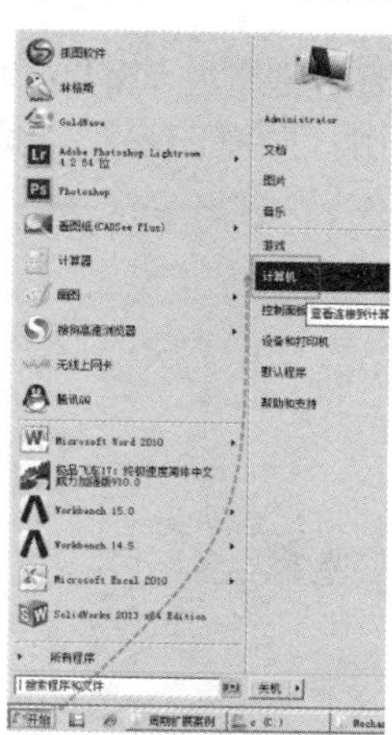

图 14-47　打开计算机

在弹出的“计算机”窗口的地址栏中单击，再按 Ctrl+V 组合键将刚刚保存到系统剪贴板中的地址信息复制到此地址栏中，按回车键确定，如图 14-48 所示。

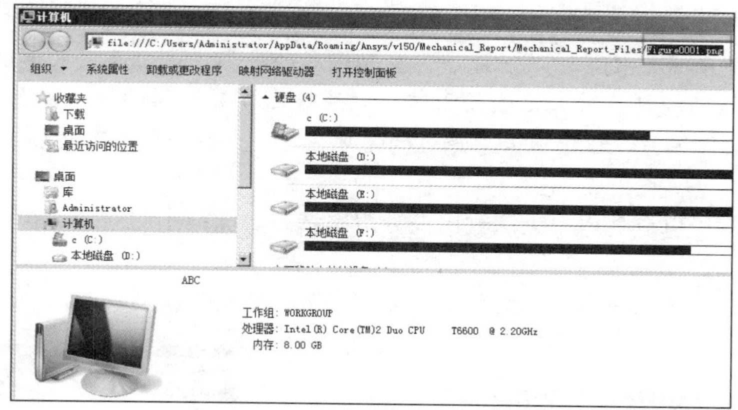

图 14-48　复制文件地址

找到相应文件，双击打开它，如图 14-49 所示。

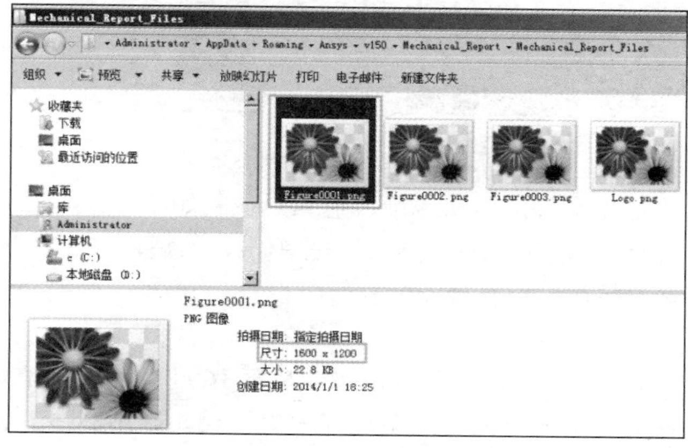

图 14-49　找到截图文件

图 14-50 所示为打开后的高分辨率截图，图 14-51 所示是使用软件自带的截图功能输出的截图。可以看出，两者的显示比例略有不同。

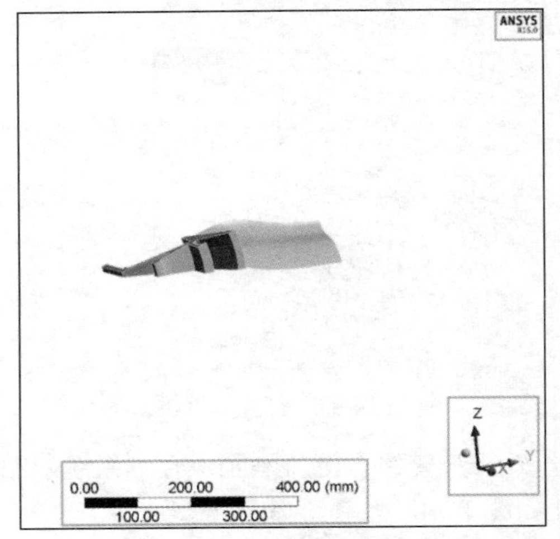

图 14-50　高分辨率截图

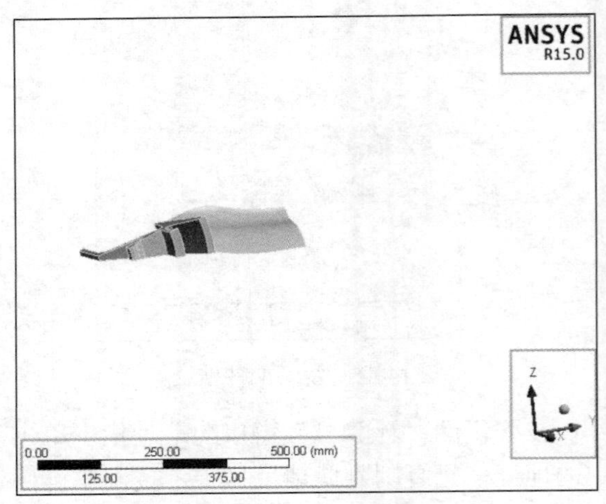

图 14-51　软件自动截图

注意：在本案例中，使用扩展功能后，自动生成的计算报告中无法显示后处理结果云图，而只能显示未扩展的模型，因此无法使用这个方法输出高分辨率的结果云图截图。这可能是 Workbench 15.0 软件编写过程中从未考虑过的情况，是一个 Bug（其英文原意为臭虫，此处特指软件中的错误）。

使用宏命令就可以避免以上无法输出高分辨率结果云图截图的问题，但仍有小 Bug，如图 14-52 所示。

注意：在第 3 章框架模态分析案例中也介绍了另一个宏命令的功能。

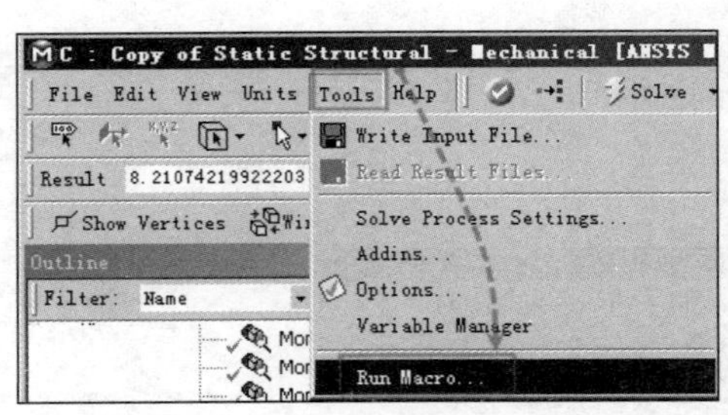

图 14-52　运行宏

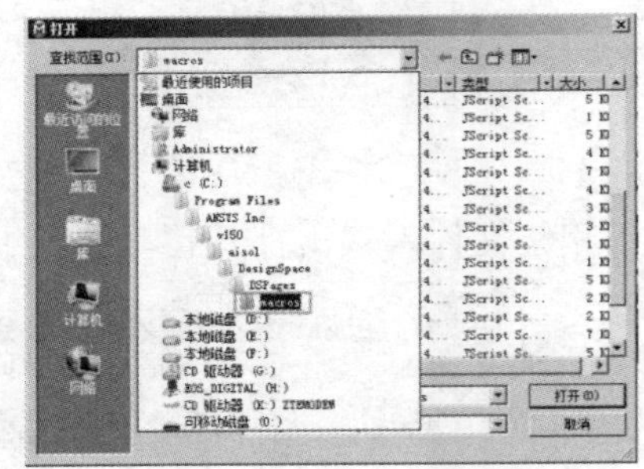

图 14-53　默认位置

图 14-53 所示为宏命令文件的默认地址，进入后找到如图 14-54 所示的 HighResolutionImageToFile.js（生成高分辨率结果文件）宏命令并单击，然后单击“打开”按钮。

在不包含中文目录的磁盘位置将截图名称暂时设置为 0000，格式为 tif，单击“保存”按钮，如图 14-55 所示。

图 14-56 所示为生成的截图文件，其分辨率也是宽 1600 像素、高 1200 像素。

注意：该文件保存的目录地址中仍然不能有中文出现，否则程序会出错。左上角图例位置出现了文字“堆积”的现象，这可能是 Workbench 15.0 中的又一个错误（Bug），但其可以实现生成极高分辨率结果截图的效果。

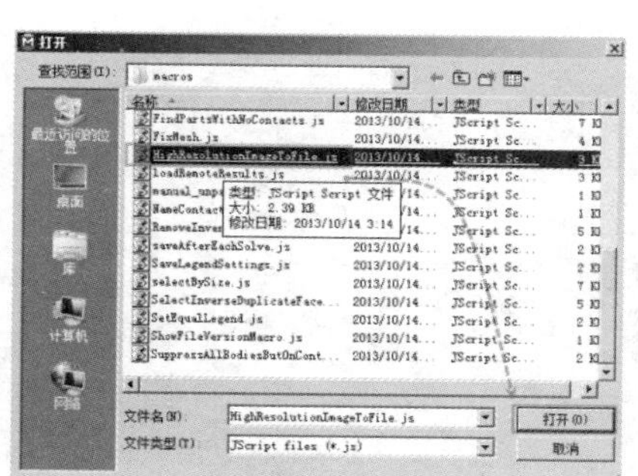
图 14-54　载入宏文件

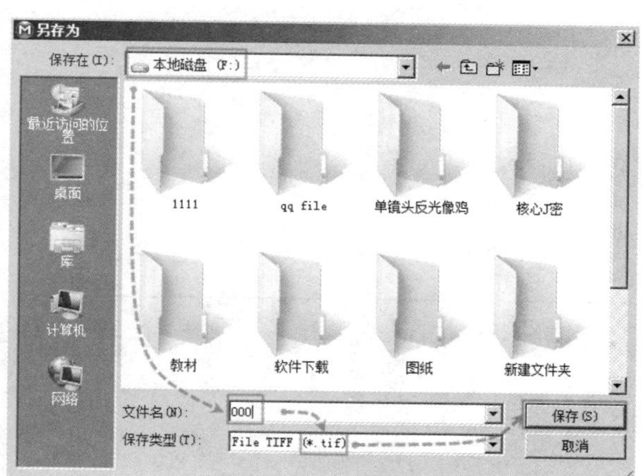

图 14-55　保存文件

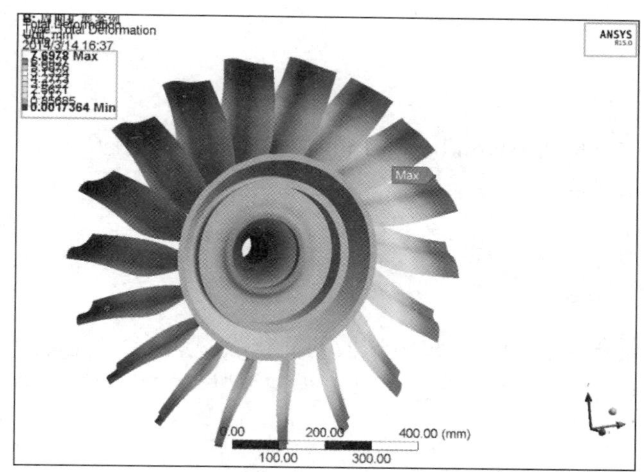

图 14-56　截图效果

由于已保存成图片形式，内容可任意编辑，建议使用默认的截图方式保存一张图例相对正确的图片，再将其图例和标题不符的内容粘贴在高分辨率截图的左上角中，以修复此错误。在 16.0 中修正了此错误，可采用图 14-38 所示的方法直接生成无错的高分辨率截图，并可修改图例中文字的尺寸。

保存项目文件，退出 DS 模块，退出 Workbench 15.0 平台。

至此，本案例完。

15 性能试验台子模型技术案例

15.1 案例介绍

本案例主要介绍在 ANSYS Workbench 15.0 中子模型技术的应用，子模型技术是得到模型部分区域中更加精确解的有限元技术。

15.2 分析流程

计算模型基于某性能试验台中流量测试段的简化版。实验台的基本流程图如图 15-1 所示。本实验台主要对某换热产品进行热工性能实验，为深入掌握产品性能和未来的产品改进积累基础数据。

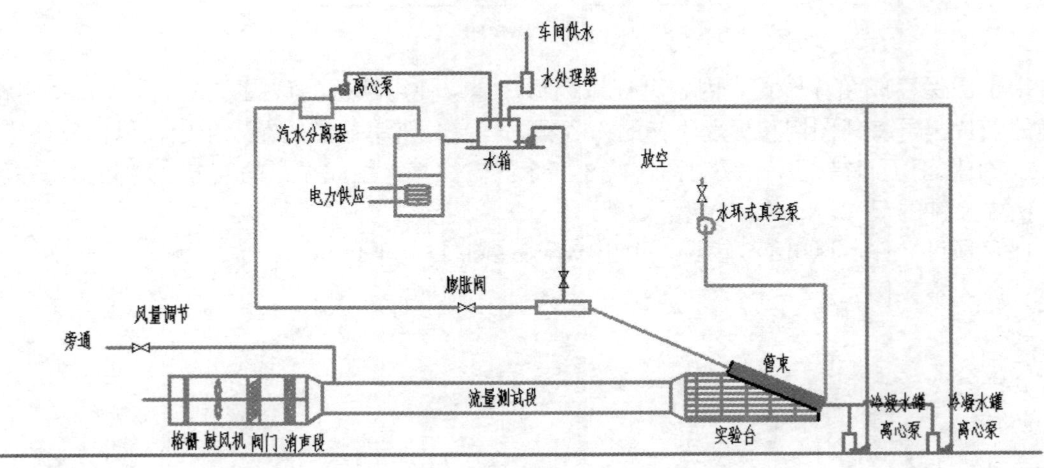

图 15-1 试验台流程图

笔者曾参与了流量测试段的结构设计和相关设备选型的工作。本段的设计依据主要参考 GB/T 1236-2000《工业通风机用标准化风道进行性能试验》。根据该标准，其需要一个相对较长的直线段，并与整流格栅和钢丝网等部件配合来保证风机出口气流的稳定和流量测量的精度（流量测量精度期望值达到 1%）。

为了简化设计并方便制造，本段采用了模块化的设计思路，将流量测试段的长度方向分割成多组结构基本一致的直线模块。分析时，取其中一个较具有代表性的模块模型。

在设计过程中有个小插曲。按设计院要求，根据 1236 标准计算出的流量测试段长度达到了约 50 米（此时试验台总长约 70 米）。笔者认为仅仅为了测试风机风量准确性就消耗如此长的结构长度严重侵占了工厂车间的生产面积，故不认可此方案。笔者建议采用其他方法，可大大缩减结构长度至原长度（约 50 米）的约 1/4。

同时，由于当时笔者有出口到其他国家的产品设计项目，需要优先完成，该风洞设计在执行到完成基本结构计算并出具静力学分析和模态分析报告书后，笔者退出了此项目，后续的详细设计工作由其他同事继续并完成产品图设计。

在基本结构设计阶段主要需要完成确定基本结构和结构强度与刚度的概略性计算。分析时，取单一直线模块使用模态分析法计算，并逐渐改进结构。当其模态频率与振型均较满意时，用阵列模型的方式阵列 4～10 个相同的直线模块，以考验直线段整体模态频率与振型。

经过多次模态分析，在笔者不断尝试不同的加强环尺寸以及支柱结构后，最终确定使用三个大截面加强环与两个小截面加强环组成筒体加强部分，以及使用单一的大截面 H 型钢立柱加横向钢管拉撑的思路。其中立柱与圆环的保护角为 120°，而使用 H 型钢和钢管也是为了盘活长期积压的库存材料。

此设计可在不明显增加结构重量的基础上大幅提高整体模态频率，并且阵列后的模型中立柱部分在第 25 阶模态频率以后才在较大程度上参与整体结构振动，整体刚度分布是足够的。计算结果证明，这是一种极其简单而有效的结构，符合墨菲法则。在其他同事接手本项目后，将立柱部分改用由角钢组成的缀条格构柱形式，替换了 H 型钢和删除了横向钢管拉撑。

本案例主要使用子模型技术计算直线模块的圆柱形部分与立柱连接节点的结构刚度。下面是子模型技术的基本概述。

子模型技术的使用范围。对于用户关心的区域，如应力集中区域，或者结构薄弱环节等，鉴于计算机内存容量的限制，有可能无法划分出足够细致且规整的网格，得不到满意的分析精度。使用子模型，将此区域分割出来单独计算，并精细划分网格，精细再现模型细节尺寸，如倒角的圆角半径等，而在远离分割区域的网格密度可适当降低，这样可大幅降低计算代价并提高计算精度。

子模型方法又称为切割边界位移法或特定边界位移法。切割边界是子模型从整个较为粗糙的有限元模型中分割开的边界。整体模型切割边界的计算位移就是子模型的位移边界条件。子模型的切割原则基于圣维南原理，该原理已在第 4 章中详述，这里不再赘述。

在前面的基础理论章节中表述过，有限元方法一般以节点的位移作为基本变量，通过单元内各点的位移和应变均采用形函数对各节点的位移进行插值计算而得。应力根据本构方程由应变计算得到，故向子模型传递的数据就是整体模型传递到切割面处位移解的集合。当然也可以传递温度解。

子模型技术除了可以获得局部模型的精确解以外，还有以下优点：①减少甚至取消了有限元实体模型中所需的复杂的荷载传递区域；②使用户可以在感兴趣的区域就不同的设计（如不同的圆角半径等）进行分析；③帮助用户证明网格划分是否足够细（获得网格无关解）。有关网格无关解的知识在4.5节中已详述，在第13章网格无关解案例中介绍了具体应用。

子模型技术的应用也有一定的限制性条件：只对体单元和壳单元有效；子模型原理要求切割边界，应远离应力集中区域；必须验证切割的边界与应力集中区域的距离已足够远。

在 Workbench 14.5 之前的版本中，需要在计算完整模型前右击 Outline（分析树）中的solution（分析）并选择 Commands，在命令界面中插入以下命令：

```
/copy,'file',rst,,../FullModel,rst
/copy,'file',db,,../FullModel,db
```

即把 rst 文件和 db 文件拷贝到上层目录中。在子模型分析时将会用到此文件，然后求解。在之后的子模型分析时，导入子模型→细分网格→加载属于子模型内部的荷载和边界条件→选择切割边界的表面→右击这些切割边界并选择 Create Named Selections（创建用户自定义选项）→暂时将该自定义名称命名为2015→右击此自定义选项并选择 Commands（命令），在命令界面中插入以下命令：

```
/prep7
cmsel,s,2015
nwrite
allsel
SAVE
FINISH
RESUME,../FullModel,db
/POST1
FILE,../FullModel,rst
*GET,LoadStep, ACTIVE, 0, SET,LSTP
SET,LoadStep,last
CBDOF
FINISH
RESUME
/SOLU
/INPUT,file,cbdo
```

最后求解并后处理。

在 ANSYS Workbench 14.5 版中，已经可以用完全图形化的操作界面直接实现子模型操作，而无须像老版本那样需要两次添加复杂的 APDL 命令流的方式。15.0 版更是改进了子模型的功能。

导入模型。由于子模型技术的应用并不绝对依赖于某一特定模块，为了简化分析，本案例使用静力分析模块进行演示。模型的建立与切割均基于 Solidworks 软件。切割时，仅仅在整体模型的基础上对关心的区域（待生成的子模型）进行拉伸切除操作，这样可保证切割前后的模型坐标系相同。

导入并计算完整模型。打开 Workbench 15.0，双击 Toolbox（工具箱）中的 Static Structural（静力分析模块），右击 A3 Geometry（模型）并选择 Import Geometry（导入模型）→Browse（浏览），如图 15-2 所示。

打开模型。找到完整模型文件（文件名称为“直线模块 all”），然后单击模型，再单击“打开”按钮，如图 15-3 所示。

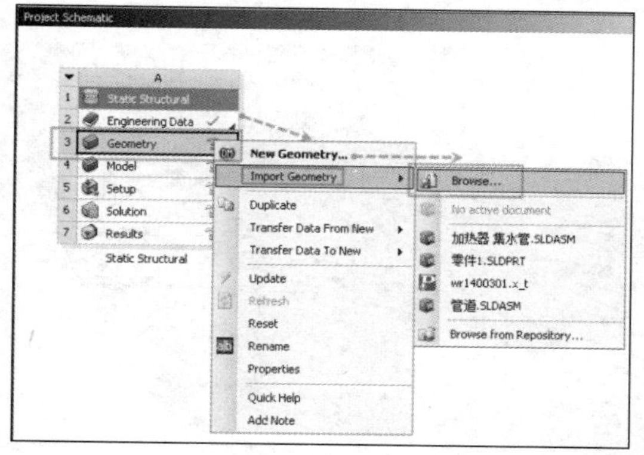

图 15-2　浏览模型

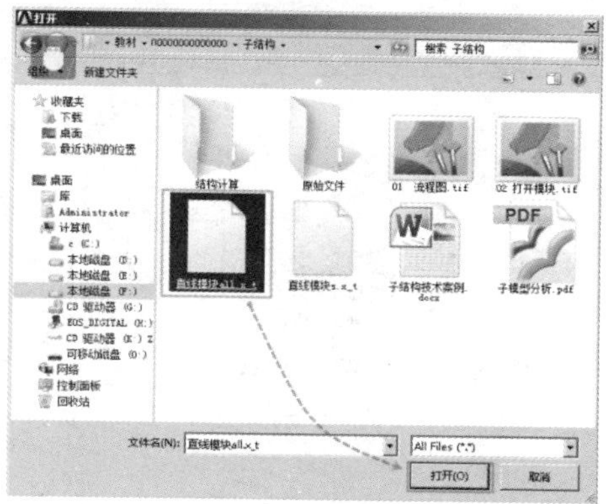

图 15-3　导入完整模型

导入模型。回到项目管理区，双击 A4 Model（有限元模型），如图 15-4 所示。导入后的模型如图 15-5 所示。

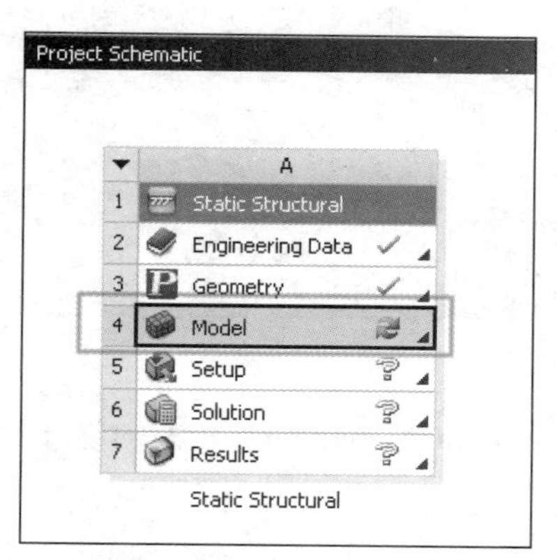

图 15-4　导入模型

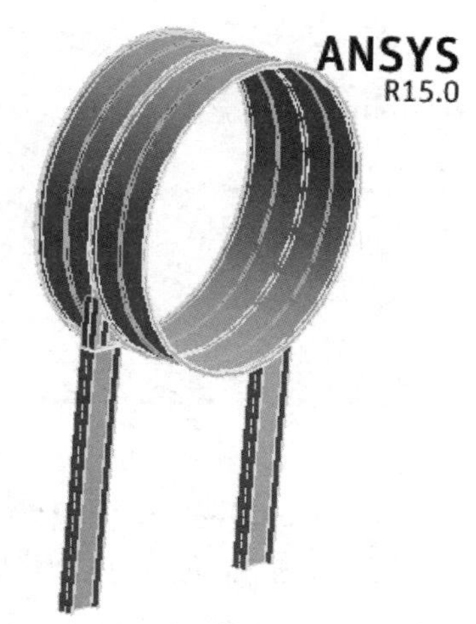

图 15-5　完整模型

划分网格。单击 Outline（分析树）中的 Mesh（网格），在 Details of Mesh（网格的详细信息）中 Element Size（网格尺寸）的后面输入 40，单位为 mm，再单击 Update（刷新）按钮，如图 15-6 所示。

刷新后立柱与风筒连接处的局部网格如图 15-7 所示。显然，受到 40mm 整体网格单元尺寸的限制，此处的网格密度不高。

施加固定位移约束。单击 Outline（分析树）中的 Static Structural A5（静力学分析模块），在模型空间按住 Shift 键分别单击两个立柱底面，然后单击 Supports（支撑）→Fixed Support（固定位移约束），如图 15-8 所示。

施加位移约束。按住鼠标中键并适当移动以旋转模型，单击模块外侧圆弧面，再单击 Supports（支撑）→Displacement（位移约束），如图 15-9 所示。

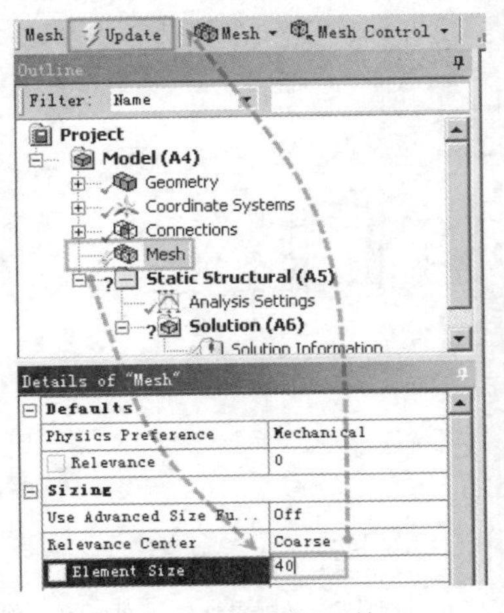

图 15-6　刷新网格

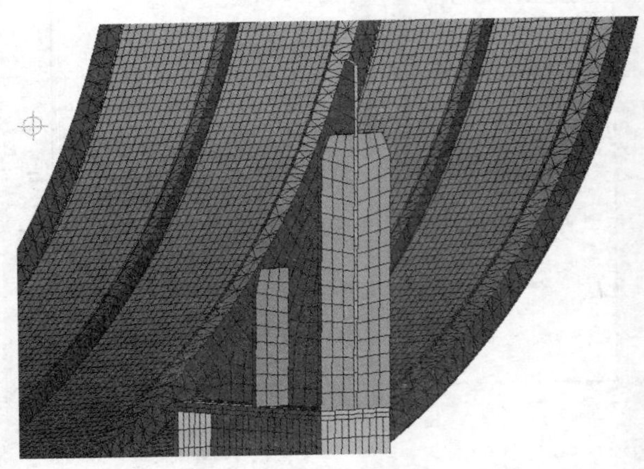

图 15-7　局部网格

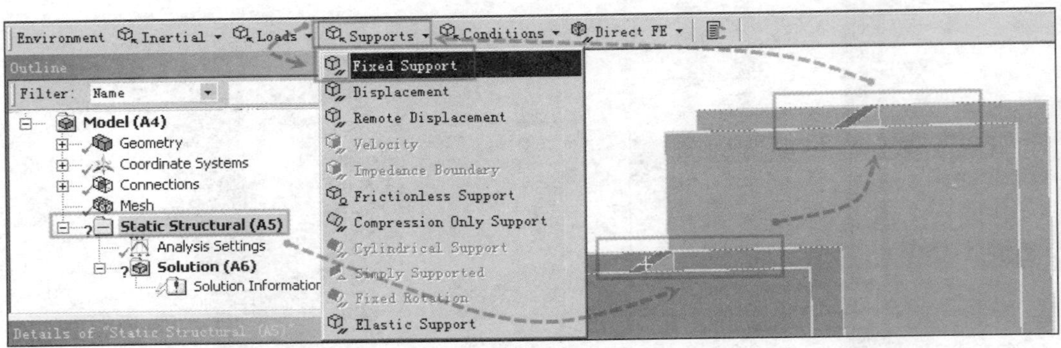

图 15-8　固定位移约束

在 Details of Displacement（位移约束的详细信息）的 X Component（X 方向位移分量）后面输入 10，单位为 mm，如图 15-10 所示。

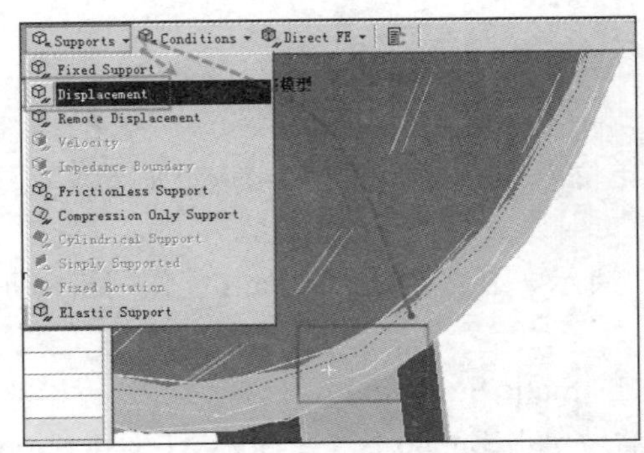

图 15-9　位移约束

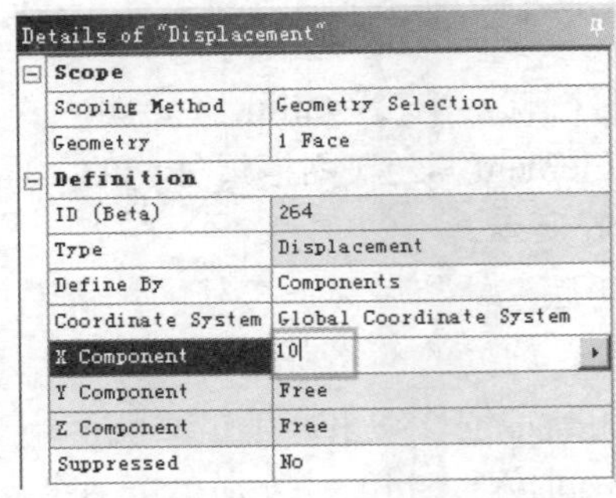

图 15-10　位移量

这可以在模块边缘施加沿着整体坐标系 X 轴方向向内 10mm 的位移。默认的参考坐标系为全局模型坐标系，如需改变方向可单独建立局部坐标系。

施加气压荷载。本案例仅做思路上的演示。直线模块运行时，内表面需要承担大型轴流风机产生的正压气压荷载，实际静压的最大值为 230Pa，本案例取 1MPa。

单击 Outline（分析树）中的 Static Structural B5（静力学分析模块），再单击 Loads（荷载）→Pressure（压力），如图 15-11 所示。

单击选择模型内表面，在 Details of Pressure（压力的详细信息）中的 Geometry（模型）处单击，然后单击 Apply（应用）按钮，如图 15-12 所示。

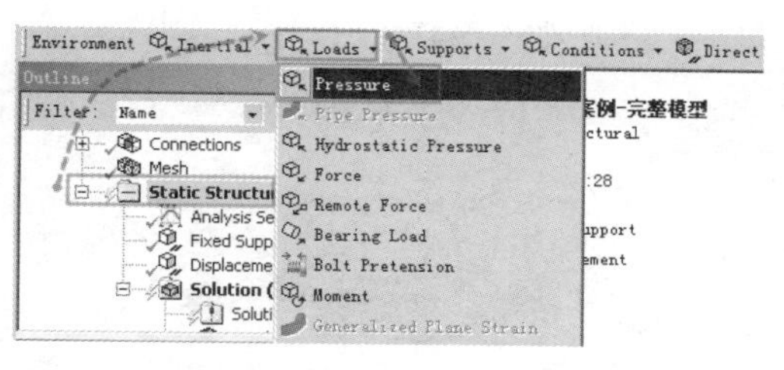

图 15-11　压力荷载

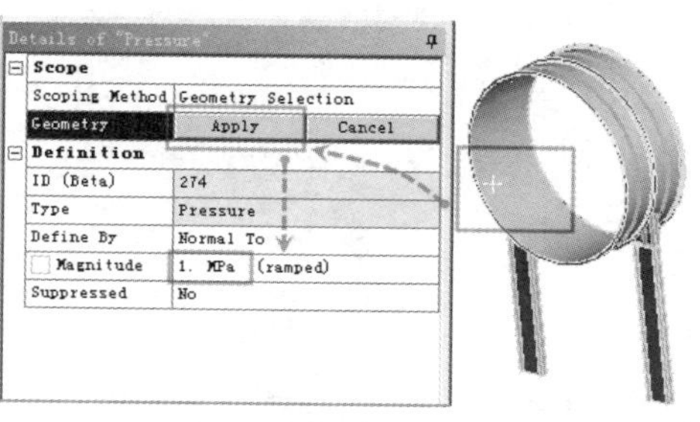

图 15-12　设置压力

施加重力加速度荷载。单击 Outline（分析树）中的 Static Structural A5（静力学分析荷载），再单击 Inertial（惯性荷载）→Standard Earth Gravity（标准地球重力），如图 15-13 所示。加载后的重力如图 15-14 所示。其默认坐标方向与实际相同，无须更改。

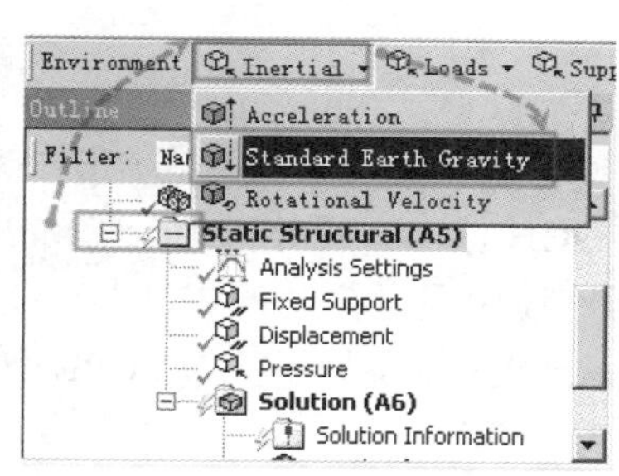

图 15-13　自重施加

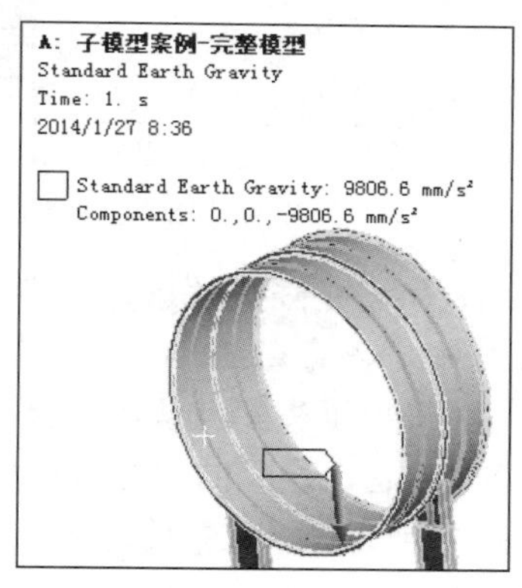

图 15-14　施加的自重

后处理。本案例求解完整模型的整体变形结果、整体模型等效应力结果、完整模型支座局部变形结果、完整模型支座局部等效应力结果、子模型支座局部变形结果、子模型支座局部等效应力结果。

单击 Outline（分析树）中的 Solution（求解），再单击 Deformation（变形）→Total（全部方向的变形），如图 15-15 所示；单击 Stress（应力）→Equivalent（等效应力），如图 15-16 所示。

选择局部模型输出变形结果。单击菜单栏上的体过滤器，按住 Ctrl 键分别点选支座的零件，然后单击 Deformation（变形）→Total（总变形），如图 15-17 所示。输出局部模型的等效应力结果类同，不再赘述。

开始求解。打开系统的“任务管理器”可监视求解过程中 CPU 及内存的使用情况，软件也会弹出求解进度对话框，如图 15-18 所示。

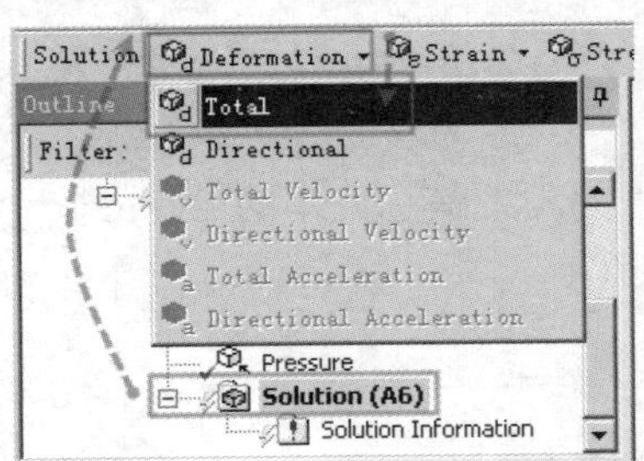

图 15-15　整体变形结果

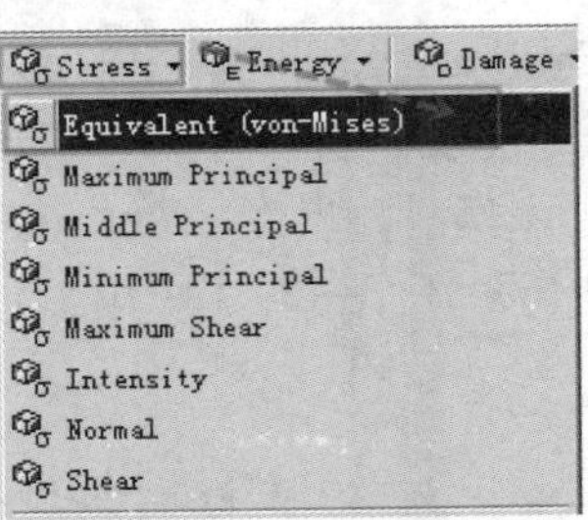

图 15-16　等效应力结果

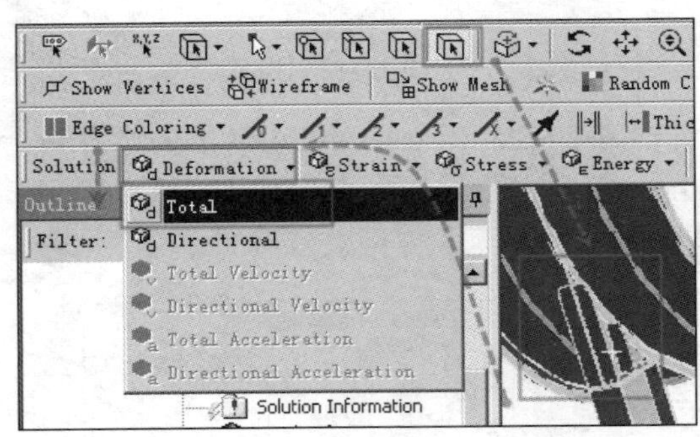

图 15-17　局部变形结果

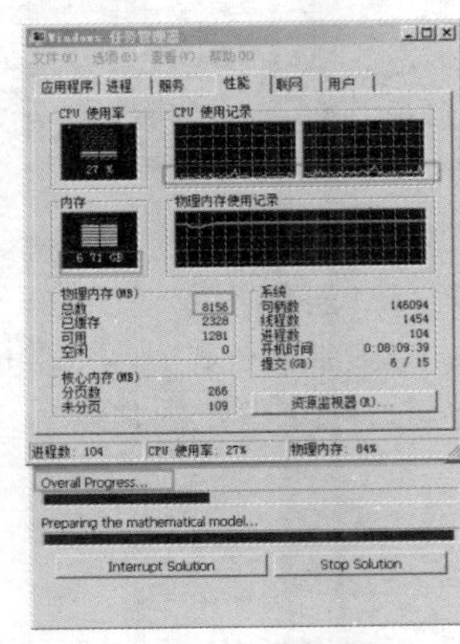

图 15-18　求解过程

图 15-18 所示是在求解进行一半时的进度。从任务管理器中可见，内存占用了 6.71GB，达到了 8GB 物理内存量的一大半；在求解后期则达到 7.9GB 以上。此分析由于求解需要较多的物理内存（采用了程序默认的直接求解器），软件不得不使用硬盘帮助计算，使得 CPU 占用率普遍在 5%左右，这时的计算机性能被形成瓶颈的硬盘速度所限制，高速的 CPU 等部件无法发挥求解方程式的能力而被浪费。

完整模型和子模型的分析结果将集中在子模型计算完成后共同对比展示。

以上操作与普通的静力分析几乎一致，下面介绍子模型操作的专有步骤。将刚才的静力分析模块复制一份，回到项目管理区，右击 A1 Static Structural（静力学分析模块）并选择 Duplicate（副本），如图 15-19 所示。

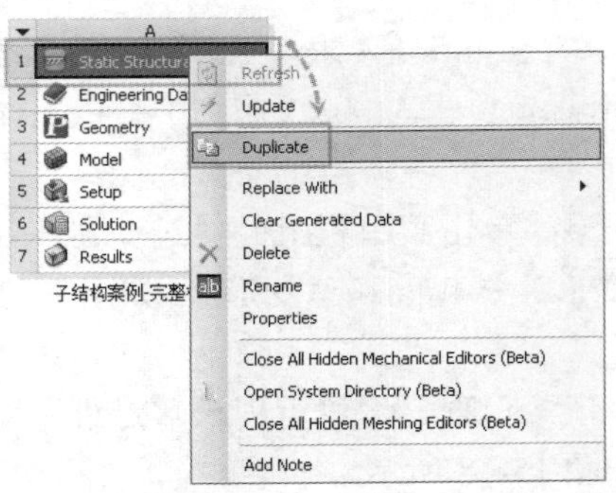

图 15-19　复制模块

注意：如果分析规模较大，复制过程需要等待几分钟甚至更长的时间。

将完整模型的结果数据与子模型分析进行数据连接。单击 B6 Solution（求解），按住鼠标左键并移动到 C3 Setup（荷载）中，放开鼠标就会形成 B6 与 C5 之间的数据传递渠道，如图 15-20 所示。

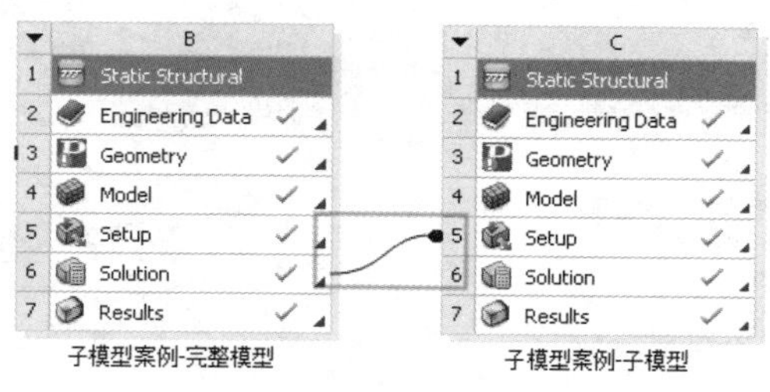

图 15-20　连接

注意：单击 B6 并移动鼠标后会在可以进行数据传递的项目上形成绿色虚线框，当拖动到期望的位置时会变成红色虚线框。

清除原数据。子模型技术由于要重新计算局部模型，故将复制出的模块中模型（Geometry）以下的全部数据清除。

右击 Geometry（模型）并选择 Reset（重置），如图 15-21 所示，弹出如图 15-22 所示的对话框，单击 OK 按钮。

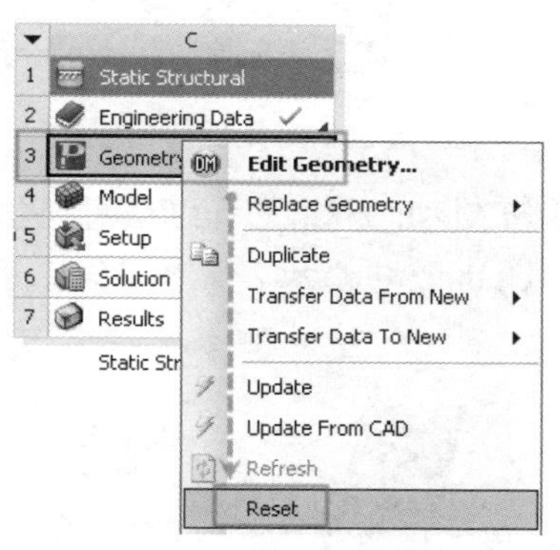

图 15-21　清除数据

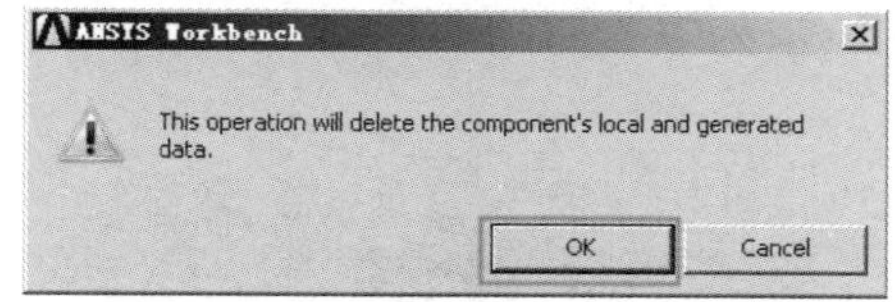

图 15-22　确认清除

导入模型。右击 C3 Geometry（模型）并选择 Import Geometry（导入模型）→Browse（浏览），如图 15-23 所示。

找到切割后的子模型文件（文件名称为“直接模块 s”）并选中，然后单击“打开”按钮，如图 15-24 所示。

注意：本案例中的完整模型是笔者在 Solidworks 中创建的，而子模型是在完整模型的基础上使用拉伸切除的方式切去了外围部分的模型并另存的。

画网格。回到项目管理区，双击 Model（有限元模型），如图 15-25 所示。图 15-26 所示为导入的子模型。

由于子模型规模很小，相同硬件条件下允许划分出更细致的网格。上面的静力分析中使用 40mm 的全局网格尺寸，在子模型中可以使用 10mm 以提高分析精度。

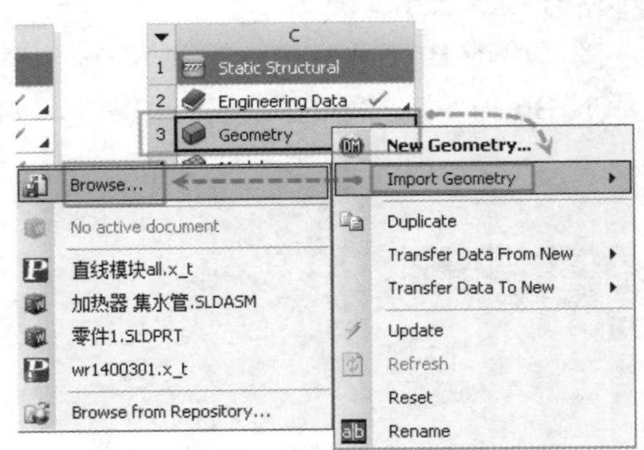

图 15-23　导入子模型

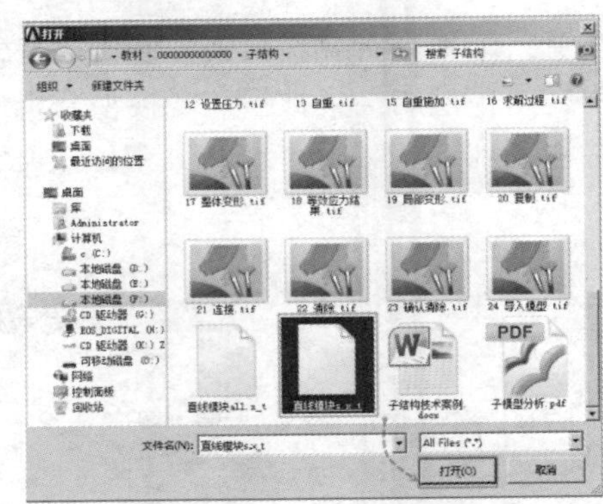

图 15-24　打开子模型

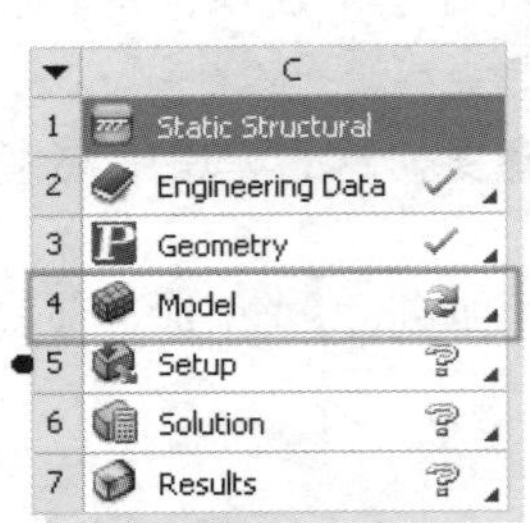

图 15-25　画网格

图 15-26　导入后的模型

单击 Outline（分析树）中的 Mesh（网格），在 Details of Mesh（网格的详细信息）的 Element Size（网格尺寸）后面输入 10，单位为 mm，然后单击 Update（刷新），如图 15-27 所示。图 15-28 所示为生成后的网格。

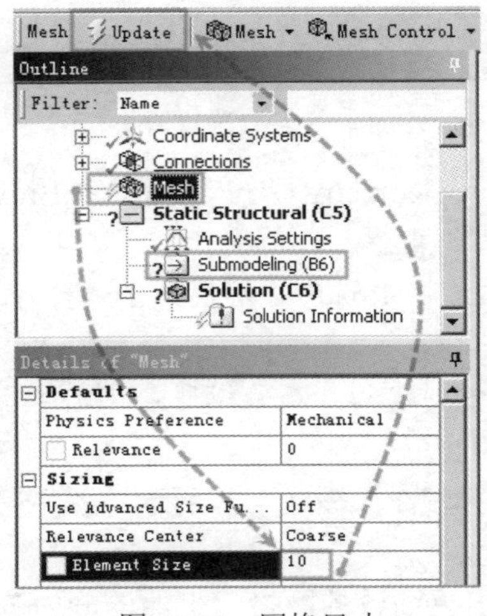

图 15-27　网格尺寸

图 15-28　生成的网格

注意：复制并传递数据后的模块，在 Static Structural（静力学分析模块）下方会出现一个 Submodeling（子模型），这就是进行子模型数据传递的接口，如图 15-29 所示。

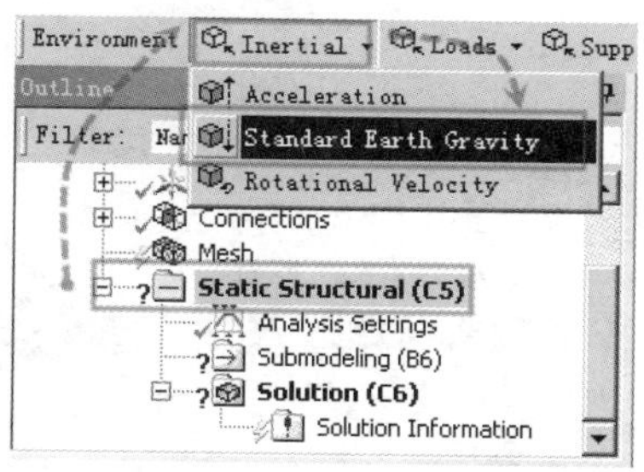

图 15-29　加载重力

由于子模型传递的位移只是从整体模型到切割边界处，而属于子模型内部的荷载仍需要单独施加，在本案例中其包括自重荷载和风机压力荷载。

加载自重荷载。单击 Outline（分析树）中的 Static Structural（静力学分析模块），再单击 Inertial（惯性荷载）→Standard Earth Gravity（标准地球重力），如图 15-29 所示。

单击 Loads（荷载）→Pressure（压力），如图 15-30 所示。单击子模型内表面，在 Details of Pressure（压力的详细信息）的 Geometry（模型）后面单击，然后单击 Apply（应用）按钮，在 Magnitude（压力值）后面输入 1，单位为 MPa，如图 15-31 所示。

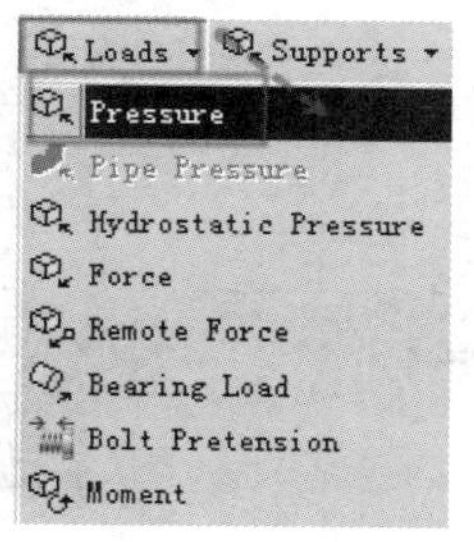

图 15-30　加载压力

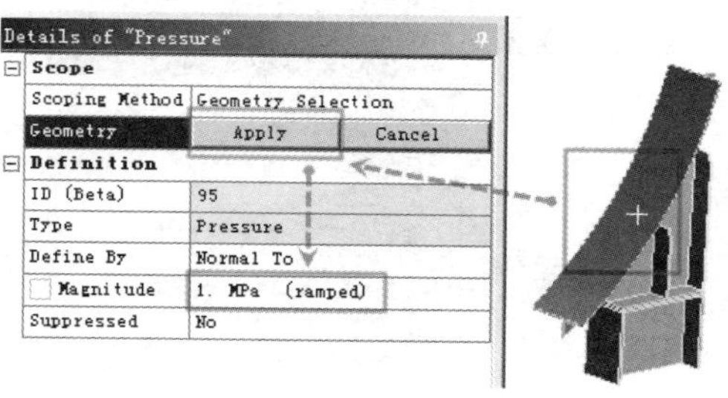

图 15-31　压力施加面

导入自切割边界处传递给子模型的位移荷载。右击 Outline（分析树）中的 Submodeling（子模型）并选择 Insert（导入）→Cut Boundary Constraint（切割边界约束），如图 15-32 所示。

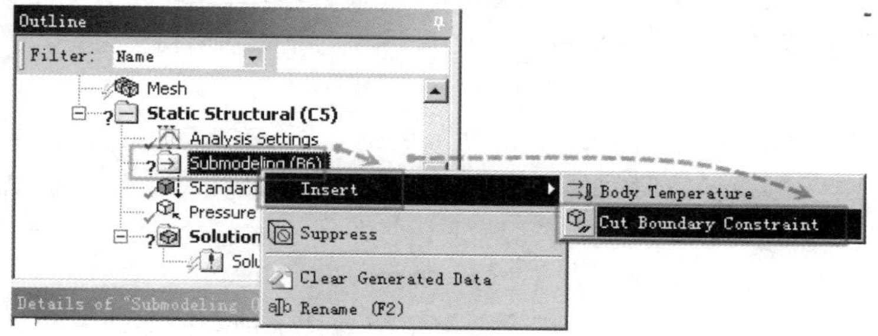

图 15-32　导入位移荷载

选择切割边界的传递面。将子模型风筒部分和立柱底部的传递面选择上，在 Details of Imported Cut Boundary Constraint（载入切割边界约束的详细信息）的 Geometry（模型）后面单击，然后单击 Apply（应用）按钮，如图 15-33 所示。

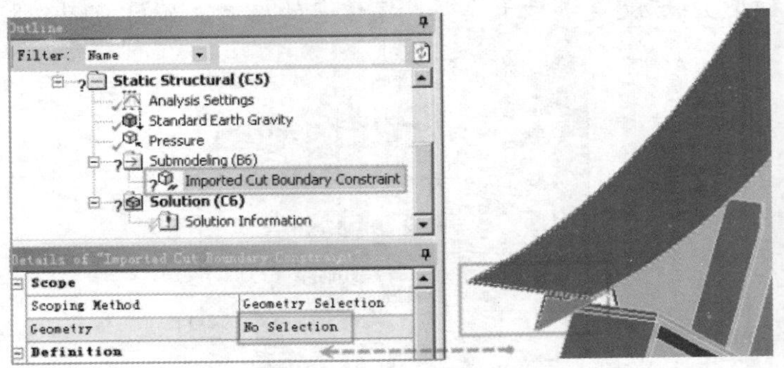

图 15-33　位移传递面

载入位移荷载。右击 Submodeling（子模型）下方新生成的 Imported Cut Boundary Constraint（载入切割边界约束）并选择 Import Load（载入荷载），如图 15-34 所示。载入后的位移荷载如图 15-35 所示。该边界条件是整体模型映射到切面上的结果。

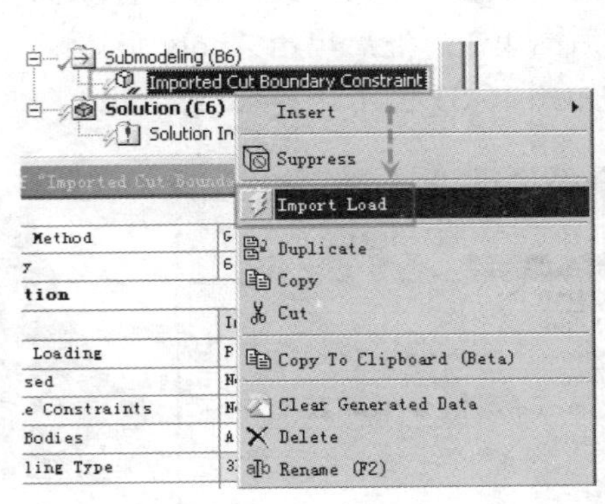

图 15-34　传递荷载

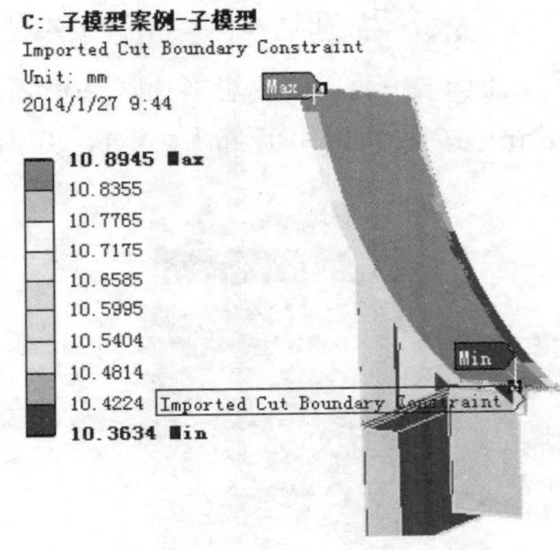

图 15-35　导入成功

注意：应确保切割边界远离应力梯度大的区域，所以一个科学严谨的子模型分析应进行多次。第一次大致确定一个切割边界进行求解，并查看切割边界处是否存在应力集中和查看求解结果；第二次在稍稍远离应力集中的区域再次切割，再次进行求解，并查看结果是否有变化；第三次继续扩大切割边界，直到结果与上一次差别在允许的范围内。

求解后进行后处理。

完整模型的节点数为 461738 个，单元数为 95017 个。在笔者 CPU 型号为 T6600 的笔记本上求解时间为 1031 秒。计算时间稍长的主要原因是需要的内存量超出了电脑已有的 8GB，使得大部分求解时间浪费在了硬盘内读写数据上。

子模型的节点数为 130390 个，单元数为 18478 个，约为完整模型的 1/4。子模型求解时间为 75 秒，为原计算的 1/13。相比之下，使用子模型技术极大地降低了计算规模，并节约了计算时间。

结果分别如图 15-36 到图 15-41 所示。

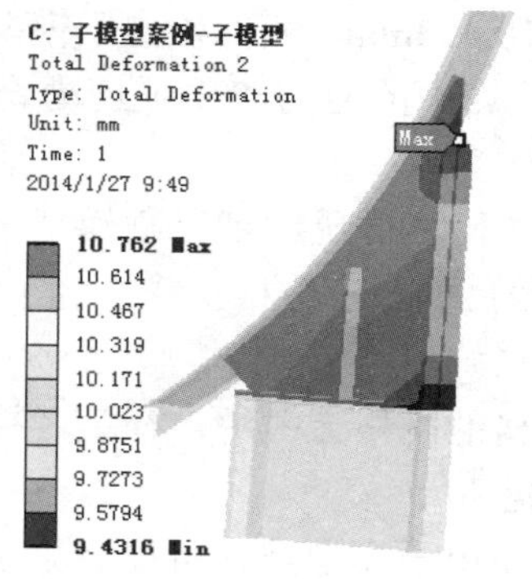

图 15-36　子模型的局部变形

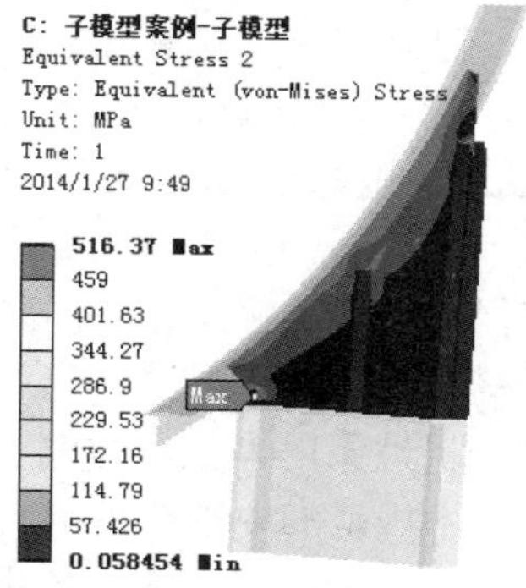

图 15-37　子模型的局部应力

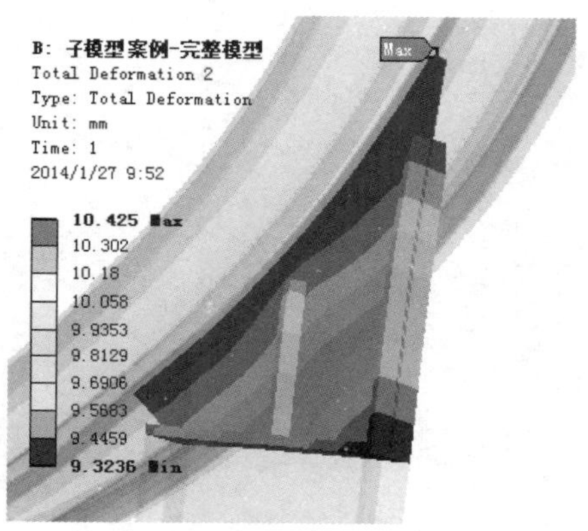

图 15-38　完整模型的局部变形

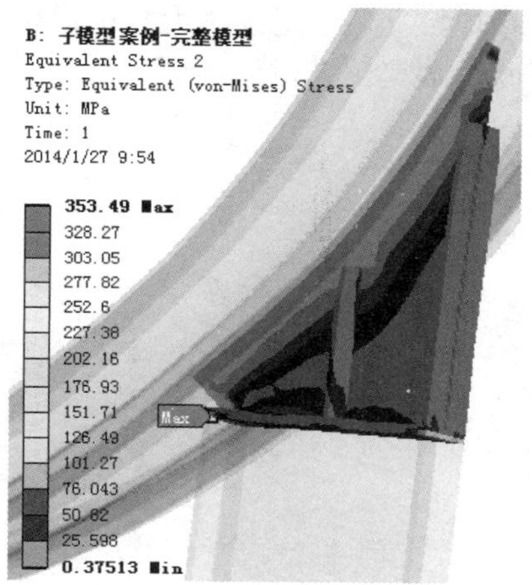

图 15-39　完整模型的局部应力

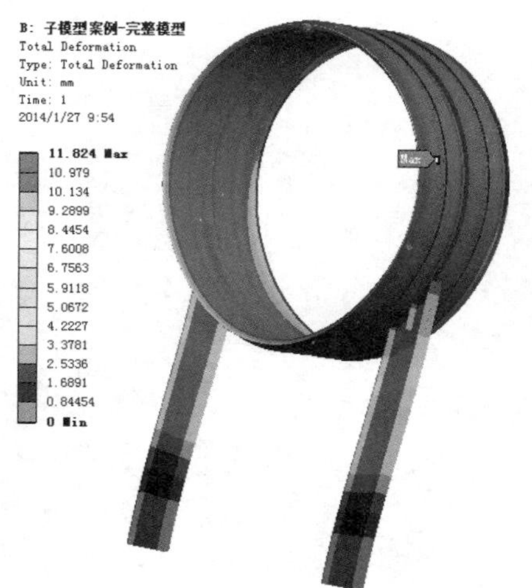

图 15-40　整体变形

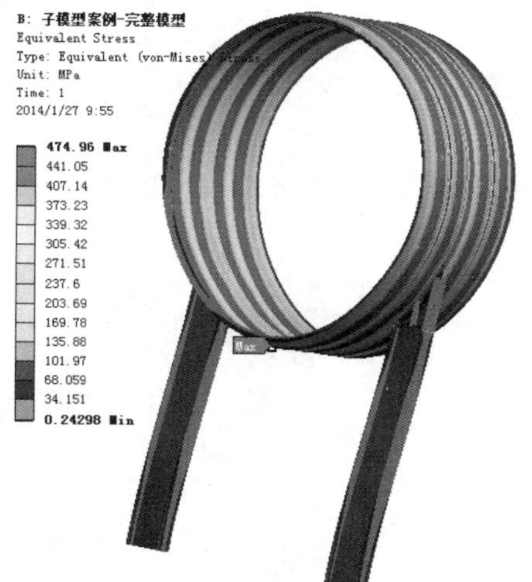

图 15-41　整体应力

由结果可见整体模型支座部分的局部变形最大值为 10.425mm，相同位置子模型的变形为 10.762mm，两者非常接近。由于变形结果不存在应力计算中的应力集中或应力奇异问题，10.762mm 的最大变形应该更接近于真实值。

一个严谨的分析，应在此基础上进一步细化子模型的网格并更精细分割模型来优化网格质量，以获得网格无关解。这些都需要多次进行修改参数后的验证分析工作，为了简化内容，本案例不再赘述具体操作。

而两次分析结果的差额具体缩小到什么程度属于合格的网格无关解，在笔者接触的多个设计标准和技术规范书中没有规定，需要依赖用户的经验。

应力结果中因为出现了应力集中现象，略有失真。使用子模型技术可以更集中精力地建立更精细、更真实的模型结构尺寸，以期消除因建模失真而对结果准确性的影响，获得更真实的应力解。

保存项目文件，退出静力分析模块，退出 ANSYS Workbench 15.0 平台。

至此，本案例完。

16 设计助手案例

16.1 案例介绍

本案例通过一个门把手模型介绍了 ANSYS Workbench 15.0 设计助手模块的使用方法，介绍了制定合理的分析方案的方法、更改新模块的技巧、创建点焊接触的功能、更改模型颜色的技巧、轴承荷载的添加方法、加载单值函数规律变化荷载的技巧、多窗口查看的技巧、对比使用直接（稀疏矩阵）求解器和迭代求解器对相同分析项目不同网格数量时的求解时间等。

16.2 分析流程

使用设计助手功能与在第 10 章空调响应谱分析案例中介绍的创建分析模板功能类似，都有利于用户养成并保持一个标准化规范化的分析习惯。实际产品设计中经常遇到多工况组合分析，使用该功能可以方便地根据设计标准规定的荷载组合方式对多种工况结果进行组合，以求出需要的结果。

当今产品都存在内在的复杂性，如状态的变化、非线性现象和多物理场的相互作用。设计时往往需要把硬件、软件和电子系统整合成一个复杂的系统，即所谓的系统集成，这就需要新的工程解决方案。最新的 ANSYS Workbench 15.0 平台能让工程师从单个零件到整个系统都较为方便而精确地模拟现实中的复杂问题。

在进行一项复杂的分析前，制订合适的分析方案往往可以让工作进行得更有效率。这也意味着用户需要精确地预测产品在现实中可能的复杂行为，并使用相应的方法进行模拟。

分析方案的好坏直接影响分析的精度和代价（人工耗时、计算机资源等）。但在通常情况下，分析的精度和代价是相互冲突的，特别是分析较大规模的模型时更为明显。一个糟糕的分析方案可能导致分析资源紧张和分析方式受得限制。

制订合理的分析方案对高效求解是很重要的。一般考虑以下问题：分析领域、分析目标、线性/非线性问题、静力/动力问题、分析细节的考虑、几何模型对称性、单元类型、网格密度、单位制、材料特性、载荷、求解器。

确定合适的分析学科领域：实体运动、承受压力或实体间存在接触→结构分析；施加热、存在温度变化→热分析；恒定的磁场或磁场→磁分析；电流（直流或交流）→电分析；气（液）体的运动或受限制的气体/液体→流体分析；以上各种情况的耦合→耦合场分析。

分析目标。分析目标直接决定分析近似模型的确定，也就是这样一个问题的答案："利用FEM研究模型哪些方面的情况？"

线性/非线性问题。自然世界纷繁复杂，而线性分析是对混沌的自然现象的一种非常简化的分析。其计算规模较小，可以在合理的精度范围内较为容易地获得相对合理的结果。如果需要更详细更准确地模拟真实环境，就需要考虑非线性问题，如几何非线性（大变形）、材料非线性（塑性、超弹性）、接触问题（摩擦）等。而这会出现分析过程发散而没有计算结果（不收敛），或者反而降低了计算精度（接触面过分穿透）等问题；非线性分析需要多次迭代计算，其计算代价是线性分析的几倍甚至几百倍，这些都限制了非线性分析的使用。在进行一项复杂的分析前，应仔细考虑哪些因素可以用线性问题简化，哪些是必须考虑非线性成分的，让分析更有针对性和控制计算规模或"出错"的范围（墨菲法则）。

静力/动力问题。对于荷载随时间恒定不变或者变化的速度远小于模型第一阶固有频率时，可以将动力学问题，如加速度荷载，简化为静态力荷载的静力学问题求解，方法可参照达朗贝尔原理（参考 7.6 节）。当需要查看模型在动态荷载作用下的结构响应时，就需要使用动力学分析方法计算。

模型细节的考虑。对于结构分析，要想得到较高精度的应力结果，必须保证影响精度的任何结构部位尽量有理想的单元网格，并且尽量不对几何形状进行细节上的简化。应保证应力的收敛，而在任何位置所作的任何简化都可能引起明显误差，如应力奇异现象；在忽略细节的情况下，使用相对较粗糙的网格查看计算转角和法向应力；复杂的模型要求具有较好的均匀单元网格，并允许忽略细节因素。

在建立分析模型之前必须制订好建模方案：必须考虑哪些细节问题。对于分析不重要的细节不应当包含在分析模型中。当从 CAD 系统传递一个模型到 ANSYS 程序中时，往往可以作大量的简化处理，如在第 9 章冷却塔设计优化案例中介绍的方法。然而，诸如倒角或孔等细节很可能是最大应力出现的位置，适当地保留这些细节对于分析精度是十分重要的。

模型对称性。对称：当物理系统的形状、材料和载荷具有对称性时，就可以只对实际结构中具有代表性的部分或截面进行建模分析，再将结果映射到整个模型上，就能获得相同精度的结果。如第 14 章发动机叶片周期扩展分析案例中介绍的方法。

物理系统对称分析要求具有以下对称性条件：几何结构对称、材料特性对称、具有零位移约束、存在非零位移约束。可以使用第 14 章发动机叶片周期扩展分析案例中的扩展功能进行简化分析。

对称类型。轴对称，即围绕某一轴线存在对称性。这类结构如电灯泡、直管、圆锥体、圆盘和圆屋顶。对称面就是旋转形成结构的横截面，可以在任何位置。大多数轴对称分析求解必须假定非零约束（边界），集中力、压力和体积荷载均具有轴对称性。然而，如果载荷不存在轴对称性，并且是线性分析，可以将载荷分成简谐成分进行独立求解，然后进行叠加。

旋转对称，即结构由绕一个轴分布的几个重复部分组成，诸如涡轮叶片（如第 14 章发动机叶片周期扩展分析案例中介绍的模型）。大多数旋转对称分析求解要求非零位移约束（边界），集中力、压力和体积荷载应具有对称性。

平面或镜面对称，即结构的一半与另一半成镜面映射关系，对称位置（镜面）称为对称平面。大多数平面对称分析求解要求非零位移约束（边界），集中力、压力和体积荷载应当对称。

重复或平移对称，即结构是由沿一个直线分布的重复部分组成，诸如带有均匀分布冷却节的长管等结构。该对称要求非零位移约束，集中力、压力和体积荷载应具有对称性。

在实际当中，可以利用对称模型进行分析，能获得更好的分析结果。因为可以建立更精确、综合考虑各细节的模型，并极大地缩减分析规模。

网格密度。网格密度直接决定了分析规模的大小。一般而言，由于离散误差的存在，往往数值分析的结果随着网格密度的增加而逐渐接近真实解。但是，过多的网格数量会极大地增加计算代价，以至于可能超出计算机的处理能力，或无法在规定的时间内完成求解。所以，数值分析的解一般屈从于精度和时间的代价。在感兴趣的位置或者应力梯度大的位置适当增加网格密度，而在相反的位置使用适当粗的网格是个较好的选择。

单位制问题在经典版 ANSYS 中是个令人生厌的问题，而在 Workbench 平台中得到了较好的解决。具体可参考第 9 章冷却塔设计优化分析案例中的有关描述。

由于材料属性的多样性和复杂性，有时明显影响了分析的精度，为了方便读者，笔者汇总了约两百种金属材料的常用线弹性物理属性表，可供分析参考使用。

选用哪种类型的单元呢？与其他单个分析因素相比，选择合适的载荷对分析结果影响更大。将载荷添加到模型上一般比确定是什么载荷要简单得多。

载荷包括边界条件和内外环境对物体的作用，可以分成以下几类：自由度约束（自由度约束就是给某个自由度（DOF）指定一个已知数值，值不一定是零）、集中载荷（就是作用在模型的一个点上的载荷）、结构分析中的力和弯矩、热分析中热流率。集中载荷可以添加到节点和关键点上；面载荷是作用在单元表面上的分布载荷，如结构分析中的压力、热分析中的对流和热流密度。面载荷可以添加到线或面上或实体模型上的实体以及节点或单元上。作用在线或面上的面载荷最终都会传到面内的各个单元上。

梯度荷载在面载荷中可能会使用到。可以给一按线性变化的面载荷指定一个梯度，例如水工结构在深度方向上受到静水压。在第 9 章冷却塔优化设计案例中介绍了施加静水压力荷载的方法。

体载荷是分布于整个体内或场内的载荷，如结构分析中的温度载荷、热分析中生热率、电磁场分析中的电流密度。体载荷的分布一般都很复杂，必须通过其他分析才能得到，例如通过热应力分析获得温度分布。在某些情况下，体载荷是由当前分析结果决定的，这就需要进行多物理场耦合分析。

惯性载荷是由物体的惯性（质量矩阵）引起的载荷，例如重力加速度、加速度和角加速度。惯性载荷只有结构分析中有。惯性载荷是对整个结构定义的，是独立于实体模型和有限元模型的。考虑惯性载荷就必须定义材料密度。

添加载荷应遵循的原则：简化假定越少越好；使施加的载荷与结构的实际承载状态保持吻合；如果没法做得更好，只要其他位置结果正确，也是可以认为是正确的，但是必须忽略“不合理”边界附近一定区域内的应力；加载时，必须十分清楚各个载荷的施加对象；除了对称边界外，实际上不存在真正的刚性边界（如在本书几乎所有案例中使用的固定位移约束）；不要忘记泊松效应；添加刚体运动约束，但不能添加过多的（其他）约束。实际上，集中载荷也是不存在的，这只是数学上的一种简化方法。

选择求解器。求解器的功能是求解关于结构自由度的联立线性方程组。如求解 10000 个自由度这个过程可能需要花费几分钟，对于结构分析而言，每个节点有 3 个方向的平移自由度和 3 个方向的旋转自由度；对于热分析而言，是温度自由度。求解 1000000 个自由度或更多自由度的问题，时间可能会是几个小时或者几天，基本上取决于计算机的整体速度（木桶效应）。对于简单分析，可能需要两三次求解；对于复杂的瞬态或非线性分析，可能需要进行几十次或者更多的求解。

结果验证。验证分析的结果，在任何有限元分析中无疑是最为重要的步骤。在开始任何分析以前，应该至少对分析的结果有粗略的估计。它可能来自经验、试验、标准考题等。如果结果与预期的不一样，应该研究产生差别的原因，并识别无效的结果。

应该知道所分析对象的一些基本行为：重力方向总是竖直向下的；离心力总是沿径向向外的；物体受热一般要膨胀；没有一种材料能抵抗 100000MPa 的应力；弯曲载荷造成的应力使一侧受压，而使另一侧受拉。如果只有一个载荷施加在结构上，检验结果会比较容易。如果有多个载荷，可单独施加一个或几个载荷分别检验，然后施加所有载荷检验分析结果。可以使用设计助手功能分别计算。

检验求解的自由度及应力。确认施加在模型上的载荷环境是合理的；确认模型的运动行为与预期的相符，如无刚体平动、无刚体转动、无裂缝等；确认位移和应力的分布与期望的相符，或者利用物理学或数学可以解释；模型所有的反作用力应该与施加的点力、压力和惯性力平衡（如第 12 章风机桥架谐响应分析案例中介绍的）。

千万不要忽略没有理解的细节。记住，如果对某些地方不能理解，很有可能分析中有错误，找到这些错误以防后患。有一种方法是，寻找到底是什么导致分析结果与预期的不一样。找到一个类似的问题及其分析结果，这个结果已经充分理解，并且结果完全正确。它也许来自《ANSYS 验证手册》或培训手册或以前作过的分析。它应该尽量简单，并可以把它当作一个“好”的结果。应一步一步地消除“好”的结果与“坏”的结果之间的模型及载荷或求解控制等方面的差距。

本案例使用 ANSYS Workbench 15.0 中的设计助手模块将两个静力学分析模块的求解结果进行组合。

先介绍一个更改新模块的技巧。在分析过程中，偶尔会出现打开了一个错误的模块的情况。一般可采用删除该模块再重新打开正确模块的方法。其实可以在“错误”的模块的基础上直接更换。下面进行演示，打开 Workbench 15.0 平台→打开一个错误的模态分析模块，如图 16-1 所示。

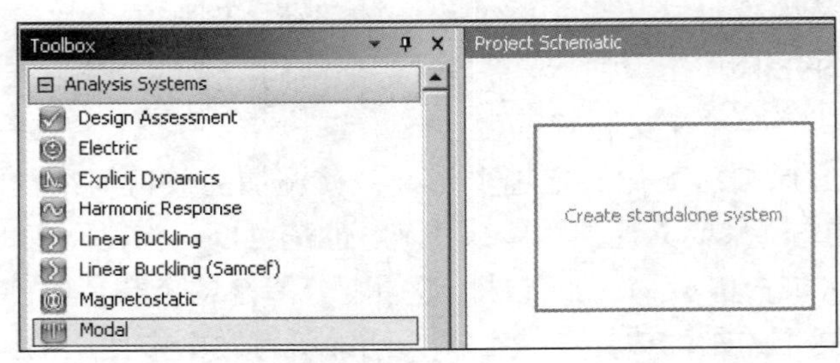

图 16-1　打开模块

右击 A1 Model（模态分析模块），再单击 Replace With（替换模块）→Static Structural（静力学分析模块），如图 16-2 所示。

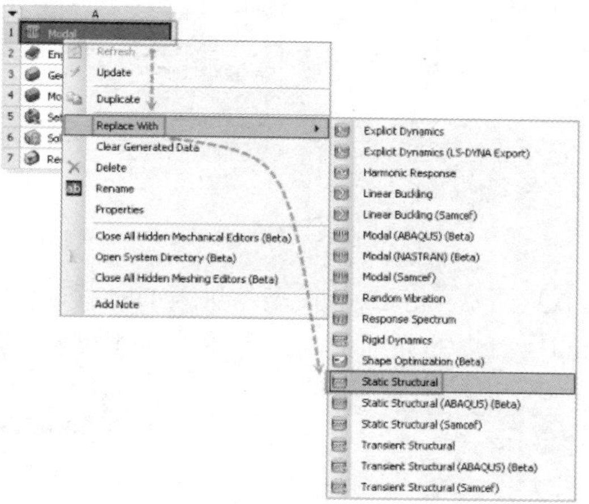

图 16-2　更改模块

更改后即是需要的模块。在 Toolbox（工具箱）中单击 Static Structural（静力学分析模块）并拖动到 A4 Model（有限元模型）中，如图 16-3 所示。

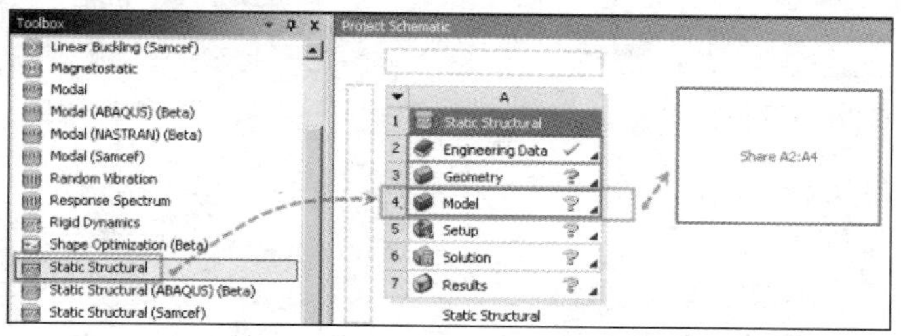

图 16-3　第二个模块

注意：由于本案例是将两个相对独立分析的结果进行组合，拖动第二个静力学分析模块时仅需将两者的材料、物理模型和有限元模型数据共享，所以拖动到了 A4 项。

在 Toolbox（工具箱）中单击 Design Assessment（设计助手模块）并拖动到 B6 Solution（分析）中，如图 16-4 所示。

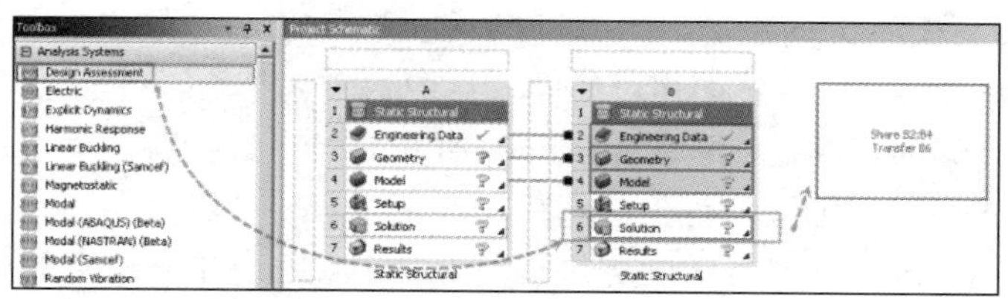

图 16-4　设计助手模块

导入模型。右击 A3 Geometry（模型）→Import Geometry（导入模型）→Browse（浏览），如图 16-5 所示。

找到“装配体 1”模型并选中，然后单击“打开”按钮，如图 16-6 所示。

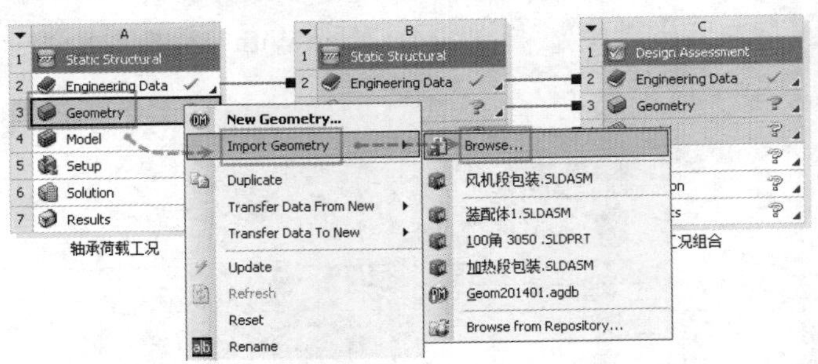

图 16-5　导入模型

设置点焊接触。双击 A3　Geometry（模型）进入 DM 模块。单击菜单栏上的 Point（点焊），再单击 Details of Point（点焊的详细信息）中的 Base Faces（基准面），如图 16-7 所示。

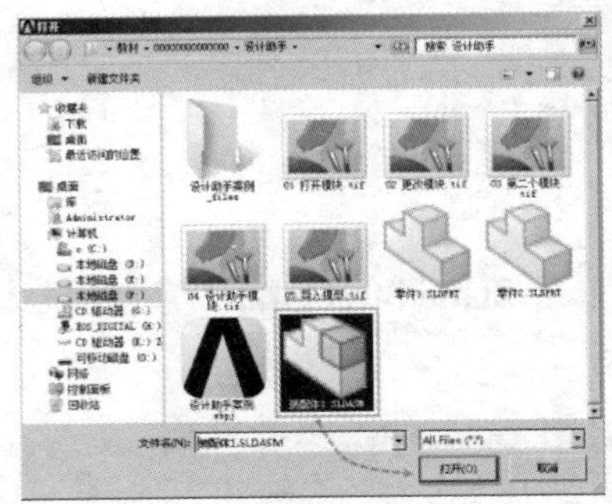

图 16-6　打开模型

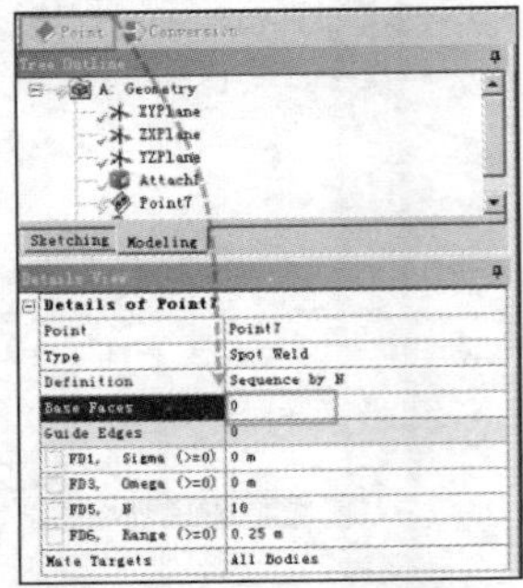

图 16-7　创建点焊

注意：点焊功能是将"焊点"使用梁单元连接，以较为简化地模拟，类似于使用电阻焊对钣金件间的连接关系。

下面介绍一下点焊接触中的几个设置项目的含义。

- Base Faces：焊点所在的基准面，可以理解成焊点生成的面。
- Guide Edges：在离需要生成焊点比较近的参考边。
- Sigma：第一个焊点距离板边缘的距离。
- Edge offset：焊点与 Guide Edges 的距离。
- Omega：焊点与焊点的间距。
- N：焊点的总数。
- Range：板与板的 Z 向距离，本案例中 Range=0.25m。
- Mate Target：和 Base Faces 相对的面，这取决于要把 Base Faces 焊接到什么上面。

单击需要创建点焊的基准面，再单击 Details of Point（点焊接触的详细信息）中 Base Faces（基准面）后面的 Apply（应用）按钮，如图 16-8 所示。

单击 Details of Point（点焊接触的详细信息）中的 Guide Edges（引导边），再单击基准面边缘的一条边线，然后单击 Guide Edges（引导边）后面的 Apply（应用）按钮，如图 16-9 所示。

其他设置如图 16-10 所示。Sigma、Edge offset、Omega 都暂定为 0.1m，N 设置成 20，Range 设置成 0.25m。

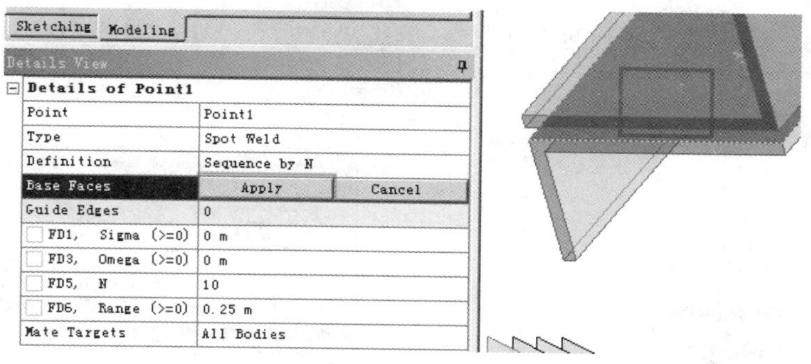

图 16-8　点焊源面

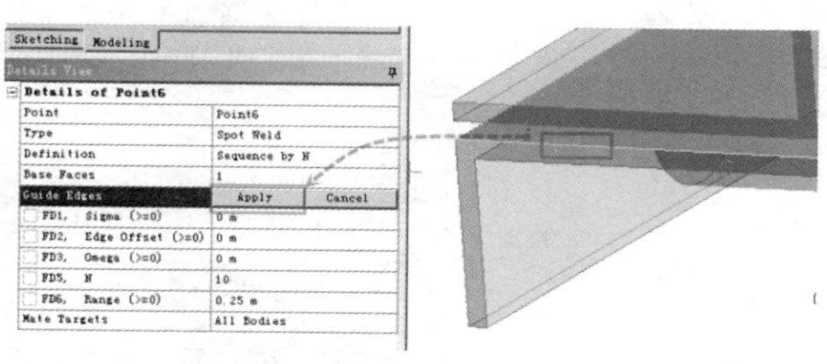

图 16-9　引导边

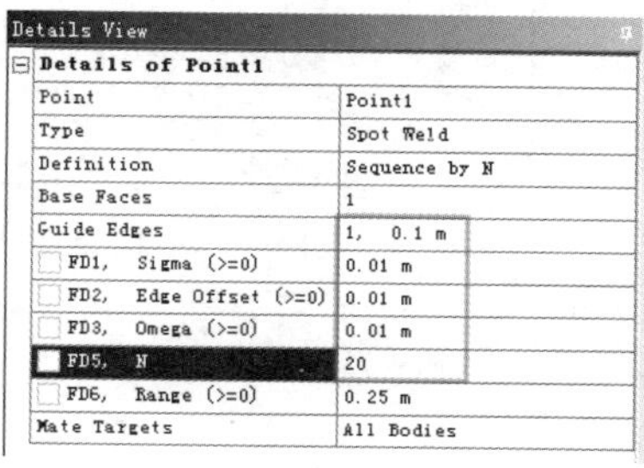

图 16-10　设置点焊

设置完成后的点焊效果如图 16-11 所示。使用相同的方法将模型的其他三个边添加点焊接触。添加后在 Tree Outline（分析树）下方显示了四个点焊接触，如图 16-12 所示。

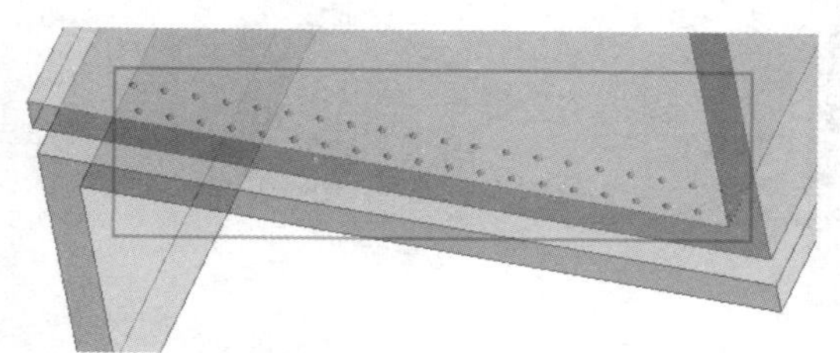

图 16-11　完成效果

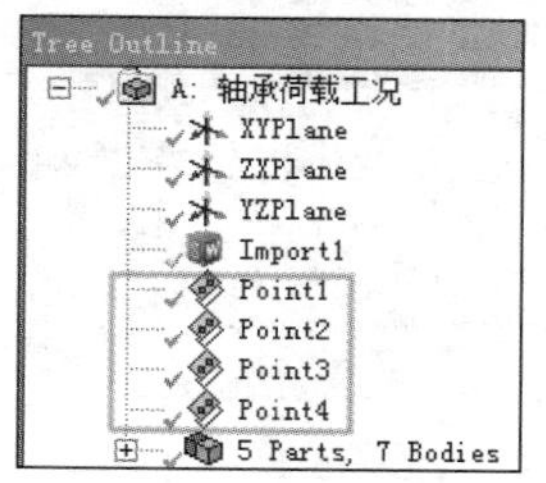

图 16-12　四个点焊

更改模型颜色的技巧。退出 DM 模块，回到项目管理区，双击 A4 Model（有限元分析模块），单击 Outline（分析树）中的 Connections（接触）→Contacts（接触），可以看到新定义的这些点焊接触，如图 16-13 所示。

单击菜单栏上的体过滤器，再单击 Outline（分析树）中的 Geometry（模型），单击需要更改颜色的零件，如“零件 1-4”，已选的体会变成绿色。单击 Details of 零件 1-4（零件 1-4 的详细信息）中的 Graphics Properties（图形属性），再单击 Color（颜色）后面的按钮，如图 16-14 所示。

如准备将该零件更改为红色，则单击“基本颜色”下方的合适色彩，如认为需要设置“红色”的具体颜色信息可单击“规定自定义颜色”并在右边的色域范围中移动十字光标，在中下方的“颜色”位置会实时显示当前的色彩，可通过移动右边的饱和度图标调整颜色的“纯度”，也可以直接准确定义色彩参数，认为合适后单击“添加到自定义颜色”按钮，这时在“自定义颜色”的下方会生成刚刚定义好的“红色”，单击“确定”按钮，如图 16-15 所示。更改后的效果如图 16-16 所示。

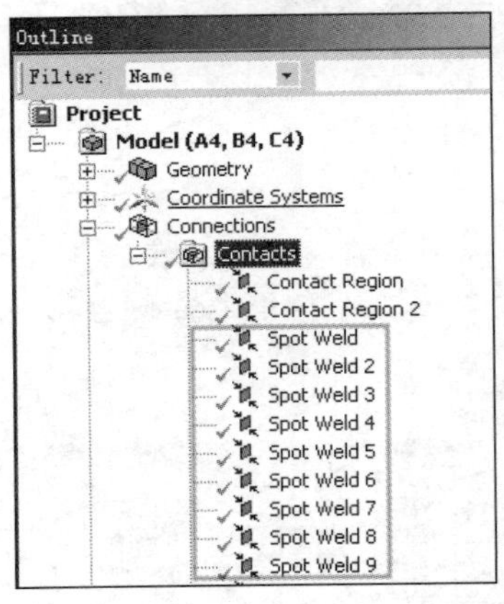

图 16-13　点焊接触

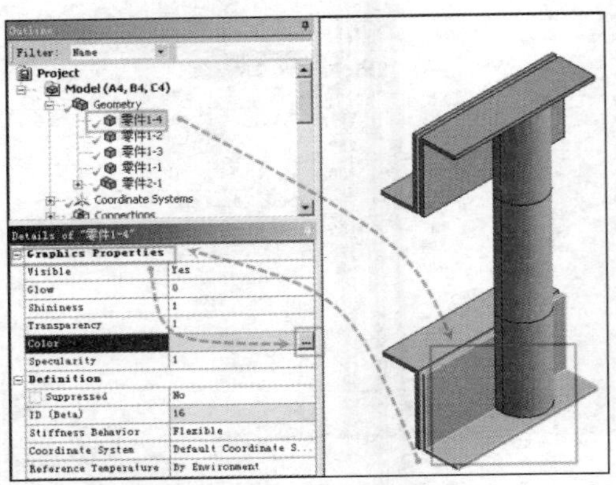

图 16-14　更改颜色

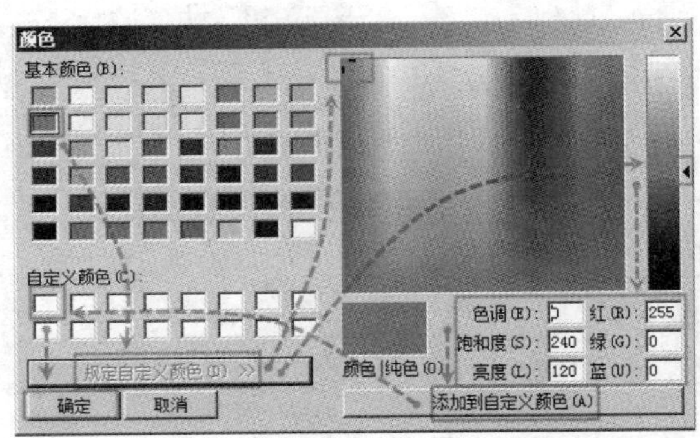

图 16-15　详细设置颜色

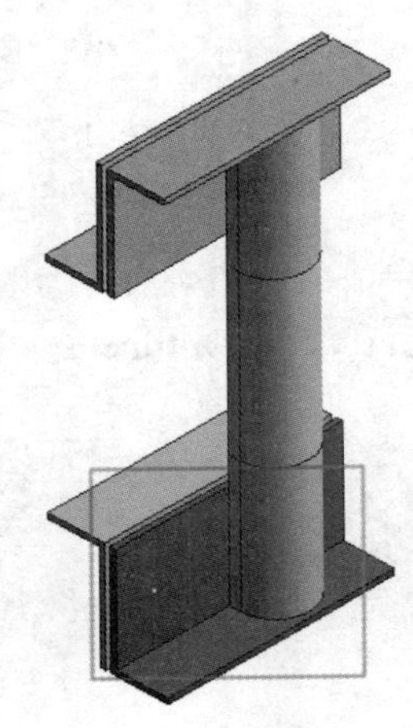

图 16-16　更改后的效果

注意：图 16-15 所示的界面是笔者已知的在 ANSYS Workbench 15.0 平台中两处存在中文界面中的一个，另一个在第 11 章核电空调随机振动分析案例中介绍。

划分网格。单击 Outline（分析树）中的 Mesh（网格），在 Details of Mesh（网格的详细信息）中将 Relevance（相关性）指标定义成 100，如图 16-17 所示。

单击菜单栏上的 Update（刷新网格），生成后的网格如图 16-18 所示。

施加边界条件。单击 Outline（分析树）中的 Static Structural（静力学分析模块），按住 Ctrl 键分别单击模型内侧的两个表面，再单击 Supports（支撑）→Fixed Support（固定位移约束），如图 16-19 所示。

施加轴承荷载。单击模型中间的半圆形表面，再单击 Loads（荷载）→Bearing Load（轴承荷载），如图 16-20 所示。

注意：在本案例中使用轴承荷载模拟用手推着“门把手”产生的效果，也可以用轴承荷载模拟皮带对皮带轮的拉紧效果。

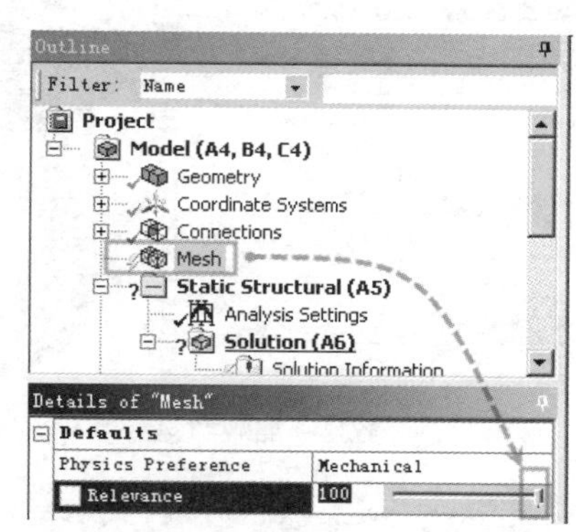

图 16-17　划分网格

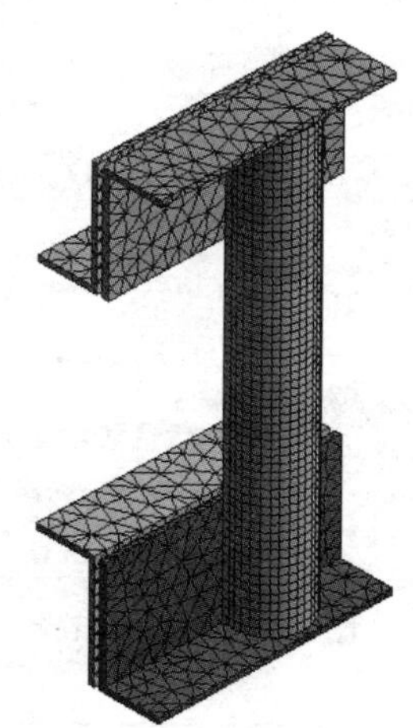

图 16-18　划分后的网格

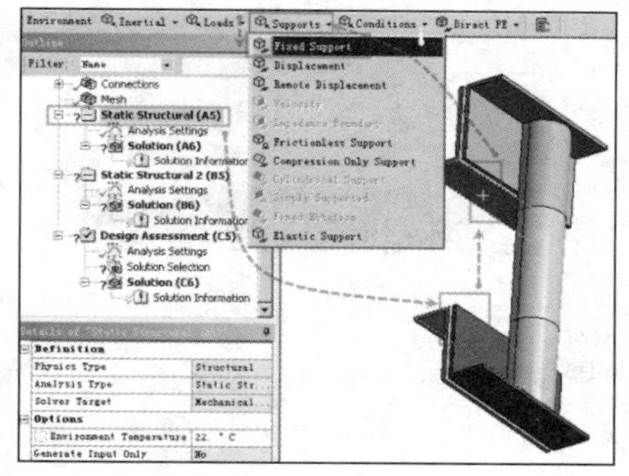

图 16-19　固定约束

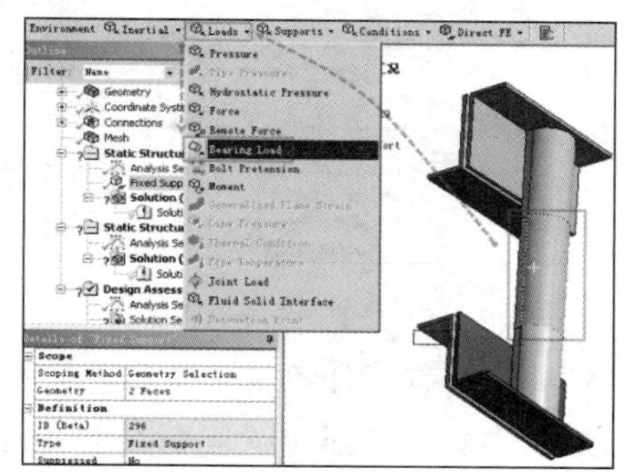

图 16-20　轴承荷载

注意：轴承荷载仅用于圆柱形表面，其径向分量将根据投影面积来分布压力荷载。轴向荷载分量沿着圆周均匀分布。一个圆柱表面只能施加一个轴承荷载。假如一个圆柱表面被切分为两个部分，那么在施加轴承荷载的时候要保证这两个圆柱面都选中。荷载的单位与力的荷载的单位相同。轴承荷载可以通过矢量和大小或者分量来定义。存在任何切向分量的轴承荷载都将使得计算出错。

本案例定义力的分量。单击 Outline（分析树）中的 Bearing Loads（轴承荷载），在 Details of Bearing Loads（轴承荷载的详细信息）中选择 Define by（加载类型）下拉列表框中的 Components（分量），如图 16-21 所示。

分量力荷载的加载暂时使用默认的整体坐标系。在 X、Y、Z 方向的荷载中分别输入 100N、0N、200N，设置后在模型处会显示所加荷载的方向，如图 16-22 所示。

提取变形结果。单击 Outline（分析树）中的 Solution（分析），再单击 Deformation（变形）→Total（总变形），如图 16-23 所示。

提取应变能结果。单击 Energy（能量）→Strain Energy（应变能），确认各项设置无误后保存项目文件，单击 Solve（求解），如图 16-24 所示。

注意：应变能结果中，能量较大的位置是需要进行网格细化的位置，可参考第 4 章中的描述。

Details of "Bearing Load"

Scope	
Scoping Method	Geometry Selection
Geometry	1 Face
Definition	
ID (Beta)	300
Type	Bearing Load
Define By	Vector
Magnitude	Components Vector
Direction	Click to Change
Suppressed	No

图 16-21　矢量加载

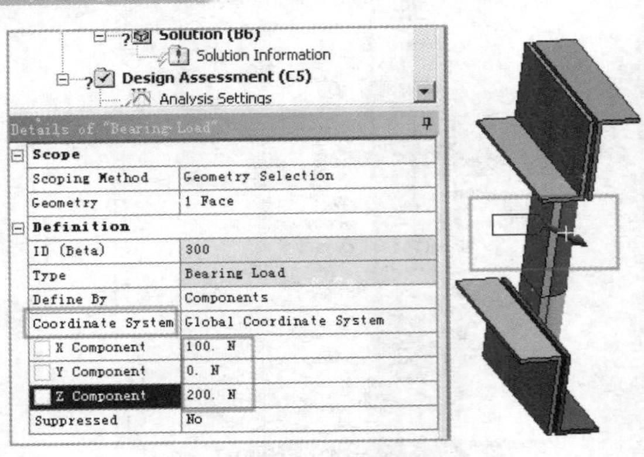

图 16-22　加载数据

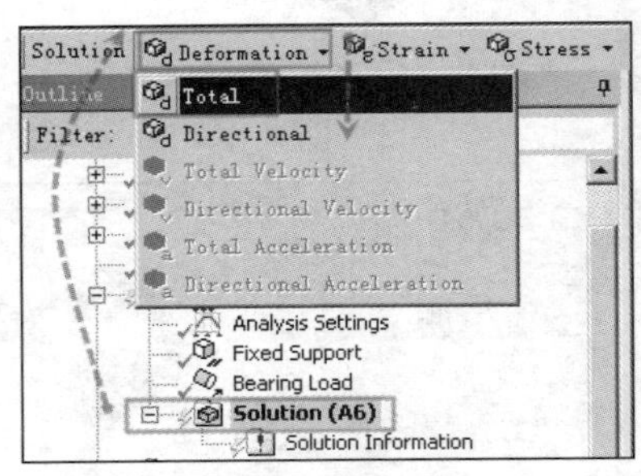

图 16-23　变形结果

图 16-24　应变能

求解完毕后查看计算矢量结果。单击 Outline（分析树）中的 Total Deformation（总变形），再单击后处理菜单中三个横向箭头的图标，然后具体设置矢量显示的密度和箭头大小，如图 16-25 所示。

单击 Strain Energy（应变能）结果可见，在“门把手”模型与点焊连接板处附近的能量值较高，可以适当优化网格以提高该位置的计算精度，如图 16-26 所示。

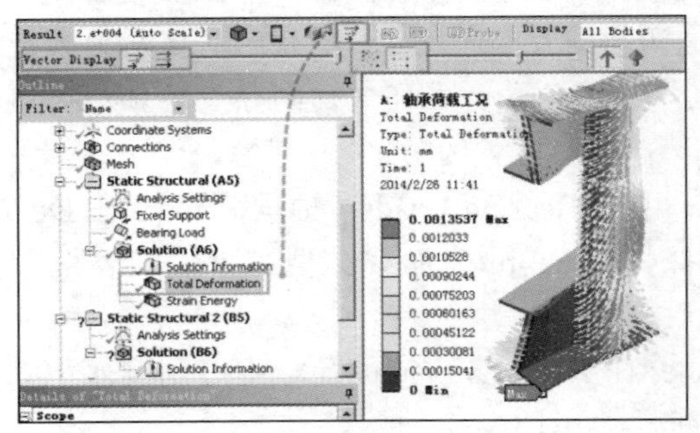

图 16-25　变形矢量结果

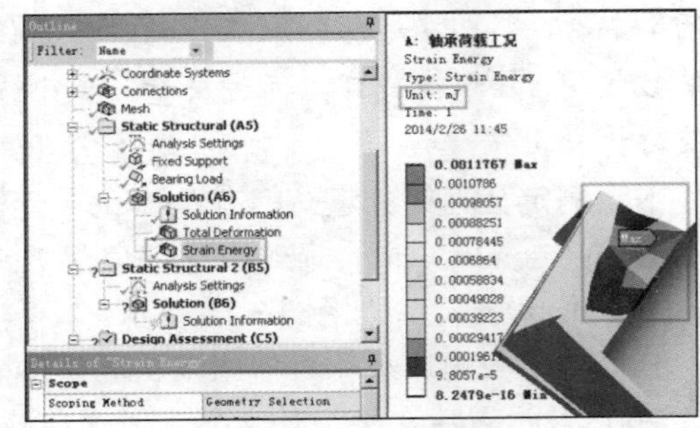

图 16-26　应变能结果

注意：在第 13 章网格无关解案例中介绍了多种通过细化网格来提高网格质量而改善应力解计算精度的方法；在第 17 章等强度梁优化设计分析案例中介绍了一些网格质量的评定标准和通过合理切分模型获得高质量网格的技巧。这些都是一个“好”的计算前的一种准备工作。

虽然可以通过插入收敛功能来查看是否已经达到网格无关解，但这些都是“自动化”的和对于何处需要优化网格是不可预知、不可定量控制的方法，而查看应变能结果可以定量地获知需要优化网格的位置，将使得该前处理工作更有针对性。

加载单值函数规律变化荷载的技巧。本案例在门把手背面施加余弦规律变化的压力荷载。建立局部坐标系。单击 Outline（分析树）中的 Coordinate Systems（坐标系统），再单击选择过滤器中的 Edge（边），单击模型上的一个边线，再单击菜单栏上 Coordinate Systems（坐标系统）后面的创建一个局部坐标系图标，如图 16-27 所示。

单击建立局部坐标系需要的基准边，再单击 Details of Coordinate Systems（坐标系统的详细信息）中 Geometry（模型）后面的 Click to Change（单击选择），单击 Apply（应用）按钮，如图 16-28 所示。

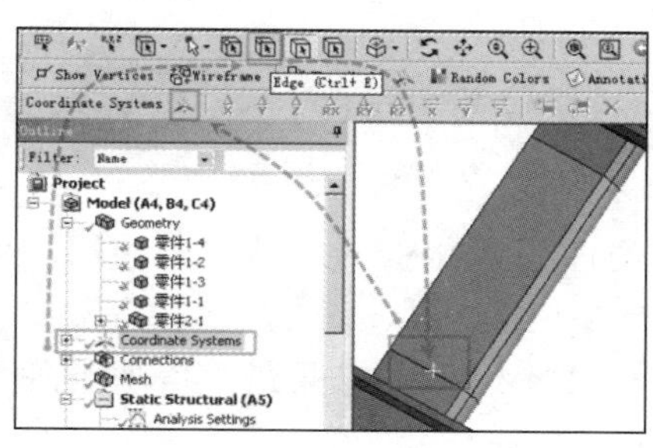

图 16-27　建立局部坐标系

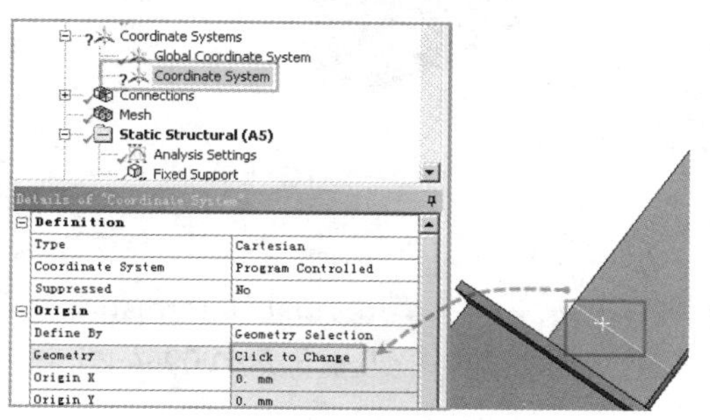

图 16-28　基准边

单击选择过滤器中的“面”，单击模型上需要加载的表面，再单击 Loads（荷载）→Pressure（压力荷载），如图 16-29 所示。

在 Details of Pressure（压力荷载的详细信息）中 Magnitude（数量）的后面输入函数=-10*cos(3.14*y/0.5)，这是一个沿着 Y 轴方向余弦变化的函数，在 Coordinate Syatem（坐标系统）后面的下拉列表框中选择刚刚建立的局部坐标系 Coordinate System（坐标系统），在 X-Axis（主轴方向）中选择 Y 向，Range Minimum（最小值）设置为 0mm，Range Maximum（最大值）设置为 1000mm，Number of Segments（分片数量）设置为 200，如图 16-30 所示。

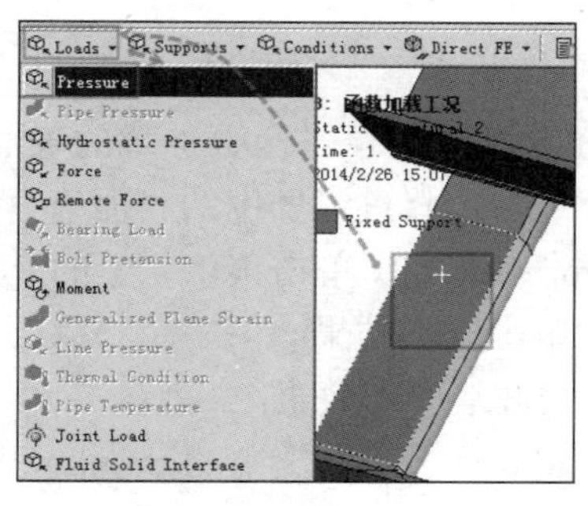

图 16-29　加载压力

Details of "Pressure"

Geometry	1 Face
Definition	
ID (Beta)	320
Type	Pressure
Define By	Normal To
Magnitude	= -10*cos(3.141*y/0.5)
Suppressed	No
Function	
Unit System	Metric (mm, kg, N, s, mV, mA...
Angular Measure	Degrees
Coordinate System	Coordinate System
	Global Coordinate System
	Coordinate System
Graph Controls	
X-Axis	Y
Range Minimum	0. mm
Range Maximum	1000. mm
Number Of Segments	200.

图 16-30　设置函数

设置后的加载效果如图 16-31 所示。也可以单击 Pressure（压力荷载）后再单击下方的 Graph（图表）以查看荷载变化规律图，如图 16-32 所示。

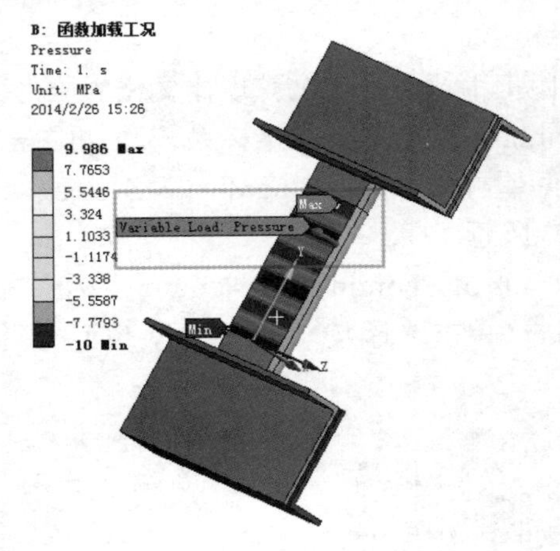

图 16-31　加载效果

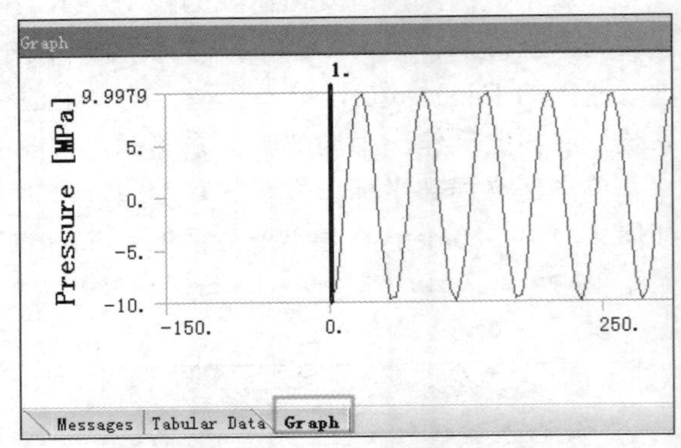

图 16-32　图表显示

求解及查看结果。确认各项设置无误后保存项目文件，单击 Solve（求解）按钮，稍等几分钟后求解完成，单击 Total Deformation（总变形）查看变形结果。

由结果可见，最大变形为 0.095647mm，发生在模型边缘（显示结果最大值功能在图 1-53 中介绍过），如图 16-33 所示。

图 16-34 所示为应变能结果。可见，在薄板模型和拉手模型交汇处是应变能较大的区域。

图 16-33　变形结果

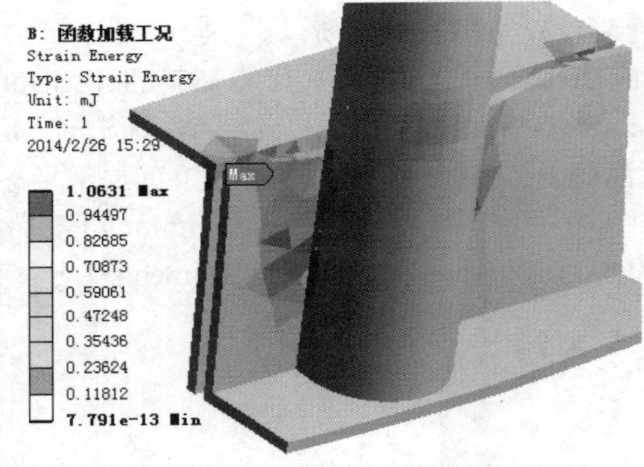

图 16-34　应变能结果

为了能更方便地查看函数加载压力产生的效果，在后处理中单击函数加载的表面，再单击菜单栏上的 Deformation（变形）→Total（总变形），单击选择过滤器中的“面”，再单击模型上加载函数压力荷载的表面，右击新生成的 Total Deformation 2，单击菜单栏上的 Result（结果）并输入 3000 以将变形结果放大 3000 倍方便查看，单击刷新结果。

放大后的效果如图 16-35 所示，可见其出现了一定的波浪变形效果。

将轴承荷载结果和函数加载结果进行组合。单击 Outline（分析树）中的 Solution Selection（选择结果），在 Worksheet（工作表）中右击并选择 Add（添加），图 16-36 所示。

单击 Environment Name（环境名称）下拉列表框并选择第一个静力分析模块，如图 16-37 所示。

同样地添加第二个待组合环境，如图 16-38 和图 16-39 所示。

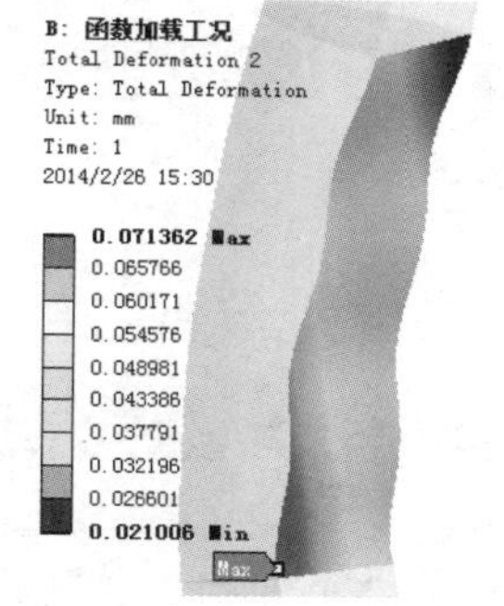

图 16-35　3000 倍放大变形

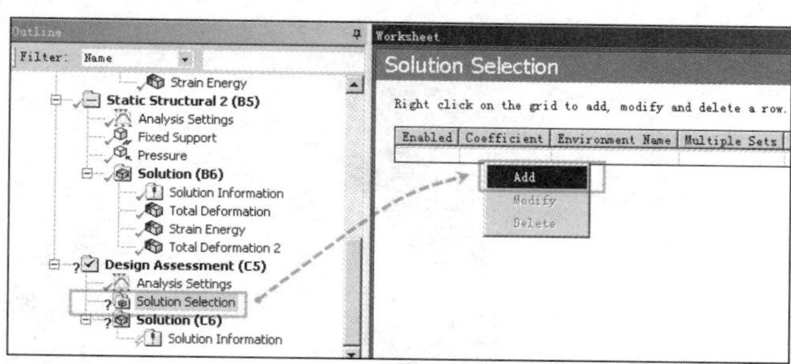

图 16-36　打开设计助手

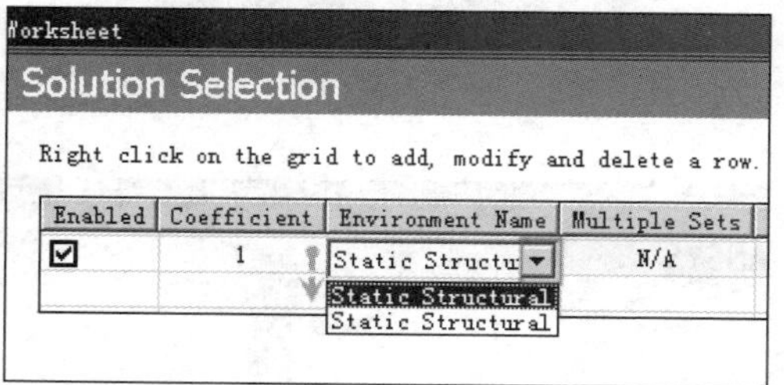

图 16-37　工况一

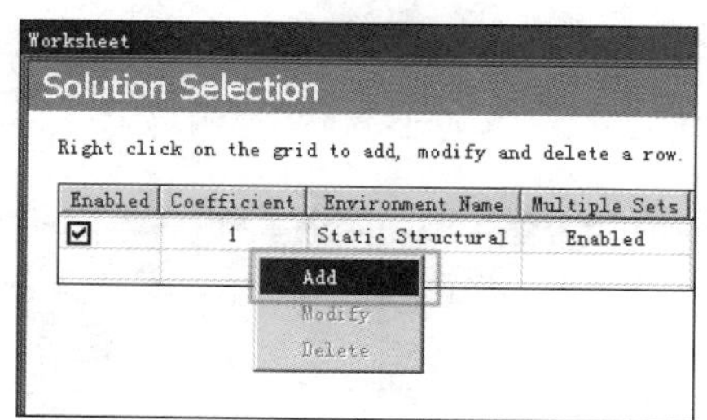

图 16-38　添加工况

注意：如图 16-37 所示，Environment Name（环境名称）前面的 Coefficient（组合系数）默认为 1，如果需要将某工况进行其他比例系数的组合则可修改该处的参数。

获取变形结果。单击 Outline（分析树）中的 Solution（结果），再单击 Deformation（变形）→Total（总变形），如图 16-40 所示。

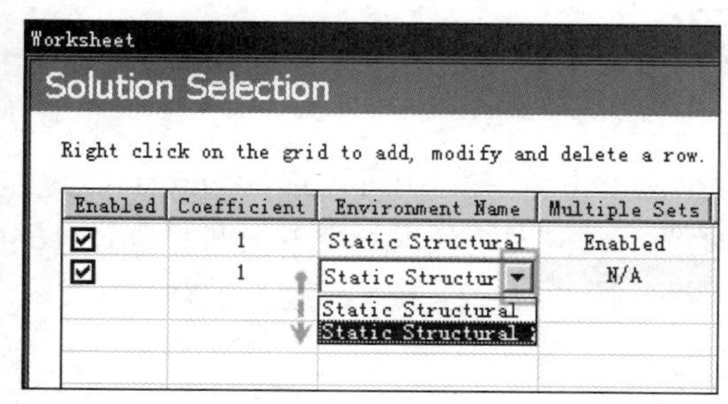

图 16-39　工况二

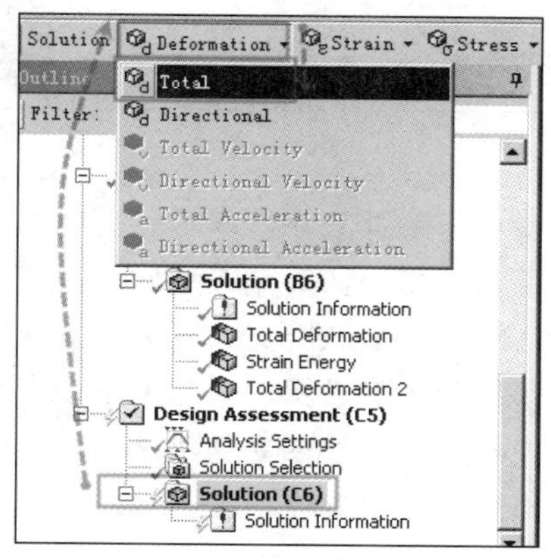

图 16-40　变形结果

求解后的结果如图 16-41 所示。可见最大变形值为 0.094336mm，出现在模型边缘。

多窗口查看的技巧。有时候需要同时显示多个内容的窗口，以更全面地查看需要的信息。可以单击菜单栏右边的□▾并选择 Four Viewports（四个窗口显示），如图 16-42 所示。

如图 16-43 所示已经分为四个等分的窗口。如果需要定义某一窗口显示的内容，可分别单击其左上角的标题位置，再在左侧单击合适的内容。如需在左上角的窗口处显示网格信息，可单击其标题，再单击 Outline（分析树）中的 Mesh（网格）。

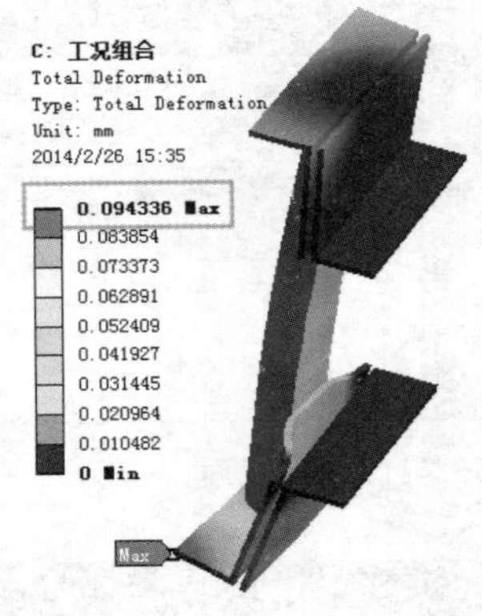

图 16-41　组合结果

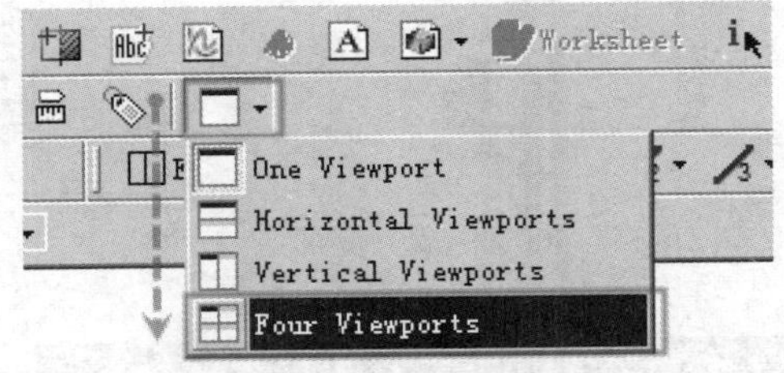

图 16-42　多窗口显示

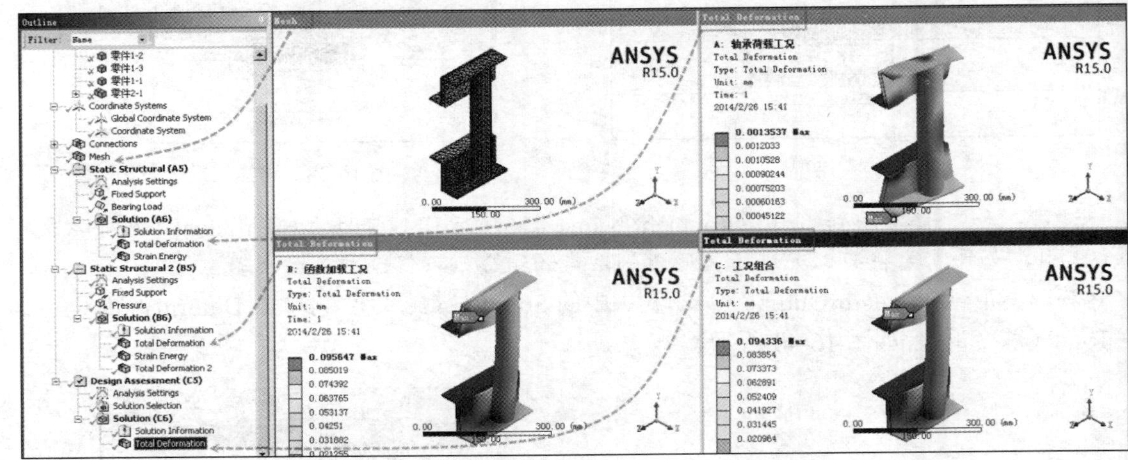

图 16-43　显示效果

注意：如果屏幕分辨率足够大（而不是尺寸），使用多窗口显示的效果会更好。

两种求解器的计算效率对比测试。

在 ANSYS Workbench 15.0 的静力学分析模块、热分析模块等中可以选择 Direct（直接求解器，即稀疏矩阵求解器）和 Iterative（PCG 求解器，或称为迭代求解器）两种，如图 16-44 所示。本案例对所用的模型划分不同大小的网格，并分别采用两种求解器进行求解，以发现求解时间和内存占用的规律。

在笔者 CPU 型号为 T6600、双核心 2.2GHz、内存为双通道共 8GB 的笔记本上执行了下面的测试。

测试一：总体网格尺寸 4.5mm，单元数量 25720 个，节点数量 85205 个，求解前内存占用 2.82GB（因同时开启了多个其他程序，空闲时的内存占用较多）。求解过程中，内存最多占用了 6.08GB，求解 CPU 时间 100 秒。

求解中，单击 Outline（分析树）中的 Solution Information（求解信息），查看右侧复杂冗长的 Worksheet（工作表），出现了如下提示信息：

*** NOTE ***　　　　CP =　　43.384　　TIME= 13:51:54

The Sparse Matrix solver is currently running in the in-core memorymode. This memory mode uses the most amount of memory in order toavoid using the hard drive as much as possible, which most often results in the fastest solution time. This mode is recommended if enough physical memory is present to accommodate all of the solver data.

大意是：稀疏矩阵求解器目前正运行于 In-Core 内存模式。此模式调用了最大数量的内存，以避免太多地使用硬盘，这会使求解速度最快。如果有足够多的物理内存以容纳求解数据，推荐使用此模式。

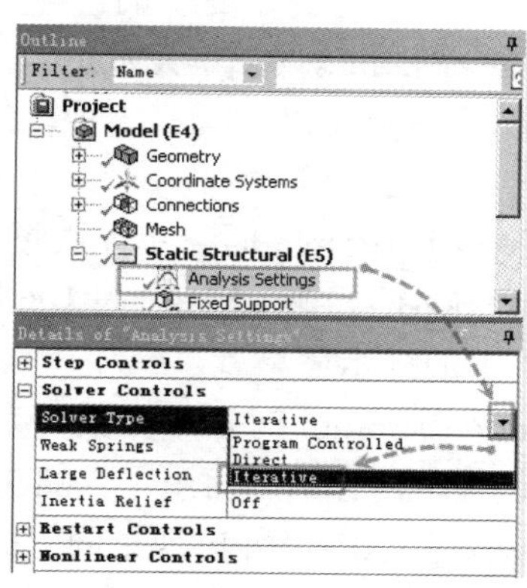

图 16-44　求解器类型

根据 ANSYS 帮助文件：当运行于 In-Core 内存模式时，求解每百万自由度分析的内存需求量约 10GB；而运行于 Out-of-Core 内存模式时，求解每百万自由度分析的内存需求量约 1GB。

注意：In-Core 内存模式，在求解过程中对硬盘的读写需求较少，而 Out-of-Core 内存模式则相反，需要非常高速的硬盘才能缓解性能瓶颈。

测试二：当将总体网格尺寸减少到 4mm 时，单元数量为 33097 个，节点数量为 109881 个，求解前内存占用 2.82GB，求解过程中内存最多占用了 4.24GB，求解 CPU 时间 303 秒。查看 Worksheet（工作表），出现了如下警告信息：

*** WARNING ***　　　　CP =　　305.965　　TIME= 14:02:18

During this session the elapsed time exceeds the CPU time by 120%. Often this indicates either a lack of physical memory (RAM) required to efficiently handle this simulation or it indicates a particularly slow hard drive configuration. This simulation can be expected to runfaster on identical hardware if additional RAM or a faster hard drive configuration is made available. For more details, please see the　ANSYS Performance Guide which is part of the ANSYS Help system.

该警告与第 21 章钢结构立柱线性屈曲分析案例中介绍的几乎一致，本案例不再赘述。

测试三：当将总体网格尺寸减少到 3.5mm 时，单元数量为 46203 个，节点数量为 153369 个，求解前内存占用 2.82GB，求解过程中内存最多占用了 6.36GB，求解 CPU 时间 538 秒，在求解进度条进行到中部时出现了 CPU 占用率 5%而硬盘持续满负荷读写的情况，并出现如下提示信息：

*** NOTE ***　　　　CP =　　70.278　　TIME= 14:07:27

The Sparse Matrix solver is currently running in the optimal out-of-core memory mode. This memory mode achieves a good balance ofmemory usage and hard drive usage in order to obtain an efficientsolution time.

大意是：此时稀疏矩阵求解器正运行于 Out-of-Core 内存模式。该模式是为了高效率求解在内存容量需求和硬盘速度需求间取得性能平衡的一种运行模式。

这也意味着，随着网格数量的增加，物理内存容量已稍显不足。而硬盘速度成为了整体性能的瓶颈。

使用迭代求解器，不同网格尺寸下的求解信息汇总。

测试四：当将总体网格尺寸减少到 4.5mm 时，单元数量、节点数量、求解前内存占用同上。求解过程中，内存最多占用了 3.86GB，求解 CPU 时间 69 秒，在求解的绝大多数时间 CPU 占用率都达到 100%，并出现了如下提示信息：

```
*** NOTE ***                    CP =      58.984    TIME= 14:39:44
The initial memory allocation (-m) has been exceeded. Supplemental memory allocations are being used.
```

大意是：超过初始内存需求，已追加分配了更多的内存。

测试五：当将总体网格尺寸减少到 4mm 时，单元数量、节点数量、求解前内存占用同上。求解过程中内存最多占用了 3.81GB，求解 CPU 时间 75 秒。在求解的绝大多数时间 CPU 占用率都达到 100%，并出现了同上的提示信息。

测试六：当将总体网格尺寸减少到 3.5mm 时，单元数量、节点数量、求解前内存占用同上。求解过程中内存最多占用了 4.00GB，求解 CPU 时间 106 秒。在求解的绝大多数时间 CPU 占用率都达到 100%，并出现了同上的提示信息。

测试七：当将总体网格尺寸减少到 3mm 时，单元数量为 68844 个，节点数量为 228943 个，求解前内存占用同上。求解过程中内存最多占用了 5.04GB，求解 CPU 时间 215 秒。在求解的绝大多数时间 CPU 占用率都达到 100%，并出现了同上的提示信息。

通过以上的对比测试可以发现，使用 PCG 求解器求解相同规模的项目时，似乎速度更快。其对内存的需求量也更低，建议用户采用此求解器进行数值模拟。这与使用直接矩阵求解器的基本规律相反。也许是本案例求解规模较小，并且使用 PCG 求解器后仅迭代了极少次数即收敛的缘故。

可能正是使用了 PCG 求解器后，CPU 占用率较高，使得 CPU 的浮点计算能力更密集发挥而没有被浪费（木桶效应），才使得整体求解时间较少。

注意：本测试结果仅限于静力学分析模块。

保存项目文件，退出 DS 模块，如图 16-45 所示，退出 Workbench 平台。

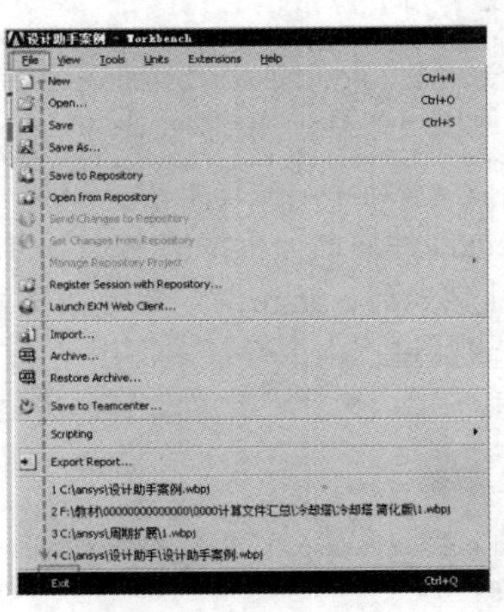

图 16-45　退出平台

至此，本案例完。

17 等强度梁优化设计分析案例

17.1 案例介绍

本案例使用 Solidworks 软件建立三维“等强度”梁模型，直接导入静力学分析模块和优化设计模块对模型进行参数化优化设计，以获取在承受规定荷载作用下实现最小结构重量及最小变形量的尺寸方案。案例中还介绍了网格质量评定的方法和为了获取高质量网格而切分模型的几个基本思路等。

17.2 分析流程

创建模型。执行本案例前，需要使用图 1-12 中介绍的方法将 Workbench 15.0 平台中的尺寸过滤参数 DS 删除，以实现通过其他软件建立模型的全部尺寸数据均导入 Workbench 15.0 平台使其参数化尺寸数据可被识别的功能。

使用 Solidworks 软件中的“草图”功能和“智能尺寸”功能建立如图 17-1 所示尺寸的“等强度”梁模型的截面，并使用“拉伸”功能将其拉伸 30mm 厚度以创建三维模型。

在绘制草图过程中，单击其中一个长度尺寸为 300mm 的尺寸参数，可在其左边的尺寸“主要值”下方看到该尺寸在 Solidworks 软件中默认的参数名称为“D9@草图 3”。其前缀名为 D，与 Workbench 15.0 平台中默认的尺寸参数 DS 不同，故如果不经过适当设置，Workbench 15.0 平台将无法直接识别来自 Solidworks 软件（或其他建模软件）的参数化模型尺寸数据。

导入模型。建立模型后，单击菜单栏上的 ANSYS 15.0→ANSYS Workbench，如图 17-2 所示，以通过双向模型传递接口将模型导入 Workbench 15.0 平台。

打开模块。进入 Workbench 15.0 平台后，单击 Toolbox（工具箱）中的 Static Structural（静力学分析模块）并拖动到 A2 Geometry（模型）中，将其命名为“等强度梁”，如图 17-3 所示。

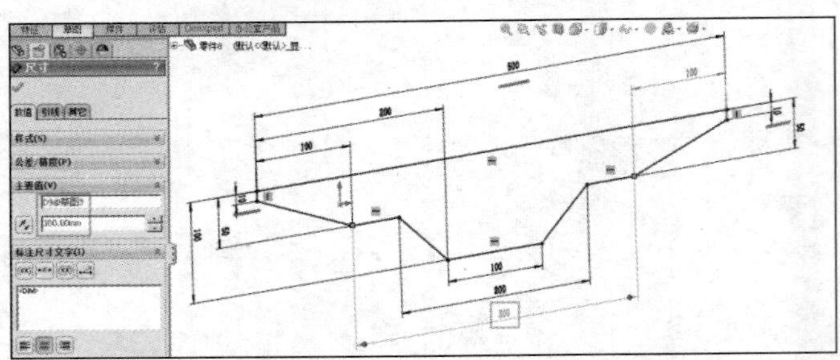

图 17-1　参数化模型

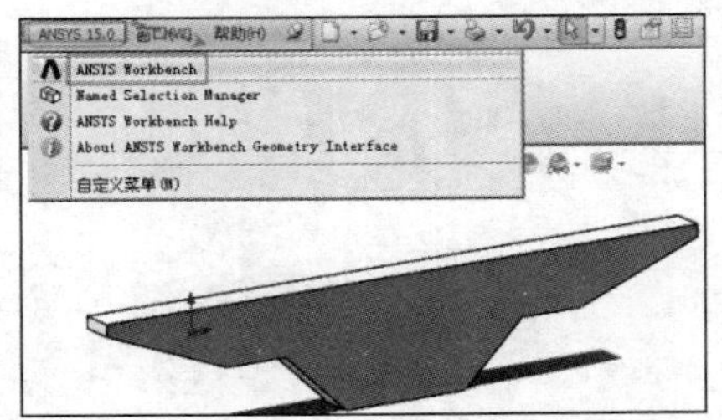

图 17-2　导入模型

在 Toolbox（工具箱）中的 Design Exploration（设计探索）下将 Direct Optimization（优化设计）拖动到静力学分析模块下方，并将其命名为“优化设计模块”，如图 17-4 所示。

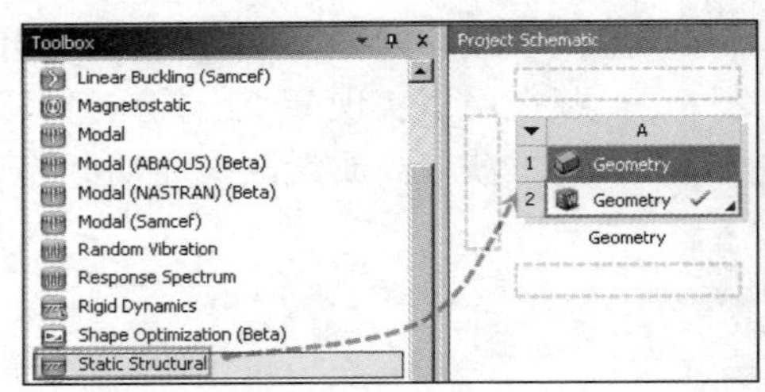

图 17-3　打开静力学分析模块

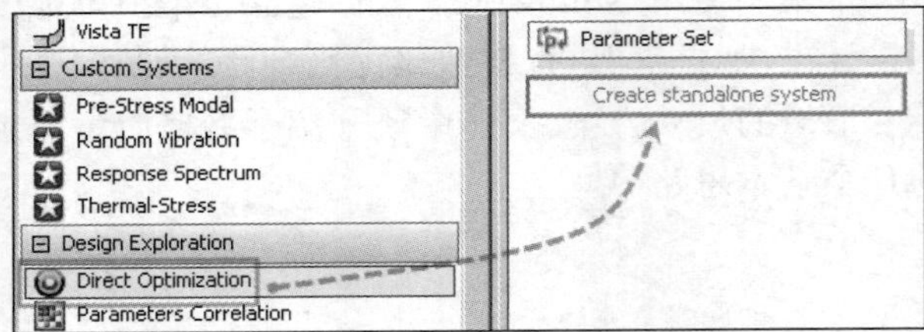

图 17-4　打开优化设计模块

划分网格。双击 B4 Model（有限元模型），如图 17-5 所示。

本案例定义全局单元尺寸。稍等几分钟，模型导入完成后单击 Outline（分析树）中的 Mesh（网格），在 Details of Mesh（网格的详细信息）中的 Relevance（相关度）指标后面定义为 100，在 Element Size（单元尺寸）后面输入 5mm，单击菜单栏上的 Update（刷新网格），如图 17-6 所示。

设置设计变量和目标函数。分析前，先设置模型质量为设计变量。在静力学分析后，将总变形值也设置成设计变量。

单击 Outline（分析树）中 Model（模型）下的 Geometry（模型），在 Details of Geometry（模型的详细信息）中单击 Properties（参数化数据）下 Mass（质量）前面的方框，其内会生成一个蓝色的 P 字样，如图 17-7 所示。

将模型除“D1@草图 3@零件 8”的 10mm 尺寸、“D2@草图 3@零件 8”的 10mm 尺寸和“D3@草图 3@零件 8”的 500mm 尺寸外其他的参数都定义成设计变量，方法同上，如图 17-8 所示。

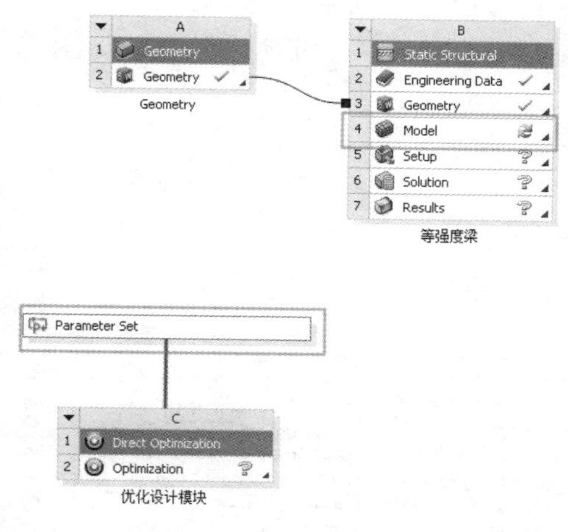

图 17-5　划分网格

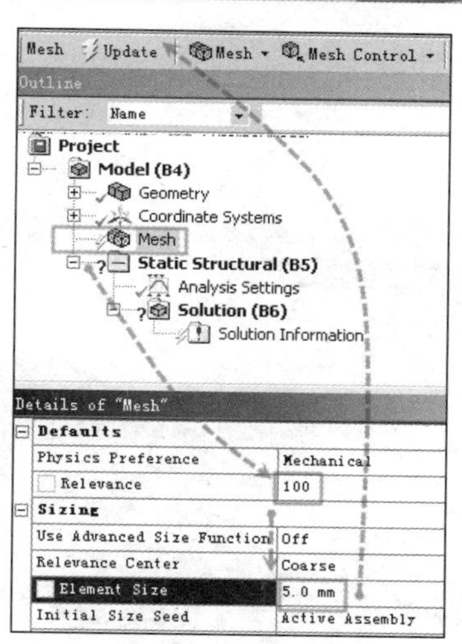

图 17-6　刷新网格

注意：如与本案例不同，分析模型是多个零件（Bodies）组成的，设置设计变量时应分别设置每个零件的参数。

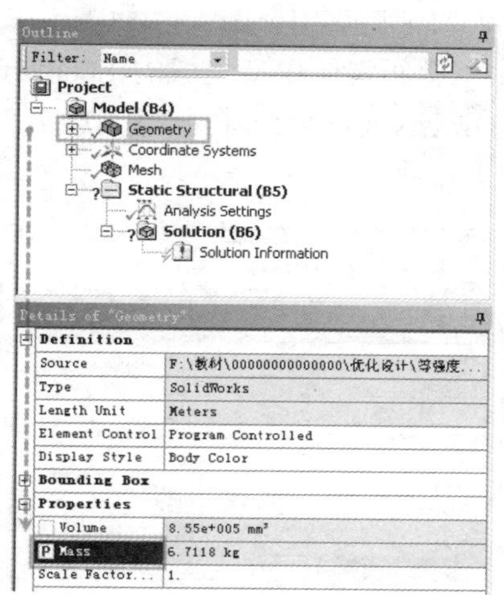

图 17-7　参数化质量数据

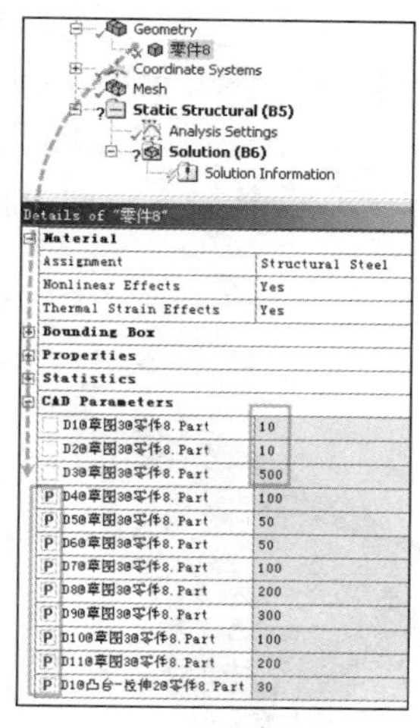

图 17-8　参数化尺寸数据

注意：一个优化设计，就是求解目标函数并且满足所有特定的要求，如应力水平、自振频率等或使得总重量（总体积或其他特定依据）最小的过程。

要求极大或极小值的项称为目标函数，如总重量或体积；为满足目标函数而要改变的设计特征，即设计变量，如厚度、高度等；设计必须满足的条件即状态变量，如最大应力的限制、最高温度的限制等。

一个可行的设计是落在所有设计变量和状态变量限制范围内的设计；一个不可行的设计是至少一个条件不满足的设计。

最佳设计是，目标函数值最低且最接近所有约束条件的设计。如果没有一个可行的设计，则最佳设计是最接近所有约束条件的设计，而不是目标函数值最低的一个设计。

设置边界条件和荷载。在模型的两端设置固定位移约束。单击模型两端的表面，再单击菜单栏上的 Supports（约束）→Fixed Support（固定位移约束），如图 17-9 所示。

加载自重。单击 Inertial（惯性荷载）→Standard Earth Gravity（标准地球重力），如图 17-10 所示。

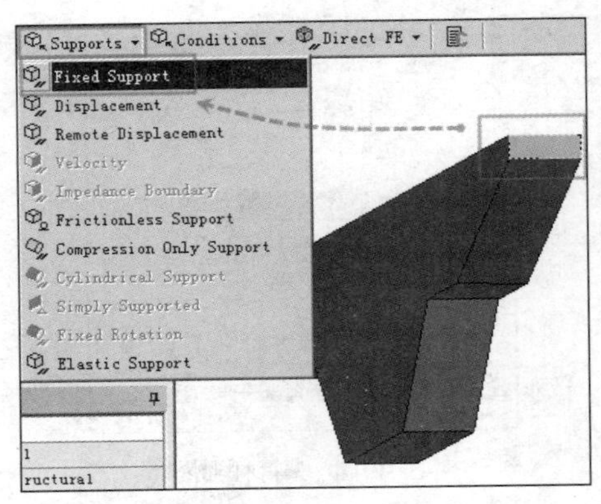

图 17-9　固定约束

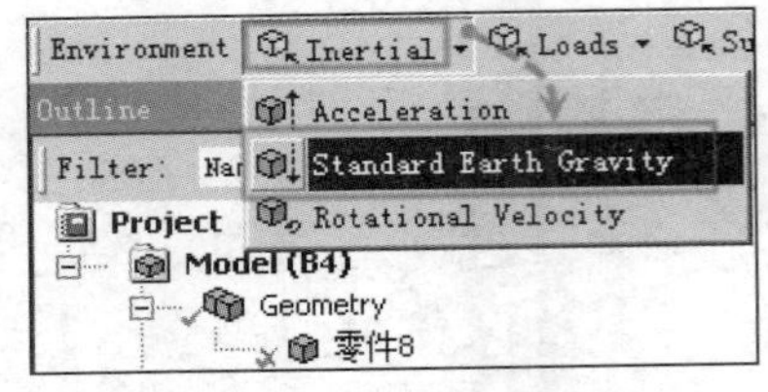

图 17-10　加载重力

改变自重的方向。由于建模的原因，其并没有将全局坐标系方向的 Z 方向定义成竖直向上的，故在 Workbench 15.0 平台中默认加载的重力方向与需要的不同如图 17-11 所示。

需要将其修改为模型全局的-Y 方向。单击 Outline（分析树）中新生成的 Standard Earth Gravity（标准地球重力），在 Details of Standard Earth Gravity（标准地球重力的详细信息）中 Direction（方向）后面的下拉列表框中选择-Y，如图 17-12 所示。

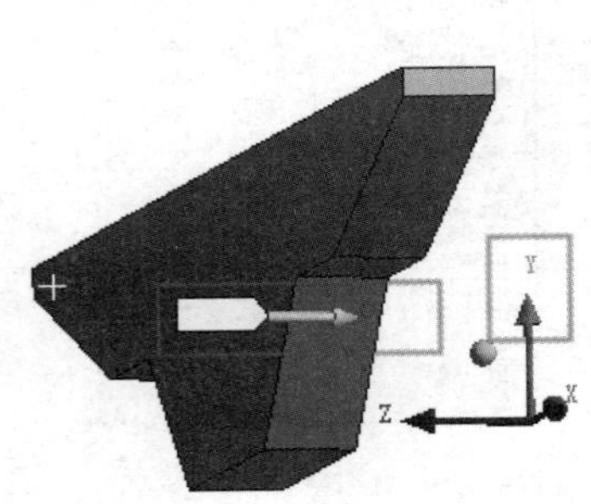

图 17-11　加载的方向

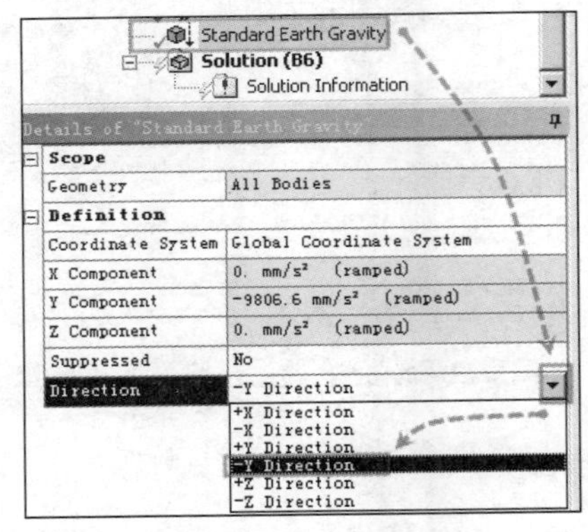

图 17-12　更改方向

提取变形结果。单击 Outline（分析树）中的 Solution（分析），再单击 Deformation（变形）→Total（总变形），如图 17-13 所示。

设置变形值为设计变量。单击 Outline（分析树）中新生成的 Total Deformation（总变形），在 Results（结果）下的 Maximum（最大变形值）前面的方框内单击生成 P 字样，如图 17-14 所示。

静力学分析结果。其他参数如材料属性为 Workbench 15.0 平台默认的"结构钢"。确认各项设置无误后保存项目文件，进行求解。求解后，梁的最大变形量为 0.0005539mm，位于中部顶端位置，如图 17-15 所示。

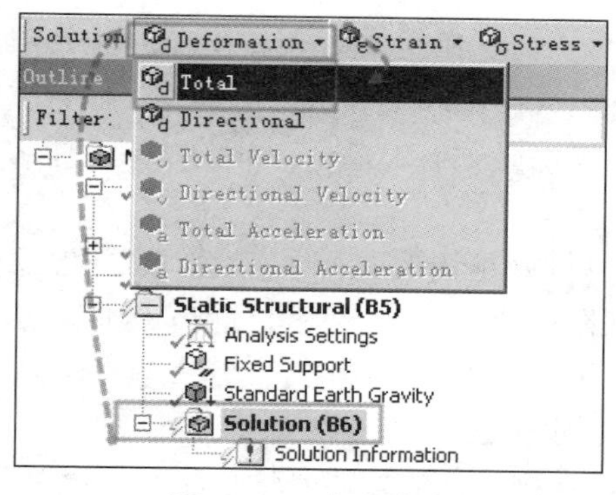

图 17-13　变形结果

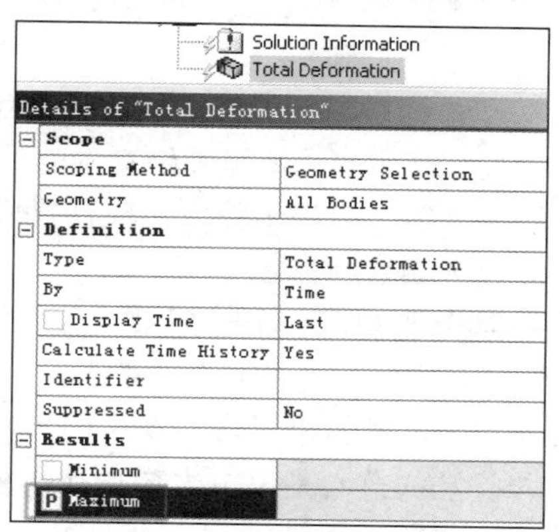

图 17-14　设置变形参数

设置优化设计模块。当在一个模块中设置了参数化数据后，在项目管理区中可以看到在其模块下方会新创建出一个 B8 Parameters（参数化数据），它会与刚刚建立的优化设计模块间用红色连线连接，代表在静力学分析模块中设置的参数化数据已经传递给了优化设计模块。双击 C2 Optimization（优化设计模块）以打开该模块，如图 17-16 所示。

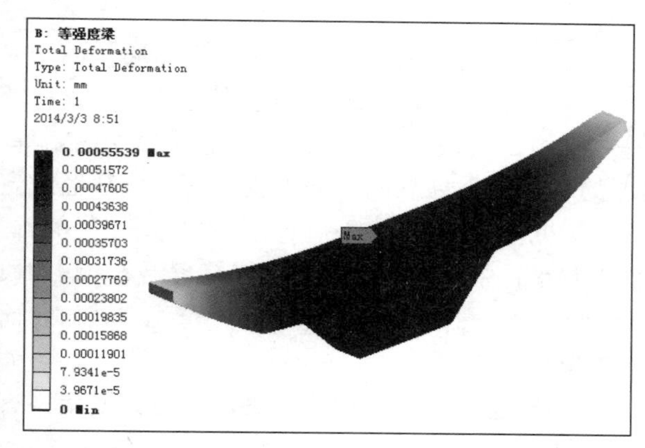

图 17-15　计算结果

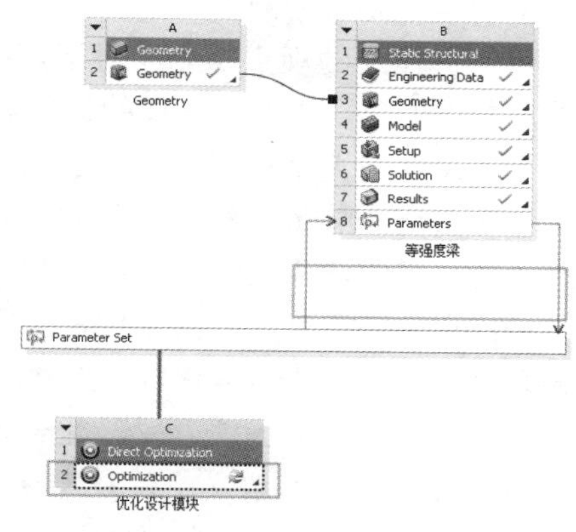

图 17-16　优化设置

更改优化算法。本案例使用 MOGA（多目标遗传）算法。

注意：在 ANSYS 14.0 版之前，优化设计模块是同时包含在经典版平台和 Workbench 平台中的。在其后的版本中，如 14.5 和 15.0，该模块被从经典版平台中删除，而完全转移至 Workbench 平台下。

注意：在 Workbench 15.0 平台中共提供了六种优化设计算法，分别为：Screening（筛选法）（默认算法）、MOGA（多目标遗传法）、NLPQL（非线性二次规划算法）、MISQP（混合整数序列二次规划算法）、Adaptive Multiple-Objective（多目标自适应算法）、Adaptive Single-Objective（单目标自适应算法）。

优化设计算法是一种算法，算法是计算的办法或法则。这里的计算是广义的做任何事情的计算，而办法或法则意味着使用它就可以解决需要解决的问题。算法的历史可以追溯到 9 世纪的古波斯。最初它仅表示“阿拉伯数字的运算符法则”。后来，它被赋予更一般的含义，即所谓的一组确定的、有效的、有限的解决问题的步骤。这是算法的最初定义。注意在这个定义中没有包括“正确”。

算法，作为解决问题的方法，它必须具备以下特点：正确性，既无歧义，能让人照着执行；可行性，算法中的运算都是基本的，理论上能够由人用纸和笔完成；有限性，在有限输入下，算法必须能在有限步骤内实现有限输出。此外，算法必须有输出、计算的结果。通常还有至少一个输入量。

人不是全能的，一个时刻只能做一件事情，所以做好事情要有一个步骤。从一般意义上说，算法就是求解问题的步骤。由于计算机的计算操作完全是一步一步进行的，因此算法上的上述性质用于计算机是再合适不过的了。可以说，算法弥漫在计算机的一切行为上。

遗传算法的核心是模拟生物物种代之间的进化与遗传过程。

按照查尔斯·达尔文（Charles Darwin）的推测，生物进化的规律是适者生存，优胜劣汰。物种经过自然选择后留下优势个体，只有这些优势个体才有资格和机会繁衍后代。虽然在个别情况下，劣势个体也会产生后代，但它们后代的质量很低，很难经得起自然的残酷选择，以至于终将灭亡。因此，从整体上看，只有优势个体才能留下后代，继续繁衍生息。

格力高·孟德尔（Gregor Mendel）又发现：生物繁衍的后代保留其父或母或二者的基因。这种保留父母基因的机制，就是所谓的遗传机制。根据孟德尔的观察，父亲和母亲的质量越高，所产下的后代质量就越高。

生物进化论的观点认为：对于那些生生不息的生物物种来说，其后代质量，通常高于父母的质量，否则一代不如一代的话就会覆灭，而不会生生不息；而如果一代好于一代，这样繁衍下去，总有一天个体的质量会达到一个“令人满意”的最优境界。这就是遗传算法的精华。

通过模仿生物界的行为，遗传算法将问题的解看做是独立的个体生物，每一代解经过自然选择的优胜劣汰而留下质量高的解。这些高质量的解，通过生物繁衍过程，产生新一代的解。由于每次用来繁衍下一代的个体都是经过自然选择的高质量解，因此一代代繁衍下去，解的质量越来越高，直到达到最优解。当然，有时候上天弄人，不断繁衍下去，并不产生最优解，而繁衍的成本却已令人无法忍受，此时也会停止求解。

遗传算法的基本要义。从对生物界的进化过程描述可以推测出遗传算法的三大要素：有一个初始种群；有自然选择的方法；有繁衍后代的方式。

显然，对生物进化来说要有一个初始种群的存在，从这个种群开始繁衍后代。对于遗传算法而言，就要有一组初始解。当然，这些初始解的“质量”通常不令人满意。如果初始解的质量令人满意，则无需进化，已经一步登天。

其次，需要一种办法对生物进行选择，优胜劣汰。对自然界的生物而言，依靠自然选择。对于遗传算法来说，显然不可能让自然对解进行选择，只能是人为选择。但选择需要有个标准，以这个标准对每个个体进行评估，选择评估分高的个体作为繁衍后代的优势个体，其他个体则被消灭。

在进行“自然选择”后，留下的个体就要繁衍后代。生物繁衍的方法可分为无性和有性。在遗传算法中，产生后代解的方法也可分为无性和有性。无性就是一个个体就可以产生后代；有性就是两个或多个个体进行交配后而产生后代。

上述过程循环往复，直到出现最优解、令人满意的近优解、运算成本达到某个极限为止。

遗传算法由于简单、容易理解、可调的参数多、应用范围广，因此引来无数的研究者。这些研究导致遗传算法的应用领域不断扩大，目前已经扩展到机器学习、神经网络、模糊推理、混沌理论、并行处理等，并与进化算法不断交融，繁衍出了数量众多的新成果或新发明。

进入优化设计模块后在 A7 Method Name（优化算法）后的下拉列表框中选择 MOGA，如图 17-17 所示。

Properties of Outline A2: Method

	A	B
1	Property	Value
2	Design Points	
3	Preserve Design Points After DX Run	
4	Failed Design Points Management	
5	Number of Retries	0
6	Optimization	
7	Method Name	Screening
8	Number of Samples	Screening
9	Maximum Number of Candidates	MOGA
10	Maximum number of permutations	NLPQL
11	Optimization Status	MISQP Adaptive Multiple-Objective Adaptive Single-Objective
12	Converged	No

图 17-17　更改算法

为了能将静力学分析模块中设置的参数化数据导入优化设计模块，可单击菜单栏上的“刷新”按钮 Update 。由于并未设置满足一个完整的优化设计分析所需的参数，导入参数化数据后会出现如图 17-18 所示的错误信息，单击 OK（确认）按钮并继续设置其他参数即可。

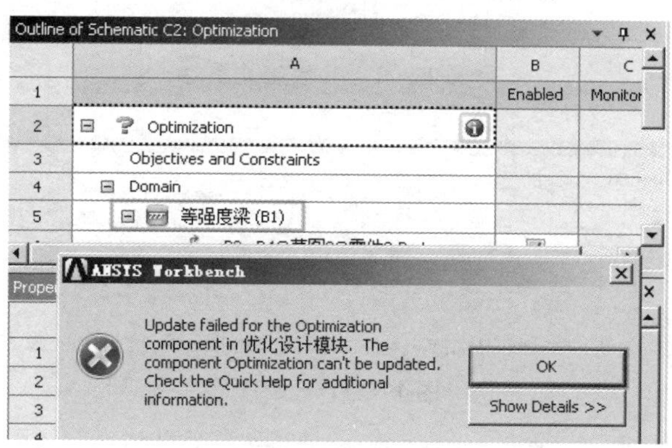

图 17-18　确认

设置目标函数和设计变量。单击 A3 Objectives and Constraints（设计变量和目标函数），在 Table of Schematic C2：Optimization（优化参数表）中 B2 Parameter（参数化）下的下拉列表框中分别选择刚刚在优化设计模块中设置了 P 字样的全部参数，如图 17-19 所示。

在 C Type（类型）下方模型尺寸有关的目标函数中保持默认的 No Objective（非目标），在 A Name（参数名称）中 P1 模型质量和 P11 最大总变形量后面的 Type（类型）下拉列表框中选择 Minmize（最小值），即让软件在更改 No Objective（非目标）参数过程中计算如何能分别满足质量最小和最大变形量最小的目标，如图 17-20 所示。

单击 A26 Parameter Relationships（参数化关系），分别设置设计变量的可选范围，默认为±10%，如图 17-21 所示。

设置完成后单击“刷新”按钮 Update 进行优化求解。求解过程中每一次迭代的设计变量和目标函数的结果会分别显示，如图 17-22 所示。在第一次迭代中质量为 5.2172kg，最大变形为 0.00080783mm。

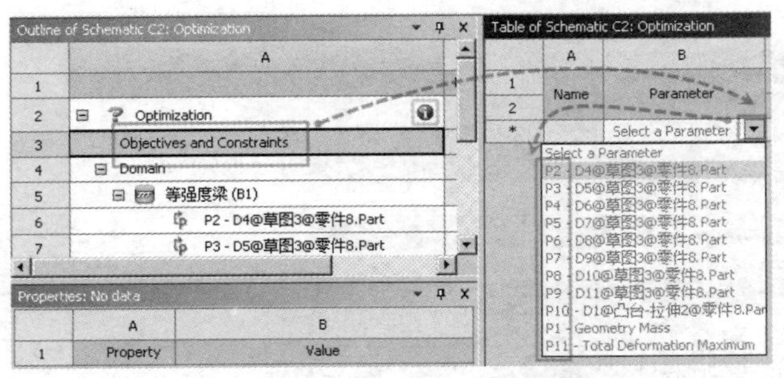

图 17-19 参数化目标

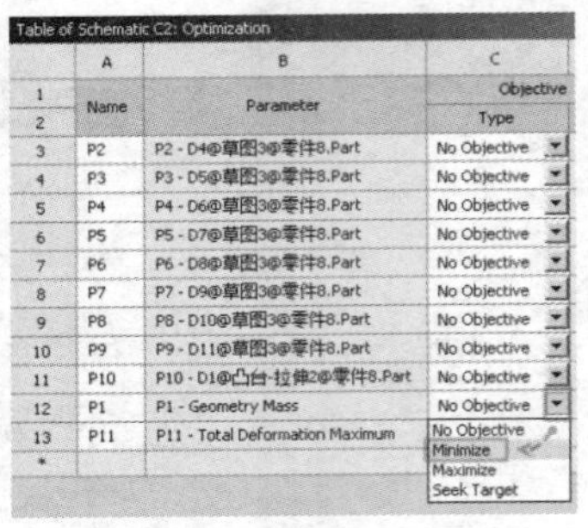

图 17-20 最小质量

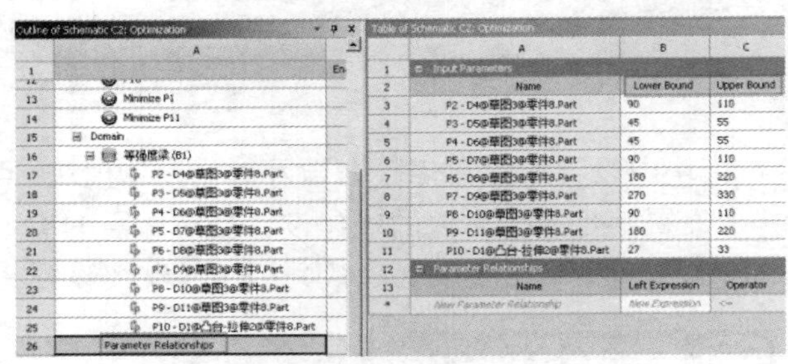

图 17-21 参数化关系

Table of Schematic C2: Optimization

	A	B	C	D	E	F	G	H	I	J	K	L
1	Name	P2 - D...	P3 - D...	P4 - D...	?... -)...	P6 - D...	P7 - D...	P8 - D...	P9 - D...	P10 - D1@凸台-拉伸2@... .Part	P1 - Geometry Mass (kg)	P11 - Total Deformation Maximum (mm)
2	1 (DP 1)	90.1	45.05	45.05	90.1	180.2	270.3	90.1	180.2	27.03	5.2172	0.00080783
3	2 (DP 2)	90.3	50.05	48.383	94.1	185.91	275.75	91.638	182.55	27.346		
4	3 (DP 3)	90.5	47.55	51.717	98.1	191.63	281.21	93.177	184.91	27.662		
5	4 (DP 4)	90.7	52.55	46.161	102.1	197.34	286.66	94.715	187.26	27.977		
6	5 (DP 5)	90.9	46.3	49.494	106.1	203.06	292.12	96.254	189.61	28.293		
7	6 (DP 6)	91.1	51.3	52.828	90.9	208.77	297.57	97.792	191.96	28.609		
8	7 (DP 7)	91.3	48.8	47.272	94.9	214.49	303.03	99.331	194.32	28.925		

图 17-22 计算中

本案例中单元数量仅为 3084 个，属于很小的计算规模。在笔者 XEON E3 1230 V2 处理器的台式机上，经过约 4 小时的 297 次迭代后达到收敛。求解过程中，约有一半的时间，CPU 的 4 个核心都 100%运行，计算时间与第 22 章排气管道非线性屈曲分析案例中的 10669 秒近似。

注意： 如果设计变量和目标函数的数量较多，求解的迭代过程可能会有极大的计算量。这对 CPU 的浮点计算能力和计算机整机的稳定性是个严峻的考验。由于优化设计时网格数量一般不多，因此对内存容量的需求并不高。

注意： 由于 Solidworks 软件和 Workbench 平台间存在模型数据的双向传递接口，在每一次优化迭代后，可在 Solidworks 软件中实时地查看上一次迭代使用的模型尺寸信息。

查看优化设计结果。求解完成后可以查看每个参数迭代过程中的变化历程，如图 17-23 所示。

如单击 Minimize P13（P13 最小值），在下方可以查看参数变化的具体过程，如图 17-24 所示。该过程与使用的优化算法息息相关。

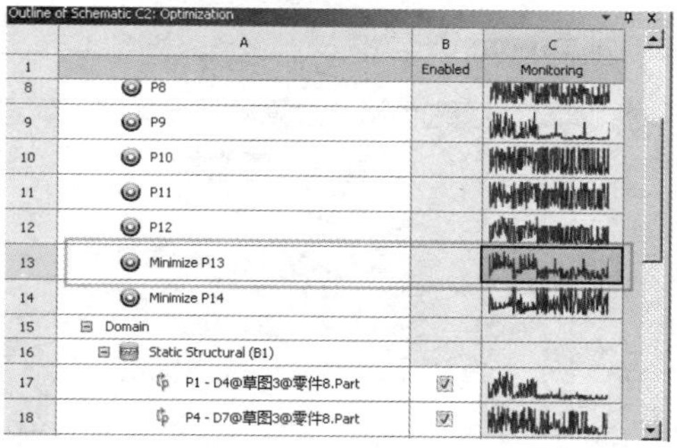

	A	B	C
1		Enabled	Monitoring
8	P8		
9	P9		
10	P10		
11	P11		
12	P12		
13	Minimize P13		
14	Minimize P14		
15	Domain		
16	Static Structural (B1)		
17	P1 - D4@草图3@零件8.Part	☑	
18	P4 - D7@草图3@零件8.Part	☑	

图 17-23　参数监控

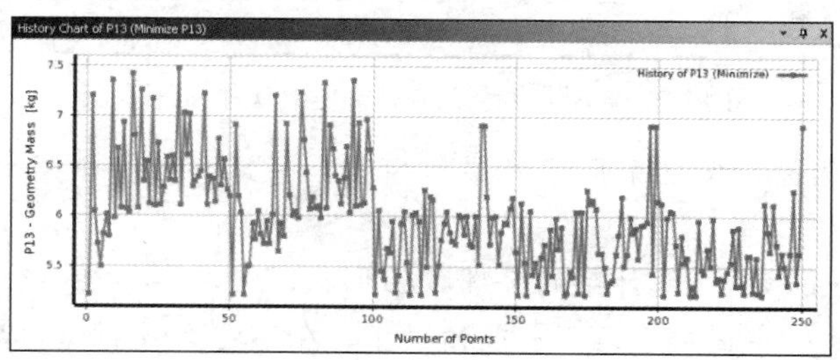

图 17-24　具体过程

单击 Convergence Criteria（收敛准则），在右侧可以查看三个最优解的结果。其中第一个解的重量为 6.0549kg，最大变形值为 0.00045433mm；第二个解的重量是 6.13kg，最大变形值为 0.00045568mm；第三个解的重量是 5.813kg，最大变形值为 0.0052267mm，如图 17-25 所示。

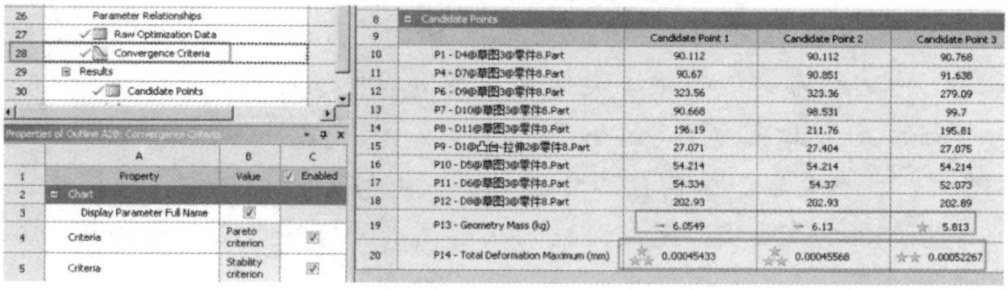

	Candidate Points	Candidate Point 1	Candidate Point 2	Candidate Point 3
10	P1 - D4@草图3@零件8.Part	90.112	90.112	90.768
11	P4 - D7@草图3@零件8.Part	90.67	90.851	91.638
12	P6 - D9@草图3@零件8.Part	323.56	323.36	279.09
13	P7 - D10@草图3@零件8.Part	90.668	98.531	99.7
14	P8 - D11@草图3@零件8.Part	196.19	211.76	195.81
15	P9 - D1@凸台-拉伸2@零件8.Part	27.071	27.404	27.075
16	P10 - D5@草图3@零件8.Part	54.214	54.214	54.214
17	P11 - D6@草图3@零件8.Part	54.334	54.37	52.073
18	P12 - D8@草图3@零件8.Part	202.93	202.93	202.89
19	P13 - Geometry Mass (kg)	6.0549	6.13	5.813
20	P14 - Total Deformation Maximum (mm)	0.00045433	0.00045568	0.00052267

图 17-25　最优解

也可以查看每个设计变量的取样图，如图 17-26 所示。

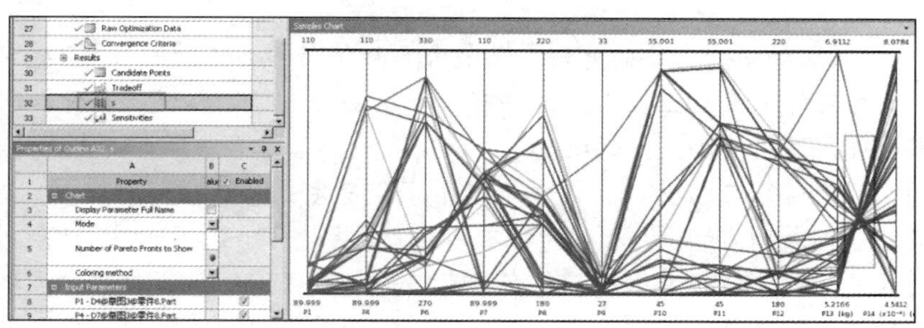

图 17-26　取样图

查看不同设计变量对整体结果的敏感度图，如图 17-27 所示。可见，P11 参数对整体结果的影响最明显，对应的是梁中部 50mm 的高度尺寸。

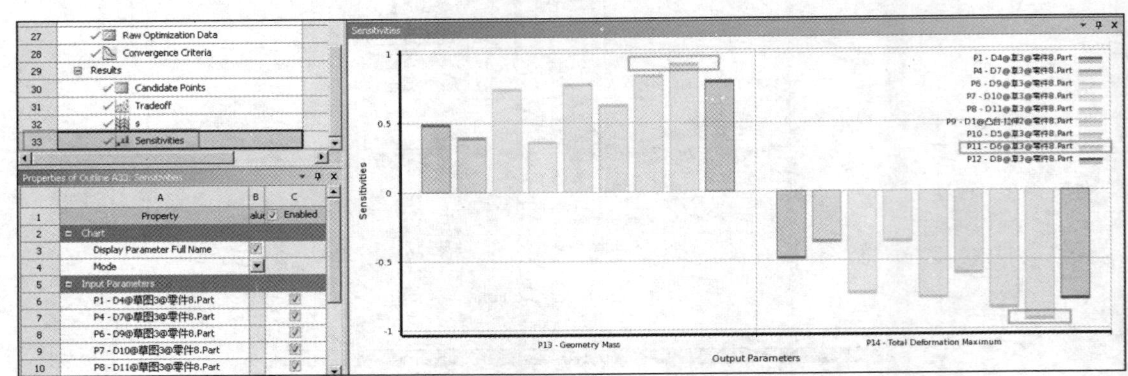

图 17-27　不同设计变量对整体结果的敏感度图

注意：由于本优化设计案例采用了“梁”模型，因此有必要介绍改善梁结构抗弯曲强度的一些途径。

（1）梁的合理截面形状。设计梁的合理截面形状，应该具有较小的面积，而截面积较大。截面积与面积的比越大，截面越合理。一般情况下，在不增加截面积的条件下，可将中性轴附近的材料尽量地转移到距离中性轴较远的地方，以增加截面高度。但不能使截面高度过大，否则可能产生剪切破坏或侧向失稳。塑性材料制作的梁，截面应设计成与中性轴对称；脆性材料制作的梁，截面应设计成与中性轴不对称，并使中性轴距受拉的一侧较近。

变截面梁（等强度梁、阶梯形梁），如本案例中使用的模型。对于等截面梁，只有危险截面边缘的最大正应力达到材料的许用应力，而其余截面上均小于此。因此，材料没有被充分利用。为了充分利用材料，可在弯矩大的地方用较大截面，弯矩小的地方用较小截面。这种横截面沿着梁轴线变化的梁称为变截面梁（类似于本案例模型的形状）。

当每一截面上的最大正应力都等于许用应力时，这种梁称为等截面梁。等强度梁与等截面梁相比，节约材料、自重轻、结构较为合理且有较大的变形，能起到缓冲减震的作用。但变形限制严格时不宜使用等强度梁。变截面梁的端部高度不宜小于 0.5 倍梁高，变截面长度约为全长的 1/6。

拱。对于砖、石、混凝土等脆性材料，其抗拉能力差，但抗压能力强，工程中常利用其抗压性能做成拱形结构。为了避免偏心受压时出现拉应力，设计时使得外力作用点不超出截面核心。

（2）合理安排梁的受力。梁的弯矩图及最大弯矩值与外力作用的位置和分布状态有关，合理安排梁的受力可降低最大正应力。方法有：合理安排支撑、合理布置荷载作用点的位置、改善荷载分布情况、适当增加支撑的刚性。

增加梁的刚性会降低正应力，但是约束增加了，静定梁将变成超静定梁。只靠静力平衡条件就可以确定全部未知力的问题，称为静定问题。单靠静力平衡不能唯一确定全部未知力的问题，称为超静定问题。超静定结构，是在静定结构上加上了“多余约束”而形成的。

所谓“多余约束”就是去掉结构上某些支撑或构件后仍能保持结构的几何不变性。

为了提高稳定性和改善传力条件，一般在梁的局部设置筋板。为了易于装配和避免焊缝交汇于一点而引起焊接内应力的集中，通常在筋板上切去一个角，角边高度约为焊脚高度的

2~3 倍。对于承受动荷载的量，短筋板的端部容易产生裂纹，应设置成贯穿梁截面的长筋板。

另外，工程上常采用开口截面薄壁截面梁，因其抗扭转刚度较小，故应尽量避免产生扭转变形，否则梁不仅要产生扭转剪应力，有时还会因约束扭转引起附加正应力和剪应力而严重影响梁的正常工作。

闭口截面的扭转刚度比同样外形的开口截面大几十倍甚至几百倍，壁厚越薄，差别越显著。所以当部件承受扭转时尽可能不采用开口截面。

优化设计部分介绍完毕，下面介绍网格质量评定的方法和为了获取高质量网格而切分模型的几个基本思路。

三维有限元模型的网格形状从整体上讲可分为四面体和六面体两类，它们分别是划分出的立方体由四个面或六个面组成的部分。

四面体网格有如下优点：任意形状的体总可以用四面体网格；可以快速自动生成，并适用于复杂几何；在关键区域容易形成曲率和近似尺寸功能自动细化网格；可用膨胀细化实现实体边界附近的网格（方便识别流体中的边界层并提高其计算精度）。

但其也存在着如下缺点：在近似网格密度情况下，单元和节点数量高于六面体网格；一般不可能使得网格在一个方向上排列；由于几何和单元的非均质性，不适合于薄实体或环形体。

注意：为了控制计算量，有时甚至也为了让网格看起来更“舒服”，应尽量划分出全六面体网格。

由于网格数量与质量直接决定求解代价，故需要认真对待。这需要在建立物理模型阶段就予以充分考虑。细节尺寸特征会大大增加计算量，需要充分考虑细节是否必要。对于保持良好的网格质量的考虑，应该尽量避免模型出现过多细节，而是由很多形状非常简单规则的零件组成。这对于变形类计算是非常有价值的，但是对于应力类计算，又很容易由于沙漏现象形成错误的解，需要适当增加细节尺寸，以增加局部积分点来提高分析精度，这是一项平衡策略。

对于复杂应力的高梯度区域，需要适当增加网格密度，并且保持网格尺寸均匀过渡。复杂的几何模型会造成单元形状变得扭曲。劣质的单元会导致劣质的结果，甚至有的时候无法完成计算。

对高应力区，要进行网格细分的应力稳定性计算（为获得网格无关解）。即采用多次局部网格细分并进行计算，当前后两次计算结果满足所需的精度要求时（通常要求小于 5%）确定网格。

网格质量对计算精度和稳定性有着重大影响。网格质量包括：节点分布、光滑性、倾斜角度等。

节点分布。将实际模型的连续性区域离散化，使得特征解与网格上节点的密度和分布直接相关。

网格的分辨率也十分重要。大梯度区域的网格必须精细划分，以保证相邻单元的变量变化足够小。不幸的是，要提前确定此特征的位置是很困难的。而且在复杂模型中，网格是要受到 CPU 时间和计算机内存容量限制的。求解运行时和后处理时网格精度提高，CPU 和内存的需求量也会随之增加。

注意：如果划分网格过程中所占用的内存量已基本将计算机的物理内存占满或者所消耗的时间已远远大于生成类似规模模型所用的时间，必须大幅度缩减有限元模型，否则即使成功划分出高质量的网格，其计算代价也是计算机无法处理的。

网格质量的判断参数。

光滑性。邻近单元体积的快速变化会导致大的截断误差。截断误差是指控制方程偏导数和离散估计之间的差值。

倾斜角度。单元的形状（包括单元的歪斜和长宽比率）明显影响了数值解的精度。

单元的歪斜，可以定义为该单元和具有同等体积的等边单元外形之间的差别。单元歪斜得太大会降低解的精度和稳定性。

长宽比率。是表征单元拉伸的度量，一般说来应该尽量避免长宽比率大于5:1。

网格相关性。节点分布、光滑性、单元外形的倾斜角度对于解的精度和稳定性的影响强烈地依赖于所模拟的模型。例如在应力应变平滑变化区域可以忍受过渡变化较为歪斜的网格，但是在其大梯度的区域可能会使得整个计算无功而返。因为大梯度区域是无法预知的，所以只能尽量地先使整个具有高质量的网格。所谓稳定性问题，是指误差的累积是否能有算法本身得到控制的问题。

在可能的条件下，尽量不要把单元划分成钝角三角形。因为这样的三角形有一个边会特别长，而计算精度受到单元最长边长与最短边长的比值的控制。

ANSYS中，单元质量的主要指标如表17-1所示。

表17-1　单元质量的评价指标和相对的合格标准

评价指标	说明
Element Quality	基于一个给定单元的体积与边长间的比率。其值处于0和1之间，0为最差，1为最好
Aspect Ratio	对于三角形，连接一个顶点跟对边的中点成一条线，再连另两边的中点成一条线，最后以这两条线的交点为中点构建两个矩形。之后再由另外两个顶点构建四个矩形。这六个矩形中的最长边跟最短边的比率再除以sqrt(3)。最好的值为1。值越大单元越差 对四边形而言，通过四个中点构建两个四边形，Aspect Ratio就是最长边跟最短边的比率。同样最好的值为1。值越大单元越差
Jacobian Ratio	其值就是最大值跟最小值的比率。1最好。值越大就说明单元越扭曲。如果最大值跟最小值正负号不同，直接赋值-100
Warping Factor	主要用于检查四边形壳单元以及实体单元的四边形面。其值基于单元跟其投影间的高差。0说明单元位于一个平面上，值越大说明单元翘曲越厉害
Parallel Deviation	在一个四边形中，由两条对边的向量的点积通过acos得到一个角度。取两个角度中的大值，0最好
Maximum Corner Angle	最大角度。对三角形而言，60度最好，为等边三角形；对四边形而言，90度最好，为矩形；对于三角形单元，超过165度会给出警告信息，超过179.9度会给出错误信息；对于不带中间节点的四边形单元，超过155度会给出警告信息，超过179.9度会给出错误信息；对于带中间节点的四边形单元，超过165度会给出警告信息，超过179.9度会给出错误信息
Skewness	是最基本的网格质量检查项：网格畸变度，其值位于0和1之间，0最好，1最差

网格划分的一般程序是：设置物理环境（结构、CFD等）→设定网格划分方法→定义网格设置（尺寸、控制、膨胀等）→为方便使用创建命名选项→预览网格并进行必要的调整→生成网格→检查网格质量→优化网格质量→准备分析的网格，直至在计算机硬件处理能力和在规

定的分析时间要求内尽可能地获得与网格无关的解。

不同的物理环境有不同的网格划分要求。对于结构分析，可以使用高阶单元划分较为粗糙的网格；流体分析，要求平滑过渡的网格，最好使得网格过渡方向与流动方向相同；显式动力学分析，需要尺寸均匀的网格。

注意：不良的单元形状会导致不准确的结果，然而并没有一个判别单元形状好坏的通用标准。也就是说一种单元形状对一类分析可能导致不准确的结果，但可能对另一种分析的结果又是可以接受的。

在计算中 Workbench 15.0 评估可能不提示单元形状警告信息，也可能出现多个单元形状警告信息，这都不能说明单元形状就一定导致准确或不准确的结果。因此判断单元形状的好坏和结果的准确性，几乎完全依赖用户的知识、经验和良知。

复杂体的网格划分主要是考虑采用何种手段满足足够高质量的网格划分的条件。对同一模型，网格划分可能有多种方法，其效果也不尽相同，但其基本策略是一样的，即采用各种手段使得所划分的几何体满足一定的网格质量评定合格条件，然后进行网格尺寸或数目的设定，最后划分网格。

有限元分析是技术工种，而网格划分是技术工种里面的艺术工。要熟练掌握技术，需要广泛地了解不同模型可采用的优化切分方法和多次的尝试。

前者可借鉴如 ICEM 或 HM 等专业前处理软件的官方教程，无需学习其具体的操作方法，只是学习切分模型的思路，然后在 Workbench 15.0 平台下实现。对于笔者完全使用 Solidworks 软件创建和切分模型而言，这部分操作是在该软件内实现的。更多的用户可能是在 DM 模块中实现的相同功能；后者则需要不断的努力，在失败中总结教训、积累经验、锻炼自身，并不断提高。在无数次失败后获得成功的成就感，会让人感到无以言表的幸福。

对于执行“结构设计”的建模工程师而言，看到一个复杂模型可能在思考，可采用何种拉伸、切除、放样等方法快速简便地建立出能够用于生产的模型，这类似于从一大块岩石中雕刻出惟妙惟肖的塑像；而对于执行划分网格的前处理工程师而言，其考虑的是如何将被拉伸、切除和放样等后生成的复杂模型切分成能够划分出高质量网格的各种简单形状的模型。这类似于使用多种相对规则的砖块简化地堆砌出这个塑像。立场和出发点的不同可能会导致不同专业分工的工程师之间出现交流的障碍。

网格质量的评定标准。以本案例的模型为例，划分网格后单击 Outline（分析树）中的 Mesh（网格），在 Details of Mesh（网格的详细信息）的 Statistics（统计）中，默认的 Mesh Metric（网格质量标准）后面为 None（不显示），可单击它并选择显示合适的网格质量，如 Element Quality（长宽比），如图 17-28 所示。

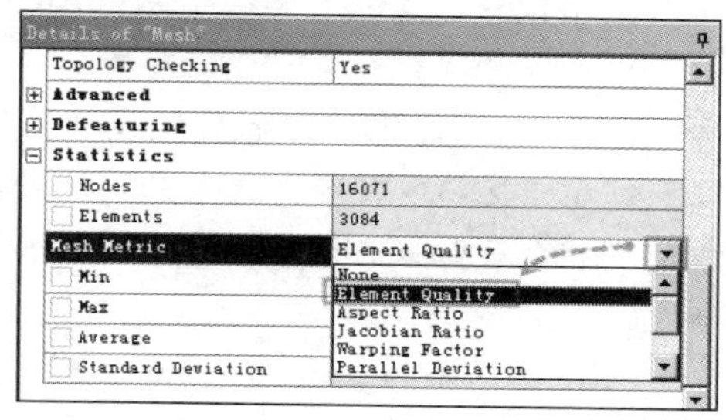

图 17-28　网格质量

图 17-29 所示为网格质量统计的直方图。其中长宽比越接近 1 网格质量越好。由图可见，左上角紫色显示的 Hex 20 代表直方图中紫色部分是 20 节点六面体网格，对应 Workbench 平台默认的 20 节点三维实体单元 Solid186。直方图的横坐标数据为该网格质量下总体的网格数量。最好质量的单元数量约为 100 个。

查看网格质量最好的单元所在的位置，可单击最右边的直方图，如图 17-29 所示。

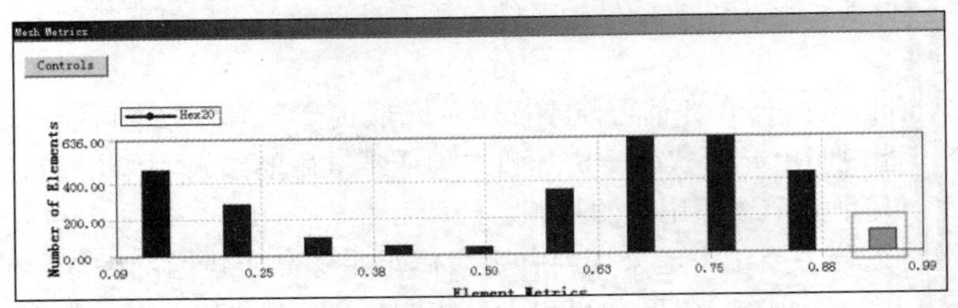

图 17-29　最好的质量

向上查看模型，质量最好的网格位于梁模型的两端和最下方，其基本为正方体形，如图 17-30 所示。类似地，单击质量最差网格的直方图，如图 17-31 所示。

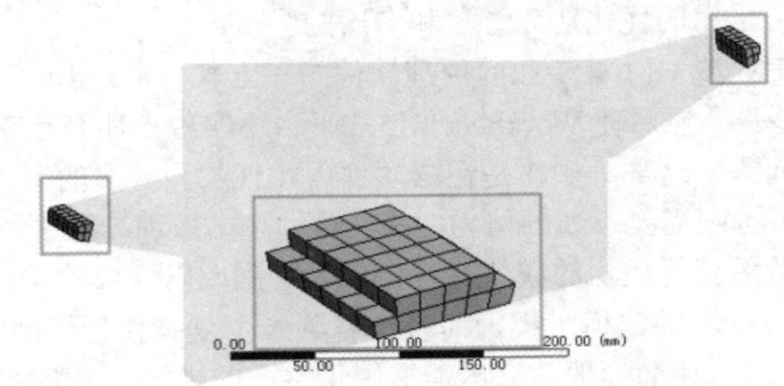

图 17-30　最好质量位置

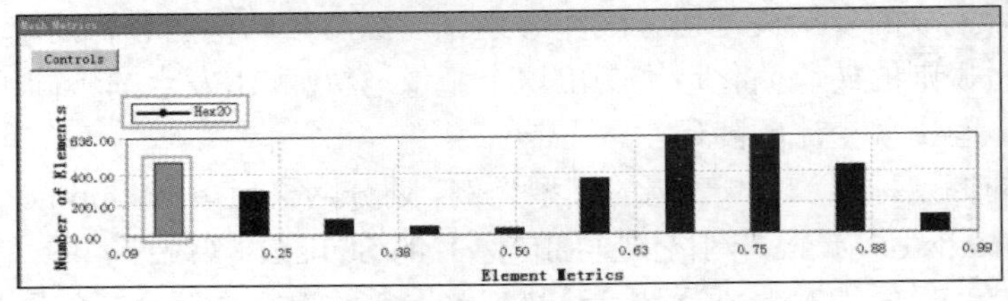

图 17-31　最差质量位置

图 17-32 所示为最差质量的网格位置，其位于梁模型两侧偏中间位置，可见其较最好质量的网格比较细长。

注意：如果需要优化网格质量，应先优化应力梯度较大的区域或者最感兴趣区域的网格质量。如果最差网格所在的位置位于该区域，则需要适当分割此处的模型或者采用多种网格控制方案，以利于划分出高质量的网格。有时候，整体细化网格会提高网格质量，但是这样会大幅度增加网格数量而增加计算量。使用何种优化方法，需要慎重权衡。

网格倾斜。使用图 17-28 所示的方法下拉单击 Skemness（网格倾斜），其统计直方图如图 17-33 所示。可知其相同网格质量单元间的数量分布比较均匀，低质量的网格占了总体的约一半。

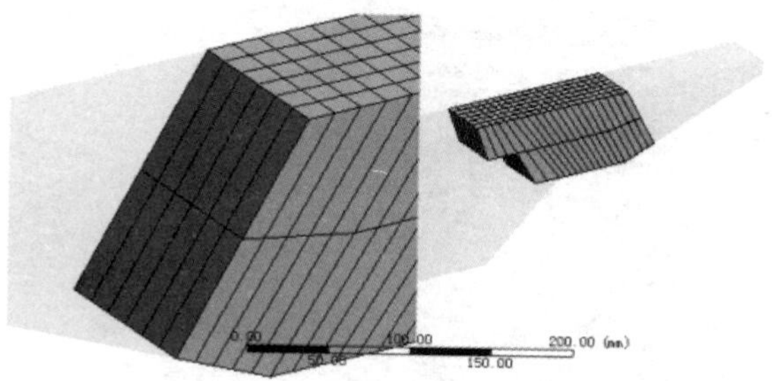

图 17-32 最差质量位置

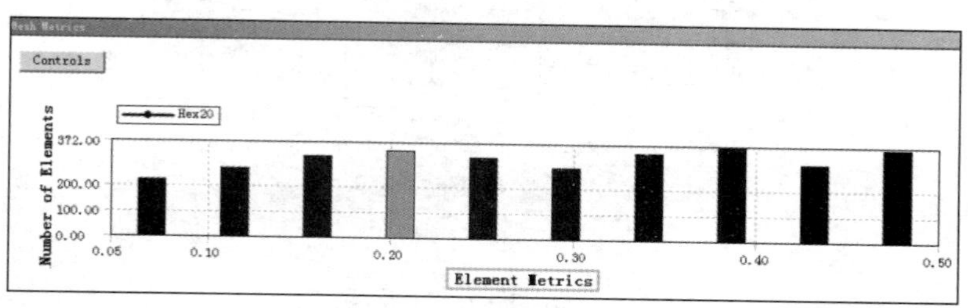

图 17-33 网格倾斜

分割模型。本案例中划分出的网格都是六面体网格。最佳质量的六面体网格是正方体。而为了获取最好的网格质量，可将模型分割成多组近似于正方体的形状。可在 Solidworks 软件中使用“分割”功能或使用 DM 模块中的 Slice（分割）功能将模型切分，分割路径如图 17-34 所示。

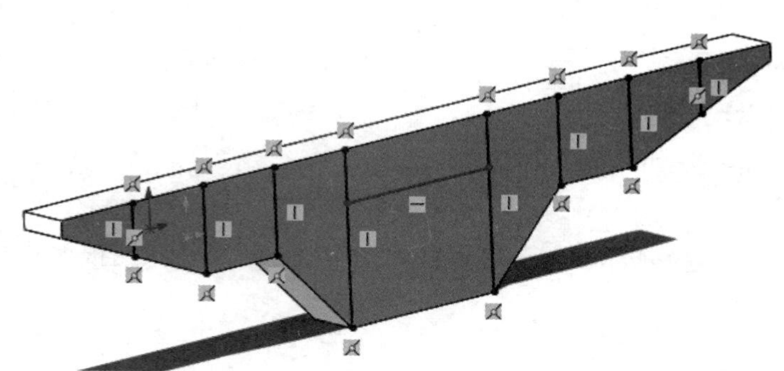

图 17-34 分割路径

具体的分割方法如图 17-35 所示。由于本案例的模型简单，可一次性将所有模型分割出来。

注意：如模型较为复杂，分割时应使用逐步分解的方法将复杂模型逐步分割成多组零件。另外，每一个分割路径应可以独立地将模型分割成闭合的两部分，而不存在开放的分割路径。

将分割后的模型导入回 Workbench 15.0 平台。回到项目管理区，右击 A2 Geometry（模型）并选择 Import Geometry（导入模型）→“零件 9”，如图 17-36 所示。

双击 A2 Geometry（模型）进入 DM 模块，选择全部的体，右击并选择 From New Part（合并为一体）。这样分割后的零件（Boides）间没有接触连接，划分出的网格节点对应。在第 19 章中详述了该功能的用法。后面所有分割后的模型均使用此法，不再赘述。

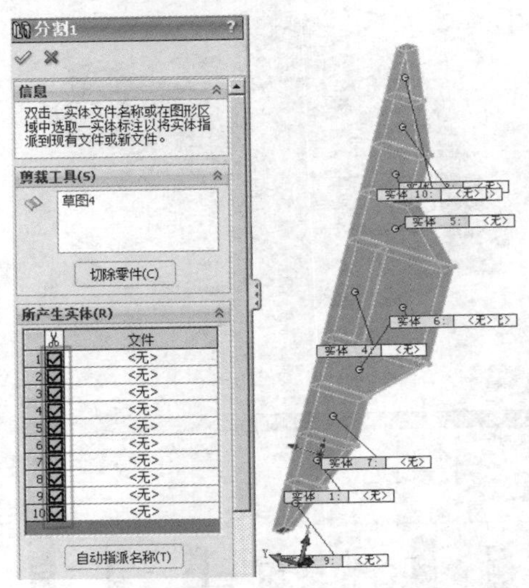

图 17-35　分割方案

单击菜单栏上的 Generate（刷新），如图 17-37 所示。

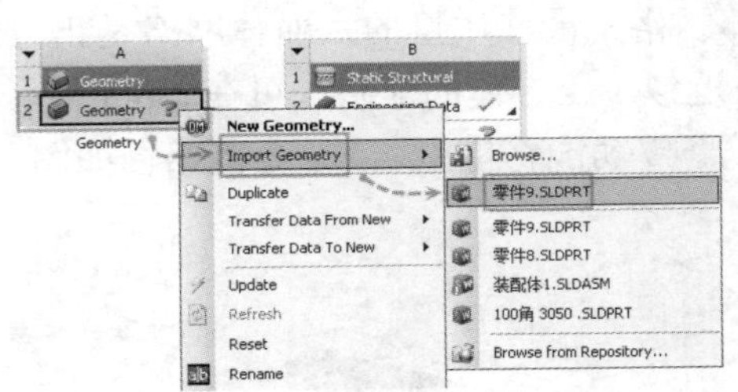

图 17-36　导入文件

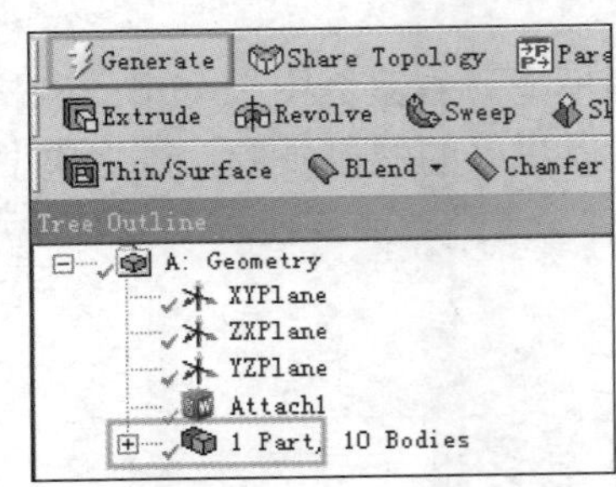

图 17-37　刷新模型

退出 DM 模块，回到项目管理区。双击 B4 Model（有限元模型）以划分网格，如图 17-38 所示。

刷新网格后如图 17-39 所示。其已不存在如图 17-32 所示长宽比很大的网格，而基本是大小均匀的六面体网格了。

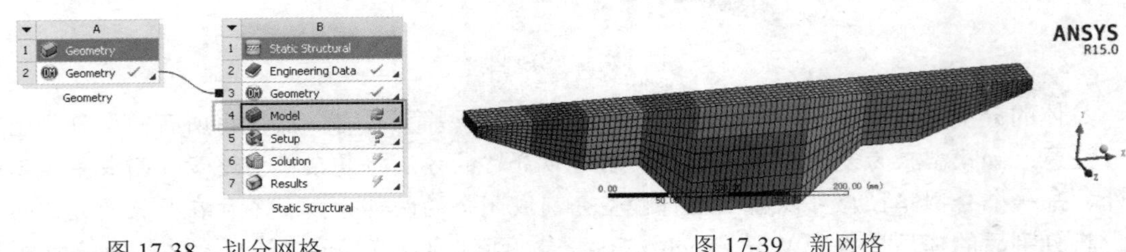

图 17-38　划分网格　　　　图 17-39　新网格

图 17-40 和图 17-41 所示分别为长宽比和网格倾斜质量统计直方图。可见，相对原始网格，该直方图中绝大多数的单元质量较好。

注意：以下展示的网格质量指标，如未特别指出均为倾斜。

带圆孔模型的分割思路。如果模型中某一位置存在圆孔形的模型，并且该圆孔无法简化，应如何切分比较好呢？可以查看会生成什么样子的网格。

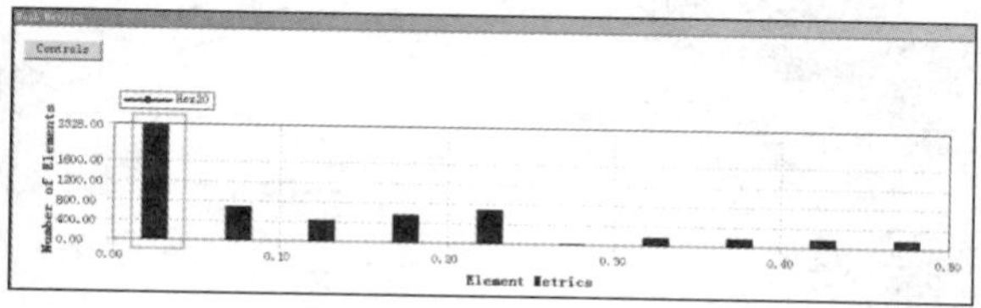

图 17-40　网格质量 1

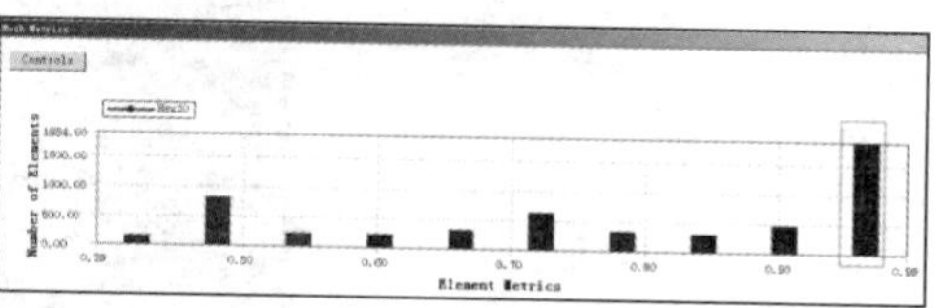

图 17-41　网格质量 2

在对等强度梁模型进行了一次切分后的模型基础上，在中部添加一个圆孔特征并划分网格，生成的网格如图 17-42 所示。

查看单元倾斜网格质量统计直方图。可见质量为 0.9 的网格数量约为 2000 个，而无圆孔模型在图 17-43 所示 0.9 质量的网格只有约 500 个，并且其存在少量的绿色显示的 Wed15（15 节点）的退化网格，可以看出其质量较差。

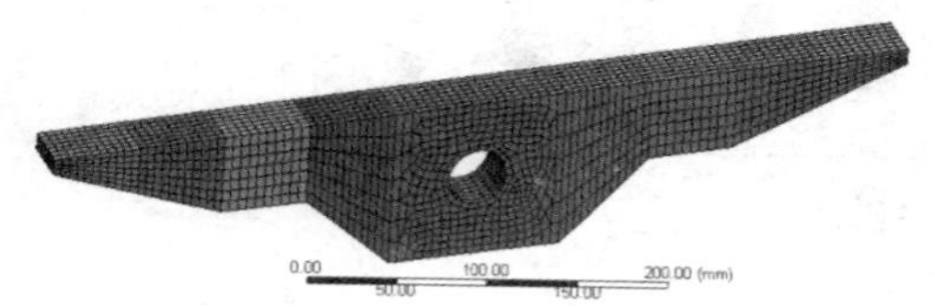

图 17-42　带孔的网格

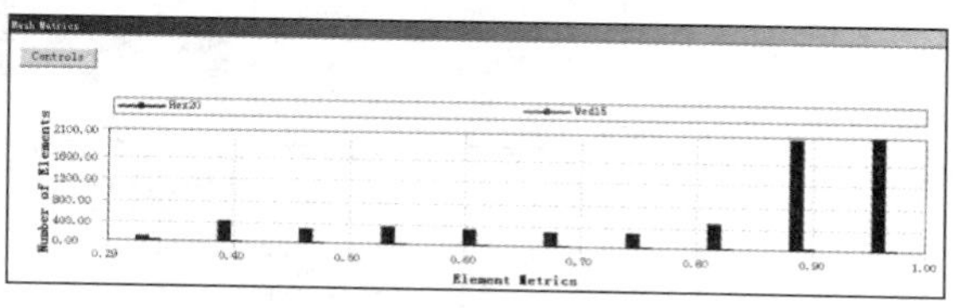

图 17-43　网格质量

可以对圆孔附近的模型进行近似于“天圆地方”形状的分割思路。基本做法是，回到 Solidworks 软件中，再画一个边长稍大于圆孔直径的矩形草图，如本案例中该矩形正好是梁的中部大小。使用“分割”功能将圆孔和矩形草图分割出来，如矩形草图的中心与圆孔中心重合并且是一个正方形草图，则可以直接在矩形草图对角线方向画两根分割线，使用“分割”功能将矩形和圆孔中间区域的模型分割成四组准“扇形”，保存模型，导入 DM 模块，合并为一体，退出 DM 模块，双击 B4 Model（有限元模型）进入网格划分模块划分网格。

生成的网格如图 17-44 所示，其网格倾斜指标统计图如图 17-45 所示。可见已经没有了退化的单元，其网格质量整体上与分割前近似。

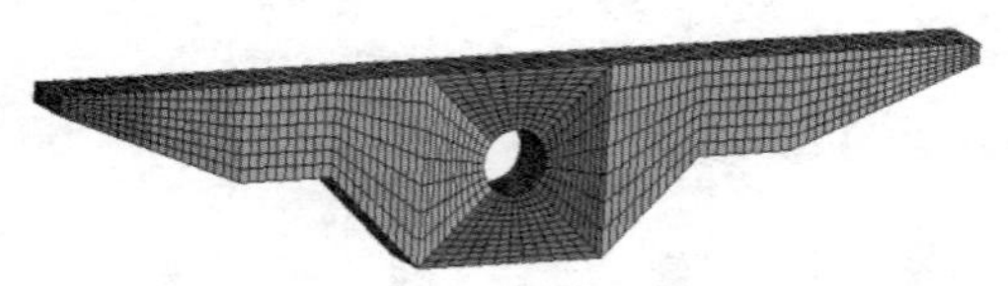

图 17-44　分割后的网格

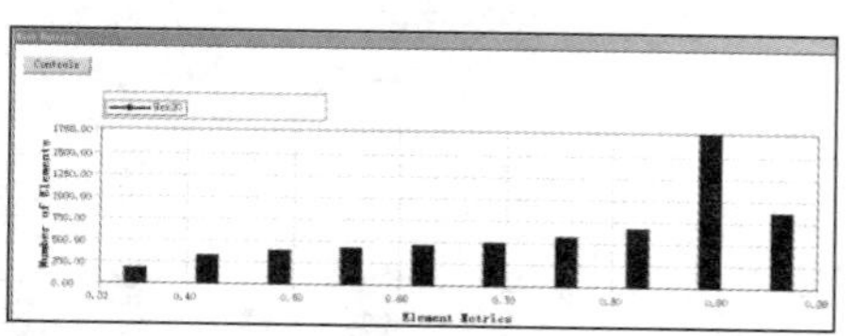

图 17-45　网格质量

带圆形模型的分割思路。如模型中带有圆形特征，如图 17-46 所示，直接划分的模型在圆形中部，会存在一些扭曲的网格。网格质量如图 17-47 所示。

这时可将圆形模型分割成“天圆地方”状。基本分割做法是，在圆形中部划分矩形的分割草图，使用“分割”功能将其从圆形分割出来，在矩形的四个顶点分别向圆形模型圆弧处的对角线方向剖分，合并模型，划分网格。生成的网格如图 17-48 所示，网格质量如图 17-49 所示。可见相对于图 17-47，其低质量的网格数量稍少于未分割的模型。

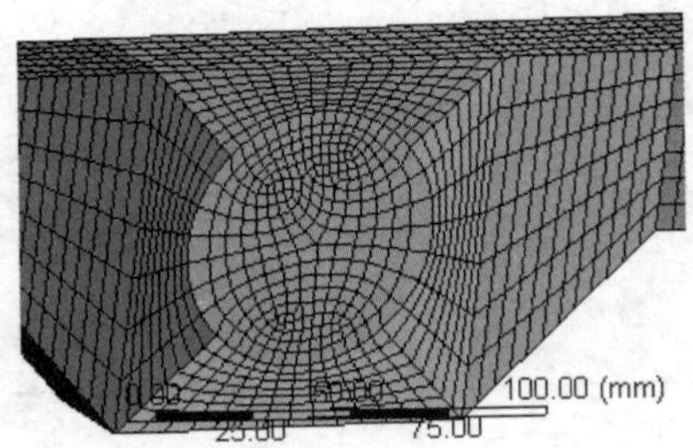

图 17-46　中间圆形的网格

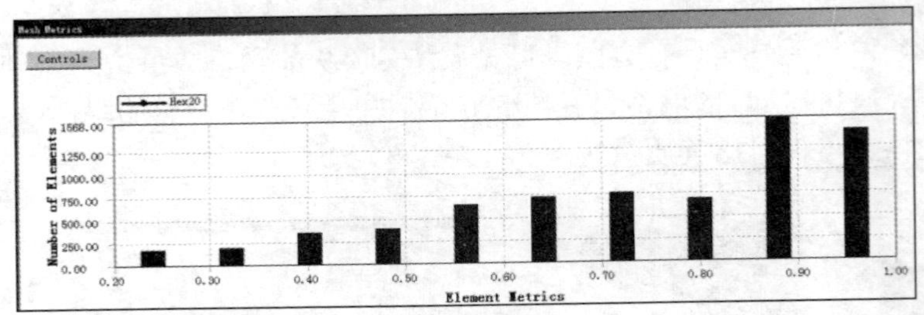

图 17-47　网格质量

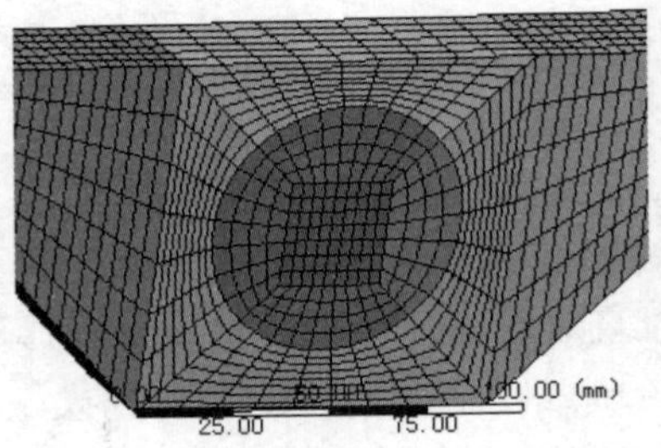

图 17-48　天圆地方网格

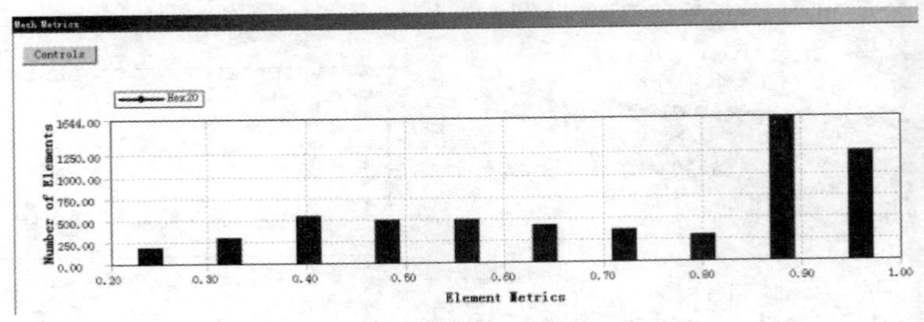

图 17-49　网格质量

注意：对于圆柱形模型的网格划分，建议剖分成所谓的“天圆地方”的形式。即中心区域用正方形剖分，剩余部分经过正方形对角线方向二次剖分。

注意：笔者使用 Workbench 15.0 的网格划分功能做过一个实验，画 100mm 直径的圆形草图，拉伸 100mm，形成圆柱形模型。在其中心分别用 30mm、40mm、50mm、55mm、60mm、65mm、70mm 的正方形进行剖分。再在矩形四角的对角线方向继续剖分矩形外侧的圆环模型。

分别在网格划分的相关度指标中使用-100 或 100 进行划分网格。用多种网格质量评价指标评判划分后的网格，最终结论是：剖分的中心矩形边长在 55mm 或 60mm 时具有极高的网格质量。也就是说中心正方形边长为圆柱直径的 55%或 60%时达到最高网格质量。这可以作为日后对圆柱类模型剖分方法的依据。

被斜切模型的分割思路。如果模型方形部分被对角线方向斜切，划分出的网格如图 17-50 所示。

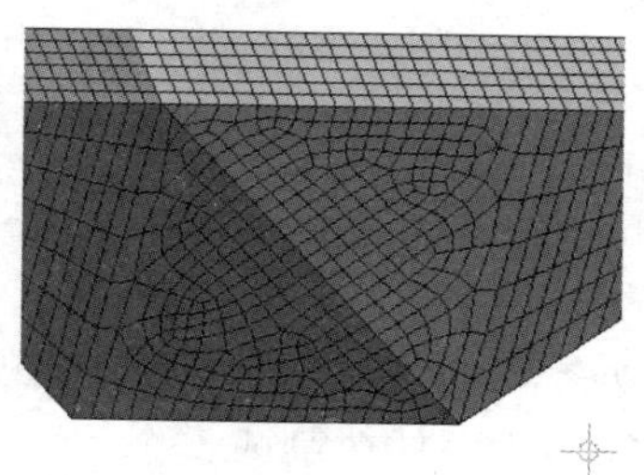

图 17-50　斜切的网格

网格质量如图 17-51 所示，其存在少量 15 节点的退化单元。

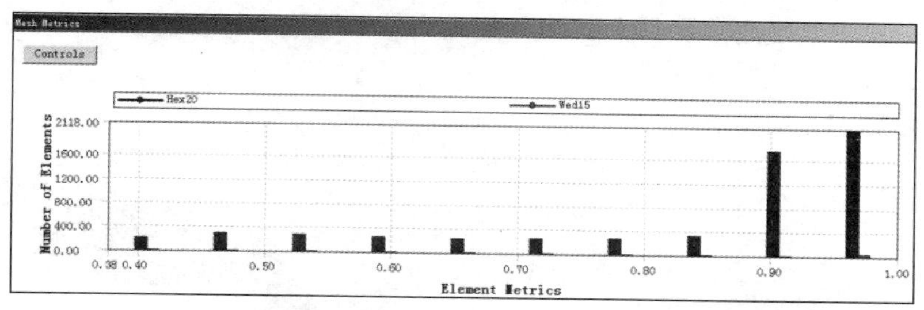

图 17-51　网格质量

对于斜切成三角形的模型，可在其近似形心处将其分割成三个钝角三角形的模型。以图 17-50 所示模型左边的三角形模型为例。基本做法是，在左边直角三角形模型的中部划分出一个“L”字形的分割路径，并符合上文所述的“每一个分割路径应可以独立地将模型分割成闭合的两部分，而不存在开放的分割路径”原则→使用“分割”功能将该三角形模型分割成一个钝角三角形模型和一个“C”字形模型→在“C”字形模型的钝角点和如图 17-50 所示左边三角形模型的近似形心处画一条斜向右下角至其顶点的分割路径→使用“分割”功能将“C”字形模型分割成两个钝角三角形模型→合并模型→划分网格。

生成的网格如图 17-52 所示，网格质量如图 17-53 所示。由图 17-51 可见，最好网格的 1.0 指标和第二好的 0.9 指标统计数值均约为 2100 个，分割后其变成约 2500 个，总体网格质量有所提升。

注意：如图 17-52 所示，把一个三角形模型内侧分割成一个“Y”字形的剖分方法通常称为“Y 型切分”。

六边形模型的分割思路。该类模型可以用多种方法分割出高质量的网格，本案例只介绍其中两种。

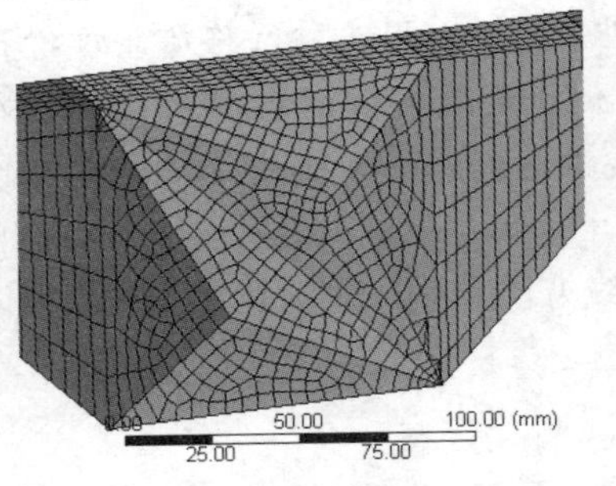

图 17-52　分割后的网格

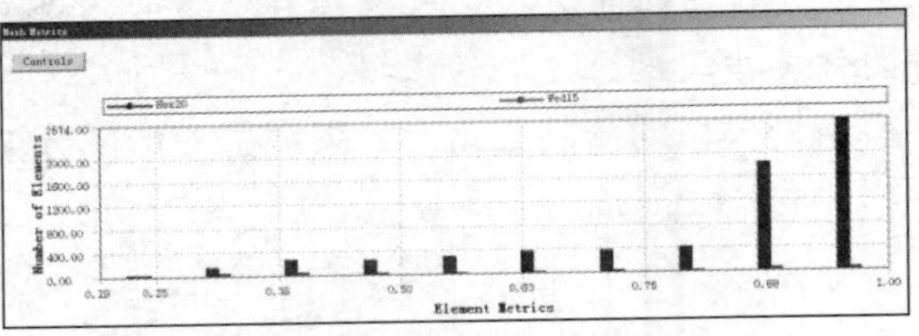

图 17-53　网格质量

方法一："梅花"形分割方法。参考 ICEM 官方培训教材，六面体模型可用如图 17-54 所示的分块方法进行剖分。与 Workbench 15.0 平台不同的是，在 ICEM 中所用的方法是 Block（分块）。不过实现分割的效果是一样的。

分割方法比较复杂。基本做法是，在六面体相邻两个面的中部与六面体形心处画"V"字形的分割路线→使用"分割"功能将六面体分割成一个"V"字形模型和一个"C"字形模型→沿着顺时针或逆时针方向重复以上步骤，将模型分割成六组"C"字形模型→在六面体模型的六个顶点向形心画六条辅助线→在模型中部画出十二边形的"梅花"状分割路线→使用分割功能将六面体内部分割成十二边形→在十二边形的顶点和六面体模型的顶点分别画六条分割路线→使用"分割"功能将六面体向外围分割成十二个四边形→使用 Form New Part（合并为一体）功能合并模型→划分网格。

生成的网格如图 17-55 所示。

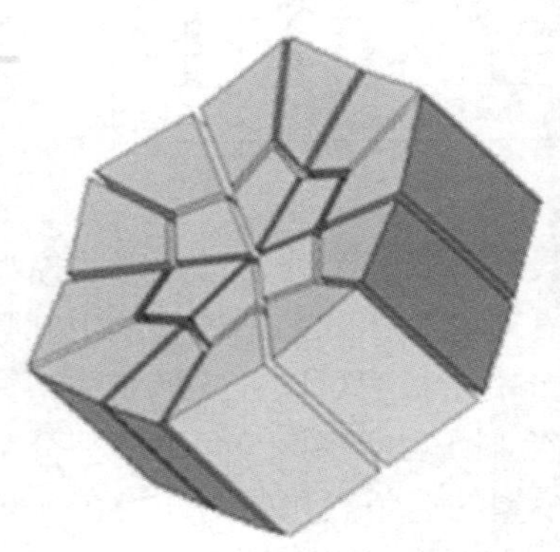

图 17-54　六边形分块方法

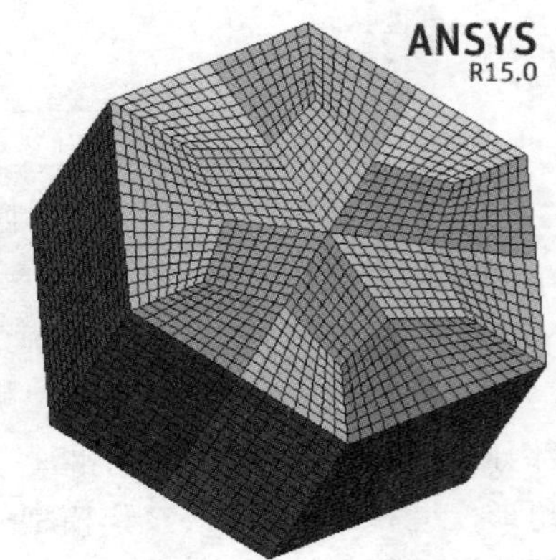

图 17-55　划分后的网格

方法二："三叶草"形分割方法。图 17-56 所示为 ICEM 官方教材中六边形模型的另一种分块方法。

基本做法是，在六面体模型相隔一个顶点处向形心处画两条分割路线→使用"分割"功能将模型分割成一个"C"字形模型和一个菱形模型→在对面"C"字形模型的顶点和六面体模型的形心处画一条分割路线→使用分割功能将"C"字形模型分割成两个菱形→使用 Form New Part（合并为一体）功能合并模型→划分网格。

生成的网格如图 17-57 所示。

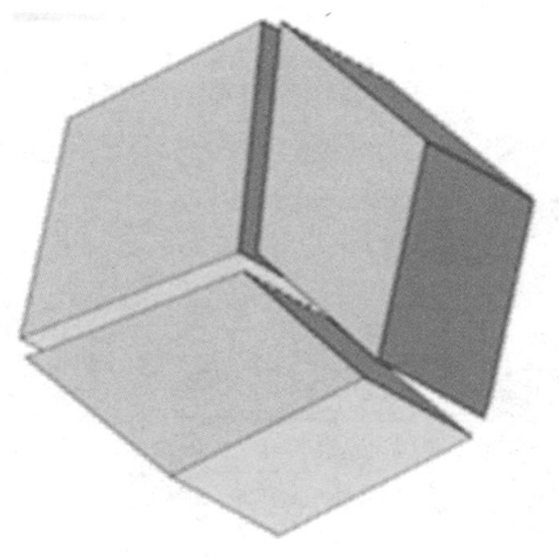
图 17-56　六面体的分块方法

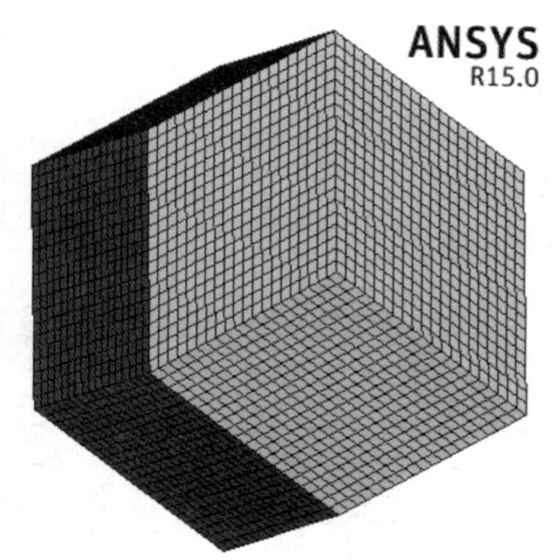

图 17-57　划分后的网格

网格划分的目的是将物理模型离散化。有这样的说法：荷载及边界条件决定计算结果正确与否，网格划分决定计算结果的精确程度。因此，几何模型网格划分是有限元结构分析的重要环节。基本的三维网格形状如图 17-58 所示。

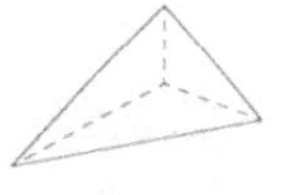
四面体
（非结构化网格）

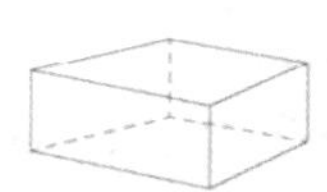
六面体
（通常为结构化网格）

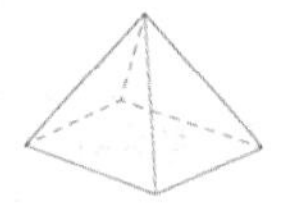
棱锥（四面体和六面体之间的过渡）

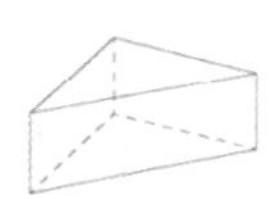
棱柱（四面体网格被拉伸时形成）

图 17-58　基本的网格形状

棱锥和棱柱形网格是模型形状不满足生成高质量的四面体或六面体网格时网格退化的结果，分析中应尽量避免在结果梯度变化剧烈的位置或对结果非常敏感的位置出现该类退化的网格，这会降低计算的精度。

注意：笔者有个不成熟的见解，技术人员主要可分为两类：设计师（在西方国家叫做 Designer）和工程师（Engineer）。这是技术人员的两个层次，较低层次的叫做设计师。区分两者的一个简单方法就是看他们常用的计算器功能。

设计师的计算器常用加、减、乘、除等简单功能。因为他们在工作中大部分使用 CAD 等软件计算产品尺寸以及做最简单的设计计算。这些工作不需要复杂的计算，相应地也不需要高深的底层理论知识。他们更多地是被工程师领导，简单地根据标准要求照做来设计产品，进行描图、拆图、执行文案工作等。产品中没有体现自己的设计思想。

工程师是具有深厚理论功底，切实了解产品设计的各个关键环节与设计方法的人。一般需要解决具体的设计计算，这样就需要用计算器计算开方、乘方、对数等复杂运算，能够深入透彻地了解设计标准背后的思路、原则、方法，一般可以通过理论推理、实验观察、有限元分析校核等获得产品实际性能，并根据实际情况选取最合适的基本设计方案，让设计师具体执行。

而一个合格的有限元工程师必须是对所分析范围内的产品性能和原理最了解的人。

退出机械设计模块，保存项目文件，退出 Workbench 15.0 平台。

至此，本案例完。

18 等强度梁形状优化分析案例

18.1 案例介绍

本案例以等强度梁模型为例介绍 Workbench 15.0 平台中形状模块的使用方法，还介绍了在 Solidworks 软件中对模型进行分割操作的具体做法、加载倾斜方向荷载的方法和切片功能的使用等技巧。

18.2 分析流程

本案例使用与上一章中相同的等强度梁模型。导入模型，在 Solidworks 软件中打开模型后单击菜单栏上的 ANSYS 15.0→ANSYS Workbench，如图 18-1 所示。

进入项目管理区，单击 Toolbox（工具箱）中的 Shape Optimization（形状优化模块）并拖动到 A2 Geometry（模型）中，如图 18-2 所示。

注意：由于形状优化设计模块在 Workbench 15.0 中是个测试（Bata）功能，需要使用图 1-8 所示的方法开启测试模式后方可出现。

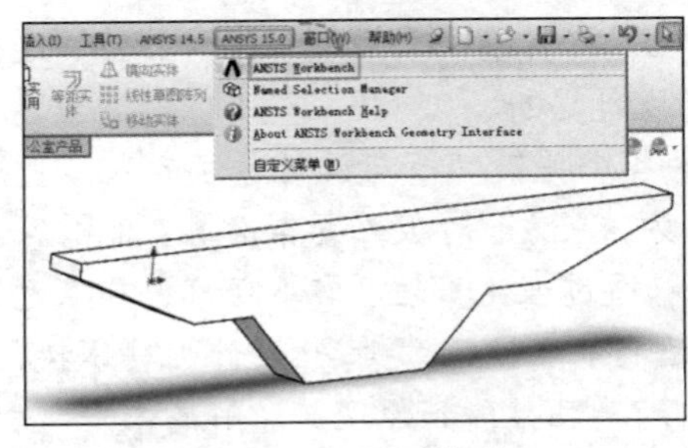

图 18-1　导入模型

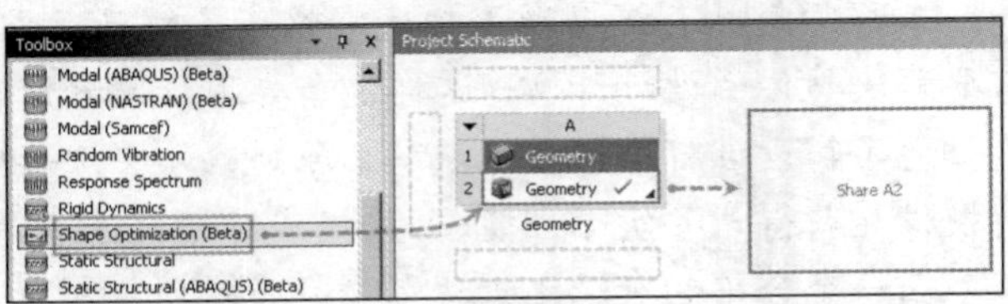

图 18-2　打开模块

划分网格。打开后的模型如图 18-3 所示。双击 B4 Model（有限元模型），进入后单击 Outline

（分析树）中的 Mesh（网格），在 Details of Mesh（网格的详细信息）中 Element Size（单元尺寸）的后面输入 4mm，单击菜单栏上的 Update（刷新网格），如图 18-4 所示。

稍等几十秒后，生成的网格如图 18-5 所示。

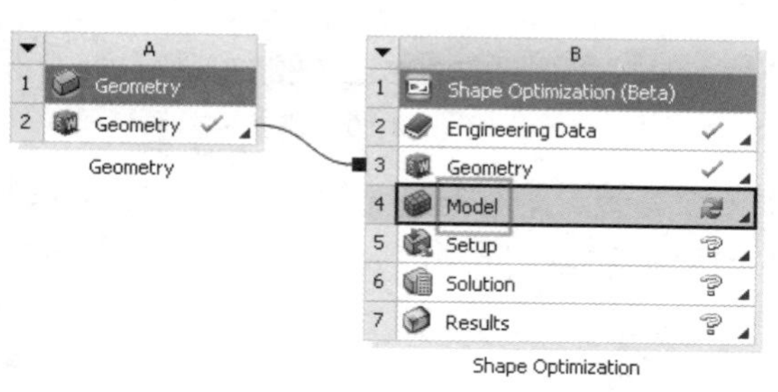

图 18-3 划分网格

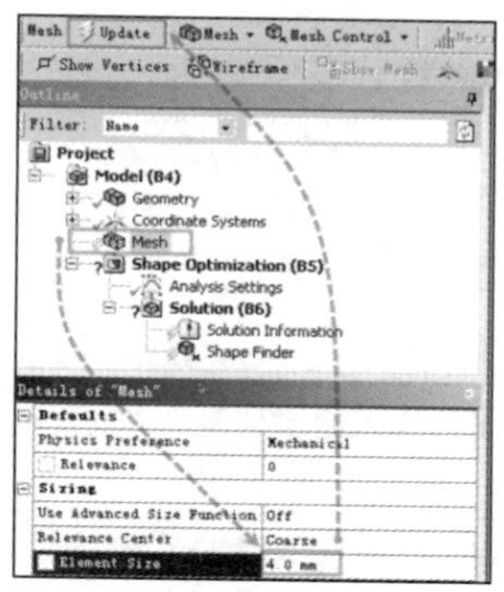

图 18-4 刷新网格

施加边界条件和荷载。该设置与上一章中的相同，本案例不再赘述，如图 18-5 至图 18-9 所示。

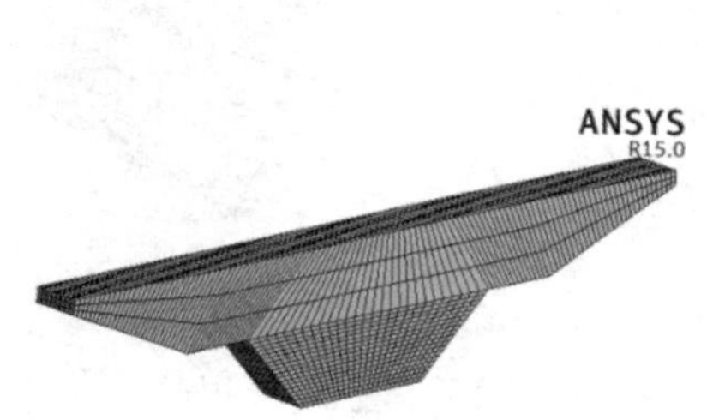

图 18-5 划分后的网格

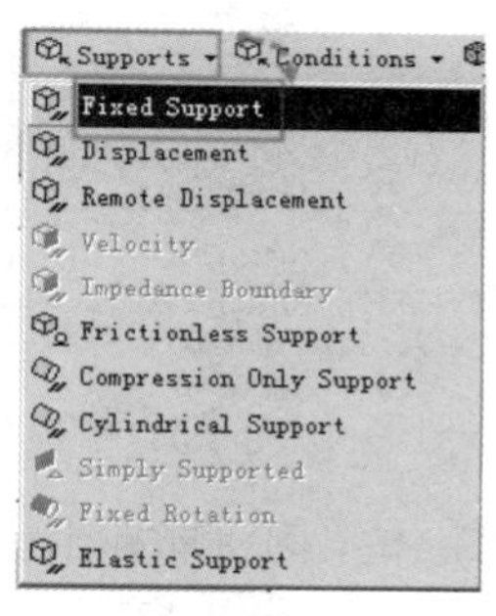

图 18-6 施加边界条件

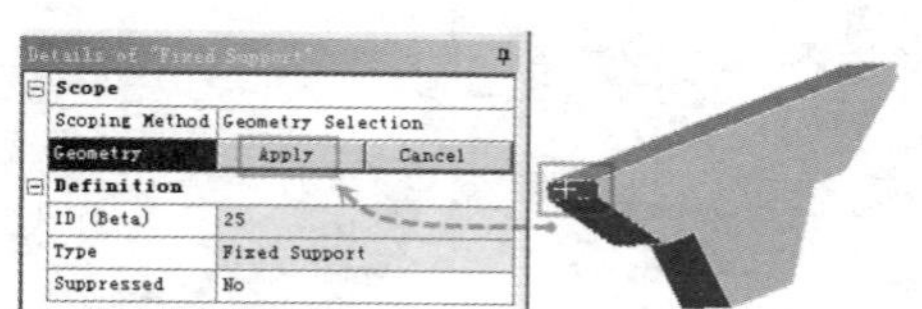

图 18-7 单击 Apply 按钮

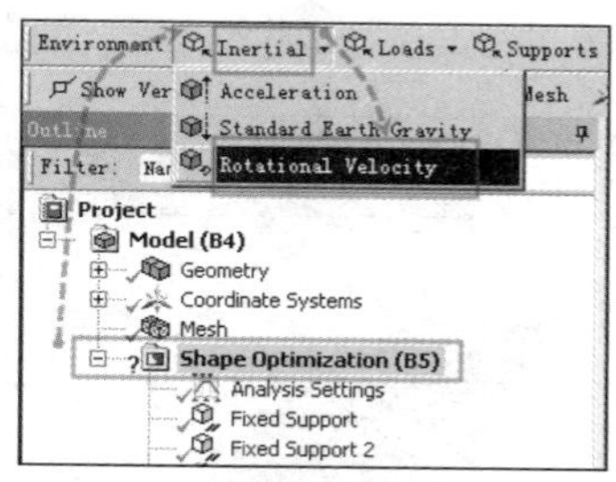

图 18-8 加载重力

加载倾斜的力荷载。在第 9 章冷却塔设计优化案例中介绍了确定荷载方向时一般使用选取模型上与预期方向相同的边线的方法。如欲加载的荷载方向在模型中并没有对应的边线时，可以采用建立局部坐标系并将局部坐标系旋转至与期望加载方向相同的方向。设置荷载时，将坐标系调整为新建的局部坐标系并调整至合适的加载方向。

建立坐标系。单击 Outline（分析树）中的 Coordinate Systems（坐标系统），再单击菜单栏上的 Create Coordinate System（创建局部坐标系），如图 18-10 所示。

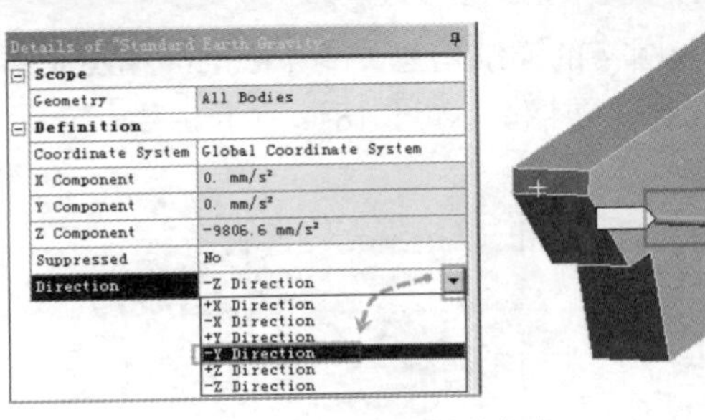

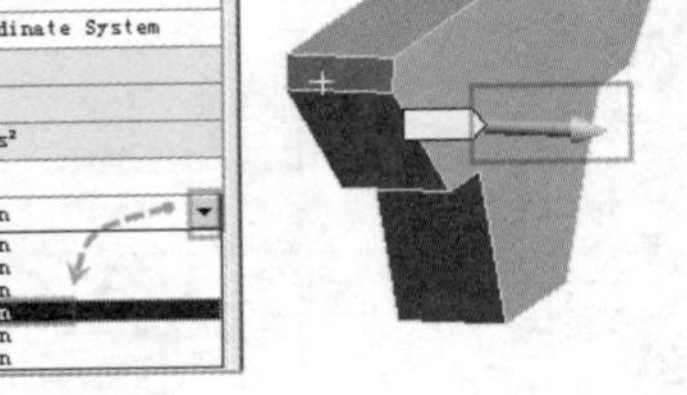

图 18-9　更改方向

图 18-10　建立坐标系

在模型的顶面建立局部坐标系。单击模型顶部表面，在 Details of Coordinate Systems（局部坐标系统的详细信息）中 Geometry（模型）的后面单击 Apply（应用）按钮，如图 18-11 所示。

添加后该局部坐标系的位置和方向如图 18-12 所示。

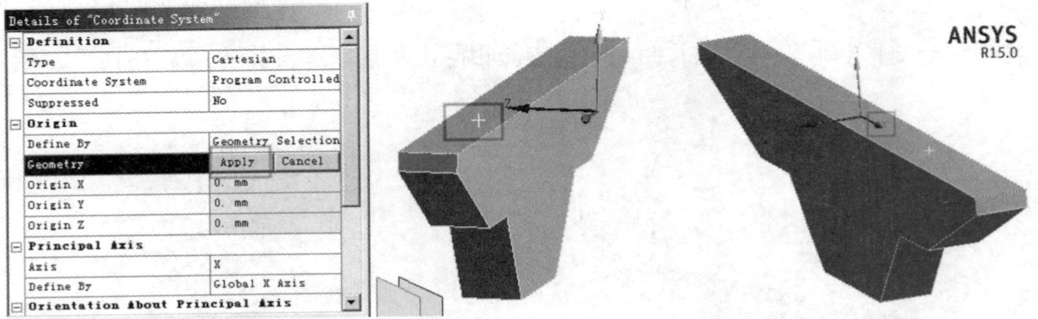

图 18-11　设置位置

图 18-12　添加后的效果

旋转方向。本案例将局部坐标系沿着 X 轴方向逆时针旋转 45°。单击菜单栏上的 Rotate X（旋转 X 方向），如图 18-13 所示。

设置旋转角度。在 Details of Coordinate Systems（局部坐标系统的详细信息）中 Rotate X（旋转 X 方向）的后面输入 45°，如图 18-14 所示。

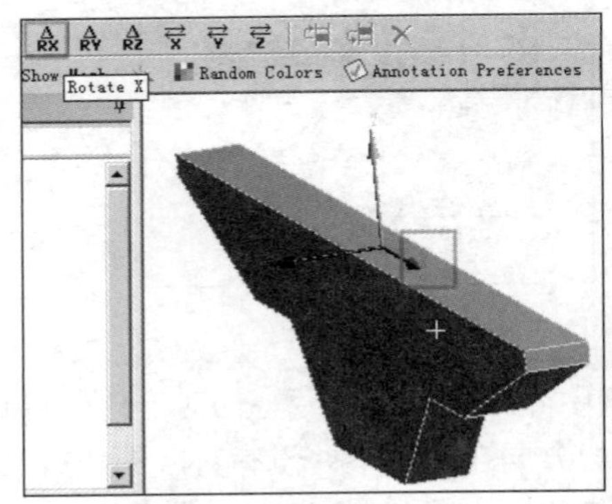

图 18-13　旋转坐标系

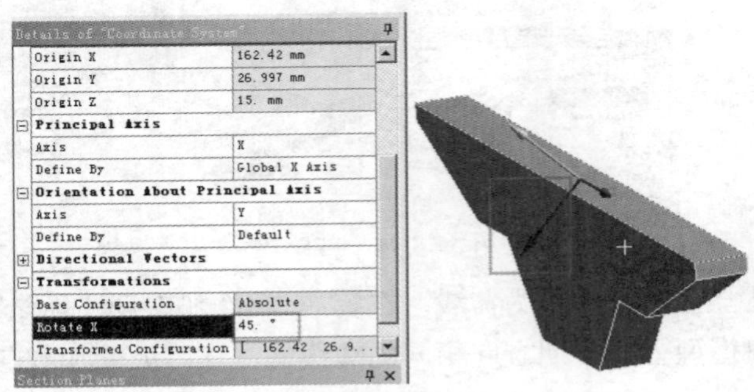

图 18-14　旋转的角度

单击 Outline（分析树）中的 Shape Optimization（形状优化模块），再单击模型顶面，单击菜单栏上的 Loads（荷载）→Force（力），如图 18-15 所示。

在 Details of Force（力荷载的详细信息）中单击 Define By（加载方式）后面的下拉列表框并选择 Components（分量），如图 18-16 所示。

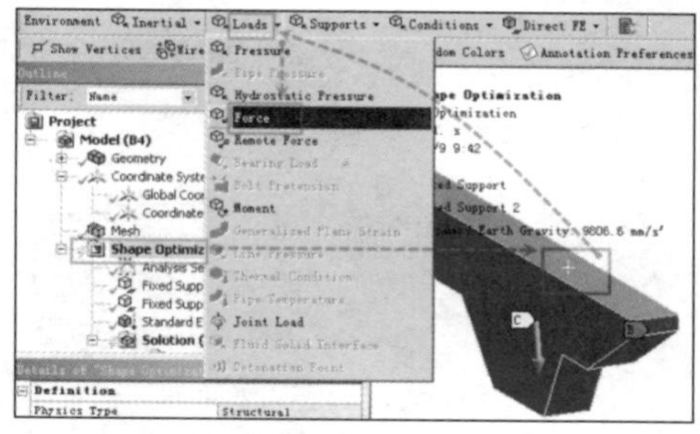

图 18-15 加载荷载

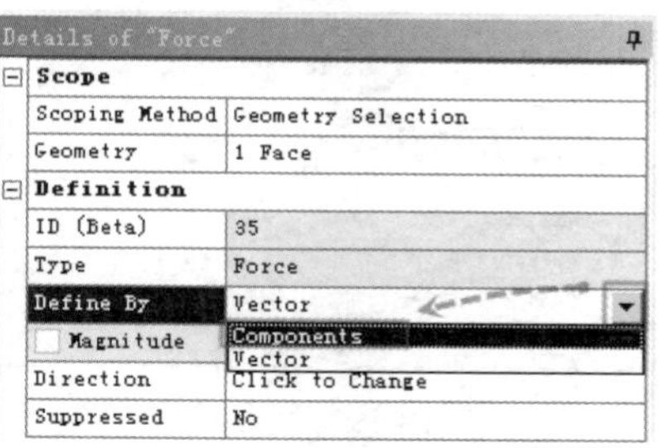

图 18-16 加载方式

在 Coordinate System（坐标系统）后面的下拉列表框中选择刚刚建立的局部坐标系 Coordinate System，如图 18-17 所示。

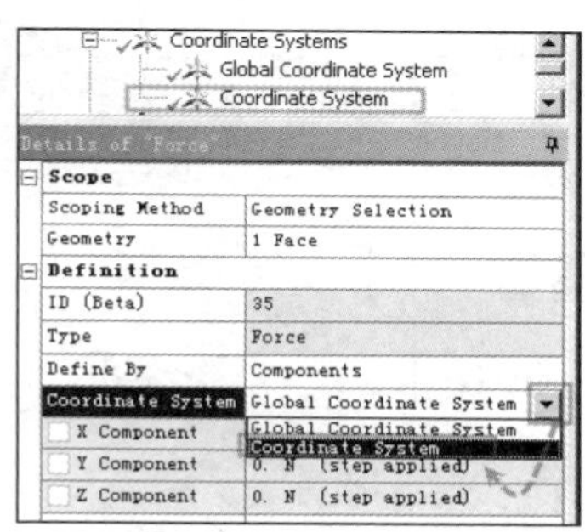

图 18-17 局部坐标系

在 Z 方向后面输入荷载的大小，取今年的年份 2014N，如图 18-18 所示。

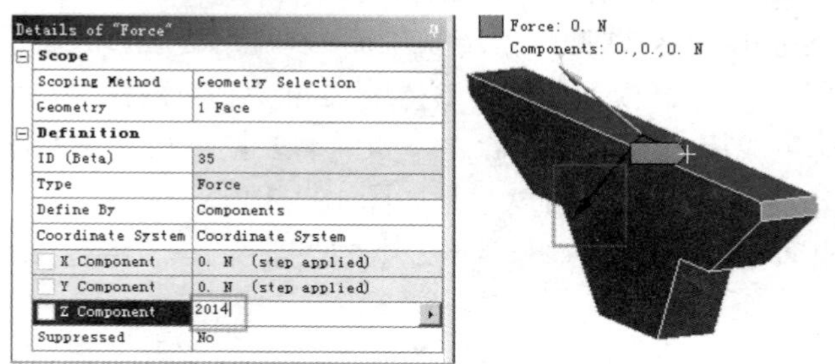

图 18-18 输入荷载

设置优化目标。形状优化设计模块是以等应力强度为原则计算出结构中应力较小的区域，并将其标注成可移除（Remove）的部分。至所有剩余部分（Keep）受到的应力相同，即达到所谓的“等强度”。设置过大的移除量，可导致模型变成桁架状。

软件默认的移除量为 20%，本步骤暂不修改，在后面会将其设置成更多的移除量，如图 18-19 所示。

求解前应保存项目文件。在合适的位置将项目文件命名，单击“保存”按钮，如图 18-20 所示。

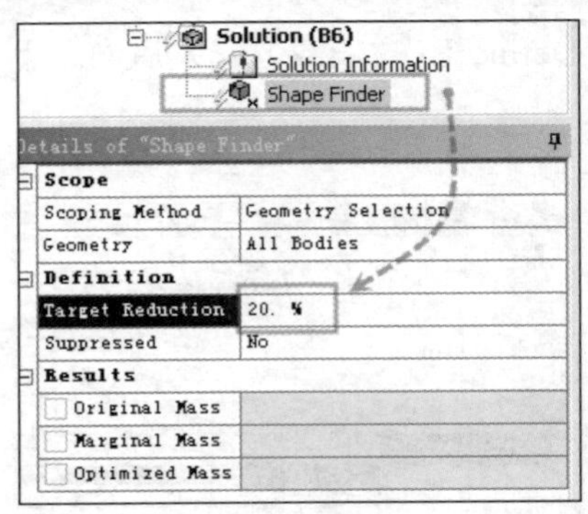

图 18-19　优化目标

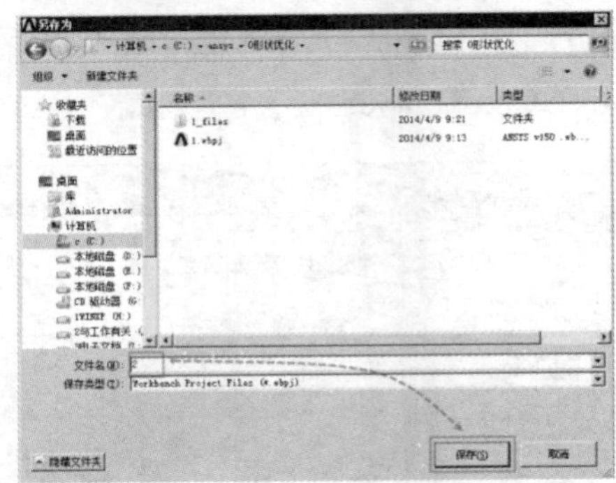

图 18-20　保存文件

查看结果。为了能更好地查看可移除部分的网格是否合适，可单击 Outline（分析树）中的 Solution（分析），再单击菜单栏上的 Show Element（显示单元），如图 18-21 所示。

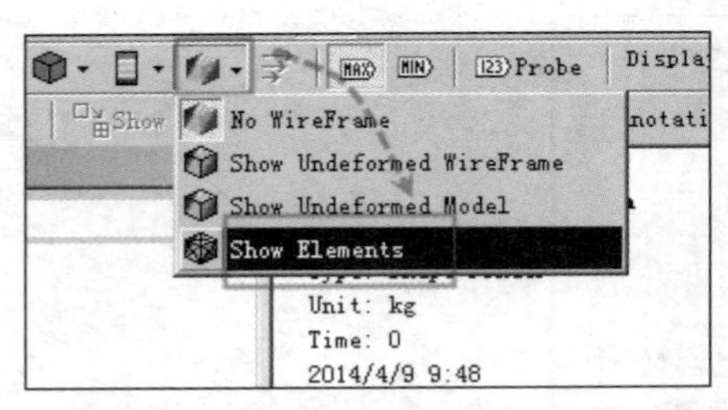

图 18-21　显示单元

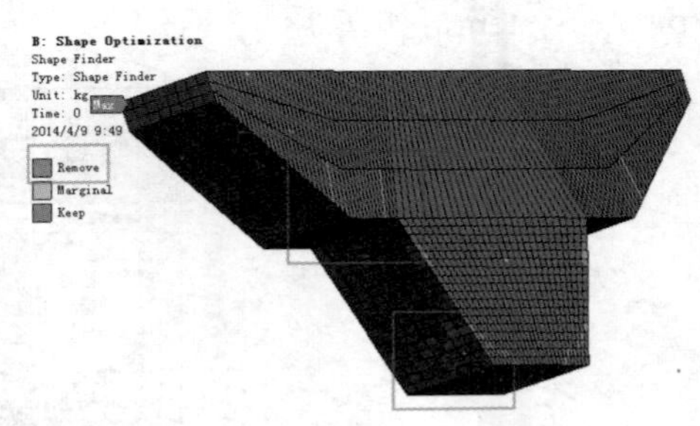

图 18-22　优化结果

求解完成后查看优化结果。可见在模型底部和中部被橙色显示成 Remove（可移除），模型中部的网格看起来长宽比较大，并且可移除的部分只被单一单元涵盖，影响了求解的精度，如图 18-22 所示。可尝试适当分割模型，以划分出更高质量的网格来改善求解精度。

分割模型。回到 Solidworks 软件，单击模型侧面为绘制分割路线的基准面，再单击“草图”工具栏中的“直线”命令，在模型中部选择一个基准点。当鼠标移动到模型的边缘附件时，Solidworks 软件会自动生成橙色的基准点标志。如果需要根据尺寸关系限制移除路线的位置，可使用“智能尺寸”功能并设置合适的尺寸，如图 18-23 所示。

插入分割。绘制出多条分割线后单击菜单栏上的“插入”→“特征”→“分割”，如图 18-24 所示。

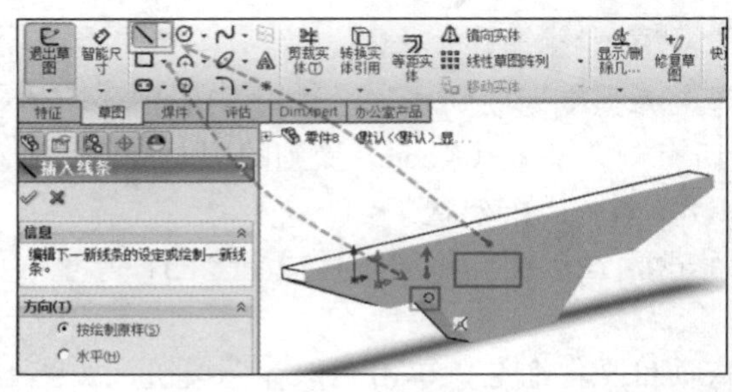

图 18-23　分割线

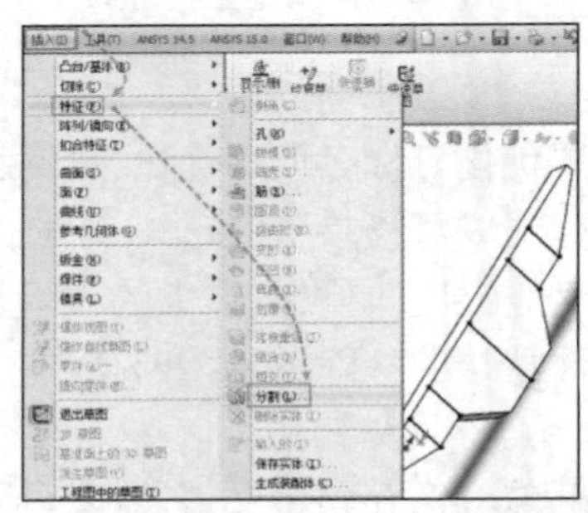

图 18-24　插入分割

使用一个新模板。插入分割功能后软件会提示是否使用空模板，可单击“确定”按钮，如图 18-25 所示。

单击“剪裁工具”中的“切除零件”按钮，如图 18-26 所示。

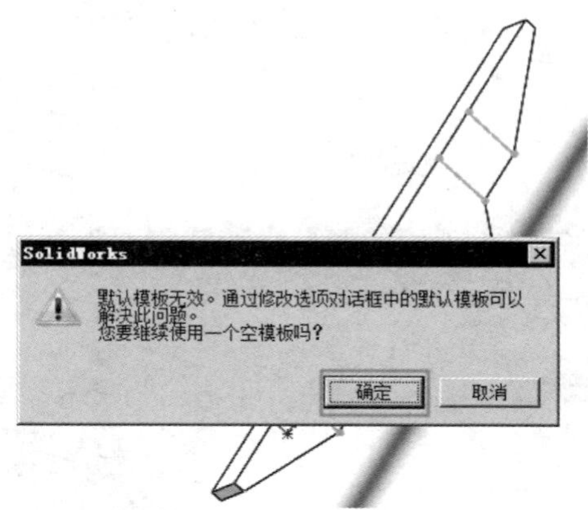

图 18-25　是否使用空模板提示框

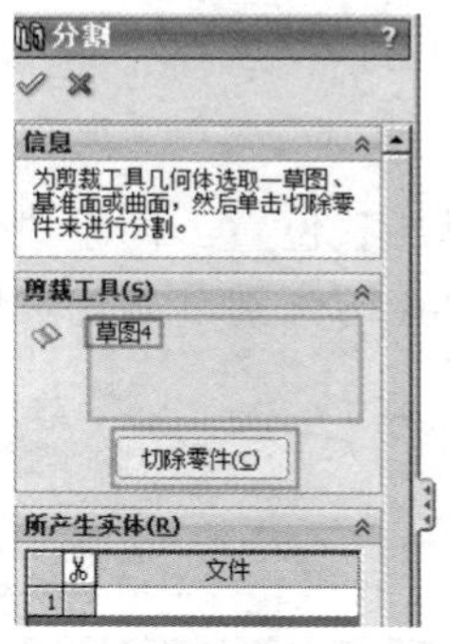

图 18-26　切除零件

注意： 由于本模型较为简单，可一次性将模型分割成六个部分，即分别单击模型上待分割的体或者单击并勾选“所产生实体”内相应的实体。如果分割后的模型较为复杂，则需要使用在上一章中介绍的类似于从整体分割到局部分割的策略和多次分割的方法逐步将模型分割成合适的形状。

单击“确认”按钮✔，如图 18-27 所示。

完成后在特征树中会看到刚刚分割线对应的“草图 4”和根据该分割线增加的“分割 1”特征。在模型上也可以看到被黑色边线分开的模型边缘，如图 18-28 所示。

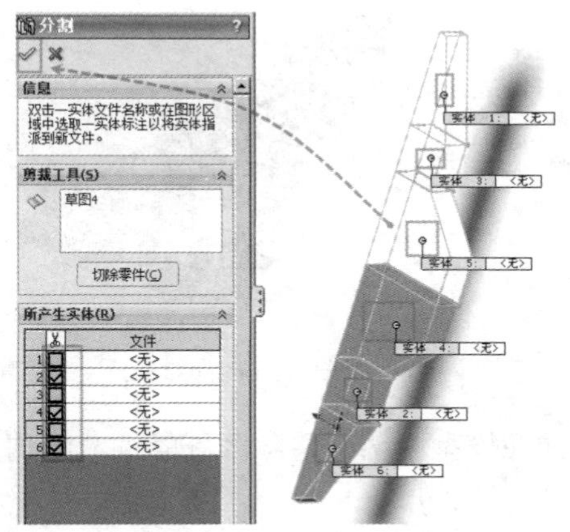

图 18-27　选择分割的零件

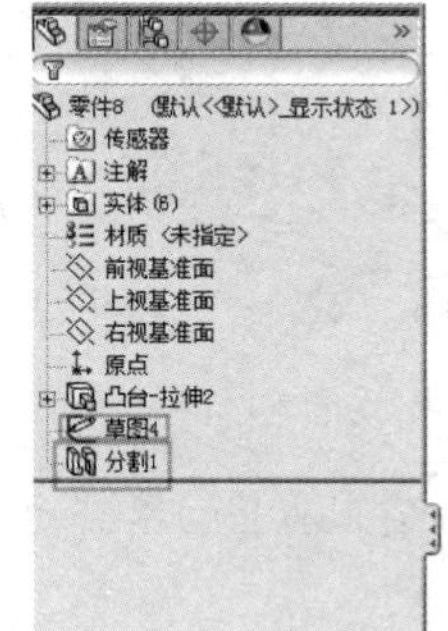

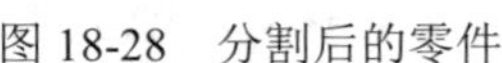

图 18-28　分割后的零件

刷新模型。回到 Workbench 的项目管理区，右击 A2 Geometry（模型）并选择 Update From CAD（刷新来自 CAD 软件创建的模型），如图 18-29 所示。

重新计算。双击 B5 Setup（荷载），如图 18-30 所示。由于分析数据有变化，软件会提示是否刷新数据，单击“是”按钮，如图 18-31 所示。

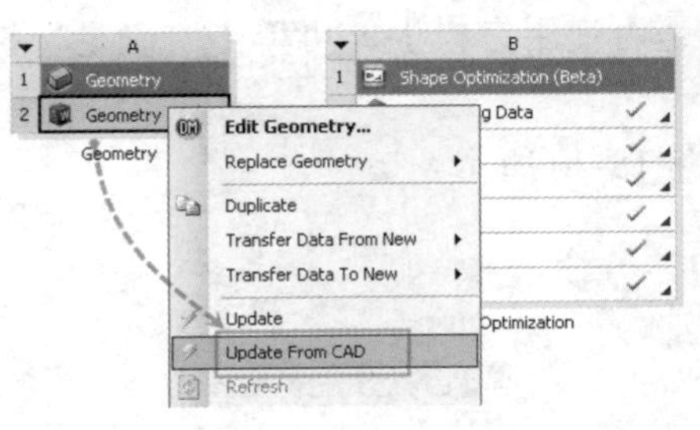

图 18-29　刷新模型

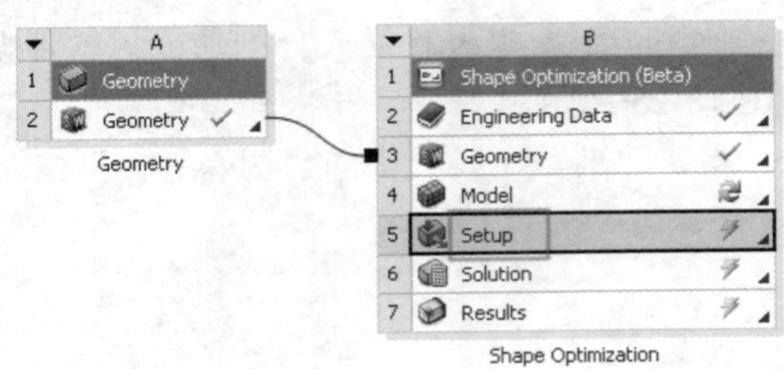

图 18-30　重新计算

重新选择加载位置。由于模型被分割，原加载在整个顶面的倾斜力荷载需要重新设置加载面。按住 Ctrl 键分别单击几个顶部表面，如图 18-32 所示。

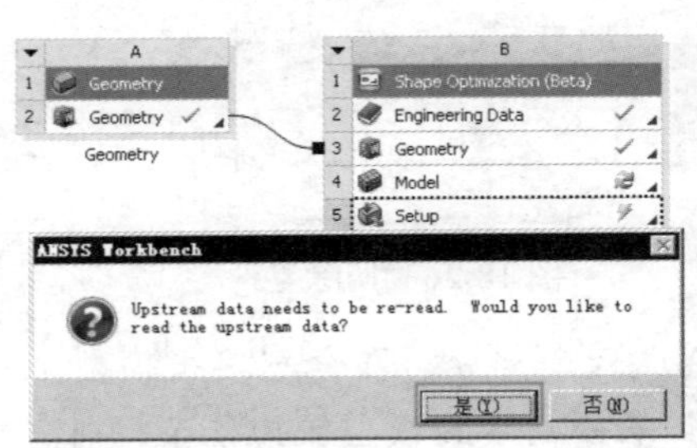

图 18-31　提示是否刷新数据

Details of "Force"

Scope	
Scoping Method	Geometry Selection
Geometry	1 Face
Definition	
ID (Beta)	35
Type	Force
Define By	Components
Coordinate System	Coordinate System
X Component	0. N (step applied)
Y Component	0. N (step applied)
Z Component	2014. N (step applied)
Suppressed	No

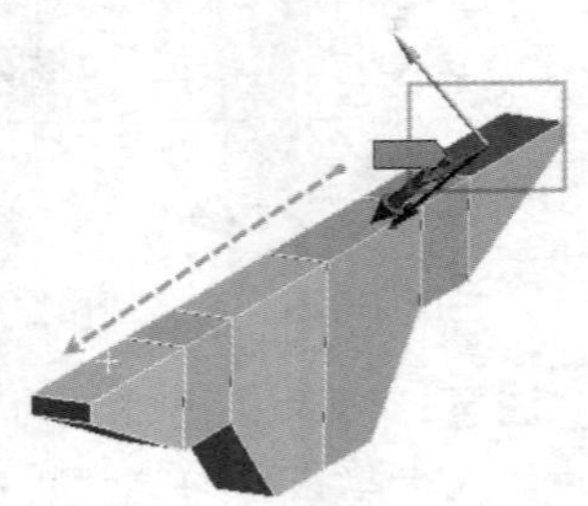

图 18-32　重新选择加载位置

在 Details of Force（力的详细信息）中单击 Geometry（模型）后面的 Apply（应用）按钮，如图 18-33 所示。

图 18-34 显示了所加载的边界条件和荷载信息。

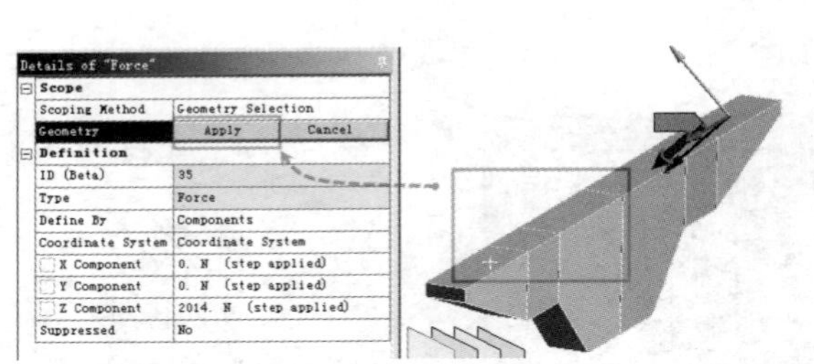

图 18-33　确认加载面

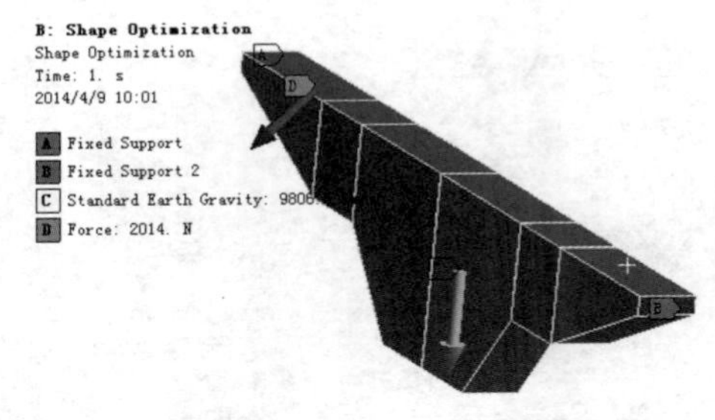

图 18-34　荷载和边界条件

优化结果。重新计算后结果如图 18-35 所示。可知在模型中部可移除区域的细节结构更加详细。

注意：由于在导入分割后的新模型时并没有在 DM 模块中使用 Form New Part（合并为一体）功能，被分割的零件间被软件默认地绑定接触连接，在图 18-35 所示的结果中可以发现接触面附近的计算结果稍有失真。

调整优化目标。将默认的 20%移除量设置成最大的 90%再次求解，查看模型最终会变成什么形状。

由于求解后无法直接修改优化目标，可采用“打擦边球”的方式暂时将优化目标抑制，解除抑制并重新设置优化目标即可。

单击 Outline（分析树）中的 Shape Finder（形状探测器），在 Details of Shape Finder（形状探测器的详细信息）中单击 Suppressed（抑制特征）下拉列表框并选择 Yes（抑制），如图 18-36 所示。

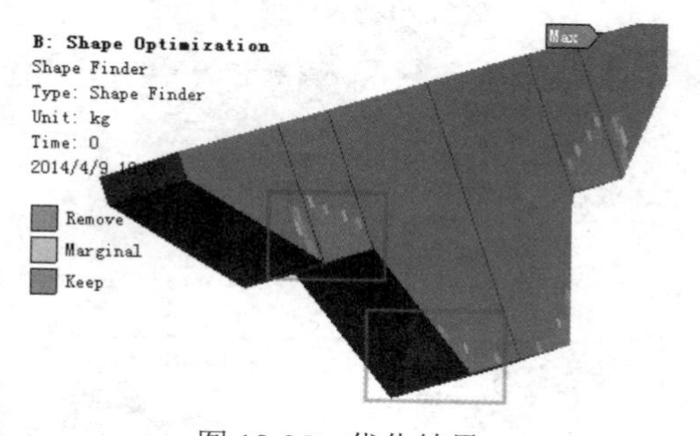

图 18-35　优化结果

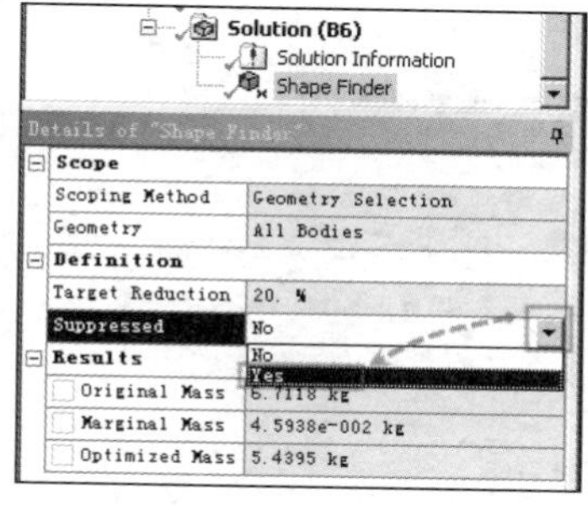

图 18-36　暂时抑制目标

解除抑制。单击 Suppressed（抑制特征）下拉列表框并选择 No（解除抑制），如图 18-37 所示。

这时 Target Reduction（移除目标）的数值即可编辑，将其拉至最大的 90%，如图 18-38 所示。

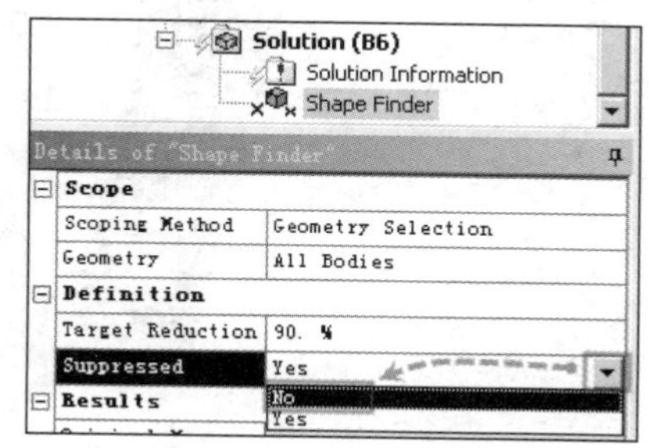

图 18-37　还原目标

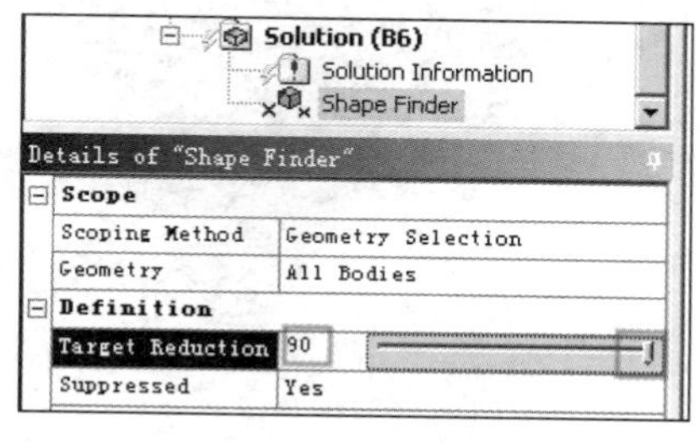

图 18-38　最大优化

求解结果。

注意：形状优化的求解过程需要多次迭代。设置预期的移除目标值越大，需要迭代的次数就越多。一次性设置过大的移除目标可能导致求解不收敛。可先使用默认的 20%的移除量试算一次，并逐步增加移除量，直至达到满意的结果。

在求解过程中可单击 Outline（分析树）中的 Solution Information（求解信息）可查看每一步的求解进度。图 18-39 显示求解已经迭代了 14 次。

图 18-40 和图 18-41 所示分别为模型正反两面的优化结果。

切片查看结果。可见模型剩余部分的形状已近似“弓”形。为了能更方便地查看模型内部可 Keep（保留）部分的形状，可使用切片功能。

单击菜单栏上的切片图标，然后绘制一条切线，如图 18-42 所示。

单击 Section Planes（切片表面）中的 Section Plane 1（切面 1），再单击 Edit Section Plane（编辑切面），这时在模型上可以看见切面深度的提示线。左右拖动提示线中部的蓝色矩形图标可调整切片深度，如图 18-43 所示。

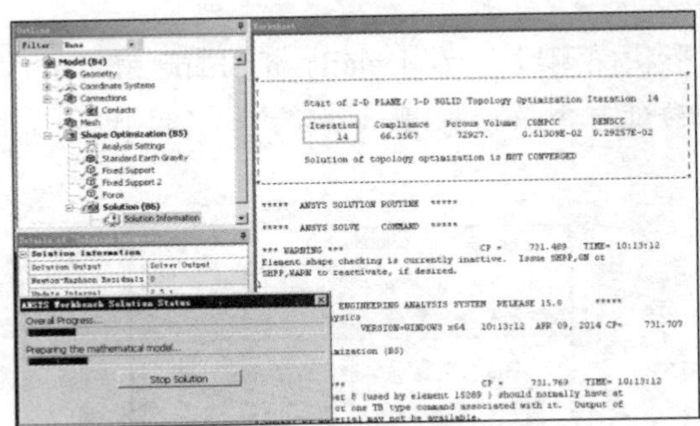
图 18-39　迭代过程

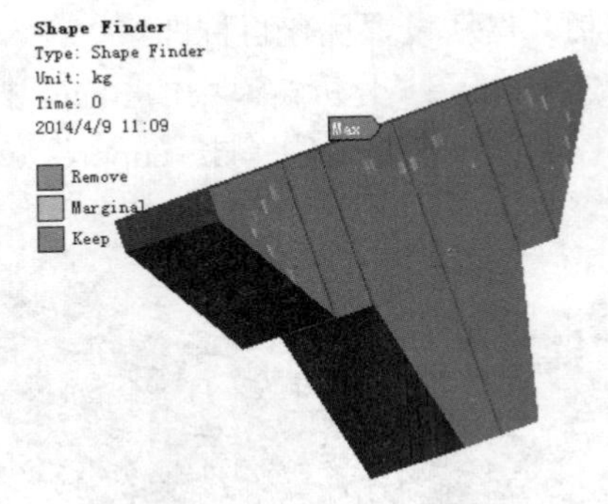

图 18-40　优化结果 1

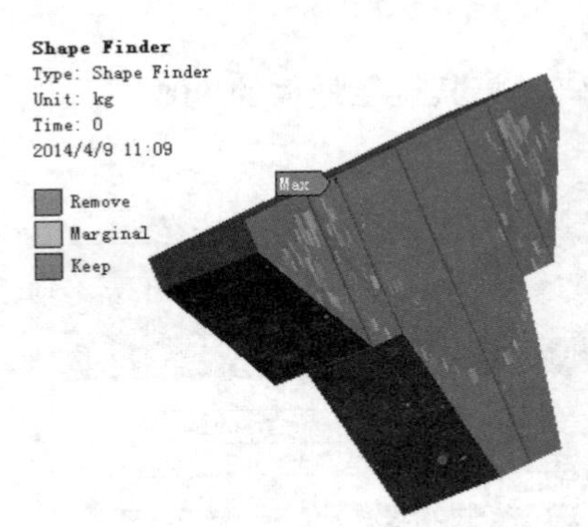

图 18-41　优化结果 2

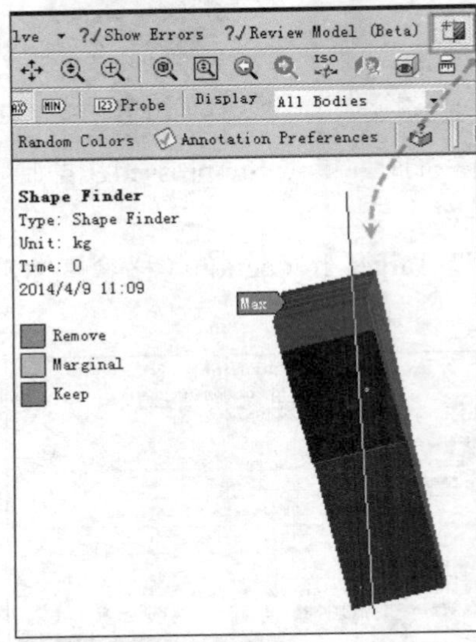

图 18-42　切片查看

如向左移动可加深切片深度，如图 18-44 所示。

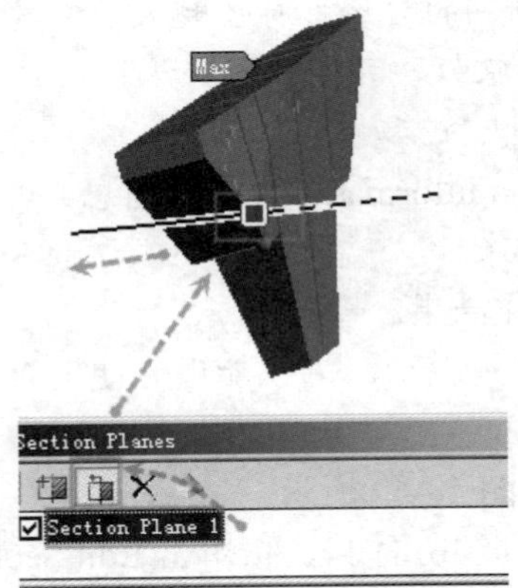

图 18-43　切片深度

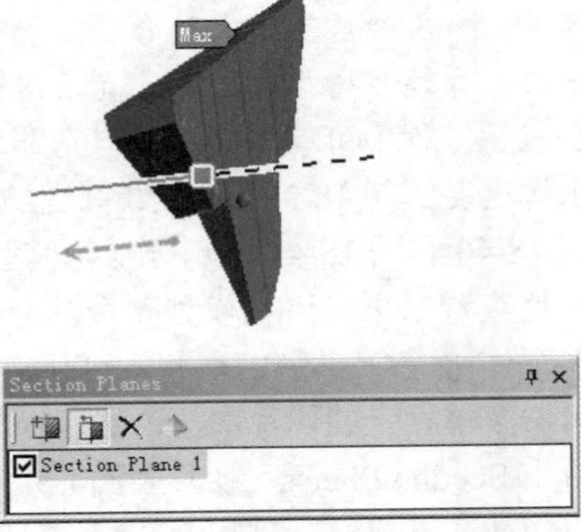

图 18-44　移动

注意：由于使用形状优化模块可将结构的受力状态计算到“极限”值，而实际产品中都需要留有一定的安全余量，故形状优化求解结果只是最终设计状态的一种参考。

传统设计方法上安全系数是很重要的概念，一般也叫设计余量，这个对老工程师是很常见的一个参数。对于有限元里的安全系数，其实和传统计算方法没有区别。

为什么需要安全系数呢？这就需要用到概率统计知识。如果试验结果的材料屈服应力值为 50MPa，那么是不是 100%的使用该材料的结构的屈服应力值都是 50MPa 呢？显然不是的。为了使设计的结构减少不合格率，就需要加一个安全系数来提高合格率，而且这仅仅是对塑性材料的安全系数的设定。如果是脆性材料，材料力学参数的标准差可能更大，所以更需要提高安全系数来确保合格率。

事实上，在欧洲和日本的设计标准中，对塑性材料常常使用安全系数为 1 来进行设计。其允许结构局部出现塑性变形，只要结构不会因此发生大的崩溃、屈曲、垮塌即可。日本标准在这方面做得更绝，基本都取 1。考虑小幅动载荷影响时也最多取安全系数 1.1。欧洲标准有时还会取 1.15。当然取了安全系数，就应该按照安全系数执行，如果材料许用应力值 110MPa，计算结果 101MPa，安全系数 1.1 的话，那么结构设计不合理，力学性能的指标不符合标准，这个时候的产品不合格率会升高。当然如果公司能够认可这种设计情况下的废品率，那么设计仍被认可。

当然，计算的准确性问题是需要试验来互相校核的，而试验如果仅仅是单件试验也是不完全可信的（在统计学中这只叫个例，不叫抽样，抽样需要两件以上的试验）。一句话，这是一个不确定的世界，但是有很多东西还是符合概率统计抽样的。

同样地，安全系数是设计的先进性和可靠性结合的产物，它建立在长期实践基础上，一般难以对安全系数本身做定量评定。安全系数是一个经验系数，它包括了许多影响元件强（刚）度的因素，以及迄今为止尚未认识到和难以用其他手段加以定性或定量地在设计公式中予以反映的种种因素。在由强度引起破坏的设计中，在确定材料的许用应力时引入了安全系数；在由于刚度不足而导致失稳的设计中，在确定元件的需用外压或需用压缩应力时也要引入安全系数等。

退出机械设计模块，保存项目文件，退出 Workbench 15.0 平台。

至此，本案例完。

19 压力容器静力学分析案例

19.1 案例介绍

本案例以某压力容器的管箱模型为例进行静态力学分析，以简单介绍 ANSYS Workbench 15.0 静力学分析模块的操作和使用，主要介绍了压力容器分析应力评定时所需要的应力线性化后处理方法、两种提取任意模型断面应力结果平均值的技巧和设置部分材料物理属性的方法。

19.2 分析流程

该案例是本书篇幅最大的案例。在 JB/T 4732《钢制压力容器分析设计标准》中引入了组合应力的当量强度，简称应力强度的概念。而在 ANSYS Workbench 平台下，在默认使用三维实体单元时，其计算结果为组合应力值，并不能直接获得应力强度评定所需要的薄膜应力、弯曲应力、薄膜应力+弯曲应力、峰值应力等结果，需要依靠应力线性化的方法提取出所需的应力分量。

下面介绍部分压力容器“分析设计”的原理与应力线性化后处理的有关知识。

压力容器分析设计的核心是，将所计算出的名义弹性应力进行分类，然后对不同的应力分别控制它们的应力强度。应力的重要性及其控制级别取决于其在容器中对失效所引起的作用及其分布规律。从作用来讲，有的是平衡外部荷载所必需的，有的是满足变形协调所必需的，两者应区别对待；从应力分布规律来讲，有沿壁厚均匀分布的，还有线性或非线性分布的。不同的应力分布其影响面积、塑性行为及应力重分布的过程是不同的，对容器的失效也起到不同的作用。

“分析设计”从设计思想上来说放弃了传统的“弹性失效”准则，而采用以极限荷载、安定荷载和疲劳寿命为界限的“塑性失效”准则，允许结构出现可控制的局部塑性区，允许对最大峰值应力部位作有限寿命设计。采用这个准则，可以较好地解决“常规设计”中的以下矛盾：工程结构中的应力分布大多数是不均匀的，随着实验技术与计算机技术的发展，对于局部几何不连续处按精确的弹性理论或者有限元法所得到的应力集中系数往往可以达到 3 到 10。此时若按最大应力点进入塑性，即判断失效为评定依据会显得过于保守，因为结构尚有很大的承载潜力；若不考虑应力集中，只按简化公式进行设计又不安全，应力集中区将可能出现裂纹。

对于高温情况，把热应力控制在传统标准允许的水平之下有时是做不到的。在高温、高压的容器中，热应力与内压力应力之和很容易超过传统标准的允许值，无论加厚或减薄均不能满足传统标准要求，因为二者对厚度大小的要求是相反的。对于一些弹性元件（如膨胀节）对壁厚的要求也属于这类问题。若按照常规设计的原则与方法就无法得到合理的设计。

在实际运行的设备中，出现疲劳裂纹是在反复加载条件下的一种破坏形式。基于一次静力加载分析的常规设计和产品水压试验都不能对此做出合理的评定与预防。

“分析设计”合理地放松了计算应力过严的限制，适当地提高了许用应力值，但又严格地保证了结构的安全性。

在“分析设计”标准中，允许容器中局部出现塑性变形。计算塑性状态下的应力，就要涉及到塑性力学的平衡方程、本构关系、屈服条件及塑性力学的一些假设。这是一个复杂的，甚至难以解决的问题，即使是采用极限分析、安定分析等来求得容器及其构件的极限荷载与安定荷载，也缺乏实验数据和有效的计算方法。

为此，在“分析设计”标准中就采用弹性应力分析与塑性设计准则相结合的方法。因为弹性应力分析的手段是成熟的。在做应力分析时，假定结构始终服从虎克定律，应力应变关系是线弹性的。这样计算出来的应力，当超过屈服点时，就不是结构中的真实应力，而是“弹性名义应力”或称为“虚拟应力”。同时，借用塑性理论中的基本概念与结论，用塑性分析准则对弹性名义应力进行评定，这是一个行之有效的办法。

弹性名义应力指：无论荷载有多大，无论应力是否可能超过屈服极限，始终假定结构保持着线弹性的应力－应变关系，求解出的计算应力。这种以弹性分析代替塑性分析的方法是一种工程近似的方法。它在大多数情况下是安全可靠的。

压力容器的壁厚太大往往使材料、成型能力、运输等方面都出现问题。对于压力高、口径大的容器，用分析设计法更为有利。在经济性方面，使用“分析设计”一般可节约材料 20%～30%，设备壁厚可相对减少，焊接材料和焊接工作量也因此相对减少。当然，采用“分析设计”法不单是为了减少壁厚，而是安全合理，该薄处薄，该厚处厚。

在“分析设计”标准中，应力的分类原则是按照“等安全裕度”原则，用各种应力的作用及性质判断其危险性，而给予不同的控制值。

应力按其性质可分为：一次应力（主要应力）、二次应力（次要应力）、峰值应力等。

一次应力是平衡外部机械荷载所必需的应力。它是维持结构各个部件的平衡直接需要的，没有此应力，结构就会发生破坏。一次应力不具有“自限性”，它所引起的塑性流动是非自限的。一次应力分布区域较大，具有总体性。若沿厚度方向分，又有一次薄膜应力和一次弯曲应力。例如，在内压作用下的圆筒周向或环向应力主要是一次薄膜应力，而平盖的应力主要是一次弯曲应力。

在化工压力容器中，圆筒和封头绝大多数属于薄壁回转壳体。其特点是，内部压力均匀地垂直作用在器壁的内表面上，这部分力由器壁承受。对封头的压力将使圆筒部分在横断面上破裂。沿着横断面分布的应力是沿着容器的轴线方向，称为“经线应力”或“轴向应力”。而对于筒壁的压力将使筒壁沿着周向破裂，这种圆周的切线方向产生的应力称为“周向应力”或“环向应力”。为分析求解薄壁中的这两个应力值，可以使用两种理论，即有力矩理论和无力矩理论。

有力矩理论认为壳体内不但有拉应力或压应力，同时还存在弯曲应力。经分析发现，弯曲应力与周向应力相比是一个很微小的数值。为了简化计算，采用无力矩理论的假定，其计算结果的精度同样可以满足工程需要。

无力矩理论又称为薄膜理论，它假定壁厚与直径比例很小，认为壁厚很薄（设计上规定，壁厚与内径之比小于 1:10，即壳体外径与内径之比≤1.2 的情况属于旋转薄壳），几乎像薄膜那样，只承受拉应力或压应力，而不承受弯矩，且认为壳体内的应力沿厚度是均匀分布的，这种器壁的应力又称为“薄膜应力”。

无力矩理论的假定条件：①壳体应具有连续曲面，变形的不连续将直接导致局部弯曲而破坏无力矩应力状态；②壳体上的外载荷应当是连续的，作为无力矩壳体，实际上不能承受垂直于壳壁的集中力与力矩，在集中力作用下的壳体的应力状态将是有力矩的；③壳体边界的固定形式是自由支撑的。

在客观世界中，能同时满足上述要求的情况恐怕只有“气球”。在实际设计中，经常需要借助薄膜理论讨论方案，此时如果引入“气球”模型，会更容易理解要点，把握实质。

前面提到的无力矩理论的三个前提条件在实际设计中是难以彻底实现的，无力矩理论是一个近似理论。应用这一理论时，除满足回转壳体是薄壁外，还应满足壳体的几何形状、材料、荷载分布应该有对称性和连续性，而不至于产生显著弯曲变形。因此，产生了旋转壳体的边缘问题，该问题主要分析连接边缘区的应力与变形。所谓连接边缘，是指壳体两部分相连接的边界，通常是指连接处的平行圆。

下面的情况就会产生边缘应力：①壳体和封头的连接处经线曲率半径有突变，如圆筒体与锥形封头、平板封头、无折边球形封头的连接处等；②器壁厚度有突变，如两段厚度不同的圆筒连接处；③圆筒上装有法兰、加强圈、管板等刚性较大的元件处；④壳体上相邻两段所受的压力或温度有突变处等。

边界力和边界弯力矩产生的边界应力虽然可以达到相当大的数值，但其作用范围是很小的。因此，边缘应力有很大的局限性。尽管如此，某些特殊位置应重点考虑降低边缘应力，如高强度低塑性的低合金制成的钢制压力容器的焊接接头及其热影响区。其在结构上应使焊接接头与连接边界有一定的距离，不使残余应力大的焊接接头处于高的边缘应力影响范围内，以避免两者的相加。对于重要设备的焊接接头，还必须进行焊后消除内应力热处理。

此外，无力矩理论在计算中忽略了弯曲应力，这只是在壳体很薄时才能这样处理，但也不认为壳体就完全丧失了抗弯能力。壳体具有一定的抗弯刚度，也能抵抗压应力。无力矩理论应被认为是，在特定情况下壳体没有弯曲变形或弯曲变形不大时的一种可能的应力状态。

综上所述，薄壁壳体几何形状和荷载分布的连续性是无力矩理论的应用条件。显然，在实际结构中能完全满足上述条件的很少。对不能满足这些条件的实际情况，如支座附近、不同几何形状壳体的连接处等，就要考虑弯曲应力的影响。需要在结构上采取措施或者使用有力矩理论来解决问题。在很多实际问题中，一方面按照无力矩理论求出问题的解，另一方面对弯矩较大的区域再用有力矩理论进行修正。

二次应力同一次应力一起满足变形连续要求，它是为满足变形协调要求所必需的应力。在材料具有足够延性的前提下，二次应力强度的高低对结构承载能力并无影响。当二次应力超过屈服极限以后，就产生局部的塑性流动。但是这种塑性变形被约束或被低应力区域的变形所限制。一旦塑性变形满足了一次应力引起的弹性变形不连续性，变形协调要求得以满足，塑性流动就会自动停止。因此，在一次加载的情况下，破坏过程就不会继续下去，这就是二次应力所具有的"自限性"，它与平衡外载荷无关。通过图 19-1 可以更形象地看出三种应力的相互关系及作用区域。

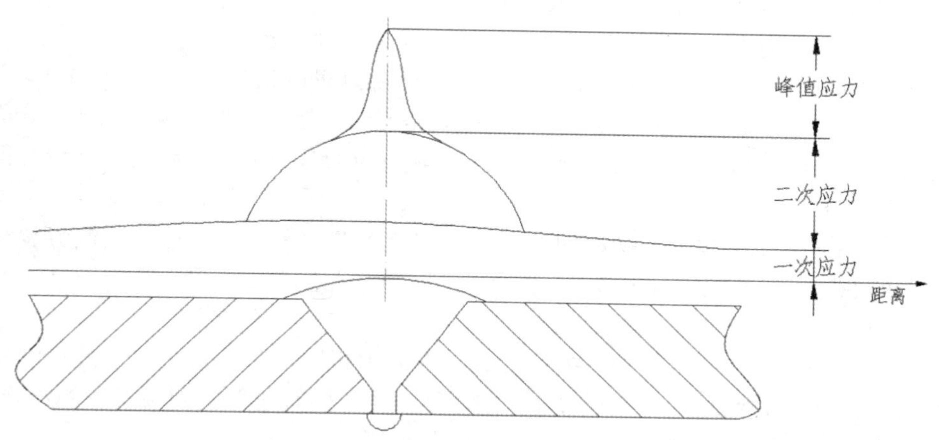

图 19-1　一次应力、二次应力、峰值应力的相互关系及作用区域示意图

对机械应力来说，平衡外部荷载所需要的合力与合力矩已由等效线性化处理后的薄膜应力和弯曲应力所承担。剩余的非线性应力成分是一个与平衡外部机械荷载无关的自平衡力系，必须具有自限性。至于热应力，则本来就是为了满足约束或者变形连续要求才产生的自限应力。如果允许结构自由地均匀热变形，则温度再高也不会产生热应力。

在内压作用下，半球形封头的径向薄膜位移比圆周部分小一倍左右。把它们连成一整体容器时，消除这种不连续性（径向位移间断）所必需的附加薄膜应力与弯曲应力（即边缘效应）都属于二次应力。一切热应力也都是二次应力。

为保证变形后压力容器的完整性，总体结构不连续处的变形脱节现象必须克服。因而导致局部的应力集中，在薄壳理论中称为"边缘效应"。其特点是沿着相贯面方向的应力水平基本上属于同一量级，应力集中系数可达 3～5 倍；当远离它时，应力强度迅速下降。

局部薄膜应力大多来自薄壳理论中的两个壳体连接处的边缘效应解。它沿着壳体的母线方向具有明显的衰减特性。薄壳理论指出，边缘应力解中的最大应力值一般都出现在母线方向离两壳连接线的距离为 $\sqrt{R\times t}$ （其中 R 为壳体中面的第二主曲率半径，t 为壳体厚度）的范围内。这就是判断薄膜应力"局部性"的定量标准。

在壳体中，形成中面的曲线称为经线，而第一曲率半径又称为"经线曲率半径"。球形壳体的第一曲率半径为球半径；通过回转壳体中间面上的任意一点且垂直于经线作一平面，此平面与中间面相交形成一条曲线，此曲线在该点处的曲率半径为中间面在该点的第二曲率半径。球形壳体的第二曲率半径与第一曲率半径相等。

当两个壳体的母线连接处的方向成一个夹角时，边缘效应解中的局部薄膜应力必含有一次应力成分。

当荷载是多次循环且交变的情况下，二次应力可能会导致结构失去安定性。但是丧失安定性后，结构并不是立即破坏，而是出现塑性疲劳或棘轮现象，进入缓慢的破坏过程。

棘轮现象，一般是在一个恒定荷载与一个交变荷载的联合作用下产生的。每次加载循环的前半周与后半周，在结构的不同部位轮流产生同向的相当大的塑性变形而不断扩展。对于某些非整体的连接结构，如螺栓连接等，这时若发生热应力棘轮作用，则可能出现张口或者其他扩展性变形而造成结构失效。

峰值应力是作用范围厚度方向仅属于距危险截面很小一部分的二次应力增量；或者说是附加于一次加二次应力之上的应力增量；峰值应力是扣除薄膜应力与弯曲应力(一次与二次的)之后沿厚度方向呈非线性分布的应力。上述的很小一部分可以认为高应力区在1/4厚度以内。峰值应力的基本特征是局部性和自限性。二次应力是影响范围遍及断面（能把结构分成互不相连的两部分的平面或曲面）的总体自限性应力，而峰值应力是应力强度超过二次应力但影响范围仅为局部断面的局部自限性应力。

峰值应力不会引起结构任何明显的变形，而使整个断面失效，它仅仅是疲劳裂纹产生的根源或断裂的原因，它的危险程度较低。非线性应力（无论是机械应力还是热应力）一律归入峰值应力，因为它具有自限性。

控制上述各种应力及其组合的目的：控制一次应力极限是为了防止过分的弹性变形，包括稳定在内；控制一次应力与二次应力叠加的极限是为了防止过分的弹性变形的增长性破坏；控制峰值应力是为了防止由周期性荷载引起的疲劳破坏。

材料在交变循环荷载的作用下可能产生疲劳失效。当发生疲劳失效时，一般没有明显的塑性变形。它总是在局部峰值应力作用区内发生。由于这些局部的峰值应力很大，在其反复作用下材料晶粒间发生滑移和位错，逐渐形成微裂纹。在荷载作用下，微裂纹在不断扩展，逐渐形成宏观疲劳裂纹，贯穿容器壁厚，最终导致结构发生疲劳断裂。

压力容器中的交变循环应力常常是由以下几方面原因引起的：①频繁的间隙操作和开停工造成的工作压力及各种荷载的变化；②运行时出现的压力波动；③运行时出现的周期性温度变化；④在正常的温度变化时容器的热变形受到了约束；⑤机械荷载交变产生的振动等。

压力容器受压部件中的峰值应力常常在焊接接头附近、结构不连续部位、开孔接管等区域发生。此处的峰值应力常常可以达到容器总体薄膜应力的2～4倍。若以筒体的许用应力是材料的屈服值除以1.5计算，则这些应力的峰值就达到材料屈服极限的2倍以上。这样高的峰值应力所造成的疲劳失效现象与通常高速回转机械的不同。因为那一类机械中都是高循环疲劳问题，可以用材料疲劳极限作无限寿命设计。

对于压力容器，当承受交变荷载时，局部应力（包括峰值应力在内的最大应力）对结构承受疲劳荷载的能力起着显著的作用。因此，在结构设计上应避免过大的峰值应力。如下结构应尽量避免使用：垫板补强等非整体连接件；管螺纹连接件，特别是直径超过70mm者（这与第11章核电空调随机振动分析案例中引用的GJB150A规范所规定的需要抗冲击的设备管道尽量避免采用螺纹连接近似）；部分焊透的焊缝，如垫板不拆除焊缝和一些角焊缝形式；相邻元件厚度差过大的结构。应优先采用整体结构。

线性化处理的特点是：线性应力分布具有与实际应力分布相同的弯矩；线性应力分布能组合为实际应力分布；线性应力化的结果可从薄膜应力、薄膜应力+弯曲应力中分出峰值应力。

换言之，在薄膜应力、薄膜应力+弯曲应力中不含有峰值应力值。借助有限元分析得到的总应力通常采用线性化处理，以便进行各项应力强度的评定。

对有限元分析结果给出的应力分类进行识别和提取的步骤。首先确定典型的评定截面。典型的评定截面通常应包括机械和热荷载在结构不连续部位产生的有较高应力强度的那些截面。有限元分析时，通过设置路径来确定典型的评定截面。找到显示在等效应力强度（当采用第四强度理论进行评定时）云图上的高应力强度区域，且在结构不连续部位选取外壁上相对网格上的两个节点，设置贯穿壁厚最短距离的路径，再依照此路径进行线性化处理。然后对有限元分析给出的应力结果进行识别、提取和应力强度评定。如需要进行热应力分析，采用应力叠加法计算机械应力+热应力的总应力时应提取其所考虑点的应力分量。

需要指出的是，峰值应力的基本特征是它不引起结构的显著变形。峰值应力可能是疲劳裂纹源，所以仅在疲劳分析中才有意义，其他机械应力分析、热应力分析及其耦合分析时可不予理睬。

由于强度校核时只关心各类应力强度中的最大值是否小于标准规定的许用值，所以只要校核线的选取合适，其他部位不必再逐一校核。

有关的基础知识介绍完毕，下面进行软件操作的介绍。

打开 ANSYS Workbench 15.0，再打开一个静力学分析模块。关于材料属性，在其他的案例中都是使用默认的“结构钢”，本案例先简单介绍设置与修改材料属性的操作。

双击 Toolbox（工具箱）中的 Static Structural（静力学分析模块），如图 19-2 所示。双击 A2 Engineering Data（工程数据），如图 19-3 所示。

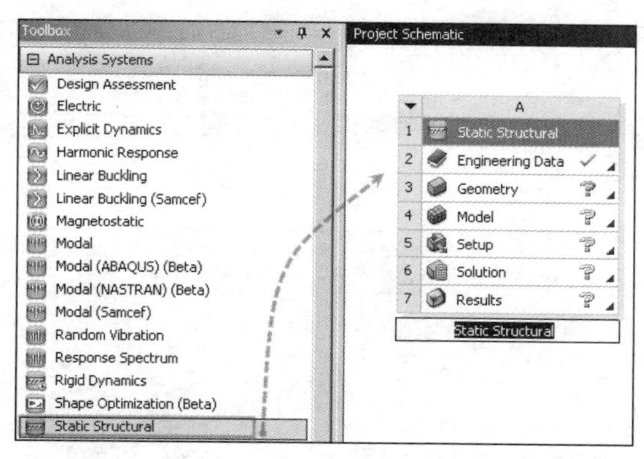

图 19-2　打开模块

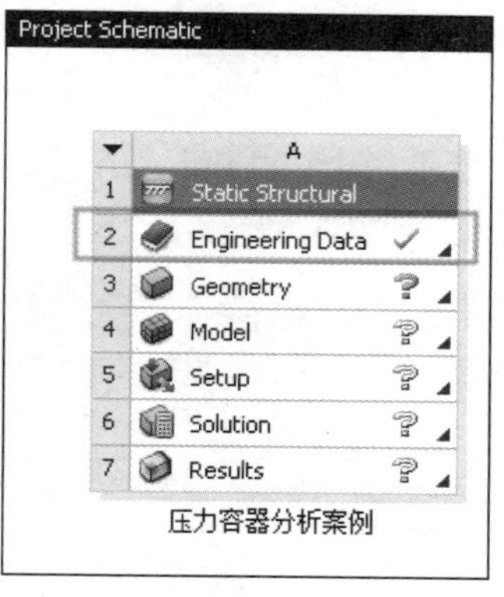

图 19-3　设置材料属性

进入工程数据界面。Toolbox（工具箱）中包含了 ANSYS Workbench 中可以设置的全部材料属性。如需要单独添加特别的材料属性，可单击 Toolbox（工具箱）中所需的部分并拖动到 Properties of Outline Row3（材料特性）中。默认的材料为 Structural Steel（结构钢），如 Outline of Schematic A2（概述）中所示。

新建材料可单击 Click here to add a new material（单击此处创建一个新的材料）。单击 A3 Structural Steel（结构钢）下方出现了全部的默认材料属性，如 A2 Density（密度）、A4 Coefficient of Thermal Expansion（热膨胀系数）、A8 Young’s Modulus（杨氏模量，即弹性模量）、A9 Poisson’s Ratio（泊松比）等，这些属性也是一个基本的线弹性应力分析时可能需要的材料参数。

在 Table of Properties Row：xx（表格显示的 XX 性能）中可以输入某种材料属性随温度变化的离散点。输入后的离散数据会在 Chart ofProperties Row：xx（图形显示的 XX 性能）中用红色散点图的方式显示，如图 19-4 所示。

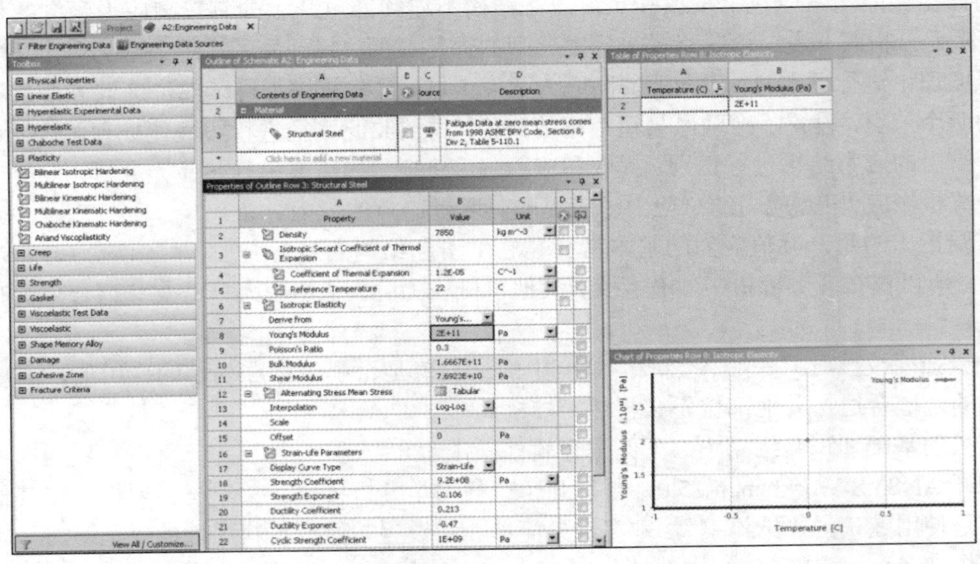

图 19-4　工程数据界面 1

作为演示，将默认的部分常用材料属性修改为 15 低合金钢在不同温度下的线弹性物理属性。该材料属性数据援引自本书最后的常用金属材料物理属性汇总表。默认情况下材料属性是不可修改的，需要将其设置成可编辑状态。

单击菜单栏上的 Engineering Data Sources（工程数据源）Engineering Data Sources，打开后如图 19-5 所示。

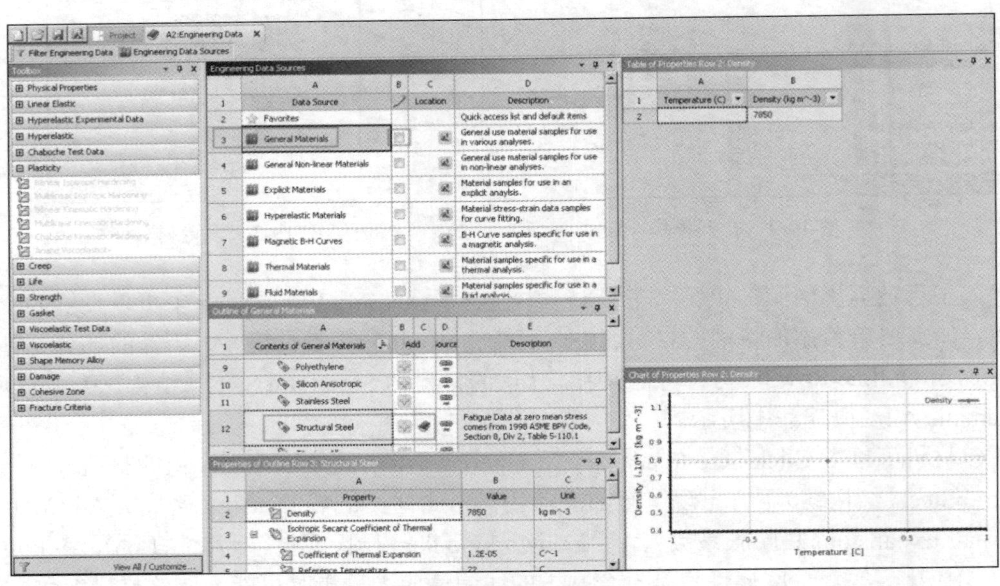

图 19-5　工程数据界面 2

注意：在 Workbench 15.0 平台中 Engineering Data Sources（工程数据源）的快捷按钮与之前版本的 Workbench 略有不同。但是，该按钮的三个书本形状的图标是一致的，并且所处的位置也是基本一致的。

单击 Engineering Data Sources（工程数据源），其中包含了众多的材料数据，并且经过分类。默认的“结构钢”属于 A3 General Materials（一般材料）。单击具有铅笔图标的 B3 即可使其包含的材料处于可编辑状态，再单击 Outline of General Materials（一般材料的分析树）中的 A12 Structural Steel（结构钢）即可在 Properties of Outline of Row（性能）中双击相应参数进行修改。

注意：如需要添加多个材料，可单击 Outline of General Materials（一般材料的分析树）中相应材料后面 B 列的黄色十字图标。选择后其 C 列会生成蓝色书本的图标。

修改材料属性。以本书最后材料属性表中的“15 钢”为源数据修改弹性模量、泊松比、热膨胀系数。

注意：在输入弹性模量等参数前，请仔细查看第 5 章中弹性模量的概念与性质部分的描述。

单击 Properties of Outline Row（性能分析树）中的 A4 Coefficient of Thermal Expansion（热膨胀系数），在 Table of Properties Row 4：Coefficient of Thermal Expansion（表格显示热膨胀系数）下面分别输入不同温度的参数。

注意：可通过复制并粘贴的方式将已经输入的参数粘贴到下一行的待输入行中并修改至新参数，这样可避免出现错误。当某一项出现黄色区域时，表示此处数据空缺，是必须输入的参数。图 19-6 所示为输入后的参数。

用类似的方法修改弹性模量和泊松比参数，修改后的弹性模量数据如图 19-7 所示。

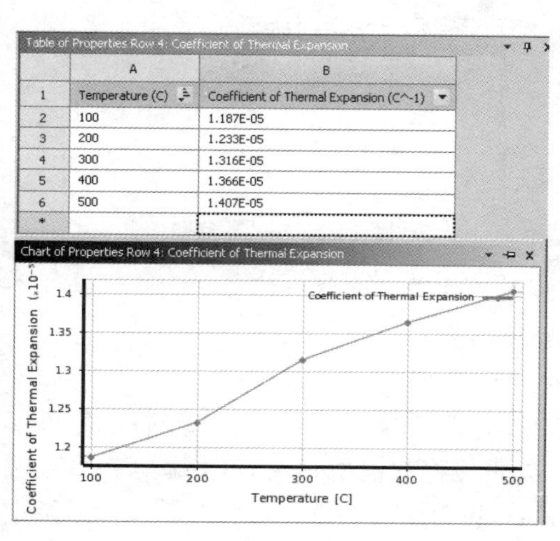

图 19-6　热膨胀系数

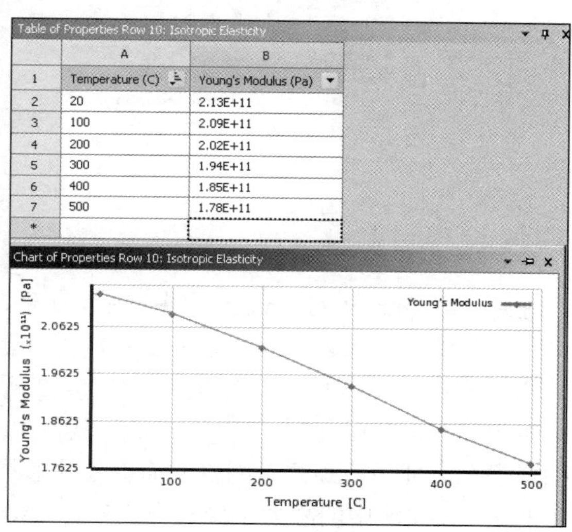

图 19-7　弹性模量

回到 Isotropic Elasticity（各向同性）Isotropic Elasticity，其前面出现了一个蓝色的问号图标，代表需要补充所缺数据。单击查看 Table of Properties Row 8：Isotropic Elasticity（表格显示的各向同性特性），在黄色显示的 Poisson's Ratio（泊松比）内输入需要补充的数据，补全后如图 19-8 所示。

本案例使用的是默认的弹性模量和泊松比形式输入的材料“刚度”参数。当现有材料属性不同时，也可以使用图 19-9 所示的方式输入。材料属性设置完毕后，单击关闭 A2 Engineering Data（工程数据 A2）回到项目管理区。

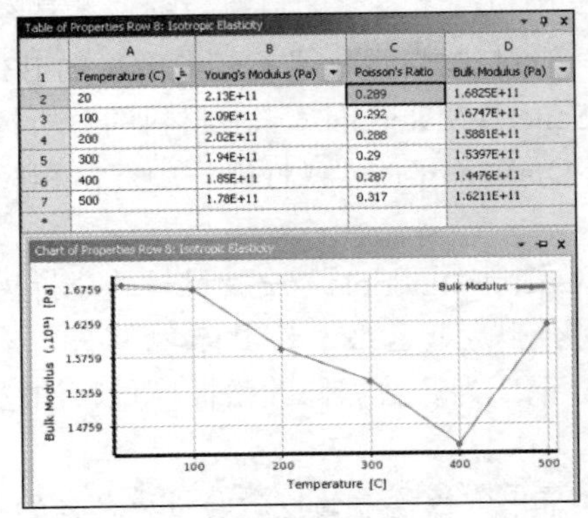
Table of Properties Row 8: Isotropic Elasticity

	A	B	C	D
1	Temperature (C)	Young's Modulus (Pa)	Poisson's Ratio	Bulk Modulus (Pa)
2	20	2.13E+11	0.289	1.6825E+11
3	100	2.09E+11	0.292	1.6747E+11
4	200	2.02E+11	0.288	1.5881E+11
5	300	1.94E+11	0.29	1.5397E+11
6	400	1.85E+11	0.287	1.4476E+11
7	500	1.78E+11	0.317	1.6211E+11
*				

图 19-8　泊松比

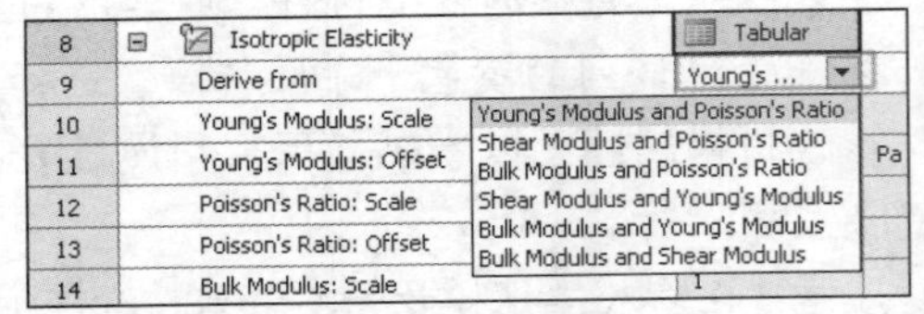

图 19-9　数据输入形式

导入模型。右击 A3 Geometry（模型）并选择 Import Geometry（导入模型）→“管板孔”，如图 19-10 所示。然后双击 A3 Geometry（模型）以进入 DM 模块对模型进行进一步的处理。单击菜单栏上的 Generate（生成），如图 19-11 所示。

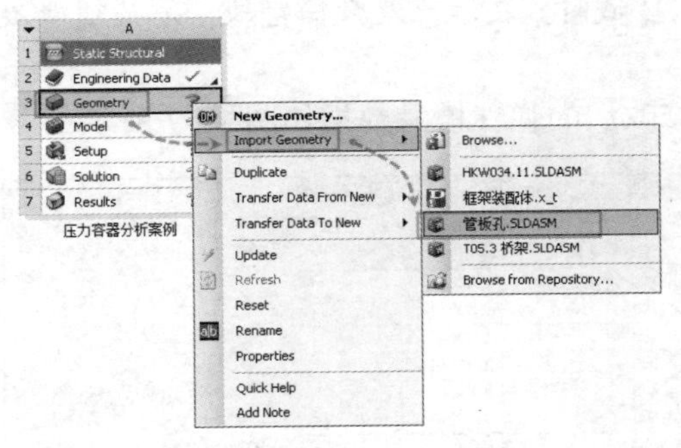

图 19-10　导入模型

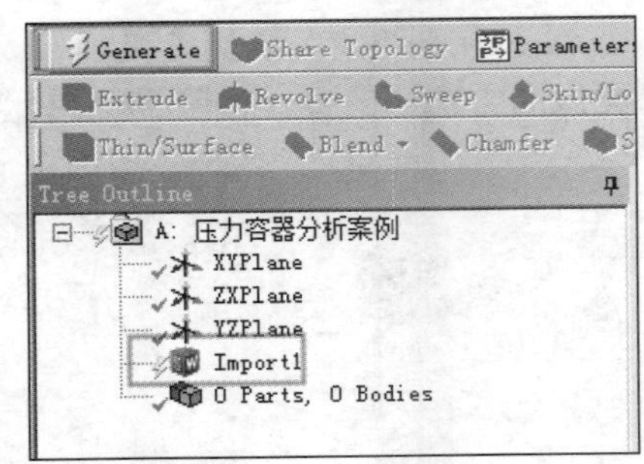

图 19-11　刷新模型

注意：在 Import Geometry（导入模型）的级联菜单中可以直接选择最近打开过的几个模型文件。如需要导入其他模型文件，可单击 Browse（浏览）。

稍等几分钟后模型生成完毕，如图 19-12 所示。

本模型在创建时使用了 Solidworks 软件中的“分割”功能，将包含复杂特征的零件逐个分割成多个方便生成高质量网格的简单零件形状。如直接将此模型导入 DS 模块（在本案例中使用的是 DS 模块中的静力学分析模块）后，Workbench 会默认地将分割后的零件使用绑定接触的方式连接在一起。

使用接触来连接零件容易造成接触面两边的有限元模型网格节点不对应。虽然 Workbench 平台使用基于多点约束的算法较好地解决了节点不对应时应力结果略微失真的问题，但生成的大量绑定接触会极大地增加计算量。为了提高计算精度并且缩减计算规模，可在 DM 模块中适当合并一些被“分割”的零件。本案例将全部零件合并成一个部件（Part）。为了简化计算，并未建立管箱侧面的模型。

单击菜单栏上的体过滤器，再单击 Box Select（框选），如图 19-13 所示。在模型空间空白处按住鼠标左键并向对角线方向移动框选全部的体，选择后的体会变成金黄色，如图 19-14 所示。

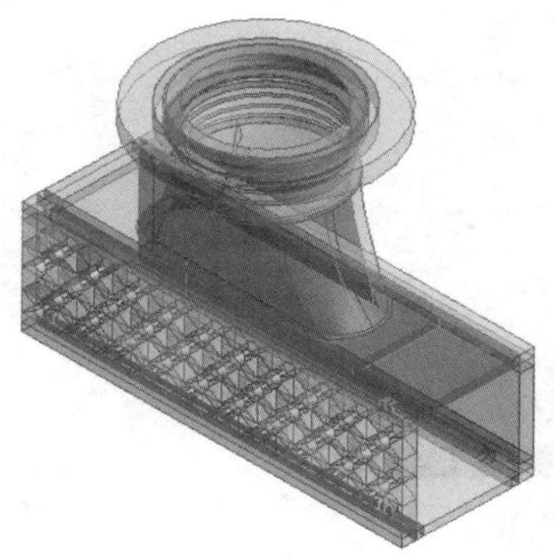

图 19-12 导入后的模型

图 19-13 体过滤器

右击并选择 Form New Part（合并为一体），如图 19-15 所示。

图 19-14 全选体

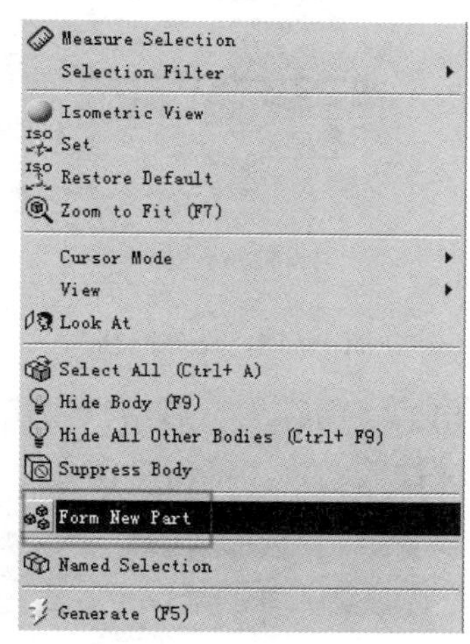

图 19-15 合并体

注意：此合并操作仅在由两个或两个以上的零件（Bodies）组成的模型上可用。

合并后的模型在 Tree Outline（模型树）中会显示为 1 Part（一个体），而其后面的 211 Bodies（211 个零件）表示此模型是由 211 个零件（Bodies）合成的一个体，如图 19-16 所示。

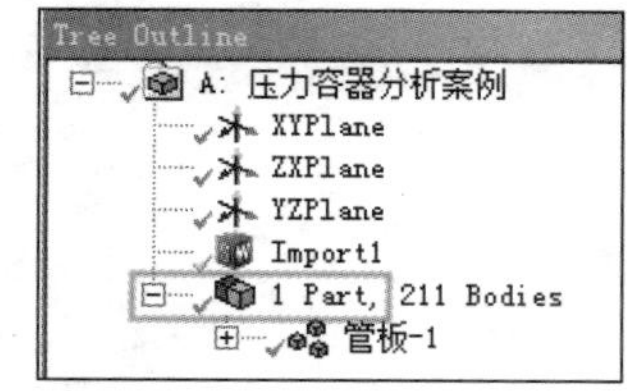

图 19-16 合并后的体

对模型的处理已经完成，退出 DM 模块。单击菜单栏上的 File（文件）→Close DesignModeler（关闭 DM 模块），如图 19-17 所示。

划分网格。回到项目管理区后双击 A4 Model（有限元模型）以划分网格，如图 19-18 所示。

分析前应保存项目计算文件。单击菜单栏上的 File（文件）→Save Project（保存项目文件），如图 19-19 所示。

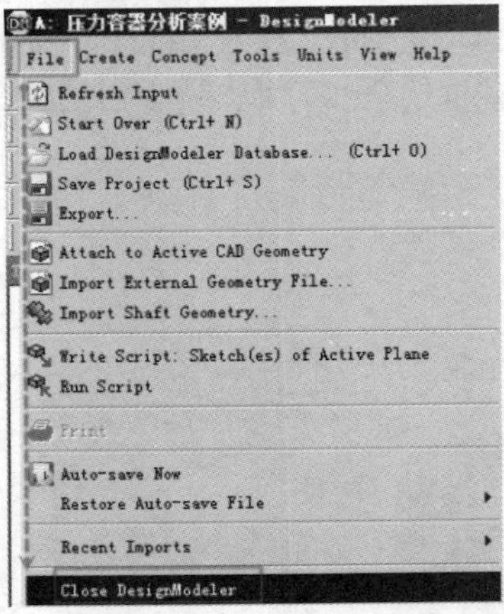

图 19-17　退出 DM 模块

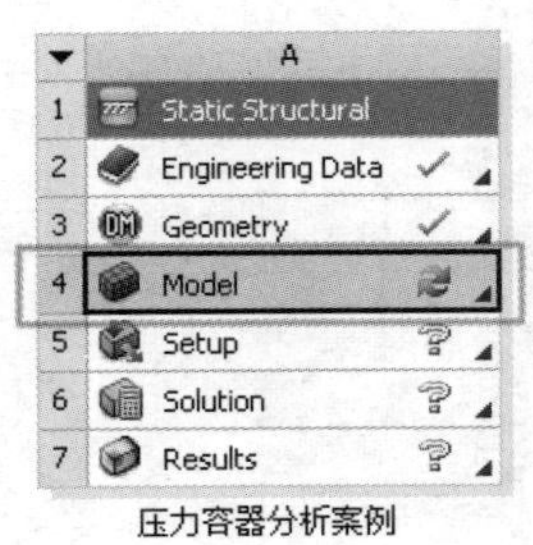

图 19-18　划分网格

图 19-19　保存文件

在弹出的“另存为”对话框内找到合适的保存位置，暂时在“文件名”文本框中输入 2 作为计算文件的名称，单击“保存”按钮，如图 19-20 所示。

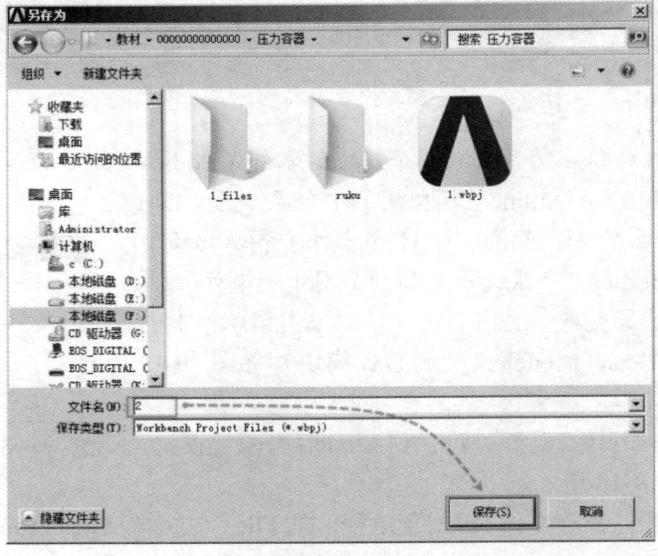

图 19-20　命名保存

由于模型被合理剖分，只需定义一定的全局网格尺寸即可获得相对较好的网格质量。单击 Outline（分析树）中的 Mesh（网格），在 Details of Mesh（网格的详细信息）中单击 Sizing（尺寸），在 Element Size（网格尺寸）的后面输入 10，单位为 mm，然后单击菜单栏上的 Update（刷新网格），如图 19-21 所示。

施加边界条件。在模型（如图 19-22 所示）两端的侧面施加固定位移约束。单击 Outline（分析树）中的 Static Structural A5（静力学分析模块 A5），按住 Ctrl 键并移动鼠标指针在矩形截面处滑动以连续选择需要约束的面，被选择的面会变成绿色，单击 Supports（支撑）→Fixed Support（固定位移约束），如图 19-23 所示。管箱模型对面的面也是用相同的设置。

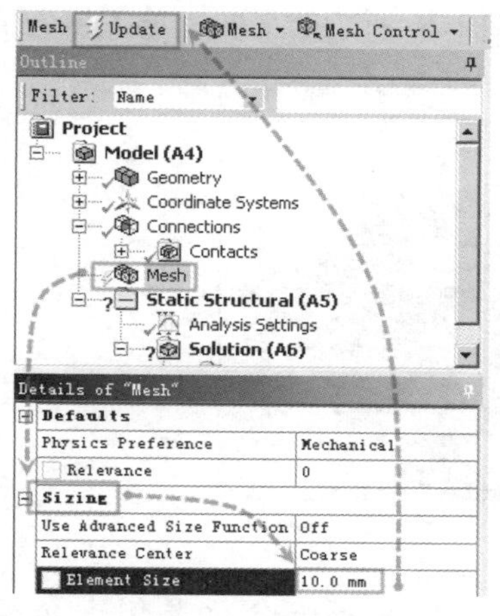

图 19-21　刷新网格

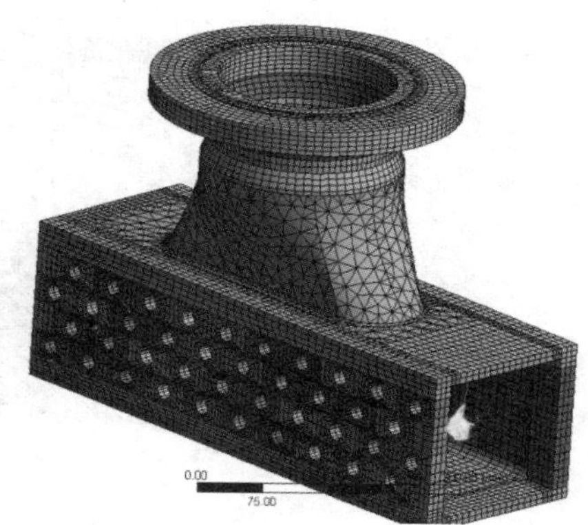

图 19-22　有限元模型

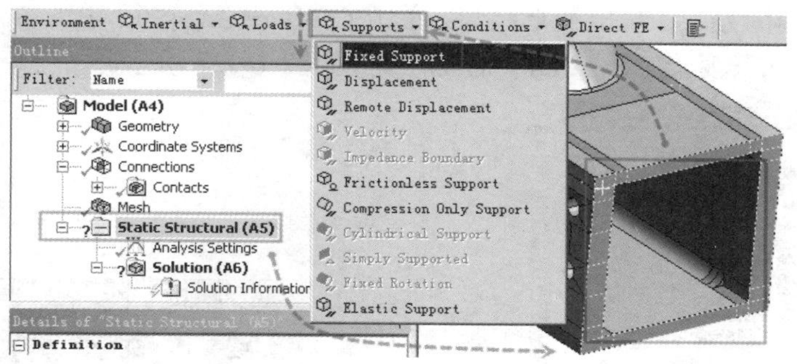

图 19-23　固定约束

视角控制的部分功能。菜单栏上有一些方便进行视角控制的功能。如左边数第一个是 Zoom To Fit（放大至配合），快捷键为 F7，此功能对于模型较大时的视角转换非常有效，尤其是当对模型细节进行加载等操作时可以快速从局部视图缩小至整体，减少了使用鼠标滚轮放大的重复劳动；左边数第二个是 Toggle Magnifier Window（局部放大），当需要显示模型局部放大图，如显示应力集中区域的结果等时可用此功能，单击后模型空间正中会出现局部放大的窗口，单击左键并拖动可移动此窗口，使用滚轮会放大或缩小局部放大的倍数；左边第三个和第四个是 Previous View（先前的视角）和 Next View（后一视角），可将最近的几次视角回溯转换，此功能在 DM 模块中也存在，是笔者已知的 ANSYS Workbench 15.0 中唯一一个可以实现

“撤消”的功能；左边第五个是 ISO（国际标准视角），可将当前视角转换成国际标准的投影视角，如图 19-24 所示。

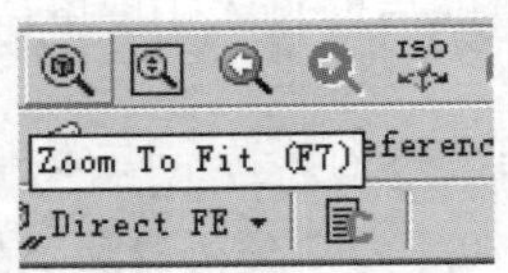

图 19-24 视角设置

施加内压荷载。使用与“施加边界条件”相同的方法点选模型内表面的所有面，单击 Loads（荷载）→Pressure（压力荷载），如图 19-25 所示，在图 19-26 所示的界面中输入压力值 3MPa。

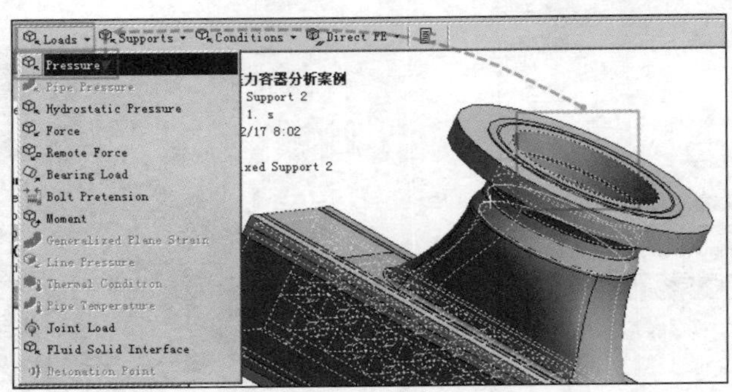

图 19-25 内压荷载

注意：对于相同形状的面可以考虑使用第 3 章框架模态分析案例中介绍的添加 SelectBySize（选择相同尺寸的参数）宏命令的方式。

输出变形及应力结果。输出变形结果。单击 Outline（分析树）中的 Solution A6（分析），再单击 Deformation（变形）→Total（总变形），如图 19-27 所示。

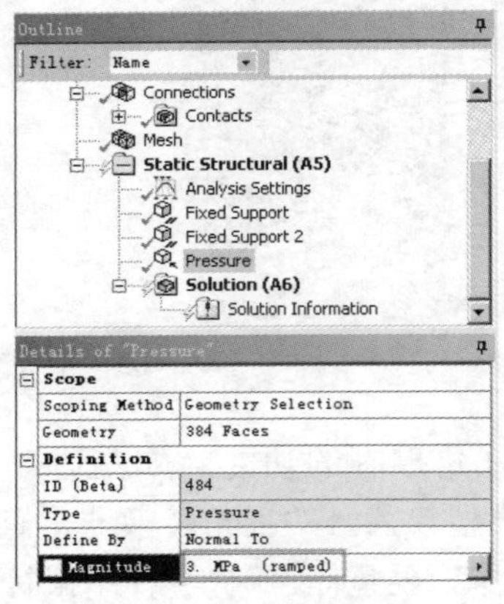

图 19-26 输入压力值

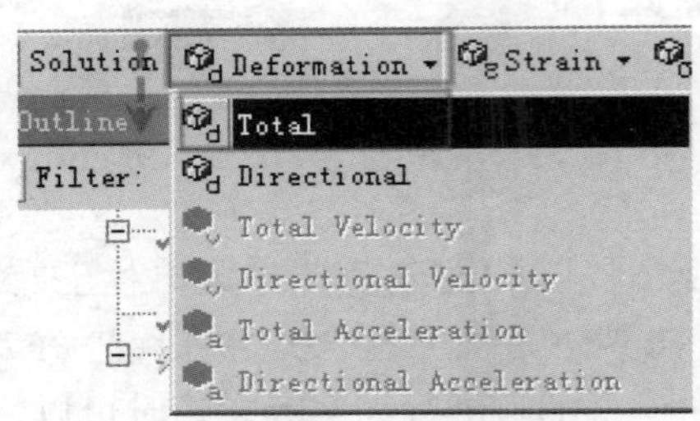

图 19-27 变形结果

输出等效应力结果。单击 Stress（应力）→Equivalent（等效应力），如图 19-28 所示。

最大应力点一般出现在截面突变处（边缘效应），本案例中出现在了内侧“焊缝”圆角处。为了提高计算精度，使用第 13 章网格无关解案例中介绍的插入“收敛”的方法计算应力结果的网格无关解。

单击菜单栏上的面过滤器，按住 Ctrl 键点选内侧“焊缝”处及其相邻的两个内表面，再单击 Stress（应力）→Equivalent（等效应力），如图 19-29 所示。

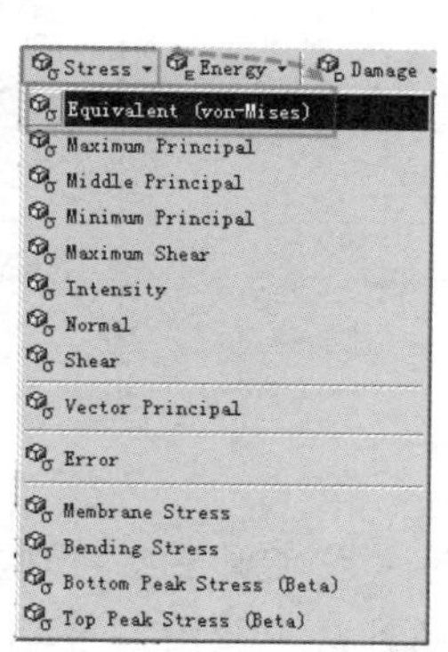

图 19-28　等效应力结果

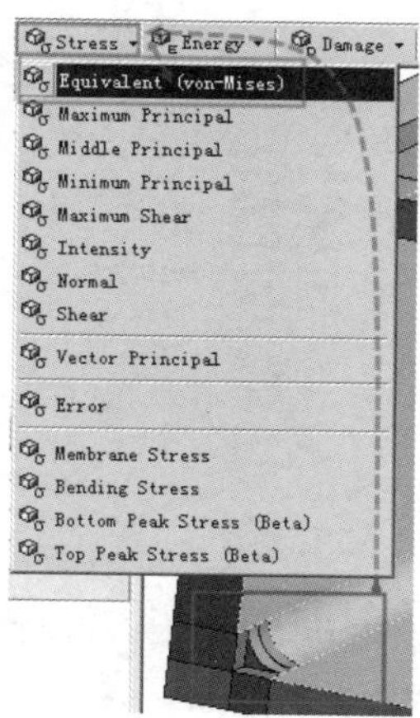

图 19-29　等效应力

插入收敛。右击刚刚建立的“等效应力”结果图标并选择 Insert（插入）→Convergence（收敛），如图 19-30 所示。

确认设置无误后保存项目文件，单击“求解”按钮开始计算，结果如图 19-31 所示。

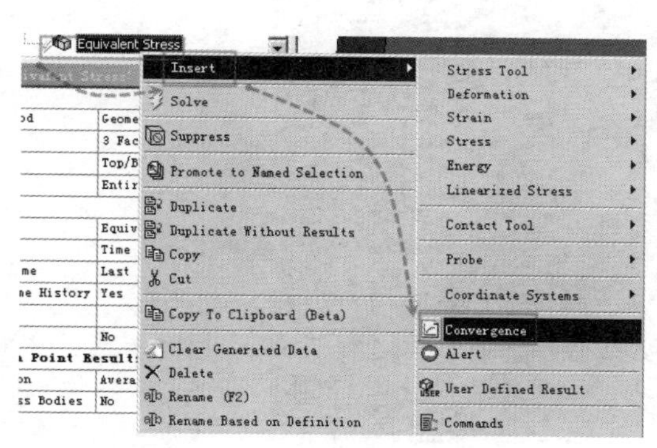

图 19-30　插入收敛

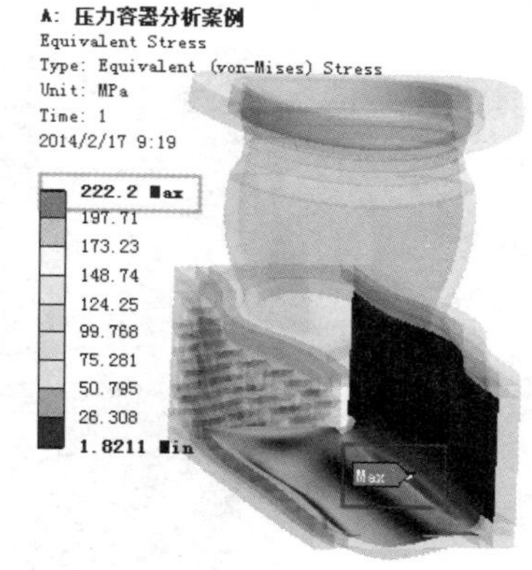

图 19-31　受力结果

注意： 当在“应力”中插入收敛时，计算的是该应力的网格无关解；同样地，当在其他的结果中插入收敛时，计算的是该结果的网格无关解。

默认的两次计算结果的差额的范围在 20%以内。计算结束后的收敛历史如图 19-32 所示。第一次应力计算结果为 217.54MPa，节点数量 136776 个，单元数量 30723 个；收敛后的应力计算结果为 222.2MPa，节点数量 239925 个，单元数量 144311 个。可见两次应力解的差额为 2.1215%，两次计算结果非常接近。可以认为 222.2MPa 是网格无关解。

应力线性化操作时，需要将应力评定线的一端与等效应力最大点重合，穿过壁厚。而最大应力点的捕捉就显得十分重要。由于本案例使用了“收敛”功能，无法直接获得最大应力点的坐标，但是可以使用一种“打擦边球”的方式间接地找到最大应力点。

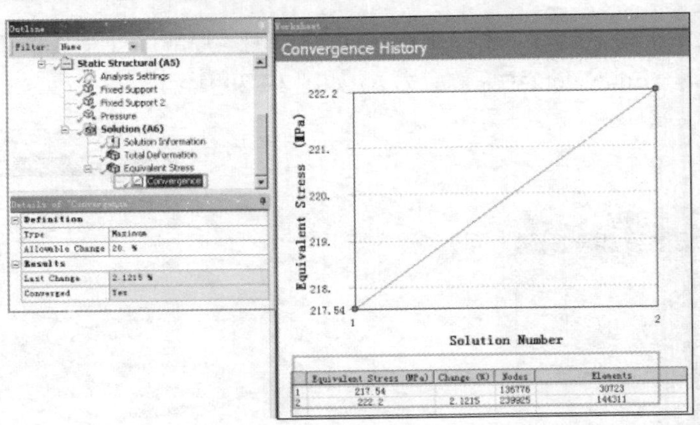

图 19-32　收敛历史

注意：本书中，笔者共介绍了三个通过“打擦边球”的方式实现某些特别功能的操作：第一个是在第 12 章发动机叶片周期扩展案例中介绍的截取高分辨率截图；第二个是找到最大应力点；第三个是在第 18 章等强度梁形状优化设计分析案例中介绍的抑制移除量。

单击某一后处理结果时，如单击 Outline（分析树）中的 Equivalent（等效应力），向右查看，当鼠标移动到模型所属范围内的非空白区域时双击，软件会自动以此为视图旋转中心，并将旋转中心移动到屏幕正中，且在此处生成很小的一个红色球状图标。局部放大后如图 19-33 所示。此球状图标在进行其他前后处理操作时依然存在，可作为临时标记。

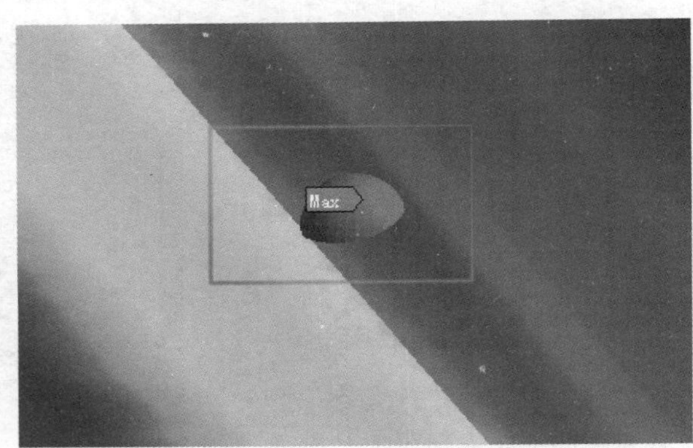

图 19-33　视图旋转中心

转动鼠标滚轮放大显示最大应力的 Max 图标（显示最大值功能在图 1-53 中介绍过）。在此处单击生成红色球状图标，即可最接近地在最大应力点位置设置一个临时信标，再在此处建立局部坐标系，并根据新坐标系插入应力评定线。该“打擦边球”的方式就是利用了这个临时信标。

基于此法介绍两种提取任意模型断面应力结果平均值的技巧和应力线性化的操作。

建立局部坐标系。单击 Outline（分析树）中的 Coordinate System（坐标系统），再单击 Select Mesh（选择网格），然后单击 Show Mesh（显示网格），如图 19-34 所示。

在最接近圆心的网格节点处单击，选中后该节点会以绿色矩形框显示，右击并选择 Create Coordinate System（创建坐标系统），如图 19-35 所示。

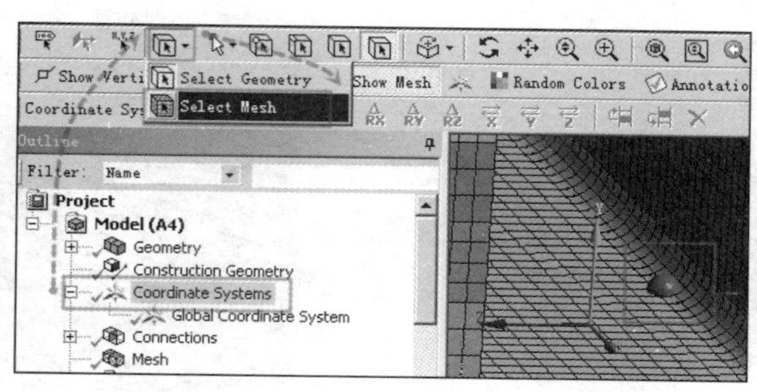

图 19-34　选择网格

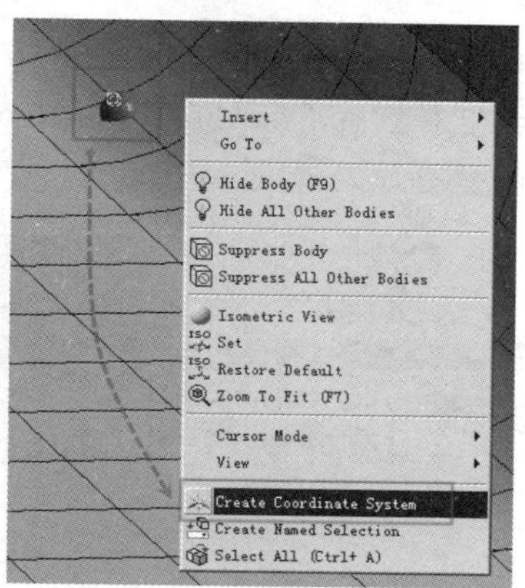

图 19-35　建立局部坐标系

生成断面结果时依据的是局部坐标系 X 方向，与本案例管箱宽度方向垂直，需要更改坐标系方向。在 Details of Coordinate System（坐标系统的详细信息）中 Axis（坐标轴）后的下拉列表框中选择 Z，如图 19-36 所示。

根据最大应力点和邻近的网格节点建立局部坐标系后可不再显示网格。单击菜单栏上的 Select Geometry（选择模型），如图 19-37 所示。

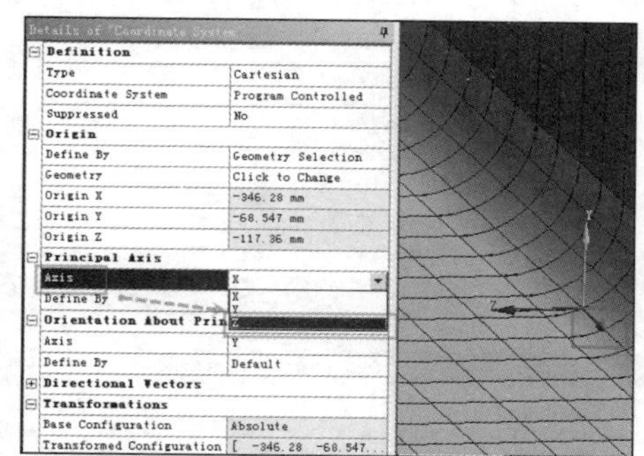

图 19-36　改变坐标方向

图 19-37　选择模型

建立断面。单击 Outline（分析树）中的 Model（有限元模型），再单击 Construction Geometry（模型构造），如图 19-38 所示。单击 Construction Geometry（模型构造）后面出现的 Surface（表面），如图 19-39 所示。

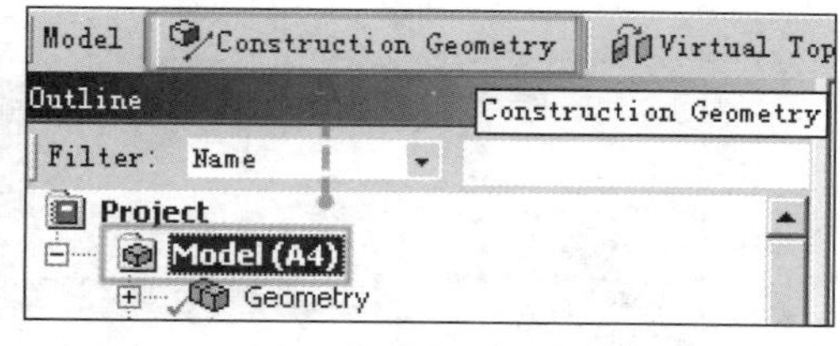

图 19-38　模型构造

图 19-39　选择表面

注意：Construction Geometry 旁边的 Path（路径）是应力线性化评定时需要的功能。

更改坐标系。建立 Surface（表面）后默认的是全局坐标系，需要更改到刚刚新建的局部坐标系。单击 Details of Surface（表面的详细信息）中 Coordinate System（坐标系统）后的下拉列表框并选择 Coordinate System（坐标系统），如图 19-40 所示。选择完成后如图 19-41 所示，已经更改为横向。

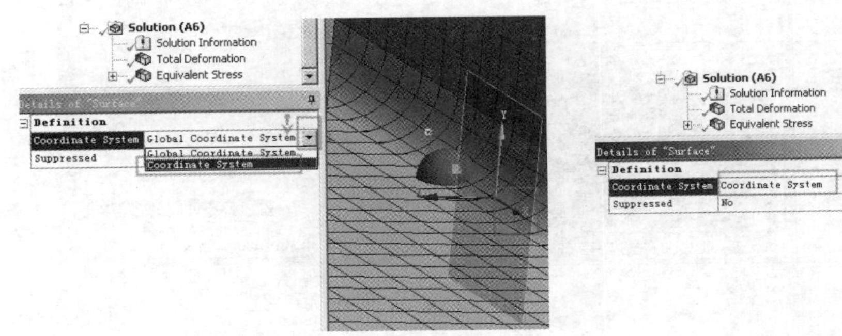

图 19-40 选择局部坐标系

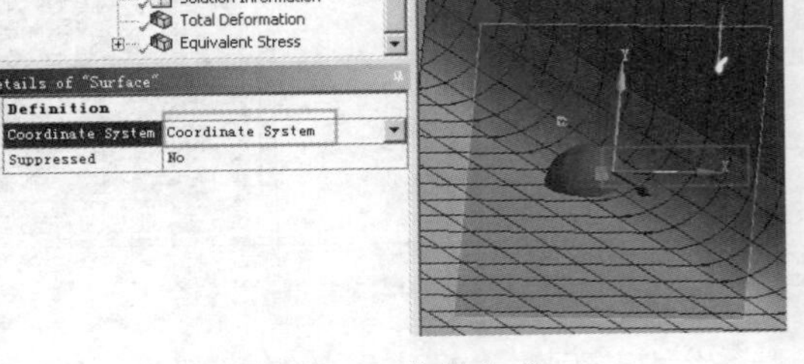

图 19-41 选择完成

选择内侧焊缝邻近的 3 个面为断面结果的计算区域。按住 Ctrl 键分别单击 3 个待选面，再单击 Stress（应力）→Equivalent（等效应力），如图 19-42 所示。

单击 Outline（分析树）中的 Equivalent Stress2（等效应力 2），在 Details of Equivalent Stress2（等效应力 2 的详细信息）中 Scoping Method（管辖方式）的下拉列表框中选择 Surface（表面），如图 19-43 所示。

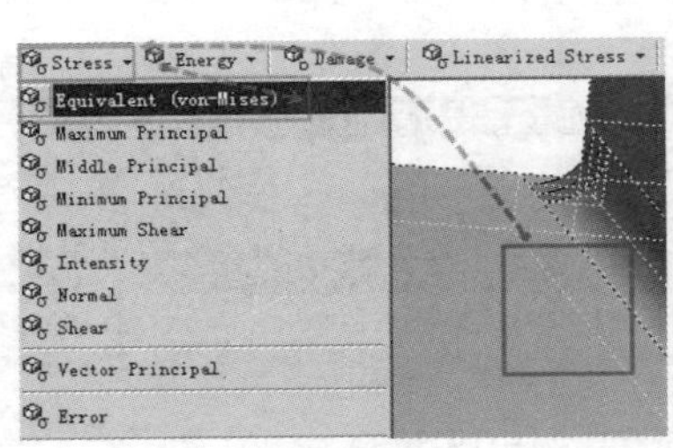

图 19-42 等效应力结果

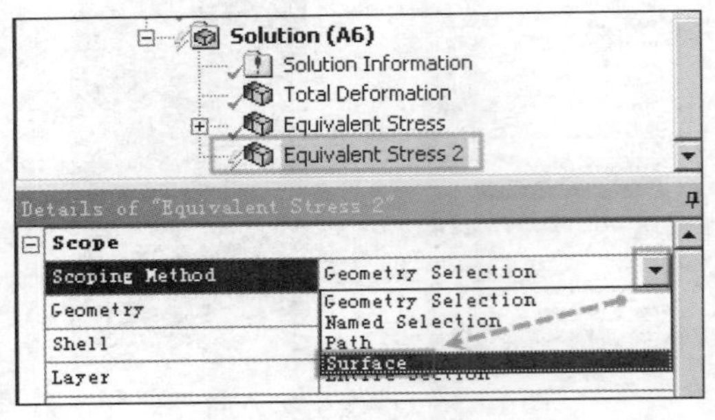

图 19-43 选择表面

在 Surface（表面）后的下拉列表框中选择 Surface（表面），此功能在设置多个断面时选用，如图 19-44 所示。

右击 Outline（分析树）中的 Equivalent Stress 2（等效应力 2）并选择 Evaluate All Results（求解全部结果），如图 19-45 所示。

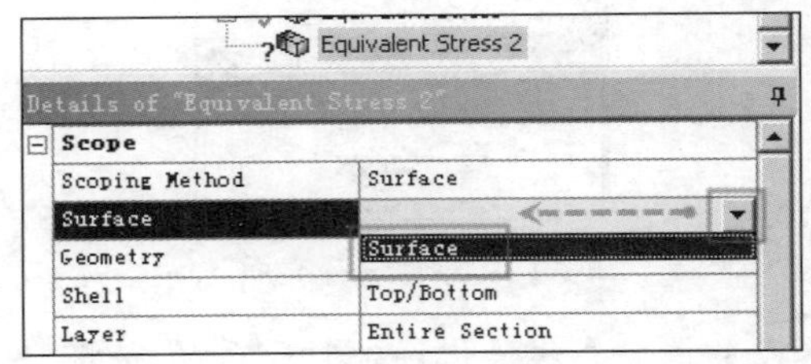

图 19-44 选择面

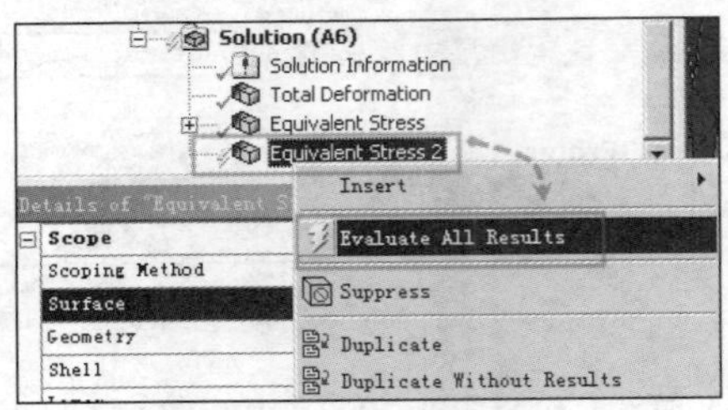

图 19-45 刷新结果

图 19-46 所示为该断面的等效应力结果。由 Average（平均值）可知其平均应力为 32.941MPa。

Results	
Minimum	2.2716 MPa
Maximum	220.44 MPa
Minimum Occurs On	盖板1-1
Maximum Occurs On	14 长焊缝-3
Average	32.941 MPa
Minimum Value Over Time	
Minimum	2.2716 MPa
Maximum	2.2716 MPa

图 19-46　断面上的结果

如需获得该断面更局部的平均应力值，可在创建模型时再次分割出所需大小的模型。

进行应力线性化操作。与提取断面结果近似，先建立评定线。单击 Outline（分析树）中的 Construction Geometry（模型构造），再单击 Path（路径），如图 19-47 所示。

由于刚刚建立的局部坐标系原点已非常接近等效应力最大值的坐标，故本次路径操作暂时以该坐标系为基准，并适当移动路径的位置，从而使路径的一点（起始点或终止点中的一个）与最大应力点重合。

更改路径的局部坐标系。在 Details of Path（路径的详细信息）中 Path Coordinate System（路径的坐标系）后的下拉列表框中选择 Coordinate System（局部坐标系）。在 Path Type（路径形式）中默认选择 Two Points（两点坐标），需要分别输入路径的起始点和终止点的坐标值。将起始点和终止点的坐标系更改为刚刚新建的局部坐标系。

单击 Start（起始点）中 Coordinate System（坐标系）后面并选择 Coordinate System（局部坐标系），在 End（终止点）处的操作相同，如图 19-48 所示。

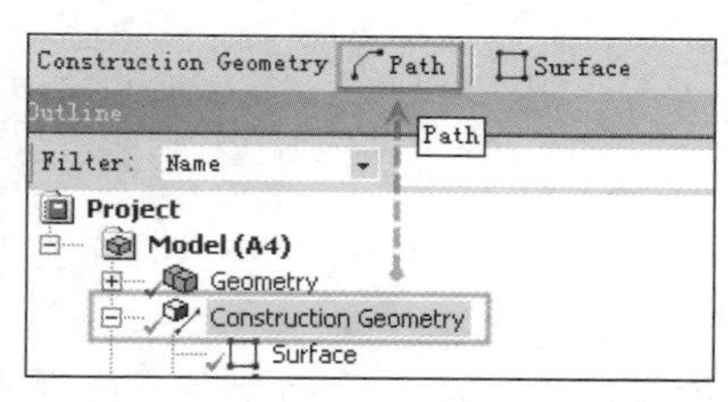

图 19-47　选择路径

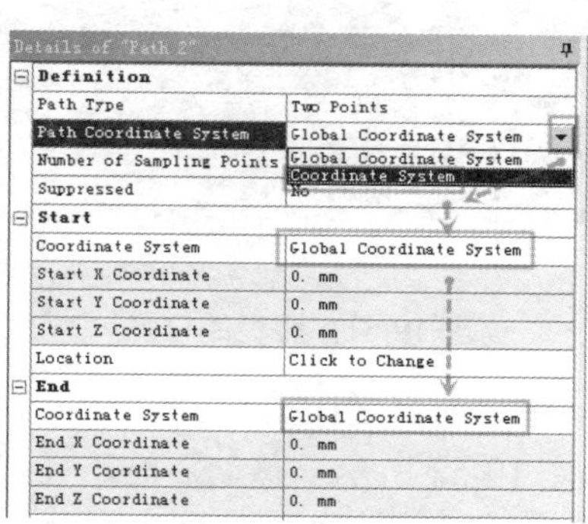

图 19-48　更改坐标系

当在 Start（起始点）或 End（终止点）下面黄色背景的 X、Y、Z 坐标值（黄色区域代表必须输入的参数）中任意输入一个值时就会在局部坐标系附近生成一个粉色箭头的图标，并以白色半透明线条显示路径的实际位置。本案例以初始点与最大等效应力点重合，终止点穿过容器壁厚，生成应力评定的路径。经过多次修改起始点和终止点的坐标值，暂时以图 19-49 所示的坐标生成一个近似的路径位置。

为了更好地移动路径位置，使其正好穿过容器壁厚，暂时将模型旋转自总体坐标系 X 轴方向显示。单击模型空间右下角的整体坐标系 X 轴的红色图标，如图 19-50 所示。

Details of "Path 2"

Definition	
Path Type	Two Points
Path Coordinate System	Coordinate System
Number of Sampling Points	47.
Suppressed	No
Start	
Coordinate System	Coordinate System
Start X Coordinate	0. mm
Start Y Coordinate	0. mm
Start Z Coordinate	-12. mm
Location	Click to Change
End	
Coordinate System	Coordinate System
End X Coordinate	8. mm
End Y Coordinate	-16. mm
End Z Coordinate	-12. mm
Location	Click to Change

图 19-49　试算的坐标

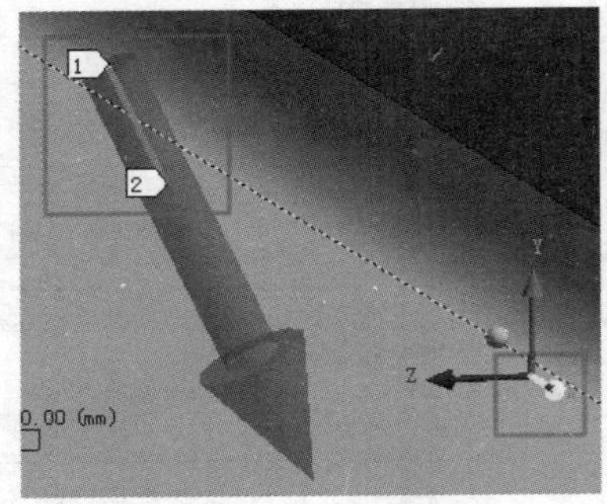

图 19-50　改变视角

图 19-51 所示为试算的路径位置。其中 1 为 Start（起始点），2 为 End（终止点）。为了证明起始点坐标已经非常接近最大应力点的坐标，选择刚刚设置应力收敛时的等效应力结果并显示 Max（最大值）图标，如图 19-52 所示。单击 Outline（分析树）中的 Equivalent Stress（等效应力）。

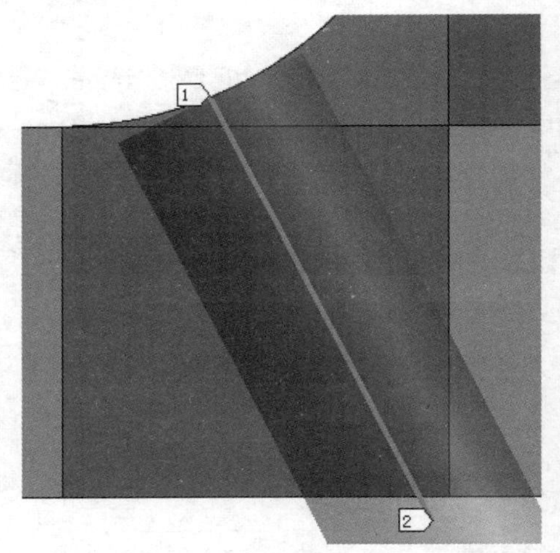

图 19-51　路径的位置

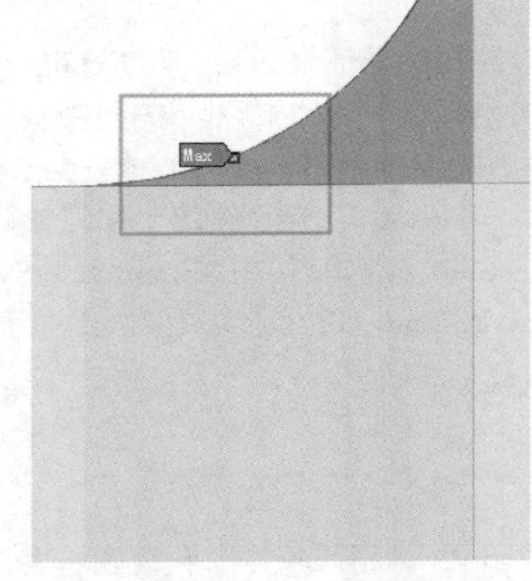

图 19-52　最大应力点

移动路径。将鼠标指针移动到路径位置，右击并选择 Snap to mesh nodes（移动到网格节点），如图 19-53 所示。移动后的路径位置如图 19-54 所示。

注意：虽然不将应力评定线的初始点或终止点与计算出最大应力的网格节点重合也可计算出较为准确的应力解，但是会存在节点结果间的插值误差。为了减少误差，才用此法直接提取了节点应力结果。有关知识可参考第 4 章中“误差”部分的描述。

查看路径坐标。单击 Outline（分析树）中的 Path（路径），在 Details of Path（路径的详细信息）中可以看到起始点和终止点的具体坐标值，如图 19-55 所示。可见其坐标值与图 19-49 中的试算值略有不同。

输出应力结果。单击 Outline（分析树）中的 Solution（分析），再单击 Linearized Stress（应力线性化）→Equivalent，如图 19-56 所示。

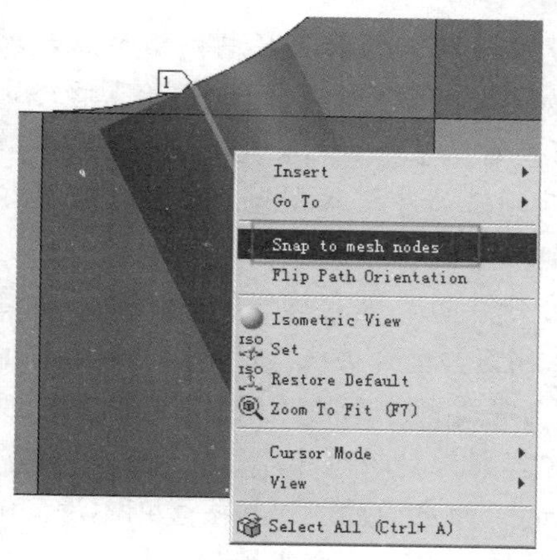

图 19-53　移动到邻近节点

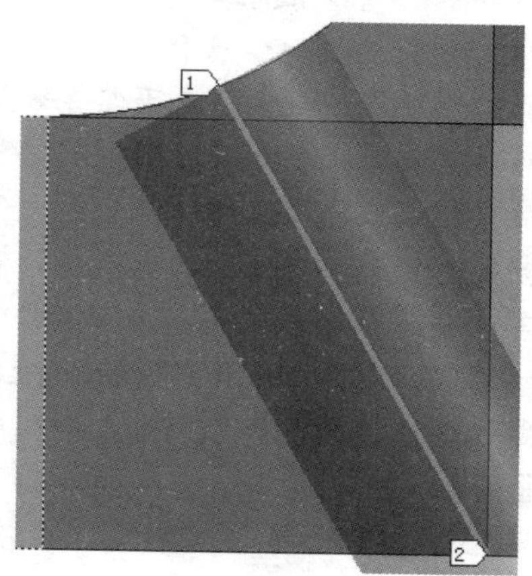

图 19-54　最终位置

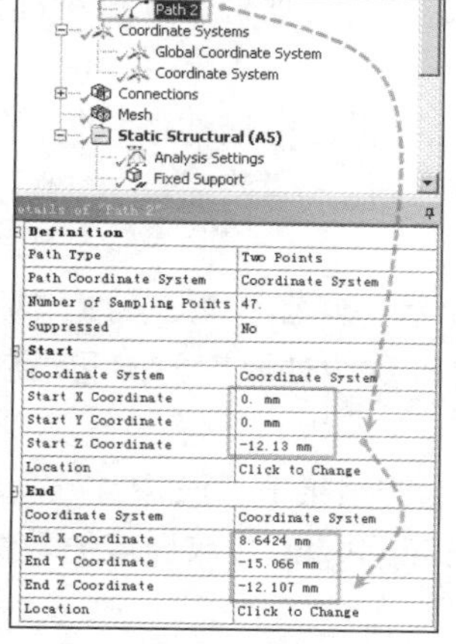

图 19-55　评定线坐标

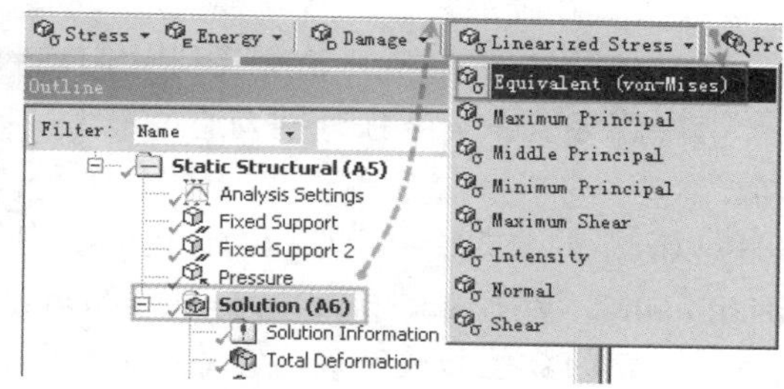

图 19-56　应力线性化后处理

在 Details of Linearized Stress（应力线性化的详细信息）中 Path（路径）右侧的下拉列表框中选择 Path 2（路径 2），如图 19-57 所示。

生成的路径结果如图 19-58 所示，最大应力值为 222.2MPa，与图 19-31 中的应力结果相同。最少说明了应力线性化评定路径的起点位置正确。

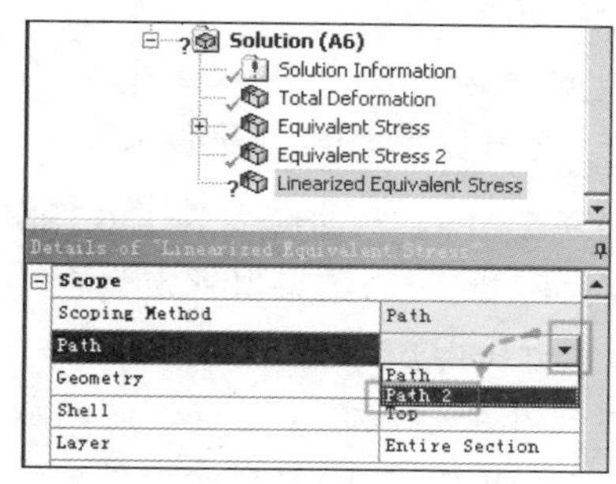

图 19-57　选择评定线

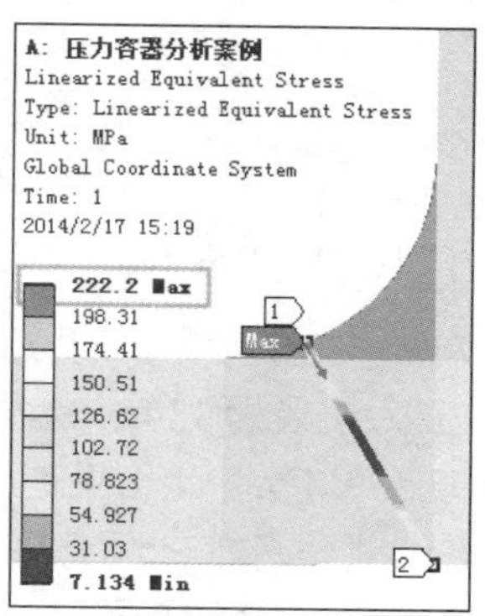

图 19-58　应力结果

注意：分别设置起始点和终止点坐标值试算→建立路径→移动路径到网格节点→求解并查看对比路径结果的最大值是否与等效最大值一致，如果不一致→再次修改起始点和终止点坐标值→再次建立路径→移动路径到网格节点→求解并查看结果，如此反复多次，直到等效应力结果的最大值与应力线性化结果的最大值相同，并且实现正好穿过模型壁厚最短路径的过程是个非常繁复并极易令人生厌的重复性劳动，需要相当的耐心。

注意：分析时选择一条应力分类线（或一个应力分类面）或支撑线段，然后沿着这条线将应力线性化。支撑线段（Supporting Line Segment，SLS）或分类线（Classification Line）是连接需要作线性化的壁厚两侧的最小线段。支撑线段与壁厚的中面垂直，亦即线段的长度等于分析的壁厚。这种方法看似简单，行之甚难。而在压力容器设计规范中，对线性化的指南不多。ASME 规范的第 III 卷和第 VIII 卷是允许有非线性化的弯曲应力的，但有些含糊不清。例如弯曲应力是作为正应力（Normal Stress）描述的，但正是这一应力需要线性化。

法国标准《压水堆核电厂核岛机械设备设计规范》RCC-M 规定："在沿整个壁厚的平均或线性化应力计算值应沿承载线计算。在不连续区域之外承载线定义为垂直于壳壁中面的线段，在不连续区内的承载线定义为壳壁内外表面间最短的线段。"

2013 ANSYS 用户大会资料论文《薄壁容器大开孔有限元分析》中描述："进行应力分析强度评定时应在最大应力点强度点所处的危险截面进行应力线性化。选择路径的一般原则是选取截面上裂纹扩展路径最短、导致破裂最危险的截面。"

2013 ANSYS 用户大会资料论文《利用 ANSYS 对高压给水加热器管板进行有限元分析》中描述："其中路径 A、路径 B 分别为通过最大应力点，沿管板翻边处厚度方向和沿应力梯最大的方向。"

也可以以表格的形式输出全部应力评定线上均分的 47 个点的结果值。其中 47 个点的设置在 Details of Path 2（路径 2 的详细信息）中的 Number of Sampling Points（取样点的数量）处。

注意：该 47 的数值如被修改，容易造成计算出错。

单击 Tabular Data（表格数据），如图 19-59 所示；单击 Graph（图表）可以显示不同应力在路径上的分布规律，如图 19-60 所示。

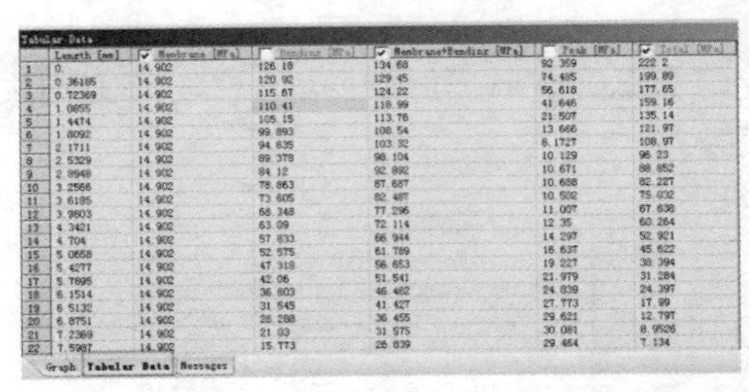

Tabular Data

	Length [mm]	Membrane [MPa]	Bending [MPa]	Membrane+Bending [MPa]	Peak [MPa]	Total [MPa]
1	0.	14.902	126.18	134.68	92.359	222.2
2	0.36185	14.902	120.92	129.45	74.485	199.89
3	0.72369	14.902	115.67	124.22	56.618	177.65
4	1.0855	14.902	110.41	118.99	41.648	159.16
5	1.4474	14.902	105.15	113.76	21.507	135.14
6	1.8092	14.902	99.893	108.54	13.666	121.97
7	2.1711	14.902	94.635	103.32	6.1727	108.97
8	2.5329	14.902	89.378	98.104	10.129	96.23
9	2.8948	14.902	84.12	92.892	10.671	88.852
10	3.2566	14.902	78.863	87.687	10.688	82.227
11	3.6185	14.902	73.605	82.487	10.502	75.032
12	3.9803	14.902	68.348	77.296	11.007	67.638
13	4.3421	14.902	63.09	72.114	12.35	60.264
14	4.704	14.902	57.833	66.944	14.297	52.921
15	5.0658	14.902	52.575	61.789	16.637	45.622
16	5.4277	14.902	47.318	56.653	19.227	38.394
17	5.7895	14.902	42.06	51.541	21.979	31.284
18	6.1514	14.902	36.803	46.462	24.839	24.397
19	6.5132	14.902	31.545	41.427	27.773	17.99
20	6.8751	14.902	26.288	36.455	29.621	12.797
21	7.2369	14.902	21.03	31.575	30.081	8.9526
22	7.5987	14.902	15.773	26.839	29.464	7.134

Graph Tabular Data Messages

图 19-59 表格显示结果

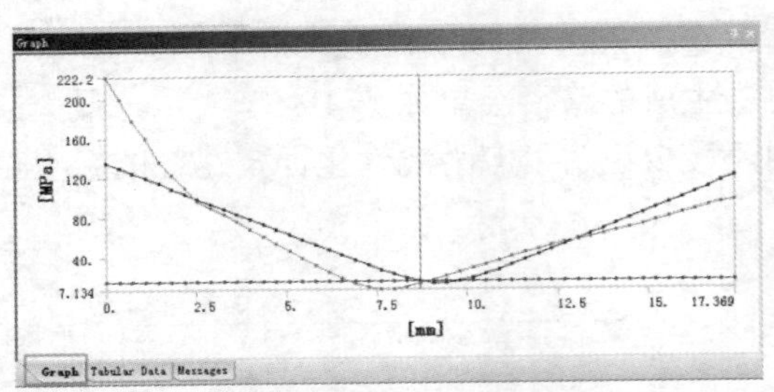

图 19-60 图表显示结果

由结果可见，在序号为 1 的位置薄膜应力结果为 14.902MPa，弯曲应力为 126.18MPa，薄膜应力+弯曲应力结果为 134.68MPa。对于大多数情况而言，此应力结果可评定为合格；峰值应力结果为 92.359MPa，此结果是否合格需要进行疲劳分析后得知。

注意：在荷载作用下，薄壳中面发生曲率改变处对应产生横截面（通过法向的截面）上的正应力和平行于中面的剪应力。这些应力在截面内合成弯曲力；中面发生面内伸缩变形处对应有中面内的正应力和剪应力，并合成薄膜力。薄壳的弯曲力和薄膜力是相互影响的，它们共同承担着壳体上的荷载。

在 Details of Linearized Stress（应力线性化的详细信息）中的 Results（结果）处也可以比较完整地看到结果的最大值，如图 19-61 所示。

提取断面结果的另一种方法。单击 Outline（分析树）中的 Solution（分析），再单击 Worksheet（工作表），如图 19-62 所示。

Equivalent Stress 2
Linearized Equivalent Stress

Details of "Linearized Equivalent Stress"	
Subtype	All
By	Time
Display Time	Last
Coordinate System	Global Coordin...
2D Behavior	Planar
Suppressed	No
Results	
Membrane	14.902 MPa
Bending (Inside)	126.18 MPa
Bending (Outside)	126.18 MPa
Membrane+Bending (Inside)	134.68 MPa
Membrane+Bending (Center)	14.902 MPa
Membrane+Bending (Outside)	118.94 MPa
Peak (Inside)	92.359 MPa
Peak (Center)	24.872 MPa
Peak (Outside)	47.487 MPa
Total (Inside)	222.2 MPa
Total (Center)	12.862 MPa
Total (Outside)	94.515 MPa

图 19-61 应力结果最大值

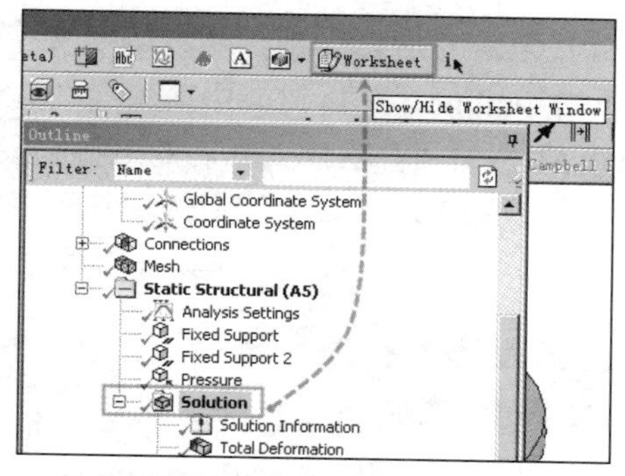

图 19-62 打开工作表

由于 Outline（分析树）与 Worksheet（工作表）在软件上的默认位置比较遥远，不利于截图，本次是单击 Outline（分析树）的蓝色图标并按住鼠标左键移动到合适位置进行的截图。当需要恢复到默认显示时可单击菜单栏上的 View（视图）→Windows（视窗）→Reset Layout（重建布局），当其他窗口因误操作或有意的移动后需要恢复默认设置时此功能均有效，如图 19-63 所示。

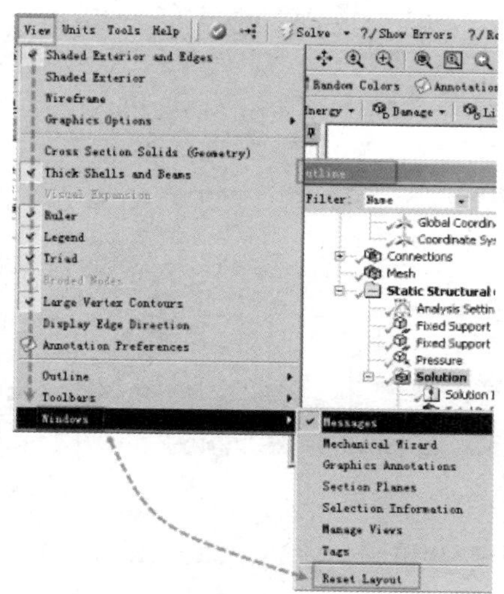

图 19-63 重建布局

本次输出断面上 X 轴方向的应力结果。单击 Worksheet（工作表）后找到合适的后处理结果，如 Expression（表达式）为 SX 处，右击并选择 Create User Defined Result（创建用户自定义结果），如图 19-64 所示。

⊙ List Available Solution Quantities

○ List Result Summary

Type	Data Type	Data Style	Component	Expression	Output Unit
U	Nodal	Scalar	X	UX	Displacement
U	Nodal	Scalar	Y	UY	Displacement
U	Nodal	Scalar	Z	UZ	Displacement
U	Nodal	Scalar	SUM	USUM	Displacement
U	Nodal	Vector	VECTORS	UVECTORS	Displacement
S	Element Nodal	Scalar	X	SX	Stress
S	Element Nodal	Scalar	Y	Create User Defined Result	
S	Element Nodal	Scalar	Z		
S	Element Nodal	Scalar	XY	SXY	Stress
S	Element Nodal	Scalar	YZ	SYZ	Stress

图 19-64　创建后处理

单击 Outline（分析树）中新生成的 SX 图标，再单击 Details of SX（SX 的详细信息）中 Scoping Method（管辖方式）后的下拉列表框并选择 Surface（表面），如图 19-65 所示。

继续在 Surface（表面）后的下拉列表框中选择 Surface（表面），如图 19-66 所示。

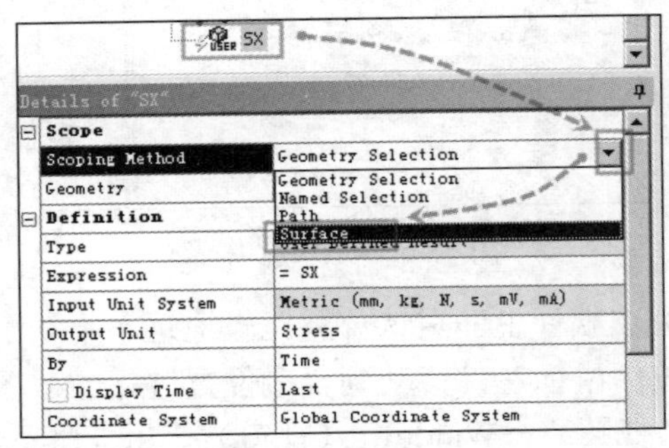

图 19-65　选择面

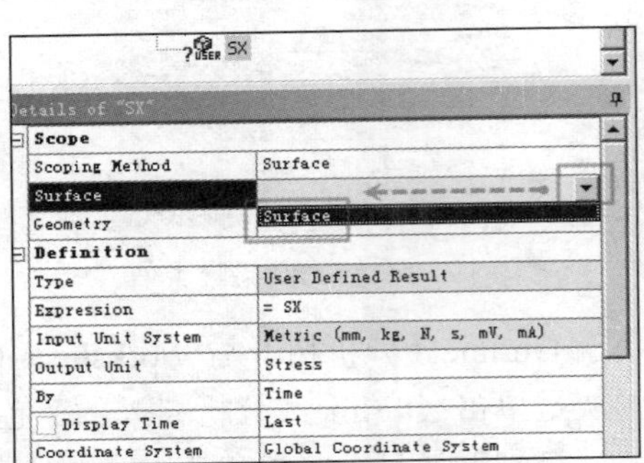

图 19-66　设置面

结果的处理可以有很多种形式，可以在 Details of SX（SX 的详细信息）中 Display Option（显示设置）后的下拉列表框中默认选择 Averaged（平均值），也可以选择其他的形式，如图 19-67 所示。

图 19-68 所示为断面应力结果，其中最大值为 79.284MPa，平均值为 7.7057MPa。

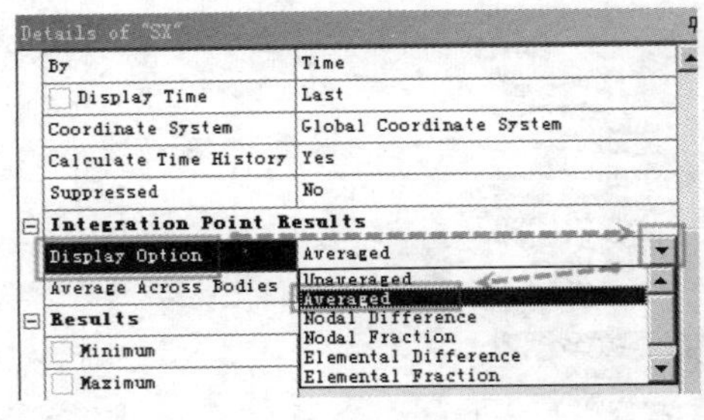

图 19-67　平均值

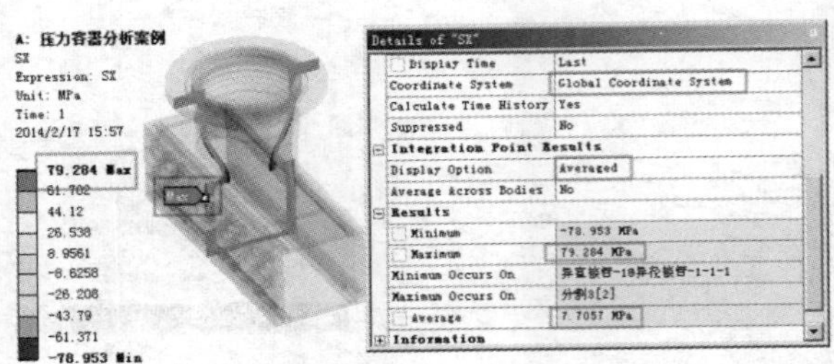

图 19-68　断面应力结果

保存项目文件，退出静力学分析模块，退出 Workbench 平台。

至此，本案例完。

20

压力容器弹塑性分析案例

20.1 案例介绍

本案例介绍基于ASME VIII-2《压力容器建造另一种规则》中用于防止局部失效分析时采用的“真实”应力—应变关系弹—塑性材料非线性直接法的一种简化应用，还介绍了施加单值函数正弦规律变化的位移荷载等技巧。

20.2 分析流程

在上一章中主要介绍的是基于线弹性材料物理属性和应力分类法进行数值模拟计算，并对数值模拟结果采用应力线性化方法将有限元软件计算出的组合应力解分解为基于板壳理论制定的压力容器设计规范中可以进行识别的薄膜应力、弯曲应力、薄膜应力+弯曲应力等，再进行评定的方法。这是一种基于弹性名义应力的分析法。而本案例主要介绍新版标准中新增的非弹性分析法。

本案例介绍基于ASME VIII-2《压力容器建造另一种规则》2007版中考虑了材料非线性弹—塑性直接法分析的应用思路。先来介绍ASME VIII-2及与之对抗的EN13445标准的前世今生。

自1914年ASME锅炉压力容器规范第一版问世以来，经过整整90年的实践和不断修订，其逐渐在世界压力容器设计领域范围内确立了几乎一家独大的垄断地位。该标准已被公认为世界上技术内容最为完整、应用最为广泛的压力容器标准。

为了抗衡ASME锅炉压力容器设计规范在该领域的垄断地位、协调欧盟各成员国的压力容器标准、消除欧盟内的技术贸易壁垒，在充分吸收各成员国标准的优点和反映最新研究成果的基础上，欧盟标准化委员会用了 9 年时间起草了欧盟非直接接触火焰压力容器标准草案pr-EN 13445，并于2002年颁布了该标准的第一版EN 13445-2002。

EN 13445-2002版的颁布犹如一声春雷，打破了世界压力容器规范的格局，形成了两大权威规范并存的局面。实际上，这是压力容器发展史上空前的一次大碰撞。碰撞是在压力容器的设计、材料、制造和检验多方面进行的，主要是在设计方面，特别是在分析设计方面。在 EN 13445-3 附录 B 中，采取了在保留传统弹性路线应力分类方法的同时，创新性地提出直接路线的方法，以满足对防范各种失效机制的要求。引入了全新的压力容器设计方法：直接法。

从历史上看，压力容器的设计主要依靠公式设计（Design By Formula，DBF）。各种典型的容器形状，其尺寸是采用一系列简单公式和算图来设计的。但除了公式设计外，很多国家的标准也提供了另一种方法，即分析设计（Design-By-Analysis，DBA）的方法。采用这种方法，设计的合格性要通过考察在各种设计外载荷下的结构行为来进行校核。压力容器主要设计规范中的分析设计方法都源于 ASME 规范。这个方法在 1965 年公布，即 ASME 规范的第 III 卷。在卷 III 问世三年后，卷 VIII-2 也问世了，二者都采用分析设计的概念。

在 2007 版的 ASME VIII-2 中也引入了直接法，在降低安全系数（将许用应力中强度极限的安全系数从 3.0 降低为 2.4）、全面引入数值分析工具和弹－塑性分析评定法等方面具有突出的特点，为压力容器的设计提供了功能强大的分析手段和先进可靠的安全评定准则，是将安全性和经济性结合的有效途径，在点上与 EN 13445 的基本思想是一致的。规范中既不要求也不禁止使用计算机软件对按规范建造的部件进行分析或设计。

随着实验技术和计算机技术的发展，原来无法或者不方便进行的直接根据材料真实应力－应变数据计算真实应力解的方法已可以被方便地使用。用此法，可以更加真实地模拟出实际产品在工作中的应力状态，却不用对应力产生的原因进行分类，避免了因设计者知识水平和应力分类法本身不完善性的限制而无法准确判断结果的问题。

分析设计方法的核心思想是，允许在压力容器及其部件中出现少量的且能保持结构完整性的局部塑性变形，但不允许出现过量的整体塑性流动或循环塑性变形。弹塑性分析法能更准确地反映结构在荷载作用下的塑性变形行为和实际承载力，所以在分析设计中引入弹塑性分析是必然的发展趋势。采用此法对于原材料质量、焊接质量、无损检测水平的要求也非常严格。

台湾著名企业家温世仁在京台科技论坛上说：“这个世界，最早的时候是生产力的竞争，后来是技术力的竞争，再后来就是所谓智慧财产权（即知识产权）的竞争，再下来就是所谓标准之战。未来的世界，主要是标准之战。”

EN 13445 的出现使欧盟各成员国有了一个统一的压力容器标准，这对我国出口欧洲的压力容器产品方便了许多。其次，欧盟 EN 13445 的出现使世界上压力容器标准的流派基本上只有两个，即美国的和欧洲的。如果把这两个流派的压力容器标准研究透了，可以说就弄清楚了当今世界上最先进的压力容器标准。

就我国的压力容器设计现状而言，由于历史的惯性，仍然使用 ASME VIII-1 和 ASME VIII-2 以及大量引用自 ASME VIII-1 而形成的 GB150 标准与大量引用自 ASME VIII-2 而形成的 JB/T4732 标准来规范压力容器设计方法。可以预见，在短期内我国压力容器分析设计方法将维持应力分类法与直接法并行存在的局面。

有关设计标准所采用的强度理论：在 ASME VIII-1 中采用第一强度理论；ASME VIII-2 中，在 2007 版之前采用第三强度理论，2007 版及以后因其被重新编写改为第四强度理论。

ASME 规范中所给出的大多数分析设计规则都是基于弹性分析的，或称之为弹性路线，因为在制定这些规则时只有弹性应力分析是可行的。在 20 世纪 60 年代，大多数设计者只限于作线弹性应力分析。在设计压力容器时，大多数是以弹性壳体不连续理论来定义的。

因此，规范在处理上述失效模式的方式时受弹性壳体自身特性的影响很大。所制定的规则只能采用弹性分析来帮助设计者防范塑性大变形、递增塑性垮塌（棘轮作用）和疲劳这三种特殊的失效模式。

那时这些失效模式还不可能采用基于极限理论、安定性理论和疲劳理论的失效准则来分析。应当看到，由于这些失效机制是非弹性的，简单地采用弹性分析来处理是不可能的。此外，造成应力的加载方式也严重地影响许用应力的水平。

在 2007 版 ASME VIII-2 和 EN13445 附录 B 中的直接法颁布以前，在大部分压力容器应力分析时采用的是，无论外部荷载引起的计算应力多大，仍采用线弹性的材料物理属性计算出“名义应力”，分类后再进行应力评定。若计算出的“名义应力”值大于屈服应力，则其计算值是不真实的，而是简化分析时可以采用的计算应力值。其并未考虑材料非线性的影响，即“弹性方法”或称为“应力分类法”。这是一种简化算法。

ASME 的应力分类路线分析方法在 40 多年的实践中主要发现有两个问题：一是应力线性化的问题；二是应力分类的问题。对某一构件完成线弹性分析，得到应力和应变的分析解时就应评定它是否满足分析设计的判据。想要做好这件事不是那么简单的。特别是，必须从一次应力获得薄膜应力和弯曲应力的分量，并需要对计算的应力进行分类。对于薄壳容器问题不大，但如果采用实体模型（二维或三维）进行分析（特别是有限元分析）时，要把计算应力识别为薄膜、弯曲或峰值应力，则是很不容易的。此时，比较突出的问题就是应力的线性化和应力的分类。

应力分类问题十分复杂。因为应力可能是由一次和二次应力共同组成的（例如接管补强板处）。如果只对相应于某一已知载荷条件的特定应力进行分类则是不充分的，应当对该应力的各个段也进行分类。实际上，除非规范有规定，否则很少能做到这一点。

以有限元法（或其他方法）计算出来的应力应如何进行分类呢？解决这个问题一般是依靠经验或材料力学的知识。倘若对基本失效机制有所理解，采用简单的材料力学计算或壳体不连续分析法是可以区别出一次和二次应力的，因为平衡计算是手算的；而采用有限元方法计算出来的结果就不那么明显了，特别是在采用实体单元（如 ANSYS Workbench 中默认的三维实体单元是 Solid186 或 Solid187 单元）时。

应力分类路线的评判规则可简单总结如下：薄膜应力和其他一次薄膜应力不可达到屈服限，因为屈服将造成灾难性塑性破坏（如内压爆破）；总应力（薄膜加弯曲）由于有安全系数，但也不得达到屈服。对不连续应力和热应力（或应变控制的应力）必须加以限制，以保证在周期性载荷下能达到安定化；二次应力限制在不大于二倍屈服应力（对于特殊元件还要小一些）；对峰值应力的限制是保证有足够的疲劳寿命，但也要根据依赖于温度的失效机制加以限制，例如高温蠕变断裂、低温快速脆断等。

在这一水平上的应力分类很简单，因为任何过载所引起的持续应力都将导致塑性破坏，都是一次应力。其余应力可划分为二次应力，它只受安定性和疲劳判据的制约。

弹性分析没有考虑到利用容器材料的延性，结果是安全系数十分欠当、过于保守；在缺乏任何有意义的信息时，设计者就只好把所有应力一概划分为一次应力，并进行重新设计。

为了避免各类失效机制所引起的失效，应把应力分类看做是一种基本要求。

在各种失效模式中，目前有两种用于防范塑性大变形的非弹性分析方法：极限分析法和塑性分析法。

极限分析的基础是弹性－理想塑性材料模型（即切线模量=0）和小变形理论。假定为理想塑性材料在非线性分析中容易发生收敛性的问题，常采用的是具有小塑性模量的双线性硬化材料模型。极限分析的目的是确定容器的极限载荷，而允许载荷只是极限载荷的一个规定的份额。

塑性分析法是使用材料“真实”的非线性应力－应变关系，包括非线之间性几何效应。塑性分析的目的是确定“塑性垮塌载荷”。由于屈服极限与比例极限之间相差很小，在 ANSYS 中进行塑性分析时假设两者相同。

对于材料特性，其非线性是一种非常复杂的物理现象，在工程设计和分析中，要获得满意的仿真结果，必须很好地理解和准确地描述材料行为特性。但要做到这一点是比较困难的。

Lemaitre 和 Chaboche 曾用下面的例子形象地描述了材料特性的复杂性。在室温下的一块钢材可以认为是：在常规结构分析中的线弹性材料；振动阻尼问题中的粘弹性材料；在非常大的荷载作用下是理想塑性材料；要精确计算永久变形时是具有硬化特性的弹塑性材料；对于应力松弛问题又有弹性粘塑性特性；当计算成型极限时是延展性破坏；当计算寿命极限时是疲劳破坏等。

因此，在什么情况下用什么材料模型与所分析的现象相关。

本案例为演示用，仅作强度分析。当需要考虑材料的塑性行为时，可以根据 ASME VIII-2《压力容器建造另一种规则》中的部分要求，设计计算应力采用应力－应变曲线图。使用屈服强度和极限抗拉强度等确定在规定温度下的应力－应变曲线，即“非弹性方法”或称为“直接法”。

在 ASME VIII-2 2007 版标准中的应力－应变曲线计算公式如下：

$$\varepsilon_{ts} = \frac{\sigma_1}{E_y} + \gamma_1 + \gamma_2$$

式中

$$\gamma_1 = \frac{\varepsilon_1}{2}(1.0 + \tanh[\mathrm{H}])$$

$$\gamma_2 = \frac{\varepsilon_2}{2}(1.0 + \tanh[\mathrm{H}])$$

$$\varepsilon_2 = \left(\frac{\sigma_r}{A_1}\right)^{\frac{1}{m_1}}$$

$$A_1 = \frac{\sigma_{ys}(1+\varepsilon_{ys})}{(\ln[1+\varepsilon_{ys}])^{m_1}}$$

$$m_1 = \frac{\ln[R] + (\varepsilon_p - \varepsilon_{ys})}{\ln\left[\dfrac{\ln(1+\varepsilon_p)}{\ln(1+\varepsilon_{ys})}\right]}$$

$$\varepsilon_2 = \left(\frac{\sigma_t}{A_2}\right)^{\frac{1}{m_2}}$$

$$A_2 = \frac{\sigma_{uts} \exp[m_2]}{m_2^{m_2}}$$

$$H = \frac{2[\sigma_t - (\sigma_{ys} + K\{\sigma_{uts} - \sigma_{ys}\})]}{K(\sigma_{uts} - \sigma_{ys})}$$

$$R = \frac{\sigma_{ys}}{\sigma_{uts}}$$

$$\varepsilon_{ys} = 0.002$$

$$K = 1.5R^{1.5} - 0.5R^{2.5} - R^{2.5}$$

式中，E_y 为在相应温度下的弹性模量值，σ_{ys} 为在相应温度下所求的工程屈服应力，σ_{uts} 为在相应温度下所求的工程极限拉伸应力。以上三个参数的具体数值可参考 ASME 锅炉和压力容器规范第 II 卷 D 篇中的表 U。

上述公式中参数 m_2 和 ε_p 如表 20-1 所示。

表 20-1　应力－应变曲线参数

材料	温度限制	m_2	ε_p
铁素体钢	480℃	0.60（1.00-R）	2.0E-5
不锈钢和镍基合金	480℃	0.75（1.00-R）	2.0E-5
双相不锈钢	480℃	0.70（0.95-R）	2.0E-5
时效硬化镍基合金	540℃	1.90（0.93-R）	2.0E-5
铝	120℃	0.52（0.98-R）	5.0E-6
铜	65℃	0.50（1.00-R）	5.0E-6
钛和锆	260℃	0.60（0.98-R）	2.0E-5

注意：当其他的分析项目中缺乏材料的应力－应变数据时也可以使用此法计算。

根据以上公式手工计算具体的曲线数据或者将公式使用 Excel 软件编写计算表的方法相对繁杂，建议使用“化工设备设计助手 CEDA”软件中的“应力应变数据”功能计算，其使用方法如下：

打开化工设备设计助手软件，单击“数学计算/数据处理”→“应力应变数据”，如图 20-1 所示。

查找 ASME 锅炉和压力容器规范第 II 卷 D 篇中的材料物理属性，添加进“应力应变”对话框中的相应位置，在“选择材料类型”下拉列表框中选择合适的材料类型，如“不锈钢”，然后单击“计算应力应变”按钮，如图 20-2 所示。

注意：图 20-2 中输入的材料属性数据仅为案例演示用，不代表真实的材料属性。

图 20-3 所示为该软件计算出的应力－应变数据。可将其复制出来再导入 Excel 软件，用插入“散点图”的方法绘制曲线。生成的曲线如图 20-4 所示。

计算出材料应力－应变数据后，可在 ANSYS Workbench 15.0 中创建一个“非线性”材料并定义材料属性。

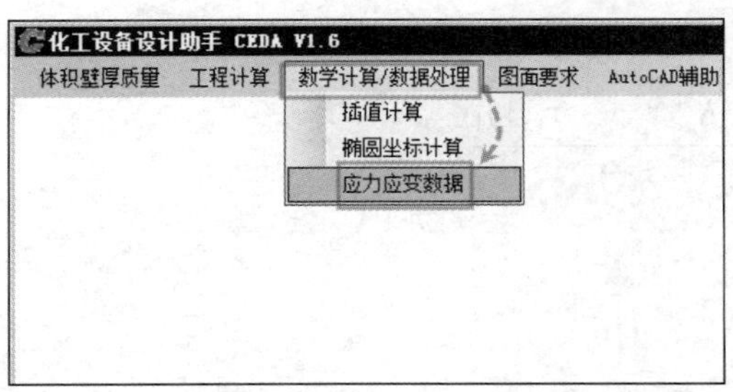

图 20-1 化工设计助手

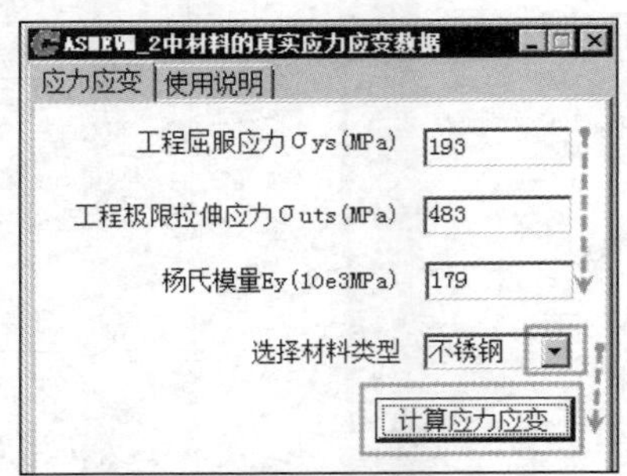

图 20-2 计算曲线参数

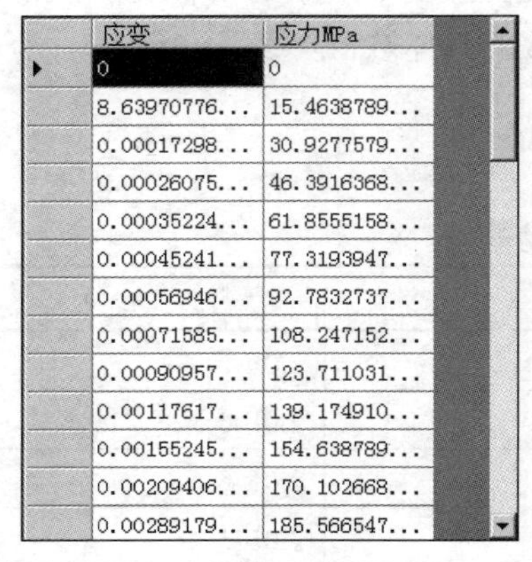

应变	应力MPa
0	0
8.63970776...	15.4638789...
0.00017298...	30.9277579...
0.00026075...	46.3916368...
0.00035224...	61.8555158...
0.00045241...	77.3193947...
0.00056946...	92.7832737...
0.00071585...	108.247152...
0.00090957...	123.711031...
0.00117617...	139.174910...
0.00155245...	154.638789...
0.00209406...	170.102668...
0.00289179...	185.566547...

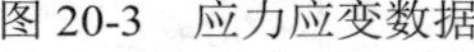

图 20-3 应力应变数据

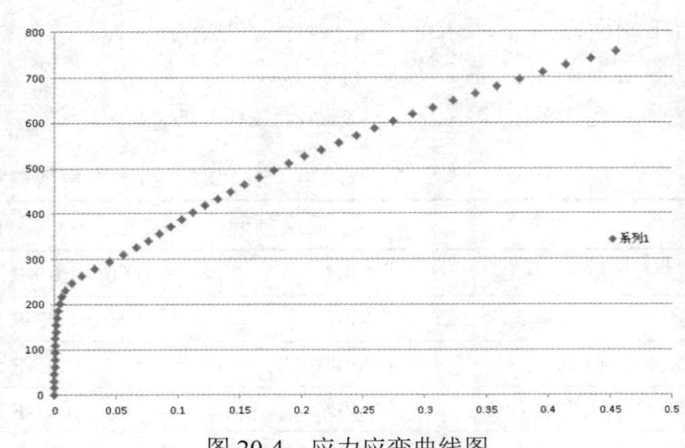

图 20-4 应力应变曲线图

打开一个静力学分析模块，如图 20-5 所示。定义非线性材料，双击 A2 Engineering Data（工程数据），如图 20-6 所示。

图 20-5 打开模块

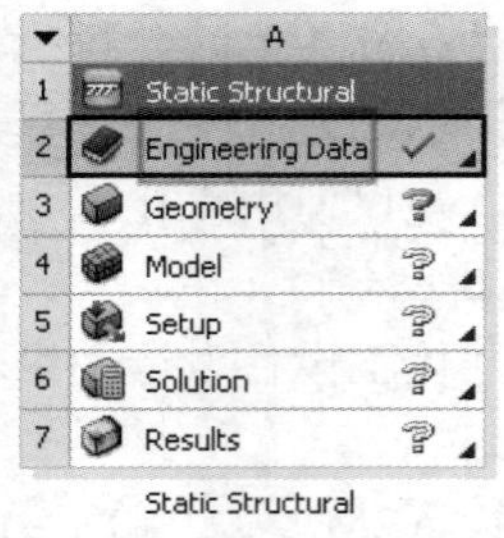

图 20-6 打开材料库

单击 Engineering Data Sources（工程数据源），如图 20-7 所示。

在 Engineering Data Sources（工程数据源）中，在 General Materials（一般材料）后面的 B1 项目中单击将其勾选，如图 20-8 所示。

复制一个材料信息：右击一个已有的 Structural Steel（结构钢）材料并选择 Duplicate（副本），如图 20-9 所示。

因原结构钢材料中包含了一些如疲劳属性等本案例中暂不需要考虑的材料属性，可将其删除。右击待删除的材料属性并选择 Delete（删除），如图 20-10 所示。

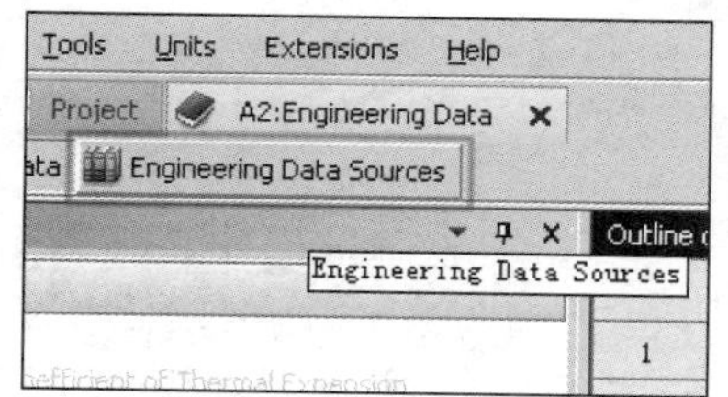

图 20-7　工程数据源

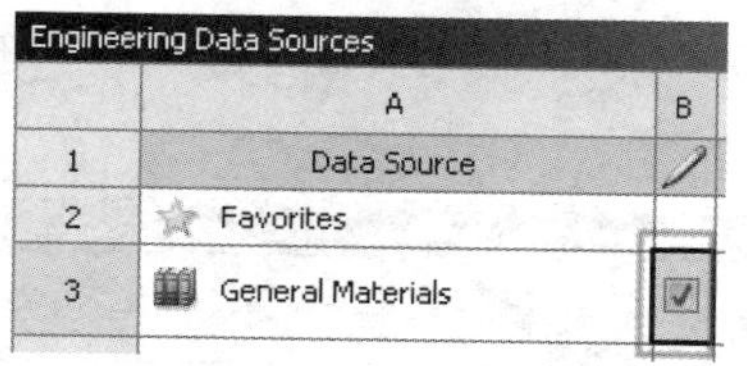

Engineering Data Sources

	A	B
1	Data Source	
2	Favorites	
3	General Materials	☑

图 20-8　编辑材料

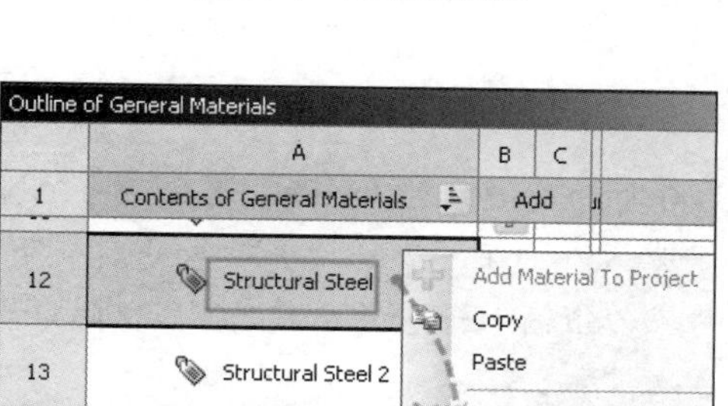

图 20-9　复制材料

Properties of Outline Row 12: Structural Steel

	A	B	C
1	Property	Value	Un
9	Poisson's Ratio	0.3	
10	Bulk Modulus	1.6667E+11	Pa
11	Shear Modulus	7.6923E+10	Pa
12	Alternating Stress Mean Stress		
16	Strain-Life Parameters		
24	Tensile Yield Strength		
25	Compressive Yield Strength		
26	Tensile Ultimate Strength		
27	Compressive Ultimate Strength	0	Pa

Delete
Engineering Data Sources
Expand All
Collapse All

图 20-10　删除部分属性

在 Plasticity（塑性）中拖出一个 Multilinear Isotropic Hardening（多线性等向硬化特性）到 Properties of Outline Row 12：Structural Steel（结构钢性能参数）中，如图 20-11 所示。

拖动到指定位置后，软件会自动在 A12 项生成该非线性属性，其图标前方出现了一个蓝色的问号图标，代表缺乏数据。应单击 B12 项（如图 20-12 所示），到图 20-13 所示的位置补全应力－应变曲线数据。

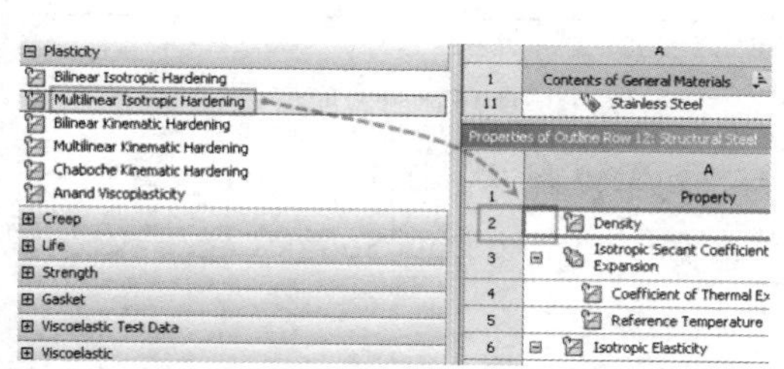

图 20-11　添加材料属性

Properties of Outline Row 12: Structural Steel

	A	B	C
1	Property	Value	Unit
3	Expansion		
4	Coefficient of Thermal Expansion	1.2E-05	C^-1
5	Reference Temperature	22	C
6	Isotropic Elasticity		
7	Derive from	Young's ...	
8	Young's Modulus	2E+11	Pa
9	Poisson's Ratio	0.3	
10	Bulk Modulus	1.6667E+11	Pa
11	Shear Modulus	7.6923E+10	Pa
12	? Multilinear Isotropic Hardening	Tabular	

图 20-12　缺乏材料属性数据

注意：该多线性特性参数还支持温度特性。可以根据需要分别计算出不同温度时材料的应力－应变曲线数据，添加进去，以生成多组曲线。

如考虑热温度效应，还需要补充不同温度时的膨胀系数等热物理参数。

在“化工设备设计助手软件”中计算出的应力－应变参数中，应力值的单位为 MPa（兆帕）。可在 Excel 软件中将其放大 1000000 倍，以将单位制更改为 ANSYS Workbench 15.0 软件中默认的以 Pa（帕）为单位的参数，如图 20-14 所示。

在温度参数中暂时输入 22℃，并将应力应变参数分别复制进 B 项和 C 项中。还应补充材料的泊松比参数。

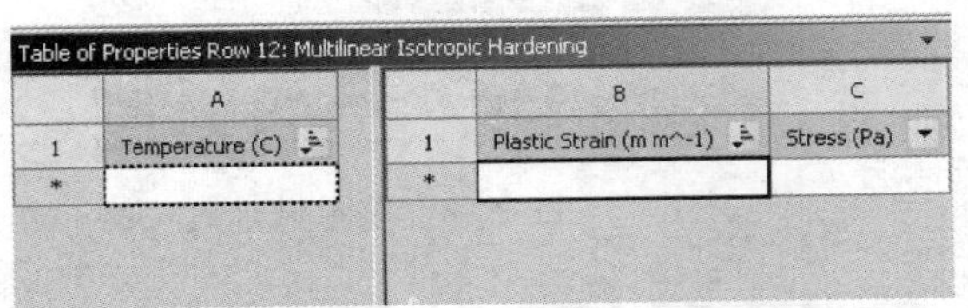

图 20-13　输入应力应变曲线

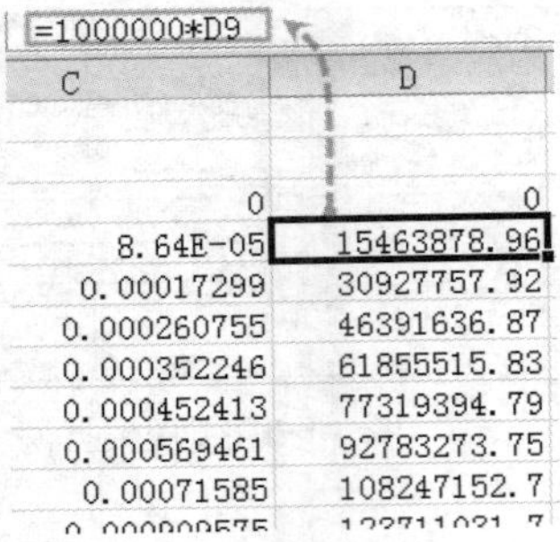

=1000000*D9

C	D
0	0
8.64E-05	15463878.96
0.00017299	30927757.92
0.000260755	46391636.87
0.000352246	61855515.83
0.000452413	77319394.79
0.000569461	92783273.75
0.00071585	108247152.7

图 20-14　单位制转换

注意：“化工设备设计助手软件”计算的应变为 0 时的应力值为 0MPa，这会使得 ANSYS 认为当应力为 0 时缺乏数据而将 C2 项变成黄色背景。为了在不影响计算结果的前提下满足 ANSYS 软件对数据输入格式的要求，暂时将此处的应力值输入一个不至于影响分析结果的极小的数值，如 0.001Pa。

输入进的参数如图 20-15 所示。软件根据输入参数拟合的应力—应变曲线如图 20-16 所示，其与图 20-4 中的曲线几乎完全相同。

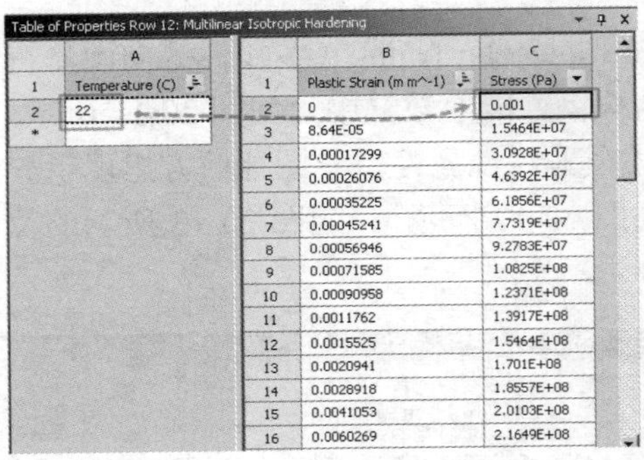

Table of Properties Row 12: Multilinear Isotropic Hardening

	A
1	Temperature (C)
2	22
*	

	B	C
1	Plastic Strain (m m^-1)	Stress (Pa)
2	0	0.001
3	8.64E-05	1.5464E+07
4	0.00017299	3.0928E+07
5	0.00026076	4.6392E+07
6	0.00035225	6.1856E+07
7	0.00045241	7.7319E+07
8	0.00056946	9.2783E+07
9	0.00071585	1.0825E+08
10	0.00090958	1.2371E+08
11	0.0011762	1.3917E+08
12	0.0015525	1.5464E+08
13	0.0020941	1.701E+08
14	0.0028918	1.8557E+08
15	0.0041053	2.0103E+08
16	0.0060269	2.1649E+08

图 20-15　添加温度

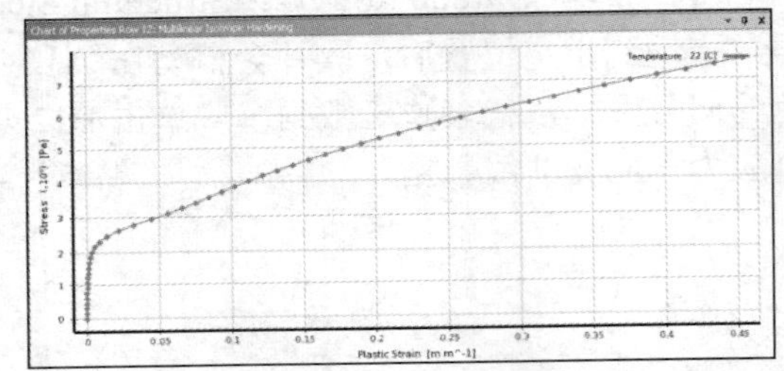

图 20-16　应力应变曲线

将新添加的材料改名。双击其名称，并命名为“真实应力应变数据”，如图 20-17 所示。

材料属性已经设置完毕，可取消编辑状态。单击 Engineering Data Sources（工程数据源），将已经勾选的 B3 项目去除，如图 20-18 所示。

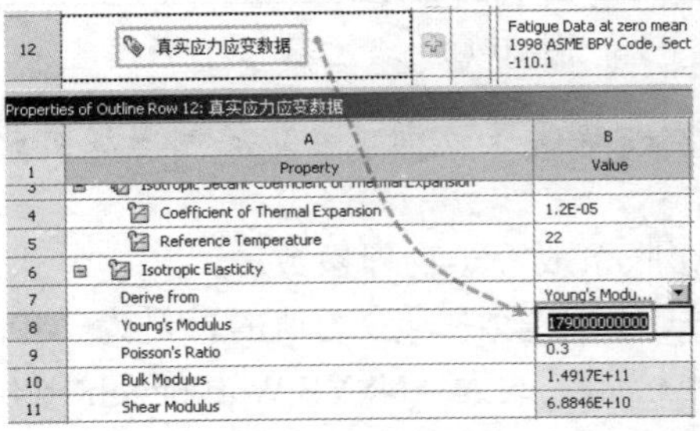

12　真实应力应变数据　Fatigue Data at zero mean 1998 ASME BPV Code, Sect -110.1

Properties of Outline Row 12: 真实应力应变数据

	A	B
1	Property	Value
4	Coefficient of Thermal Expansion	1.2E-05
5	Reference Temperature	22
6	Isotropic Elasticity	
7	Derive from	Young's Modu...
8	Young's Modulus	179000000000
9	Poisson's Ratio	0.3
10	Bulk Modulus	1.4917E+11
11	Shear Modulus	6.8846E+10

图 20-17　重新命名材料

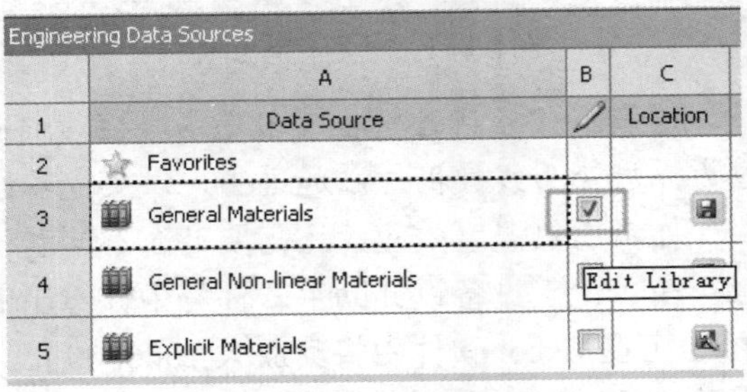

Engineering Data Sources

	A	B	C
1	Data Source		Location
2	Favorites		
3	General Materials	☑	
4	General Non-linear Materials		Edit Library
5	Explicit Materials	☐	

图 20-18　取消编辑状态

取消后，软件会弹出如图 20-19 所示的是否保存的询问对话框，单击“是”按钮，如图 20-19 所示。

回到 Outline of General Materials（一般材料的分析树），单击 B12 项，以将新创建的名为“真实应力应变数据”的材料添加进后续分析时能够提取的材料库，如图 20-20 所示。

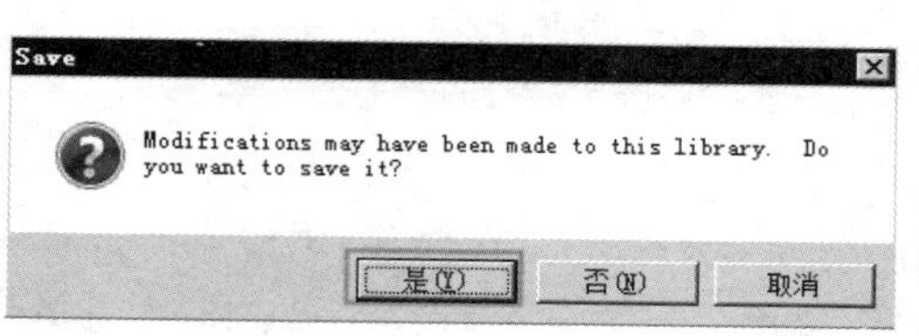

图 20-19　确认保存

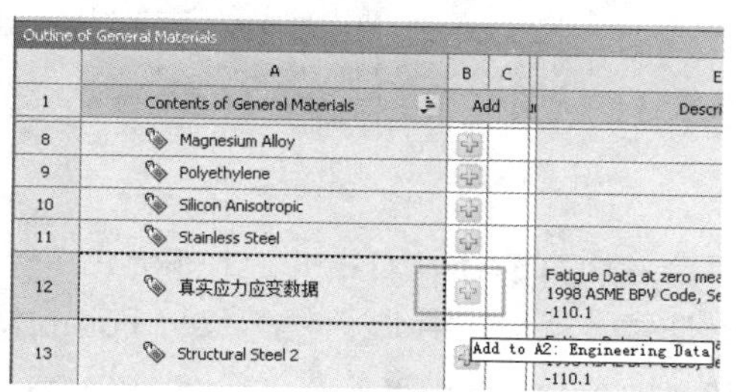

图 20-20　添加新材料

添加后的效果如图 20-21 所示，在 C12 项目后面出现了一个蓝色书本形状的图标。

材料部分设置完毕，返回项目管理区，单击 Project（项目）图标，如图 20-22 所示。

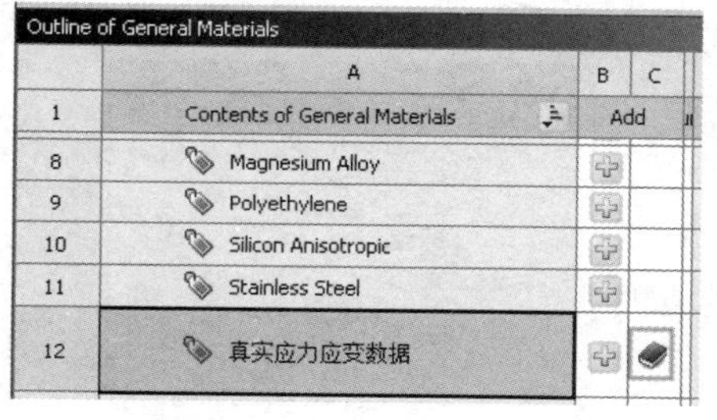

图 20-21　添加后的效果

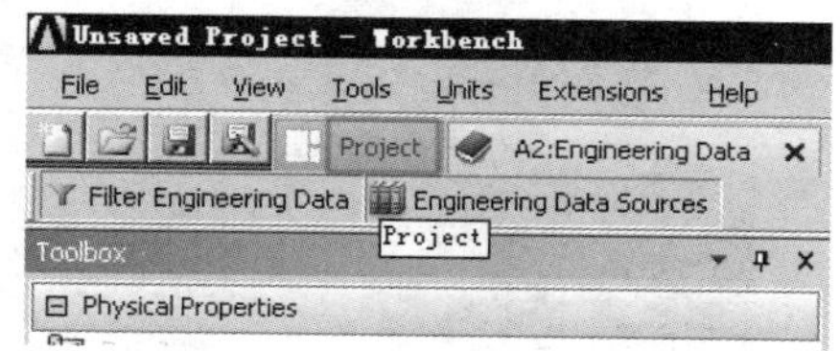

图 20-22　返回项目管理区

导入模型，本案例采用与压力容器案例相同的模型。右击 A3 Geometry（模型）并选择 Import Geometry（导入模型）→“管板孔.x_t”，如图 20-23 所示。

导入后，需要进入 DM 模块将在 Solidworks 软件中分割出的模型合并成一体。双击 A3 Geometry（模型），如图 20-24 所示。

图 20-23　导入模型

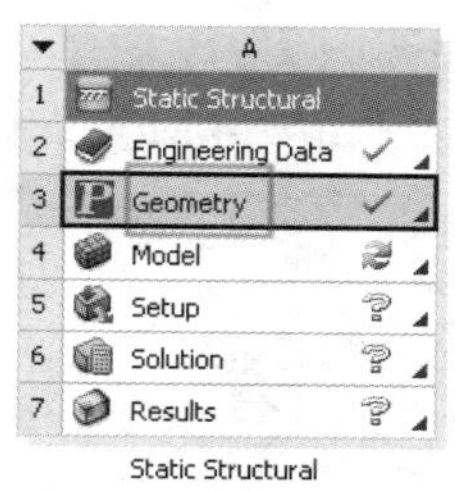

图 20-24　编辑模型

注意：至于哪些零件或被分割出的零件应合并为一体，取决于分析的内容和其是否属于较为感兴趣的危险区域。一般而言，为了划分出高质量的网格，需要一次试探性的求解，以查看哪些位置是比较危险的。在后续的分析中，对危险区域重点剖分（或者说分割），以保证该区域的网格质量和密度。

单击 Generate（刷新）按钮，如图 20-25 所示。将选择过滤器设置成框选体的形式，如图 20-26 所示。

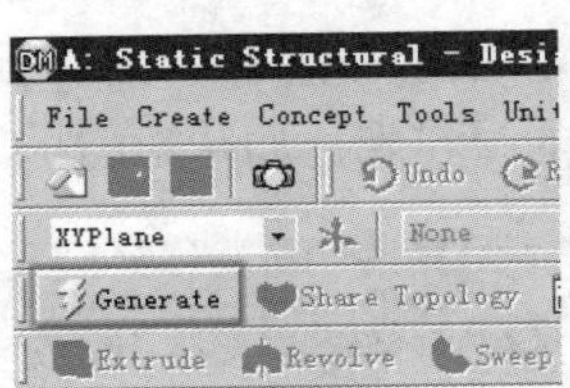

图 20-25 刷新数据

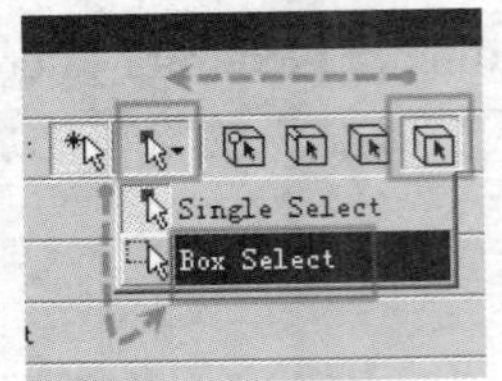

图 20-26 框选模型体

全选所有的体，右击并选择 Form New Part（合并为一体），如图 20-27 所示。

注意：有时直接选择体并使用 Form New Part（合并为一体）功能不一定能将所选体合并成功。进入 DS 模块中的某一个分析模块，如本案例使用的静力学分析模块后，零件间仍然被 ANSYS Workbench 自动添加了接触。可以尝试先 Form New Part（合并为一体）待合并的零件，然后右击并选择 Explode Part（用于将已经合并的体“打碎”，其与 AutoCAD 软件中的“分解”功能的效果相同），再次将其 Form New Part（合并为一体）的方法。

合并成功的模型如图 20-28 所示，为 1 Part（一个体）。

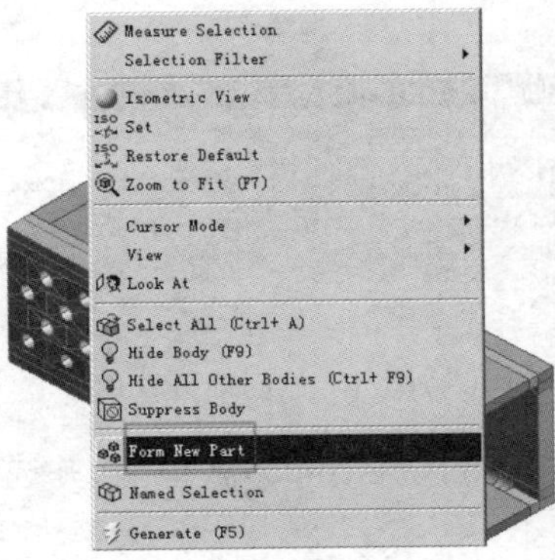

图 20-27 合并体

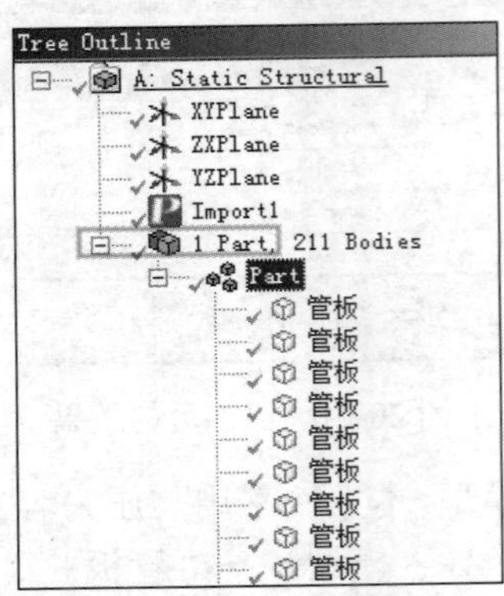

图 20-28 已合并的模型

DM 中的操作完成，可以退出。单击菜单栏上的 File（文件）→Close DesignModeler（退出 DM 模块），如图 20-29 所示。

设置材料。双击 A4 Model（有限元模型），如图 20-30 所示。

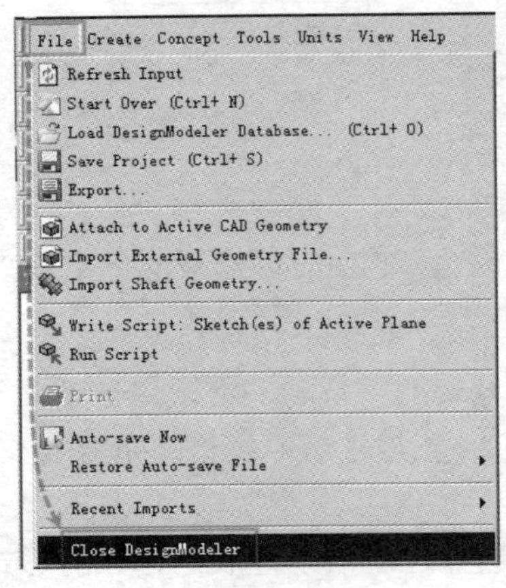

图 20-29 退出 DM 模块

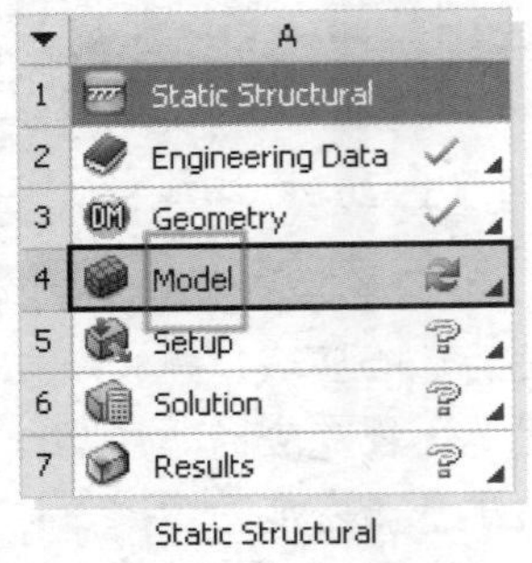

图 20-30 划分网格

将本模型所有零件的材料设置成刚刚设置真实应力－应变关系的“真实应力应变数据”。单击 Outline（分析树）中 Geometry（模型）下的 Part（部件）。按住 Shift 键将所有零件选择，如图 20-31 所示。

在 Details of Multiple Selection（多个材料的详细信息）中 Assignment（委派材料）右侧的下拉列表框中选择名为“真实应力应变数据”的材料，如图 20-32 所示。

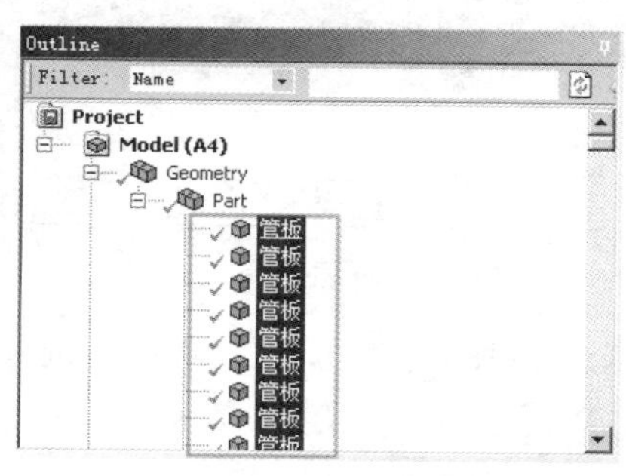

图 20-31 全选所有零件

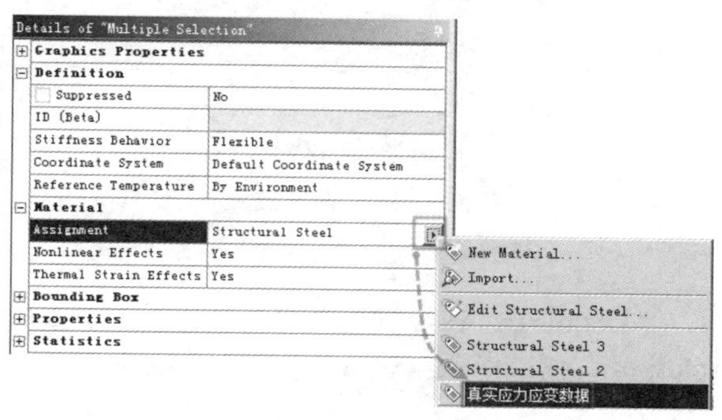

图 20-32 更改材料

更改后的材料如图 20-33 所示。

划分网格。单击 Outline（分析树）中的 Mesh（网格），在 Details of Mesh（网格的详细信息）中 Element Size（单元尺寸）的后面输入 10mm，单击 Update（刷新网格），如图 20-34 所示。

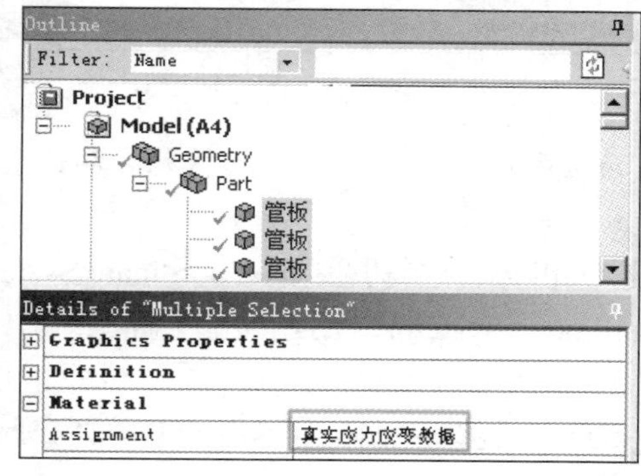

图 20-33 更改后的材料

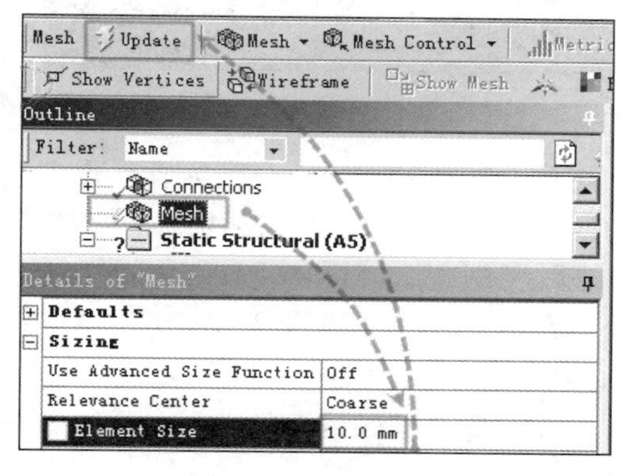

图 20-34 刷新网格

注意：本案例中，在网格划分时并没有出现 ANSYS 15.0 版新功能介绍中所介绍的可以多核心并行运作以大幅提高划分网格效率的情况，只有一个核心 100%使用，另一个核心空闲，如图 20-35 所示。即使如此，在笔者 CPU 型号为 T6600 的笔记本上仅仅用了不到 4 分钟时间网格划分即完成。

划分出的单元数为 33626 个，节点数为 148520 个，如图 20-36 所示。

加载内压荷载。单击 Outline（分析树）中的 Static Structural（静力学分析模块），按住 Shift 键逐个点选需要加载内压荷载的模型内表面，然后单击 Loads（荷载）→Pressure（压力荷载），如图 20-37 所示。

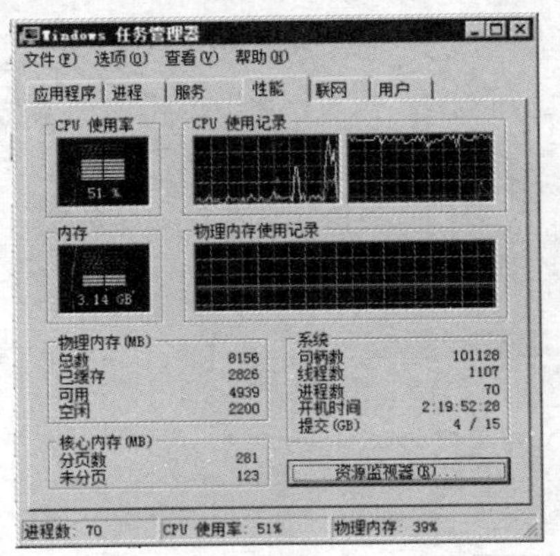

图 20-35　CPU 占用率

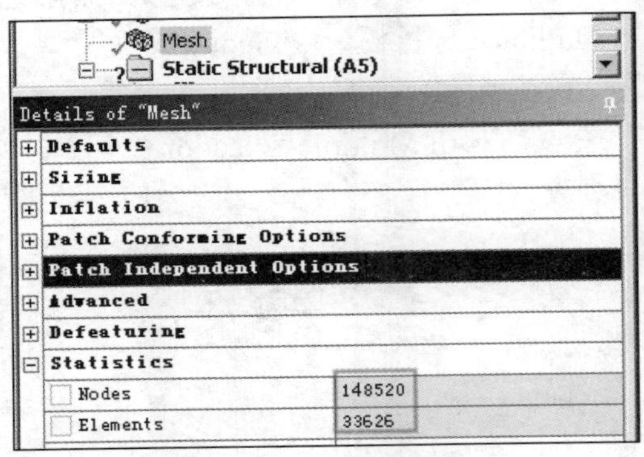

图 20-36　网格数量

在 Details of Pressure（压力的详细信息）中可见已经点选了 184 个表面，在 Magnitude（压力的数值）后面输入 8MPa，如图 20-38 所示。

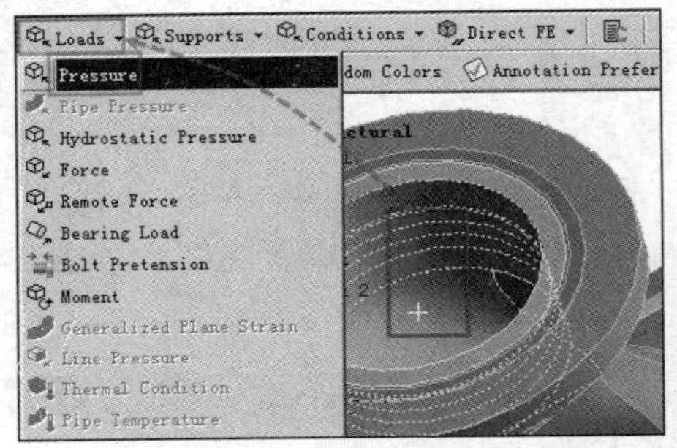

图 20-37　施加内压荷载

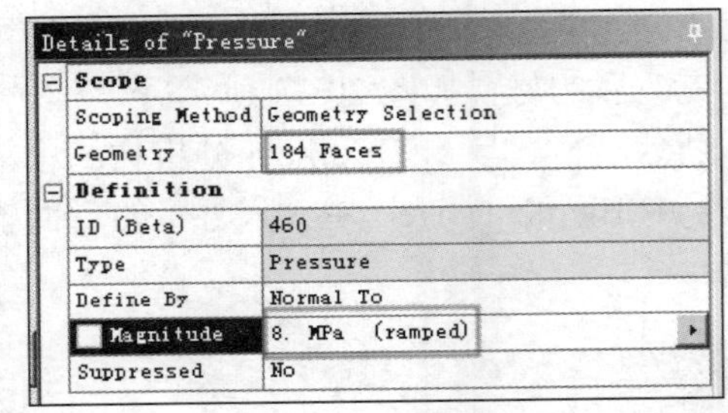

图 20-38　输入压力数值

注意：默认时压力荷载是加载到垂直于所选表面且向内的压力，如果想将其方向设置成反向，可以在输入数值的前面增加一个负号，如本案例中可输入-8MPa。

在法兰面上施加正弦规律变化的位移约束。单击 Outline（分析树）中的 Coordinate Systems（坐标系统），单击模型法兰面，再单击 Create Coordinate Systems（创建局部坐标系统），如图 20-39 所示。

新建的局部坐标系的默认名称为 Coordinate System（局部坐标系）。单击法兰面并在此处建立一个位移约束。

在 Details of Displacement（位移约束的详细信息）中将两组坐标系基准均设置成 Coordinate System（局部坐标系），在 Y 向位移值的后面输入公式=0.01*sin(z)以建立沿局部坐标系 Z 轴方向正弦变化的位移。在 Graph Controls（图表控制）下方输入图 20-40 所示的数值。

注意：在输入公式时务必先在前面输入=（等号）再输入公式内容，否则会出错，这与图 16-30 中要求的格式相同。这与微软公司 Excel 软件中输入公式的格式近似。

如果输入的原公式格式错误，即使在删除了错误的公式后重新输入正确公式，软件也会提示错误（也许这是除第 14 章发动机叶片周期扩展分析案例中介绍的 Bug 以外的另一个 Bug）。笔者建议，删除此边界条件，重新加载并输入公式。

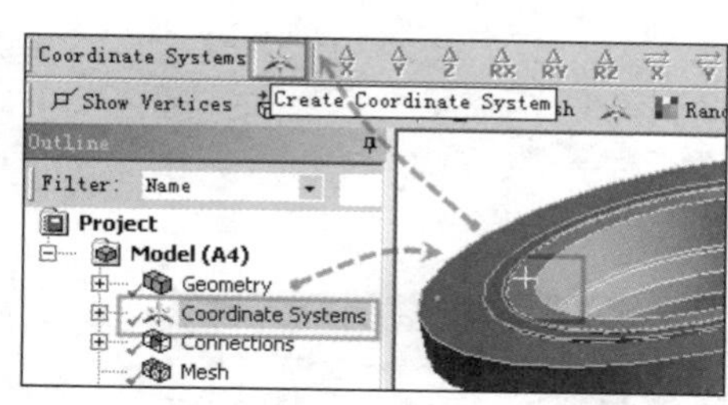

图 20-39　建立局部坐标系

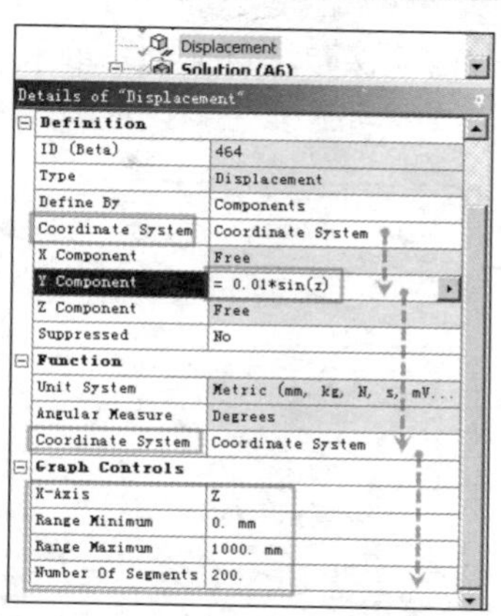

图 20-40　输入位移边界条件

注意：在 Workbench 平台中，暂时只支持设置单值函数公式；而在经典版的 Class 平台中有非常专业的公式编辑器，可以输入并加载非常复杂的荷载或边界条件函数，也许这是 Workbench 平台需要完善的地方。

加载后的效果如图 20-41 和图 20-42 所示。

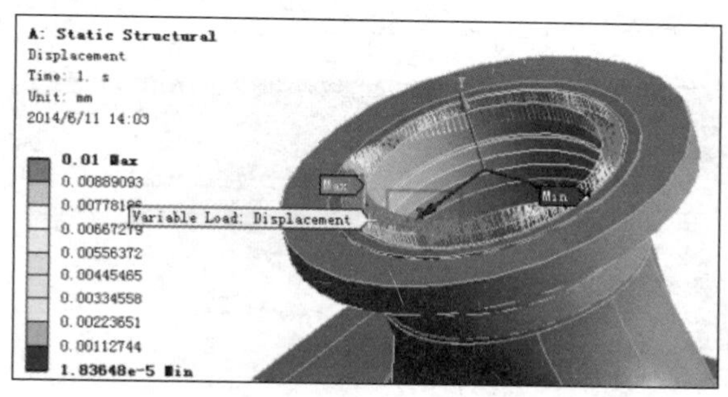

图 20-41　加载效果

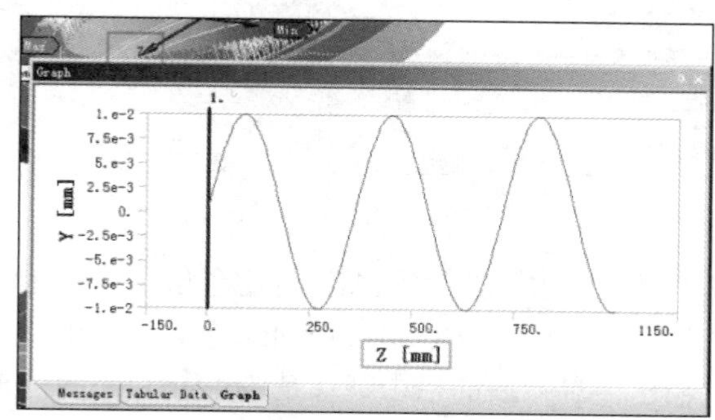

图 20-42　加载图

注意：本案例中，对模型约束的设置与上一章中相同，具体操作不再赘述。

在图 20-42 中，为了能将局部坐标系 Z 轴方向表示清楚而将 Graph（图表）拖动到模型附近截图，这会使窗口位置变得混乱。为了恢复默认窗口状态，可单击 View（视图）→Windows（窗口）→Reset Layout（重建视窗布局），如图 20-43 所示。

在求解前应保存项目文件。单击 File（文件）→Save Project（保存项目文件），如图 20-44 所示。

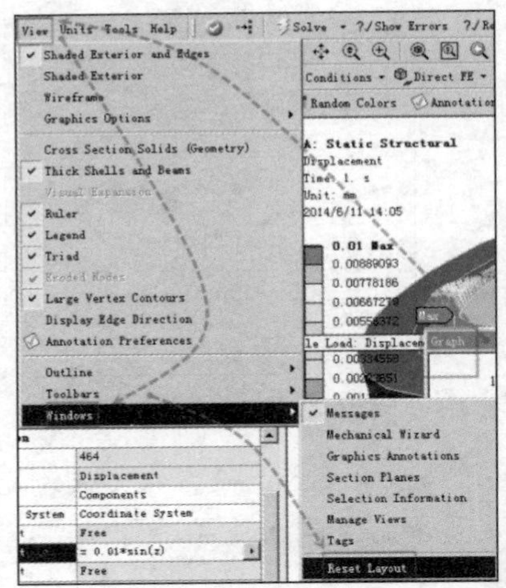

图 20-43　恢复默认窗口

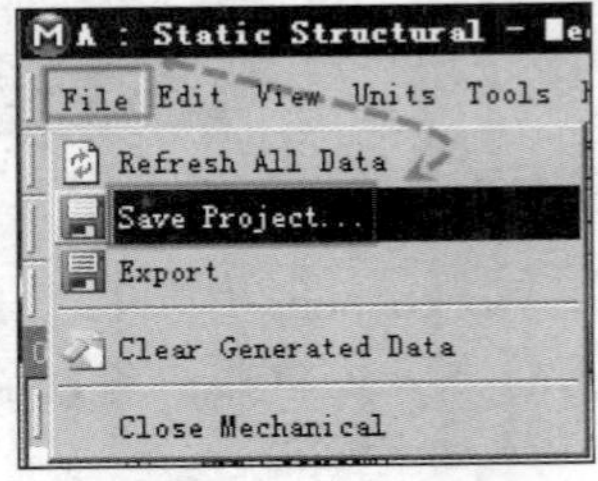

图 20-44　保存项目文件

将文件命名并单击“保存”按钮，如图 20-45 所示。

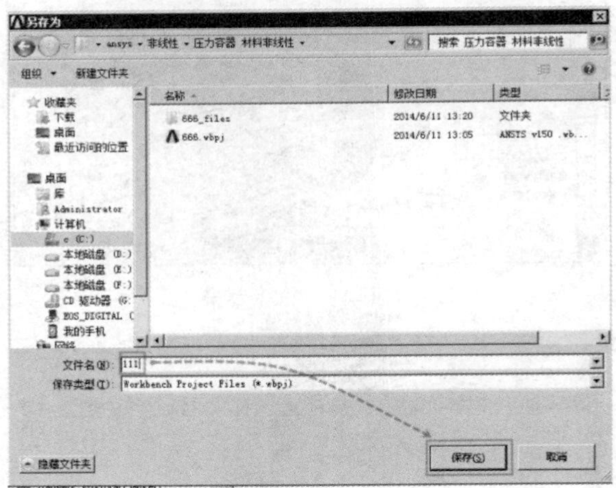

图 20-45　命名并保存

由于本案例为非线性分析，需要观察收敛图以确定求解状态。单击 Outline（分析树）中的 Solution Information（求解信息），在 Details of Solution Information（求解信息的详细信息）中 Solution Output（求解输出信息）后的栏中默认是 Solver Output（求解器输出信息），在其下拉列表框中选择 Force Convergence（力的收敛），如图 20-46 所示。

检查各项设置无误后单击菜单栏中的“求解”按钮。在图 20-47 中也可以看到，在求解前 Force Convergence（力的收敛）显示的是 No data to display（没有信息可显示），如图 20-47 所示。

求解时收敛图如图 20-48 所示。可见 CPU 占用率为 100%，而内存仅占用一半。此时的主要性能瓶颈与采用直接求解器时极度需要内存容量不同。在其他条件不变时，是 CPU 的浮点运算性能影响了求解效率。

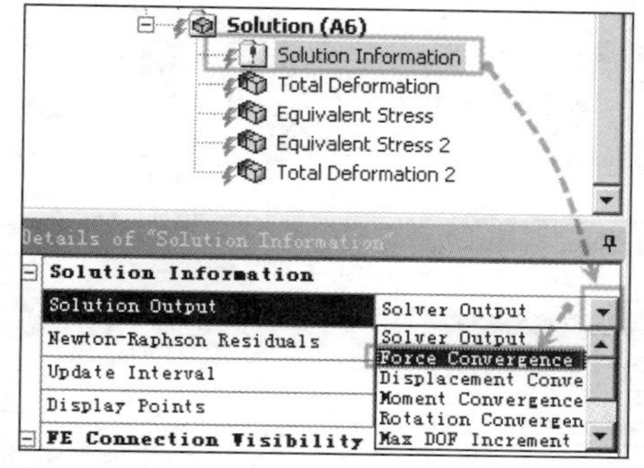

图 20-46　设置输出信息

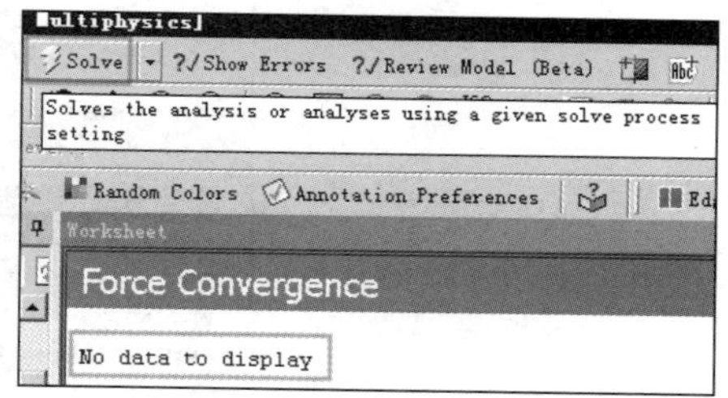

图 20-47　求解

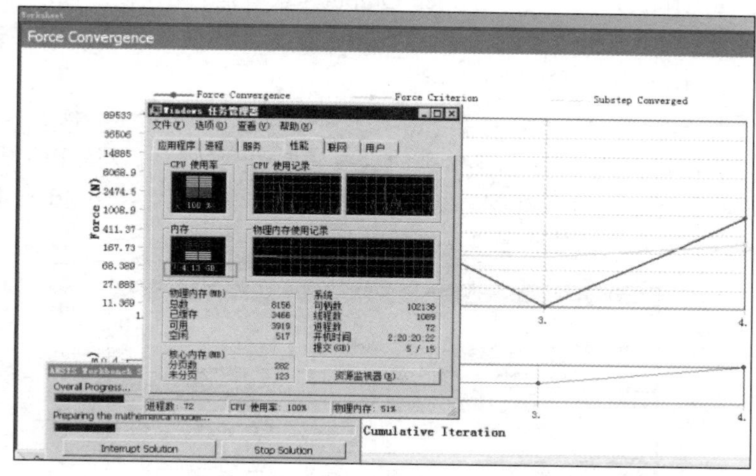

图 20-48　求解进度

如图 20-49 所示，在迭代了 10 次后达到收敛。在求解中或求解后都可以将 Solution Output（求解输出信息）设置成其他形式，如常用的 Solver Output（求解器输出信息），以查看具体的求解状态，如图 20-50 所示。

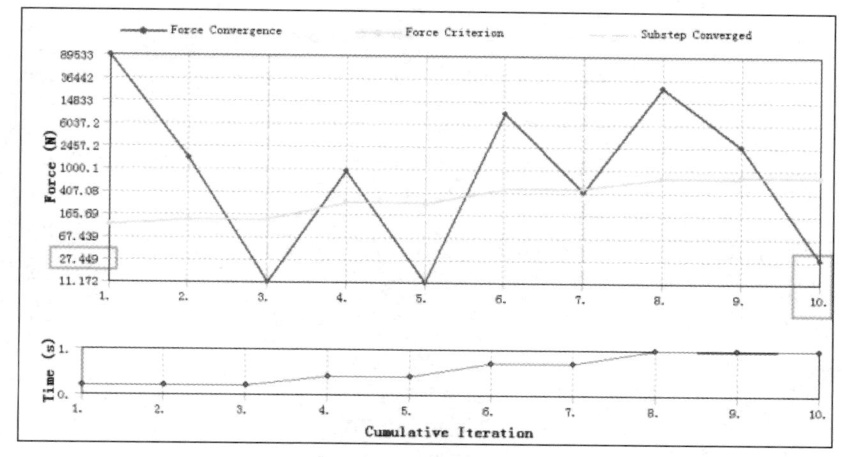

图 20-49　收敛图

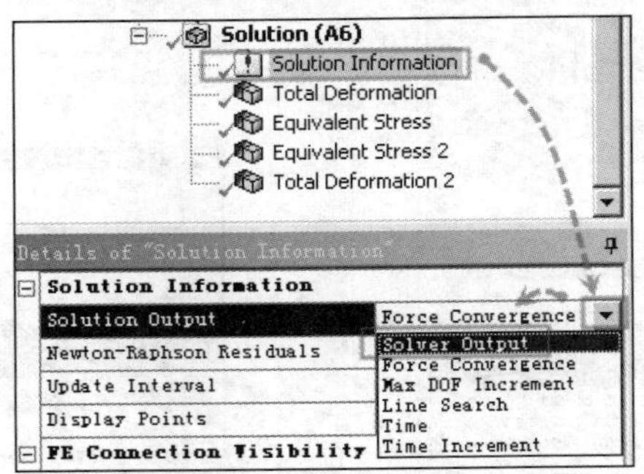

图 20-50　查看求解信息

在 Worksheet（工作表）中可见，Solver Output（求解器输出信息）最下方显示了本次求解所消耗的内存为 1344MB，可见约 3 万单元规模的材料非线性分析不需要太多的内存，而求解时间为 992 秒，约 16 分钟，如图 20-51 所示。

注意： 之后笔者又做了一个测试，在其他条件不变时，在两台计算机上求解相同的项目，使用 CPU 型号为酷睿 2 T6600 的笔记本电脑的求解时间为 992 秒；使用 CPU 型号为 XEON E3 1230 V2 版台式机的求解时间为 256 秒，两者性能相差约 3.9 倍。这与第 30 章中介绍的笔者亲自测试的两款 CPU 浮点运算性能相差 3.3 倍的结果基本一致。

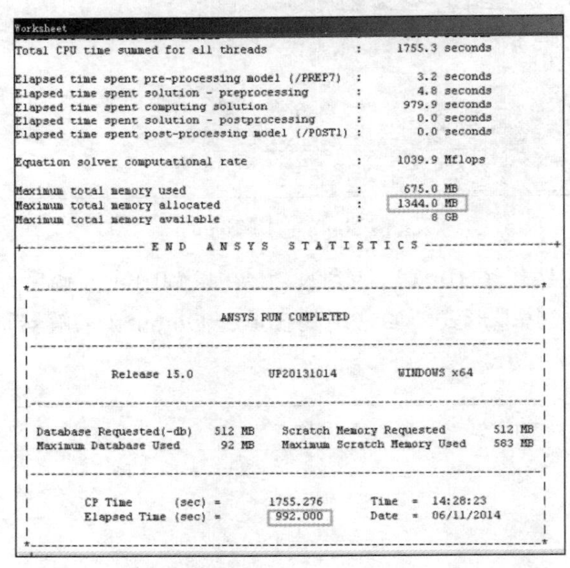

图 20-51　求解时间

保存项目文件，退出静力学分析模块，退出 Workbench 平台。

至此，本案例完。

21 钢结构立柱线性屈曲分析案例

21.1 案例介绍

本案例对某系列产品的钢结构立柱模型进行线性屈曲分析，以计算其受压时的稳定性，确定屈曲系数，还介绍了输出结果动画的功能、提取单一零件结果的技巧和对模型进行压缩与隐藏的技巧等。

21.2 分析流程

线性屈曲分析是预测理想线弹性结构的理论屈曲强度。特征值屈曲系数×所加荷载=屈曲荷载。所谓特征值屈曲系数归一化就是逐渐改变荷载的大小，使得计算出的特征值屈曲系数=1 的过程。

很多时候需要评价结构的稳定性。如在薄壁厚柱、受压缩力的部件和真空罐的例子中，保证足够的稳定性是很重要的。应力可以加强或减弱结构的刚度，这依赖于应力是拉应力还是压应力。对于受压的情况，当压应力增大时，弱化效应增加；当达到某个荷载时，弱化效应超过结构的固有刚度，此时结构没有了净刚度，位移无限增加，结构发生屈曲。

缺陷和非线性行为使现实结构无法与它们的理论弹性屈曲强度一致。线性屈曲一般会得到不保守的结果。使用基于微小扰动的非线性屈曲分析，可以考虑几何缺陷的影响。

尽管不保守，线性屈曲还是有多种优点：它比非线性屈曲计算省时（计算量远远小于非线性屈曲分析），并且可以作为非线性屈曲分析的第一步计算来评估临界载荷（屈曲开始时的荷载），也可以用来确定屈曲形状。

开始分析，导入模型。打开 Solidworks 软件，单击“打开”菜单按钮，找到名称为“立柱 2”的模型后单击模型文件，再单击“打开”按钮，然后单击 ANSYS 15.0→Workbench 15.0 快捷方式，如图 21-1 所示。

进入 DM 模块。双击项目管理区中生成的 A2 Geometry（模型），如图 21-2 所示。

A2 项前面的模型图标为红色，并有黄色的 SW 字样。意味着此模型是使用 Solidworks 软件创建的。如为由其他软件创建的模型，此图标也会随之变化。

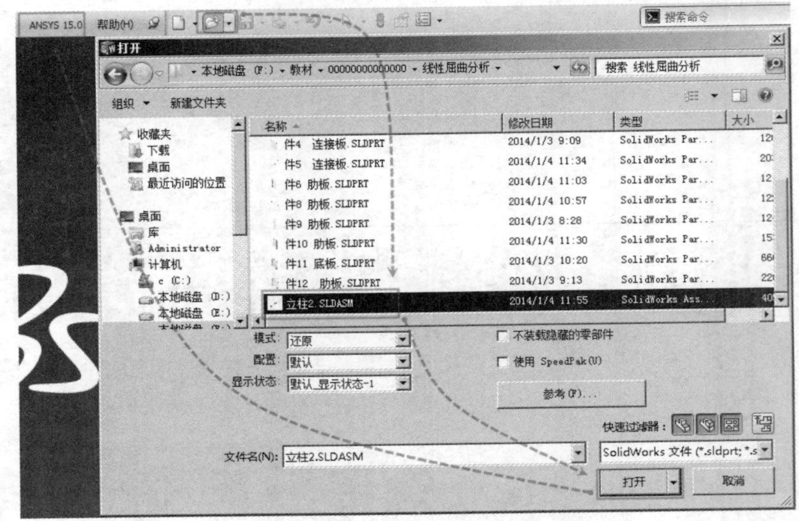

图 21-1　导入模型

注意：如果模型经过了 DM 模块的编辑，会统一变成绿色的 DM 图标。

生成模型。进入 DM 模块后，单击 Generate（生成）按钮，如图 21-3 所示。导入后的模型如图 21-4 所示。

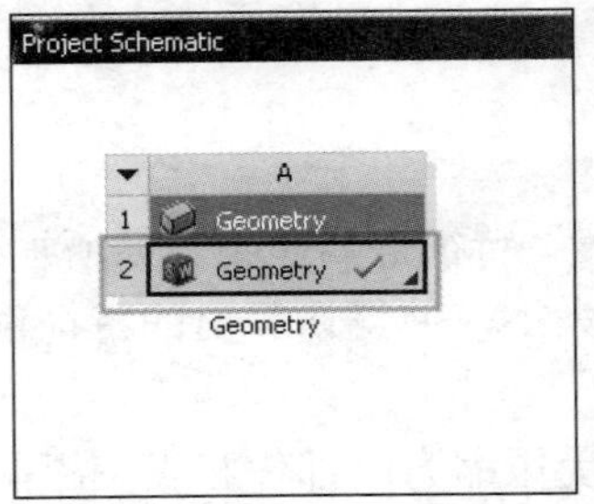

图 21-2　进入 DM 模块

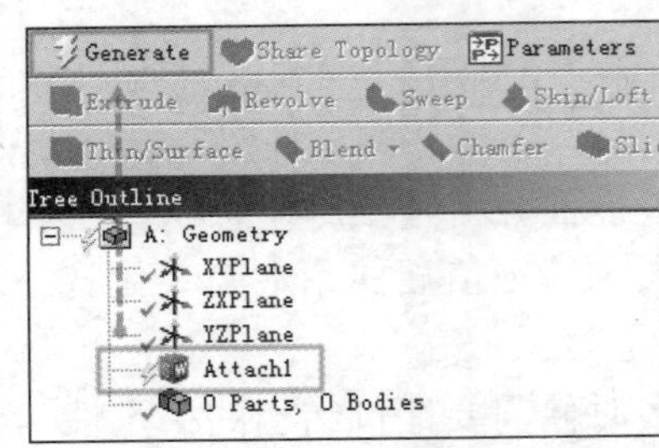

图 21-3　刷新模型

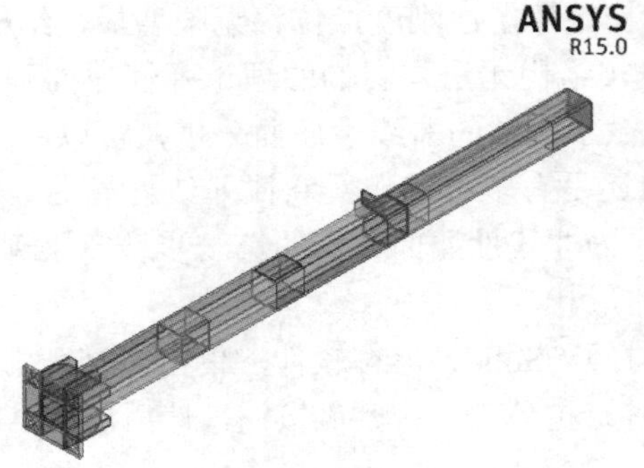

图 21-4　导入后的模型

合并模型。三维模型一般是由多个零件组成的，直接导入 ANSYS Workbench 15.0 平台后，会默认认为模型是由这些相对独立的零件组合而成的，Workbench 会自动地将零件之间用绑定接触进行连接。

注意：直接导入模型进行分析是个简单的方法，但是会带来两个问题：第一，零件之间被大量的绑定接触连接，接触的加入会极大地增加分析的计算量，除非本次分析就是为了模拟接触关系；第二，由于零件间的连接用接触关系，在接触面两边有限元模型的节点往往不对应，会使应力的计算结果不连续，这非常容易使得接触面两边的零件出现严重的应力集中现象，并且接触面两边力的传递不连续，一般表现是，一个零件的接触面附近应力极大，而对面的零件近似位置的应力非常小，力没有被有效传递。显然，这种应力结果是失真的。

另外，当接触面两边的节点密度相差巨大时，会无法计算。

为了控制计算规模，也为了使零件之间的节点连续，提高计算精度，需要将导入的模型进行适当的合并。而具体哪些零件需要合并成一体，取决于分析的内容。这与第 19 章压力容器静力学分析案例中介绍的内容是近似的。

为了将模型划分出足够高质量的网格，一般也需要对模型进行适当的分割。原则是将包含复杂特征的模型分割出多个形状简单的可扫掠的规则的形状。

可扫掠（Sweep），就是被分割出的零件（Bodies）可使用扫描、拉伸、旋转拉伸、放样等方法一步创建出的简单形状，而不是用拉伸+切除等多个特征共同创造出的不可简化成仅仅使用一步拉伸、放样等命令生成出的模型。合理分割也需要遵循一些特定的分割方案。在第 17 章等强度梁优化设计分析案例中简单介绍了一些分割模型的思路和方法。

分割后的模型也需要合并成一体（1 Part）。在 DM 模块中，使用的是图 21-5 中的 Slice（分割）命令。笔者建立三维模型完全使用 Solidworks 软件，分割模型使用的是其“分割”功能。它对模型的切分效果与 DM 模块中的 Slice（分割）命令是相同的。

本案例中将所有零件合并成一体。全选所有的体。在体过滤器中单击最右边的全绿色图标 Body/Element（零件/单元），再单击有红点的箭头图标 Select Model（筛选模式）→Box Select（框选），如图 21-5 所示。

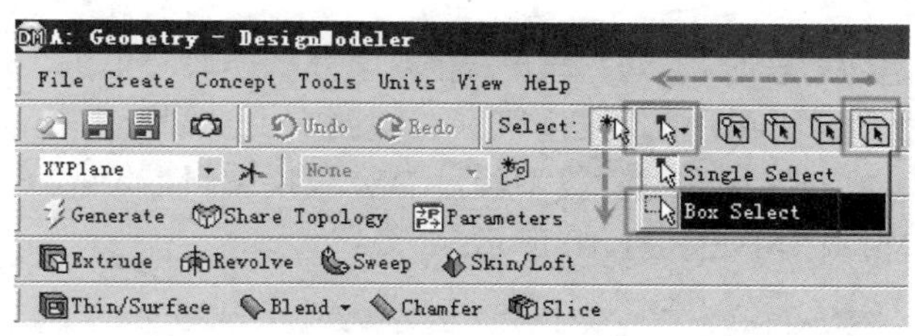

图 21-5　选择体

在模型的右上角单击并按住鼠标向左下角移动，直至可以完全框选模型，放开鼠标即可选择上需要的体。在框选过程中会出现黑色矩形框，提示选择的范围，如图 21-6 所示。

选择后的体会变成金黄色。右击并选择 Form New Part（合并成新的部件），如图 21-7 所示。

退出 DM 模块。合并后的体在 Tree Outline（分析树）中会出现 1 Part 字样，并生成三个矩形组成的图标，如图 21-8 所示。

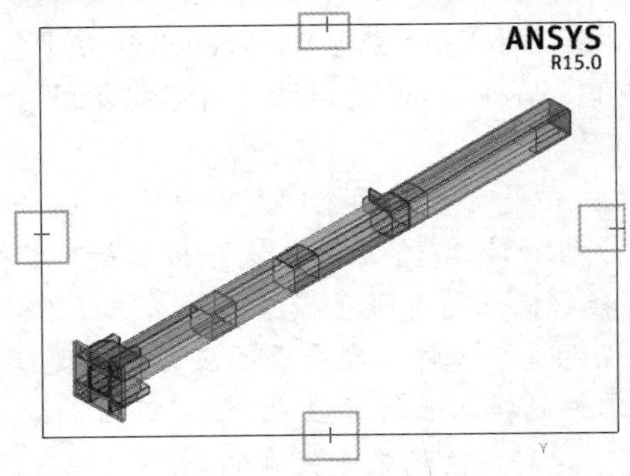

图 21-6　提示选择范围

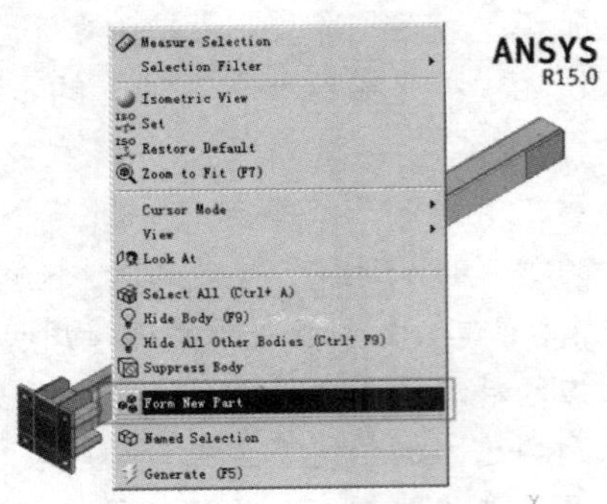

图 21-7　合并体

合并完成后退出 DM 模块。单击 File（文件）→Close DesignModeler（关闭 DM 模块），如图 21-9 所示

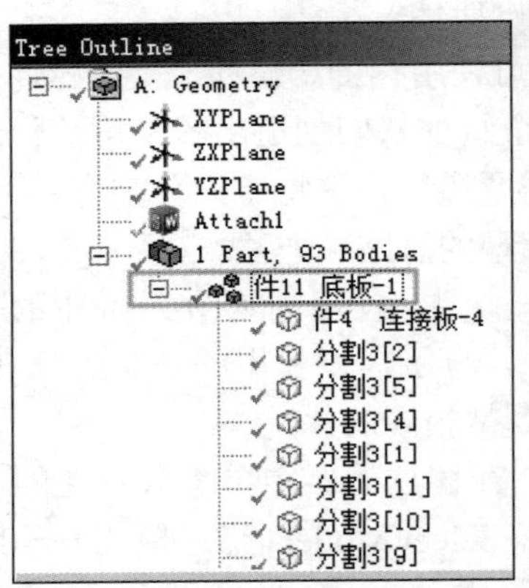

图 21-8　合并后的模型

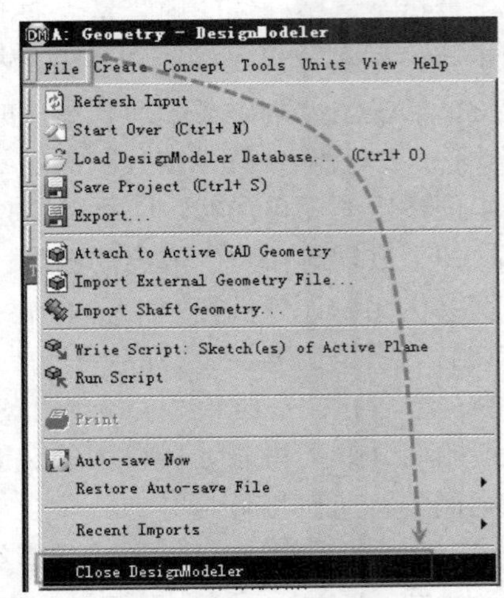

图 21-9　退出 DM 模块

屈曲分析的前提是静力学分析。打开一个静力学分析模块。单击 Toolbox（工具箱）中的 Static Structural（静力学分析模块），按住鼠标左键向右上角滑动并拖动到项目管理区的 A2 Geometry（模型）中，放开鼠标左键。模型经过 DM 模块编辑后，A2 Geometry（模型）也随之变为绿色的 DM 字样图标，如图 21-10 所示。

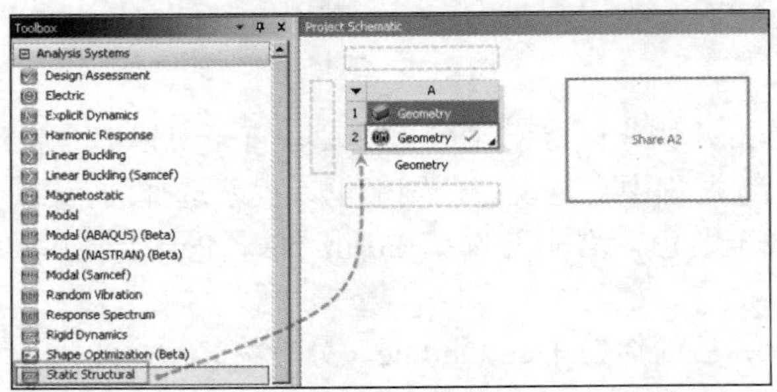

图 21-10　打开静力分析

打开线性屈曲分析。同上，拖动一个 Linear Buckling（线性屈曲分析模块）到 B6 中，如图 21-11 所示。

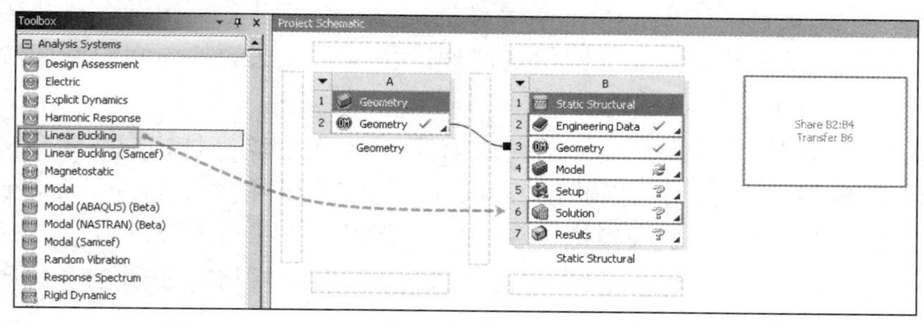

图 21-11　打开线性屈曲分析

注意：线性屈曲分析的基础是静力学分析。分析的整体思路是，先进行静力学分析，再通过 Workbench 平台中的数据传递接口将静力学分析的结果传递给线性屈曲分析模块作为初始条件，并进行求解。

很多教材中推荐对模型加载 1 牛顿的荷载并执行线性屈曲分析，再查看线性屈曲分析结果的特征值屈曲系数，通过计算初始荷载与特征值屈曲系数的乘积获得构件的极限承载力。

举例说明：如果静力学分析中输入的初始荷载为 1 牛顿，在屈曲分析后获得的特征值屈曲系数为 1986.0925（为什么是这组数字呢），则实际的承载力为 1*1986.0925=1986.0925 牛顿。这也意味着，实际的结构极限承载力为 1986.0925 牛顿，是初始计算荷载的 1986.0925 倍。

在屈曲分析中获得的特征值屈曲系数也可以理解成一个保证稳定性时的安全系数。不同的设计标准，对屈曲系数的计算方法和取值有所不同。对于压力容器行业，压力容器分析设计规范（JB/T 4732）中规定的线性特征值屈曲系数大于 3。

虽然使用 1 牛顿作为初始荷载可以较为方便地计算结构的承载力，但是单一的荷载并不符合实际的承载状态。有一种思路是：计算不同工况下的一系列完整的静力学分析，并据此进行多组线性屈曲分析；再分别计算出不同工况下对应的几组特征值屈曲系数，再与相关设计规范的限定值进行比较，都大于则说明结构合格，如某工况下不合格，可查看屈曲模式并适当修改结构。改进思路可参考第 4 章中“应力计算结果的处理与改善”部分的描述。

本案例使用的模型是某焊接钢结构中的柱脚，其结构属于格构柱。焊接钢结构柱按外形分为实腹柱和格构柱。其中实腹柱分为型钢实腹柱和钢板实腹柱两种。前者焊缝少，应优先选用；后者适用性强，可设计成较大的截面尺寸。

根据我国的钢结构设计规范：当腹板的计算高度与腹板厚度之比大于 80 时，应有横向隔板加强，间距不得小于 3 倍计算高度；柱肢外伸自由宽度不宜超过 15 倍厚度，箱型柱的两腹板间宽度也不宜超过 40 倍板厚。

格构柱主要分为缀板式和缀条式两种。前者的承载力较后者低，但焊接较为方便。格构柱的重量轻，省材料，风阻力小，但焊缝短，不利于自动化焊接。对缀材面内剪力较大或宽度较大的格构柱，宜用缀条柱。格构柱或者大型实腹柱，在承受较大水平力处和运输单元的端部应设置横向隔板，其间距不大于柱截面较大宽度的 9 倍或 8 米。缀板间距由主柱局部长度的稳定性及缀板受力分析决定。

主要承受压缩荷载的杆件和立柱或者外压筒体等部件都必须进行稳定性计算。除整体稳定性计算外，还应核算构件的局部稳定性。虽然线性屈曲分析的计算精度受到很多因素的影响，其计算值与实验测定的实际结构承载能力有着约 30%～100%的差别并且分散性很大，但其却是求解结构稳定性能力的一种简单高效的方法，也是进行更精确计算结构实际承载能力的非线性屈曲分析的基础。有关结构稳定性理论和设计方法的具体知识请读者翻看第 7 章中的相关内容。

案例所属产品的钢结构构架至少由对角线方向的 4 个相同立柱构成，本案例仅简化地分析单一立柱的模型。由于立柱所承担的设备重量位于 4 个立柱的中心，为了简化计算，本案例在设备重心位置设置一个质量点来模拟设备的自重荷载。

静力学分析部分。双击 B4 Model（有限元模型）以划分网格，如图 21-12 所示。

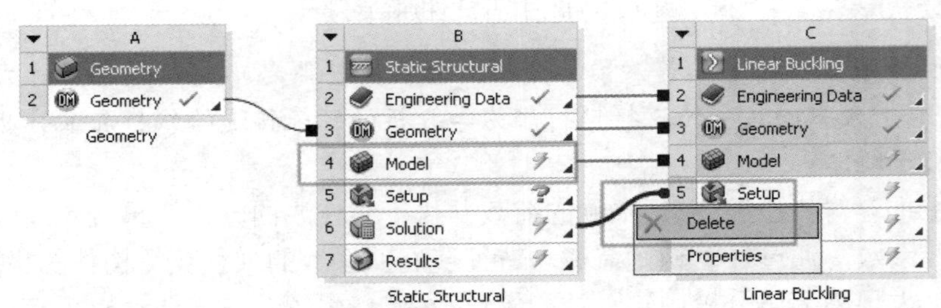

图 21-12　划分网格

注意：Workbench 平台与经典版平台不同的是，其更多地使用更人性化的图形界面，显示了程序运行模式。比如模块间的数据传递，不同模块之间的数据传递状态则被一条条蓝色的曲线所代表。从图 21-12 中可知，静力学分析模块中的 B2、B3、B4 项都分别跟线性屈曲分析的 C2、C3、C4 项目被蓝色直线所连接。在线性屈曲分析中 C2 材料数据、C3 物理模型数据、C4 有限元模型数据、C5 荷载数据都分别采用了上一步静力学分析的数据。

静力学分析中的 B6 分析结果通过蓝色曲线连接到了线性屈曲分析中的 C5 荷载中，这意味着静力学分析的结果将会传递给线性屈曲分析，使其成为线性屈曲分析时的初始条件。

如果不需要进行数据传递，可以右击有关的连线并选择 Delete（删除）；如果要实现某些模块间的数据传递，可单击某项目并拖动到下一步模块的相应项目中。在可以进行数据传递的模块上，拖动过程中会出现绿色虚线框。当拖动到需要的模块上时会出现红色矩形框。放开鼠标即可完成数据传递操作，软件也会自动生成有关的连线，非常简单直观。

划分网格。由于模型被相对规则地切分，只使用整体网格控制即可生成相当高质量的六面体网格。剖分模型的方法在第 17 章和第 18 章中已介绍。

双击项目管理区中的 B4 Model（有限元模型），单击 Outline（分析树）中的 Mesh（网格），在 Details of Mesh（网格的详细信息）中的 Element Size（网格平均边长）后面输入 10mm，然后单击 Update（刷新网格），如图 21-13 所示。生成后的网格如图 21-14 所示，立柱顶部的网格如图 21-15 所示。

加载质量点以模拟立柱所承载的设备的重量。

单击 Outline（分析树）中的 Geometry（模型），再单击 Point Mass（质量点），如图 21-16 所示。

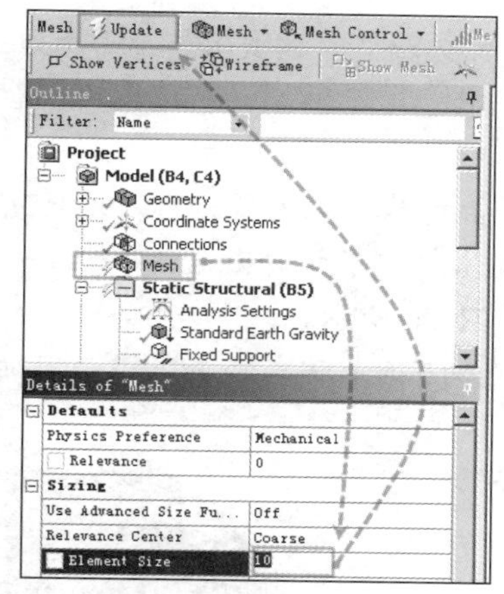

图 21-13　划分网格

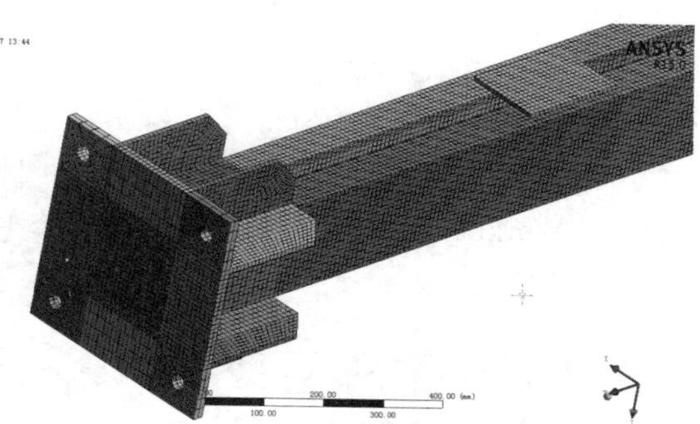

图 21-14　划分后的网格

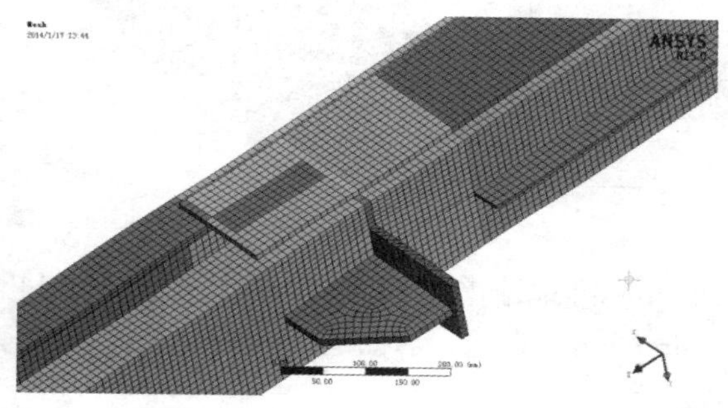

图 21-15　立柱顶部的网格

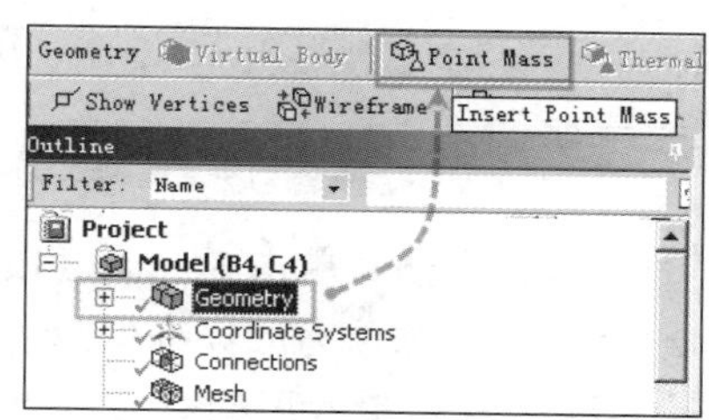

图 21-16　加载质量点

选择模型中肋板的两面与托板的顶面作为质量点荷载的施加表面。按住 Ctrl 键单击合适的三个表面，选择后的面会变成绿色，如图 21-17 所示。

设置质量点的参数。在 Details of Point Mass（质量点的详细信息）中单击 Geometry（模型），黄色区域处单击，然后单击新出现的 Apply（应用）按钮，变成 3 Faces（3 个面）字样，输入图 21-18 所示的中心坐标值，再输入质量点坐标值，输入质量为 1000kg，如图 21-18 所示。

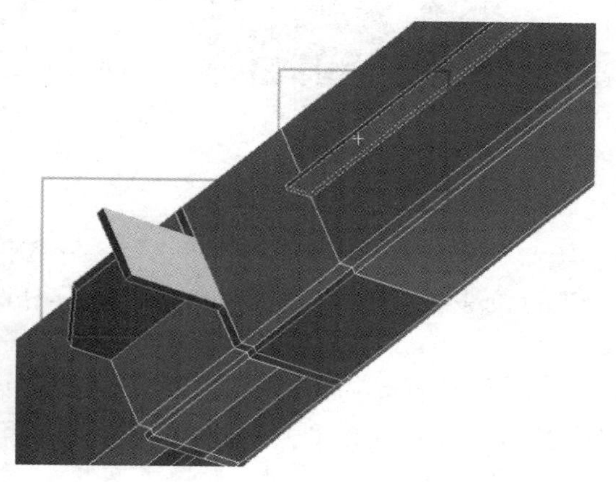

图 21-17　选择加载面

Details of "Point Mass"

Scope	
Scoping Method	Geometry Selection
Applied By	Remote Attachment
Geometry	3 Faces
Coordinate System	Global Coordinate System
X Coordinate	-1500. mm
Y Coordinate	4500. mm
Z Coordinate	-2592.8 mm
Location	Click to Change
Definition	
Mass	1000. kg
Mass Moment of Inertia X	0. kg·mm²
Mass Moment of Inertia Y	0. kg·mm²
Mass Moment of Inertia Z	0. kg·mm²
Suppressed	No
Behavior	Deformable
Pinball Region	All

图 21-18　设置质量点

施加重力。单击 Outline（分析树）中的 Static Structural（静力学分析模块），再单击 Inertial（惯性荷载）→Standard Earth Gravity（标准地球重力），如图 21-19 所示。右边也可以看到质量点的参数。

注意：如果定义了质量点，则必须再定义至少一个惯性荷载（加速度、标准地球重力、角加速度等），并设置材料的密度。如果未定义惯性荷载而求解，求解会出错。

默认的重力方向是向上的，与需要的方向相反，如图 21-20 所示。

注意：Workbench 平台下重力加速度的施加方向是竖直向下的，这与经典版中与实际方向相反加载不同。

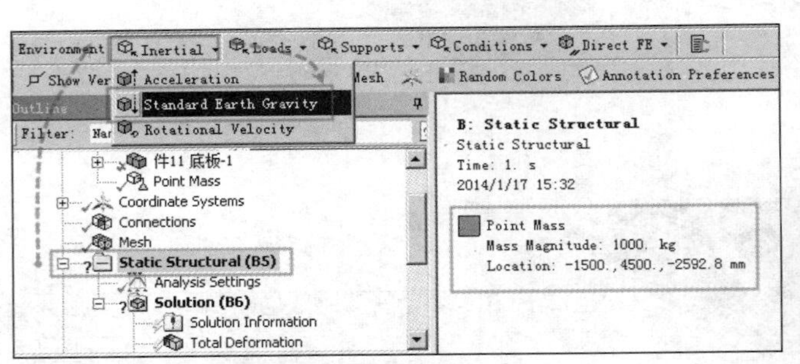

图 21-19 施加重力荷载

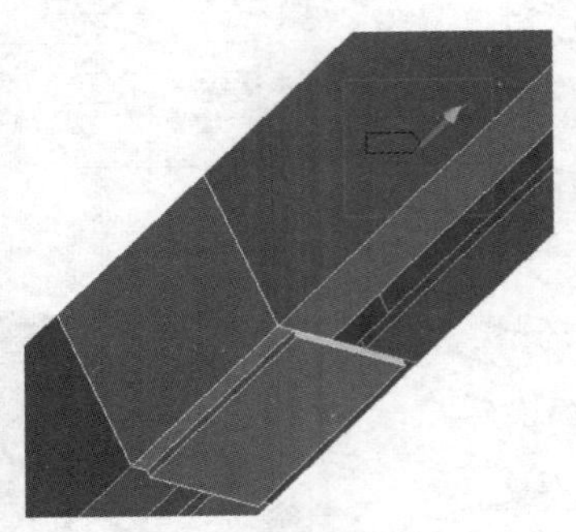

图 21-20 重力向上

改变重力方向。单击 Standard Earth Gravity（标准地球重力），在 Details of Standard Earth Gravity（标准地球重力的详细信息）中单击 Direction（方向）后面的下拉列表框并选择+Z，如图 21-21 所示。更改后的重力方向如图 21-22 所示。

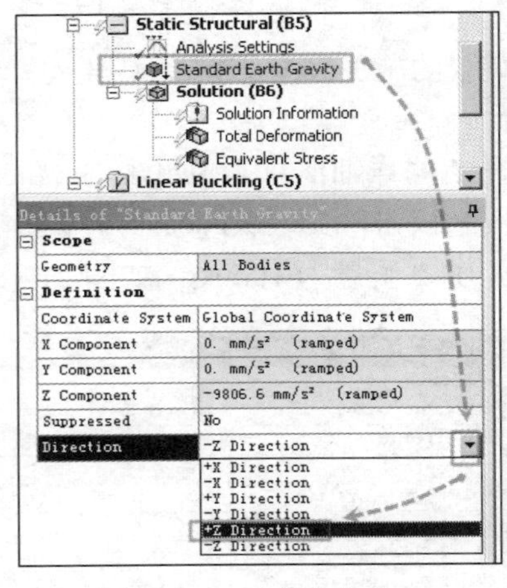

图 21-21 改变重力方向

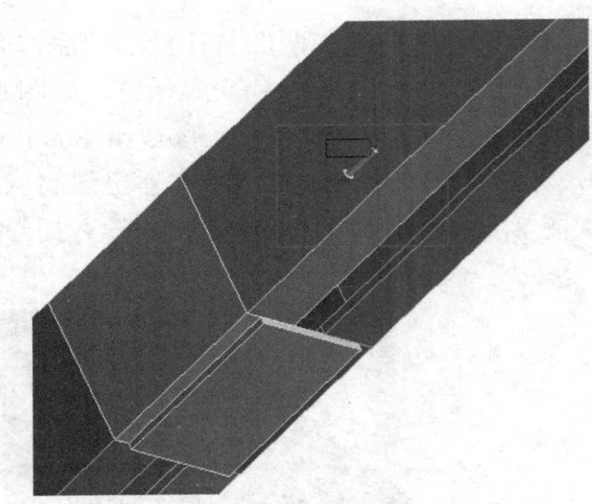

图 21-22 重力向下

施加固定约束。本案例在模型底面设置一个固定位移约束。单击 Supports（支撑）→Fixed Supports（固定位移约束），如图 21-23 所示。

选择固定面。按住 Ctrl 键并逐渐滑动鼠标点选底面，选择后的面会变成绿色，在 Details of Fixed Supports（固定位移约束的详细信息）中单击 Geometry（模型）右侧的 Apply（应用）按钮，如图 21-24 所示。

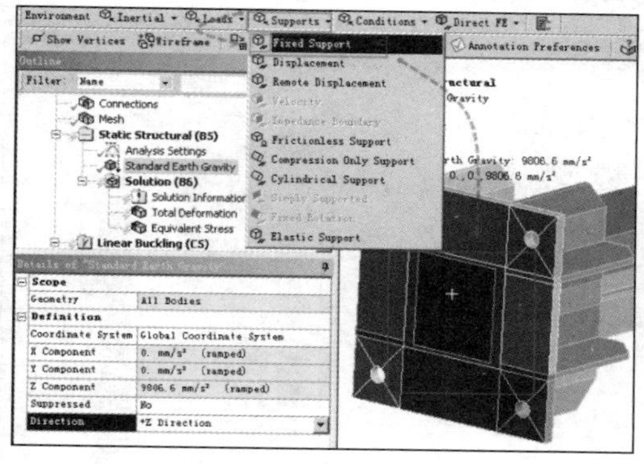

图 21-23　设置固定约束

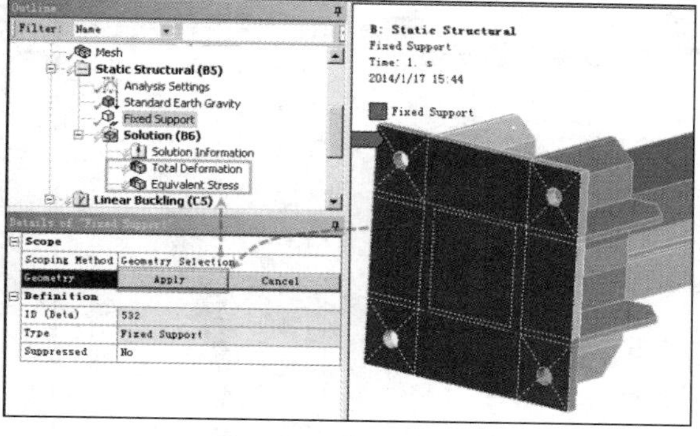

图 21-24　选择固定面

求解前两阶屈曲模态。软件默认只计算第一阶失稳模态，即最可能出现的第一种失稳模式。本案例计算模型的前两阶屈曲模态，以查看模型可能出现的前两种失稳模式。

单击 Outline（分析树）中的 Analysis Settings（分析设置），在 Details of Analysis Settings（分析设置的详细信息）中 Max Modes to Find（最大失稳模态数）的后面输入 2，如图 21-25 所示。

求解及后处理。设置完毕后单击“求解”按钮 Solve，等待数十分钟后静力分析与线性屈曲分析计算完毕。静力分析的变形结果如图 21-26 所示。

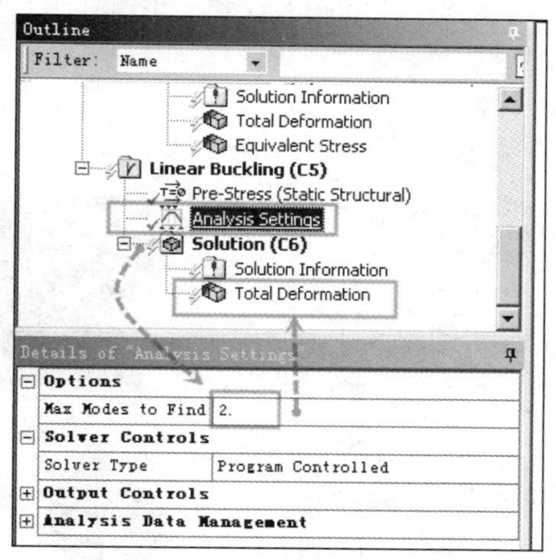

图 21-25　前两阶失稳模式

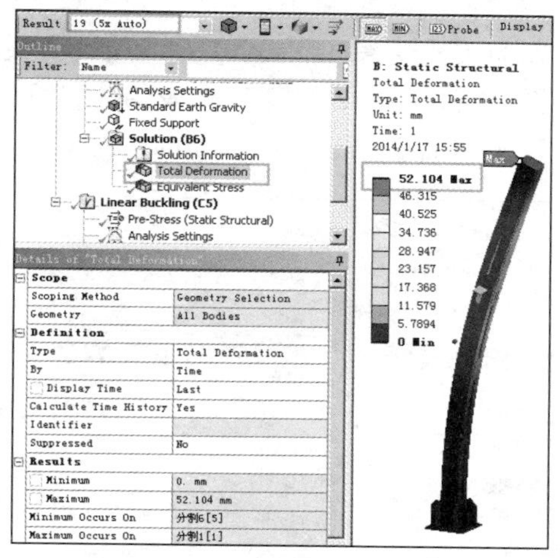

图 21-26　静力变形结果

由图可知，在自重和偏心质量点的共同作用下，最大变形量为 52.104mm，该图示变形的显示值被放大了 19 倍。

图 21-27 所示为静力分析的等效应力结果，最大应力为 1141.9MPa，并出现了明显的应力集中现象。

图 21-28 所示是第一阶失稳模态结果，最大变形为 0.10604mm，屈曲系数为 17.317。虽然静力分析中的变形和应力均较大，但是此立柱的屈曲特征值系数仍是较大的，具有很大的安全余量，也意味着立柱有着较大的可优化空间。第一阶失稳模式主要是整体扭转。

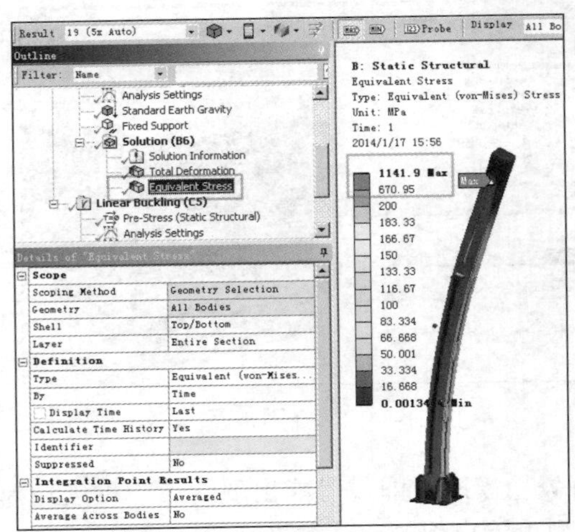

图 21-27　静力应力结果

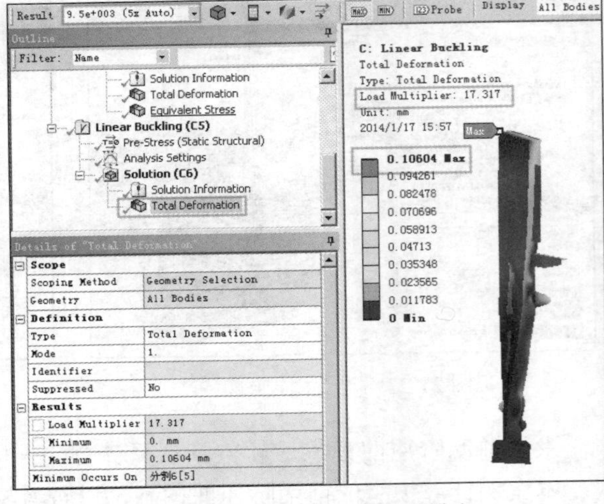

图 21-28　第一阶失稳模态

如果要将第一阶失稳模态结果改成第二阶输出显示，可单击 Details of Total Deformation（全部方向变形的详细信息）中的 Mode（失稳模态数），在右侧将原来的 1 改为 2。更改后该结果前面会从绿色的对号标志变成黄色闪电标志，意味着需要刷新数据。右击 Total Deformation（总变形）并选择 Retrieve This Result（刷新此结果），如图 21-29 所示。

注意：如果在图 21-25 所示处已设置的待求解屈曲模态（Model）数量小于图 21-28 中提取的屈曲模态结果（Model）的数量，却进行求解，则软件会报错。

图 21-30 所示为刷新后生成的第二阶失稳模态。观察失稳模式可知，结构在托架下方附近容易发生屈曲现象。单击 Graph 中的 Graph 标签查看输出动画，如图 21-31 所示。

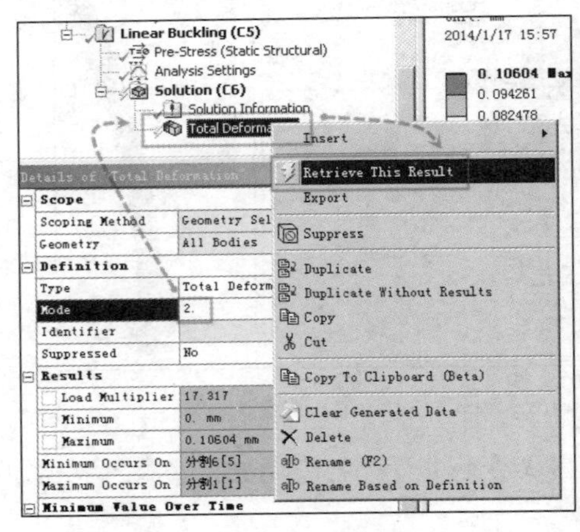

图 21-29　刷新结果

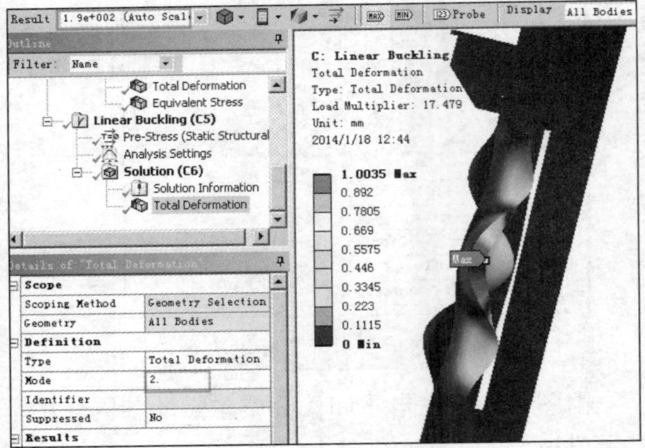

图 21-30　第二阶失稳模态

警告信息。

在线性屈曲分析后，单击 Outline（分析树）中的 Solution Information（求解信息），发现在右边冗长的 Worksheet（工作表）中出现了如下警告信息：

```
*** WARNING ***      CP =      1335.244      TIME= 22:51:20
During this session the elapsed time exceeds the CPU time by 62%. Often this indicates either a lack of physical memory (RAM) requiredto efficiently handle this simulation or it indicates a particularlyslow hard drive configuration.
```

This simulation can be expected to run faster on identical hardware if additional RAM or a faster hard drive configuration is made available.
For more details, please see the ANSYS Performance Guide which is part of the ANSYS Help system.

大意是：求解过程中的计算时间超过了 CPU 时间的 62%。这表明物理内存不足，而不能有效地处理此次分析，或者指示硬盘速度太慢了。如果有更多的内存或更快的硬盘，分析速度会加快。更多细节请参考 ANSYS 帮助。

这也说明了 CPU 性能相对于此次分析稍显过剩，具体型号为 XEON E3 1230 V2，四核心，额定运行频率为 3.3GHz。而物理内存的容量和硬盘速度成了整体的性能瓶颈。相同的分析，在笔者的笔记本上运行时，由于内存容量仅 8GB，并且使用普通的机械硬盘，在求解 4 个小时后仍未完成。具体表现是，内存占用 7.6GB 左右，在绝大多数求解时间内，CPU 占用率低于 10%，而硬盘却从未停止读写。

而在 16GB 物理内存的台式机上和将项目文件与系统页面文件保存于固态硬盘（Intel 牌 330 系列，容量为 120GB）中的组合下，求解时最大占用了约 11GB 内存，在绝大多数求解时间里有一个核心 100%满负荷运行，约五分之一的时间四个核心都满负荷运行。CPU 的浮点计算能力几乎在整个分析过程中都完全发挥，仅用 511 秒即完成了求解。相同的计算在相同的计算机上再次求解，耗时 457 秒。

当内存容量不足且硬盘速度缓慢时，4 小时以上的求解时间和 457 秒相比，有着约 30 倍的差距。而两台计算机 CPU 整体的绝对浮点计算能力的差别约为 3.5 倍。这与第 11 章核电空调随机振动分析案例中所介绍的“16 倍”现象近似。

提取单一零件的结果。有时需要查看某一零件或者某一表面上的结果。可使用选择过滤器功能选择所需要提取的点、线、面、体等，再选择合适的后处理方式提取结果。本案例选择立柱底部的一个零件，计算其单件的变形值。

单击 Outline（分析树）中的 Solution（分析），再单击体过滤器，在模型上点选合适的体，然后单击 Deformation（变形）→Total（总变形），如图 21-32 所示。

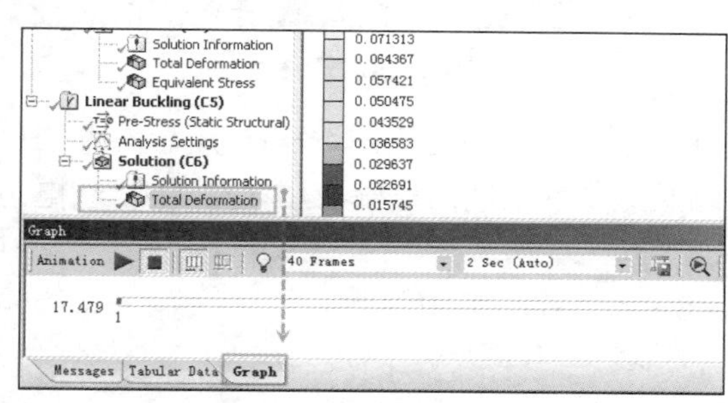

图 21-31 输出动画

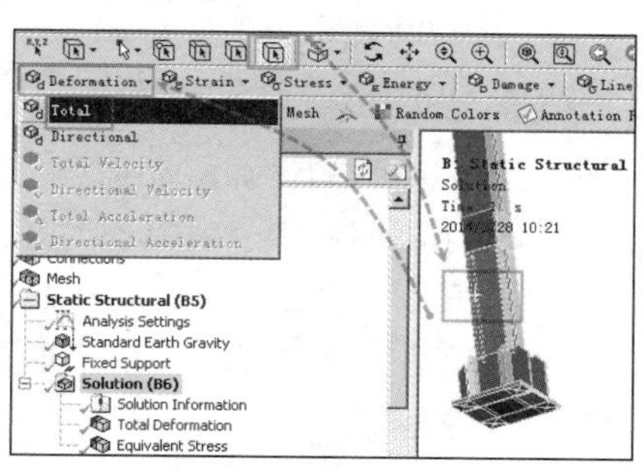

图 21-32 选择一个体

右击新生成的 Total Deformation 2（总变形 2）并选择 Evaluate All Results（计算全部结果），如图 21-33 所示。图 21-34 所示为该零件的变形结果，最大变形为 2.1427mm。

隐藏和压缩。在第 10 章空调响应谱分析案例中介绍了使用切片功能剖开模型以方便查看和选择模型的技巧。对于多个零件组成的模型，也可以将暂时不需要显示的模型隐藏来达到类似的目的。

依然使用体过滤器选择希望隐藏的零件，右击并选择 Hide Body（隐藏此零件），如图 21-35 所示。

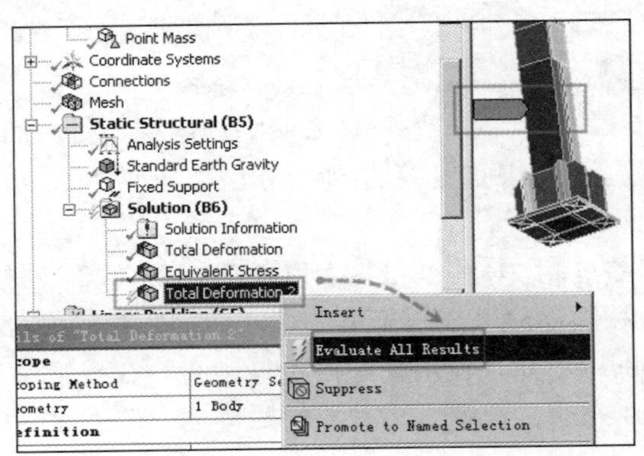

图 21-33　刷新结果

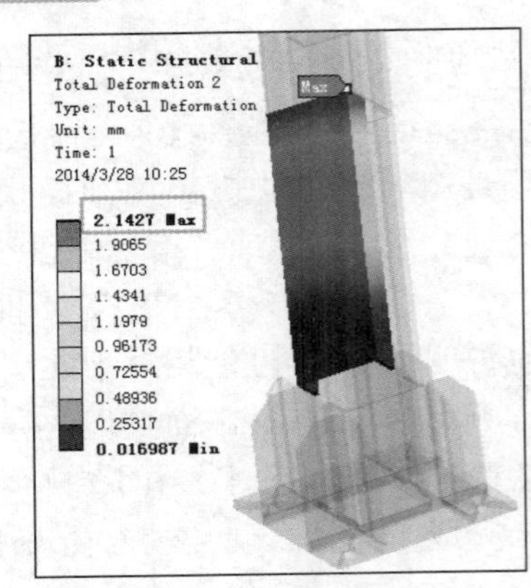

图 21-34　结果云图

图 21-36 所示为隐藏后的效果，立柱内部已完全可见，这时可方便地选择模型内部的点、线、面、体等。在 Outline（分析树）的 Geometry（模型）中，隐藏的零件前面会变成半透明的对号图标。如需恢复显示，可右击模型并选择 Show All Bodies（显示全部零件），如图 21-36 所示。

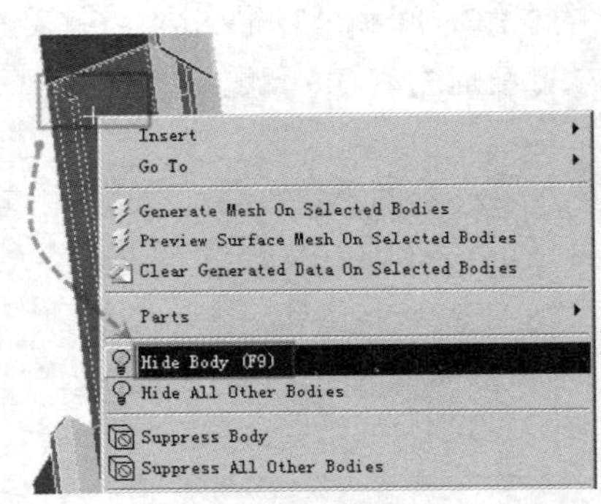

图 21-35　隐藏零件

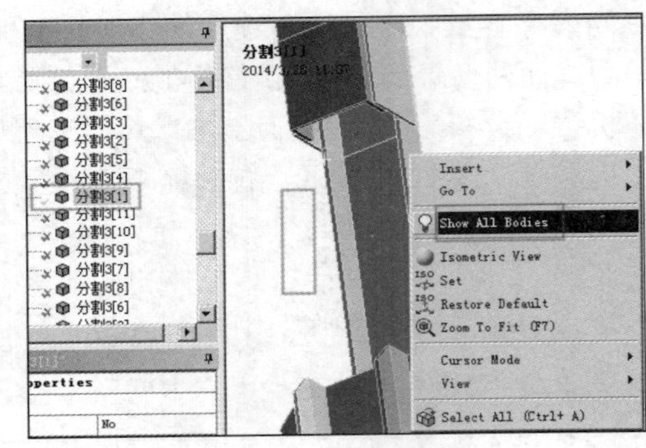

图 21-36　恢复显示

隐藏的零件不影响计算。如果要使部分零件不参与计算，可用图 21-35 所示的方法单击 Suppress Body（压缩零件）将其暂时压缩。压缩某些零件功能的实际应用在第 11 章核电空调随机振动分析案例中介绍。

保存项目文件，退出 DS 模块，退出 ANSYS Workbench 15.0 平台。

至此，本案例完。

22

排气管道非线性屈曲分析案例

22.1 案例介绍

本案例采用电厂某辅机中设备蒸汽分配管的简化模型进行基于微小扰动的非线性屈曲分析，以计算在外压作用下该结构承载力的极限值，还介绍了利用 FE 模块和更新结果命令提取模型变形前后重心值的技巧及利用 FE 模块查看网格质量统计图的技巧等。

22.2 分析流程

蒸汽分配管是电厂某辅机的关键设备，是典型的薄壁大直径外压筒体结构。其主要用途是将汽轮机排出的低温低压高速的蒸汽均匀分配到几组换热器中。该管段内的流动阻力是换热器的 1/10 左右，故均匀分配蒸汽比降低管段阻力更重要。

高速气流管道的水力计算一般使用静压复得法。其基本方法是，沿着流动方向逐步改变管径，使动压升高，以平衡静压损失。即静压在变换的管径中重新增加并复原。实现流量均匀分配的基本条件是：每个侧孔的静压相等、每个侧孔的流量系数（或局部阻力系数）相等、增大出流角度（最佳为 90°）。

蒸汽分配管会承受多种荷载，如外压、地震、基础沉降等，主要是大气压外压作用荷载。由于管内蒸汽压力较低（绝对压力仅 10～30kPa），在绝对压力 100kPa 左右的大气压的外压作用下容易产生屈曲现象而失去稳定性，从而失去结构抗力，最终失效。

对于受压缩荷载的情况，随着压缩荷载的增加，一般先产生屈曲失效，然后产生强度失效。两者发生的先后顺序有时会相反，所以一个严谨的分析应分别进行强度分析和屈曲分析，通过对比两者最大承载能力的大小来判断引起结构失效的主因。本案例仅介绍屈曲分析部分。

提高外压筒体承载力的方法一般是在筒体内或外表面等距设置环向加强肋。筒体上两相邻支撑线的距离为筒体整体惯性矩的计算长度。需要加强结构时，一般使用减少计算长度即减少加强肋的间距或增加加强肋的惯性矩的方法。加强肋的宽度或高度过大时，也需要校核其局部稳定性。

在承受轴向压缩力作用下的圆筒计算时可能发生两种失稳情况，即总体失稳和局部失稳。总体失稳的特点是，长圆筒的弯曲如同圆环截面杆；局部失稳，是在轴向压缩力作用下筒壁出现局部凹陷。

非线性屈曲分析的计算结果一般较线性屈曲分析更为准确，但操作更复杂。本案例取某小型蒸汽分配管主管道的局部进行建模，并未考虑均匀分配流量作用的分歧管部分，且忽略材料非线性行为。

对于以外压力为主要荷载的情况，分析流程是：建立物理模型→打开静力分析模块→加载外压荷载进行静力计算→进行线性屈曲分析以求得线性特征值屈曲系数并获得屈曲模态→使用 Workbench 平台的 APDL 模块插入更新结果文件的命令来获得具有初始缺陷或者说微小扰动的有限元模型→使用 FE 模块更新并为静力学分析模块传递新的有限元模型→使用多荷载步的静力分析计算临界屈曲荷载。

在线性屈曲分析中使用的物理模型是基于“计算厚度（对于外压元件是指满足稳定性要求的最小厚度）”尺寸建立的。它没有包括可能存在的各种尺寸偏差，是一个“完美”的模型，而实际产品上存在着各种尺寸和形状上的偏差，这就需要假定一个初始缺陷或者说微小扰动去模拟这些偏差。

一般将线性屈曲分析的屈曲模态结果放大 10%左右，生成存在微小扰动的有限元模型，再传递给下一步进行非线性屈曲分析。使用的方法是根据结果更新模型的命令（upgeom）。该放大比例系数的选取可参考实际产品的制造和装配公差的最大值，但以不影响整体刚度为限。过大的放大比例系数（100 倍或更多）容易造成计算难以收敛，浪费宝贵的计算机机时。

注意：设置初始缺陷的具体方法如下：①按建筑设计规范计算初始缺陷最大值，跨度（可以考虑短跨的长度）的 1/300；②计算初始缺陷最大值与屈曲向量（按照线性屈曲计算的第一模态的屈曲向量）最大值的比值，所有屈曲向量均乘以这个比值，得到各节点的初始缺陷（第二条援引自 MIDAS 官方培训教程）。

根据 ASME VIII-2《压力容器建造另一种规则》的要求，外压壳体的形状允许公差为外径最大值-外径最小值≤1%的名义直径；对于封头，其不得超过 1.25%名义直径的向外公差，又不得有超过 0.625%名义直径的向内偏差。

在 ANSYS Workbench 14.5 之前的版本中，需要使用插入几段命令行的方式处理和传递更新模型的数据。14.5 版中将部分传递数据的功能用图形化操作代替。对于多模块间的耦合分析，此项改进可使耦合分析更简化。由于非线性屈曲分析中需要将结果文件修改并增加一个放大系数，故仍需要通过插入命令流的方式实现对结果文件的人工处理。在 15.0 中改进了求解器，更新了弧长法代码，为其计算非线性屈曲问题提供更好的稳健性和鲁棒性。

非线性屈曲分析采用逐渐增加载荷的非线性静态分析，以搜索在哪个载荷水平下结构开始变得不稳定。其可以包括初始缺陷、塑性行为、接触、大变形响应及其他非线性行为。

由于非线性屈曲分析需要多次迭代，其计算代价极大。往往即使是规模很小的非线性成分，也会因迭代收敛性的问题需要多次调试，消耗极其巨大的时间与精力。而非线性数值模拟分析与爱情相似，即使曾经十分努力地付出，也许只能一次次地收获失败。常常因为计算不收敛，在浪费了无数的时间与努力后，却没有计算结果，会令人十分沮丧与无奈。

需要迭代的分析与线性静力分析的一次性计算不同，对内存容量的需求不多；计算过程中硬盘几乎不参与计算，而对 CPU 性能要求较高，需要具有强大浮点计算能力的 CPU 或 CPU+GPU 异构并行求解。

注意：2013 ANSYS 用户大会资料《基于 ANSYS 软件的压力容器屈曲分析》中有如下描述："进行数值分析时，应计及所有可能的失稳模式。要注意包装模型的简化不会造成屈曲模式的丢失。尽量不要使用对称建模，以免遗漏非对称屈曲模式。例如，对经环向加强的圆筒，在确定其最小屈曲荷载时应考虑轴对称和非轴对称的屈曲模式"。

导入模型。在 Solidworks 软件中建立模型，然后单击 ANSYS 15.0→ANSYS Workbench 程序接口。为了让模型屈曲变形得更明显，建模时将模型一端的直线部分适当延长，如图 22-1 所示。

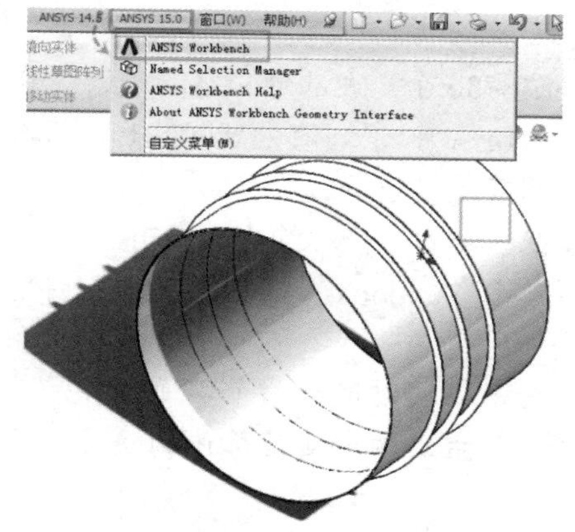

图 22-1　导入模型

依次开启需要的分析模块。打开 Workbench 平台后，在 Toolbox（工具箱）的 Analysis System（分析系统）中单击 Static Structural（静力学分析模块），按住鼠标左键将其拖动到 A1 Geometry（模型）中，再将 Linear Bucking（线性屈曲分析）拖动到 B6 Solution（求解）中以完成线性屈曲分析模块的加载，在 Toolbox（工具箱）的 Component System（工具系统）中拖动一个 Mechanical APDL（机械设计 APDL 模块）到线性屈曲分析的 C6 Solution（求解）中，继续拖动一个 Finite Element Modeler（FE 模块）到新生成的 D2 Analysis（分析）中，在 Analysis System（分析系统）中单击 Static Structural（静力学分析模块）并将其拖动到 E2 Model（有限元模型）中，完成了全部参与计算的模块的添加工作，如图 22-2 所示。

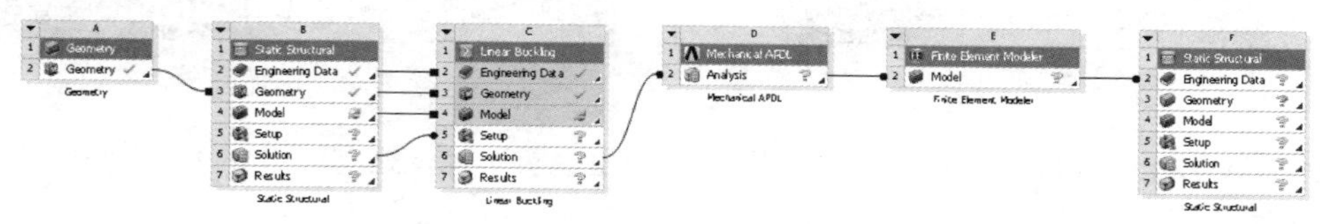

图 22-2　全部的计算模块

双击 B3 Model（有限元模型）以划分网格。由于非线性屈曲分析的计算量非常庞大，为了缩减计算规模，网格划分时定义一个较大的全局网格尺寸来控制计算规模。

打开模块后单击 Outline（分析树）中的 Mesh，在 Details of Mesh（网格的详细信息）中输入 100mm 的全局尺寸，然后单击 Update（刷新网格），如图 22-3 所示。

打开 Details of Mesh（网格的详细信息）中的 Statistics（网格统计），在 Mesh Metric（网格标准）后的下拉列表框中选择 Skewness（网格倾斜），如图 22-4 所示。

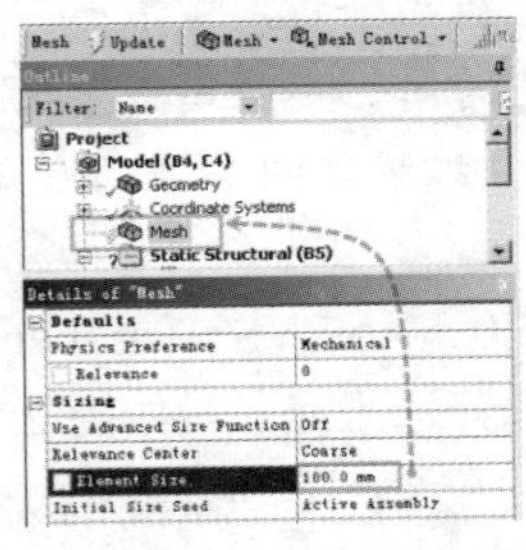

图 22-3　划分网格

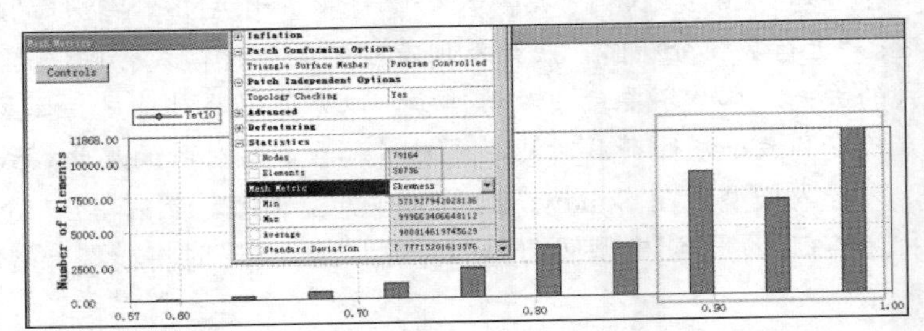

图 22-4　网格质量

由图 22-4 可见，单元数为 38736 个。大部分网格的倾斜在 0.9 以上（该值越接近 1，网格形状越接近四面体网格中最好的质量），平均值为 0.90001。全部网格为 10 节点（Tet10）的四面体网格，没有退化的网格，网格质量较好。

设置支撑。在筒体两端设置两个固定位移约束。单击 Static Structural（静力学分析模块），再单击筒体的一个端面，然后单击 Supports（支撑）→Fixed Support（固定位移约束），如图 22-5 所示。

注意：从纯操作上讲，完全可以同时选择两个端面，再定义固定位移约束。只是在后处理提取支座反力时，同时选择会只生成两个支座总体的反力，而无法分别显示每个支座的反力值。

施加外压荷载。按住 Ctrl 键分别单击筒体的 4 个外表面，再单击 Loads（荷载）→Pressure（压力荷载），如图 22-6 所示。

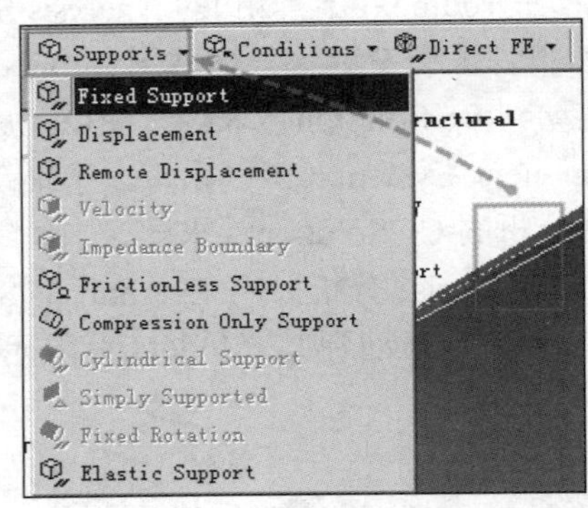

图 22-5　固定约束

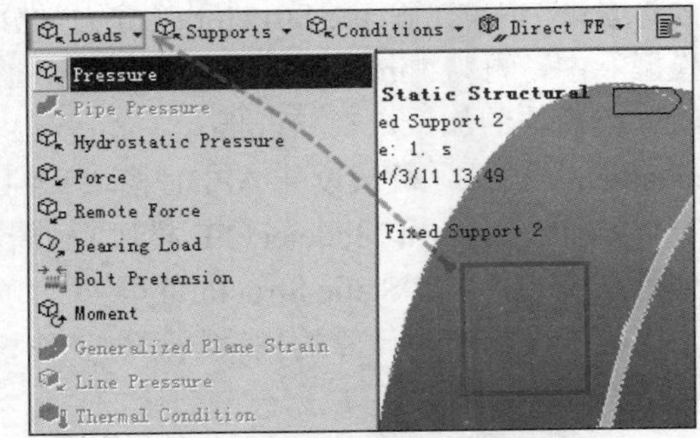

图 22-6　施加外压荷载

选择后在 Details of Pressure（压力荷载的详细信息）中 Magnitude（数量）的后面输入 1MPa，如图 22-7 所示。

注意：该压力值可任意输入一个非零的值，此处设置为 1MPa 只是为了方便屈曲分析临界荷载的计算。

查看变形值。单击 Outline（分析树）中的 Solution（分析），再单击 Deformation（变形）→Total（总变形），如图 22-8 所示。

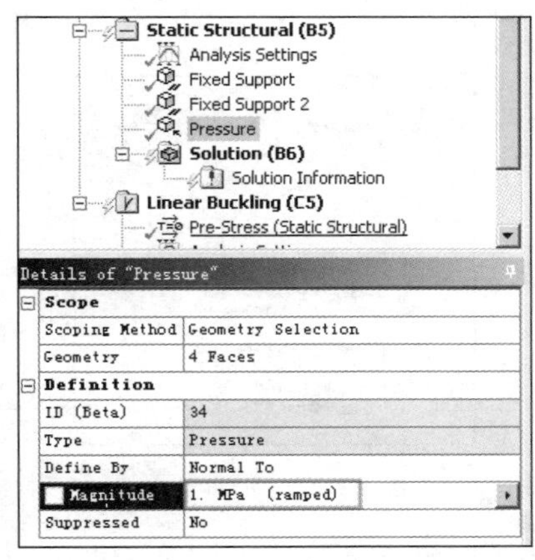

图 22-7　输入压力值

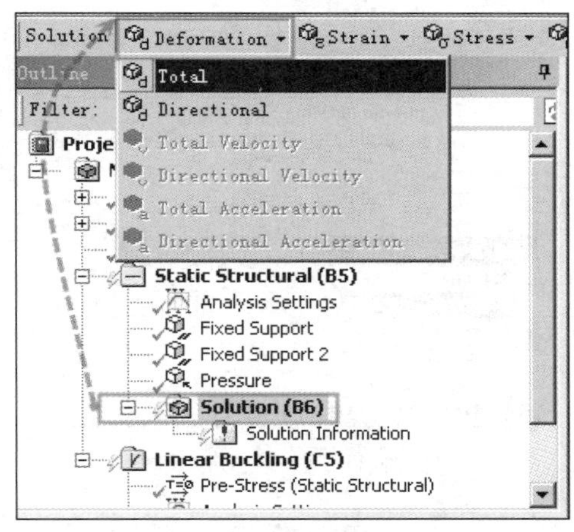

图 22-8　查看变形结果

求解。单击“求解”按钮 Solve。求解前软件提示应保存项目文件。在磁盘空间较大的位置将文件名暂定为 1，然后单击“保存”按钮，如图 22-9 所示。

经过 169 秒的求解后完成了计算。查看静载下的变形，如图 22-10 所示。

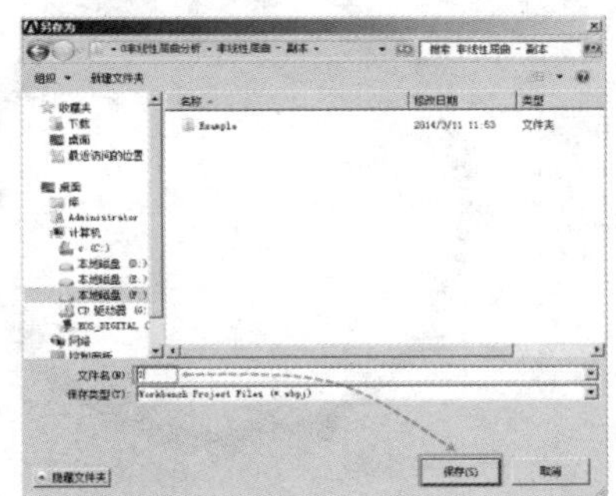
图 22-9　保存文件

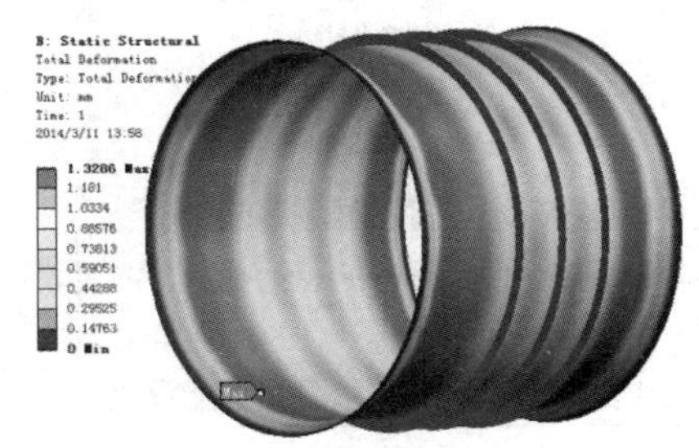

图 22-10　放大后的变形

由结果可见，最大变形量为 1.3286mm，出现在被预先拉长的直线管段的中部。

静力学分析部分完成，下面进行线性屈曲分析。设置查找的屈曲模态数，其与模态分析中的振型近似，显示了其可能的屈曲形式。单击 Linear Bucking（线性屈曲分析）中的 Analysis Settings（分析设置），在 Details of Analysis Settings（分析设置的详细信息）中 Max Modes to Find（最大查找的屈曲模态数）的后面输入 4，如图 22-11 所示。

注意：在 Linear Bucking C5（线性屈曲分析）中 Pre-Stress 的后面出现了“(Static Structural（静力学分析）”字样，这代表是使用了来自静力学分析模块的数据进行的耦合。类似地，当进行热—结构耦合分析时，也会在此处出现类似图标，代表这是一个将热分析的结果传递给后续的结构分析作为初始条件的耦合分析。当然，如果需要加载热分析的结果，需要热分析计算完成后，在该处右击并选择导入结果文件的图标。

查看屈曲变形。单击 Solution C6（分析），再单击 Deformation（变形）→Total（总变形），如图 22-12 所示。

由于计算了前 4 阶的屈曲模态，故可以输出前 4 阶屈曲变形值。连续单击 4 次 Total（总变形）后分别在对应 Details of Analysis Settings（分析设置的详细信息）中的 Mode（模态数）

后面输入 1、2、3、4，如图 22-13 所示。

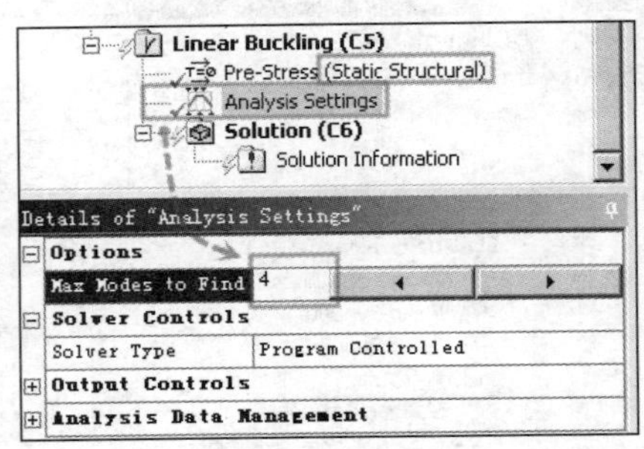

图 22-11　计算屈曲模态

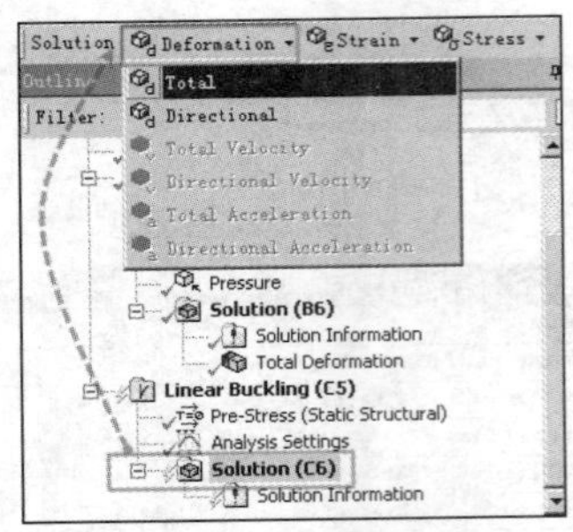

图 22-12　屈曲变形

查看结果。单击“求解”按钮 Solve，经过 650 秒的时间求解完成。图 22-14 至图 22-17 分别从轴向视角显示其 4 阶屈曲变形值和屈曲系数。屈曲位置发生在远离加强肋的直线段，呈波浪状近似对称分布。图 22-18 所示为投影视角显示的第一阶屈曲模态。

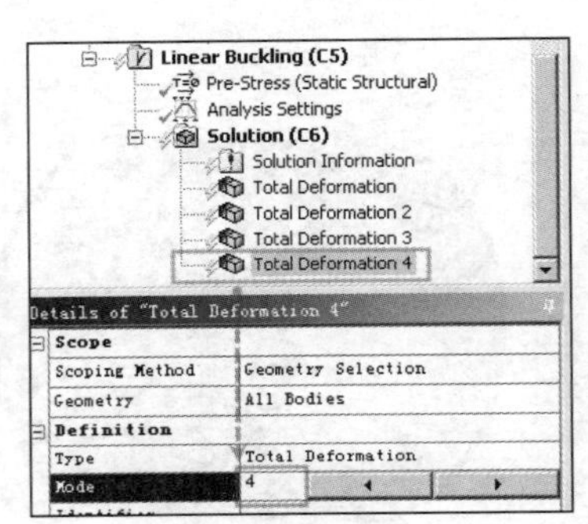

图 22-13　设置变形

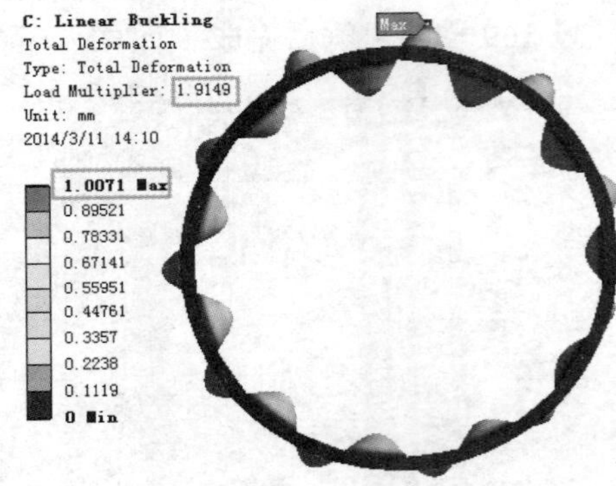

图 22-14　一阶屈曲系数

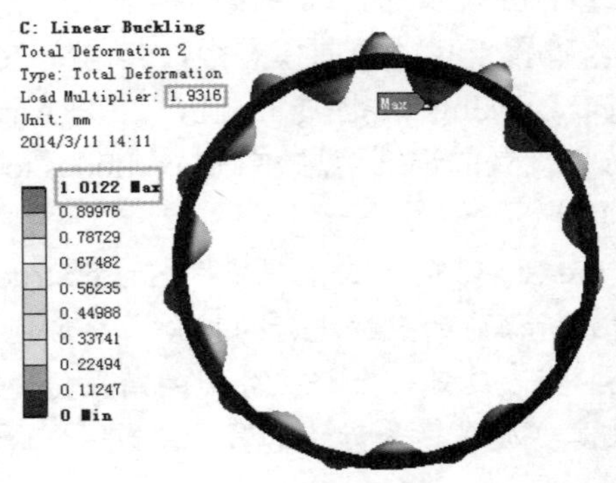

图 22-15　二阶屈曲系数

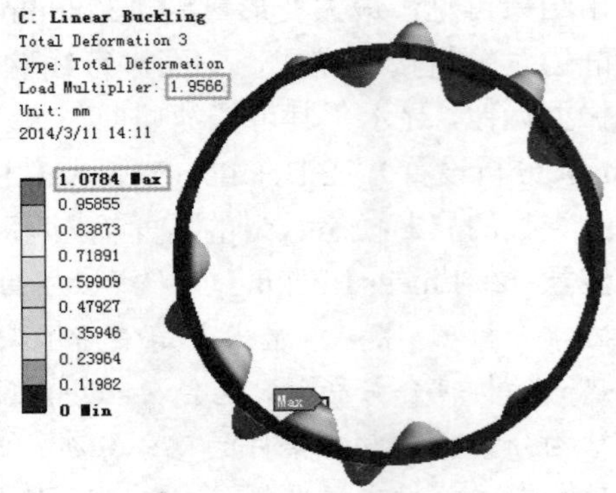

图 22-16　三阶屈曲系数

注意：图 22-18 已经将等值线图例变形在 0～0.1119mm 范围内的颜色通过双击其图例并修改颜色的方式修改为白色。以上各图的屈曲变形值放大了 400 倍显示。

由图 22-14 可知，第一阶屈曲系数为 1.9149。静力学分析中加载的压力值为 1MPa，则屈曲荷载为 1.9149×1=1.9149MPa。代表该结构会在外压差达到 1.9149MPa 后发生屈曲失效。远大于其内压约 0.02MPa 和外压约 0.1MPa 引起的约 0.08MPa 的设计压差，是偏于安全的。

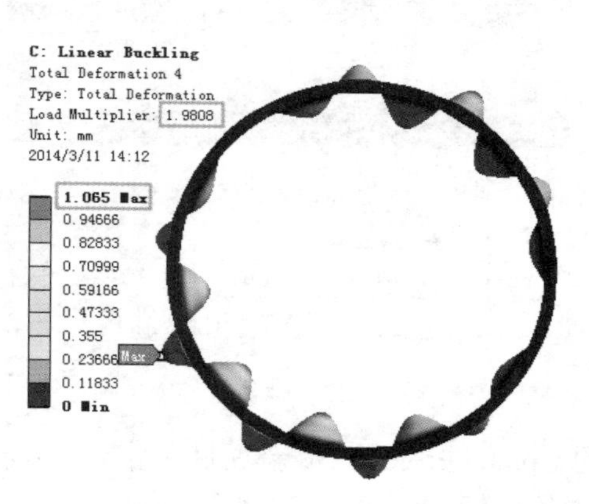

图 22-17　四阶屈曲系数

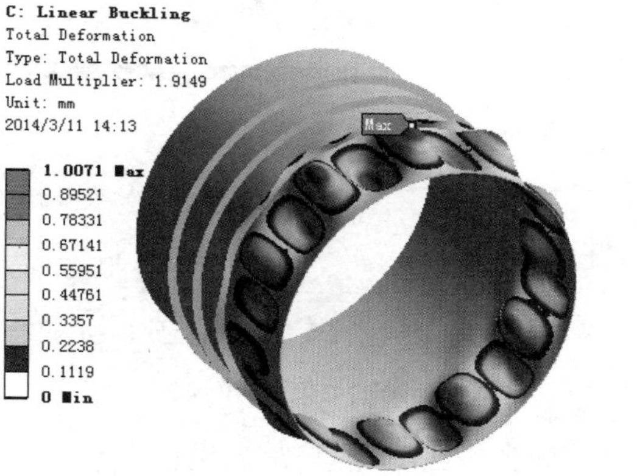

图 22-18　投影视角

注意：由于本案例中设置的网格尺寸较大，故不能保证计算值的精度非常高。如果需要更准确地预测屈曲系数，应大幅度细化网格尺寸，并通过适当分割模型的方式获得更高质量的网格。例如圆筒壁厚约 10mm，网格平均尺寸应稍小于 10mm，而不是图 22-3 中的 100mm。但是这会使计算代价急剧增加。

线性屈曲分析完成，开始非线性屈曲分析计算。导入更新模型的命令行。关闭线性屈曲分析模块回到项目管理区，右击 D2 Analysis（分析）并选择 Add Input File（插入输入文件）→Browse（浏览），如图 22-19 所示。

图 22-20 所示为具体的命令行，保存成文本文件格式。其对结果文件使用了 upgeom 命令，并定义了 5 倍的屈曲变形放大系数。

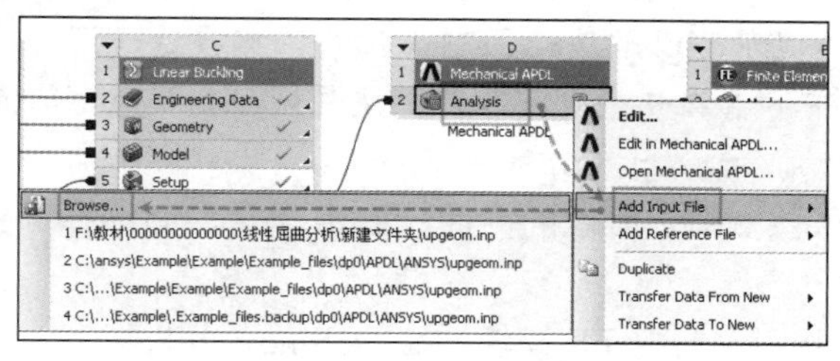

图 22-19　导入命令

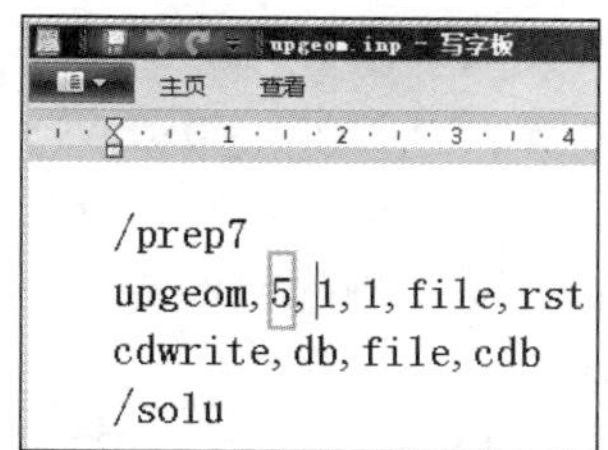

```
/prep7
upgeom, 5, 1, 1, file, rst
cdwrite, db, file, cdb
/solu
```

图 22-20　具体的命令

第一阶屈曲模态显示变形的最大值约为 1mm，设置 5 倍的放大系数，可将初始缺陷设置成约 5mm，这与总体 3000 毫米的管道直径比较是个很小的数值。

导入文件。找到输入文件并单击，然后单击“打开”按钮，如图 22-21 所示。如果需要确认该文件是否已被导入，可双击 D2 Analysis（D2 分析）。默认情况下没有第四项 Process "upgeom.inp"字样，如果出现则代表该文件已被导入。单击 D2:Analysis（D2 分析）关闭，如图 22-22 所示。

注意：图 22-22 处的菜单栏，如 Project 和 D2:Analysis 等横向的页面风格是在 Workbench

15.0 版第一次使用的，在 12.0～14.5 版本中使用了 Reconnect Refresh Project Update Project Return to Project Compact Mode 风格的页面。在 15.0 版中，部分借鉴了 8.0～11.0 版 Workbench 平台的界面风格。

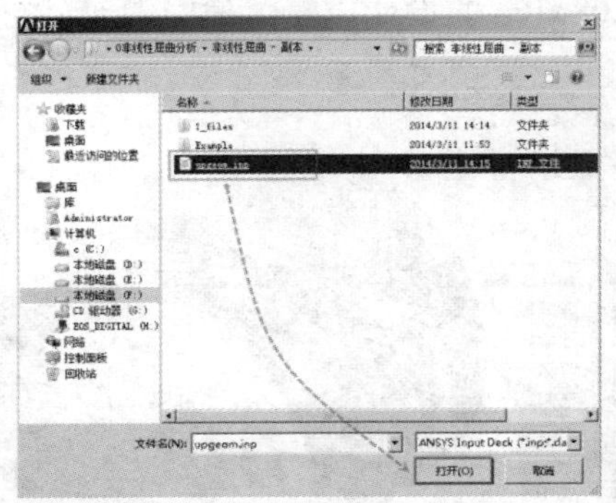

图 22-21　打开命令

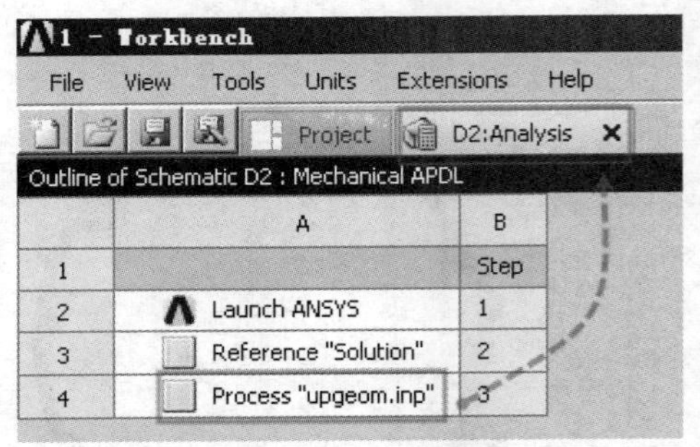

图 22-22　确认已导入

回到项目管理区，刷新设置。单击菜单栏上的 Update Project（刷新项目文件）。刷新前，线性屈曲分析的 C6 和 C7 项目显示了需要刷新数据的图标，如图 22-23 所示。

刷新过程中，项目文件左下角会显示刷新的进度，如 Updating the Model component in Finite Element Modeler 和 Updating the Model component in Static Structural 等。稍等几分钟后完成刷新，如图 22-24 所示。

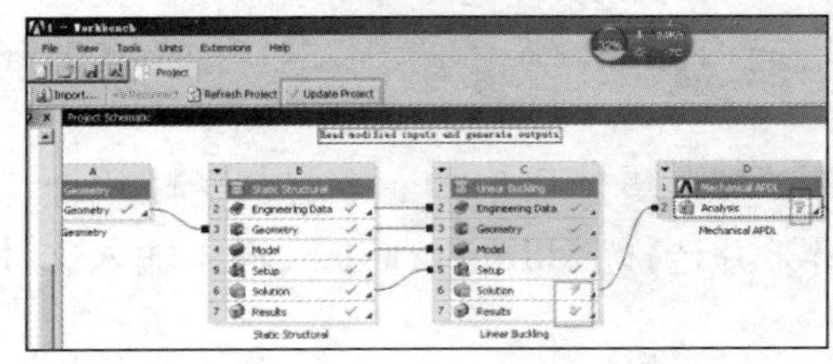

图 22-23　刷新项目

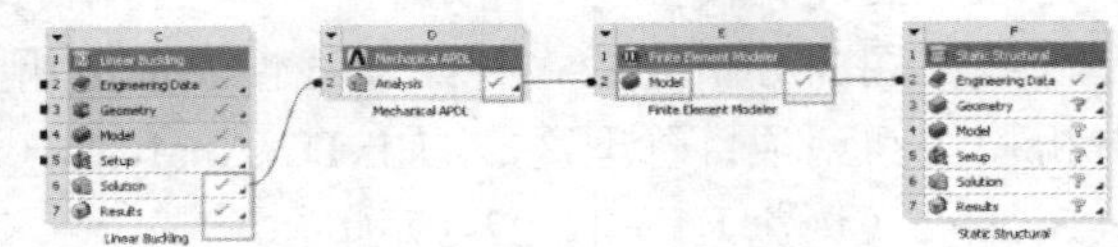

图 22-24　查看新模型

注意：笔者在导入命令文件时多次遇到刷新过程中报错退出的现象。将整个项目文件保存至纯英文目录并保存成纯英文或数字名称偶尔可以解决此问题，但是依然接连遭遇报错现象，如图 22-19 所示，Browse（浏览）按钮下方存在 4 个之前导入的文件地址，代表笔者至少导入了 4 次该文件才刷新成功。有时是数十次，令人十分沮丧和无奈。

如果需要删除已经导入的文件，可进入图 22-22 所示的界面，右击该文件并选择 Delete（删除）。

进入 FE 模块。双击 E2 Model（有限元模型）打开 FE 模块。在 Outline（分析树）中右击黄色闪电图标的 Skin Detection Tool（外观检查工具）并选择 Create skin components（生成零件），如图 22-25 所示，刷新后其前面会变成绿色闪电图标。

查看刷新后的有限元模型。在右下角的全局坐标系上单击 Z 向，使模型旋转自轴向正视，如图 22-26 所示。放大显示后，可发现模型的边缘不是准确的圆弧。这也是检查模型是否被成功修改的方式之一。

由于屈曲振型的初始变形量仅 1.0071mm（如图 22-14 所示），即使放大 5 倍（如图 22-20 所示），在约 3000mm 直径的模型下，该变形量也不容易被察觉。

与图 22-18 近似，图 22-27 所示为投影方向视角的新有限元模型。

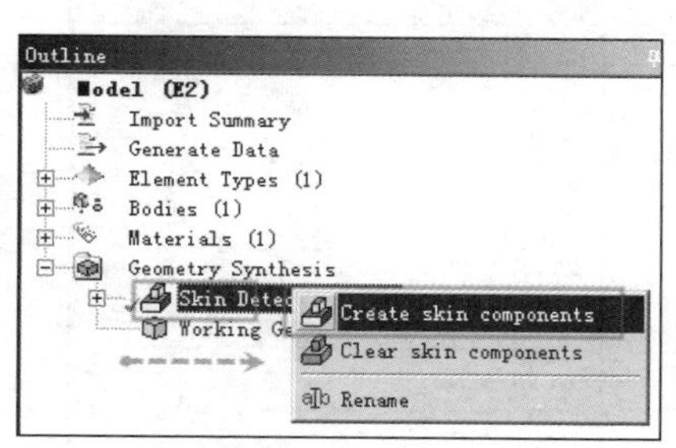

图 22-25　刷新模型

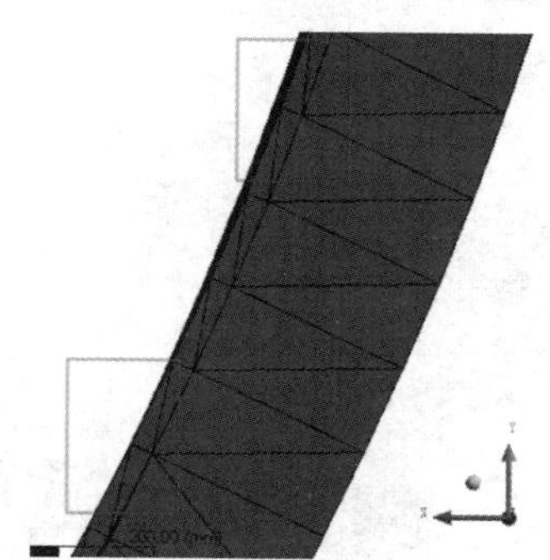

图 22-26　新有限元模型

退出 FE 模块。单击 File（文件）→Close FE Modeler Application（退出 FE 模块），如图 22-28 所示。

图 22-27　投影视角

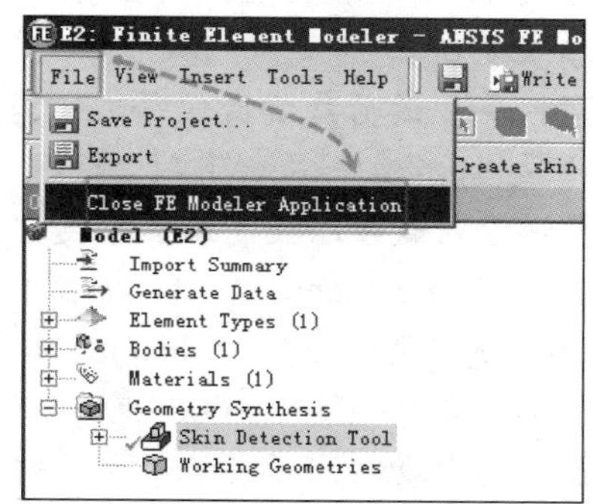

图 22-28　关闭 FE 模块

将 FE 模块导出的新有限元模型传递给静力学分析模块。回到项目管理区后单击 E2 Model（有限元模型）并将其拖动到 F4 Model（有限元模型）中，完成模块间的数据传递，如图 22-29 所示。完成后如图 22-30 所示，E2 项目与 F3 项目间增加了一根连接曲线。

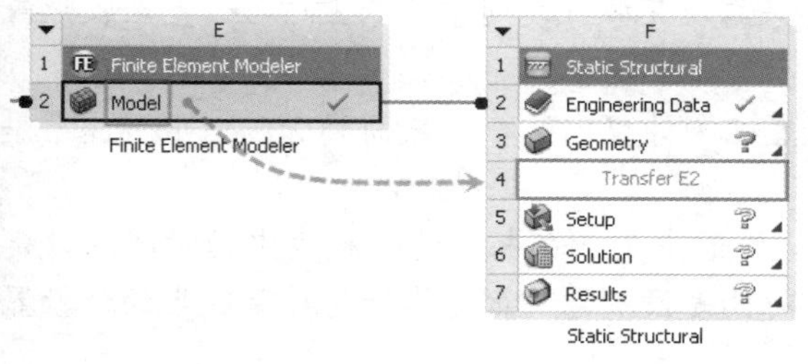

图 22-29　添加模型数据

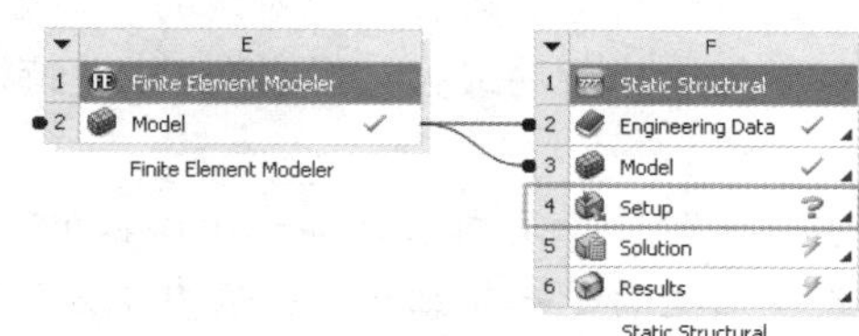

图 22-30　模块间的数据传递

打开并设置静力分析模块。双击 F4 Setup（加载），新模型如图 22-31 所示。在一定角度下，可以发现模型上反光的边缘不是直线，部分位置呈现出了锥形和纺锤形，代表该处不是“完美”的圆形。

非线性屈曲分析中一般需要设置一个增量的荷载，通过查找支座反力突然变化处对应的荷载计算出屈曲荷载。单击 Outline（分析树）中的 Analysis Settings（分析设置）进行对荷载步等的详细设置，如图 22-32 所示。

图 22-31　导入的新模型

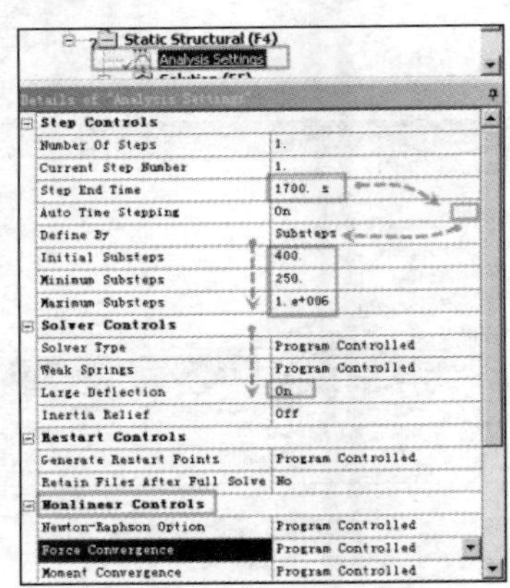

图 22-32　分析设置

在 Details of Analysis Settings（分析设置的详细信息）中 Step End Time（荷载步终止时间）的后面输入 1700。

注意：更多的荷载步会使每次荷载更微小地增加，可提高计算精度和稳定性。但这会大幅增加计算代价。第一次计算时，可以使用 100 步左右的设置作为试探。在基本掌握了屈曲规律后，再增加荷载步以提高计算精度。

在 Auto Time Stepping（自动时间步）后的下拉列表框中选择 On 以打开自动时间步，在 Initial Substeps（初始子步）、Minimum Substeps（最小子步）、Maximum Substeps（最大子步）后面分别输入 400、250、1000000。

注意：与自动时间步类似，子步的数量也应从少到多逐步增加。

打开自动时间步长时，程序自动搜索屈曲载荷，若在给定载荷下求解不收敛，则程序将自动进行二分，并在一个更小的载荷下尝试新的求解；同样地，最小时间步长将影响结果的精度。

注意：采用自动时间步长后，如结构从线性行为转换成非线性行为时用来自动调整每一子步的时间步长，以获得精度与计算代价的平衡。计算中只要平衡迭代不收敛，就自动把时间步长减半，然后从最后收敛的子步重新计算。如果再次不收敛，则重复以上过程，直至收敛或者达到最小时间步长为止。即所谓的“二分法”。

对于外加载荷的最大值，采用比线性特征值屈曲中计算出的临界载荷高 20%～40%通常是好的选择。

注意：荷载步是用来施加一个阶段的力，荷载子步是正在求解的荷载步中的时间点，是对荷载步描述的进一步细化。在静力学分析中，时间是没有意义的，其仅是对荷载步的计数器而跟踪荷载步。

子步和时间步是对应的，最小时间步是为了满足计算精度而又提高计算效率，让程序在一定范围内自动选择时间步的大小。

在 Large Deflection（大变形）后面的下拉列表框中选择 On 打开大变形开关。非线性屈曲分析一般会发生明显的几何非线性。一般在变形比例大于 10%时可以打开大变形开关，以更准确地模拟该非线性行为。其他出现变形比例过大的分析，也应打开大变形开关。

注意：Large Deflection（大变形）下面的 Inertia Relief（惯性释放）也是一个很有价值的功能。通常，进行静力分析时需要保证不出现刚体位移，应限制保证结构不出现刚体位移的最少数量的自由度，否则计算中容易发生刚体位移，方程式中的刚度矩阵出现奇异而退出计算，没有计算结果。

其用于模拟不考虑流体对结构影响的情况，如“飞”在空中的飞机或者“飘”在水上的船舶在运行时受到的内压荷载等情况。

如果需要考虑浸润在流体中的固体的某些动力行为，如模态振型等，可使用基于声学模块的“湿模态”分析法。

打开 Inertia Relief（惯性释放）后，程序会自动产生一个虚假的约束反力来保证结构上合力的平衡。其允许对完全无约束的结构进行静力分析。计算完成后，查看支座反力值，会是一个非常接近零的值（理论上应等于零）。

注意图 22-32 中 Nonlinear Controls（非线性控制）下面的 Force Convergence（力的收敛）。由于本案例采用支座反力极大值作为评定发生屈曲的方法，为了更稳健地计算，可以在此处的下拉列表框中选择 On，再详细设置收敛方法和收敛的残差值。力的残差可以简单理解为两次计算中力值的差异。

注意：一个较小的残差会提高求解的精度，但也会使迭代次数大大增加而极大地增加计算代价和计算时间消耗；大的残差则相反，尤其是非线性的数值模拟结果往往是在计算精度和计算代价间的权衡与妥协。一般残差不大于 1‰即可。如果允许稍微放宽计算精度，可选择 1%左右的残差，以获得略不准确的结果。无论如何，计算收敛不是计算结果正确的充分性条件，而收敛是保证计算结果正确性的必要性条件。

输入最终外压值。根据线性屈曲分析结果，其屈曲荷载为 1.9149MPa。非线性屈曲分析时，可将外压值适当增加，以保证荷载范围大到“跨过”线性屈曲时的结构不稳定阶段，利于计算收敛。

在 Details of Pressure（压力的详细信息）中 Magnitude（压力值）的后面输入 3MPa，如图 22-33 所示。

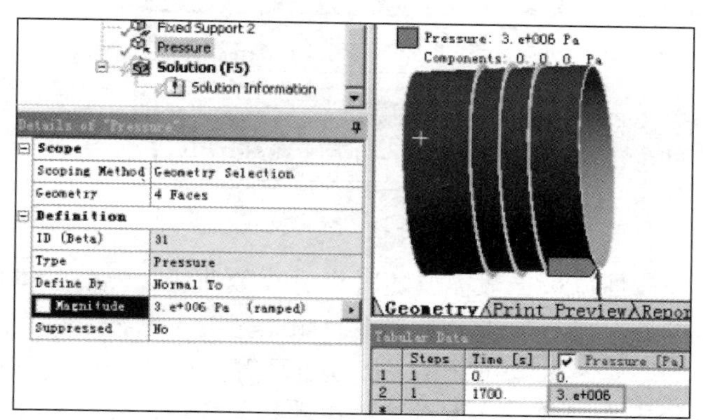

图 22-33　输入压力值

单击 Graph（图表）可显示压力的递增过程，如图 22-34 所示。如进行多个荷载、分时段、不同变化规律的计算时，该类图表可更直观地显示荷载的变化规律。

后处理设置。提取屈曲变形和两个支座的支座反力值进行结果后处理。单击 Solution F5（分析），再单击 Deformation（变形）→Total（总变形），如图 22-35 所示。

单击 Prode（探针）→Force Reaction（支座反力），如图 22-36 所示。

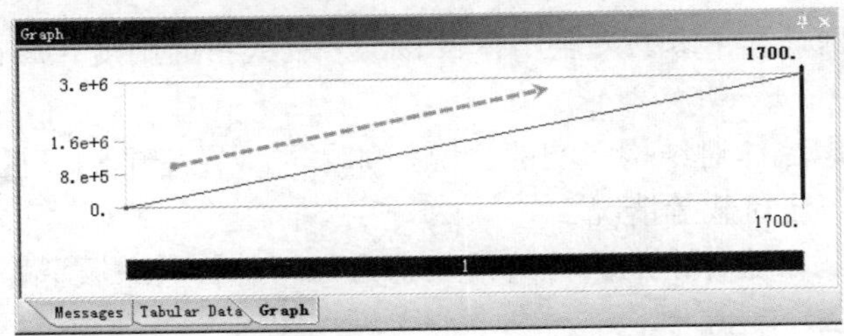

图 22-34　图表显示的压力递增过程

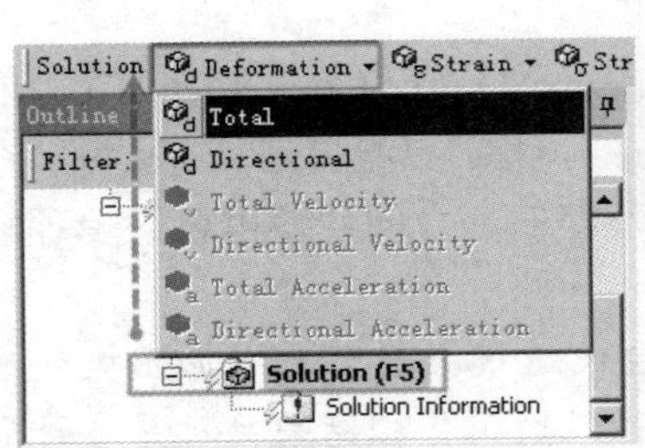

图 22-35　变形结果

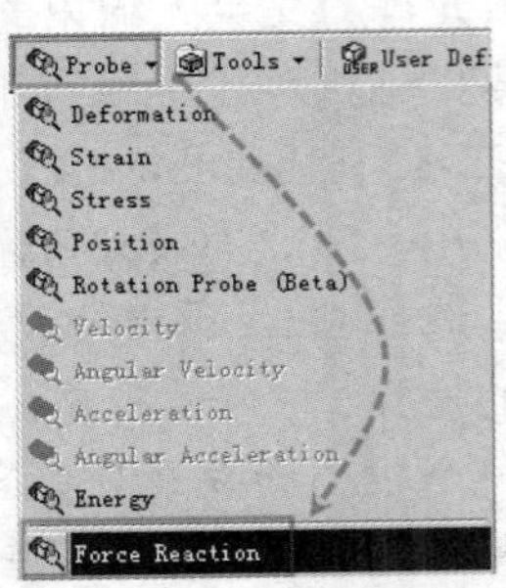

图 22-36　支座反力

在 Details of Force Reaction（支座反力的详细信息）中出现黄色背景的 Boundary Condition（边界条件），在其后的下拉列表框中选择一个之前建立的固定支座，如图 22-37 所示。另一个支座相同设置。

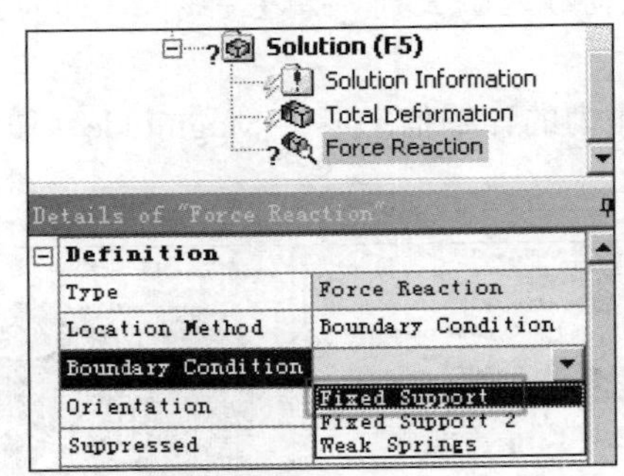

图 22-37　选择支座

查看力的收敛。非线性分析一般需要随时查看收敛曲线。一个总体趋势是平滑下降的曲线是最"完美"的。可是，大多数情况下都不会如此完美，也不是每次迭代过程都会是一帆风顺。正如 2014 年在索契冬奥会开幕式上奥运五环开启时有一个没有正常开启，在后续的新闻发布会上总制片给出的回答，其大意是"在佛教的禅中，任何事物都没有完美的，即使是一个抛光很好的球也是如此"一样。在迭代类的分析中，带有"缺陷"的收敛曲线才是"正常"的。

计算过程中的收敛曲线呈现充满着极度发散的"跌宕起伏"状或者在些许震荡下总体保持水平状态，往往意味着计算过程是不稳定的。不要浪费宝贵的时间，应立刻停止计算，检查所有设置是否合适，再重新计算。检查设置的方法可参考 ANSYS 官方培训教材《非线性诊断》。

单击 Solution Information（求解信息），在 Details of Solution Information（求解信息的详细信息）中单击 Solution Output（求解输出信息）后面的下拉列表框并选择 Force Convergence（力的收敛），如图 22-38 所示。

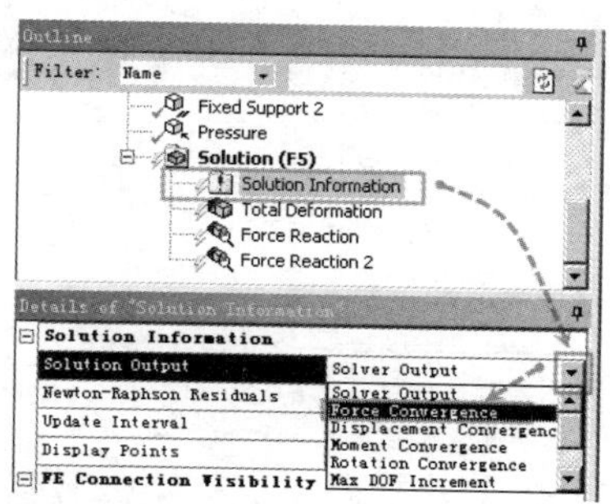

图 22-38　查看力的收敛

确认所有设置无误后单击“求解”按钮 Solve。在笔者 XEON E3 1230 v2 版 CPU 的台式机上，经历了几乎全部时间 CPU 都 100%运行的 10669 秒后，在第 528 个子步达到收敛，完成计算。与最开始的相同网格数，一个荷载步的静力学分析仅 169 秒完成计算比较，本 1700 荷载步非线性屈曲分析的耗时是其约 63 倍。

收敛曲线如图 22-39 所示。可以发现，随着荷载的增加，力的收敛值总体曲线较为平滑地上升，在第 207 子步左右时突然发生震荡，在震荡了近百个子步后，曲线又趋于平滑并缓慢下降，直至收敛。

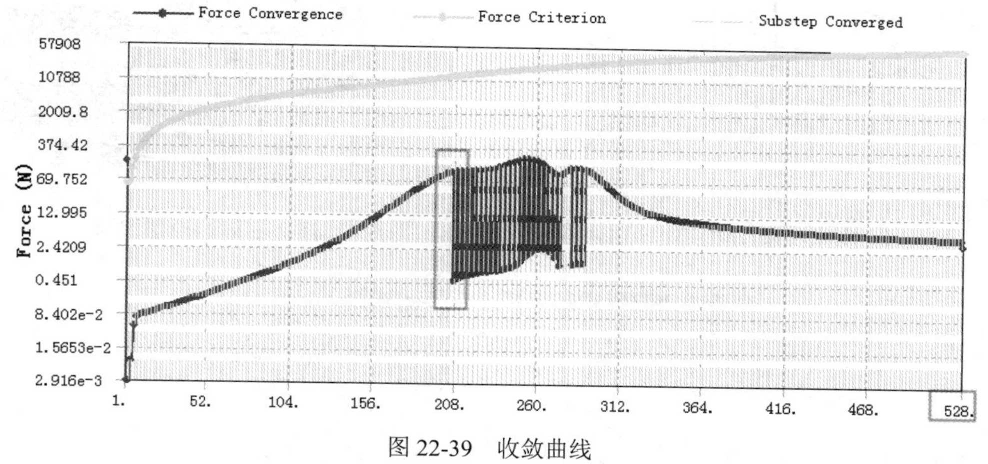

图 22-39　收敛曲线

图 22-40 所示为计算完成的时间信息。

查看计算结果。首先查看其中一个支座的反力值。单击 Outline（分析树）中的 Force Reaction（支座反力），反力的方向如图 22-41 所示。

注意：为了更明显地查看屈曲时的变形，变形被放大了 20 倍显示。

图 22-42 所示为 1700 个荷载步中该支座反力的变化历程。其中水平 0 值上半部分的曲线主要为合力的变化历程；0 值下半部分为 Z 方向，主要为模型轴向反力的变化历程。可以发现，大概在第 681 步时支座反力的合力达到极大值，而后急剧下降。

```
Maximum total memory available                    :        16 GB
+------------------ E N D   A N S Y S   S T A T I S T I C S -------------------+

*-------------------------------------------------------------------------------*
|                                                                               |
|                          ANSYS RUN COMPLETED                                  |
|                                                                               |
|-------------------------------------------------------------------------------|
|                                                                               |
|        Release 15.0           UP20131014          WINDOWS x64                 |
|                                                                               |
|-------------------------------------------------------------------------------|
|                                                                               |
| Database Requested(-db)    512 MB    Scratch Memory Requested        512 MB   |
| Maximum Database Used       60 MB    Maximum Scratch Memory Used     298 MB   |
|                                                                               |
|-------------------------------------------------------------------------------|
|                                                                               |
|      CP Time      (sec) =      40378.176      Time  =  22:25:41              |
|      Elapsed Time (sec) =      10669.000      Date  =  02/12/2014            |
|                                                                               |
*-------------------------------------------------------------------------------*
```

图 22-40　求解时间

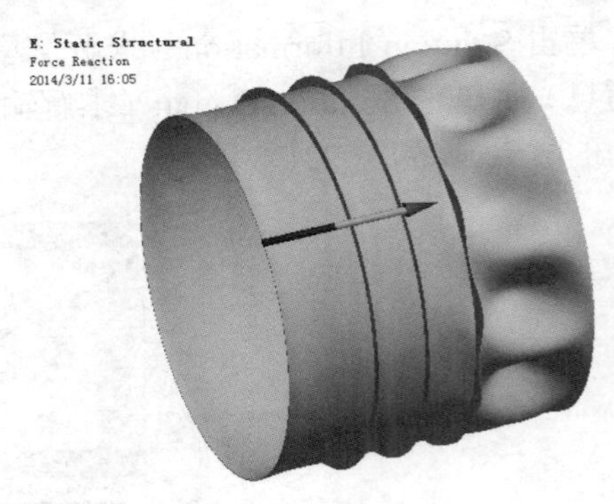

图 22-41　支座反力 1

由于在分析设置中定义了 1700 个外压荷载步，外压荷载最大值为 3MPa，故每个荷载步的压力增量为 3/1700=0.0017647MPa。根据支座反力结果，在第 681 秒即计算到约第 681 步时达到顶峰，随后支座反力值急剧下降。可以认为在该压力时结构发生屈曲失稳。对应的外压值约为 0.00017647×681=1.2MPa。该结果比线性屈曲分析计算出的相对保守的 1.9149MPa 稍小。

相同地，图 22-43 和图 22-44 所示为另一端支座的反力历程。

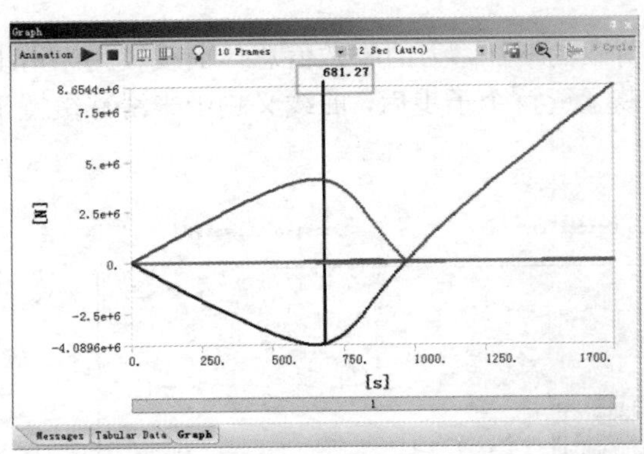

图 22-42　反力最大值 1

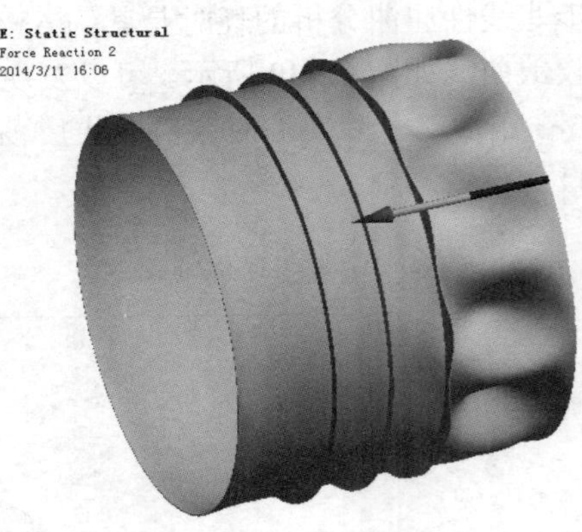

图 22-43　支座反力 2

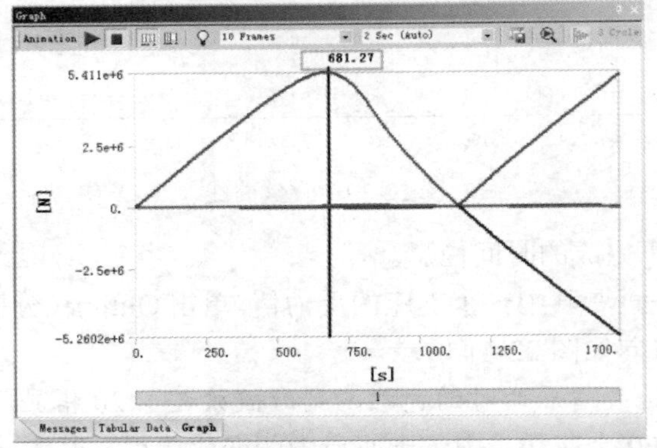

图 22-44　反力最大值 2

在反力的 Graph（图表）中点选合适的子步，如第 681.27 步，刷新变形结果即可得到如

图 22-45 所示的该荷载步时结构的变形情况。可以发现，发生屈曲的位置为远离加强肋的直线段，与线性屈曲分析的规律一致。

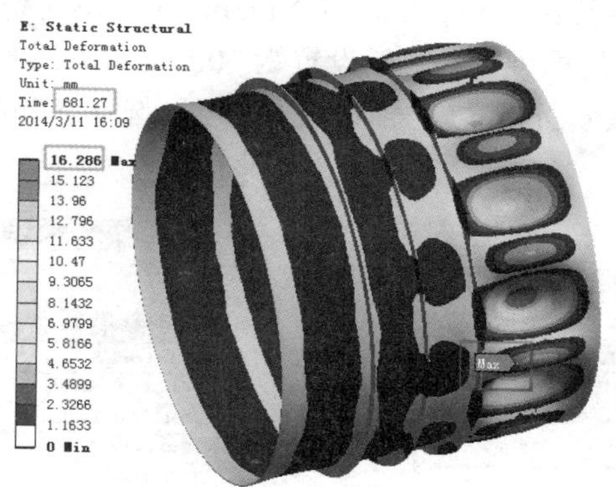

图 22-45　变形值

图 22-46 所示为变形随荷载步的变化历程。可以发现，随着荷载的增加，其上升过程相对平稳。

计算模型变形前后重心坐标。先来介绍获得原始无缺陷的“完美”模型重心坐标的方法。单击 Outline（分析树）中的 Geometry（模型），然后单击有关的零件，如“零件 1”，在“Details of 零件 1（零件 1 的详细信息）”中打开 Properties（特性数据）。可以看到“零件 1”的重心坐标为 X 方向 2.1683mm、Y 方向 2.3579e-012mm、Z 方向 1511.8mm，如图 22-47 所示。

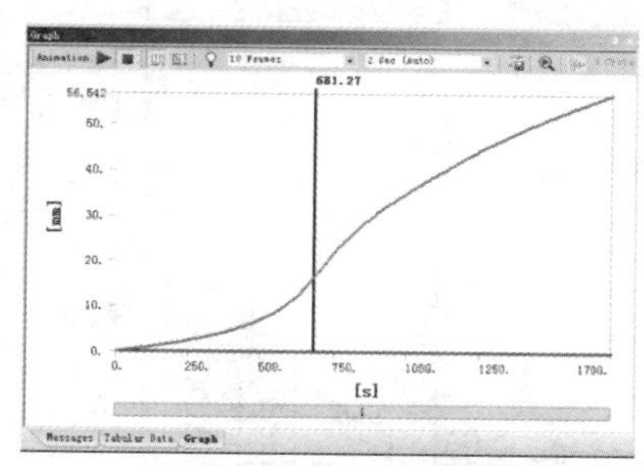

图 22-46　变形历程

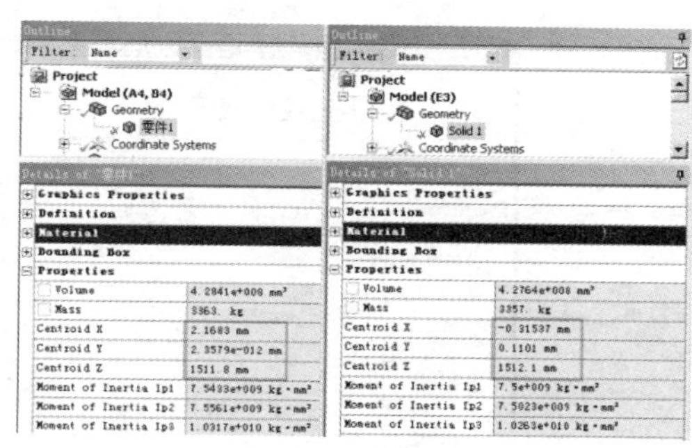

图 22-47　重心变化

图 22-47 的左边部分为本案例屈曲分析前的重心坐标，右边部分为使用 upgeom 命令经 1 倍放大系数后刷新生成的新模型重心数据。可见，其 X 方向重心坐标沿着 X 的负方向改变了约 2.5mm，而 Y 方向和 Z 方向的坐标值基本一致。

注意：重心坐标原点和方向是模型整体坐标系的原点和方向，这是在创建模型时所确定的。

操作过程与非线性屈曲分析相似：打开一个需要的分析模块，如静力学分析模块→进行求解→利用非线性屈曲分析时需要的 upgeom 命令，稍经过修改，将放大比率设置成 1→导入命令→将变形后的有限元模型传递给 FE 模块→打开一个同上的分析模块，如静力学分析模块，将其模型数据与 FE 模块连接→刷新模型→进入静力学分析模块→再用上述方法查看新模型的重心数据。细节的操作过程基本同前，这里不再赘述。

利用 FE 模块查看网格质量。在网格划分模块中可以查看网格质量的统计图，其实在 FE

模块中也有类似的功能。

进入 FE 模块，再单击 Insert（插入）→Mesh Metrics（网格计量），如图 22-48 所示。

在 Details View（窗口的详细信息）中选择 Number of Bars（统计条的数量），可在 1～100 之间选择任意整数输入后面的框中，本案例设置为 100，在 Mesh Metric Type（网格质量类型）中选择所需的内容，在 Y-Axis Option（Y 轴设置）中可以选择 Number of Element（单元数量），如图 22-49 所示。

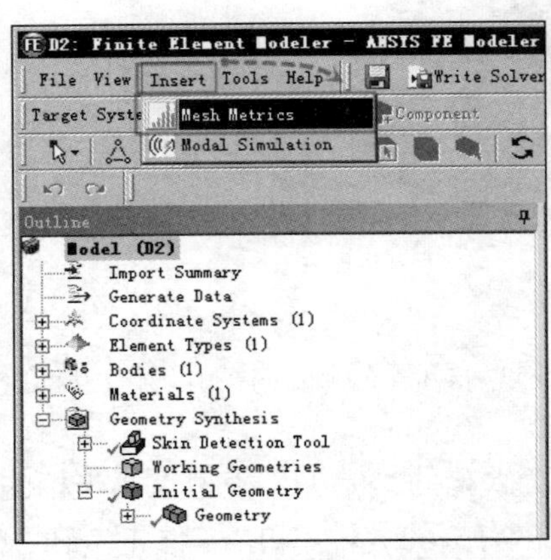

图 22-48　网格计量

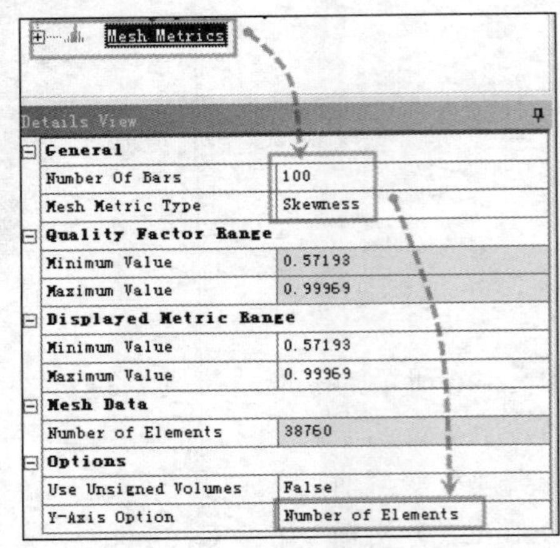

图 22-49　详细设置

图 22-50 所示为使用本案例模型和图 22-49 所示的设置时的网格统计图。

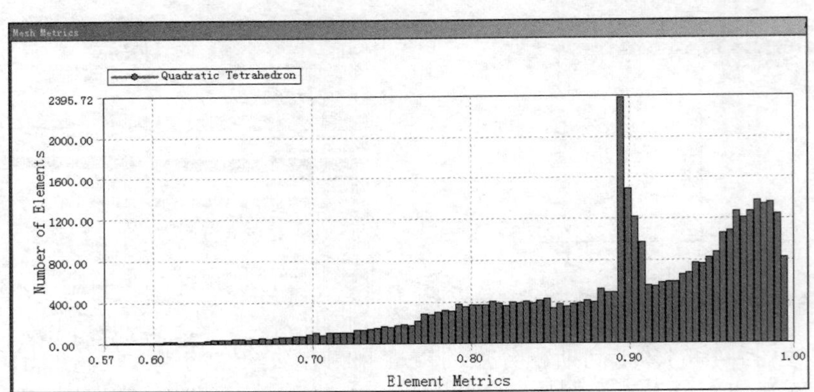

图 22-50　统计图表

本计算结束。保存项目文件，退出静力学分析模块，退出 Workbench 平台。

至此，本案例完。

23 螺纹接触分析案例

23.1 案例介绍

本案例主要介绍 ANSYS Workbench 15.0 中采用简化的螺纹接触方法分析带螺纹部件的新功能，还介绍了设置环境光线效果、15.0 版中的部分新功能、三种常见错误的解决方法、对模型等比例放大、解决求解结束后 CPU 占用率仍然过高的问题、查找某零件包含的接触等内容。

23.2 分析流程

在以前的版本中，为了分析螺栓等零件螺纹部分的应力及接触状态等，需要精确地建立螺纹部分的几何模型，再创建合适的接触进行分析。由于螺纹部分尺寸相对精细，需要划分十分细小的网格，这使得分析的计算量很大。在 ANSYS Workbench 15.0 中，创新性地采用特定的接触方式以模拟螺纹尺寸参数，极大地简化了分析的复杂程度，降低了计算量。

ANSYS 使用独特的基于高斯积分点的接触探测方法。它的强大优势在于可完美地与诸如 20 节点六面体、10 节点四面体、8 节点面等高阶单元结合使用，这是其他接触算法无法做到的。

基于高斯积分点的接触算法避免了“锐角相交时接触方向的不明确性”的问题，这样目标表面可以采用比较粗的网格划分，同时这种算法也避免了节点接触算法中通常会遇到的“滑过边界”问题。

注意：更多的接触分析基础理论知识请参考本书第 8 章“接触问题”中的内容。

导入模型。在 Solidworks 软件中打开模型，再单击 ANSYS 15.0→ANSYS Workbench，如图 23-1 所示。

打开模块。单击并拖拽一个 Static Structural（静力学分析模块）到 A2 Geometry（模型）中，如图 23-2 所示。

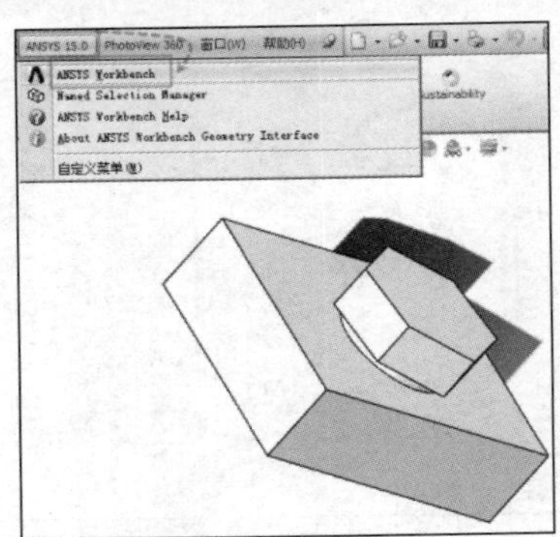

图 23-1　导入模型

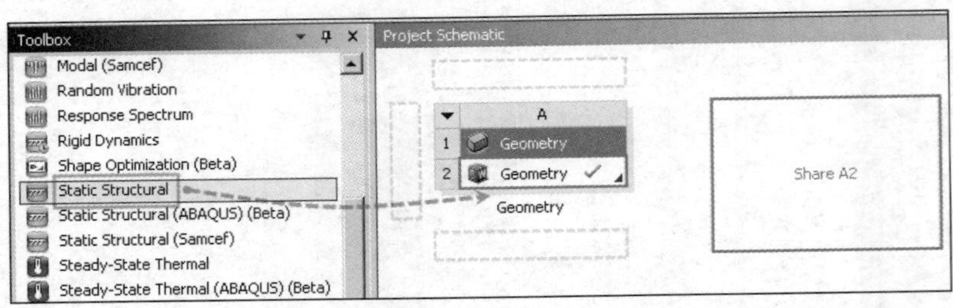

图 23-2　打开模块

建立为了确定螺纹起始点的局部坐标系。单击 Outline（分析树）中的 Coordinate Systems（坐标系统），再单击矩形模型的上表面，然后单击 Create Coordinate System（创建局部坐标系统），如图 23-3 所示。

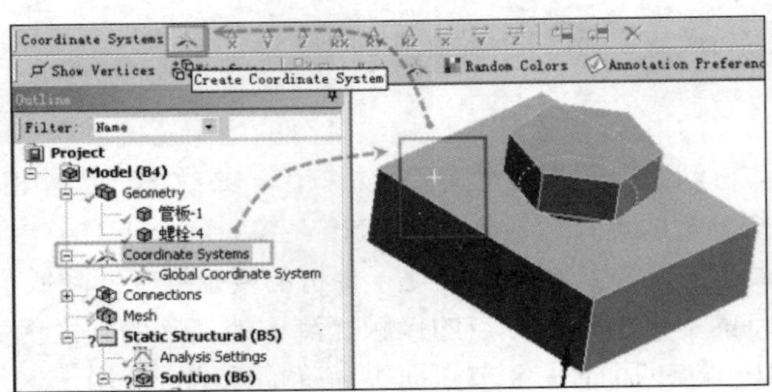

图 23-3　建立局部坐标系

按住鼠标中键转动该模型至可见螺栓模型的底面，然后单击 Create Coordinate System（创建局部坐标系统），如图 23-4 所示。

删除默认生成的接触。打开 Outline（分析树）中的 Contacts（接触），右击并选择 Delete（删除），如图 23-5 所示。

创建摩擦接触。单击 Contact（接触）→Frictional（摩擦接触），如图 23-6 所示。

设置接触。单击螺栓模型的外表面，在 Details of Frictional（摩擦接触的详细信息）中 Contacts（接触面）后面的 No Selection（未选择）处单击两次，如图 23-7 所示。

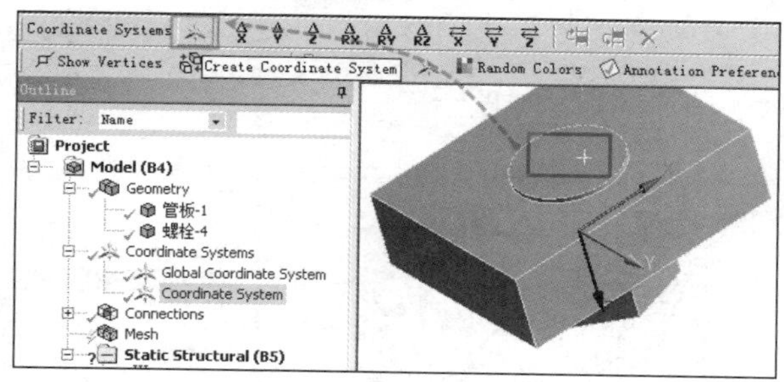

图 23-4 局部坐标系

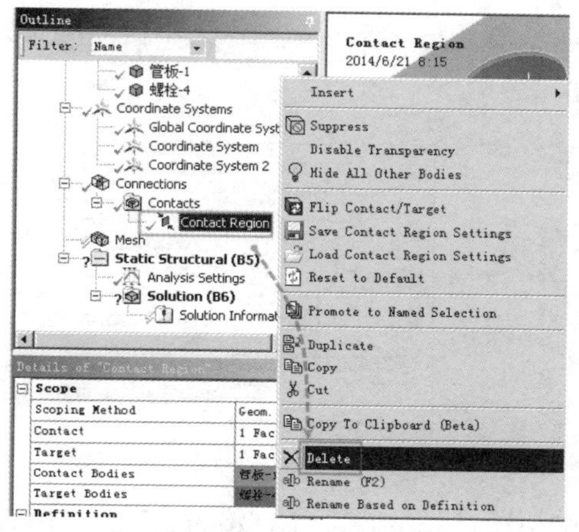

图 23-5 删除原接触

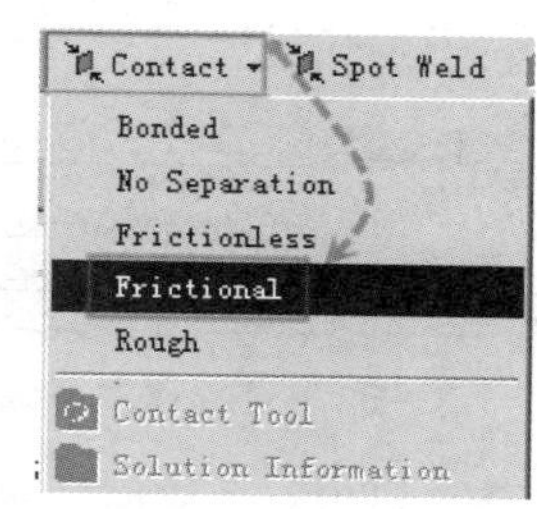

图 23-6 新建接触

设置矩形模型孔的内表面为目标面，应隐藏螺栓模型以露出该表面。单击螺栓模型的一个外表面，右击并选择 Hide Body（隐藏零件），如图 23-8 所示。

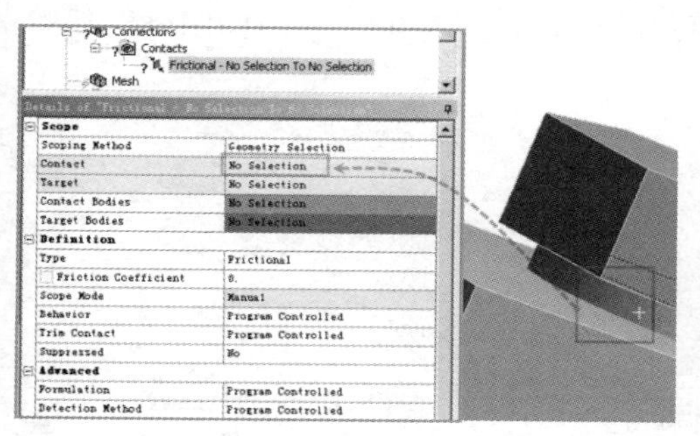

图 23-7 选择接触面

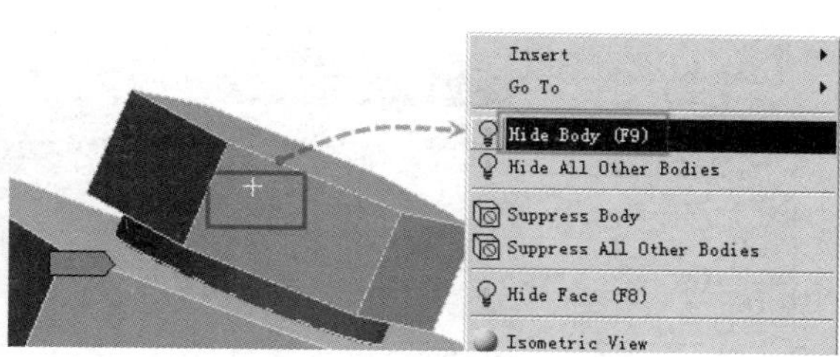

图 23-8 隐藏螺栓模型

单击孔的内表面，在 Details of Frictional（摩擦接触的详细信息）中 Target（目标面）后面的 No Selection（未选择）处单击两次，如图 23-9 所示。

在 Friction Coefficient（摩擦系数）后面输入 0.3，在 Behavior（接触行为）后面的下拉列表框中选择 Asymmetric（不对称），如图 23-10 所示。

在 Detection Method（接触探测方式）后面选择 Nodal-Projected Normal From Contact（自接触面投射节点），在 Update Stiffness（刚度更新方式）后面的下拉列表框中选择 Each Iteration（每次迭代后更新），如图 23-11 所示。

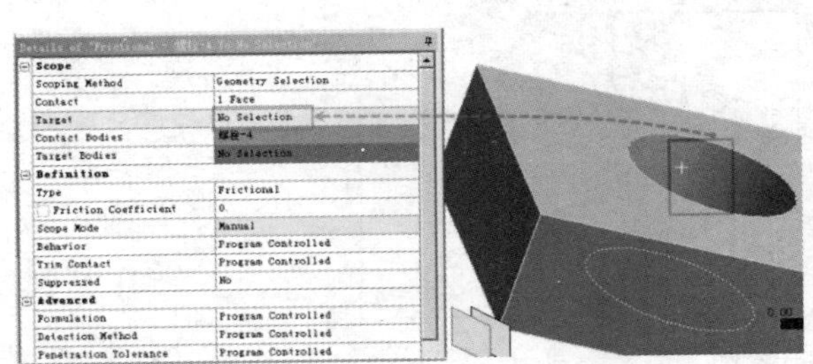

图 23-9 选择目标面

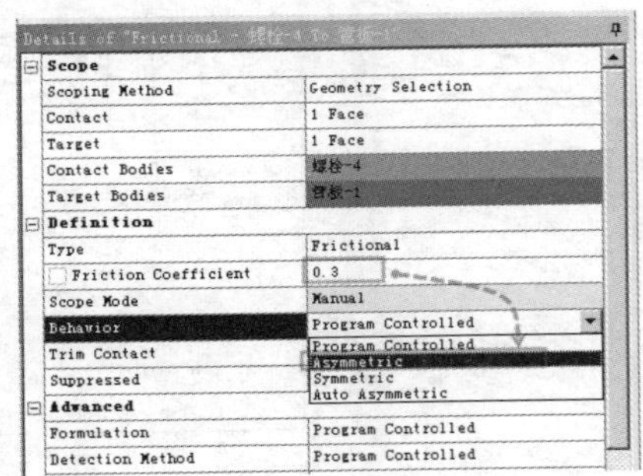

图 23-10 接触行为

螺纹接触的专有设置。在 Contact GeometryCorrection（接触模型修正）后面的下拉列表框中选择 Bolt Thread（螺纹接触），如图 23-12 所示。

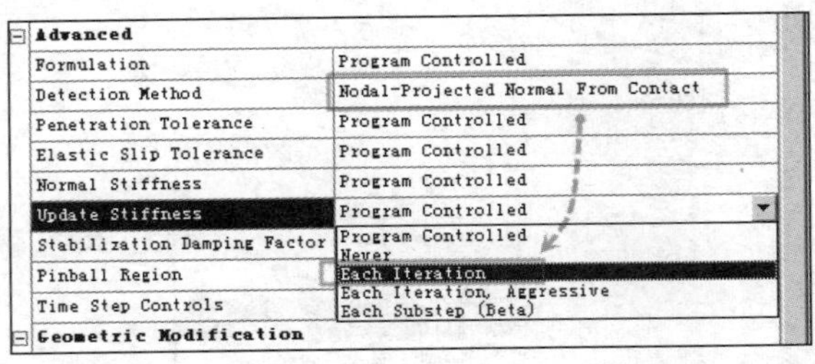

图 23-11 探测方式

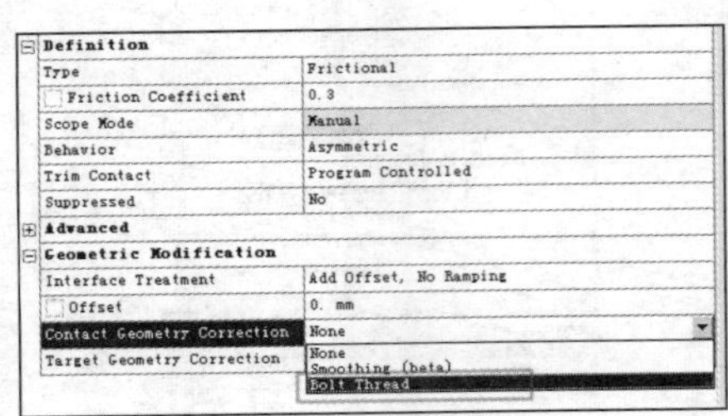

图 23-12 螺纹接触

设置螺纹的起止点。这时需要之前建立的两组局部坐标系。在 Orientation（方向）后面的下拉列表框中选择 Revolute Axis（卷轴），分别在 Starting Piont（起点）和 Ending Point（终点）后面的下拉列表框中选择两个局部坐标系，如图 23-13 所示。

设置螺纹参数。在 Mean Pitch Diameter（螺纹中径）后面输入 43mm，在 Pitch Distance（螺纹螺距）后面输入 1.5mm，在 Thread Angle（螺纹角度）后面输入 60°，下面两行的参数保持默认，如图 23-14 所示。

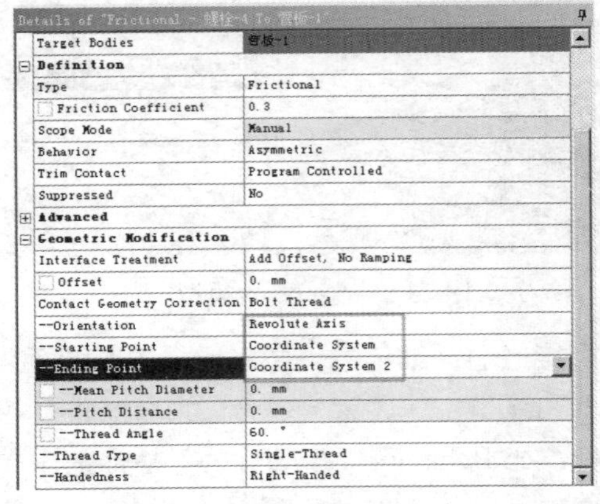

图 23-13 螺纹起始点

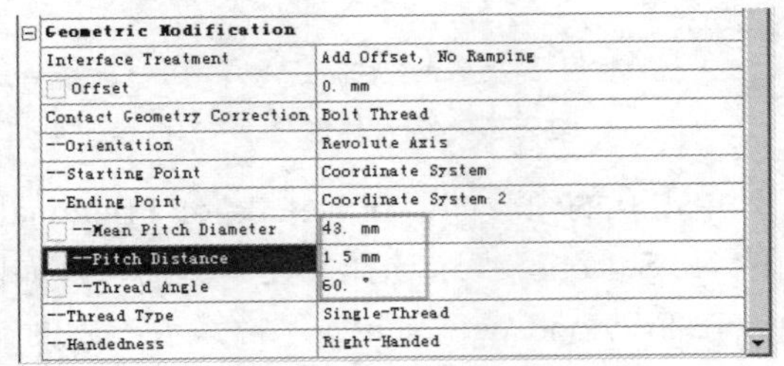

图 23-14 中径和螺距

注意：本案例中的螺纹参数仅用作演示，不代表真实尺寸。真实螺纹参数请参考有关的螺纹标准，如 GB/T 193、GB/T 196、BS 84、CNS 492 CNS 493、ASME B1.1 等。

螺纹接触创建完毕。在 Outline（分析树）中的 Connections（连接）处右击并选择 Insert（插入）→Contact Tool（接触工具），如图 23-15 所示。

划分网格。以前的案例中大部分采用的是直接指定单元尺寸，本案例中介绍另一些网格划分方式。单击 Outline（提纲）中的 Mesh（网格），再单击体过滤器中的 Body/Element（体/单元），如图 23-16 所示。

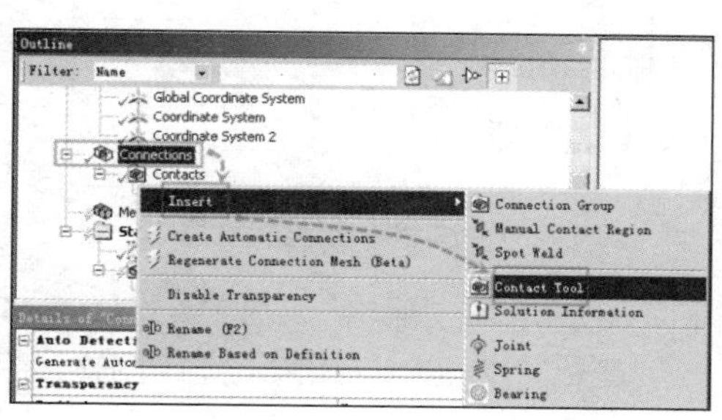

图 23-15　接触工具

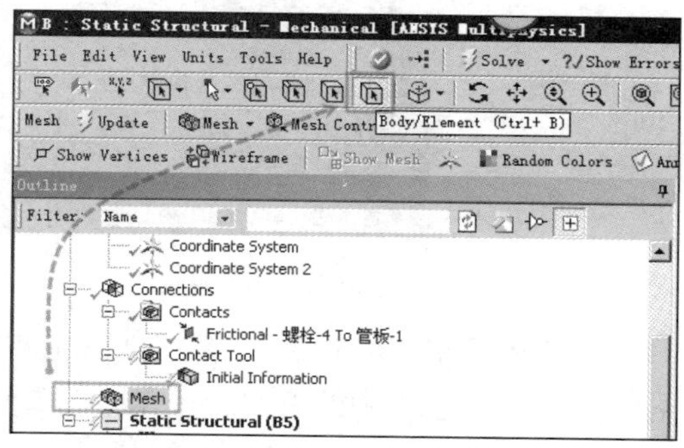

图 23-16　划分网格

单击螺栓模型，再单击 Mesh Control（网格控制）→Method（划分方式），如图 23-17 所示。

注意：由于螺栓模型是由一个矩形和一个六面体组成的，直接采用默认的网格划分方式会生成四面体网格，却无法划分出六面体网格。对于这种特征简单、形状稍显复杂，但是不是特别复杂的模型，可以采用“多区”划分方式。

在 Details of Method（网格划分方式的详细信息）中 Method（划分方式）后面的下拉列表框中选择 MultiZone（多区），如图 23-18 所示。

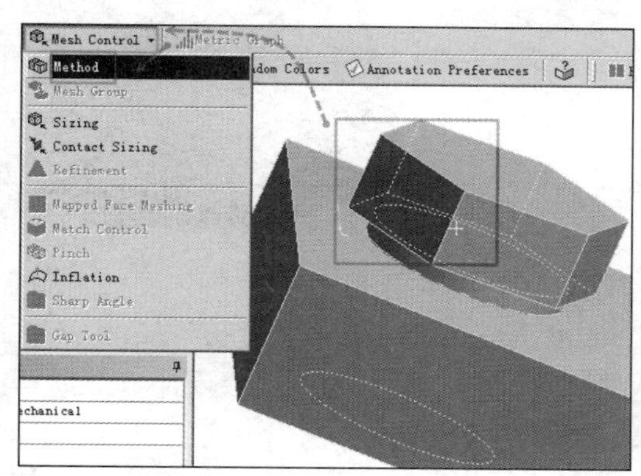

图 23-17　网格划分方式

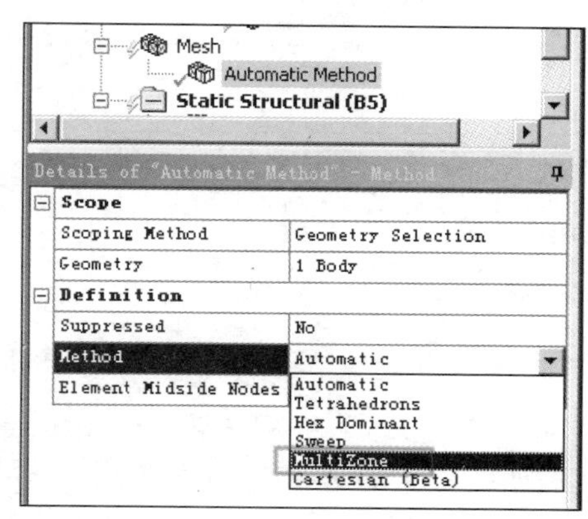

图 23-18　多区划分

对螺栓模型进行网格尺寸的控制。

注意：由于刚刚在体过滤器中已经选择了 Body/Element（体/单元），继续选择时将沿用此设置。

单击螺栓模型，再单击 Mesh Control（网格控制）→Sizing（网格尺寸），如图 23-19 所示。

在 Details of Body Sizing（体尺寸的网格信息）中的 Element Size（单元尺寸）后面输入 2mm，如图 23-20 所示。

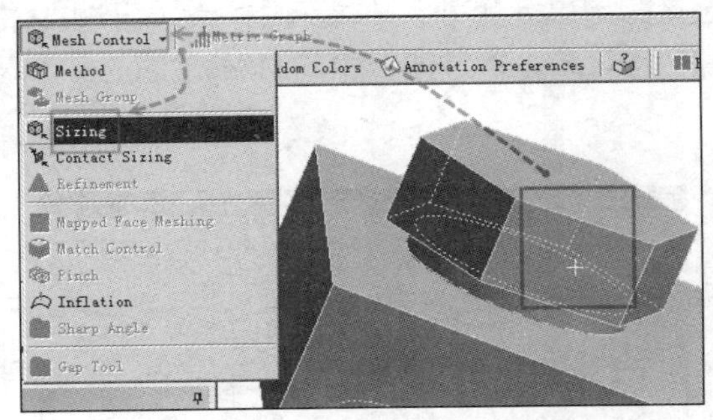

图 23-19　网格尺寸控制

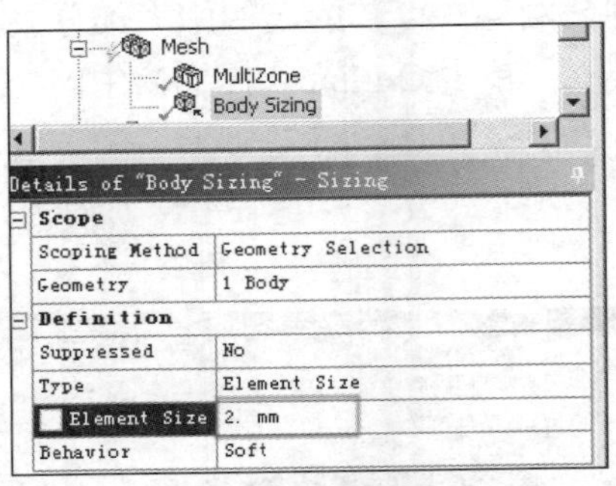

图 23-20　网格尺寸

进行整体网格尺寸控制。单击 Outline（分析树）中的 Mesh（网格），在 Details of Mesh（网格的详细信息）中的 Element Size（单元尺寸）后面输入 2mm，右击 Mesh（网格）并选择 Update（刷新网格），如图 23-21 所示。

网格划分后查看网格统计，可知单元数量 37692 个，节点数量 166041 个，如图 23-22 所示。相对于非线性分析而言，此规模稍大。

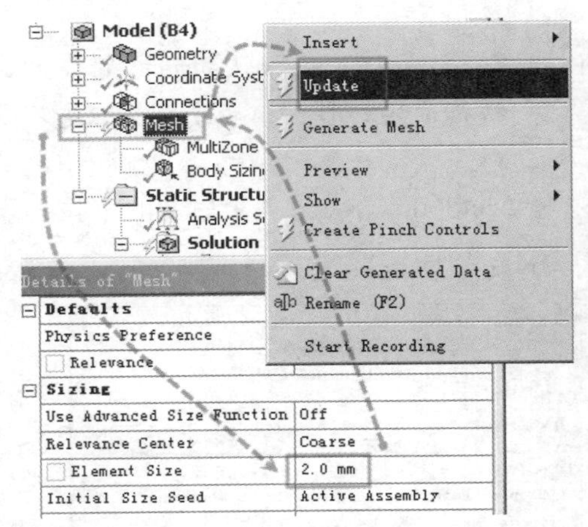

图 23-21　刷新网格

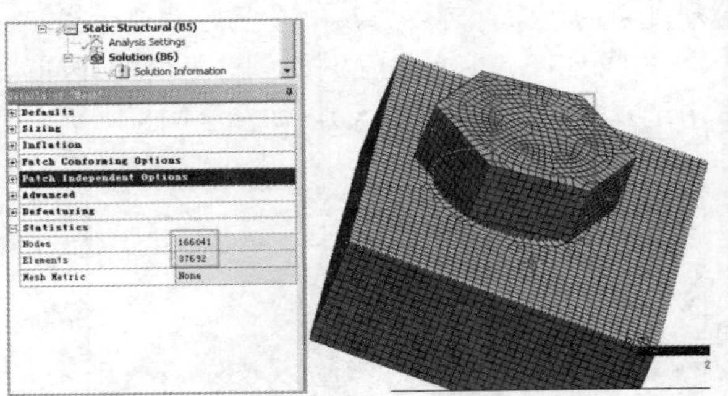

图 23-22　网格统计

加载压力荷载。单击 Outline（分析树）中的 Static Structural（静力学分析模块），在体过滤器中将刚刚选择的 Body/Element（体/单元）改为 Face（表面），单击螺栓表面，然后单击 Loads（荷载）→Pressure（压力荷载），如图 23-23 所示。

在 Details of Pressure（压力荷载的详细信息）中的 Magnitude（压力值）后面输入-2MPa，如图 23-24 所示。

注意：默认的压力荷载是垂直于加载面向内的，输入“-”号为翻转方向。

设置约束。选择模型的下表面，然后单击 Supports（支撑）→Fixed Support（固定位移约束），如图 23-25 所示。

介绍一个设置环境光线效果的技巧。单击 Outline（分析树）中的 Model（模型），然后在

Details of Model（模型的详细信息）中的 Lighting（光源）处适当调整。

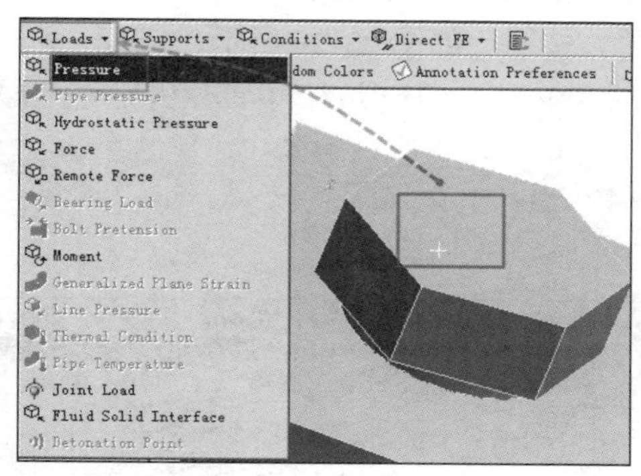

图 23-23 压力荷载

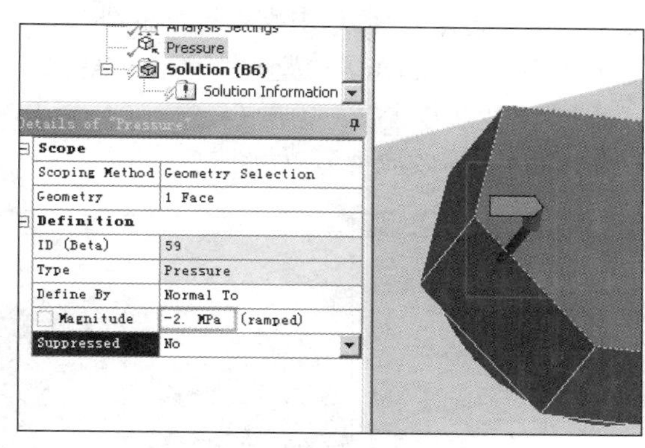

图 23-24 反向压力

图 23-26 所示为默认的光源设置。

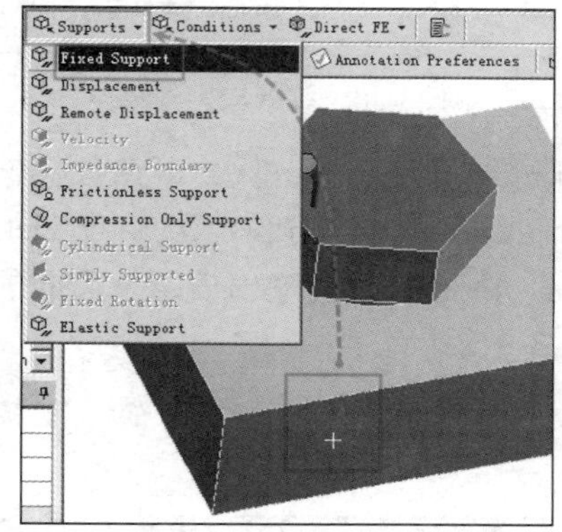

图 23-25 位移约束

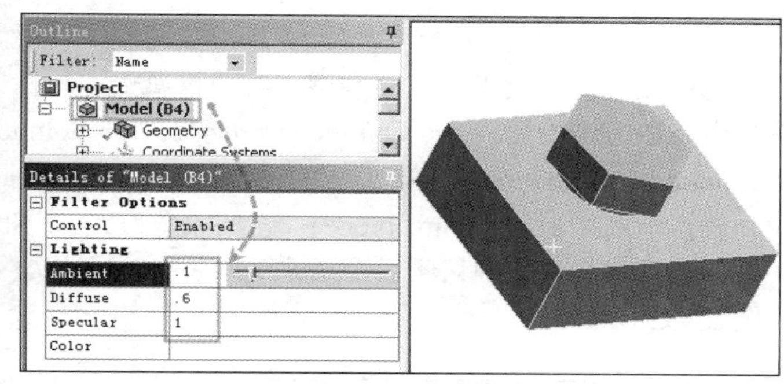

图 23-26 光源设置

在图 23-27 中将 Diffuse（散射值）调整到最大值后模型表面亮度变大了一些。

注意：经笔者验证，适当修改 Lighting（光源）下面的几组参数后，在后处理时，结果云图的色彩饱和度会更好，显得画面更加鲜艳。

提取接触工具。右击 Outline（分析树）中的 Solution（分析）并选择 Insert（插入）→Contact Tool（接触工具）→Contact Tool（接触工具），如图 23-28 所示。

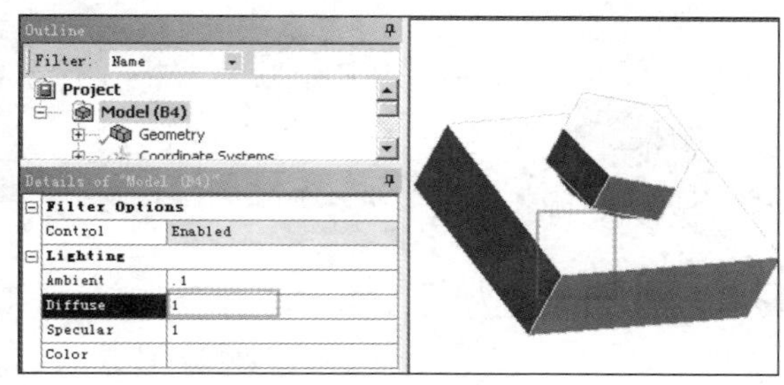

图 23-27 散射值

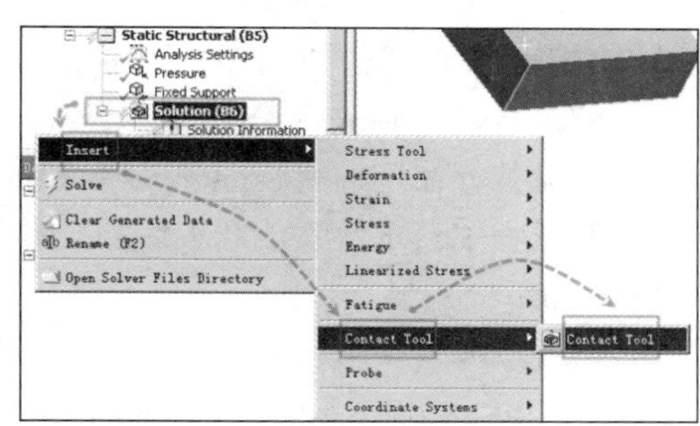

图 23-28 接触工具

在 Details of Contact Tool（接触工具的详细信息）中单击 Geometry（模型）后面的 No Selection（未选择），再单击螺栓模型的外表面，回到 Details of Contact Tool（接触工具的详细信息）中单击 Geometry（模型）后面的 Apply（应用）按钮，如图 23-29 所示。

提取等效应力结果。单击 Outline（分析树）中的 Solution（分析），再单击 Stress（应力）→Equivalent（等效应力），如图 23-30 所示。

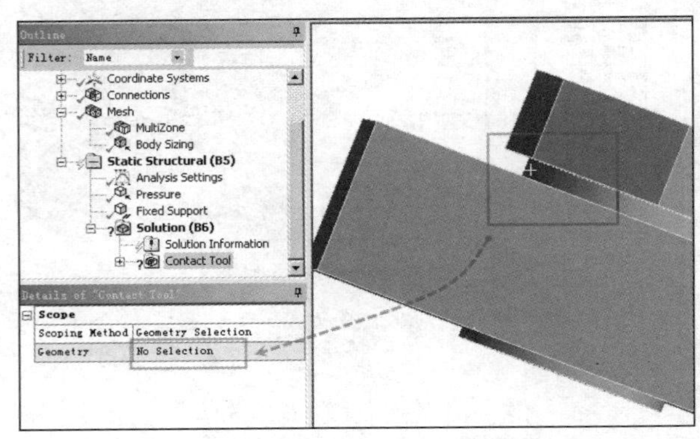

图 23-29 选择接触面

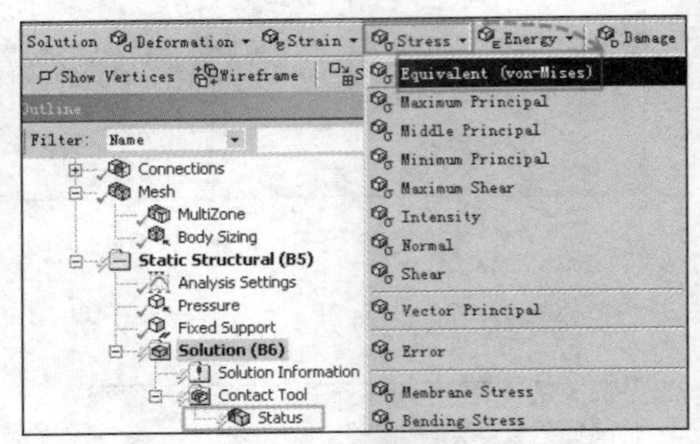

图 23-30 等效应力结果

力的收敛值。由于螺纹的摩擦接触分析属于非线性分析，需要多次迭代，可在分析输出信息中监控迭代过程。单击 Outline（分析树）中的 Solution Information（分析信息），在 Details of Solution Information（分析信息的详细信息）中 Solution Output（求解输出信息）后面的下拉列表框中选择 Force Convergence（力的收敛值），如图 23-31 所示。

保存项目文件。确认各项设置无误后单击 File（文件）→Save Project（保存项目文件），如图 23-32 所示。

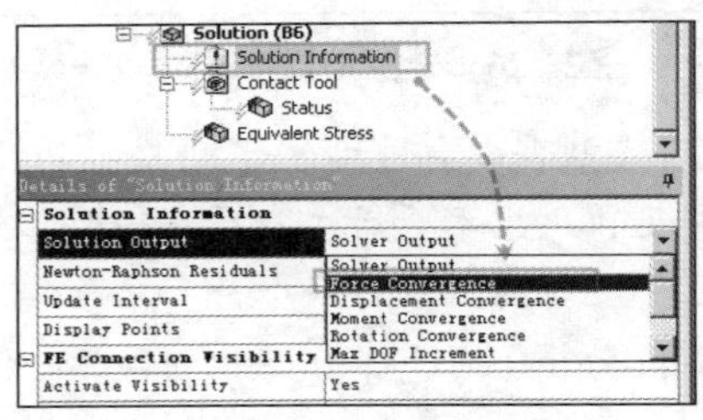

图 23-31 输出信息

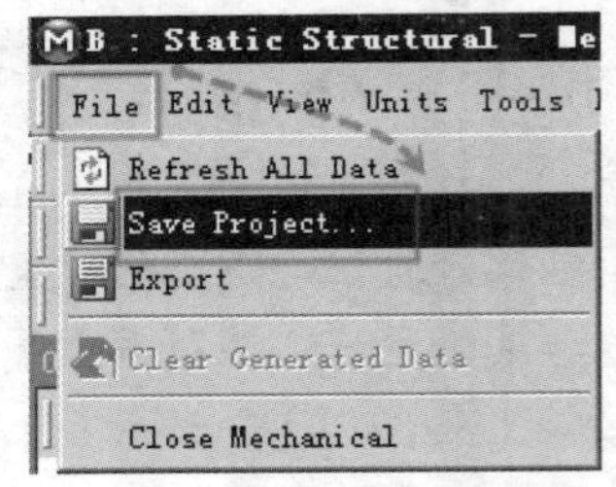

图 23-32 保存文件

命名并单击“保存”按钮，如图 23-33 所示。

求解后单击 Outline（分析树）中 Solution（分析）下面的 Status（接触状态），如图 23-34 所示。可见其存在螺纹状 Sticking（粘附）状态的结果。

求解过程中及求解收敛结束后均查看力的收敛值，如图 23-35 所示，本案例经过仅 7 次迭代就稳健收敛。

查看等效应力结果，如图 23-36 所示，等效应力的最大值为 17.373MPa。

在 Outline（分析树）中 Connections（连接）下如图 23-15 所示添加的接触工具处右击，刷新此结果，在右侧可查看接触信息，如 Penetration（接触穿透值）为 9.3106e-007mm，是一个极小的数值，如图 23-37 所示。

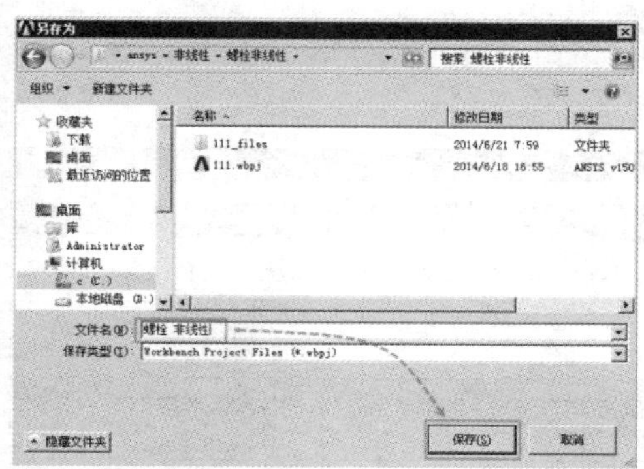

图 23-33　命名并保存

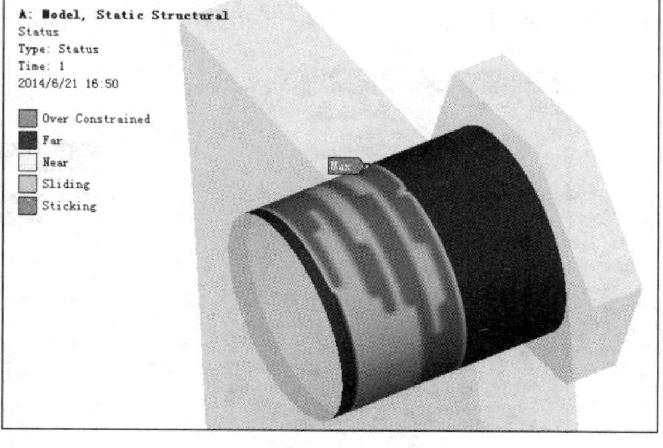

图 23-34　接触状态

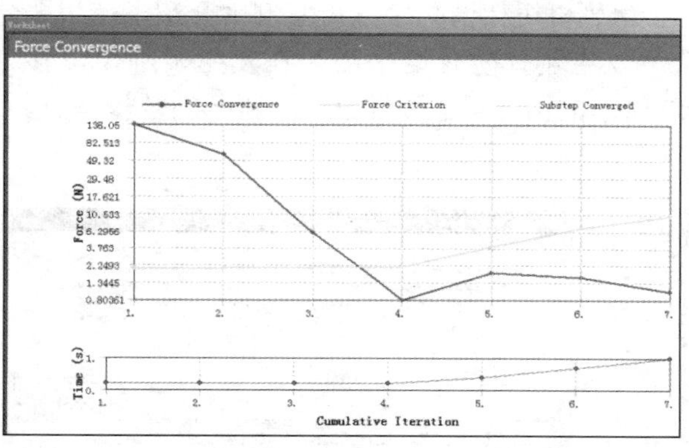

图 23-35　收敛图

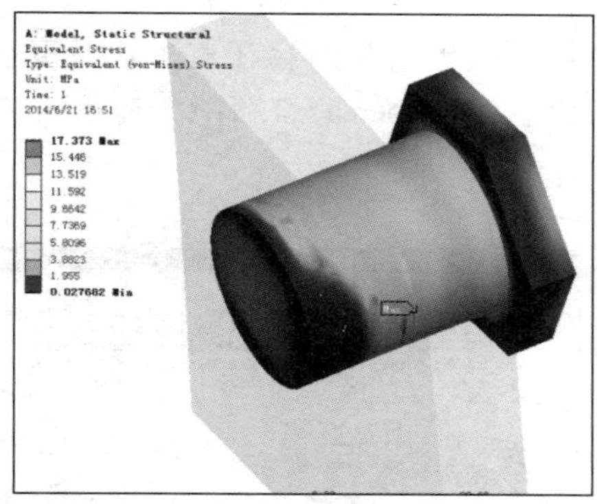

图 23-36　等效应力

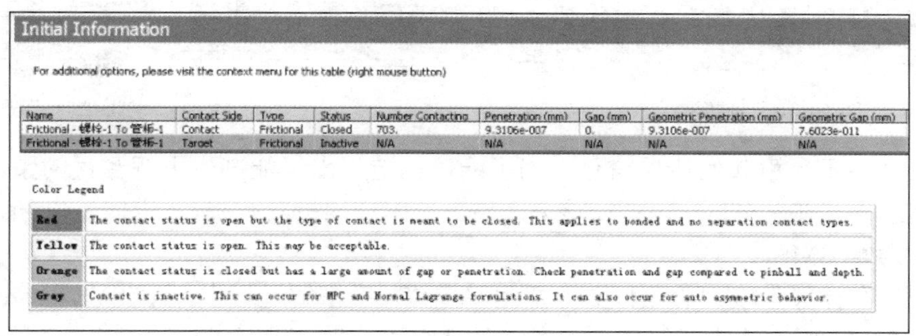
Initial Information

For additional options, please visit the context menu for this table (right mouse button)

Name	Contact Side	Type	Status	Number Contacting	Penetration (mm)	Gap (mm)	Geometric Penetration (mm)	Geometric Gap (mm)
Frictional - 螺栓-1 To 管板-1	Contact	Frictional	Closed	703.	9.3106e-007	0.	9.3106e-007	7.6023e-011
Frictional - 螺栓-1 To 管板-1	Target	Frictional	Inactive	N/A	N/A	N/A	N/A	N/A

Color Legend

Red	The contact status is open but the type of contact is meant to be closed. This applies to bonded and no separation contact types.
Yellow	The contact status is open. This may be acceptable.
Orange	The contact status is closed but has a large amount of gap or penetration. Check penetration and gap compared to pinball and depth.
Gray	Contact is inactive. This can occur for MPC and Normal Lagrange formulations. It can also occur for auto asymmetric behavior.

图 23-37　接触信息

下面介绍一些 ANSYS Workbench 15.0 中的新功能。

结果摘要。可右击 Outline（分析树）中的 Solution（分析）并选择 Worksheet: Result Summary（工作表：结果摘要）。在右边的 Worksheet（工作表）中会将重要的结果信息汇总以利于查看，如图 23-36 中所示的最大等效应力结果 17.373MPa 就位于摘要信息的第一行，如图 23-39 所示。

在 ANSYS 15.0 经典版平台中引入了非线性自适应网格技术，它通过在敏感区域细分单元网格来帮助求解大变形模型。在求解过程中，网格自动地采用一分二、二分四的方法细分，以防止角度大于 180°，从而保证了求解的稳健性和结果的精度。

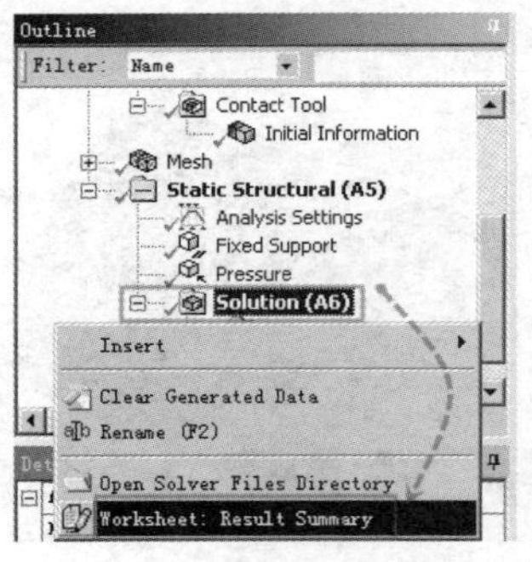

图 23-38 汇总信息

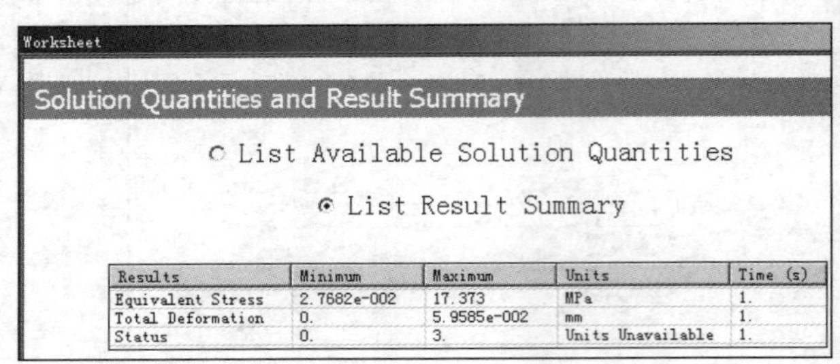

图 23-39 汇总结果

介绍几个常见错误的解决方式。在第 12 章风机桥架谐响应分析案例中介绍了使用弱弹簧功能以判断模型是否会在重力加速度荷载下发生刚体位移的技巧。在发生了刚体位移时，ANSYS Workbench 15.0 可能会提示图 23-40 所示的错误信息及图 23-41 所示的警告信息。

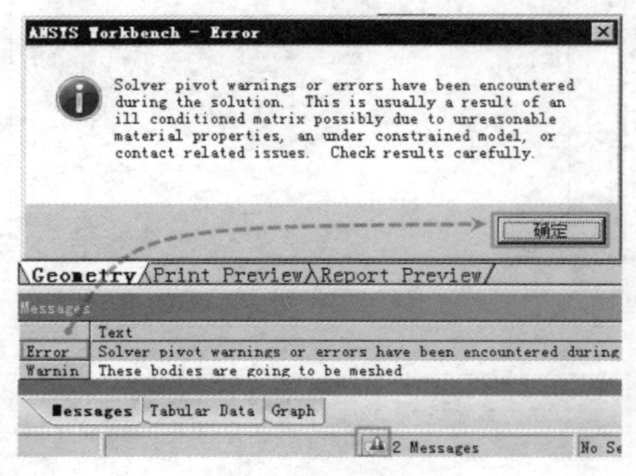

图 23-40 错误信息

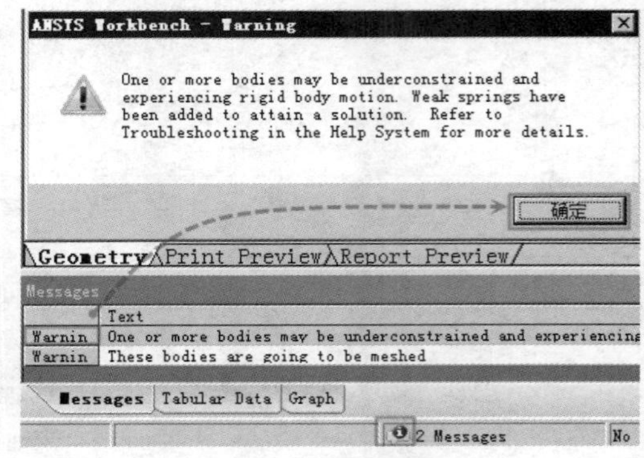

图 23-41 警告信息

因磁盘空间不足引起的错误信息。为了能“创造”出可能产生求解错误的条件，笔者将一些杂乱信息保存在某分区，以使得该分区磁盘空闲空间极其有限，如图 23-42 所示该分区的可用空间仅为 64.3MB。

再复制一个计算量较大的项目文件至此并求解。在求解过程中，ANSYS Workbench 15.0 弹出了如图 23-43 所示的错误信息，大意为磁盘空间不足以进行求解。

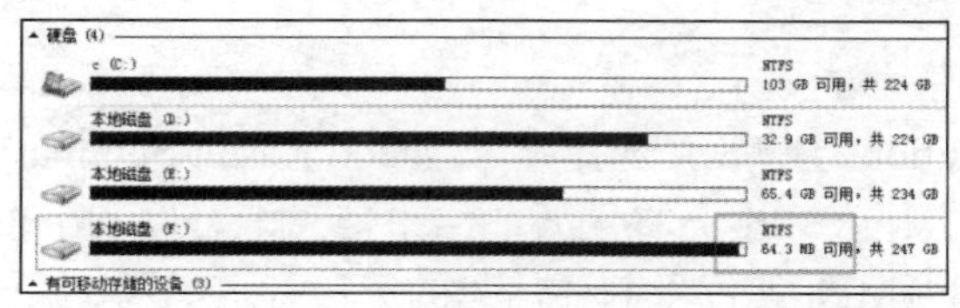

图 23-42 磁盘空间

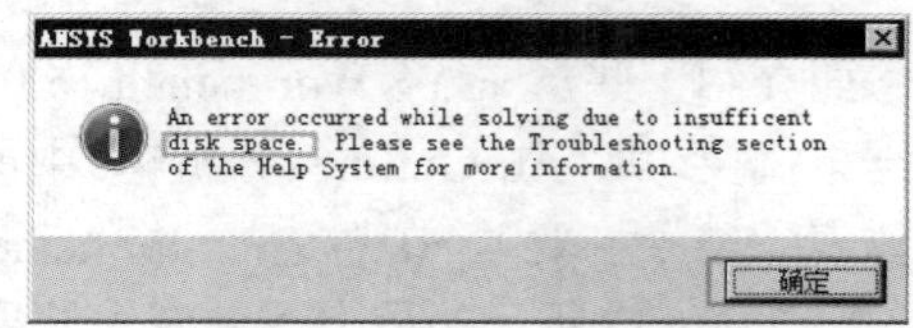

图 23-43 错误信息

回到项目文件，单击 Outline（分析树）中的 Solution Information（分析信息），在冗长的 Worksheet（工作表）中从最下方慢慢向上搜寻，会发现如图 23-44 所示的失败信息，提示了 3

possible full disk（磁盘可能已满）等。

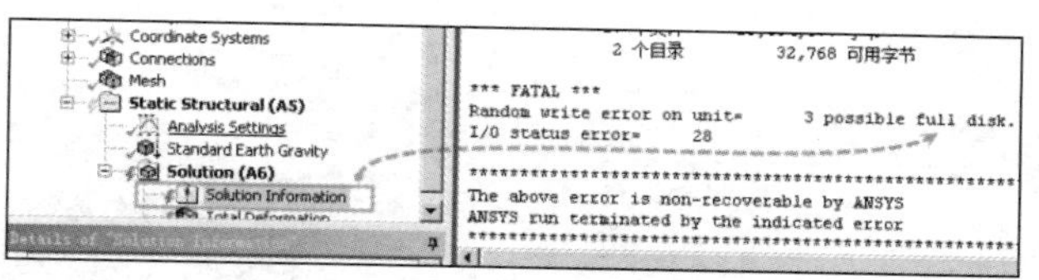

图 23-44　失败信息

注意：求解较大规模的分析项目时，至少应将项目文件保存在磁盘空间较大的分区。

令人无奈的输出信息。在极少数的情况下，随着求解的进行，会发生 Worksheet（工作表）空间不足的情况，提示了如图 23-45 所示的信息。

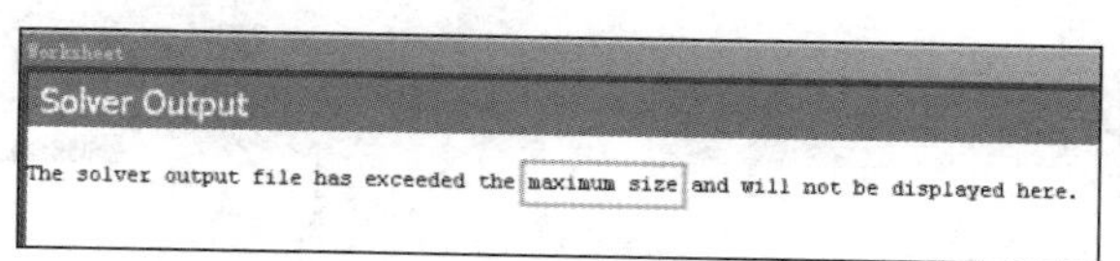

图 23-45　输出信息

大意是："求解器输出文件已经超过了最大值，并且无法在此处（Worksheet）存放。"如果此时求解因出错而失败，很可能无法在 Worksheet（工作表）中找到提示错误出现原因的信息，会令人十分沮丧和无奈。

对模型等比例放大的技巧。查看原始模型的信息。单击 Outline（分析树）中的 Geometry（模型），在 Details of Geometry（模型的详细信息）中 Scale Factor Value（比例系数值）默认为 1 时，质量为 2.0002kg，如图 23-46 所示。

以本案例的模型为例，将显示效果放大到一定程度后，下方标尺处显示的尺寸为 60mm，如图 23-47 所示。

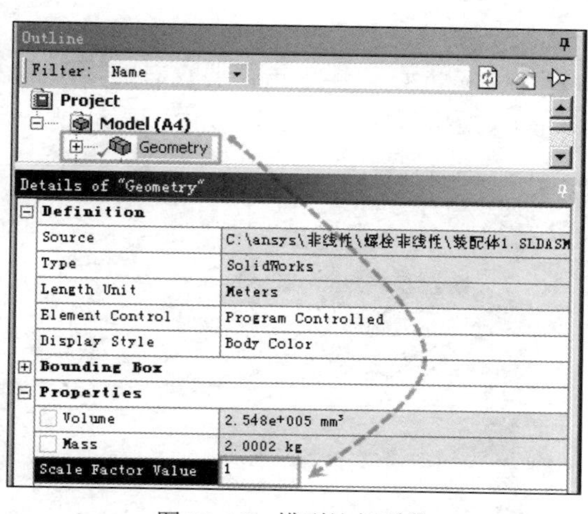

图 23-46　模型比例系数

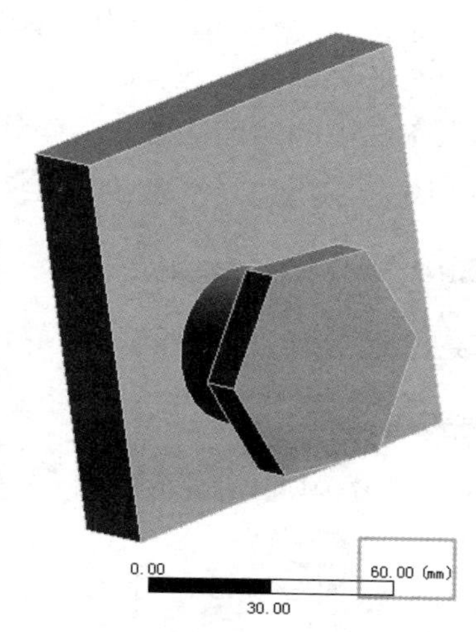

图 23-47　模型比例尺

将 Scale Factor Value（比例系数值）修改为 10 时，即将模型尺寸放大 10 倍，质量为 2000.2kg，如图 23-48 所示。

右方标尺处显示的尺寸为500mm，如图23-49所示。

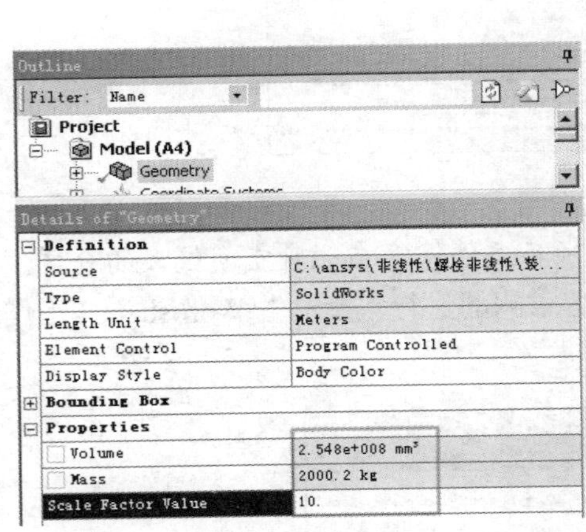

图23-48　放大十倍

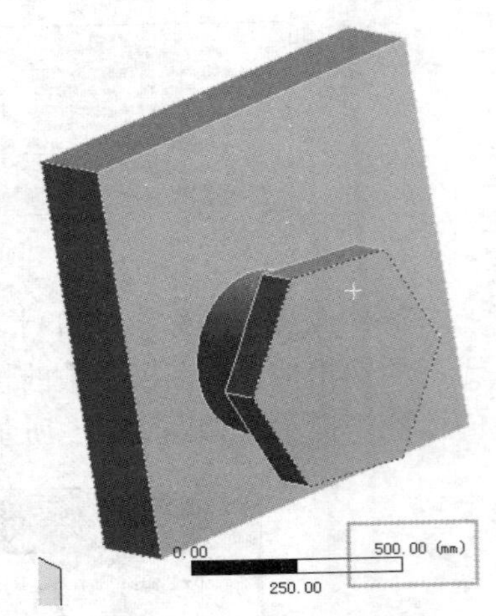

图23-49　新比例尺

注意：该功能仅限于等比例放大。

解决求解结束后CPU占用率仍然过高的问题。极少数情况下，在ANSYS Workbench 15.0中求解某项目时，若中途关闭计算模块，会发生仍然有部分ANSYS进程占用CPU的情况，并持续较长时间。但是其并不真正地进行数值分析，白白浪费计算机资源。可以按Ctrl+Alt+Delete键启动任务管理器，再单击“进程”选项卡，在下面找到大量占用CPU资源的ANSYS进程，右击并选择“结束进程树”。对于未求解完成的文件，需要再次打开ANSYS Workbench 15.0，从上一个保存点尝试继续求解。

查找某零件包含的接触的技巧。选用Workbench平台有一个明显的优势，即可自动地在导入模型的零件间创建“绑定”接触，以连接零件模型。这较经典版手动添加的方式极大地简化了操作，提高了效率。但是，如果模型较为复杂，则会生成数量巨大的接触。如何快速查看某零件所包含的接触是一个现实问题。

单击菜单栏中的体过滤器并选择Body/Element（体/单元），再单击需要查看的模型，右击并选择Go To（去往）→Contacts for Selected Bodies（所选模型的接触），如图23-51所示。

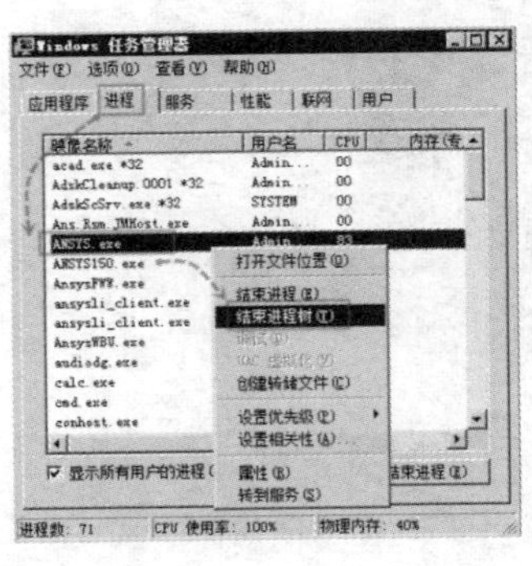

图23-50　结束进程

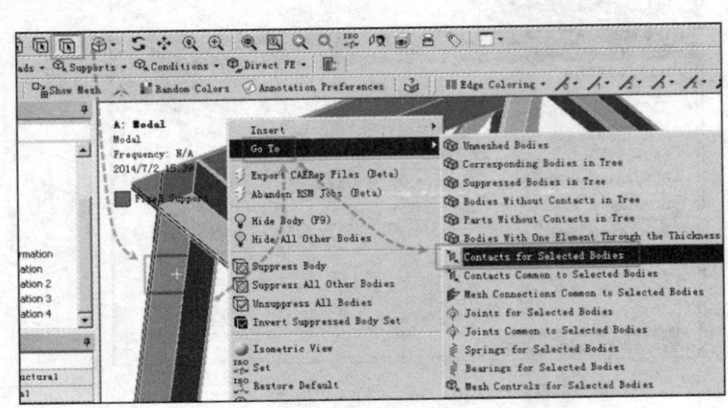

图23-51　零件中的接触

这时自动显示了该模型上的接触，并且其所属的接触在Outline（分析树）的Contacts（接触）中会以蓝色表示，如本模型中的第190号接触和第199号接触等，如图23-52所示。

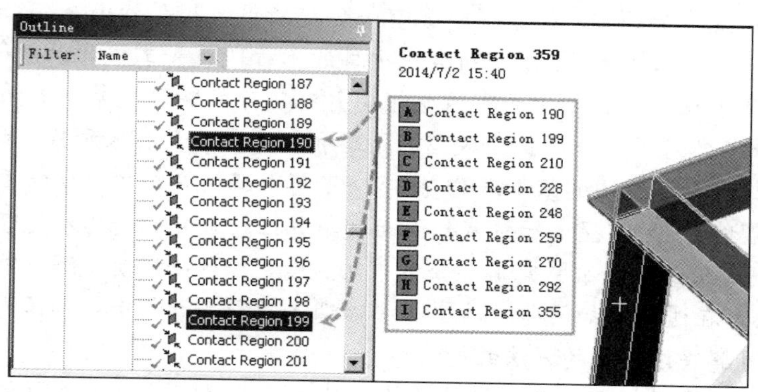

图23-52 包含的接触

注意：分析设计是一种相对先进的设计法。就分析设计法的应用，分析设计人员面临着众多挑战，主要有以下几个方面：

（1）分析设计越来越普遍。相比常规的基于类比、经验或理论公式的设计方法，分析设计也变得越来越“常规”。可以预见，在不久的将来，分析设计不再是一项“高级技术”，而是可以与常规设计相互替换和补充的设计方法，每个工程师都应该掌握。

（2）分析设计者对计算机及程序的应用负责。分析设计所用的工具和技术是随着技术进步而快速进步的，分析设计者在使用这些工具时，应根据所学知识有能力作出可靠的判断。采用计算机程序进行分析设计或分析设计者和工程师应注意：他们要对所应用的程序中固有的一切技术性假设负责（如5.3节中介绍的“五个基本假设”等），且对设计中这些程序的应用负责。

（3）数值分析的精确性和正确性由分析设计者负责。数值模拟使用的应力分析方法、元件建模及分析结果的正确性验证必须加以考虑。在作为分析设计者工作“成果”之一的分析报告中，必须包括所有结果的证实过程和方法。

分析过程中来自分析设计者或者软硬件的主客观不确定因素远大于解析法或公式法。通俗地讲，不同的分析设计者采用不同的软硬件可能会得出不同的结果，比如屈曲分析中，由于单元类型或网格划分的不同，可能出现不同的屈曲模式和屈曲荷载等。有限元法的不确定性是不可避免的，其过程和结果是否“符合规范规则”由分析设计者作出判断。这就要求分析设计者必须拥有深厚的理论积淀和熟练地掌握分析工具，并有足够的实际经验。

（4）商业有限元软件的功能越来越强大和复杂。如提供丰富的单元和分析类型、各种自动网格划分功能、多物理场耦合分析、参数化建模功能、知识管理系统、专家系统、越来越高效的并行计算能力等。面对以ANSYS Workbench 15.0为首的如此强大且仍在飞速发展的有限元软件，分析设计者要对其熟练掌握无疑是有一定难度的。

（5）设计规范与有限元及程序的融合。目前，分析设计绝大部分采用有限元法完成，但规范中对如何运用有限元法来进行具体设计并未给出详细的、标准化规范化的、定量的详细指导和明示。如在模型中如何设置边界条件，如何进行螺栓、焊缝、局部荷载、管口、支座等分析，如何进行后屈曲、总体塑性、蠕变等高级分析，这些都没有给出详细的指导。如何应用有限元软件来完成一个“符合规范要求”的分析，成了分析设计者必须掌握的技能。相比分析设计规范的制定，似乎应用有限元法来实施“符合规范要求”的分析更有难度。

所以，对分析设计者而言，即使了解了有关的分析设计规范的内容仍是远远不够的，还应该掌握其他的一些基本技能，如了解所分析项目的工程现象和工程背景知识、能熟练地应用有限元软件将实际工程模型抽象化为有限元模型并对实际的物理现象用有限元法能表现的形式加以简化和等效、熟练了解合理剖分模型的思路和创建高质量有限元模型的方法、了解与分析有关的基础知识和有限元法的基本理论与方法、了解求解该分析项目所需要的计算代价和计算机软硬件的处理能力、为掌握未知领域知识而搜集并汇总资料的能力和适合自己的高效学习方法、对简单问题可使用理论公式计算验证的能力、广泛积累并提前了解可能遇到或可能需要了解的有关资料、可在遇到未知问题时迅速在浩如烟海的资料储备中找到该问题被哪一份资料所提及和迅速学习解决该问题的方法的能力等。

分析设计者作为设计规范和分析设计软件工具间的桥梁，起着至关重要的作用，必须既懂规范又懂工具，否则再先进的规范、再好的软硬件设施也不能得出合理的设计方案，甚至还会带来安全隐患。

保存项目文件，退出模块，退出 Workbench 平台。

至此，本案例完。

24

热—结构耦合分析案例

24.1 案例介绍

本案例以文字模型为例建立三维模型进行热－结构耦合分析，以简单介绍 ANSYS Workbench 15.0 的耦合分析功能。

24.2 分析流程

使用 Solidworks 软件建立仿真用模型。打开 Solidworks 软件，新建一个空的零件文件，单击“前视基准面”，鼠标指针向右上角移动约 2 厘米后弹出了一个“正视于”按钮，单击它，如图 24-1 所示。

单击“草图”，再单击“文字”按钮创建文字模型，如图 24-2 所示。

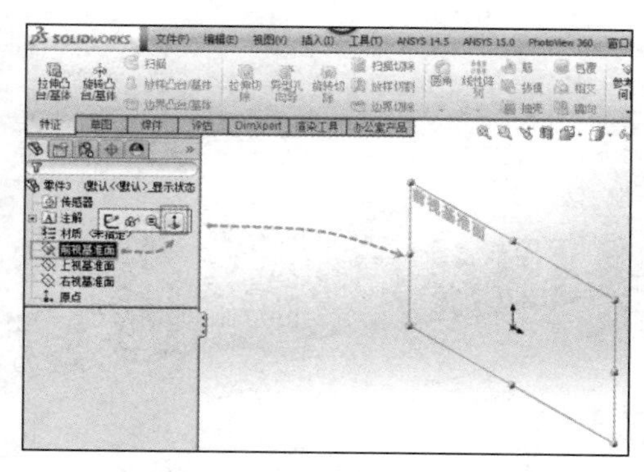

图 24-1　正视基准面

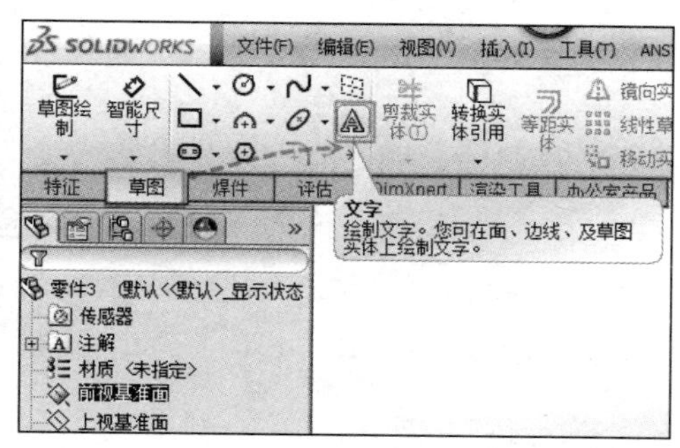

图 24-2　创建文字

输入文字，然后单击“使用文档字体”复选框，单击“字体”按钮，如图 24-3 所示。

字体选择“黑体”，文字高度设置为 50mm，然后单击“确定”按钮，如图 24-4 所示。

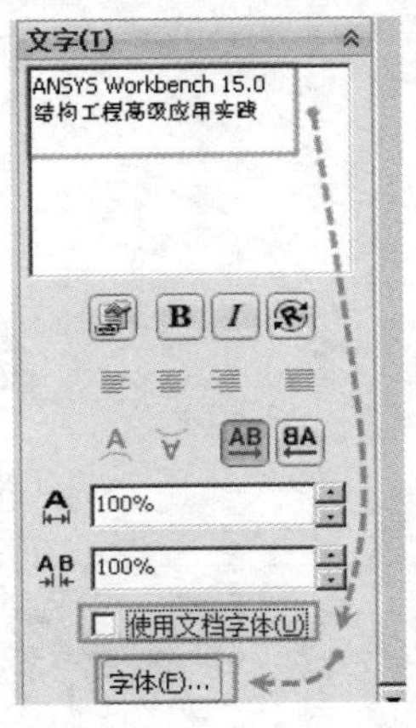

图 24-3 输入文字

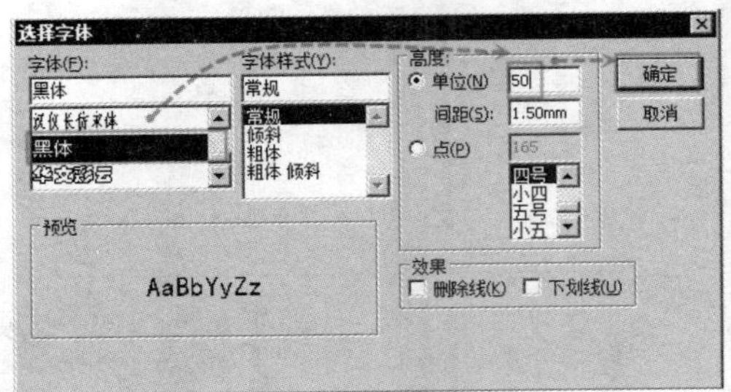

图 24-4 选择字体并设置高度

单击右上角的绿色对号图标确认生成的文字，如图 24-5 所示。

单击“特征”，再单击“拉伸凸台/基体”，如图 24-6 所示。

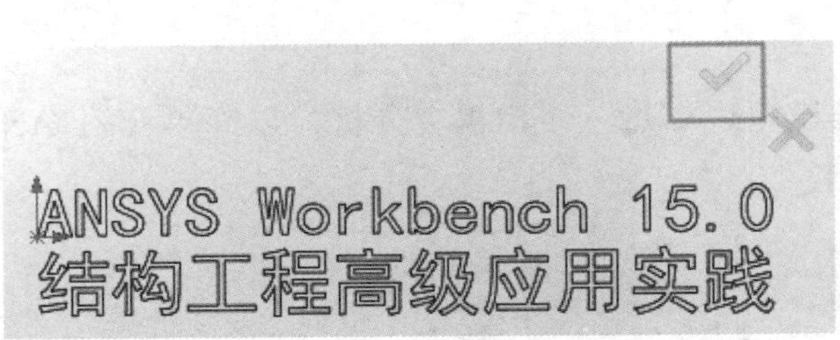

图 24-5 确认输入

图 24-6 拉伸特征

拉伸方式为“给定深度”，深度为 20mm。输入深度后，模型会以黄色半透明显示即将拉伸的模型轮廓。确认正确后单击绿色对号图标，如图 24-7 所示。

图 24-8 所示为拉伸后的文字模型。保存模型文件。

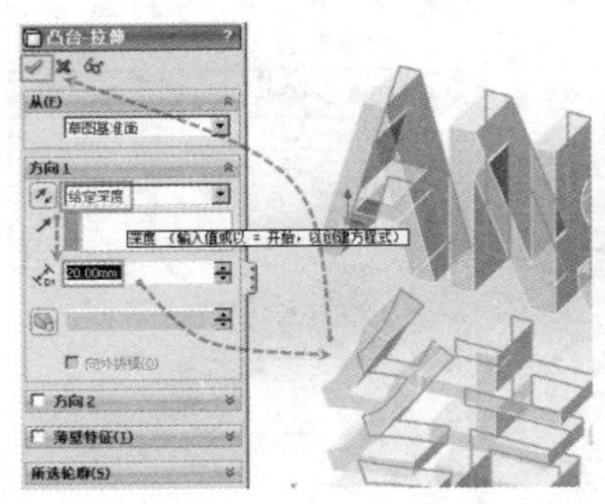

图 24-7 拉伸深度

图 24-8 文字模型

文字部分模型创建完毕，下面创建“背景”用于局部加载部分的模型。单击“新建”按钮，如图 24-9 所示。

选择 gb_part，即创建的零件模型，再单击“确定”按钮，如图 24-10 所示。

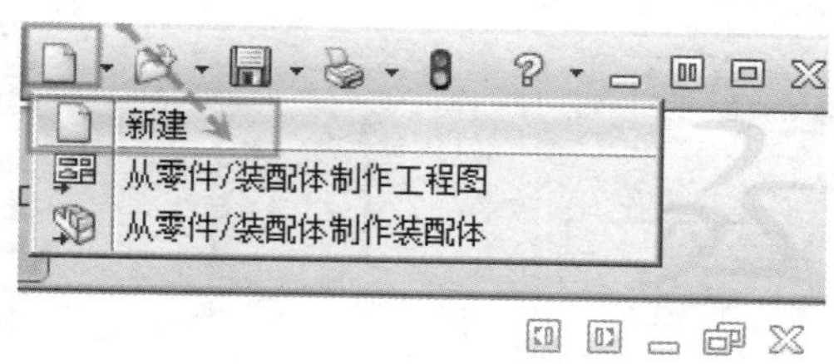

图 24-9 新建模型

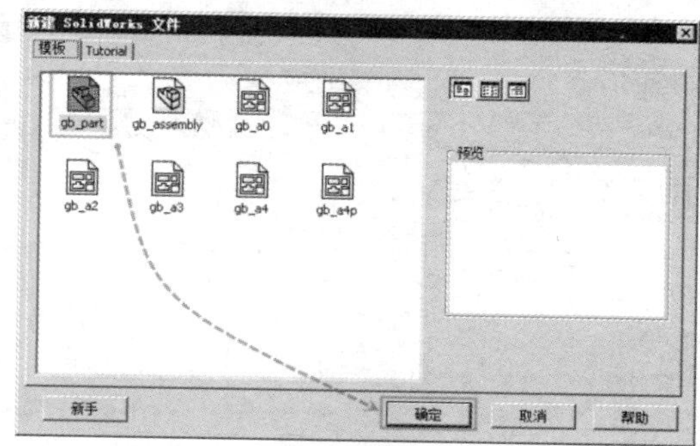

图 24-10 新建零件

正视基准面，如图 24-11 所示。单击“草图”，再单击“边角矩形”，如图 24-12 所示。

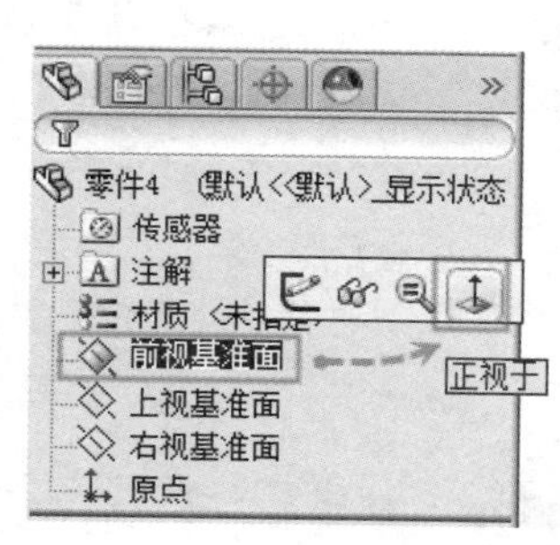

图 24-11 正视基准面

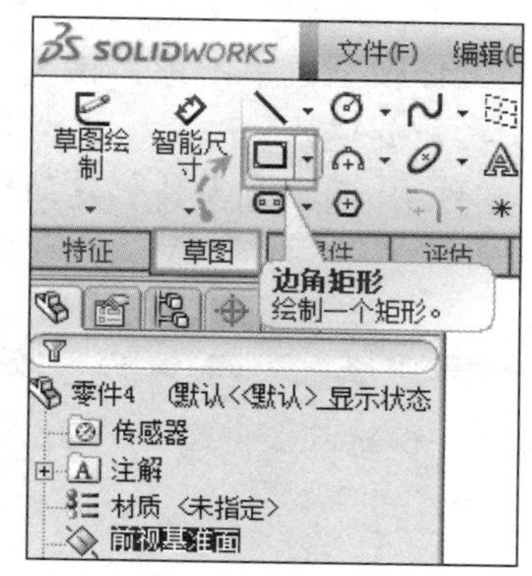

图 24-12 绘制草图

任意绘制一定大小的矩形草图后单击“草图”，再单击“智能尺寸”，如图 24-13 所示。单击一个需要标注尺寸的草图边线，如本图的上边缘边线，向上拉伸出草图的尺寸标注，在弹出的“修改”对话框中输入 5mm，然后单击绿色对号图标，如图 24-14 所示。

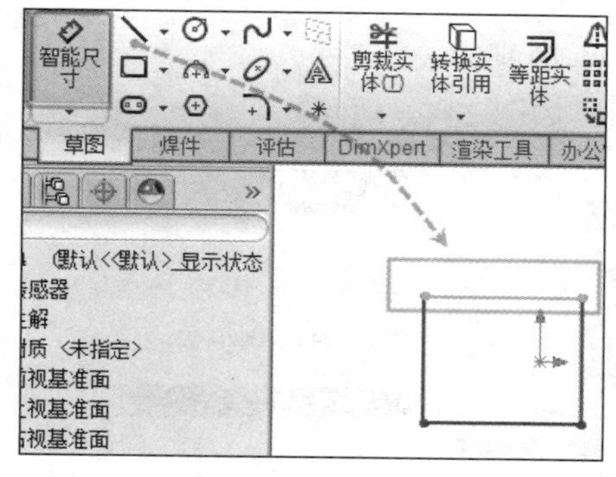

图 24-13 标注尺寸

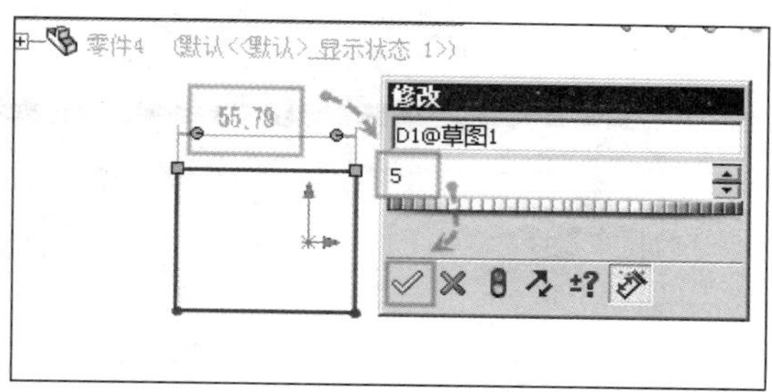

图 24-14 输入尺寸

另一半的草图使用相同的方法。尺寸标注后单击“特征”，再单击“拉伸凸台/基体”，如图 24-15 所示。

输入 5mm 的拉伸深度，然后单击绿色对号图标，如图 24-16 所示。

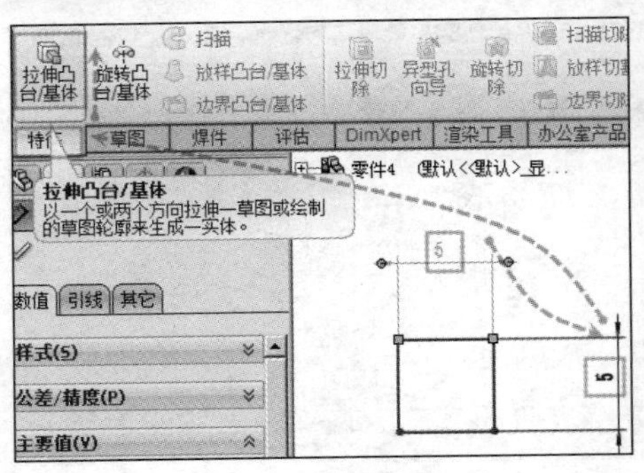

图 24-15　拉伸特征

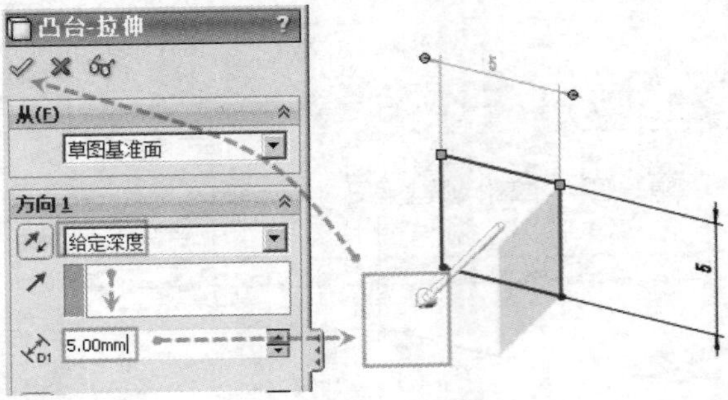

图 24-16　拉伸深度

单击工具栏中的“保存”按钮，将模型命名为“立方体”，然后单击“保存”按钮，如图 24-17 所示。

创建装配体模型。单击“新建”→“从零件/装配体制作装配体”，如图 24-18 所示。

注意：之前创建的“文字”模型和“立方体”模型均为“零件”，近似相当于 DM 模块中的 Body（零件），而据此零件创建的由多零件组成的“装配体”模型则近似相当于 DM 模块中的 Part（部件）。

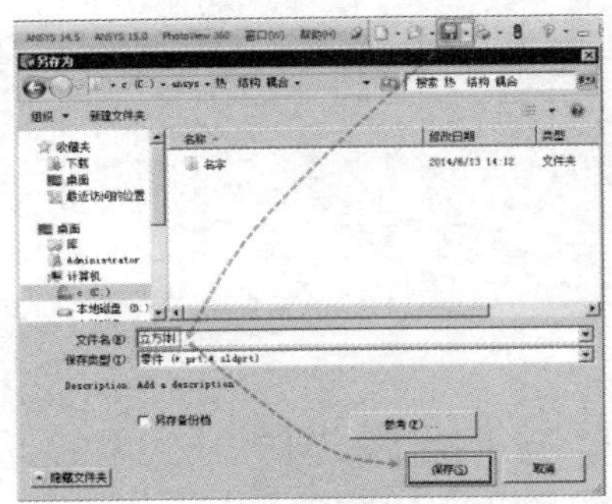
图 24-17　保存立方体

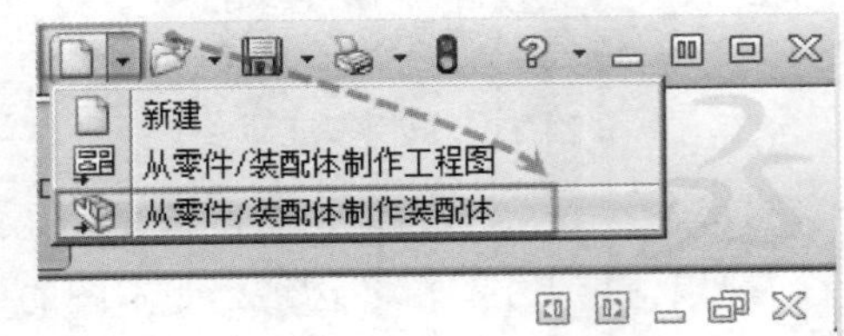

图 24-18　创建装配体

选择 gb_assembly，再单击“确定”按钮，如图 24-19 所示。

在弹出的“开始装配体”框中单击“浏览”按钮，如图 24-20 所示。

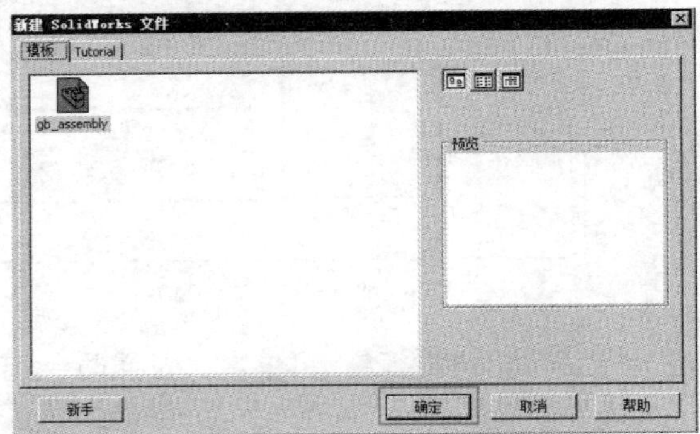

图 24-19　确认新建

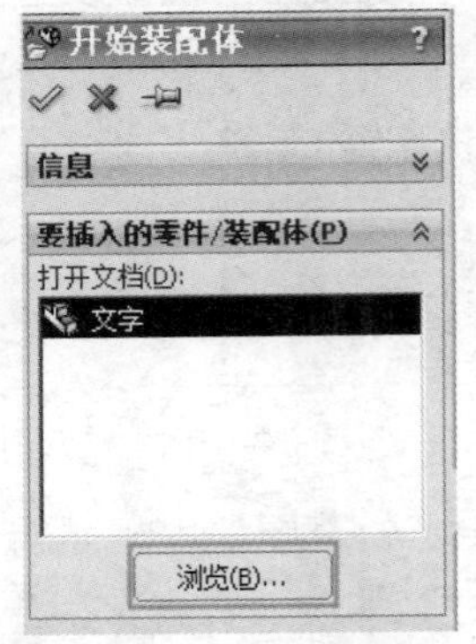

图 24-20　浏览模型文件

找到“立方体”模型并选中，单击“打开”按钮，如图 24-21 所示。

单击模型，再单击“装配体”，接着单击“线性零部件阵列”，如图 24-22 所示。

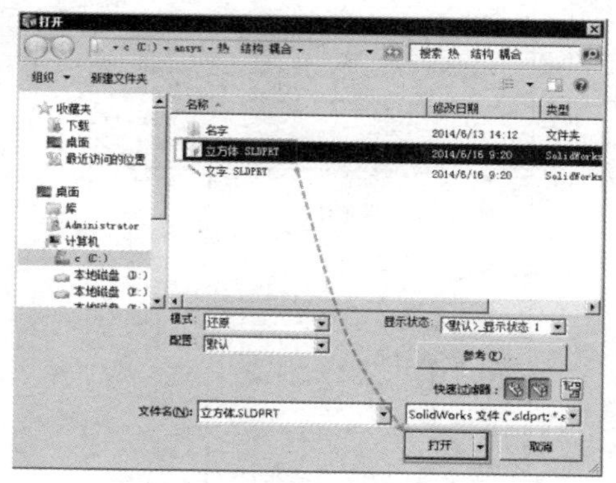

图 24-21 打开立方体

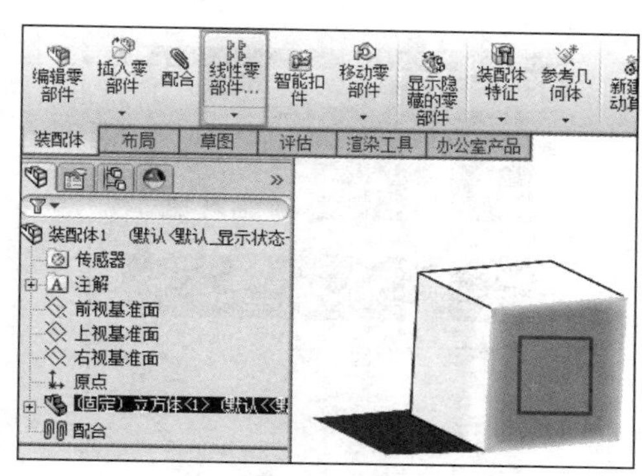

图 24-22 阵列装配体

注意：在特征树中可以看到“(固定)立方体”字样。此处的“固定”类似于在有限元的概念中被限制了所有方向自由度的效果，其已无法在模型空间中自由运动。无论如何，此处的“固定”仅仅是在建模中的设置，与分析时是否“约束”无关。

单击模型的一个边线，将其作为阵列的方向，输入阵列距离为 5mm，输入阵列数量为 151 个，如图 24-23 所示。

单击正交的另一个模型边线，在“方向 2”中输入 5mm 的阵列距离，输入阵列数量为 31 个，然后单击绿色对号图标，如图 24-24 所示。

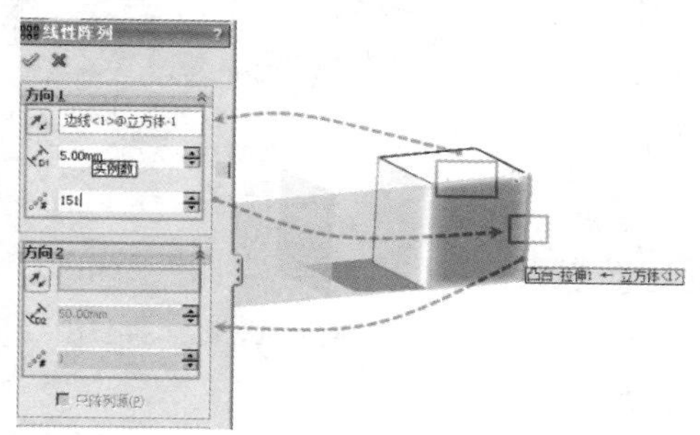

图 24-23 阵列数量

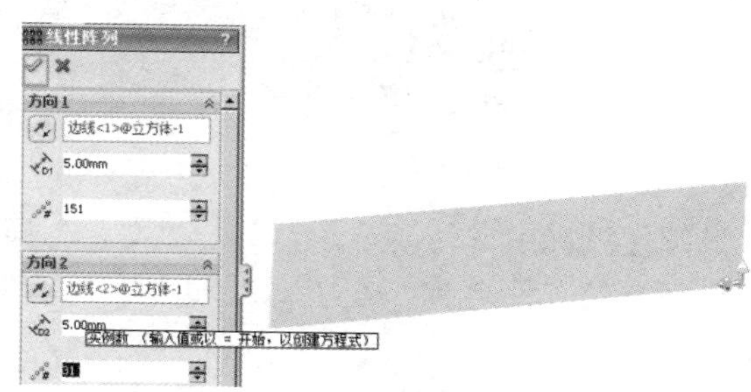

图 24-24 确认阵列

阵列过程的 CPU 占用率情况如图 24-25 所示。可见，只有一个核心 100%运行，更多的核心中的浮点计算能力被浪费。说明 Solidworks 软件对多核心并行运行调用得并不好。

注意：阵列多组“立方体”模型相当于将“文字”模型分割成多组正方形表面，可用于对荷载进行局部加载。也可以使用 DM 模块中的“面印记”功能将模型“切”开，以实现局部加载的目的。

用于作为“背景”的“立方体”模型创建完毕。将“文字”模型与其“装配”到一起。单击“装配体”，再单击“插入零部件”，如图 24-26 所示。

打开“文字”模型，其特征树前面并没有“固定”字样，它可以被鼠标拖动到任意位置，单击绿色对号图标，如图 24-27 所示。

单击“立方体”模型的一个表面，鼠标指针向右上角移动约 2cm 后在弹出的对话框中单击“配合”按钮，如图 24-28 所示。

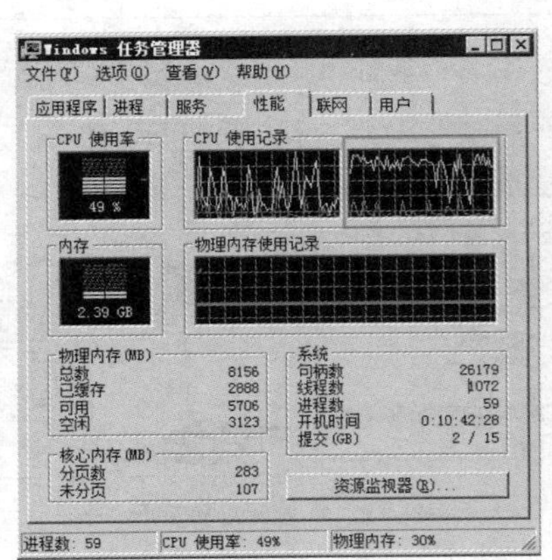

图 24-25　阵列生成中

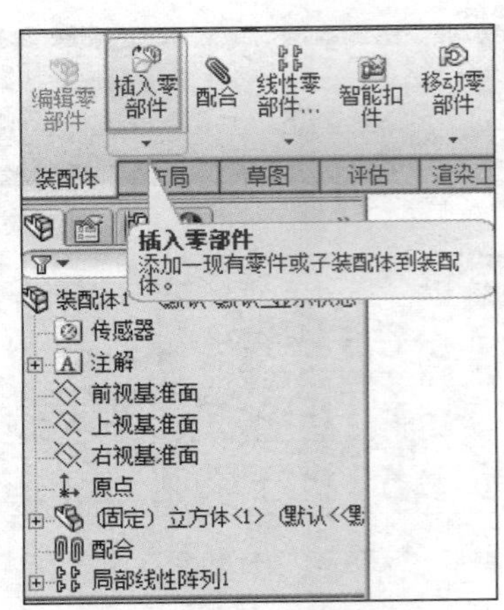

图 24-26　插入零部件

图 24-27　插入文字

图 24-28　添加配合

按住鼠标中键转动视角，单击“文字”模型的背面表面，在的“配合选择”中可以查看即将配合的表面名称，在“标准配合”中单击“重合”，再单击绿色对号图标，如图 24-29 所示。

注意：由于“文字”模型没有被限制自由度，其在模型空间中是“悬空”的，可以任意移动。为了将其与“立方体”模型装配到指定位置，需要使用“配合”功能。在 Solidworks 软件中，配合前后的模型位置状态是以动画形式动态展现的，这可以非常直观地帮助用户查看模型的配合位置。此操作的便捷性与人性化程度是在 DM 模块中采用的相对“静态”的装配操作无法达到的，更是在经典平台中无法企及的。

同样的方法，在“立方体”模型上选择一个点，单击文字模型 A 字样的一个边线，使用“重合”配合方式，再单击绿色对号图标，如图 24-30 所示。

此时“文字”模型已经被限制了一个平移自由度和一个点线配合的旋转自由度，其可在该平面内转动，如图 24-31 所示。

单击模型的顶面，鼠标指针向右上角移动约 2cm 后单击“配合”按钮，如图 24-32 所示。

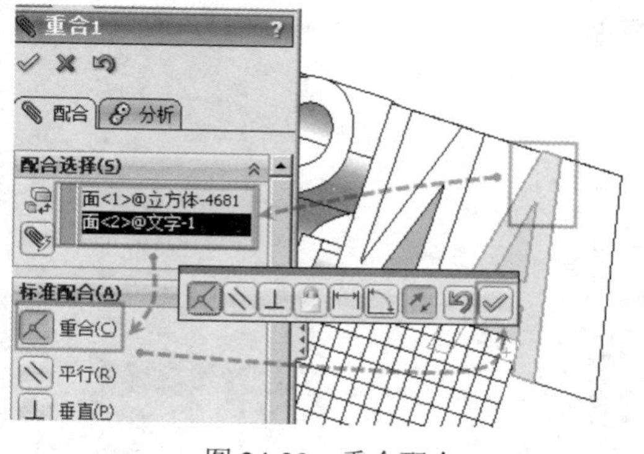

图 24-29　重合配合

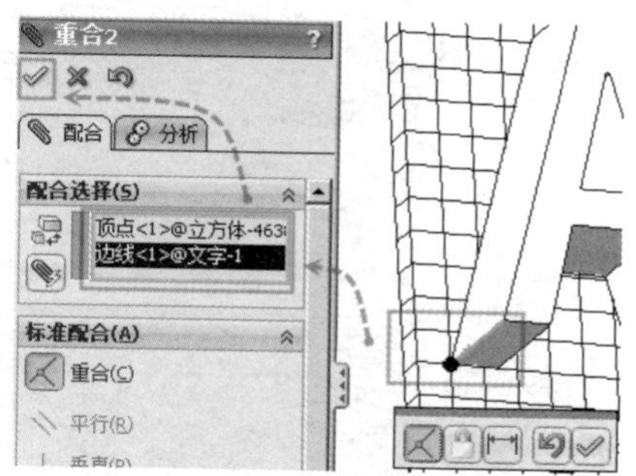

图 24-30　点线配合

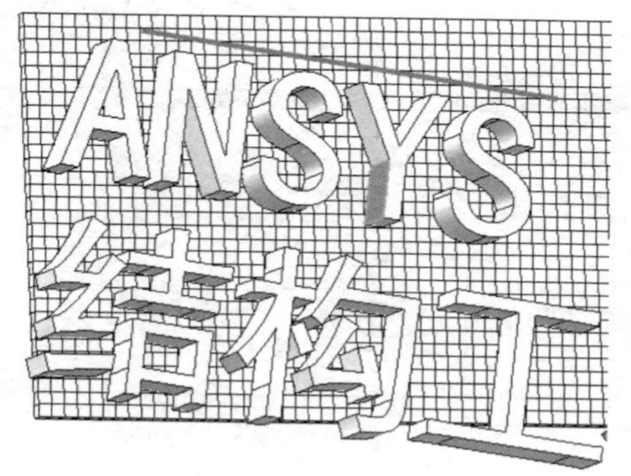
图 24-31　可旋转的模型

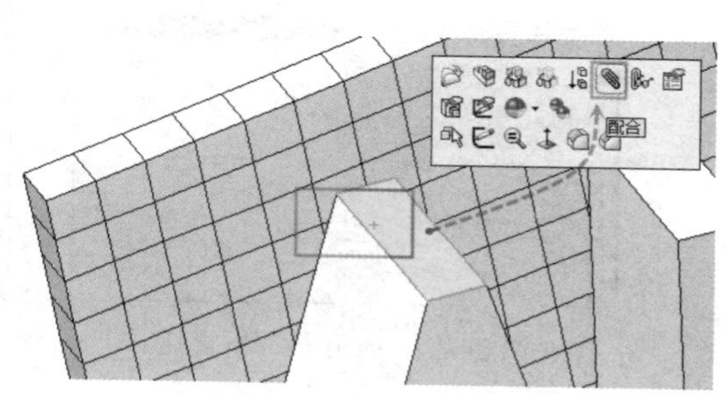

图 24-32　顶面配合

单击“立方体”模型的顶面，选择“平行”配合方式，如图 24-33 所示。

设置后模型已经自动旋转成与配合表面平行，单击绿色对号图标，如图 24-34 所示。

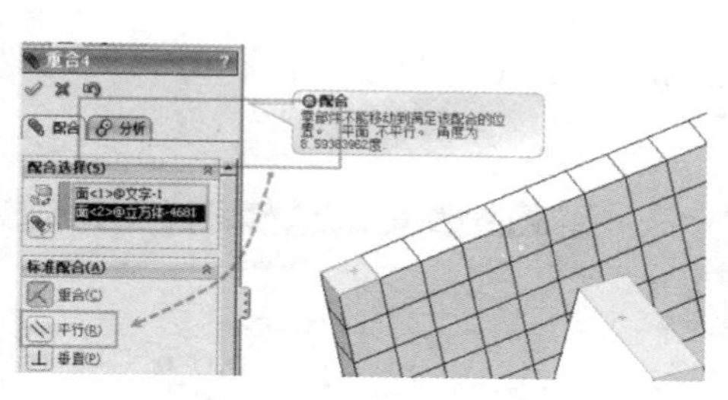
图 24-33　平行配合

图 24-34　确认配合

模型装配完毕，保存成 Parasolid 格式的装配体文件。使用此格式或其他中间格式，如 IGS、SPT 等，可缩减模型信息量，提高模型导入和分析效率，缺点是无法进行参数化优化分析，如图 24-35 所示。然后打开 ANSYS Workbench 15.0，如图 24-36 所示。

打开模块。在 Toolbox（工具箱）中拖拽一个 Steady-State Thermal（稳态热分析模块）到项目图示中，如图 24-37 所示。

托拽一个静力学分析模块到 A6 Solution（分析）中，以建立两个模块的数据耦合传递，如图 24-38 所示。

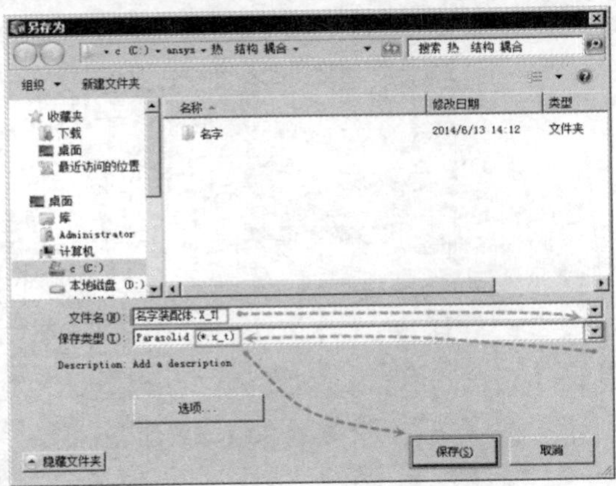

图 24-35　保存装配体

图 24-36　打开 ANSYS Workbench 15.0

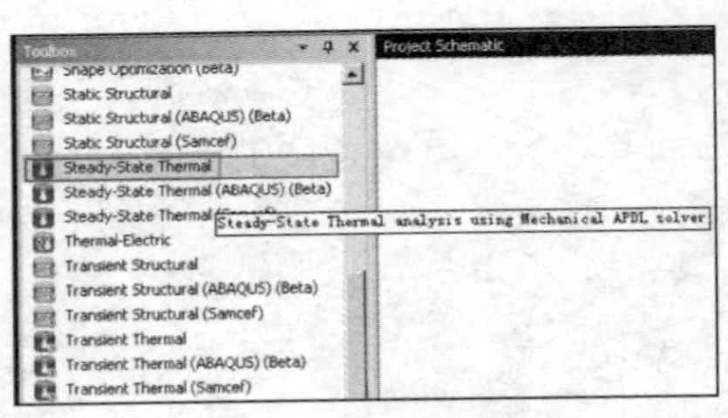

图 24-37　打开热分析模块

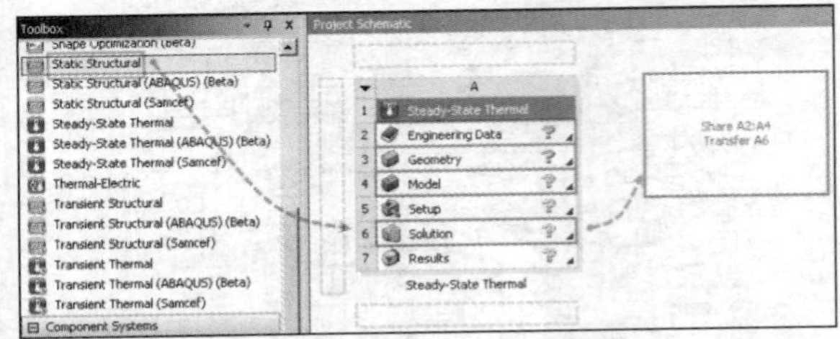

图 24-38　打开静力学分析模块

注意：如果使用刚刚建立的装配体模型直接进行分析，由于阵列了数量巨大的“立方体”模型，Workbench 平台会自动在模型间采用绑定接触连接。生成的接触数量将十分惊人，会极大地增加计算量。为了控制计算量，可在 DM 模块中将全部的“立方体”模型合并为一体（1 Part），这样只会生成“立方体”模型与“文字”模型之间的接触。

双击 A3 Geometry（模型），如图 24-39 所示。

进入 DM 模块后单击 File（文件）→Import External Geometry File（导入外部模型文件），如图 24-40 所示。

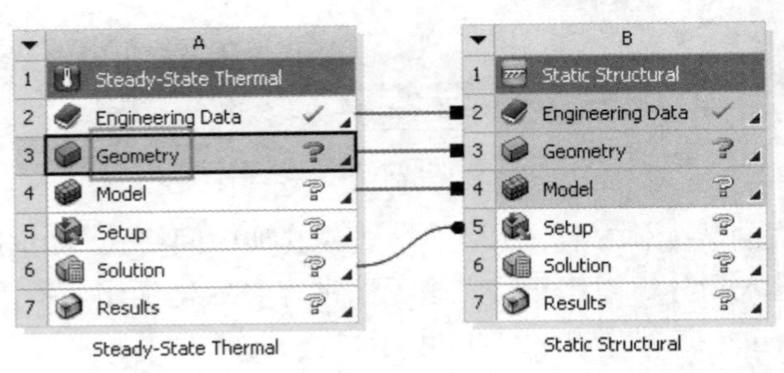

图 24-39　打开 DM 模块

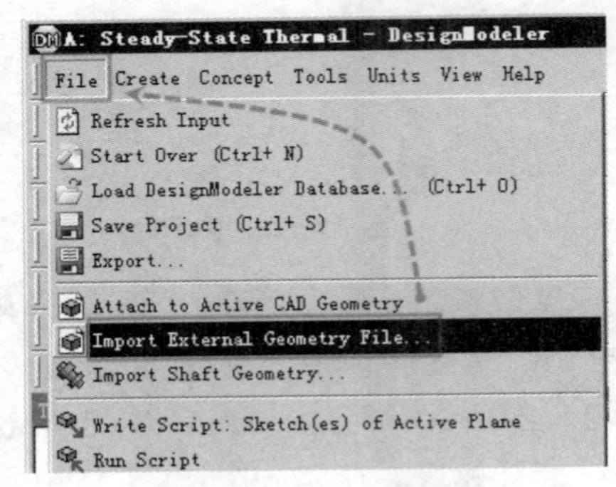

图 24-40　导入模型

注意：在工程分析流程图之间，如果存在一端是正方形的连线，则表示数据共享，如图 24-39 中的 A2、A3、A4 之间；如果存在一端是小圆点的连线，如从 A6 连接至 B5，则代表稳态热分析的结果信息将被传递给静力学模块的 B5 Setup（荷载）中作为静力学分析时的初始荷载信息。

找到模型文件并选中，然后单击“打开”按钮，如图 24-41 所示。单击 Generate（生成模型），如图 24-42 所示。

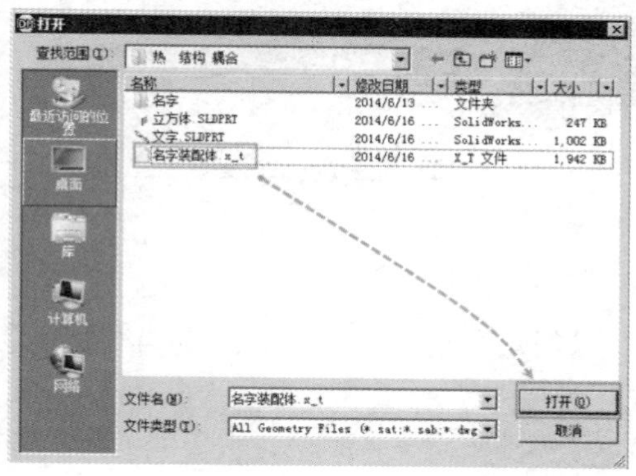

图 24-41　打开模型

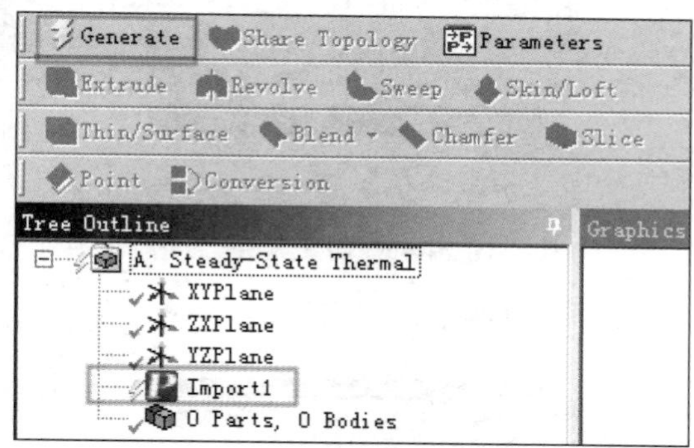

图 24-42　刷新模型

注意：由于阵列了 151×31=4681 个“立方体”模型，数量巨大，导入过程需要 15～40 分钟的时间。

将“文字”模型隐藏。在体过滤器图标处单击 Body/Element（体/单元），再单击 Box Select（框选），如图 24-43 所示。

单击右下角整体坐标系的 Y 轴方向将模型旋转到正视 Y 方向，鼠标指针移动到模型右上角，按住鼠标左键自右上角向左下角滑动框选文字部分的模型，框选上的模型会变成绿色，如图 24-44 所示。

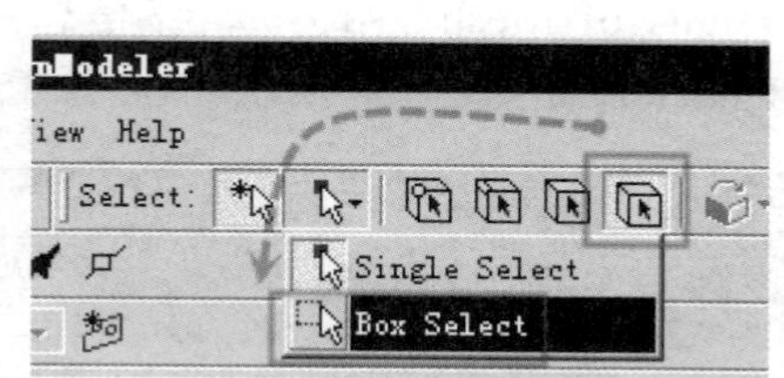

图 24-43　框选模型

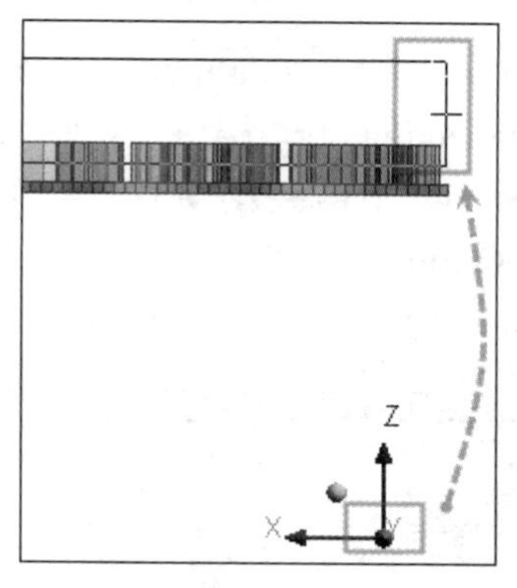

图 24-44　框选文字

右击并选择 Hide Body（隐藏零件），如图 24-45 所示。

用同样的方法框选全部阵列的“立方体”模型，右击并选择 Form New Part（合并为一体），如图 24-46 所示。

模型合并完成，退出 DM 模块。单击 File（文件）→Close DesignModeler（关闭 DM 模块），如图 24-47 所示。

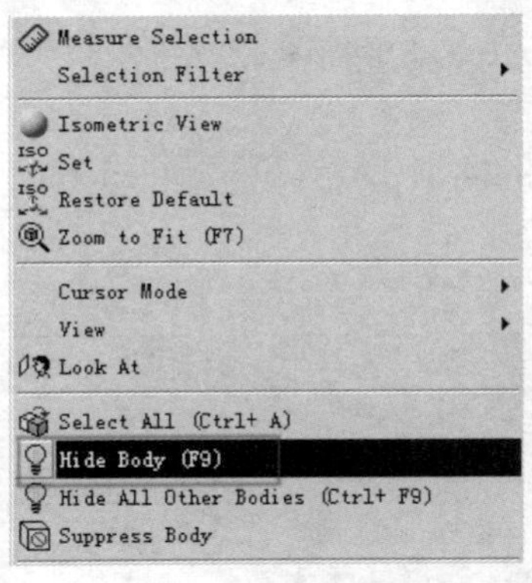

图 24-45　隐藏零件

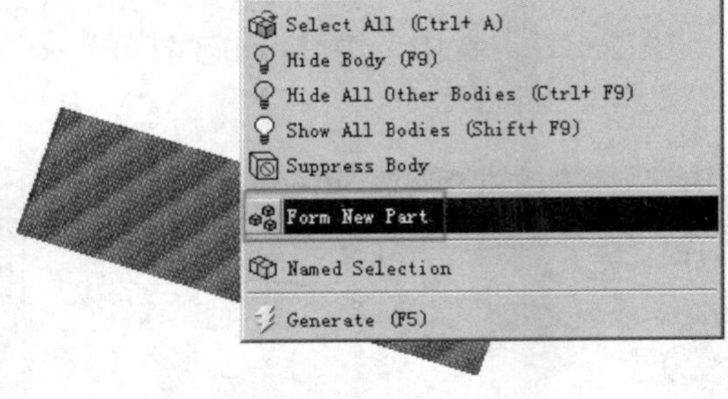

图 24-46　合并立方体

回到项目图示，双击 A4 Model（有限元模型）以创建有限元模型，如图 24-48 所示。

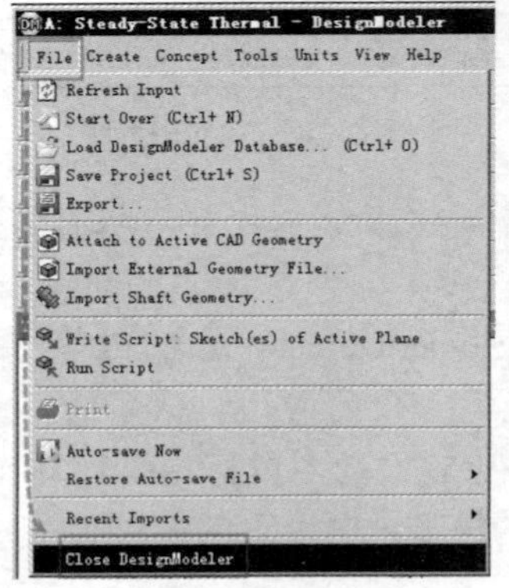

图 24-47　退出 DM 模块

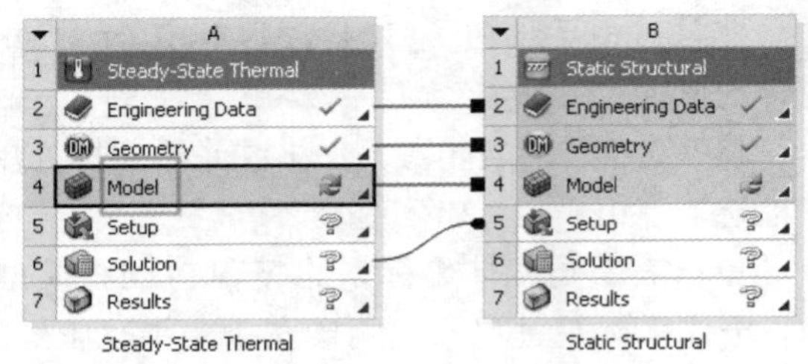

图 24-48　创建有限元模型

设置材料。单击 Outline（分析树）中的 Geometry（模型），选择全部模型，在 Details of Multiple Selection（多选体的详细信息）中 Assignment（分配材料）后的下拉列表框中选择 Stainless Steel（不锈钢），如图 24-49 所示。

单击 Outline（分析树）中的 Mesh（网格），在 Details of Mesh（网格的详细信息）中的 Element Size（单元尺寸）后面输入 5mm，然后单击 Update，如图 24-50 所示。

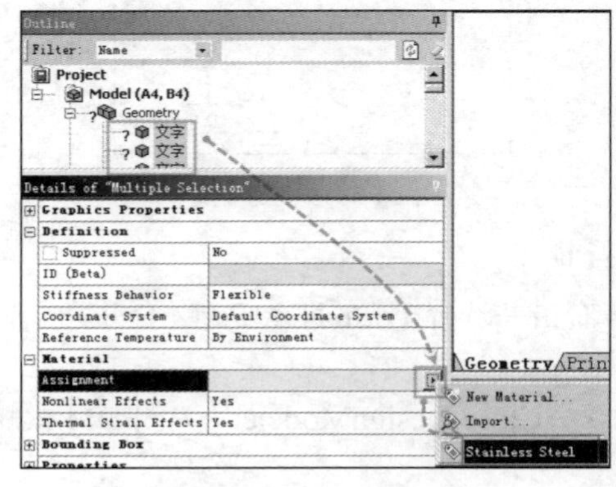

图 24-49　设置材料

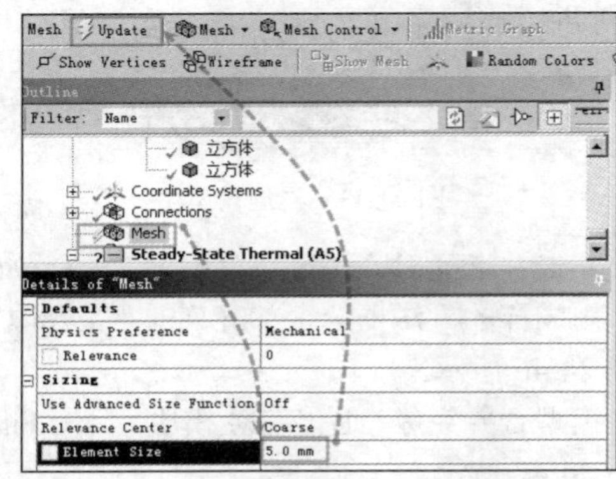

图 24-50　刷新网格

由于在 15.0 版中网格划分可以并行加速计算，它可以将 CPU 性能调用得很好，如图 24-51 所示两个核心都 100%运行。

网格划分后单击 Mesh，在 Details of Mesh（网格的详细信息）的 Statistics（网格统计）中可见，单元数量为 12888 个，节点数量为 89030 个，如图 24-52 所示。

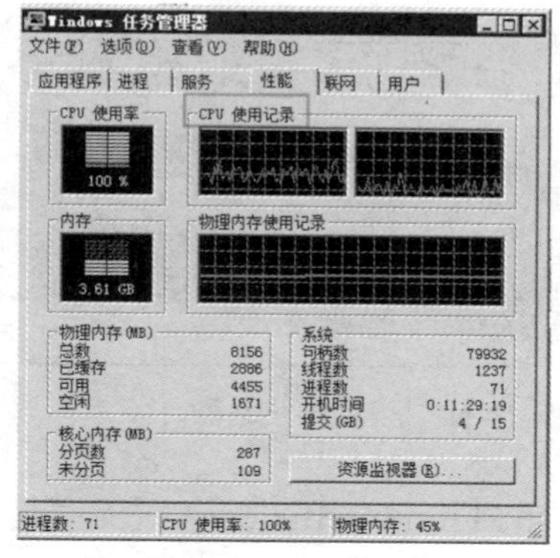

图 24-51　网格刷新中

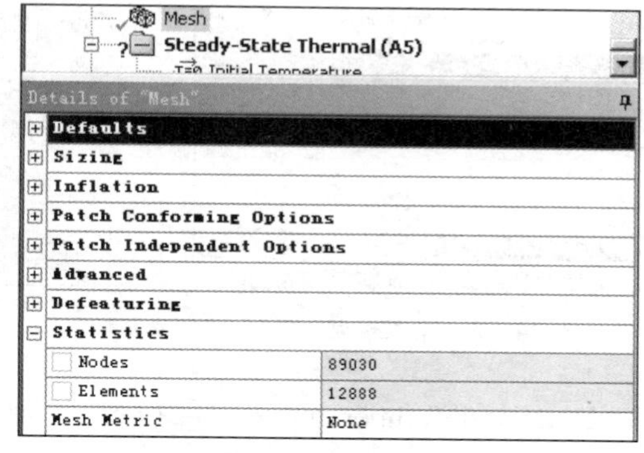

图 24-52　网格统计

注意：如果未设置任何荷载而直接单击“求解”按钮，则会弹出如图 24-53 所示的错误信息，提示需要补充荷载。

加载温度荷载。按住 Ctrl 键，呈波浪状地选择“立方体”模型背面的表面，然后单击 Outline（分析树）中的 Steady-State Thermal（稳态热分析模块），再单击 Temperature（温度荷载），如图 24-54 所示。

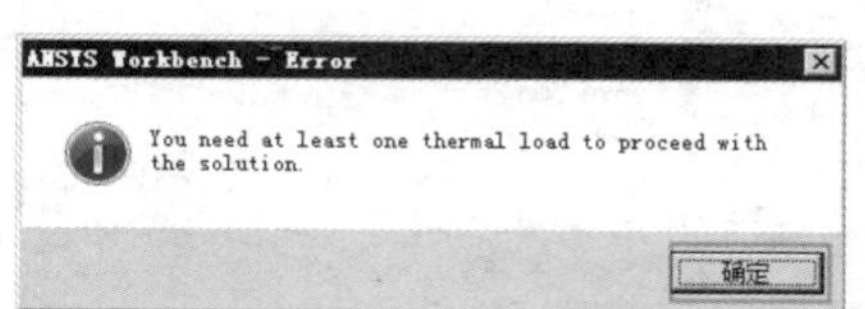

图 24-53　错误提示

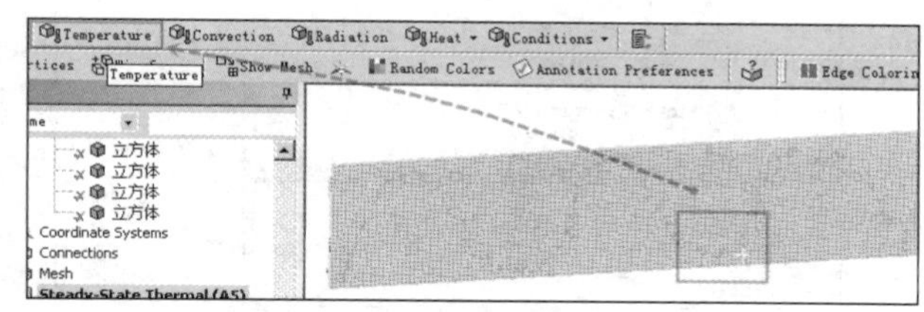

图 24-54　加载温度荷载

在 Details of Temperature（温度荷载的详细信息）中的 Magnitude（温度值）后面输入 100 ℃，如图 24-55 所示。

按住 Ctrl 键，继续以波浪状选择“立方体”模型背面稍高于刚刚建立温度荷载位置的表面，然后单击 Convection（传热系数），如图 24-56 所示。

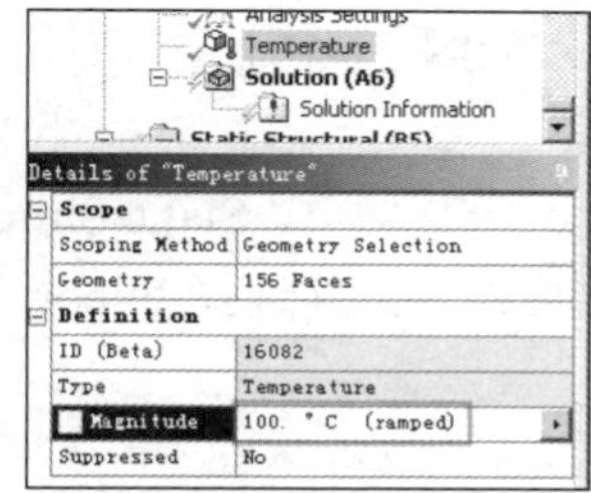

图 24-55　设置温度值

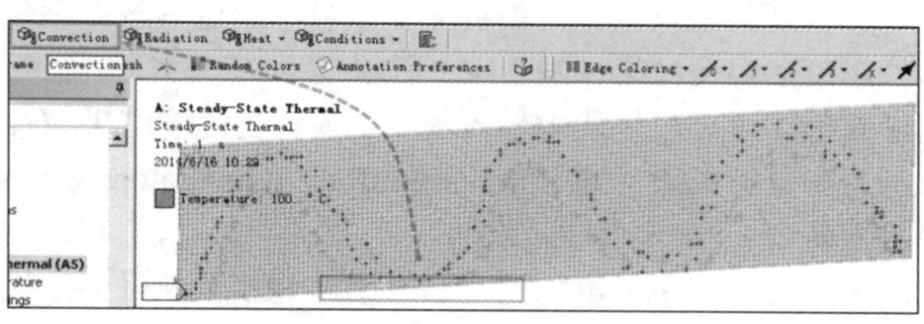

图 24-56　设置对流传热系数

在 Details of Temperature（温度荷载的详细信息）中的 Film Coefficient（对流膜传热系数）后面输入 7W/mm^2·℃，在 Ambient Temperature（参考温度）后面输入 22℃，如图 24-57 所示。

类似的方法选择第三个波浪状的表面并设置传热系数，如图 24-58 所示。

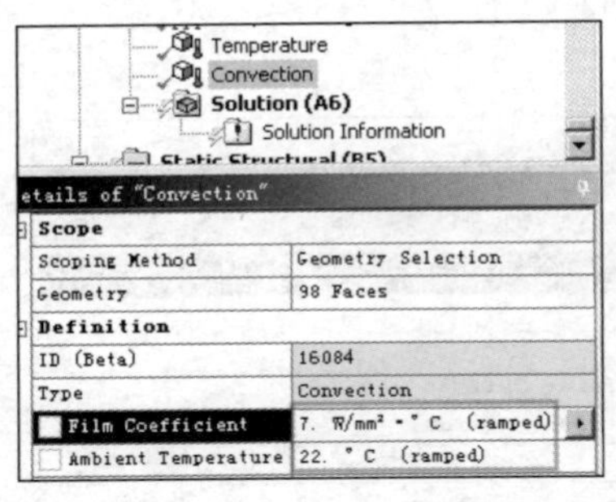

图 24-57　输入换热系数

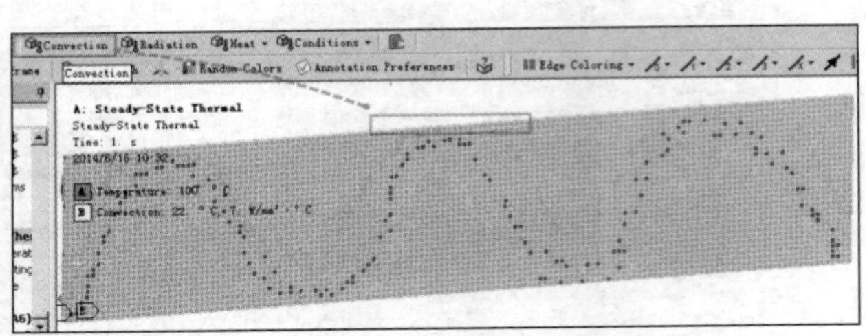

图 24-58　设置传热系数

在 Details of Temperature（温度荷载的详细信息）中的 Film Coefficient（对流膜传热系数）后面输入 5W/mm^2·℃，在 Ambient Temperature（参考温度）后面输入 22℃，如图 24-59 所示。

单击 Outline（分析树）中 Steady-State Thermal（稳态热分析模块）下的 Solution（求解），再单击 Thermal（热力结果）→Temperature（温度结果），如图 24-60 所示。

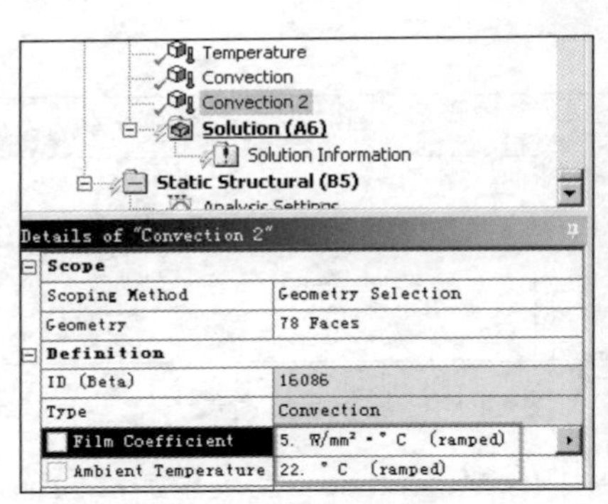

图 24-59　输入传热系数

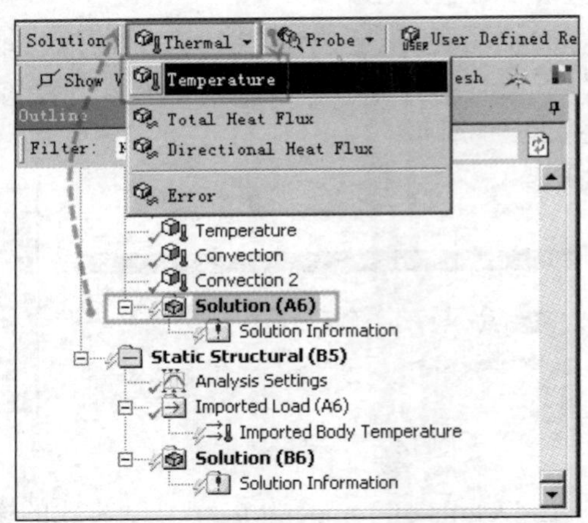

图 24-60　温度结果

求解前确认各项设置无误，单击 File（文件）→Save Project（保存项目文件），如图 24-61 所示。

在合适的磁盘位置将项目文件命名，然后单击“保存”按钮，如图 24-62 所示。

求解后温度结果如图 24-63 所示。

在静力学分析模块中导入热分析模块的温度结果。右击 Outline（分析树）中 Static Structural（静力学分析模块）下的 Imported Body Temperature（导入的体温度结果）并选择 Import Load（导入荷载），如图 24-64 所示。

注意：由于存在 4681 个“立方体”模型，使得整体模型相对复杂。在导入热分析结果时，在笔者的双核心笔记本上消耗了约 3 小时，在四核心台式机上消耗了约 1.5 小时的时间才完成，并且仅仅单核心满负荷运行。

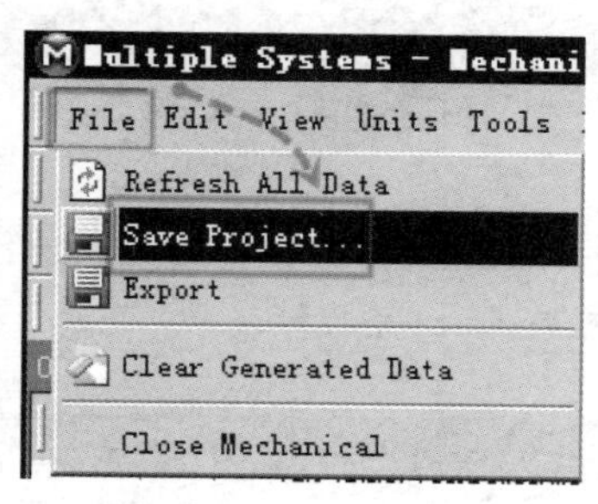

图 24-61　保存

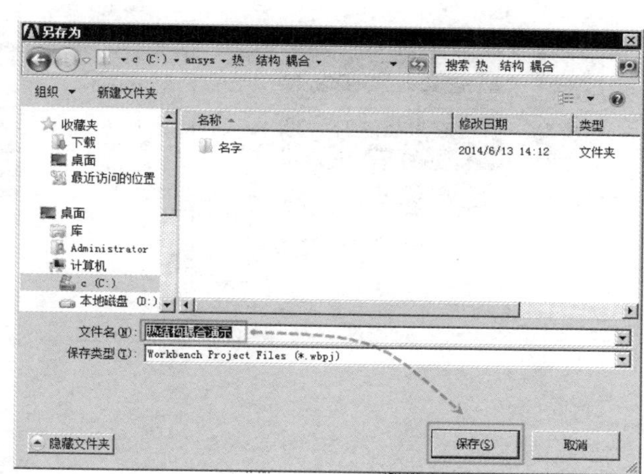

图 24-62　保存项目文件

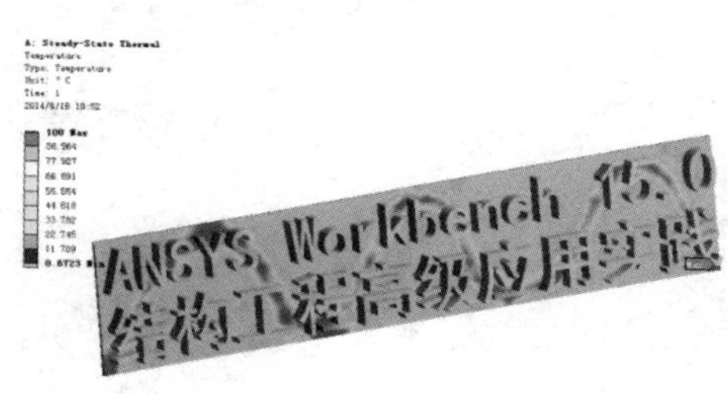

图 24-63　温度结果

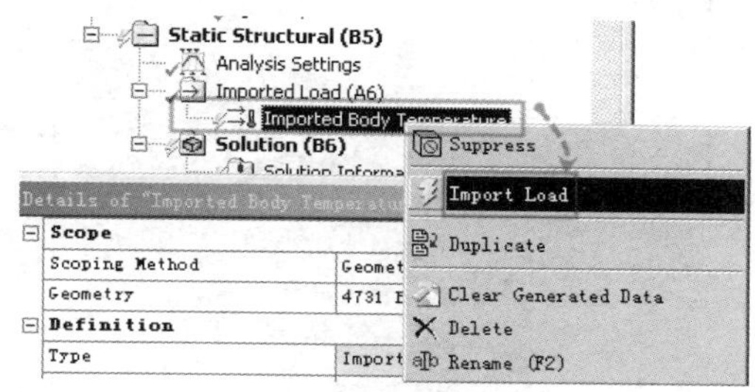

图 24-64　导入温度结果

注意：笔者暂时没有发现在软件的哪里可以设置在导入外部荷载或模型时让多核心并行处理。

导入过程中内存使用量明显增加，从约 2GB 直线增加到约 7GB 并稳定，而 CPU 保持单核心满负荷，直至导入完毕，如图 24-65 所示。

导入后的温度结果如图 24-66 所示，其中增加了一条 Imported Body Temperature（导入的体温度结果）字样。

下面进行静力学分析。由于已经存在从稳态热分析模块导入的温度结果，故只简单地设置约束即可进行一个基本的静力学分析。

按住 Ctrl 键，滑动鼠标选择模型右边侧面的表面，然后单击 Outline（分析树）中的 Static Structural（静力学分析模块），再单击 Supports（支撑）→向下单击 Fixed Support（固定位移约束），如图 24-67 所示。

另一侧用同样方法，选择模型左边侧面的表面→向上单击 Supports（支撑）→Displacement（位移约束），如图 24-68 所示。

在 Details of Displacement（位移约束）中的 X Component（X 方向）后面输入 0mm，其他保持默认的 Free，X 方向为默认的整体坐标系，如图 24-69 所示。

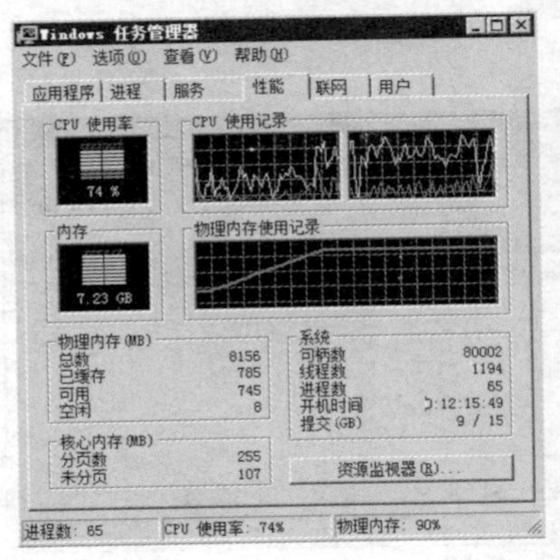

图 24-65　导入过程

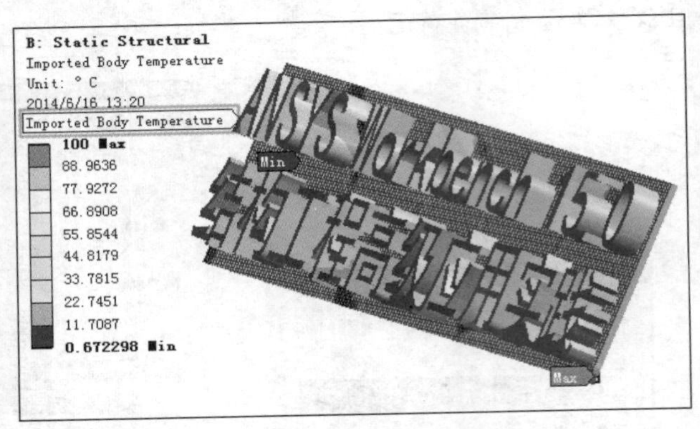

图 24-66　导入后的温度结果

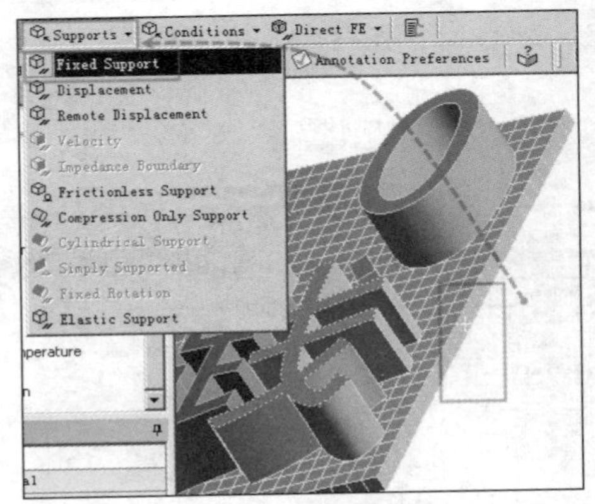

图 24-67　固定位移约束

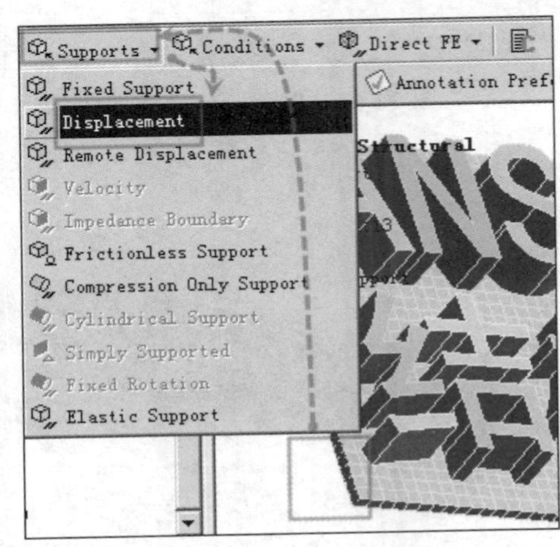

图 24-68　位移约束

注意：使用位移约束可以模拟“压缩量”或“拉伸量”，即在给定方向输入压缩或拉伸的数值即可；也可以较固定位移约束的约束住全部方向自由度更有针对性地选择释放或者约束一定方向的自由度。

就实体模型而言，其存在三个正交方向的平移自由度；就梁单元、壳单元等而言，其存在三个平移自由度和三个旋转自由度。

为了能单独显示“文字”模型的结果，可以隐藏阵列的“立方体”模型，方法同上，如图 24-70 和图 24-71 所示。

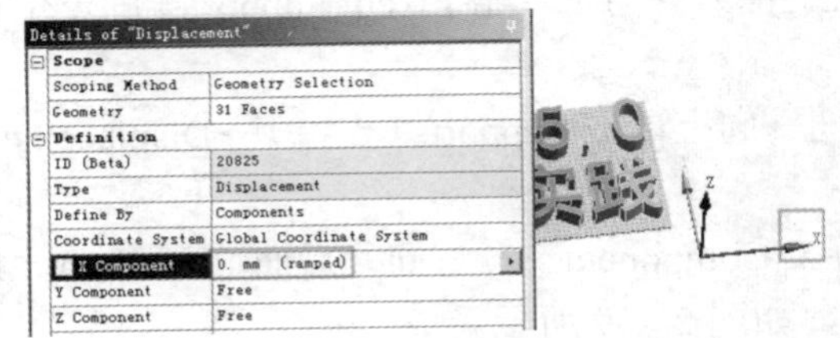

图 24-69　释放自由度

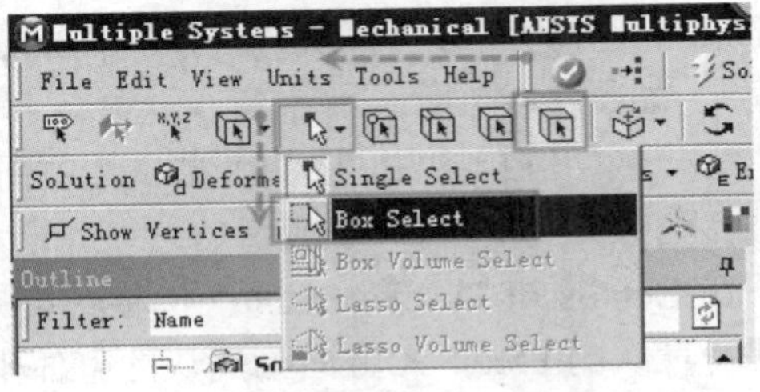

图 24-70　框选体

选择全部的“文字”模型，再单击 Deformation（变形）→Total（总变形），如图 24-72 所示。

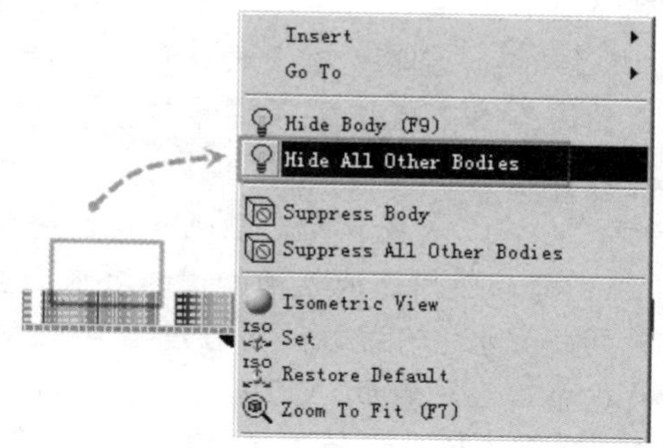

图 24-71　隐藏其他体

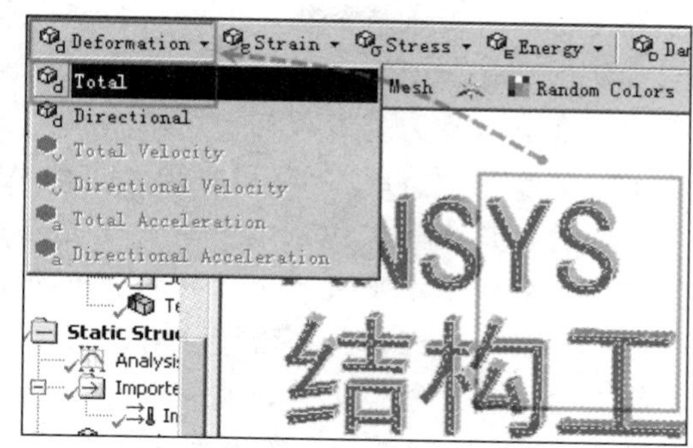

图 24-72　总变形结果

输出等效应力结果，如图 24-73 所示。

右击一个未刷新的结果，如 Total Deformation（总变形），在弹出的快捷菜单中选择 Evaluate All Results（求解全部结果），如图 24-74 所示。

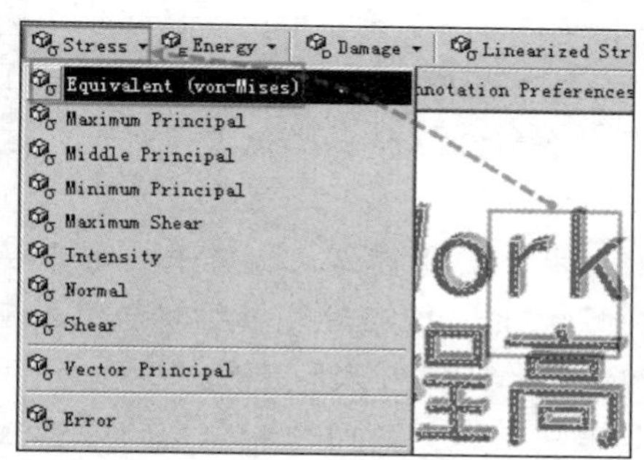

图 24-73　输出等效应力结果

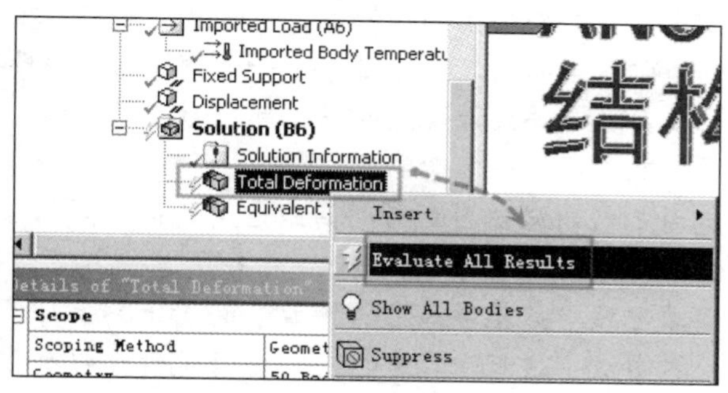

图 24-74　求解结果

图 24-75 和图 24-76 所示分别为总变形结果和等效应力结果。

图 24-75　总变形结果

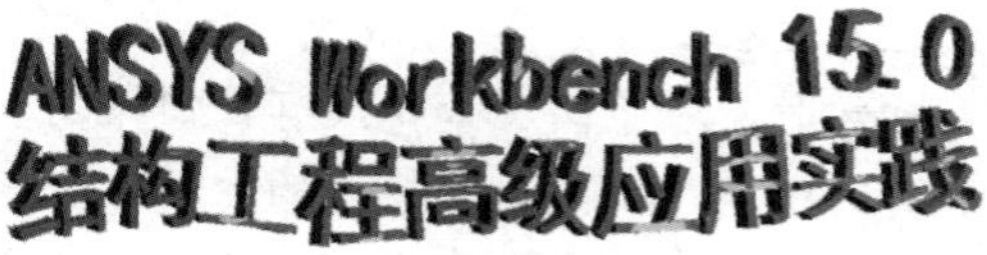

图 24-76　等效应力结果

注意：在此插入笔者有关如何成长为合格的有限元工程师的一些不成熟的见解。

工作流程是向导，它指导工作的方向与逻辑关系。确立流程后，即可通过对流程的逐层分解来了解每步流程所需要学习的知识范围与深度，了解和掌握不同操作所必需的关键里程碑节点。然后即可较为容易地发现矛盾的主要方面，有的放矢地把精力集中在较小的范围内。优先解决最重要的部分、对学习更高级知识影响最大的部分、学习起来效率最高的部分，逐步熟悉并掌握这些关键里程碑节点，各个击破，进而全面掌握所需知识。这种学习思路，也是笔者在 2010 年自学换热器传热性能设计计算的过程中领悟出的方法。

学习要有方向，就需要一条路线图。正如在《ASP.NET 3.5 系统开发精髓》一书中介绍的那样：“如果说 ASP.NET 技术是一张网，各种知识点错综复杂，互为支撑，难以深入学习，那就需要将这张网变成一条线，顺着这根线逐步深入到 ASP.NET 的“腹地”，对 ASP.NET 这个“庞然大物”有一个清晰的认识。一旦对 ASP.NET 有了正确、清晰、全面的认识，学习起来就不再是难事，甚至是游刃有余。本书正是出于此目的，力图在 ASP.NET 技术这张“网”中归纳出一根学习“路线”，以引导读者走向 ASP.NET 的“腹地”。”

个人的知识水平，像历史一样，总是在曲折中前进并波浪式成长的。刚刚入门的时候，都会进入一个知识水平快速上升的“爬升期”，如干燥的海绵般快速地吸纳知识的海水。当达到一定水平后，会经历一个继续上升的困难期。此时的知识水平可能在一定程度上原地踏步，形成前进的平台。整体上看，类似于台阶状。笔者将这个过程比喻成“上升阶梯”。这个时候就需要停下脚步，回过头来翻看更多和更深入的知识来让自己从更高的角度理解所学知识，从而跨过“上升阶梯”，进入下一个更高水平的“爬升期”。正如孔子所云：“法乎其上，得乎其中；法乎其中，得乎其下。”

本书的第 4 ~ 8 章也是在这个思想指引下编写完成的，较为全面系统地介绍了进行静置设备分析设计时所需要了解和掌握的有限元理论、材料物理属性、动力学、热分析等的核心框架。让读者有充分的理论知识储备，避免出现梁启超在《论小说与群治关系》中讲述的“知其然不知其所以然”的情况。为进入下一个阶梯的“爬升期”而打下深厚的基础，让这采自约 80 本专业书籍及有关设计规范的精化部分为您“指路”。为了方便读者阅读、降低学习难度，这部分中没有出现一个复杂的数学公式。

由于人的记忆力 - 时间曲线也是近似倒置的“阶梯”状。为了保证记忆效果，需要经常“提醒”自己，巩固所学知识。在经历下一个遗忘“阶梯”之前，适当地复习所学知识，这对提高学习效率是非常有用的。如第 13 章网格无关解案例中介绍的“3 天”现象。

本书成书过程中，已尽可能地将笔者学习有限元过程中所遇到的问题和积累的经验教训展现在了读者面前。即使这样，肯定仍有许多遗漏和不足的地方。没有一本教程会完整地介绍解决一个具体问题而要掌握的全部知识，读者有必要根据实际情况自行了解更加全面和更有针对性的知识，本书仅起到领航员的作用。

专业知识的学习一般会经历初学时的迷茫、中级阶段的困苦和高级层次的无助的三级阶梯式上升过程。

初学时，对于所学知识没有任何概念，需要“恶补”。应在尽可能广泛的范围，通过尽可能全面的渠道，搜集尽可能多的资料。这非常考验一个人搜集资料的能力。

就学生或者科研院所而言，可能更加习惯于参考论文和专业理论书籍中所采用的方法与思路；就工程师而言，可能设计规范、技术规格书、分析报告及专业设计手册更加贴近他们的工作。而纯粹的软件操作教程则是对任何用户都通用的学习资料。

在此阶段，要最快速地扫视全部资料，在快速阅读中了解该领域知识所用的基本方法、原理和框架。很多知识是可以在多行业、多产品和多范围中通用的，平时要注意广泛地涉猎与积累，“厚积而薄发”。

然后定义熟练掌握所学知识的基本思路与流程，再根据流程设置不同阶段所必须掌握的问题的关键里程碑节点和时间表。在学习中，带着问题有针对性地学习，并逐步修改关键问题的里程碑节点，使得学习更有方向。这个阶段，建议翻看 ANSYS 公司的官方培训教程，其内容全面而广泛。即踏上第一级阶梯。

在中级阶段，一般已经了解了基本的流程和方法，这时想更深入研究，会遇到理论知识积淀不足的问题。需要回过头来安静而广泛地翻阅枯燥、古板、晦涩的基本理论书籍。这对很多人来说是十分痛苦的，但是又是走向更高层面所必须经历的过程，要放平心态，返璞归真。即踏上第二级阶梯。

到了高级阶段会发现，学得越多，研究得越深入，越会感到自身知识的不足、视野不够开阔、思路不够灵活、基础不够深厚。这时，困难的不是如何解决问题，而是提出一个有技术含量的问题。必须学习更多更细节的经验技巧，并更多地了解他人的失败教训。然而越到高级阶段，可以借鉴的资料越是匮乏，会让有限元工程师体会到曲高和寡的孤单和高处不胜寒的寂寞。但越是这时，就越多地让人感受到无可替代的成就感。即踏上了第三级阶梯。

这就是笔者理解的“阶梯”理论。

无论如何，软件只是工具。它本身没有智商，它无法判断由有限元工程师输入的参数的正确性和采用算法的合理性及计算结果的精度，它只是一个根据输入参数“机械性执行”计算的高级“计算器”，而由有限元工程师承担大部分分析正确性与合理性的责任。

想了解一个有限元工程师的真实水平，需要看他脱离了有限元软件及计算机后还能进行哪些工作。

想在一个行业或一个专业范围内做到巅峰、做到极致，往往需要付出常人难以想象的努力，即所谓“吃得苦中苦，方为人上人”。如果一项专业知识可以让人轻松掌握，或者其难度很低，或者其称不上“专业”。所以没有所谓的速成法。每一个表面光鲜的“大师”背后往往都有一段辛酸痛苦的奋斗史。

英文的 ANSYS Workbench 15.0 不可怕，晦涩的有限单元法、板壳理论、传热学、材料力学、振动理论等基础理论不可怕，没有好的学习资料不可怕，看不懂花哨的结果云图的内涵不可怕，求解失败报错不可怕，一颗遇难则退的心最可怕。

掌握合理的学习方法、走在正确的前进道路上、怀着三人行必有我师的心态、抱有不惧艰险和奋勇争先的信念、积累合适的学习资料、不断地尝试和积累经验教训、在成长路上不断有“大师”指路、拥有一个良好的工作平台，可以帮助您站在巨人的肩膀上，会更轻松更快速地走完这三级上升阶梯，让成功变得更有效率，最终实现“资之深，则取之左右逢其源”。

单击 File（文件）→Close Mechanical（退出机械设计模块）退出 Workbench 平台。

至此，本案例完。

25 内存

也许很多人不会理解，有限元分析不是求解偏微分方程组，是大量浮点运算求解过程，极度需要 CPU 的浮点计算能力进行求解吗，为什么把内存放在最重要的位置优先介绍呢？

因为内存容量的大小直接决定了其能求解多大规模的方程组，是大规模有限元分析能否顺利进行下去的必要性条件，所以有必要将其重要性提到最高水平。

计算机整体性能的发挥依照木桶效应。木桶效应又称为短板效应，它是由美国管理学家皮特提出的。指一只木桶想装满水，必须每块木板都一样平齐且无破损，如果有一块木板不平齐或者下面有破洞，则木桶不能装满水；就是说一个木桶能装多少水，不取决于最长的那块木板，而是最短的那个。这个短板就是整体性能的限制性因素。

对于线性分析，一般限制性因素是内存容量和硬盘读写速度；对于非线性分析、流体分析，一般限制性因素是内存和 CPU 处理速度。内存的选择主要考量内存容量、运行频率与通道数、ECC 功能和品牌。

25.1 内存容量

容量是最为关键的。不同求解器下，ANSYS 求解每百万自由度需要内存 1GB（Out of Core 内存模式）；每百万自由度，10GB～15GB（In-Core 内存模式）。

建议线性分析系统（如静力分析、模态分析）和稳态流体的分析等，每个核心可配备 4～8GB 的内存；对于非线性分析（显式动力学、瞬态分析、非线性接触等），每个核心可配备 2～4GB 的内存。注意此核心数是 CPU 的物理核心数，不包括通过超线程技术（HT 技术）虚拟的核心。

当计算规模过大而硬件内存容量严重不满足分析要求时，为了能够将计算继续下去，ANSYS 会自动进入 Over Memory Mode 模式，调用系统的虚拟内存来帮助计算。使用虚拟内存会严重影响求解速度，这是个权宜之计。因为虚拟内存一般放在数据交换速度最慢的硬盘中，而内存的存取速度是硬盘的几十倍到几百倍，这时会形成数据交换的性能瓶颈（木桶效应）。计算主进程会比从进程需要更大的内存，主进程担负更多（数据管理、域划分等）。

CFX 求解器的 HPC 特性：足够的内存即可（建议最多 4GB/核）。Hexa 大约 0.9～1GB/1M 单元；Tetra 大约 0.65～0.7GB/1M 单元；LS-dyna 则每核心 2～4GB 内存。

就笔者的分析经验，线性静力学分析使用三维实体单元 Solid186、Solid187 等单元、零件数少于 1000 个、（绑定）接触数量少于 1000 个时，平均每 10 万单元的网格规模需要 8GB 内存才能基本满足运行需求。16GB 内存一般可以满足解决 20 万单元左右的静力问题。当然，如果将模型零件合并成一体（在 DM 模块中选中需要合并的零件，右击并选择 Form New Part），则会大幅缩减接触数量，从而降低性能需求量。但为了更好的网格质量，将带来数倍于求解时间的前处理工作消耗。

25.2 运行频率与通道数

内存的运行频率与通道数直接决定了其与 CPU 之间传输数据的吞吐量。内存通道数根据 CPU 内的内存控制器（Intel 产品）以及主板芯片组（AMD 产品）的不同，可为 1、2、3、4 个通道。所谓双通道是指可在两个不同的数据交换通道上分别寻址和读取数据，这是两组相互独立并行工作的内存。更多的内存通道数量主要是为了满足越来越高端的 CPU 所需要的与内存数据交换要求。

在计算机主板上，为了方便识别，将相同通道的内存插槽以相同的颜色表示。组成多通道内存在主板上不需要设定，只把相同型号的内存插入对应通道上的内存插槽上即可。

内存的数据带宽选择应与 CPU 的 QPI 总线带宽相互对应，以满足两者数据交换的需求。数据吞吐带宽的单位为 GB/s。以常用的 DDR3-1333MHz 的内存为例计算，算法为：带宽=内存核心频率×内存总线位数/倍增系数×通道数。其中 1333MHz 为有效数据传输频率，每通道内存数据带宽为 64bit，DDR3 内存的倍增系数为 8。通道数假设为 2 时，总的内存带宽为 1333×64/8×2≈17GB/s。

以 XEON E5 系列的高端型号 CPU 为例计算。其 QPI 总线带宽为 8GT/s，需要的内存吞吐带宽为 8GT/s×16/8=32GB/s>双通道 DDR3-1333MHz 内存带宽的 17GB/s。显然，如果使用此内存模式与该 CPU 配合时，会发生明显的内存带宽不足而拖累 CPU 性能发挥的情况。这在第 30 章介绍的笔者亲自测试的执行同样的分析时单通道 16GB 内存和双通道 16GB 内存的求解时间上可以明显地看出差别。

当然，这里 8GT/s 的 QPI 带宽属于 XEON（志强）系列中的高端型号，低端型号则拥有 6.4GB/s 和 5GB/s 的总线带宽，具体请参考 Intel 的数据。对于桌面级 CPU，如 G、I3、I5、I7 系列和 XEON E3 系列，其 QPI 总线为 5GT/s，对应 QPI 带宽为 20GB/s，那么一般需要双通道 DDR3 1333MHz 的 17GB/s 带宽与之匹配。

这仅仅是单路硬件系统的情况（只有一颗 CPU），如果是 XEON E5 系列的高端型号，如 2687W 或 2693 等，其具有 8GT/s 的 QPI 总线和最大支持 DDR31866GHz 的 4 通道内存，需要的内存带宽为 64GB/s，对应的内存带宽至少为 1866/8×64×4≈60.6GB/s 才可以满足 CPU 对数据吞吐量的需求，所以选择 CPU 时也需要考虑与内存带宽对应的关系。

如何判别哪些硬件可以支持到几个内存通道数呢？由于 CPU 和主板芯片的型号众多，这里给出一个简单的判别方法，即看 CPU 插槽的针脚数量。

以 Intel 的 CPU 产品线举例。当其针脚数量为 1150 根时，可以支持 1～2 个通道的内存，并且全部的 Intel 平台主板都可支持到 1～2 个内存通道；当针脚数量为 1356 根时，最大可以支持 3 通道内存，如 XEON E5 2400 系列等，需要搭配主板芯片组型号为 C602 系列；当其针脚数量为 2011 根时，最大可以支持 4 通道内存，如 XEON 的 E5 2600 系列和 E7 8800 系列等。

最大内存容量的支持。由于 Intel 在 CPU 中内置了内存控制器，故最大内存容量由 CPU 型号决定。当其针脚数量为 1150 根时，最大支持 32GB 内存；当其针脚数量为 1356 根或 2011 根且为 XEON E5 系列时，最大支持 768GB 内存；2011 针的 I7 系列 CPU 最大支持 64GB 内存；2011 针的 XEON E7 系列最大支持 2000GB 内存。

由于 32 位系统的寻址空间限制，最大支持 2^{32}=4294967296bit（换算后≈4GB）内存。当硬件内存容量超过 4GB 时将不被系统使用，故大规模有限元分析需要使用 64 位系统，并使用 64 位版本的 ANSYS 软件。

另外，由于 64 位系统寻址空间较大，其可以计算的小数位数更多，可在有限元计算时减少舍入误差。

Windows 7 64 位系统最大支持内存为 2^{64}=18446744073709551616bit，换算后是个非常巨大的数值，已经可以满足有限元分析需求。

桌面级 CPU（G、I3、I5、I7 系列等）和家用主板芯片组都能支持双通道内存。这样就可以将内存条插入主板上相同颜色的插槽中组成双通道内存运行模式。需要说明的是，组成多通道（或者更多通道内存）模式时，需要选择同规格、同品牌、同容量的内存条。内存能运行在几个通道上与内存控制器有关，而与单独的内存条型号无关。

另外，如果只有两条内存，却将其插入到主板上不同颜色（不同内存通道）的内存插槽中，则系统会自动只在单通道内存模式运行。这时的理论内存带宽会比双通道减少一半，非常的得不偿失。

如果将可运行更高频率型号的内存安装在支持低频率内存的主板和 CPU 组成的硬件系统上，内存实际运行频率将取低值，这会带来一定的性能浪费，但是使其低负荷运行会在一定程度上增加运行的可靠性。

笔记本 CPU，很遗憾最大只能支持双通道内存。除移动工作站和特别定制的游戏电脑可以最大支持 32GB 内存外，其他大部分最大可以支持 16GB 内存。

25.3 ECC 功能

内存中的数据在工作过程中难免会出现错误，而对于稳定性要求高的用户来说，比如完成一项需要连续求解 30 天的分析项目，内存中的数据错误可能会引起致命性的问题（死机蓝屏、重启、数据丢失等）和白白浪费宝贵的时间。

内存错误根据其原因可分为硬错误和软错误。硬错误是由于硬件的损害或缺陷造成的，因此数据总是不正确，此类错误是无法纠正的；软错误则是随机出现的，例如在内存附近突然出现电子干扰等因素，可能造成内存软错误的发生。为了提高内存中数据的可靠性，引入了 ECC 技术。

ECC 是 Error Correcting Code 的简写，中文名称是“错误检查和纠正”。ECC 内存就是应用了这种技术的内存，一般多应用在服务器和图形工作站上，这将使整个电脑系统在工作时更趋于安全稳定。ECC 也可以解释为 Error Correction or Correcting Code、Error Checking and Correcting、Error Correction Circuit 等。

25.3.1 ECC 纠错算法

ECC 内存技术是在数据位上额外的位存储一个用数据加密的代码，当数据被写入内存时相应的 ECC 代码同时也被保存下来，当重新读回刚才存储的数据时保存下来的 ECC 代码就会和读数据时产生的 ECC 代码做比较，如果两个代码不相同，则它们会被解码以确定数据中的哪一位是不正确的，然后这个错误位会被抛弃，内存控制器会释放出正确的数据。被纠正的数据很少会被放回内存。假如相同的错误数据再次被读出，则纠正过程再次被执行。重写数据会增加处理过程的开销，会导致系统性能的明显降低。一般而言，同等性能等级的内存，当加入了 ECC 校验技术后会导致整体性能下降 10%或更多。不过，这种纠错对大规模有限元分析等需要长期高负荷运行、时刻保持高度稳定性的应用而言是十分重要的。带 ECC 校验技术的内存价格一般也比普通内存要贵一些。

如果是随机事件而非内存的缺点产生的错误，错误数据会被再次写入的其他数据所取代。

为了能检测和纠正内存软错误，在 ECC 技术出现之前，首先出现的是内存“奇偶校验（Parity）”。Parity 内存是通过在原来数据位的基础上增加一个数据位来检查当前 8 位数据的正确性的。但随着数据位的增加，Parity 用来检验的数据位也成倍增加。就是说，当数据位为 16 位时，它需要增加 2 位用于检查；当数据位为 32 位时，则需要增加 4 位，依此类推。特别是当数据量非常大时，数据出错的几率也就越大。对于只能纠正简单错误的奇偶检验方法就显得力不从心了。

正是基于这样一种情况，一种新的内存技术应运而生了，这就是 ECC（错误检查和纠正）技术。这种技术也是在原来的数据位上外加校验位来实现的。不同的是两者增加的方法不一样，这也就导致了两者的主要功能不太一样。ECC 与 Parity 不同的是，如果数据位是 8 位，则需要增加 5 位来进行 ECC 错误检查和纠正，数据位每增加一倍，ECC 只增加一位检验位。也就是说，数据位为 16 位时 ECC 位为 6 位；数据位为 32 位时 ECC 位为 7 位；数据位为 64 位时 ECC 位为 8 位，依此类推。总之，在内存中 ECC 技术能够允许错误并可以将错误更正，使系统得以持续正常地操作，不至于因错误而中断。且 ECC 技术具有自动更正的能力，可以将 Parity 无法检查出来的错误位查出，并将错误修正。

25.3.2 ECC 内存认识误区

一谈到服务器内存，大家一般都一致强调要买 ECC 内存，认为 ECC 内存速度快，其实这是一种错误的认识。ECC 内存的成功之处并不是因为它的速度快，而是因为它有特殊的纠错能力，使服务器保持稳定。

ECC 本身并不是一种内存型号，也不是一种内存专用技术，它是广泛应用于各种计算机指令领域的一种指令纠错技术。之所以说它并不是一种内存型号，是因为它并不是一种影响内存结构和存储速度的技术。它可以应用到不同的内存类型之中，就像前面讲到的“奇偶校验”内存，它也不是一种单纯的硬件。

带 ECC 校验的内存还要主板支持，并在 BIOS 中进行相应的设置，应用在大多数服务器主板上。一些厂商推出的入门级低端服务器使用的多是普通内存，无 ECC 功能，在选购时应该注意这个指标。

由于 ECC 技术会增加成本，并且大部分家用计算机并不要求高度的可靠性，所以除 XEON（志强）系列外，Intel 公司的桌面级 CPU（G、I3、I5、I7 系列等）都不支持 ECC 内存。XEON（志强）CPU 对内存的要求是向下兼容的，也就是说支持 ECC 内存也支持非 ECC 内存。

25.4 品牌

一般推荐记忆、KINGMAX（胜创）、宇瞻、金士顿等品牌，它们具有较好的品质。

在部分需要通过超频而提升计算机性能的用户中会调整各种内存参数以期达到最大性能，一般为了保证稳定性而不予修改，故本书不加介绍。

26 硬盘

硬盘是计算机中数据传输速度最慢的部件，当其满负荷运行时，其他高速部件的性能容易被拖累，故一个高速的硬盘是十分重要的（木桶效应）。

ANSYS 机械设计模块每百万自由度需要的存储空间：每百万自由度 0.5GB（In-Core 内存模式）或每百万自由度 10GB（Out of Core 内存模式）。CFX 对硬盘空间要求不高（相对于 ANSYS 机械设计模块），大约每百万单元 0.5GB。

当计算机内存不足时，ANSYS 会开启一个“超内存”模式，将溢出的数据交换工作交给硬盘来执行，这时硬盘会达到满负荷运行，而求解中的临时文件也会成几何级数增加。笔者曾在 8GB 内存的笔记本上运行过约 30 万单元的模态分析，其结果文件达到了 58GB，远远大于内存满足要求时的大小，所以选择求解文件保存位置时需要选择硬盘空间尽量大的分区。

26.1 固态硬盘简介

1956 年，IBM 公司发明了世界上第一块硬盘；1989 年，世界上第一块固态硬盘出现。固态硬盘（Solid State Disk，SSD）是用固态电子存储芯片阵列制成的硬盘。固态硬盘在接口定义、功能及使用方法上与普通机械硬盘几乎完全相同，外形尺寸也与机械硬盘一致。虽然其内部已经没有旋转的盘片状磁盘来记忆数据，但是人们依然习惯性地称这种硬件为硬盘。

固态硬盘由控制单元、缓存单元和存储单元组成。控制芯片是固态硬盘的大脑（即所谓的主控芯片），其作用是依靠其中的控制算法合理调配在各个存储芯片上的负荷、数据中转和连接外部数据接口等。不同控制芯片中的控制算法对存储芯片的读写控制会有非常大的不同，可能会导致固态硬盘性能上的差距高达数倍。

缓存单元是对主控芯片的数据进行处理，缓存容量越大，可以在一定程度上提高整体读写性能。

存储单元一般由 8 组或 16 组小容量的存储芯片（NAND 单元）并联组成。更小容量的 NAND 芯片用来制造 U 盘等设备。市场上大部分存储芯片都是基于 MLC（多层式存储）芯片制造的固态硬盘。

由于其硬件上的组装制造相对机械硬盘简单很多，近些年来很多公司通过购买芯片成品，自主设计 PCB 等部件再组装焊接，制造出了各种固态硬盘产品。其准入门槛很低，市场上各种型号鱼龙混杂，但其软硬件设计制造的核心技术依然被少数厂商垄断。

26.2 固态硬盘的性能优点

1. 读写速度快

由于采用闪存芯片作为存储介质，其读写速度较机械硬盘快很多。固态硬盘内无运动部件，与机械硬盘需要磁头等待到磁盘旋转一圈，当磁盘上的数据旋转到磁头下方时才能读写数据，浪费大半圈旋转时间不同，其寻道时间几乎为零（约 0.2 毫秒）。这部分效率是机械硬盘的近百倍。这也可以反观为什么机械硬盘的主轴转速越来越高（从 4500RPM 到 5400RPM，再到 7200RPM，然后到 10000RPM，甚至到 15000RPM 等）。

主流固态硬盘的最大连续读写速度已经达到 400MB/s 以上，是常规机械硬盘的 4 倍左右，几乎达到 SATA 3.0 接口的性能极限。更高性能的固态硬盘则改用近些年兴起的 PCI-E 接口，从 PCI-E 4X 接口到 PCI-E 8X 接口，其最大读写性能已经超越 2000MB/s=2GB/s，是主流机械硬盘的 20 倍左右。

即使固态硬盘的性能如此威猛，其与四通道内存约 60GB/s 的带宽相比仍是小巫见大巫，所以在求解过程中如有可能应尽一切可能来避免使用"缓慢"的硬盘中的虚拟内存。

2. 抗震

与机械硬盘不同，机械硬盘内有高速稳定旋转的磁盘。磁头在磁盘上方几十微米高度超低空"飞行"，读取磁盘上的数据。固有的机械结构使得其非常脆弱而十分惧怕震动；而固态硬盘内部没有运动部件，核心部件都焊接在一块印刷电路板上，相对机械硬盘，其可以耐受瞬间 1000G 加速度的冲击而不损坏。

3. 零噪音

由于其内部没有运动部件，仅仅是电流通过电路板而已，可以做到完全零噪音。而机械硬盘由于主轴电机的运动，其运行时始终存在 20 分贝左右的运行噪音，尤其在磁头读写数据时。高转速的硬盘噪音更大。

4. 工作温度范围大

典型的机械硬盘工作在 5℃～55℃范围内，而大多数固态硬盘都可以在-10℃～70℃范围内稳定工作。

5. 不受大气压影响

由于机械硬盘运行时会少量发热，而其内部又有一个非常洁净的空气空间，为了平衡运行发热引起的内部气压变化，机械硬盘有一个与外部空气连通的带有空气过滤器的通道，当环境气压过低时，约在海拔 3000 米高度以上会影响机械硬盘的使用。而固态硬盘不受此限制。

26.3 墨菲法则

固态硬盘简单的硬件机械结构带来高度的结构可靠性，这也符合工程上常见的墨菲法则。墨菲法则（Murphy's Law）即 Anything that can go wrong will go wrong（有可能出错的事情，就会出错）。这是美国工程师爱德华·莫菲做出的著名论断。莫菲是美国爱德华兹空军基地的上尉工程师。1949 年，他和他的上司斯塔普少校进行了一次 MX981 火箭实验，这个实验的目的是测定人类对加速度的承受极限。有两种方法可将 16 个加速度计固定在支架上，不可思议的是，竟然有人有条不紊地将 16 个加速度计全部安装在错误的位置上，于是莫菲做出了这个著名论断。

莫菲定理并不是一种强调人为错误的概率性定理，而是阐述了一种偶然中的必然性。这也为技术人员选择设计方案提供了一项指导：在保证性能的前提下，越简单的结构，产品的可靠性更容易较高。

26.4　固态硬盘的缺点

1．价格昂贵

市场上较为具有性价比的机械硬盘平均每 GB 容量的成本是 0.3 元左右，而固态硬盘每 GB 容量的成本一般是 3 元左右，约是机械硬盘的 10 倍。高端产品的容量价格比更低。

由于价格昂贵，早期的固态硬盘只用于要求高度可靠性和高性能，却不在乎成本的军事与工业用途。随着 2012 年 MLC 芯片量产后的大幅度降价，固态硬盘的整体价格已经大大降低。如今 SATA 3.0 接口 256GB 容量的固态硬盘大部分已跌破 1000 元。该容量下已经足够将系统和各种软件及有限元分析的项目文件保存于此，可获得最大的整体性能。

2．使用寿命低

一般来说，固态硬盘中存储芯片内部的电闸开关有开关次数限制，整体寿命是 3000～5000 次读写循环，超过后则可能发生永久性失效。每个循环寿命代表全部的固态硬盘芯片完全被擦写一次。为解决此问题，使写操作均匀分布到各闪存单元上，从整体上做一个平衡，以避免个别单元失效。损耗均衡算法（Wear Leveling）就是为解决此问题而广泛采用的算法。其提供一个块映射机制，把写入损耗分散在不同的块上，不会导致某些块先被写坏而使整个 SSD 失效，而是把在预期寿命前失效的块用一些保留块来替代，这个算法使得整个设备的寿命跟 Flash 的最大寿命在同一量级上。一般为实现损耗均衡算法会采用一种基于页的文件存储算法，闪存物理地址和逻辑地址之间并没有一一对应的关系。当固态硬盘收到数据写入请求时，并不会循规蹈矩地按顺序进行写入，而是找到最少写入的单元写入。因而，在为写入数据动态分配物理块时会根据各块的使用情况不同分配相应的优先级，从而均衡整个存储器各单元的使用寿命。

有限元分析由于需要长时间连续运行，可能产生的数据读写量会很大。假设固态硬盘总容量是 100GB，每天数据读写量是 200GB，该数据量被固态硬盘主控芯片上的控制算法均衡分布存储在每个存储芯片上，则总的寿命约为 100×5000/200=2500 天，不到 7 年时间，当然这是计算机在不停机且连续全负荷运行的假设下，实际寿命超过 7 年，一般在 10 年左右。由此也可以得出推论：购买容量翻倍的固态硬盘将带来翻倍的寿命增加。2004 年发射的“机遇”号火星车上的闪存读写次数到 2015 年已趋于极限，并出现了部分数据丢失的现象，当然当时的闪存读写寿命并不高。

为了延长固态硬盘的使用寿命，制造商们想尽了办法。除了前面提到的损耗均衡技术以外，还在 SSD 中加入 DRAM 缓存。使用时把数据先缓存在 DRAM 中，然后集中写入，从而减少写入次数。

无论如何，在合理的硬件使用强度与硬件更换周期范围内，固态硬盘的芯片寿命问题已经不再重要。

3．数据安全性差

固态硬盘存储的数据是被控制芯片内的控制算法拆碎，再散落存储到各个存储芯片上的。其存储原理与机械硬盘采用连续存储，可以通过各种恢复软件扫描恢复，甚至可使用打开外壳通过转移盘片的方法来修复丢失的数据不同，固态硬盘上的数据一旦丢失就几乎无法恢复。

笔者始终未推荐选用基于 RAID 技术的机械磁盘阵列方案，那是因为最新的 SATA 3.0 接口的固态硬盘在随机读写性能上已经远远大于各种基于普通硬盘组建 RAID 方案的性能（主流固态硬盘 4KB 文件随机读写速度更是普通机械硬盘的 100 倍以上）；而 PCI-E 接口的固态硬盘本身就是基于磁盘阵列卡，再将 4～8 块高性能固态硬盘并行使用，性能成线性增加，但其价格是非常昂贵的。

建议固态硬盘仅仅在求解过程中使用，而在软件操作与操作系统运行时依然使用高转速的普通硬盘。求解完毕后，立刻将结果文件复制到具有更高稳定性的机械硬盘中，它的可靠性和寿命可以满足要求。

另外，固态硬盘长期使用后读写性能会略微下降，因此选择一个具有良好优化算法主控芯片的固态硬盘更有价值。

26.5　新固态硬盘的基本设置

一块新的固态硬盘，如不经过合适的软件设置，是无法完全发挥其优良性能的。下面简单介绍一些优化性能的关键设置。

（1）开启硬盘 AHCI 读写模式。现在主板BIOS 设置中都有 ACHI、IDE、RAID 三种硬盘读写模式，有些主板可能默认是 IDE 模式，这会形成性能瓶颈。一般使用 ACHI 模式会完全发挥固态硬盘的性能，所以要确认主板开启了 AHCI 模式。当然也有很多主板默认就是 AHCI 模式，只需确认即可。由于不同主板间开启 AHCI 的操作略有不同，请读者参考 BIOS 设置说明书。

（2）硬盘分区对齐是在安装系统之前对硬盘进行分区时就要做的事情，这既保证了固态硬盘的分区对齐也保证了后续的一些优化。分区对齐方法也分为多种，使用分区工具 DiskGenius 在新建分区时把“对齐到下列扇区数的整数倍”勾选上，且扇区数必须设置为 2048。在分其他扇区的时候重复操作即可。

系统安装好后可以通过专业软件检测固态硬盘分区是否对齐，如使用 AS SSD Benchmark 软件检测，查看左上角的内容显示是否为 OK。

（3）TRIM 是一个非常重要的功能，不仅能提高 SSD 的读写能力，还能减少数据延迟，这也是 Windows 7 系统支持的一项重要技术。要判断是否开启了 TRIM 功能，需要进行以下操作：

- 以管理员身份进入 CMD DOS 模式。
- 输入 fsutil behavior query DisableDeleteNotify，如果返回值是 0，则代表 TRIM 处于开启状态；如果返回值是 1，则代表 TRIM 处于关闭状态。

（4）系统还原会影响到固态硬盘及 TRIM 功能的正常操作，从而影响固态硬盘的读写能力。分别单击电脑属性→系统保护→关闭硬盘系统还原即可。

（5）磁盘碎片整理。其本意是针对机械硬盘的存储原理，将磁盘中零碎的文件重新整理放入连续的扇区中，以提高磁盘文件操作时的性能。碎片整理时会进行频繁的读写操作，这对固态硬盘来说影响很大，会严重地缩短 SSD 的寿命。单击对应磁盘工具，禁用碎片整理计划。

（6）GUI 引导这个功能是关掉系统进入时的画面，能节省 2～3 秒的启动时间。开机启动时间较长，这也是很重要的原因。设置简单：运行 Msconfig 进入系统配置，引导选项，勾选“无 GUI 引导”。

（7）预读 Prefetch 和快速预读 Superfetch。为了提速系统运行，系统往往会把很多经常使用的文件从磁盘中读到内存，从而加速系统的运行速度，进行数据交换时会频繁地进行对硬盘的写入操作，无形中也加大了硬盘的压力。其实，固态硬盘本身的读取速度已经很快，关闭预读取技术之后不仅可减少延迟，还能减少反复读写，增加固态硬盘寿命。

关闭 Prefetch 和 Superfetch。打开注册表编辑器，定位到如下位置：HKEY_LOCAL_MACHINE SYSTEMCurrentControlSetControl Session ManagerMemory ManagementPrefetch-Parameters，然后把 EnablePrefetcher 和 EnableSuperfetch 两项的值都修改为 0 并确认。

（8）Windows Search 会建立系统的索引目录，以加快用户搜索本地文件的速度。但事实上，固态硬盘几乎不存在寻道时间（0.2ms 左右），查询文件相当快速，因此并不需要这项服务。同时也可以避免由 Windows Search 建立索引时进行频繁读写操作而造成固态硬盘寿命减少的情况。运行 Services.msc，找到 Windows Search 位置，选择禁用这项服务。

（9）固件方面很容易被大部分用户忽略。升级固件也存在一定的风险，但是升级固件可以解决固态硬盘存在的 BUG 或进一步提升硬盘读写性能，有时也值得去冒这个险。

26.6 固态硬盘读写性能高的原因

对于硬盘，除了容量，大部分用户对硬盘性能的认知更多来自于“文件拷贝速度”。比如现在单碟 1TB 台式机硬盘的复制视频文件这种连续单一大容量文件的“拷贝速度”已经可以达到 130MB/s 左右，两块硬盘组建 RAID 0 就可以达到接近 300MB/s，已经非常接近 SSD 的最大速度表现了。

但应该十分注意的一个细节参数是“寻道时间”。机械硬盘一般在 12ms 左右，而笔者的 Intel 固态硬盘只有 0.2ms，两者相差 60 倍。

是什么导致差距如此悬殊呢？那就要了解一下机械硬盘和 SSD 的工作原理。机械硬盘通过旋转盘片和摆动磁头来确定要读取数据的位置，大部分都是机械上的转动；而 SSD 进行读取操作只需要对相应晶体管进行加电压操作即可，所以能相差数十倍并不稀奇。更为关键的是，数据大都是分散在硬盘的各个角落，读取这些数据需要在一个范围内进行，即“随机读写”。机械硬盘在读取这些数据时，就需要磁头来回地摆臂，浪费时间，造成的延迟很大。而实际情况却是，复制视频文件这种连续文件读写的发生概率远远低于零碎的小文件读写，系统应用中大部分时间都在做“随机读写”。

另外，需要等待盘片旋转到磁头下方时才可读写。提高盘片电机的主轴转速会减少磁头的等待时间，但是用这种方案提升性能的代价是很大的，如对加工制造精度要求高、成本高、发热量大和噪音增加等。

所以，这就是为什么其他硬件和软件相同时，装载SSD的计算机开机速度可达到10秒级别，而机械硬盘开机则需要40秒以上；机械硬盘下，在打开多个软件之后切换会出现卡顿，载入的时候硬盘喀喀喀作响等。这时计算机其他高速部件的绝对性能并没有改变，只是固态硬盘的加入让各个部件之间的性能瓶颈得到缓解，而可以更完整地发挥出整体性能（水桶效应）。

评判硬盘读写效率的关键指标是IOPS（Input/Output Per Second），即每秒的输入输出量（或读写次数）。

固态硬盘是一种电子装置，避免了机械磁盘在寻道时和盘片旋转上的时间花费，存储单元寻址的时间开销大大降低，因此IOPS可以非常高，能够达到数万甚至数十万。实际测量中，IOPS数值会受到很多因素的影响，包括I/O负载特征（如读写比例、顺序和随机、工作线程数、队列深度、数据记录大小等）、系统配置、操作系统、磁盘驱动等。

一般SATA 3.0接口的固态硬盘4K随机读取IOPS数可以达到3万到10万；PCI-E接口的可以达到10万到30万。Fusion-io公司于2013年初推出的ioDrive2最高4K随机写入IOPS达到惊人的960万。

在使用各种数据块大小测试下，SSD固态硬盘的IOPS都远远领先于普通硬盘。如测试数据块在512B的情况下，固态硬盘的随机读写速度可能比普通硬盘快100多倍。

26.7 影响固态硬盘性能的主要方面

1. 缓存容量

缓存容量是影响固态硬盘性能的重要指标，一般硬盘的缓存都达到256MB或512MB，企业级固态硬盘的缓存容量会更高。更大的高速缓存容量可以大幅提高SSD的突发读写速度。特别是当SSD需要频繁修改数据时，可以使其性能发挥到极致，又可以大幅提高SSD闪存芯片的寿命。但是装载大容量的缓存会使得主控芯片内的控制算法编写复杂程度增加和增加成本等。

2. 主控芯片

主控芯片是固态硬盘控制的中枢，其内部的优化算法代表了一个固态硬盘企业的底层软件实力。

三星电子作为存储业的巨头，其对固态硬盘市场的野心也是不容小视的。三星固态硬盘不管是主控、闪存颗粒还是缓存芯片都采用自家研制的产品，在稳定性上比较突出。

INDILINX是一家韩国公司，专门生产制造SSD固态硬盘控制芯片。采用Indilinx主控方案的SSD产品，在常规读写速度方面达到甚至超过了Intel X25 M架构的SSD，而其价格则介于JMicron和Intel X25M之间。现在包括OCZ、威刚、金士顿、源科在内的各大SSD品牌几乎都推出了基于Indilinx架构的SSD产品。

目前市场上代表着SSD主控最顶尖水平的莫过于Intel和SandForce两家。由于Intel在主板南桥芯片组的开发过程中积累了丰富的磁盘控制器经验，其固态硬盘控制器产品性能异常优秀，算法和固件都很先进，实际性能也非常强大。

鉴于此，笔者选用了Intel公司的固态硬盘。限于预算有限，选购的是SATA 3.0接口的定位中端的 330 系列。整体而言，Intel 的固态硬盘价格较镁光、三星等主流厂家的产品要贵约 1/3。

Intel 的产品持续读取和随机读写性能都在业内具有领先地位。考虑到产品寿命，Intel 主控限制了写入速度，不过这对实际使用影响不是很大。Intel 在产品设计方面是非常严谨、务实的。

SandForce 是目前业内唯一能在 SSD 技术上与 Intel 抗衡的企业。它优秀的性能使其产品一经推出便狂受追捧，其独有的 Dual Class 技术将 MLC SSD 的性能和寿命都大幅提高。

Marvell 主控可能不是那么为大家所熟悉，目前大部分机械硬盘的主控芯片基本上都是它的芯片，可以说是传统机械硬盘界的大哥，而 Marvell 的固态硬盘主控产品则主要面对企业级用户，性能相当强大。

3. 并行通道数

就像是高性能计算使用并行计算提高整体性能一样，在单芯片读写性能达到极限时使用多路并行方案会将读写性能几乎呈线性比例加速。一般的固态硬盘内置了 4 路或 8 路的并行存储通道。

4. 硬盘接口

随着固态硬盘性能的提升，常规 SATA 3.0 接口最大 500MB/s 的数据传输带宽已经不能满足追求极端性能的固态硬盘对接口带宽的需求。一般是改用 PCI-E 接口，其与显卡所用的接口几乎相同，具有极大的数据带宽。

27 处理器

同样价位下，一定要购买核心数量最少而单核心性能最强的处理器。

处理器是中央处理器（Central Processing Unit，CPU）的简称。它是计算机硬件上的运算中心与控制中心，功能主要是对计算机指令进行处理和控制。曾几何时，处理器性能是计算机整机性能的决定性因素。现在，随着其他部件性能的提升，CPU 性能对整机影响程度更接近于木桶效应。这需要平衡各高速部件（如 CPU、内存、显卡）与相对低速部件（如硬盘）之间的数据交换需求才能将整机性能发挥到最大。

处理器是高度精密的电子部件，内部可集成超过 1 亿个晶体管等元器件，运行时会集中发热。最新的 XEON E7 系列处理器中的最高型号具有 18 个物理核心和最大 150W 的发热量。处理器的发热量以及能耗与其晶体管数量、基本架构、运行电压、运行频率成正比例关系，与最小线宽成反比例关系，并且 CPU 的运行稳定性与其核心温度成反比相关性。

最近 10 年来，都是将处理器从单一核心改为多核心并行运行的结构，在成倍增加晶体管数量，以较低的运行频率既可满足发热量以及能耗限制，又可大幅度提高整体性能。主流的 4 核心 CPU 的电功率在 70W 左右，顶级的 6 核心及更多核心的 CPU 最大电功率为 130W 或 150W。有些 CPU，如 XEON 系列产品末尾带 L 的型号，具有极低的功耗，可低至 15W 左右。有些 CPU 为了降低能耗，如低功耗的 XEON E3 1230L v3，其默认运行频率只有 1.8GHz，而最大睿频加速可达 2.8GHz，不仅节能效果明显（25W 的功率较非 L 型号 1230 v3 的 80W 节能约 70%），也非常适合于编写单线程运行的软件应用场合。

多核心处理器可以实现更高的总体性能。但是由于其内部单核心运行频率不高（一般在 2-4GHz），很多程序编写时并没有很好地支持多核心并行，造成很多程序高负荷运行时如 Solidworks、AutoCAD、ANSYS Workbench 14.5 版之前的网格划分模块、微软公司的 Office 等都会发现处理器只有一个核心在 100%运行，其他核心几乎没有占用，造成计算能力的浪费。

就 Intel 产品而言，在此情况下为了尽量发掘闲置的 CPU 计算资源而又满足最大功率限制又不过热，引入了“睿频”加速功能。该功能随时判断 CPU 核心间的负荷比例，在少数核心满负荷运行而其他核心被闲置时，“关闭”部分低负荷的核心，降低发热量，而将满负荷运行的核心大幅提升运行频率，这样就可以达到最大的性能。

当然，为了防止单一核心经常处于满负荷运行，影响使用寿命，一般采用在多核心间依次“睿频”加速的方法。在 CPU 参数数据中也会单独体现其多核心共同运行时的“额定频率”和少数核心自动“睿频”加速时的睿频“加速”运行频率。

这样也带来了一个问题，多核心所带来的多倍处理性能并没有完全被软件调用，而白白浪费掉。并且 ANSYS 等软件的许可证价格是随着软件支持的核心数量而大幅增加的。如 16 核心的 ANSYS 机械设计模块许可证的价格约百万人民币，且每增加一个核心的许可，需要约 20000 元。所以，为提高整体计算效率，应尽量利用多核心 CPU 的全部计算能力，在同样 CPU 预算的条件下购买核心数尽量少而单核心性能尽可能高的处理器是个更有实际价值的选择。

CPU 内的缓存大小也对性能有重要影响。为了提高 CPU 的性能，通常的做法是提高 CPU 的时钟频率和增加缓存容量。不过目前 CPU 的频率越来越快，如果再通过提升 CPU 频率和增加缓存的方法来提高性能，往往会受到制造工艺上的限制和成本的制约。

曾经的 Intel 奔腾 4 时代，为了满足不同用户的差异化性能要求，将高端产品定位成“奔腾”牌，低端产品定位成“赛扬”牌，其实这两类处理器在计算与逻辑单元的结构上几乎是一样的，主要是奔腾具有约比赛扬大一倍的缓存，这使得 CPU 实际运算性能有约 1/3 的差距。

基于单核心性能优先的原则，在价位近似的情况下，应尽量选择少核心、高频率、大缓存、新架构、PQI 总线带宽大的型号。

从 2012 年至今，有一款 Intel 公司的神奇产品，型号是 XEON E3 1230。它具有 4 个核心、3.3GHz 的运行频率、最高可单核心睿频加速到 3.7GHz、支持 ECC 内存、5GT/s 的 QPI 总线、最大 32GB 内存支持。最重要的是，其实际性能接近于 4 核心同频率的桌面级 I7，但价格与同频率 I5 基本相同，约 1300 元。其依靠极高的性价比而热销至今，曾经是淘宝网上销量最多的 CPU。2014 年最新的是 1150 接口的 v3 版。曾经在电脑城中都是 G、I3、I5、I7 的天下，自 1230 出现以来，这款定位于低端工作站平台的廉价 CPU 神奇地遍布各大卖场，几乎一夜间让普通用户了解到了 XEON 的存在。

27.1 摩尔定律

1965 年 4 月 19 日，时任美国仙童公司研究开发实验室主任的半导体产业先驱者和 Intel 公司的创始人戈登·摩尔，提出“最低元件价格下的复杂性每年大约增加一倍”的说法，这就是业内著名的摩尔定律的雏形（后来在 1975 年被修正为：预计每 18 个月翻一番）。该定律发表至今几乎被完全印证，以此也可以推测未来 CPU 处理性能发展的趋势。对于 Intel 公司，其长期发展规律是，执行钟摆发展策略。基本上是第一年更新处理器架构，第二年减少最小线宽，第三年又更新架构，依此类推。作为一项概略性的纵向对比，Intel 的 CPU 在每一年的时间跨度下，每推出一次同级别的新产品，其浮点运算能力会提高 10%左右。Intel 公司为了保持技术的前瞻性与领先性，一般实验品的技术优势比量产的产品领先 3～5 年。

从 1971 年 Intel 公司推出的第一款商用 4004 处理器的 2250 个晶体管到现在最新的志强 Phi 处理器约 50 亿个晶体管，44 年来晶体管数量增加约两百万倍。而当今的一块 XEON Phi 协处理器的浮点计算能力约相当于 1999 年采用 9000 颗 Pentium Pro 处理器组成的超级计算机。

随着 GPU 和众核协处理器（如 XEON Phi）参与高性能计算，其计算能力已经接近每年翻一番，打破了摩尔定律。

27.2 CPU 散热器的选择

在各种提高处理器性能的方法中，提高运行频率是最简单、最直接的。但是这样会使发热量大幅提升，以至于不够安全。正常情况下的 CPU 核心温度在 40℃～60℃之间，大于 80℃时 CPU 内部的铜连接线路会逐渐发生“金属迁移”现象。即在电流密度很高的导体上电子的流动会产生不小的动量，这种动量作用在金属原子上时就可能使一些金属原子脱离金属表面而到处流窜，结果就会导致原本光滑的金属导线的表面变得凹凸不平而最终断开，造成永久性破坏。这种伤害是一个逐渐累积的过程。CPU 温度越高，电子流动产生的作用就越大，其彻底破坏 CPU 的时间就越短。长期下去，连线的金属材料将不可逆转地断开，且无法修复。

CPU 都在内部增加温度测量与保护电路，在核心温度较高时会适当降低运行频率，以减少发热量；如果散热不良温度持续增加，会自动关机保护。在适当的散热条件下，CPU 已很少发生过热问题。过高的运行温度会使发生错误的概率增加而降低 CPU 的稳定性，故选择合适的散热器对 CPU 的稳定运行是很重要的。

由于 CPU 的发热密度较高，一般使用基于热管技术的翅片式风冷散热器对其进行降温。鉴于成本和散热效率上的均衡，散热片的材料一般使用多片薄薄的纯铝。散热片厚度越薄，并且散热片与垂直热管方向之间的直线距离越长，也就是从热管的轴向方向观察散热片的宽度越高，其散热整体效率越低。故应选择稍厚的翅片并且远离热管的散热片面积少的散热器。铝的纯度越高，散热效果越好，但是其硬度也越低。

单位迎风面积上的风速越高，散热效果几乎呈平方关系增加。通过增加散热面积的方法可增加散热量。一般使用增加散热片深度尺寸和增加散热片数量也就是整体高度的方式。而越在气流后方的散热片的换热温差越低，散热效率越低。这还会造成风阻力增加而必须使用压力更大的风扇，这样的风扇会增加噪音。应选用配备大直径、低转速风扇和更薄的散热器。

为了获得单位体积下更好的散热性能，可采用纯铜散热片。如仅从纯铝换成纯铜，重量会增加约 3 倍，整体成本增加约 10 倍，散热效果增加约 0.3 倍。由于铜材料很活泼，容易被空气氧化，一般采用外表面镀镍的方法保护。

一般而言，为 CPU 平均每个核心分配两根热管的散热器可以满足大部分要求。如笔者的 XEON E3 1230 v2 具有 4 个核心，可以选用不少于 4 根热管组成的散热器。注意，如热管呈现 U 形，U 形的底部贴近 CPU，并且分别在 U 形的两端设置了散热片，则可以将其看成是两根热管。一般热管的两端 1～2cm 处散热效果差，该处应空出而不设置散热片。

由于使用风冷系统会吸纳外部空气，长时间运行时会在散热器表面积累灰尘降低散热能力，影响 CPU 运行的稳定性，需要保持计算机所处环境的洁净或定期（约半年）清洁散热器和风扇叶片。

为了将散热器底部和 CPU 表面间的接触散热热阻尽量地消除，应在安装散热器前均匀涂抹散热系数高的薄薄一层导热硅脂。由于导热硅脂会逐渐蒸发，故需要在约一年后重新涂抹。如需要更好的散热效果，可以考虑在该处使用液态金属导热片。

根据 2013 ANSYS 用户大会资料《HP 工作站携手 ANSYS 助力 CAE 行业发展》：系统噪音级别超过 35dB（分贝）时人们很容易分散注意力。

对于超级计算机集群，根据 GB50174-2008《电子信息系统机房设计规范》规定：A 级和 B 级主机房的含尘浓度，在静态条件下测试，每升空气中大于或等于 0.5μm 的尘粒数应不大于 18000 粒。其控制灰尘的严格程度，远远高于普通大气要求的 2.5 微米，已基本可以满足制药厂中最低级净化要求的药品制造。

对于需要更高散热效率的情况，可考虑水冷散热形式。一般一个典型的小型水泵可以满足 1～2 个 CPU 或 GPU 的散热。其散热片一般使用汽车中常用的“管带式”散热元件，传热效率更高。水冷的散热效果在同样散热面积下可比风冷将 CPU 核心温度再降低约 5℃。使用水冷系统会大大增加散热系统的复杂性，还存在漏水、体积巨大、整体成本极高、噪音等问题。

更极端情况下，可使用半导体制冷系统、基于制冷压缩机的蒸发冷却系统和液氮制冷系统等。其一般用于在最简化的结构下获得最大换热温差（半导体制冷系统）、极端低温（液氮制冷系统，可达约-250℃）和最高散热能效比的场合（蒸发冷却系统）。

在对红外制导导弹用的红外传感器进行冷却的场合，一般使用半导体制冷系统。将额定运行频率 3.6GHz 的 AMD FX 8150 CPU 进行最极端超频实验，使其运行在 8.80564GHz（为于 2012 年 5 月创造的 CPU 运行频率世界纪录）时使用了可将 CPU 温度冷却至-253℃的液氮制冷系统。对应地，内存运行频率也从额定的 1333MHz 超频到了 2834MHz。获得 2013 年计算性能世界第一的我国天河 2 号超级计算集群和美国现今最先进的 F-22 战斗机上的机载控制计算机都使用基于蒸发冷却技术的散热系统。

27.3 CPU 的制造

CPU 芯片的生产是一个十分高成本、十分高耗能、十分污染环境、技术发展十分快速，并且需要随时更新生产设备的技术密集型和资金密集型产业。伴随着制造高性能集成电路的复杂性，半导体产业总是处于设备设计和制造技术的前沿。

为了保证更精细的制造环境，制造出更小的线宽并提高良品率，大规模 CPU 制造厂中，总厂房投资为 10 亿到 20 亿美元，其中过滤空气用的工艺性空调投资约 3 亿美元。为保证空气净化质量的稳定性，需要定期更换（从一个月到 5 年不等）各种过滤等级的空气过滤器。CPU 芯片制造厂核心区的空气一般被 4 级高端空气过滤器和 1～2 级分子级过滤器层层净化，以创造出“层流”式气流流场频繁换气。一般每分钟即可将室内的全部空气循环过滤一次，创造出了地球上最干净的几乎“零”灰尘的纯净的空气。

每平方米生产面积上每小时的空调电费可达数百元。花费如此代价获得如此纯净的环境，主要是 CPU 内部线路宽度已经达到 100 纳米级，而普通药厂或普通手术室的空气过滤器能过滤的最小灰尘是 0.5 微米级，两者有近 50 倍的级差。为防止空气中的灰尘落在芯片上，影响产品质量，其工艺性空调需要极高的过滤精度，这样也带来了巨大的空调能耗。

相对而言，最低级的药品制造车间的空气过滤等级为每升空气不超过 300000 个 0.5 微米灰尘。自然大气的灰尘用数量来计数已无价值，仅以灰尘重量代表。城市内约 0.15mg/m^3。

由于科技的进步，制造最新技术的 CPU 生产设备，大约每 3 年需要推倒重来地更新一次。换下的设备用来制造更低级的芯片，与之相关的过滤空调系统也随着报废。所以，制造CPU 芯片的设备投入是非常巨大的。尽管如此，Intel 公司的 CPU 依然可以达到 30%以上的纯利润率。

CPU 产业是半导体产业的高端分支。1954 年，德州仪器公司第一个制造出硅晶体管；1957 年，美国加州的仙童半导体公司制造出第一个商用平面晶体管；1959 年，由仙童半导体公司和德州仪器公司分别独自发明出了集成电路（IC），即在一个集成电路的硅表面上可以制造出许多不同的半导体器件；1968 年，罗伯特·诺伊思、戈登摩尔和安德鲁·格罗夫离开仙童公司，成立了英特尔（Intel）公司；1969 年，杰里·桑德斯和其他来自仙童公司的科学家成立了先进微器件公司（Advanced Micro Devices，AMD）。

芯片制造涉及五大制造阶段：硅片制备、硅片制造、硅片测试/拣选、装配与封装、终测。

硅片制备包括晶体生长、滚圆、切片及抛光；硅片制造包括清洗、成膜、光刻及掺杂；硅片测试/拣选包括探测、测试及拣选硅片上的每个芯片；装配与封装包括沿着划片线将硅片切割成芯片、压焊和包封；终测是确保集成电路通过电学和环境测试。

集成电路制造的重要挑战是半导体制造工艺。由于产业成本巨大，如果能在一片硅片上集成更多的芯片，制造集成电路的成本就会大幅度降低。这得益于经济学中的规模效应原理。早期的硅片制造厂很简单，在整个操作中都是操作者手工处理硅片。硅片制造厂的基本要求是，随着硅片集成度的提高，允许污染硅片的水平要显著降低。这些可能损坏硅片和引起它们不正常工作的污染源来自于许多方面，如人体、材料、水、空气和设备等。

20 世纪 70 年代的时候，典型的硅片制造厂以 5%或 10%的成品率生产新产品。现在，第一年生产的典型硅片拣选测试成品率约 60%，以后几年为 80%～90%，这和产品类型有很大关系。对于闪存类芯片，生产一到两年后，98%的成品率是很正常的。半导体制造商的成败依赖于硅片的成品率。据估计，成品率每降低一个百分点，制造商将损失 1000000～8000000 美元。减少污染是提高良品率的重要方法。

在生产过程中，由于各种污染物或其他缺陷的存在，会出现很多无法完美运行的核心，一般采用屏蔽一部分核心或者降低核心运行频率的方法制造出“低端”型号的 CPU。这就是为什么 AMD 公司的一些产品可通过软件设置来实现“开核”，人为开启因未通过测试而屏蔽掉部分有缺陷的核心，从而提高整体计算性能的原因。当然，“开核”后 CPU 的运行稳定性不一定有保证。

反过来，少数全部核心可以运行到很高频率，而发热量又较少，运行又十分稳定的所谓“极品”CPU 会被冠以高端型号销售，当然其价格也是很“高端”的。

半导体级硅片要求有超高纯度。它包含少于 2ppm 的碳元素和少于 1ppb 的第 3、4 族元素。不仅半导体级硅的超高纯度对制造半导体器件非常关键，而且它也要有近乎完美的晶体结构。只有这样才能避免对器件性能特性非常有害的电学和机械缺陷。典型的硅片洁净度规范是在 200mm 的硅片表面每平方厘米少于 0.13 个颗粒。半导体制造过程中对化学品杂质的控制要求一般低于百万分之一到万亿分之一范围内。通用气体要控制在 99.99999%以上纯度；特种气体要控制在 99.99%以上纯度。气体中的杂质颗粒要控制在 0.1 微米以下。相对地，过滤 PM2.5 级的灰尘，只需要很低端很廉价的过滤材料即可，如几层厚毛巾。

27.4 14 款处理器的性能测试成绩

为了方便读者了解和对比不同处理器的实际性能，笔者参考了大量专业网站和论坛的文章，汇总了 14 款主流处理器的软件测试成绩，如表 27-1 所示。

表 27-1 14 款处理器测试成绩

处理器型号	测试软件	核心数	接口	核心频率	测试数据	备注
Core I3 2120	Cinebench R11	2	LGA1150	3.3GHz	3.19	越大越好
	SuperPi 一百万位				12.27s	越小越好
	wPrime 三百二十万位				16.442s	越小越好
	3DMark 2006				3865	越大越好
	3DMark Vantage				10893	越大越好
Core I5 3470	Cinebench R11	4	LGA1150	3.2GHz	5.13	越大越好
	SuperPi 一百万位				10.218s	越小越好
	wPrime 三百二十万位				11.218s	越小越好
	3DMark 2006				6114	越大越好
	3DMark Vantage				18708	越大越好
Core I7 3770K	Cinebench R11	4	LGA1150	3.5GHz	7.07	越大越好
	SuperPi 一百万位				9.875s	越小越好
	wPrime 三百二十万位				7.515s	越小越好
	3DMark 2006				6874	越大越好
	3DMark Vantage				26775	越大越好
XEON E3 1230 v2	Cinebench R11	4	LGA1150	3.3GHz	7.21	越大越好
	SuperPi 一百万位				9.921s	越小越好
	wPrime 三百二十万位				7.863s	越小越好
	3DMark 2006				6923	越大越好
	3DMark Vantage				25074	越大越好
XEON E3 1280 v2	Cinebench R11	4	LGA1150	3.6GHz	7.55	越大越好
	SuperPi 一百万位				19.921s	越小越好
XEON E5 1650	Cinebench R11	6	LGA2011	3.5GHz	10.14	越大越好
	SuperPi 一百万位				10.967s	越小越好
	wPrime 三百二十万位				5.994s	越小越好
	3DMark 2006				7983	越大越好
	3DMark Vantage				35426	越大越好

续表

处理器型号	测试软件	核心数	接口	核心频率	测试数据	备注
Core I7 3970X	Cinebench R11	6	LGA2011	3.5GHz	10.84	越大越好
	SuperPi 一百万位				9.334s	越小越好
	wPrime 三百二十万位				5.764s	越小越好
	3DMark 2006				8107	越大越好
	3DMark Vantage				37192	越大越好
	ScienceMark 2.0				2702.12	越大越好
Core I7 3960X	Cinebench R11	6	LGA2011	3.3GHz	10.53	越大越好
	Sandra 2012				132.56 浮点	越大越好
XEON E5 2660	Cinebench R11	16	LGA2011	2.2 GHz	20.16 双路	越大越好
	wPrime1024M				79.872s 双路	越小越好
	Sandra 2012				263.7 双路浮点	越大越好
XEON E5 2690	Cinebench R11	16	LGA2011	2.9 GHz	24.75 双路	越大越好
	wPrime1024M				66.082s	越小越好
	Sandra 2012				315 双路浮点	越大越好
XEON E5 2687w	Cinebench R11	16	LGA2011	3.1GHz	25.56 双路	越大越好
	Sandra 2012				320.90 双路浮点	越大越好
AMD Optreon 6274	Cinebench R11	32		2.2GHz	13.89 双路	越大越好
	wPrime1024M				118.668s 双路	越小越好
	Sandra 2012				168.11 双路浮点	越大越好
AMD FX 8150	Cinebench R11	8	AM3+	3.6GHz	5.98	越大越好
	SuperPi 一百万位				20.875s	越小越好
	wPrime1024M				295.6s	越小越好
	3DMark 2006				6537	越大越好
	3DMark Vantage				18985	越大越好
	ScienceMark 2.0				1779.95	越大越好
AMD FX 8350	Cinebench R11	8	AM3+	4.0GHz	6.58	越大越好
	SuperPi 一百万位				20.483s	越小越好
	3DMark 2006				6809	越大越好
	3DMark Vantage				22350	越大越好
	ScienceMark 2.0				1983.54	越大越好

由以上数据可知，创造过 CPU 超频世界纪录（从额定的 3.6GHz 超频至约 8.8GHz）的 AMD FX 8150，凭借着其 8 个物理核心（8 整数运算核心和 4 个浮点运算核心）和 3.6GHz 的高主频，在代表整体浮点计算能力的 Cinebench R11 软件测试成绩为 5.98，与拥有 4 核心同样运行频率的 Intel XEON E3 1230 v2 的 7.21 整体上仍存在约 20%的性能差距。

27.5 CPU 品牌选择

关于选择处理器品牌的问题，笔者不推荐 AMD 公司的产品，理由主要有三点：浮点运算能力、内存带宽、许可证对核心数量的限制。

27.5.1 浮点运算能力

在 CPU 系统中，由于 ANSYS 求解过程需要计算求解巨量的偏微分方程组，这样就十分需要 CPU 具有强大的浮点运算能力。AMD 的 CPU 硬件架构是在每两个核心中包含一个浮点运算单元，每一个核心包含一个整数运算单元。这就带来一个问题，如 8 核心的 AMD FX 8350 这样多核心、超高频率处理器的浮点运算性能仅接近 Intel 同级别的 4 核心产品。

最新的 AMD 处理器有 16 个核心，但前提是在运行整数操作。对于浮点操作，只有 8 个核心。再加上这一点：最新的 Intel 服务器处理器数据和写入来自内存的数据的速度远超过 AMD 处理器，这意味着 AMD 处理器应该用于处理计算密度很低又不需要高内存带宽的操作，而与有限元分析所需要的要求正好相反。也许这就是在世界超级计算机性能排行前 500 位的集群中，Intel 占据约 80%比例，而选用 AMD 公司 CPU 的机型寥寥无几的原因。

27.5.2 内存性能

这里介绍三个 AMD 与 Intel 平台的对比测试。其中前两个是内存性能测试，第三个是单核心性能测试。

1. 测试一

此测试比较老，是基于主流的 X79 芯片推出之前的上一代产品，但是依然可以总体体现 AMD 处理器的性能特点。AMD 由于没有像 Intel 那样将内存控制器完全集成在 CPU 内部，造成通讯效率比较差。

在使用的处理器为 Intel I7 920、主板为 DFI X58、内存 DDR3 1333 2G 和处理器为 AMD II X2 220 已经开核为 AMD II X4 920、主板 890GX、内存品牌为记忆 DDR3 1333 2G 的性能对比测试中，使用 EVEREST 测试。可以看到 AMD 测试到的内存成绩分别为：Read 为 7101 MB/s，Write 为 5392 MB/s，Copy 为 6643MB/s，成绩还算不错。

不过同一条内存在 Intel 平台上测试的成绩为：Read 为 10334 MB/s，Write 为 10370MB/s，Copy 为 14772MB/s，除了 Read 成绩 Intel 领先 AMD 30%左右外，Write 和 Copy 的成绩 Intel 领先 AMD 达到了 100%，可以看出 Intel 在内存性能上的优势。

在使用 SiSoftware Sandra Professiona 软件来测试内存在不同平台上所表现出来的性能时，SiSoftware 这款软件可以很准确地测试出内存的带宽和延时。

首先用 SiSoftware 软件测试内存带宽。AMD 搭配 DDR3 1333 2GB 内存所得到的带宽成绩为 7.54GB/s，而 Intel 搭配 DDR3 1333 2GB 内存所得到的带宽为 8.99GB/s，可以看到 Intel 搭配 DDR3 1333 2GB 性能依然要比 AMD 高出 20%。

然后使用 SiSoftware 的内存延时测试软件来测试不同平台上内存的延时。可以看到 AMD 搭配 DDR3 2GB 内存所得到的内存延时为 94.9ns，Intel 搭配 DDR3 2GB 所得到内存延时成绩为 74.1ns，从成绩上来看内存延时方面 Intel 依然要领先 AMD 40%，从各项测试来看 AMD 内存控制器的性能都不及 Intel。

需要说明一下，内存延时越短，性能越好。测试看到从内存控制器方面，其实 Intel 相对 AMD 的内存控制技术领先很多。

2. 测试二

大部分情况下都是通过比较 CPU 性能来判断 AMD 与 Intel 平台孰强孰弱，却忽视了两个平台之间的另一个性能指标——存储控制器（硬盘/内存）。现在机械硬盘性能已经成为整机性能的短板，难道存储控制器的不同才是造成 AMD/Intel 平台体验不同的罪魁祸首吗？

如今的 PC 平台和以前不同，CPU 内整合了内存控制器，所以确定 CPU 的同时内存性能也已经确定，这一点很容易理解；不同时期的 CPU 对内存性能的影响不仅仅是内存频率的支持度不同，更多的是表现在内存带宽/内存延迟上的差异。

而现在的主板已经没有所谓的“南北桥”概念，直接由一个单芯片担负起磁盘控制器和信号通道的工作，并且往往是“一个萝卜一个坑”，CPU 接口的频繁更换相信 Intel 用户深有体会。Intel 这两年来一直在强化主板芯片组对 SSD 的支持力度，AMD 这方面暂时还没有太大动静。主板驱动主要是针对 AHCI/RAID 作优化。要使用 SSD 或者打开机械硬盘 NCQ 功能必须开启 AHCI。Windows 7/Windows 8 系统默认自带了通用版 AHCI 驱动，也可以自己更新专用驱动。可通过下载 AS SSD 软件来验证硬盘是否运行在 ACHI 模式下，如图 27-1 所示。

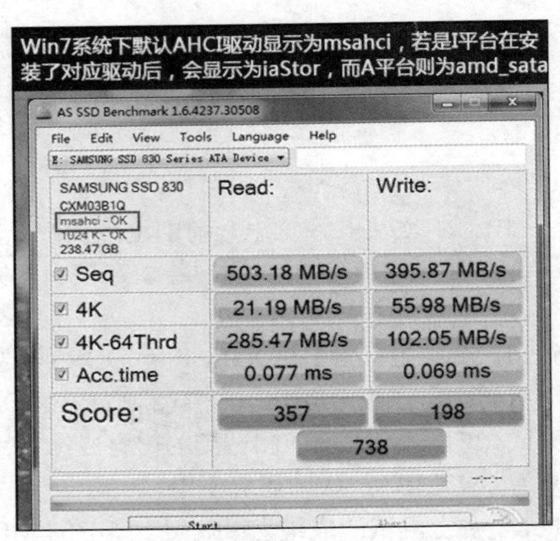

图 27-1　是否加载了 ACHI 驱动

主板选择了 A85X 和 Z77，这两款是目前 AMD、Intel 主板芯片组型号，对应的磁盘控制器也是最新的，比较有参考意义；对应 CPU 选择了 A10-5800K、Core i3-3220 作为内存控制器测试对象。

内存方面使用双通道 DDR3-1600，时序锁定在 8-8-8-24-1T，为了避免内置 GPU 占用内存对测试结果产生影响，测试时多加了一张 GTX670 独立显卡；硬盘选择未分区的西部数据 1TB 黑盘，接在主板原生的 SATA 3.0 接口上。

本测试的主要目的是探讨不同芯片组之间的存储性能差异，所以关注点应该是在使用相同硬盘/内存的情况下不同平台之间的性能数据有何差别，后面会重点对测试数据进行对比分析。

下面来测试一下两个平台之间内存性能的差异。选择的是系统分析软件 AIDA64，使用内置的内存/缓存性能 Banckmark，本次对内存测试部分的分数进行比较，测试结果如图 27-2 所示。

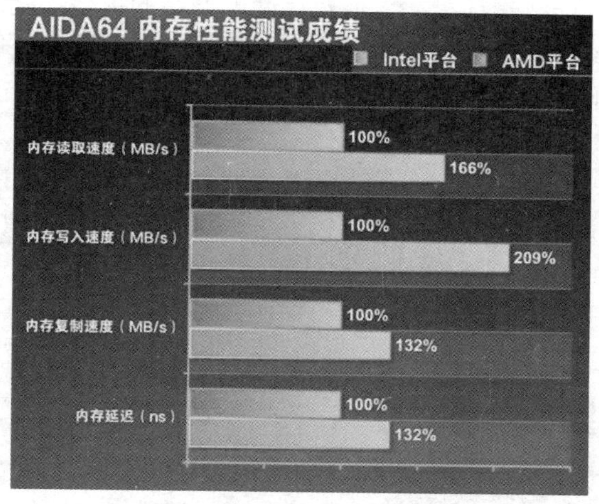

图 27-2　内存成绩 1

此次测试的结果呈现一面倒的局势，Intel 平台的内存性能全面领先 AMD 平台，在关键的内存延迟测试项目上，Intel 平台也已经领先 AMD 平台 30%以上。同样地，这次用 SiSoftware Sandra 自带的内存测试模块来对比内存带宽性能，在每次测试之后 SiSoftware Sandra 都会生成一个详细的测试结果，SiSoftware Sandra 内存带宽测试成绩如图 27-3 所示。

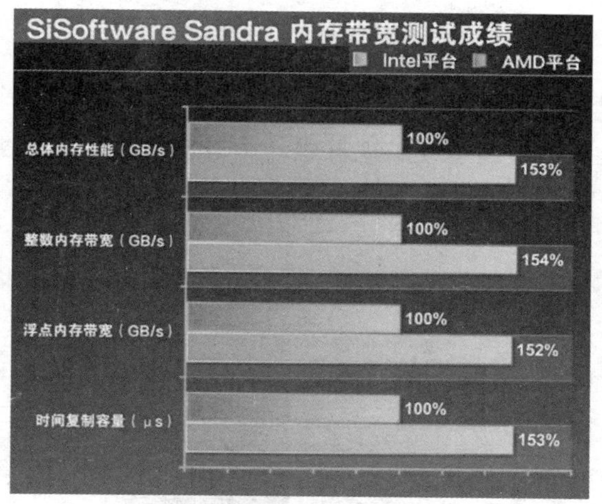

图 27-3　内存成绩 2

下面继续进行对比：SiSoftware Sandra 测试的是内存带宽，从结果上看依然是 Intel 平台全面领先，成绩超出 AMD 平台 50%以上，由此可见 Intel 的内存控制器性能确实比 AMD 高出不少。

通过测试可以发现，AMD 与 Intel 平台在内存控制器性能上存在不小的差距，在同样的时序环境下 Intel 平台的内存延迟比 AMD 缩短 30%，内存带宽提高 50%。Intel 平台在运行数据密集型应用（如有限元分析）时会比 AMD 平台更为顺畅。

3. 测试三

此测试较老。是将各自处理器仅仅开启一个核心，并将核心频率限制在 3GHz，这样可以获得较为公平的单核心性能测试环境，方便对比两家产品的单核性能。

本次测试考察的是各款处理器在同样核心、同样频率时的表现，只是对硬件架构单线程性能的理论测试，并不是处理器的综合实力。如果是面对多线程应用，结果可能就会截然不同了。

3Dmark 测试成绩如图 27-4 所示。

总分：Sandy Bridge 平台下的 Intel 产品不出意外地取得领先，AMD 公司的 Phenom II 也不错，但还远逊于 Intel 的 Core 2 Duo，没有了三级缓存的 AMD 公司的 Athlon II 更是一塌糊涂，只和老 Pentium 4 差不多。SiSoftware 测试成绩如图 27-5 所示。

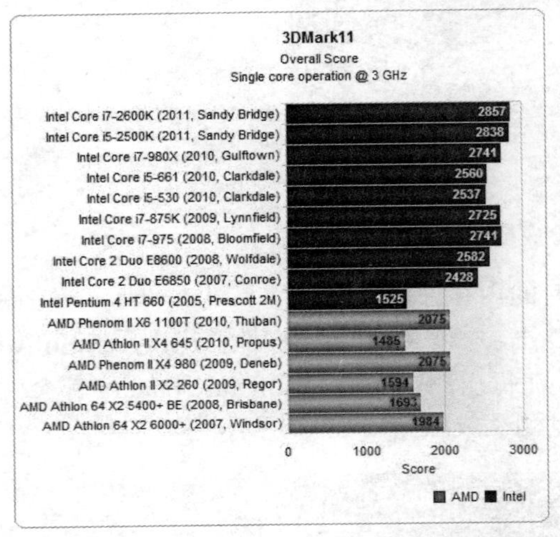

图 27-4 3Dmark 测试成绩

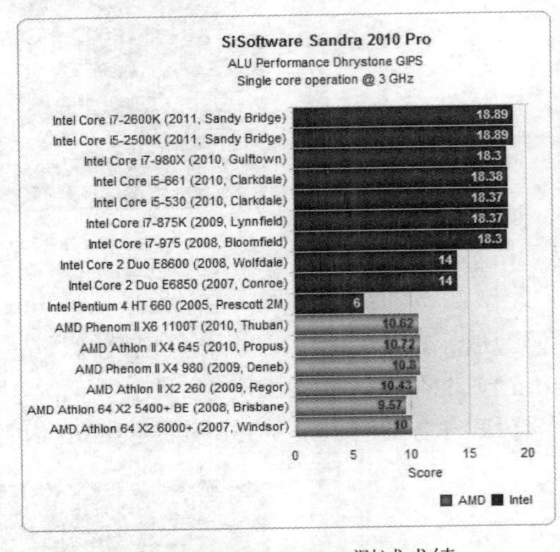

图 27-5 SiSoftware 测试成绩

整数性能：Intel 近两代架构继续傲视群雄，AMD 方面则基本没什么差异，还不如老的 Core 2 Duo。SiSoftware 测试成绩如图 27-6 所示。

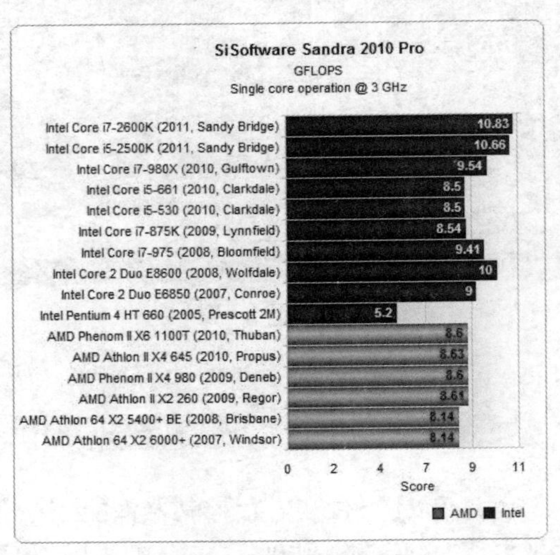

图 27-6 SiSoftware 测试成绩

浮点性能：Sandy Bridge 独树一帜，AMD 方面依然差别不大，但至少能够比得上 Intel 45nm 架构了。

对如此另类的测试进行总结也是很困难的事情，不同的测试负载所反映的结果也迥然不同。综合来看，Intel 的硬件架构显然普遍更加优秀。或者说同样核心、同样频率下速度更快。

AMD 这边也不是没有任何长处。单位核心单位频率性能不足的情况下，AMD 的法宝是更多的核心数量和更低的价格。所以，经常会看到两公司用三/四核心对双核心、六核心对四核心的情况。如果用户的日常工作对多线程更敏感，AMD 显然也同样值得考虑。

综上所述，Intel 平台下，使用同样内存条的内存性能将比同级别 AMD 产品高 20%～100%。虽然 AMD 产品普遍价格较低，但是选择 Intel 的高质高价还是有道理的。

另外，根据 ANSYS 官方宣传手册，其使用最新的 Intel 编译器，支持最新的处理器指令和数学核心函数库（MKL），充分发挥最新的处理器性能。在 Workbench 15.0 平台中，使用 Intel 最新的 MKL 后，稀疏矩阵求解器性能提升了 40%；支持代号为 Sandy Bridge 的最新一代处理器，支持 AVX 指令集，可使求解性能提高 25%。

27.6　许可证对核心数量的限制

很多高端软件为了限制性能，通过不同规格的许可证来限制软件可调用的处理器核心数量，越高规格许可证的价格也越昂贵。一个顶级超级计算中心的总投资为 10 亿到 20 亿元人民币，其中各类数值模拟软件的购置成本约 1 亿元人民币。

查看 ANSYS 帮助可知，在使用一个 HPC（High Performance Computer，高性能计算机）许可证情况下，ANSYS 机械设计模块最大可以支持 8 个核心。其包括了可支持 1～8 个 CPU 物理核心或总数为 8 核心下（CPU 物理核心与加速卡的数量和）不超过 4 颗加速卡（GPU 或 XEON Phi 协处理器）；2 个 HPC 许可证最大支持 32 个核心，可支持 1～32 个 CPU 物理核心或总数为 32 核心下不超过 16 颗加速卡；以后每增加一个 HPC 许可证就可以多支持 4 倍的核心。在最新的 16.0 中，许可证支持的最大核心数量约为 5.3 亿个。Fluent 15.0 更可以使用约 15000 个核心并行计算，并达到约 80%的并行加速效率。

如何在有限的预算下获得最高的运行性能呢？这就带来核心数量选择的权衡与博弈。以一个 HPC 许可证为例，在只配备 CPU 的情况下，可选方案为：单路 4 核心 CPU、单路 6 核心 CPU、单路 8 核心 CPU、双路 4 核心 CPU；在配备 CPU 与 GPU 加速卡异构并行时，可选方案为：单路 4 核心 CPU+1～4 颗 GPU 加速卡、单路 6 核心 CPU+1～2 个 GPU 加速卡。

对于单路系统（主板支持 1 个处理器以及安装 1 个处理器），可以考虑的方案是购买一颗 2、4、6、8 核心的 CPU。根据帮助文件，运行 ANSYS 推荐的最低硬件为双核心，核心频率为 2GHz，内存为 8GB。在拥有两个 HPC 许可证时，ANSYS 最多可支持 32 个核心。那么 CPU 配备以 16 或 32 核心为原则。对于单路系统，可以考虑 XEON E5、E7 系列的高端型号，比如最新的 XEON E7 系列的处理器最大有 18 个核心。但单核心频率仅 2GHz 多一点，性能很低，尽量不购买。

就 XEON 产品定位而言，E7 系列相对 E5 系列的绝对运算能力并没有大幅度提升（基本架构一样，核心数增加不多，单核心频率基本持平，平均到单核心的缓存容量也基本一样），其优势在于巨大的可扩展性，如更多路并行处理、支持更大容量的内存（比 E5 系列支持的最大内存容量多2.6倍)、更多的PCI-E通道数等。而在绝对运算能力近似的情况下，价格却高出E5系列很多。在总的核心数不大于32个时，选择E5的4600等系列更有性价比。反观世界上的顶级超级计算机，基本上也是选择XEON E5系列中高端的双路型号，如2680、2687W、2693等。这也从一个侧面证明了XEON E5系列CPU对于大规模超级计算应用而言效率更高。

教育版许可证支持最大2个CPU核心，并限制了不超过25万自由度的求解规模。

在只有一个HPC许可证的前提下（绝大多数ANSYS用户都是这种情况），CPU配备以2、4、6、8核心为准则。

双路4核心CPU方案与单路8核心CPU方案比较，虽然都是8个物理核心，但同等预算情况下，4核心CPU的运行频率一般大于8核心CPU的，其整体计算能力更好。

对于双路系统，如果不考虑未来升级，且预算吃紧时，可以购买2颗15核心的XEON构成30个核心。这样虽然CPU的单核心性能不佳，会浪费近1/4运算性能，但是双路系统的整体价格较低，在主板上，双路主板价格在3000～10000元，而一块4路主板普遍在15000元以上，节约了50%左右的预算，依然有很好的性能价格比。

如果是老计算机升级，硬件升级的优先顺序是内存、硬盘、CPU。升级内存是最具有性价比的；而硬盘是整机中速度最慢的部件；对于CPU，在计算机使用3年以后，一般新CPU接口会改变，升级时可以选择老接口中最高型号的产品，这也具有较好的性价比。更新CPU接口往往又要更换主板，虽然整机性能提升较大，但是由此更换了两大主要部件，硬件投资较高。建议在经历了一次CPU升级的3年后（使用了5年以上的整机）重新选配计算机。

对于四路系统（主板支持4个处理器以及可安装1～4个处理器），在不考虑未来升级的情况下，可以选择4颗8核心的XEON E5的4600系列。当需要升级时，可以先购买2颗8核心的处理器，未来1～2年后再购买相同型号的处理器。

以上是基于Intel公司的CPU做的参考。对于AMD公司的产品，由于其依靠大量的核心数补充其绝对浮点运算能力的不足，用户花费高价购买的限制核心数量的许可证被低性能的AMD产品占用，不够明智。

对于更在乎性能以及希望未来有更大的升级空间的用户，为了减少初期投资，可先购买双路主板，买一颗XEON E5的4600系列的4核心CPU。使用了1～2年以后，就不需要重新购买主板与CPU，只需比1～2年前以更便宜的价格购买一颗一样型号的CPU，就可以最廉价地升级一倍的CPU性能。符合摩尔定律。

当处理器核心数量达到了许可证上限时，增加一些GPU加速卡也是一个合理的选择。虽然有的时候加速比有限，但是毕竟有更大的计算能力。

15.0中又新增了对XEON Phi 协处理器的支持。它是基于CPU X64架构的众核心方案，将57～61颗低频率（1GHz～1.2GHz）的处理器核心集成在了一个芯片上；与GPU类似，虽然单核心性能低下，但以其巨大的核心数量优势和显存带宽优势，在总体上获得超强的浮点计算能力；由于其硬件框架采用了CPU的设计结构，很多软件可更直接地发挥其计算能力，而无须像GPU那样，通过诸如CUDA等“中间”环节，更利于简化程序和提高程序运行效率，而使得其应用范围更加广泛和“通用”；其使用PCI-E 16X接口，约300W的电功率；内部集成了约50亿个晶体管，单精度浮点计算能力约为10颗I7处理器。值得一提的是，获得2013年世界超级计算机性能第一位的中国天河2号超级计算机也使用了XEON Phi加速卡与XEON E5 2692 CPU组成的异构并行计算架构。天河2号拥有32000颗CPU和48000颗XEON Phi，总计约 3200000 个计算核心；而天河 1 号则使用了 CPU+GPU 的异构加速方案。

一般而言，固体类百万自由度左右规模的分析，使用一块高端 GPU 加速卡可比单纯使用多核心 CPU 加速 1.1～1.8 倍。流体类则可以加速数倍。

对于双路 XEON E5 平台的计算机而言，增加一块 XEON Phi“协处理器”加速卡后可加速计算约 2 倍，其加速比与使用 GPU 近似。一块 XEON Phi 的价格约 4000 元，而要从 CPU 性能提升中获得类似的加速比，如从双路 E5 2603 升级到双路 E5 2643，大约需要 10000 元；而如果是从双路 E5 2643 的基础上获得 2 倍的加速比，则需要几乎将 CPU、内存、主板、电源全部换新。放弃原主板，新增一块 4 路主板、XEON E7 4800 系列的 CPU、更高功率的电源和内存。并且为了能让新购买的 4 颗 CPU 获得最好的内存性能，即使是总的内存容量不变，原内存也需要数量更新。由于每颗 CPU 至少需要 4 根相同的内存，以获得 4 通道内存运行模式，新增加的 4 颗 CPU 需要 16 根相同的内存。整体而言，硬件升级费用将超过 40000 元。可见，使用 XEON Phi 的性价比是非常好的。

最新的 ANSYS 15.0 在 GPU 加速方面又有了革新。在之前的版本中，如果显存容量不足以满足计算需求，则可能会无法计算。在 15.0 中可在此时调用物理内存来帮助求解。内存的数据交换带宽远小于显存。对于大规模计算而言，虽然这不是提高计算速度的最好方法，但可更好地调用全部可能的计算能力而求解更大的规模。下面给出 ANSYS 15.0 支持的 GPU 型号。

AMD：V7750、V7800、V8750、V8800、V9800、W5000、W7000、W8000、W9000、M4000、M5100、M6000、M6100、M7820、M8900。

Nvidia：K600、K2000、K4000、K5000、K6000、K2000M、K4100M、K5000M、K5100M、K20。

特别的 HPC Workgroup 的许可证适合于经常进行优化设计的用户。一般 HPC 许可证每次只能运行一个优化设计分析，而 Workgroup 许可证可同时运行多个优化设计分析，可将优化设计的计算时间加速 4 倍或更多。

27.7 超线程技术

超线程技术（Hyper-Threading，HT）还应该从更基本的线程与多线程的概念提起。

在程序中，一个独立运行的程序片断叫做“线程”（Thread），利用它编程的概念就叫做“多线程处理”。多线程（Simultaneous multithreading，SMT）处理一个常见的例子就是用户界面。利用线程，用户按下一个按钮，程序会立即做出响应，而不是让用户等待程序完成了当前任务以后才开始响应。

最开始，线程只是用于分配单个处理器的处理时间的一种工具。但假如操作系统本身支持多个处理器，那么每个线程都可分配给一个不同的处理器，真正进入“并行运算”状态。从程序设计语言的角度看，多线程操作最有价值的特性之一就是程序员不必关心到底使用了多少个处理器。程序在逻辑意义上被分割为数个线程，假如机器本身安装了多个处理器，那么程序会运行得更快，无须作出任何特殊的调校。

注意一个问题，即共享资源。如果有多个线程同时运行，而且它们试图访问相同的资源，就会遇到这个问题。举个例子来说，两个线程不能将信息同时发送给一台打印机。为解决这个问题，对那些可共享的资源来说（如打印机），它们在使用期间必须进入锁定状态。所以一个线程可将资源锁定，在完成了它的任务后再解开（释放）这个锁，使其他线程可以接着使用同样的资源。

多线程能够提高程序运行的性能吗？这个问题看起来简单，实际上很复杂，涉及到多方面的因素。要把概念搞清楚，那就是什么是性能。一般来说用运行一个任务所花的时间来评价性能，所花的时间可以是在 CPU 上，也可以是在 I/O 操作上，运行任务的程序也可能同时在运行另外若干的任务（吞吐量）。这里把概念缩小一下，限制在一个程序运行一个任务，这个任务是只消耗 CPU 资源（CPU bound）的。那么所花的时间越小，说明性能越好。为了纯粹地说明问题，排除了数据共享问题，即线程之间不做任何同步动作，完全隔离。

理论上说，如果计算机只执行这一个测试程序，那么单线程要比多线程性能好，因为多线程需要做线程上下文环境的切换。而当计算机同时运行其他的进程时，假设其他进程里也有多个大量消耗 CPU 的任务，那么程序由于是多线程的，抢到 CPU 时间片的机会增多，它的性能应该好于单线程。

SMT 最具吸引力的是，只需小规模改变处理器核心的设计，几乎不用增加额外成本，就可以提升效能。多线程技术，则可以为高速的运算核心准备更多的待处理数据，减少运算核心的闲置时间。这对于桌面低端系统来说，无疑十分具有吸引力。Intel 从 3.06GHz Pentium 4 开始，所有处理器都支持 SMT 技术。

多线程并不是为了提高效率，而是不必等待，可以并行执行多条数据。多线程可以提高多程序同时运行时的效率，但一般是指程序中使用的资源由独占变成了多线程轮循使用，解决了瓶颈问题。多线程是为了让各个任务都有执行机会，而不是提高一个任务的执行效率。单核心在同一时点只能运行一个线程。如果把一个任务拆成多线程运行，则还增加了线程调度的性能损耗。如果程序是一个大量使用 CPU 运算的程序，多线程反而会降低效率。

如果编写的程序基于单线程，那么即使未来用户升级到 32 核，程序速度也很慢。而如果程序编写时就基于多线程，用户新的 32 核计算机会带来不断的性能提升，而软件代码不用变，这难道不是很美妙吗？而且，多线程可以让用户感觉同时在做很多任务，响应时间快，用户体验非常好。

多线程适用于计算密集型任务和异步操作。对于一个任务有一定的规模，具有可分性，即大规模任务可以由小规模任务汇总。使用不同数量的线程在单核机器上运行，轻量负载和大负载下调度的开销是不确定的，所以有测试结果的不同。

多线程程序设计上面临很多挑战，关键是任务的可分性。对于复杂任务，子运算顺序依赖设计同步时机问题，要想高效率起来必然导致程序的复杂性大大增加。线程本身由于创建和切换的开销，采用多线程不会提高程序的执行速度，反而会降低速度，但是对于频繁 I/O 操作的程序，多线程可以有效地并发。虽然采用了多线程，但 CPU 资源是唯一的（不考虑多 CPU 多核的情况），同一时刻只能一个线程使用，导致多线程无法真正地并发。相反由于线程切换的开销，效率反而有明显的下降。

提高 CPU 的时钟频率和增加缓存容量后的确可以改善性能，但此方法在技术上存在较大的难度。实际上在应用中，CPU 的执行单元都没有被充分使用。如果 CPU 不能正常读取数据（总线/内存的瓶颈），其执行单元利用率会明显下降。另外就是目前大多数执行线程缺乏 ILP（Instruction-Level Parallelism，多种指令同时执行）支持。这些都造成了目前 CPU 的性能没有得到全部的发挥。因此，Intel 采用另一个思路去提高 CPU 的性能，让 CPU 可以同时执行多重线程，就能够让 CPU 发挥更大效率，即所谓“超线程”（Hyper-Threading，HT）技术。

采用超线程技术后，在同一时间里，应用程序可以使用芯片的不同部分。虽然单线程芯片每秒钟能够处理成千上万条指令，但是在任一时刻只能够对一条指令进行操作。而超线程技术可以使芯片同时进行多线程处理，使芯片性能得到提升。

它是在一颗 CPU 上同时执行多个程序而共同分享一颗 CPU 内的资源，做到理论上要像两颗 CPU 在同一时间执行两个线程一样。虽然采用超线程技术能同时执行两个线程，但它并不像两个真正的 CPU 那样，每个 CPU 都具有独立的资源。当两个线程都同时需要某一个资源时，其中一个要暂时停止并让出资源，直到这些资源闲置后才能继续。因此，超线程的性能并不等于两颗 CPU 的性能。

在计算机上，处理 CPU 密集的任务时不推荐使用多线程。涉及到其他 I/O 操作的任务，如等待用户按键、读取文件、网络通讯等，多线程才是正当其选的解决方案。

在采用直接求解器的有限元分析这样 CPU 高度顺序运行的应用下进行任务分块时使用超线程，并不会提高多少效率，反而部分资源会被分块操作过程所消耗掉，造成实际性能小于纯物理核心计算时的。这点可以从 ANSYS 与 ABAQUS 等软件的 GPU 加速测试成绩中看出。虽然一颗具有数千并行计算单元的高端 GPU 加速卡的绝对浮点运算性能可以达到一颗高端 4 核心 CPU 的 10～30 倍，但是由于求解过程中需要使用 CPU 将任务划分成多个可并行运算的分块，以利于 GPU 中结构简单、内核高度并行的模式进行求解，这种操作无论从硬件上还是从软件上，执行效率都不高。其仅仅可以比单纯 8 核心 CPU 运算加速 1.1～1.8 倍，并且随 CPU 核心数量增加而减少，以及求解规模在 5 百万自由度左右时具有最大加速比，还有需要 2012 年以后发布版本的 CAE 软件支持，比如 ANSYS 13.0 及以上版本、ABAQUS 6.10 及以上版本等。

而流体分析则非常适合并行分块计算。其计算思路与 GPU 架构近似，可以发挥出 GPU 本身的超级浮点运算能力。根据 ANSYS 官方测试，GPU 在 Fluent 软件下可以达到约 5 倍的加速比，极其具有诱惑力和性价比。

很遗憾，几乎所有 CAE 软件，除流体分析和部分机械设计模块的求解器外，固体分析的计算基本都不适合分块并行。这使得多线程技术没有用武之地，又在一定程度上影响了求解效率。根据笔者实际测试，在 XEON E3 1230 v2 处理器上运行相同的求解项目（10 万单元网格以上的热分析、模态分析、静力学分析），当关闭超线程技术后，总的求解时间至少会减少约 10%，且求解过程中 CPU 占用率越高提速效果越明显。仅仅一次性操作的关闭了 HT 技术，就相当于计算机整体性能免费“升级”了 10%，何乐而不为呢？

相反地，当开启超线程技术（系统默认）使用 Fluent 软件求解某些分析项目时，总的求解时间会较关闭 HT 技术时提速约 5%。

建议 ANSYS 机械设计模块用户关闭 CPU 的超线程技术，而使用流体模块时需要保持默认的开启该技术。方法是在电脑开机进入操作系统之前的硬件自检过程中，按住 F8 键进入 BIOS，然后根据主板 BIOS 操作手册上的方法关闭 CPU 的超线程（HT）技术。

27.8 XEON 处理器的命名体系和产品线

下面解读一下 Intel XEON 处理器的命名体系，假设叫做 Xeon Ea-bcdef vg。

Ea：产品线划分，E3 是入门级单路工作站和服务器，E5 是单路到四路服务器，E7 是双路到八路服务器和数据中心。

b：最多并行路数，1、2、4、8 分别代表单路、双路、四路、八路。

c：插槽类型，2 代表 Socket H2 LGA1150，4 代表 Sandy Bridge Socket B2 LGA1356，6 代表 Socket R LGA2011，8 代表 Socket LS LGA1567，其中前三个现在都是 Sandy Bridge 架构的，最后一个是 Westmere-EX。

de：产品型号等级，越大越高端，但不和具体规格挂钩，而只是用于等级层次的划分。

其中 e 如果是 0，代表其不包含核心显卡；如果是 5，代表 CPU 内置了一颗与约 200 元价格独立显卡性能近似的核心显卡。

其功耗仅增加 15W 左右，CPU 整体价格增加 100 元左右，而其浮点运算能力几乎与该 CPU 的全部核心相同。注意，使用核心显卡功能需要主板支持。对于单元数量不超过 500 万的分析，该核心显卡的处理能力已经可以满足模型前后处理要求。

f：可选后缀，没有是普通版，L 代表低功耗节能版。L 的低功耗型号具有极低的耗电量，显著节约电能，如上面提到的 XEON E3 1230L，但一般额定运行频率不高，在 1GHz～2GHz，一些可以睿频加速到接近 4GHz（单核心）。

vg：产品世代版本，比如 2013 年是 v2，2014 年的 Ivy Bridge 家族就是 v3，依此类推。

28 主板

主板是连接各个主要硬件的平台，是各个部件数据交换的平台，其功能与扩展性直接决定了整体性能。

主板上连接的其他硬件如 CPU、显卡、内存等高速部件，尤其是针对 CPU 的供电电路质量，对整体运行的稳定性非常重要。现在主板上的供电电路使用 MOS（场效应管）加电感和电容并配合专用控制芯片的基本模式。由于单个 MOS 管的供电能力小于一个 CPU 的需求，每一相的供电能力约 20W，为了满足 CPU 动辄百瓦的供电需求，现在所有主板都是使用多路供电电路并行运行。选择时可以根据 CPU 能耗适当增加供电相数的余量。

一般而言，主流四核心 CPU 的功率约 80W，六核心可达约 130W，六核心以上最高可达 150W。

在 2005 年之前的主板电路中，大量使用铝壳电解电容作为低频滤波器件。其成本低廉，但是高温运行会极大地降低其使用寿命。在长期过高的温度下运行，会使得内部压力增加，以至于突破顶盖的爆破片而炸开失效。为了提高使用寿命，现在大部分做工较好的主板上都会使用固态电容。

识别固态电容有个最简单的方法，电解电容都是用一层热缩塑胶膜包裹在铝壳外面，使用不同的颜色识别耐高温性能等级。其中黑色最差，绿色、蓝色、粉色、紫色等较好。电解电容的顶盖有 Y 字形的压痕，当内部压力过大时，此压痕是铝壳结构的弱点，电解液从此处炸开。而固态电容没有这层塑胶膜，外壳是铝，其顶盖以彩色半圆形色带识别性能等级。

在电容的性能参数中，最重要的就是电容量，其单位为微法（μF）。一般而言，应尽量选择大容量的电容，以尽可能多地滤除低频干扰信号。需要注意的是，每相供电电路旁边的电容都是并联运行的，所以应将其共同使用的电容总容量相加才是实际的容量，而不是单个的。

主板上还有很多细小的贴片电容。一般是褐色米粒大小的，并在主板 PCB 板旁边印刷了 C（Capacity，电容）字样，主要用于过滤高频干扰，保证高频线路之间信号的稳定性。部分低质量板卡类部件（主板、显卡、内存条等，此原理通用）会减少这些电容的数量和容量，以节约成本。这样做短期内不会大幅度影响系统稳定性，但是遇到高频运行、高温、外界电磁干扰、电泳等复杂工况时，不稳定因素就体现出来了。

电容中性能最好、价格最贵的是钽电容。其外形很特别，一般长约 10 毫米、宽约 4 毫米、厚度 3 毫米左右，是具有黄色或者黑色涂层的长方体贴片元件。在需要保证高度稳定性并且不惜成本的服务器级主板和专业显卡上钽电容用量很大，而家用主板上很少能看到。

从保证信号稳定性的角度看，电路板上的走线不应该呈现 90 度转弯，比如多层印刷电路板平面方向的走线以及上下线路层之间的金属化通孔等。穿越电路板厚度方向的两个 90 度的激烈转角会形成两个天线，将信号发射出去。此信号对于旁边的线路而言就是干扰源，正确的设计应该以 135 度转角过渡。所以主板上会看到很多 135 度倾斜的走线。

主板等板卡类产品都是元件高度集成的，其 PCB（印刷电路板）的走线在互相平行的多层线路上依靠金属化通孔与下层连通。由于多层线路间有屏蔽层，一般而言层数越多，信号屏蔽效果越好，整体稳定性越好。但是这大幅增加了 PCB 设计与制造的难度和成本。主流主板或显卡使用 4 层或 6 层 PCB，高端型号使用 8 层或 10 层。部分笔记本电脑为了设计出最小的体积，甚至会使用 12 层 PCB。

由于计算机硬件运行在较高的频率（数 GHz）上，板卡上的走线大部分用来传输高频信号。而元件高度密集排列，不可能保证连线在物理位置上的距离一致。布线设计时，为了保证同类高频线路的长度一致，也就是信号传输的时间一致，需要将实际距离较近的连线走线设计成蛇形绕曲。此时的线路设计原则也是尽量避免 90 度转角，而是用 135 度过渡转弯的原则。另外将需要屏蔽的部件集中布置，且在外围设置封闭的环形屏蔽也会增加稳定性。

由于单个主流 CPU 功率较大，在 60W～150W，而供电电压却在 1.5V 以下，这样会使主板供电部分的电流很大。大电流下线路的电阻热损失将会比其他部件更明显。部分主板的 PCB（印刷电路板）背面，在 CPU 供电电路的走线上会设置数条平行的由粗焊锡组成的线。这是通过增加通过电流的截面积来减少电阻热损耗的一种简单方法。

部分主板为了降低供电 MOS 管的运行温度，会在其上安装散热装置，这也是提高稳定性的一种方法。

上面介绍了高品质板卡类（主板、显卡、内存等）产品的基本设计选用原则，下面从具体型号上加以介绍。

28.1 单路主板

对于 Intel 平台的主板，推荐的低端单路系统主板芯片组为 B85，对应的 CPU 接口针脚数量为 1150 根；中端为 X79 芯片的单路版本，对应的 CPU 接口针脚数量为 2011 根；高端的双路主板使用 X79 芯片组，针脚数同前；4 路使用 C600 系列芯片组，针脚数同前。不推荐 1567 针的 CPU 主板，因为这些产品属于 2011 针的简化版，仅仅支持三通道内存，性能价格比不如 2011 针的高。

在低端主板中，有多种芯片组可以选择，如 B85、H87、Z87 等。为什么推荐 B85 呢？原因有二：首先价格低廉，一块 B85 芯片主板的价格在 400～1000 元，较其他芯片便宜 30%～100%；其次本着最合适的才是最好的原则，相对更高端芯片的主板比 B85 增加了更多的 SATA 3.0、PCI-E 接口等，其扩展性更好。

能选择 B85 主板的用户都是预算有限，没有更多预算花费在更多的扩展功能上。但这些对于预算在 1 万元左右的有限元分析用计算机而言，该扩展性是无法用到的、没有价值的。基于 B85 芯片组的计算机一般支持 4 个 SATA 3.0 接口和 4～8 个 SATA 2.0 接口，可用来安装硬盘、光驱等。几乎不会组成基于 RAID 这样的磁盘阵列。在最低配置中，在 SATA 3.0 接口上安装一块普通硬盘就可以满足基本要求；在稍高性能需求下，可以配备一块专用于加速求解（迭代类分析除外）的高性能固态硬盘，将其安装在 SATA 3.0 接口上，以发挥其最大性能。再购买一块 7200 转或 10000 转的希捷牌或者西部数据牌机械硬盘，用于安装系统、各种软件和计算数据等，并连接在其他的 SATA 3.0 接口上。这样可以满足单路系统的几乎全部硬盘性能要求。故同样预算下，购买一块更高端的 B85 而仅获得最必要的功能比购买扩展能力强大但是“一辈子”也用不上的功能更划算。

对于单路系统，由于大部分最大支持 32GB 内存（LGA1150 接口的 CPU），LGA2011 接口 I7 CPU 最大支持 64GB 内存，总的分析规模不会太大。固态分析一般在 200 万单元以下，流体分析一般在 3000 万单元以下，不建议使用最高性能的 PCI-E 8X 接口的阵列固态硬盘，仅仅使用 SATA 3.0 接口的固态硬盘就可以平衡性能需求。需要注意的是，像本章最开始所介绍的，内存容量是影响分析规模的第一要素，选择 B85 芯片主板时要尽量购买可安装 4 条内存的型号，以双通道最大 32GB 内存来发挥最大性能。如预算极其有限，且计算规模不大，可选择 2 根内存插槽的主板，搭配 2 根 4GB 或者 2 根 8GB 内存（需要搭配 64 位系统和 64 位 ANSYS 软件）。

注意：根据 Intel 公司官方推荐信息，X79 主板上拥有几组蓝色和黑色的内存插槽，当将内存插入蓝色插槽时具有最高的内存运行速度，并默认最低运行速度为 1600MHz（实际运行速度取其与内存额定运行速度间的较小值）。当准备安装的内存条根数小于等于蓝色内存插槽数量时（2 个或 4 个），建议用户优先将内存插入蓝色插槽。当内存条数量较多（4 根、8 根或更多）时，优先插满蓝色内存插槽后再将其安装到黑色内存插槽上。

其他芯片组（H87 和 Z87）的主板支持更多的 PCI-E 通道。这对于需要多显卡、多块 GPU、多块 XEON Phi 加速卡和此接口的固态硬盘等硬件时很有用，但是作为低端分析用计算机会远远超出预算。此类需求不需要，故没有必要追求这些功能。如果需要，可以用多几倍的预算直接购买更高端的单路 X79 芯片主板配合多块 GPU 等部件，以发挥更高的 CPU 性能。

单路 B85 芯片主板由于面向低端，可以选择的品牌众多，优先选择一线品牌以保证稳定性，如华硕、技嘉、微星等；第二选择中端品牌，如映泰、梅杰、七彩虹等。其整体预算一般可在 10000 元左右。

在 I5 或者 I7 系列的 CPU 中，有一些带有 K 字样，是可以超频的型号。其一般是超频爱好者将其性能发掘到极限使用。但是过高的运行频率会降低稳定性，并对主板、内存和 CPU 的质量及整机散热能力有太高的要求，不建议大规模有限元分析选用此类 CPU。

单路 X79 芯片组主板支持 4 通道内存，可以安装 4 条或 8 条内存、最大 64GB 内存容量以及更快速的 4 核心或更高档的 CPU。对于桌面级 CPU，可以选择 I7 系列的 49XX 型号产品；对于 XEON 可以选择 E5 系列的单路型号，如 16XX 产品。它们都支持最大 64GB 的 4 通道内存。在预算允许的前提下，尽量选择 XEON 产品，因其 QPI 带宽比 I7 高一档，稳定性也更好，而且支持 ECC 技术的内存。

由于单路 X79 芯片组主板拥有更多的 PCI-E 接口，其一般用于中等规模的分析。一次分析消耗时间较长，可能会大于 8 小时，可以考虑在空闲的 PCI-E 4X 接口上配备一块最大读写速度超过 2000MB/s 的高性能固态硬盘，以在尽量少的投入下大幅度节约时间。其整体预算在

30000 元左右。

单路 X79 主板上也有足够多的 PCI-E 接口，如预算足够且接近了最大核心数量限制，可再增加 1～2 块 GPU 加速卡或者 XEON Phi 协处理器加速计算，或者使用一块高端专业显卡进行 CPU+GPU 异构并行计算。其整体预算在 50000 元左右。

28.2 双路主板

双路 X79 芯片主板也支持 4 通道内存。对于选择 X79 芯片主板的用户，其预算会更多，且很容易就达到 8 核心 CPU 的许可证限制上限，为了在有限的许可证范围内尽量获得高性能，此类用户可以考虑配备 1～4 块 TESLA 品牌的 GPU 加速卡或者 1～4 块 XEON Phi 协处理器。虽然对于固体分析其加速比不高，但是相对 HPC 许可证价格而言，一块 2 万元人民币的 TESLA 加速卡还是要便宜很多的。另一种方法是不购买单独的 GPU 加速卡而是升级显卡。购买 QUADRO 6000 型号中的最高端专业显卡，它也具有一定的 GPU 加速能力，前提是 ANSYS 版本 13.0 或以上、ABAQUS 6.10 版本或以上和相关的软件支持。

双路 X79 芯片主板品牌较少，一般可以选华硕、技嘉、微星、泰安。

就笔记本而言，由于移动工作站的主板芯片选择空间很小，可以从整机的稳定性、扩展性以及屏幕和附加功能等考虑选择。一般可以选择 DELL 的 M 系列、IBM（Lenovo）的 W 系列和 HP 的 EliteBook 系列产品。根据 IDC 跟踪报告，这三个品牌 2012 年移动工作站市场份额分别为 33.6%、19.0%和 45.4%；台式工作站的市场份额分别为 38.9%、7.3%和 46.4%。

移动工作站的 CPU、内存、显卡、硬盘均有较大的升级空间，价格一般在 20000～70000 元之间。当使用电池供电时，移动工作站一般降低运行频率以节约能耗，而使得整体性能大打折扣。

28.3 四路主板

对于四路系统，由于其主板价格普遍在 1.5 万元以上，品牌可选空间更小，一般在超微、华硕、泰安三者之间选择。由于随着核心数量的增加，整体加速比会下降，故选择核心数量少的 CPU 更有利。

四路主板使用 Intel 制造的 C6XX 系列芯片组，其功能与双路主板芯片组几近相同，不同的是供电稳定性、扩展性、监控保护功能等。由于购买此级别产品的用户预算更高，也许会购买 2 个 HPC 许可证，以达到 32 个核心与 4 个 GPU 加速卡等的配置。这样整体预算在 10 万元左右。

高端用户可购买具有可同时运行的至少 5 个 PCI-E 16X 接口与一个 PCI-E 8X 接口的主板。这样可以在安装一块专业显卡做前后处理的基础上，再安装 4 块 TESLA 加速卡或 XEON Phi 以并行运行，获得最大的浮点运算能力，另外的 PCI-E8X 接口专门用来安装一块最高性能的固态硬盘；低端用户可以考虑总计 32 核心的处理器（4 颗 8 核心），显卡为 QUADRO 6000 的最高端型号。

虽然是低预算配置，由于此级别产品支持的 PCI-E 通道数量较多，仍旧可以安装一块 PCI-E 8X 或 PCI-E 4X 接口的固态硬盘。这样在 10 万元预算下，可以达到几年前需要数百万元投资的计算机集群才能拥有的强大浮点运算能力。

如果经常进行流体分析或非线性分析，其对硬盘性能要求没有线性固体类分析那么高，则可以选择 SATA 3.0 接口的高端固态硬盘作为运算磁盘。

例如配置一块 4 路主板、4 颗 6 核心或 8 核心高端型号的 XEON E7 系列 CPU、4 块 GPU 加速卡或 XEON Phi、256GB 内存、1 块中端专业显卡、1 块 PCI-E 8X 接口固态硬盘等部件，整体价格在 20 万元左右。

当需要更多核心加速有限元分析时，往往使用基于网络技术的并行计算机集群，而不是单独使用更多核心的单机来实现。不但可自主建造，而且可以用每核心每小时 4 元左右的价格租用附近超级计算中心的超级计算能力。我国已经在北京、天津、上海、长沙、济南、成都、深圳、广州等地建立了多处超级计算中心。在典型的超级计算中心中，允许 ANSYS 最大以 512 个核心并行求解。

29

GPU 及 XEON Phi

常规而言，GPU 是用于处理显示信息的图形处理芯片，那么就先介绍其原始功能。以笔者的实际使用经验来看，机械设计模块的 ANSYS 前后处理过程中，除了 500 万单元以下，会略有卡顿现象。除使用显卡中的 GPU 加速求解外，笔者不建议将太多预算用在显卡上。大部分情况下，最低端的专业显卡（价格约 1000 元）、两百元的普通游戏显卡、集成在 CPU 内部的核心显卡足矣。

笔者台式机的显示器为在专业显示器领域世界第一的日本 EIZO（艺卓）牌，型号为 FA-1570。这台 2002 年制造的定位高端专业领域应用的 15 寸液晶显示器，却拥有着 2048×1536 分辨率的超精细显示效果，其画面细腻程度与苹果的 iPAD 4 代和主流的 2K 分辨率显示器近似。模型复杂程度等条件相同时，显卡的负荷与其分辨率、色彩深度、刷新率等成正比。笔者的显示器拥有如此高的分辨率，会使得显卡负荷基本相当于使用普通显示器时的 2 倍。

尽管如此，笔者在 2012 年 12 月组装该台式机时，仅花费 70 元购买一块二手的、2007 年生产的、型号定位低端的、仅仅 256MB 显存的显卡：Nvidia 公司的 GEFORCE 9400GT，其依然可以顺畅地显示笔者接触的各种规模的项目，包括在 Solidworks 里面建立并编辑 8000 个零件、无复杂曲面的巨大模型、处理 500 万单元的有限元模型、显示 150 万单元的分析结果等。

在大型三维游戏中，如果要达到顺畅地（每秒 40 帧以上）渲染出如此华丽的画面效果，主流游戏显卡的性能不可能实现。约需要增加近千倍的渲染能力才可以达到如此速度，这对于主流计算机是不可能的。一般是将事先渲染好的确定结果的显示效果信息存储在游戏数据库中，需要时显卡提取出相应参数，并且只负责“拼凑”出一些现成的渲染内容而已；在电影中往往大量使用电脑渲染的动画效果。

为了达到足够的渲染速度，华丽的动画效果一般是在中巴车大小的基于 GPU 加速的超级计算机上执行的渲染；在电影中往往大量使用精细渲染的特效动画。例如在 2008 年上映的电影《阿凡达》中，使用了一台约 5000 个 CPU 核心、性能排名在当时世界顶级超级计算机前 150 位的超级计算机执行的渲染；在 2013 年上映的电影《环太平洋》中，为了达到足够的渲染速度，是在面包车大小内置数百块 GPU 加速卡的超级计算机上执行的渲染。在只有一个机器人的情况下，渲染一帧需要 20 分钟。由此可以对比，为了顺畅运行游戏而生成每秒不少于

40 帧的精美图像，却完全实时地使用计算机浮点计算能力进行渲染的话，需要在现有主流计算机的基础上升级 20×60×40=48000 倍的浮点计算能力，不采用极其昂贵的超级计算机是不可能实现的。在有限元分析中，没有生成华丽画面必需的复杂多边形模型、光影、贴图、纹理等负荷需求。从最新的显卡技术角度看，两百万单元以下规模的有限元分析对显卡渲染能力和多边形生成能力的要求极低。这也是笔者在花费约 7000 元购置的台式机主机中只配备了价值 70 元二手显卡的原因。

曾几何时，CPU 的运算性能几乎代表了计算机整机的运算能力。最近 10 年，随着 GPU 内晶体管数量的爆炸式增加，其绝对的浮点运算能力已经远远超越同时期的 CPU。此能力如不加以利用，势必造成性能浪费。最近 5 年 Nvidia 公司投资数十亿美元研发基于 CUDA 技术来调用 GPU 的计算资源。

为了充分发挥 GPU 内几十亿个晶体管的巨大浮点运算能力，Nvidia 公司设计出了基于显卡 GPU 的专用科学计算加速卡，并创立 Tesla（借用特斯拉的名字，一位著名的物理学家）分品牌，以希望其能像当年的大科学家那样伟大。2012 年世界超级计算机排名第一的中国天河 1A 就是搭载了 7168 块 Tesla M2050 加速卡，配合 14336 颗 XEON X5680 CPU，达到比单纯 CPU 计算平均加速 500%的好成绩，极大地节约了投资，降低了能耗。

29.1 GPU 通用计算

目前，主流计算机的处理器主要是中央处理器（CPU）和图形处理器（GPU）。传统上，GPU 只负责图形渲染，而大部分的处理都交给了 CPU。

随着科技的进步，一些大规模科学计算问题，如卫星成像数据的处理、基因工程、全球气象预报、核爆炸模拟和超大规模有限元分析等，其数据规模已经达到 TB 量级。如北京超级计算中心为中国某核电厂核心设备做疲劳分析模拟时，其生成的结果文件约 10TB，没有万亿次以上的计算能力是无法解决的。与此同时，日常生活应用如 3D 游戏、高清视频播放等面临的图形和数据计算也越来越复杂，对计算速度提出了严峻挑战。GPU 在处理能力和显存带宽上相对 CPU 有明显优势，在成本和功耗上也不需要付出太大代价，从而为这些问题的解决提供了新方案。

由于图形渲染的高度并行性，使得 GPU 可以通过增加并行处理单元和存储器控制单元的方式低成本地提高处理能力和存储带宽。GPU 的设计将更多的晶体管用作执行单元，而不是像 CPU 那样用作复杂的控制单元和缓存，并以此来提高少量执行单元的执行效率。

受到游戏市场和军事场景仿真需求的牵引，GPU 性能提高速度很快。最近几年中，GPU 的性能几乎每一年就可以翻倍，大大超过了 CPU 遵循的摩尔定律（每 18 个月性能翻番、功耗减半、价格减半）的发展速度。为了实现更加逼真的图形效果，GPU 支持越来越复杂的运算，其可编程性和功能都大大扩展了。

主流 GPU 的单精度浮点处理能力已经达到同时期 CPU 的 10 倍以上，而其外部存储器（显存）带宽则是 CPU 的 5 倍以上。GPU 在架构上实现了统一架构单元，并且可以实现细粒度的线程间通信，大大扩展了应用范围。2006 年，随着支持 DirectX 10 的 GPU 发布，基于 GPU 的通用计算（General Purpose GPU，GPGPU）的普及条件已经成熟。

Nvidia 公司于 2007 年正式发布的 CUDA（Compute Unified Device Architecture，计算统一

设备架构）是第一种不借助图形学接口就可以使用类 C 语言进行通用计算的开发环境与软件体系。

由于在性能、成本和开发时间上较传统的CPU解决方案有明显优势，CUDA的推出在业内引起了强烈反响。现在，CUDA计算已经在多个领域获得了广泛应用，并获得了丰硕的成果。

随着更多开发人员的参与，可以预见，GPU 将在未来的计算机架构中扮演更加重要的角色，甚至许多以往被认为不可能的引用也会因为GPU强大的处理能力而成为现实。要了解GPU是如何具有如此强大的计算能力的，还要从多核计算和GPU的发展历程谈起。

29.2 多核计算的发展

并行是个广义的概念，根据实现层次的不同，可以分为以下几种方式：最微观的是单核心指令级并行，它让单个处理器的执行单元可以同时执行多条指令；向上一层是多核并行，即可在一个芯片上集成多个处理器核心，实现线程级并行；再往上是多处理器并行，在一块电路板上安装多个处理器，实现线程和进程级并行；最后是可以借助网络实现大规模集群或者分布式并行。每个节点就是一台独立的计算机，实现最大规模的并行计算。

计算机集群是一种通过一组松散集成的计算机软件和硬件连接起来的高度密集协作完成计算工作的系统。分布式计算则将大量的计算任务和数据分割成小块，由多台计算机分别计算，在上传运算结果后，将结果统一合并得出结果。此架构组织较为松散。

伴随着并行架构的发展，并行算法也在不断地成熟与完善。受工艺、材料和功耗的物理限制，处理器的运行频率不会在短时间内有飞跃式的提高。因此，采用各种并行方式提高计算能力势在必行。而GPU本身就是一种众核并行的处理器，在处理单元的数量上远远超过CPU。

29.3 CPU 多核并行

CPU 提高单核心性能的主要手段是提高处理器运行频率和增加指令级并行。这两种传统的手段都遇到了问题。随着制造工艺的不断提高，晶体管的尺寸越来越接近原子量级，元件间的漏电问题越发严重，单位尺寸的能耗和发热密度也越来越大，使得频率提升幅度越来越小；通用计算中的指令级并行并不多，因此煞费苦心设计获得的针对指令级并行而付出的大量晶体管显得浪费，使用流水线可以提高指令级并行，但是更多更长的流水线会导致运行效率问题；为了实现更高的指令级并行，就必须用复杂的猜测执行机制和大量的缓存来保证指令和数据的命中率，现代CPU的分支预测正确率已经达到95%以上，没有什么提升空间；缓存的大小对CPU 的性能有很大影响，但是继续增加缓存大小最多就是让真正用于计算的少量执行单元满负荷运行，这显然无助于CPU性能的进一步提高。

由于上述原因限制了单核心CPU性能的进一步提高，CPU厂家开始在单块芯片内集成更多的处理器核心，使CPU向多核心方向发展。与此同时，多核心架构对传统的系统结构也提出了新的挑战。随着CPU从单核发展为多核，越来越多的程序员也意识到了多线程编程的重要性。多线程编程既可以在多个CPU核心间实现线程级并行，又可以通过超线程技术等更好地利用每一个核心内的资源，充分利用CPU的计算能力。

而支持CUDA的GPU可以看成是一个由若干个向量处理器组成的超级计算机。过去的超级计算机往往拆掉显卡以降低功耗，自CUDA计算推出后，越来越多的超级计算机开始安装GPU以提高性能，降低成本。

29.4　CPU+GPU异构并行

目前主流计算机的处理能力来自CPU和GPU。在13.0到15.0版的ANSYS软件中，仅在64位版中支持GPU加速功能，且最新的16.0版ANSYS软件仅有64位版。它们经过北桥芯片，通过PCI-E总线连接。此架构传统的任务是图形实时渲染。在这类应用中，CPU负责提供用户的输入和在一定规则下确定下一帧需要显示哪些物体以及这些物体的位置，计算后再将这些信息传递给GPU，由GPU绘制这些物体并进行显示。两者的计算是并行的：在GPU绘制当前帧的时候，CPU可以计算下一帧绘制的内容。在这些处理中，CPU负责的是逻辑性较强的计算，GPU负责计算密度高的图形渲染。

为了满足事物计算的需要，CPU被设计成使执行单元能够以很低的延迟获得数据和指令，因此采用了复杂的控制逻辑和分支预测以及大量的缓存来提高执行效率；而GPU必须在有限的面积上实现很强的计算能力和很高的存储器带宽，因此需要大量执行单元来运行更多相对简单的线程，在当前线程等待数据时就切换到另一个处于就绪状态等待计算的线程。简而言之，CPU对延迟将更敏感，而GPU则侧重于提高整体的数据吞吐量。

尽管GPU的运行频率低于CPU，但更多的执行单元数量还是使得GPU能够在浮点处理能力上取得优势。即使是芯片组内集成的低端GPU，在单精度浮点处理能力上也能和主流CPU打成平手，而主流GPU的性能则可以轻松达到同时期主流CPU的10倍以上。

主流GPU的显存带宽是同时期CPU最高内存带宽的5倍以上。造成这一差异的原因主要有两个：首先，虽然显存中的存储颗粒与内存的存储颗粒在技术上是同源的，但是显存颗粒是直接焊接在显卡PCB上的，而内存为了兼顾可扩展性的需要，必须通过插槽与主板相连，直接焊接的信号完整性比通过插槽的内存更容易解决，显存的技术先进性与工作频率也比同时期的内存颗粒要高出很多；其次，目前CPU内存控制器一般是基于2、3、4通道技术的，每个通道位宽64位，最大为4×64=256位，而GPU则有多个控制器单元，主流GPU的存储位宽达到512位，这样GPU的显存带宽可以是CPU的数倍。

CPU中的缓存主要用于减少访问延迟和节约带宽。缓存在多线程环境下会发生失效反应：在每次线程上下文切换后都需要重新缓存上下文。一次缓存失效的代价是几十到几百个时钟周期。同时，为了实现缓存与内存中数据的一致性，还需要进行复杂的逻辑控制。

而GPU中没有这些复杂的缓存体系和替换机制。GPU缓存是只读的，因此也不用考虑缓存一致性问题。GPU缓存的主要功能是过滤对存储器控制器的请求，减少对显存的访问。

CPU+GPU异构并行方案不只是计算能力的提高，也不只是节约成本和资源，其更可将高性能计算普及到桌面，使得以往许多不可能的应用成为了现实，这种灵活性本身就是一次革命性的进步。

29.5　GPU渲染流水线

GPU渲染流水线的主要任务是完成3D模型到图像的渲染工作。GPU输入的模式是数据结构定义的对三维物体的描述，包括几何、方向、物体表面材质、光源所在位置等，而 GPU 输出的图像则是从观察点对 3D 场景观测到的二维图像。

下面以绘制一只臭鼬（笔者在有限元类 QQ 群所采用的名片）为例来简单说明 GPU 图形流水线的工作流程。首先，GPU 从显存中读取描述臭鼬 3D 外观的顶点数据，生成一批反映三角形场景位置与方向的顶点；由顶点着色器计算二维坐标和亮度值，在屏幕空间绘制出构成臭鼬的顶点；顶点被分组成三角形图元；模型着色器进行进一步细化，生成更多图元；随后 GPU 中的固定功能单元对这些图元进行栅格化，生成相应的片元集合；由像素着色器从显存中读取纹理数据对片元上色和渲染；最后，根据片元信息更新臭鼬图像，主要是可视度的处理，由 ROP 完成像素到帧缓冲区的输出，帧缓冲区的数据经过数模转换输出到显示器上后就可以看到绘制完成的臭鼬图像了。

图像渲染过程具有内在的并行性：顶点之间、图元之间、片元之间的数据相关性很弱，对它们的计算可以独立并行进行。这使得通过并行处理提高吞吐量成为可能。

在传统 GPU 架构中，顶点着色器和像素着色器的比例是固定的 1:3 关系，其遵循著名的"黄金比例"。但是这种结构会带来一个问题，如果场景中有大量的小三角形，顶点着色器就必须满负荷工作，而像素着色器就会被限制，反之亦然。因此，固定比例设计无法完全发挥 GPU 中所有单元的计算性能。随着专门单元被通用的统一着色器架构所取代，其可以充分地利用可编程着色器的处理能力。

29.6 Nvidia GPU 简介

目前，Nvidia 公司针对不同应用推出了四大类产品线。

Tegra 系列是为便携和移动领域推出的全新解决方案，在极为有限的面积上集成了通用处理器、GPU、视频编码、网络、音频输入输出等功能，并维持了极低的功耗。

GeForce 系列主要面对家庭和企业的娱乐应用。依照性能等级的不同又细分为高端的 GTX 系列和 Ti、中端的 GTS 和 GT、低端的 GS 等。

Quadro 系列主要用于图形工作站中，它对专门应用领域的专业软件进行了专门优化。其也被细分为专为 AutoCAD 设计优化的 VX 系列、专业图形渲染优化的 FX 系列、用于移动和专业平面显示的 NVS 系列、为图像和视频应用优化的 CX 系列等。由于 Quadro 系列产品支持完整的图形 API 接口函数，并且经过专门优化，通过了各大专业软件公司认证，同时期同级别 GPU 芯片制造出的 Quadro 系列产品的专业软件处理效率一般可以达到 GeForce 系列的 5 倍或更高。

Tesla 系列是专门用于高性能通用计算的产品，它在有限的体积和功耗下实现了极其强大的浮点计算能力。

29.7 CUDA 开发

2007 年 6 月 Nvidia 公司推出了 CUDA（Compute Unified Device Architecture，统一计算设备架构）。CUDA 是一种将 GPU 作为数据并行计算设备的软硬件体系。CUDA 不需要像传统通用计算开发那样借助 API 实现曲线的处理路线，它采用了比较容易掌握的类 C 语言进行开发，开发人员能够用熟悉的 C 语言比较平稳地从 CPU 过渡到 GPU，而不必重新学习语法。当然，要开发高性能的 GPU 通用计算程序，开发人员仍然要掌握并行算法和 GPU 架构方面的知识。

与以往的 GPU 相比，支撑 CUDA 的 GPU 在架构上有着显著的改进，有两项改进使得 CUDA 架构更适合于 GPU 通用计算：一个是采用统一处理架构，可以更加有效地利用过去分布在顶点着色器和像素着色器上的计算资源；另一个是引入了片内共享存储器，支持随机写入和线程间通信。

CUDA 为开发人员有效利用 GPU 的强大处理性能提供了条件。自推出后它被广泛应用于各种计算领域，在很多应用中获得了几倍到上百倍的加速比。

在 CUDA 编程模型中，将 CPU 作为主机（Host），GPU 作为协处理器（Co-processor）或设备（Device）。在一个系统中可以存在一个主机和若干个设备。在这个模型中，CPU 与 GPU 协同工作，各司其职：CPU 进行逻辑性强的事物处理和串行计算；GPU 负责执行高度线程化的并行计算。一旦确定了程序中的并行部分，就可以考虑把这部分计算交给 GPU。

GPU 中的 SM 代表流处理器（Stream Multiprocessor），即前面提到的“计算核心”。每个 SM 中又包含 8 个标量流处理器 SP（Stream Processor）以及少量的其他计算单元。商业宣传中，GPU 往往被说成拥有几百个“核”。这里的“核”通常指的是 SP 的数量。实际上，SP 只是执行单元，并不是完整的处理核心。拥有完整的处理核心必须包含取指、解码、分发逻辑和执行单元。因此将 SM 称为“核”要更为合适。

每个 SM 大致相当于一个拥有 8 路 SIMD 的处理器，但是指令宽度不是 8 而是 32。SM 通过向量机技术增强了计算性能，减少了控制方面的开销。

进行一次 GPU 计算要在多种存储器间进行几次数据传输，要消耗相当多的时间。这导致了较大的延迟，也使得 GPU 不适合一些实时性要求很高的应用。CUDA 并不是一种完全硬件透明的语言，程序员需要根据硬件特点将任务进行合理的分解。

在一台计算机中可以存在多个 CUDA 设备，通过 CUDA API 提供的上下文管理和设备管理功能可以使这些设备并行工作。这种方式可以提高单台机器的性能，节约空间和成本。

CUDA 的设备管理功能与 Nvidia 在图形学应用中采用的 SLI（速力）技术有很大的不同。SLI 技术是将多个 GPU 桥接起来虚拟成一个设备，并由驱动层自动管理任务在各个 GPU 间的分配以及各个 GPU 间的通信；而 CUDA 的设备管理功能是由不同的线程管理各个 GPU，每个 GPU 在一个时刻内只能被一个线程使用。

CUDA 可以与 MPI 一起使用，提供成本更低、体积和功耗更小、性能更强大的高性能计算解决方案。

29.8 图形显卡概览

现代图形显卡在十分有限的面积上实现了极强的计算能力和极高的存储器及 I/O 带宽。这就需要有可靠的电源和有效的散热手段。GPU 上大量的高速器件对显卡的信号完整性、供电和散热设计提出了挑战。

图形显卡的“骨架”是 PCB（Printed Circuit Board，印刷电路板）。Nvidia 公司在发布 GPU 的同时，一般也会发布相应的 PCB 设计以及 GPU 和显存的建议工作频率，称为公版；部分厂商也会开发各自的显卡设计，称为非公版。显卡上的电路都工作在非常高的频率，因此 PCB 质量对显卡的稳定性和寿命有很大影响。一般来说 PCB 的层数越多，电路的电磁兼容性和稳定性就容易做到一个比较理想的水平，但成本也会急剧上升。其他厂商为了增强非公版产品的市场竞争力，往往通过提高 GPU 和显存的运行频率来获得更高的性能，或者减少 PCB 的层数，降低元件规格以控制成本。非公版产品满足了差异化需求。

供电电路的质量对显卡的稳定工作起着至关重要的作用。高端显卡由于功耗较大，一般采用多相供电，并且对 GPU 和显存分别进行供电。由于显卡与主板连接的 PCI-E 插槽只能提供 75W 的功率，因此更大功率的显卡需要通过外部接口提供额外的功率。外部供电线路有 6 针和 8 针两种。每个 6 针供电线可以提供 75W 的额外功率，每个 8 针接口可以提供 150W 的额外功率。

PCI-E 3.0 接口在每个通道上的传输带宽可以达到 10.0Gb/s，几乎达到了信号在铜线上传输速度的极限。总体而言，虽然 PCI-E 接口带宽在不断提高，但在通用计算中主机与设备间的通信代价依然高昂，仍然需要不断优化。

由于显卡需要实现较高的像素填充率等，因此显存必须能够提供大于内存的带宽。显存是显卡上的关键部件，它的速度和容量直接影响了显卡的性能。由于显卡对显存带宽要求较高，因此显存一般使用比内存更加先进的技术。

对于 CPU 来说，多个核心之间的通信代价并不太大。CPU 缓存本身就有数据一致性，即 CPU 内缓存的数据与 CPU 外部任何存储单元的数据保持一致，因此实现多个 CPU 之间的数据一致性没有什么难度。但是 GPU 中的缓存大多是只读的，不需要考虑数据一致性问题。因此，多个 GPU 之间很难实现高带宽低延迟的通信，只有通过 PCI-E 总线和系统内存交换数据，代价非常高昂。

29.9 CUDA 程序优化概述

CUDA 程序优化的最终目的是以最短的时间在允许的误差范围内完成给定的计算任务。“最短的时间”是指整个程序的运行时间，这更侧重于计算的吞吐量而不是单个数据的延迟。在考虑使用 GPU 和 CPU 协同计算之前，应先粗略地评估使用 CUDA 是否能达到预期的效果。

这包括以下几个方面：

（1）精度。目前，GPU 的单精度计算性能要远远超过双精度计算性能，整数乘法、除法、求模等运算的指令吞吐量也较为有限。在科学计算中，由于需要处理的数据量巨大，往往只有在采用双精度或者四精度时才能获得可靠的结果。

（2）延迟。目前 CUDA 还不能单独为某个处理核心分配任务，因此需要先缓冲一定量的数据再交给 GPU 进行计算。这样的方式可以获得很高的数据吞吐量，不过单个数据经过缓冲、传输到 GPU 计算、再拷贝回缓冲的方式比直接由 CPU 进行串行出来要长很多。

（3）计算量。如果计算量太小，那么使用 CUDA 是不划算的。对于一些计算量非常小（整个程序在 CPU 上可以在几十毫秒内完成）的应用来说，使用 CUDA 计算时在 GPU 上的执行时间无法隐藏数据传输的延迟，此时整个程序运行时间反而会比使用 CPU 更长。对于 ANSYS 和 ABAQUS 软件来说，百万自由度左右的计算量暂时比较适合使用 CPU+GPU 异构计算。

30 笔者亲自测试的数据

模型使用 Solidworks 软件创建 400mm 长、300mm 宽的矩形草图，拉伸 50mm 建立长方体模型；再使用“文字”功能添加 ANSYS 15.0 字样，拉伸 50mm 建立单个的实体模型；两者建立单一模块的装配体模型，使用“配合”功能装配定位；使用阵列的方式分别将单一模块阵列 2、4、6、8、10 组，组成复杂模型。

通过不断调整全局网格尺寸以控制每组模型网格单元数量分别约为 10 万、20 万、40 万、60 万、80 万和 100 万个。最终的全局网格尺寸为 4.33mm，单元类型为 Solid186。

分析软件使用 64 位的 ANSYS Workbench 15.0，操作系统为 Windows 7 64 位，零件之间（平板部分与每一个文字部分之间和平板与平板模型之间）使用默认的绑定接触，材料属性为软件默认的“结构钢”。热分析定义正面的温度和背面或侧面的传热系数；静力分析定义底面固定位移约束，加载横向重力加速度；模态分析定义底面固定位移约束；求解器使用程序默认设置。

内存为金士顿牌的“骇客神条”，共 4 条，每条容量 8GB。内存最高运行频率为 1600MHz，由于 CPU 内置的内存控制器限制，实际运行频率为 1333MHz。当测试 16GB 内存的计算性能时，分别将两条内存安装在相同颜色的插槽上与不同颜色的插槽上，以使其运行在双通道模式与单通道模式下；当测试 32GB 内存的计算性能时，将主板上的 4 个内存插槽插满，以组成双通道 32GB 内存。

CPU 为 Intel 公司的 XEON E3 1230 v2，4 个物理核心、3.3GHz 核心频率、总线带宽 5GB/s，事先在主板 BIOS 中关闭了超线程技术（HT）。

系统硬盘为西部数据 2000GB 绿盘，计算硬盘为 Intel 330 系列 120GB 固态硬盘。将系统的页面文件（虚拟内存）设置为 30GB，并存放在固态硬盘中。求解时的计算文件也保存在固态硬盘中，以尽量发挥固态硬盘的性能优势。

主板为技嘉 B75；显卡为二手的 Nvidia 公司的 GEFORCE 9400GT，显存容量为 256MB；显示器为日本产的艺卓（Eizo）15 寸液晶显示器，分辨率为 2048×1536。

有限元模型准备好后，分别使用默认求解器计算。完成后查阅 Worksheet 最下方的 Elapsed time（消耗的时间）作为求解时间的基准。

30.1 内存的专项测试数据

图 30-1 所示为用单通道和双通道 16GB 内存分别进行 10 万到 80 万单元网格热分析、静力学分析和模态分析的求解时间，具体求解时间的汇总数据在光盘中名为“性能测试”的 Excel 文件中。

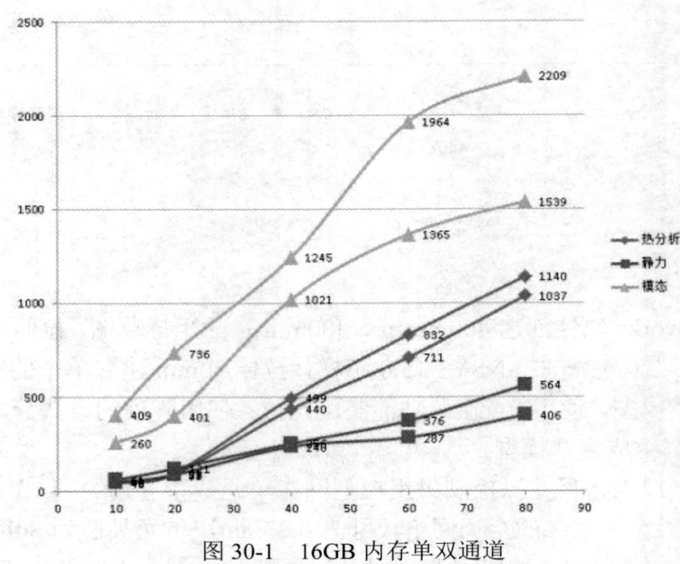

图 30-1 16GB 内存单双通道

图 30-2 所示为用双通道 32GB 内存分别进行 10 万到 100 万单元网格热分析、静力学分析和模态分析的求解时间与用双通道 16GB 内存分别进行 10 万到 80 万单元网格相同分析的求解时间。

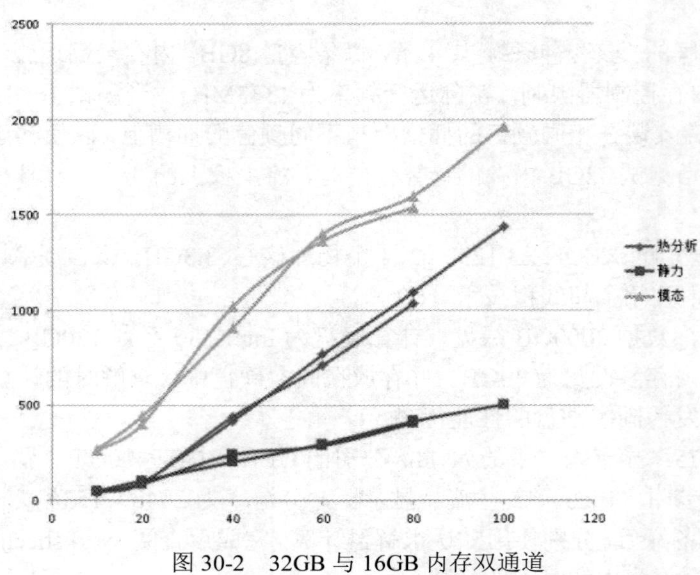

图 30-2 32GB 与 16GB 内存双通道

本测试主要查看不同计算规模在相同容量基础上不同内存带宽（单通道与双通道）下求解时间和相同内存带宽不同容量时的对比。由结果可以发现，热分析和静力学分析，双通道内存平均求解时间比单通道快约 10%；模态分析则约为 30%。也许这是因为模态分析时，几乎全部的求解时间中都可以达到 CPU 100%运行，其与内存交换数据的可能性更多，内存性能的差异体现得更明显。

而随着网格数量的增加，三种分析的求解时间基本呈线性关系增加，这说明暂时计算机没有遇到明显的硬件性能瓶颈。如果求解磁盘从固态硬盘换到机械硬盘，在网格数量超过 40 万个时，会极大地增加求解时间，其网格数－时间曲线会呈现非线性上升的趋势。由于此类测试将耗费太多的时间，笔者暂没有做测试。

一样的软件环境与除了内存带宽（单通道与双通道运行的差别）不同外的硬件环境时，相同的分析内容也可以有较大的求解时间差距。如使用 2011 接口的 CPU，其 CPU 总线带宽与内存带宽比 1150 接口的快 60%～100%。据此可以推测，即使使用相同核心数量和相同频率的不同 CPU 测试，2011 接口计算机的整体速度可再加速 10%～30%，并且一定不要让已拥有偶数条数的内存运行在奇数通道模式下。

32GB 内存与 16GB 内存求解时间上基本一致，更大的内存主要用来满足大规模计算需要。

图 30-3 所示为单一模块的模型，该模型被划分出了约 10 万个单元。图 30-4 所示为 10 个模块的模型，该模型使用与单一模型相同的网格尺寸设置，被划分出了约 100 万个单元。图 30-5 所示为 10 个模块的模型的局部网格划分情况。

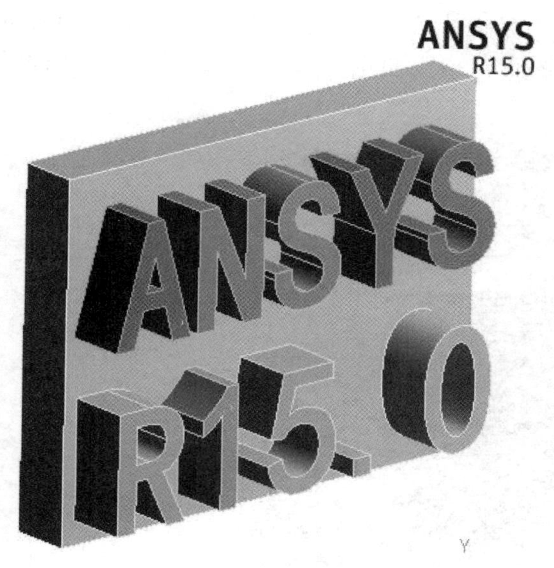

图 30-3 单一模块的模型

图 30-4 10 个模块的模型

需要特别注意的是，该分析中的接触很少，且都是线性的绑定接触，计算量比较小。如果模型中的接触数量极大，如 40 万三维实体单元的有限元模型中包含了 1000 个绑定接触这类的情况，求解时的内存消耗量将增加数倍，需要 32GB 或 64GB 内存才可高效率地求解。

如果有限元模型中的非线性成分很多，其内存消耗量和对硬盘读写能力的需求会较本测试小数倍。影响分析效率的将主要是 CPU 的浮点运算能力。

图 30-5　划分的网格

30.2　硬盘的专项测试数据

硬盘性能测试使用的是 HDTunePro、DiskMark 和 AS SDD 软件。下面给出笔者日立 1000GB 笔记本硬盘、西部数据 2000GB 台式机硬盘和 Intel 120GB 固态硬盘的测试成绩。

由图 30-6 可知 1000GB 笔记本硬盘的最高传输速率为 110.1MB/s，最低传输速率为 22.7MB/s，平均传输速率为 77.4MB/s，而“存储时间”相当于“寻道时间”，为 19.7ms。由图 30-7 可知其“操作/秒”即 IOPS 仅仅在 28～51 之间。平均速度和平均存储时间的性能都较低。

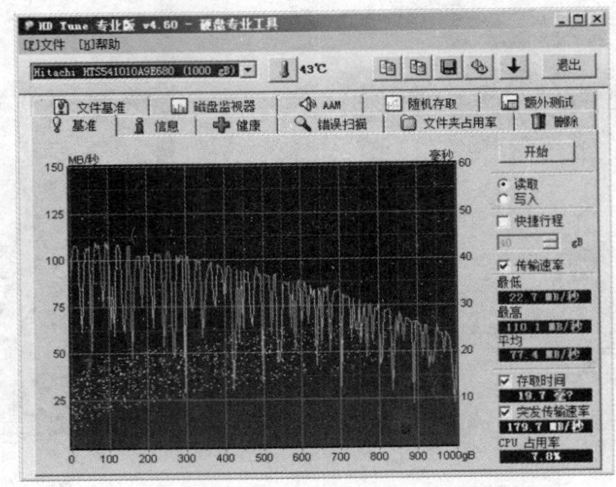

图 30-6　笔记本硬盘测试 1

由图 30-8 可知 2000GB 台式机硬盘的最高传输速率为 124.9MB/s，最低传输速率为 45.6MB/s，平均传输速率为 92MB/s，而“存储时间”相当于“寻道时间”，为 17.6ms。由图 30-9 可知其“操作/秒”即 IOPS 仅仅在 31～56 之间。平均速度和平均存储时间的性能都较低。相对笔记本硬盘，该台式机硬盘性能稍强。

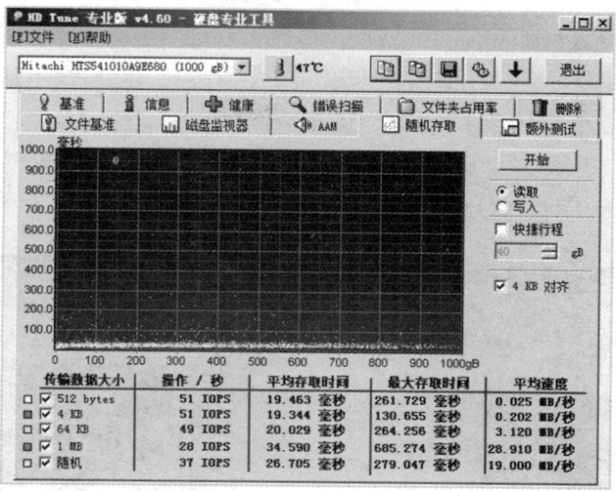

图 30-7　笔记本硬盘测试 2

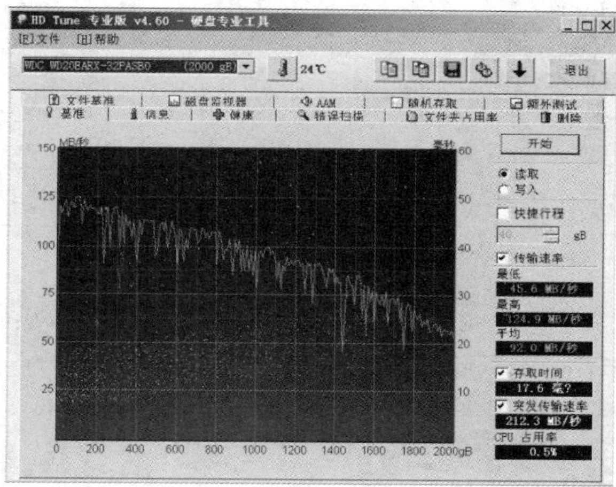

图 30-8　机械硬盘测试 1

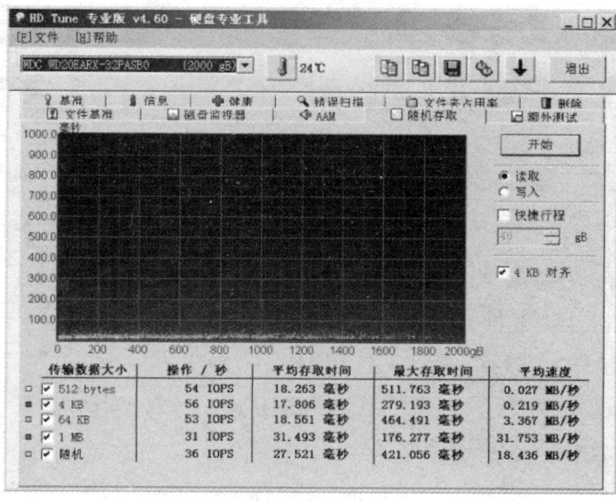

图 30-9　机械硬盘测试 2

由图 30-10 可知 120GB 固态硬盘的最高传输速率为 437.1MB/s，最低传输速率为 295.1MB/s，平均传输速率为 360.3MB/s。与机械硬盘越接近盘片内圈传输速度逐渐降低不同的是，其可以在全部容量范围内保持比较稳健的传输速度。而“存储时间”相当于“寻道时间”，为 0.144ms。由图 30-11 可知其“操作/秒”即 IOPS 高达 490～6967 之间。平均速度和平均存储时间等性能都较机械硬盘有极大提升。

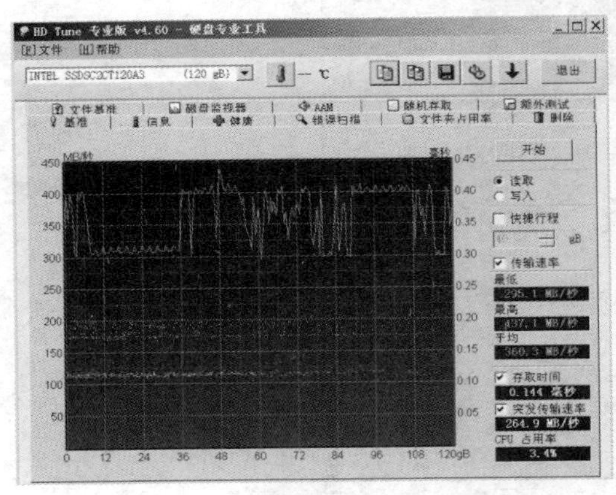

图 30-10 固态硬盘测试 1

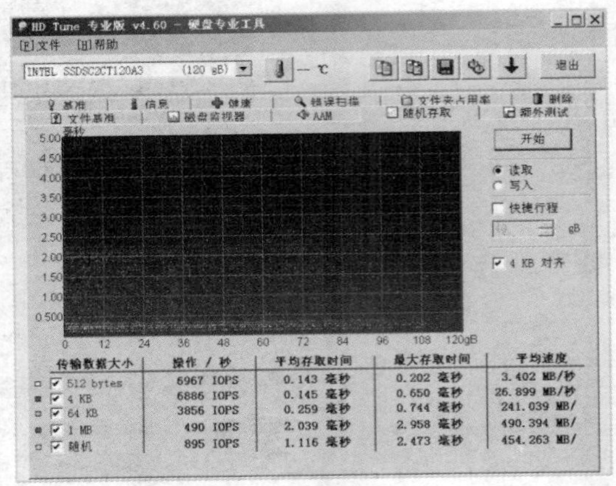

图 30-11 固态硬盘测试 2

图 30-12 所示为 120GB 容量的 Intel 330 系列固态硬盘测试成绩，图 30-13 所示为 2000GB 西部数据机械硬盘测试成绩，图 30-14 所示为固态硬盘性能测试 2。

CrystalDiskMark 3.0.3 x64 <0Fill>
文件(F) 编辑(E) 主题(T) 帮助(H) Language
All 2 50MB G: 47% (52/112GB)

	Read [MB/s]	Write [MB/s]
Seq	519.7	500.5
512K	469.6	495.5
4K	42.05	118.1
4K QD32	241.1	342.2

图 30-12 固态硬盘测试 3

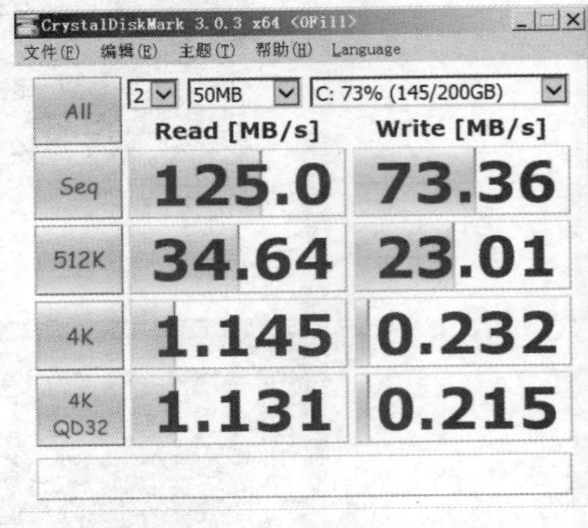

图 30-13 机械硬盘测试 3

由图 30-12 可知固态硬盘最大读取速度为 519.7MB/s，最大写入速度为 500.5MB/s，证明其随机小文件读写能力的 4K 文件读取速度为 42.05MB/s，写入速度为 118.1MB/s。

由图 30-13 可知其最大读取速度为 125.0MB/s，最大写入速度为 73.36MB/s，证明其随机小文件读写能力的 4K 文件读取速度仅为 1.1455MB/s，写入速度为 0.232MB/s。与固态硬盘比较其随机读写能力有约 100 倍的差距。

图 30-14 所示为使用 AS SDD 软件对固态硬盘测试的“操作/秒”即 IOPS 数据，其与图 30-7 和图 30-9 所示两款机械硬盘比较 4K 文件读取速度有约 100 倍的优势。

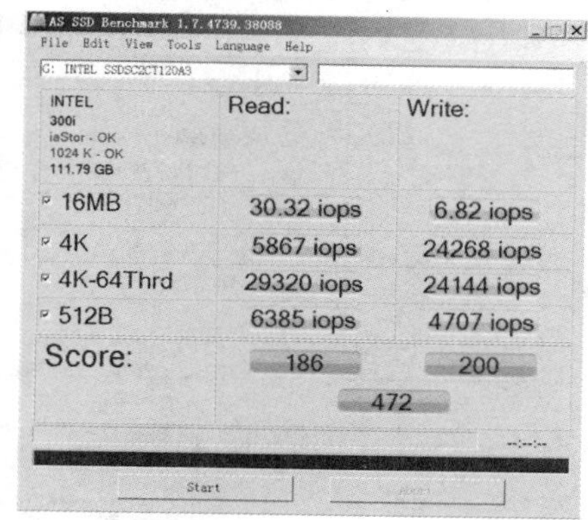

图 30-14　固态硬盘测试 4

根据笔者的经验，采用默认的直接求解器进行静力学分析求解，当进行到进度条的中间位置时，无论内存是否占满，都会出现一定时间的硬盘全负荷长期运行的情况，如果采用固态硬盘，会极大地减少此部分所耗费的时间。

30.3　CPU 的专项测试数据

图 30-15 至图 30-20 所示分别是采用笔记本 T6600 双核心 2.2GHz 处理器和台式机 XEON E3 1230 v2 四核心 3.3GHz 处理器使用 Super PI、wPrime 和 Fritz 软件测试的成绩。

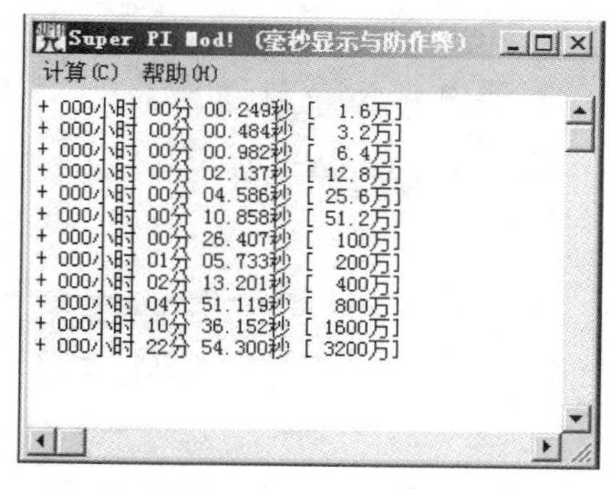

图 30-15　CPU 测试 1

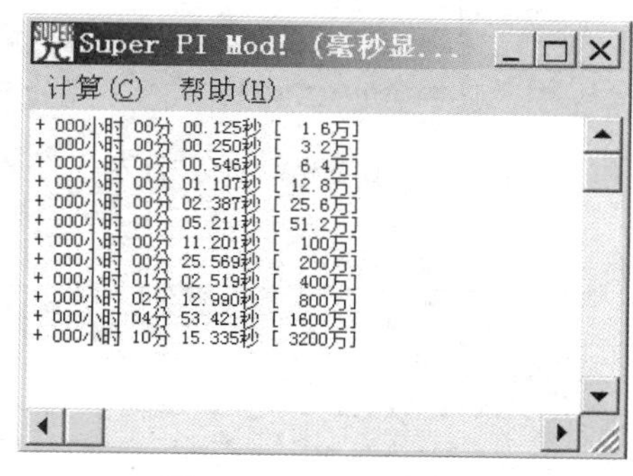

图 30-16　CPU 测试 2

T6600 是 2009 年双核心中端笔记本 CPU，XEON E3 1230 v2 是 2012 年四核心中端台式机 CPU。

Super PI 软件主要考察 CPU 的单线程浮点计算能力。由图 30-15 和图 30-16 可知，3.3GHz 频率的 1230 CPU 比 2.2GHz 频率的 T6600 CPU 单核性能高约 2 倍。

wPrime 软件通过计算质数来测试 CPU 的并行运算能力。由图 30-17 和图 30-18 可知，四核心的 1230 CPU 比双核心的 T6600 CPU 并行计算性能高约 4 倍。

Fritz Chess Benchmark 软件是国际象棋软件 Fritz 自带的测试程序，它通过模拟计算机思考国际象棋的算法测试 CPU 的多线程浮点计算能力。由图 30-19 和图 30-20 可知，四核心的 1230 CPU 比双核心的 T6600 CPU 并行计算性能高约 3.3 倍。更多 CPU 的性能测试数据请参考表 27-1 14 款处理器测试成绩。

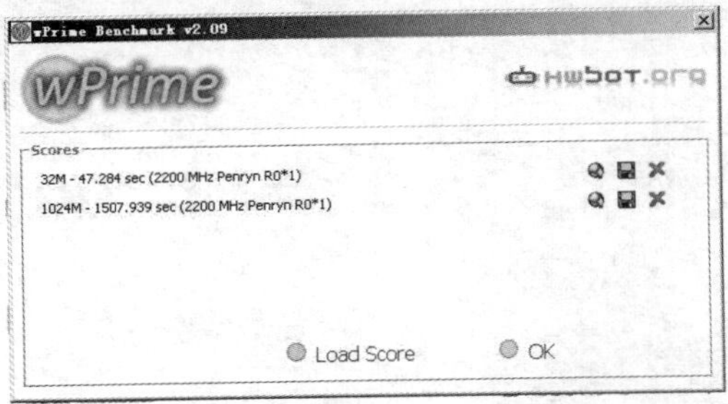

图 30-17　CPU 测试 3

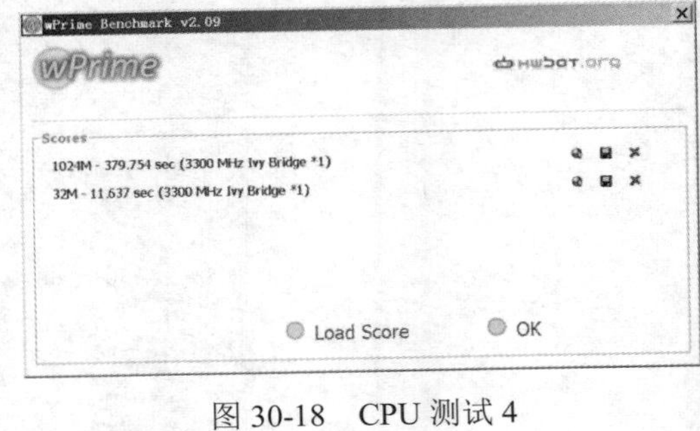

图 30-18　CPU 测试 4

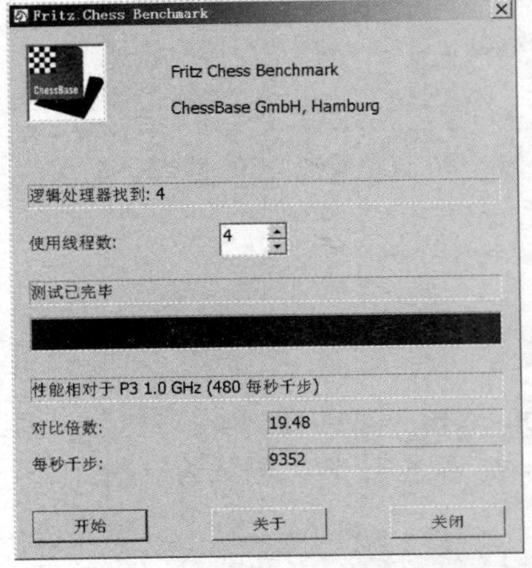

图 30-19　CPU 测试 5

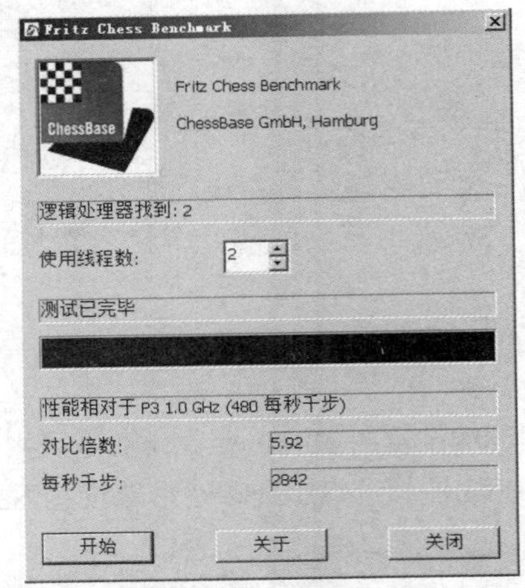

图 30-20　CPU 测试 6

图 30-21 和图 30-22 所示分别为 32GB 内存计算 100 万单元模型模态分析与热分析的计算时间。

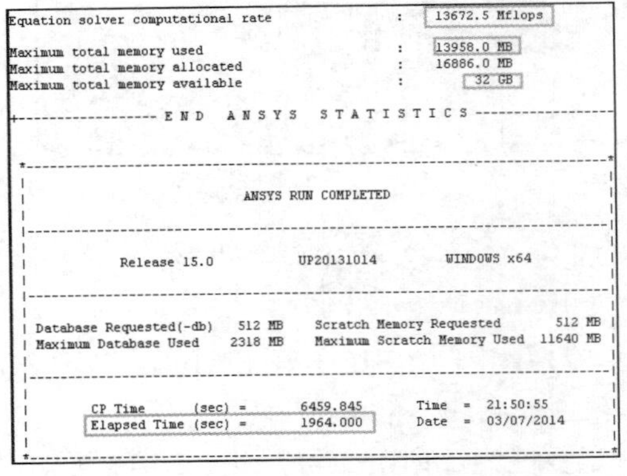

图 30-21　32GB 内存模态分析

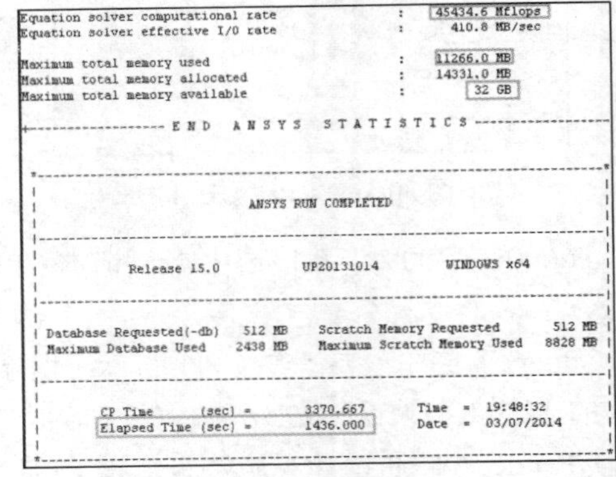

图 30-22　32GB 内存热分析

30.4　三款计算机 Solidworks 性能专项测试数据

下面给出使用 Solidworks 2013 X64 自带的性能测试工具对三款计算机的性能测试结果。

该工具测试了计算机在一组标准测试模型下开启 Solidworks 软件、打开模型、查看模型、模型渲染、关闭 Solidworks 软件等常用功能所用的时间。该测试默认连续进行 5 次，执行每次测试的时间约为 5 分钟。

图 30-23 所示为采用笔者台式机的性能测试结果，注意测试时并未使用固态硬盘。

SolidWorks 性能测试

性能基准测试

SolidWorks 性能测试结果

图形	16.2 秒
处理器	36.6 秒
输入/输出	43.8 秒
总体	96.6 秒
渲染	102.7 秒
RealView 性能	- 秒

分享您的分值　将您的结果添加到 Benchmark 页(不会张贴身份识别信息)

查看其它结果　查看您的结果比较情况并了解更多信息。

确定

图 30-23　台式机性能测试

台式机主要硬件：CPU XEON E3 1230 v2 四核心 3.3GHz 并关闭了超线程（技术）、内存 4 条 8GB DDR3 1666MHz 金士顿骇客神条共 32GB、显卡 Nvidia Geforce 9400GT 显存 256MB。

测试结果：图形 16.2s、处理器 36.6s、输入/输出 43.8s、总体 96.6s。

图 30-24 所示为笔者使用 DELL M4600 移动工作站的测试结果。注意该移动工作站与笔者笔记本的生产年代近似，在 2010 年前后，且配备并使用了固态硬盘。

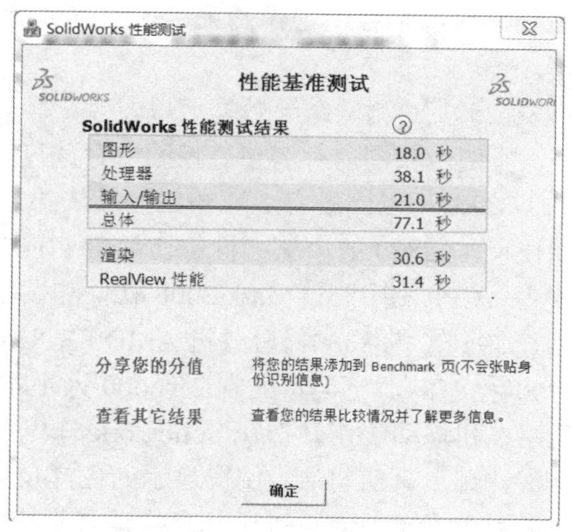

图 30-24　移动工作站性能测试

移动工作站主要硬件：CPU I7 2820（QM 版）四核心 2.3GHz、内存 2 根 4GB 共 8GB、显卡 Nvidia Quadro 1000M 显存 2000MB、固态硬盘 128GB。

测试结果：图形 18.0s、处理器 38.1s、输入/输出 21.0s、总体 77.1s。

让人感到费解的是，台式机上几乎 2006 年前后生产的低端游戏显卡 9400 GT 的 Solidworks

软件图形性能竟然略超 2009 年前后产品定位为最低端的移动版专业显卡 1000M。

图 30-25 所示为笔者的笔记本性能测试结果。注意测试时并未使用固态硬盘。

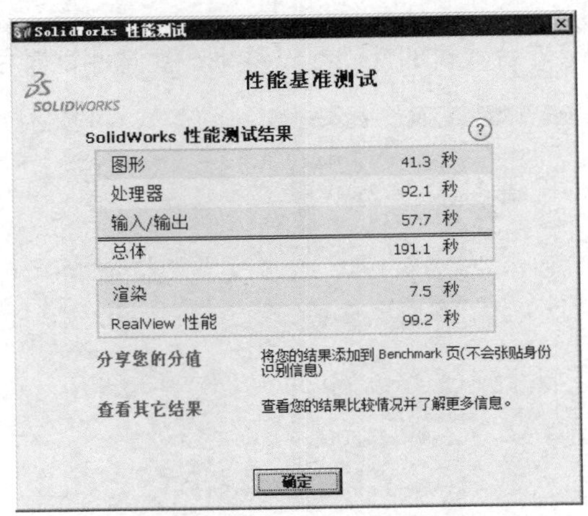

图 30-25　笔记本性能测试

笔记本主要硬件：CPU 酷睿 2 代 T6600 双核心 2.2GHz、内存 2 根 4GB 共 8GB、显卡 Nvidia Geforce 540M 显存 512MB。

测试结果：图形 41.3s、处理器 92.1s、输入/输出 57.7s、总体 191.1s。

通过对比图 30-23 至图 30-25 中的测试结果数据可以发现，笔记本使用主流 1000GB 机械硬盘的输入/输出速度是台式机使用主流 2000GB 机械硬盘的 75%，是移动工作站固态硬盘速度的 35%。

通过对比图 30-23 和图 30-24 中的测试结果数据可以发现，两台计算机在 SW 软件下的图形性能和处理器性能几乎一样，而由于移动工作站采用了固态硬盘，其输入/输出性能较采用机械硬盘台式机的快约 1 倍。

通过对比图 30-24 和图 30-25 中的测试结果数据可以发现，移动工作站的性能全面压倒普通笔记本，整体上快约 3 倍。即使是相同内存容量、相同内存速度、近似相同频率的 CPU 时，四核心非正式工程测试版的 I7 CPU，也比酷睿 2 双核心产品快约 2.3 倍。扣除 CPU 核心运行频率差异（2.2GHz 与 2.3GHz），I7 2820 的单核心性能比酷睿 2 T6600 整整快 1 倍。

作为一项横向对比的参考，CPU 使用 3D Mark 2006 软件测试的测试分数：台式机 XEON E5 2687W 为 8843，台式机 I7 3960X 为 8330，台式机 AMD FX-8350 为 6648，笔记本 I7 2820 为 5818，笔记本酷睿 2 T9900 为 2787，笔记本酷睿 2 T6600 为 1947。

值得注意的是，由于笔记本和移动工作站都在 Solidworks 软件设置中开启了 Real View 特效功能，开启后可针对所有零件贴上真实材质，使得显示的色泽反光与透明度都栩栩如生，而不只是采用游戏显卡时那种传统素色表现，可以更加真实地显示模型效果。配备了当时（2010 年前后）主流游戏显卡 Geforce 540M 的笔记本 Real View 性能仅 99.2s，而配备了几乎同时期最低端专业显卡 Quadro 1000M 的移动工作站 Real View 性能为 31.4s，两者的“专业”图形性能差异约为 3.2 倍。这还仅仅是使用同时期主流游戏显卡与最低端专业显卡的对比测试数据，如果换用基于同时期同架构的类似 GPU 核心专业显卡和游戏显卡执行相同的测试，性能差异会更大。专业显卡的专业威力尽显无疑。

31

HP 公司 Z820 工作站的测试结果

根据 HP（惠普）公司的性能测试结果，选择几个核心要根据可使用的 ANSYS Mechanical 的许可证情况来确定。相同价格的 4 核与 6 核相比，4 核的主频要高一些，而 6 核整体理论浮点计算性能高一些（毕竟多了 50%计算核心）。如果可用的 ANSYS Mechanical 的许可证只支持 8 个并行进程（分布式）或线程（共享式），则选择 2 颗 4 核 CPU 平均每个核能获得更高的内存带宽和更高的主频。如果有 2 个或以上 HPC PACK 或 10 个以上的 ANSYS HPC 允许 12 个核并行求解，则推荐选择 2 颗 6 核的方案。运行 ANSYS Mechanical 应选择高内存带宽、高 QPI 带宽、高主频的 CPU。

ANSYS Mechanical 不仅要作复杂 3D 有限元模型的图形处理，还要进行高性能并行浮点运算。内存容量的大小不仅决定能求解多大规模的有限元模型，而且对于特定的模型还将决定其使用的内存模式，从而决定求解性能。

ANSYS Mechanical 默认的求解器是 Sparse Direct Solver（稀疏矩阵直接求解器），其默认的内存模式 Optimal Out-of-Core 求解过程中自动根据内存容量确定存放到内存和磁盘中数据的比例。对于特定的题目，内存越大，求解过程中读写磁盘越少，求解时间越短。如果内存足够大，可使用 In-Core 模式，求解过程中将数据全部放在内存中，尽可能避免磁盘的读写，从而成倍地提升求解速度。Optimal Out-of-Core 模式内存占用大约每百万自由度 1GB，而 In-Core 模式则要 10GB。

如果发现 ANSYS Mechanical 求解过程中磁盘灯一直狂闪，而 CPU 占用率却非常低，则很可能是内存不足。求解过程中花费太多时间在磁盘读写上，造成求解性能不高。因此在选配 ANSYS Mechanical 工作站时，增大内存容量是首先要满足的。

对 ANSYS Mechanical 求解最有意义的是 RAID 0 选项，用多块硬盘组成条带可成倍地提升磁盘读写性能，但 RAID 0 中任意一块硬盘的损坏将造成整个 RAID 0 分区的破坏，因此 RAID 0 不适合用作系统盘，只适合作为工作目录。求解结束后，建议尽快将文件备份到非 RAID 0 分区。

SSD 可以提供比 SAS 15K 硬盘更高的读写速率，可用多块 SSD 配置成 RAID 0 作为 Windows操作系统的虚拟内存（或Linux系统的 swap）和 ANSYS Mechanical 的工作目录。下面在一台 HP Z820 工作站上用 4 块 HP 160GB SATA X25-M 配置成 RAID 0 作为 ANSYS Mechanical 的工作目录，求解 ANSYS V13cg-2 标准测试算例，与普通单块 SATA 7200 RPM 硬盘相比可缩短高达 30%的求解时间，如表 31-1 所示。

表 31-1 求解时间对比

并行进程数	4×HP 160GB SATA X25-M RAID 0	SATA 7200 RPM	对比
8	求解时间 642s	求解时间 922s	30%

运行 ANSYS Mechanical 应选择 SAS 15K、SSD 或 RAID 0（非系统分区）等高读写速率的磁盘系统作为工作目录。

附录　金属材料线弹性物理属性汇总表

218 种金属材料不同温度线弹性物理属性表

材料牌号	弹性模量 GPa	泊松比	密度 kg/m^3	线膨胀系数 10^{-6}/℃	导热率 W/m^2·K	比热容 J/kg·K
工业纯铁	205.8（多晶）132（单晶）		7870	12.1（0-100℃）	73.269	444（20℃）
奥氏体灰铸铁 L-NiMn137	70-90		7300	17.7（20-200℃）	37.7-41.9	0.46-0.50
奥氏体灰铸铁 L-NiCuCr1562	85-105		7300	18.7（20-200℃）	37.7-41.9	0.46-0.50
奥氏体灰铸铁 L-NiCuCr1563	98-113		7300	18.7（20-200℃）	37.7-41.9	0.46-0.50
碳素结构钢 Q235A（室温）	212 剪切模量 82.3	0.288	7860			
碳素结构钢 Q235A（100℃）	209 剪切模量 80.9	0.291		12.0		
碳素结构钢 Q235A（200℃）	201 剪切模量 77.7	0.291		12.6	61.1	745
碳素结构钢 Q235A（300℃）	193 剪切模量 75.0	0.288		13.3	55.3	770
碳素结构钢 Q235A（400℃）	184 剪切模量 71.9	0.283		13.9	48.6	783
碳素结构钢 Q235A（500℃）	175 剪切模量 67.7	0.289		14.2	42.7	833
碳素结构钢 Q235A（600℃）				14.6	38.1	
08 钢（20℃）	203				65.3（0℃）	
08 钢（100℃）	206			11.6	60.3	
08 钢（200℃）	182			12.6	54.8	
08 钢（300℃）	153			13	50.7	
08 钢（400℃）	141 剪切模量 89 热轧 59 正火			13.6	45.2	
08 钢（500℃）				14.2	41.0	
08 钢（600℃）				14.6	36.4	
15 钢（室温）	213 剪切模量 82.6	0.289	7850			
15 钢（100℃）	209 剪切模量 80.9	0.292		11.87	40.0	486
15 钢（200℃）	202 剪切模量 78.4	0.288		12.33	46.7	503
15 钢（300℃）	194 剪切模量 75.2	0.290		13.16	45.5	515
15 钢（400℃）	185 剪切模量 71.9	0.287		13.66	43.1	528
15 钢（500℃）	178 剪切模量 68.7	0.295		14.07	40.3	549
50 钢（室温）	207 剪切模量 81.1	0.276				
50 钢（100℃）	207 剪切模量 80	0.294		12.06	47（96℃）	498
50 钢（200℃）	201 剪切模量 77.8	0.292		12.61	47.7（195℃）	507

续表

材料牌号	弹性模量 GPa	泊松比	密度 kg/m³	线膨胀系数 10⁻⁶/℃	导热率 W/m²·K	比热容 J/kg·K
50 钢（300℃）	191 剪切模量 74.8	0.277		13.25	44.3（295℃）	521
50 钢（400℃）	183 剪切模量 71.2	0.285		13.83	40.8（338℃）	544
50 钢（500℃）	175 剪切模量 67.8	0.291		14.13	37.7（487℃）	555
60 钢（室温）	212 剪切模量 84	0.264	7850			
60 钢（100℃）	209 剪切模量 82	0.268		9.6	47	494
60 钢（200℃）	205 剪切模量 80	0.275		11.5	43	504
60 钢（300℃）	199 剪切模量 79	0.268		12.6	42	517
60 钢（400℃）	192 剪切模量 76	0.272		13.3	40	532
60 钢（500℃）	182 剪切模量 72	0.271		13.9	39	560
30Mn	206（20℃）		7810	15.0（400℃）	75.36（100℃）	544.2（300℃）
30Mn				15.5（500℃）	64.48（200℃）	598.7（400℃）
30Mn				15.6（600℃）	52.34（300℃）	762.1（500℃）
30Mn				14.8（700℃）	43.96（400℃）	929.47（550℃）
30Mn				19.0（800℃）	37.97（500℃）	803.87（625℃）
50Mn（20℃）	200 剪切模量 84.5		7810			561.03（300℃）
50Mn（100℃）	196 剪切模量 83			11.1		640.58（400℃）
50Mn（200℃）	193				38.52	
50Mn（300℃）	176 剪切模量 81		7810	12.9	37.68	787.1（500℃）
50Mn（400℃）	169				35.59	1122.0（600℃）
50Mn（500℃）	150 剪切模量 75			14.6（600℃）		1695.6（625℃）
纯镍 Ni200（-200℃）				10.1		
纯镍 Ni200（-100℃）				11.3	75.5	
纯镍 Ni200（26℃）	205 剪切模量 79.6	0.29	8902		70.3	456
纯镍 Ni200（100℃）	200 剪切模量 77.9	0.28	7900	13.3	66.5	360（居里温度）
纯镍 Ni200（200℃）	195 剪切模量 75.8	0.29	7000	13.9	61.6	
纯镍 Ni200（300℃）	190 剪切模量 73.8	0.29		14.2	56.8	
纯镍 Ni200（400℃）	183 剪切模量 71.4	0.28		14.8	55.4	
纯镍 Ni200（500℃）	177 剪切模量 69	0.28		15.3	57.6	
纯镍 Ni200（600℃）				15.5	59.7	
杜拉镍 301（冷拔棒）（20℃）	207 剪切模量 76	0.31	8190		23.8	435
杜拉镍 301（冷拔棒）（100℃）	205（93℃）	泊松比=弹性模量-2 剪切模量/2 剪切模量		13	25.5	
杜拉镍 301（冷拔棒）（200℃）	203（150℃）			13.7	28.3	

续表

材料牌号	弹性模量 GPa	泊松比	密度 kg/m^3	线膨胀系数 10^{-6}/℃	导热率 W/m^2·K	比热容 J/kg·K
杜拉镍 301（冷拔棒）（300℃）	200（205℃）			14	31.4	
杜拉镍 301（冷拔棒）（400℃）	197（260℃）			14.7	34.3	
杜拉镍 301（冷拔棒）（500℃）	194（315℃）			15	37.1	
杜拉镍 301（冷拔棒）（600℃）	191（370℃）			15.5	39.8	
杜拉镍 301（冷拔棒）（700℃）	188（425℃）			15.8	42.4	
杜拉镍 301（冷拔棒）（800℃）	184（480℃）			16.6	45.1	
杜拉镍 301（冷拔棒）（900℃）	181（540℃）				47.7	
Ni68Cu28Al Monel-500（-196℃）	180（拉） 65（扭）	0.32	846	11.6		
Ni68Cu28Al（-157℃）				11.7	12.384	29.7
Ni68Cu28Al（-129℃）				12.24	13.248	32.2
Ni68Cu28Al（-73℃）				12.96	14.832	36.4
Ni68Cu28Al（21.1℃）					17.424	41.9
Ni68Cu28Al（93℃）				13.68	19.584	44.8
Ni68Cu28Al（204℃）				14.58	22.464	47.7
Ni68Cu28Al（316℃）				14.94	25.632	49
Ni68Cu28Al（427℃）				15.3	28.512	52.3
Ni68Cu28Al（538℃）				15.66	31.68	55.3
00Mo28Ni69Fe2（0℃）	217（室温）		9217	10.3（20-93℃）	11.1	373
00Mo28Ni69Fe2（100℃）	202（316℃）			10.8（20-204℃）	12.2	389
00Mo28Ni69Fe2（200℃）	196（427℃）			11.2（20-316℃）	13.4	406
00Mo28Ni69Fe2（300℃）	189（538℃）			11.5（20-427℃）	14.6	423
00Mo28Ni69Fe2（400℃）				11.7（20-538℃）	16	431
00Mo28Ni69Fe2（500℃）					17.3	444
0Cr16Ni60Mo16W4（Hastelloy C）				13.2（15-700℃）		
00Cr16Ni60Mo16W4（Hastelloy C-276）	205（室温）		9400	11.2（24-93℃）	9.4（32℃）	
00Cr16Ni60Mo16W4	195（204℃）			12（24-204℃）	11.4（93℃）	
00Cr16Ni60Mo16W4	188（316℃）			12.8（24-316℃）	13（204℃）	
00Cr16Ni60Mo16W4				13.2（24-427℃）	19（583℃）	
00Cr16Ni60Mo16W4				13.4（24-538℃）	28.1（1092℃）	
00Cr16Ni65Mo16Ti（Hastelloy C-4）	205（室温）		8640	10.8（29-93℃）	10（23℃）	427（100℃）
00Cr16Ni65Mo16Ti	195（204℃）			11.9（20-204℃）	11.4（100℃）	
00Cr16Ni65Mo16Ti	188（316℃）			12.6（20-316℃）	13.2（200℃）	

续表

材料牌号	弹性模量 GPa	泊松比	密度 kg/m³	线膨胀系数 10^{-6}/℃	导热率 W/m²·K	比热容 J/kg·K
00Cr16Ni65Mo16Ti				13（20-427℃）	14.9（300℃）	
00Cr16Ni65Mo16Ti				13.3（24-538℃）	16.6（400℃）	
00Cr21Ni58Mo16W4（Hastelloy C-686）（-15℃）			8730			364
00Cr21Ni58Mo16W4（20℃）	207 剪切模量 77	0.34				373
00Cr21Ni58Mo16W4（100℃）	205 剪切模量 75	0.37		11.97		389
00Cr21Ni58Mo16W4（200℃）	197 剪切模量 72	0.37		12.22		410
00Cr21Ni58Mo16W4（300℃）	193 剪切模量 70	0.38		12.56		431
00Cr21Ni58Mo16W4（400℃）	185 剪切模量 69	0.34		12.87		456
00Cr21Ni58Mo16W4（500℃）	183 剪切模量 67	0.37		13.01		477
00Cr21Ni58Mo16W4（600℃）	173 剪切模量 65	0.33		13.18		498
镍铬钼耐蚀合金 00Cr16Ni76Mo2Ti			8400	14.267（23-300℃）	11.9（100℃）	
00Cr16Ni76Mo2Ti				14.632（23-400℃）	15.3（300℃）	
00Cr16Ni76Mo2Ti				14.907（23-500℃）	18.6（500℃）	
00Cr16Ni76Mo2Ti					22.0（700℃）	
1Cr20Ni32Fe（Incoloy 800）	282（100℃）		8000	14（100℃）	15（100℃）	500（室温）
1Cr20Ni32Fe（Incoloy 800）	262（300℃）			15.5（300℃）	19（300℃）	
1Cr20Ni32Fe（Incoloy 800）	242（500℃）			16.5（500℃）	21（500℃）	
1Cr20Ni32Fe（Incoloy 800）	235（600℃）			17.5（700℃）	25（700℃）	
1Cr20Ni32Fe（Incoloy 800）				18（900℃）	27（900℃）	
0Cr22Ni47Mo6.5Cu2Nb2（Hastelloy G）	199（-65℃）		8310	13.4（21-93℃）		388（0℃）
0Cr22Ni47Mo6.5Cu2Nb2	190（室温）			13.8（204℃）		455（100℃）
0Cr22Ni47Mo6.5Cu2Nb2	187（93℃）			14.3（316℃）		481（200℃）
0Cr22Ni47Mo6.5Cu2Nb2	180（204℃）			14.9（426℃）		501（300℃）
0Cr22Ni47Mo6.5Cu2Nb2	174（315℃）			15.7（538℃）		518（400℃）
0Cr22Ni47Mo6.5Cu2Nb2	167（426℃）			16.4（649℃）		535（500℃）
0Cr22Ni47Mo6.5Cu2Nb2	160（538℃）					552（600℃）
0Cr27Ni31Mo4Cu Sanicro 28（20℃）	200		8000		11.4	450
0Cr27Ni31Mo4Cu（100℃）	195			15.0	12.9	470
0Cr27Ni31Mo4Cu（200℃）	190			15.5	14.3	490
0Cr27Ni31Mo4Cu（300℃）	180			16.0	15.5	510
0Cr27Ni31Mo4Cu（400℃）	170			16.5	16.7	530

续表

材料牌号	弹性模量 GPa	泊松比	密度 kg/m^3	线膨胀系数 10^{-6}/℃	导热率 W/m^2·K	比热容 J/kg·K
0Cr21Ni42Mo3Cu2Ti（Incoloy 825）（26℃）					11.1	
0Cr21Ni42Mo3Cu2Ti（38℃）					11.3	
0Cr21Ni42Mo3Cu2Ti（93℃）				14.0	12.3	
0Cr21Ni42Mo3Cu2Ti（204℃）				14.9	14.1	
0Cr21Ni42Mo3Cu2Ti（316℃）				15.3	15.8	
0Cr21Ni42Mo3Cu2Ti（427℃）				15.7	17.3	
0Cr21Ni42Mo3Cu2Ti（538℃）				15.8	18.9	
0Cr21Ni42Mo3Cu2Ti（649℃）				16.4	20.5	
0Cr21Ni42Mo3Cu2Ti（760℃）				17.1	22.3	
0Cr21Ni42Mo3Cu2Ti（871℃）				17.5	24.8	
TAC-2 铸造合金（18℃）	162.7 剪切模量 60.9	0.336				
TAC-2 铸造合金（100℃）	160 剪切模量 59.9	0.34		10.5	16.8	679
TAC-2 铸造合金（200℃）	157 剪切模量 58.7	0.34		10.8	17.9	687
TAC-2 铸造合金（300℃）	154 剪切模量 57.2	0.34		11.2	19.3	698
TAC-2 铸造合金（400℃）	150 剪切模量 56.0	0.34		11.8	20.8	710
TAC-2 铸造合金（500℃）	146 剪切模量 54.5	0.34		12.0	22.4	725
TAC-2 铸造合金（600℃）	142 剪切模量 53.4	0.34		12.2	23.8	742
TAC-2 铸造合金（700℃）	138 剪切模量 51.0	0.35		12.4	24.8	762
TAC-2 铸造合金（800℃）				12.5	25.4	783
50Mn2	剪切模量 82.712（退火）（100℃）		7780	11.3（25-100℃）	40.21（100℃）	
50Mn2	78.302（淬火）（200℃）			12.2（100-200℃）	39.98（200℃）	
50Mn2	79.87（300℃）			14.2（200-300℃）	37.50（300℃）	
50Mn2	80.36（400℃）			16.3（300-400℃）	36.08（400℃）	
50Mn2	80.36（450℃）			17.7（400-500℃）	34.79（500℃）	
50Mn2	81.242（475℃）			15.4（500-600℃）		
50Mn2	81.438（500℃）			16.7（600-700℃）		
35SiMn	209.72 剪切模量 82.32（20℃）		7800	11.5（100℃）	45.22（200℃）	
35SiMn	207.27 剪切模量 81.34（100℃）			12.6（200℃）	42.71（300℃）	
35SiMn	200.9 剪切模量 79.38（300℃）			14.1（400℃）	41.03（400℃）	

续表

材料牌号	弹性模量 GPa	泊松比	密度 kg/m^3	线膨胀系数 10^{-6}/℃）	导热率 W/m^2·K	比热容 J/kg·K
35SiMn	185.22 剪切模量 72.03（500℃）			14.6（600℃）	36.43（600℃）	
30CrNi3	207.76 剪切模量 83		7768	11.6（25-100℃）	37.68（200℃）	464.73（24℃）
30CrNi3				13.2（200℃）	36.01（300℃）	544.28（204℃）
30CrNi3				13.4（400℃）	34.75（400℃）	640.58（512℃）
30CrNi3				13.5（600℃）	32.66（600℃）	
30CrMnSiA（20℃）	211.635		7750		27.63	473.1
30CrMnSiA（100℃）	207.908			11.0（16-100℃）	29.31	519.16
30CrMnSiA（200℃）	203.986			11.72（16-200℃）	30.56	581.97
30CrMnSiA（300℃）	199.082			12.92	30.56	644.77
30CrMnSiA（400℃）				13.62	30.56	699.2
30CrMnSiA（500℃）				13.9	29.52	766.18
30CrMnSiA（600℃）				14.22	28.68	841.55
18Cr2Ni2WA	199.92 剪切模量 84.63（20℃）		7910	11.2（20-200℃）	23.826（70℃）	485（70℃）
18Cr2Ni2WA	剪切模量 93.345（70℃）			12.5（300℃）	25.498（230℃）	514（230℃）
18Cr2Ni2WA	164.640（300℃）			13（400℃）	28.006（530℃）	773（530℃）
18Cr2Ni2WA	162.68（350℃）			13.6（500℃）	24.244（900℃）	23（900℃）
18Cr2Ni2WA	141.12（400℃）			13.7（600℃）		
50CrVA	194 剪切模量 80.6 淬火			11.3（25-100℃）		
50CrVA	196 剪切模量 81.9 淬火（100℃）回火			12.4（200℃）		
50CrVA	201 剪切模量 82.6 淬火（200℃）回火			12.9（400℃）		
50CrVA	208 剪切模量 83.7 淬火（500℃）回火			13.75（500℃）		
高淬透性轴承钢 GCr18Mo	217 剪切模量 83.2（室温）	0.29		13.56（20-100℃）		
GCr18Mo	212（100℃）			13.38（200℃）		
GCr18Mo	206（200℃）			13.86（300℃）		
GCr18Mo	201（300℃）			14.94（400℃）		
GCr18Mo	198（400℃）			15.43（500℃）		
GCr18Mo	190（500℃）			16.06（600℃）		
渗碳轴承钢 G20Cr2Mn2Mo	210（室温）		7860	12.05（20-100℃）	39.8（20℃）	485.6
G20Cr2Mn2Mo	207（100℃）			13.14（200℃）		
G20Cr2Mn2Mo	203（200℃）			14.41（300℃）		

续表

材料牌号	弹性模量 GPa	泊松比	密度 kg/m³	线膨胀系数 10^{-6}/℃	导热率 W/m²·K	比热容 J/kg·K
G20Cr2Mn2Mo	196（300℃）			15.32（400℃）		
G20Cr2Mn2Mo	191（400℃）			15.79（500℃）		
G20Cr2Mn2Mo	181（500℃）			16.41（600℃）		
G20Cr2Mn2Mo	180（600℃）			16.27（700℃）		
G13Cr4Mo4Ni4V	209 剪切模量 80.9（20℃）	0.29（20℃）		9.95（20-100℃）	23.1（100℃）	
G13Cr4Mo4Ni4V	194 剪切模量 74.4(315℃)	0.30（315℃）		10.45（200℃）	25.4（200℃）	
G13Cr4Mo4Ni4V				10.95（300℃）	26.6（300℃）	
G13Cr4Mo4Ni4V				11.35（400℃）	26.7（400℃）	
G13Cr4Mo4Ni4V				11.65（500℃）	27.2（500℃）	
Cr21Mo1V1	207		7861	10.5（20-100℃）	26	
Cr21Mo1V1				11.5（200℃）		
Cr21Mo1V1				11.9（300℃）		
Cr21Mo1V1				12.2（400℃）		
4Cr5MoSiV	227（20℃）		7690			
4Cr5MoSiV（100℃）	221			10（20-100℃）	25.9	
4Cr5MoSiV（200℃）	216			10.9	27.6	
4Cr5MoSiV（300℃）	208			11.4	28.4	
4Cr5MoSiV（400℃）	200			12.2	28	
4Cr5MoSiV（500℃）	192			12.8	27.6	
合金塑料模具钢 3Cr2Mo	212 剪切模量 82.5（室温）	0.288	7810	11.9（18-100℃）	36（20℃）	
3Cr2Mo				12.2（200℃）	33.4（100℃）	
3Cr2Mo				12.5（300℃）	31.4（200℃）	
3Cr2Mo				12.81（400℃）	30.1（300℃）	
3Cr2Mo				13.11（500℃）	29.3（400℃）	
通用高速钢 W18Cr4V（Ti）			8700	10.4（0℃）		473.11（50℃）
W18Cr4V（Ti）				11.1（100℃）		494.04（200℃）
W18Cr4V（Ti）				11.9（200℃）		457.81（600℃）
W18Cr4V（Ti）				12.6（300℃）		487.12（900℃）
W18Cr4V（Ti）				13.4（400℃）		
W18Cr4V（Ti）				14.1（500℃）		
W2Mo9Cr4V（M1）	217		7890			
超硬高速钢 W5Mo6Cr4VCo8（20℃）	340		8100	11.5	24	420
W5Mo6Cr4VCo8（400℃）	310		8000	11.8	28	510

续表

材料牌号	弹性模量 GPa	泊松比	密度 kg/m³	线膨胀系数 10^{-6}/℃	导热率 W/m²·K	比热容 J/kg·K
W5Mo6Cr4VCo8（600℃）	270		7900		27	600
1Cr17Ni7（21℃）	半硬化 184.8 纵向 193.0 横向		8000	17.0（0-100℃）	16.2 100℃）	500
1Cr17Ni7（94℃）	半硬化态 175.9 纵向 172.4 横向			17.2 0-315℃）	21.5 500℃）	
1Cr17Ni7（206℃）	半硬化态 169.6 纵向 169.6 横向			18.2（0-538℃）		
1Cr17Ni7（318℃）	半硬化态 162.8 纵向 155.9 横向					
1Cr17Ni7（430℃）	半硬化态 163.4 纵向 156.6 横向					
1Cr17Ni7（542℃）	半硬化态 151.0 纵向 140.7 横向					
0Cr19Ni10 AISI304NG（室温）	203 剪切模量 78.4	0.30	7850		14.5	461
0Cr19Ni10 AISI304NG（100℃）	196.7 剪切模量 75.8	0.30		15.92	16.0	478
0Cr19Ni10 AISI304NG（200℃）	187.8 剪切模量 71.9	0.31		17.62	7.6	497
0Cr19Ni10 AISI304NG（300℃）	179.2 剪切模量 68.3	0.31		18.57	19.2	515
0Cr19Ni10 AISI304NG（400℃）	170.3 剪切模量 64.6	0.32		19.16	20.5	532
0Cr19Ni10 AISI304NG（500℃）	162.3 剪切模量 61.2	0.33		19.56	21.4	546
00Cr18Ni15Si4	200 剪切模量 82（20℃）		7700	16.5（20-100℃）	16.5（20℃）	500（20℃）
00Cr18Ni15Si4	186 剪切模量 76（200℃）			17.0（20-200℃）		
00Cr18Ni15Si4	172 剪切模量 70（400℃）			17.5（20-300℃）		
0Cr18Ni10Ti AISI321	204（室温）		8000	16.0（93℃）	16.1（100℃）	469（20℃）
0Cr18Ni10Ti AISI321	197 剪切模量 75.9（93℃）			16.6（204℃）	17.7（200℃）	528（204℃）
0Cr18Ni10Ti AISI321	192 剪切模量 74.5（149℃）			17..5（427℃）	19.2（300℃）	561（427℃）
0Cr18Ni10Ti AISI321	186 剪切模量 72.4（204℃）			18.5（649℃）	20.6（400℃）	586（649℃）
0Cr18Ni10Ti AISI321	181 剪切模量 69.6（260℃）			19.4（816℃）	22.2（500℃）	628（816℃）
0Cr18Ni10Ti AISI321	178 剪切模量 68.2（316℃）					
0Cr18Ni10Ti AISI321	172 剪切模量 66.1（371℃）					
0Cr18Ni11Nb AISI347	204（室温）		8000		16.5（93℃）	431（室温）
0Cr18Ni11Nb AISI347	193 剪切模量 77.3（93℃）				17.0（188℃）	490（204℃）
0Cr18Ni11Nb AISI347	193 剪切模量 75.2（149℃）	0.30			18.0（427℃）	561（427℃）
0Cr18Ni11Nb AISI347	188 剪切模量 73.1（204℃）				18.7（649℃）	607（649℃）
0Cr18Ni11Nb AISI347	184 剪切模量 71.0（260℃）	0.31				657（816℃）

续表

材料牌号	弹性模量 GPa	泊松比	密度 kg/m^3	线膨胀系数 $10^{-6}/℃$	导热率 $W/m^2 \cdot K$	比热容 $J/kg \cdot K$
0Cr18Ni11Nb AISI347	174 剪切模量 66.8（371℃）	0.29				
0Cr18Ni11Nb AISI347	165 剪切模量 62.6（482℃）	0.33				
0Cr17Ni12Mo2 AISI316	198 剪切模量 77.3（93℃）		8000	15.7（95℃）	13.4（20℃）	444（20℃）
0Cr17Ni12Mo2 AISI316	193 剪切模量 74.5（149℃）			16.3（204℃）	15.5（204℃）	515（204℃）
0Cr17Ni12Mo2 AISI316	189 剪切模量 72.4（204℃）			17.5（427℃）	18.8（427℃）	561（427℃）
0Cr17Ni12Mo2 AISI316	185 剪切模量 70.3（260℃）			18.3（649℃）	21.8（649℃）	582（649℃）
0Cr17Ni12Mo2 AISI316	180 剪切模量 68.2（316℃）			18.9（871℃）	24.3（628℃）	628（871℃）
0Cr17Ni12Mo2 AISI316	175 剪切模量 66.1（371℃）					
0Cr17Ni12Mo2 AISI316	170 剪切模量 64.0（427℃）					
00Cr17Ni14Mo2 AISI316L	199（20℃）		7980	16.0（100℃）	14（20℃）	485
00Cr17Ni14Mo2 AISI316L				17.5（300℃）	15（100℃）	
00Cr17Ni14Mo2 AISI316L					18（300℃）	
00Cr17Ni14Mo2 AISI316L					21（500℃）	
0Cr17Ni12Mo2N AISI316N	200（20℃）		8000	16.5（20-100℃）	15（20℃）	500
0Cr17Ni12Mo2N AISI316N	194（100℃）			17.0（200℃）	16（100℃）	
0Cr17Ni12Mo2N AISI316N	186（200℃）			17.5（300℃）	19（300℃）	
0Cr17Ni12Mo2N AISI316N	179（300℃）			18.0（400℃）	21（500℃）	
0Cr17Ni12Mo2N AISI316N	172（400℃）			18.0（500℃）	23（700℃）	
00Cr17Ni14Mo2 AISI316L UG 尿素级	200（20℃）			16.5（20-100℃）	15（20℃）	470（20℃）
00Cr17Ni14Mo2	170（400℃）			17.0（200℃）	16（100℃）	500（100℃）
00Cr17Ni14Mo2	150（600℃）			17.5（300℃）	19（300℃）	500（300℃）
00Cr17Ni14Mo2	135（800℃）			18.0（400℃）	21（500℃）	590（500℃）
00Cr17Ni14Mo2				18.0（500℃）	23（700℃）	630（700℃）
00Cr11Ni22Si6Mo2Cu SS-920	178.3 剪切模量 63.6（室温）	0.40	7690	16.1（20-100℃）	11.2（100℃）	515.4（20-100℃）
00Cr11Ni22Si6Mo2Cu SS-920	174.2 剪切模量 62.8（100℃）	0.39		16.4（200℃）	14.0（200℃）	536.2（200℃）
00Cr11Ni22Si6Mo2Cu SS-920	168.1 剪切模量 60.4（200℃）	0.39		16.7（300℃）	15.4（300℃）	543.7（300℃）
00Cr11Ni22Si6Mo2Cu SS-920	160.9 剪切模量 58.0（300℃）	0.39		16.9（400℃）	17.0（400℃）	547.7（400℃）
00Cr11Ni22Si6Mo2Cu SS-920	155.1 剪切模量 55.2（400℃）	0.40		16.3（500℃）	18.9（500℃）	558.0（500℃）
0Cr19Ni13Mo3 AISI 317	193		8000	15.9（0-100℃）	16.2（100℃）	
0Cr19Ni13Mo3 AISI 317				16.2（315℃）	21.5（500℃）	

续表

材料牌号	弹性模量 GPa	泊松比	密度 kg/m³	线膨胀系数 10^{-6}/℃	导热率 W/m²·K	比热容 J/kg·K
00Cr19Ni13Mo3 AISI 317L	200		8000	16.5（0-100℃）	14.4（100℃）	500
00Cr19Ni13Mo3 AISI 317L				18.1（538℃）		
马氏体不锈钢 1Cr13（室温）	216 剪切模量 84.1	0.28	7700			
1Cr13（100℃）	212 剪切模量 82.6	0.28		11.3	25.5	435
1Cr13（200℃）	206 剪切模量 80.1	0.28		11.5	28.0	486
1Cr13（300℃）	199 剪切模量 76.6	0.29		11.8	28.6	519
1Cr13（400℃）	190 剪切模量 73.8	0.29		12.0	29.2	544
1Cr13（500℃）	178 剪切模量 69.3	0.29		12.2	30.6	548
2Cr13（室温）	223 剪切模量 85.5	0.297	7750			
2Cr13（100℃）	219 剪切模量 83.2	0.315		10.8	26.8（150℃）	536（150℃）
2Cr13（200℃）	214 剪切模量 79.5	0.346		11.1	27.2	544
2Cr13（300℃）	209 剪切模量 77.9	0.342		11.4	27.2	599
2Cr13（400℃）	199 剪切模量 74.5	0.337		11.7	27.6	645
2Cr13（500℃）	185 剪切模量 69.4	0.337		12.0	27.6	716
3Cr13（室温）	222 剪切模量 86.0	0.29	7740			
3Cr13（100℃）	218 剪切模量 84.5	0.29		10.21（20-100℃）	24.6	473
3Cr13（200℃）	212 剪切模量 81.7	0.29		10.78	28.5	502
3Cr13（300℃）	204 剪切模量 79.2	0.29		11.13	28.6	531
3Cr13（400℃）	195 剪切模量 74.3	0.31		11.46	28.9	544
3Cr13（500℃）	183 剪切模量 70.6	0.30		11.67	28.2	553
00Cr13Ni5Mo（25℃）	201	0.31		10.7	16.3	465.1
00Cr13Ni5Mo（100℃）	197	0.29		11.1	18.2	492
00Cr13Ni5Mo（200℃）	193	0.296		11.1	20.4	526.8
00Cr13Ni5Mo（300℃）	188	0.29		11.7	22.4	565.3
双相不锈钢 00Cr23Ni4N UNS S32304 SAF 2304	200（20℃）		7800	13.0（20-100℃）	16（20℃）	500（20℃）
1Cr21Ni5Ti	187（20℃）		7800	10.0（20-100℃）	17（20℃）	
1Cr21Ni5Ti	174（100℃）			13.7（200℃）	18（100℃）	
1Cr21Ni5Ti	172（200℃）			16.8（300℃）	18（200℃）	
1Cr21Ni5Ti	167（300℃）				19（300℃）	
00Cr22Ni5Mo3N SAF 2205	170（300℃）					560（300℃）
0Cr25Ni6Mo3CuN	210（20℃）			11.0（20-100℃）	13.5（20℃）	475（20℃）
0Cr25Ni6Mo3CuN	206（100℃）			13.0（20-300℃）	15.1（100℃）	500（100℃）
0Cr25Ni6Mo3CuN	198（200℃）				17.2（200℃）	532（200℃）

续表

材料牌号	弹性模量 GPa	泊松比	密度 kg/m^3	线膨胀系数 10^{-6}/℃	导热率 W/m^2·K	比热容 J/kg·K
0Cr25Ni6Mo3CuN S32550 Ferralinm Alloy 255 UNS	190（300℃）				19.1（300℃）	561（300℃）
锅炉用耐热钢 12CrMoG 12MX	210.5（20℃）		7850	11.2（25-100℃）	50.2（100℃）	
12CrMoG	173.7（450℃）			12.5（200℃）	50.2（200℃）	
12CrMoG				12.7（300℃）	50.2（300℃）	
12CrMoG				12.9（400℃）	48.6（400℃）	
12CrMoG				13.2（500℃）	46.9（500℃）	
15CrMoG（20℃）	217		7850		44.4	460
15CrMoG（100℃）	213			11.9	44.4	500
15CrMoG（200℃）	206			12.6	44.4	500
15CrMoG（300℃）	197			13.2	41.9	540
15CrMoG（400℃）	189			13.7	39.4	540
15CrMoG（500℃）	179			14.0	37.3	630
12Cr1MoVg（20℃）	214 剪切模量 83.5	0.286	7860			
12Cr1MoVg（100℃）	211 剪切模量 81.8	0.289		13.03		
12Cr1MoVg（200℃）	206 剪切模量 79.2	0.300		13.36	45.2	586
12Cr1MoVg（300℃）	195 剪切模量 74.0	0.319		13.55	42.7	611
12Cr1MoVg（400℃）	187 剪切模量 72.2	0.298		13.83	40.5	653
12Cr1MoVg（500℃）	179 剪切模量 68.6	0.301		14.15	37.7	682
12Cr1MoVg（600℃）	167			14.38	35.5	729
12Cr2MoWVTiB 102（室温）	210 剪切模量 82.0	0.279	7830			
12Cr2MoWVTiB 102（100℃）	207 剪切模量 80.5	0.285				
12Cr2MoWVTiB 102（200℃）	201 剪切模量 78.2	0.286			34.0	402
12Cr2MoWVTiB 102（300℃）	193 剪切模量 73.4	0.316			33.8	448
12Cr2MoWVTiB 102（400℃）	183 剪切模量 70.9	0.294			33.3	502
12Cr2MoWVTiB 102（500℃）	174 剪切模量 67.6	0.285			32.5	561
涡轮叶片耐热钢 1Cr11MoV（室温）	217 剪切模量 85.1	0.27	7810		27.0（94℃）	
1Cr11MoV（100℃）	214 剪切模量 84.3	0.27		10.7（20-100℃）	29.2（195℃）	477
1Cr11MoV（200℃）	208 剪切模量 84.3	0.27		11.0	29.5（295℃）	498
1Cr11MoV（300℃）	202 剪切模量 78.7	0.27		11.4	29.5（394℃）	515
1Cr11MoV（400℃）	194 剪切模量 75.6	0.28		11.7	29.5（494℃）	531
1Cr11MoV（500℃）	181 剪切模量 70.2	0.29		11.9	29.7（591℃）	548
1Cr11MoV（600℃）				12.3		562.1

续表

材料牌号	弹性模量 GPa	泊松比	密度 kg/m³	线膨胀系数 10^{-6}/℃	导热率 W/m²·K	比热容 J/kg·K
2Cr12NiWMoV C-422 SUH616	211 剪切模量 84.4（24℃）	0.23（24℃）	7840	10.4（24-90℃）	27.7（197℃）	461（24℃）
2Cr12NiWMoV	193 剪切模量 0.9（260℃）	0.21（260℃）		10.8（205℃）	28.1（293℃）	481（204℃）
2Cr12NiWMoV	170 剪切模量 73.8（427℃）	0.20（427℃）		11.2（315℃）	29.1（395℃）	523（400℃）
2Cr12NiWMoV	144 剪切模量 63.3（593℃）	0.16（593℃）		11.5（425℃）	29.1（492℃）	553（482℃）
2Cr12NiWMoV				11.9（540℃）	29.7（593℃）	561（538℃）
2Cr12NiWMoV				12.2（650℃）		473（593℃）
1Cr12Ni2WMoVNb GX-8（100℃）	208 剪切模量 80（1170℃）淬火（580℃）+回火（20℃）	0.30	7800	9.9（20-100℃）	23.0	465
1Cr12Ni2WMoVNb（200℃）	205 剪切模量 78（100℃）			10.3	23.4	494
1Cr12Ni2WMoVNb（300℃）	199 剪切模量 76（200℃）			10.7	24.3	544
1Cr12Ni2WMoVNb（400℃）	192 剪切模量 74（300℃）			11.1	24.7	611
1Cr12Ni2WMoVNb（500℃）	184 剪切模量 70（400℃）			11.4	25.1	691
1Cr12Ni2WMoVNb（600℃）	174 剪切模量 66（500℃）			11.7	26.0	703
1Cr12Ni2WMoVNb（700℃）	166 剪切模量 63（550℃）			12.6	26.4	837
OCr17Ni4Cu4Nb 17-4PH	196（93℃）	0.27	7780	10.8（149℃）	17.8（149℃）	419（-17.8℃）
OCr17Ni4Cu4Nb	191（204℃）			10.9（204℃）	19.4（260℃）	456（93℃）
OCr17Ni4Cu4Nb	184（316℃）			11.1（316℃）	22.5（460℃）	519（204℃）
OCr17Ni4Cu4Nb	171（427℃）			11.3（427℃）	22.7（482℃）	666（427℃）
GH145 Inconel X-750	216 剪切模量 83.6（室温）					
GH145	197 剪切模量 76.2（350℃）		8250	12.7（100℃）	15.1（94.4℃）	
GH145	189 剪切模量 73.8（450℃）			13.1（200℃）	16.9（201.5℃）	
GH145	183 剪切模量 69.8（540℃）			13.4（300℃）	18.3（298.6℃）	
GH145	174 剪切模量 67.2（650℃）			13.9（400℃）	19.2（392.1℃）	
GH145	171 剪切模量 65.1（700℃）			14.3（500℃）	20.5（495.9℃）	
GH145				14.8（600℃）	22.2（596.7℃）	
耐热铸钢 ZG20CrMo（25℃）	224 剪切模量 80.9	0.30	7830		39.8（25℃）	419（25℃）
ZG20CrMo（90℃）	217			12.51		469（150℃）
ZG20CrMo（205℃）	206			13.05		477
ZG20CrMo（315℃）	195			13.5		507
ZG20CrMo（425℃）	186			13.97		536
ZG20CrMo（540℃）	176			14.35		557

续表

材料牌号	弹性模量 GPa	泊松比	密度 kg/m^3	线膨胀系数 10^{-6}/℃	导热率 W/m^2·K	比热容 J/kg·K
ZG20CrMo（650℃）	168			14.67		586
4Cr14Ni14W2Mo	181（20℃）		8000	16.6（20-100℃）	15.91（100℃）	506.6(20-300℃)
4Cr14Ni14W2Mo	147（300℃）			17.2（200℃）	17.58（200℃）	510.79（400℃）
4Cr14Ni14W2Mo	144（400℃）			17.7（300℃）	19.26（300℃）	523.35（500℃）
4Cr14Ni14W2Mo	141（500℃）			17.9（400℃）	20.52（400℃）	527.54（600℃）
4Cr14Ni14W2Mo	127（600℃）			18（500℃）	22.19（500℃）	
4Cr14Ni14W2Mo	91（700℃）			18.6（600℃）	23.86（600℃）	
4Cr14Ni14W2Mo	47.5（800℃）			18.9（700℃）	25.54（700℃）	
超高强度钢 30CrMnSiNi2A	210.4 剪切模量 82.2（15℃）	0.278			32.8（25℃）	530（25℃）
30CrMnSiNi2A（100℃）	208 剪切模量 81	0.28		11.72（20-100℃）	33.7	552
30CrMnSiNi2A（200℃）	204 剪切模量 80	0.28		12.09	34.4	581
30CrMnSiNi2A（300℃）	198 剪切模量 77	0.28		12.52	34.1	610
30CrMnSiNi2A（400℃）	190 剪切模量 74	0.29		12.96	32.9	639
30CrMnSiNi2A（500℃）	180 剪切模量 70	0.29		13.35	30.5	669
30CrMnSiNi2A（600℃）	167 剪切模量 64	0.31		13.65	26.9	698
1Cr12Ni3MoV H46 FV448 S/SJ2	207（25℃）		7840		16.7（20℃）	455（20℃）
1Cr12Ni3MoV（100℃）	205			9.8（25-100℃）	18.3	489
1Cr12Ni3MoV（200℃）	202			10.2（200℃）	19.9	536
1Cr12Ni3MoV（300℃）	196			10.6（300℃）	21.2	585
1Cr12Ni3MoV（400℃）	189			11（400℃）	21.9	628
1Cr12Ni3MoV（500℃）	179			11.7（500℃）	21.8	675
1Cr12Ni3MoV（600℃）	166			11.9（600℃）	21.2	722
变形高温合金 GH1016	200 动态 170 静态（0℃）		8310	14.5（100℃）	12.2（100℃）	440（100℃）
GH1016	195 动态 168 静态（100℃）			14.8（200℃）	13.5（200℃）	550（200℃）
GH1016	191 动态 159 静态（200℃）			15（300℃）	14.5（300℃）	490（300℃）
GH1016	188 动态 152 静态（300℃）			15.4（400℃）	16（400℃）	520（400℃）
GH1016	185 动态 148 静态（400℃）			15.6（500℃）	17.5（500℃）	550（500℃）
GH1016	170 动态 140 静态（500℃）			16（600℃）	19（600℃）	590（600℃）
GH1016	162 动态 130 静态（600℃）			16.3（700℃）	21.5（700℃）	630（700℃）
GH1016	153 动态 125 静态（700℃）			16.5（800℃）	22（800℃）	650（800℃）
GH1016	146 动态 112 静态（800℃）			16.8（900℃）	23.5（900℃）	720（900℃）
GH1131	220 动态 177 静态（20℃）		8330	14.72（20-100℃）	10.46（100℃）	
GH1131	201（100℃）			14.13（200℃）	12.13（200℃）	

续表

材料牌号	弹性模量 GPa	泊松比	密度 kg/m³	线膨胀系数 10^{-6}/℃	导热率 W/m²·K	比热容 J/kg·K
GH1131	188（200℃）			14.89（300℃）	13.8（300℃）	
GH1131	181（400℃）			14.77（400℃）	16.32（400℃）	
GH1131	177 动态 136 静态（500℃）			15.74（500℃）	17.99（500℃）	
GH1131	174（600℃）			16.2（600℃）	19.25（600℃）	
GH1131	177 动态 118 静态（700℃）			16.97（700℃）	20.92（700℃）	
GH1140	193 动态 182 静态（0℃）		8090	12.7（20-100℃）	15（100℃）	550（100℃）
GH1140	190 动态 178 静态（100℃）			13.8（200℃）	16.5（200℃）	580（200℃）
GH1140	188 动态 171 静态（200℃）			14.3（300℃）	18（300℃）	610（300℃）
GH1140	180 动态 165 静态（300℃）			14.5（400℃）	19.1（400℃）	650（400℃）
GH1140	175 动态 55 静态（400℃）			15（500℃）	21（500℃）	700（500℃）
GH1140	166 动态 144 静态（500℃）			15.4（600℃）	22.2（600℃）	780（600℃）
GH1140	160 动态 135 静态（600℃）			15.8（700℃）	23.7（700℃）	
GH 2150	204 动态 201 拉伸 206 压缩（20℃）	0.282（100℃）	8260		11.1（100℃）	523（17℃）
GH 2150	200 动态（100℃）	0.282（200℃）			12.8（200℃）	539（100℃）
GH 2150	195 动态（200℃）	0.282（300℃）			14.4（300℃）	561（200℃）
GH 2150	189 动态（300℃）	0.282（400℃）			16（400℃）	581（300℃）
GH 2150	184 动态 176 拉伸 184 压缩（400℃）	0.2854（450℃）			17.8（500℃）	605（400℃）
GH 2150	178 动态 169 拉伸 168 压缩（500℃）	0.288（500℃）			19.3（600℃）	627（500℃）
GH 2150	171 动态 159 拉伸 165 压缩（600℃）	0.285（550℃）			21.2（700℃）	649（600℃）
GH 2150	165 动态 148 拉伸 159 压缩（700℃）	0.28（600℃）			23.5（800℃）	671（700℃）
GH 2150	157 动态 120 拉伸（800℃）	0.283（650℃）			25（850℃）	693（800℃）
GH 2302	动态弹性模量	0.27（20℃）	8090	15.8（20-100℃）	10.47（20℃）	440（200℃）
GH 2302	204 棒材 195 板材 77 剪切模量（20℃）	0.29（400℃）		15（200℃）	11.3（100℃）	456（300℃）
GH 2302	175 板材 68 剪切模量 （400℃）	0.3（500℃）		14.9（300℃）	12.14（200℃）	461（400℃）
GH 2302	167 棒材 162 板材 63 剪切模量（600℃）	0.3（600℃）		15.2（400℃）	13.4（300℃）	477（500℃）
GH 2302	159 棒材 155 板材 60 剪切模量（700℃）	0.3（700℃）		15.4（500℃）	14.65（400℃）	515（600℃）
GH 2302	153 棒材 149 板材 56 剪切模量（800℃）	0.33（800℃）		15.6（600℃）	15.91（500℃）	549（700℃）
GH 2302	134 棒材 136 板材 52 剪切模量（900℃）	0.35（900℃）		16（700℃）	17.85（600℃）	595（800℃）
GH761	205 动态 78.3 剪切模量（13℃）	0.31（13℃）		9（20-50℃）	10（200℃）	419（300℃）
GH761	204 动态 77.5 剪切模量（100℃）	0.315（100℃）		10.3（20-100℃）	12（300℃）	440（400℃）
GH761	202 动态 76.8 剪切模量（150℃）	0.315（200℃）		13（200℃）	15（400℃）	469（500℃）
GH761	200 动态 76.1 剪切模量（200℃）	0.315（300℃）		14（300℃）	17（500℃）	507（600℃）
GH761	198 动态 75.1 剪切模量（250℃）	0.32（300℃）		14.5（400℃）	19（600℃）	553（700℃）

续表

材料牌号	弹性模量 GPa	泊松比	密度 kg/m^3	线膨胀系数 10^{-6}/℃	导热率 W/m^2·K	比热容 J/kg·K
GH761	195 动态 73.9 剪切模量（300℃）	0.32（400℃）		14.8（500℃）	23（700℃）	603（800℃）
GH761	191 动态 72.6 剪切模量（350℃）	0.32（500℃）		15（600℃）	25（800℃）	670（900℃）
GH761	188 动态 71.2 剪切模量（400℃）	0.32（600℃）		15.3（700℃）	28（900℃）	745（1000℃）
GH761	183 动态 69.6 剪切模量（450℃）	0.33（700℃）		15.7（800℃）	35（1000℃）	
GH761	179 动态 68.1 剪切模量（500℃）	0.33（800℃）		15.8（900℃）		
GH761	176 动态 66.5 剪切模量（550℃）	0.33（830℃）		16（930℃）		
镍基变形高温合金						
GH3030	224 动态 191 静态（20℃）		8400	12.8（20-100℃）	15.1（100℃）	565.2（150℃）
GH3030	219 动态（100℃）			13.5（200℃）	16.3（200℃）	598.7（200℃）
GH3030	213 动态（200℃）			14.3（300℃）	18（300℃）	674.1（300℃）
GH3030	206 动态（300℃）			15（400℃）	19.3（400℃）	741.1（400℃）
GH3030	200 动态（400℃）			15.5（500℃）	20.9（500℃）	820.6（500℃）
GH3030	193 动态（500℃）			16.1（600℃）	22.2（600℃）	971.3（600℃）
GH3030	184 动态 137 静态（600℃）			17.0（700℃）	23.4（700℃）	
GH3044	203 静态 203 压缩 210 动态（20℃）	0.293（50℃）	8890	12.25（20-100℃）	11.7（100℃）	440（100℃）
GH3044	206 动态（100℃）	0.29（100℃）		12.35（200℃）	13（200℃）	461（200℃）
GH3044	200 动态（200℃）	0.289（200℃）		12.85（300℃）	14.2（300℃）	482（300℃）
GH3044	196 动态（300℃）	0.289（300℃）		13.1（400℃）	15.9（400℃）	503（400℃）
GH3044	178 静态 173 压缩 189 动态（400℃）	0.29（400℃）		13.31（500℃）	17.2（500℃）	524（500℃）
GH3044	183 动态（500℃）	0.29（500℃）		13.5（600℃）	18.4（600℃）	545（600℃）
GH3044	177 动态（600℃）	0.292（600℃）		14.3（700℃）	19.7（700℃）	566（700℃）
GH3044	157 静态 136 压缩 170 动态（700℃）	0.295（650℃）		14.9（800℃）	21.8（800℃）	587（900℃）
GH3044	128 静态 126 压缩 161 动态（800℃）	0.297（700℃）		15.6（900℃）	24.7（900℃）	629（1000℃）
GH3525	205 动态弹性模量 79 剪切模量（20℃）	0.308（20℃）	8440	8.5（-250℃）	7（-100℃）	400（0℃）
Incone1625	200 动态弹性模量 77 剪切模量（95℃）	0.31（95℃）		9（-200℃）	8（-50℃）	450（200℃）
UNS6625	195 动态弹性模量 75 剪切模量(205℃)	0.312（205℃）		11.5（-100℃）	9（0℃）	500（400℃）
NC22DNb	190 动态弹性模量 72 剪切模量(315℃)	0.313（315℃）		12（0℃）	12.5（200℃）	550（600℃）
GH3525	185 动态弹性模量 70 剪切模量(425℃)	0.312（425℃）		13（200℃）	15（400℃）	600（800℃）
GH3525	175 动态弹性模量 67 剪切模量(540℃)	0.321（540℃）		13.5（400℃）	18（600℃）	650（1000℃）
GH3525	170 动态弹性模量 63 剪切模量(650℃)	0.328（650℃）		14.5（600℃）	22.7（800℃）	670（1100℃）
GH4033	221 动态 206 静态（20℃）		8200	11.56（20-100℃）	11.3（100℃）	439.6（100℃）
GH4033	217 动态（100℃）			12.3（200℃）	12.97（200℃）	460.5（200℃）
GH4033	212 动态（200℃）			13.17（300℃）	14.64（300℃）	502.4（300℃）
GH4033	205 动态（300℃）			13.79（400℃）	16.32（400℃）	544.3（400℃）

续表

材料牌号	弹性模量 GPa	泊松比	密度 kg/m³	线膨胀系数 10^{-6}/℃	导热率 W/m²·K	比热容 J/kg·K
GH4033	198 动态（400℃）			14.52（500℃）	17.99（500℃）	565.2（500℃）
GH4033	192 动态（500℃）			15.62（700℃）	20.08（600℃）	586.2（600℃）
GH4033	184 动态 159 静态（600℃）			16.3（800℃）	22.59（700℃）	628（700℃）
GH4033	177 动态 150 静态（700℃）			17.15（900℃）	25.11（800℃）	669.9（800℃）
GH4099	210 动态 216 压缩 233 静态 81 剪切模量（20℃）	0.37（20℃）	8470	12（20-100℃）	10.47（100℃）	543（20℃）
GH4099	219 动态 81 剪切模量（100℃）	0.37（100℃）		12.4（200℃）	12.56（200℃）	552（100℃）
GH4099	215 动态 79 剪切模量 （200℃）	0.36（200℃）		12.8（300℃）	14.24（300℃）	562（200℃）
GH4099	210 动态 77 剪切模量 300℃）	0.37（300℃）		13（400℃）	15.91（400℃）	572（300℃）
GH4099	195 动态 185 压缩 205 静态 75 剪切模量（400℃）	0.36（400℃）		13.7（500℃）	18（500℃）	582（400℃）
GH4099	199 动态 73 剪切模量 （500℃）	0.36（500℃）		14.2（600℃）	19.68（600℃）	595（500℃）
GH4099	194 动态 72 剪切模量 （600℃）	0.35（600℃）		14.7（700℃）	21.77（700℃）	612（600℃）
GH4099	167 动态 157 压缩 184 静态 71 剪切模量（700℃）	0.30（700℃）		15.1（800℃）	23.45（800℃）	638（700℃）
GH4099	147 动态 142 压缩 178 静态 67 剪切模量（800℃）	0.33（800℃）		15.3（900℃）	25.54（900℃）	674（800℃）
GH4099	121 动态 164 动态 60 剪切模量(900℃)	0.36（900℃）		17.4（1000℃）	27.21（1000℃）	726（900℃）
GH500	217 动态 83 剪切（20℃）	0.3（20℃）	8050	12.9（20-100℃）	10.9（20℃）	440（20℃）
Udimet500	212 动态 81 剪切（100℃）	0.31（100℃）		13.1（200℃）	11.8（100℃）	449（100℃）
Nimonic PK 25	207 动态 79 剪切（200℃）	0.30（200℃）		13.3（300℃）	13.7（200℃）	470（200℃）
NCK19DAT	202 动态 76 剪切（300℃）	0.32（300℃）		13.7（400℃）	15.1（305℃）	477（305℃）
GH500	195 动态 75 剪切（400℃）	0.29（400℃）		14.2（500℃）	16.2（395℃）	485（395℃）
GH500	190 动态 72 剪切（500℃）	0.32（500℃）		14.5（600℃）	16.9（495℃）	488（495℃）
GH500	181 动态 68 剪切（600℃）	0.33（600℃）		15（700℃）	18.7（590℃）	517（590℃）
GH500	173 动态 66 剪切（700℃）	0.32（700℃）		15.6（800℃）	20.9（690℃）	521（690℃）
GH600	205 动态 76 剪切（100℃）	0.34（100℃）	8430	12.35(20-200℃)	12.85（20℃）	300（-200℃）
Inconel600	201 动态 74 剪切（200℃）	0.35（200℃）		12.75（300℃）	13.94（100℃）	400（-50℃）
GH600	195 动态 72 剪切（300℃）	0.353（300℃）		13.1（400℃）	15.15（200℃）	420（0℃）
GH600	189 动态 70 剪切（400℃）	0.356（400℃）		13.55（500℃）	16.62（300℃）	490（200℃）
GH600	182 动态 67 剪切（500℃）	0.36（500℃）		14.5（600℃）	18.71（400℃）	530（400℃）
GH600	174 动态 64 剪切（600℃）	0.366（600℃）		15.15（700℃）	20.72（500℃）	570（600℃）
GH600	164 动态 60 剪切（700℃）	0.37（700℃）		15.7（800℃）	22.4（600℃）	620（800℃）

续表

材料牌号	弹性模量 GPa	泊松比	密度 kg/m^3	线膨胀系数 10^{-6}/℃	导热率 W/m^2·K	比热容 J/kg·K
			钴基变形高温合金			
GH5188	237（20℃）			11.8（20-100℃）	12.23（200℃）	208（100℃）
Haynes Alloy NO.188	234（100℃）			12.4（200℃）	15.32（300℃）	425（200℃）
UNSR30188	227（200℃）			12.9（300℃）	18.30（400℃）	454（300℃）
KCN22W	221（300℃）			13.4（400℃）	20.81（500℃）	484（400℃）
GH5188	213（400℃）			13.7（500℃）	22.9（600℃）	513（500℃）
GH5188	206（500℃）			14.4（600℃）	25.04（700℃）	534（600℃）
GH5188	193（600℃）			14.8（700℃）	26.5（800℃）	554（700℃）
GH5188	185（700℃）			15.2（800℃）	27.88（900℃）	571（800℃）
GH5188	179（800℃）			15.7（900℃）	290.6（1000℃）	588（900℃）
GH5188	170（900℃）			16.2（1000℃）		600（1000℃）
			等轴晶铸造高温合金			
K409	196 动态 81 剪切（28℃）	0.22（28℃）	8180	12.16（20-100℃）	8.16（19℃）	400（20℃）
B1900	193 动态 79 剪切（109℃）	0.22（109℃）		12.3（200℃）	8.33（110℃）	400（110℃）
K409	191 动态 78 剪切（200℃）	0.23（200℃）		12.6（300℃）	10.3（200℃）	440（200℃）
K409	185 动态 78 剪切（300℃）	0.24（300℃）		12.95（400℃）	11.55（300℃）	450（300℃）
K409	179 动态 72 剪切（400℃）	0.24（400℃）		13.25（500℃）	12.64（400℃）	470（400℃）
K409	173 动态 70 剪切（500℃）	0.24（500℃）		13.65（600℃）	13.89（500℃）	460（600℃）
K409	167 动态 67 剪切（600℃）	0.24（600℃）		14.05（700℃）	15.9（600℃）	560（700℃）
K409	161 动态 65 剪切（700℃）	0.25（700℃）		14.58（800℃）	18.62（700℃）	630（800℃）
K409	154 动态 62 剪切（800℃）	0.25（800℃）		15.25（900℃）	22.93（800℃）	670（900℃）
K409	145 动态 58 剪切（900℃）	0.24（900℃）			23.89（871℃）	880（1000℃）
K418	211 动态 84 剪切（10℃）	0.26　10℃）	8000	12.6（27-100℃）	10.15（100℃）	439（100℃）
INCO713C	205 动态 83 剪切（100℃）	0.25（100℃）		12.7（200℃）	11.72（200℃）	198（460℃）
K418	200 动态 80 剪切（200℃）	0.25（200℃）		12.9（300℃）	12.98（300℃）	481（315℃）
K418	195 动态 78 剪切（300℃）	0.25（300℃）		12.9（400℃）	14.65（400℃）	490（403℃）
K418	190 动态 76 剪切（400℃）	0.25（400℃）		13.4（500℃）	16.33（500℃）	502（492℃）
K418	184 动态 74 剪切（500℃）	0.25（500℃）		13.7（600℃）	18.42（600℃）	515（586℃）
K418	179 动态 72 剪切（600℃）	0.25（600℃）		14.2（700℃）	20.52（700℃）	544（696℃）
K418	171 动态 69 剪切（700℃）	0.25（700℃）		14.7（800℃）	22.61（800℃）	556（781℃）
K418	165 动态 56 剪切（800℃）	0.26（800℃）		15.5（900℃）	24.28（900℃）	569（886℃）

续表

材料牌号	弹性模量 GPa	泊松比	密度 kg/m³	线膨胀系数 10^{-6}/℃	导热率 W/m²·K	比热容 J/kg·K
变形高温合金 铁基						
GH 2150	204 动态 201 拉伸 206 压缩（20℃）	0.282（100℃）	8260		11.1（100℃）	523（17℃）
GH 2150	200 动态（100℃）	0.282（200℃）			12.8（200℃）	539（100℃）
GH 2150	195 动态（200℃）	0.282（300℃）			14.4（300℃）	561（200℃）
GH 2150	189 动态（300℃）	0.282（400℃）			16（400℃）	581（300℃）
GH 2150	184 动态 176 拉伸 184 压缩（400℃）	0.285（450℃）			17.8（500℃）	605（400℃）
GH 2150	178 动态 169 拉伸 168 压缩（500℃）	0.288（500℃）			19.3（600℃）	627（500℃）
GH 2150	171 动态 159 拉伸 165 压缩（600℃）	0.285（550℃）			21.2（700℃）	649（600℃）
GH 2150	165 动态 148 拉伸 159 压缩（700℃）	0.2（600℃）			23.5（800℃）	671（700℃）
GH 2150	157 动态 120 拉伸（800℃）	0.283（650℃）			25（850℃）	693（800℃）
GH761	205 动态 78.3 剪切模量（13℃）	0.31（13℃）		9（20-50℃）	10（200℃）	419（300℃）
GH761	204 动态　77.5 剪切模量（100℃）	0.315（100℃）		10.3（20-100℃）	12（300℃）	440（400℃）
GH761	202 动态 76.8 剪切模量（150℃）	0.315（200℃）		13（200℃）	15（400℃）	469（500℃）
GH761	200 动态 76.1 剪切模量（200℃）	0.315（300℃）		14（300℃）	17（500℃）	507（600℃）
GH761	198 动态 75.1 剪切模量（250℃）	0.32（300℃）		14.5（400℃）	19（600℃）	553（700℃）
GH761	195 动态 73.9 剪切模量（300℃）	0.32（400℃）		14.8（500℃）	23（700℃）	603（800℃）
GH761	191 动态 72.6 剪切模量（350℃）	0.32（500℃）		15（600℃）	25（800℃）	670（900℃）
GH761	188 动态 71.2 剪切模量（400℃）	0.32（600℃）		15.3（700℃）	28（900℃）	745（1000℃）
GH761	183 动态 69.6 剪切模量（450℃）	0.33（700℃）		15.7（800℃）	35（1000℃）	
镍基变形高温合金						
GH3044	203 静态 203 压缩 210 动态（20℃）	0.293（50℃）	8890	12.25（20-100℃）	11.7（100℃）	440（100℃）
GH3044	206 动态（100℃）	0.29（100℃）		12.35（200℃）	13（200℃）	461（200℃）
GH3044	200 动态（200℃）	0.289（200℃）		12.85（300℃）	14.2（300℃）	482（300℃）
GH3044	196 动态（300℃）	0.289（300℃）		13.1（400℃）	15.9（400℃）	503（400℃）
GH3044	178 静态 173 压缩 189 动态（400℃）	0.29（400℃）		13.31（500℃）	17.2（500℃）	524（500℃）
GH3044	183 动态（500℃）	0.29（500℃）		13.5（600℃）	18.4（600℃）	545（600℃）
GH3044	177 动态（600℃）	0.292（600℃）		14.3（700℃）	19.7（700℃）	566（700℃）
GH3044	157 静态 136 压缩 170 动态（700℃）	0.295（650℃）		14.9（800℃）	21.8（800℃）	587（900℃）
GH3044	128 静态 126 压缩 161 动态（800℃）	0.297（700℃）		15.6（900℃）	24.7（900℃）	629（1000℃）
GH3525	205 动态弹性模量 79 剪切模量（20℃）	0.308（20℃）	8440	8.5（-250℃）	7（-100℃）	400（0℃）
Incone1625	200 动态弹性模量 77 剪切模量（95℃）	0.31（95℃）		9（-200℃）	8（-50℃）	450（200℃）
UNS6625	195 动态弹性模量 75 剪切模量（205℃）	0.312（205℃）		11.5（-100℃）	9（0℃）	500（400℃）
NC22DNb	190 动态弹性模量 72 剪切模量（315℃）	0.313（315℃）		12（0℃）	12.5（200℃）	550（600℃）
GH3525	185 动态弹性模量 70 剪切模量（425℃）	0.312（425℃）		13（200℃）	15（400℃）	600（800℃）

续表

材料牌号	弹性模量 GPa	泊松比	密度 kg/m^3	线膨胀系数 10^{-6}/℃	导热率 W/m^2·K	比热容 J/kg·K
GH3525	175 动态弹性模量 67 剪切模量（540℃）	0.321（540℃）		13.5（400℃）	18（600℃）	650（1000℃）
GH3525	170 动态弹性模量 63 剪切模量（650℃）	0.328（650℃）		14.5（600℃）	12.7（800℃）	670（1100℃）
GH4169	204 静态 203 压缩 205 动态 79 剪切（20℃）	0.3（20℃）	8 240	11.8（20-100℃）	13.4（11℃）	481.4（300℃）
Inconel718	201 动态 77 剪切（100℃）	0.3（100℃）		13（200℃）	14.7（100℃）	493.9（400℃）
NC19FeNb	193 动态 74 剪切（200℃）	0.3（200℃）		13.5（300℃）	15.9（200℃）	514.8（500℃）
GH4169	静态 172 压缩 187 动态 71 剪切（300℃）	0.3（300℃）		14.1（400℃）	17.8（300℃）	539（600℃）
GH4169	176 静态	0.31（418℃）		14.4（500℃）	18.3（400℃）	573.4（700℃）
GH4169	180 动态 68 剪切（418℃）	0.32（500℃）		14.8（600℃）	19.6（500℃）	615.3（800℃）
GH4169	162 压缩（450℃）	0.32（600℃）		15.4（700℃）	21.2（600℃）	657.2（900℃）
GH4169	160 静态 175 动态 66 剪切（500℃）	0.33（700℃）		17（800℃）	22.8（700℃）	707.4（1000℃）
铝及其合金						
工业纯铝 99.5%	70 剪切模量 2.625		2710（20℃）	23.5（20-100℃）	222.6（25℃）	964.74（100℃）
1060 UNS A91060	69 拉伸	0.33（20℃）	2705（20℃）	21.8（-50-20℃）	234（25℃）	900（20℃）
1060				23.6（20-100℃）		
1060				24.5（20-200℃）		
1060				25.5（20-300℃）		
2048	76 压缩 72 拉伸（25℃）		2750	23.5（21-104℃）	159 T851 状态	926（100℃）
2048	75 压缩 71 拉伸（50℃）					
2048	71 压缩 69 拉伸（100℃）					
2048	68 压缩 66 拉伸（150℃）					
2048	66 压缩 61 拉伸（200℃）					
2048	66 压缩 56 拉伸（250℃）					
3004	70 拉伸	0.35（20℃）	2700	21.5（-50-20℃）	162（20℃）	893（20℃）
3004	25 剪切			23.2（20-100℃）		
3004				24.1（20-200℃）		
3004				25.1（20-300℃）		
4032	79 拉伸	0.33	2680	18（-50-20℃）	155（20℃）	864（20℃）
4032	26 剪切			19.5（20-100℃）	141T6	
4032				20.2（20-200℃）		
4032				21（20-300℃）		
4043			2680	22（20-100℃）		

续表

材料牌号	弹性模量 GPa	泊松比	密度 kg/m^3	线膨胀系数 10^{-6}/℃	导热率 W/m^2·K	比热容 J/kg·K
5005	68.2 拉伸	0.33	2700	21.9（-50-20℃）	205（20℃）	900（20℃）
5005	25.9 剪切			23.7（20-100℃）		
5005	69.5 压缩			24.6（20-200℃）		
5005				25.6（20-300℃）		
5050	68.9 拉伸	0.33	2690	21.8（-50-20℃）	191（20℃）	900（20℃）
5050	25.9 剪切			23.8（20-100℃）		
5050				24.7（20-200℃）		
5050				25.6（20-300℃）		
6010	69 拉伸	0.33	2700	21.5（-50-20℃）	202（20℃）	897（20℃）
6010	25.4 剪切			23.2（20-100℃）	151T4	
6010				24.1（20-200℃）	180T6	
6010				25.1（20-300℃）		
6061	68.9 拉伸		2700	23.6（20-100℃）	180（25℃）	896（20℃）
6061	69.7 压缩				154T4	
6061					167T6	
7005	71 拉伸		2780	21.4（-50-20℃）	166（20℃）	875（20℃）
7005	26.9 剪切			23.1（20-100℃）	148T53　T5351 T63　T351	
7005	72.4 压缩			24.0（20-200℃）	137T6	
7005				25.0（20-300℃）		

铝铸造产品

201.0F0-1	71 拉伸	0.33	2800 （20℃）	19.3（20-100℃）	121（25℃）	920（100℃）
201.0	23 剪切			22.7（20-200℃）		
201.0				24.7（20-300℃）		
工业纯钛			4500	8.2（20-100℃）	19.3（20℃）	503（100℃）
TA 2	107.9 静态（20℃）	0.34-0.45 （室温）		8.6（200℃）	18.9（100℃）	545（200℃）
TA 2	102 静态（100℃）			8.8（300℃）	18.4（200℃）	566（300℃）
TA 2	93.2（150℃）			9.1（400℃）	18（300℃）	587（400℃）
TA 2	88.2（200℃）			9.3（500℃）	18（400℃）	628（500℃）
TA 2	107.9 锻棒 退火长度方向（20℃）			9.5（600℃）	18（500℃）	670（600℃）
TA 2	102 锻棒 退火长度方向 （100℃）			9.6（700℃）	18（600℃）	
TA5	126（20℃）		4430	9.28（20-100℃）	8.83（100℃）	523（100℃）

续表

材料牌号	弹性模量 GPa	泊松比	密度 kg/m³	线膨胀系数 10^{-6}/℃	导热率 W/m²·K	比热容 J/kg·K
TA5	129（100℃）			9.53（20-200℃）	10.3（200℃）	537（200℃）
TA5	119（200℃）			9.87（20-300℃）	11.9（300℃）	554（300℃）
TA5	107（300℃）			10.08（20-400℃）	13.6（400℃）	572（400℃）
TA5	104（400℃）			10.09（20-500℃）	15.4（500℃）	594（500℃）
TA5	98（500℃）			10.28（20-600℃）	17.3（600℃）	617（600℃）
TA11	室温压缩弹性模量 124	0.3（20℃）	4370	8.5（20-100℃）	6.7（20℃）	554（20℃）
Ti-8Al-1Mo-1V 美国	棒材双重退火纵向 113 静态 117.8 动态 45.3 剪切（20℃）	0.3（100℃）		8.9（200℃）	7.6（100℃）	573（100℃）
TA11	109 静态 114 动态 44 剪切（100℃）	0.3（200℃）		9.3（300℃）	8.7（200℃）	597（200℃）
TA11	106 静态 109 动态 41.9 剪切（200℃）	0.3（300℃）		9.6（400℃）	10（300℃）	624（300℃）
TA11	101 静态 102.9 动态 39.7 剪切（300℃）	0.29（400℃）		9.7（500℃）	11.4（400℃）	653（400℃）
TA11	97 静态 97.1 动态 37.5 剪切（400℃）	0.29（425℃）		9.8（600℃）	12.1（450℃）	668（450℃）
TA11	95.5 动态 36.9 剪切（425℃）	0.3（450℃）		9.7（700℃）	12.9（500℃）	683（500℃）
TA11	93 静态 94 动态 36.3 剪切（450℃）			9.6（800℃）	14.5（600℃）	717（600℃）
TA15	板材退火静态 118（20℃）		4450	8.9（20-200℃）	8.8（100℃）	545（100℃）
BT 20 俄罗斯	93（350℃）			9（300℃）	10.2（200℃）	587（200℃）
TA15	80（500℃）			9.2（400℃）	10.9（300℃）	628（300℃）
TA15	73（550℃）			9.3（500℃）	12.2（400℃）	670（400℃）
TA15	厚板 45mm 棒材≤50 退火 静态 123 动态 131（20℃）			9.5（600℃）	13.8（500℃）	712（500℃）
TA15	静态 98（350℃）			9.7（700℃）	15.1（600℃）	755（600℃）
TA15	93 静态 107 动态（500℃）			9.7（800℃）	16.8（700℃）	838（700℃）
TA15	103 动态（600℃）			9（100-200℃）	18（800℃）	880（800℃）
TA15	89 动态（800℃）			9.2（200-300℃）	19.7（900℃）	922（900℃）
TB2	85 丝材 固溶 32 剪切模量（20℃）	0.33 丝材固溶（20℃）	4830	8.5（20-100℃）	8.9（100℃）	523（100℃）
TB2	84 32 剪切模量（100℃）	0.33（100℃）		9.3（20-200℃）	10.9（200℃）	540（200℃）
TB2	83 31 剪切模量（200℃）	0.32（200℃）		9.5（20-300℃）	12.6（300℃）	557（300℃）
TB2	82 31 剪切模量（300℃）	0.31（300℃）		9.7（20-400℃）	14.7（400℃）	574（400℃）
TB2	79 30 剪切模量（400℃）	0.29（400℃）		9.8（20-500℃）	16.3（500℃）	590（500℃）
TB2	75 29 剪切模量（500℃）	0.27（500℃）		10（20-600℃）	16.8（600℃）	607（600℃）

续表

材料牌号	弹性模量 GPa	泊松比	密度 kg/m³	线膨胀系数 10^{-6}/℃	导热率 W/m²·K	比热容 J/kg·K
铜及铜合金						
普通纯铜 T1/T2/T3	105-137 剪切模量 38-48	密度 8958 99.999%加工纯铜		16.92（20-100℃）	5024（-256℃）	385-420（20℃）
T1/T2/T3	密度 8300-8700 铸态电解精铜			17.28（20-200℃）	450（-160℃）	
T1/T2/T3	密度 8850-8930 铸态无气体的电解精铜			17.64（20-300℃）	400（-79℃）	
T1/T2/T3					391（0℃）	
T1/T2/T3					390（20℃）	
T1/T2/T3					380（100℃）	
T1/T2/T3					352（324℃）	
C1100	115 拉伸模量 O60 状态 44 剪切模量（20℃）		8890	17.0（20-100℃）		385
C1100	115-130 拉伸模量 H 状态 44-49 剪切模量（20℃）			17.3（20-200℃）		
C1100				17.7（20-300℃）		
锆青铜						
QZ0.2	133（20℃）		8930	16.27（20-100℃）	339.13	
QZ0.2	112（296℃）			18.01（20-300℃）		
QZ0.2	107（490℃）			20.13（20-600℃）		
铁青铜 QF1.0 C19200	115 剪切模量 44		8870	16.2（20-100℃）	251 带材（20℃）	380（20℃）
铁青铜 QF1.0 C19200					380 管材（20℃）	
铁青铜 QF2.5 C19400			8780	16.3（20-300℃）	260（20℃）	385
铁青铜 C19500	119		8920	16.9（20-300℃）	199（20℃）	
镁青铜 QAg3-0.5	124（20℃）		9030	13.8（20-800℃）	352（20℃）	380.1（20-100℃）
结构黄铜						
H96	115		8850	18	243.9	93
H90	115		8800	18.4	187.6	95
H85	115		8750	18.7	151.7	95
H80	110		8660	19.1	141.7	93
H70	106		8530	19.9	120.9	90
高弹性铜合金						
铍青铜 QBe2	122.6 热处理（780-790℃）固溶		8250	16.6（20-100℃）	83.7 固溶 104.7 时效	418.7
QBe2	135.8 热处理（320℃）2h 时效			17（20-200℃）		

续表

材料牌号	弹性模量 GPa	泊松比	密度 kg/m³	线膨胀系数 10^{-6}/℃	导热率 W/m²·K	比热容 J/kg·K
QBe2	135.3 热处理（350℃）1h 时效					
QBe2	126.9 棒材 M 态（-60℃）					
QBe2	145.3 棒材 M 态（-130℃）					
QBe2	168.9 棒材 M 态（-183℃）					
QBe2	120.7 棒材 Y_2 态（25℃）					
QBe2	122.7 棒材 Y_2 态（-78℃）					
QBe2	129.6 棒材 Y_2 态（-196℃）					
QBe2	134.7 棒材 Y_2 态（-235℃）					
QSI3-1	105 线材软态（700℃）退火 1h			20.2（200℃）		
QSI3-1	120 线材 硬态加工率 50%			18.7（40℃）		
QSI3-1	104 金属模铸造			18.5（20℃）		
QSI3-1	104 棒材拉制			18.4（0℃）		
QSI3-1	113 棒材硬态加工率 40%			18.2（-20℃）		
QSI3-1	118 带材 硬态加工率 40%回火			17.8（-40℃）		
QSI3-1	112 带材加工率 60%			16.6（-60℃）		
QSI3-1	118 硬态加工率 60%回火			15.3（-80℃）		
QSI3-1	105 线材软态			14.1（-100℃）		
QSI3-1	120 线材硬态加工率 50%			13.35（-120℃）		
普通白铜 B0.6	120		8960		272.14	
B19	140		8900	16（20℃）	38.5	
B30	150（20℃）		8900	15.3	36.8-37.3	
B30	145（400℃）					
镁及其合金						
纯镁	45（25℃）	0.35（25℃）	1736	25.0（27℃）多晶体	156（27℃）	
MB2	42 拉伸静态 棒材 型材 锻件室温挤压半成品剪切模量 15.7	0.35	1780	26（20-100℃）	96.4（25℃）	1130（100℃）
MB2					101（100℃）	1170（200℃）
MB2					105（200℃）	1210（300℃）
MB2					109（300℃）	1260（350℃）
MB8	40.2 退火板材厚度 2MM 横向试样（20℃）	0.34	1780	23.7（20-100℃）	126（20℃）	1050（100℃）
MB8	37.3 退火 13.4 剪切模量（75℃）			26.1（100-200℃）	130（100℃）	1130（200℃）
MB8	34.3 退火（100℃）			32.1（200-300℃）	134（200℃）	1210（300℃）

续表

材料牌号	弹性模量 GPa	泊松比	密度 kg/m^3	线膨胀系数 10^{-6}/℃	导热率 W/m^2·K	比热容 J/kg·K
MB8	30.9 退火（125℃）			24.9（20-200℃）	136（300℃）	
MB8	30.4 退火（150℃）			27.3（20-300℃）		
MB8	29.4 退火（200℃）					
ZM4 铸造镁合金	43.16 剪切（室温）	0.35	1820	23.9（20-100℃）	96（50℃）	896（50℃）
ZM4	39（100℃）			24.99（20-150℃）	100（100℃）	1005（100℃）
ZM4	39（150℃）			25.76（20-200℃）	106（150℃）	1038（150℃）
ZM4	39（200℃）			26.27（20-250℃）	110（200℃）	1097（200℃）
ZM4	38（250℃）				111（250℃）	1147（250℃）
ZM4	32（300℃）					1222（300℃）
			钴及钴合金			
纯钴	211 82.6 剪切模量	0.32	8832 α	13.8（0-100℃）	69.04（20℃）	
钴基恒弹合金 Co40NiCrMo 3j21	204 固溶+冷变形+（400-500℃）4h 回火		8400			
			锌及其合金			
纯锌			7140（20℃）	39.7（20-250℃）多晶体	113（18℃）	
ZnAl15	113		5700	27-28（20-100℃）		
ZnAl10-5	130		6200	27-28（20-100℃）		
ZnAl0.2-4	126		7250			
纯铅	1.5-1.7（20℃）0.78 剪切模量	密度 11340（20℃）		29.5（20-100℃）	35（25℃）	129（100-200℃）
锡	41.5-47.8 剪切模量 16.8-18.1	密度 5765 α-Sn（1℃）		23.1（50℃）	60.7β-Sn（50℃）	243.6（18-20℃）
锡		密度 7298β-Sn（15℃）				
铅锑轴承合金 ZPbSb16Sn16Cu2			9290	24	25.12	
ZPbSb15-Sn10	29.4		9600	28	20.93	
ZPbSb15-Sn5	19.4	密度 10200		24.3	24.28	
铅钙纳轴承合金无锡	22	密度 10500		32	20.93	
锡基轴承合金 ZSnSb12Pb10Cu4	53		7700		50.24	
ZSnSb11Cu6	48		7880	23.0	33.49	
			低熔点金属			
锂			534	56（0-100℃）	76.1（0-100℃）	

续表

材料牌号	弹性模量 GPa	泊松比	密度 kg/m^3	线膨胀系数 $10^{-6}/℃$	导热率 $W/m^2 \cdot K$	比热容 $J/kg \cdot K$
钠			970	71（0-100℃）	128（0-100℃）	
钾			860	83（0-100℃）	104（0-100℃）	
铷			1530	9（0-100℃）	58.3（0-100℃）	
铯			1780	97（0-100℃）	36.1（0-100℃）	
镓			5930	18.3（0-100℃）	41（0-100℃）	
铟			7300	24.8（0-100℃）	80（0-100℃）	
锡			5750 灰	24.8（0-100℃）	73.2（0-100℃）	
汞			13546	23.5（0-100℃）	8.65（0-100℃）	
纯钨	剪切模量 $1.603X10^{-11}$-$1.456X10^{7}T$+ $3.28X10^{3}T^{2}$		18900 β-W	粉末冶金板 $-4.58X10^{-3}$+3.65 $X10^{-4}T$+ 9.81X $10^{-8}T^{2}$		
纯钼	316 粉末冶金					
纯钼	120 刚性模量					
钽			16680（20℃）	6.5（0-100℃）	54（25℃）	142（0-100℃）
铌			8660（20℃）	7.1（0-100℃）	52（25℃）	272（0-100℃）
铍	280-290 拉伸与压缩	0.06-0.08	1847（25℃）	11.6（25-100℃）	167.5(0-100℃)	
铍	314 超声法测得高纯铍块	0.5 塑性区		14.5（25-300℃）		
铍铝合金 Beraleasl 363	202		2160	14.2	106	154.9
Beraleasl 191	202		2160	13.4	180	142.3
AlBecast IC910 锻件	193		2170	14.6	110	156
锆及锆合金						
纯锆	973 晶条锆 室温 800-1000Hz	0.33 室温 晶条锆	6510（20℃）	5.768+0.006154t（0-600℃）		276.1（25℃）
纯锆	333 剪切模量室温				晶条锆 354(100℃）358 海面锆	
纯锆	367 剪切模量（室温）				晶条锆 347(150℃）351 海面锆	
锆-锡系合金 Zr-2	98.7 剪切模量 35.1（20℃）	0.41（20℃）	6550	6.42（100℃）	17.9（100℃）	280（100℃）
Zr-2	93.6 剪切模量 33.1（100℃）	0.41(100℃)		6.11（200℃）	18（200℃）	287（200℃）
Zr-2	87 剪切模量 30.6（200℃）	0.42(200℃)		5.87（300℃）	19.6（300℃）	297（300℃）
Zr-2	80.5 剪切模量 28.2（300℃）	0.41(300℃)		5.77（350℃）	21（350℃）	299（350℃）

续表

材料牌号	弹性模量 GPa	泊松比	密度 kg/m³	线膨胀系数 10^{-6}/℃	导热率 W/m²·K	比热容 J/kg·K
Zr-2	77.3 剪切模量 26.9（350℃）	0.42（350℃）		5.69（400℃）	22.4（400℃）	303（400℃）
锆-铌系合金 Zr-1Nb	94（20℃）	0.41（20℃）	6550 室温	5.8（100℃）	17.2（20℃）	285（100℃）
Zr-1Nb	75.4（300℃）	0.4（300℃）		6（200℃）	18（100℃）	301（200℃）
Zr-1Nb	72（350℃）	0.4（350℃）		6.2（300℃）	19.3（200℃）	322（300℃）
Zr-1Nb				6.3（400℃）	20.1（300℃）	343（400℃）
Zr-1Nb				6.4（500℃）	20.5（400℃）	398（500℃）
Zr-1Nb				6.6（600℃）	20.9（500℃）	448（600℃）
纯鉛	140（室温）	0.328 退火态	13090	5.9（20-200℃）	22.3（450℃）	146.7（20-100℃）
纯银				4.78（40℃）	445（150K）	
纯银				14.7（100℃）	441（200K）	
纯银				16.7（150℃）	435（273K）	
纯银				17.8（200℃）	426（400K）	
纯银				18.7（280℃）	411（600K）	
纯银				18.9（300℃）	397（800K）	
Ag-0.205Mg-0.185Ni	88					
Au-25Ag-6Pt			16100		54	
纯金	79 室温 线胀系数 $14.06X10^{-6}+1.672X10^{-9}T+1.197X10^{-12}T^2$	0.42（室温）	19320		2800（10K）	0.44J/K MOL（10K）
纯金	27.6 剪切模量（室温）				420（40K）	

参考文献

[1] 刘鸿文．板壳理论．杭州：浙江大学出版社，1987.

[2] 中国特钢企业协会不锈钢分会．不锈钢实用手册．北京：中国科学技术出版社，2003.

[3] （美）哈里斯，皮索尔．冲击与振动手册（第 5 版）．刘树林等译．北京：中国石化出版社，2007.

[4] （美）D.皮茨，L.西索姆．传热学（第二版）．北京：科学出版社，2002.

[5] （美）埃克特．传热与传质分析．航青译．北京：科学出版社，1983.

[6] （美）W.A 纳什．材料力学．赵志岗译．北京：科学出版社，2002.

[7] 孙训方．材料力学．北京：高等教育出版社，2002.

[8] 徐龙祥．高速旋转机械轴系动力学设计．北京：国防工业出版社，1994.

[9] （美）E.W.纳尔逊．工程力学——静力学与动力学（第 5 版）．贾启芬等译．北京：科学出版社，2002.

[10] 傅恒志．航空航天材料．北京：国防工业出版社，2002.

[11] 《化工设备设计全书》编辑委员会．化工设备设计全书．北京：化学工业出版社，2002.

[12] 钱颂文．换热器设计手册．北京：化学工业出版社，2002.

[13] 许文．新编换热器选型设计与制造工艺实用全书．北京：北方工业出版社，2006.

[14] 《机械工程材料性能数据手册》编委会．机械工程材料性能数据手册．北京：机械工业出版社，1985.

[15] 陈奎孚．机械振动基础．北京：中国农业大学出版社，2010.

[16] 周锡元．抗震工程学．北京：中国建筑工业出版社，2000.

[17] 马义伟．空冷器设计与应用．哈尔滨：哈尔滨工业大学出版社，1998.

[18] 章成骏．空气预热器原理与计算．上海：同济大学出版社，1995.

[19] 刘巍．冷换热设备工艺计算手册．北京：中国石化出版社，2003.

[20] 徐灏．疲劳强度设计．北京：机械工业出版社，1981.

[21] 住房和城乡建设部执业资格注册中心．全国勘察设计注册工程师公共基础考试：力学基础．北京：机械工业出版社，2006.

[22] 《热交换器设计计算与传热强化及质量检验标准规范实用手册》编委会．热交换器设计计算与传热强化及质量检验标准规范实用手册．北京：北方工业出版社，2012.

[23] 周仁睦．转子动平衡——原理、方法和标准．北京：化学工业出版社，1992.

[24] ASME 锅炉与压力容器委员会压力容器分委员会．ASME VIII 第二册 压力容器建造规则（2007 版）．北京：中国石化出版社，2007.

[25] ASME 锅炉与压力容器委员会压力容器分委员会．ASME VIII 第一册 压力容器建造规则（2007 版）．北京：中国石化出版社，2007.

[26] 上海核工程研究设计院．ASME AG-1 核电厂空气和气体处理（2003 版）．上海：上海科学技术文献出版社，2007.

[27] 中国人民解放军总装备部．GJB150A 军用装备实验室环境实验方法．2005．

[28] 国家标准化管理委员会．GB 150-2011 压力容器．2011．

[29] 国家技术监督局．GB 50267-97 核电厂抗震设计规范．1997．

[30] 中华人民共和国建设部．GB 50017-2003 钢结构设计规范．2003．

[31] 中华人民共和国建设部．GB 50009-2001 建筑结构荷载规范．2002．

[32] 中华人民共和国建设部．GB 50011-2001 建筑抗震设计规范．2001．

[33] 国家技术监督局．GB/T 15761-1995 2×600MW 压水堆核电厂核岛系统设计建造规范．1995．

[34] 国家技术监督局．GB/T 16702-1996 压水堆核电厂核岛机械设备设计规范．1996．

[35] 国家技术监督局，中华人民共和国建设部联合发布．GB 50267-1997 核电厂抗震设计规范．1997．

[36] 中华人民共和国机械工业部．JB4732-1995（R2005）钢制压力容器——分析设计标准．1995．

[37] 全国压力容器标准化技术委员会．JB4732-1995（R2005）钢制压力容器——分析设计标准标准释义．1995．

[38] 国家能源局．NB/T 47007-2010 空冷式热交换器．2010．

[39] 法国核岛设备设计建造规则协会．压水堆核电厂核岛机械设备设计规范 RCC-M．1993．

[40] GB/T 3811-2008 起重机设计规范．北京：中国标准出版社，2008．

[41] 中国住房和城乡建设部．GB 50074-2008 电子信息系统机房设计规范．2008．

[42] （美）帕坦卡．传热与流体流动的数值计算．北京：科学出版社，1984．

[43] 杨桂通．弹塑性力学引论．北京：清华大学出版社，2004．

[44] 杜庆华．弹性理论．北京：科学出版社，1986．

[45] 徐芝纶．弹性力学简明教程．北京：人民教育出版社，1983．

[46] 王铎．断裂力学．南宁：广西人民出版社，1982．

[47] 杜庆华．工程力学手册．北京：高等教育出版社，1997．

[48] 季文美．机械振动．北京：科学出版社，1985．

[49] 王福军．计算流体动力学分析——CFD 软件原理与应用．北京：清华大学出版社，2004．

[50] 金尚年．理论力学（第二版）．北京：高等教育出版社，2002．

[51] 章本照．流体力学的数值方法．北京：机械工业出版社，2003．

[52] 傅志方．模态分析理论与应用．上海：上海交通大学出版社，2000．

[53] （美）F.施依德．数值分析（第二版）．罗亮生等译．北京：科学出版社，2002．

[54] 王光远．应用分析动力学．北京：人民教育出版社，1982．

[55] 王勖成．有限单元法．北京：清华大学出版社，2003．

[56] （美）Daryl L.Logan．有限元方法基础教程（第三版）．伍义生等译．北京：电子工业出版社，2003．

[57] （美）SaeedMoaveni．有限元分析——ANSYS 理论与应用．欧阳宇等译．北京：电子工业出版社，2003．

[58] （美）SaeedMoaveni．有限元分析——ANSYS 理论与应用（第三版）．王崧等译．北京：电子工业出版社，2008．

[59] （美）罗伯特.D.库克．有限元分析的概念与应用（第 4 版）．关正西等译．西安：西安交通大学出版社，2007.
[60] 曾攀．有限元分析与应用．北京：清华大学出版社，2004.
[61] 小枫工作室．最经典 ANSYS 及 Workbench 教程．北京：电子工业出版社，2004.
[62] 许京荆．ANSYS 12.0 软件培训——热分析．2010.
[63] 许京荆．ANSYS 12.0 软件培训——压力容器分析．2010.
[64] 李兵．ANSYS Workbench 设计、仿真与优化．北京：清华大学出版社，2008.
[65] 浦广益．ANSYS Workbench 12 基础教程与实例详解．北京：中国水利水电出版社，2010.
[66] 许京荆．ANSYS 13.0 Workbench 数值模拟技术．北京：中国水利水电出版社，2012.
[67] 张洪才，刘宪伟，孙长青等．ANSYS Workbench 14.5 数值模拟工程实例解析．北京：机械工业出版社，2013.
[68] 《压力容器实用技术丛书》编写委员会．压力容器安全监察与管理．北京：化学工业出版社，2006.
[69] 马成松．结构抗震设计．北京：北京大学出版社，2006.
[70] 成大先．机械设计手册．北京：化学工业出版社，2004.
[71] 机械设计手册编委会．机械设计手册．北京：机械工业出版社，2004.
[72] 中国材料工程大典编委会．中国材料工程大典．北京：化学工业出版社，2005.
[73] 中国航空材料手册编辑委员会．中国航空材料手册（第一版）．北京：中国标准出版社，1988.
[74] 中国航空材料手册编辑委员会．中国航空材料手册（第二版）．北京：中国标准出版社，2002.
[75] 王洪业．传感器工程．长沙：国防科技大学出版社，1997.
[76] 张舒，褚艳利．GPU 高性能运算之 CUDA．北京：中国水利水电出版社，2009.
[77] （美）Jason Sanders，Edward Kandrot．GPU 高性能编程 CUDA 实战．聂雪军等译．北京：机械工业出版社，2011.
[78] （美）Michael Quirk，Julia Serda．半导体制造技术．韩郑生等译．北京：电子工业出版社，2004.
[79] （美）Gary S.May．半导体制造基础．代永平译．北京：人民邮电出版社，2007.
[80] 飞机设计手册总编委会．飞机设计手册第 19 册直升机设计．北京：航空工业出版社，2005.
[81] 陈国良．并行计算——结构·算法·编程（修订版）．北京：高等教育出版社，2002.
[82] 栾春远．压力容器 ANSYS 分析与强度计算．北京：中国水利水电出版社，2008.
[83] 胡振岭，荆云涛，刘万里．空冷技术研究（2010 年度）．北京：北京理工大学出版社，2010.
[84] 荆云涛，刘万里，王吉特．空冷技术研究（2011 年度）．北京：北京理工大学出版社，2011.
[85] 荆云涛，刘万里，王吉特，宋志强，周传易．空冷技术研究（2012 年度）．北京：北京理工大学出版社，2012.
[86] 沈鋆．ASME 压力容器分析设计．上海：华东理工大学出版社，2014.
[87] 李勇．RAW 数码底片演义．北京：人民邮电出版社，2012.

[88] 李彦．ASP.NET 3.5 系统开发精髓．北京：电子工业出版社，2009.
[89] （美）阿门．大脑使用手册：珍藏版．许育琳，张凌澜译．北京：电子工业出版社，2010.
[90] （英）东尼·博赞，巴利·博赞．思维导图．卜煜婷译．北京：中信出版社，2009.
[91] （英）东尼·博赞．启动大脑．丁叶然译．北京：中信出版社，2009.
[92] 邹恒明．算法之道．北京：机械工业出版社，2012.
[93] （奥）约瑟夫 L·泽曼，弗郎咨·拉舍尔，塞巴斯蒂安，辛德勒．压力容器分析设计——直接法．苏文献，刘英华，马宁，秦叔径等译．北京：化学工业出版社，2010.
[94] 黄志新，刘成柱．ANSYS Workbench 14.0 超级学习手册．北京：人民邮电出版社，2013.
[95] 胡坤，李振北．ANSYS ICEM CFD 工程实例详解．北京：人民邮电出版社，2014.